猫骨科手术与肌肉骨骼系统疾病

Feline Orthopedic Surgery and Musculoskeletal Disease

主编 ［瑞士］ P. M. Montavon 瑞士苏黎世大学兽医学院
［瑞士］ K. Voss 瑞士苏黎世大学兽医学院
［英］ S.J. Langley-Hobbs 英国剑桥大学兽医系

主译 丛恒飞 赵秉权 王 虓

長江出版傳媒
湖北科学技术出版社

ELSEVIER Edinburgh London New York Oxford Philadeplhia St Louis Sydney Toronto 2009

著作权合同登记号：图字 17-2018-270 号

图书在版编目（CIP）数据

猫骨科手术与肌肉骨骼系统疾病 /（瑞士）P.M. 蒙塔冯（P.M. Montavon），（瑞士）K. 沃斯（K. Voss），（英）S.J. 兰利 - 霍布斯（S.J. Langley-Hobbs）主编；丛恒飞，赵秉权，王虓主译 .— 武汉：湖北科学技术出版社，2022.3

ISBN 978-7-5706-0350-3

Ⅰ. ①猫… Ⅱ. ① P.M.… ② K. … ③ S.J.… ④丛… ⑤赵… ⑥王… Ⅲ. ①猫 - 骨骼 - 外科手术 Ⅳ. ① S858.293

中国版本图书馆 CIP 数据核字（2018）第 131441 号

猫骨科手术与肌肉骨骼系统疾病

Mao Guke Shoushu yu Jirou Guge Xitong Jibing

策　　划：林　潇　李少莉

责任编辑：林　潇　　封面设计：曾雅明　北农阳光

出版发行：湖北科学技术出版社　　电话：027-87679468

地　　址：武汉市雄楚大街 268 号（湖北出版文化城 B 座 13-14 层）　　邮编：430070

网　　址：http：//www.hbstp.com.cn

印　　刷：河北华商印刷有限公司　　邮编：072750

889 × 1 194　1/16　31.5 印张　804 千字

2022 年 2 月第 1 版　　2022 年 2 月第 1 次印刷

定价：498.00 元

ELSEVIER
Elsevier (Singapore) Pte Ltd.
3 Killiney Road
#08-01 Winsland House I
Singapore 239519
Tel: (65) 6349-0200
Fax: (65) 6733-1817

Feline Orthopedic Surgery and Musculoskeletal Disease, 1/E

First published 2009
ISBN-13: 9780702029868

Feline Orthopedic Surgery and Musculoskeletal Disease, 1/E by P.M. Montavon, K. Voss, S.J. Langley-Hobbs was undertaken by Hubei Science & Technology Press and is published by arrangement with Elsevier (Singapore) Pte Ltd.

Feline Orthopedic Surgery and Musculoskeletal Disease, 1/E by P.M. Montavon, K. Voss, S.J. Langley-Hobbs 由湖北科学技术出版社进行翻译，并根据湖北科学技术出版社与爱思唯尔（新加坡）私人有限公司的协议约定出版。

猫骨科手术与肌肉骨骼系统疾病（丛恒飞，赵秉权，王旐主译）

ISBN: 9787570603503

声　明

本译本由湖北科学技术出版社完成。相关从业及研究人员必须凭借其自身经验和知识对文中描述的信息数据、方法策略、搭配组合、实验操作进行评估和使用。由于医学科学发展迅速，临床诊断和给药剂量尤其需要经过独立验证。在法律允许的最大范围内，爱思唯尔、译文的原文作者、原文编辑及原文内容提供者均不对译文或因产品责任、疏忽或其他操作造成的人身及 / 或财产伤害及 / 或损失承担责任，亦不对由于使用文中提到的方法、产品、说明或思想而导致的人身及 / 或财产伤害及 / 或损失承担责任。

《猫骨科手术与肌肉骨骼系统疾病》

译委会

主　　译　丛恒飞　赵秉权　王　琥

副 主 译　申翰林　叶　楠　施　尧　仇春龙

参　　译（以姓氏笔画为序）

于　泳　王京阳　朱　鹍　孙红丹　苏丽雪

李晓阳　李梅清　张　栩　张　彬　张　鑫

陈明子　郑少贤　赵　龙　姜维义　袁雪梅

栗雨彤　展宇飞

译者序

《猫骨科手术与肌肉骨骼系统疾病》的姊妹篇——《猫软组织手术与普通外科学》已经出版发行，而本书也出版在即，想想很快可以用到这两本书，心里还是美美的；也有些感慨激昂，久久不能平复，毕竟先后赶出两本书也是一件值得庆贺的事情。最初拿到这两本书的翻译任务时，为了加快速度，我和赵秉权老师各负责一本，但还是旷日累封，如今才得以出版面世。正所谓“趣话不嫌慢”，这两本书的出版正好赶上国内猫专科医疗的发展壮大期，必定会为临床医生们提供猫普通外科疾病与肌肉骨骼系统疾病的系统而全面的诊断和治疗的方法与选择，从而有力助推猫软组织外科和骨科的专科发展。

最近几年，我一直致力于小动物临床优秀专业书籍的翻译和出版，译校的过程实际上是系统学习的过程，即边译校边学习，然后临床落地使用，继而对外分享和输出。《猫骨科手术与肌肉骨骼系统疾病》（*Feline Orthopedic Surgery and Musculoskeletal Disease*）一书的译校过程助力于我个人猫骨科疾病诊疗思路的形成就是例证。全书分为 7 部分，共 42 章，分别介绍了骨科患病动物的临床诊断路径，肌肉骨骼系统疾病，多发性损伤，肌肉骨骼损伤概览，手术动物，骨科材料、器械、植入物和技术，特定疾病和损伤的手术治疗。通过对本书的系统学习，可以了解和掌握猫肌肉骨骼系统疾病和某些神经系统疾病的鉴别诊断，便于临床接诊与创伤、跛行和运动障碍相关的患猫；还可以建立健全猫骨科手术技术流程，包括对手术患猫的评估与稳定、麻醉和疼痛管理、器械套装和植入物、手术时机、手术方法和技巧、术后并发症和监测，以及术后护理和复健等各方面的知识填补和医院技术流程建设；对了解和接触关节镜检查和某些新技术也有很大的启发。在此，我要特别推荐最后一章——失败病例分析，因为进行病例的回顾总结是学习的必由之路，书中蕴藏的方法论需要我们去体会并借鉴；另外，使用他人的病例进行学习也是成本最低的。我曾受图 42-5 所示病例的启发解释了临床遇到的一例猫股骨骨折延迟愈合 / 不愈合。我想，大家应该都迫不及待了，想要通过这本书开启“书中自有黄金屋”的美妙之旅。

如前所述，《猫骨科手术与肌肉骨骼系统疾病》是一本全面的猫骨科教科书，从文字编排到图片质量都非常好，非常适合阅读和理解，因此在翻译和校对的过程中，我们跟编辑老师也是把关推敲，仔细核对，希望能够把原文的知识精髓传递出来。但鉴于译者水平有限，书中翻译可能还存在某些值得商榷之处，还望读者反馈。原书出版时，一些新技术（如全髋关节置换术）没有细讲，需要读者查阅其他教科书；另外，书中的某些病征和回顾性总结的说法可能会与最新文献不一致，但是因为原书没有再出新版本，书中的大部分内容都是经典的，不会影响临床使用。

最后，感谢为本书翻译和出版贡献力量的译校和编辑老师，大家能够齐心协力、贡献自己的业余时间，让如此好书呈现出来为临床所用。也希望读者们用好《猫软组织手术与普通外科学》与《猫骨科手术与肌肉骨骼系统疾病》这两本书，铭记“日拱一卒，功不唐捐”！

丛恒飞

2022 年 1 月于北京

'I am the cat that walked by himself. ...'

Just So Stories, Rudyard Kipling

前　言

猫专科手术的独立发展至少超过了10年。在工业国家，大约每4个家庭会饲养1只猫。在美国、欧洲和日本的城区医院和诊所中，猫的就诊数量已经达到或超过所有就诊物种数量的50%。现代植入物的发展与诊断设备的改善也促进了猫骨科疾病基础知识的进步，为猫骨科疾病提供了更广泛的治疗。

医院内就诊的大多数骨科病例都是创伤，并发有不同类型的骨科损伤。俗话说："只要猫的两块骨头相互接触就能愈合"，但这显然是错误的。尽管猫固定的稳定性不如犬，但是猫的骨骼尺寸更小，而且骨骼损伤的程度可能更严重，这些都使猫的骨骼手术面临更大的挑战。植入物的选择也有差异，很多用于犬的植入物对猫的骨骼而言太大。

猫很少像犬一样以跛行症状就诊；如果猫不是因为咬伤脓肿或骨折就诊，对确定猫跛行的病因绝对是一大挑战。猫骨科疾病的相关知识也比犬的少得多，很多猫的骨科疾病仅以单一或少量病例报告的形式描述。猫往往不表现肌肉骨骼系统疾病的特征性的临床症状，所以主人和兽医通常不能早期发现这些疾病。

本书是一本全面的最新的猫骨科教科书。全书分为诊断、肌肉骨骼系统疾病和神经系统疾病、多发性创伤猫的诊断和治疗、骨科手术的基本原则、麻醉和镇痛、手术器械和植入物、复健、关节镜检查等章节。骨科手术技术也是本书强调的重点，也有每个骨与关节疾病和损伤的细节描述，既包括常见的经典手术技术，也涉及猫肌肉骨骼系统疾病和骨科的新专题。本书可以为兽医学生提供良好的骨科基础知识，也能为小动物执业兽医提供更新的猫骨科疾病诊断与相关治疗，还可以为外科专家提供其他可取的治疗选择。

P.M. Montavon
K. Voss
S.J. Langley-Hobbs

致　谢

感谢我们亲爱的同事，他们为本书的病例、X 线片、灵感或创意付出了巨大的心血：

Kenneth Bruecker, DVM, DACVS, Ventura, United States

Stuart Carmichael BVMS, MVM, DSAO, MRCVS, Glasgow, United Kingdom

Jean–Romain Carroz, Dr med. vet., Sion, Switzerland

James L. Cook, DVM, PhD, DACVS, Columbia, USA

Jan Declercq, Dr med. vet., Gent, Belgium

Renate Dennler, Dr med. vet., DECVS, Affoltern, Switzerland

Jean–Christophe Dubuis, Dr med. vet., Lausanne, Switzerland

Erick L. Egger, DVM, DACVS, Loveland, USA

Barbara Haas, Dr med. vet., DECVS, Munich, Germany

Alex Heller, Dr med. vet., Reinach, Switzerland

Gaëlle Mandon, Dr med. vet., Sion, Switzerland

Ulrike Matis, Prof. Dr med. vet., DECVS, Munich, Germany

Alison J. Patricelli, DVM, DACVS, Albuquerque, USA

Matthew Pead, BVetMed, PhD, MRCVS, RVC, London, United Kingdom

Bruno Peirone, Prof. Dr med. vet., Turin, Italy

Rico Vannini, Dr med. vet., DECVS, Watt, Switzerland

Stergios Vlachopoulos, Dr med. vet., Athens, Greece

Urs Weber, Dr med. vet., DECVS, Tenniken Switzerland

也感谢我的朋友们，他们为图片提供了有益的帮助：

Corina Blecher, Zurich, Switzerland

Anita Hug, Zurich, Switzerland

插图来源

剑桥大学兽医系

图 3–7、图 3–8、图 4–6、图 5–5、图 5–10、图 8–7、图 15–6、图 22–2、图 27–4、图 28–1、图 28–4、图 28–5、图 29–3、图 29–12、图 30–4、图 30–16、图 31–3、图 32–14、图 33–4、图 33–10、图 35–2、图 35–8、图 35–19、图 35–20、图 36–8、图 37–9、图 38–6、图 38–7、图 38–16A ~ C

苏黎世大学兽医学院

图 1–1、图 1–16、图 2–1、图 2–2、图 2–3、图 2–4、图 2–5、图 2–6、图 2–7、图 2–8、图 2–9、图 2–10、图 2–11、图 2–12、图 2–13、图 2–14、图 2–15、图 2–16、图 3–4、图 3–9、图 3–10、图 3–11、图 4–1、图 4–4、图 4–7、图 5–1、图 5–2、图 5–3、图 5–4、图 5–6、图 5–7、图 5–8、图 5–9、图 5–11、图 5–12、图 6–01、图 6–2、图 6–3、图 6–5、图 6–7、图 6–8、图 7–1、图 7–2、图 7–6、图 7–7、图 7–8、图 7–10、图 8–1、图 8–2、图 8–3、图 8–4、图 8–5、图 8–6、图 9–1、图 9–2、图 10–1、图 12–2、图 12–4、图 12–5、图 12–6、图 12–7、图 12–8、图 12–9、图 12–10、图 13–11、图 13–12、图 13–13、图 13–15、图 13–24、图 13–25、图 13–31、图 14–2、图 14–3、图 14–6、图 14–7、图 15–1、图 15–3、图 15–4、图 15–5、图 15–7、图 16–3、图 16–4、图 16–5、图 20–2、图 20–13、图 22–10、图 26–1、图 26–2、图 26–3、图 26–9、图 26–10、图 26–11、图 26–15、图 26–17、图 26–18、图 26–20、图 27–2、图 27–6、图 28–2、图 29–5、图 29–10、图 29–16、图 30–3、图 30–5、图 30–6、图 30–7、图 30–8、图 30–11、图 30–13、图 30–14、图 30–15、图 31–5、图 31–6、图 31–7、图 31–8、图 31–12、图 31–15、图 32–2、图 32–3、图 32–5、图 32–6、图 32–7、图 32–8、图 32–9、图 32–10、图 32–12、图 32–15、图 33–5、图 33–6、图 33–7、图 33–11、图 33–13、图 34–6、图 34–8、图 34–10、图 34–11、图 34–12、图 34–13、图 34–14、图 35–3、图 35–7、图 35–10、图 35–11、图 35–13、图 35–16、图 35–18、图 36–2、图 36–3、图 36–4、图 36–5、图 36–6、图 36–10、图 36–12、图 36–13、图 37–3、图 37–4、图 37–7、图 37–11、图 37–13、图 37–15、图 37–18、图 38–1、图 38–2、图 38–3、图 38–4、图 38–8、图 38–10、图 38–12、图 38–14、图 38–16D ~ E、图 39–3、图 39–5、图 39–8、图 39–10、图 39–11、图 39–13、图 39–15、图 40–2、图 40–3、图 40–4、图 40–5、图 40–7、图 40–9、图 40–11、图 40–12、图 40–14、图 40–16、图 40–17、图 40–19、图 40–20、图 42–1、图 42–2、图 42–3、图 42–4、图 42–5、图 42–6、图 42–7、图 42–8、图 42–9、图 42–10、图 42–11、图 42–12、图 42–13、图 42–14、图 42–15、图 42–16、图 42–17、图 42–18、图 42–19、图 42–20、图 42–21、图 42–22、图 42–23、图 42–24、图 42–25、图 42–26、图 42–27、图 42–28、图 42–29、图 42–30、图 42–31、图 42–32、图 42–33、图 42–34、图 42–35、图 42–36、图 42–37、图 42–38、图 42–39、图 42–40、图 42–41、图 42–42、图 42–43、图 42–44、图 42–45、图 42–46、图 42–47、图 42–48、图 42–49、图 42–50、图 42–51

编著者

作　者

Susi Arnold Prof., Dr med. vet., DECAR
Center for Small Animal Reproduction
Hünenberg, Switzerland

Brian Beale DVM, DACVS
Gulf Coast Veterinary Specialists
Houston, USA

Luc Borer Dr med. vet., DECVS
Cabinet Vétérinaire de Riantbosson
Genève, Switzerland

Claude Favrot DVM, MsSc, DECVD
Clinic for Small Animal Internal Medicine
Vetsuisse Faculty University of Zurich
Zurich, Switzerland

Francesco Gallorini Dr med. vet.
Clinica Veterinaria S. Silvestro
Arezzo, Italy

Stefan Grundmann Dr med. vet., DECVS
Kleintierpraxis Reinle & Grundmann GmBH
Weil am Rhein, Germany

Fredrik Gruenenfelder Dr med. vet., DECVN
Faculty of Veterinary Medicine
University of Glasgow
Glasgow, United Kingdom

Madeleine Hubler Dr med. vet., DECAR
Center for Small Animal Reproduction
Hünenberg, Switzerland

Sandra L. Hudson BS, MBA, CCRP
Canine Rehabilitation & Conditioning Center
Round Rock, USA

Sabine Kaestner Prof., Dr med. vet., DECVA
Small Animal Clinic
University of Veterinary Medicine
Hannover, Germany

Marcel Keller Dr med. vet., DECVS
Kleintierklinik Rigiplatz
Hünenberg, Switzerland

Sorrel Langley-Hobbs MA BVet Med, DSAS(O), DECVS, MRCVS
Department of Veterinary Medicine
University of Cambridge
Cambridge, United Kingdom

Pierre Montavon Prof., Dr med. vet.
Clinic for Small Animal Surgery
Vetsuisse Faculty University of Zurich
Zurich, Switzerland

Stefanie Ohlerth Dr. med. vet. DECVDI
Division of Diagnostic Imaging
Vetsuisse Faculty University of Zurich
Zurich, Switzerland

John Lapish BSc, BVetMed, MRCVS
Veterinary Instrumentation
Sheffield, United Kingdom

Valérie J. Poirier DMV, DACVIM, DECVIM-CA, DACVR
Brisbane Veterinary Specialist Center
Albany Creek, Australia

Frank Steffen PD, Dr med. vet. DECVN
Clinic for Small Animal Surgery
Vetsuisse Faculty University of Zurich
Zurich, Switzerland

Katja Voss Dr med. vet., DECVS
Clinic for Small Animal Surgery
Vetsuisse Faculty University of Zurich
Zurich, Switzerland

绘图和设计

Rainer Egle
Egle Consulting
Russikon, Switzerland

Daniel Erni
Focused Publishing
Russikon, Switzerland

Matthias Haab
Equine Clinic
Vetsuisse Faculty University of Zurich
Zurich, Switzerland

Marianne Mathys
Graphik/AVD
Vetsuisse Faculty University of Zurich
Zurich, Switzerland

序　一

多年来，世界上已经出版了很多关于犬猫手术和医疗护理的书籍，但大部分都是关于犬的，很少是单纯讲猫的。早在1964年，出版过一本Dr. EJ Catcott编写的*Feline Medicine and Surgery*(《猫内科和外科》)，并在1975年出版了第2版，我有幸成为其中的一名编著者。从那以后，关于猫疾病治疗的书籍逐渐多起来。现在有很多专注于家养品种猫特定系统护理的书籍。

你面前的这本新书仅限于介绍猫骨科和创伤医学。说本书的内容“仅限于”某个领域真是件不可思议的事情，这个词本身没有问题，但相反的是，本书极尽详细地描述了相关的主题内容。此外，更重要的是，书中的“至理名言”完全超乎预料。在本书中，读者会发现关于疾病诊断的全新知识，包括DR和MRI，及麻醉和镇痛的基础知识——前言与麻醉和镇痛这两个专题都是由Dr. William Muir编写的，他是这个领域的杰出专家。读者还可以了解到关节镜检查、术后护理和复健的最新信息。这些专题都有细节描述，覆盖了创伤学和骨科的核心内容。本书是一本全新的真正意义上的指导用书，其中含有很多发人深省的指导性章节，可以满足孜孜不倦追求猫护理医学知识的执业兽医的求知欲。

Dr. Pierre Montavon与其他编著者将本书划分为不同的部分，每部分含有不同数量的关联章节。当在目录上使用不同颜色进行标记时，这些看似杂乱的章节就能被清晰分辨了。相关的章节在页缘上标注相同的颜色，称为“拇指标记”，标记向下移动到新的位置指示新的章节。这样的设计方便了读者在查询目录后按照“拇指标记”直接快速翻到所需的页码。阅读的频率越高，就越容易直接找到所需的材料。

在这一点上，我要向负责排版设计和印刷的工作人员致敬。根据相关文本的要求，字体的大小和间距合理，内容可读性非常好，图片的质量也非常好。X线片和彩图的质量都无与伦比；图表也很简单、清晰，有两种或三种柔和的色调。绘图师被要求提供清晰的图片，这不仅仅是对艺术作品的要求，更是为了满足解剖图示的需要。事实证明，文中的图表均取得了良好的效果。正是这些图表的存在，大大补充了对相应文本的解释。任何人都可以对所有章节发表评论，但我不会这样做，我觉得这不是序言撰写人的职责，应该是审稿人的职责。

读者在谈到专业期刊时都很挑剔。如果有一本辅以颜色编排的书籍，并给出与书中所述疾病对应的页码，那么我们就可以在书中相关内容的空白处写下参考页码。这样，无论有没有计算机，交叉引用系统都会快速发挥检索作用。

本书由三位作者汇集了很多新的文献，以及一些最初发表在期刊上的文章。这一切都是为了猫而收集在一起的。其中有新的操作和技术，也有融合的成熟技术，来满足创伤患猫临床诊疗的需要。兽医骨科（尤其是与猫创伤相关的骨科）的新手们会发自内心地喜欢那些由有成就的作者所编著的书籍（由编辑们整理），他们会在使用后很好地吸收其中的精华。作为在创伤和骨科方面经验丰富的兽医，我真诚地希望您也能在本书中找到有用的想法和信息。

学习是我们自己的事情！（莎士比亚《爱的徒劳》）

最后，回顾我近60年来的职业生涯，我认为我必须通过提出大家都认为有说服力的，并且期望是睿智的建议来传递一些经验。我认为，在尝试使用新技术之前，必须在尸体上进行实践，或者临床医生应接受有经验的专家的指导。了解自己的局限性，不要害怕将患病动物转诊给专家。通过转诊，新手们会获得更好的处理特殊问题的建议。话虽如此，新手们仍要掌握真正可怕的急诊状态下的应急处理方案。

有时，主人会因费用问题拒绝接受某项操作。在本书中，您会看到处理同一问题的不同方法——有些方法实际上比其他方法更昂贵。在了解了可供选择的不同技术的差异后，也清楚有些技术比其他技术更昂贵，只有靠良心决定要做什么操作了。

本书的出版，增加了兽医的参考文献，将非常有助于所有临床兽医自如地评估和治疗创伤患猫。

Geoff. Sumner-Smith DVSc (Liv) MSc FRCVS
加拿大安大略省圭尔夫大学名誉教授

序　二

这本书是《猫骨科手术与肌肉骨骼系统疾病》的第 1 版，是一部姗姗来迟的作品。猫的解剖学、生理学和行为学的细微差异，以及猫对疾病、手术和药物的独特反应值得引起特别注意。在设计和实施适当有效的猫麻醉与镇痛方案时，上述独特的反应会带来特殊的挑战。例如，与犬相比，猫更容易应激，即使是很小的医疗操作也很难保定（留置静脉导管），更难经口进行气管内插管，容易麻醉药过量或麻醉过深，也常发生低血压和低体温。基于猫的体型和性情，它们本身就更容易产生意外的药物副作用。

警惕性、给药准确度、熟悉物种间的差异对选择麻醉药、镇痛药及操作技术的重要性不容忽视。评估麻醉相关死亡率的最新数据表明，麻醉猫的死亡率大约为 1：400（0.24%），年龄、体重、手术紧急程度、气管内插管和液体疗法都与麻醉风险有关。猫麻醉相关的死亡率比犬高很多，需要提高警惕，要监测麻醉期间猫身体状态的有害变化。重要的是，要常规使用监护设备，包括但不限于心电图、脉搏血氧仪和间接动脉血压，以便降低麻醉风险。

大多数骨科损伤的患猫都会应激、疼痛和脱水。那些由于创伤而引起的严重损伤通常会造成广泛的软组织损伤、失血和感染。除四肢损伤外，患猫也可能并发严重的头部或胸壁创伤，从而表现中枢神经系统问题（木僵、沉郁）、呼吸系统问题（呼吸用力）或心血管系统问题（心律失常）。

采取骨科手术的患猎具有特殊的麻醉风险，需要高度的镇痛护理并使用专门的监护设备和技术。为此，Dr. Kaestner 写了两章内容来专门介绍骨科患猫的麻醉和镇痛护理。这些章节提供了关于猫的临床药理学、监护和镇痛护理的详细且适用于临床的信息。图片、表格和专栏提供了关键的背景信息。本书还讨论了麻醉技术、监护设备、常见麻醉问题及其治疗。对镇痛药物清单、药物剂量和镇痛技术（包括局部麻醉和区域麻醉）也都做了描述和说明。Dr. Kaestner 还提供了必要的基础应用信息，以便对猫进行安全有效的麻醉和镇痛。

William Muir DVM, PhD, ACVA, ACVECC

目　录

第1部分
骨科患病动物的临床诊断路径

猫独立而好奇的天性常使其陷入危险的状态，因此创伤是骨科疾病最常见的原因。车祸、高处跌落、咬伤在猫都很常见，它们可能导致骨骼系统和软组织严重的多系统损伤。在接诊创伤动物时，初始的检查聚焦在诊断和治疗威胁生命的状态。在排除严重的软组织损伤，患猫处于稳定的状态后，才开始解决骨骼损伤。骨折或关节损伤常引起严重的临床症状。

无创伤病史或症状的跛行患猫的诊断非常具有挑战性。首先，临床医生对猫骨科疾病的认知不如犬的。只有少数猫会表现跛行，猫骨科疾病的文献也有限。其次，详尽的步态分析和完整的骨科检查对侦查细微的异常至关重要，但猫往往很难做相应的操作。最后，患骨科疾病时，猫的临床症状往往与犬不同，且为非连续性表现。动物主人和兽医可能忽略或错误判读该症状。了解猫特殊的骨科疾病和相关症状有助于获得正确的诊断。

在检查猫时，和犬类似，需遵循一定的原则，但是需要更平静和更多的耐心。适当的保定方法可使检查过程更为顺畅，猫也会更加配合。后续章节会描述猫骨科疾病常用的诊断步骤。作者会强调对猫做操作时的重点和独特性。

第 1 章　患病动物评估

K. Voss, F. Steffen

完整的患病动物评估包括病征、病史、体格检查、骨科检查和神经学检查。关于猫骨科疾病的诊断流程见图 1-1。在体格检查、骨科检查和神经学检查后，临床医生需要根据检查结果列出鉴别诊断，确定进一步的诊断方案。要评估并与猫主人讨论这些方案的风险和收益，对每一步检查后都要进行连续分析，排除鉴别诊断，发现并发疾病，最终确诊并制订相应的诊疗计划。疾病发展的严重程度、是否存在并发疾病、功能恢复的预后、治疗相关的成功率、费用及主人提供术后护理的能力都是影响治疗决策的因素。

1.1　病史

相较于其他物种，猫主人往往难以提供有效的病史信息。轻度受伤或生病的猫通常不表现明显的临床症状，猫主人需要很长的时间才会意识到猫出现了问题；室外饲养的猫则需要更长的时间。猫主人可能偶然观察到一般的生活习惯，如排便或排尿；但创伤性事件本身通常观察不到，主诉常为跛行或受伤回家。尽管如此，获得准确的病史仍是重要的评估环节。猫在医院通常很焦虑，兽医难以有效地发现行为变化或评估整体健康状

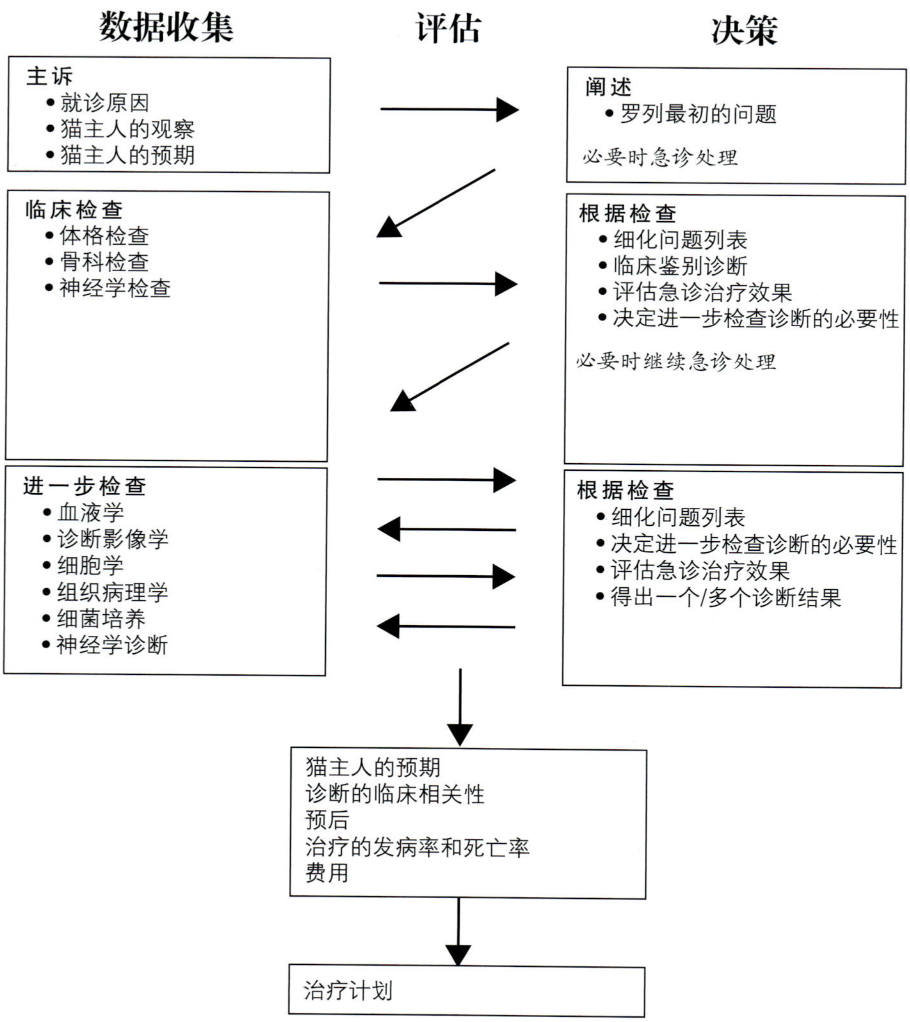

图 1-1　该流程图展示了猫骨科疾病动物的数据收集、连续评估及决策的过程

态；猫主人对猫在家里的行为观察为诊断和预后提供了重要信息。

通过病史调查来确定动物是否发生创伤，如果是，则要评估可能的原因、推断潜在的创伤事件、动物当时的疾病状态、了解动物的整体状况（如生活习惯和整体健康状态）、确定受波及的器官和系统。此外还需要了解猫主人对治疗的期望、预期的结果及术后照顾患猫的能力。表 1-1 罗列了应该询问的问题。和猫主人交谈期间，可将患猫放在猫箱里以适应诊室环境。

1.2　处理和保定

兽医常会遇到脾气暴躁、抓挠和咬人的猫，这对猫主人、兽医和猫都很糟糕和危险，而且会影响整体检查，导致临床体征如体温、心率和呼吸频率改变[1]。猫的攻击性可能与多个机制有关[2]，但常由恐惧、无法逃脱或操作时疼痛导致。可通过提供安静的环境、轻柔的操作、避免嘈杂来减少恐惧。候诊室和诊室的门最好都是关闭的，周围安静且没有犬出没。成功的保定需要感受猫的性格，使用最小的束缚力[3]。过度保定往往效果不佳，猫会因为恐惧或暴躁而无法进行检查；给予足够的耐心，并尊重其本性，很多猫往往会配合操作。

将猫从猫箱中取出时，需要托其胸部（图 1-2），选择可打开顶部的猫箱会更好。在抓猫之前，先轻柔地抚摸患猫的头部、肩部或背部皮肤。尽量避免抓持颈部（图 1-3）[4]，有时将猫从猫箱或笼子里取出时，需要控制颈部，以避免咬伤或抓伤。在操作台做检查时，应轻柔保定，一只手做检查，另一只手轻轻控制患猫身体（图 1-4）。理毛会分泌内啡肽，有些患猫会在理毛时慢慢放松下来。

避免局部过度保定，如后腰部、尾巴和爪部，会导致动物出现防御性行为。若需要更多保定时，可将手平展环于颈部、胸部、肩部或骨盆处，轻柔保定；若患猫试图抓咬，应迅速做出反应，加大束缚力。要由有经验的医护人员而不是猫主人进行保定。虽然猫很喜欢它们的主人，但应激时也会攻击主人，从而导致抓伤或咬伤。

图 1-2　使用可打开顶部的猫箱，托住患猫胸部将其抱出

图 1-3　用手抓持猫颈部松弛的皮肤。这是疼痛操作，尤其是对老年猫和肥胖猫，需要用另一只手托住臀部减少承重力

偶尔会遇到一些猫无法保定，不能进行体格检查或内科检查，若此时患猫水合状态和体况良好，可考虑镇静而非物理保定。尤其当进行疼痛操作，如触诊不稳定的关节时，更需要镇静。有时可使用猫包或面罩做物理保定。对暴躁的猫或野猫，要获取完整病史和视诊，而后才能考虑麻醉行进一步检查。可以在保定箱内肌内注射或全身诱导麻醉。这种方式可能会造成患猫应激，且

表 1–1　病史调查需要询问的问题与分析

提问	阐述
病征（年龄、品种和性别）	疾病或损伤的第一线索，存在特定的好发品种或年龄
室内饲养还是室外饲养?	室内饲养猫也可能受伤，但创伤通常较轻，且为局灶性病变
免疫史?	对室外饲养猫尤其重要
是否与其他猫接触?	评估咬伤和传染病的可能性
病程为急性或进行性发作?	创伤通常导致临床症状急性发作。疾病则是进行性发展
若怀疑创伤或患猫曾经走失，最后看到患猫处于正常状态是何时?	可能发生创伤的时间范围
如何发现及何时发现患猫受伤的? 受伤后，患猫的状态有何变化?	创伤后临床症状的进展可能提示休克、脑损伤、器官损伤或感染进程
受伤后，患猫是否还能行走? 是否出现肢体废用?	不能行走的患猫可能存在多肢损伤、骨盆骨折或脊柱骨折 / 脱位
创伤后患猫是否排尿?	有排尿并不能排除尿路损伤，但不排尿则需要进一步评估
是否存在其他临床症状，如咳嗽、张口呼吸、腹泻等?	咳嗽和呼吸困难提示可能存在胸部创伤或并发心脏 / 呼吸系统疾病。全身疾病也可引起骨科或神经系统问题（如心肌病导致的主动脉栓塞）。并发全身疾病可能影响治疗方案和预后
饮食是否正常? 有无体重减轻?	体重减轻伴有饮食量下降通常提示全身疾病或疼痛。体重减轻伴饮食量增加提示猫甲状腺功能亢进
生活行为有无改变（运动量、睡眠、理毛）?	非特异性行为改变可能是全身疾病的症状或由疼痛所致
是否跛行? 如果是，是哪个肢体?	低级别跛行或间歇性跛行在临床中难以发现
患猫是否还能跳到自己喜欢的地方?	不喜跳跃是骨科和神经系统疾病的常见病征
有无饮水过多?	必问问题，因为老年猫患肾病和糖尿病的概率很高
患猫的食物是什么?	排除营养不良性骨骼疾病
患猫的排尿和排便有无变化?	在猫砂盆外排尿可能是骨骼疼痛或神经功能障碍

不能有效监护，建议只应用于未驯化或极具攻击性的猫。

图 1–4　施加最小的力量完成保定，在检查台上用一只手掌托住身体，另一只手环绕胸部，防止患猫跳走

1.3　一般体格检查

对骨科患病动物进行全身体格检查的目的在于评估动物的总体健康情况、发现潜在疾病的临床病征、排除并发疾病。老年猫可能患有系统性疾病，这些疾病可能会出现与骨科和神经系统疾病类似的症状，也可能是共存病。检查包括体况评估、重要参数及各系统功能评估。骨科疾病重要的体格检查特征将在下一章介绍，读者可参考小动物体格检查相关的教科书。在诊断创伤病例时，需要在体况稳定后再进行完整的体格检查。创伤动物的诊断和治疗将在第 10 章介绍。

整体状况和重要参数

首先评估动物的体格评分、意识水平、心率、呼吸频率和呼吸型、黏膜颜色、毛细血管再充盈时间（CRT）、股动脉脉搏质量和体温。表 1-2 列举了猫的正常生理参数[1,4,5]。心率的变化很大，这与应激相关[1]。体重也要记录。

表 1-2　猫的正常生理参数

生理参数	正常值
心率[1]	130 bpm（±19）在家 150 bpm（±23）在医院 187 bpm（±25）保定时
呼吸频率	20 ~ 40 bpm
体温	38 ~ 39℃
股动脉脉搏质量	脉律齐，易于触摸
黏膜颜色	淡粉、润湿
毛细血管再充盈时间	<1 s

头部和颈部

要进行眼部、耳部、鼻和口腔的检查。头外伤可见鼻腔或外耳道出血，而唇部和鼻周围的撕裂伤也可提示头外伤，通常由高处跌落造成。口腔检查可评估牙齿咬合、是否齿折、上/下颌骨折、唇裂、肿物或其他异常。有高处跌落史的动物，要检查是否有下颌骨联合处骨折和创伤性腭裂。打开猫口腔的正确方式见图 1-5[5]。在其活动范围内轻轻移动颈部，触诊有无脊柱和肌肉疼痛。老年猫高发甲状腺功能亢进，仔细触诊气管旁区域，若喉部到胸腔入口处有结节性肿块，提示甲状腺肿大。

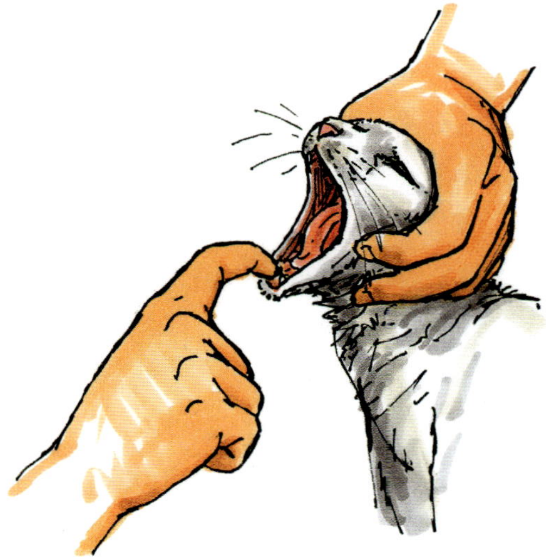

图 1-5　打开猫口腔时，一只手放在头顶，拇指和食指固定颧骨使头轻轻后仰，另一只手按压下切齿直至口腔打开

被毛、皮肤及淋巴结

检查被毛的质量和完整性，检查皮肤弹性，以评估动物的水合状态。检查全身是否有疼痛、肿胀、淤血或积脓。触诊浅表淋巴结如下颌淋巴结、肩前淋巴结、腋窝淋巴结、腹股沟淋巴结和腘淋巴结是否肿大。检查乳腺是否有肿块。

呼吸道

注意呼吸型及是否存在异常呼吸音。上呼吸道阻塞会出现喘鸣声/鼾声，表现为吸气延长并加深的呼吸困难模式。张口呼吸可继发于上呼吸道阻塞、疼痛和应激。肺实质损伤，如肺挫伤或肺水肿会导致呼吸用力、呼吸频率增加。猫出现呼吸浅快、明显的吸气困难多与胸腔疾病有关，如气胸、胸腔积液或膈疝。触诊胸壁判断有无肋骨骨折或其他结构性病变。听诊肺脏确定有无肺音异常、肺音缺失或左右不对称。肺音缺失提示胸腔疾病，如气胸、胸腔积液或膈疝。呼噜声会干扰听诊，且难以中断，可使用流水分散患猫的注意力。

心脏

心脏听诊可发现心杂音或节律异常。心肌病患猫常见奔马律，应激可导致亚临床心脏病发展为心力衰竭。这时难以区分创伤性休克和心源性休克。肺水肿、胸腔积液、动脉栓塞或颈静脉扩张提示心力衰竭。对初始休克和呼吸困难治疗反应不佳也提示可能存在潜在的心脏病。

腹部

如图 1-6 所示，当猫站立或被抱住时，使其前肢离开桌面，检查者站在猫身后，一只手环绕胸部，另一只手轻柔触诊腹部。正常的胃难以触及，尤其是在排空后，胃完全位于肋弓内而难以触诊。非肥胖猫易触诊到小的脾脏和肝脏边缘、小肠、充满粪便的结肠、肾脏和膀胱。但即使触诊到膀胱，也不能排除膀胱破裂。可通过触诊发现大量腹水，同时伴有腹部膨胀。

图 1-6　检查人员位于患猫背侧，一只手托住胸部，另一只手可做腹部触诊。触诊要轻柔，避免用力抓握造成疼痛，甚至是腹腔内损伤

会阴部

检查会阴区域和尾部是否存在损伤、脓肿、血肿及神经反射缺失（第 1 ~ 5 章）。创伤后外阴和阴茎周围出现血尿，提示泌尿系统损伤。

1.4　骨科检查

骨科检查包括步态分析、站立时触诊、侧卧时各关节和骨的触诊与活动。

1.4.1　步态检查

因为猫不能牵遛，而且拒绝在新环境中自由运动，所以需要更多的时间和耐心进行步态检查。

让患猫自由行走时，务必关闭门窗。很多猫一开始会趴在地面上，适应后会四处走动探索新环境。若将猫放在房间中央，它们常会寻找躲藏的地方。若它们的位置靠近角落、箱子或其他可以隐藏的地方，它们常会向该处移动，以便兽医观察这几步的步态。藏身处应易于将患猫带离。若诊室内有高点，如位于角落的桌角，则可评估患猫的跳跃能力。如果是带有窗户的诊室，可以将患猫留在诊室，透过窗户观察患猫在逐渐熟悉诊室后的步态。有些猫也会去追逐激光笔的聚光点。若猫完全拒绝行走，兽医无法评估步态，这时猫主人提供的信息就至关重要了。猫主人也可以提供在家录制的患猫小视频。

在诊室通常只能观察患猫行走几步，且多是蹲着移动，无法看到不同运动时的步态。虽然步态检查很困难，但为了评估治疗的预后，将跛行按严重程度进行分类（表 1-3）。当患猫为前肢低级别跛行时，可表现为行走正常，但在端坐时，爪部会悬空不接触地面。

表 1-3　猫跛行评分

跛行等级	跛行描述
1 级	轻度跛行：几乎无跛行症状，但猫在端坐时会抬起爪部（前肢），或者主诉不能跳跃（病史描述）（后肢）
2 级	中度跛行：明显跛行，但患肢通常仍可行走
3 级	严重跛行：减负体重或无法负重

若患猫存在双侧骨科异常，可能不表现明显跛行，但常不愿活动和跳跃，有时站姿和坐姿出现异常，行走时表现蜷缩步态。双侧骨病多见于后肢疾病，易与神经学疾病混淆。常见疾病包括髌骨脱位、双侧前十字韧带疾病、髋关节发育不良和髋关节骨关节炎。腰椎或腰荐椎退行性疾病和脊椎关节强硬都会导致疼痛，也应列为鉴别诊断。前肢的双侧骨病比较罕见，多为肘关节退行性疾病。

创伤后患猫不能站立或行走时，应怀疑多肢的骨科损伤、不稳定的骨盆骨折和（或）脊柱骨折和脱位。在稳定动物体况后，进行完整的骨科和神经学检查。轻度关节不稳定，肢体近端骨折或脱位，如股骨头和股骨颈骨折、肩胛骨骨折、髋关节和肩关节脱位等，在检查时易被忽略；而其他的肢体骨折通常比较明显。

1.4.2　站立检查

轻柔保定使患猫站在检查台上并触诊。这时，只能进行非疼痛性操作。站立时可对比双侧肢体，观察对称性。一只手置于腹下托住骨盆，使患猫保持站立。也可轻轻抓持尾根刺激患猫站立。

患猫站立时可比较双侧肢体的负重能力。用 2 个手指向后轻轻牵拉跖骨，使后肢离地（图 1-7），牵拉健肢阻力更大。同样的，可向前牵拉前肢，评估双侧肢体弯曲的阻力。

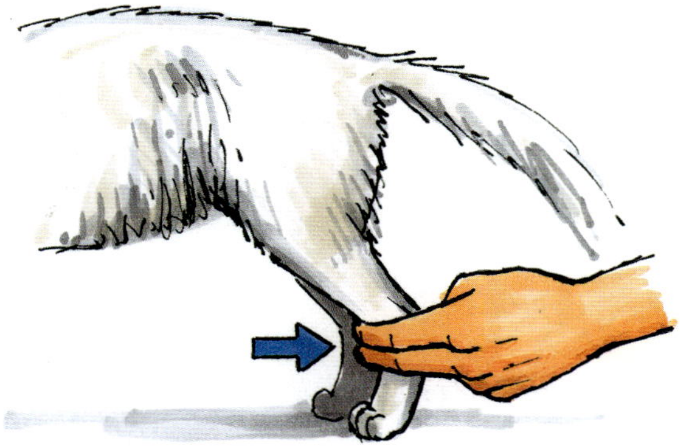

图 1-7 患猫四肢站立在检查台上，比较双侧肢体负重的对称性；另外，也可后拉和上抬后肢，感受双侧的阻力，评估双侧肢体负重是否对称

轻触颈部、背部、前肢和后肢。观察是否存在肩部、背部和股部肌群的萎缩或肌张力不同。评估双侧骨突的对称性，这在骨盆骨折或髋关节脱位时尤为典型。同时触诊双侧肢体时，易于发现关节和软组织大小和轮廓的细微变化。轻触脊柱和背部肌肉，包括腰荐和荐尾区域，评估是否疼痛。很多猫不喜欢被触诊后腰部，需谨慎操作。

1.4.3 侧卧检查

站立检查后，患猫习惯被抚摸，这时可使其侧卧而不致焦虑。将患猫置于检查台上，将手放在前后肢的近端保定（图 1-8）。系统检查所有肢体，从健肢到患肢。创伤后常见多肢损伤。从指 / 趾部开始，逐渐向近端检查，触诊和活动所有关节和骨骼。先轻轻触诊，检查有无轴向偏移、温度改变、轮廓变化及波动感。然后检查是否有骨裂、关节活动性增加或减少、疼痛。所有可能引起疼痛的检查均应后置。深触诊也会引起疼痛。猫的疼痛反应较少，包括发出“嘶嘶”声、转头和一些细微的反应，如瞳孔大小、呼吸型及耳朵位置改变。检查指 / 趾部时要小心，很多猫不喜欢被触碰这个部位。

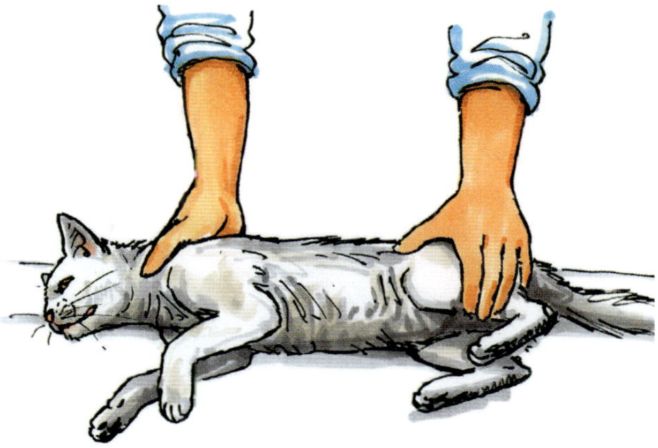

图 1-8 使患猫侧卧在检查台上，助理把手放在肩颈部和骨盆处进行保定，防止猫转头咬人或站起来。一般猫都会很配合检查，能够很好地评估疼痛反应

骨骼

触诊和活动检查是否发生骨折、变形和疼痛。先整体触诊爪部、趾 / 指骨、跖骨和掌骨，然后再分别触诊。未发生移位的掌骨或跖骨骨折只引起轻微软组织肿胀和疼痛，易被忽略。由远端至近端，检查每块骨骼是否存在轴向偏移、轮廓变化、骨裂、不稳定和疼痛。猫的骨折常导致畸形，无论有无病理性骨折的特征，都要和骨肿瘤及其他骨病进行鉴别诊断。

关节

轻触每个关节，检查有无关节周围肿胀或关节积液。关节积液是一种非特异性症状，常见于创伤性关节积血、退行性关节病和关节炎。在关节活动范围内活动关节，检查有无活动范围缩小、关节不稳定和（或）骨裂。创伤性韧带断裂可继发关节不稳定或脱位，检查每个关节韧带的应力反应时，需要了解它们的解剖学知识。相较于犬，猫的关节更有弹性。可对比双侧关节的活动范围，以诊断轻微的不稳定。临床上关节相关侧副韧带的扭伤也会造成关节周围肿胀。将疼痛检查留至检查最后进行。有时需要镇静或短时麻醉来诊断关节不稳定的类型和数量。表 1-4 和表 1-5 列出了关节触诊的部位、对应提示及鉴别诊断。疾病和损伤的类型与特殊检查将在本书的第 7 部分介绍。

表 1–4 前肢重要关节的检查特征及提示

关节	检查	提示
腕关节	关节积液	关节炎、DJD、创伤
	关节周围肿胀	韧带 / 关节囊扭伤、关节炎
	活动捻发音	骨折、脱位、DJD
	内翻或外翻不稳定（伴腕关节伸展）	侧副韧带扭伤
	后抽屉试验阳性	内侧副韧带断裂
	掌骨不稳定 / 伸展过度	掌韧带断裂
肘关节	关节积液	DJD、关节炎、滑液囊肿
	关节周围肿胀	韧带 / 关节囊扭伤、滑液囊肿、内上髁炎
	活动捻发音	骨折、脱位、DJD
	伸展 / 弯曲和外旋 / 内旋的活动范围缩小	DJD、脱位、桡尺骨骨性结合
	内侧或外侧不稳定	侧副韧带扭伤
肩关节	活动捻发音	骨折、脱位、DJD、OC
	屈曲和伸展活动范围缩小	DJD、脱位、发育不良、OC
	内外侧和前后侧不稳定（抽屉运动试验）	肱骨内侧韧带断裂、半脱位、脱位、肱二头肌腱断裂
	肱二头肌腱试验阳性	肱二头肌腱鞘炎、肱二头肌腱断裂

注：DJD，退行性关节病；OC，骨软骨病。

表 1–5 后肢重要关节的检查特征及提示

关节	检查	提示
跗关节	关节积液	关节炎、DJD、创伤
	关节周围肿胀	韧带 / 关节囊扭伤、关节炎
	活动捻发音	骨折、不稳定、DJD
	屈曲 / 伸展活动范围缩小	DJD、脱位
	外翻或内翻不稳定（伴关节伸展 / 屈曲）	侧副韧带扭伤、踝部或腓骨远端骨折
	跗关节间背侧或跗跖骨不稳定	背侧韧带断裂
	跗关节间跖侧或跗跖骨不稳定	跖侧韧带断裂
膝关节	关节积液	DJD、关节炎、OC、创伤
	关节周围肿胀	关节囊和侧副韧带扭伤、断裂、DJD
	活动捻发音	骨折、不稳定、DJD
	屈曲 / 伸展活动范围缩小	DJD
	髌骨不稳定	髌骨脱位
	前和（或）后抽屉试验阳性	前和（或）后十字韧带断裂
	外翻和内翻不稳定（伴膝关节伸展）	侧副韧带扭伤、髁骨折
髋关节	伸展、屈曲、环绕、内外旋转和外展的活动范围缩少	髋关节脱位或股骨头 / 颈骨折导致的疼痛、DJD、股骨头 / 颈骨病
	Ortolani 试验阳性（猫不准确）	髋关节不稳定、髋关节发育不良
	大转子位置异常	髋关节脱位、大转子撕脱性骨折

注：DJD，退行性关节病；OC，骨软骨病。

软组织

在骨科检查中还需要评估皮肤、肌肉和肌腱。检查爪部和脚垫是否存在病变（第 7 章）。指甲损伤或劈裂提示可能存在创伤性事件，猫的跛行最常见与咬伤相关，所有与其他猫接触并有跛行的猫都应怀疑。咬伤常引起严重的蜂窝织炎、软组织肿胀、触诊时明显疼痛（第 16 章）。触诊肌肉和肌腱，观察有无肌肉发育不良或萎缩、肿胀和疼痛。本书第 7 章介绍了肱三头肌腱、跟腱及髌韧带断裂的检查。

1.5　神经学检查

神经学检查包括姿态、步态、精神状态、脑神经、本体感受和脊髓反射、皮肤和身体敏感性等检查[6-8]。所有动物需要在镇静前完成标准的神经学检查。先进行轻微保定即可检查的项目，如脑神经和本体感受检查，再进行需要保定或可能引起不适的检查，如脊髓反射、脊柱及其他疼痛部位的触诊。

当主诉有步态异常，如走路拖拽、步态摇摆、滑行或指背负重时，需要怀疑神经问题。此外，姿态改变也可能是神经疾病，如弓背、低头行走或尾巴活动改变。行为改变提示有潜在的神经性疾病。猫常见的行为异常包括恐惧或具有攻击性、食欲过度或减少、家庭训练遗忘和追尾行为等；运动异常包括漫步行走、转圈和过度发声。通常不是大脑某个单一解剖位置的病变。

猫的神经系统对低血糖、缺氧、肝功能障碍、毒素和药物尤为敏感，因此，每只患有神经症状的猫都必须排查系统性疾病。

1.5.1　姿态、步态和精神状态

观察患猫是否有异常步态、身体偏向一侧、头部活动及移动时的姿态。姿态异常包括头倾斜、躯干姿势异常、四肢僵硬或无力。

步态模式不是确定病灶部位的唯一标准，但有些步态异常具有特征性。如前庭性共济失调的特征是头倾斜、宽基步、病变同侧肌张力下降、病变对侧肌张力增加。在运动时，患病动物步态不稳、摇晃、向无力侧倾倒。转圈也不是确切病灶的定位标志，但转小圈通常与脑干后侧病灶相关。小脑病灶常表现出四肢伸展过度、平衡感丧失和震颤。踱步可能是大脑皮质的病灶，但颈椎病变也可能导致这种步态。脊髓损伤常导致多种不同的步态模式，很难将步态异常定位到某个病灶位置。外周神经病变会导致特定的步态异常和特征。

意识水平主要是由网状结构控制调节，由延髓延伸到间脑的精细的神经网络组成，临床上可区分为 4 种意识水平（表 1-6）。

1.5.2　脑神经检查

各种大脑疾病和神经肌肉疾病都会表现脑神经功能异常。表 1-7 罗列了脑神经的生理功能、检查方法及导致功能障碍的常见原因。头损伤和潜在脑损伤的患猫可能需要麻醉和手术治疗，它们需要特殊的考量。

初始评估侧重于意识水平、脑神经功能与活动性 / 姿态。患猫警觉、反应灵敏，伴脑神经异常时，提示颅外损伤。无神经断伤时，外周神经损伤通常预后良好。患猫反应淡漠、木僵或昏迷，伴脑神经异常时，提示中枢病变。这时需要进行完整检查，可能需要治疗干预降低颅内压。需要特别评估瞳孔大小、对称性、反应性和生理性眼球震颤。昏迷的患猫伴瞳孔散大无反应、生理性眼球震颤消失，提示可能存在不可逆的脑干损伤，预后不良。而瞳孔反射良好、单侧或双侧缩瞳、深痛反射存在提示神经恢复仍存在很大可能。

1.5.3　本体感受检查

本体感受是指身体在休息和运动时在三维空间中正确的位置。本体感受检查主要是检查上行束和下行束。本体感受检查对神经性病灶的检测敏感性很高，但解剖学定位无特异性。本体感受缺失可先于运动障碍发生。有多种神经学检查方法可用于检查本体感受功能。

表 1-6　意识水平

意识水平	描述	提示
正常	患猫清醒，正常	正常表现
沉郁	患猫清醒，但反应性和活动性下降	神经系统继发性或原发性疾病引起的非特异性症状
木僵	患猫沉睡，但强机械刺激或噪音刺激可清醒	大脑皮质和网状结构之间的病变或损伤
昏迷	患猫完全丧失意识，对疼痛刺激无反应	脑干和大脑半球之间完全阻断

表 1–7　脑神经的生理功能、检查方法及导致功能障碍的常见原因

脑神经	功能	检查方法	导致功能障碍的常见原因
嗅神经（CN Ⅰ）	感觉神经	闻食物或者强刺激性物质，如乙醚	鼻炎、鼻部和鼻筛骨肿瘤、头损伤
视神经（CN Ⅱ）	感觉神经（视觉和瞳孔对光反射）	惊吓反应；视觉位置反应；棉球跟踪试验；瞳孔对光反射（直接和间接）；炫目反射	很多影响视觉和瞳孔光反射通路的脑部疾病
动眼神经（CN Ⅲ）	运动神经支配眼外肌，副交感神经支配瞳孔肌	出现腹外侧斜视、瞳孔散大、瞳孔对光反射消失，上眼睑下垂	头损伤、颅内压升高
滑车神经（CN Ⅳ）	运动神经支配眼外肌	眼球外侧旋转	头损伤
外展神经（CN Ⅵ）	运动神经支配眼外肌	内侧斜视；眼球无法回缩	头损伤
三叉神经（CN Ⅴ）	运动神经支配咀嚼肌和感觉神经支配面部与角膜	眼睑反射；角膜和面部敏感性检查；下颌张力；咀嚼肌触诊	创伤性神经损伤，由各种脑病和神经疾病导致的面部敏感性丧失
面神经（CN Ⅶ）	运动神经支配面部肌肉，感觉神经支配舌和上腭，副交感神经支配鼻部、唾液腺和泪腺（鼓索）	眼睑反射；耳部、唇部和面部肌张力检查；Schirmer 泪液测试	内耳炎、创伤性神经损伤；中耳疾病导致的鼓膜损伤
舌咽神经（CN Ⅸ）、迷走神经（CN Ⅹ）	运动 / 感觉神经支配咽部、喉部肌肉，副交感神经支配胸部和腹部内脏（Ⅹ）	呕吐反射；胸部 X 线检查食管扩张；轻度镇静时观察声带运动	脑干疾病
前庭蜗神经（CN Ⅷ）	感觉神经	前庭功能障碍：头倾斜；眼球震颤；腹侧斜视；前庭性共济失调 耳蜗功能障碍：脑干听觉诱发电位	内耳炎、脑干疾病
副神经（CN Ⅺ）	运动神经支配颈部肌肉	颈部肌张力	硫胺素缺乏（颈部腹侧屈曲）
舌下神经（CN Ⅻ）	运动神经支配舌部	观察进食和舌不对称 / 舌萎缩	脑干疾病

本体感受位置反应

这是最简单的检查方法，弯曲足部，使其背部接触地面（图 1–9）。正常时，动物足部立即恢复正常位置。每个肢体都需要单独检查。本体感受缺失提示上运动神经元（UMN）和下运动神经元（LMN）系统病变。

独轮车反应

支撑患猫腹部，使重心落在前肢，正常时动物双前肢可协调前行（图 1–10）。伸展头颈部后重复该动作，消除视觉对运动的控制，使动物更依赖本体感受来源的信息。观察患猫的起步运动、是否有轻瘫和辨距不良，独轮车反应缺失通常与颈段脊髓、脑干和大脑皮质损伤有关。

图 1–9　单手向上支撑患猫腹部，防止抬脚时失去平衡，另一只手使足部翻转，检查患猫的本体感受

图 1–10　伸展颈部进行独轮车反应检查。抬高后肢，伸展颈部，患猫会被迫向前移动，观察前肢的运动

单脚跳反应

支撑患猫腹部，使一侧前肢离地，重心落在另一侧前肢，使动物向内、外和前方运动（图 1-11），单脚跳反应起始不畅提示感受缺失，后续动作不畅提示运动系统异常。有些神经系统正常的动物可能不能单肢负重，在检查期间表现瘫软，因此，必须谨慎对待假阳性反应的病例。

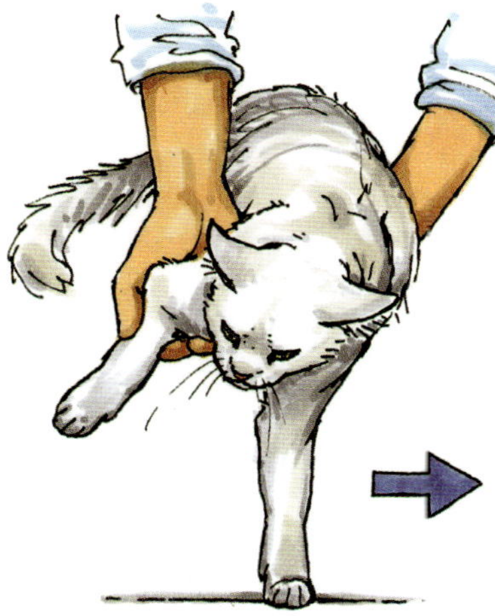

图 1-11　前肢单脚跳反应。抬起腹部，向外侧移动患猫，观察被测肢体的跳跃运动，有无起始延迟或动作不畅

伸肌蹬踏反应

支撑患猫胸部和前肢，使双后肢着地，当后肢接触到地面时，双后肢会立刻交替向后方迈步。此外，后肢在接触地面时会有伸展动作，这与前庭的反射相关，没有肢体的伸展则提示可能有前庭病变。

位置反应

视觉位置反应是支撑患猫胸部，使其接近检查台边缘，正常动物会在腕关节碰触台面前先主动到达检查台。触觉位置反应操作类似，但检查人员用一只手挡住患猫眼睛，正常动物会在腕关节碰到台面边缘时立刻跳到检查台上。若视觉位置反应缺失，触觉性位置反应正常则提示视觉通路受损，相反则提示可能存在颈段脊髓、脑干或大脑皮质病变导致的感觉通路受损和运动障碍。

颈紧张反应

患猫在跳上检查台时会伸展头部、颈部和前肢，后肢屈曲，如果手动伸展猫的头部，其四肢也会出现上述表现，否则提示可能存在大脑皮质、脑干或颈部病变。

观察患猫更多的运动，如着地时的表现，可发现是否有轻度的本体感受缺失和运动障碍。患猫从距地面 30 ~ 60 cm（1 ~ 2 ft）的高度落地时，若出现无力、摔倒或肢体位置不正常则提示本体感受缺失。为避免医源性伤害，先确定患猫肢体的负重能力，患有骨科疾病的猫着地方式也会发生改变，如患双侧肘关节炎的猫会倾向下颌着地而非双前肢。

1.5.4　脊髓反射

脊髓反射是检查反射弧的感受和运动部分的完整性，包括反射的上下行通路（表 1-8）。反射

表 1-8　脊神经的自主节段及其支配的肌肉

脊神经	感觉丧失	受影响的肌肉
肩胛上神经（C6–C7）	肘关节和肩关节间的内侧	冈上肌和冈下肌
肌皮神经（C6–C8）	前肢背侧	肱二头肌和肱肌
正中神经、尺神经（C8–T2）	爪部、前臂部和第五指腹侧	腕部和指部屈肌
桡神经（C7–T2）	前臂部背外侧	前臂部和腕关节伸肌肌群
股神经（L4–L6）	股部和后肢内侧	股四头肌群
闭孔神经（L4–L6）	—	内收肌、股薄肌
坐骨神经（腓支和胫支）	除内侧以外的膝关节下方肢体	跗关节和趾部的伸肌与屈肌
腓神经（L6–L7）	腿部和爪部背侧	跗关节屈肌、趾部伸肌
胫神经（L6–S1）	腿部和爪部腹侧	趾部屈肌、跗关节伸肌
阴部神经（S1–S3）	会阴部	肛门和尿道外括约肌
尾神经（Cc1–CcX）	尾部	尾部肌肉

缺失或减弱提示下运动神经元（LMN）疾病；反射增强提示上运动神经元（UMN）疾病或对侧肌肉量减少。伸肌反射检查，如膝跳反射，可观察到阵挛，这是因为反射刺激造成肌肉的重复收缩和放松，常见于下行抑制通路的慢性病变。

正常的脊髓反射

股四头肌反射（股神经）。患猫侧卧，轻轻抬起一侧后肢，膝关节轻微屈曲，处于放松的状态，用叩诊槌敲打膝直韧带。膝直韧带比较小的猫，可用手指放在韧带上，敲打手指间接刺激韧带会更准确。正常时，膝关节快速伸展（图 1-12）。膝跳反射的缺失或减弱提示反射弧传入或运动部分受损。反射增强提示下行抑制通路丧失，也可能是对侧股后肌群和坐骨神经受损。

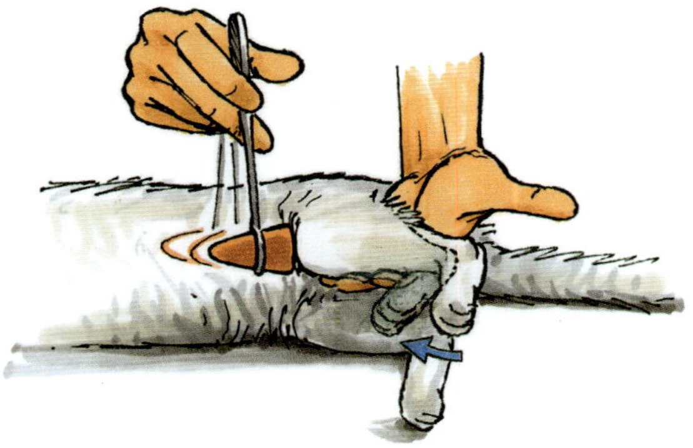

图 1-12　膝跳反射检查。猫侧卧放松，一只手抬起待检肢体，叩诊槌敲击膝直韧带，正常时膝关节伸展

胫前肌反射（腓神经）。向跗关节方向拉伸后肢，用叩诊槌敲击胫前肌肌腹，正常时跗关节屈曲。该反射在正常动物很难诱发，当反射减弱时应结合其他神经学检查评估。

后肢屈肌反射（坐骨神经）。该检查可通过刺激腓神经支配的足背面完成，或者刺激胫神经支配的足底部位。患猫侧卧保定，对足部施加有害刺激，也可以两个手指对趾部施压，通常会引起肢体回缩。评估深痛反射时用止血钳施压。屈肌反射分为两部分：首先，整个肢体会做出屈曲反射；其次，如果患猫表现疼痛，如发出嘶嘶声或转向刺激来源处，证明感觉皮层能接受有害刺激产生意识感知。反射增强表现为刺激停止后肢体仍处于回缩状态或交叉伸肌反射（见下文）。

会阴反射（阴部神经）。使用止血钳刺激会阴，可引起肛门括约肌收缩及尾部弯曲（图 1-13）。挤压阴茎或外阴也会引起类似反应（球海绵体肌反射）。反射缺失或减弱提示阴部神经或荐椎段脊髓损伤。猫的荐神经反射在评估荐尾部骨折 / 脱位和膀胱功能障碍时非常重要，在阴部或荐部病变时会出现肛门括约肌张力消失和尿失禁。

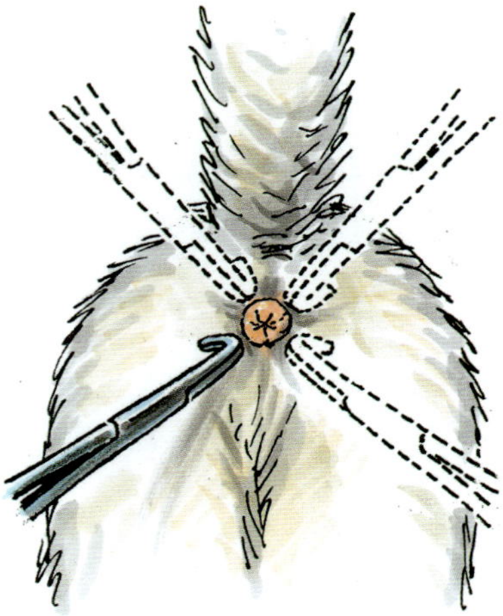

图 1-13　刺激会阴区域。使用器械轻触会阴区，可见肛门括约肌收缩，尾部弯曲

腕桡侧伸肌反射（桡神经）。该反射在患猫身上很难识别。动物侧卧，肘关节和腕关节屈曲，轻抬前肢，叩诊槌轻叩肘关节远端的腕桡侧伸肌，正常时腕关节轻微伸展（图 1-14）。

图 1-14　腕桡侧伸肌反射。为了获得更好的反应，轻抬肢体使其处于放松状态，叩诊槌敲击肘关节远端前外侧的腕桡侧伸肌。正常时，可见腕关节伸展

前肢屈肌反射（腋神经、肌皮神经、正中神经和尺神经）。起源于 C8–T1 脊髓节段的尺神经和正中神经支配前肢掌正中面，掌侧面和大部分掌侧指由尺神经分支支配，关于反射的操作及解读参照上文的后肢屈肌反射。

异常的脊髓反射

交叉伸肌反射。在前后肢屈肌反射检查时，检查肢强烈弯曲，同时对侧肢伸展，该反射称为交叉伸肌反射，提示 UMN 系统病变。该反射不是严重程度的指征，但提示慢性病灶。

巴宾斯基（伸肌）反射。动物侧卧，一只手抓持一后肢，当刺激从跖部传向跟骨处，可诱发反射。正常时无任何反应，异常时动物会出现各趾的伸展和开闭反应，提示 UMN 系统病变。在多数病例中，症状出现时间超过 3 周。

总体反射。促发后肢屈肌反射后，出现对侧肢体屈曲、尾巴弯曲、肛门括约肌收缩，有时出现排尿和排便，这种反应见于腰膨大处前方的脊髓完全横断。出现总体反射时，预后不良。

1.55　外周神经敏感性检查

识别感觉缺损有助于定位特定的神经或神经根功能障碍。皮节是由一条或多条神经支配的皮肤区域。可通过止血钳夹持皮肤来检查。表 1–8 列出临床上每个外周神经的感觉区域，图 1–15 对皮节进行了介绍。

1.5.6　神经系统的定位

神经系统大致可分为中枢神经系统（CNS）和外周神经系统（PNS）。在精确定位病变部位前，先区分出神经学缺损属于以上哪种系统损伤。

评估脊髓反射的特点，区分全身性 PNS 病变与 CNS 病变。精神正常的猫全身反射减退提示全身性 LMN 病变。其他症状提示为中枢病灶。

如果定位是中枢神经系统问题，则进一步区分为脊髓或脑部病灶。脑神经缺损和（或）行为或精神异常提示存在脑部病灶，反之提示脊髓病灶（图 1–16）。

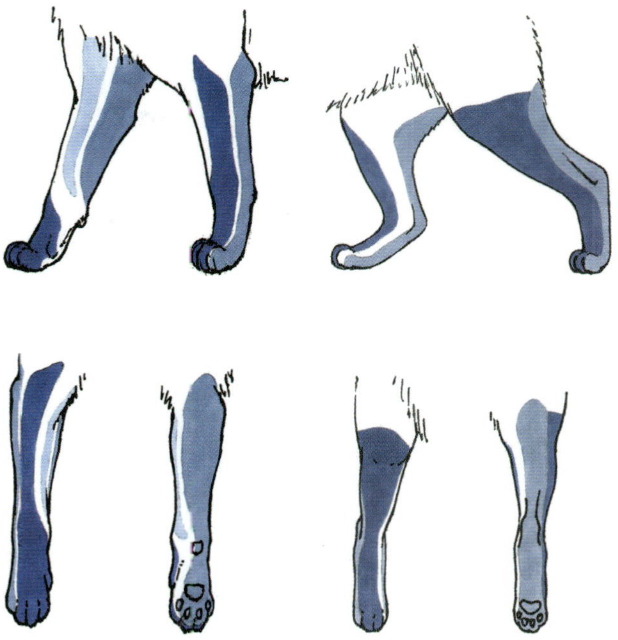

图 1–15　猫前后肢的皮节。皮节存在个体差异。（A）前肢皮节。深蓝色，桡神经；中蓝色，尺神经；天蓝色，正中神经。（B）后肢皮节。深蓝色，腓神经；中蓝色，胫神经；天蓝色，隐神经

病变定位在 PNS、脊髓或大脑后，需要进一步详细定位。此时，需要掌握中枢神经系统各部分的解剖学和生理学的基本知识。下文中会简要介绍 10 种临床相关病变部位的临床特征和主要症状。

外周神经系统

从临床角度看，PNS 与 LMN 是相同的，包括脊髓腹侧灰质柱中的 α– 运动神经元、腹侧和背侧神经根、外周神经、神经肌肉接头和肌肉。任何一部分的完全损伤都会导致患肢弛缓性麻痹、反射消失、张力缺乏和麻木。不完全损伤会导致不同程度的瘫痪和无力、姿势反应缺失、反射下降、肌肉量和张力下降。偶见动物出现 LMN 性无力但反射正常，如肌肉疾病或重症肌无力。单肢轻瘫和单肢麻痹通常见于外伤、肿瘤或血管病变。广泛的 LMN 病变通常见于代谢中毒性、内分泌性、炎性、退行性或遗传性疾病。猫颈部腹侧屈曲是很多疾病的典型临床特征，如低钾血症、重症肌无力或多发性肌炎等。

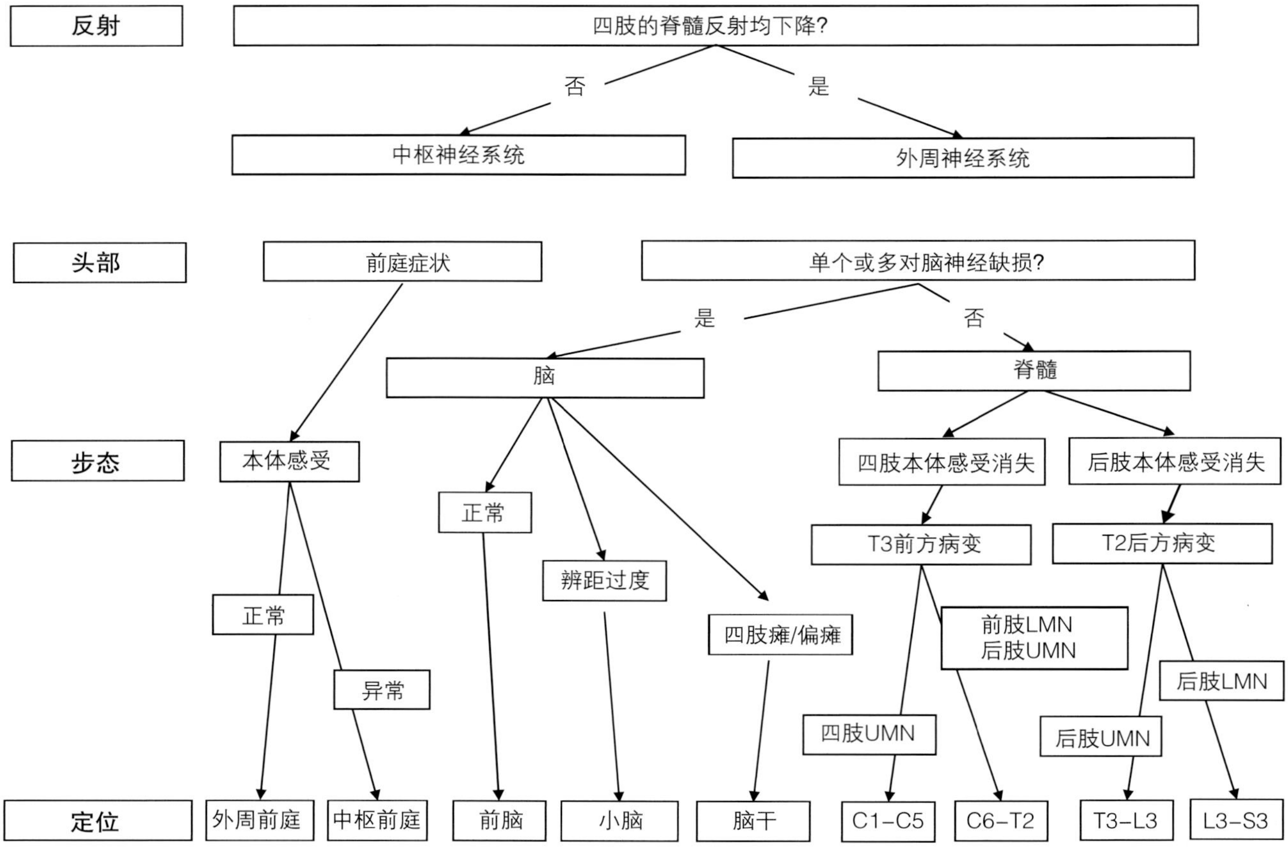

图 1–16　神经病变定位示意图。UMN，上运动神经元；LMN，下运动神经元；C，颈段脊髓；T，胸段脊髓；L，腰段脊髓；S，荐段脊髓

脊髓节段：L4–S3（Cx）

该区域病变引起后肢、膀胱、肛门括约肌和尾部不同程度的损伤。临床症状从后肢弛缓性无力到麻痹、肛周和尾巴去神经支配。波及该脊髓节段和马尾神经的不同病灶类型，临床表现类似。在压迫性病灶中，触诊后腰部和尾部可引起疼痛。肛门括约肌松弛并扩张，伴有大便失禁。在完全损伤时，膀胱弛缓，伴有尿潴留和溢流性尿失禁。根据损伤的严重程度，不同皮节的感觉功能可能减弱或缺失，常见于创伤性荐尾部骨折的猫。

脊髓节段：T3–L3

胸腰区域病变可导致不同程度的共济失调和后肢轻瘫或麻痹，为 UMN 型功能障碍。因尿道括约肌张力升高或逼尿肌反射缺失引起尿潴留，这是常见的并发症。犬特有希夫 – 谢灵顿现象，而猫没有。病变部位的敏感性增加，病变部位后的敏感性降低。

脊髓节段：C6–T2

该区域病变会引起前肢 LMN 症状和后肢 UMN 症状。步态异常的程度多样，从共济失调到后肢瘫痪伴前肢弛缓性麻痹。通过单肢或双前肢反射减弱来确定病灶位置。可能存在单侧或双侧膜反射消失。

脊髓节段：C1–C5

该区域病变会引起四肢 UMN 症状，包括不同程度的共济失调和痉挛性四肢轻瘫、四肢本体感受缺失、反射正常或增强。在压迫性或炎性病灶中，颈部通常疼痛并压低。严重病变时，可导致膈神经缺损引起通气不足。

外周前庭系统

该区域病变会引起头部向病变侧倾斜，眼球震颤呈水平或旋转方向，快速远离病变侧。前庭性共济失调有不同的严重度，包括向病变侧跌倒或翻滚、同侧肢体肌张力减弱、对侧肢体肌张力升高和（或）向病变侧漂移。外周前庭病变时，本体感受通常正常。因靠近中耳和内耳，外周前庭综合征常伴有霍纳综合征和面瘫。猫偶见双侧外周前庭病变，不引起头倾斜，但存在特征性头部摆动，以及伸肌张力下降导致的步态缓慢、前庭动眼反射消失。

中枢前庭系统

中枢前庭功能障碍也会引起与外周病变类似的症状。然而它们存在一些关键的症状不同点。头倾斜伴有轻瘫和（或）本体感受缺失提示中枢病变，眼球震颤的方向与外周病变一致，但位置性或垂直性眼球震颤提示中枢病变。多对脑神经功能障碍也强烈提示中枢病变。矛盾的前庭疾病是指前庭异常，头向病变对侧倾斜，通常由小脑脚附近的病变引起。

脑干

脑干病变的特点是意识水平下降、步态明显异常，如四肢轻瘫、四肢麻痹、轻偏瘫和（或）严重的共济失调，如果病变位于脑桥或延髓，则第Ⅴ对、第Ⅵ对、第Ⅶ对、第Ⅷ对、第Ⅸ对、第Ⅹ对和第Ⅻ对脑神经都会出现异常。呼吸功能可能受到影响，导致呼吸型改变。如果病变位于脑干前部或中脑，可观察到异常的姿态，如角弓反张。在单侧病变中，患病动物表现对侧痉挛性偏瘫。严重的脑干病变可导致动物木僵或昏迷。动眼神经（脑神经Ⅲ）异常，但视力正常。

小脑

小脑病变会引起四肢痉挛、辨距过度、身体左右摇摆。前肢的辨距过度更明显。宽基步态，伴有头部和身体震颤，开始运动或进食和进水时更明显。可见轻微的眼球震颤或摆动。病变侧惊吓反应下降但视力正常。本体感受在启动时正常，但反应增强。在慢性或代偿性病例中，小脑症状轻微。严重的小脑病变可引起前肢伸展和后肢屈曲，表现为去小脑僵直。

大脑

猫大脑对称性病变可引起各种临床症状，如冷漠、沉郁、过度兴奋、定向障碍、攻击性和（或）癫痫。皮质损伤会引起轻微的共济失调（如踱步），也可能出现强迫性行走、烦躁不安、头抵墙。在单侧病变中，猫常向病变侧转圈运动，或者表现为持续的头部侧向弯曲（侧弓反张）。病变对侧肢体的姿势反应下降，视力受损，但瞳孔功能完好。

参考文献和延伸阅读

[1] Abbott JA. Heart rate and heart rate variability of healthy cats in home and hospital environments. J Feline Med Surg 2005; 7: 195–202.

[2] Beaver BV. Fractious cats and feline aggression. J Feline Med Surg 2004; 6: 13–18.

[3] Martin SL. The domesticated cat. In: Sherding RG (ed.) The cat: diseases and clinical management, 2nd edn. New York: Churchill Livingstone; 1994: pp. 1–6.

[4] Schmidtke HO. Klinische Allgemeinuntersuchung und Umgang mit der Katze. In: Horzinek MC, Schmidt V, Lutz H (eds) Krankheiten der Katze, 4th edn. Stuttgart: Enke Verlag; 2005: pp. 25–37.

[5] Schaer M. The medical history, physical examination, and physical restraint. In: Sherding RG (ed.) The cat: diseases and clinical management, 2nd edn. New York: Churchill Livingstone; 1994: pp. 7–23.

[6] Jaggy A, Tipold A. Die neurologische Untersuchung beim Kleintier und beim Pferd. Opuscula Veterinaria. Munich: Wak Verlag und Kunstberatung; 1999.

[7] Glass EN, Kent M. The clinical examination for neuromuscular disease. Vet Clin North America Small Anim Pract 2002; 32: 1–31.

[8] Oliver JE, Lorenz MD, Kornegay JN. Neurologic history and examination. In: Handbook of veterinary neurology. Phila delphia: WB Saunders; 1997: pp. 3–46.

第 2 章　进一步诊断方法

S. Ohlerth, K. Voss, F. Steffen

通常需要进一步的诊断方法来确定临床诊断或排除鉴别诊断。目前很多兽医诊所具备各种复杂有趣的诊断工具，但需要结合临床症状来分析诊断结果。

血液学和生化分析对猫全身疾病和麻醉前评估很重要。在兽医教科书中有详细的血液学分析的介绍，这里不再进一步讨论。骨科医生最重要的诊断工具是 X 线检查和相关的影像学诊断方法。骨科患病动物进一步的诊断工具包括关节液的细胞学和细菌学检查、肿物和骨性病灶的细胞学和组织病理学分析。

本章旨在介绍猫创伤和骨科疾病的诊断影像学、关节穿刺术、细针抽吸、活检技术和神经学检查方法。

2.1　诊断影像学

X 线检查是跛行或创伤病例的基本检查技术，结合准确的病史、体格检查和其他诊断性检查共同诊断。通过影像学检查可证实或排除可疑的诊断、发现其他病变或提示进一步检查的需求。CT、MRI 和超声检查在猫骨科疾病的诊断中也越来越重要，猫骨科影像学的重要诊断方式将在下文中总结。感兴趣的读者可查阅参考文献中列出的兽医放射学参考书[1–7]。

2.1.1　X 线拍摄技术

X 线片质量

X 线片质量取决于对比度、密度和细节。高质量的 X 线片允许观察到更多的细节，而 X 线片质量不好会导致错误诊断。

X 线片对比度。高质量的骨骼 X 线片，需要中高等对比度，这样不仅能够评估骨骼结构，而且可以评估软组织。在猫上，管电压选择 40 ~ 50 kVp，可以产生适合的更大范围的灰阶。对比度过高会妨碍软组织的评估，并影响轻度的矿化结构（如骨膜反应、骨赘、末端骨赘和骨痂）、轻微的骨质溶解和气体的评估。

X 线片密度。X 线片密度高是指 X 线片上的黑化度高。mAs 是影响 X 线片密度的首要因素，不同的 X 线机可获得的 mAs 不同。

X 线片细节。X 线片细节是描述图像清晰度的术语，取决于多种因素。患病动物的运动会造成图像模糊。由于猫的厚度通常不会超过 12 cm，所以在猫骨科疾病的 X 线检查中不需要使用滤线栅去除散射线。相反，片盒直接放在摄影床上。使用慢速（100 ~ 200）高分辨率的屏 – 片组合可以提高 X 线片的细节。猫的四肢骨和中轴骨是低厚度的放射投照物，因此，需要使用小焦点 X 线成像技术。为减少散射线，X 线束应对准目标投照区域。

患病动物摆位

X 线片是三维物体的二维图像。因此，应始终拍摄两个正交体位的 X 线片，因为病灶可能会在单一体位的 X 线片上重叠而漏诊。建议镇静或麻醉后拍摄，以避免患病动物运动，还可以减少工作人员的辐射暴露。

整体 X 线片拍摄。对于创伤患猫，通常需要进行侧位和腹背位投照，包括胸部、腹部和脊柱[8]。为了能够在整体 X 线片中评估胸部，推荐使用腹部曝光参数（40 ~ 50 kVp，略高于胸部投照）在最大吸气相时曝光。这些 X 线片可以评估胸壁或腹壁损伤、膈破裂、气胸、肺挫伤，以及胸腔积液、腹腔积液或腹膜后间隙积液和脊柱或骨盆骨折脱位。然而，整体拍摄的 X 线片存在技术上的妥协，细微的病灶可能会被忽略。强烈建议对病灶或可疑区域进行额外的检查，因为只有这样才能优化 X 线检查技术。

四肢骨。一般来说，需要拍摄两个正交体位的 X 线片，即内外侧位和前后位、后前位、背掌位或背跖位。对猫的前肢或后肢远端进行拍摄时，应将指 / 趾骨黏贴在片盒上，以避免指 / 趾间关节正常的过度屈曲和过度伸展。评估关节时，应以关节为投照中心进行拍摄，并包含相邻长骨的 1/3。评估长骨疾病时，投照范围应包括病变骨骼相邻的两个关节。X 线束的投照中心要对准病灶区，以避免几何变形。骨骼应平行摆放，贴近片盒。骨折修复术后评估及后续复查时，应避免将骨科固定装置与骨折部位重叠，以便能够全面评估骨折愈合。评估骨折愈合时，要在两个正交体位的X线片上看到4个骨皮质。如果使用骨板固定，应将骨板与 X 线束平行放置，以便评估邻近的骨皮质和检查植入物松动的征象。骨折后续复查时，要使用相同的曝光参数和摆位；只有在厚度显著改变时（如肌肉量丢失）才会调整曝光参数。

补充拍摄

根据病灶的位置，可能需要斜位或正切位投照，以避免周围结构的重叠。加拍对侧肢体的 X 线片对幼猫尤其有用，因为不完全骨化或未闭合的生长板与创伤或感染相似。四肢骨的应力位投照有助于显示因韧带损伤导致的关节不稳定。为了减少人员的辐射暴露，可以使用胶带、纱布、绳子和泡沫楔辅助摆位和施加应力。再次强调，比较对侧肢的 X 线片可能有助于诊断。腕关节和跗关节过度屈曲和过度伸展的内外侧位 X 线片可以评估背侧和掌侧或跖侧韧带。这些韧带断裂时，会在 X 线片上见到不同程度的半脱位或脱位（第 32 章和第 40 章）。

拍摄背掌位和背跖位 X 线片时进行一定角度的内翻或外翻，可以评估侧副韧带。侧副韧带损伤时，应力位 X 线片可以见到内侧或外侧关节间隙增宽。在犬，建议拍摄胫跗关节屈曲和伸展应力位下的内翻和外翻 X 线片，以便评估短侧副韧带或长侧副韧带。然而，猫跗关节侧副韧带的解剖结构与犬的不同（第 40 章），通常拍摄伸展应力位的 X 线片（图 2–1）。与犬相比，猫腕关节的外翻和内翻应力位 X 线片的解读与桡腕韧带的解剖结构均不相同 [9]。在外翻应力位 X 线片中，桡腕关节的内侧开口不明显；而内翻应力会导致桡腕关节向掌侧和内侧移位（第 32 章）。

在膝关节，施加类似“抽屉征”的剪切操作时，可以在内外侧位的 X 线片中显示出前或后十字韧带损伤。

2.1.2　X 线片的解读原则

X 线片的评估应在安静关闭吊灯的昏暗室内进行，需要将 X 线片放在观片灯上观看。在评估骨骼疾病时，可能需要明亮的聚光灯来显示细微的变化，如骨膜反应、软组织矿化或骨溶解。X

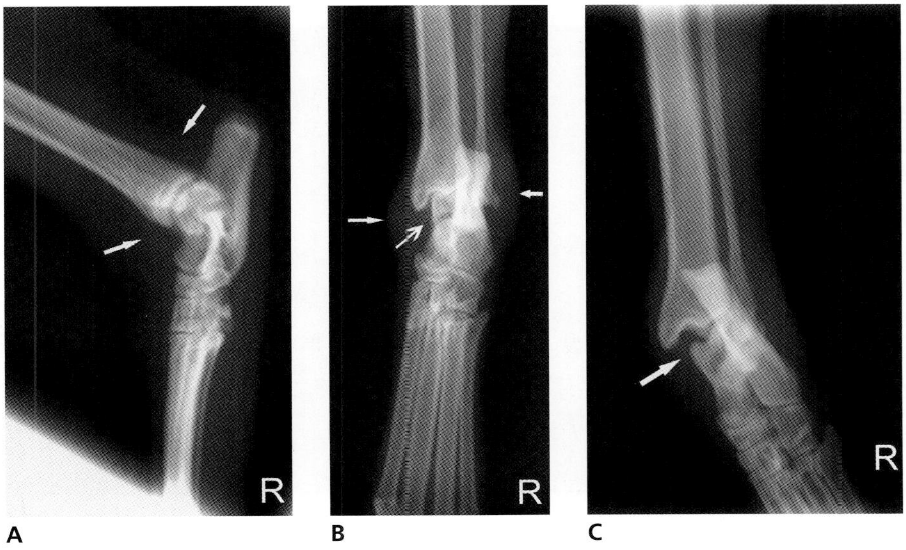

图 2–1　猫右侧跗关节创伤，（A）内外侧位和（B）背跖位 X 线片显示距小腿关节区域明显的软组织肿胀（闭合箭头），内踝远端可见一小的矿化密度的线性结构（开口箭头）。（C）外翻应力背跖位 X 线片可见距小腿关节间隙明显增宽，提示内侧关节不稳定。诊断：内侧副韧带撕脱 / 断裂和继发性关节积液

线片解读的第一步是评估投照技术和 X 线片质量。兽医应严格要求胶片曝光、伪影和患病动物摆位；如果达不到要求，应尝试再次拍摄。每张 X 线片都应以相同的读片方式进行系统的全面解读。在评估骨科疾病时，可以选用多种读片技术。一种方法是根据各系统顺序读片，由软组织结构到骨骼结构；另一种是系统地从近端向远端（四肢骨）或从头侧向尾侧（中轴骨）进行读片。基于 X 线征象的描述，总结读片结果，列出鉴别诊断或得出最终诊断。

在进行 X 线片解读时，了解幼年和成年猫的正常 X 线解剖知识至关重要。即使是经验丰富的放射医生，幼年的生长期动物的骨骼特征也很难解读。因此，强烈建议拍摄健肢进行对照。作者参考了解剖学和放射学教科书进行正常解剖学知识的学习[3,4]。在猫身上可以见到某些特殊的解剖学特征。猫有锁骨，在出生时就已矿化，位于肩胛骨远端前内侧的软组织内。成年猫的锁骨略弯曲，约 2 mm 厚、25 mm 长。猫的肩峰是独特的，在某些 X 线片上可以看到向后指向的钩上突。猫的肱骨远端没有滑车上孔，但在肱骨远端内侧皮质上有髁上孔，是肱动脉和正中神经的通道（第 29 章）。在与桡骨头前外侧相连的旋后肌起点的肌腱中可见籽骨[10]。有些猫的腓肠肌内侧头的内侧籽骨可能没有矿化[11]。常见内侧半月板的前极钙化，正常猫和关节损伤或前十字韧带断裂后都可能发生。

2.1.3　软组织和骨骼反应模式

在系统评估骨骼 X 线片的过程中，了解基本的软组织和骨骼反应模式是必要的。临床医生应根据骨骼反应模式、骨内分布及相关的软组织变化做出正确的 X 线诊断。

软组织变化

软组织的改变可能是原发性病理变化或继发于更严重的骨病。由于脂肪与周围组织结构形成的对比，X 线片中可以看到筋膜面、肌腱和部分关节囊。脂肪比肌肉、皮肤、肌腱、关节囊和关节液的密度低。软组织结构应评估肿胀、矿化和游离气体。肿胀通常由创伤、炎症、感染或肿瘤引起。X 线征象包括软组织密度局灶性或弥散性增大、关节囊周围（如膝关节髌下脂肪垫）或肌肉和肌腱周围的脂肪移位。软组织矿化可与血肿、坏死、炎症、感染、局限性钙质沉着症、骨化性肌炎、松质骨移植或肿瘤等矿化同时发生。由于创伤性撕裂（开放性骨折）、穿刺伤（猫咬伤）、近期手术、细针穿刺术或产气菌，软组织内可能存在气体。气体的密度低于脂肪；而钙化的软组织密度会增高。脂肪组织和气体只有在适当的曝光条件下才能在骨骼 X 线片上显示出来，形成良好的对比度。

骨膜反应

骨膜附着在骨的外表面，包含许多血管，可以进入骨骼提供血供。骨膜能够产生新骨。在幼年的生长期动物，骨膜与骨松散黏附，对创伤的反应比成年动物更明显，发生得也更快。骨膜反应由创伤或疾病过程引起，会在 7 ～ 10 d 后首次从 X 线片上看到。骨膜反应有不同的类型（图 2-2），根据侵蚀性增加的顺序依次为：光滑型、层面型、栅栏型、放射型和不规则型。光滑型骨膜反应是一种非侵蚀性新骨形成，外观坚实和连续（柱状、纵向或波浪状）、轮廓平滑，常见于创伤（骨膜下血肿）或良性病程。其他类型的骨膜反应属于间断型，具有侵蚀性。层面型骨膜反应是沿骨皮质形成的多层新骨形成，可在创伤、感染或肿

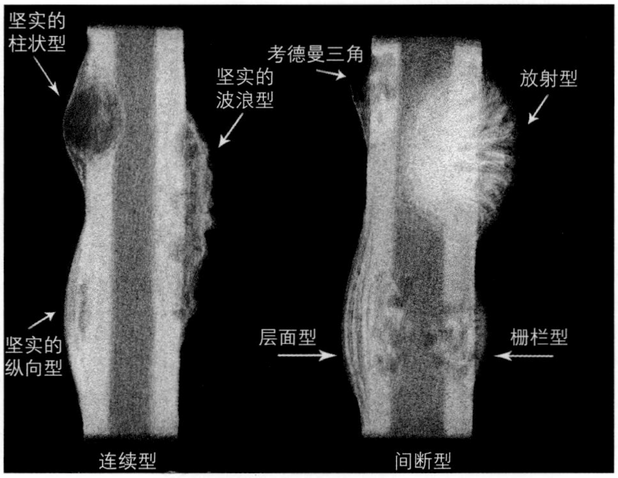

图 2–2　连续型和间断型骨膜反应的 X 线特征

瘤（偶见）中看到。放射型骨膜反应为新骨从骨皮质辐射发出，可能与骨髓炎、恶性肿瘤或存在活动的骨折愈合过程有关。不规则型骨膜反应是骨旁的软组织内长出的无组织的非功能性骨，可在创伤、感染或肿瘤中见到。虽然骨膜反应的类型有助于对侵袭性或良性骨病灶进行分级，但不应将其作为诊断依据，应结合其他更可靠的病灶特征分析（见下文）。

骨内膜反应和髓内新骨形成

创伤、骨梗死或骨愈合时，可见沿皮质或髓质硬化内侧出现光滑、均匀的新骨形成的病灶区。骨髓炎或肿瘤疾病时，在骨内膜或髓腔内可见不均匀的斑片状和不规则的新骨形成。由于骨膜反应的重叠，X 线评估骨内膜反应可能比较困难。

皮质变化

皮质骨包绕长骨的骨干和干骺端。在幼年生长期的动物，干骺端皮质的外表面由于重塑而呈现不规则，这是实现骨干直径变小所必需的。通过 X 线检查可识别的皮质变化包括缺损、侵蚀、溶解和厚度变化。皮质缺损在骨折中最常见。在猫上，也可见于咬伤。皮质缺损必须与骨的正常结构区别，如滋养孔和生长板。死骨片的形成也可能与皮质缺损有关。皮质侵蚀可发生于骨内膜或骨膜表面。侵蚀可能是平滑的（压力性侵蚀，如骨囊肿），也可能是不规则的（浸润性过程）。皮质溶解和不规则侵蚀通常由感染或肿瘤造成。一般来说，每单位面积的骨破坏达到 30% ~ 50%，才能在影像学上看到溶解。皮质骨的破坏比松质骨的破坏更容易发现。典型的皮质溶解呈点状。在没有其他骨骼变化的情况下，皮质宽度的减小可能是由于长期负重下降、骨折愈合不良或其他原因，如代谢性病因引起的骨质减少。

非侵袭性的骨病灶

非侵袭性或低侵袭性骨病灶包括骨囊肿、骨脓肿或良性肿瘤，如骨瘤、内生性软骨瘤、骨软骨瘤或纤维瘤（图 2-3）。这些骨病灶通常表现为正常骨和异常骨之间界限清晰的平滑边缘、骨破

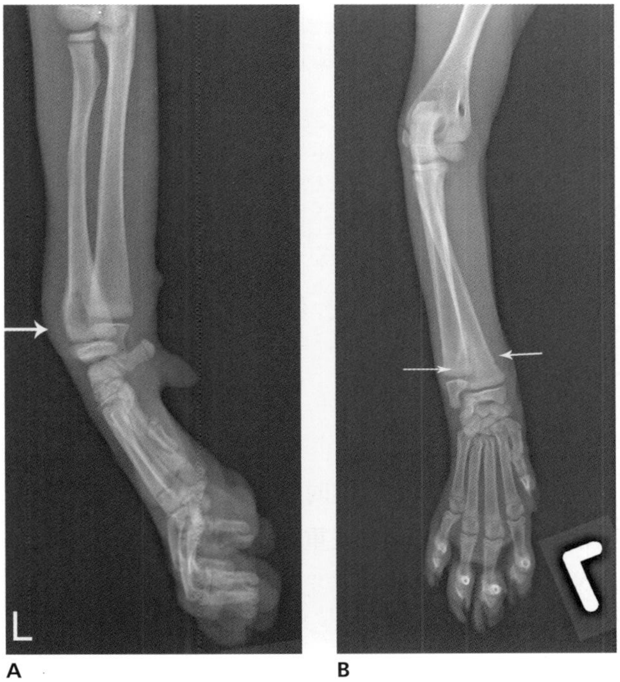

图 2-3　幼猫桡骨远端干骺端骨病灶，侧面可见地理性骨破坏（B），近端也存在硬化边缘；背侧可见光滑的骨膜反应（A），髓腔内轻度新骨形成，局灶性软组织肿胀。经手术诊断为骨脓肿

坏的地理分布（可能是皮质变薄，但没有皮质溶解或侵蚀）、连续光滑的骨膜反应、均匀光滑的骨内膜或髓内新骨形成，而且随时间进展影像学变化不大。单一病灶或多个融合性溶骨性病灶是地理性骨破坏的特征。骨病灶通常较大，边缘界限清晰和光滑，相邻骨没有明显病变。若可以看到硬化的边缘，表明病灶骨壁完整。压力性骨侵蚀会导致皮质变薄。

侵袭性骨病灶

许多原发性恶性骨肿瘤、转移性肿瘤和骨髓炎病例在影像学上均表现为侵袭性骨病灶（图 2-4）。原发性骨肿瘤通常是单发的，而转移性肿瘤和骨髓炎可在多个部位发现。侵袭性骨病灶通常在后续的 X 线复查中见到迅速变化，而且与正常骨的过渡带通常界限不清晰和不规则。常见皮质破坏，可见不规则的骨内膜和髓内新骨形成，也可见到层面型、棘状或无定型的间断性骨膜反应。X 线片可见虫蚀样或渗透性骨破坏。虫蚀样病灶中等大小，边界通常不清，可见皮质溶解或不

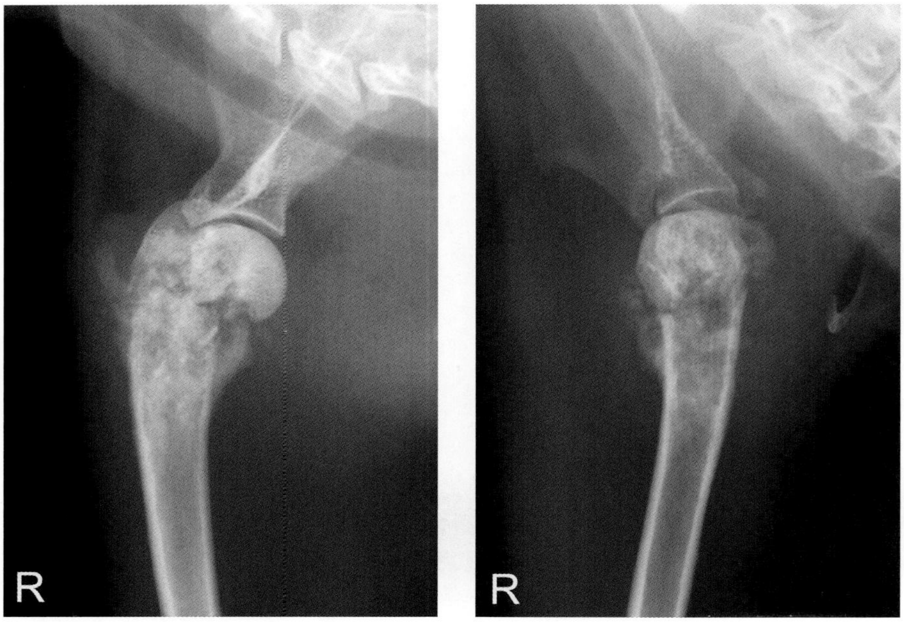

A　B

图 2-4　猫肱骨近端（A）内外侧位和（B）前后位 X 线片，显示近端干骺端侵袭性骨病灶。在内侧、外侧和前侧可见间断的放射型骨膜反应，而在后侧可见平滑型骨膜反应。还可见骨内膜新骨形成、虫蚀样髓质溶解、点状皮质溶解、肱骨颈水平处病理性骨折以及明显的软组织肿胀。组织病理学诊断为骨肉瘤

规则的皮质侵蚀。髓质和皮质可见多发的非常小的溶解性病灶，这是渗透性骨破坏。该类型的病灶与正常骨之间存在大的过渡带，具有高度侵袭性。侵袭性骨病灶也可能发生病理性骨折。X 线检查不能鉴别恶性骨肿瘤和骨髓炎，以及肿瘤的类型。

2.1.4　骨折的 X 线评估

X 线检查是诊断和进行骨折分类、术后评估骨折修复、监测骨折愈合和相关并发症的标准方法 [12]。

术前和术后的骨折评估

骨折的 X 线评估在骨折分类、治疗计划和预后评估中起着至关重要的作用。建议采取以下方式进行系统的读片 [5,7]。术前 X 线片可以评估软组织、完整性，以及骨折的程度和位置。骨折分类见第 13 章。术后即刻 X 线片可以评估修复情况、发现潜在问题以便及时进行返修手术，以及为后期复诊的 X 线片提供参考点。术后即刻 X 线片可通过 4A 原则进行评估：对合、准直、成角和固定材料 [12]。骨科固定材料的评估主要看植入物的位置、尺寸和长度是否合适。骨折骨的评估是看骨折表面的对合程度（骨折复位）与骨碎片准直和成角的准确性。相关的并发症包括固定材料进入关节、植入物越过生长板，以及手术过程中产生裂缝或骨折等。

骨折愈合的评估

根据患病动物的年龄、骨折类型和部位，推荐每 3 ~ 6 周进行一次 X 线片复查，以评估骨折愈合。骨折的愈合率是可变的，由患病动物的年龄、损伤的严重度、骨折的位置和复位的准确性决定（第 13 章）。复查的 X 线片应与早期拍摄的 X 线片进行比较，以确定骨折愈合的进展。建议使用相同的曝光参数和摆位，以避免误读。复查的 X 线片应评估骨折准直、植入物位置、骨折愈合进展、邻近关节和软组织的变化，以及并发症。

猫正常的继发性骨折愈合的 X 线征象与犬相似，描述如下（图 2-5）。

复位后 5 ~ 10 d。尖锐的骨折断端变圆、脱矿化，导致骨折间隙轻度扩大。

复位后 10 ~ 20 d。在距离骨折线稍远的位置，可见微矿化的内、外侧骨痂形成。幼年猫、血液供应丰富和骨折不太稳定的区域，骨痂的形成通常更明显（第 13 章）。

复位后 30 d ~ 3 个月。骨折线逐渐减少，最终消失。外骨痂的密度增加，并开始重塑。

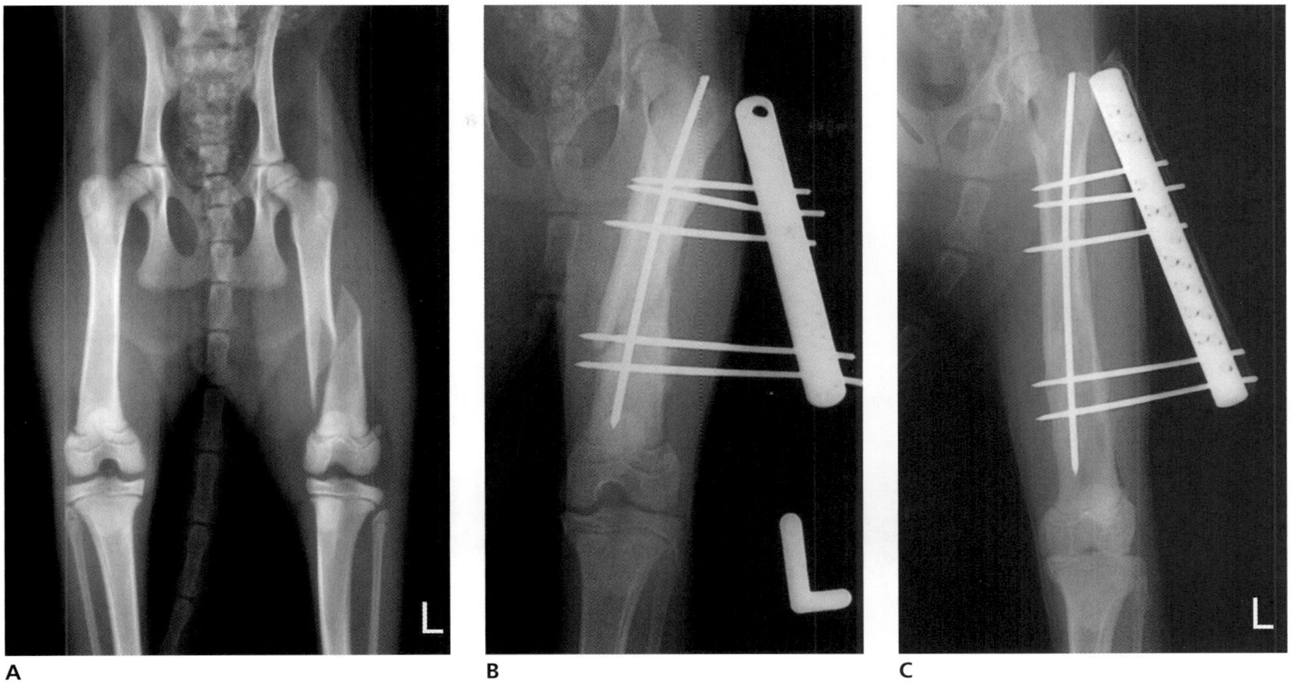

图 2–5 （A）6 月龄猫左侧股骨干闭合性螺旋骨折的正常愈合过程。（B）髓内针和外固定支架固定术后 3 周，骨碎片断端变钝，可见骨折线周围内、外侧骨痂形成。固定材料稳定。（C）术后 6 周，骨痂桥连，骨折线消失；皮质骨形成，骨髓腔重建；骨折已经完全愈合

复位后＞ 3 个月。重塑继续进行。骨痂逐渐变小，边缘光滑，骨皮质和髓腔重建。

从 X 线征象上看，骨折完全愈合后，骨折线消失、皮松质连续、骨骼恢复到原来的形态。部分愈合的骨折，骨痂较大，皮质骨和髓腔尚未重建，原始骨折线隐约可见。然而，部分愈合的骨折如果足够坚固，就可以取出植入物。愈合时间的估测和植入物的取出时机应根据个体情况以及骨折固定的类型和愈合情况决定。应将 X 线征象与临床和病史信息综合考虑，确定临床愈合情况，以此决定可以拆除固定材料的愈合时间点。

骨折愈合的并发症

植入物松动和植入失败。植入物松动或失败可能是由于固定不足、感染，以及由于高速钻孔或反复损伤引起的热坏死。应拍摄 X 线片以确定植入物的位移情况，可能提示植入物松动、弯曲或断裂。骨折的准直可能发生改变从而导致不稳定。也有可能在最开始时，X 线检查没有发现骨异常，随后的拍摄中，植入物引起过度的或侵袭性的骨膜反应导致植入物可能被射线透过区包围。

畸形愈合。畸形愈合是由于骨缩短、骨回转、旋转或骨性联接使骨折在愈合后无法恢复原有形态。骨折愈合过程本身是正常的。

延迟愈合。不能以预期速度愈合的骨折称为延迟愈合（图 2–6）。延迟愈合可能由骨碎片分散过度、不稳定、血管供应不足或感染引起。与患病动物的年龄、骨折类型和骨折部位都有一定相关性。愈合是缓慢的，但最终是可以实现的。从 X 线片看，骨折线仍然存在，骨痂形成可能减少（萎缩）或过度（肥大），但没有骨折间隙桥接。如果潜在原因很严重且没有得到纠正，那么一个延迟愈合的部位可能会发展成不愈合。

不愈合。骨碎片断端未愈合的骨折属于不愈合。肥大性不愈合是有活力的，提示骨折断端血供良好；最常见的原因是骨折部位不稳定 / 运动。X 线片上可见非桥接性骨痂，骨折间隙清晰，骨折断端硬化和钝圆，骨髓腔闭合。骨端可形成假关节。萎缩性不愈合（图 2–7）可见逐渐变细的铅笔样骨碎片断端，外观骨质减少，骨髓腔硬化，骨折间隙清晰，很少甚至没有骨痂。这可能是无血

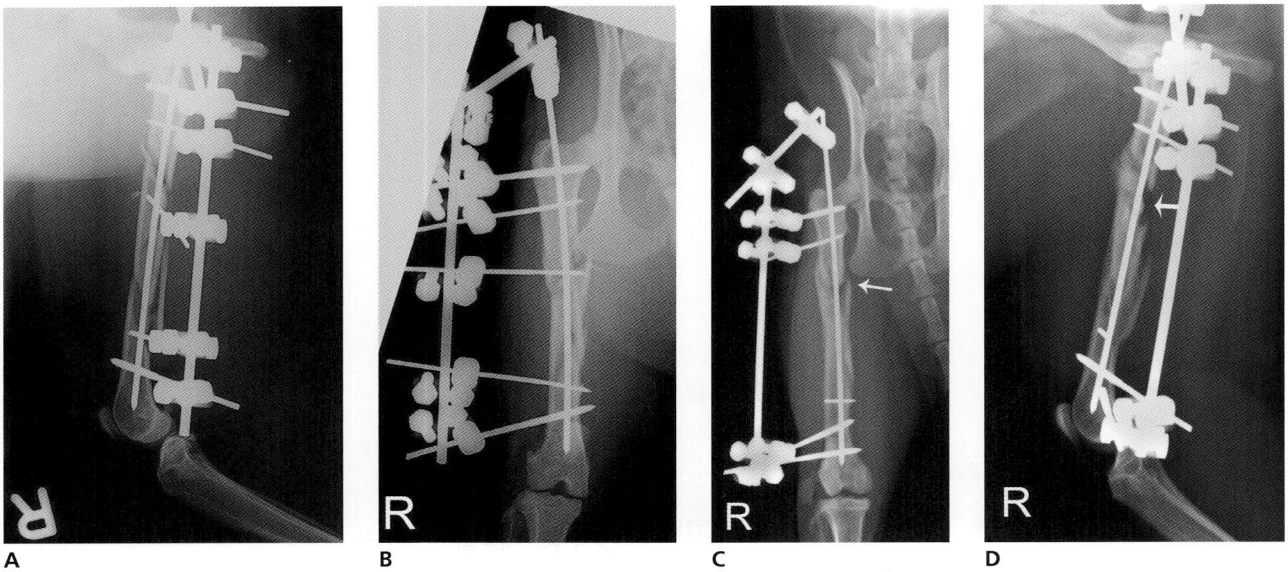

图 2–6　股骨骨干闭合性粉碎性骨折的延迟愈合。（A，B）术后 X 线片。（C，D）骨折内固定后 4 个月，远端可见局部愈合。近端骨折线仍清晰可见；骨折前侧可见骨痂形成，但后侧和中间侧缺失（箭头）。植入物稳定，骨折继续愈合

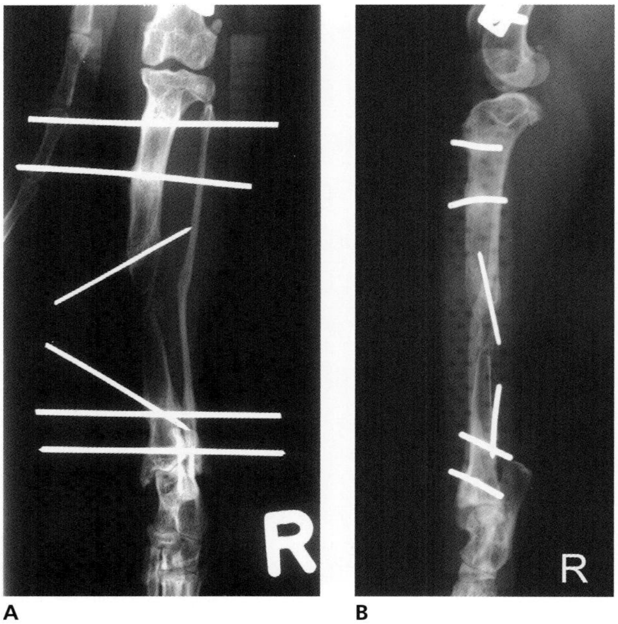

图 2–7 （A，B）胫骨干开放性斜骨折术后 8 个月发生萎缩性不愈合：骨碎片端骨质减少，逐渐变细，骨髓腔闭合，骨折间隙清晰，无骨痂生成

管骨折部位、过度运动、感染或组织嵌入造成的。其他与猫不愈合明显相关的因素包括年龄、体重、受损骨、骨折类型和固定方法。胫骨和尺骨近端是不愈合最常见的发生部位 [13]。

骨髓炎。骨髓炎是骨折愈合过程中的一种并发症，通常是由局部细菌感染、骨折部位血供不足和不稳定造成。骨髓炎的临床症状通常出现在 X 线征象之前（第 13 章）。X 线片可见软组织肿胀、皮下气肿、侵袭性的广泛性骨膜反应，皮松质骨硬化，有时可见骨质溶解和死骨片形成（图 2–8）。

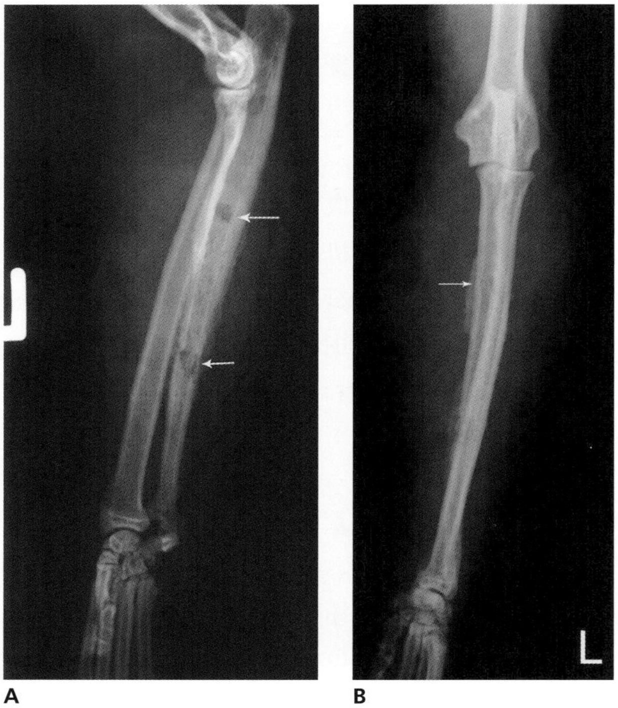

图 2–8 （A，B）猫咬伤后因巴斯德菌感染引起的尺骨干骨髓炎：严重的软组织肿胀、广泛性棘状骨膜反应、皮松质溶解和硬化。X 线片中 2 个局灶性直径数毫米的溶解区是最初的咬洞（箭头）

死骨片。死骨片是坏死的皮质骨碎片。在 X 线片上，死骨片比正常的皮质骨密度更高，而且由于没有重吸收，碎片末端比较锋利。在并发感染的病例中，死骨片嵌在母骨中，周围被低密度带包围，然后再被硬化区（包壳）包围。有时可见明显的排泄窦道。在无菌性死骨片的病例中，母骨通常没有变化。

关节并发症。关节内骨折或由于畸形愈合或生长板畸形导致的负荷改变会继发退行性关节病。

2.1.5 关节损伤和疾病的 X 线评估

关节损伤可单独发生，也可与邻近骨和软组织创伤并发。

软组织变化

可能发生关节囊外和（或）关节软组织肿胀；然而，二者不能通过 X 线检查鉴别。急性创伤动物可能发生关节内或囊外出血或水肿。猫关节或囊外软组织肿胀的其他鉴别诊断包括脓肿或蜂窝织炎（猫咬伤）、脓毒性关节炎、软组织肿瘤，以及非常罕见但常在肘关节发生的滑膜囊肿[14]。

关节内出现气体密度结构提示有空气涌入，表明急性损伤动物患有开放性关节损伤；关节术后立即拍摄的 X 线片也可能见到。

关节内骨折和半脱位 / 脱位

关节内骨折会导致关节面粗糙、不规则或不协调，具体取决于骨折的位置和碎片的移位。通常可见延伸到关节面的骨折线。

侧副韧带和关节囊扭伤可能导致关节半脱位或脱位。使用半脱位（部分脱位）或脱位（完全脱位）说明关节面的分离程度（第 14 章）。关节不稳定可在正常投影的 X 线片中诊断出来；然而，关节通常显示正常，需要加拍应力位（图 2–1）。

骨关节炎

骨关节炎常继发于关节内骨折或关节半脱位和脱位，也可能由其他获得性疾病和发育性疾病导致。也会见到原发性骨关节炎（第 5 章）。常见的 X 线征象包括关节软组织肿胀、软骨下硬化、关节面不规则，以及出现骨赘和末端骨赘（关节囊和韧带附着部位的新骨形成），具体依疾病的进程略有不同。

脓毒性关节炎

脓毒性关节炎可能由开放性关节损伤导致，也可能是手术并发症。首先见到的 X 线征象是关节软组织肿胀。随后可见软骨下骨溶解和关节面不规则，甚至关节间隙塌陷。关节塌陷最好在负重位 X 线片中评估。骨赘和末端骨赘发展迅速，形态非常不规则。

2.1.6 脊髓造影术

脊髓造影是在蛛网膜下腔注射碘造影剂的一种阳性造影方法。因肿物或脊髓软化造成的脊髓和马尾的压迫性病灶，以及髓内肿胀都可以通过脊髓造影显示出来。根据脊髓造影的结果可以判断有无手术治疗的可能性，如果可以手术，需要经验丰富的临床医生进行。脊髓造影前要先进行 X 线平片检查。要注意，猫的脊柱有某些特定的解剖特征，胸腰椎存在很多正常的形状变异。猫的硬膜外腔和蛛网膜下腔小，脊髓相对较宽。脊髓终止于荐椎水平。

X 线平片检查

推荐镇静或全身麻醉，尽可能减少位置伪影和运动性模糊。摆位时应将检查部位与摄影床平行，并确定 X 线投照中心。应使用与四肢骨投照相似的小焦点和曝光条件。虽然猫是小型动物，但也应分开投照颈椎、胸椎、胸腰椎和腰椎 / 腰荐椎区域，以减少外周 X 线片上因 X 线束发散形成的伪影。脊柱 X 线检查包括侧位和腹背位投照。侧位投照时，需要使用海绵支撑胸骨、颈中部、腰中部、头部和后肢之间，防止倾斜。脊柱和骨盆腹背位投照时，可以将猫放在 V 形槽中。脊髓造影时也可以进行其他摆位的投照，例如，腹背斜位投照有助于评估病灶的位置和偏侧性。

脊髓造影术

脊髓造影通常在无菌条件和全身麻醉下进行。

使用非离子碘造影剂（单体或二聚体）进行造影，剂量为 0.2 ~ 0.5 mL/kg 体重，根据造影剂浓度（碘浓度 200 ~ 300 mg/mL）和造影类型（局部脊髓造影或全脊柱脊髓造影）酌定。要使用 22 G 针尖斜面短的脊髓穿刺针，因为猫的蛛网膜下腔很窄，这一点尤为重要。穿刺过程中，避免移动动物。

患猫侧卧，经寰枕关节间隙将造影剂注入小脑延髓池，可检查颈椎（C2–C7）、后段腰椎（L4–L7）和腰荐椎病灶。头部向腹侧屈曲，正对头部中线由枕外隆突和寰椎两翼前缘形成的三角形中心，刺入穿刺针。要经常停止进针，取出针芯检查是否有脑脊液（CSF）流出，以免意外损伤脊髓。穿透硬膜时，通常有一种轻微的爆裂感。

在 L6–L7、L5–L6 或 L4–L5（偶尔）水平穿刺，向背侧或腹侧蛛网膜下腔注入造影剂，可以检查胸腰椎、腰椎（L1–L4）和前部颈椎（C1–C2）（偶尔）病灶。猫侧卧，在正中矢状面沿棘突前缘呈 90° 角方向刺入。穿刺针也在正中旁矢状面从棘突的后外侧向前腹侧呈 45° 角方向刺入椎弓间隙。

在注入造影剂前要先采集脑脊液。缓慢注入造影剂，完成后拔针。立即进行侧位、腹背位和斜位投照。必要时，增加应力位投照。屈曲和伸展的压缩与拉伸投照常用于评估动态不稳定性压迫。应力位投照必须非常小心，在严重的脊髓压迫或怀疑脊柱脱位或骨折时禁忌拍摄应力位。通过抬高或降低头部或后躯，可以将造影剂汇集到病灶区域。

X 线片解读

X 线平片可以评估脊椎的数量、大小、形状、排列以，及密度和边缘的变化。也要仔细评估周围软组织和其他骨性结构，排查创伤、感染或肿瘤迹象。椎间盘疾病的 X 线征象包括椎间隙和背侧的椎间关节突关节间隙狭窄、椎间孔变小、矿化的椎间盘脱出、终板硬化和脊椎关节强硬。

临床医生应熟悉正常的脊髓造影影像特征，例如，在某些特定部位，脊髓或造影柱正常增宽或变细。常见的脊髓造影异常包括造影剂流动受阻或蛛网膜下腔造影柱和脊椎的大小、形状或位置改变。临床上显著的蛛网膜下腔充盈缺损常伴有对侧造影柱变细或脊髓受压的征象。疾病类型分为髓外（硬膜内或硬膜外）和髓内病灶。硬膜外病灶位于硬脑膜外（图 2–9），可能导致造影柱变细或缺失，在某个摆位中见到硬膜远离病灶抬高，而在另一个与之正交的摆位中见到脊髓肿胀、造影柱变细。鉴别诊断为椎间盘突出、先天性或发育性畸形、韧带肥厚、出血、肿瘤、椎体骨折或脱位。硬膜内病灶（图 2–10）位于蛛网膜下腔，X 线片上造影柱局部增宽伴充盈缺损，形成“高尔夫球座”样外观。在其正交位投照中，脊髓可能会变宽，造影柱分叉和变细。鉴别诊断为原发性或继发性肿瘤、出血、肉芽肿或蛛网膜下腔囊肿。髓内病灶（图 2–11）位于脊髓内。侧位和腹背侧投照均可见脊髓增宽。根据病灶的大小，造影柱可能变细。鉴别诊断为脊髓肿瘤、水肿或出血（继发于创伤或凝血病）、感染性或缺血性脊髓病。

2.1.7　超声检查

超声波是指人听不到的高频声波。超声探头发射的超声波在通过组织时，会在两个不同组织的界面进行吸收、反射、散射和折射。反射波称为回声，超声探头接收回声并产生超声图像。超

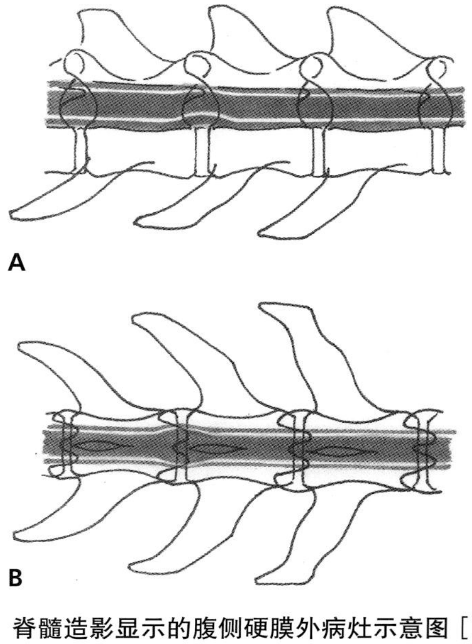

图 2–9　脊髓造影显示的腹侧硬膜外病灶示意图［（A）侧位和（B）腹背位］：在侧位投照中，腹侧造影柱远离病灶抬高；而在腹背位投照中，脊髓肿胀、造影柱变细

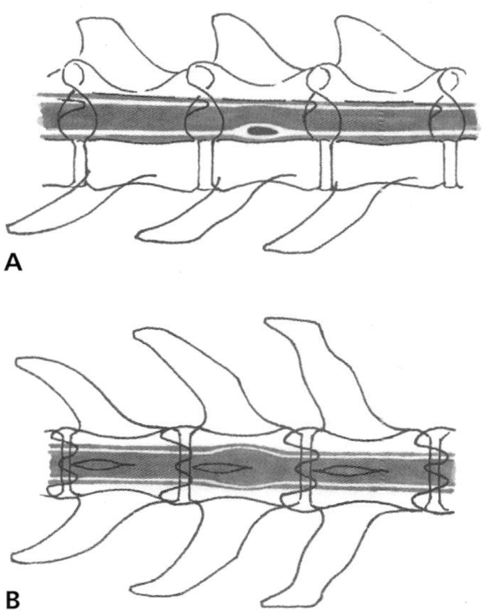

图 2-10　脊髓造影显示腹侧硬膜内病灶示意图［（A）侧位和（B）腹背位］：在侧位投照中，腹侧造影柱局部增宽，中央充盈缺损，病灶两端形成“高尔夫球座”样外观；在腹背位投照中，脊髓变宽，造影柱分叉和变细

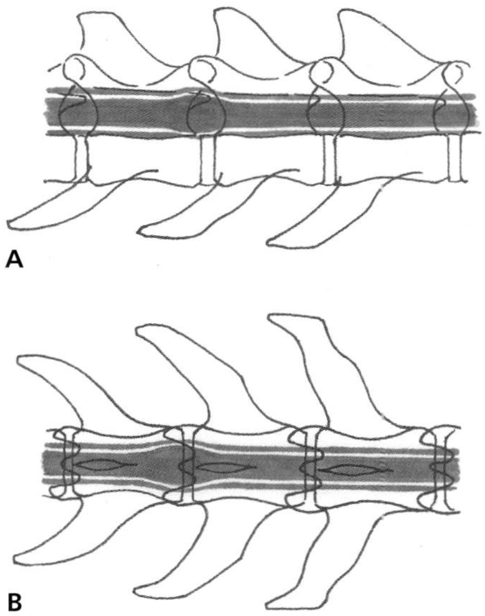

图 2-11　脊髓造影显示髓内病灶示意图［（A）侧位和（B）腹背位］：两个投照中均显示脊髓变宽

声检查可以评估器官的大小、形状、位置和结构。在骨表面，大部分的声波被反射或吸收，很少有声波可以为深部结构成像；因此，只有骨表面可以进行超声检查。虽然 MRI 是软组织疾病成像的首选方法，但相比之下，超声检查更容易操作，也更经济，而且常常也能提供有用的信息。要先进行全面的体格检查，以便建立超声检查结果与临床信息的相关性。

超声检查浅表结构时，如骨骼肌，应使用频率范围在 8 ~ 15 MHz 的高频线振探头，可以为近场提供更高的分辨率。使用增距垫有助于检查。可以对肌肉疾病、脓肿、血肿、血清肿、脂肪瘤、蜂窝织炎和肿瘤进行评估。也能识别软组织中的异物。猫的肌腱，如跟腱（图 2-12）也容易进行超声成像[15]。超声检查结合关节造影术，可以诊断猫肱二头肌腱鞘炎[16]。然而，由于猫的体型较小，大多数肌腱和关节的超声检查均受到限制。可以通过超声检查骨表面的不连续变化，如不规则、不连续、骨膜反应、碎片和创伤或感染产生的死骨片。注意每次骨的超声检查都应在 X 线检查之前进行。

2.1.8　CT

与传统 X 线检查类似，CT 的原理也是基于组织对 X 线的吸收。传统 X 线检查技术只能产生身体区域的重叠影像，而 CT 是一种断层成像技术，可以获得 0.5 ~ 10 mm 厚度范围内的横断面图像，从而可以避免相邻结构的重叠。CT 可以产生动物特定区域的系列二维图像。基于数字技术，还可以重建三维图像和不同平面的图像。与传统 X 线检查相比，CT 的对比度分辨率更高。在 5 种常规影像密度（气体、脂肪、软组织 / 液体、骨骼、金属）中，软组织结构和液体密度可进一步区分，如肌肉可与肌腱区分，在头部可以将脑脊液与脑组织和急性出血区分。

CT 对检测骨溶解或软组织矿化更敏感。在评估肿瘤性或感染性骨病时，CT 具有特别的价值（图 2-13）。在复杂解剖区域（如头部或脊柱）的急性创伤病人和动物，CT 可以对骨折进行无重叠成像，从而成为标准检查方法。通过 CT 检查，有助于制订手术计划或发现小碎片或死骨片。结合脊髓造影，CT 还可以诊断脊髓压迫。CT 脊髓造影使用低浓度碘造影剂（约 100 mg/mL），并用无菌生理盐水稀释。而螺旋 CT 等新颖 CT 技术大大提高了空间分辨率，随着其在兽医领域的可用性增加，会出现新的前景。

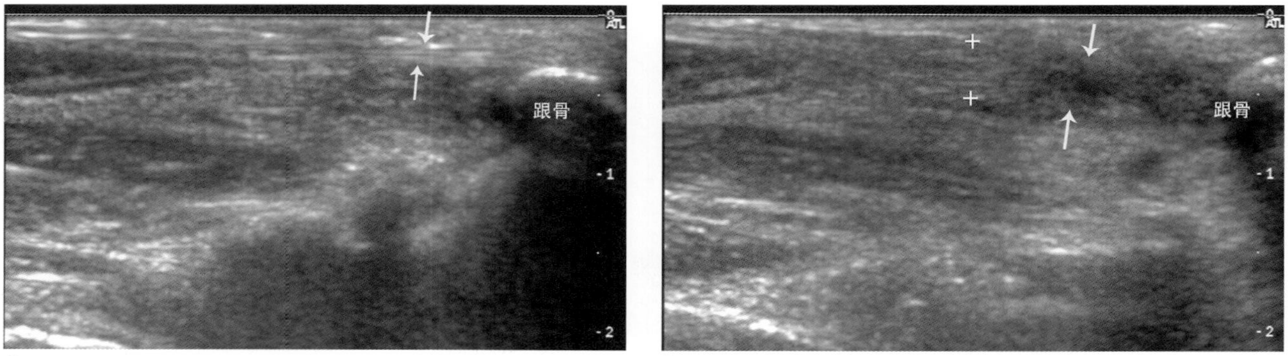

图 2–12　猫右后肢跟腱部分断裂的矢状面超声图像 :（A）跟腱的浅部完好无损（白色箭头）。（B）较深的内侧部分显示近端（光标）的纤维排列，但远端（白色箭头）缺失纵向纤维；相反，在该区域可见到不均匀的低回声组织

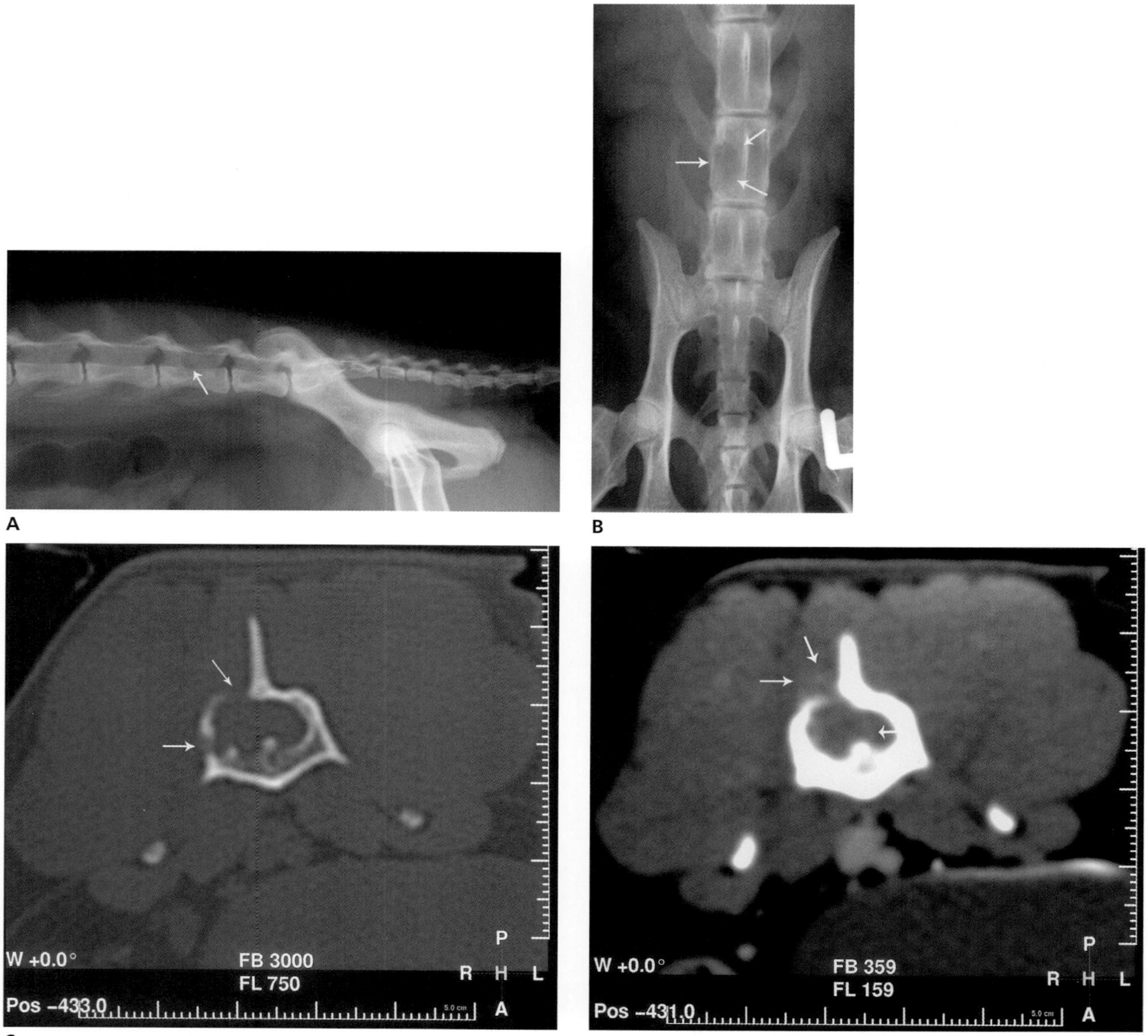

图 2–13　第 6 腰椎骨肉瘤：右侧椎弓根可见骨溶解区（白色箭头），（B）腹背位 X 线片可以清晰见到，但（A）侧位 X 线片显示不清。（C）在横断面 CT 图像（骨窗）中，右侧椎弓根破坏明显（白色箭头），椎管增宽。（D）在造影后横断面图像（软组织窗）中，可见密度轻度增高的软组织肿块，约占椎管的 75%，并向背侧膨出（白色箭头）

2.1.9 MRI

在进行磁共振成像时，将患病动物放置在磁体中，然后向磁场内发射无线电波。射频系统关闭后，动物会再次发射无线电波，这些信号被接收并重建后生成 MRI 图像。磁化组织中的氢原子核可以吸收和发射射频能量。MRI 能够测量组织中的氢和蛋白质含量，并在图像上显示为灰色阴影。像 CT 一样，MRI 也是断面成像技术，通过对患病动物进行切片成像来避免相邻结构的重叠。相对于 X 线成像系统，如 CT 和传统 X 线检查，MRI 具有良好的对比分辨率，是检查软组织的首选成像方法。但 MRI 提供的骨骼细节较少，因为骨骼的氢密度较低，导致信号减少。使用 MRI 的主要适应证是脑和脊柱疾病的检查，MRI 可清晰显示灰质和白质、脑脊液、脊髓、硬膜外脂肪和椎间盘成分。由于猫的体型较小，其四肢骨的 MRI 检查也受到限制。

2.2 关节穿刺术和关节液分析

关节液的采集和实验室评估是诊断关节病的重要组成部分。软骨损伤和滑膜炎会导致异常的关节积液。滑膜下毛细血管扩张造成血管通透性增加，导致液体、蛋白质和炎性细胞渗出到关节液中。可以根据白细胞的类型和数量进行疾病的鉴别诊断。

2.2.1 关节穿刺术

四肢的大关节都可以通过细针关节穿刺术获得关节液。图 2–14 显示了不同关节穿刺术的位置。正常猫的关节内通常只有少量关节液；正常的肩关节、膝关节和髋关节通常可采集 1 滴到 0.25 mL 关节液，而腕关节和跗关节可采集 0.1 mL 左右 [17]。关节积液时，一般都能够采集到足够的关节液进行分析。怀疑多关节炎的病例时，至少应检查 2 个关节，越多越好。

大多数猫实施关节穿刺术时需要镇静或短时全身麻醉。局部剃毛，皮肤按手术要求进行无菌准备。一只手固定关节，另一只手用连接 2 mL 或 3 mL 注射器的 22 G 或 25 G 针头刺入关节内 [17]。在入针部位的对侧面指压膨胀的关节，有助于将细针刺入关节囊内。细针进入关节腔后，施加轻微负压，即可采集到关节液。如果注射器内有血液流出，则需重新入针，因为血液污染会影响关节液细胞计数。采样后，立即制备涂片进行细胞学评估。如果采集的关节液量多，多余的样品可以收集到 EDTA 管内冰箱储存 24 h。也要进行细菌培养，操作过程如下。

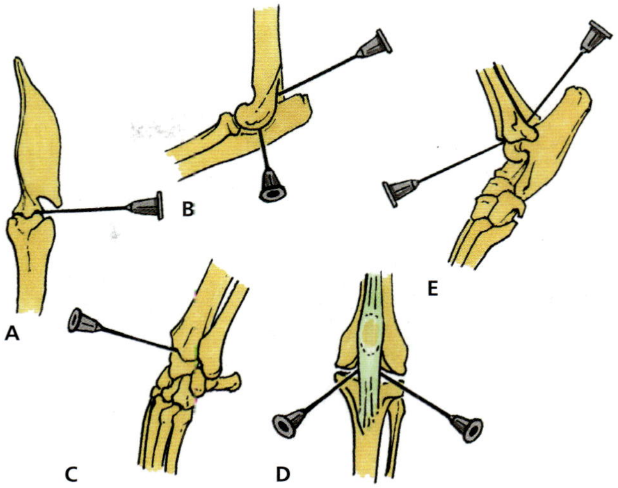

图 2–14 关节穿刺术的推荐位置。(A) 肩关节。细针垂直于肩胛骨钩状突（肩峰）稍远端的皮肤表面刺入。(B) 肘关节。细针可直接刺入外上髁内侧，沿鹰嘴进入鹰嘴窝；也可以将肘关节轻微旋后，从肱骨髁后外侧进针。(C) 腕关节。腕关节轻微屈曲，细针从背侧或背内侧刺入桡腕关节。(D) 膝关节。细针从髌韧带外侧刺入，经髌下脂肪垫刺向股骨内侧髁的外侧。也可以从髌韧带内侧进针进行膝关节穿刺。(E) 跗关节。细针从背侧以稍向近端的方向刺入距小腿关节（踝关节）。指压跖侧关节囊有助于采集关节液。也可使跗关节轻微屈曲，将细针刺入外踝内侧，采集跖外侧关节间隙的关节液

2.2.2 眼观和细胞学评估

记录采集的关节液总量，并进行眼观检查。正常的关节液透明无色。红色液体提示出血，可能与创伤或炎症或医源性污染有关。如果是血丝，而不是均匀的红色或粉色液体，一般认为是医源性污染。白色或黄色浑浊液体通常提示白细胞升高，多与炎症或败血症有关。正常的关节液黏度很高，应形成 2 ~ 4 cm 的管柱。

正常的关节液中白细胞（WBC）计数低于 3 000 个 /μL，90% 以上是单核细胞[18]。从健康猫的肩关节和膝关节获得的关节液中每微升含有 0 ~ 4 535 个红细胞（平均 483 个 /μL）、2 ~ 1 134 个白细胞（平均 161 个 /μL）、0% ~ 39% 的中性粒细胞（平均 3.6%）和 61% ~ 100% 的单核细胞（平均 96.4%）[17]。体重与白细胞计数呈正相关，研究结果表明，猫的白细胞计数比犬低，但细胞分布类似[17]。

在退行性关节病中，细胞总数轻微升高，中性粒细胞比例正常或仅轻微升高（表 2–1）。红细胞的存在可能提示创伤或炎症导致的出血，也有可能是关节穿刺时引发的出血。中性粒细胞在炎症过程中（如免疫介导性和感染性病因）通过滑膜进入关节液，造成中性粒细胞的数量高于正常值。当关节液中的中性粒细胞数量明显超过 10% 时，通常提示炎性关节病。仅根据细胞数量结果并不能区分免疫介导性和感染性关节炎（表 2–1）。虽然感染性关节炎的细胞总数和中性粒细胞的百分比往往较高，但免疫介导性关节炎也可导致细胞总数和中性粒细胞百分比显著升高。退行性中性粒细胞和胞内菌的存在提示感染，但没有这些发现也不能排除感染。因此，关节液分析的结果应结合临床、影像学特征和细菌培养结果综合解释。

2.2.3　细菌学

关节液需要进行需氧菌、厌氧菌和支原体培养。直接将关节液置于需氧培养基上，可产生约 50% 的假阴性结果[19]。应避免接触室内空气，以便进行厌氧培养。与对关节液和滑膜活检物直接进行需氧培养相比，将关节液在血液培养基中孵育 24 h 再进行细菌培养可获得更可靠的结果[19]。因此，建议将关节液置于需氧培养基和血液培养基进行培养；需氧培养立即进行，可快速获得结果，而血液培养需要孵育 24 h 然后再培养，可以获得更高的准确度[19]。如果本院或附近有实验室，将样品放在无菌注射器中，立即送检做进一步处理。如果没有足量的关节液进行培养，可以用细菌培养基冲洗注射器，然后再将其放入血液培养基中培养[20]。

2.3　活组织检查技术

在骨科患病动物中，细针抽吸或活组织检查最常用于肿物、软组织肿胀或骨性病灶的检查。细胞学通常用于鉴别炎症或感染进程与肿瘤。如果细胞学检查结果没有提示，通常需要进行活检组织病理学检查，这是一种更敏感的诊断方法。组织病理学也用于诊断和肿瘤的分级，确定治疗方案和预后。

2.3.1　细针抽吸

细针抽吸和细胞学检查是诊断软组织肿物和肿胀的一种简便易行的非侵入性操作。在皮质溶解的情况下，还可以对骨组织病灶进行细针抽吸。与活检样本相比，细针抽吸只能取得一些松散的细胞，无法对不同类型的肿瘤做出明确的诊断。无论如何，细胞学常用于区分炎症、感染和肿瘤进程。

表面肿物的细针抽吸通常不需要镇静或麻醉，使用酒精消毒皮肤即可。而对骨组织病灶的细针穿刺则需要镇静甚至全身麻醉，并且要对皮肤进行无菌准备。

表 2–1　滑膜液在退行性关节病、免疫介导性和感染性关节炎中的特征

液体特征	退行性关节病	免疫介导性关节炎	感染性关节炎（细菌性）
黏性	正常到降低	降低	降低
透明度	清亮	朦胧样到云雾状	云雾状到不透明
白细胞计数	<5 000 个 /μL	4 000 ~ 700 000 个 /μL	5 000 ~ 267 000 个 /μL
中性粒细胞百分比	<10%	25% ~ 99%	77% ~ 99% 退行性中性粒细胞 胞内菌

有两种技术可以使用：细针穿刺和细针抽吸技术 [21]。细针穿刺更适合血管性和小的病灶，可以降低血液污染的风险，如图 2-15 所示。细针抽吸技术是指将针头刺入组织中，连接注射器进行抽吸，负压有助于从脱落不好的组织中提取细胞，注意拔针之前应停止抽吸，要在无负压状态下拔出。然后将针头从注射器上取下，注射器充满气体后安装针头，将针头中的细胞吹到盖玻片上。

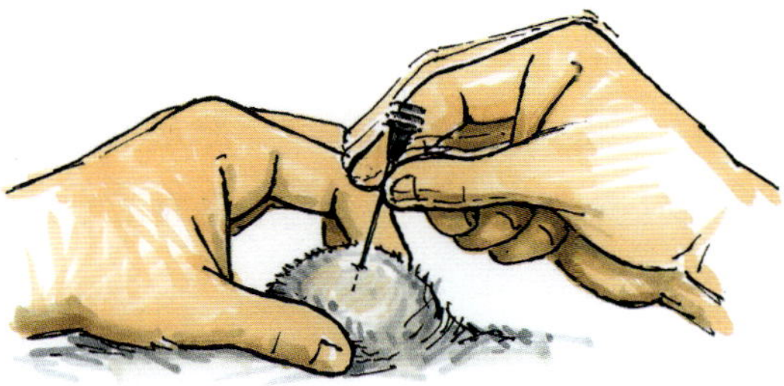

图 2-15　细针穿刺技术。一只手固定肿物，另一只手使用 22 G 或 25 G 针头刺入肿物，针在不同方向戳动，注意针尖不要离开肿物深层，以免取到邻近组织的正常细胞，也会避免肿瘤细胞扩散

采用常规涂片法或压片法制备细胞学涂片。基于中性粒细胞和单核细胞的百分比，通常可以诊断出炎症进程，即急性、慢性活动性和慢性或肉芽肿性炎症 [21]。肿瘤根据细胞核、细胞质，以及结构特征诊断 [21]。而组织增生通常很难与肿瘤鉴别。当细胞学诊断的准确性存疑，或者需要组织病理学进行肿瘤类型分级以确定预后和治疗方案时，需要采用活检组织病理学检查。

2.3.2　骨组织活检

怀疑骨溶解和（或）增生性骨病灶时需要进行骨组织活检。组织病理学检查通常能够区分炎症和肿瘤进程，并诊断肿瘤类型。肿瘤类型决定着预后和治疗方案。与 Michel's 环钻相比，Jamshidi 活检针的内径更小（图 2-16），所以更适合猫的采样。Jamshidi 活检针对肿瘤的检出率为 92%，肿瘤类型的判断为 82%[22]。猫通常使用 14 G 针头穿刺 [23]。骨组织活检要从 X 线片上见到的病灶中心进行穿刺，以免取到病灶周围的反应性骨组织样本 [22]。皮肤切口和活检通道有可能会种植肿瘤细胞。

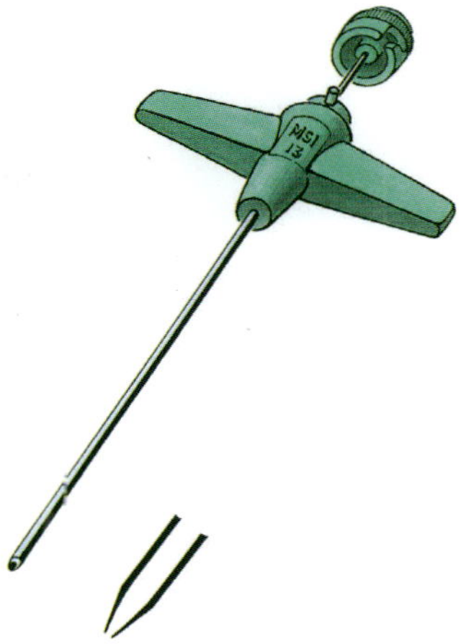

图 2-16　Jamshidi 骨活检针的针尖是锥形的，这样可以保障取出骨组织而不会丢失活检样本。骨样本需要使用针芯推出针尖，以便进一步处理

活检区域剃毛和外科准备，然后做一小的皮肤切口，将带针芯的 Jamshidi 活检针插入骨表面。移除针芯，利用螺旋运动将活检针深入骨内，从而将骨样本压入针体内。注意不要穿透对侧皮质。在取出针头之前，将针头沿同一方向做数次 360° 旋转，和（或）通过轻轻地前后摇晃破坏活检组织的基部。用针芯或小钢丝把样本从针尖推出来。理想的样本长度至少为 1 cm，可能的话，进行 2 ~ 3 次活检采样。将采集的活检样本放入 10% 中性福尔马林缓冲液中送组织病理学检查。

2.3.3　滑膜活检

如果无法获得关节液，或者关节液的细胞学检查不能做出诊断或怀疑肿瘤，则需要进行滑膜活检和组织病理学检查。滑膜活检很少会提示某个疾病的特征性病变，因为滑膜对许多不同类型的损伤反应相似 [24]。猫免疫介导性关节炎的组织病理学变化已有报道 [25,26]。在疾病最初的 1 或 2 个月，表现炎性浸润，包括单核细胞和中性粒细胞 [26]。随着疾病的进展，炎症仍保持活跃，但具有更多的慢性特征，单核细胞相比中性粒细胞会更多。有可能见到肉芽组织和绒毛肥大 [26]。绒毛肥大是人类风湿性关节炎的一个特征，据报道也是猫类风湿性关节炎的阳性因子 [25]。关节囊的组织病理学检查也可能见到关节炎或肿瘤的炎性病程。

滑膜活检的位置与关节穿刺术相同或通过关节镜定位（第 25 章）。由于目前可用的活检针对于猫的关节都过大，所以在猫上最好进行切除活检。切除活检的优势还在于可以检查关节并选择一块滑膜送检。关节囊纵向切开，防止韧带的医源性损伤，使用 11 号刀片将全层厚度的关节囊切除，然后缝线缝合关节囊切口。

2.4　神经学诊断方法

患猫可进行的神经学诊断方法包括脊髓造影、脑脊液分析和电诊断试验。脊髓造影已在本章的诊断影像学部分介绍（见 2.1）。

2.4.1　脑脊液分析

患猫在全身麻醉下从小脑延髓池或腰椎穿刺采集脑脊液。由于脑脊液向后流动，腰椎穿刺可以为脊髓疾病动物提供更多的信息。相关的操作技术和摆位见脊髓造影部分。成年猫的脑脊液采集量不应超过 1 ~ 1.5 mL。采集的脑脊液应保存在塑料容器中，因为玻璃容器会黏附白蛋白。为了避免细胞降解，样本应在 30 min 内分析。肉眼检查获得的信息有限，但如果样本看上去浑浊度增加，则细胞数量可能会增多。纤维蛋白凝块或泡沫表明蛋白明显升高。通常会见到血液的人为污染，特别是经腰椎穿刺获取的样本。穿刺引起的出血会在液体上形成红色微染，当液体继续流动时，微染就会消失。样本离心后留下无色的上清液。如果离心后观察到颜色变黄，其原因通常是存在先前的蛛网膜下腔出血。长时间的黄疸也会导致脑脊液黄变。

CSF 蛋白的定量检测会提供更准确的信息。在炎症、肿瘤和退行性疾病中，可观察到蛋白水平升高。影响血脑屏障通透性的毒物、阻碍脑脊液流动的病灶，以及脑组织坏死都可能导致蛋白浓度升高。在健康猫中，延髓池样本的蛋白质浓度不应超过 25 mg/dL，而腰椎穿刺样本的总蛋白含量通常是正常的，最高可达 45 mg/dL。

脑脊液检查最重要的部分是白细胞计数和分类。正常猫延髓池的脑脊液中每微升包含 0 ~ 5 个单核细胞。炎性疾病时，细胞总数显著增加。在肿瘤性、坏死性、出血性、缺血性或创伤性疾病中，可观察到白细胞少量增加。如果涉及更多的脑膜和室管膜，可能会有更多的细胞。如果只是单纯的脑实质内病灶，细胞总数可能是正常的。另外，在不同的疾病中，细胞计数的结果差异可能会因疾病定位、慢性度和严重度而不同，因此，其结果很少是特异性的。该规则不用于鉴别诊断肿瘤和感染。细菌感染时，中性粒细胞为主；然而中性粒细胞也可见于急性病毒感染（如猫传染性腹膜炎）、脑膜瘤和脊髓造影后。单核细胞常见于病毒性或自身免疫性疾病动物的脑脊液中，也见于压迫性、退行性或肿瘤性疾病。

脑脊液中的猫传染性腹膜炎或弓形体病等抗体检查对于诊断有重要意义。应将这些检测结果与血清抗体滴度进行比较。当血脑屏障受损时，因迁移的 β 细胞可能在中枢神经系统不存在抗原的情况下在鞘内产生抗体，所以会造成假阳性结果。

2.4.2　电诊断测试

电诊断测试是诊断动物神经肌肉疾病的主要方法 [27]。这些检查结果可以揭示疾病的分布，如肌肉、神经肌肉接头、髓鞘或轴突。根据电诊断结果可以获得准确的神经和肌肉活组织检查。肌电图（EMG）和外周神经传导检查是最常规的测试。更深入的检测包括感觉神经传导检查、重复神经刺激、F 波检查、单纤维肌电图等。

兽医临床中患病动物的肌电图检查需要在麻醉下进行，并且仅限于评估静息肌肉的自发电位，以及在插入电极时引发的插入电位。肌电图异常表现包括纤颤电位、正尖波、复杂重复放电和肌强直电位。这些病理活动必须与生理放电区别，特别是插入电位、最小终板电位、终板峰值和运动单位动作电位。每一种肌电图都会有特征性的噪声，有助于有经验的检查医生解释肌电图的发现。肌电图的活动异常是神经和（或）肌肉病灶改变了细胞膜生理特性的结果。需要注意的是，猫去神经支配后的 4 ~ 5 d 内是无法检测到异常的，只有在 8 ~ 10 d 之后才能检测到最大的变化。

肌电图进一步的限制包括无法区分神经病和肌病、无法推断临床症状和神经病理缺陷，以及不能推断潜在的病理生理过程。虽然肌电图的特异性不强，但肌电图可以提供神经再生和疾病进展与恢复方面的有用信息。自发电位密度的显著降低通常表明神经再生成功。纤维化也会见到类似的肌电图变化。肌电图在临床上对区分失神经支配和废用性萎缩是有用的。即使在 95% 轴突完好无损的情况下，肌电图在检测外周轴突丢失方面仍具有很高的灵敏度，因此，在临床特征变得明显之前（如反射减弱）就可以诊断出外周神经病。

运动神经传导检查可以评估胸神经、盆神经和某些脑神经的运动神经和混合神经。神经会接受两个不同位点的刺激，并将记录电极置于肌肉合适的位置，会产生一个复合肌肉动作电位（CMAP）。大量的测量值可用于评估外周神经的运动构成，包括延迟分析、振幅、持续时间、形态，以及 CMAP 范围和传导速度的评估。与运动神经传导相关的主要异常是 CMAP 振幅和传导速度的改变。一般来说，轴突疾病会导致 CMAP 振幅降低和脱髓鞘，从而导致传导速度降低。在糖尿病性神经病的患猫，传导速度减慢而 CMAP 振幅没有显著降低是脱髓鞘的典型特征。在正常神经中，传导速度不应小于 50 m/s。年龄对传导速度有显著影响，猫在 3 月龄前不能达到成年猫的参考值。

超大重复神经刺激（SRNS）是利用运动神经传导的原理，通过刺激外周神经产生一系列脉冲，分析所诱发的 CMPA。常用于评估肉毒梭菌中毒和神经肌肉接头疾病，如先天性和获得性重症肌无力。

感觉神经传导检查可以评估感觉神经和混合外周神经的功能。在临床上，感觉神经传导比运动神经传导的结果更难以解释，感觉神经动作电位（SNAP）更容易产生伪影，结果会因动物而异，甚至在同一动物的两侧也可能不同。感觉传导速度的计算提供了脱髓鞘的相关信息，而 SNAP 幅度可以提示感觉轴突疾病。需要注意的是，感觉纤维仅在背根神经节处发生变性，因为细胞体仍与感觉轴突相连。神经节前神经根和脊髓撕脱导致神经节远端相关感觉神经变性，神经节后感觉神经损伤会严重影响传导速度。

参考文献和延伸阅读

[1] Farr RF, Allisy-Roberts PJ. Physics for medical imaging. Edinburgh: WB Saunders; 1996.

[2] Lavin LM. Radiography in veterinary technology, 2nd edn. Philadelphia: WB Saunders; 1999.

[3] Farrow CS, Green R, Shively M. Radiology of the cat. St. Louis: Mosby; 1994.

[4] Waibl H, et al. Atlas of radiographic anatomy of the cat. Stuttgart: Parey; 2004.

[5] Morgan JP. Radiology of small animal fracture management. Philadelphia: WB Saunders; 1995.

[6] Morgan JP. Radiology of veterinary orthopedics. Features of diagnosis, 2nd edn. Napa, California: Venture Press; 1999.

[7] Thrall DE. Textbook of veterinary diagnostic radiology, 4th edn. Philadelphia: WB Saunders; 2002.

[8] Zulauf D, et al. Radiographic examination and outcome in consecutive feline trauma patients. Vet Comp Orthop Traumatol 2008;21:36–40.

[9] Voss K, et al. Antebrachiocarpal luxation in a cat. Vet Comp Orthop Traumatol 2003;4:266–270.

[10] Wood AKW, et al. Anatomic and radiographic appearance of a sesamoid bone in the tendon of origin of the supinator muscle of the cat. Am J Vet Res 1995;56:736–738.

[11] Mahoney PN, Lamb CR. Articular, periarticular and juxtaarticular calcified bodies in the dog and cat: a radiologic review. Vet Radiol Ultrasound 1996;37:3–19.

[12] Langley-Hobbs SJ. Biology and radiological assessment of fracture healing. In Practice 2003;1:26–35.

[13] Nolte DM, et al. Incidence of and predisposing factors for nonunion of fractures involving the appendicular skeleton in cats: 18 cases (1998–2002). J Am Vet Med Assoc 2005;226:77–82.

[14] Stead AC, et al. Synovial cysts in cats. J Small Anim Pract 1995;36:450–454.

[15] Kramer M, et al. Ultrasonographic examination of injuries to the Achilles tendon in dogs and cats. J Small Anim Pract 2001;42:531–535.

[16] Scharf G, et al. Glenoid dysplasia and bicipital tenosynovitis in a Maine coon cat. J Small Anim Pract 2004;45:515–520.

[17] Pacchiana PD, et al. Absolute and relative cell counts for synovial fluid from clinically normal shoulder and stifle joints in cats. J Am Vet Med Assoc 2004;225:1866–1870.

[18] MacWilliams PS, Friedrichs KR. Laboratory evaluation and interpretation of synovial fluid. Vet Clin North Am Small Anim Pract 2003;33:153–178.

[19] Montgomery RD, et al. Comparison of aerobic culturette, synovial membrane biopsy, and blood culture medium in detection of canine bacterial arthritis. Vet Surg 1989;18:300–303.

[20] Johnson AL, Hulse, DA. Diseases of the joints. In: Fossum TW (ed.) Small animal surgery, 2nd edn. St. Louis: Mosby; 2002: pp. 1023–1157.

[21] Ogilvie GK, Moore AS. Clinical cytology and neoplasia. In: Ogilvie GK, Moore AS (eds) Feline oncology. Trenton: Veterinary Learning Systems; 2001: pp. 42–48.

[22] Powers BE, et al. Jamshidi needle biopsy for diagnosis of bone lesions in small animals. J Am Vet Med Assoc 1988;193: 205–210.

[23] Ogilvie GK, Moore AS. Bone marrow aspiration and biopsy. In: Ogilvie GK, Moore AS (eds) Feline oncology. Trenton: Veterinary Learning Systems; 2001: pp. 26–29.

[24] Hardy RM, Wallace LJ. Arthrocentesis and synovial membrane biopsy. Vet Clin North Am 1974;4:449–462.

[25] Bennett D, Nash AS. Feline immune-based polyarthritis: a study of thirty-one cases. J Small Anim Pract 1988;29:501–523.

[26] Pedersen NC, et al. Feline chronic progressive polyarthritis. Am J Vet Res 1980;41:522–535.

[27] Cuddon PA. Electrophysiology in neuromuscular disease. Vet Clin North Am Small Anim 2002;32:31–62.

第2部分
肌肉骨骼系统疾病

在日常猫科临床中，很少会诊断出与创伤无关的肌肉骨骼系统疾病。虽然猫确实会发生某些罕见的疾病，但其他疾病的发生率更高，更可能被漏诊。最近的研究显示，猫退行性关节病、髋关节发育不良和髌骨脱位的影像学发病率高得惊人。猫肌肉骨骼系统疾病相关的临床症状往往不明显，且常与犬的症状不同。因此，猫的肌肉骨骼系统疾病可能会被主人忽视，或者归因于正常的衰老过程。兽医对猫肌肉骨骼系统疾病的认识也不够高，有时也很难诊断出这些问题。此外，在某些猫上，进行骨科检查和解释疼痛反应是很大的挑战。

肌肉骨骼系统疾病影响骨骼、关节和肌肉。除了肿瘤，骨骼疾病很少见。骨骼疾病通常是由遗传代谢性、营养性或内分泌性疾病引起。其他局灶性骨病，如骨囊肿与股骨头和股骨颈疾病等，也有描述。关节疾病可能源于退行性疾病，也可能是遗传性、发育性或炎性疾病。广义而言，神经肌肉疾病及脚垫和指/趾甲疾病也属于肌肉骨骼系统疾病，因为这些疾病也可能引起跛行和功能障碍，会混淆骨科疾病。以下章节中将介绍这些疾病。

第 3 章　遗传性和先天性肌肉骨骼系统疾病

M. Hubler, S. Arnold, S.J. Langley-Hobbs

遗传性和先天性肌肉骨骼系统疾病通常在出生后数天至数月内出现临床症状，因此，好发于幼年猫和青年猫。本章涵盖遗传代谢性疾病和先天性骨骼畸形等内容。

3.1　遗传代谢性肌肉骨骼系统疾病

遗传代谢性肌肉骨骼系统疾病包括贮积病、成骨不全、苏格兰折耳猫骨软骨发育不良、先天性甲状腺功能减退和遗传性佝偻病。

3.1.1　贮积病

溶酶体贮积病是一种罕见的疾病，主要为简单的常染色体隐性遗传模式。该病是由细胞溶酶体中一种或多种酶的缺乏引起的，或者是由保持酶活性必需的活化酶或辅酶因子缺乏引起的。许多大分子的生理分解代谢都发生在溶酶体内，尤其是脂类、黏多糖（糖胺聚糖，GAG）、糖原和糖蛋白。这一过程依赖于许多酶和相应辅酶因子的功能和浓度。代谢级联中任何一个步骤的失败都会导致缺乏酶的底物在溶酶体内贮积。除乳糜微粒血症和Ⅱ、Ⅳ型糖原贮积病外，它们是聚糖分子在细胞质内聚集。各种疾病以聚集的底物或缺乏的酶或蛋白命名，并且具有别名。在多数贮积病中这些大分子本身是无毒的，但逐渐增加的沉积物会干扰正常的细胞功能和结构，进而导致慢性进行性疾病。

多数贮积病为单一酶的功能缺乏［如Ⅰ型、Ⅳ型和Ⅶ型黏多糖贮积病（MPS），α－甘露糖苷贮积病］。其他贮积病是由辅酶因子缺失（如 GM1 和 GM2 神经节苷脂贮积病）或由缺乏某种作用于溶酶体内多种酶的酶引起（如Ⅰ－细胞病）。

目前猫已知有 13 种贮积病。它们均为慢性进行性疾病，但临床症状多变。MPS 或Ⅰ－细胞病的患猫主要表现为骨骼变化，如面部畸形；而其他患猫主要表现为神经系统改变。在某些贮积病中，有些白细胞内可见颗粒。MPS 常见中性粒细胞内液泡，神经节苷脂贮积病 GM2 常见淋巴细胞内液泡。

接下来描述引起骨骼改变的贮积病（表 3–1），包括 α－甘露糖苷贮积病，Ⅰ型、Ⅳ型和Ⅶ型

表 3–1　引起猫骨骼疾病的贮积病

疾病	酶缺陷	品种	发病年龄	临床症状	参考文献
α－甘露糖苷贮积病	α－甘露糖苷酶	波斯猫、DSH、DLH	2 ~ 4 月龄 6 ~ 12 月龄	肢体畸形（波斯猫和 DSH）、全身性震颤、共济失调、头部震颤、痉挛性截瘫、角弓反张	Vandevelde et al. (1982)[2] Blakemore 1986[3] Cummings et al. (1988)[1]
Ⅰ型黏多糖贮积病	α-L-艾杜糖醛酸酶	暹罗猫、DSH	4 ~ 12 月龄	颅骨畸形、匍匐步态、手推车姿态、呼吸道感染、角膜浑浊	Thrall 2001[4] Haskins et al. (2002)[5]
Ⅵ型黏多糖贮积病	芳香基硫酸酯酶 B	暹罗猫、DSH	4 ~ 9 月龄	侏儒症、颅骨畸形、步态异常、角膜浑浊、共济失调、截瘫	Thrall 2001[4] Haskins et al. (2002)[5]
Ⅶ型黏多糖贮积病	β－葡糖醛酸糖苷酶	DSH	2 月龄	侏儒症、颅骨畸形、爪部增大、腿部畸形、步态异常、角膜浑浊、共济失调、截瘫	Gitzelmann et al. (1994)[6] Haskins et al. (2002)[5]
Ⅱ型黏脂贮积病（Ⅰ－细胞病）	N-乙酰氨基葡萄糖-1-磷酸转移酶	DSH	出生	侏儒症、面部畸形、前肢畸形（内翻 / 外翻）	Hubler 1996[7] Mazrier et al. (2003)[8]

注：DSH，家养短毛猫；DLH，家养长毛猫。

MPS，Ⅱ型黏脂贮积病。

α－甘露糖苷贮积病

α－甘露糖苷贮积病是一种慢性进行性疾病，临床严重程度多变[1]。严重的小脑功能障碍是所有病例的主要特征。该病与波斯猫死胎和新生儿死亡有关，幼猫存活期小于 6 个月[2]。临床诊断包括肝肿大、角膜改变和颅骨异常。神经学检查提示小脑症状（如意向性震颤、共济失调和辨距不良）。其他症状包括异常行为、痴呆、淡漠和对刺激反应减弱。

在一只患有 α－甘露糖苷贮积病的家猫身上，4 月龄时出现的问题是前肢变形[3]。该动物在 7 月龄时因逐渐失去平衡而被送至兽医处。9 月龄时在安乐死前的表现包括肝肿大、淋巴结肿大、脊柱和长骨的 X 线影像学异常。椎骨有虫蛀样外观，在腰椎更明显。长骨皮质变薄，外观不均匀。眼部异常包括缝线样白内障和反光色素层改变。神经功能障碍包括意向性震颤、共济失调、本体感受反应延迟、肱三头肌和膝跳反射减弱。

同窝家养长毛幼猫的临床进程与短毛幼猫相似，但症状一般较轻，进展缓慢[1]。共济失调是观察到的第一个异常。据报道，波斯猫和家养短毛猫没有骨骼、眼部异常或肝肿大。

Ⅰ型、Ⅳ型和Ⅶ型黏多糖贮积病及Ⅱ型黏脂贮积病

MPS 的特征是由于正常的 GAG 降解所需要的 11 种酶中的一种酶功能受损而导致的 GAG 的积累。除中枢神经系统、软骨和骨骼外，这些溶酶体贮积病的病理生理学主要与细胞、组织和器官大小相关。例如，在 MPS 中，GAG 在心脏瓣膜细胞内的储存导致这些正常的梭形细胞变圆。这种变化反过来导致瓣膜小叶和腱索增厚，影响正常的心脏功能，导致瓣膜狭窄，通常伴有反流[5]。

相反，Ⅱ型黏脂贮积病（Ⅰ－细胞病）是由负责溶酶体水解酶转运后磷酸化的一种酶缺陷引起的。磷酸化是酶（水解酶）靶向溶酶体所必需的。因此，酶几乎不能到达溶酶体，大量分泌到细胞外进入血浆中。因此，各种大分子在溶酶体中积累，不仅是 MPS 中的 GAG。这些溶酶体称为细胞包涵体，引起Ⅰ－细胞病。

在Ⅱ型黏脂贮积病中，MPS 中的 GAG 或各种大分子聚集，引起猫常见的临床症状（表 3–2）。骨骼的 X 线征象总结于表 3–3 中。Ⅵ型 MPS 是猫最常见的疾病之一，常见于暹罗血统的猫。同一种基因的两种不同突变（L476P 和 D520N）可导致三种不同的表型。当 L476P 突变为纯合子时，会导致严重的表现。当 D520N 突变为纯合子时，几乎没有临床表现，受影响的患猫很可能被视为临床表现正常。对实验猫群的调查显示，18 只纯合 D520N 的猫中，只有 1 只患有轻度退行性肩关节疾病[9]。复合形式（L476P/D520N）导致猫的体型和外观正常，但会出现轻度到重度的退行性肩关节疾病（占基因型的 64%）和膝关节疾病（占基因型的 20%）[9]。在基因型为 D520N/D520N 或 L476P/D520N 的猫中，发生贮积病的唯一证据是中性粒细胞中存在包涵体。

发病年龄不固定，取决于潜在缺陷的严重程度,但通常在成年之前发病。这是一种进行性疾病，许多动物能存活数月或数年。存在以下一个或多个临床症状时，可提示贮积病：侏儒症、面部畸形、角膜浑浊、肢体变形、神经症状、进行性小脑缺陷（尤其提示）[7]（图 3–1）。血细胞涂片可见粒细胞、单核细胞或淋巴细胞液泡化的包涵体。X 线可见器官肿大、骨骼畸形和（或）退行性关节病（图 3–2 和图 3–3）。

所有 MPS 患猫的甲苯胺蓝实验都呈阳性，这表明尿液中 GAG 排泄过量（表 3–2）。而Ⅰ－细胞病患猫不会在尿液中排泄 GAG（表 3–2）。贮积病筛选实验用于生化缺陷定位，但不具有单一酶缺陷的特异性。在溶酶体贮积病中,MPS（甲苯胺蓝）和碳水化合物（Clinitest, Ketostix）可以进行简单的尿液微量检测，还可以进行氨基酸、有机酸和碳水化合物的单向纸色谱法。特定酶缺陷的最终诊断，如血浆中缺乏特定的溶酶体水解酶、白细胞中缺乏特定的酶活性或活组织检查培养的成纤维细胞，只能在特定实验室中进行。

表 3-2　Ⅰ型、Ⅵ型*、Ⅶ型黏多糖贮积病（MPS）和Ⅱ型黏脂贮积病（ML）的临床特点及实验室诊断[7]

	Ⅰ型 MPS	Ⅵ型 MPS	Ⅶ型 MPS	Ⅱ型 ML
临床症状				
侏儒症	−	+	+	+
爪部增大	−	+	+	+
面部畸形	+	+	+	+
小耳朵	+	+	+	+
角膜浑浊	+	+	+	−
视网膜萎缩	−	+（25%）	−	+
眼睑增厚（眼下垂）	−	（+）	−	+
皮肤增厚	+（颈部）	+（颈部、头部）	+（爪部）	+（全身性）
肝肿大	+	−	+	−
步态异常（后肢）	+	+	+	+
神经功能缺陷	+（后期）	+（25%）（后肢麻痹性痴呆）	+	+
实验室检查				
糖胺聚糖甲苯胺蓝斑实验	+	+	+	−
外周血白细胞酶活性降低	+	+	+（无活力）	+
培养的成纤维细胞酶活性下降	+	+（无活力）	+	+（无活力）
光学显微镜学				
外周中性粒细胞肉芽过多	−	+	+	−
电子显微镜学				
外周血白细胞膜结合包涵体	+	+	+	−

*严重型，基因型 L476P/L476P。

表 3-3　Ⅰ型、Ⅵ型*、Ⅶ型黏多糖贮积病（MPS）和Ⅱ型黏脂贮积病（ML）的骨骼 X 线片[7]

X 线	Ⅰ型 MPS	Ⅵ型 MPS	Ⅶ型 MPS	Ⅱ型 ML
漏斗胸	+	+	+	−
脊椎畸形	+	+	+	+
颈椎融合	+	+	−	+
双侧髋关节半脱位	+	+	+	+
髋臼变浅和股骨头发育不良	+	+	+	+
长骨骨骺发育不良	−	+	+	（+）

+，阳性；−，阴性；（+），轻微的变化。

*严重型，基因型 L476P/L476P。

图 3-1　Ⅱ型黏脂贮积病的患猫。注意面部宽且扁平、额部隆起、小耳朵、眼睑增厚、爪部与身体不成比例增大（转载自 Hubler M, Haskins ME, Arnold S et al. Mucolipidosis type Ⅱ in a domestic shorthair cat. J Small Animal Pract 1996;37:435-441. The *Journal of Small Animal Practice* 同意供图。）

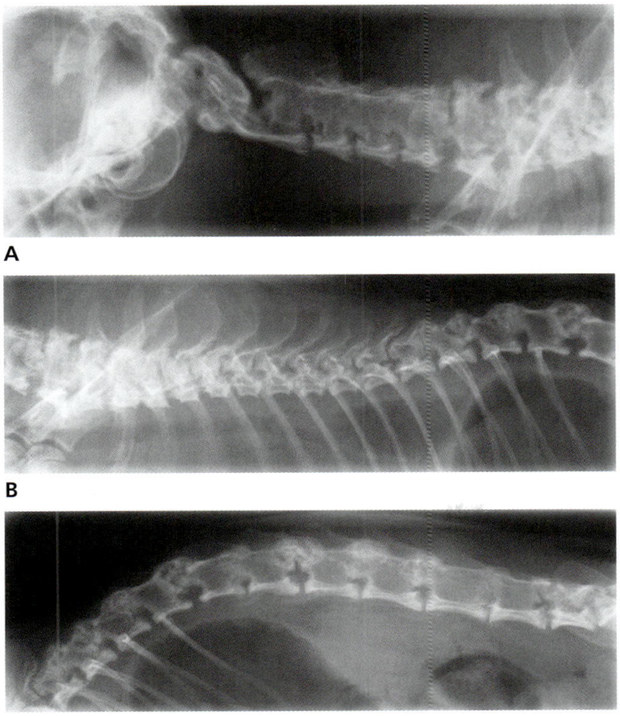

A

B

C

图 3-2　Ⅱ型黏脂贮积病患猫的脊柱侧位 X 线片。（A）颈椎：椎弓与关节突融合。（B）胸椎：椎体小而弯曲，棘突缩短。（C）腰椎：关节突融合（转载自 Hubler M, Haskins ME, Arnold S et al. Mucolipidosis type Ⅱ in a domestic shorthair cat. J Small Animal Pract 1996;37:435-441. The *Journal of Small Animal Practice* 同意供图。）

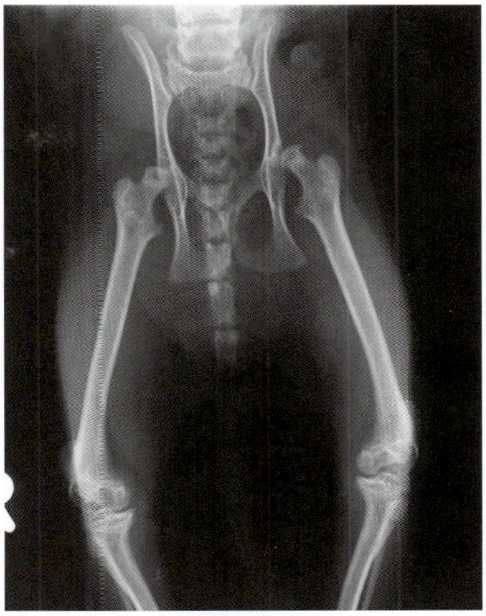

图 3-3　Ⅱ型黏脂贮积病猫的骨盆和后肢腹背位观：双侧髋关节发育不良和髋关节脱位；膝关节轻度畸形（转载自 Hubler M, Haskins ME, Arnold S et al. Mucolipidosis type Ⅱ in a domestic shorthair cat. J Small Animal Pract 1996;37:435-441. The *Journal of Small Animal Practice* 同意供图。）

3.1.2　成骨不全

成骨不全是一种导致自发性骨折的骨骼疾病。在人较多见，而且有多种类型，其临床症状范围涵盖从轻微的亚临床疾病到导致死胎 / 新生儿死亡的致死综合征。人的成骨不全是由胶原蛋白代谢紊乱引起的。根据胶原蛋白的类型和产生，可伴发齿列异常、巩膜变蓝、关节松弛或生长畸形。所有类型的成骨不全的共同特征是骨骼脆弱，可发生自发性骨折或在轻微创伤后骨折。

猫成骨不全是一种非常罕见的疾病。最初，猫营养继发性甲状旁腺功能亢进被错误地认为是一种类型的成骨不全。Gehring[10] 报道了暹罗猫和波斯猫成骨不全的家族发生情况，确定这是一种遗传性疾病。幼年猫可发生这种骨骼疾病，与性别无关，但在 2 ~ 12 月龄的雄性猫中更常见。患猫会表现跛行和骨盆区域疼痛。它们走路非常谨慎，会避免跳到桌子或其他物体上。在跳跃之后，即便高度很低，也会导致它们不再行走，或者非常缓慢地行走，尤其是后肢。一般情况下，患猫饮食和消化正常，除非发生创伤。在发生青枝骨折后，疼痛会导致患猫食欲下降，甚至厌食。它们通常不愿使用猫砂盆排便，从而导致便秘。调理排便很重要，在慢性病例中可能发生肠麻痹。

在成骨不全的患猫中，X 线可见骨密度显著降低。皮质骨有时像纸一样薄，尤其是在非常年幼的小猫中，而长骨通常会因为青枝骨折而出现扭结和畸形（图 3-4）。腹背位 X 线片中可见骨盆呈裂解状，在幼年动物中非常典型。这种畸形随着骨骼成熟而消失。随着年龄增长和青春期到来，长骨密度逐渐趋于正常。脊柱和胸部的畸形较常见，而且可能非常严重，即便骨骼疾病恢复后，患猫的存活期也可能受到损害 [10]。

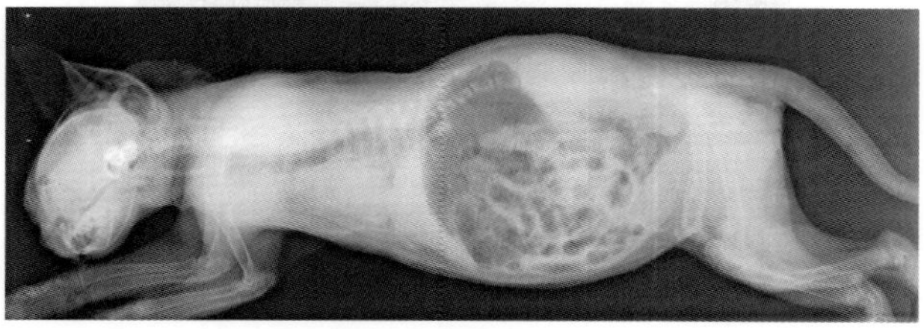

图 3-4　4 月龄英国短毛猫成骨不全的侧位 X 线片。除了骨骺和骨突外，骨骼可见明显骨质减少。股骨、胫骨、跟骨、骨盆和第 6 腰椎多处自发性骨折。包括胸椎在内的许多骨骼都畸形

在一篇报道中 [10]，患猫对钙或维生素治疗没有反应。在骨骼完全矿化前，预防创伤非常重要。有文献报道了一例 12 周龄小猫严重的成骨不全 [11]。尽管长时间在笼内静养，仍出现多处自发性骨折，随后只能安乐死。

3.1.3　苏格兰折耳猫骨软骨发育不良

苏格兰折耳猫是一种起源于苏格兰的自发性突变的母猫与当地农场猫和英国短毛猫交配形成的纯种猫 [12]。几年前，人们认为杂合子猫除了折耳外没有骨骼的变化，只有纯合子猫才会出现渐进性的骨骼变化。目前认为折耳是全身软骨形成缺陷的外在标志。雷克斯折耳猫是德文卷毛猫和苏格兰折耳猫的杂交品种，也患有骨软骨发育不良病 [13]。这种突变影响骨骼生长和关节软骨形成。因此，所有苏格兰折耳猫都存在一定程度的骨软骨发育不良 [14]。

在生长过程中，受波及的骨软骨骨化导致骨骼的异常纵向生长，反过来缩短跖骨和掌骨，使近端尾椎变短、变宽 [14]，严重时四肢畸形。受波及的关节受力异常，导致退行性关节病、关节周围连接骨与关节囊的韧带新骨形成，最终导致跖跗关节和跗骨间关节强直 [14]。

不同骨软骨发育不良的患猫，其发病年龄、严重程度和发展进程不同。发病年龄在 5 月龄至 6 岁 [14]。患猫的骨科疾病症状各有不同，包括跛行、不愿跳跃、步态僵硬不自然。步态问题主要来源于跖跗关节和腕掌关节，后肢更为严重。关节活动范围受限，常可触及外生骨疣。尾部近端区域缩短和变厚。

脊柱和后肢的所有活动关节都可见 X 线变化。常见指 / 趾骨张开。受波及的关节改变与强直性多关节病一致，在腕骨和跗骨周围有边缘平滑和相对均匀的骨膜新骨增生。这种骨骼的生长会导致严重关节强直。关节邻近处软组织也可见新骨形成的征象，尤其在韧带附着点。短粗尾巴的猫，椎骨比正常的更短更宽，严重时，骨桥可能会造成多个尾椎强直 [15]。

由于这是一个潜在的遗传缺陷疾病，治疗的主要目的是减少临床症状和伴随的疼痛。通过皮下给予戊聚糖聚硫酸盐或口服复合 GAG，可减少猫的跛行和不适 [14]。解决跛行的手术方法包括切除跗关节的外生骨疣 [16]，或者行阶段性双侧骨切除术和双侧全跗关节融合术 [17]。

最近报道了一种使用姑息性放射治疗苏格兰折耳猫骨软骨发育不良的新方法 [18]。患猫跗骨和跖骨的跖面严重的双侧外生骨疣会使跗关节增厚（图 3-5）。为减少新骨形成所导致的反应性炎症和进行性强直性关节病，可选择放射治疗作为姑息治疗。这只患猫 2 周内以 1.5 Gy 的总量分 6 次进行辐照，期间无放射治疗的副作用，1 个月内无任何活动问题，重新恢复攀爬能力。治疗后 28 个月的 X 线片上无骨质增生的进一步征象 [18]（图 3-6）。尽管姑息性放射治疗在这只特殊的苏格兰折耳猫得到良好收益，但不应鼓励继续繁育该品种；这个品种在英国已经被禁止繁育了。杂合子的折耳猫在其生存期内也会受到骨软骨发育不良的影响 [14]。

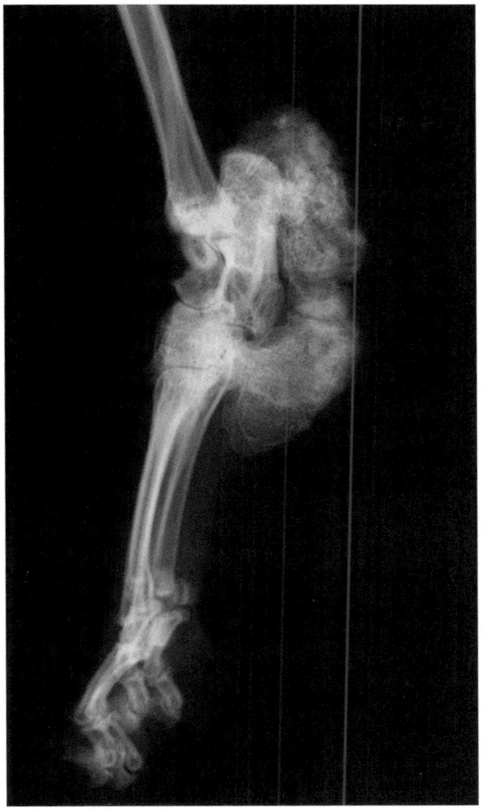

图 3-5　骨软骨发育不良患猫的右侧跗关节内外侧位 X 线片。跗关节背侧有新的骨质增生和骨赘，从距骨近端延伸至跖骨近端（转载自 Hubler M, Volkert M, Kaser-Hotz B et al. Palliative irradiation of Scottish Fold osteochondrodysplasia. Vet Radiol Ultrasound 2004;45:1-4. *Veterinary Radiology and Ultrasound* 同意供图。）

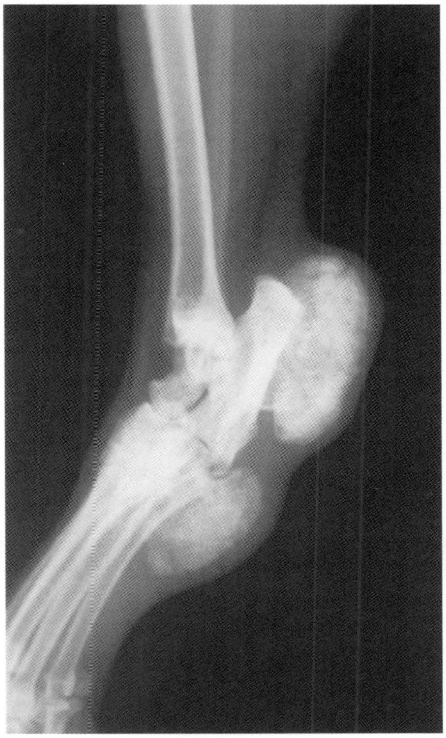

图 3-6　图 3-5 患猫接受放射治疗后 28 个月的右侧跗关节 X 线片。无进一步骨质增生的征象。外生骨疣表面光滑且不透射线，结构均质。距小腿关节间隙变窄，近端跗间关节几乎融合。跗间关节和跖跗关节远端几乎完全强直（转载自 Hubler M, Volkert M, Kaser-Hotz B et al. Palliative irradiation of Scottish Fold osteochondrodysplasia. Vet Radiol Ultrasound 2004;45:1-4. *Veterinary Radiology and Ultrasound* 同意供图。）

3.1.4　甲状腺功能减退

先天性甲状腺功能减退导致骨骼发育异常。甲状腺激素对骨骼的影响很复杂，尤其是对软骨细胞；它发挥合成代谢和分解代谢的双重作用。甲状腺激素促进骨骼线性生长和重塑，这对骨骼成熟至关重要。在骨骼成熟过程中，甲状腺激素促进软骨重吸收为正常骨形成。甲状腺激素的分解代谢活性实际上可能超过它对软骨的作用。因此，在发育阶段，甲状腺功能减退会导致侏儒症和骨骼发育不良。通过基础总甲状腺素、总三碘甲状腺原氨酸和游离甲状腺素水平，以及促甲状腺素释放激素和促甲状腺素释放激素刺激试验可诊断先天性甲状腺功能减退[19,20]。

甲状腺功能减退在猫中零星发生[21,22]。日本猫[19]和阿比西尼亚猫[20]具有遗传性。其临床症状包括身体短粗、生长迟缓，在 3 ~ 4 周龄时明显。特征为身体不成比例的侏儒症、头部宽阔、颈部和四肢短、嗜睡、精神迟钝、胎毛滞留、体温过低。多数小猫因便秘前来就诊[23]。阿比西尼亚猫[20]的甲状腺功能减退为激素分泌异常或缺失所致，伴甲状腺肿大。而日本猫[20]的甲状腺功能减退是由于 TSH 反应减少，甲状腺发育不良。这两个品种的突变都以常染色体隐性方式遗传。

甲状腺功能减退患猫的 X 线片可见明显的骨骺发育不良。长骨通常较正常短而宽，干骺端膨大，股骨尤为明显，股骨远端骨化中心有时几乎不存在[21]。椎体畸形，伴向后的喙状突起。有时，椎体缩短，终板缺失[21]。

根据 X 线征象，尤其是椎体的变化，需要将贮积病列为鉴别诊断。Ⅵ型和Ⅶ型 MPS、黏脂贮积病、α－甘露糖苷贮积病（偶尔）也伴有侏儒症[24]。贮积病患猫可在2～4月龄表现临床症状[4]，如生长迟缓、角膜浑浊（Ⅵ型和Ⅶ型MPS）和运动障碍。贮积病会出现神经症状，但精神迟钝并不是临床特征。在MPS中，常见中性粒细胞颗粒化和尿中GAG[4]。先天性甲状腺功能减退时，二者均不存在。

3.1.5 遗传性佝偻病

佝偻病是一种非常罕见的疾病，由长期饮食缺乏维生素D或遗传性异常引起。饮食相关的疾病将在第4章讨论。猫的遗传性佝偻病继发于维生素D通道（维生素D依赖性1型佝偻病，VDDR-1）、维生素D受体（VDDR-2）或肾小管重吸收磷酸盐[25-28]缺陷。表3-4总结了各种不同的类型。

活性维生素D水平不足会导致肠道对磷和钙的吸收减少，并阻止新形成的类骨质矿化。类骨质高度稳定，因此不会钙化，很难再吸收。在幼年动物中，这会导致软骨细胞不能退化，干骺端毛细血管不能穿透软骨。骨骺线变厚且不规则。在成人中，骨软化症的发生是因为破骨细胞和骨细胞需要维生素D对甲状旁腺激素做出反应，并允许骨吸收。维生素D的代谢途径如图3-7所示。

临床主要表现为长骨纵向生长紊乱和骨骼脱矿化。受影响的动物通常年幼（6月龄以下）、严重发育不良、弓形腿和跛行。干骺端区域和肋骨软骨连接（所谓的串珠肋）是突出的。症状也可以归因于低钙血症的全身影响，而不是对骨骼的影响。因此，肌肉无力、震颤或抽搐、呕吐、腹泻和散瞳可能是主要特征[26]。

影像学上，由于骺软骨堆积，生长板增宽或呈杯状，干骺端不规则矿化（图3-8）。骨骼变形和骨质疏松症也可能发生，在成人中，骨骼可能出现骨质疏松和折叠骨折[25]。

诊断遗传性佝偻病的依据是血液中维生素D、副甲状腺激素、钙和磷水平的升高或降低。表3-4总结了不同遗传性佝偻病的变化情况。

在这2例病例的文献中，均有VDDR-2和特征性骨骼变化[27,28]，补钙和各种形式的维生素D治疗不能使血浆钙水平正常化和逆转骨骼损伤。Schreiner和Nagode[26]成功地治疗了一只VDDR-2的小猫，他们将推荐的钙剂量加倍，同时加入高剂量的骨化三醇（50 ng/kg）使维生素D受体过饱和。这只小猫没有骨骼变化，VDDR-2的形式更

表3-4 猫不同类型佝偻病的总结

佝偻病的类型	实验室分析	治疗	参考文献
营养性： 维生素D缺乏 饮食中的维生素D、钙和（或）磷酸盐缺乏	低 $1,25(OH)_2D_3$ 低磷酸盐血症和（或）低钙血症 继发性甲状旁腺功能亢进	均衡饮食 多晒太阳	
遗传性： 伴X染色体低磷酸血症佝偻病 肾小管再吸收磷酸盐缺陷	低磷酸盐血症 尿磷清除率高 正常血钙 正常 $25(OH)D_3$*（高125） 正常至低 $1,25(OH)_2D_3$ 继发性甲状旁腺功能亢进	骨化二醇 磷酸盐	Henik et al. (1999)[25]
维生素D依赖性1型佝偻病（VDDR-1） 骨化三醇产生缺陷	非常低 $1,25(OH)_2D_3$ 低钙血症 继发性甲状旁腺功能亢进	骨化三醇的补充	
维生素D依赖性2型佝偻病（VDDR-2） 由于维生素D受体缺陷，靶器官对骨化三醇的反应性受损	正常的 $25(OH)D_3$ 提高的 $1,25(OH)_2D_3$ 低钙血症 继发性甲状旁腺功能亢进	口服补充钙剂 加骨化三醇、止痛药	Schreiner and Nagode (2003)[26] Godfrey et al. (2005)[27] Tanner and Langley-Hobbs (2005)[28]

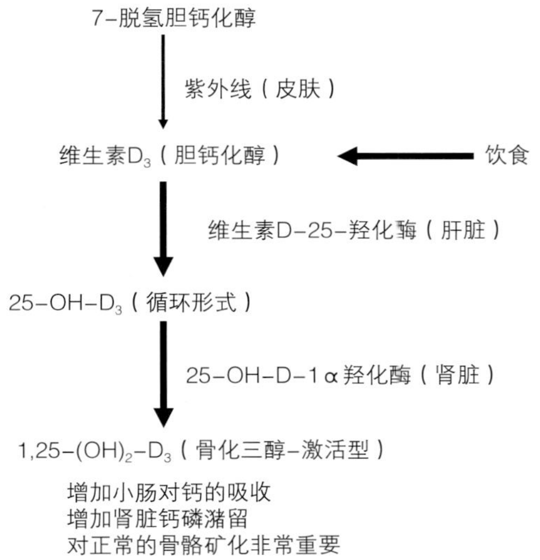

图 3-7　维生素 D 的代谢途径

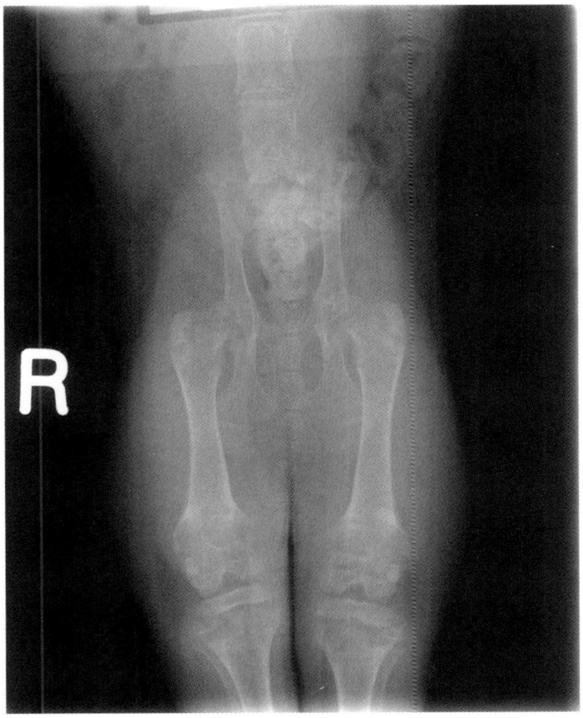

图 3-8　4 月龄维生素 D 依赖性 2 型佝偻病（VDDR-2）患猫的骨盆腹背位 X 线片。特征性 X 线征象包括全身骨质减少，股骨近端和远端、胫骨近端骨骺变宽呈杯状，干骺端点状

温和，即使在成熟时停止治疗，也能将血清钙浓度维持在参考范围内。

3.2　先天性骨骼畸形

先天性是指出生时就存在缺陷。对繁育者来说，需要知道这是先天性遗传缺陷，还是致畸物质导致了畸形。在已证实遗传性疾病的情况下，父母一方或双方不应再繁育。虽然许多先天性缺陷是遗传性的，但其中一些也可能作为发育缺陷而发生，或者在怀孕期间由致畸物质引发。通常，建立病因诊断是非常困难或几乎不可能的，如腭裂。这可能是一种先天性的遗传缺陷，可能是一种发育缺陷，也可能是妊娠期灰黄霉素治疗引起的[29]。最常见的先天忙缺陷将在下面的小节中描述。

猫侏儒症是一种罕见的常染色体隐性遗传性疾病[30]。相关异常包括腹水、脏器肿大（肝、脾、淋巴结）和肝贮积病[31]。患猫将在 1 ~ 4 月龄内死亡。

血吸虫病是一种罕见的致命性畸形，其特征是腹部疼痛、内脏疝、后肢畸形或缺失[32]。这种发育异常常引起难产（图 3-9）。

连体双胞胎是一种罕见的畸形，是在怀孕早期因受精卵的不完全分裂造成的。一般情况下，根据未分离的部位来命名，如胸部联胎是胸部粘连在一起、头部联胎是头部粘连在一起等。就像患有血吸虫病的小猫一样，患有联体双胎的母猫也会难产。

3.2.1　头骨

腭裂是最常见的缺陷之一。嘴唇和上颌骨前的缺陷称为原生腭裂 / 兔唇。硬腭和软腭闭合不完全称为次生腭裂（图 3-10）。次生腭裂和大的原生腭裂需要手术修复鼻底，以预防吸入性肺炎。手术通常要推迟到患猫至少 2 月龄进行。腭裂在暹罗血统中是遗传性的。根据 10 窝小猫中异常小猫的频率，提出了一种常染色体隐性遗传模式[32]。在怀孕期间使用维生素 A 或灰黄霉素治疗也可能导致腭裂[32]。

脑膜脑膨出是通过颅骨开口引起的大脑疝。这在围产期是致命的，因为通常与其他严重的畸形有关，如缺少眼窝和裂口取代鼻孔的情况。还存在大量出血和颅骨内剩余脑受压的情况[32]。

短头畸形是由上颌骨和下颌骨缩短造成的，是波斯猫和喜马拉雅猫品种的特点。这种病也叫碟状脸，易患呼吸道、咽部和眼部疾病[30]。

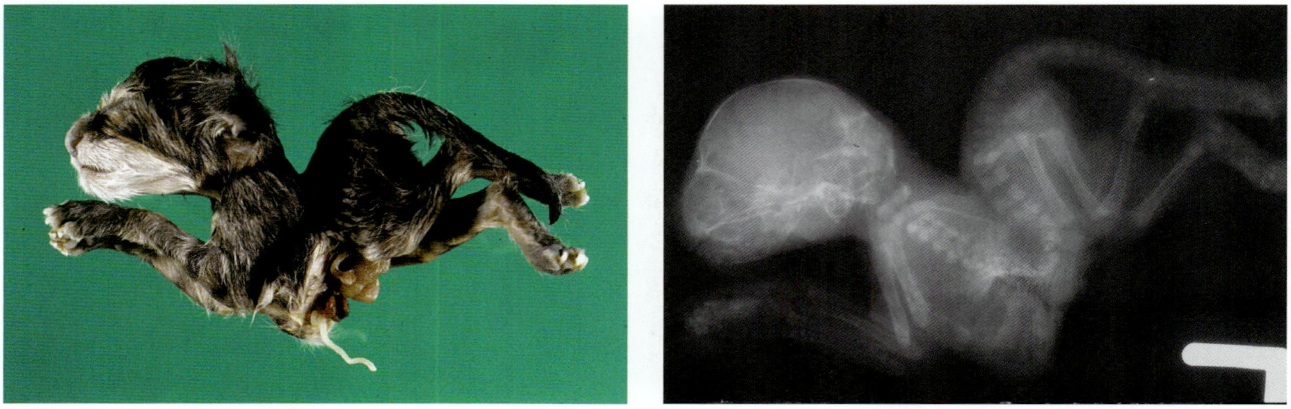

A　B

图 3–9　新生小猫裂体吸虫（A）肉眼观和（B）影像学表现

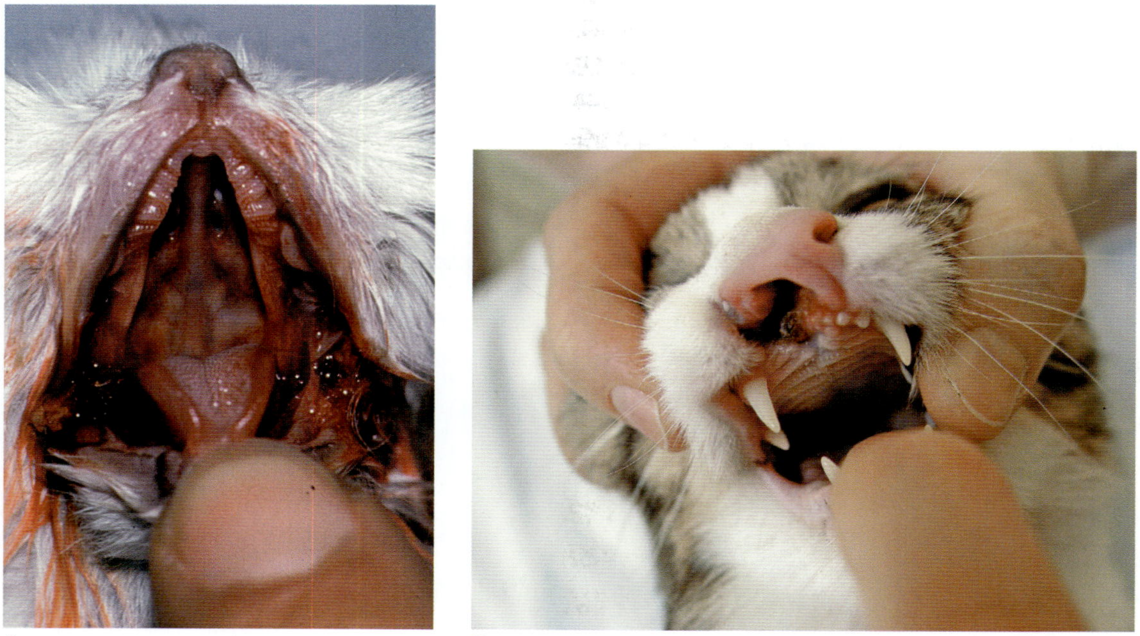

A　B

图3–10　2个猫腭裂的病例。（A）一只2日龄小猫，次生腭裂。这只小猫被安乐死。（B）一只4月龄原生腭裂（兔唇）的患猫。这只猫没有表现出明显的临床问题，所以没有进行治疗

面部畸形包括前额隆起、鼻梁缺陷、短而宽的口鼻和两眼距离过远（眼睛之间的距离过大）。这是某些贮积病常见的特点（MPS 和 Ⅱ 型黏脂贮积病）。

缅甸猫颅面畸形是一种常染色体显性畸形，其表达依赖于基因的改变。这种情况的特点是无脑畸形（一种神经管缺陷，颅骨未完全融合，导致大脑暴露或挤压），缺乏眼睛或鼻子，轻度至重度脑积水及严重突出的下颌。一些受影响的个体还表现出双须垫、腭裂和耳廓旋转[32]。

3.2.2　胸部

漏斗胸是胸骨的完全或部分凹陷，伴随胸部扁平，导致胸腔直径减小（图 3–11）。暹罗猫、缅甸猫和相关品种更容易患病。这种畸形会导致呼吸系统疾病和心脏受压，患病严重的小猫可能会有生命危险[29]。患有严重胸部压迫的小猫可以用牵引缝线和铸型来治疗[33]。轻度受影响的小猫长大后往往没有影响。

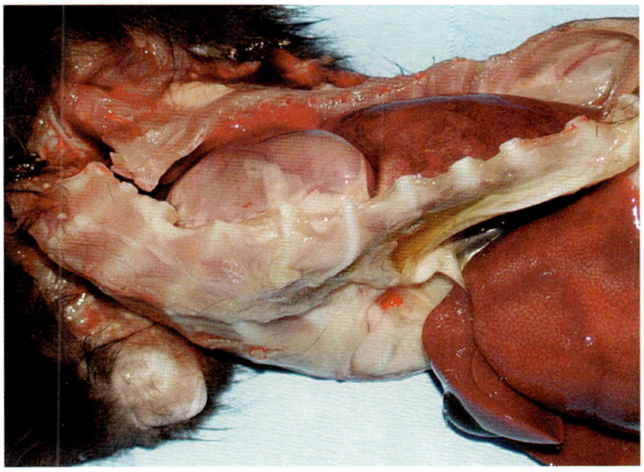

图 3–11　患漏斗胸的家养短毛猫的胸部。胸骨明显凹陷，胸廓变形，临床表现为心脏、肺脏受压

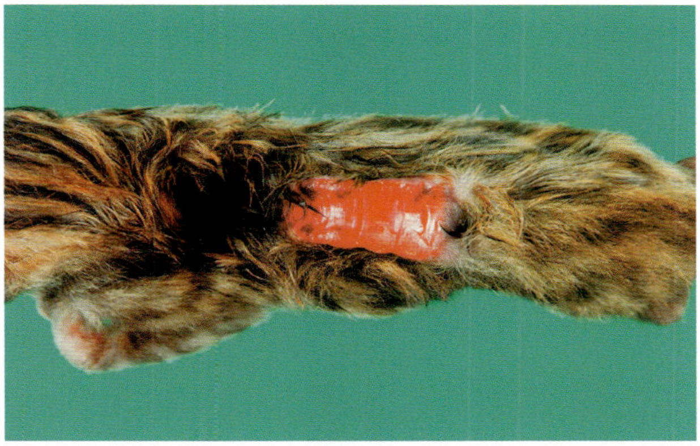

图 3–12　发生脊柱裂的死胎小猫。椎弓根的不完全融合可以在一层薄薄的轴上筋膜和肌肉下看到（F. Steffen 供图）

漏斗胸必须与平胸小猫或“泳者”症候群区分开来，在这种情况下，胸部的背腹向扁平是由于暂时无法行走造成的。

3.2.3　脊柱

脊柱闭合不全包括形成椎管的神经管部分不闭合。一种轻度异常闭合的形式称为脊柱裂，这个在很多小猫中都有发生。该病最常见于腰椎（图 3–12）。这种缺陷有时与脊髓或脑膜突出和（或）脊髓发育不良有关。根据严重程度，缺陷可以通过手术矫正。脊柱裂在曼岛猫中最为常见，其脊髓存在遗传异常（见下文）[32]。在某些病例中，X 线片上可见到双背侧棘突。

椎体异常在猫中很常见，通常没有临床意义。最常见的异常是存在第 14 胸椎或过渡椎体。虽然不完整或融合的椎体可以在脊柱的任何地方找到，但大多数位于胸椎和尾椎[32]。

尾椎不完整或融合的椎体可能导致尾巴的扭曲。这种畸形必须与遗传性的尾巴扭曲相区别，其中椎骨是正常的，但在椎间关节处，即纤维环与椎体的连接处存在角状畸形。缺陷通常出现在尾部的末端，但也可能出现在任何位置。矫正手术通常是无效的[34]。暹罗猫尾巴扭曲是一种异常现象，具有常染色体隐性遗传模式。在同一品种中，同样发现有遗传性尾巴变短[32]。

没有尾巴是曼岛猫的主要特征。曼岛猫为常染色体显性基因，但不完全外显[35]。这就意味着显性基因及其修饰基因负责改变尾巴长度。其尾型一般分为 4 种：①无尾椎（无尾）；②几个尾椎直立（少尾）；③几个尾椎严重扭结（短节）；④尾巴正常（长）。一些杂合子曼岛猫的附加缺陷可能在一定程度上影响整个脊柱，但主要的病变发生在尾部。在胸椎、腰椎、荐椎和尾椎区域，可见椎体数量减少、变小、畸形和融合。在轻微病例中，高跷步态或单脚跳会非常明显。在严重病例中，还可能发生尿失禁和大便失禁。基因突变纯合子的小猫在子宫内死亡[32]。

有关先天性脊柱畸形的更多信息，请参见第 6 章。

3.2.4　四肢

指全部或部分发育不全（缺指畸形）是一种影响前爪的遗传性畸形。多指畸形（多指）是由一种显性基因引起的畸形，其表达能力是可变的，主要发生在前肢。如果发生继发性并发症，如复发性指间感染或外伤，有时需要切除多余的指。并指 / 趾是指指 / 趾间融合。并指 / 趾猫的爪子变化可能包括指 / 趾异常或缺失、形状异常、指 / 趾垫融合或缺失、指 / 趾甲形状异常或融合。X 线征象包括趾骨与跖骨或指骨与掌骨完全或不完全融合。猫的复杂并指 / 趾畸形几乎不会引起任何不适，据报道，患有这种疾病的猫没有跛行表现[36]。在袋鼠猫中，抑制前肢长骨的发育，导致前肢轻畸形。已经报道了一例短肢的母猫[37]。由于母猫的一些后代也有这种畸形，因此，怀疑这是一种遗传性疾病。无肢畸形是指缺乏四肢。四肢不全畸胎仅为后肢发育不全。

本文报道了两例先天性双侧肘关节脱位的病例[38,39]。患猫如果有良好的临床肢体功能，可以选择保守治疗。如果病变引起严重的临床问题，就需要进行外科治疗。可以考虑肘关节融合术。详情参见第 30 章。

桡侧半肢畸形是指桡骨发育不全。双侧桡骨发育不全已在德文卷毛猫中有过报道[40]。

最近报道了一只家猫右前肢腕骨发育不全[41]，全腕关节融合术可以使其获得良好的肢体功能。

最近报道了 2 只猫的股骨近端发育不良[42]。一只猫双侧股骨头和颈发育不良、髋臼发育不良。另一只猫股骨颈单侧发育不良、股骨头严重畸形。如果跛行，需要用股骨头和股骨颈切除术治疗。

2 只同窝幼年暹罗猫报道了双侧髌骨发育不良[43]。这种情况与股骨远端、胫骨、腓骨和尾部畸形有关。患猫步态异常，但能在房内走动。

参考文献和延伸阅读

[1] Cummings JF, et al. The clinical and pathologic heterogeneity of feline alpha-mannosidosis. J Vet Int Med 1988;2:163–170.

[2] Vandevelde M, et al. Hereditary neurovisceral mannosidosis associated with alpha-mannosidase deficiency in a family of Persian cats. Acta Neuropathol (Berl) 1982;58:64–68.

[3] Blakemore WF. A case of mannosidosis in the cat: clinical and histopathological findings. J Small Anim Pract 1986;27: 447–455.

[4] Thrall MA. Mucopolysaccharidosis. In: August JR (ed.) Consultations in feline internal medicine 4. Philadelphia: WB Saunders; 2001: pp. 450–459.

[5] Haskins M, et al. Animal models for mucopolysaccharidoses and their clinical relevance. Acta Paediatr Suppl 2002;439: 88–97.

[6] Gitzelmann R, et al. Feline mucopolysaccharidosis VII due to beta-glucuronidase deficiency. Vet Pathol 1994;31:435–443.

[7] Hubler M, et al. Mucolipidosis type II in a domestic shorthair cat. J Small Anim Pract 1996;37:435–441.

[8] Mazrier H, et al. Inheritance, biochemical abnormalities, and clinical features of feline mucolipidosis II: the first animal model of human I-cell disease. J Hered 2003;94:363–373.

[9] Crawley AC, et al. Two mutations within a feline mucopolysaccharidosis type VI colony cause three different clinical phenotypes. J Clin Invest 1998;101:109–119.

[10] Gehring H. Osteogenesis imperfecta bei der Katze. Kleintierpraxis 1975;20:225–231.

[11] Cohn LA, Meuten DJ. Bone fragility in a kitten: an osteogenesis imperfecta-like syndrome. J Am Vet Med Assoc 1990;197: 98–100.

[12] Jackson OF. Congenital bone lesions in cats with fold-ears. Bull Fel Advis Bur 1975;14:2–4.

[13] Schrey C, Gerlach KF. Osteochondrodysplasie bei Pudelkatzen (Rex Fold). Kleintierpraxis 2002;47:433–435.

[14] Malik R, et al. Osteochondrodysplasia in Scottish Fold cats. Aust Vet J 1999;77:85–92.

[15] Allan GS. Radiographic features of feline joint diseases. Vet Clin North Am Pract 2000;30:281–302.

[16] Simon D. Osteochondrodysplasie bei einer Scottish-Fold Katze. Tierärztl Prax 2000;28:107–110.

[17] Mathews KG, et al. Resolution of lameness associated with Scottish Fold osteodystrophy following bilateral ostectomies and pantarsal arthodesis: a case report. J Am Anim Hosp Assoc 1995;31:280–288.

[18] Hubler M, et al. Palliative irradiation of Scottish Fold osteochondrodysplasia. Vet Radiol Ultrasound 2004;45:1–4.

[19] Tanase H, et al. Inherited primary hypothyroidism with thyrotrophin resistance in Japanese cats. J Endocrinol 1991;129: 245–251.

[20] Jones BR, et al. Preliminary studies on congenital hypothyroidism in a family of Abyssinian cats. Vet Rec 1992;15:145–148.

[21] Arnold U, et al. Goitrous hypothyroidism and dwarfism in a kitten. J Am Anim Hosp Assoc 1984;20:753–758.

[22] Peterson ME. Feline hypothyroidism. In: Kirk RW (ed.) Current veterinary therapy X. Philadelphia: WB Saunders; 1989: pp. 1000–1001.

[23] Jezyk PF. Constitutional disorders of the skeleton in dogs and cats. In: Newton CD, Nunamaker DM (eds) Textbook of small animal orthopaedics. Philadel-

phia: Lippincott; 1985: pp. 637–654.

[24] Haskins ME, Patterson DF. Inherited metabolic diseases. In: Holzworth J (ed.) Diseases of the cat: medicine and surgery. Philadelphia: WB Saunders; 1987: pp. 808–820.

[25] Henik RA, et al. Rickets caused by excessive renal phosphate loss and apparent abnormal vitamin D metabolism in a cat. J Am Vet Med Assoc 1999;215:1644–1649.

[26] Schreiner CA, Nagode LA. Vitamin D-dependent rickets type 2 in a four-month-old cat. J Am Vet Med Assoc 2003;222: 337–339.

[27] Godfrey DR, et al. Vitamin D-dependent rickets type II in a cat. J Small Anim Pract 2005;46:440–444.

[28] Tanner E, Langley-Hobbs SJ. Vitamin D-dependent rickets type 2 with characteristic radiographic changes in a 4-month-old kitten. J Feline Med Surg 2005;7:307–311.

[29] Willoughby K. Paediatrics and inherited diseases. In: Chandler EA, Gaskell CJ, Gaskell RM (eds) Feline medicine and therapeutics, 3rd edn. Oxford: Blackwell; 2004: pp. 355–379.

[30] Bennett D. The muculoskeletal system. In: Chandler EA, Gaskell CJ, Gaskell RM (eds) Feline medicine and therapeutics, 3rd edn. Oxford: Blackwell; 2004: pp. 173–233.

[31] Schrader SC, Sherding RG. Disorders of the skeletal system. In: Sherding RG (ed.) The cat: diseases and clinical management, vol. 2. New York: Churchill Livingstone; 1989: pp. 1247–1292.

[32] Robinson R, Pedersen NC. Normal genetics, genetic disorders, developmental anomalies and breeding programs. In: Pedersen NC (ed.) Feline husbandry. Diseases and management in the multiple-cat environment. Goleta, CA: American Veterinary Publications; 1991: pp. 61–129.

[33] Shires PK, et al. Pectus excavatum in three kittens. J Am Anim Hosp Assoc 1988;24:203.

[34] Saperstein G, et al. Congenital defects in domestic cats. Feline Pract 1976;6:18–43.

[35] Wastlhuber J. History of domestic cats and cat breeds. In: Pedersen NC (ed.) Feline husbandry. Diseases and management in the multiple-cat environment. Goleta, CA: American Veterinary Publications; 1991: pp. 1-61.

[36] Towle HA, et al. Syndactyly in a litter of cats. J Small Anim Pract 2007;48:292–296.

[37] William-Jones BG. Arrested development of the long bones in a female cat. Vet Rec 1944;56:449.

[38] Rossi F, et al. Bilateral elbow malformation in a cat caused by radio-ulnar synostosis. Vet Radiol Ultrasound 2003;44:283–286.

[39] Valastro C, et al. Congenital elbow subluxation in a cat. Vet Radiol Ultrasound 2005;46:63–64.

[40] O'Brien CR, et al. What is your diagnosis? Bilateral forelimb deformity and abnormal gait in a young Devon Rex. J Feline Med Surg 2004;4:112–113.

[41] Gemmill TJ, et al. Carpal agenesis in a domestic short haired cat. Vet Comp Orthop Traumatol 2004;17:163–170.

[42] Isola MB, et al. Radiographic features of two cases of feline proximal femoral dysplasia. J Small Anim Pract 2005;46: 597–599.

[43] Milovancev M, Ralphs SC. Congenital patellar aplasia in a family of cats. Vet Comp Orthop Traumatol 2004;17:9–11.

第 4 章　骨骼疾病

K. Voss

正常骨骼处于持续性的重塑过程中，并在新骨形成和骨重吸收中保持生理性平衡。成骨细胞和骨细胞承担着新骨形成，而破骨细胞则负责溶解矿物质成分。骨骼重塑与钙稳态密切相关，因为骨是重要的钙储池。成骨细胞和骨细胞的活性取决于激素水平。而激素的分泌受到血清钙和磷水平的影响。参与钙稳态和骨骼重塑的重要激素是甲状旁腺素（PTH）、维生素 D 代谢物和降钙素（表 4–1）。

激素水平的慢性改变可引起广泛性骨病。对猫而言，营养性和肾性继发性甲状旁腺功能亢进是临床最常见的获得性骨病。其他激素如生长激素、甲状腺素和性激素也会直接或间接地影响钙稳态和骨骼代谢。一篇文献中报道，多达 75% 的甲状腺功能亢进患猫可引起离子钙降低、高磷血症和血清 PTH 水平升高[1]。甲状腺激素和 PTH 对骨重吸收的联合作用可能会降低患猫的骨骼强度。虽然这种情况下骨质疏松的程度并不会引起临床症状，但对甲状旁腺功能亢进患猫进行骨折修复术时需要考虑其骨骼强度的降低。性激素可影响生长板闭合和骨骼生长。慢性维生素 D 缺乏和维生素 A 过多也可导致广泛性骨骼异常。

除肿瘤外，猫的局灶性骨病比较罕见。骨囊肿、骨髓炎与股骨头和股骨颈疾病是代表性的局灶性骨病。表 4–2 是猫骨骼疾病的总结。

4.1　继发性甲状旁腺功能亢进

继发性甲状旁腺功能亢进是指因血清钙磷水平改变而导致 PTH 长期升高。低钙血症和高磷血症可诱导 PTH 分泌。高磷血症并不直接影响 PTH 分泌，而是通过血清中钙磷的相互作用而降低血钙的浓度。PTH 的长期升高可促进骨骼中钙的吸收，从而导致广泛性骨质疏松（表 4–1）。已报道了两种临床类型：营养性继发性甲状旁腺功能亢进和肾性继发性甲状旁腺功能亢进。营养性继发性甲状旁腺功能亢进最常见于所摄入食物中钙含量不足的幼年猫，而肾性继发性甲状旁腺功能亢进见于患有肾脏功能不足而表现有慢性高磷血症和相对低钙血症的老年猫。

4.1.1　营养性继发性甲状旁腺功能亢进

低钙高磷的食物可引起慢性的血清钙水平偏低。全肉食物中钙磷含量不恰当，饲喂肉和米饭或肉和蔬菜的动物可能发生甲状旁腺功能亢进[2]。我们也在以非科学的猫食品供应商提供的商品粮为主食的猫中看到了轻度的临床表现。低钙血症可引起 PTH 分泌增多和肾脏中维生素 D 活性（骨化三醇）升高。这两种物质都可导致骨骼中钙的代谢增加。肠道对钙的吸收和肾脏中钙的重吸收均增加。在非常年幼的猫中，发展至有骨质疏松的临床表现通常只要数周，而在年龄更大的猫中

表 4–1　甲状旁腺素、维生素 D 代谢物和降钙素对钙稳态和骨骼重塑的影响

器官	甲状旁腺素	维生素 D 代谢物	降钙素
肾脏	增加钙的重吸收 增加磷的分泌 促进活性维生素 D 的合成		
肠道	增加钙的吸收	增加钙的吸收	
骨骼	促进破骨细胞的生成并提高其活性	提高破骨细胞对甲状旁腺素的敏感性	降低破骨细胞的活性
对骨骼的总效应	从骨骼中释放钙 骨质疏松	刺激骨骼释放钙 骨质疏松	减少钙从骨骼的重吸收

表 4–2　猫的骨骼疾病

疾病分类	疾病
遗传性（第 3 章）	贮积病 成骨不全 苏格兰折耳猫骨软骨发育不良 甲状腺功能减退 遗传性佝偻病
先天性（第 3 章）	前文提及的各种骨骼疾病
营养性	营养性甲状旁腺功能亢进 维生素 D 缺乏（佝偻病） 维生素 A 过多
代谢性	肾性甲状旁腺功能亢进
混合性	软骨外生骨疣 肥大性骨病 骨囊肿 自发性股骨重要生长板骨折和股骨颈干骺端骨病（第 36 章）
感染性	血源性骨髓炎
肿瘤（第 8 章）	原发性骨肿瘤 转移性骨肿瘤

则需数月[3]。

早期的临床症状包括活动性降低、淡漠和广泛性疼痛。患猫也可能发生病理性骨折而表现急性跛行或神经症状。也有因低钙血症所致的抽搐、兴奋和肌肉震颤的相关报道[2]。X 线征象包括广泛性骨质减少、长骨和脊椎的脱矿化、骨皮质变薄和骨髓腔增宽（图 4–1）。病理性骨折多见于松质骨，如胫骨、股骨或肱骨的干骺端和脊椎[2]。这种类型的骨折一般不会有明显的移位，且多为压缩性骨折或折叠骨折。同时，可能见到长骨、脊柱或骨盆的变形。

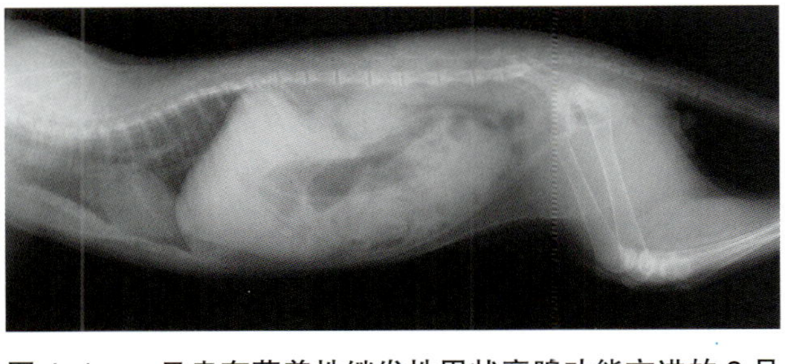

图 4–1　一只患有营养性继发性甲状旁腺功能亢进的 3 月龄雄性家养短毛猫的侧位 X 线片。这只猫只吃肉类食物。可见广泛性的骨质减少和全脊柱的脱矿化，以及股骨与胫骨的骨皮质变薄。股骨近端干骺端可见病理性折叠骨折

对于有上述症状、饮食结构不合理和典型的 X 线征象的成年猫或幼年猫，应怀疑为营养性继发性甲状旁腺功能亢进。血清总钙通常仅轻度降低[2]。若可能，应监测离子钙水平。PTH 水平升高则可诊断为甲状旁腺功能亢进。一篇文献报道，6 只患有营养性继发性甲状旁腺功能亢进的患猫中，有 5 只可见血清 PTH 显著升高[2]。其他常见的实验室结果异常包括骨化三醇和碱性磷酸酶水平升高。

营养性继发性甲状旁腺功能亢进的治疗包括更换为钙磷比均衡的高质量商品猫粮。更换食物后，血清 PTH 水平可迅速降至正常，4 ~ 8 周内骨骼中的矿物质含量可恢复正常[4]。初期需将患猫笼养，预防并治疗病理性骨折。长骨的病理性骨折通常累及干骺端，且通常无明显移位。仅通过均衡饮食和笼养，病理性骨折通常可愈合。严重移位的骨折或肢体对合不良时，可考虑手术固定。必须采用适当的植入物，如髓内针或外固定支架或锁定骨板,稳定骨质疏松的骨骼（第 13 章）。也可在治疗后待骨骼正常矿化后进行手术固定或矫形截骨术。脊柱病理性骨折的预后取决于脊髓受压迫的程度，但通常预后不良。

4.1.2　肾性继发性甲状旁腺功能亢进

慢性肾功能衰竭通常伴有肾性继发性甲状旁腺功能亢进。一篇文献报道，约 84% 慢性肾功能衰竭的患猫血清 PTH 水平升高[5]。肾脏中磷的潴留导致血清磷水平升高，随后离子钙水平降低，这一机制在肾性继发性甲状旁腺功能亢进中起关键作用[5]。虽然血清 PTH 水平升高，但大部分患猫钙水平偏低。可能是由于活性维生素 D 的生成减少，以及肾脏对钙的重吸收减少所致[6]。

慢性肾性甲状旁腺功能亢进可引起骨质疏松和软组织中转移性钙沉积（第 8 章）。大部分慢性肾功能衰竭的患猫有骨重吸收的相关病理表现[7]。虽然骨骼的改变通常很轻微，某些猫仍然有临床表现，如骨骼疼痛、不爱动、溶骨性改变甚至病理性骨折[8]。主要的典型病变部位是头部骨骼（图 4–2）。

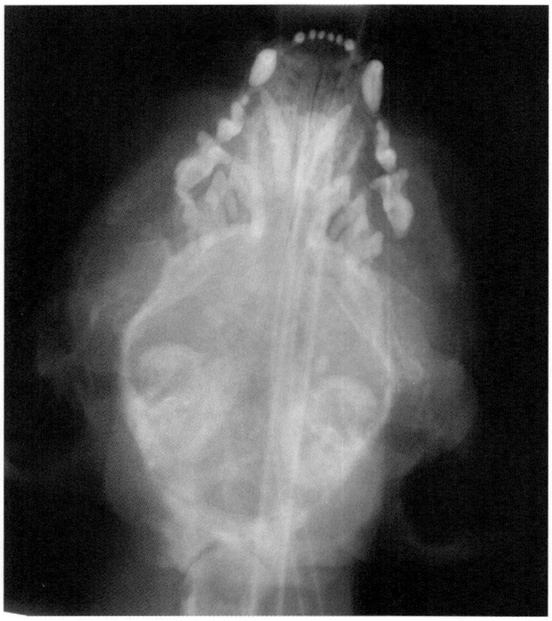

图 4–2　一只 16 岁肾性继发性甲状旁腺功能亢进患猫的头部 X 线片。可见颅骨骨质明显减少。齿槽骨的骨质减少导致“浮齿”外观

肾性继发性甲状旁腺功能亢进的诊断主要是基于慢性间质型肾炎和血清 PTH 水平升高的相关实验室异常。治疗目标是降低血清磷水平和 PTH 水平。对于稳定的慢性肾功能衰竭患猫，饲喂限制磷和蛋白质的食物 5 个月后可见血清磷和 PTH 水平显著降低 [9]。在磷和 PTH 水平无法降至正常的动物，应同时使用肠道磷结合剂。预后主要取决于维持的肾脏功能。肾性继发性甲状旁腺功能亢进罕见病理性骨折，但因骨骼质量的降低而预后不良。

4.2　维生素 D 缺乏（佝偻病）

佝偻病是一种罕见的疾病，因食物中维生素 D 长期缺乏、维生素 D 通道或受体基因缺陷或肾小管对磷的重吸收所致。遗传性佝偻病的详述见第 3 章。

猫的皮肤暴露于阳光下时仍然无法合成维生素 D_3（维生素 D_3 前体），因而猫的维生素 D 主要通过食物获得。瘦肉和蔬菜中维生素 D 含量较少。活性维生素 D 水平不足可导致肠道对磷和钙的吸收减少，并抑制新生的类骨质矿化。主要临床表现为长骨纵向生长紊乱和骨骼的脱矿化。X 线片上可见生长板增宽，干骺端矿化不规则 [10]。也可能发生骨骼畸形和骨质疏松。病理性骨折则较为罕见。若血清 25(OH)- 维生素 D_3 和骨化三醇水平显著降低，则可诊断为营养性佝偻病。对营养性佝偻病的治疗主要包括食物中添加维生素 D 和优化食物中的钙磷比。3 周内可见骨骼矿化和干骺端改善 [6]。

4.3　维生素 A 过多症

维生素 A 过多症是一种代谢性异常，主要由数月或数年长期摄入富含维生素 A 的食物所致。在饲喂富含脂溶性维生素 A 的食物，如生肝脏或鱼肉，或者在正常饮食中添加维生素 A 的动物中均可见相关的临床表现。维生素 A 中毒对骨骼系统影响的确切机制尚不明确，但在这一疾病的病理机制中，对骨膜损伤的敏感性升高、个体对维生素 A 代谢紊乱的敏感性差异和成骨细胞与软骨细胞膜不稳定性的升高可能起关键作用 [11-13]。维生素 A 过多症的主要特点为关节骨性外生骨疣，通常在肌腱和韧带附着的部位。这些骨性增生物主要由软骨组织形成，外周为编织骨 [11]。颈椎是典型的好发部位，但非脊柱部位的维生素 A 过多症（图 4–3）也有报道，最多发的部位是四肢近端关节 [11]。

患猫通常在 2 ~ 4 岁时开始表现出临床症状 [3]。症状取决于病变所累及的骨骼，包括跛行、不爱动、淡漠和体重减轻。可能表现有颈椎触诊敏感。疾病后期，颈椎和胸椎融合，可能限制颈部活动范围。前肢跛行可能是由于肩关节或肘关节病变、神经根的包埋或臂神经丛的病变所致 [12]。在饲喂高维生素食物后，最早可在第 10 周发现骨骼的 X 线改变 [14]，但猫通常在不健康饮食数月后才有临床表现。初期，在关节周围可见边缘平滑的末端骨赘 [14]。这些病灶渐进性发展，病变脊椎或关节可能完全强直。

诊断主要基于饲喂富含维生素 A 的食物的病史和典型的 X 线征象。血清维生素 A 水平可能升高。鉴别诊断包括骨软骨瘤、猫骨软骨瘤病和滑膜骨软骨瘤病，以及骨肿瘤。

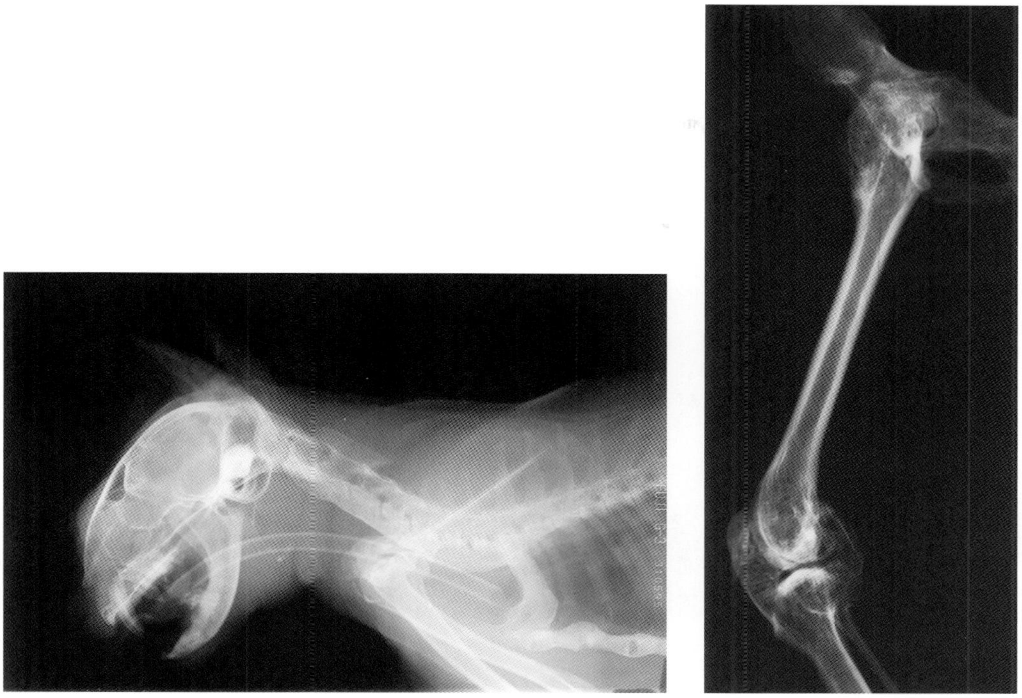

A　　B

图 4–3　一只 15 岁维生素 A 过多症的患猫，继发于纯肝脏饮食。（A）头部、颈椎和胸腔入口处的 X 线片，颈椎腹侧完全融合，肩关节周围可见骨性外生骨疣，胸骨畸形。（B）膝关节和髋关节周围可见大量钙化灶

治疗主要包括饲喂无维生素 A 的食物。食物可自制，食材可选用大米、鸡肉、玉米油和碘盐 [6]。镇痛治疗可改善整体的生活质量和减轻跛行。虽然在恰当饮食后病变可停止发展，但关节和脊柱的僵硬持续存在。病变不严重的患猫临床表现可能改善，但病变严重的患猫预后较差。

4.4　血源性骨髓炎

细菌性骨髓炎通常是由于贯穿伤或手术切口接种细菌所致。这些均为创伤后骨髓炎，详见第 13 章。猫咬伤可导致骨髓炎，但皮肤病灶很小且难以发觉，尤其在没有剃毛的情况下。应通过病史调查和彻底的体格检查排除咬伤或瘢痕后，才可诊断为血源性骨髓炎。

血源性骨髓炎对猫而言是一种罕见的疾病，且通常见于幼年动物长骨的干骺端。脐带感染、肺炎和母体的乳腺炎可能是新生猫细菌感染的来源。未成年动物中干骺端区域的血管解剖有助于细菌的血源性接种和定植。儿童干骺端区域的脓肿称为布罗迪（Brodie）脓肿，且大部分病原为葡萄球菌。幼年猫桡骨远端干骺端的骨髓炎已有报道 [15]（第 2 章，图 2–3）。细菌经血液扩散至骨骼在成年猫中很少见，但也见于远距离感染（图 4–4）。

患猫通常有全身症状，且多个部位可见病灶 [3]。临床表现包括跛行和患部的肿胀和疼痛。最初 2 ~ 3 周内 X 线片上仅见软组织肿胀，后期可见长骨的干骺端和（或）骨骺的骨溶解和畸形，以及骨膜反应。对不平滑的部位，需进行细针抽吸或骨组织活检进行细胞学或组织病理学检查，并将样本进行培养。最常分离到的细菌为葡萄球菌和链球菌，但在一例胫骨近端和桡骨远端血源性骨髓炎的老年波斯猫中分离到了沙门氏菌 [3]。

对骨髓炎的治疗主要包括抗生素治疗、刮治术、病灶的引流和缺损部位的骨移植。初期需静脉给予广谱抗生素，如头孢唑啉或阿莫西林 – 克拉维酸。随后应在微生物培养和药敏试验结果的基础上选择相应抗生素，且必须持续用药 4 周。恰当治疗后通常预后良好 [3,15]。对未成年猫生长板的破坏可能导致发育异常，在其成年后需予以矫正。

真菌性骨髓炎见于北半球的南部。组织胞浆

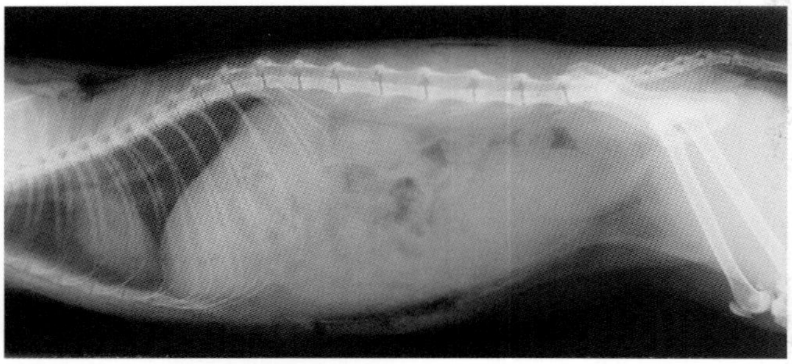

A

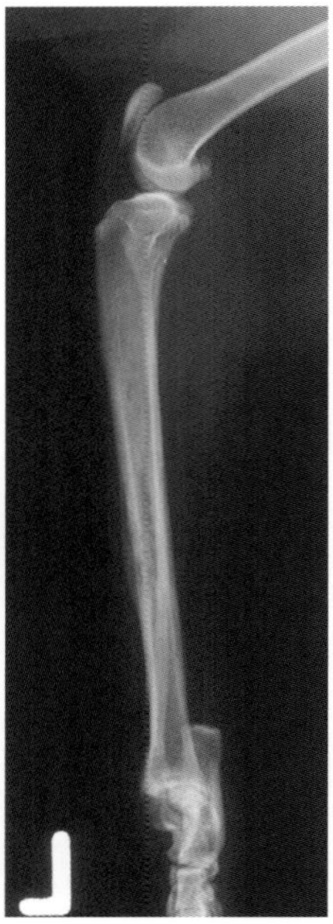

B

图 4–4　一只胸部和腹部被犬咬伤的患猫 X 线片，胫骨随后发生了血源性骨髓炎。（A）咬伤 1 d 后拍摄的侧位 X 线片，可见胸壁和腹壁上皮下气肿，提示为贯穿伤。（B）6 周后患猫拍摄的 X 线片显示胫骨骨髓炎。抗生素治疗后，感染好转

菌病是系统性真菌感染，通常起源于肺脏，随后扩散至其他部位，如骨髓。患猫可能有肺脏疾病的相关症状。病变累及骨骼时可引起跛行、疼痛和病变区域的肿胀。四肢骨的远端是最常见的病变部位 [16]。患猫需排查猫白血病病毒（FeLV）和猫免疫缺陷病毒（FIV），因动物有免疫缺陷，疾病更容易扩散。骨髓细胞学上通常可见真菌病原。若细胞学中未见病原，可能需要组织病理学检查以进一步诊断。对猫组织胞浆菌病的治疗主要是口服伊曲康唑［10 mg/(kg・d)］，需持续使用至少 2 ~ 4 个月 [17]。两性霉素 B 和酮康唑持续给药 4 ~ 6 个月也可成功治疗猫组织胞浆菌病 [16]。

4.5　骨囊肿

已有猫动脉瘤和单一性骨囊肿的报道。应通过组织病理学检查鉴别骨囊肿和肿瘤。

动脉瘤样骨囊肿是良性的、局部侵袭性肿物，在骨小梁之间有大量含血的腔隙。骨囊肿源自骨髓内血管的中断或短路，且在扩张过程中可能破坏内层骨皮质。动脉瘤样骨囊肿主要见于中轴骨的扁平骨。在猫中，可见于脊椎、荐骨、髂骨、肩胛骨和肋骨 [3,18,19]。若可行，可考虑完全切除，预后良好 [18]。其他治疗方案包括手术刮除和骨移植与放射治疗。

单一性骨囊肿主要见于幼年动物的长骨，最常见于桡骨和尺骨远端。单一性骨囊肿可能是继发于干骺端网状骨的无菌性坏死。这些囊肿由纤维组织包裹，内容物为血清液。囊肿液体内碱性磷酸酶的水平高于血清，可诊断为单一性骨囊肿 [20]。对单一性骨囊肿的治疗包括对病灶的刮除和缺损部位的网状骨移植。人的单一性骨囊肿的治疗可采取在病灶部位内直接注射类固醇的方法。近期，已有向尺骨远端单一性骨囊肿内反复注射类固醇成功治疗一只 9 月龄患猫的报道 [20]。每 3 周对病灶进行细针引流和反复注射醋酸甲泼尼龙，持续 12 周。骨重塑持续 14 个月，且未见症状的复发。

4.6　肥大性骨病

肥大性骨病的特点是沿前肢和（或）后肢骨膜的新骨形成，继发于远端疾病过程，多为胸腔内的肿瘤。疾病早期的临床症状为肢体远端充血所致的发热和肿胀，以及跛行。在疾病过程的后期，肢体的充血并不明显，可见沿长骨骨膜的新骨形成（图 4–5）。病变并不累及关节，但关节周围的新骨形成也可使关节活动范围受限。肥大性骨病的确切病理机制尚不明确，但可能与自主神经血管反射所引起的血供改变有关。

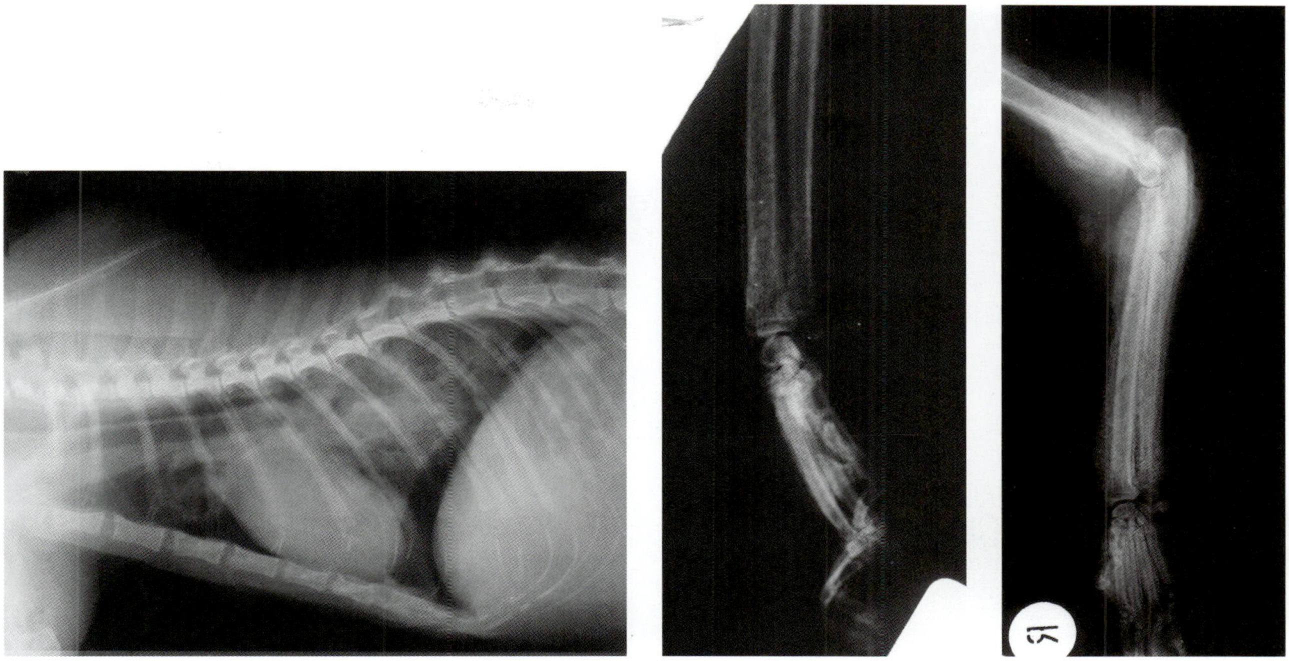

A　B　C

图 4–5　一只继发于肺脏肿物的肥大性骨病患猫的 X 线片。患猫表现右前肢跛行。（B. Haas 供图）（A）胸部 X 线片可见肺后叶肿物，该肿物为腺癌。（B）初诊时右侧腕关节的 X 线片。桡尺骨骨干上可见骨膜新骨形成。其余肢体上也可见类似的征象。（C）3 个月后右前肢的 X 线片，可见骨骼增生的显著进展

猫肥大性骨病有少数病例报道。已有一例继发于胸腺瘤的前肢为主的肥大性骨病的报道 [21]，两例继发于支气管癌的病例报道 [22,23]。近期有两篇继发于腹部病灶的病例报道，分别继发于肾脏乳突腺瘤 [24] 和肾上腺皮质癌 [25]。这两只猫的胸腔内无异常。

对肥大性骨病的治疗和预后基于潜在疾病，但因原发病的恶性特点，预后通常不良。也有在成功切除肿物之后，骨性病灶消退的报道 [25,26]。

4.7　骨软骨外生骨疣

骨软骨外生骨疣是在骨表面生长相对迅速的肿瘤样肿物（图 4–6）。单一型和多灶型均有报道，多灶型也称为猫骨软骨瘤病。单一型更多见于年龄更大的、FeLV 阴性的猫，而多灶型多见于幼年的、FeLV 阳性的猫。这两种类型在暹罗猫中均多见。也可能发生病灶的恶性转移。

图 4–6　肩胛颈后侧巨大单一性骨软骨瘤患猫的骨骼标本

4.7.1 单一性骨软骨瘤

单一性骨软骨瘤是起源于骨膜上软骨帽的网状骨所形成的骨疣。病灶典型部位起源于生长板周围。单一性骨软骨瘤在其他动物成年后即停止生长，而在猫则继续生长。在一篇调查中，患有单一性骨软骨瘤的猫平均年龄通常在 6 岁左右 [27]。单一性骨软骨瘤的病灶可能发生在脊柱、长骨、头部、肋骨和耻骨，以上部位的发病率逐渐降低 [28]。

临床症状取决于病灶的部位和大小，主要包括跛行、不爱动、因病灶侵袭所致的关节僵硬和进食困难。骨软骨瘤病灶可以生长得很大。在 X 线片中，这些病灶多呈基部较宽的、平滑的不规则肿物，伴有清晰的边界（图 4–7）。应对患猫详细检查以排除其他部位的骨病变，判断是否可能为多灶性骨软骨瘤病，且应筛查 FeLV。在有些病例中，需与维生素 A 过多症和滑膜骨软骨瘤相鉴别。通过食物调查可排除维生素 A 过多症。滑膜骨软骨瘤也见于关节周围，但这些病灶并不起源于骨骼 [14]。经组织病理学检查可确诊。

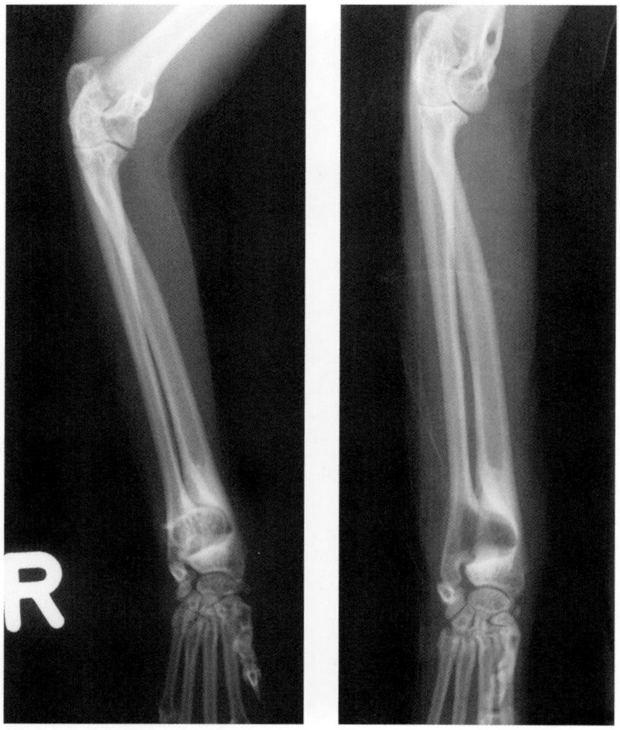

图 4–7 一只 2 岁波斯猫术前和术后右侧桡尺骨的 X 线片，该猫患有尺骨远端单一性骨软骨瘤。（A）可见源自尺骨远端干骺端的边界平滑的肿物，并向桡骨远端侵袭。组织病理学检查显示为软骨组织，混有成熟骨骼。（B）经尺骨远端切除术将肿物局部切除

对单一性骨软骨瘤的治疗可选择手术切除（图 4–7）。常见局部复发，尤其是在病灶起源部位无法完全切除的情况下。复发通常在数月内即可发生。已有成功切除脊柱骨软骨瘤的病例报道 [29]。若局部切除不可行，也可采取放射治疗和截肢的治疗方案 [28,30]。

4.7.2 猫骨软骨瘤病

猫骨软骨瘤病的病灶为多灶型，也称为多灶性骨软骨外生骨疣（第 8 章）。其 X 线征象与单一性骨软骨瘤类似，但二者的治疗方案和预后并不相同。通常较单一性骨软骨瘤患猫更为年轻，平均年龄为 2 ~ 3 岁 [28]。猫骨软骨瘤病的确切病因尚不明确，但可能与 FeLV 感染有关。在病灶内分离出病毒颗粒 [31]，且有些患猫 FeLV 呈阳性 [27,32]。其病史与单一型类似，但多灶型可能更加类似于肉瘤而非骨软骨瘤。

临床症状取决于病灶部位，且类似于上文所述的单一性骨软骨瘤。病灶更倾向于扁平骨和不规则骨，如肩胛骨、脊柱、肋骨、盆骨和长骨，其发病率逐渐降低。应对全身骨骼进行 X 线检查以发现所有的肿物。病灶持续快速生长，且尚无有效治疗方案。在少数病例中，手术或放射治疗可能是姑息疗法。

参考文献和延伸阅读

[1] Barber PJ, Elliott J. Study of calcium homeostasis in feline hyperthyroidism. J Small Anim Pract 1996;37:575–582.

[2] Tomsa K, et al. Nutritional secondary hyperparathyroidism in six cats. J Small Anim Pract 1999;40:533–539.

[3] Schrader SC, Sherding RG. Disorders of the skeletal system. In: Sherding RG (ed.) The cat: diseases and clinical management. New York: Churchill Livingstone; 1994: pp. 1599–1647.

[4] Hazewinkel HAW. Nutrition in relation to skeletal growth deformities. J Small Anim Pract 1989;30:625–630.

[5] Barber PJ, Elliot J. Feline chronic renal failure: calcium homeostasis in 80 cases diagnosed between 1992 and 1995. J Small Anim Pract 1998;39:108–116.

[6] Hazewinkel HAW, Wiegand U. Generalisierte Skelettveränderungen. In: Horzinek MC, Schmidt V, Lutz H (eds) Krankheiten der Katze, 4th edn. Stuttgart: Enke Verlag; 2005: pp. 603–614.

[7] Lucke VM. Renal disease in the domestic cat. J Pathol Bacteriol 1968;95:67–91.

[8] Gnudi G, et al. Unusual hyperparathyroidism in a cat. Vet Radiol Ultrasound 2001;42:250–253.

[9] Barber PJ, et al. Effect of dietary phosphate restriction on renal secondary hyperparathyroidism in the cat. J Small Anim Pract 1999;40:62–70.

[10] Johnson KA, Watson ADJ. Skeletal diseases. In: Ettinger SJ, Feldman EC (eds) Textbook of veterinary internal medicine. Diseases of the dog and cat, 5th edn. Philadelphia: WB Saunders; 2000: pp. 1887–1919.

[11] Franch J, et al. Back-scattered electron imaging of a nonvertebral case of hypervitaminosis A in a cat. J Feline Med Surg 2000;2:49–56.

[12] Polizopoulou ZS, et al. Hypervitaminosis A in the cat: a case report and review of the literature. J Feline Med Surg 2005;7: 363–368.

[13] Schmidt S, Geyer S. Hypervitaminosis A of the cat. Kleintierpraxis 1978;23:75–79.

[14] Allan GS. Radiographic features of feline joint diseases. Vet Clin North Am Small Anim Pract 2000;30:281–302.

[15] Bradley WA. Metaphyseal osteomyelitis in an immature Abyssinian cat. Aust Vet J 2003;81:608–611.

[16] Wolf AM. Histoplasma capsulatum osteomyelitis in the cat. J Vet Intern Med 1987;1:158–162.

[17] Taboada J. Systemic mycoses. In: Ettinger SJ, Feldman EC (eds) Textbook of veterinary internal medicine. Diseases of dogs and cats, 5th edn. Philadelphia: WB Saunders; 2000: pp. 453–476.

[18] Biller DS, et al. Aneurysmal bone cyst in a rib of a cat. J Am Vet Med Assoc 1987;190:1193–1195.

[19] Walker MA, et al. Aneurysmal bone cyst in a cat. J Am Vet Med Assoc 1975;167:933–934.

[20] Miura N, et al. Steroid injection therapy in a feline solitary bone cyst. J Vet Med Sci 2003;65:523–525.

[21] Richards CD. Hypertrophic osteoarthropathy in a cat. Feline Pract 1977;7:41–43.

[22] Roberg J. Hypertrophic pulmonary osteoarthropathy. Feline Pract 1977;7:18–22.

[23] Carr SH. Secondary pulmonary hypertrophic osteoarthropathy in a cat. Feline Pract 1971;1:25–26.

[24] Nafe LA, et al. Hyerpertrophic osteopathy in a cat associated with renal papillary ademona. J Am Anim Hosp Assoc 1981;17:659–662.

[25] Becker TJ, et al. Regression of hypertrophic osteopathy in a cat after surgical excision of an adrenocortical carcinoma. J Feline Med Surg 1999;35:499–505.

[26] Brodey RS. Hypertrophic osteoarthropathy in the dog, a clinicopathologic survey of 60 cases. J Am Vet Med Assoc 1971; 159:1242.

[27] Carpenter JL, et al. Tumors and tumor-like lesions. In: Holzworth J (ed.) Diseases of the cat. Medicine and surgery. Philadelphia: WB Saunders; 1987: pp. 407–596.

[28] Moore AS, Ogilvie GK. Tumors of the skeletal system. In: Ogilvie GK, Moore AS (eds) Feline oncology. Trenton: Veterinary Learning Systems; 2001: pp. 233–250.

[29] Reidarson TH, et al. Thoracic vertebral osteochondroma in a cat. J Am Vet Med Assoc 1988;192:1102–1104.

[30] Wood BC, et al. What is your diagnosis? J Am Vet Med Assoc 2002;221:905–1080.

[31] Pool RR, Harris JM. Feline osteochondromatosis. Feline Pract 1975;5:24–30.

[32] Turrel JM, Pool RR. Primary bone tumors in the cat: a retrospective study of 15 cats and a literature review. Vet Radiol 1982;23:152–166.

第 5 章　关节疾病

K. Voss, S.J. Langley-Hobbs

临床上，猫的退行性关节病很少被诊断出来，但在犬中，退行性关节病是很常见的问题。在过去几年里，兽医文献已经将更多的关注集中在猫的退行性关节病及其潜在的关节病变上。最近的研究表明，猫骨关节炎的影像学发现率出人意料的高，但该病的临床相关性可能被低估。为获取猫退行性关节病的临床诊断，有必要提高对该病的认知和诊断技巧。尽管退行性关节病更常见于老年猫，但某些潜在的关节疾病可能在生命早期就会引起临床症状。这些疾病过程包括具有遗传因素的髋关节发育不良、髌骨脱位或骨软骨病，但疾病临床表现的严重程度还取决于其他多个因素，如生长速度、营养状况、活动性和体重。

猫的免疫介导性和感染性的炎性关节病已有完整描述，但在日常的猫科诊疗中很少遇到。免疫介导性和感染性的炎性关节病都有造成致残性关节病的潜力，而且许多患猫的长期预后相当不好。

表 5–1 中列出了猫关节疾病的概要。本章主要总结猫的一般性关节疾病。涉及特定关节的疾病，如髋关节发育不良、半月板钙化、非创伤性髌骨骨折或肘关节疾病，将在本书第 7 部分的相应章节中描述。

表 5–1　猫的关节疾病

疾病类型	疾病
遗传性（第 3 章）	苏格兰折耳猫骨软骨发育不良 黏多糖贮积病
先天性（第 3 章）	头骨、脊柱、胸部和四肢的特定疾病
遗传性和发育性	髋关节发育不良（第 36 章） 髌骨脱位（第 38 章） 骨软骨病 肘关节发育不良（第 30 章） 肩关节发育不良（第 28 章）
退行性	原发性和继发性退行性关节病
营养性（第 4 章）	维生素 A 过多症
炎性	侵蚀性多关节炎 非侵蚀性多关节炎
其他	半月板钙化（第 38 章） 非创伤性髌骨骨折（第 38 章） 肘上髁炎（第 30 章） 滑膜骨软骨瘤病 滑膜囊肿（第 30 章）

注：上述的某些疾病，如维生素 A 过多症和骨软骨瘤等，虽起源于骨骼，但会导致继发性关节强直。

5.1　退行性关节病

退行性关节病可分为原发性和继发性骨关节炎。原发性或特发性骨关节炎被认为是由正常的老化过程中软骨磨损和撕裂所致。继发性骨关节炎是由潜在的关节病变引起的。虽然犬的骨关节炎在关节发育不良或骨软骨病后尤为常见，但很少发现猫的继发病因；在一项研究中，只有 11% 的影像学上的骨关节炎患猫能发现潜在病因 [1]。所有导致不协调或不稳定的关节病变都有可能引起继发性骨关节炎。关节创伤和关节发育不良可能是猫最常见的继发病因。

由于物种的高发病率，人和犬的退行性关节病的发病机理、病理生理学和治疗方式已得到广泛研究。骨关节炎的基本病理生理机制在犬和猫是相同的，但实验研究的结果表明猫的退行性关节病的发展速度要慢于犬 [2,3]。骨关节炎的关节内病理变化包括软骨原纤维化、侵蚀和裂开、软骨下骨硬化、骨赘和末端骨赘形成、关节囊纤维化，以及不同程度的滑膜炎。骨关节炎相关的疼痛与滑膜炎和软骨下骨改变有关，因为透明软骨不包含神经末梢。

5.1.1　发生率

骨关节炎患猫的年龄通常较大 [1]。一项研究显示，平均年龄为 6.5 岁的猫中，34% 的猫具有骨关节炎的 X 线征象[4]。据报道，12 岁以上的猫中，骨关节炎的 X 线征象阳性率高达 90%[5]。尽管 X 线征象的阳性率很高，但骨关节炎的临床诊断率并不多。在一项研究中，影像学表现骨关节炎的猫中仅 33% 在临床上表现明显的骨关节炎症状[1]。这就意味着猫能比犬更好地代偿轻微关节疾病的疼痛和功能缺陷，这可能是因为它们的灵活性和较轻的体重。此外，主人和兽医对猫骨关节炎的认识也不像对犬的那么高，所以临床症状可能被误解或漏诊。

据文献报道，脊柱是 12 岁以上猫的最常见的退行性关节病的发病部位[5]。在该研究中，除腰荐关节外，大部分的脊柱病变都是低程度的；腰荐关节会见到中等或高程度的病变。肘关节是附肢骨骼中最常见的患病关节，其次是髋关节[6]。12 岁以上的猫中，17% 的有严重的肘关节骨关节炎[5]。在另一篇关于 40 只骨关节炎患猫的报告中，肘关节的患病率比其他关节高 4.3 倍[7]。肘关节退行性关节病的高发病率与肘关节的原发病（如肘关节发育不良或不协调）继发有关（第 30 章）。髋关节骨关节炎通常继发于髋关节发育不良[6]。膝关节病也相对常见，通常与前十字韧带断裂有关。

这些研究和发病率数据的局限因素包括：它们主要是胸部和腹部 X 线片的回顾性和关联性研究；在这些 X 线片中，髋关节、膝关节和肘关节通常可见，而腕关节或跗关节通常少见。

5.1.2　诊断

与体格评分正常的猫相比，肥胖猫的骨关节炎临床表现更明显。肥胖猫可能因跛行而到兽医处就诊的机会是体况正常猫的 3 倍[8]。猫退行性关节病的临床症状与其他物种的也不同。猫通常表现非特异性症状，如行为改变、不活跃或不能或不愿跳跃、步态僵硬，很少表现跛行[6,9]。主人可能会观察到猫在活动前犹豫或活动中暂停，如爬楼梯。疼痛也可能改变理毛习惯，或者甚至难以爬进猫砂盆而在猫砂盆旁排尿或排便。老年猫的行为和活跃度变化通常被主人和临床兽医归因于年龄增加。

猫骨关节炎的 X 线征象与犬的相似。可能出现关节周围新骨形成、软骨下骨硬化、骨形态和密度变化、关节囊增厚，以及关节内钙化灶[10,11]。关节囊增厚通常不常见，但猫的关节内钙化灶比犬更常见[11]。骨关节炎关节的 X 线片示例如图 5-1 至图 5-5。另请参阅本书第 7 部分的章节，以了解关于特定关节病的潜在病因和鉴别诊断的更多信息。

骨关节炎的鉴别诊断一般包括苏格兰折耳猫软骨发育不良、维生素 A 过多症、骨软骨瘤、滑膜骨软骨瘤病和免疫介导性或感染性关节炎。如果出现双侧关节病变，特别是波及跗关节和腕关节的病变，以及并发系统性异常，应考虑炎性关节病的可能性。退行性和炎性关节病可以通过滑液细胞学检查区分（第 2 章）。

5.1.3　治疗

骨关节炎的手术治疗仅针对有继发原因（如关节不稳定）的患猫，请见本书第 7 部分的描述。大多数病例都是保守治疗。

猫骨关节炎的保守治疗包含环境改善和理疗、肥胖猫减肥与疼痛控制[10]（专栏 5-1）。首先要保证猫容易到达的饮食点或窝垫，例如，通过建造斜坡或用家具或其他物体将大落差变小。适度的运动对骨关节炎关节是有益的。猫通常不愿意被牵遛或进行其他类型的运动，因此，猫的日常活

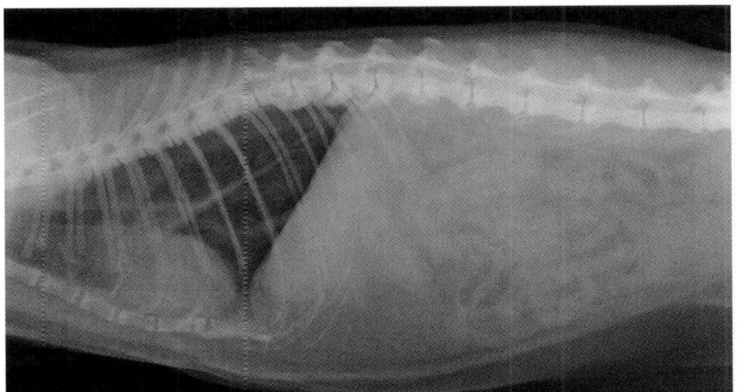

图 5-1　一只 15 岁猫胸腰椎退行性疾病的侧位 X 线片。桥连的脊椎关节强硬是主要的 X 线征象。猫没有表现出与病变相关的临床症状

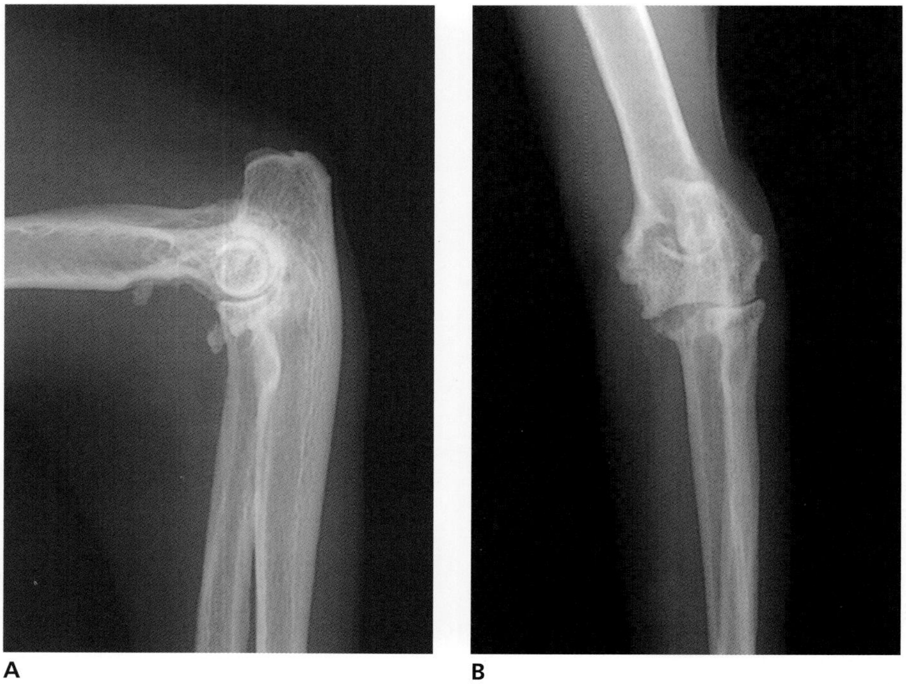

图 5–2　一只因前肢间歇性跛行而就诊的 14 岁肘关节骨关节炎患猫的肘关节（A）内外侧位和（B）前后位 X 线片。可见骨赘和软组织钙化，关节前内侧最明显。桡骨头的前侧钙化灶很可能是旋后肌的籽骨。尺骨切迹也可以见到轻微的软骨下硬化

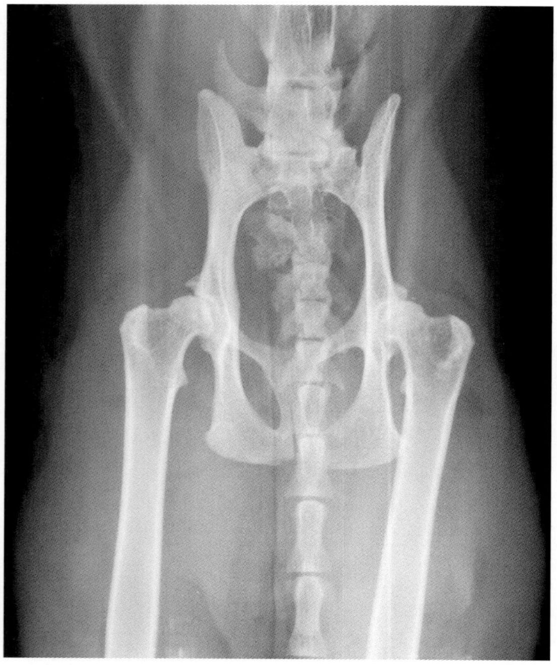

图 5–3　一只患双侧髋关节发育不良和髋关节病的 10 岁波斯猫的腹背位 X 线片。髋臼浅，股骨头形状异常，髋臼前缘骨赘最明显

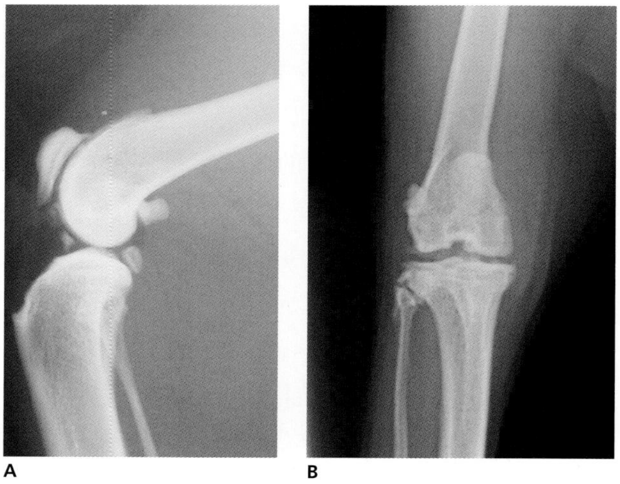

图 5–4　一只 15 岁骨关节炎患猫的膝关节（A）内外侧位和（B）后前位 X 线片。髌骨近端和远端、滑车嵴近端、胫骨背侧缘都有骨赘；也可以见到关节内矿化，远端的可能与内侧半月板有关

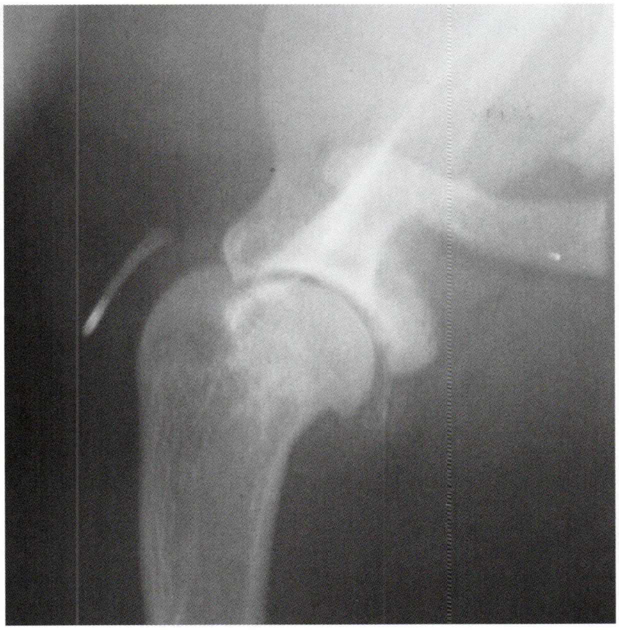

图 5–5 一只肩关节骨关节炎和间歇性跛行的 11 岁患猫的内外侧位 X 线片。骨赘在肩臼后缘最明显，导致形状改变

专栏 5–1 骨关节炎保守治疗的建议

- 必要时，减肥
- 环境改善（容易到达饮食点、舒适的窝垫和猫砂盆）
- 理疗
- 鼓励在家加强活动
- 长期使用减缓疾病进程的修饰药物
- 疼痛控制（美洛昔康）

动必须要加强运动。温和地玩耍或带猫到室外可能会加强运动性和提高猫的整体幸福感。激光棒的光点可以促使许多猫玩耍和追逐。定期的理疗也可以改善关节功能和减轻疼痛（第 21 章）。因为肥胖猫更容易表现退行性关节病相关的临床症状，所以减肥是骨关节炎治疗的重要措施。为了提高主人的积极性，务必与主人充分讨论减肥事宜。定期随访检查也有助于提高主人的依从性。

美洛昔康是当前在欧洲唯一被批准可长期用于猫的非甾体抗炎药（NSAID）。美洛昔康已被证明是一种对猫运动性疾病有效的止痛药[12]。临床患猫使用美洛昔康 4 ~ 6 周后，可观察到总体举止、活动水平和跳跃能力的改善[6,9]，61% 的主人感觉他们的猫有明显改善[6]。当初始剂量较高时，18% 的猫在治疗开始时会出现轻微的胃肠道副作用[6]。目前建议使用更低的剂量，具体见专栏 5–2。必要时，美洛昔康也可与其他镇痛药联用（第 18 章），但不能与其他 NSAID 或皮质类固醇联用。

专栏 5–2 长期使用美洛昔康的剂量

美洛昔康（Metacam，0.5 mg/mL 猫专用口服混悬剂）
首日 0.1 mg/kg
之后 0.05 mg/kg SID
以 0.025 mg/kg 的更低剂量 SID 也有效果，可以尝试

其他 NSAID 在猫上使用要非常谨慎。猫肝脏结合葡萄糖苷酸的活性较低，而肝脏结合葡萄糖苷酸活性对代谢包括大部分 NSAID 在内的许多药物都是必需的。因此，在其他物种的动物中被认为是安全的药物和剂量对猫而言仍可能会出现蓄积和中毒。所有 NSAID 的禁忌证包括低血容量、脱水和肾脏疾病。

减缓疾病进程的软骨保护剂对犬和人骨关节炎的治疗是有效的[13,14]。虽然类似的研究并不适用于猫，但临床印象表明这些药物对猫骨关节炎的治疗也是有益的[9,10]。猫的商品营养补充剂包含硫酸软骨素、盐酸氨基葡萄糖和抗坏血酸锰。这些物质是合成透明软骨基质的前体。此外，氨基葡萄糖也具有抗炎作用，能刺激滑膜细胞合成透明质酸。硫酸软骨素抑制软骨金属蛋白酶。这些营养制剂的总体效果是促进软骨基质和透明质酸的合成、减缓软骨降解和抗炎作用。动物对这些药物的临床反应仅能在数周内逐渐产生。

5.2 多关节炎

多关节炎是一种罕见的由各种不同病因引起的系统性炎性关节疾病，至少涉及 2 个关节。这些疾病的主要特征是滑膜内衬的明显炎症，而且炎症细胞会迁移到关节和滑液中。小关节如腕关节和跗关节最常发病。多关节炎大概分为侵蚀型和非侵蚀型（表 5–2）。

表 5-2　猫多关节炎分为侵蚀型和非侵蚀型两种类型

类型	疾病	子分类
侵蚀型	猫慢性进行性多关节炎（FCPP）	骨膜增殖型
		破坏型 / 类风湿性关节炎
	脓毒性多关节炎	
非侵蚀型	免疫介导性非侵蚀性多关节炎	类型 1：未发现潜在病因
		类型 2：与系统性感染有关
		类型 3：与胃肠道疾病有关
		类型 4：与恶性肿瘤有关
	猫系统性红斑狼疮	
	药物性多关节炎	药物（抗生素）
		疫苗
	感染性	杯状病毒
		莱姆病

5.2.1　诊断

多关节炎患猫通常表现系统性异常，不愿走动。临床检查可见明显的关节疼痛、关节积液和发热。也可能存在明显的软组织肿胀和水肿（图 5-6）。慢性多关节炎患猫，特别是侵蚀型的患猫，经常罹患全身性肌肉萎缩和体重减轻，且可能具有恶病质外观。

滑液细胞学检查是诊断多关节炎最重要的单一方法，可以区分免疫介导性和感染性关节炎[15]。在免疫介导性多关节炎的急性期，嗜中性粒细胞的数量增至高范围内（图 5-7）。之后，淋巴细胞和浆细胞增多，嗜中性粒细胞仍保持在正常范围的上限之上。对于脓毒性关节炎，除中性粒细胞计数升高外，还可观察到中性粒细胞退行性变化和胞内菌（图 5-8）。如果细胞学检查提示感染性关节炎，还要进行滑液细菌学评估和药敏试验。有些传染性病原体很难培养（见下一节）。关于滑液细胞学和细菌学检查的进一步描述见第 2 章。

滑膜活检可能会提供更多的信息。滑膜的组织病理学表现取决于疾病的类型和持续时间。在免疫介导性多关节炎的急性期可以见到嗜中性粒细胞为主的渗出性炎症。在慢性病例中，细胞类型转为淋巴细胞和浆细胞，并有纤维组织形成[16]。脓性肉芽肿性滑膜炎常伴发脓毒性关节炎[17]。

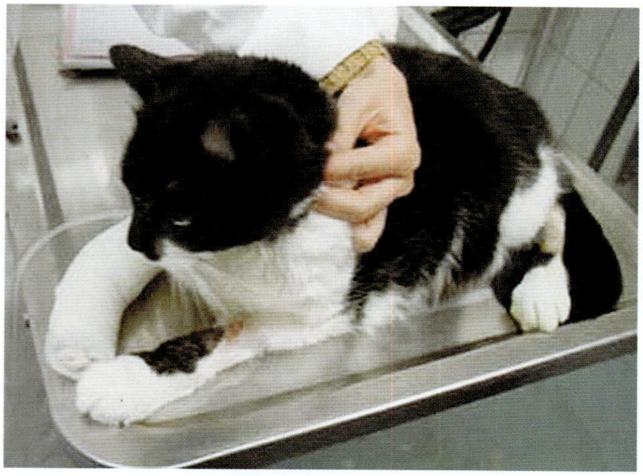

图 5-6　一只因发烧、冷漠和不愿走动而就诊的 10 岁脓毒性多关节炎患猫。注意其四肢远端的肿胀。滑液培养显示犬属链球菌感染

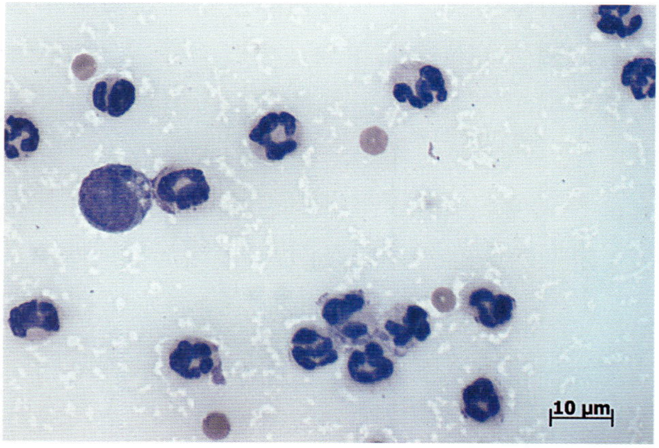

图 5-7　10 岁免疫介导性非侵蚀性多关节炎患猫肘关节滑液的细胞学检查。关节液中存在大量非退行性嗜中性粒细胞，细菌培养结果阴性，猫白血病病毒（FeLV）阳性（Veterinary Pathology，Zurich 供图）

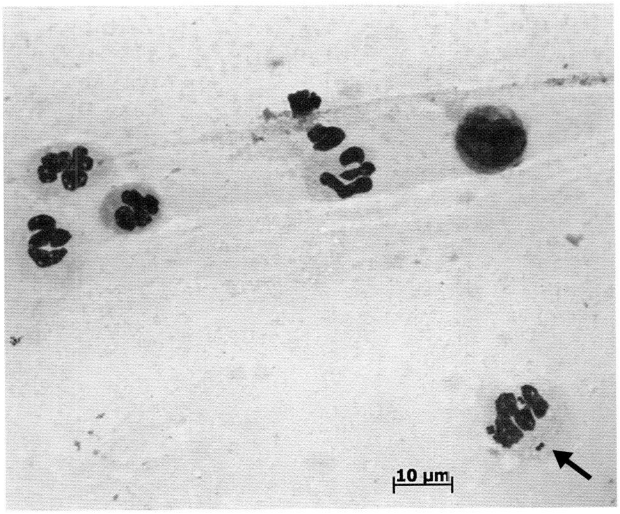

图 5-8 罹患急性血源性感染性关节炎的 10 岁室内猫的跗关节滑液涂片。可见胞内球菌（箭头），但嗜中性粒细胞仍为非退行性。培养结果为犬链球菌（Veterinary Pathology，Zurich 供图）

患病关节的 X 线片可以区分侵蚀性和非侵蚀性多关节炎（表 5-2）。然而，X 线片上所见的骨性改变会随时间推移而发展，在早期疾病过程中，病变可能不明显。软组织肿胀是非侵蚀性多关节炎患猫的唯一 X 线征象。

筛查常规或恶性疾病，通常需要排查猫白血病病毒（FeLV）和特异性血液检查，以确认或排除继发病因。可以在等待检测结果期间给予多西环素。多西环素具有针对一些可能导致多关节炎的传染性病原体的抗微生物特性，其免疫调节作用可能改善免疫介导性多关节炎患猫的临床症状。图 5-9 介绍了用于诊断和治疗多关节炎患猫的可能方案。

5.2.2 侵蚀性多关节炎

侵蚀性多关节炎包括猫慢性进行性多关节炎（FCPP）和脓毒性关节炎。

猫慢性进行性多关节炎

FCPP 患猫一般是去势或未去势公猫，年龄 1.5 ~ 5 岁[16]。腕关节和跗关节好发。约半数患猫 FeLV 阳性，而且许多猫的猫合胞体病毒（FeSFV）阳性[16,18]。这两种病毒都可从患病关节中分离出来[16]。这些病毒感染在疾病机理中的确切作用尚不明确。目前认为，FeLV 导致的免疫抑制可以使 FeSFV 在关节中增殖[16]。

FCPP 分 2 种类型：骨膜增殖型和破坏型；其中，骨膜增殖型更常见，其主要特征是骨膜新骨的逐渐形成。患病关节可能出现小的骨溶解和骨质疏松区（图 5-10）。FCPP 的破坏型不常见，患猫年龄往往更大，而且该病在开始时表现得更慢和更隐匿[16,19]。X 线征象包括骨溶解区域，之后进展为明显的关节破坏和不稳定。该病与类风湿性关节炎相似，但除了关节破坏的 X 线征象外，类风湿因子阳性或滑膜出现特征性病理变化才能正确区分该病与类风湿性关节炎[18,20]。暹罗猫易感[20]。

首先通常采用泼尼松龙治疗性诊断。泼尼松龙 2 ~ 4 mg/kg SID，用 2 周，然后逐渐减量至 0.25 mg/kg SID，再用 2 ~ 3 个月。通过评估临床反应及再次进行滑液细胞计数和分类，证实治疗成功。单独使用泼尼松龙治疗可改善临床症状，并减缓关节破坏过程。然而，疾病复发很常见，而且很多猫必须接受持续治疗[16,18]。环磷酰胺或苯丁酸氮芥等细胞毒性药物的添加表明了单用泼尼松龙疗效的不足。硫唑嘌呤有严重的和潜在的致命副作用，不能用于猫[16,21]。接受细胞毒性药物治疗的猫应密切监测副作用。每 2 ~ 4 周进行一次全血细胞计数，检测是否存在骨髓抑制，必要时减少剂量或停止治疗。环磷酰胺可能会导致出血性膀胱炎，必要时也要停用。据报道，12 只类风湿性关节炎患猫使用修饰疾病进程的抗风湿药物（DMARD）治疗，其结果令人鼓舞[20]。口服氨甲蝶呤和来氟米特 4 周，可以使超过 50% 的猫明显改善。2 ~ 6 个月的治疗期内没有出现严重的毒副作用[20]。表 5-3 总结了所需的药物和剂量。

脓毒性多关节炎

细菌可通过多个途径进入关节：贯穿伤、手术时、局部感染蔓延或通过血源性感染。贯穿伤，特别是猫咬伤，是猫脓毒性单关节炎的最常见原因（第 14 章）。在猫中，细菌从躯体远端部位经血源性传染的情况较犬很少见[19]。幼猫与免疫抑

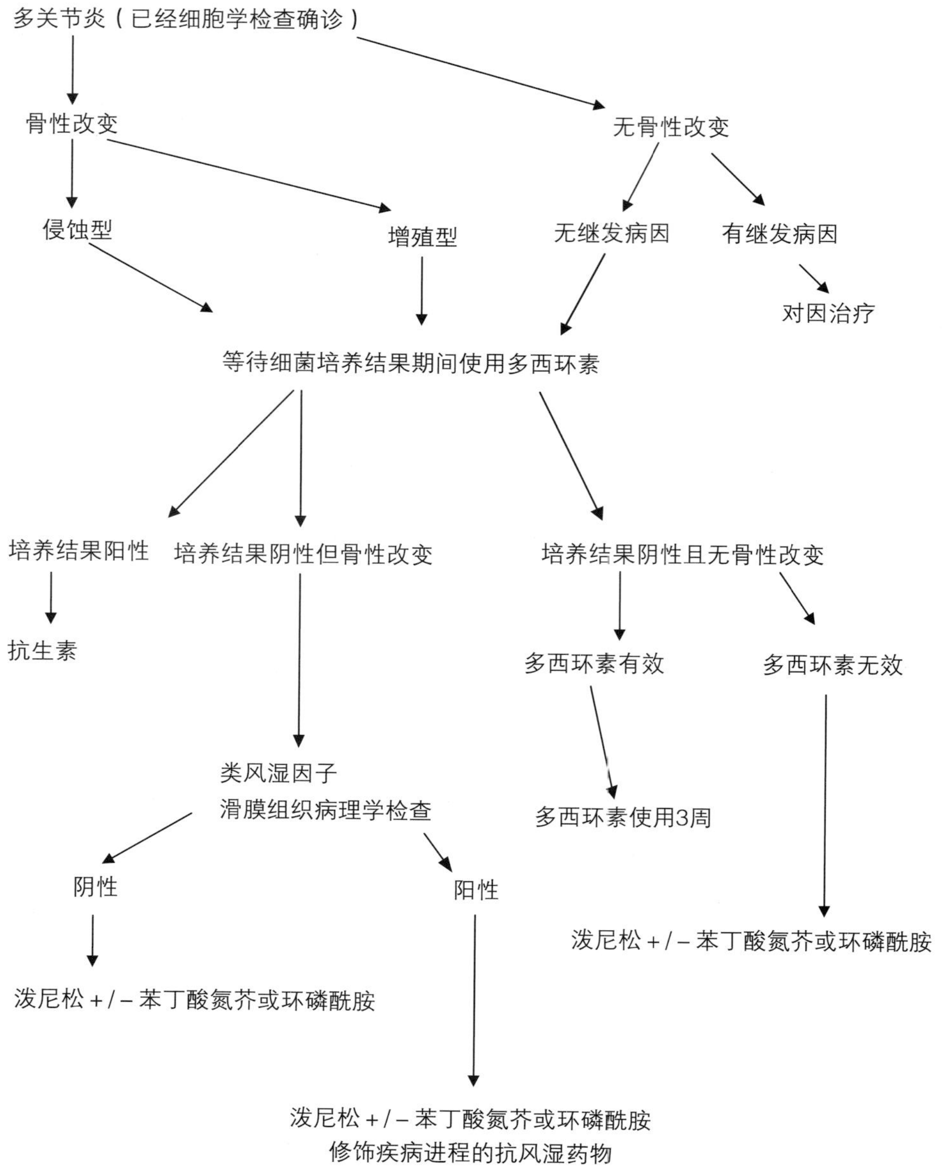

图 5–9　猫多关节炎诊断和治疗思路图解

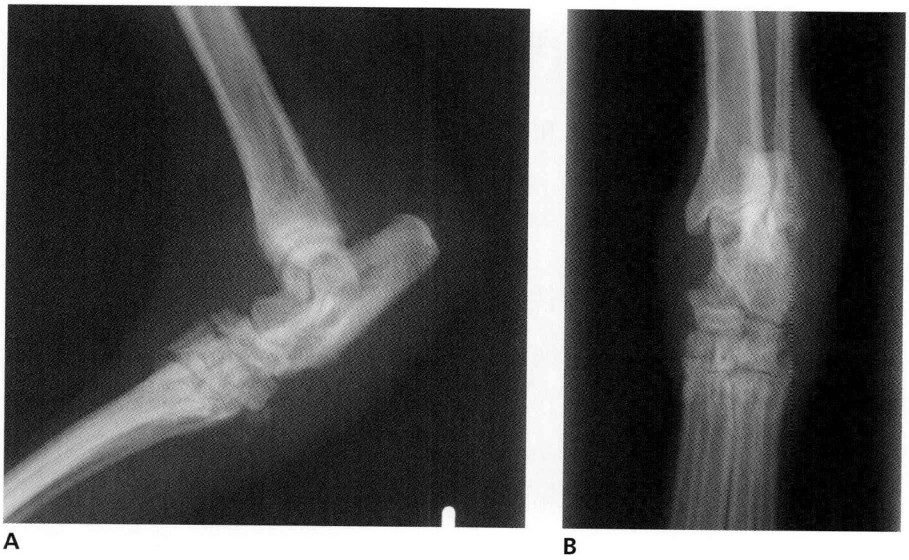

图 5–10　骨膜增殖型的慢性进行性多关节炎患猫的跗关节（A）内外侧位和（B）背跖位 X 线片。跗骨远端可见明显的骨膜增殖性骨反应。也可以见到关节周围软组织肿胀

制的猫更可能易感脓毒性关节炎或多关节炎。通常涉及多个关节，跗关节和腕关节最常受到影响。诊断基于滑液中存在退行性嗜中性粒细胞和胞内菌（图 5-8），以及细菌培养结果阳性建立。

已经从多关节炎患猫分离出多种细菌，包括巴斯德菌属、链球菌属、支原体属和 L 形细菌等 [17,19,22-25]。厌氧菌、支原体，尤其是 L 形细菌，很难培养。L 形细菌可在支原体特异性培养基上生长，但根据菌落外观难以区分 L 形细菌和支原体 [19]。皮下脓肿可能先于 L 形细菌和支原体性多关节炎发生 [17]，临床医生应考虑到皮下脓肿和多关节炎患猫的细菌种类，以及常规细菌培养阴性结果的真实性。L 形细菌和支原体通常对四环素或多西环素敏感（表 5-3）。开始治疗后的 48 h 内就可见到阳性疗效 [19]。若疗效俱佳，则持续给予抗生素数周。中止治疗前，要再次进行 X 线检查、细胞学检查和支原体培养。

若细菌培养显示其他微生物，如巴斯德菌或链球菌，则根据药敏试验选择抗生素治疗。预后取决于感染的继发病因、患猫的免疫力，以及临床症状的持续时间，但猫应该对长期抗生素治疗反应良好。

5.2.3　非侵蚀性多关节炎

非侵蚀性多关节炎包括免疫介导性非侵蚀性多关节炎、药物和疫苗诱导性多关节炎、系统性红斑狼疮相关的多关节炎、病毒诱导性多关节炎以及莱姆病。

免疫介导性非侵蚀性多关节炎

免疫介导性非侵蚀性多关节炎是由免疫复合物在滑膜中沉积引起的后续炎症。免疫系统的活化与多种继发病因有关（表 5-2）。已经发现系统性炎症或感染性疾病，胃肠道、呼吸道和泌尿道疾病，以及肿瘤与非侵蚀性多关节炎相关（图 5-9）[18,19]。骨髓增殖性肿瘤是最常见的致病肿瘤 [18]。若血液学结果怀疑骨髓增殖性疾病，则应进行骨髓活检。许多猫无法找到潜在病因，因此，将其归为特发性或 1 型。

可能的话，治疗的目的在于消除继发病因。很难将免疫介导性非侵蚀性多关节炎和其他类型的非侵蚀性多关节炎（如药物、疫苗或病毒诱导的关节炎或莱姆病）区分开。若无法确定，则应首先尝试多西环素治疗 [18]。如果效果良好，持续给予多西环素 2 ~ 3 周。若疗效不佳，则开始泼尼松龙治疗。治疗反应不足的情况下，联合使用泼尼松龙和细胞毒性药物。表 5-3 总结了所需的药物和剂量。

预后与继发病因有关。在一项研究中，由于持续跛行或复发，9 只猫中的 3 只被安乐死 [19]。骨髓增殖性肿瘤的患猫预后不良。

猫系统性红斑狼疮

系统性红斑狼疮是一种猫罕见的多系统疾病 [18,21]。患猫可能罹患自身免疫性溶血性贫血、血小板减少症、白细胞减少症、皮炎、肾小球肾炎、多发性肌炎和非侵蚀性多关节炎。由于抗体的改

表 5-3　治疗免疫介导性多关节炎的药物

药物	剂量
多西环素	10 mg/kg SID
泼尼松龙	2 ~ 4 mg/kg SID，连用 2 周；然后逐渐减量至 0.25 mg/kg SID，至少 2 ~ 3 个月
环磷酰胺	50 mg/m^2，每周连用 4 d，最多使用 4 个月（与 0.25 mg/kg 泼尼松龙联用）
苯丁酸氮芥	0.1 ~ 0.2 mg/kg SID 或隔天使用（与 0.25 mg/kg 泼尼松龙联用）
氨甲蝶呤	2.5 mg，每周同一天的 0 h、12 h、24 h（每周总量 7.5 mg） 临床改善后降低剂量至 2.5 mg/ 周 [20]
来氟米特	10 mg/d（70 mg/ 周） 临床改善后，降低剂量至每周 2 次，每次 10 mg[20]

变导致抗体攻击血细胞，而且免疫复合物的沉积造成皮炎、肌炎和关节炎。通过检测循环中抗核抗体的存在进行诊断，但抗核抗体不是系统性红斑狼疮的特异性抗体。治疗的目的是使用泼尼松龙和其他细胞毒性药物进行免疫抑制，如环磷酰胺和苯丁酸氮芥（表 5-3）。预后不良；如果累及肾脏，预后更差[21]。

药物诱导性多关节炎

药物或疫苗可作为滑膜中产生超敏反应的抗原来源。已知抗生素可以诱发多关节炎，尤其是磺胺嘧啶、红霉素和头孢菌素。一只猫使用甲氧苄啶 - 磺胺嘧啶治疗膀胱炎后发生了多关节炎[19]。停止给药后，药物诱导性多关节炎消退。

猫杯状病毒疫苗也可诱发猫多关节炎。患猫通常不足 6 月龄，临床症状通常在第一次接种后 1 周内出现[26]。在一项研究中，123 只接种杯状病毒疫苗后发生疫苗反应或过敏的猫中，80% 的患猫表现出炎性关节病的症状，单发或合并发生发热和口腔或上呼吸道疾病[26]。疫苗诱发的多关节炎是自限性的，不需要特异性治疗。

病毒感染

猫感染 FeLV、FeSFV 和杯状病毒后，会发生多关节炎和跛行。FeLV 和 FeSFV 感染引发的多关节炎主要是由宿主免疫反应引起，而非病毒本身。

猫感染杯状病毒后可引起呼吸道和眼科疾病、多关节炎的发热性跛行综合征，或者二者伴发。猫舍的小猫症状最严重，但较年长的猫也会受到影响[26]。病毒的野外毒株和疫苗毒株，以及病毒抗原都可以从患病关节中分离出来[27-29]，但关节中存在病毒并不一定会导致关节炎[29]。在一项研究中，与暴露于疫苗毒株相比，暴露于野外毒株后跛行更严重[29]。

通常不需要治疗，因为临床症状将在数天后自行消退[21]。严重病例可使用 NSAID，以缓解关节疼痛。

莱姆病

莱姆病是由经硬蜱属的蜱虫传播的伯氏疏螺旋体感染引起的。疏螺旋体在多关节炎发病机理中的作用尚不清楚，似乎能够引起犬和猫一个或多个关节的轻度炎性关节病[30,31]。在犬中，邻近蜱叮咬处的关节会在大约 2 个月的潜伏期后发生关节炎[31]。也可能出现发热或淋巴结病等系统性疾病。

伯氏疏螺旋体很难培养，血清学诊断的价值也存疑，因为很多临床健康猫的抗体滴度都是阳性。在英国，大约 5% 的猫具有针对伯氏疏螺旋体的抗体[32,33]。伯氏疏螺旋体实验性感染的患猫，其抗体持续升高，但猫不一定表现出与感染相关的临床症状[30,34]。

当没有发现其他病因，或者可能存在蜱感染病史或可能性时，莱姆病可被认为是炎性非侵蚀性关节炎的可能病因，但应该记住，伯氏疏螺旋体的抗体滴度阳性不能证实该病。莱姆病疑似病例的治疗需要给予抗生素，通常是四环素类（表 5-3）。

5.3　其他疾病

在病例报告或病例系列报告中，可见数种猫关节的疾病，但对发病率、病因和治疗知之甚少，这些疾病总结如下。涉及特定关节的疾病将在本书第 7 部分的相应章节中描述。

5.3.1　骨软骨病

很少有文献记录猫的骨软骨病。骨软骨病主要是软骨内骨化异常[35]。骨骺软骨细胞不能正常成熟，且细胞外软骨基质不能钙化。与正常区域相比，这种障碍导致软骨局部增厚。软骨厚度的增加阻碍了深层的营养，最终导致钙化层和非钙化层之间的局部坏死和软骨瓣分离。松散的软骨瓣可能随后脱落，成为自由活动的关节体。该病又称为分离性骨软骨病。在患病关节中，会发生滑膜炎和软骨退行性病变，而且异常软骨层的周围区域发生软骨下骨硬化。犬骨软骨病的病因尚不清楚。除了遗传因素外，饮食、生长速度、创伤、关节形态测量学变化和激素紊乱等因素都会导致疾病的发生。

病例报告显示，猫也可能发生骨软骨病。有 3 例病例报告描述了肩关节和膝关节的骨软骨病或骨软骨病样病变[36-38]。患猫很年轻，常因跛行就诊。

软骨瓣的 X 线征象和术中特征与犬相似。病变位于肱骨头后侧（图 5–11）和股骨外侧髁。对报道中的 2 个病例移除的软骨瓣进行组织病理学分析，发现与脱落的骨软骨病瓣一致 [37,38]。

治疗与犬相似，可以通过关节切开术移除松散的软骨瓣。刮除该区域，直至暴露软骨下骨。骨穿刺术可以产生血管通道，便于缺损愈合。根据兽医文献中提供的有限信息，至少在短期或中期目标上预后良好 [36,37]。双侧膝关节骨软骨病的患猫恢复正常功能 [37]。

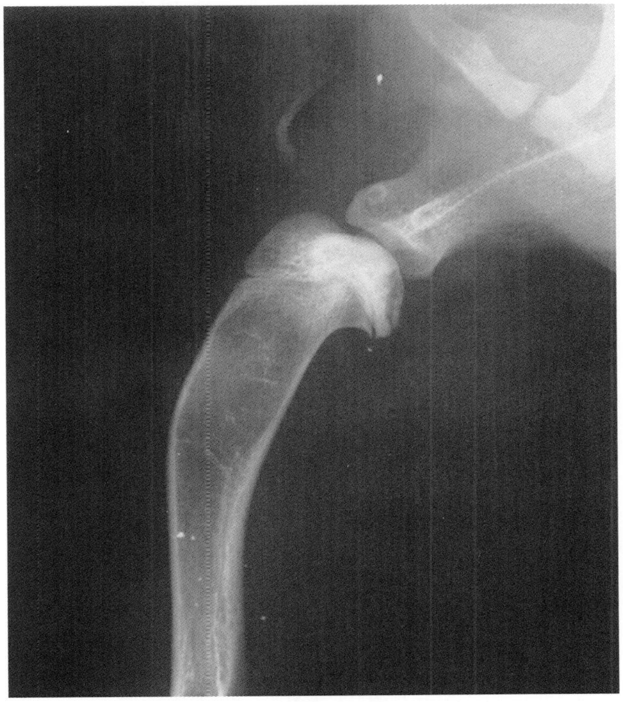

图 5–11　10 月龄猫肱骨头后侧骨软骨病样病变的肩关节内外侧位 X 线片。还存在肱骨近端干骺端的变形。无法确定这些骨性改变的病因。对侧肩关节也有类似病变（J.C. Dubuis 供图）

5.3.2　滑膜骨软骨瘤病

关节内骨化结节可能提示滑膜骨软骨瘤病或滑膜骨软骨发育不良（图 5–12）。这些结节在关节囊中，由软骨结节经滑膜化生形成。软骨结节可以骨化，并在随后的 X 线片上可见，如关节附近的圆形钙化结构。与孤立性骨软骨瘤或猫骨软骨瘤病相比（第 5 章），滑膜骨软骨瘤病中见到的钙化似乎并未附着在骨骼上，但这两种情况看起来是相似的 [39]。

滑膜骨软骨瘤病需要与导致关节周钙化或骨化的其他疾病进行影像学鉴别，包括猫骨软骨瘤病（第 4 章）、维生素 A 过多症（第 4 章）、骨化纤维发育不良或骨化性肌炎（第 7 章）。膝关节骨化体的鉴别诊断是内侧半月板或前十字韧带的关节内钙化（第 38 章）。肘关节滑膜骨软骨瘤病需要与严重的肘关节骨关节炎和肱骨内上髁炎鉴别（第 30 章）。

因为病变位于关节囊内，且难以移除，故滑膜骨软骨瘤病通常采用保守治疗 [40]。

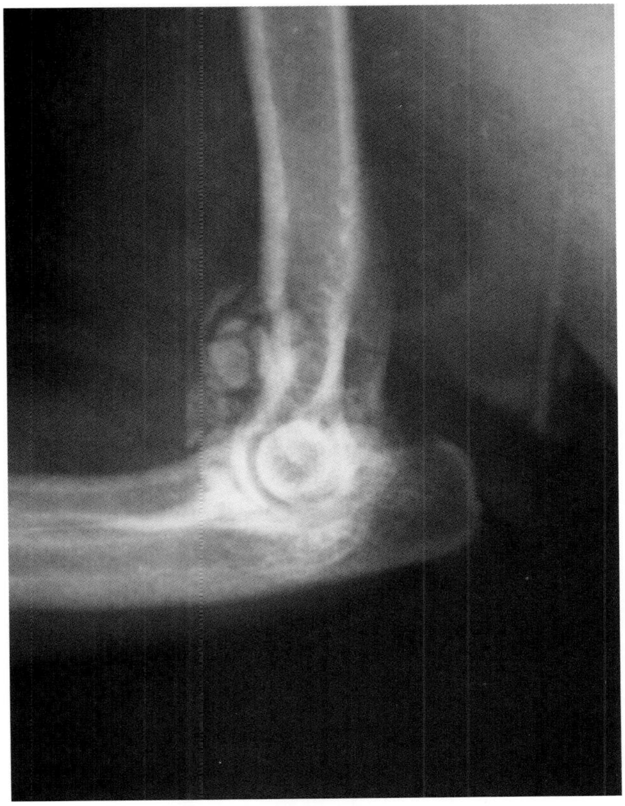

图 5–12　疑似滑膜骨软骨瘤病患猫的肘关节 X 线片。在关节的前侧，可见数个大的圆形矿化结构，可能位于前侧关节囊内

5.3.3　滑膜囊肿

滑膜囊肿是关节周围的结构被滑液充满。滑膜囊肿起源于关节、黏液囊或腱鞘的滑膜，可以长到更大的尺寸。已发现了数只罹患肘关节滑膜囊肿的猫 [41–43]（第 30 章），但在肩关节和膝关节中也可见到囊肿 [40]。当机械性妨碍关节功能时，囊肿会引发疼痛。即使手术切除，囊肿也会复发 [42]，因此，反复的细针抽吸囊肿被认为是首选的治疗方法。

参考文献和延伸阅读

[1] Godfrey DR. Osteoarthritis in cats: a retrospective radiological study. J Small Anim Pract 2005;46:425–429.

[2] Herzog W, et al. Hindlimb loading, morphology and biochemistry of articular cartilage in the ACL-deficient cat knee. Osteoarthritis Cartilage 1993;1:243–251.

[3] Suter E, et al. One-year changes in hind limb kinematics, ground reaction forces and knee stability in an experimental model of osteoarthritis. J Biomechanics 1998;31:511–517.

[4] Clarke SP, et al. Radiographic prevalence of degenerative joint disease in a hospital population of cats. Vet Rec 2005; 157:793–799.

[5] Hardie EM, et al. Radiographic evidence of degenerative joint disease in geriatric cats: 100 cases (1994–1997). J Am Vet Med Assoc 2002;220:628–632.

[6] Clarke SP, Bennett D. Feline osteoarthritis: a prospective study of 28 cases. J Small Anim Pract 2006;47:439–445.

[7] Godfrey DR. Osteoarthritis in cats: a prospective series of 40 cases. BSAVA meeting 2003; Birmingham.

[8] Scarlett JM, Donoghue S. Associations between body condition and disease in cats. J Am Vet Med Assoc 1998;212:1725–1731.

[9] Bennett D, Clarke S. Feline osteoarthritis. ESVOT meeting 2004; Munich, Germany.

[10] Hardie EM. Management of osteoarthritis in cats. Vet Clin North Am Small Anim Pract 1997;27:945–953.

[11] Graeme SA. Radiographic features of feline joint disease. Vet Clin North Am Small Anim Pract 2000;30:281–302.

[12] Lascelles BD, et al. Evaluation of the clinical efficacy of meloxicam in cats with painful locomotor disorders. J Small Anim Pract 2001;42:587–593.

[13] Reginster JY, et al. Long-term effects of glucosamine sulfate on osteoarthritis progression: a randomized, placebo-controlled clinical trial. Lancet 2001;357:251.

[14] Hulse D, et al. The effect of Cosequin in cranial cruciate deficient and reconstructed stifle joints in dogs. VOS 25th annual conference 1998; Snowmass, Colorado.

[15] Hardy RM, Wallace LJ. Arthrocentesis and synovial membrane biopsy. Vet Clin North Am 1974;4:449–462.

[16] Pedersen NC, et al. Feline chronic progressive polyarthritis. Am J Vet Res 1980;41:522–535.

[17] Carro T, et al. Subcutaneous abscesses and arthritis caused by a probable bacterial L-form in cats. J Am Vet Med Assoc 1989;194:1583–1588.

[18] Bennett D, Nash AS. Feline immune-based polyarthritis: a study of thirty-one cases. J Small Anim Pract 1988;29:501–523.

[19] Carro T. Polyarthritis in cats. Compend Continuing Educ 1994;16:57–67.

[20] Hanna FY. Disease modifying treatment for feline rheumatoid arthritis. Vet Comp Orthop Traumatol 2005;18:94–99.

[21] Bennett D, May C. Joint diseases of dogs and cats. In: Ettinger SJ (ed.) Textbook of veterinary internal medicine, 4th edn. Philadelphia: WB Saunders; 1995: pp. 2032–2077.

[22] Iglauer F, et al. Streptococcus canis arthritis in a cat breeding colony. J Exp Anim Sci 1991;34:59–65.

[23] Stallings B, et al. Septicemia and septic arthritis caused by Streptococcus pneumoniae in a cat: possible transmission from a child. J Am Vet Med Assoc 1987;191:703–704.

[24] Ernst S, Goggin JM. What is your diagnosis? Mycoplasma arthritis in a cat. J Am Vet Med Assoc 1999;215:19–20.

[25] Moise NS, et al. Mycoplasma gateae arthritis and tenosynovitis in cats: case report and experimental reproduction of the disease. Am J Vet Res 1983;44:16–21.

[26] Dawson S, et al. Investigation of vaccine reactions and breakdowns after feline calicivirus vaccination. Vet Rec 1993;132: 346–350.

[27] Bennett D, et al. Detection of feline calicivirus antigens in the joints of infected cats. Vet Rec 1989;124:329–332.

[28] Levy JK, Marsh A. Isolation of calicivirus from the joint of a kitten with arthritis. J Am Vet Med Assoc 1992;201:753–763.

[29] Dawson S, et al. Acute arthritis of cats associated with feline calicivirus infection. Res Vet Sci 1994;56:133–143.

[30] Gibson MD, et al. Borrelia burgdorferi infection of cats (letter). J Am Vet Med Assoc 1993;202:1786.

[31] Straubinger RK, et al. Clinical manifestations, pathogenesis, and effect of antibiotic treatment on Lyme borreliosis in dogs. Wien Klin Wochenschr 1998;110:874–881.

[32] May C, et al. Borrelia burgdorferi infection in cats in the UK. J Small Anim Pract 1994;35:517–520.
[33] Magnarelli LA, et al. Tick parasitism and antibodies to Borrelia burgdorferi in cats. J Am Vet Med Assoc 1990;197:63–66.
[34] Burgess EC. Experimentally induced infection of cats with Borrelia burgdorferi. Am J Vet Res 1992;53:1507–1511.
[35] Olsson SE, Reiland S. The nature of osteochondrosis in animals. Summary and conclusions with comparative aspects on osteochondritis dissecans in man. Acta Radiol 1978;358:299.
[36] Butcher R, Beasley K. Osteochondritis dissecans in a cat? Vet Rec 1986;118:646.
[37] Ralphs SC. Bilateral stifle osteochondritis dissecans in a cat. J Am Anim Hosp Assoc 2005;41:78–80.
[38] Petersen CJ. Osteochondritis dissecans of the humeral head of a cat. NZ Vet J 1984;32:115–116.
[39] Hubler M, et al. Lesions resembling osteochondromatosis in two cats. J Small Anim Pract 1986;27:181–187.
[40] Bennett D. The musculoskeletal system. In: Chandler EA, Gaskell CJ, Gaskell RM (eds) Feline medicine and therapeutics, 3rd edn. Oxford: Blackwell; 2004: pp. 173–233.
[41] Prymak C, Goldschmidt MH. Synovial cysts in five dogs and one cat. J Am Anim Hosp Assoc 1991;27:151–154.
[42] Stead AC, et al. Synovial cysts in cats. J Small Anim Pract 1995;36:450–454.
[43] White JD, et al. What is your diagnosis? J Feline Med Surg 2004;6:339–344.

第 6 章　脊柱和神经系统疾病

F. Steffen, F. Grünenfelder

猫的脊髓和外周神经疾病范畴很广。猫的很多脊髓疾病和神经肌肉疾病往往病史信息不详尽，但临床表现类似。因此，在诊断这类疾病时还需要其他检查，包括脑脊液（CSF）分析、X 线平片和造影检查、CT、MRI、细胞学和组织病理学分析。

表 6–1 总结了猫的压迫性和非压迫性脊髓疾病。其中部分疾病会详细描述，某些重要的神经肌肉疾病会在后续的章节描述。

6.1　压迫性脊髓疾病

在猫中，慢性压迫性病变和急性脊柱创伤引起的脊髓损伤，轻则轻度脱髓鞘，重则白质和灰质完全坏死。其严重程度取决于 2 个因素：压迫性病灶对脊髓组织的直接机械性破坏、脊髓血管系统受压迫引起的缺氧性改变。二者中，压迫性外力是主要的影响因素。急性脊柱创伤时，外力导致即刻的功能缺损，随后导致生物化学的级联改变，引起水和离子改变与脊髓缺血。在慢性进行性压迫性病变中，柔软可压迫的脊髓组织明显变细，开始时不引起神经症状。这些脊髓的慢性压迫性病变会导致血管结构改变、轴突减少和脱髓鞘。当脊髓不能再代偿这些病理改变时，就会开始表现症状。

脊髓压迫的临床症状取决于严重程度和神经解剖学定位。根据神经缺陷的程度，脊髓疾病的患病动物分为 5 个级别（表 6–2）。总体而言，48 h 内不能解除压迫时，Ⅴ级的动物预后不良。

脊髓压迫性疾病包括椎间盘疾病（IVDD），神经根、脊膜、脊髓和脊椎肿瘤。第 8 章将对神经系统肿瘤进行描述。

表 6–1　猫脊髓疾病

分类	疾病
血管性	缺血 局部软化
炎症性 / 感染性	猫传染性腹膜炎 细菌、病毒或真菌感染 弓形虫病 嗜酸性脊髓脊膜炎 特发性脊髓灰质炎
创伤性	脊椎骨折 / 脱位（第 15 章和第 34 章） 椎间盘疾病
先天性 / 遗传性	影响脊髓的贮积病 脊髓空洞症 蛛网膜下腔囊肿 先天性畸形
代谢性	维生素 A 过多症
肿瘤性	淋巴肉瘤 脊柱肿瘤 脑膜肿瘤 硬膜外肿瘤 / 转移灶 髓内肿瘤
退行性	神经轴突营养不良 退行性脊髓病

6.1.1　椎间盘疾病

与犬相比，猫罕见自发性椎间盘疾病。有报道称猫的发生率为 0.12%[1]。猫可发生 Hansen Ⅰ型（椎间盘脱出）和 Hansen Ⅱ型（椎间盘突出）椎间盘疾病，其中 Hansen Ⅱ型常见于大于 8 岁的猫。非软骨障碍性品种犬和人的椎间盘突出也好发于中老年，因为椎间盘易发生纤维性化生，从而导致椎间盘突出。老年猫无髓核改变的纤维环撕裂与非软骨障碍性品种犬的椎间盘变化是类似的[2]。

表 6–2　脊髓功能障碍的临床分级

分级	临床症状
Ⅰ	背部 / 颈部疼痛，无神经功能缺陷
Ⅱ	轻瘫 / 共济失调，可行走，排尿正常
Ⅲ	轻瘫 / 共济失调，有自主运动，尿潴留
Ⅳ	瘫痪 / 麻痹，无自主运动，尿潴留，深痛感觉完整
Ⅴ	瘫痪 / 麻痹，无自主运动，尿潴留，无深痛

尸检时更常见 Hansen Ⅱ型椎间盘突出。一个 10 只猫的临床研究中，有 8 只发生了 Hansen Ⅰ型椎间盘脱出，2 只发生了 Hansen Ⅱ型椎间盘突出。这个临床和病理学看似矛盾的结果可能是由于与椎间盘脱出相比，椎间盘突出的发展进程缓慢，尚不足以引起明显的临床疼痛和功能障碍。

IVDD 的好发位置为胸腰结合处和腰椎中后段，尤其是 L4–L5 和 L5–L6 椎间隙。然而，在尸检的猫中，椎间盘突出的最常见位置是颈椎[3,4]。有意思的是，颈椎椎间盘疾病的临床报道很罕见[5,6]。另外，猫的腰荐关节椎间盘疾病也很罕见[7]。

诊断

脊柱 X 线平片检查可能发现椎间隙狭窄、椎间盘物质矿化和（或）突出于椎管内（图 6–1A）。但总体而言，这些征象都很罕见；与犬相比，X 线平片不是诊断猫椎间盘脱出的敏感方法。脊髓造影（图 6–1B）或高阶影像检查，如 CT 或 MRI，在诊断和定位椎间盘疝出时不可或缺[8]。

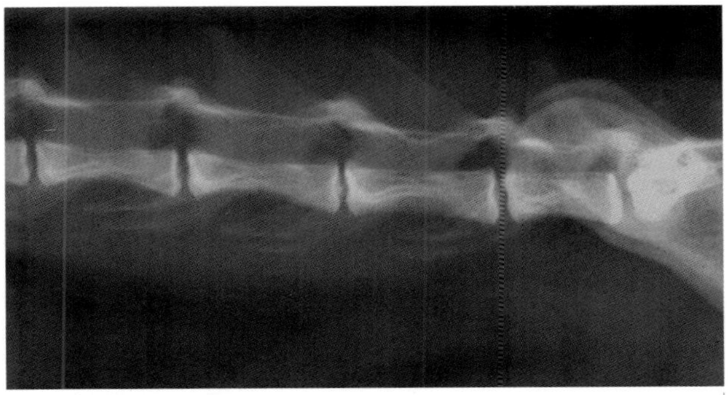

A

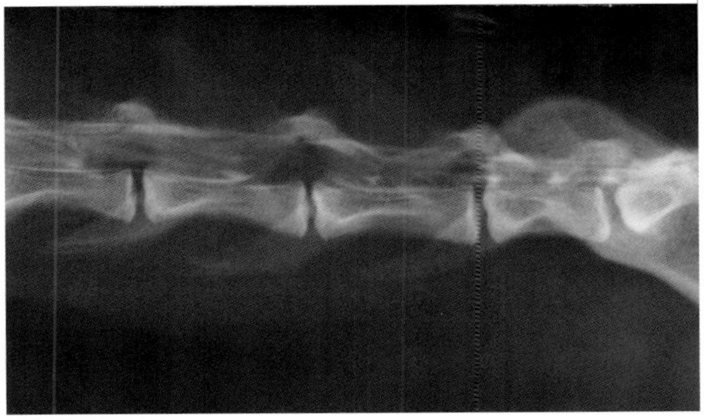

B

图 6–1　猫 L5–L6 Hansen Ⅰ型椎间盘脱出的（A）腰椎 X 线平片和（B）脊髓造影片。（A）L5–L6 椎间隙狭窄、椎间盘物质矿化。（B）脊髓造影确定了 L5–L6 水平的硬膜外压迫

非手术治疗

猫首次发生背部疼痛但无神经学缺损，或者因其他原因如经济限制等导致不能手术治疗时，考虑非手术治疗。非手术治疗方案包括严格限制活动，笼养 2 ～ 4 周。在猫中，“逐渐恢复正常活动”是难以实现的，故它们需要更长的笼养时间。根据临床观察，有自主运动的动物（Ⅰ～Ⅲ级）通过笼养，临床症状可明显改善。作者的经验中，短期使用泼尼松（1 ～ 2 mg/kg SID，2 ～ 4 d）可能会有帮助，可减少因压迫性病灶继发的脊髓水肿。不建议长时间的糖皮质激素治疗。可使用非甾体抗炎药（NSAID）抗炎和镇痛，但不能与激素联合使用。可使用阿片类药物配合 NSAID 或激素联合镇痛。非手术治疗的基本原理是给破裂的纤维环时间修复，减少炎症反应。人医进行系列 MRI 研究时发现，保守治疗时，疝出的髓核会逐渐变小，而椎间盘突出的大小不会随时间变化而改变[9]。在兽医中目前暂无类似的研究。

瘫痪的猫（Ⅳ和Ⅴ级）手术前需要更为激进的内科治疗。实验研究提示，猫损伤后 1 h 内给予可溶性糖皮质激素是有益的[10]。人脊柱创伤 8 h 内给予琥珀酸甲泼尼龙是有益的[11]，初始剂量按 30 mg/kg IV，第 2 h 和第 6 h 按 15 mg/kg IV。在实验犬的研究中，腹侧脊髓损伤造模后按上述规程给予甲泼尼龙治疗，未见到明显疗效。然而，可能是被脊髓损伤模型的程度不能体现治疗组和对照组间的差异[12]。

猫 IVDD 保守治疗的成功率目前尚未得知。据报道，犬Ⅰ～Ⅲ级神经学缺损的恢复率为 90%，Ⅳ级病变的恢复率约为 50%[13]。在大多数病例中，犬Ⅴ级病变保守治疗无效。

保守治疗的缺点包括恢复缓慢和不完全、复发率相对较高、持续疼痛及神经学状态恶化。

手术治疗

猫发生反复背部疼痛和（或）神经学缺损在Ⅱ级及以上时，建议施行减压手术。根据疝出的椎间盘位置，可能施行颈椎、胸腰椎、腰椎的偏侧椎板切除术或椎板切除术。猫比犬在技术上更

常使用腹侧开槽术来实现颈段脊髓减压。第15章描述了颈段脊椎手术的原则，第34章描述了减压术的操作。

猫深痛感觉完整时，胸腰椎椎间盘疾病手术预后良好至极佳[1,14]。恢复时间难以预测，可能术后即刻改善，也可能需要数周至数月缓慢恢复。尚无临床研究提出猫椎间盘疝出导致深痛缺失的预后。近期关于犬的研究提到，深痛缺失的病例中，50%的动物在减压术后恢复深痛，4周内恢复行走功能[15]。脊髓完全损伤的主要长期并发症为持续性尿失禁和大便失禁。推荐深痛缺失的动物行硬膜切开术，有助于评估脊髓的完整性。当存在局灶性或完全脊髓软化时，预后不良。然而，需要牢记的是5%～10%的轴突完整即可恢复功能。通过硬膜切开不能看到如此少量的轴突。因此，在出现软化的病例中，只有出现了上行性脊髓软化，或者在4周内无神经学改善，才会考虑安乐死。

对猫脊髓完全横断的实验研究表明，87%的猫在损伤后1个月，均可在跑步机上不需辅助地行走。这些猫每隔1 d就会接受密集的复健，包括30 min的运动和本体感受性训练[16]。在另一个研究中，脊髓横断后不配合复健，只有30%的猫在4周后可恢复完全负重的能力[17]。这些猫都存在尿失禁和大便失禁，需要特殊照顾。

6.1.2 脊髓蛛网膜下腔囊肿

猫罕见脊髓蛛网膜下腔囊肿[18,19]。目前将该病归为发育畸形还是获得性疾病，如脊髓损伤或炎症，仍存在争论。增殖性病变或蛛网膜粘连被认为会形成单向阀，导致脑脊液积聚。另外，也可能是蛛网膜通过硬脊膜的先天性缺损区域疝入形成憩室。病因不明，神经学缺损与下方脊髓压迫及脊膜结缔组织沿椎管延伸有关。诊断影像学可见背侧造影柱上特征性的囊状扩张（图6-2）。

手术治疗包括硬膜开窗术或囊状结构切除术，预后通常良好。并发症包括蛛网膜粘连复发引起的临床症状反复，或者严重的不可逆的脊髓损伤导致的不完全恢复。

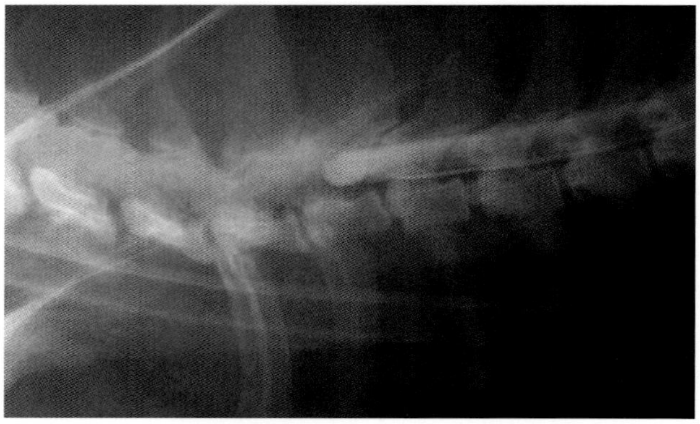

图6-2 一只7岁猫的腰椎脊髓造影，双后肢明显的共济失调持续了4个月。T2背侧蛛网膜下腔囊状扩张，这是蛛网膜下腔囊肿的典型征象。该猫进行了背侧椎板切除术和经硬膜切开术后的囊肿造袋术

6.2 非压迫性脊髓疾病

在临床医生提供脊柱手术服务的同时，也需要非常明确并跟进非压迫性脊髓疾病的诊断与治疗。这类疾病的诊断具有挑战性，有些很容易被漏诊。通过高阶影像检查，尤其是MRI，可获得更准确的判断。非压迫性脊髓疾病包括脊髓梗死、神经型的猫传染性腹膜炎（FIP）。很多感染性疾病都是非压迫性的，但在一些很罕见的病例中也会引起压迫性病变。

6.2.1 脊髓梗死

猫罕见脊髓血管内纤维软骨栓塞（FCE）继发的脊髓梗死[20–22]。然而，它与冲击性脊髓损伤或低容量/高速性椎间盘脱出共同作为非疼痛性脊髓病的重要鉴别诊断。动物FCE的原因未知。有一种假说是，椎间盘纤维软骨小碎片会穿透血管、动静脉联合处、椎体静脉窦，或者疝入终板，或者通过胚胎残留血管，进入血管内。户外活动的流浪猫有可能发生椎间盘损伤，导致髓核破裂，进入受损伤的静脉系统。

该病急性发生，根据受波及的位置表现出脊髓功能异常，通常是不对称性的（图6-3A）。触诊时通常不引发疼痛反应。下运动神经元症状或深痛缺失提示预后不良。X线平片和脊髓造影正常。脑脊液分析可能存在蛋白含量升高。MRI可见T2-W的高信号影像（图6-3B）。

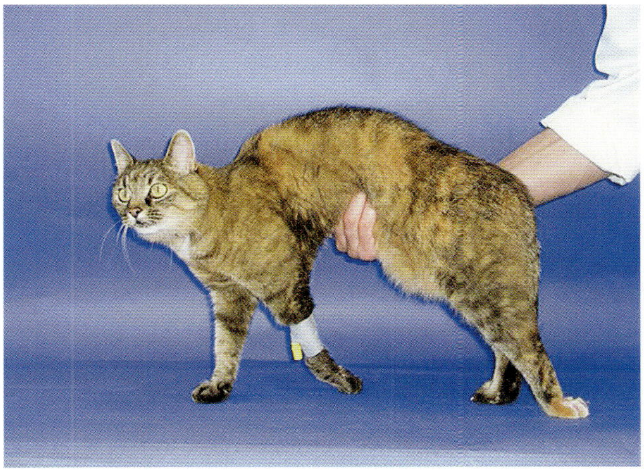

A

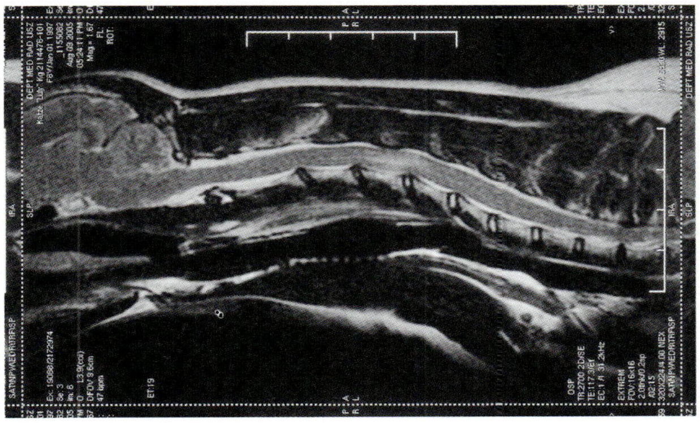

B

图 6–3　脊髓梗死的患猫。（A）6 岁猫因 C1–C5 脊髓病变导致偏瘫。症状急性发生，无创伤史。（B）颈段脊髓 T2-W 矢状面的磁共振影像。注意 C4–C5 髓内局灶性高信号影像

在一个 5 只 FCE 患猫的回溯性研究中，3 只猫被安乐死，尸检结果证实了髓内 FCE 病变和脊髓软化。2 只猫存活，症状在 3 周内改善 [22]。尽管猫的 FCE 很罕见，但也可能是被漏诊的结果，因为当上运动神经元的区域发生病变时，可能是一过性症状；而脊髓的组织病理学检查并不是常规检查项目。

6.2.2　猫传染性腹膜炎

FIP 是猫最常见的感染性脊膜脊髓炎，也是引起脊髓疾病的最常见病因 [23]。神经型 FIP 在体格检查和眼科学检查中可能均正常 [24]。尽管大多数病例为多灶性症状，但脑干是最易受波及的位置，有时也会出现局灶性脊髓功能异常 [25]。

死前诊断往往具有挑战性，很多病例需要组织病理学确诊。神经型 FIP 可基于 CSF 分析诊断，可见显著的蛋白浓度升高、混合性脑脊液细胞增多且以中性粒细胞为主。在 FIP 的病例中，因脑脊液黏度增加，经蛛网膜下腔穿刺很容易失败。FIP 的猫血清球蛋白升高。抗 FIP 病毒的血清抗体滴度缺失不能排除此病。预后不良，激素仅能提供短时间的症状改善。

6.3　脊柱和脊髓的感染

6.3.1　椎间盘脊椎炎

椎间盘脊椎炎指细菌感染椎间盘和邻近的椎体。最常见的感染途径是动脉血传播身体其他位置的病原。最初侵袭的位置是终板，主要是血液流动缓慢的静脉窦扭曲的软骨下区域，而后通过终板上众多的滋养孔传播到无血管的椎间盘。原发感染灶包括胃肠道、皮肤、心脏瓣膜、口腔。免疫抑制可能是一个致病因子。枪伤或咬伤引起的穿透伤、手术、草芒等异物迁徙均可造成椎间盘或椎体直接感染 [26]。

椎体终板感染导致终板区域的炎症、组织坏死和侵蚀。初期的临床症状是脊柱疼痛和发热。病程与感染的病原和患病动物的免疫状态相关。当炎症组织增殖或出现外生骨疣压迫到脊髓，动物可能表现神经学缺损。偶然可见受感染的椎体节段活动性增加。感染通过硬膜蔓延是一个偶见但严重的后遗症。

感染发生 2 周后拍摄脊柱 X 线片可能会做出诊断。早期的 X 线征象为终板轻度不规则、椎间隙狭窄。之后，终板侵蚀明显，邻近骨骼溶解，椎间隙增宽。一段时间后，新生骨形成，出现硬化和骨赘。末期表现为脊椎塌陷、脊椎关节僵硬。该病的并发症包括脊柱侧凸、骨折和半脱位。

椎间盘脊椎炎的初始治疗包括抗生素、笼养和镇痛。理想情况下需根据血液、尿液或感染位置抽吸的细菌培养和药敏结果选择抗生素。若感染源未知，可选择氨苄西林、头孢菌素或恩诺沙星。最佳的持续治疗时间未知，但建议至少用药 8 周，以清除感染，预防复发。

有 3 篇关于猫椎间盘脊椎炎的报道[27–29]。其中 2 只动物的感染波及椎管和脊膜，造成瘫痪。第 3 个病例仅发生脊椎疼痛而无神经学缺损。所有猫的 X 线片均表现出邻近终板的骨质溶解。其中 1 只猫椎旁脓肿培养得到的病原微生物为犬链球菌和放线菌。第 2 个病例培养得到大肠杆菌，怀疑感染是血液源性的。第 3 个病例感染源未知。这 3 只猫最后均因处于疾病发展末期或对治疗反应不佳而死亡[27–29]。

6.3.2　脊椎积脓

相较于椎间盘脊椎炎，猫因穿透伤或咬伤引起的硬膜外感染是更常见的感染性脊髓疾病。硬膜外脓肿或积脓会造成脊髓压迫，伴有发热和疼痛。据报道，所有脊椎积脓的猫都存在硬膜外肉芽肿性肿物。2 只猫培养出放线菌，其他猫培养得到梭形杆菌和拟杆菌[30,31]。其中一个病例的感染与尾部破溃相关，另外 2 只猫可见尾根部脓肿。高阶影像是最佳的诊断方法，但最终需要手术探查确诊。治疗该病需要全身用抗生素、手术减压、硬膜外灌洗和引流。犬患该病时，早期识别、手术和抗生素治疗预后良好[32]。

6.3.3　脊髓真菌感染

猫最常见的系统性真菌感染包括隐球菌、组织胞浆菌、球孢子菌、芽生菌。这 4 个病原的地理分布不同。其中，球孢子菌和芽生菌通常具有特定的地理分布，而隐球菌和组织胞浆菌在全球范围分布。隐球菌是一个腐生酵母样真菌，鸽子是重要的传播媒介。然而，户外活动的猫并不比室内猫更容易发生感染。猫白血病病毒（FeLV）和猫免疫缺陷病毒（FIV）与隐球菌病的流行无明显相关[33]。组织胞浆菌最常见于温带和亚热带气候区域。芽生菌发生于北美洲、非洲和印度，尤其见于潮湿的酸性土壤区域。球孢子菌多发于美洲大陆的沙地和干燥区域。

上述 4 种病原菌主要通过呼吸道传播。另外，组织胞浆菌还可经口感染，球孢子菌可经皮感染[33]。在有些区域，隐球菌和组织胞浆菌常波及中枢神经系统，引起中枢神经系统的炎性疾病。有关于隐球菌病和球孢子菌病由呼吸道波及至脊髓的报道[23,34]。然而，单独的脊髓感染非常罕见。4 种真菌病均可波及眼部，尤其是视网膜病变。

可通过胸部 X 线片和鼻镜进一步诊断。通过气管灌洗液、脑脊液、尿液或病灶的细胞学 / 活检样本获得病原菌来得到最终的确诊。获得的样本培养得到病原微生物可做种类和血清型的进一步鉴定。虽然常见假阴性结果，尤其是芽生菌和组织胞浆菌，但仍可用血清抗体筛查来缩小鉴别诊断的范围。目前有商品用的高特异性和敏感性的乳胶凝集试验，可用于鉴别血清或脑脊液中的隐球菌外囊抗原[33]。建议使用 MRI 来甄别形态学上的变化，评估中枢神经系统是否受到感染[35]。

这 4 种真菌常见的治疗药物包括两性霉素 B、伊曲康唑、氟康唑。氟康唑最大的优点是副作用相对轻微，而且具有良好的中枢神经系统穿透作用[36]。根据临床症状和血清学特征不同，受感染的猫治疗周期可能为数月至数年[33]。通常来说，病原体不能被完全清除，需要通过药物治疗来避免疾病复发。当出现压迫时，可通过外科手术方式去除压迫组织。这些都是全身性疾病，预后通常谨慎至不良。

6.4　脊柱和脊髓的先天性畸形

根据胚胎学起源，可将脊髓和脊柱畸形分成两大类。起源于中胚层的畸形可导致椎体和椎间盘异常。起源于外胚层的畸形可导致脊髓和脊膜异常。椎体和椎间盘畸形罕见原发性临床症状，脊髓畸形伴发临床症状相对常见。

在常规 X 线片上可发现融合椎、蝴蝶椎、半椎体、移行椎等脊椎畸形（图 6-4）。它们往往会引起 X 线片上异常，但不一定存在神经学缺损。移行椎引起腰荐结合处异常可导致马尾受迫，使动物出现疼痛和后肢无力。可通过背侧椎板切除术改善临床症状[37]。猫齿突缺失或畸形导致的枕寰关节畸形和寰枢椎不稳定很罕见[38]。有一例使用寰枢关节腹侧交叉针固定和关节固定术治疗成功的报道。第 3 章会对脊柱的先天性畸形做进一步描述。

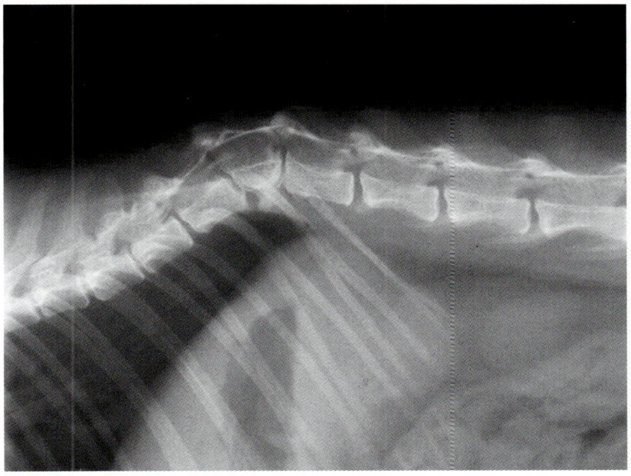

图 6-4 3 岁猫胸腰结合处半椎体的 X 线片。该畸形是一个偶然发现

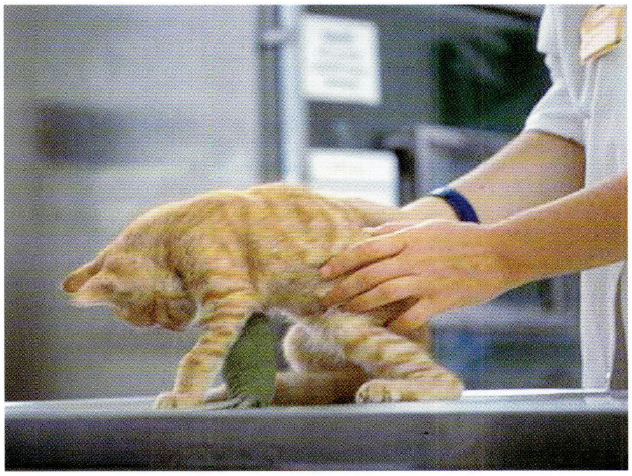

图 6-5 4 月龄幼猫因低血钾性多肌病表现出严重的颈部腹侧屈曲。这是神经肌肉无力的典型症状，病因多样

脊髓和椎弓异常是由神经管发育异常引起。脊柱裂是指椎体、脊髓和相关组织合并出现的缺损。这些缺损可能表现为椎弓融合不全，也可能是神经管发育不全，伴或不伴脊膜、脊髓突出和发育不良，或者二者均有（第 3 章）。这些畸形最常见于曼岛猫。尾巴缺失是这个品种的常染色体特征，而这是神经管缺损的基因基础。患猫通常呈现“兔子跳”步态。更严重的异常包括尿失禁和大便失禁、巨结肠、后肢轻瘫。随着猫长大，症状会逐渐发展。这和前段脊髓迁移失败类似——所谓的“拴束”。拴束是由于特定水平的脊髓向脊膜膨出导致受到约束。需要区分临床症状的异常是来源于拴束的脊髓还是脊髓发育不全，因为脊髓栓束可以通过外科手段解除，从而明显改善动物症状。

6.5 外周神经和肌肉疾病

神经肌肉疾病大致分为单神经根和多神经根 / 神经病、肌病、神经肌肉接头病。这些疾病的临床症状类似，都表现为肌肉无力。然而，它们无力的表现可能大相径庭。无力的猫更容易出现颈部腹侧屈曲，因为猫没有项韧带（图 6-5）。其他症状包括下运动神经元症状、易疲劳、肌肉量改变（肌肉萎缩、肿胀），可能伴有肌痛。

对猫的神经肌肉疾病做确切诊断时，需要根据每一个特殊病例选择诊断工具。有效的检查包括检测肌酸激酶活性，FeLV、FIV、弓形虫等病毒和寄生虫的抗体滴度，抗乙酰胆碱受体抗体，电诊断检测，肌肉和外周神经活检。肌肉活检通常用常规苏木精伊红染色并做组织化学分析。外周神经束活检后用 2.5% 戊二醛固定，包埋后用甲苯胺蓝染色。梳理神经纤维研究和电子纤维镜可得到最终诊断。表 6-3 和表 6-4 是猫神经肌肉疾病的概述，其中几个重要的疾病会在下面详细论述。

表 6-3 猫神经肌肉疾病

疾病	好发性
缺血性神经肌肉疾病	常见
多肌炎	罕见
梭菌性肌炎	罕见
咀嚼肌炎	罕见
骨化性肌炎	罕见
猫免疫缺陷病毒病	实验性
获得性 / 先天性重症肌无力	偶见
低血钾性肌病	常见
高血钾性肌病	偶见
高血钠性肌病	罕见
恶性高热	罕见
猫 X 染色体相关性肌肉营养障碍	罕见
强直性肌病	罕见
纤维状肌病	罕见
Ⅳ型糖原贮积病	罕见
层黏蛋白 α-2（分区蛋白）缺乏	罕见
德文卷毛猫肌病	罕见
缅因猫遗传性运动神经元疾病 / 脊柱周围肌肉萎缩	罕见
骨骼肌肿瘤	罕见

表 6–4　猫外周神经疾病

疾病	好发性
缺血性神经肌肉疾病	常见
特发性多神经根神经炎	罕见
慢性炎性脱髓鞘性多神经病	罕见
三叉神经炎	罕见
破伤风	偶见
特发性自损（暹罗猫、阿比西尼亚猫、喜马拉雅猫）	罕见
缅因猫的口面疼痛综合征	罕见
创伤性神经病	常见
中毒性神经病	罕见
铊	
有机磷	迟发
盐霉素	
放射性（ > 15Gy ）	
糖尿病性肌病	常见
猫尼曼 – 皮克病（神经髓磷脂酶缺乏症）	罕见
高乳糜微粒血症	罕见
高草酸尿症	罕见
自发性面瘫	常见
猫家族性自主神经异常	罕见
猫外周神经肿瘤	罕见

6.5.1　缺血性神经肌肉疾病

动脉栓塞和长时间站立压迫会引起缺血性神经肌肉疾病。

血栓形成继发的缺血性神经肌肉疾病

猫的心肌病有时会导致血栓形成。栓子会随着动脉循环到全身各处，最容易出现阻塞的位置是主动脉三叉处（90%）。髂内动脉、髂外动脉和荐中动脉阻塞，导致远端器官缺血。栓子阻塞到臂动脉非常罕见。

临床症状通常为急性发生。可见痛性轻瘫至瘫痪；偶尔可见非对称性神经缺损。肢体触诊冰凉，股动脉脉搏缺失，甲床发绀。腓肠肌坚实且疼痛。肢体远端疼痛感受缺失。髋关节和膝关节的伸展和屈曲功能尚存，膝跳反射正常。疾病初始时，因缺血性肌肉收缩而表现为肢体伸展。

肌电图可发现肌肉神经传导下降或消失，骨间和胫骨前肌诱发电位下降。肌电图可能为等电位。胸部 X 线和心动超声检查可提供心脏病的证据。通过腹部超声或动脉脉搏图可确定血管阻塞的位置。

股动脉脉搏通常在 1 ～ 2 周内恢复，没有特异性的治疗方法改善恢复率。不建议行栓子切除术，因为这些猫的麻醉风险很高。溶栓剂的使用仍需更多的临床试验验证。可通过限制活动、给予硫酸吗啡（0.1 mg/kg SC，每 4 ～ 6 h 一次，连用 2 d）进行疼痛管理。为避免再次发生，可终生使用阿司匹林（25 mg/kg PO，每 3 d 一次）。

很多患病动物可恢复侧支循环，需要 6 周至 6 个月达到不同程度的恢复。可能终生跖行或无力。严重的组织坏死时需要截肢，但这是罕见的并发症。

心脏病的严重程度决定了预后。在一个猫血栓栓塞的回溯性研究中，所有动物均在诊断后 6 个月内死亡。并发充血性心力衰竭的猫，预后更差[39]。

悬挂的窗户夹伤引起的缺血性神经肌肉疾病

猫被底部固定的或悬挂的窗户夹伤常引起缺血性神经肌肉疾病[40]，导致双后肢急性瘫痪，称为“窗户 – 猫综合征”。猫通常被开放的窗户夹住，当它们试图逃出时，腹部受压会越来越严重（图 6–6）。缺血后引起肌肉、神经损伤，有时腹部器官和脊髓也会受到损伤。神经学表现与主动脉三叉处的栓塞大致相同。有些猫会有休克的表现。神经学功能异常和心血管系统异常的严重程度与

图 6–6　猫被悬挂的窗户夹伤。长时间的血管、肌肉、神经受压迫引起缺血性神经病

猫受夹伤的时间长短相关。

多数猫都是在窗户处发现的，所以可以直接做出诊断。然而，病理生理学机制是很复杂的，因为医源性结扎腹主动脉并不会引起双后肢麻痹[41]。血栓栓塞的出现更像是缺血性神经疾病的发病机理和发生的主要原因。血小板会释放血清素、血栓素 A_2、前列腺素和其他血管活性物质，导致侧支血管收缩，进一步活化血管内凝血。

肌酸激酶的水平会显著升高，因为肌肉细胞受到损失；但这与预后无关。氮质血症、丙氨酸转氨酶（ALT）和天冬氨酸转氨酶（AST）升高提示肾脏和肝脏对缺血的反应，或者是直接损伤的结果。多数实验室数据会在几天内恢复正常。

在一项大型回溯性研究中，该病的存活率为 75%[40]。致死性的并发症包括不可逆的休克、肾脏和肠道损伤。出现肢体大范围坏死会使治疗变得更为复杂，在一些罕见的情况下可能需要截肢。

血管内液体治疗、使用激素（如地塞米松、泼尼松龙、甲泼尼龙）可用于急性期治疗。疼痛管理与心脏病引起的血栓栓塞的管理类似。建议做积极的理疗。双后肢瘫痪的恢复时间由 2 d 至 1 个月不等。与心肌病引起的缺血性神经肌肉疾病相比，该病长期预后极佳（图 6-7）。

图 6-7　悬挂的窗户夹伤引起的缺血性神经肌肉疾病导致双后肢麻痹的恢复期患猫的典型姿势。尽管疼痛感觉丧失，但大多数病例在数天至数周恢复双后肢伸展

6.5.2　肌炎

感染性肌炎在猫中不常见。通常见于多系统疾病，如弓形虫感染。临床症状包括发热、明显的肌肉疼痛。通过查找感染的病原微生物来确诊肌炎。

原虫性肌炎罕见。猫的弓形虫感染常见呼吸系统或胃肠道症状，不太可能单纯感染肌肉。克林霉素可用于治疗猫弓形虫病（25 mg BID）。在猫中，没有自然感染犬新孢子虫的报道，但在实验条件下，可感染猫骨骼肌。

在猫中，有感染气肿疽梭菌和败毒梭菌引起细菌性肌炎的报道。主要通过青霉素治疗。

副肿瘤性肌炎常继发于恶性肿瘤，如淋巴瘤。组织病理学证实为非感染性肌炎，对激素治疗无反应时，需评估是否存在潜在的恶性肿瘤。

在猫中有关于获得性弥散性炎性肌病、猫特发性肌炎的报道。这些疾病可波及幼年和老年的个体，会引起突发性无力和颈部腹侧屈曲。有些动物会肌肉疼痛。组织病理学是诊断的关键，同时伴有肌酸激酶升高、肌电图异常。肌肉细胞可见非坏死性纤维内存在单核细胞浸润、低级别肌纤维坏死、吞噬作用、肌纤维再生、纤维大小不一致。可能难以与低血钾性肌病区分，因为有些猫会同时存在低血钾。若纠正低血钾后仍无临床改善，在排除感染后，可考虑使用泼尼松龙（4 ~ 6 mg/kg SID，8 周内逐渐减量）。预后通常良好，但有些猫需要长期使用糖皮质激素[42]。

6.5.3　糖尿病性肌病

外周神经病是糖尿病患猫易诊断的致无力的并发症。8% 的糖尿病猫会出现神经症状，但亚临床症状的发生率会更高。患猫通常表现为肢远端对称性多神经病的典型症状，包括跖行（图 6-8）、轻截瘫、肢远端肌肉萎缩、后肢反射减弱。前肢很少受到波及。最常见的临床症状为轻微的神经功能异常，包括跳跃困难、后肢外展、站立无力、刺激爪部反应过敏。

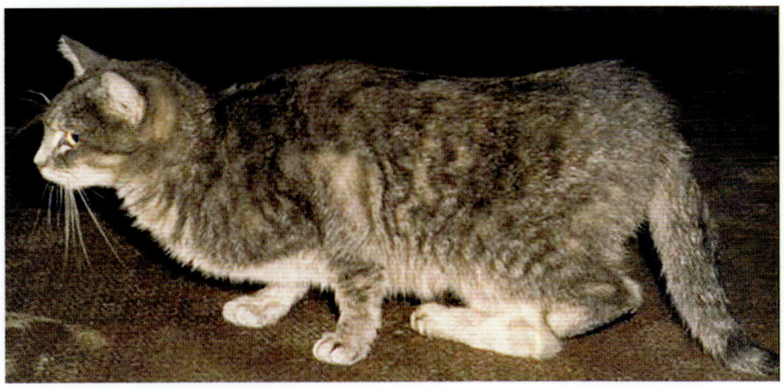

图6-8　10岁糖尿病患猫，并发后肢神经病。注意双后肢跖行步态，这是胫神经脱髓鞘导致的传导阻滞的典型特征

肌电图可见神经远端部位的运动神经传导速率下降，反映了所有运动神经和感觉神经严重的脱髓鞘。但是，在肌电图上可见肢远端肌肉插入和自发活动轻度增加。这反映了该神经病同时伴有轻度轴突病变。神经症状越严重，电生理异常越显著。

神经活检和组织学检查可见施万氏细胞和少量轴突损伤。其发病机理被认为是代谢性和血管性缺损结合的结果[43-45]。

尽管会给予口服降糖药或胰岛素，很多猫仍会出现不同程度的无力和肌肉萎缩。无特异性治疗方案，其发病机理和病因不明。给一些持续存在神经病的猫使用乙酰左旋肉碱后，主观认为效果良好[46]。α-脂酮酸可治疗人糖尿病性多神经病，在有些猫上也可得到改善（未报道的个人经验）。

6.5.4　低血钾性肌病

低钾血症常导致急性发生的广泛性无力、肌肉疼痛、持续性头部腹侧屈曲（图6-5）。患猫会出现前肢过度僵硬、辨距不良。血液学可见血清钾下降或下降/正常，伴严重的肌酸激酶活性升高。

慢性肾衰竭时的肾脏丢失是最常见的低血钾原因。其他导致低钾血症的疾病还包括慢性呕吐或腹泻、利尿剂治疗、高醛固酮血症[47,48]。

口服钾制剂［起始剂量：1 ~ 3 mEq/(kg·d)，分为3份，q8 h；维持剂量（血清钾正常后）：1 mEq/(kg·d)，q12 h］和肠道外补充钾（表6-5）可逆转多神经病，使肌酸激酶活性回到正常。多神经病的预后良好，长期预后取决于引起低钾血症的潜在病因。

表6-5　根据血清钾水平的补钾表

血清钾水平（mmol/L）	补钾量（mEq/L）
3.5 ~ 4.5	20
3.0 ~ 3.5	30
2.5 ~ 3.0	40
2.0 ~ 2.5	60
< 2.0	80

注：静脉输注的速度不要超过0.5 mEq/(kg·d)。

2 ~ 12月龄的缅甸猫可能发生遗传性低钾血症[49]。发病机理中的促发因素为钾摄入减少或肾丢失增加。在无力和颈部腹侧屈曲的发病间期，患猫可能完全正常。该品种猫需要特殊的日粮供应，以减少低钾血症发生。

6.5.5　重症肌无力

重症肌无力（MG）是烟碱乙酰胆碱受体（AChR）缺乏或功能异常导致的神经肌肉传递异常。小动物常见病因为自体免疫攻击AChR，导致受体消耗（获得性MG）。与混血猫相比，索马里猫和阿比西尼亚猫发生获得性MG的风险增加。只有少数猫被报道患有先天性MG[50]。

相较于犬，猫MG病例较少，但当猫近期出现肌无力时，需考虑是否为MG。

典型症状包括广泛性无力、食道扩张、吞咽困难。局部症状包括头部腹侧屈曲、喉麻痹导致发声改变、眼睑反射消失、不伴广泛性无力的吞咽困难。很多MG患猫可能发生胸腺瘤；所有确诊或怀疑MG的猫均应评估胸部X线片。甲状腺功能亢进的患猫可能出现获得性、药物介导性MG，导致在开始甲巯咪唑治疗后患猫变得无力[51]。

基于临床症状和血清AChR抗体检测可做出诊断。可用盐酸依酚氯铵（0.5 ~ 1 mg IV）短期改善临床症状。也可在最大重复神经刺激下记录肌电图，从而诊断该传导疾病。该检测有助于诊断先天性MG，即体内无AChR抗体。

猫对抗胆碱酯酶药物反应良好，如溴吡斯的明（1 ~ 3 mg/kg BID-TID PO）或溴新斯的明（2 mg/kg BID PO）。然而，大多数病例需要使用免疫剂量的激素（泼尼松龙 1 ~ 2 mg/kg SID–BID）。如果存在胸腺瘤，需行胸腺瘤切除。目前无关于猫连续 AChR 抗体滴度测试的长期研究；基于该病的发病机理未明，可能需要终生用药[52]。

参考文献和延伸阅读

[1] Munana KR, et al. Intervertebral disc disease in 10 cats. J Am Anim Hosp Assoc 2001; 37: 384–389.

[2] Rayward RM. Feline intervertebral disc disease: a review of the literature. Vet Comp Orthop Traumatol 2002; 15: 137–144.

[3] King AS, Smith RN. Protrusion of the intervertebral disc in the cat. Vet Rec 1958; 70: 509–512.

[4] King AS, Smith RS. Disc protrusion in the cat: distribution of dorsal protrusions along the vertbral column. Vet Rec 1958; 70: 509–515.

[5] Heavener JE. Intervertebral disc syndrome in a cat. J Am Vet Med Assoc 1971; 159: 425–427.

[6] Lu D, et al. Acute intervertebral disc extrusion in a cat: clinical and MRI fi ndings. J Feline Med Surg 2002; 4: 65–68.

[7] Jaeger GH, et al. Lumbosacral disc disease in a cat. Vet Comp Orthop Traumatol 2004; 2: 104–106.

[8] Kneissl S, Schedlbauer B. Radiology corner. Sagittal computed tomography of the feline spine. Vet Radiol Ultrasound 1997; 38: 282–283.

[9] Komori H, et al. The natural history of herniated nucleus pulposus with radiculopathy. Spine 1996; 21: 225–229.

[10] Braughler JM, Hall ED. Uptake and elimination of methyprednisolone from contused cat spinal cord following intravenous injection of the sodium succinate ester. J Neurosurg 1983; 58: 538–542.

[11] Bracken MB, et al. A randomized controlled study of methylprednisolone or naloxone in the treatment of acute spinal cord injury. N Engl J Med 1990; 322: 1405–1411.

[12] Coates JR, et al. Clinicopathologic effects of a 21-aminosteroid compound (U74389G) and high-dose methyprednisolone on spinal cord function after simulated spinal cord trauma. Vet Surg 1995; 24: 128–139.

[13] Coates JR. Intervertebral disc disease. Vet Clin North Am Small Anim Pract 2000; 30: 77–110.

[14] Kathmann I, et al. Spontaneous lumbar intervertebral disc protrusions in cats: literature review and case presentation. J Feline Med Surg 2002; 2: 207–212.

[15] Olby N, et al. Long-term functional outcome of dogs with severe injuries of the thoracolumbar spinal cord: 87 cases. J Am Vet Med Assoc 2003; 222: 762–769.

[16] Lovely RG, et al. Effects of training on the recovery of full weight bearing stepping in the adult spinal cat. Exp Neurol 1990; 92: 206–218.

[17] Giuliani CA, et al. Return of weight supported locomotion in adult spinal cats. Society for Neuroscience 1984, abstract 10: 632.

[18] Shamir MH, et al. Subarachnoid cyst in a cat. J Am Anim Hosp Assoc 1997; 33: 123–125.

[19] Vignoli M, et al. Spinal subarachnoid cyst in a cat. Vet Radiol 1999; 40: 116–119.

[20] Scott HW, O' Leary MT. Fibrocartilaginous embolism in a cat. J Small Anim Pract 1996; 37: 228–231.

[21] Abramson CJ, et al. Tetraparesis in a cat with fi brocartilaginous emboli. J Am Anim Hosp Assoc 2002; 28; 153–156.

[22] Mikszewski JS, et al. Fibrocartilaginous embolic myelopathy in five cats. J Am Anim Hosp Assoc 2006; 42: 226–233.

[23] Marioni-Henry K, et al. Prevalence of diseases of the spinal cord of cats. J Vet Intern Med 2004; 18: 851–858.

[24] Baroni M, Heynold Y. A review of the clinical diagnosis of feline infectious peritonitis viral meningoencephalomyelitis. Prog Vet Neurol 1995; 3: 88–94.

[25] Legendre AM, Whitenack DL. Feline infectious peritonitis with spinal cord involvement in two cats. J Am Vet Med Assoc 1992; 167: 931–932.

[26] Thomas WB. Discospondylitis and other vertebral infections. Vet Clin North Am Small Anim Pract 2000; 30: 169–182.

[27] Norsworthy GD. Discospondylitis as a cause of posterior paralysis. Feline Pract 1979; 9: 39–41.

[28] Malik R, et al. Bacterial discospondylitis in a cat. J Small Anim Pract 1990; 31: 404–408.

[29] Watson E, Robertson RE. Discospondylitis in a cat. Vet Radiol 1993; 34: 397–399.

[30] Bestetti G, et al. Paraplegia due to Actinomyces viscosus in a cat. Acta Neuropathol 1977; 39: 231–235.

[31] Kraus H, et al. Paraparesis caused by epidural granuloma in a cat. J Am Anim Hosp Assoc 1998; 194: 789–790.

[32] Lavely JA, et al. Spinal empyema in seven dogs. Vet Surg 2006; 35: 176–185.

[33] Kerl ME. Update on canine and feline fungal diseases. Vet Clin North Am Small Anim Pract 2003; 33: 749–758.

[34] Foureman P, et al. Spinal cord granuloma due to Coccidioides immitis in a cat. J Vet Int Med 2005; 19: 373–376.

[35] Lavely J, Lipsitz D. Fungal infections of the central nervous system in the dog and cat. Clin Tech Small Anim Pract 2005; 20: 212–219.

[36] Wiebe V, Karriker M. Therapy of systemic fungal infections: a pharmalogic perspective. Clin Tech Small Anim Pract 2005; 20: 250–257.

[37] Colter SB. Congenital abnormalities of the spine. In: Bojrab MJ (ed.) Pathophysiology in small animal surgery. Philadelphia: Lea & Febiger; 1981: pp. 729–738.

[38] Jaggy A, et al. Occipitoatlanto-axial malformation with atlantoaxial subluxation in a cat. J Small Animal Pract 1991; 32: 366–372.

[39] Atkins CE, et al. Risk factors, clinical signs, and survival in cats with a clinical diagnosis of idiopathic hypertrophic cardiomyopathy: 74 cases (1985–1989). J Am Vet Med Assoc 1992; 201: 613–618.

[40] Fischer I, et al. Akute traumatische Nachhandlähmung bei 30 Katzen. Tierärztl Prax (K) 2002; 30: 361–366.

[41] Butler HC. An investigation into the relationship of an aortic embolus to posterior paralysis in the cat. J Small Anim Pract 1971; 12: 141–158.

[42] Dickinson PJ, Lecouteur RA. Feline idiopathic inflammatory myopathy. Vet Clin North Am Small Anim Pract 2004; 34: 1344–1345.

[43] Kramek BA, et al. Neuropathy associated with diabetes mellitus in the cat. J Am Vet Med Assoc 1984; 184: 42–45.

[44] Munana KA. Long term complications of diabetes mellitus, part I: retinopathy, nephropathy, neuropathy. Vet Clin North Am Small Anim Pract 1995; 25: 715–730.

[45] Miszin AP, et al. Myelin splitting, Schwann cell injury and demyelination in feline diabetic neuropathy. Acta Neuropathol 1998; 95: 171–174.

[46] Platt SR. Neuromuscular complications in endocrine and metabolic disorders. Vet Clin North Am Small Anim Pract 2002; 32: 125–143.

[47] Dow SW, et al. Hypokalemia in cats: 186 cases (1984–87). J Am Vet Med Assoc 1989; 194: 1604–1608.

[48] Jones BR. Hypokalemic myopathy in cats. In: Bonagura JD (ed.) Kirk's current veterinary therapy XIII: small animal practice. Philadelphia: WB Saunders; 2000: p. 958.

[49] Lantinga E, et al. Periodic muscle weakness and neck ventrofl exion caused by hypokalemia in a Burmese cat. Tijschr Diergeneeskd 1998; 123: 435–437.

[50] Joseph RJ, et al. Myasthenia gravis in the cat. J Vet Intern Med 1988; 2: 753–768.

[51] Shelton GD, et al. Risk factors for acquired myasthenia gravis in cats: 105 cases. J Am Vet Med Assoc 2000; 216: 55–57.

[52] Shelton GD. Myasthenia gravis and disorders of neuromuscular transmission. Vet Clin North Am Small Anim Pract 2002; 32: 189–206.

第 7 章　软组织疾病

C. Favrot, F. Gallorini, K. Voss, S.J. Langley-Hobbs

运动系统的软组织疾病会导致步态异常和跛行，包括肌肉和肌腱的疾病、脚部疾病（表 7–1）。相较于神经肌肉疾病而言，猫的肌腱和肌肉疾病很少会被诊断出来，包括肌肉挛缩、纤维性肌病、肌腱病。波及脚垫、甲床和指 / 趾甲的疾病更为常见。指 / 趾甲和脚垫的检查是猫骨科检查的重要部分。本章主要包涵肌肉、肌腱的非神经性疾病，脚垫、甲床和指 / 趾甲的疾病。神经肌肉疾病在第 6 章讨论。

表 7–1　可导致或表现类似骨科疾病的软组织疾病

受波及组织	疾病
肌肉	神经肌肉疾病（第 6 章） 肌肉挛缩和纤维化 进行性骨化纤维发育不良 局灶性骨化性肌炎
肌腱	肱二头肌腱鞘炎（第 28 章） 肘关节内侧上髁炎（第 30 章） 指浅屈肌腱脱位（第 40 章）
脚部	趾甲和甲床疾病 指间疾病 脚垫疾病

7.1　肌肉疾病

猫大多数的肌肉疾病是神经肌肉疾病的一部分。可为遗传性或获得性疾病，二者都可引起全身肌肉无力。猫的典型症状是颈部腹侧屈曲，其他症状包括多系统不适、发热、肌肉疼痛。第 6 章描述了常见的神经肌肉疾病。

猫股四头肌、半腱肌、肱二头肌的肌肉挛缩或纤维性肌病均有报道。进行性骨化纤维发育不良（POF）不常见，其特征是全身广泛性骨骼旁软组织骨化。

7.1.1　肌肉挛缩和纤维化

肌肉挛缩是指肌肉病理性缩短，不能伸展。该病的特征是肌肉组织纤维增生。肌肉纤维被结缔组织取代，导致肌肉功能缺失和扭结，也称为纤维性肌病。发病原因包括外伤、运动导致的损伤、神经病或肌病、肌肉缺血坏死。猫最常见的潜在病因是外伤。肌肉挛缩和纤维化本身不会引起猫疼痛，但会造成肌肉功能不可逆的丧失，可能同时波及邻近关节，导致继发性功能病变，造成完全的肢废用。该病通常波及单侧或双侧的单个肌肉。犬的多个肌肉均可发生肌肉挛缩和纤维化，但在猫中罕见。股四头肌挛缩最常见，有时肱二头肌也可见纤维性肌病。

股四头肌挛缩和纤维化

曾有数个股骨骨折继发股四头肌挛缩的病例报道[1–3]，也有一个先天性股四头肌挛缩的病例报道[4]。肌肉和股骨粘连，纤维组织取代原有的肌肉组织，导致股四头肌挛缩、坚硬无弹性、功能丧失。股四头肌挛缩限制了膝关节和跗关节的活动，疾病末期时会使膝关节完全伸展（图 7–1）。最初时，该病是部分可逆的，但随着肌纤维持续丢失，纤维变性、退化、膝关节僵硬，该病程变为不可逆。经常可见骨痂粘连或掺杂在股四头肌内，但

图 7–1　猫左后肢股骨远端骨折内固定术后 4 周出现的股四头肌挛缩。左膝关节只有大约 10° 的活动范围，走路时患猫左后肢伸展

不能确定是挛缩导致了粘连，还是粘连使肢体制动，从而促进了肌肉挛缩[2]。

在一项 22 只猫股骨骨折内固定的报道中，有 4 只发生了股四头肌挛缩[1]。这些猫多为粉碎性骨折，使用髓内针或髓内针加环扎钢丝内固定。这种骨折修复方式常引起骨折处不稳定，延长肢体废用时间，加重股四头肌挛缩。在该报道中，4 只发生股四头肌挛缩的猫，有 3 只出现髓内针刺激坐骨神经和骨折部位不稳定，这些都会加重肢体废用[1]。虽然无统计学数据，但股骨干中段骨折、中重度移位和压缩性骨折、创伤发生后超过 5 d 进行内固定、髓内针固定、术后肢体延迟使用都是股四头肌挛缩的好发因子[1]。现今，稳定的内固定技术可以大大降低股四头肌挛缩的发生率。

在股四头肌挛缩的病例中，一旦肌肉纤维化和失去功能，再无治疗意义，因此，预防更为重要。早期稳定的骨折内固定、小心的组织处理、术后理疗使肢体早期负重和使用，可有效维持肌肉功能和关节活动性。创伤性股四头肌病变需要合理治疗，这部分将在第 16 章中描述。

治疗建议包括加强理疗、手术释放粘连肌肉、使用脂肪瓣自体隔离、肌肉延长术、使用 90° －90° 屈曲夹板或动态屈曲装置。单独使用某一种措施都不能取得良好疗效，需要结合使用。曾有一例股四头肌挛缩的猫，通过手术释放粘连肌肉、使用稳定的骨折内固定方法、动态屈曲装置及理疗[3,5]，获得了良好的预后。屈曲装置包括松紧带，可以锚固在骨盆和胫骨远端的髓内针上，使膝关节保持屈曲。充分释放股四头肌，以便膝关节屈曲，然后再使用屈曲装置。

作者曾通过股骨截骨术和骨板内固定术成功治疗 2 只股骨骨折后股四头肌挛缩的患猫（图 7-2）。将股骨缩短，使其长度介于挛缩的股四头肌和正常股骨长度之间。如果肌肉纤维化不严重，仍存部分肌肉功能，这种方法是有希望通过一次手术即可治疗猫股四头肌挛缩的操作。

半腱肌挛缩和纤维化

曾有一只猫半腱肌纤维性肌病的报道[6]。患猫表现为步态异常、膝关节不能伸展、髋关节不能

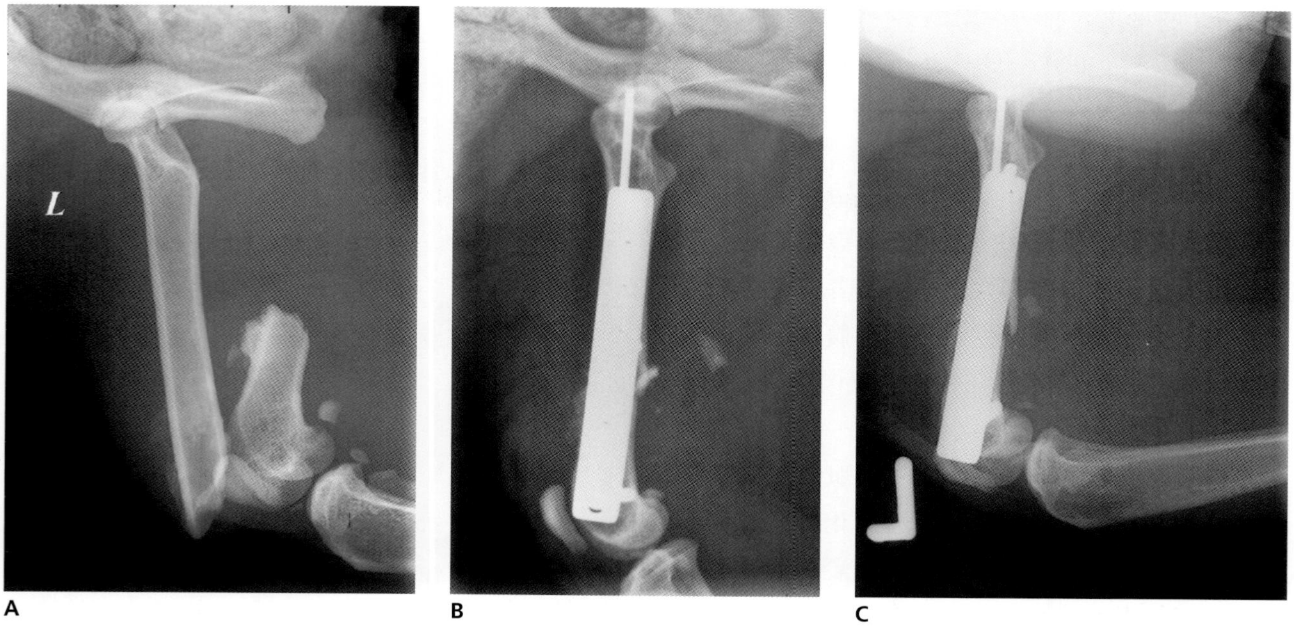

A B C

图 7-2 猫股四头肌挛缩的 X 线片。（A）4 个月前发生的猫股骨骨干远端骨折不愈合的术前内外侧位 X 线片。（B）猫的术后 X 线片。由于股四头肌挛缩和部分纤维化，骨折处无法对合，在内固定稳定术前进行了骨切除术，长度 2 cm。术后膝关节可屈曲 40° 。（C）手术后 2 个月，患猫可较好地使用患肢，膝关节可屈曲至 110°

屈曲、肢体不能外展。半腱肌区域肌肉紧绷，与犬的类似。半腱肌纤维性肌病的处理方案包括肌切开术或肌切除术与肌肉延长术。手术可短期减缓临床症状，但无法实现功能的完全恢复。在伤口愈合期，纤维带会再次形成，最终这只猫的临床症状复发[6]。在犬中，结合理疗预后较好。

肱二头肌挛缩和纤维化

曾有一例猫肱二头肌挛缩和纤维化的报道[7]。临床症状为肘关节不能伸展，导致步态异常，触诊前臂部前外侧肌肉紧绷。肱二头肌纤维化释放、横断肌腱内侧附着点可减轻临床症状，但数月后会复发挛缩。二次手术结合理疗，预后良好。

7.1.2　进行性骨化纤维发育不良（POF）

POF 是一种非常罕见的结缔组织的遗传性疾病，表现为肌腱、韧带、筋膜和横纹肌出现进行性异位骨化，虽然除了肌肉其他组织也受到波及，但该病也称为骨化性肌炎。该病可能是广泛性的，也可能是局灶性的。

人 POF 的发生率为 1/2 000 000，无性别或种族差异[8]。人 POF 的临床表现、X 线或组织病理学与猫的报道类似[9,10]。人发生该病的病因学与淋巴细胞内骨骼形态基因蛋白 -4（BMP4）的过度表达有关。一旦在组织水平被激活，B 型和 T 型淋巴细胞就会产生大量的 BMP4，且不受正常生化调节机制控制，导致病变发展，早期表现为高度血管化、纤维富集；然后进展为软骨样化生和软骨内骨化，形成编织骨和髓质[11-13]。该病是由常染色体上的 de novo 基因突变显性遗传导致的[14]。

在猫中目前尚无基因传导方式的报道，但该病的临床表现、X 线、组织病理学进展均与人的一致。该病无性别差异性，好发于幼年或中年猫。病程早期表现为肌肉的炎性病变，有时会波及覆盖肌肉的皮肤[10]。病程晚期，受侵袭的肌肉外观肿胀，触诊如坚硬的骨骼，无痛感，病灶周围无水肿或其他炎性症状。患病动物步态僵硬迟钝，肢体和肌肉的活动范围明显缩小（图 7-3）。血液学和血清生化无明显异常，但早期炎症反应期可观察到发热和白细胞增多[10]。

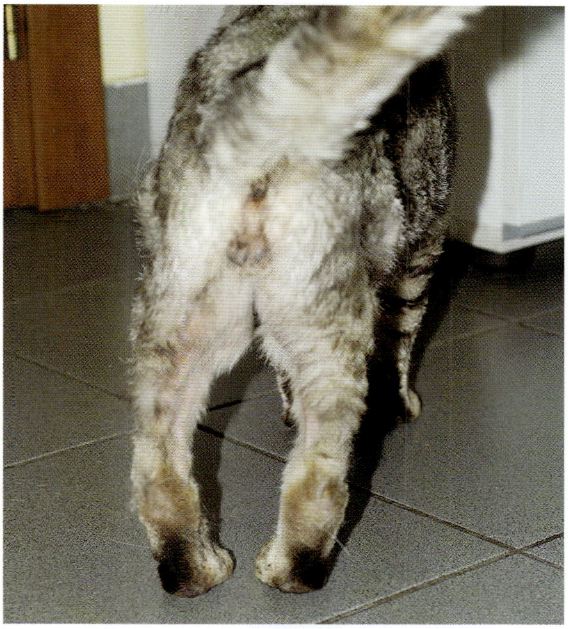

图 7-3　7 月龄猫发生进行性骨化纤维发育不良，表现双后肢内旋；患猫步态僵硬不自然（F. Gallorini 供图）

可通过 X 线检查进行诊断，典型征象是异位骨化。骨化区域呈现骨小梁外观，清晰地延伸至肌肉、筋膜和肌腱内（图 7-4 和图 7-5）。广泛性病变时，病程发展迅速，患病动物可在第一次表现症状后数周至数月内死亡[10]，但也有一只猫在首次就诊后存活了 18 个月[15]。与人 POF 的发生类似，各类创伤，即使是很小的事件，如肌内注射，都可能引起组织反应，最终发生骨化病变。基于这样的原因，肌肉活检和切除手术在该病中均为禁忌证。以硒、维生素 E、糖皮质激素为基础的治疗，随后给予依替膦酸钠，已被建议用于猫，但效果并不令人满意[10]。

7.1.3　局灶性骨化性肌炎

需要鉴别广泛性肌肉疾病 POF 与局灶性骨化性肌炎，后者预后更好，无致死性。本书的作者之一曾接诊过 2 例发生股后肌群矿化的患猫。2 只猫均表现与犬的股薄肌挛缩类似的异常步态，也与报道过的猫半腱肌挛缩类似[6]。其中一只猫经手术切除了矿化组织，但在 1 年后复发。另一只猫保守治疗。该病可能与纤维性肌病和局灶性骨化性肌炎[7]有关，因为有些股薄肌挛缩的患犬也会有矿化的表现。

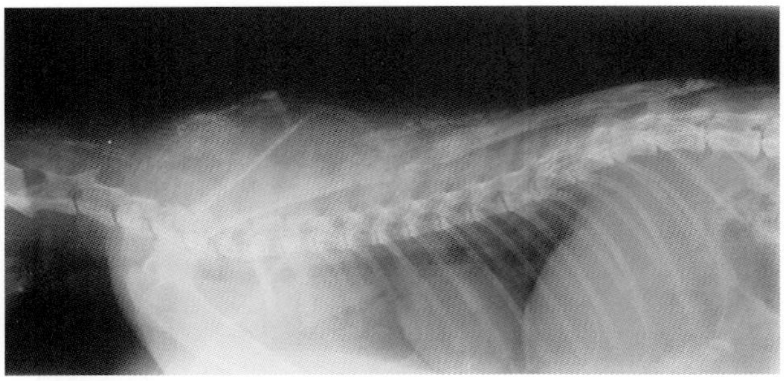

A

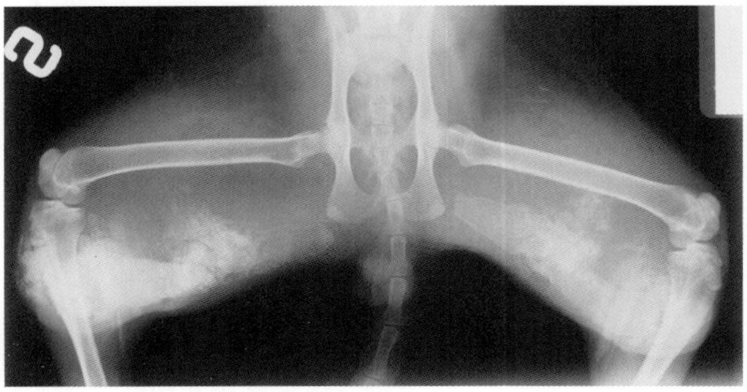

B

图 7-4　图 7-3 猫的（A）肩胛骨和（B）后肢的 X 线片，可见软组织中大量的骨化组织，尤其是股部肌群。肩胛骨区域可见精细骨小梁外观的骨化病灶

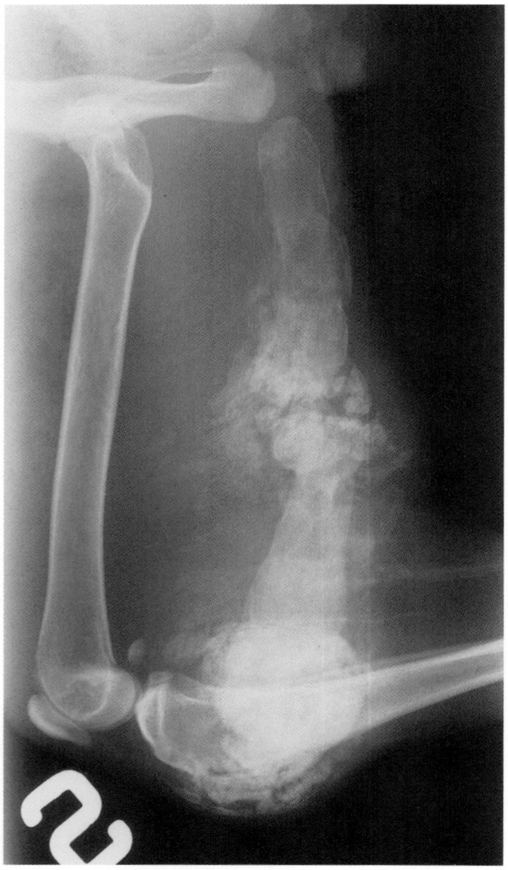

图 7-5　胫骨和股部骨化病灶的 X 线片。注意软组织骨化形成的骨小梁结构，与正常骨骼很像

7.2　肌腱疾病

猫的肌腱疾病非常罕见，兽医中仅有少量关于猫肌腱疾病的病例报道。肌腱疾病包括肱二头肌腱鞘炎、指浅屈肌腱从跟骨上脱位；后者通常由创伤引起 [16,17]（第 28 章和第 40 章）。另外，临床也可见创伤引起的跟腱或肱三头肌腱断裂或扭伤，但猫有时可见非创伤相关的双侧肌腱扭伤。如果为慢性进程，则要考虑是否存在潜在疾病，如骨膜骨增殖和软组织钙化，这些疾病会导致肌腱病变和无力。糖尿病、肾上腺皮质功能亢进等内科疾病或某些药物会促发肌腱断裂。例如，人使用喹诺酮和糖皮质激素会增加跟腱断裂的风险 [18]。这些情况在猫中暂时未见报道或发现。第 40 章将描述跟腱断裂；第 30 章将描述肱三头肌腱断裂。

7.3　脚部疾病

脚部的爪部皮炎或其他炎性疾病会引起猫不适、疼痛和跛行。这些疾病可能波及指 / 趾甲、甲床、指 / 趾间和爪垫。最常见的爪部皮炎总结如下。足部肿瘤将会在第 8 章描述。

7.3.1　指 / 趾甲和甲床疾病

很多疾病都会波及甲床，引起类似的临床症状。需要寻找潜在病因，而后给予恰当的治疗。细菌性甲沟炎是最常见波及单个或多个甲床的疾病，常与全身性疾病、落叶型天疱疮、甲癣或啃咬爪部有关；当多个或所有甲床都受到波及时，需要进一步筛查病因。

细菌性甲沟炎

甲床细菌感染可继发于局部损伤、倒甲或去甲术后并发症。这些病因通常波及 1 个或 2 个指 / 趾，需要将肿瘤列为鉴别诊断之一（第 8 章）。细菌性甲沟炎也可发生于系统性疾病和免疫系统损害，如猫白血病病毒（FeLV）/ 猫免疫缺陷病毒（FIV）感染、糖尿病、肾上腺皮质功能亢进、糖皮质激素或其他激素治疗、内部肿瘤 [19-23]。若波及多个或所有甲床，主要的鉴别诊断为系统性疾病、甲癣、落叶型天疱疮。

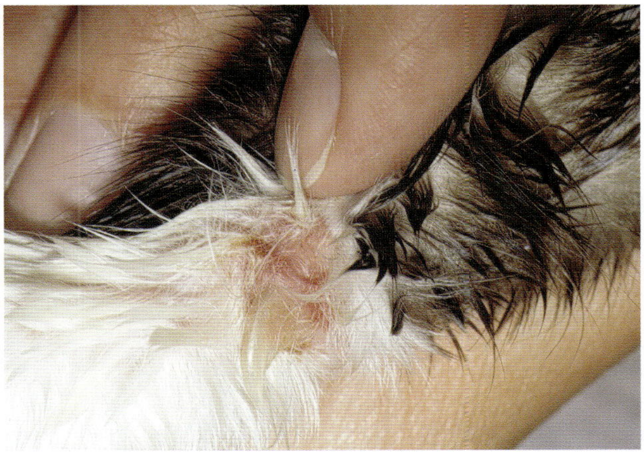

图 7–6　细菌性甲沟炎。注意甲床的炎症，如水肿、红斑和痂皮

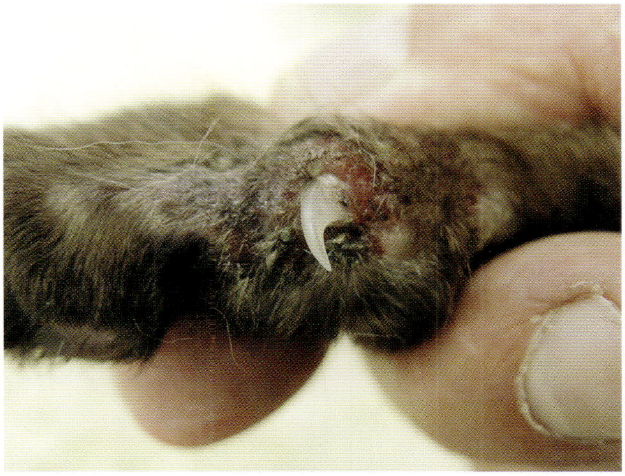

图 7–7　落叶型天疱疮的患猫，可见甲床侵蚀和化脓性炎症

甲床通常会肿胀、红斑、疼痛，可见脓汁、痂皮和糜烂（图 7–6）。若感染引起骨髓炎或存在肿瘤，则患指 / 趾变粗，非常疼痛。

根据是局灶性甲沟炎，还是多甲床受波及，会列出不同的诊断方案，包括皮肤刮片、细胞学检查、细菌和真菌培养、基础血检、FeLV 和 FIV 检测、影像学检查、皮肤和骨骼组织病理学检查。细菌和真菌培养常发生污染，故需要结合病史、细胞学和组织病理学的结果谨慎解读[19–23]。免疫介导性疾病的组织学诊断需要对第三指 / 趾节骨行切除活检。

猫 1 个或 2 个相邻甲床感染时，可在施行所有的诊断性检查前使用 2 ~ 3 周抗生素治疗性诊断。可选择的抗生素包括头孢氨苄（25 mg/kg BID）或阿莫西林 – 克拉维酸（12.5 mg/kg BID）。若怀疑肿瘤时，需要拍摄第三指 / 趾节骨和胸部 X 线片（第 8 章）。单纯依靠 X 线片，有时难以区分骨髓炎和肿瘤。

细菌性甲沟炎的预后取决于潜在病因。多数感染引发的损伤都会对上述的全身性抗生素治疗有反应。若存在系统性疾病，预后取决于疾病本身。

落叶型天疱疮

落叶型天疱疮是猫最常见的自体免疫疾病，可波及甲床。这类病例的症状与细菌性甲沟炎类似（图 7–7）。然而，甲床不是唯一的感染位置[19–23]。多数落叶型天疱疮患猫会表现出面部和耳朵的对称性脓疱性皮炎。

脓汁的细胞学检查可见大量皮肤棘层松懈细胞。这些细胞也可见于细菌或真菌感染，故需要组织病理学、细菌和真菌培养。当甲床为唯一受波及的位置时，需要对第三指 / 趾节骨切除活检以获得确切诊断。治疗包括单独给予免疫抑制剂量的糖皮质激素［泼尼松龙 2 ~ 4 mg/(kg・d)］或配合其他免疫抑制剂［苯丁酸氮芥 0.1 mg/(kg・d)］。

甲癣

皮肤癣菌很少感染猫的甲床，通常与免疫系统缺陷有关[19–23]。

这些感染与影响甲床的其他炎性疾病（见上）相似。诊断性检查包括真菌培养、渗出液的细胞学检查、评估免疫系统、FeLV/FIV 血清学检查、排查糖尿病和甲状腺功能亢进。预后取决于潜在疾病，局灶性和全身性疾病均需积极治疗。局部可使用恩康唑或咪康唑溶液治疗。全身用药时可选择灰黄霉素［超小剂型：10 mg/(kg・d)］或伊曲康唑［5 mg/(kg・d)］。

啃咬爪部

猫行为异常时会啃咬爪部[20]。该症状可能与继发的细菌性甲沟炎有关。此时，病史可帮助确定诊断。啃咬爪部可见于从神经断伤恢复的猫，此时脚部的感觉正在逐渐恢复。

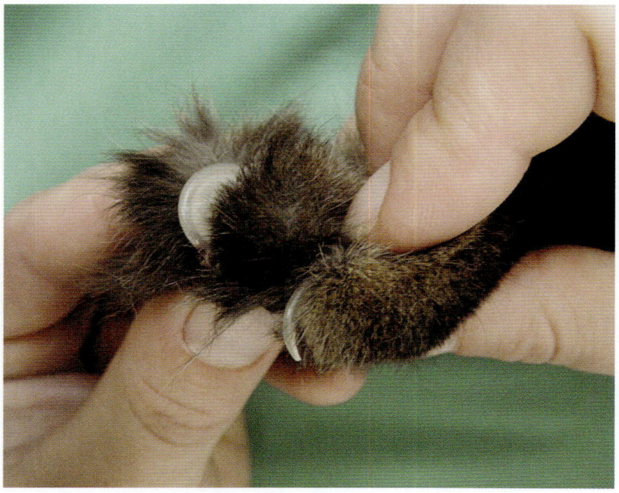

图 7–8 猫指 / 趾甲异常生长而过长，会刺穿皮肤引起跛行

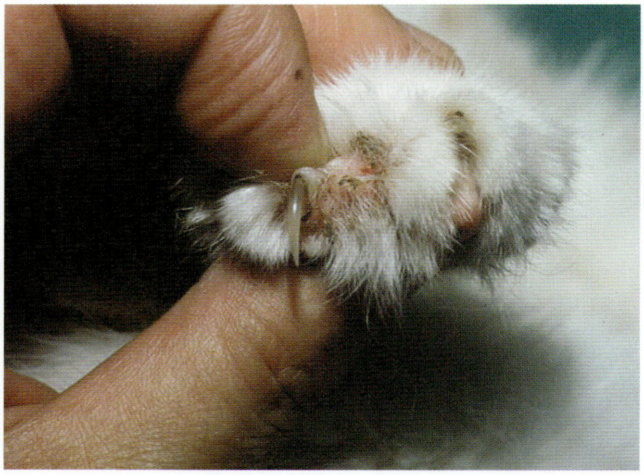

图 7–9 猫恙螨病。可见指 / 趾间隙发炎，幼虫呈橙色小点（J. Declercq 供图）

特发性甲营养不良

特发性甲营养不良会导致指 / 趾甲异常生长[21–23]。异常形状的长指 / 趾甲会穿透爪垫的皮肤，引起跛行（图 7–8）。可波及数个指 / 趾甲。该病最常见于老年猫，数年都不能缩回指 / 趾甲。需要定期剪指 / 趾甲，避免爪垫皮肤损伤和跛行。

7.3.2 指 / 趾间疾病

与犬相比，猫罕见指 / 趾间疾病。主要的鉴别诊断包括过敏性疾病（嗜酸性斑块）、寄生虫感染，如恙螨病。

嗜酸性斑块

指 / 趾间可发生嗜酸性斑块，引起跛行[20]。可通过细胞学和（或）组织病理学检查获得确定的诊断。需要筛查过敏原，以确定或排除过敏状态，如食物过敏或异位性皮炎。使用糖皮质激素［泼尼松龙 1 ～ 2 mg/(kg · d)］或环孢菌素 A［5 mg/(kg · d)］管理通常有效。

恙螨病（恙螨）

恙螨（秋收恙螨，北美：阿氏真恙螨）的幼虫有时会在猫的指 / 趾间发育，引发不适、瘙痒和跛行。秋收恙螨是季节性感染的寄生虫，常发生于夏末秋初。幼虫为指 / 趾间和指 / 趾甲囊袋内的橙色小点（图 7–9）。诊断通常很直接，通过驱虫和杀螨来治疗。

7.3.3 脚垫疾病

猫有 2 种继发于全身性疾病的脚垫疾病：浆细胞性爪部皮炎和爪垫转移性钙质沉着症。

浆细胞性爪部皮炎

猫浆细胞性爪部皮炎是一种罕见的脚垫疾病，其特征是多个脚垫出现松软的海绵样肿胀。疾病初期不表现疼痛，但当脚垫溃疡、发生感染后，就会出现疼痛、出血和跛行等症状（图 7–10）。该病的病理机制不明，但组织病理学提示以浆细胞为主的炎性浸润。加之其对免疫抑制剂的临床反应良好，提示这是一个免疫介导性疾病。有报道称，该病与浆细胞性口炎和肾淀粉样变性或肾小球肾炎共同发生[22, 23]。有报道提示浆细胞性爪部皮炎与 FIV 感染有关[24]。

可通过多个脚垫特征性的软组织肿胀做出初步诊断。通常所有的脚部都受到影响，但该病只发生在前脚或只发生在后脚。中央脚垫是最常受波及的位置。通过组织病理学发现脚垫皮肤浆细胞为主的炎性浸润即可得到确切诊断。若伴发溃疡和感染，则中性粒细胞和巨噬细胞数量增加。

以免疫抑制剂量的糖皮质激素治疗，反应良好。多西环素 25 mg/(kg · d)，连用 3 周，很多猫的症状得以部分或完全缓解[25]。这是因为多西环素具有免疫调节作用。相较于其他免疫抑制剂，多西环素的副作用较小，可在使用糖皮质激素前，

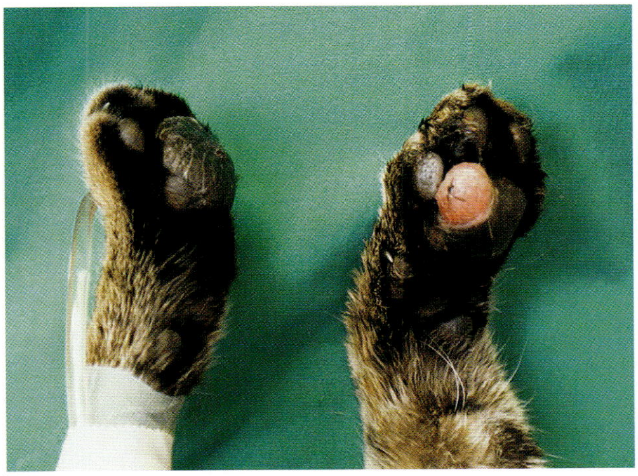

图 7–10 猫前肢脚垫的浆细胞性爪部皮炎。脚垫增大、柔软。左前肢中央脚垫溃疡

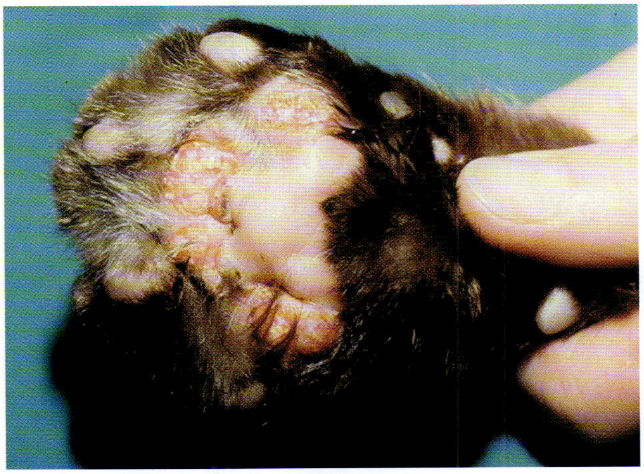

图 7–11 肾衰竭患猫爪部转移性钙质沉着症（J. Declercq 供图）

尝试用多西环素 3 ~ 4 周。也有提到可以手术切除患病的脚垫[26]，但仅在保守治疗失败时使用，因为手术治疗是侵害性操作，具有一定的并发症。

爪垫转移性钙质沉着症

软组织转移性钙质沉积常与引起高钙血症和（或）高磷血症的疾病相关。发生转移性钙质沉积时，血中钙和磷的溶解产物应大于 7 g/L。猫慢性肾衰竭常伴有高磷血症，虽然血清钙浓度是正常的，但仍会使其溶解产物大于 7 g/L。甲状旁腺功能亢进也会影响钙化机制。小部分猫表现因肾病引起的爪垫钙化[27–29]。钙沉积会出现在多个爪垫或指 / 趾间区域，形成完整的或溃疡的结节（图 7–11）。这些结节触诊坚实，外观灰白。实验室检查伴有慢性肾衰竭，如氮质血症、高磷血症。爪垫易发生损伤，因此容易发生钙盐沉积。其他软组织如主动脉、胃壁、皮下组织也都易发[27,29]。

通过细胞学和（或）组织病理学可做出诊断。治疗包括饲喂限制蛋白和磷摄入的日粮。也可添加磷结合剂。因肾病引起的爪垫钙质沉积在使用低磷 / 低蛋白的日粮后，症状可改善或逆转[27, 28]。

除了慢性肾衰竭，高钙血症和（或）高磷血症，如甲状腺功能亢进、维生素 D 过多症、恶性肿瘤的高钙血症或原发性甲状旁腺功能亢进都要考虑，以便选择诊断方案。最近报道过与猫甲状腺功能亢进相关的爪垫转移性钙质沉着症[29]。使用放射性碘治疗后，病变消退。

杯状病毒感染

有时会因杯状病毒感染引起幼年猫面部和（或）脚部症状，表现出脚部水肿、疼痛、小痂皮和爪垫溃疡。临床症状通常在数日内消退。存在继发细菌感染时需要抗生素治疗。

接触性刺激性皮炎

接触性刺激性皮炎在猫中罕见，有时可发生于脚垫。例如，除草剂可能引起类似症状[20]。在做诊断时，病史很重要，可排除类似的疾病如浆细胞性爪部皮炎或杯状病毒感染。去除刺激物，局部治疗通常即可治愈。

参考文献和延伸阅读

[1] Fries SL, et al. Quadriceps contracture in four cats: a complication of internal fixation of femoral fractures. Vet Comp Orthop Traumatol 1988; 2: 91–96.

[2] Carberry CA, Flanders JA. Quadriceps contracture in a cat. J Am Vet Med Assoc 1986; 189: 1329.

[3] Liptak JM, Simpson DJ. Successful management of quadriceps contracture in a cat using a dynamic flexion apparatus. Vet Comp Orthop Traumatol 2000; 13: 44–48.

[4] Leighton RL. Muscle contractures in the limbs of dogs and cats. Vet Surg 1981; 10: 132–135.

[5] Wilkens BE, et al. Utilization of dynamic stifle flexion apparatus in preventing recurrence of quadriceps contracture: a clinical report. Vet Comp Orthop Traumatol 1993; 6: 219–223.

[6] Lewis DD. Fibrotic myopathy of the semitendinosus muscle in a cat. J Am Vet Med Assoc 1988; 193: 240–241.

[7] Taylor J, Tangner CH. Acquired muscle contractures in the dog and cat. A review of literature and case report. Vet Comp Orthop Traumatol 2007; 20: 79–85.

[8] Mahboubi S, et al. Fibrodysplasia ossifi cans progressiva. Pediatr Radiol 2001; 31: 307–314.

[9] Warren HB, Carpenter JL. Fibrodysplasia ossificans in three cats. Vet Pathol 1984; 21: 495–499.

[10] Valentine BA, et al. Fibrodysplasia ossificans in the cat. A case report. J Vet Intern Med 1992; 6: 335–340.

[11] Shafritz AB, et al. Overexpression of an osteogenic morphogen in fibrodysplasia ossificans progressiva. N Engl J Med 1996; 335: 591–593.

[12] Gannon FH, et al. Acute lymphocytic infiltration in an extremely early lesion of fibrodysplasia ossificans progressiva. Clin Orthop Relat Res 1998; 346: 19–25.

[13] O' Connor P. Animal model of heterotropic ossification. Clin Orthop Relat Res 1998; 346: 71–80.

[14] Delatycki M, Rogers RG. The genetics of fibrodysplasia ossificans progressiva. Clin Orthop Relat Res 1998; 346: 15–18.

[15] Bradley WA. Fibrodysplasia ossificans in a Himalayan cat. Aust Vet Pract 1992; 22: 154–158.

[16] Scharf G, et al. Glenoid dysplasia and bicipital tenosynovitis in a Maine coon cat. J Small Anim Pract 2004; 45: 515–520.

[17] McNicholas WT, et al. Luxation of the superficial digital flexor tendon in a cat. J Am Anim Hosp Assoc 2000; 36: 174–176.

[18] Van der Linden PD, et al. Increased risk of Achilles tendon rupture with quinolone antibacterial use, especially in elderly patients taking oral corticosteroids. Arch Intern Med 2003; 163: 1801–1807.

[19] Guaguère E, et al. Feline pododermatoses. Vet Dermatol 1992; 3: 1–12.

[20] Guaguère E, et al. Diagnostic approach of feline pododermatoses. In: Guaguère P (ed.) A practical guide to feline dermatology. Lyon, France: Merial Eds; 2000: pp. 24.1–24.9.

[21] Scott DW, Miller WH. Disorders of the claw and clawbed in cats. Compend Contin Educ 1992; 14: 449–455.

[22] Scott DW. Feline dermatology 1979–72: introspective retrospections. J Am Anim Hosp Assoc 1984; 20: 537–564.

[23] Scott DW. Feline dermatology 1983–85: the secret sits. J Am Anim Hosp Assoc 1987; 23: 255–257.

[24] Simon M. Plasmacell pododermatitis in immunodefi ciency virus-infected cats. Vet Pathol 1993; 30: 477.

[25] Bettenay SV, et al. Prospective study of the treatment of feline plasmacytic pododermatitis with doxycycline. Vet Rec 2003; 152: 564–566.

[26] Yamamura Y. A surgically treated case of feline plasma cell pododermatitis. J Jpn Vet Med Assoc 1998; 51: 669–671.

[27] Bertazzolo W, et al. Clinicopathological findings in five cats with paw calcification. J Feline Med Surg 2003; 5: 11–17.

[28] Jackson HA, Barber PJ. Resolution of metastatic calcification in the paws of a cat with successful dietary management of renal hyperparathyroidism. J Small Anim Pract 1998; 39: 495–497.

[29] Declercq J, Bhatti S. Calcinosis involving multiple paws in a cat with chronic renal failure and in a cat with hyperthyroidism. Vet Dermatol 2005; 16: 74–78.

第 8 章　肌肉骨骼系统肿瘤

V.J. Poirier, F. Steffen

猫的肌肉骨骼系统肿瘤比犬的少见。这些肿瘤非常罕见，往往难以明确其生物学特性和最佳的治疗方案。本章节根据目前文献涉及的数据，总结了猫肌肉骨骼系统肿瘤的相关知识和护理标准。表 8–1 列出了本章涵盖的肿瘤，表 8–2 概括了猫常见肌肉骨骼系统肿瘤的特征、治疗和预后。

表 8–1　猫肌肉骨骼系统的肿瘤

肿瘤位置	肿瘤类型
原发性骨肿瘤	骨肉瘤、软骨肉瘤、多发性骨髓瘤、血管肉瘤、纤维肉瘤
软组织肉瘤	疫苗相关肉瘤、未分化肉瘤、血管肉瘤、纤维肉瘤、恶性纤维组织细胞瘤、横纹肌肉瘤
口腔肿瘤	鳞状上皮细胞癌、纤维肉瘤
神经系统肿瘤	椎体：骨肉瘤、软骨瘤、软骨肉瘤、纤维肉瘤 脊髓和脊膜：淋巴瘤、脑脊膜瘤、脑脊膜肉瘤、神经胶质瘤、星形细胞瘤 外周神经肿瘤：神经鞘瘤、纤维肉瘤、淋巴瘤
其他肿瘤	多发性软骨外生骨疣 转移性指 / 趾部癌 滑膜细胞肉瘤、滑膜瘤

注：骨肉瘤、疫苗相关肉瘤和脊髓淋巴瘤最常见。

表 8–2　猫常见肌肉骨骼系统肿瘤的特征、治疗和预后

肿瘤类型	特征	治疗方法	预后
骨肉瘤	后肢更常见	截肢	可能治愈，10% 转移风险
疫苗相关肉瘤	注射部位，高侵袭性，中等转移风险	手术 手术结合放疗（治疗首选） 手术结合化疗	复发时机：边缘切除后 3 个月，彻底切除后 9 个月 复发时机：18 个月 复发时机：12 个月
脊髓淋巴瘤	多为 FeLV 阳性，常为全身性	局部肿瘤放疗 全身疾病化疗	差

8.1　骨肿瘤

8.1　发生率与风险

与犬相比，猫原发性骨肿瘤不常见。猫所有骨肿瘤的发生率为 4.9/100 000[1]。骨肉瘤是目前报道最多的猫原发性骨肿瘤，在原发性骨肿瘤中约占 70%[2,3]。其他通过组织病理学确诊的肿瘤还包括纤维肉瘤、软骨肉瘤、浆细胞瘤、血管肉瘤和淋巴肉瘤[4]。不幸的是，因为这类疾病在临床中比较罕见，它们的生物学特性目前尚未得知，只能通过犬的同类肿瘤推测得到相关信息。

8.1.2　病理学和生物学特性

从组织病理学看，猫的骨肉瘤由产生类骨质的肿瘤样间质细胞[5]组成（图 8–1）。产生类骨质是骨肉瘤的标志。可见多核巨细胞。据报道，骨肉瘤类型包括髓质来源的骨肉瘤、骨旁骨肉瘤[6]、骨折相关骨肉瘤[7,8]和骨外骨肉瘤[2]。骨外骨肉瘤常见于疫苗注射部位，与疫苗相关肉瘤分属一类。在后续的章节将会进一步讨论。

骨骼骨肉瘤较骨外骨肉瘤常见[2]。附肢骨比中轴骨更易受侵袭，后肢比前肢常发[2,3]。猫骨骼骨

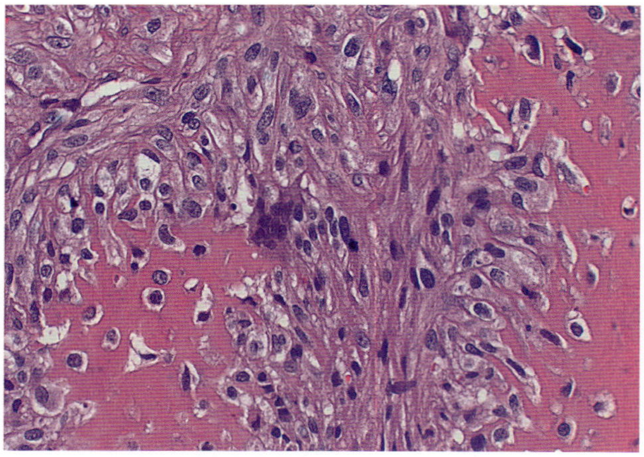

图 8–1　右前肢桡骨远端溶骨性病变的组织活检病理切片。可见产类骨质的肿瘤性间质细胞（细胞外基质），提示骨肉瘤（Veterinary Pathology, Vetsuisse Faculty, University of Zurich 供图）

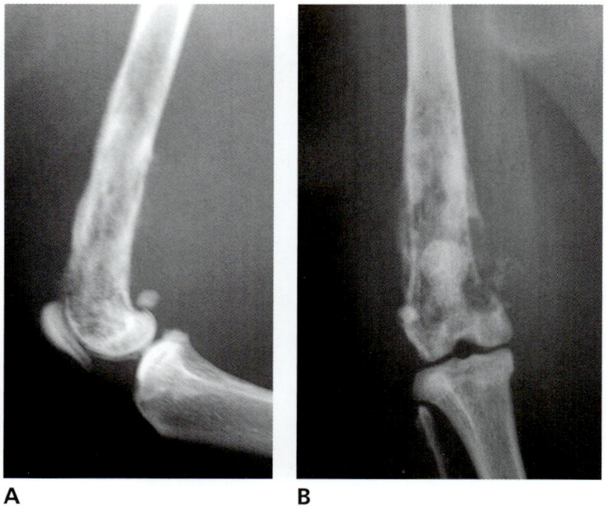

图 8–2　猫股骨远端骨肉瘤的（A）内外侧位和（B）前后位 X 线片

肉瘤通常为局部侵袭性的原发肿瘤，转移率只有 5% ～ 10%[2,3]。这与犬不同，犬的骨肉瘤转移率超过 90%。

猫的浆细胞瘤很少波及骨骼，它可能是全身浆细胞瘤或多发性骨髓瘤的一种表现[9–11]。猫其他原发性骨肿瘤的生物学特性目前知之甚少；软骨肉瘤和血管肉瘤也会发生转移[4,12,13]。

8.1.3　病史和临床症状

常见于中老年猫，年龄范围为 3 月龄至 20 岁[2,3]。根据肿瘤位置不同，患猫通常表现跛行或畸形。可能发生病理性骨折。

8.1.4　诊断检查

拍摄病变部位 X 线片和胸部 X 线片以确定原发性病灶及排除转移灶。猫骨肿瘤的 X 线征象常见骨溶解、皮质破坏、过渡带模糊、不同程度的骨膜反应（图 8–2）。骨溶解的类型包括虫蚀型或渗透型（第 2 章）。多数原发性骨肿瘤位于长骨干骺端，而转移性骨肿瘤多位于长骨骨干。多发性骨髓瘤通常波及多个骨骼，为溶骨性病灶。

胸部 X 线片的转移灶有时难以诊断，因为猫的转移灶形态与犬的不一样，犬的通常表现为结节型。猫的肺脏转移灶通常为弥散性，或者边界不清的结节型。

可通过骨骼的细胞学和（或）活检做出确诊，有助于排除良性骨病，如软骨性外生骨疣（第 4 章）。第 2 章描述了使用 Jamshidi 骨活检针的骨组织活检技术。通过血液学、血清生化、尿液分析排除并发症。若怀疑浆细胞瘤，需要拍摄骨骼的 X 线平片、血清电泳、骨髓抽吸以排除多发性骨髓瘤。中轴骨的肿瘤则需配合 CT 检查，以评估肿瘤边界，制订手术计划。

8.1.5　治疗和预后

附肢骨肿瘤的治疗方案为截肢术。如果主人不考虑截肢术，或者猫的体况不适合行截肢术时，可考虑姑息性放射疗法[14]。中轴骨的肿瘤建议激进地切除。若不能完全切除，可配合放射疗法，虽然没有研究表明这种治疗方案的有效性。无已知有效的辅助治疗方案。然而，原发性骨血管肉瘤无明显转移灶的病例，推荐多柔比星化学治疗。美法仑和泼尼松可用于治疗多发性骨髓瘤[15–17]。

截肢术治疗附肢骨骨肉瘤预后良好（表 8–2）。截肢术通常是治愈性的。作为单一治疗方案时，中位生存期为 24 ～ 44 个月[2,3]。不建议其他辅助化疗方案，因为猫附肢骨骨肉瘤的转移率很低。

中轴骨骨肉瘤的平均生存期只有 6 个月。目前难以确定中轴骨骨肉瘤是否比附肢骨骨肉瘤的预后差，可能是因为中轴骨骨肉瘤通常难以完全手术切除。需要注意中轴骨骨肉瘤的预后取决于其侵袭性[2,3]。如果手术可完全切除，边缘干净，患猫通常可被治愈。

多发性骨髓瘤的预后差，中位生存期为 2 ～ 3 个月[9-11]，尽管有些猫可存活超过 1 年。猫的其他原发性骨肿瘤的预后不清楚。

8.2　软组织肿瘤

8.2.1　发生率与风险

流行病学研究发现，猫注射灭活疫苗的部位与软组织肉瘤的发生存在很大的相关性[15,16]。疫苗注射部位相关的软组织肉瘤发病率为 1 ～ 3.6 个病例 /10 000 头份疫苗[17]。目前认为疫苗不是引起注射部位肉瘤的单一原因，在敏感的猫中，所有可能引起局部炎症反应的物质都可能引起注射部位肉瘤。目前，炎症是疫苗相关肉瘤发生的最可能的机制。猫眼部受伤或有异物进入时也可能会发生肉瘤[18]。

8.2.2　病理学和生物学特性

疫苗注射部位的肿瘤常为间叶细胞起源，包括纤维肉瘤、恶性纤维组织细胞瘤、骨肉瘤、软骨肉瘤、未分化肉瘤和横纹肌肉瘤[19,20]。与非疫苗相关肉瘤相比，这类肿瘤炎症反应和坏死灶的数量更多[21]。疫苗相关肉瘤为局部侵袭性肿瘤（图 8–3），与非疫苗相关肉瘤相比，转移率可高达 23%[22]。

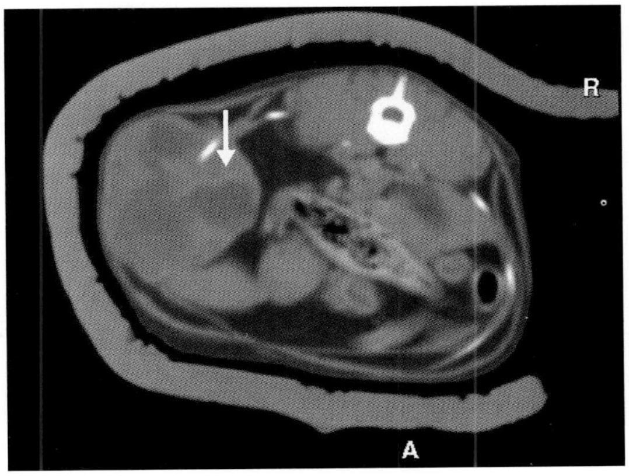

图 8–3　猫疫苗相关肉瘤的 CT 增强造影图像。注意腹腔内侵袭的肿瘤（箭头）

8.2.3　诊断检查

初步检查包括胸部 X 线片（排除转移灶）与血常规、生化和尿液分析（排除并发症）。可以行切开活检进行确诊。怀疑疫苗相关肉瘤时，不建议行肿瘤切除活检。当确诊为疫苗相关肉瘤时，可用 CT 或 MRI 评估肿瘤边界，制订手术计划（图 8–3）。

8.2.4　治疗和预后

疫苗相关肉瘤的主流治疗方案是激进的手术切除。边缘切除治疗无效，且会使进一步的彻底手术切除更加困难，故需要避免。一项研究显示，猫边界切除第一次复发的中位时间为 79 d，彻底切除为 325 d。不幸的是，只有 13.8% 的猫手术治疗后可长期存活（ > 2 年）[22]。在另一项研究中，边缘切除完全的猫中位无瘤期为 16 个月，不完全切除的为 4 个月。重点要注意，通过组织病理学评估边缘完全切除的猫，超过 50% 出现了肿瘤复发[23]，提示边缘干净的情况下，只有 50% 的猫被治愈。

单纯手术治疗时，疫苗相关肉瘤的复发率很高，配合放疗时，局部控制效果更好。在手术前后都要配合放疗。在一个 78 只猫的报道中，术后配合放疗，中位无病期为 405 d，也就是说超过一半的猫在 13 个月后无肿瘤复发或转移。预后不良因子包括放疗前经历了超过一次手术、大的原发肿瘤灶[24]。另一个报道中，92 只猫在手术前进行了放疗，其中位无病生存期为 584 d。肿瘤边缘完全切除，并在放疗后进行手术切除，其中位无病生存期为 986 d；而不完全切除的中位无病生存期为 292 d[25]。目前认为激进的手术配合放疗可提高治愈率。在任何可能的情况下，即便肿瘤边缘完全切除，也建议配合放疗。

有些化疗药物也对疫苗相关肉瘤有效。多柔比星和卡铂最常用。针对肉眼可见的肿瘤，40% 的患猫对二者均有反应，但这种反应持续时间较短，继续发展的中位时间为 2 ～ 3 个月。有一个 67 只猫手术切除后化疗（多柔比星）的报道，与单纯手术切除的对照组对比，化疗组第一次复发的间隔延长（415 d 和 87 d）[26]。有意思的是，在手术和放疗的基础上，再加上化疗，并无明显收益。但这个课题仍需更进一步的研究信息。

8.2.5 预防

国家猫疫苗相关肉瘤工作组建议避免在两侧肩胛骨中间的区域注射疫苗，而是选择后肢远端注射。注射疫苗 3 个月后，如果注射部位有任何的肿块，或者肿块直径大于 2 cm，则需切除活检。关于免疫的频次和使用的疫苗类型的其他建议可在国家猫疫苗相关肉瘤工作组的网站上 http:// www.avma.org/vafstf/default.asp 查找。

8.3 口腔肿瘤

口腔肿瘤占猫所有肿瘤的 3%[27]。多数猫会表现出面部畸形或食欲不振。70% 的猫口腔肿瘤是鳞状上皮细胞癌，20% 的为纤维肉瘤 [28]。鳞状上皮细胞癌常位于上颌骨、下颌骨或舌下，纤维肉瘤常起源于牙龈。推荐的诊断检查包括局部和胸部 X 线片、局部淋巴结细胞学、原发性肿瘤切除活检。CT 可评估肿瘤边界，确定是否可手术切除（图 8–4）。

不幸的是，由于这些肿瘤的局部侵袭性，治疗效果通常不佳。生存期很短，只有不到 10% 的猫可存活 1 年以上，无论是单纯手术治疗 [29]、手术配合放疗 [30,31]，或再加上化疗 [32,33]。

8.4 神经系统肿瘤

8.4.1 椎体和脊髓的肿瘤

脊髓和脊柱的肿瘤占猫所有脊柱病变的 50%。因涉及脊髓病，患猫初始时会有不对称性表现，而后发展为截瘫或四肢瘫。可能为隐匿或急性发生。

猫最常见的脊髓肿瘤为淋巴肉瘤 [34]。通常情况下，淋巴肉瘤是一个多病灶的肿瘤，可发生于中枢神经系统和其他系统。椎管淋巴肉瘤的患猫通常猫白血病病毒（FeLV）阳性，骨髓也会受到波及。脑脊液中常有恶性淋巴细胞。初始阶段，使用类固醇和化学治疗时通常反应良好。然而，长期预后不良，因为淋巴肉瘤常为多病灶，局部易复发，且会发生 FeLV 相关的其他全身性疾病 [34]。

猫也存在其他的非淋巴瘤的脊髓肿瘤 [35]（图 8–5）。在一项基于病理的大型研究中，最常见的

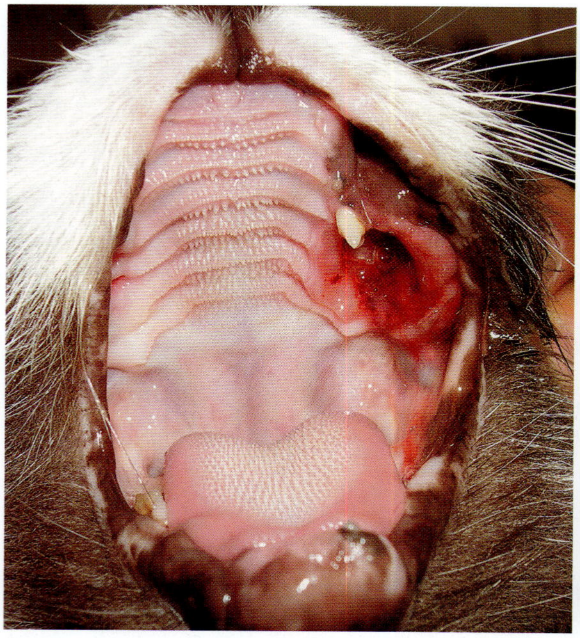
A

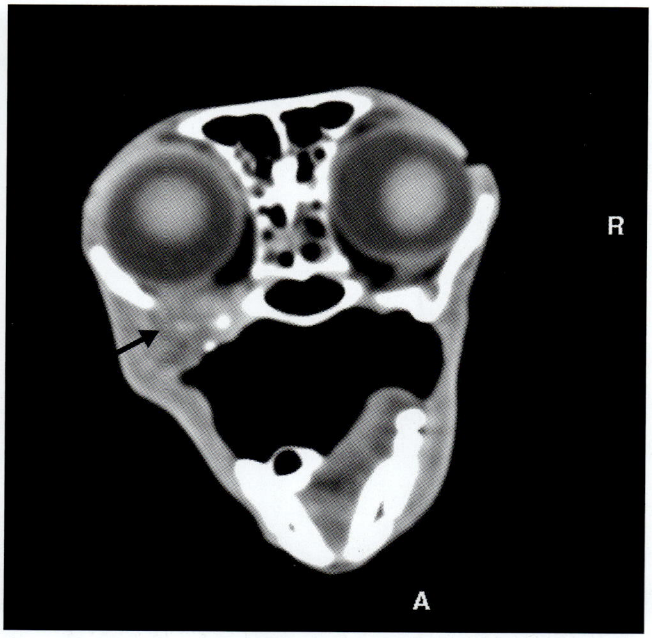

B

图 8–4 口腔鳞状上皮细胞癌的患猫。（A）左侧上颌尾的鳞状上皮细胞癌的典型外观。（B）该患猫的 CT 增强造影图像。注意该肿瘤已侵袭至眶骨，造成上颌骨溶解（箭头）

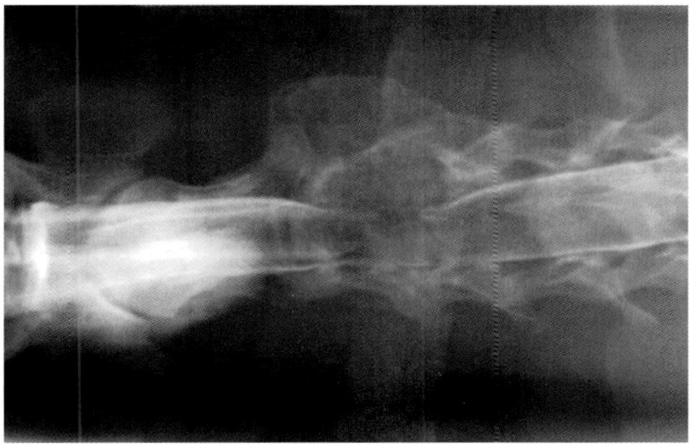

图 8–5　一只 1 岁猫第 3 ~ 4 颈椎椎体肿瘤的脊髓造影后腹背位 X 线片。该肿瘤向内侧生长，导致颈段脊髓严重压迫。基于 X 线片，除了肿瘤外，鉴别诊断还要考虑软骨性外生骨疣，尤其因为这是一只年轻的猫。需要骨组织活检确诊

脊椎肿瘤为骨肉瘤，其次为纤维肉瘤 [36]。猫硬膜外的非淋巴瘤包括脂肪瘤和浆细胞瘤。来源于脑脊膜的肿瘤包括脑脊膜瘤、脑膜肉瘤、组织细胞来源的肿瘤。硬膜外腔好发转移性肿瘤。髓内肿瘤可能是神经胶质或神经外胚层来源的，如神经胶质瘤和星形细胞瘤。

结果显示，当代神经外科技术通常不能完整切除猫非淋巴瘤的其他脊椎和脊髓肿瘤，但可明显地减缓脊髓功能不全的临床症状 [37]。猫的良性非淋巴瘤的椎管肿瘤，如脊膜瘤，手术预后一般至良好。良性肿瘤患猫的中位生存期为 518 d[37]。因此，需要更深入的检查如高阶影像诊断、活组织检查和手术探查。即使介入激进的手术和内科治疗，骨肿瘤和髓内肿瘤仍预后较差，手术减瘤后中位生存期为 110.5 d[37]。

8.4.2　外周神经肿瘤

外周神经鞘瘤来源于施万细胞、神经周成纤维细胞，或者二者混合，该肿瘤罕见于猫 [38]，它们可能表现为成年或中老年猫的皮肤肿瘤。通常边界不清，局部侵袭性强，易复发。可发于多个位置，如会阴部、肢体、胸部、椎管、颈部和头部，最常见于肢体和头部 [39]。不常侵袭骨骼，但会导致潜在神经结构的压迫。硬膜内生长会导致邻近椎间孔的重吸收和增大，同时压迫脊髓 [40]。

第二常见的外周神经肿瘤是淋巴瘤。根据有限的病例报道来看，难以确定其好发的位置，但臂神经丛的发病率会高于其他位置 [41]。

基于神经学缺损的表现、受波及的肌肉萎缩、触诊肿物、肌电图和超声等方式诊断外周神经肿瘤。MRI 是一种很敏感的工具，可诊断外周神经肿瘤的边界（图 8–6）。

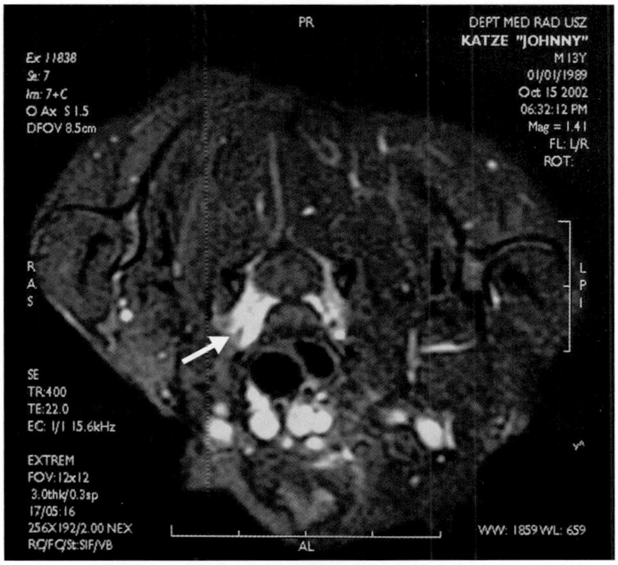

图 8–6　一只 8 岁猫在第 7 颈椎水平右侧神经根的神经鞘瘤的 MRI（T1–W，造影后）影像。可见受影响的神经根造影后明显的信号增强（箭头），右侧椎间孔轻度增大

治疗包括切除受波及的神经；如果影响主要的神经丛，则要截肢。注意还要切除肿瘤近端的神经。涉及神经根的肿瘤时，需要行偏侧椎板切除术和硬膜切开术，确保移除所有受波及的部分。猫外周神经和神经丛的淋巴瘤最理想的治疗方式不明确。化疗和放疗是猫淋巴瘤的有效治疗方式，但当神经功能出现不可逆损害时，需要手术切除 [42]。在对原发部位肿瘤激进切除治疗后，其他位置仍有可能复发淋巴瘤。

8.5　其他肿瘤

8.5.1　多发性软骨外生骨疣

多发性软骨外生骨疣（骨软骨瘤病）是一种肿瘤样的疾病，最常波及中轴骨。可见于年轻的 FeLV 阳性的猫 [43,44]。与犬相比，多发性软骨外生

骨疣是非遗传性的、通常非对称性的、在生长板闭合后出现的病灶。常见位置包括肩胛骨、椎骨、下颌骨，但其他骨骼也可能受波及。X 线片中可以见到，病灶特征为从骨表面起源的无柄的或有蒂的突起，与正常骨骼边界不清。猫通常表现出受波及位置表面快速发展的坚硬肿胀，引起疼痛和功能丧失。多发性软骨外生骨疣具有侵袭性的生物学特性，手术或放疗可减轻临床症状，但目前看来没有有效的治疗方式[45]。

多发性软骨外生骨疣需要与孤立性软骨肉瘤区分，因为它们的预后和治疗各不相同（第 4 章）。

8.5.2　转移性指部癌

原发性的肺肿瘤，如支气管或肺腺癌，会转移到指部，引起多指肿胀，这是猫常见的综合征[46]。可在胸部 X 线片看到单个的肺肿物（图 8–7）。近期报道指出，猫指部的原发性和转移性腺癌，有 87.5% 来源于原发性肺腺癌。治疗方案取决于多少指和肢体受到侵袭。预后不良，中位生存期为 4.9 周。而猫原发性指部鳞状上皮细胞癌的中位生存期为 29.5 周[47]。

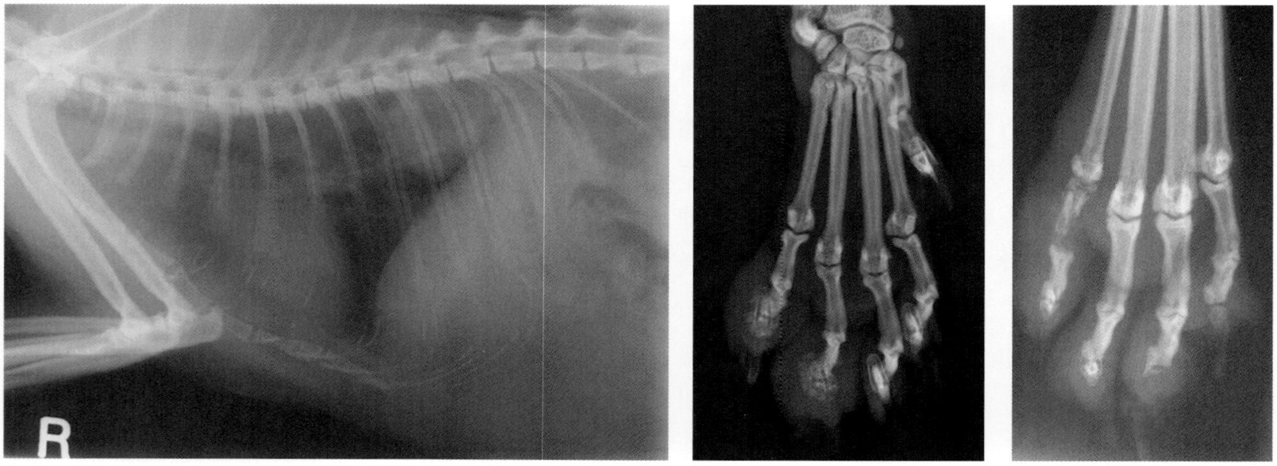

A　B　C

图 8–7　一只 14 岁的猫慢性跛行，多指肿胀。（A）胸部 X 线片可见肺后叶的阻线性区域。（B，C）足部 X 线片可见多个指骨溶解和软组织肿胀。这些病变是肺腺癌伴指部转移灶的典型特征

8.5.3　滑膜细胞瘤

猫罕见滑膜细胞瘤，虽然这是一个最常见的原发性关节肿瘤[48]。患猫会在关节附近出现软组织肿物。过去的病例报告涉及的都是肘关节和腕关节[48–51]。常见跛行，虽然不一定出现[50]。当 X 线片看到骨溶解和（或）骨膜新骨形成、波及关节近端和远端的骨骺，则需怀疑滑膜细胞瘤。需要活检进行确诊。曾有 2 只猫转移至局部淋巴结的报道。2 只猫都通过截肢后给予多柔比星治疗，生存期分别为 444 d 和 41 d[51]。

滑膜瘤是关节良性肿瘤，主要波及关节、腱鞘和肢体远端[52–54]。虽然滑膜瘤不会转移，但可出现局部切除后复发，故建议截肢。

参考文献和延伸阅读

[1] Dorn CR, et al. Survey of animal neoplasms in Alameda and Contra Costa Counties, California II: cancer morbidity in dogs and cats from Alameda County. J Natl Cancer Inst 1968; 40: 307–318.

[2] Hellmann E, et al. Feline osteosarcoma: 145 cases (1990–1995). J Am Anim Hosp Assoc 2000; 36: 518–521.

[3] Bitetto WV, et al. Osteosarcoma in cats: 22 cases (1974–1984). J Am Vet Med Assoc 1987; 190: 91–93.

[4] Quigley PJ, Leedale AH. Tumor involving bone in the domestic cat: a review of fifty-eight cases. Vet Pathol 1983; 20: 670–686.

[5] Lui S, et al. Primary and secondary bone tumours in the cat. J Small Anim Pract 1974; 15: 141–156.

[6] Banks WC. Parosteal osteosarcoma in a dog and a cat. J Am Vet Med Assoc 1971; 158: 1412 - 1415.

[7] Fry PD, Jukes HF. Fracture-associated sarcoma in the cat. J Small Anim Pract 1995; 36: 124 - 126.

[8] Bennett D, et al. Osteosarcoma associated with healed fractures. J Small Anim Pract 1979; 20: 13–18.

[9] Patel RT, et al. Multiple myeloma in 16 cats: a retrospective study. Vet Clin Pathol 2005; 34: 341 - 352.

[10] Weber NA, Tebeau CS. An unusual presentation of multiple myeloma in two cats. J Am Anim Hosp Assoc 1998; 34: 477–483.

[11] Hanna F. Multiple myelomas in cats. J Feline Med Surg 2005; 7: 275–287.

[12] Turrel JM, Pool RR. Primary bone tumors in the cat: a retrospective study of 15 cats and a literature review. Vet Radiol 1982; 23: 152–166.

[13] Berman E, Wright JF. What is your diagnosis? (osteosarcoma of tibia and hemangiosarcoma of femur metastatic to lungs in irradiated cat). J Am Vet Med Assoc 1973; 162: 1065–1066.

[14] McEntee MC. Radiation therapy in the management of bone tumors. Vet Clin North Am Small Anim Pract 1997; 27: 131–138.

[15] Hendricks MJ, et al. Postvaccinal sarcomas in the cat: epidemiology and electron probe microanalytical identification of aluminium. Cancer Res 1992; 52: 5391–5394.

[16] Kass PH, et al. Epidemiologic evidence for a causal relation between vaccination and fibrosarcoma tumorigenesis in cats. J Am Vet Med Assoc 1993; 203: 396–405.

[17] Coyne MJ, et al. Estimated prevalence of injection sarcomas in cats during 1992. J Am Vet Med Assoc 1997; 210: 249–251.

[18] Dubielzig RR, et al. Clinical and morphological features of posttraumatic ocular sarcomas in cats. Vet Pathol 1990; 27: 62–65.

[19] Couto SS, et al. Feline vaccine-associated fibrosarcoma: morphologic distinctions. Vet Pathol 2002; 39: 33–41.

[20] Hendricks MJ, Brooks JJ. Postvaccinal sarcomas in the cat: histology and immunohistochemistry. Vet Pathol 1994; 31: 126–129.

[21] Hendrick MJ, et al. Comparison of fibrosarcomas that developed at vaccine sites and at nonvaccination sites in cats: 239 cases (1991–1992). J Am Vet Med Assoc 1994; 205: 1425–1429.

[22] Hershey AE, et al. Prognosis for presumed feline vaccine-associated sarcoma after excision: 61 cases (1986–1996). J Am Vet Med Assoc 2000; 216: 58–61.

[23] Davidson EB, et al. Surgical excision of soft tissue fibrosarcomas in cats. Vet Surg 1997; 26: 265–269.

[24] Cohen M, et al. Use of surgery and electron beam irradiation, with or without chemotherapy, for treatment of vaccine-associated sarcoma in cats: 78 cases (1996–2000). J Am Vet Med Assoc 2001; 219: 1582–1589.

[25] Kobayashi T, et al. Preoperative radiotherapy for vaccine-associated sarcoma in 92 cats. Vet Radiol Ultrasound 2002; 43: 473–479.

[26] Poirier VJ, et al. Liposome-encapsulated doxorubicin (Doxil) and doxorubicin in the treatment of vaccine-associated sarcoma in cats. J Vet Intern Med 2002; 16: 726–731.

[27] Stebbins KE, et al. Feline oral neoplasia: a ten year survey. Vet Pathol 1989; 26: 121–128.

[28] Withrow SJ. Cancer of the gastrointestinal tract. In: Withrow SJ, MacEwen EG (eds) Small animal clinical oncology, 3rd edn. Philadelphia: WB Saunders; 2001: pp. 261–279.

[29] Postorino Reeves NC, et al. Oral squamous cell carcinoma in the cat. J Am Anim Hosp Assoc 1993; 29: 438–441.

[30] Hutson CA, et al. Treatment of mandibular squamous cell carcinoma in cats by use of mandibulectomy and radiotherapy: seven cases (1987–1989). J Am Vet Med Assoc 1992; 201: 777–781.

[31] Bregazzi VS, et al. Response of feline oral squamous cell carcinoma to palliative radiation therapy. Vet Rad Ultrasound 2001; 42: 77–79.

[32] LaRue SM, et al. Shrinking-field radiation therapy in combination with mitoxantrone chemotherapy for the treatment of oral squamous cell carcinoma in the cat. Proceedings of the 11th Annual Vet Cancer Society Conference, Minneapolis, 1991.

[33] Jones PD, et al. Gemcitabine as a radiosensitizer for nonresectable feline oral squamous cell carcinoma. J Am Anim Hosp Assoc 2003; 39: 463–467.

[34] Spodnick GJ, et al. Spinal lymphoma in cats: 21 cases (1976–1989). J Am Vet Med Assoc 1992; 373–376.

[35] Levy MS, et al. Nonlymphoid vertebral canal tu-

mors in cats: 11 cases (1987–1995). J Am Vet Med Assoc 1997; 210: 663–664.
[36] Marioni-Henry K, et al. Prevalence of disease of the spinal cord of cats. J Vet Intern Med 2004; 18: 851–858.
[37] Rossmeisl Jr, H, et al. Surgical cytoreduction for the treatment of non-lymphoid vertebral and spinal cord neoplasms in cats: retrospective evaluation of 26 cases (1990–2005). Vet Comp Oncol 2006; 4: 41–50.
[38] Hayes HM, et al. Occurrence of nervous tissue tumors in cattle, horses, cats and dogs. Int J Cancer 1975; 15: 39–47.
[39] Jones BR, et al. Nerve sheath tumors in the dog and cat. NZ Vet J 1995; 43: 190–196.
[40] LeCouteur RA. Tumors of the nervous system. In: Witrow SJ, MacEwen EG (eds). Small animal oncology, 3rd edn. Philadelphia: WB Saunders; 2001: pp. 500–531.
[41] Mellanby RJ, et al. Magnetic resonance imaging in the diagnosis of lymphoma involving the brachial plexus in a cat. Vet Radiol Ultrasound 2003; 44: 522–525.
[42] Elmslie RE, et al. Radiotherapy with and without chemotherapy for localized lymphoma in 10 cats. Vet Radiol 1991; 32: 277–280.
[43] Carpenter JL, et al. Tumors and tumor-like lesions. In: Holzworth J (ed.) Disease of the cats: medicine and surgery. Philadelphia: WB Saunders; 1987: pp. 406–596.
[44] Riddle WEJ, Leighton RL. Osteochondromatosis in a cat. Vet Pathol 1972; 9: 350–359.
[45] Hubler M, et al. Palliative irradiation of Scottish Fold osteochondrodysplasia. Vet Radiol Ultrasound 2004; 45: 582–585.
[46] Gottfried SD, et al. Metastatic digital carcinoma in the cat: a retrospective study of 36 cats (1992–1998). J Am Anim Hosp Assoc 2000; 36: 501–509.
[47] Van der Linde-Sipman JS, Van den Ingh TS. Primary and metastatic carcinomas in the digits of cats. Vet Q 2000; 22: 141–145.
[48] Silva-Krott IU, et al. Synovial sarcoma in a cat. J Am Vet Med Assoc 1993; 203: 1430–1431.
[49] Borenstein, N, et al. What is your diagnosis? (Synovial sarcoma.) J Small Anim Pract 1999; 40: 236–237.
[50] Ireifej SJ, et al. What is your diagnosis? (Synovial sarcoma.) J Am Vet Med Assoc 2007; 230: 1305–1306.
[51] Liptak JM, et al. Metastatic synovial cell sarcoma in two cats. Vet Comp Orthop Traumatol 2004; 2: 164–170.
[52] Hulse, EV. A benign giant cell synovioma in a cat. J Pathol 1966; 91: 269–271.
[53] Davies JD, Little NR. Synovioma in a cat. J Small Anim Pract 1972 ; 13 : 127 – 133.
[54] Thoday KL , Evans JG. Synovioma in a cat. J Small Anim Pract 1972 ; 13 : 399 – 401.

第 3 部分
多发性创伤

猫临床常见的骨科疾病多由创伤引起。常见的创伤性原因包括车祸、高处跌落、咬伤和枪伤。创伤患猫通常会发生多系统损伤，包括可能危及生命的胸部、腹部和头部损伤。在处理并发的骨科损伤之前，必须对这些损伤进行适当的识别和治疗。据报道，某兽医诊所就诊的创伤患猫死亡率为20% ~ 25%[1-3]。胸部、腹部或脑损伤通常是这些猫的死因[3]，务必要强调对创伤患猫进行全面彻底的评估和适当的急诊处理的重要性。

本书的以下部分介绍了多发性创伤患猫的初始评估和急诊治疗方法。此外，还总结了常见软组织损伤和神经损伤的基础诊断和治疗特点。这本书的重点是骨科手术，并没有涵盖创伤的病理生理学、重症护理技术和软组织手术的完整描述。有关这些专题的详细说明，请参阅专门的教科书。

第 9 章　多发性创伤的病因和严重性

K. Voss

多发性创伤的定义是身体多个部分或多个器官存在创伤。猫的多发性创伤比犬更常见。不同研究表明，30% ~ 60% 的创伤患猫存在多发性创伤 [1–4]，同时存在 3 个以上的创伤并不罕见（图 9–1）。多个原因可以解释为什么猫的多发性创伤频发。在发生车祸和高处跌落时，猫常常会遭受高强度的创伤。由于体型较小，能够吸收事故中产生的能量所需的体重更少，因此与体型相对更大的动物相比，猫的器官受到的保护更少 [5]。

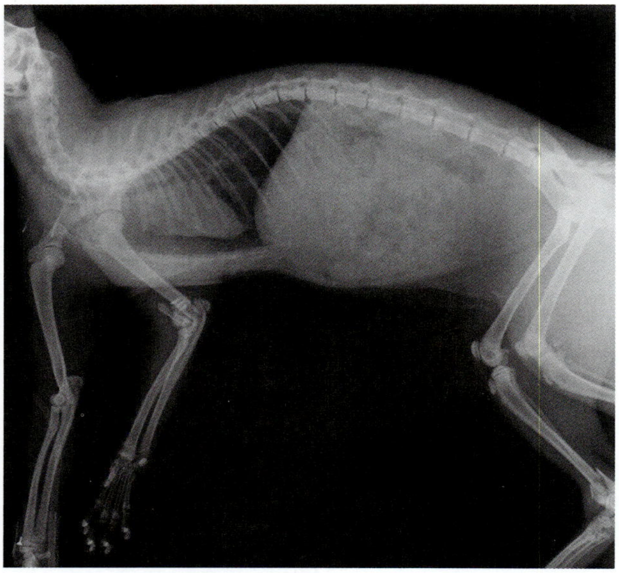

图 9–1　多发性创伤患猫的侧位 X 线片。患猫临床症状表现为休克、呼吸困难和多肢损伤。这是在液体复苏和胸腔穿刺抽出空气后拍摄的 X 线片。X 线片可见气胸、腹部细节丢失、肱骨远端关节骨折、胫骨远端关节骨折和第 4 腰椎椎体无移位的骨折

创伤的严重性和分布因其原因而异。表 9–1 总结了不同研究中的创伤原因 [1,2,6,7]。车祸和高处跌落往往会导致四肢、头部和颈部、骨盆和胸部创伤。割草机或收割机往往导致大面积的软组织损伤或创伤性截肢，特别是造成远端肢体的断裂。犬咬伤通常造成严重的腹内或胸部损伤。

创伤的严重性可以借助评分系统分级，见表 9–2 示例 [8]。评分系统有助于粗略判断动物预后和估测治疗花费。但需要明确的是，有些特定部位的损伤，如泌尿道创伤，可能在早期发生时并不明显。因此，需要事先告知动物主人，动物可能还会存在其他一些只能在后期治疗阶段才能诊断的创伤。这些创伤会影响病情、死亡率、预后和治疗费用。在一项对 100 只创伤患猫进行的关于诊断影像学与流行病学因子关系的研究显示，创伤后存活率与动物年龄、脊髓损伤和腹部创伤呈负相关 [3]。

9.1　车祸

车祸通常引起胸部、骨骼、神经系统和腹部的钝性创伤。英国的一项流行病学研究显示，幼年、雄性和混血猫发生车祸的风险更高 [9]。7 月龄至 2 岁的猫发生车祸的风险更高，而且每增长 1 岁，被撞伤的概率降低 16%[10]。老年猫发生车祸的风险较低，可能因为老年猫经验多，能更好地处理危险情况，而且从行为上可能也会更多地待在家中，很少外出。全年都有可能发生车祸，但是相

表 9–1　创伤后猫的死亡率及最常见的创伤部位

特征	车祸	高处跌落	枪伤	犬咬伤
死亡率	16% ~ 24%	10%	未知	未知
最常见的创伤部位	四肢（后肢比前肢更常见） 头部和颈部 骨盆	胸部 头部 四肢（前肢比后肢更常见）	肱骨 脊柱	腹壁 腹内器官

表 9-2　创伤动物评分系统

分级	分级描述	损伤类型
0	无可见创伤	体格检查或影像学检查未见创伤
1	轻微	皮肤小擦伤或撕裂 骨盆骨折未移位 单一掌骨或跖骨骨折
2	中度	广泛或深度撕裂或擦伤 头骨或脊柱骨折，但无神经症状 关节脱臼和韧带断裂 单一长骨、肋骨或骨盆骨折
3	严重，但不危及生命	多发性、广泛性、深度擦伤或撕裂 头骨或脊柱骨折，并伴有轻微神经症状 气胸、血胸或肺挫伤，并伴有轻微呼吸功能受损 多发性骨盆或长骨骨折
4	严重，危及生命	多发性、广泛性撕裂，伴有休克 头骨或脊柱骨折，并伴有严重神经症状 胸部创伤，伴有呼吸受损 腹部创伤，伴有休克 膀胱破裂或腹腔积血 严重骨盆骨折，伴有广泛性软组织创伤 多发性开放性长骨骨折，伴有休克

注：该表覆盖从轻度到严重甚至威胁生命的症状（改编自 Kolata[8]）。大约 50% 的创伤患猫为严重损伤。

对更多地发生在夜间[10]。佩戴反光脖圈不能预防车祸的发生[10]。

创伤的部位和严重性取决于车辆的速度和撞击到身体的部位。最常见头骨、四肢、骨盆骨折和胸部创伤[1,2]。后肢比前肢更易受伤。大多数车祸引发的创伤都非常严重，需要手术治疗。一项研究显示，50% 的患猫需要手术治疗，其中大约一半患猫需要二次手术[2]。二次手术要么是再次治疗首次手术中未发现的损伤，要么是由于首次手术失败。文献报道，发生车祸后在医院接受治疗的患猫死亡率相对较高，为 16% ~ 24%[1,2]。数据不包括事故后立即死亡或在送往医院途中死亡的猫。

9.2　高楼坠落综合征

高楼坠落综合征表示从二层或更高的楼层摔下来引起的一系列可能的损伤。猫有一种特殊的能力，可以在跌落过程中翻转身体用脚着地，因此，有时仅造成轻微创伤，但也会发生严重的创伤，据报道死亡率约为 10%[6,7]。

创伤的种类和严重性取决于跌落的高度及跌落的地面类型[6]。90% 的高楼坠落综合征患猫会发生胸部创伤[6]。其中，肺挫伤和气胸最常见，是引起患猫死亡的主要原因。然而胸部创伤的发生率和跌落的高度无关[7]。面部创伤（包括硬腭骨折）和四肢创伤也常发生。前肢的创伤多见于高处跌落，而非车祸，并且多是肘关节远端创伤。股骨远端骨折是后肢最常见的损伤。跌落到尖锐物体上，如金属栏杆，会引起穿刺伤[11]。

创伤发生的数量或比例取决于地面的冲击力，即由猫跌落到地面时的速度决定。猫在跌落过程中水平伸展，在大约 5 层楼的高度达到最终速度（60 mph，97 km/h）[6]。根据这个假设，某项研究表明，受伤率呈线性增加，直到 7 层楼的高度[6]。从 7 层楼以上的高度跌落引起的损伤和骨折数量会减少[6]，因为达到最终速度后，前庭系统不再受加速度刺激，猫会因此放松，可以将后肢位置调整至更加水平。这种位置的变化可导致来自地面的压力分散开，从而减少骨折的发生率[6]。

9.3 枪伤

猫的枪伤比较少见，文献多报道犬枪伤的相关信息[12]。由于猫体型较小，大多数枪伤发生于身体近端部位，如胸部、脊柱、腹部和四肢近端。约 50% 的肢体枪伤会引起骨折[12]。由于高能量的瞬时释放，所以枪伤引起的骨折通常非常严重，往往导致粉碎性骨折和软组织创伤。因此，枪伤导致的创伤通常归类为 3 级开放性骨折（第 13 章）。根据作者经验，肱骨和脊柱最容易受损。

枪伤引起的胸部和四肢创伤比腹部或脊柱创伤预后更好[12]。如果伴有深痛丧失、严重粉碎和移位的椎体骨折 / 脱位（提示脊髓横断），则脊柱损伤的预后差。在极少数情况下，脊髓震荡可导致可逆的神经功能障碍。如果缺乏严重脊髓损伤的 X 线征象，或者神经功能缺陷在数小时内改善，应怀疑脊髓震荡。

9.4 犬咬伤

犬咬伤远没有猫咬伤常见，但是会引起严重的创伤。猫咬伤往往不会引起严重的多发性创伤，因其创口很小且局限，详见第 16 章。

犬咬伤的伤口存在剪切力、张力和压缩力作用，其中张力和压缩力最具破坏性。张力会导致皮肤从下层组织撕脱，血液循环受阻，进而形成死腔导致感染。压缩力可导致下层组织破坏，可能导致骨折、体壁撕裂和胸内或腹腔器官损伤。这些严重的损伤发生在皮肤以下，即使皮肤损伤并不严重，也有可能存在。由于广泛的组织破坏和感染的发展，犬咬伤的患猫也有发展成全身炎症反应综合征（SIRS）和（或）败血症的风险。

在一项针对犬和猫咬伤的调查中，四肢是最好发的部位，其次是头部和颈部，以及胸腹部区域[13]。根据作者经验，猫的犬咬伤大多发生在腹部区域，导致腹壁疝和（或）腹腔器官损伤（图 9–2）。一项研究显示，猫 40% 的腹壁疝是由咬伤引起的[14]。常通过开腹探查排除腹腔内器官的损伤。犬咬伤胸部区域后，可造成胸壁损伤、开放性或闭合性气胸；也可能造成骨折和关节损伤。

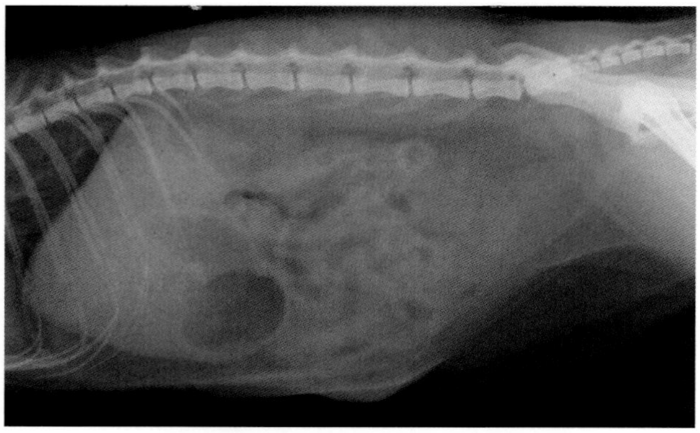

图 9–2 一只猫的腹部右侧位 X 线片，该猫 1 h 前被 2 只犬咬伤。皮肤完整，但腹壁肿胀、不连续。开腹探查发现腹壁破裂，小肠袢穿孔，脾破裂

9.5 底悬窗夹伤

如果一只猫在爬窗的时候卡在了 V 形窗口，就会被夹在底部有铰链的窗户里。通常是从肋骨到骨盆的位置被夹住。为了试图挣脱，它们会在 V 形开口向下嵌入更深。导致多个器官缺血性损伤，而且时间越长损伤越严重，进而引起缺血性神经肌肉疾病、腹部器官损伤（如肾脏、膀胱、结肠）和脊髓缺血。一段时间后，还可能发展为休克。“窗户 – 猫综合征”的病理生理学、临床症状、治疗方案和预后见第 6 章的描述。

参考文献和延伸阅读

[1] Kolata RJ, et al. Patterns of trauma in urban dogs and cats: a study of 1000 cases. J Am Vet Med Assoc 1974;164:499–502.
[2] Rochlitz I. Clinical study of cats injured and killed in road traffic accidents in Cambridgeshire. J Small Anim Pract 2004;45:390–394.
[3] Zulauf D, et al. Radiographic examination and outcome in consecutive feline trauma patients. Vet Comp Orthop Traumatol 2008;21:36–40.
[4] Griffon D, et al. Thoracic injuries in cats with traumatic fractures. Vet Comp Orthop Traumatol 1994;7:98–100.
[5] Oechtering G, et al. Polytrauma. In: Horzinek MC, Schmidt, V, Lutz H (eds) Krankheiten der Katze, 4th edn. Stuttgart: Enke Verlag; 2005: pp. 649–665.
[6] Whitney WO, Mehlhaff CJ. High-rise syndrome in cats. J Am Vet Med Assoc 1987;191:1399–1403.

[7] Vnuk D, et al. Feline high-rise syndrome: 119 cases (1998–2001). J Feline Med Surg 2004;6:305–312.

[8] Kolata RJ. Trauma in dogs and cats: an overview. Vet Clin North Am Small Anim Pract 1980;10:515–522.

[9] Rochlitz I. Study of factors that may predispose domestic cats to road traffic accidents: part 1. Vet Rec 2003;153:549–553.

[10] Rochlitz I. Study of factors that may predispose domestic cats to road traffic accidents: part 2. Vet Rec 2003;153:585–588.

[11] Pratschke KM, Kirby BM. High rise syndrome with impalement in three cats. J Small Anim Pract 2002;43:261–264.

[12] Fullington RJ, Otto CM. Characteristics and management of gunshot wounds in dogs and cats: 84 cases (1986–1995). J Am Vet Med Assoc 1997;210:658–662.

[13] Holt DE, Griffin G. Bite wounds in dogs and cats. Vet Clin North Am Small Anim Pract 2000;30:669–679.

[14] Shaw SR, et al. Traumatic body wall herniation in 36 dogs and cats. J Am Anim Hosp Assoc 2003;39:35–46.

第 10 章　创伤动物的一般管理

K. Voss

创伤猫的管理应该高效、系统和完整。本章节所描述的方法仅供参考，实际使用中需要根据不同个体进行调整。全过程包括对患病动物的初步大体检查，急诊治疗，急诊治疗过程中患病动物再评估，完整的临床、骨科和神经学检查，以及进一步诊断（图 10–1）。

创伤动物初步临床检查和评估的重点在于确定动物是否有危及生命的呼吸、循环和神经问题。首先要观察的是精神状态、呼吸频率和呼吸型、心率、黏膜颜色和毛细血管再充盈血间，以及体温。当患猫出现呼吸受损、休克或脑损伤时，需要立即治疗（第 11 章）。如果呼吸受损很明显，要考虑供氧和进行胸腔穿刺术。如果休克是最主要的问题,第一步要进行液体复苏。在复苏过程中，对患病动物每 10 ~ 15 min 进行一次评估，来判断治疗的反应。

一旦动物体况稳定，并且可以安全地进行检查操作，就需要对动物进行完整的体格检查、骨科检查和神经学检查。这一步是为了诊断或排除外伤，并获得其他信息，以判读是否需要进一步的检查。通过这些检查，我们可以告诉动物主人动物损伤的预估的严重性，并且根据完整的体格检查和对急诊处理的反应与主人沟通接下来的治疗方案。

所有创伤患猫都应进行常规的血液学检查、胸部和腹部 X 线检查。要尽可能早地采集血液样本，以便获得基础数据，便于之后比较。胸部和腹部 X 线片可以确认临床诊断，并识别体格检查

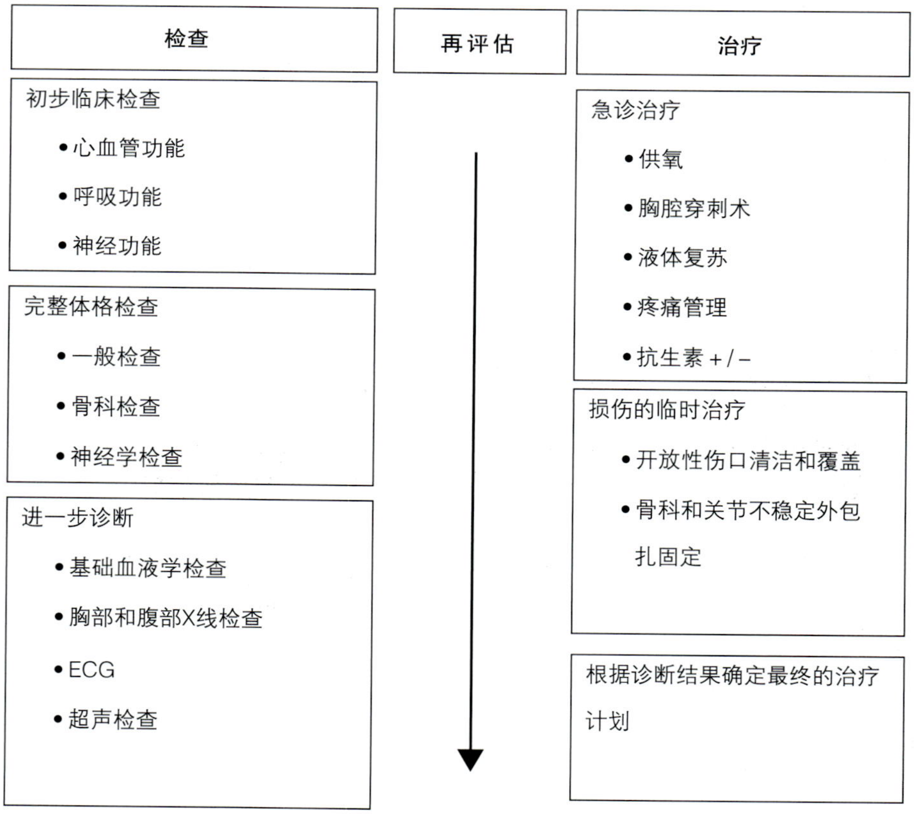

图 10–1　创伤动物的处理流程。ECG，心电图

遗漏的其他异常。注意，只能对稳定的患猫进行X 线检查。特定损伤的急诊治疗见第 12 章。

由于猫的体型小，可以把胸部和腹部在同一张 X 线片中进行拍摄。虽然这样的投照中心不完美，但可以概览所有身体系统。一项研究评估了城市地区的 100 只创伤患猫的全身 X 线片，96% 的猫发现损伤[1]。研究结果总结在表 10–1 中。并不是发现的所有损伤都需要治疗，但是识别出这些损伤有助于决策过程和判断预后。

根据临床检查和 X 线征象，可能需要进一步诊断。心电图可以发现由创伤性心肌炎或潜在的心脏疾病导致的心律失常。超声检查有助于进一步评估腹腔内或胸腔内损伤。

就诊后，要尽快使用止疼药进行疼痛管理。疼痛会引起外周血管收缩和降低外周循环。胸壁疼痛或膈损伤还会影响呼吸，从而导致通气不足。阿片类药物，如吗啡、芬太尼或丁丙诺啡，适用于大部分患猫的镇痛（第 18 章）。是否需要对创伤患猫使用抗生素治疗还没有统一定论，但是对于失代偿性休克和严重肺挫伤的病例使用抗生素似乎是合理的。对于污染或感染的开放性伤口，包括开放性骨折或关节损伤，应使用抗生素治疗。

当动物趋向稳定，满足麻醉和手术条件时，可以进行骨科和神经损伤的治疗。患病动物的血流动力学和代谢必须要稳定，肺脏功能不能受损，红细胞压积要高于 20%，白蛋白浓度要超过 20 g/L。有些损伤（如脊柱骨折和脱位、开放性骨折和关节损伤、幼年猫的股骨和生长板骨折）功能恢复的预后都是与时间相关的。这些病例中的患猫都要尽快手术。

表 10–1　城市地区的 100 只创伤患猫全身 X 线片的 X 线征象

猫的比例	受影响的身体系统	损伤类型（发生频率从高到低）
53%	胸部	气胸 肺挫伤 胸腔积液 肋骨骨折 膈疝
39%	腹部	腹腔细节丢失 腹膜后间隙细节丢失 腹壁创伤
34%	骨盆	骨折 荐髂关节骨折 / 脱位
26%	脊柱	荐尾关节骨折 / 脱位 胸腰椎骨折 / 脱位
18%	周围软组织	肿胀 皮下气肿

注：创伤类型包括未知创伤（32%）、车祸（30%）、高处跌落（25%）、咬伤（7%）和其他（6%）。由于肢端通常不包含在全身 X 线片中，只对躯干创伤进行了评估。

参考文献和延伸阅读

[1] Zulauf D, et al. Radiographic examination and outcome in consecutive feline trauma patients. Vet Comp Orthop Traumatol 2008;21:36–40.

第 11 章　创伤性出血性休克

K. Voss

休克是指组织供氧不足无法维持代谢。创伤性出血性休克是由出血和组织损伤共同导致的，创伤患猫好发。急性的外出血和内出血均会使循环血量减少，并直接造成低血容量。急性出血达到 20% 的动物需要积极的液体复苏，失血超过 50% 通常会导致动物的死亡[1]。猫正常的血容量是 66 mL/kg。

组织创伤导致的出血性休克是由血流重新分布到毛细血管造成的，该过程由神经性机制和疼痛诱导的血管收缩引起，从而间接导致低血容量。在休克后期，肾脏、胃肠道和胰腺的血供与供氧不足是创伤性出血性休克病理生理机制的开始，会引发多器官衰竭和死亡。

11.1　休克分期

休克分为 3 期：代偿期、失代偿早期和失代偿末期。这种代偿机制是器官用来拯救机体的保护措施。

休克的代偿期很重要的特征是有儿茶酚胺的释放，导致心输出量和系统性血管阻力增加。动物处于高代谢状态，主要的临床特征是心动过速。动脉血压正常或升高，黏膜颜色正常或发红，毛细血管再充盈时间正常或延长。在进行液体治疗后通常预后较好。

休克的失代偿早期特征是血流向心脏和大脑重新分布，导致组织开始缺氧。组织缺氧导致细胞从有氧代谢变成无氧代谢，造成乳酸增多。不同细胞和组织释放的细胞因子引起低血压、炎症和凝血激活、心动过速、呼吸急促，以及分解代谢增加。失代偿早期的临床症状包括低体温、肢端和皮肤凉、黏膜颜色苍白、毛细血管再充盈时间延长、精神沉郁和心动过速。与犬相比，猫通常不表现心动过速[3]。积极的液体复苏对该状态的很多动物都是可以救命的，但也可能恶化或引起再灌注损伤。

在休克的失代偿末期，机体的代偿机制无法给组织提供足够的氧气，心脏和大脑开始衰竭，出现心率变慢、血管舒张、血液淤积、低血压和呼吸抑制。临床表现为心动过缓、严重低血压、黏膜苍白或发绀、毛细血管再充盈时间延长、脉搏微弱或缺失、低体温、无尿性肾衰，以及肺水肿。休克末期通常对治疗反应不佳，即便进行了激进的液体治疗。

11.2　猫休克的症状

猫休克的临床表现与其他物种不同（专栏 11-1）。在医院环境下，正常猫的心率范围是 150 ~ 180 次 /min[4]。休克患猫低血压，心率可能正常，或者心动过缓[3]。对这种现象的一种解释是，猫不同于其他物种，缺乏通过升高心率来代偿休克的能力[3]。因此，很难区分猫的失代偿早期和末期，因为在这两种时期，猫都会表现为心动过缓和低血压。其他休克的临床表现是精神沉郁和严重低体温。低体温会在心动过缓和心输出量低的情况下加重。但是，低体温会抑制窦房结而导致心动过缓[3]。

专栏 11-1　猫休克的临床表现

提示休克的临床参数

- 精神沉郁
- 低体温（＜ 98 °F或 37℃）
- 心率升高、正常或降低
- 脉搏弱或不可触及
- 黏膜颜色发灰或苍白
- 毛细血管再充盈时间延长或消失

11.3　液体复苏

休克的治疗包括液体复苏、低体温时积极为患猫加热保温及供氧治疗。尽管休克的治疗需要快速液体复苏，但在猫中使用液体治疗要比犬更谨慎。猫过度输液时更容易肺水肿，这可能是致命的，尤其是在并发其他胸内损伤时。因此，给猫输液时要小心监测。

11.3.1 晶体液和胶体液复苏

严重休克的患猫静脉会塌陷，放置外周静脉导管时会比较困难。在这种情况下，手术切开可以增加静脉的显示度，也可以放置中央静脉导管，或者幼年猫临时骨内输液，都可以建立通路。

快速用等渗晶体液扩容是休克治疗的关键方法，但晶体液在 30 ~ 60 min 后会进入细胞间质中。如果快速补充大量晶体液，猫很容易发生肺水肿或胸腔积液。治疗猫休克时，最好同时使用晶体液和胶体液[3]。加入胶体液（羟乙基淀粉）或高渗右旋糖酐盐水（右旋糖酐 70 中含 7.5% 盐水）会使液体留在血管内。这对于需要大量补液、脑损伤和肺挫伤的患病动物很重要。胶体液通常静脉推注，反应不好的病例中会重复使用。推注时缓慢给予，因为快速输注胶体液会导致低血压和呕吐。初始液体剂量见表 11-1。

表 11-1 列举的剂量不是在 1 h 内给予的。在快速补液时，心血管功能、呼吸功能、体温、精神状态应该每 10 min 评估一次。这些临床指标趋向正常时，就要降低输液速度。理想的平均动脉压应达到 60 ~ 80 mmHg，中央静脉压 6 ~ 8 cmH_2O。在进行性出血的患猫中，平均动脉压应保持低于正常值，为 50 ~ 60 mmHg，以减少持续出血的风险。提示对液体治疗反应不足的灌注参数见表 11-2[5]。

必须小心监测猫是否出现肺水肿和（或）胸腔积液。如果容量过载，要显著降低液体量或停止输液，并按 2 ~ 4 mg/kg 的剂量静脉给予呋塞米。

11.3.2 输血

休克的初始治疗通常不需要输血，但在治疗末期通常要输血。如果有严重出血，则早期可输注新鲜全血。

新鲜全血和浓缩红细胞

猫有 3 种血型：A 型、B 型和 AB 型[6]。A 型血最常见，特别是混血猫。其次是 B 型血，在某些纯种猫中较常见[7]。AB 型血比较罕见。没有通用的供血猫，因为 A 型血的猫会产生抗 B 型血抗体，反之亦然[8]。B 型血的猫接受 A 型血会产生致命的输血反应[9]，A 型血的猫在接受 B 型血后也会产生轻微的反应。因此，供体和受体的血液都必须是同一血型的（RapidVet H Feline; dms laboratories, Flemington, NJ, USA）且输血前交叉匹配。AB 型血的猫应该输特定血型的血，如果没有 AB 型血，也可以输 A 型血[8]。当供血者充足且血液兼容时，一般不会发生凝血反应[10]。

表 11-1 猫创伤性出血性休克的输液速度和剂量

液体类型	速度
单用等渗晶体液	最高 50 mL/(kg · h)
羟乙基淀粉（6% 或 10%）	复苏：10 mL/kg，20 min 内输注［晶体液以 20 mL/(kg · h) 的速度输注］ 维持：10 ~ 20 mL/(kg · d)
高渗盐水（7.5%）	3 ~ 5 mL/kg，5 ~ 10 min 内输注［晶体液以 20 mL/(kg · h) 的速度输注］
新鲜全血和浓缩红细胞	5 ~ 10 mL/(kg · h)（直到 PCV > 15% ~ 20%） 输血量（mL）= kg × 66 ×［（预期的 PCV- 受血猫 PCV）/ 供血猫 PCV］
新鲜冷冻血浆	10 ~ 15 mL/kg（按维持速度）
血红蛋白类氧载体	1 ~ 2 mL/(kg · h)，最多输注 5 ~ 10 mL/kg

注：PCV，红细胞压积。

表 11-2 表明休克治疗有明显反应的参数

参数	理想值
心率	160 ~ 200 次 /min
体温	38 ~ 39℃（100 ~ 102.5 ℉）
黏膜颜色	淡粉色（尽管已经补足液量，但因血液丢失，可能表现苍白）
毛细血管再充盈时间	1 ~ 2 s
脉搏	股动脉脉博易触及
平均动脉压	60 ~ 80 mmHg
中央静脉压	5 cmH_2O

健康的 4 kg 猫，如果在采血过程中静脉输注液体，可以献血 40 ~ 50 mL（最大量）（占总血量的 20%）[11]。需补充输入献血量 2 ~ 3 倍的晶体液。采血前需确定供体猫的红细胞压积。采血时，猫通常需要镇静。

急性严重失血，需要补充多种细胞成分，故首选输注新鲜全血。如果治疗慢性贫血可能导致容量过载，首选输入浓缩红细胞。猫浓缩红细胞的 PCV 为 45% ~ 65%[8]。新鲜全血或浓缩红细胞输注的目标是保持 20% 以上的 PCV，特别是患病动物需要进行手术时。猫对贫血的耐受性比犬更强 [12]，不需要接受手术的猫在 PCV 低至 15% 时耐受性也较好。计算达到所需 PCV 的血量计算公式如表 11-1 所示。也可参照简易方法：2 mL/kg 的全血可使受血动物的 PCV 升高 1%，或者 1 mL/kg 的浓缩红细胞可使 PCV 升高 1%。血液制品通过 170 μm 的过滤装置，然后通过单独的静脉通道输注。输注后用 0.9% 生理盐水冲洗管道，因为生理盐水不含钙，可以降低凝血的风险。

血红蛋白类氧载体

血红蛋白类氧载体（HBOCs）含有牛血红蛋白，用于增加组织的氧气输送。血红蛋白缺乏细胞表面抗原，是普遍兼容的血液产品。目前尚未在猫上注册使用，但建议剂量为 5 mL/(kg · h)，最大剂量为 5 ~ 10 mL/kg[8]。HBOCs 具有明显的胶体效应，应密切监测，以防止容量过载。

新鲜冷冻血浆

新鲜冷冻血浆含有凝血因子、白蛋白和其他血清蛋白以及血浆蛋白酶抑制剂。创伤动物注射新鲜冷冻血浆后可通过提供凝血因子来预防或治疗弥散性血管内凝血（DIC）。新鲜冷冻血浆不适合治疗低蛋白血症，因为无法显著提高白蛋白浓度。将白蛋白浓度提高 10 g/L 需要 45 mL/kg 的剂量（将导致容量过载）。低蛋白血症患猫的血清白蛋白可能在短期轻度增加。白蛋白浓度低于 20 g/L 的猫应按维持速度输注羟乙基淀粉，以维持胶体渗透压。

新鲜冷冻血浆缓慢升温到 37℃，然后通过 170 μm 的过滤装置，单独建立静脉通道输注。一旦加热，应在 4 h 内使用，因为凝血因子在 4 h 后不能保持稳定。

参考文献和延伸阅读

[1] Day TK. Shock: pathophysiology, diagnosis, and treatment. In: Slatter D (ed.) Textbook of small animal surgery, 3rd edn. Philadelphia: Saunders; 2004: pp. 1–17.

[2] Turnwald GH, Pichler ME. Blood transfusion in dogs and cats. Part II. Administration, adverse effects and component therapy. Compend Continuing Educ 1985;7:115–122.

[3] Kirby R, et al. Cats are not dogs in critical care. In: Bonagura JD (ed.) Kirk's current veterinary therapy XIII. Philadelphia: WB Saunders; 2000.

[4] Abbott JA. Heart rate and heart rate variability of healthy cats in home and hospital environments. J Feline Med Surg 2005;7: 195–202.
[5] Rudloff E, Kirby R. Colloid and crystalloid resuscitation. Vet Clin North Am 2001;31:1207–1229.
[6] Griot-Wenk ME, Giger U. Feline transfusion medicine. Blood types and their clinical importance. Vet Clin North Am Small Anim Pract 1995;25:1305–1322.
[7] Knottenbelt CM. The feline AB blood group system and its importance in transfusion medicine. J Feline Med Surg 2002; 4:69–76.
[8] Haldane S, et al. Transfusion medicine. Compend Continuing Educ 2004;26:502–518.
[9] Auer L, Bell K. The AB blood group system in cats. Animal Blood Groups, Biochem Genet 1981;12:287–297.
[10] Weingart C, et al. Whole blood transfusions in 91 cats: a clinical evaluation. J Feline Med Surg 2004;6:139–148.
[11] Knottenbelt C, Mackin, A. Blood transfusions in the dog and cat. Part 1. Blood collection techniques. In Pract 1998;20: 110–114.
[12] Knottenbelt C, Mackin A. Blood transfusion in the dog and cat. Part 2: Indications and safe administration. In Pract 1998;20: 191–199.

第 12 章　多发性创伤患猫的特殊损伤

K. Voss

猫发生创伤时，常出现胸部、腹部和神经损伤。这些器官的损伤通常比同时发生的骨科损伤更严重，对生存和预后的影响更为重要。本章总结了最常见的问题和损伤的初始管理。

12.1　胸部创伤

胸部创伤在骨折病例中常见。约 40% 的骨折患猫存在胸部损伤的 X 线征象[1]。头部和前肢骨折的动物相较于后肢和骨盆骨折的动物而言，明显更容易伴有胸部损伤[1]，通常包括肺挫伤、气胸、肋骨骨折和膈疝。猫在创伤后也会出现胸内气管撕裂[2]。呼吸系统异常导致呼吸频率升高和呼吸型异常。呼吸型的类型随疾病不同而变化。胸腔疾病通常导致浅快呼吸，伴有吸气困难。肺实质疾病引起吸气和呼气困难。严重的和危及生命的呼吸系统异常伴有张口呼吸、姿势改变和胸腹运动不协调。发绀时，PaO_2 低于 40 mmHg，是重度低氧血症的标志。

在呼吸困难的创伤患猫中，初始治疗的目的在于增加氧气摄入，减少氧气需求（表 12-1）。对于所有呼吸困难的创伤动物，都需要立刻进行供氧支持。在急诊检查和建立血管通路时，可以使用直流式或面罩供氧。大多数猫可以耐受直流式吸氧，但与面罩相比，实际吸入的氧浓度更小。在需要持续供氧的情况下，氧箱对猫是更好的方式。封闭的氧箱内提供 2 L/min 流速的氧气，可以使吸入氧浓度达到 40% ~ 50%，而且长时间供氧也是安全的。氧箱内的环境温度和湿度需要监测和调整。理想状态下，血氧饱和度应超过 94%，PaO_2 超过 80 mmHg。如果在适当的供氧条件下，仍存在严重的低氧血症（PaO_2 < 60 mmHg），则需要人工通气。

张口呼吸和呼吸急促在某些创伤患猫中可能只是由于应激和疼痛，在评估和初始治疗过程中的早期疼痛管理能够显著改善呼吸状态（表 12-1）。疼痛管理也能减少氧气需求。极度应激的患猫

表 12–1　呼吸困难的创伤患猫的初始治疗

措施	药物 / 治疗	剂量 / 速率	适应证
吸氧	直流式 面罩 氧箱	6 ~ 8 L/min 6 ~ 10 L/min 2 L/min	所有呼吸困难的患病动物
镇痛	丁丙诺啡 吗啡 布托啡诺	0.01 ~ 0.03 mg/kg，IV/IM/SC 0.1 ~ 0.3 mg/kg，IM 0.2 ~ 0.4 mg/kg，IV/IM	所有呼吸困难的患病动物
液体治疗	晶体液 胶体液（羟乙基淀粉）	10 ~ 50 mL/(kg · h) 10 mL/kg，20 min 内输注	所有休克的患病动物 若晶体液需求量大，加入胶体液（但要降低晶体液速度）
胸腔穿刺			初始治疗后仍持续性呼吸困难的患病动物
镇静	乙酰丙嗪	0.01 ~ 0.02 mg/kg，IV/IM	非常兴奋或难以处置的患猫
抗炎	地塞米松	0.02 mg/kg，IV	上呼吸道阻塞

注：每只动物都需要接受供氧、镇痛和液体治疗。更进一步的措施或药物治疗取决于呼吸困难的严重性和潜在病因。

偶尔也需要轻度镇静，以减少兴奋带来的氧气需求。头部创伤的患猫可能会因舌下腺、喉部或咽部肿胀形成上呼吸道阻塞，这些动物注射一次地塞米松有助于减少肿胀。对保守治疗无效的上呼吸道阻塞动物，需要进行气管切开术。

所有呼吸困难的创伤动物在获取 X 线片前都要进行胸腔穿刺术。如果能从胸腔中抽出液体或气体，胸腔穿刺术既是诊断方法也是治疗手段。在一项研究中，超过 50% 的呼吸困难患猫可以抽出气体[3]。如果患猫状态允许，穿刺部位要剃毛和无菌准备，而且操作过程中要佩戴无菌手套。胸腔穿刺术见图 12-1。如果一侧没有抽出气体或液体，则在对侧采取相同操作。

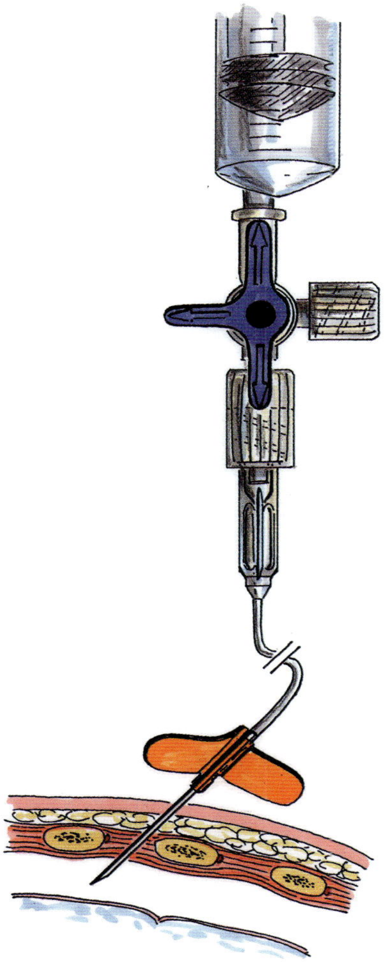

图 12-1　胸腔穿刺术。18 ~ 22 G 头皮针连接延长管、三通阀和 20 mL 注射器组成封闭式抽吸系统。针头在第 7 ~ 9 肋间穿刺，从肋骨前缘进针以保护肋间动脉。怀疑气胸时，根据动物体位在胸部最背侧进行穿刺。怀疑积液时，在胸部最腹侧穿刺。注意不要损伤与胸骨平行的胸内动脉

每只创伤动物都要拍摄胸部 X 线片。并不是所有的胸部损伤都会引起呼吸窘迫的临床症状，有些病例没有 X 线片就无法确诊，尤其是没有大量器官疝入的膈破裂。呼吸窘迫的患猫在 X 线检查前都需要稳定状况。拍摄 X 线片所造成的应激会使动物的氧气需求上升，可能超过最大的氧流量水平，导致低氧血症甚至死亡。在极少数情况下，尽管患猫接受了内科稳定治疗而且胸腔穿刺阴性，但仍可能表现出逐渐恶化的呼吸窘迫。在这些病例中，尽管患猫存在呼吸困难，但也务必要拍摄 X 线片，以排除或诊断膈疝。这种情况下，一张侧位片就足够了；对于侧卧会加重呼吸困难的患猫，最好采用水平 X 线投照。X 线检查过程中，应供氧。

12.1.1　气胸

胸壁、支气管和肺实质的破裂可导致空气在胸腔和（或）纵隔内积聚。最常见的损伤是胸部钝伤后的肺实质撕裂，造成胸腔内积聚气体，导致胸腔负压丧失和肺叶塌陷。图 12-2 展示了一只气胸患猫的 X 线片。如果泄露部位存在单向阀作用，就会导致空气迅速积聚，胸内压力逐渐升高，出现张力性气胸，从而导致动物病情迅速恶化。如上所述，怀疑气胸时，胸腔穿刺术（图 12-1）是最重要的诊断和治疗措施。如果呼吸窘迫持续存在，或者因空气持续积聚而恶化，则要再次行胸腔穿刺术。

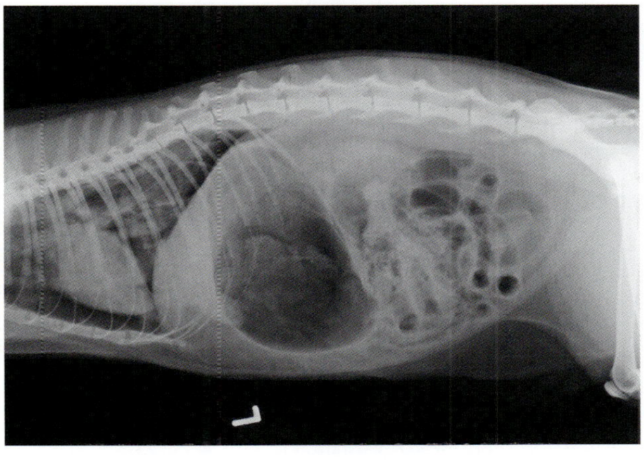

图 12-2　创伤性气胸的患猫。心基部远离胸骨抬高，肺后叶和膈之间存在游离气体。后叶实变。因呼吸困难引起的吞气症，导致胃充气扩张，并影响膈肌运动

大多数肺实质撕裂会在数小时后闭合，不需要进一步治疗。如果数次穿刺后仍存在气胸，或者出现张力性气胸，应放置胸腔导管（图 12-3），使用三瓶系统间歇或连续抽吸。这时很少需要考虑开胸探查，但如果在持续抽吸 3 d 后仍存在空气泄漏，则应考虑进行开胸探查。骨科手术应延迟至气胸痊愈后再进行。麻醉过程中应注意防止因通气压力过大导致已密闭的部位再次破裂。

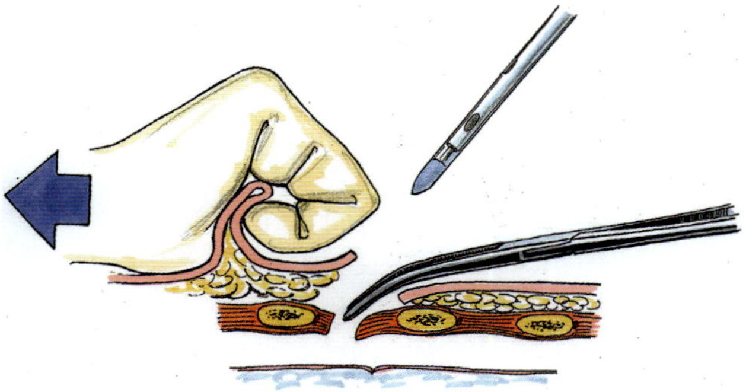

A

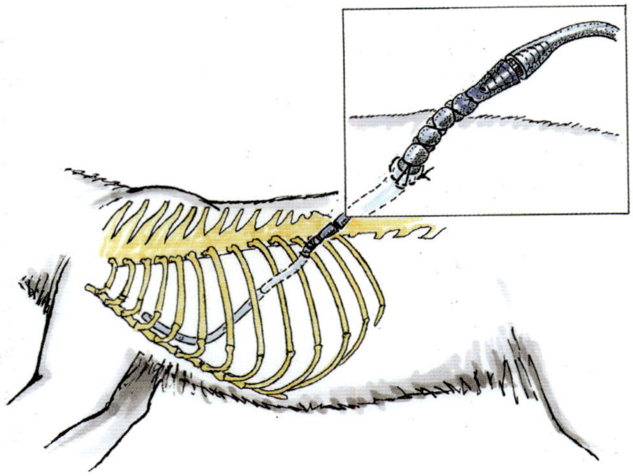

B

图 12-3 胸腔导管的放置。虽然带有金属探针的商品化胸腔导管可以直接放置，但以下描述的技术可以将肺穿孔的风险降到最低。在第 11 肋间的背侧 1/3 处做一皮肤小切口。（A）向前牵拉皮肤，直到皮肤切口到达第 8 肋间。弯止血钳钝性刺透胸壁，然后插入胸腔导管。（B）导管沿胸壁内侧朝前腹侧方向推进。正确的放置位置如图所示。导管放置完成后，抽吸空气或液体。封闭导管，连接抽吸系统，通过指套缝合固定在皮肤上，以防止脱出。伤口部位以绷带包扎

12.1.2 肺挫伤

肺挫伤是指肺出血，可单独发生，也可与其他胸部损伤并发，是胸部损伤中最常见的诊断。当大面积的肺实质被出血阻塞而导致肺功能下降时，就会发生呼吸困难或呼吸急促。创伤后不久拍摄的 X 线片会低估肺挫伤的程度，因为 X 线征象的变化只有在数小时后才能完全看到（图 12-4）。肺挫伤的治疗为支持治疗，包括供氧、谨慎的液体治疗、镇痛（尤其是并发肋骨骨折时），以及减少应激。更严重的病例可以使用抗生素，以降低发生肺炎的风险。如果动物无法通过供氧和支持治疗稳定下来或 PaO_2 低于 60 mmHg，应进行气管内插管和机械通气。

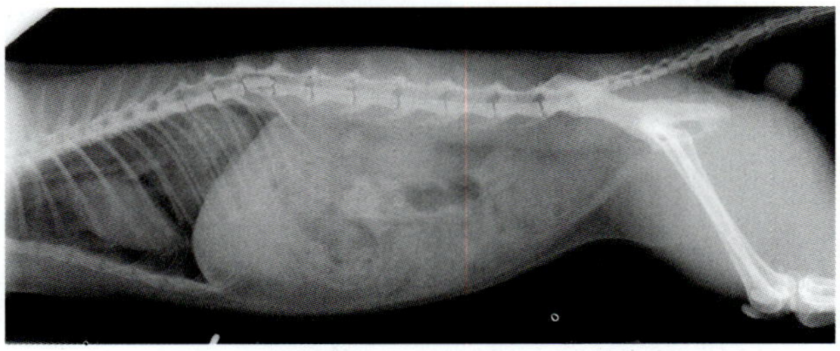

图 12-4 猫肺后叶挫伤的 X 线片。也存在继发于呼吸困难的吞气症

12.1.3 胸壁损伤

肋骨骨折最常见的原因是与其他动物的互动或车祸造成的损伤[4]。几乎所有肋骨骨折的患猫都并发肺挫伤[4]。移位的肋骨碎片可能导致肺实质破裂和气胸。肋骨骨折动物的呼吸窘迫原因在于并发的肺挫伤或胸内疾病，而不是胸廓失稳。肋骨骨折引起的疼痛可能导致动物不愿扩张胸壁，从而损害通气。肋骨骨折患猫的存活率为 78%[4]。并发胸腔积液、膈疝和连枷胸的患猫比没有这些损伤的患猫更容易死亡[4]。连枷胸是肋骨骨折最严重的一种形式，造成连续几根肋骨节段性骨折。由此产生的胸壁游离段在呼吸过程中表现矛盾运动。连枷胸多伴有肺挫伤、气胸和皮下气肿[5]。

猫的肋骨骨折一般可以保守治疗。适当治疗并发的胸内损伤，如气胸和肺挫伤，是保障存活的最重要因素。足够的疼痛管理对促进呼吸也很重要。如果存在连枷胸,将患猫的游离段放置在下，可以减少其运动。传统上，为了减少连枷段的矛盾运动及其对通气的负面影响，建议对连枷段进行稳定。最近关于是否需要稳定连枷段备受争议，因为呼吸窘迫更可能是由胸内损伤造成的[5]。通过对犬猫连枷胸保守治疗和手术治疗的比较，手术治疗的存活率为 66.7%，而保守治疗的存活率为 93.3%[5]。但是，该结果可能是基于病例的选择形成的。

胸部贯穿伤可由犬咬伤或刺穿（如跌倒在尖锐物体上）导致。通常可以在 X 线片上见到并发的肋骨骨折、肋间肌断裂、皮下气肿和气胸（图 12-5）。开放的伤口应立刻用无菌的密封绷带包扎。如果胸腔内存在空气,则需要进行胸腔穿刺术。在动物稳定后，还需要进行伤口管理和胸腔探查。

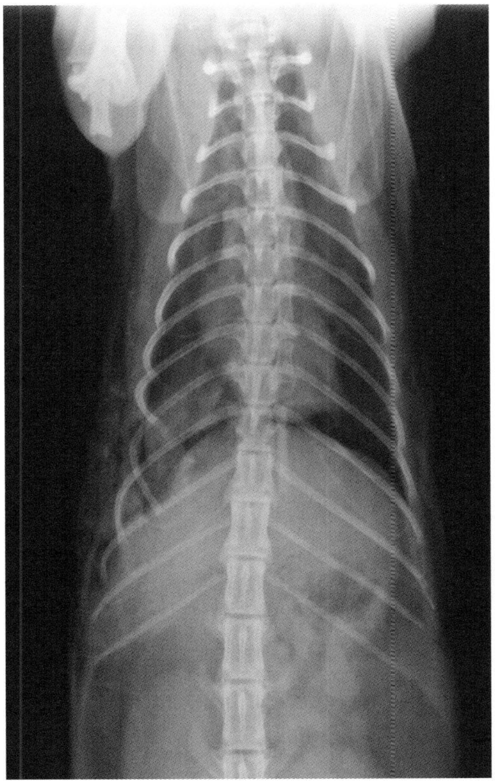

图 12-5　猫腹背位 X 线片。该患猫跌落在尖锐物体上，导致右侧胸壁开放性创伤。第 8 和第 9 肋骨处胸壁破坏，可见皮下气肿、气胸和右肺叶挫伤。后来进行了侧壁开胸探查术、撕裂的肺叶切除术和胸壁修补术

12.1.4 膈疝

在声门打开时，腹部钝伤会引起急性腹内压升高，后续的压力波向前作用，从而导致膈破裂。膈疝更容易发生在车祸后，而不是高处跌落[3]。事故发生时，腹部器官通常会疝入胸腔，但如果只是造成小的膈撕裂孔，器官日后才会疝入。最常疝入的器官包括肝叶、脾脏、网膜、胃和小肠（图 12-6）。器官疝入的数量决定了呼吸功能受损的程度。临床症状为呼吸急促、心音模糊和呕吐[6]。术前应进行心血管系统稳定和供氧。

很多膈疝动物无须着急手术，这就为术前心血管系统的稳定提供了时间。在少数情况下，稳定措施无法改善通气和氧合，这些患猫通常有大量器官疝入胸腔，致使肺无法充分扩张，这时应立即手术治疗。疝入膨胀的胃是另一个需要立即手术的指征，但在猫中很罕见。膨胀的胃在手术准备阶段可以经皮肤穿刺减压。抬高患猫的胸部，最好使用倾斜的桌子，有助于促进通气。

手术包括小心地复位疝入的腹部器官和膈疝修补术。术者可能会遇到圆形或放射状撕裂，或者二者的结合。缺损处由背侧向腹侧连续缝合。注意不要将缝线距离后腔静脉太近而阻塞后腔静脉。在极少情况下，如慢性膈疝，膈组织可能缺失，无法一期闭合。可使用小肠黏膜下层移植物修补缺损。

一项研究报道，猫膈疝的死亡率为 17.6%[6]。术前膈疝存在的时间对死亡率没有影响，患猫更可能死于并发的损伤或疾病，如腹壁疝或心肌病[6]。

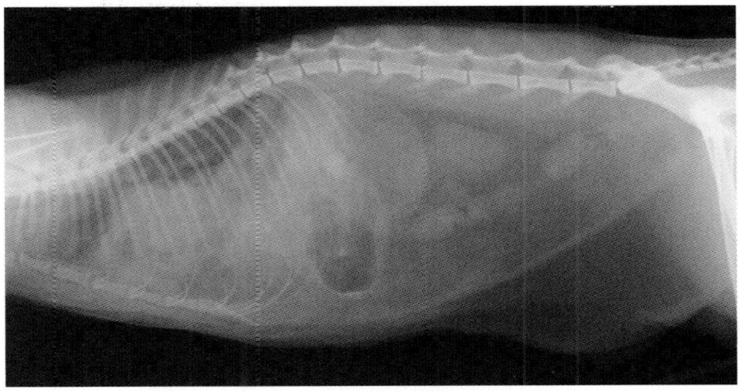

图 12-6　猫创伤性膈疝的 X 线片。膈的正常轮廓消失，大部分小肠和部分肝脏通过膈缺损进入胸腔。腹腔内空虚

12.1.5　胸内气管撕裂

胸内气管撕裂是一种罕见的损伤，仅在数个病例报告和一项 9 只猫的研究中有过描述[2]。胸内气管撕裂通常认为是由于颈部过度伸展时气管过度拉伸所致。撕裂通常发生在分叉处前。因为缺损周围存在一层假膜，气管腔通常是通畅的（图 12-7）。这些猫常在创伤后 1 ～ 3 周因呼吸困难和呼吸窘迫而就诊。呼吸系统症状的发展与撕裂气管末端的狭窄有关。气体很少漏进纵隔，一旦发生，会引起急性症状[2]。治疗需要通过右侧开胸术进行气管端 - 端吻合术[2]。经良好的麻醉和手术治疗后，预后良好[2]。

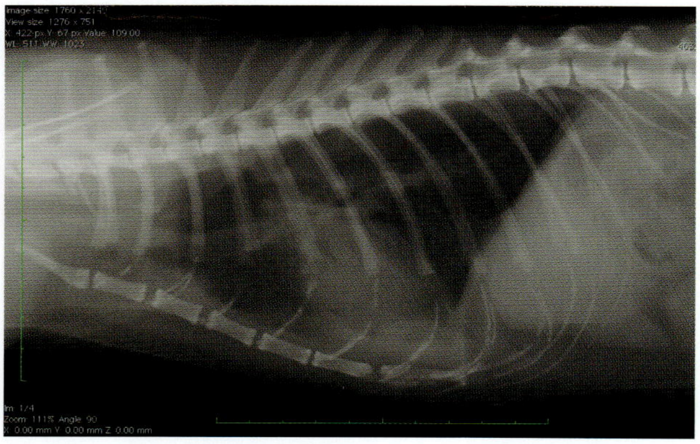

图 12-7　猫胸内气管撕裂的 X 线片。可见前段气管的连续性消失。气管末端充气膨胀，周围包裹着假膜

12.2　腹部创伤

据报道，7% ～ 39% 创伤患猫会发生腹部创伤[3,7,8]。腹部创伤一般不会危及生命，但如果诊断不足或漏诊，则可能会危及生命。因为症状是非特异性的，诊断常常延迟数小时甚至数天，而且往往只能在治疗过程中发现。在动物发生骨盆骨折或后半身的其他明显损伤时，应高度怀疑腹部创伤。泌尿道损伤、腹壁疝和腹内出血最常见，偶尔会见到胆囊或胆总管破裂、创伤性胰腺炎、肠道穿孔或坏死。

一旦动物稳定下来可以安全处置，就要对腹部进行彻底轻柔的触诊，尤其是要注意腹壁的完整性、膀胱形状和充盈度。腹痛、淤紫和血肿形成、呕吐，以及泌尿道症状提醒临床医生应注意腹部损伤的可能性。

所有中、重度创伤的患猫均要进行腹部 X 线检查[8]。腹壁完整性缺失、器官移位、腹部细节消失、腹膜后间隙增宽和细节消失是常见的 X 线征象。如果在 X 线片上发现腹内异常，通常要进行腹部超声检查。超声检查可以检测少量腹腔游离液、引导抽吸液体，以及发现腹内器官的结构异常。

尽管腹腔盲穿需要获取 5 ～ 6 mL/kg 腹腔游离液以避免假阴性结果，但腹腔穿刺术是获取腹腔游离液进行细胞学、生化和细菌学检查的快速而简单的方式[9]。超声引导腹腔穿刺术是一种可以在小范围或局部对积聚液体行可控抽吸的敏感而非侵入性的方式[10]。诊断性腹腔灌洗是另一种提取腹腔液的可靠技术，但通常需要镇静，不推荐用于创伤动物。所有收集到的腹腔液都要进行分析，以诊断其来源。要通过涂片进行细胞学检查，采集腹腔液进行生化检查，并采集腹腔液样本进行细菌学检查。生化检查包括肌酐、钾离子、胆红素和葡萄糖水平。表 12-2 总结了腹腔游离液的可能类型及其特征。创伤后腹腔内的游离液体最常见的是血液，其次为尿液[10]。胆汁泄漏和脓毒性腹膜炎在创伤动物中不常见。

开腹探查术的指征为腹腔内积聚尿液、存在脓毒性腹腔液和积聚胆汁。开放性腹部损伤可由枪伤、咬伤和刺伤引起。腹内器官的损害常常与这些损伤一起发生，早期腹腔探查可以排除、诊断并治疗器官可能遭受的创伤。

表 12-2　腹腔游离液的类型及其鉴别特征

腹腔游离液的类型	液体特点
血液	PCV 和总蛋白水平与血液水平相似
尿液	肌酐和钾离子超过血液水平
胆汁	黄色；胆红素超过血液水平 退化的中性粒细胞、细胞内细菌、食物残渣
脓毒性积液	葡萄糖 < 50 mg/dL 血液 - 腹腔液的葡萄糖差值 > 20 mg/dL[21]

12.2.1　泌尿道损伤

泌尿道损伤通常是由腹部钝伤（如车祸）造成的，很少发生于高楼坠落综合征[3]。尿液漏入腹腔导致尿腹。创伤后，80% 以上的动物因膀胱破裂引起尿腹[11]。肾脏和输尿管的损伤通常导致腹膜后间隙尿液的积聚，但由于腹膜后的筋膜比较薄，容易同时破裂，从而造成尿液流入腹腔。尿道破裂可导致尿腹或尿积聚在会阴部和后肢的皮下，具体视病变部位而定。

创伤患猫也常见血尿。血尿并不一定表明严重的泌尿道损伤，可能由肾脏创伤或膀胱黏膜部分厚度的损伤导致，通常在 1 ~ 2 d 消退。血尿可能严重到引起贫血，应定期检查 PCV。泌尿道损伤的诊断通常因其临床症状的非特异性和潜伏而延迟。在后肢和脊柱等骨科损伤的患猫中，应特别怀疑泌尿道损伤。尿腹最常见的临床症状是无尿、排尿困难、嗜睡和呕吐[11]。如果膀胱空虚，小的膀胱破裂口可以密封；因此，排空能力不能排除膀胱破裂。只有当大量的尿液泄漏进入腹腔时，才能触摸到腹部膨胀和液体波动。心动过缓可能由严重的高钾血症引起，也可能与休克有关（第 11 章）。相关的血液学异常包括氮质血症（几乎所有的病例都存在）、高钾血症和高磷血症（约 50% 的病例存在）[11]。腹部 X 线检查和超声检查可用于检测腹部或腹膜后间隙液体积聚（图 12-8）。如果腹腔液的肌酐和钾离子水平超过血液，则确定腹腔内含有尿液（表 12-2）。由于尿素比肌酐更快地扩散回血液循环，因此，尿素不是一个太可靠的参数。细菌培养可为阳性[11]。

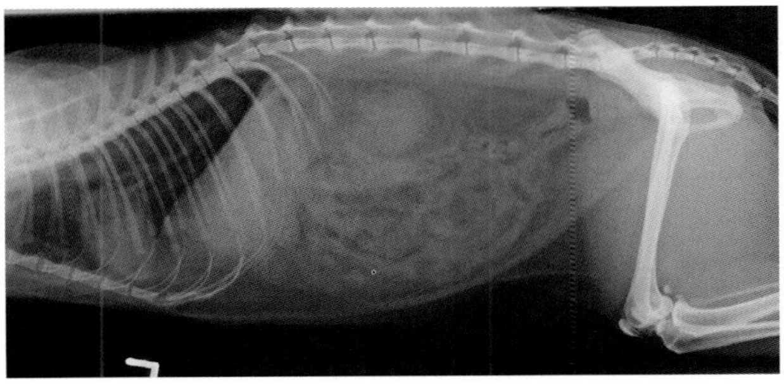

图 12-8　腹膜后间隙的液体积聚。X 线片显示腹膜后间隙细节消失，腹部器官向腹侧移位。该患猫后来经排泄性尿路造影诊断为输尿管破裂

尿液泄漏部位的诊断通过逆行性膀胱尿道阳性造影和（或）排泄性尿路造影确定。如果怀疑膀胱或尿道破裂，则进行逆行性膀胱尿道阳性造影（图 12-9）。如果 X 线片显示腹膜后间隙可能有尿液积聚，可采用排泄性尿路造影。如果腹膜后间隙积液由出血引起，则会随着时间吸收。如果是因为尿液泄漏，液体量会越来越多。动物在排泄性尿路造影前需要良好的水合，以防止造影剂损伤肾脏。

动物的初始稳定包括液体复苏、纠正血钾水平，以及引流腹腔尿液（必要时）。高钾血症的动物输注 0.9% 生理盐水稀释血钾，并提高肾小球滤过率。如果血钾水平高到足以引起临床显著的心动过缓，则缓慢输注葡萄糖酸钙（50 ~ 100 mg/kg）[12]。在血钾被其他治疗措施降低之前，钙离子可通过改善心脏传导保护心脏。如果推迟手术，尿腹动物需要从膀胱和腹腔中引流尿液。

当动物的血流动力学和代谢稳定，并确定了尿泄露的部位，就要进行手术。腹中线开腹进行腹腔探查。清除坏死组织，缝合破裂的膀胱壁。尿道的破裂更难修复。尖锐的非圆形撕裂创伤可以缝合，但也可以采用留置 2 周导尿管的方式保守治疗。尿道的完全破裂必须通过尿道吻合术或尿道造口术治疗，具体取决于病变位置。如果对侧的肾脏和输尿管结构与功能完整，对于肾盂处和中段输尿管破裂最好的治疗方式是肾输尿管全切除术。猫的输尿管缝合或吻合术很困难，狭窄

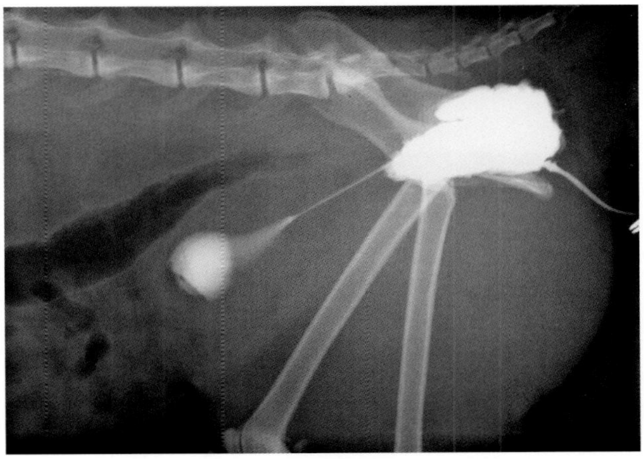

图 12-9　逆行性膀胱尿道阳性造影，显示骨盆内尿道破裂。该猫车祸，还患有股骨近端生长板骨折

形成是常见的并发症[13]。远端输尿管病变可采用肾输尿管全切除术或输尿管膀胱吻合术治疗。

术后留置软质导尿管（连接封闭式吸引系统）数天。封闭式吸引系统有助于防止膀胱膨胀，并能评估产生的尿量。膀胱破裂修补后，通常不需要留置导尿管，但如果膀胱壁明显红肿、增厚或同时出现神经功能障碍影响逼尿肌正常功能，则需要留置。尿道损伤修复后也需要留置导尿管，可以避免患处与尿液接触，从而减少狭窄的形成[13]。氮质血症将在术后 1 ~ 2 d 消失。发病率和死亡率很大程度上取决于术前状态、疾病的严重性、相关的损伤和治疗延迟。在实验条件下，如果不对尿腹进行治疗，猫会在 47 ~ 90 h 后死亡；但在临床病例中，死亡发生地更快[14]。

12.2.2　腹壁疝

创伤性腹壁疝最常见的原因是车祸和犬咬伤[15,16]。腹部钝伤会导致腹壁肌肉撕裂或肌肉附着处撕脱，只留下富有弹性的皮肤。犬咬伤会引起组织的破坏和撕裂，腹壁损伤可能与皮肤的贯穿伤相关。创伤性腹壁疝可发生于任何位置，更常见于腰椎旁、股部区域、前侧耻骨腱的附着区、腹壁腹侧和肋旁区域[15,17]。最常通过后腹壁缺损疝出的器官是网膜、小肠和膀胱（图 12-10）。

腹部器官疝出通常可通过腹部触诊进行诊断。但在肥胖猫和存在蜂窝织炎或皮下脂肪坏死的情况下，很难诊断出后腹壁疝。如果腹内器官疝出，可以通过 X 线检查进行直观诊断。大网膜或腹内脂肪的疝出很难在 X 线片上见到，超声检查会提供更多信息以进行诊断。

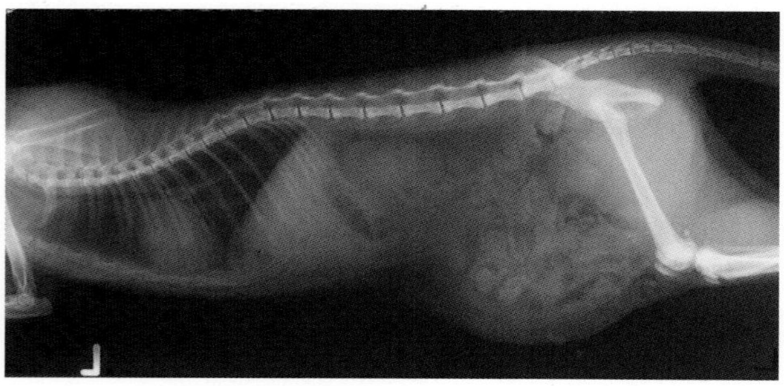

图 12-10　多发性损伤患猫的 X 线片。可见髂骨骨折和后腹壁疝。后腹壁的轮廓破坏，小肠袢和结肠经缺损处疝出

需要手术修复创伤性腹壁疝，以恢复腹壁连续性，并防止腹内器官嵌闭。动物体况稳定后即可开展手术。急诊手术仅限于发生膀胱或小肠袢嵌闭并有缺血性坏死风险的病例。沿腹中线开腹进行腹腔探查要优于疝局部手术入路，因为并发腹内损伤的发生率近 30%[15]。缺损部位使用慢吸收或不可吸收缝线以间断褥式缝合或十字缝合进行修补。如果腹壁肌肉从耻骨底撕脱，可在耻骨底前缘钻孔以锚固缝线。动物术后应笼养限制活动。

小的缺损通常预后较好。大的腹壁疝合并大量软组织损伤可能引起全身炎症反应综合征或败血症。据报道，猫创伤性腹壁疝的存活率为 80%[15]。

12.2.3　腹内出血

腹部钝伤后可发生腹内出血，肝脏和脾脏是最常见的出血源。腹内出血通常会自行消退；如果只有少量失血，常常被忽略。但如果发生严重的腹内出血，患猫会出现低血容量性休克，而且血液的大量积聚可能导致腹部膨胀。X 线片显示腹部细节丢失。腹腔液的红细胞压积（PCV）和总蛋白含量与血液相似，从而诊断为腹内出血（表 12-2）。

初始治疗包括液体复苏（第 11 章）。应该使用低血压复苏法，因为出血更可能在低于正常动脉血压的情况下停止（第 11 章）。如果 PCV 明显低于 20%，则需要输注全血或浓缩红细胞。腹部包裹可以通过提高腹内压力来帮助止血。

很少需要手术进行止血。目前还没有具体的临床操作指南提供手术建议。若保守治疗效果差，患病动物在液体治疗期间病情恶化、腹腔液增多或腹腔液和外周血的 PCV 持续降低，则说明患病动物持续出血[18]。当人的输血量超过 20 mL/kg 时，建议进行手术探查[18]。如果怀疑持续出血，应立即输血并开腹探查。

12.2.4　其他腹部器官的损伤

除泌尿道、肝脏或脾脏以外的其他腹部器官损伤很少见。犬咬伤或穿透伤（如枪伤或撞击伤）后可能会出现肠穿孔。建议对任何有穿透性腹部创伤的患猫都进行开腹探查。待诊断出脓毒性腹膜炎时，就会导致治疗延误，发病率和死亡率增加。其他罕见的腹内损伤包括由血管损害引起的肠坏死、胆囊或胆管破裂、创伤性胰腺炎，以及子宫撕脱或撕裂。

12.3　脑损伤

头和脑损伤是猫车祸后的常见问题。脑创伤会引起神经组织的原发性损害，这种损伤可能无法通过后续治疗恢复。继发性的病理生理机制导致缺氧、局部缺血、水肿和颅内压（ICP）升高（损伤后数分钟到数天内发生）。治疗的目的是减少这些继发性并发症，防止神经元和轴突的不可逆损伤。稳定呼吸和心血管功能是治疗头损伤动物的首要任务。需密切监测头部创伤的动物，包括精神状态、瞳孔大小和治疗反应性；如果恶化，需要更积极的治疗。

皮下血肿和耳鼻出血可能提示头骨骨折。最初的神经功能障碍与损伤部位有关（第 1 章）。脑干损伤的患病动物通常比大脑半球损伤的患病动物预后更差。当治疗过程中出现神经功能恶化时，应怀疑脑水肿和 ICP 升高。ICP 升高常见的临床症状包括精神状态恶化、脑神经功能丧失（尤其是瞳孔大小和对光反射）、身体姿势反应丧失和呼吸型改变。ICP 升高也可能导致由库欣反射引起的心动过缓。CT 是诊断头骨骨折和颅内血肿最好的方法。然而，只能在动物体况稳定后才能进行 CT 所需的麻醉。因此，通常都是根据动物的临床表现开始治疗。

治疗的目的是减少脑水肿和 ICP，并保持脑血流量和氧水平。要谨慎输液，以避免容量过负荷。平均动脉血压应维持在 70 ~ 110 mmHg，因为脑创伤会导致脑内自身调节过程丧失，动脉血压降低和升高都会干扰脑血流。在晶体液中添加高渗盐水可促使液体回流到血管中（第 11 章）。

缺氧是常见的死亡原因，因此，大多数患病动物需要氧合过度（氧箱供氧，昏迷患猫需要插管和通气）。过度通气通过减少脑血流和平均动脉 CO_2 压来降低 ICP。可将患病动物头部抬高 30°，不要阻塞颈静脉，以促进静脉回流。不能从颈静脉采血。甘露醇是降低 ICP 最有效的药物，其作用持续 2 ~ 4 h。动物在治疗过程中出现神经功能恶化时，需要使用甘露醇，剂量为 0.5 ~ 1 g/kg，20 min 内输注。最近，有文献证实甲泼尼龙增加脑创伤病人的死亡率[19]。因此，不建议给头损伤的患病动物使用糖皮质激素。兴奋状态或癫痫持续状态的患猫，可以使用地西泮。在某些病例中，苯巴比妥是控制癫痫的必要药物。苯巴比妥还可降低神经元的代谢需求，降低脑动脉压。戊巴比妥可用于快速中止癫痫发作，而苯巴比妥需要 30 min 起效。

尽管有适当的药物和支持治疗，但神经功能继续恶化，或者在 CT 检查时发现压迫性病灶，如骨折或大的血凝块，或者临床检查或 X 线检查中怀疑压迫性病灶，则应进行手术治疗。开颅术和硬膜切开术可以使脑组织扩张，有助于降低颅内压。75% 的患猫可以通过侧壁开颅术治疗颅内血肿[20]。轻度神经功能障碍的患猫经充分治疗后，预后良好。严重的神经功能障碍，如木僵或昏迷、无反应的瞳孔扩张和深痛丧失，尤其是在损伤后立即出现这些问题的，预后谨慎或很差。

参考文献和延伸阅读

[1] Griffon D, et al. Thoracic injuries in cats with traumatic fractures. Vet Comp Orthop Traumatol 1994;7:98–100.

[2] White RN, Burton CA. Surgical management of intrathoracic tracheal avulsion in cats: long-term results in 9 consecutive cases. Vet Surg 2000;29:430–435.

[3] Whitney WO, Mehlhaff CJ. High-rise syndrome in cats. J Am Vet Med Assoc 1987;191:1399–1403.

[4] Kraje BJ, et al. Intrathoracic and concurrent orthopedic injury associated with traumatic rib fracture in cats: 75 cases (1980–1998). J Am Vet Med Assoc 2000;216:51–54.

[5] Olsen D, et al. Clinical management of flail chest in dogs and cats: a retrospective study of 24 cases (1989–1999). J Am Anim Hosp Assoc 2002;38:315–320.

[6] Schmiedt CW, et al. Traumatic diaphragmatic hernia in cats: 34 cases (1991–2001). J Am Vet Med Assoc 2003;222: 1237–1240.

[7] Kolata RJ, et al. Patterns of trauma in urban dogs and cats: a study of 1000 cases. J Am Vet Med Assoc 1974;164:499–502.
[8] Zulauf D, et al. Radiographic examination and outcome in consecutive feline trauma patients. Vet Comp Orthop Traumatol 2008;21:36–40.
[9] Walters MJ. Abdominal paracentesis and diagnostic peritoneal lavage. Clin Tech Small Anim Pract 2003;18:32–38.
[10] Boyson SR, et al. Focused abdominal sonogram fro trauma (FAST) in 100 dogs. In: Proc Intern Vet Emerg Crit Care Symp 2003; p. 765.
[11] Aumann M, et al. Uroperitoneum in cats: 26 cases (1986–1995). J Am Anim Hosp Assoc 1998;34:315–324.
[12] Syring RS, Drobatz KJ. Preoperative evaluation and management of the emergency surgical small animal patient. Vet Clin North Am Small Anim Pract 2000;30:473–489.
[13] Gannon K, Moses L. Uroabdomen in dogs and cats. Compend Continuing Educ 2002;24:604–611.
[14] Burrows CF, Bovee KC. Metabolic changes due to experimentally induced rupture of the canine urinary bladder. Am J Vet Res 1974;35:1083–1088.
[15] Shaw SR, et al. Traumatic body wall herniation in 36 dogs and cats. J Am Anim Hosp Assoc 2003;39:35–46.
[16] Waldron DR, et al. Abdominal hernias in dogs and cats. J Am Anim Hosp Assoc 1986;22:817–823.
[17] Friend EJ, White RA. Rupture of the cranial pubic tendon in the cat. J Small Anim Pract 2002;43:522–525.
[18] Vinayak A, Krahwinkel DJ. Managing blunt trauma-induced hemoperitoneum in dogs and cats. Compend Continuing Educ 2004;26:276–290.
[19] Sauerland S, Maegele M. Effects of intravenous corticosteroids on death within 14 days in 10008 adults with clinically significant head injury (MRC CRASH trial): randomized placebocontrolled trial. Lancet 2004;364:1321–1328.
[20] Dewey CW. Emergency management of the head trauma patient. Principles and practice. Vet Clin North Am Small Anim Pract 2000;30:207–225.
[21] Bonczynski JJ, et al. Comparison of peritoneal fluid and peripheral blood pH, bicarbonate, glucose, and lactate concentration as a diagnostic tool for septic peritonitis in dogs and cats. Vet Surg 2003;32:161–166.

第 4 部分

肌肉骨骼系统损伤概览

肌肉骨骼系统损伤是患猫最常见的骨科疾病。后肢创伤比前肢创伤更常见。猫的肌肉骨骼系统损伤通常由严重的创伤引起，如车祸或高处跌落。这些猫通常同时遭受重要器官的更严重损伤，必须在处理骨科问题之前对这些损伤进行诊断和治疗（第 9 ～ 12 章）。偶尔，猫也会发生室内创伤，如被门夹住、被踩到或被东西砸到。与室外创伤相比，室内创伤通常不严重。

猫的骨科损伤往往很严重，常伴有相关的软组织和血管损害，多发性骨科损伤也很常见。无损伤性手术技术对于降低进一步的组织损害非常重要。以下章节介绍了治疗猫骨折、关节损伤、脊柱和脊髓损伤，以及软组织损伤所必需的基础知识。第 20 章和第 21 章分别介绍了创伤动物的术后护理和复健。这本书的第 7 部分提供了外科解剖学、不同解剖区域的特定疾病描述，以及手术的技术细节。

第 13 章　骨折

K. Voss, P.M. Montavon

猫和犬的骨折修复与关节损伤治疗的基本原则是相同的，但在临床上存在一些重要的差异。猫的骨骼比犬的骨骼更直更细，而且不同品种的猫的骨骼大小几乎没有什么不同。这种骨骼近似的特性使得治疗猫骨折所需植入物的大小和类型的差异更小。俗语说，当两块猫骨骼放在一个空间里，它们就会愈合；当然，这不可能是真的。尽管基于临床表现，大多数猫的骨折很容易愈合，但并发症和误区也会发生，对猫来说，为了成功治疗骨折，坚持骨骼愈合的原则和其他动物一样重要。与犬相比，外科医生不太需要担心植入物或固定物的绝对稳定性，因为猫体重更轻，它们的行为也更安静，而且在恢复期间会限制活动。另一方面，猫的骨骼尺寸较小，限制了可选的植入物大小和强度，而且在处理小的骨碎片时需要更细致的技术。本章的基础知识将帮助临床医生为特定的骨折选择最佳的治疗方案。植入物及其应用将在本书第 6 部分详细介绍。

大多数研究表明，约 50% 的猫骨折是长骨骨折[1]。由苏黎世大学兽医系小动物外科诊所提出的猫特定骨骨折的发生率见图 13-1。

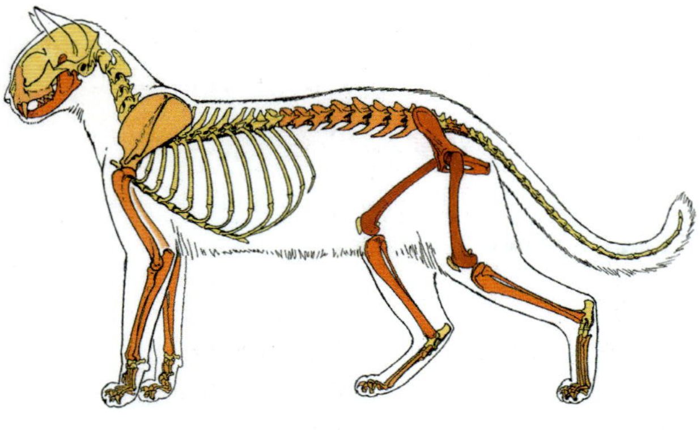

图 13-1　1990—1999 年，1 853 只骨折患猫被送往苏黎世大学的小动物外科诊所。红色阴影表示骨折发生率。60% 的病例是后肢骨折，包括骨盆骨折。19% 的病例是前肢骨折。下颌骨和上颌骨骨折占 14%，脊椎骨折占 6%

13.1　骨折生物力学

了解骨骼在外力作用下的生物力学特性，以及不同部位骨质的差异有助于选择合适的治疗方法。骨变形是由于外力增加而发生的。最初发生的是弹性变形，这表示在力移除后，骨骼可以恢复到原来的结构。如果负荷超过了骨的弹性范围，就会发生内部损伤，从而导致塑性变形。塑性变形的特征是出现微裂纹和裂缝，从而导致永久的形变。皮质骨和松质骨具有不同的力学性能[2]。皮质骨孔隙率更低，比松质骨强度高、更脆。松质骨骨孔隙率更高，强度低、更有弹性，在最终骨折之前有更大的塑性形变能力。皮质骨和松质骨之间的孔隙率的差异也会影响植入物固定骨的能力。皮质骨的植入物的锚固能力比松质骨更强。成年猫皮质骨比犬更脆，更容易裂开[3]。

作用在骨骼上的 4 种主要的力分别为：轴向压缩力、弯曲力、扭转力和轴向拉力（图 13-2）。如果骨骼受到这些外力的作用，局部的内应力和应变就会在骨骼内部积聚，会沿着最大内应力所在区域和方向发生骨折。所施外力的方向和能量决定了骨折构型和类型（图 13-2）。骨的轴向压缩力造成斜骨折。弯曲力造成横骨折，在骨折的受压侧可见一小块楔形或蝶形的骨碎片。扭转力造成螺旋状骨折。轴向拉力造成横骨折，通常为撕脱性骨折。

外力的速度也影响了骨折的类型。在快速发生的外力作用下，如枪击和车祸，骨骼的硬度和极限强度都在增加，更多的能量被骨骼吸收，然后释放到周围的组织中。因此，与以较慢的速度施加的相同力相比，骨的快速受力会导致更多的骨粉碎和软组织损伤。猫的许多骨折都是由快速创伤造成的，因此，骨折粉碎程度高、软组织损伤严重。骨骼的质量对粉碎程度也有影响。幼猫的骨骼较软，通常会发生简单骨折；而老年猫的骨骼较硬，往往是粉碎性骨折。幼年猫低能量骨折的例子是腓骨完整的胫骨螺旋状骨折。

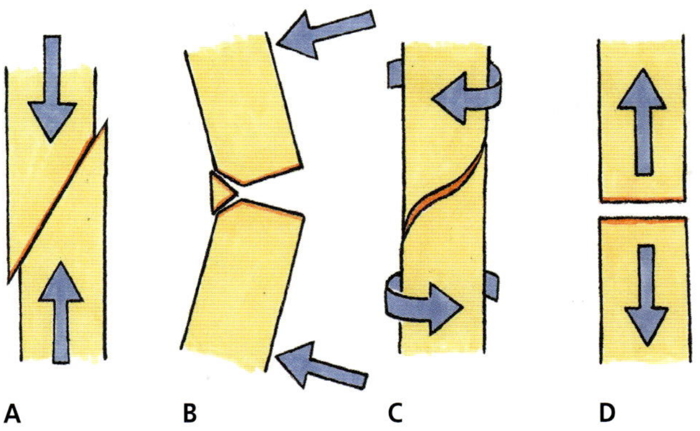

图 13–2 作用在骨骼上的 4 种主要的力:(A)轴向压缩力、(B)弯曲力、(C)扭转力和(D)轴向拉力。它们决定了最终的骨折构型。轴向压缩力造成斜骨折。弯曲力造成横骨折。在骨折的受压侧可见一小块楔形或蝶形骨碎片。扭转力造成螺旋状骨折。轴向拉力造成垂直于力方向的骨折,通常为韧带或肌腱附着部位的撕脱性骨折

13.2 骨折分类系统

骨折分类系统有助于评估骨折的严重程度,提高临床医生之间的沟通效率,允许根据治疗方案和预后对骨折进行分类。对于小动物的长骨骨折、荐椎骨折和骨盆骨折已经有了分类。整个系统使用数字和字母进行分类。第一个数字代表骨折的解剖位置。数字 1 ~ 4 代表长骨,数字 5 代表荐椎,数字 6 代表骨盆。

13.2.1 长骨骨折的分类

长骨的 AO/ASIF 分类系统是通过对 1 000 多例犬猫骨折的评估得出的[4]。包括对受影响的骨描述的方法学、骨折在骨骼上的定位、骨折类型和骨折形态。肱骨是 1 号,桡 / 尺骨是 2 号,股骨是 3 号,胫 / 腓骨是 4 号。每块骨骼分成近端(1)、中端(2)和远端(3)。骨折形态根据严重程度和固有的骨折稳定性进行分类,并用字母 A、B 和 C 来描述。分类系统的简化形式如图 13–3 所示。

13.2.2 荐椎骨折的分类

5 号代表荐椎。小动物的荐椎骨折可分为 5 类[5](图 13–4)。I 型骨折与荐髂关节脱位有关。猫最常见 I 型和Ⅲ型骨折。Ⅳ型骨折是荐结节韧带的撕裂,猫不会发生,因为猫没有荐结节韧带。

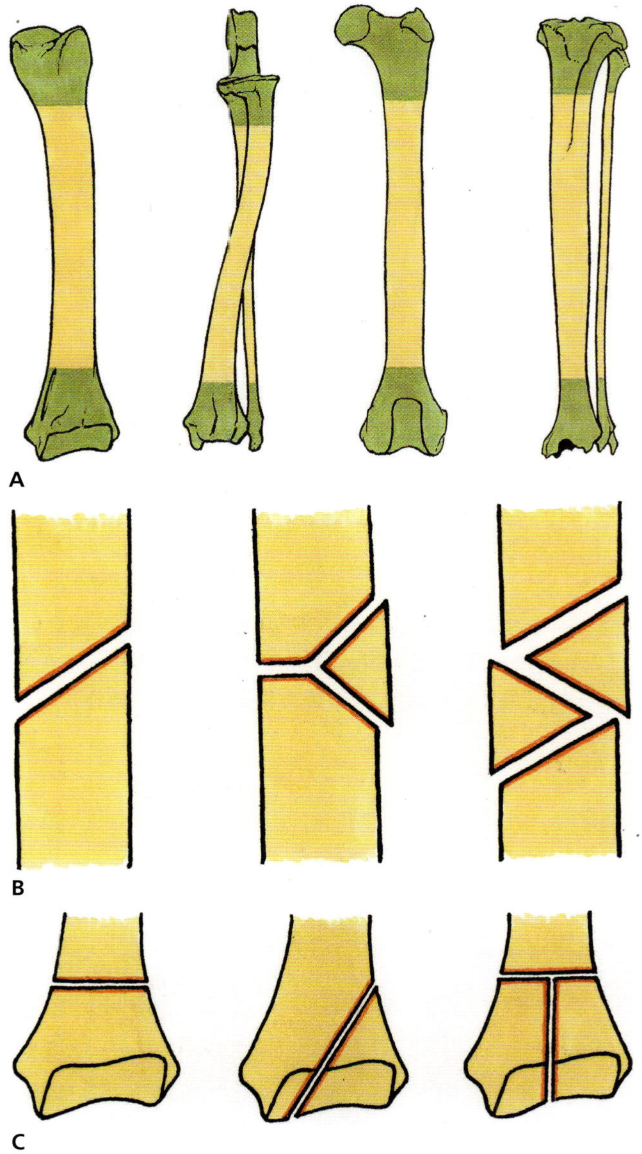

图 13–3 长骨骨折的分类。(A)长骨骨折可累及近端骨骺和干骺端(绿色)、骨干(黄色)或远端骨骺和干骺端(绿色)。(B)骨干骨折可以是简单可复位的(左)、有一或两个可复位的大碎片(中),也可以是粉碎的不可复位的(右)。(C)远端或近端骨骨折可表现为干骺端或髁上骨折(左侧),或者累及髁突外侧或内侧部分的骨折,也可称为单侧髁上骨折(中部),也可表现为髁上和髁内骨折(右侧)

13.2.3 骨盆骨折的分类

骨盆骨折的分类系统是从人骨盆骨折的 AO/ASIF 分类系统发展来的。在对 556 只骨盆骨折的犬和猫研究基础上,针对小动物骨盆骨折的特点进行了修改[6]。分类系统考虑到了骨折的严重程度,更高的数字和字母表示更严重的骨折。6 号代表骨盆。第二位数字 1、2 或 3,描述涉及的骨盆负重

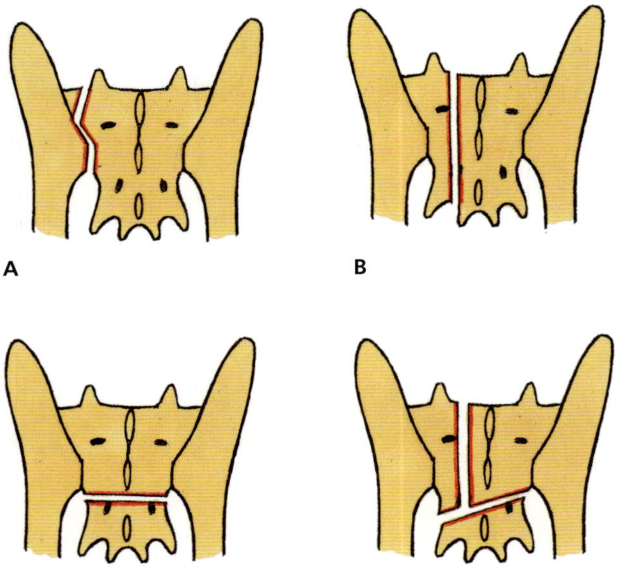

图 13-4　荐椎骨折的分类。Ⅰ型和Ⅲ型荐椎骨折最常见。（A）荐椎翼骨折为Ⅰ型，与荐髂关节脱位有关。（B）椎间孔骨折为Ⅱ型。（C）横骨折为Ⅲ型。（D）粉碎性骨折为Ⅴ型

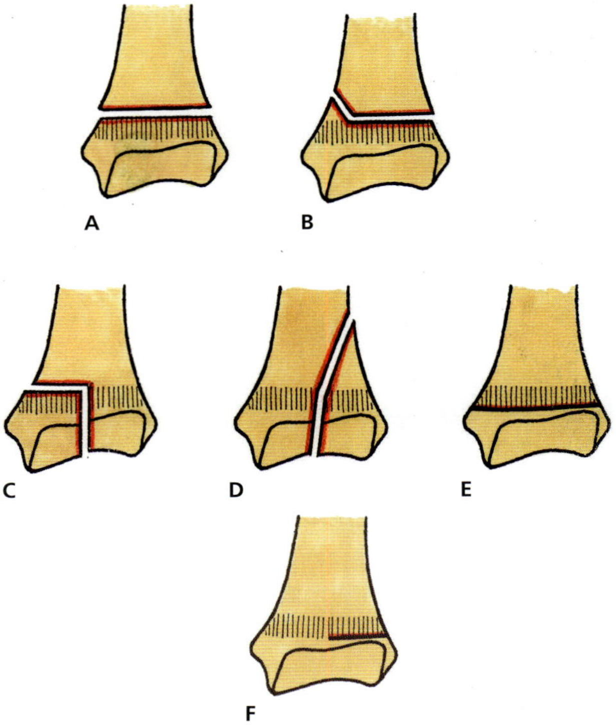

图 13-5　生长板骨折的 Salter-Harris 分类。（A）Salter-Harris Ⅰ型骨折。（B）Salter-Harris Ⅱ型骨折。（C）Salter-Harris Ⅲ型骨折。（D）Salter-Harris Ⅳ型骨折。（E）Salter-Harris Ⅴ型骨折。（F）Salter-Harris Ⅵ型骨折

部位，包括髋臼、髂骨和荐髂关节。第三位的字母（A ~ C）表示骨折最明显的位置（表 13-1）。

13.2.4　生长板骨折的分类

动物生长板骨折的分类系统是根据儿童的 Salter-Harris 分类 [7,8] 修改而来的。生长板骨折可分为 6 类（图 13-5）。在人，较高的数字表明更有可能发展为生长畸形。Salter-Harris Ⅰ型骨折为整个生长板骨折。Salter-Harris Ⅱ型骨折涉及生长板和干骺端骨折。该小的干骺端碎片称为 Thurston-Holland 征。Salter-Harris Ⅲ型骨折贯穿生长板和骨骺，因此是关节骨折。Salter-Harris Ⅳ型骨折贯穿干骺端、生长板和骨骺，也是关节骨折。Ⅲ型和Ⅳ型骨折愈合可能形成桥连骨痂，阻碍进一步生长。Salter-Harris Ⅴ型骨折是生长板压缩性损伤。它们在最初的 X 线片上不可见，但可能导致生长

表 13-1　骨盆骨折的分类

骨盆	负重部位	最重要的骨折	
6	6 1 不涉及负重	6 1 A	骨盆边缘骨折
		6 1 B	骨盆底骨折
		6 1 C	坐骨体骨折
	6 2 只影响单侧负重部位	6 2 A	单侧荐髂关节脱位
		6 2 B	单侧髂骨骨折
		6 2 C	单侧髋臼骨折
	6 3 影响双侧负重部位	6 3 A	双侧荐髂关节脱位
		6 3 B	影响双侧负重，包括双侧髂骨体骨折
		6 3 C	影响双侧负重，包括双侧髋臼骨折

板提前对称性闭合。Salter-Harris Ⅵ型骨折是生长板部分压缩性损伤，会导致生长板部分不对称的提前闭合。

13.2.5　开放性骨折的分类

开放性骨折根据软组织损伤程度和骨折成因进行分类[9,10]。数字越高表明软组织缺损和感染越严重，从而造成治疗更复杂，发生并发症的可能性越大（表 13-2）。1 级开放性骨折是骨骼从内部穿透皮肤，造成小的穿刺伤。如果处置恰当，感染的可能性低。2 级开放性骨折的特征是中等程度的软组织损伤和较高的骨折粉碎程度，感染风险适中。3 级开放性骨折是由枪伤等高能量损伤所致，骨折粉碎程度高，骨外露，软组织损伤广泛，同时存在感染或可能继发感染。3 级开放性骨折可根据皮肤缺损和动脉供血程度进一步细分。

表 13-2　开放性骨折的分类

骨折分类	骨折描述
1 级	皮肤小撕裂伤（＜ 1 cm） 通常是简单骨折，骨骼从内穿透皮肤
2 级	更大的皮肤撕裂伤（＞ 1 cm） 伤口直接与骨骼相通 通常是微创的粉碎性骨折 中等程度的软组织损伤
3 级	广泛的软组织损伤 皮肤和（或）骨骼丢失 粉碎性骨折 可能造成严重的神经和血管损伤

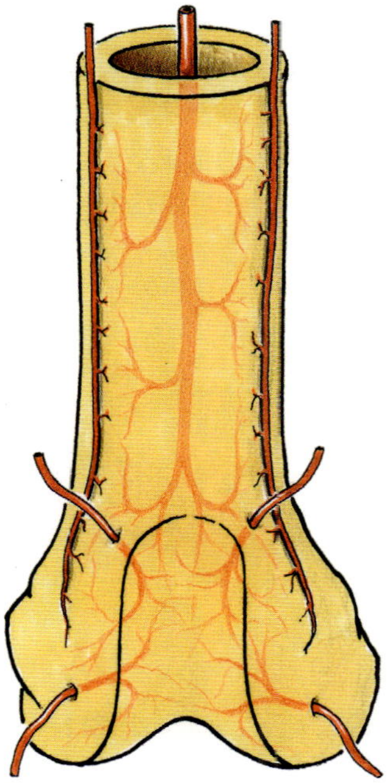

图 13-6　血液通过骨内动脉和骨膜血管供应到长骨骨干。在成年动物中，内侧 2/3 的骨皮质血供由骨内动脉供应。在未成年猫中，骨膜血供更为重要。干骺端和骨骺的血供来自直接相连的动脉

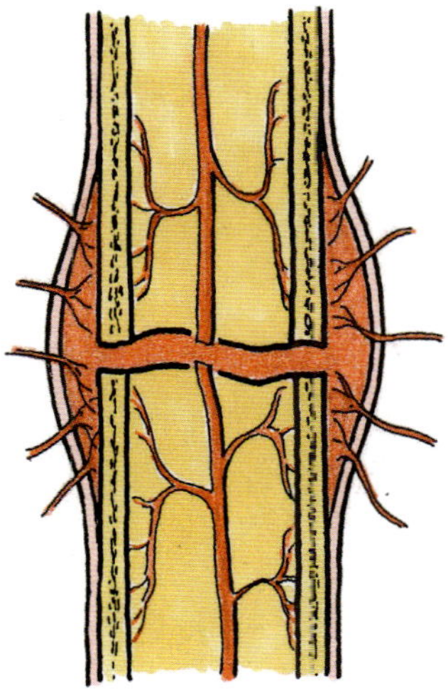

图 13-7　骨折后骨内动脉常被破坏。骨折愈合的血供最初来自骨外血管，这些血管位于附着在骨骼上的软组织

13.3　骨折愈合

骨愈合的速度和质量在很大程度上取决于骨折部位的血供是否充足，以及骨折的稳定性。成年动物，内层 2/3 厚的骨皮质的血供来自骨内动脉，外层 1/3 厚的骨皮质的血供来自骨外血液。未成年的动物，丰富的骨外血供来自较厚的骨膜，而只有 1/3 厚的骨皮质的血供来自骨内动脉。长骨的干骺端和骨骺有丰富的血供（图 13-6）。

骨折发生后，骨内血管常被破坏，骨折处会临时建立骨外血供（图 13-7）。这些供应骨折区域的骨外血管来自周围的软组织，如肌肉及其附属组织。因此，在手术过程中，应该保留附着在骨骼上的软组织。

13.3.1　皮质骨的愈合

皮质骨的愈合分为原发性（直接）和继发性（间接）骨愈合。原发性骨愈合的特征是直接进行骨重建和骨折间隙的桥接，通常没有骨外骨痂的形成（图 13-8）。接触愈合和间隙愈合是原发性骨愈合的亚组分类。骨折断端完全对齐和绝对稳定是原发性骨愈合的必要条件。

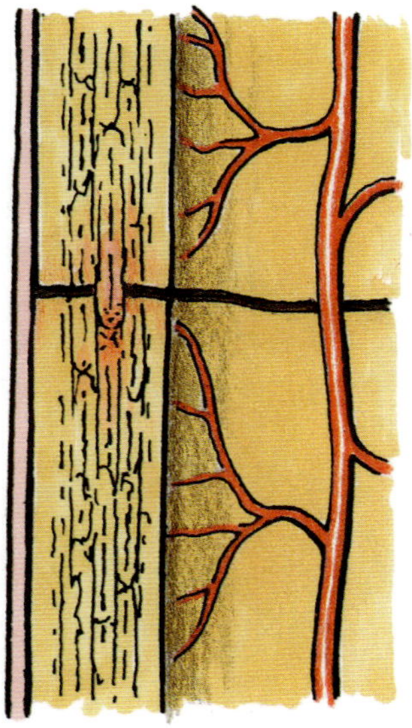

图 13–8 原发性骨愈合的特点是骨单位直接在骨折部位桥连。在骨折解剖复位且经断端加压达到刚性稳定的情况下，原发性骨愈合才可能发生

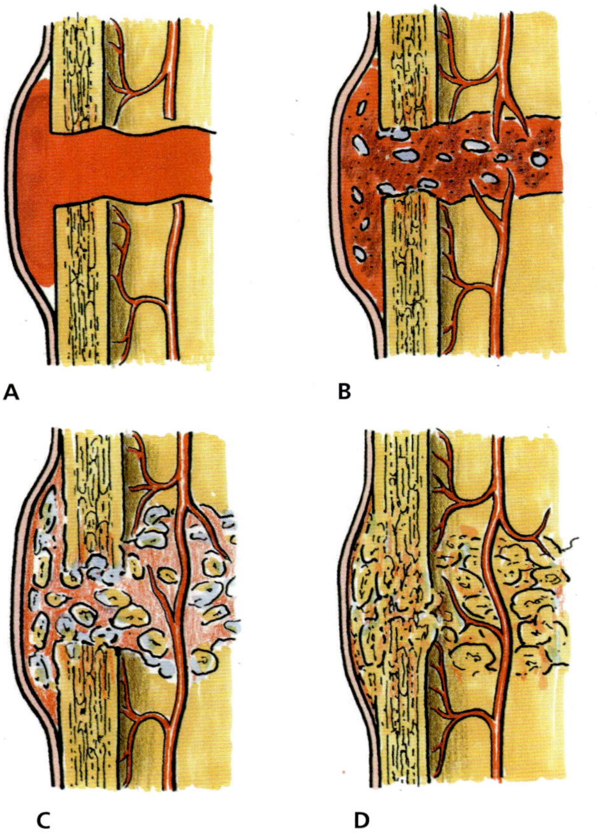

图 13–9 继发性骨愈合的特点是前体组织转化为骨。它发生在存在骨折间隙和微运动的情况下。（A）骨折血肿首先转化为肉芽组织，其次是（B）纤维软骨。当骨折应变小于 2% 时形成（C）骨痂，骨痂通过重塑恢复成（D）圆柱形

在临床情况下，大多数骨折会通过继发性骨愈合而愈合。继发性骨愈合的特征是通过前体组织的转化形成骨（图 13–9）。最先出现在骨折间隙的组织是骨折血肿。然后形成肉芽组织，之后逐渐被纤维软骨所取代。软骨痂的矿化和纤维软骨的软骨内骨化标志着 X 线片上可见的骨痂开始形成。骨痂在骨折间隙内和间隙周围形成。最后一步是将原本无组织的骨骼重塑成板层骨，这个过程需要几个月的时间。

将组织逐步转化为骨骼的目的是逐步增强骨折区域的稳定性。不同的组织能够在不同的骨碎片应变下存活。肉芽组织能承受 100% 的应变，纤维组织和软骨能承受 10% 的应变，骨骼只能承受 2% 的应变。多个骨折间隙可以共享骨碎片的位移，因此，与单个骨折间隙相比能够承受更多的不稳定。如果骨折部位的活动超过了重建骨组织的耐受性，则存在两种主要的机制减少来自碎片间的应变。首先，破骨细胞吸收骨折断端，以扩大骨折间隙，从而减少碎片间应变。这主要发生在简单骨折。其次，骨折部位少量活动激活上述步骤形成的骨痂 [11]。骨痂会增大骨的横断面直径，从而增加该区域的稳定性。完整或重建的骨外血供对骨痂的发育至关重要。

13.3.2 松质骨的愈合

在以松质骨为主的部位，如长骨的干骺端、骨盆的扁骨、上颌骨、下颌骨和椎体，骨折愈合是不同的。松质骨的愈合速度通常比皮质骨快。成骨细胞负责将新骨沉积在骨折间隙。新骨附着于现有的骨小梁上，并沿纤维组织排列。薄层皮质骨的愈合滞后于松质骨愈合，而且通常没有骨外骨痂 [12]（图 13–10）。骨外骨痂的出现通常见于明显的骨不稳定或移位 [12]。

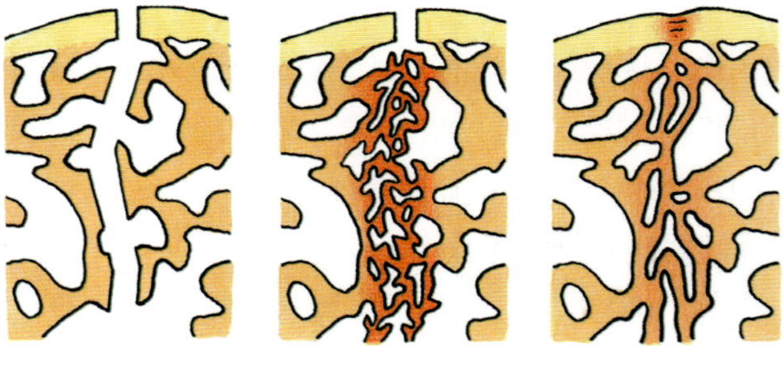

图 13–10 松质骨的愈合是通过沿着骨折间隙的纤维组织形成新骨来实现的。松质骨愈合速度比皮质骨更快

13.3.3　影响骨愈合的临床因素

骨折临床愈合是一个术语，用来描述骨折愈合稳定到可以移除植入物的时间。愈合时间因动物年龄、骨折类型、严重性、骨折位置、使用的技术和植入物等因素而异。表 13-3 总结了猫骨折研究中骨折愈合的时间。总的来说，骨折愈合的平均时间为 1 ～ 3 个月。从主观上讲，猫的骨痂似乎比有类似骨折的犬出现得更少更小。

目前关于影响猫骨折愈合的临床或流行病学因素的资料很少。一项关于使用外固定支架治疗猫骨折的研究表明，年龄是影响愈合时间的唯一因素；无论骨折类型如何，未成年猫的骨折愈合速度都比成年猫快[1]。在另一项关于用不同方法修复猫胫骨骨折的研究中，严重粉碎性和移位性骨折，以及开放性骨折的愈合时间更长，而与患病动物年龄无关[13]。进一步的研究表明，胫骨和尺骨近端骨折不愈合的发生率明显更高[14]。同一项研究的结果表明，年龄较大的猫和肥胖猫发生骨不愈合的风险更高。这些研究的结果[13,15–18]汇总在表 13-4 中。

13.4　骨折治疗方案的确定

骨折修复的主要目标是更早负重和完全恢复肢体功能。术后早期使用肢体可以改善骨折区域的血供，减少肌肉萎缩和纤维化，减少骨萎缩，改善邻近关节的功能。许多类型的植入物适合骨折的修复，而且每种类型都有自己的适应证、优点和缺点。骨折修复术前的精心规划，对于缩短手术时间、达成恢复早期肢体功能的目标和避免并发症的发生至关重要。决策取决于对骨折的生物力学评估、并发的软组织损伤的严重程度、愈合的预估时间，以及患病动物的个体因素，如年龄、总体健康状况、猫的性情和受伤肢体的数量。例如，多肢受伤的患猫术后至少有一条手术肢不得不立即负重，因此，应相应提高固定的稳定性。

表 13-3　猫长骨骨干骨折的骨折愈合和移除植入物的时间

猫数量	骨骼	固定方法	骨折愈合时间
13 只猫（Langley-Hobbs 等，1997[16]）	肱骨	外固定支架	5.5 周（轻微粉碎） 10.5 周（严重粉碎）
48 只猫（Richardson & Thacher，1993[13]）	胫骨	外包扎固定 髓内针 外固定支架（闭合性复位） 外固定支架（开放性复位） 骨板	4.5 周 8 周 7 周 12 周 12.5 周
34 只猫（Langley-Hobbs 等，1996[15]）	股骨	外固定支架	8.5 周（移除植入物）
7 只猫（Haas 等，2003[18]）	桡 / 尺骨（远端）	外固定支架	12 周（移除植入物）
12 只猫（Gemmill 等，2004[17]）	桡 / 尺骨和胫骨	外固定支架	9.5 周

表 13-4　影响猫骨折愈合的因素

因素	对骨折愈合的影响
粉碎性骨折	较高的不愈合发生率
开放性骨折	较高的不愈合和骨髓炎的发生率
胫骨骨折和尺骨近端骨折	较高的不愈合发生率
年龄	幼年动物愈合更快 老年猫有较高的不愈合发生率
肥胖	较高的不愈合发生率

13.4.1　长骨骨干骨折

近年来，长骨骨干骨折的修复已经从传统的解剖复位和骨折固定绝对稳定的概念向更加符合生物特性的修复方法发展[11]。这种方法包括较低的骨折刚性稳定，从而通过骨折部位的最小运动促进了早期骨痂的形成。要注意通过间接骨折复位、微创手术入路，以及植入物的选择和定位来保持骨折区域的血供[11]。更灵活的骨折固定不应损害早期和完全恢复功能，这仍然是骨折修复的主要目标。我们应该为骨折愈合创造一个理想的环境。

骨折部位的微移动可促进早期骨痂形成，进而导致骨折愈合的早期更稳定。在临床中，很难评估可承受的不稳定性的程度，具体取决于骨折类型和构型、骨折愈合时间、动物的活动性和并发的其他骨科损伤。在相同负荷下，与较大或较多骨折间隙相比，小骨折间隙的碎片应变更高。因此，与粉碎性骨折相比，简单骨折的固定必须更加稳定，以保持骨碎片的应变足够低到使骨折愈合。

在修复长骨骨折前需要考虑 2 个重要的条件：首先，骨折可以复位吗？其次，复位会增加骨折的稳定性吗？如果两个问题的答案都是肯定的，通常才会进行手术复位和稳定固定。这主要适用于简单骨折。在这种情况下，通常使用骨板。应用骨板的加压功能（第 24 章）可以向骨折线施加轴向压缩力，并通过允许骨负重来增加额外的稳定性。理想情况下，骨板要放置在骨骼的张力侧。长斜骨折可主要采用拉力螺钉或环扎钢丝对齐和加压，然后再使用中立骨板（第 24 章），保护初始的固定；骨骼和骨板共同负重。

如果上述问题的答案之一是否定的，最好不要尝试手术复位，以便保护软组织附着和骨折部位的血管。这种病例通常是粉碎性骨折。植入物、骨板或锁定骨板或外固定支架主要起支撑作用（第 24 章）。因为所有的负重都是通过植入物实现的，所以植入物必须足够坚固和耐用，能够承受外力直到骨折愈合。此外，还可以插入髓内针，以弥补骨支持的缺失，并增加弯曲稳定性。良好的血供通常会导致快速形成骨痂，并维持早期稳定（图 13-11 和图 13-12）。

骨骼血供减少时可能出现骨坏死，并增加死骨片形成和感染的风险。骨折修复后可能会遇到植入物下方骨质疏松的问题。这一现象在早期归因于植入物太坚固导致的应力屏蔽，但目前的观点认为可能是因为植入物与骨接触区域的血管破坏引起的骨坏死和随后的骨重塑[11,19]。猫的骨折修复后偶尔会遇到骨质疏松，可能与小骨骼上应用了较大骨板有关。放置锁定骨板或外固定支架无须广泛切开和大量剥离或破坏骨膜，植入物也不会压在骨表面上。这些是保护骨外血供的理想方法。

表 13-5 为不同类型的长骨骨折治疗提供了一般建议。

13.4.2　长骨干骺端骨折

干骺端骨折的特点是愈合迅速，因为该区域有足量的血管和松质骨。外科医生遇到的主要挑战是可锚固植入物的骨量有限。因此，锁定骨板、迷你骨板、螺钉、螺纹针和外固定支架是最合适的（表 13-6）。干骺端处植入物的保持力不如皮质骨较厚的地方。由于离关节很近，骨折解剖复位有助于维持关节的生理运动。

13.4.3　关节骨折

为了恢复关节面的协调性，关节骨折必须完美复位，并通过加压保持刚性稳定。骨折未解剖复位或不稳定必然会导致严重的退行性关节病和慢性疼痛。外侧或内侧髁骨折或髁上骨折通常采用拉力螺钉固定，并联合抗旋转克氏针；必要时，可以使用干骺端骨板（表 13-6）。肩臼或髋臼骨折通常使用小骨板修复。关节骨折手术入路必须小心，以避免医源性关节周围结构损伤。

13.4.4　扁骨骨折

骨盆和头骨等扁骨骨折的治疗需遵循与长骨骨折相同的基本原则。扁骨骨折愈合良好，因为它们有大量软组织包绕，而且主要为松质骨。扁骨植入物的保持力不如长骨，不仅因为其皮质骨较薄，还因为扁骨的形状往往只允许使用小而短

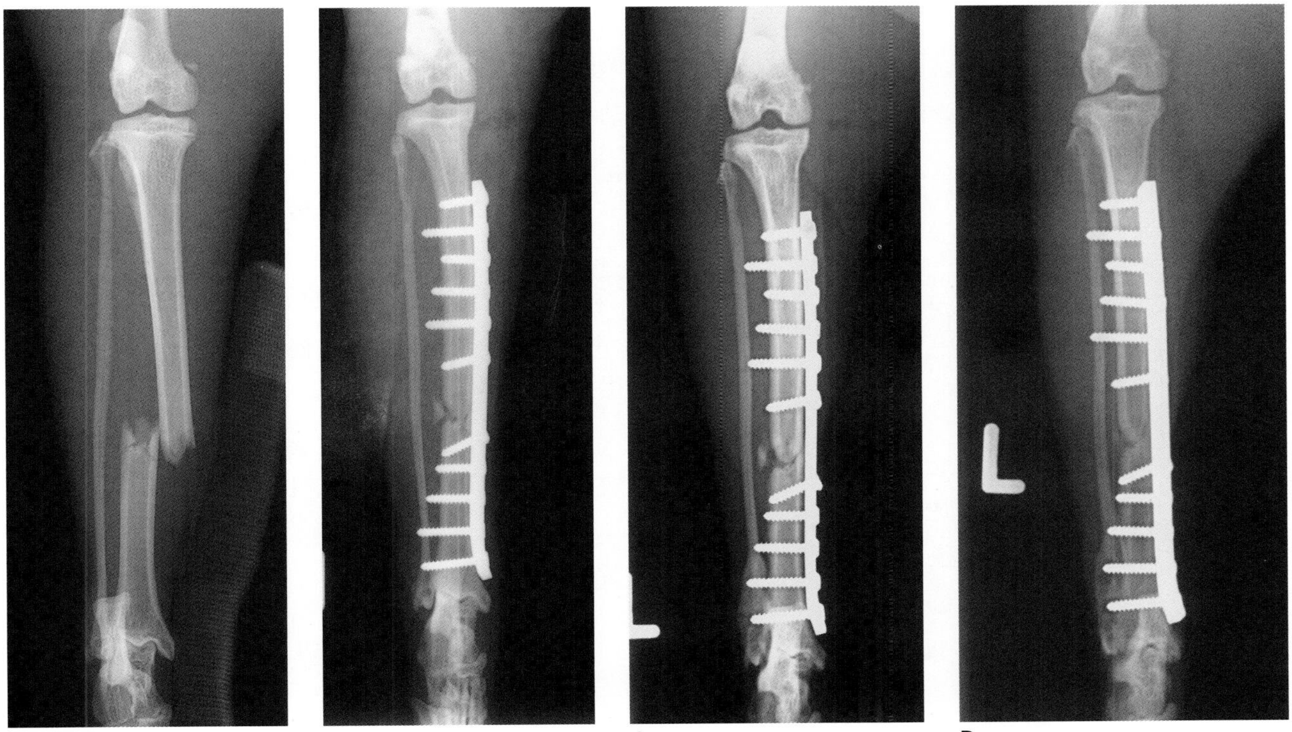

A　B　C　D

图 13–11　猫左后肢胫骨骨干骨折，行开放性复位和骨板固定治疗前后的 X 线片。（A）手术前；（B）术后即刻；（C）术后 4 周；（D）术后 10 周。请和图 13–12 比较

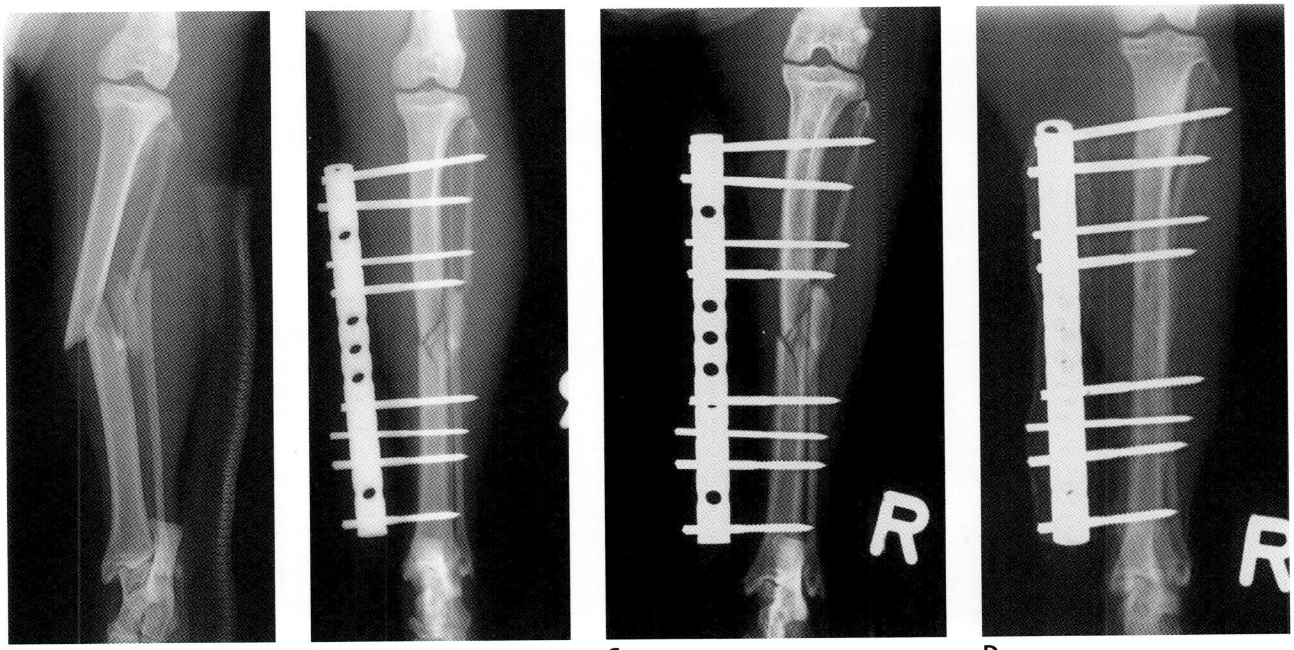

A　B　C　D

图 13–12　图 13–11 中的患猫右后肢胫骨骨干骨折的 X 线片。（A）手术前；（B）术后即刻；（C）术后 4 周；（D）术后 10 周。两处骨折同时发生，且在同一时间修复。该处骨折通过闭合性复位的外固定支架治疗。与左后肢相比，右后肢骨折术后 4 周出现明显愈合的征象，在第 10 周愈合得更完整

表 13–5 长骨骨干骨折的治疗方法选择

骨折类型	骨折部位	复位可能性	猫的年龄	固定方法
简单横骨折或短斜骨折	肘关节或膝关节远端	可闭合性复位	幼年	外固定支架 铸型
			中老年	外固定支架（± 胫骨或尺骨髓内针） 内锁式骨钉（胫骨） 铸型
		不可闭合性复位	幼年	外固定支架（± 胫骨或尺骨髓内针） 锁定骨板 内锁式骨钉（胫骨）
			中老年	加压骨板 锁定骨板 外固定支架（± 胫骨或尺骨髓内针）
	肘关节或膝关节近端		幼年	锁定骨板 外固定支架（± 髓内针） 内锁式骨钉
			中老年	加压骨板 锁定骨板 外固定支架（± 髓内针） 内锁式骨钉
简单长斜骨折	任何长骨		幼年	外固定支架（+髓内针，除了桡骨） 锁定骨板 内锁式骨钉（除了桡骨）
			中老年	拉力螺钉和骨板 锁定骨板 外固定支架（+髓内针，除了桡骨） 内锁式骨钉（除了桡骨） 髓内针和半环 / 全环钢丝（除了桡骨）
粉碎性骨折	任何长骨	可手术复位	幼年	锁定骨板 外固定支架（+髓内针，除了桡骨） 内锁式骨钉（除了桡骨）
			中老年	拉力螺钉和骨板 锁定骨板 外固定支架（+髓内针，除了桡骨） 内锁式骨钉（除了桡骨）
	肘关节或膝关节远端	不可手术复位	幼年和中老年	闭合性复位同时： 外固定支架（± 胫骨髓内针） 内锁式骨钉（胫骨） 开放性复位同时： 外固定支架（+胫骨髓内针） 锁定骨板 骨板（± 胫骨髓内针） 内锁式骨钉（胫骨）
	肘关节或膝关节近端		幼年和中老年	骨板和髓内针 外固定支架（+髓内针） 锁定骨板 内锁式骨钉

表 13–6　猫干骺端骨折的治疗方法选择

骨折类型	生长板	固定方法
干骺端和髁上骨折	未闭合	锁定骨板 外固定支架（ ± 髓内针，除了桡骨） 内锁式骨钉 避免桥连生长板
	闭合	锁定骨板 骨板（ ± 髓内针，除了桡骨） 外固定支架（ ± 髓内针，除了桡骨） 迷你骨板，T/L 型骨板 内锁式骨钉
内外侧髁突的骨折（单侧髁骨折）	未闭合或闭合	拉力螺钉和抗旋转克氏针
髁内和髁上骨折（双髁骨折）	未闭合	拉力螺钉固定髁突 ＋交叉克氏针或动态交叉克氏针
	闭合	拉力螺钉固定髁突 ＋锁定骨板 ＋骨板 ＋外固定支架 ＋交叉克氏针或动态交叉克氏针

的植入物。因此，将植入物放置在骨的张力侧很重要。扁骨通常是有弧度的，这就使得对骨板进行适当的弯曲更加困难。常用重建骨板，允许在所有方向塑型骨板（第 24 章）。

13.4.5　幼年动物的骨折

幼年动物的骨折治疗与成年动物的骨折治疗不同，主要是因为二者的骨质和血供不同。幼年动物有来自厚骨膜的丰富的骨外血供。只要骨膜在最初的创伤或手术中没有受损，来自骨膜的血供可以使骨折更快愈合。当强壮的骨膜完整地保留在骨折周围时，甚至可以防止骨折断端移位，并增加稳定性。这样的骨折称为青枝骨折，是可用保守治疗的理想骨折（图 13–13）。由于骨质较软，植入物的保持力不如成年动物。髓内针、内或外固定支架是治疗未成年动物骨干长骨骨折的理想植入物。这些植入物保护了骨外血供，并且植入物的稳定性不像传统骨板那样依赖于植入物在骨内的保持力。

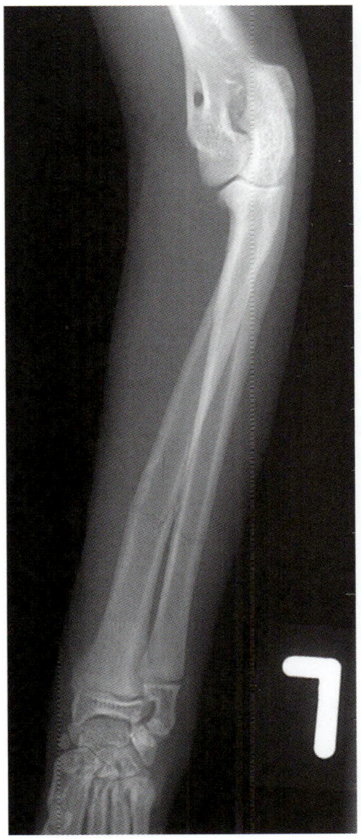

图 13–13　9 月龄猫桡尺骨的青枝骨折

生长期动物未闭合的生长板是薄弱部位，因此常见生长板骨折。生长期动物的生长板骨折总是会出现骨骼提前闭合和对称或不对称地停止生长的风险。从组织学上看，生长板包含几个不同的区域（图 13–14）。增殖区的细胞分裂迅速，具有生长潜力。因此，如果增殖区受损，细胞分裂和骨生长就会减弱或停止。Salter–Harris 分级（图 13–5）是预测生长板是否会提前闭合的指标，其中Ⅰ型骨折生长障碍的风险最低，而Ⅴ型和Ⅵ型骨折生长障碍风险最高。虽然 Salter–Harris Ⅰ型和Ⅱ型骨折主要涉及肥大区，但临床研究表明Ⅰ型和Ⅱ型骨折通常也会向增殖区偏移，从而导致生长板提前闭合[20]。因此，这种分类在预测小动物生长板骨折的预后方面不是很有用。相反，应单独评估每一种骨折类型；在 X 线片上看到持续生长的征象以前，都是预后谨慎。

不同的生长板在骨骼生长的不同时期闭合。根据闭合时间，可分为早闭合组、中闭合组和晚闭合组[21]（表 13–7）。在猫中，绝育会延迟生长板闭合，特别是晚闭合组的生长板[22–24]。去势公猫到 3 ~ 4 岁时，可以做出生长板不闭合的诊断；在成年猫中，生长板骨折不会引起生长障碍。

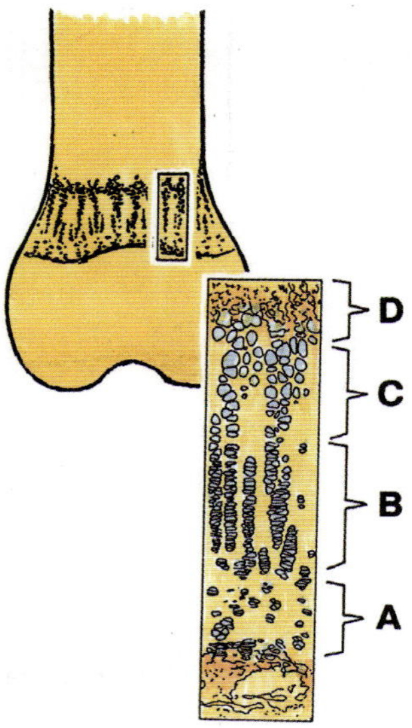

图 13–14　生长板的组织学分区。（A）储存区，紧邻骨骺。（B）增殖区，包含正在分裂的软骨细胞，呈柱状排列。（C）肥大区，软骨细胞大而且细胞间的基质量少。（D）钙化区，基质发生钙化的临时区域

Ⅰ型和Ⅱ型生长板骨折是猫最常见的生长板骨折，可用交叉或动态交叉克氏针的方式固定。如果预期还会生长，应使用滑面针。涉及关节的Ⅲ型和Ⅳ型骨折，需要使用拉力螺钉进行解剖复位和关节面的刚性稳定。生长期动物的任何生长板损伤都应在 2 ~ 3 周后再次进行 X 线检查，以便发现提前闭合，必要时进行干预。

13.4.6　开放性骨折

尽管大多数文献都是基于犬的研究，但是猫的开放性骨折可能比犬更常见。开放性骨折通常发生在肘关节和膝关节远端，因为那里的骨骼周围只有少量软组织。

开放性骨折是骨科急诊，尽管并发的危及生命的损伤可能需要延迟治疗。在 66% 的病例中，治疗前分离出的细菌就是后来感染的病原体[9]。初始创伤后的污染很常见，应使用无菌敷料和夹板绷带覆盖伤口后转运。

表 13–7　生长板闭合的分组[21]

闭合分组	大概的闭合年龄	生长板
早闭合组	4 ~ 8 月龄	趾 / 指骨 肩胛骨 肱骨远端 桡骨近端 髂坐骨生长板
中闭合组	8 ~ 14 月龄	股骨近端 胫腓骨远端 掌骨和跖骨 尺骨近端
晚闭合组	14 ~ 20 月龄	胫腓骨近端 股骨远端 肱骨近端 桡骨远端 尺骨远端 脊椎骨

注：生长板闭合年龄段的数据来自整个猫群。

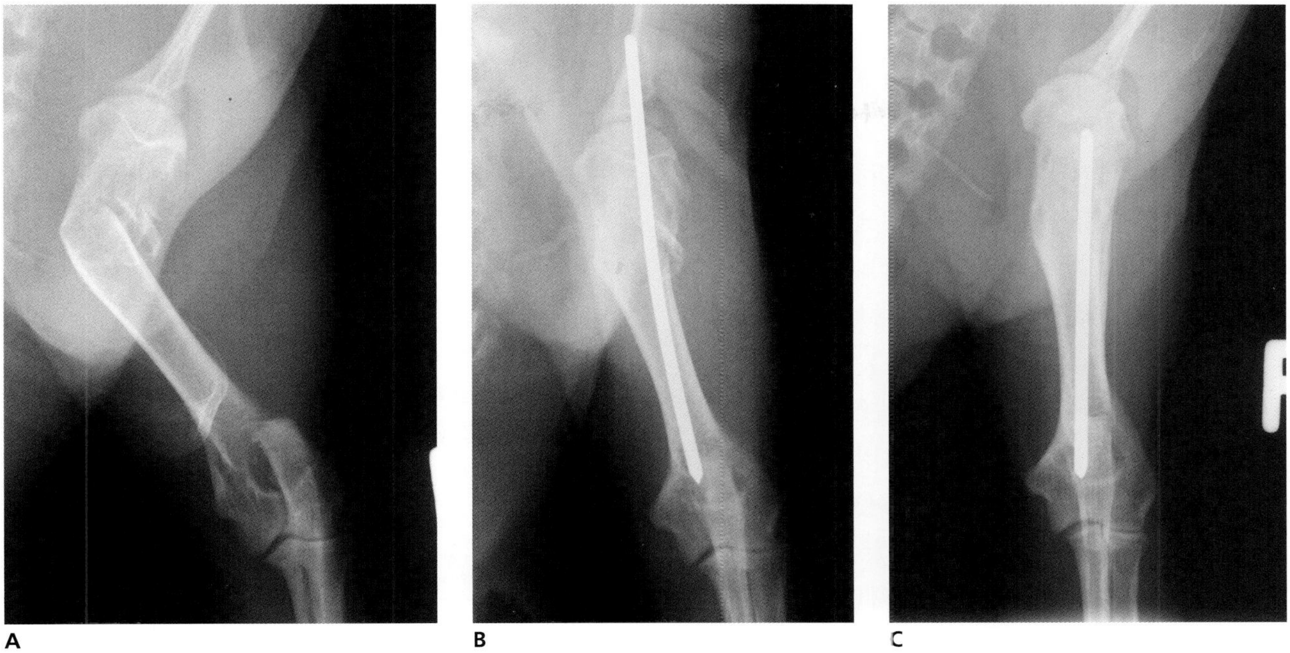

图 13–15　7 月龄营养性甲状旁腺功能亢进继发肱骨病理性骨折患猫的 X 线片：（A）术前；（B）术后即刻；（C）术后 4 周。因为存在明显的轴向移位，故采用髓内针进行骨折固定。给猫喂食均衡的食物后，骨折很快愈合

开放性骨折一线治疗的目标是防止二次污染和减少细菌数量。在开始治疗前，应获取组织样本进行需氧和厌氧细菌培养与药敏试验。早期静脉注射抗生素可有效降低感染率[25]。第一代头孢菌素或阿莫西林 – 克拉维酸能很好地渗透进入骨骼，并能有效对抗最常见的细菌。陈旧性伤口与存在坏死和失活组织的伤口可能发生厌氧菌感染。这些病例应联合使用克林霉素或甲硝唑与阿莫西林 – 克拉维酸。当患病动物稳定可以麻醉时，应立即对伤口进行清洁和清创。要在无菌条件下进行伤口清创，以免医院内感染。剃毛时，伤口上应涂抹无菌的水溶性凝胶，以防被毛进入伤口。使用等渗液体冲洗伤口，清除组织碎片，减少细菌污染。外科切除明显的失去活力和坏死的组织。严重的软组织伤口可能需要连续数天的清创，直到能明显看到坏死的真正程度。

如果患病动物在长时间麻醉中可保持稳定状态，最好在清创和取样培养的同时固定骨折。尽早固定骨折不仅能促进骨折愈合，还能促进建立新的软组织血管化。如果开放性骨折超过 6 ～ 8 h 才得到治疗，则认为已经发生感染[25]。1 级开放性骨折，发生时间在 8 h 内且处理得当，可以按闭合性骨折处理，在骨折修复后通常就可以闭合伤口。超过 6 ～ 8 h 的 1 级开放性骨折以及 2 级和 3 级开放性骨折存在感染与延迟愈合或不愈合的高风险。外固定支架是开放性伤口治疗和骨折固定的首选治疗方法。开放性伤口可用湿 – 干绷带包扎，直到健康的肉芽组织覆盖骨骼。应密切监测患猫脓毒症的迹象，直到坏死组织的界限明显；如果远端肢体活力存疑，还要决定下一步治疗。

骨移植可以促进骨折愈合，适用于所有的开放性骨折。在因骨折本身造成骨量丢失或存在骨碎片坏死的病例，应强制进行骨移植。当创面大和（或）污染重时，要推迟骨移植，直到创面形成健康的肉芽床，创口可以二期闭合。

抗生素治疗应基于需氧菌和厌氧菌培养的结果。即使有足够的外伤管理及抗生素治疗，如果感染的临床症状持续存在，应再次进行细菌培养，特别是要注意是否存在厌氧菌感染。抗生素治疗的持续时间取决于最初的污染或感染程度、伤口的临床外观，以及骨折愈合的 X 线评估。对于不复杂的病例，在适当的伤口管理下，10 d 的抗生素治疗即可。如果伤口感染严重或存在骨髓炎，有必要进行 4 ～ 6 周的抗生素治疗。

13.4.7　病理性骨折

病理性骨折发生于正常活动下骨质减少的骨骼。病理性骨折常见于以松质骨为主的区域，如长骨干骺端和脊柱，通常表现为折叠骨折（图 13-15）。要进行全面的检查，以便发现病理性骨折的潜在病因（第 4 章和第 8 章）。骨肿瘤和甲状旁腺功能亢进是导致病理性骨折的最常见病因。

治疗的目的要尽可能消除原发性疾病。非移位性骨折可以单纯使用笼养限制进行治疗；如果潜在疾病能够得到治疗，如营养性甲状旁腺功能亢进（第 4 章），往往愈合良好。移位性骨折或多肢骨折应考虑手术固定（图 13-15）。由于骨质疏松的骨骼中植入物的保持力明显降低，因此，常用髓内针或锁定骨板和外固定支架。

13.5　骨折复位技术

骨折复位往往是接技术骨术中最具挑战性和耗时最长的操作。操作骨碎片时要小心，避免对软组织造成意外损害。在复位和使用持骨钳时，如果用力过大，容易导致猫骨骼发生骨裂。

骨折复位可采用直接和间接技术两种方法。如果需要解剖复位，则使用直接复位技术。如果要进行生物接骨术，则使用间接复位技术，可以闭合性复位，也可以采用微创手术入路。

直接骨折复位主要适用于简单横骨折和斜骨折。简单横骨折可通过在切口处抬高骨折断端，使其彼此接触，然后用手指施加压力来实现断端对合，这一过程称为绷板操作（图 13-16）。另外，可用细长的器械，如儿科 Hohmann 骨撬，将骨折断端撬到正确位置完成复位。简单长斜骨折可借助自限式复位钳将骨折断端牵引开。当骨碎片几乎对合时，将一对尖头复位钳斜穿骨折线放置促进复位。然后对骨折部位小心而缓慢地加压，使骨碎片滑到正确位置（图 13-17）。尖头牙科钩是小骨碎片（如小的关节周撕脱性碎片）理想的复位和抓持器械（图 13-18）。

间接骨折复位常用于粉碎性骨折。仅对主要骨碎片进行操作，以维持肢体的生理长度和邻近

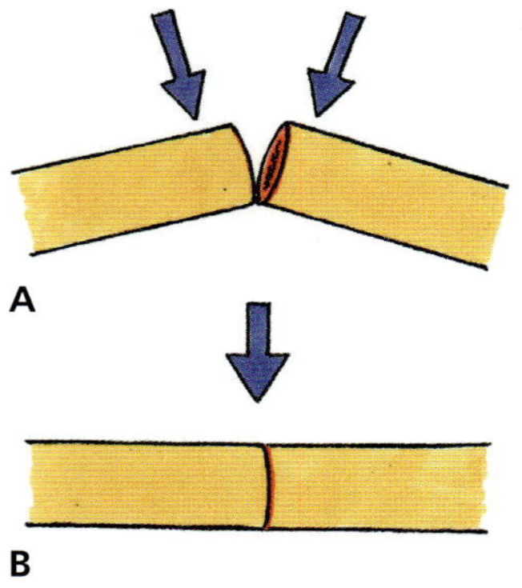

图 13-16　简单横骨折的直接复位（绷板操作）。（A）抬高骨碎片，使骨断端直接接触。（B）在保持骨接触的同时，用手指施加压力，逐步小心地对合骨断端

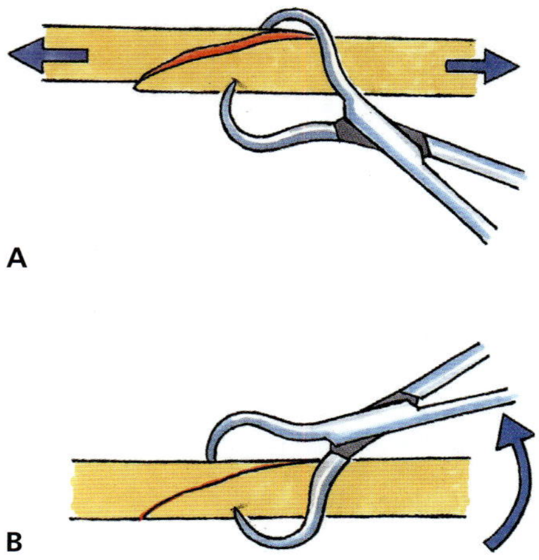

图 13-17　长斜骨折的复位。（A）在自限式复位钳的帮助下，牵引骨碎片。当骨断端几乎对合时，将一对尖头复位钳斜穿骨折线放置。（B）当复位钳缓慢闭合时，骨碎片滑到正确位置。复位钳是在骨折固定前暂时维持复位的。必须小心放置复位钳，不要干扰随后放置植入物

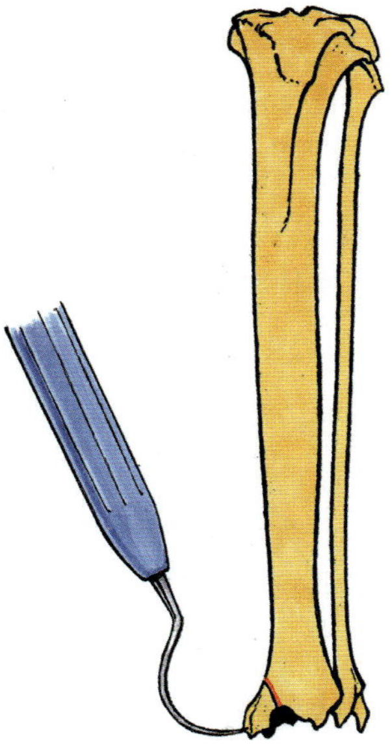

图 13-18　使用牙科钩复位撕脱性骨折。小的撕脱性骨折，如内髁骨折，很难用大的持骨钳操作。在插入植入物时，可使用牙科探钩复位骨碎片并对骨折线施加压力

关节的空间准直。通过撑开牵引骨折部位，周围软组织的张力会使小的骨碎片重新排列。可以使用尖头复位钳或外固定支架的固定针抓持和操作主要骨碎片（图 13-19）。另外，在使用外固定支架或骨板进行骨折最终修复之前，插入髓内针可以牵引主要骨碎片并使其恢复准直。正确的预塑型骨板也可以充当复位工具。第一步先将骨板固定在近端骨碎片上，然后再将远端骨碎片靠近复位（图 13-20）。

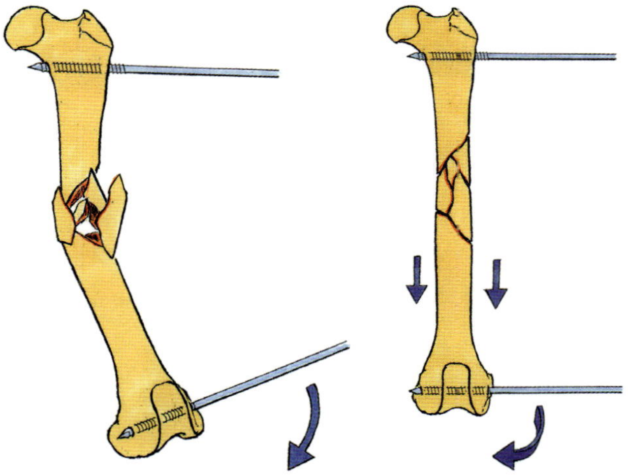

图 13-19　用固定针对粉碎性骨折进行间接复位。也可使用尖头复位钳替代固定针。（A）操纵远端碎片，撑开牵引骨折部位，实现空间准直。必须避免过度撑开牵引，尤其是在胫骨。（B）骨折复位稍稍内翻和内旋，以避免外翻和外旋

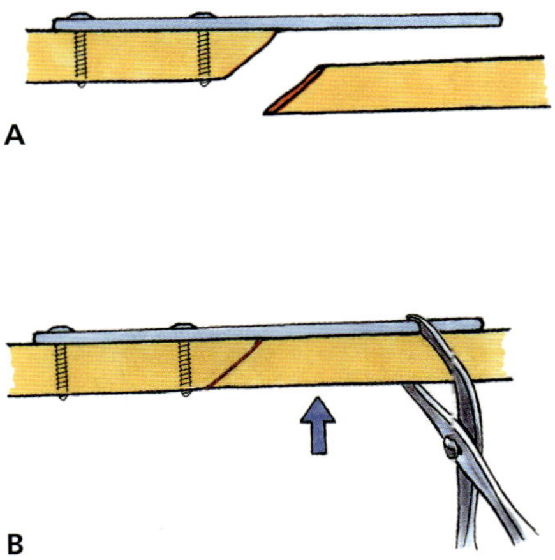

图 13-20　使用预塑型骨板进行骨折复位。（A）将骨板用 2 颗螺钉固定在较大骨碎片上，然后向骨板钳拉较小的骨碎片，通常是远端干骺端。（B）在插入螺钉前，复位的骨碎片借助 Verbrugge 骨板固定钳与骨板固定

严禁过度撑开牵引骨折部位，以免软组织进入骨折间隙，从而造成延迟愈合，由此增加的轴向张力也会导致骨折塌陷和植入物松脱。另外，必须重视外翻－内翻、旋转和前后准直的矫正。四肢骨折容易侧翻或外翻位置不正以及外旋。这种倾向必须通过稍稍内翻和内旋来抵消。

13.6　骨折修复的并发症

骨折并发症包括骨折愈合障碍、骨髓炎和骨折病。骨折愈合障碍包括延迟愈合、不愈合和畸形愈合。

虽然不能完全避免并发症，但并发症往往是由于骨折治疗不当而发生的。如果及早发现，许多并发症都可以治疗，并取得良好的预后。未成年动物的生长板骨折有生长异常的风险。生长异常将在本章后面描述。

13.6.1　延迟愈合和不愈合

延迟愈合是一个术语，用来描述骨愈合比预期更慢。延迟愈合是主观诊断，因为愈合时间因猫的年龄、骨骼、创伤和骨折类型、固定方法等因素而异。在评估愈合时间时，必须考虑到目前存在的所有生物和力学因素。未成年动物的骨折预期在 2 ～ 6 周内愈合。成年动物通常在 1 ～ 2.5 个月内愈合（表 13-3），但是严重的粉碎性骨折、没有太多软组织覆盖的骨折和老年猫的骨折愈合时间通常更长。

如果怀疑延迟愈合，但植入物稳定，愈合过程可通过每 3 ～ 4 周拍摄 X 线片来监测。延迟愈合通常是由于存在稳定的植入物引起的血供不足。如果植入物不稳定，或者骨折愈合停止，则必须进行手术矫正。

如果可见的愈合过程停止，则诊断为不愈合。诊断是根据典型的影像学特征（第 2 章）做出的。如果连续拍摄的 X 线片没有显示进行性愈合，即诊断为不愈合。不愈合的原因是多方面的。血供受损、骨折不稳定、骨折间隙大、骨折间隙内嵌入软组织，以及感染等都可能导致延迟愈合或阻碍骨折愈合。根据骨折部位生物活性的 X 线征象，

不愈合可分为有活性的不愈合和无活性的不愈合。有活性的不愈合存在血供，骨折部位有新骨形成的征象，但是无法愈合，主要原因在于骨折部位不稳定（图 13–21）。无活性的不愈合有 1 个或 2 个骨断端血供差或没有血供，从而导致没有新骨形成和骨折桥连。可能存在无血管和坏死的骨片（图 13–22）。猫形成的骨痂往往比犬少，区分有活性的不愈合和无活性的不愈合不能仅看骨痂，还要看骨折断端的外观。无血管的骨会出现骨硬化，呈密度增高的征象。

据报道，猫四肢骨折治疗后不愈合的发生率为 4.3%[14]。344 只四肢骨折患猫的回顾性研究发现了数个导致骨折不愈合的诱发因素[14]：胫骨和尺骨近端是最常见的不愈合部位。约 15% 的胫骨骨折患猫发生不愈合。造成这种高发病率的原因可能是胫骨血供较少，以及软组织覆盖不足。开放性和粉碎性骨折也会增加不愈合的风险。其他诱发因素包括年老和超重，以及使用Ⅱ型外固定支架。外固定支架常用于治疗易发生不愈合的骨折类型，这就解释了使用Ⅱ型外固定支架不愈合发病率高的原因。骨缺损是评估猫不愈合的模型[26]。胫骨缺损超过骨干直径 1.25 倍时，使用 2.7 mm 动态加压骨板固定，12 周时不能愈合。组织学上可见骨折间隙主要由纤维组织和横纹肌填充。

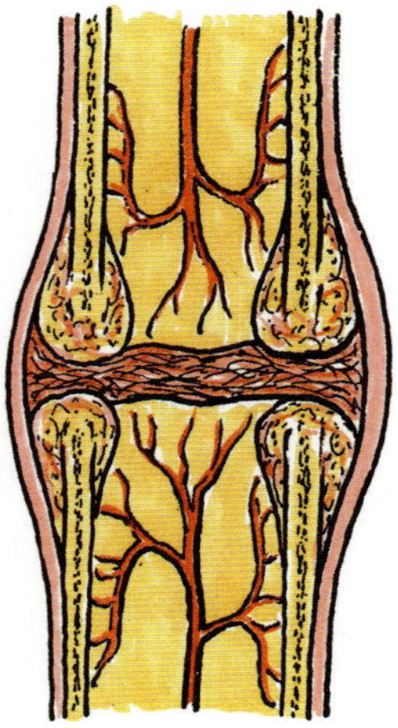

图 13–21　有活性的不愈合。骨折部位已经形成骨痂，表明有足够的血供；但是骨折断端硬化，骨折间隙没有被新骨填充

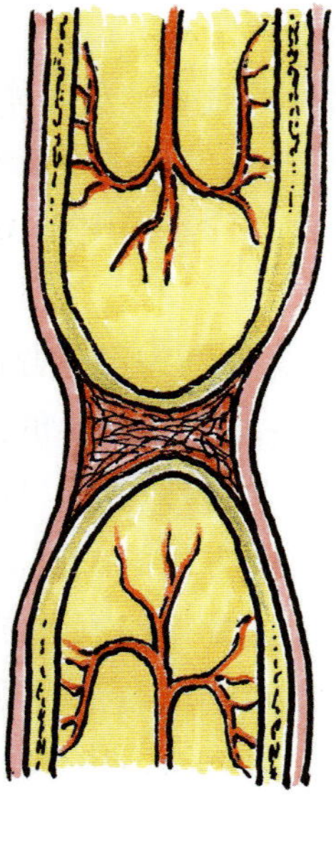

图 13–22　无活性的不愈合。没有骨痂提示血供不佳。骨折断端硬化，常呈圆形并萎缩

有活性的不愈合通常容易治疗。在大多数病例中，使用骨板或外固定支架替换不稳定的植入物、移除骨折间隙中的软组织、植入松质骨等都将有助于愈合。治疗无活性的不愈合是一种挑战。要移除所有坏死的骨片，并在骨碎片的硬化端钻孔开放骨髓腔，以便允许骨内血管延伸到骨折间隙。骨折间隙再用松质骨填充，而缺损周围放置皮松质碎屑。骨折最好使用波形骨板技术（图 13–23）或锁定骨板来固定。

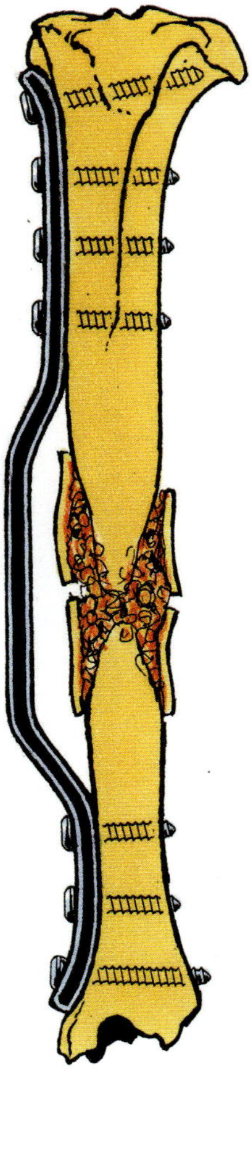

图 13–23　使用波形骨板治疗不愈合的骨折。骨折处塑型骨板，以便在缺损处和周围放置更多的骨移植物，促进血管从周围组织向内生长。波形骨板增加了不愈合区域的功能直径，从而提高了稳定性

还有一种治疗无活性的不愈合的技术，即切除坏死的骨折断端，然后用加压骨板固定[27]。如果骨折断端由于间隙过大或萎缩而无法使用加压骨板固定，也可以使用该技术。最多可切除15% ~ 20% 骨长度的骨段。大多数不愈合通过适当的治疗都可诱导愈合。

13.6.2　畸形愈合

畸形愈合是指骨折在非生理位置愈合。如果骨折不稳定，或者骨折复位不充分，或者植入物在愈合前弯曲或松动，就会发生畸形愈合。猫的畸形愈合最常见于未治疗的骨盆和股骨骨折，后者会导致股骨的总长度缩短（图 13-24）。偏离生理轴 < 5° ~ 10° 通常是可以接受的，一般不会引起临床问题。较大的轴向偏差会改变肢体的生物力学特性，导致邻近关节和肌肉功能缺损，以及退行性病变。临床上显著的畸形愈合可用矫形截骨术治疗。慢性病例通常存在不可逆的肌肉或关节病变，即使已经进行了骨轴矫正也很难恢复正常肢体功能（见后文的“骨折病”）。

畸形愈合的治疗以预防为主；因此，如果术后 X 线片显示存在明显的轴向偏移，应立即进行修复。

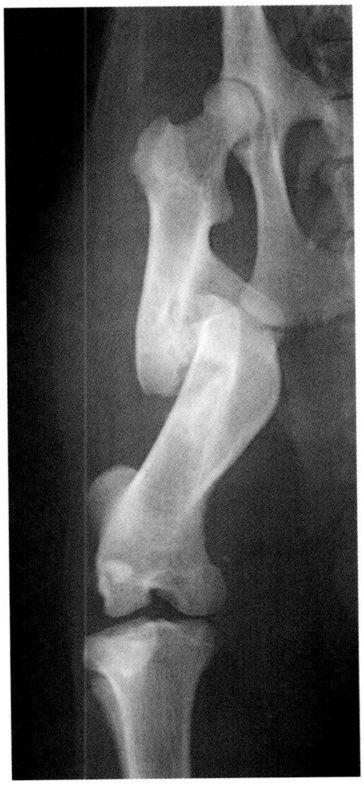

图 13-24　股骨骨干骨折畸形愈合。畸形愈合常导致肌肉和邻近关节功能障碍。股骨骨折畸形愈合后可发生髌骨脱位

13.6.3　创伤后骨髓炎

在猫中，创伤后骨髓炎相对罕见。骨髓炎最常源于软组织感染和开放性骨折的蔓延[28]（图 13-25）。骨坏死、局部缺血、不稳定、异物和植入物的存在都会促发开放性骨折后的感染。从骨髓炎患病犬猫上分离到的最常见的细菌是 β – 内酰胺类耐药的葡萄球菌属，特别是中间型葡萄球菌[29]。其他感染菌株通常包括链球菌和需氧革兰氏阴性菌，如假单胞菌、大肠杆菌等。70% 的骨髓炎病例可能会遇到厌氧菌感染[30]。厌氧菌和假单胞菌通常存在于口腔，咬伤后引发感染。

急性骨髓炎会引起局部软组织肿胀、疼痛、伤后或术后数天发热。如果骨折固定稳定，通常可通过适当的抗生素和伤口管理来治疗。慢性骨髓炎的特点是死骨形成、出现窦道，以及延迟愈合或不愈合。X 线征象包括新骨形成、骨皮质和骨折断端吸收，以及死骨形成（图 13-25）。治疗需要伤口清创、去除所有失去活性的组织和死骨，以及开放所有的感染腔隙。需要移除植入物，使用外固定支架固定骨折。因为可能出现延迟愈合，应选择适当稳定的固定方法。送检组织样本，如死骨和脓性物质，进行需氧和厌氧细菌培养与药敏试验。厌氧培养的标本不能在室内空气和氧气中暴露超过几分钟。伤口需要大量冲洗。开放性伤口需要使用湿 – 干绷带治疗，便于引流。伤口充满肉芽组织准备闭合时，需要通过松质骨移植填充骨缺损。这时，可以将外固定支架更换为骨板或锁定骨板。

根据细菌培养和药敏试验结果，抗生素需要使用 4 ~ 6 周。阿莫西林 – 克拉维酸或头孢唑啉通常对大多数需氧菌有效[29]。阿莫西林 – 克拉维酸对许多厌氧菌也有效，但有些可能有耐药性。克林霉素和甲硝唑是厌氧菌感染的良好选择。如果感染了革兰氏阴性菌，可使用喹诺酮类抗生素，如恩诺沙星。可能需要联合使用抗生素治疗混合感染。

13.6.4　骨折病

骨折病是一个术语，用于描述与骨折相关的骨骼、关节和肌肉的继发性变化。骨折治疗不当

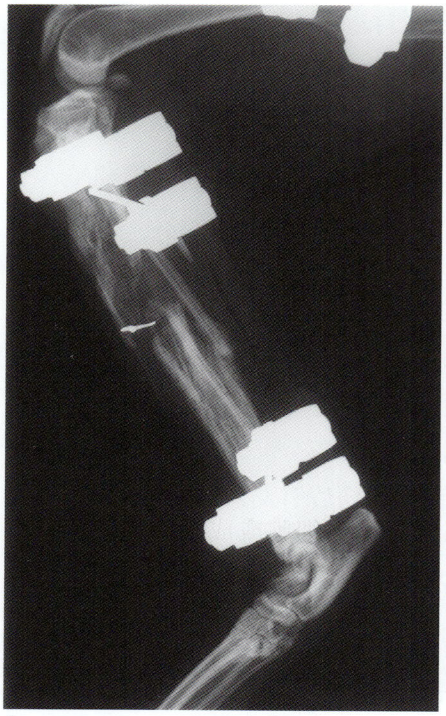
A

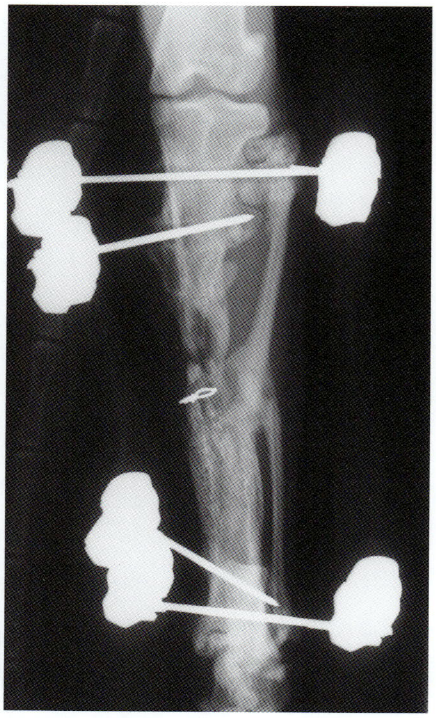
B

图 13–25　猫胫骨粉碎性骨折 2 个月后的（A）内外侧位和（B）后前位 X 线片，可见胫骨骨髓炎。X 线片中可见明显的骨溶解、皮质硬化、骨膜反应和无活性的不愈合征象。也可以见到近端固定针周围的骨溶解（B），提示固定针松动。这种情况的修复需要去除半环钢丝和死骨、更换外固定支架、开放性伤口治疗（直至该区域清洁），以及骨移植

会影响术后肢体使用。肢体长期废用可能导致肌肉萎缩和挛缩、骨质萎缩，以及因关节囊纤维化和软骨变性引起的关节活动范围丧失。最坏的情况是整个肢体失去功能。猫最常见的骨折病是股四头肌挛缩（第 7 章）。晚期骨折病通常是无法治疗的，患肢往往必须截肢。预防骨折病的方法是坚持正确的接骨术原则，温柔地处理组织，肿胀的肌肉群行筋膜切开术，并鼓励术后尽早使用肢体。

13.7　骨移植术

骨移植常用于促进骨折愈合，主要是治疗愈合潜力较低的骨折，如严重粉碎性骨折、骨折间隙大的骨折和开放性骨折。骨移植是治疗延迟愈合或不愈合骨折及创伤后骨髓炎的重要部分，可以促进关节固定术后的愈合。自体移植和异体移植均可用于患猫。

骨移植通过三个基本功能加速骨形成[31]（表 13–8）。骨生成是指通过移植活细胞形成新骨。骨传导是指移植骨为周围组织的血管和骨生长提供框架。骨诱导可能是最重要的属性，是通过生长因子将未分化的细胞转化为成骨细胞。活细胞只能由自体骨移植提供。同种异体移植缺乏骨生成

表 13–8　骨移植的功能

移植类型	骨生成	骨诱导	骨传导
松质骨自体移植	+++	++	+++
松质骨异体移植		++	+++
脱矿骨基质		+++	+

注：从 + 到 +++ 越来越好。

功能。在一项使用猫不愈合模型评估新鲜自体移植和深度冷冻异体皮质碎片移植效果的研究中，两种类型的移植均有效促进了骨愈合，但在自体移植中可以观察到更快速和持续的反应[32]。这些差异很可能是因为同种异体移植缺乏骨生成潜力、降低骨诱导潜力和存在抗原性。同种异体移植的抗原性通过处理可以减少，但不会完全消除，免疫反应可能在某些病例中导致移植物过度吸收和缺乏新骨形成。

松质骨自体移植是骨移植的金标准，其缺点是增加了手术时间和与采集区域相关的额外疾病。采集部位包括肱骨近端、髂骨翼，以及股骨近端和远端（很少使用）。通常在手术开始时就收集移植物，需要使用单独的器械和创巾，以防止供体和受体部位交叉传染。将骨皮质用球钻、大号克氏针或钻头打开。开口必须足够大，以便能够插

入和操作锋利的骨刮匙，且不会有医源性骨折的风险。然后用骨刮匙采集松质骨（图 13-26）。采集的松质骨在使用前应用血液保持湿润。注射器的栓塞腔比手术纱布更便于储存松质骨，因为小的骨渣可能会漏在手术纱布的网眼中。特别是在老年猫中，很难获得足够量的松质骨，往往需要添加同种异体骨移植物。另外，也可以从髂骨翼背侧获得少量的皮松质骨碎屑。可以经髂骨嵴背侧入路，使用咬骨钳一点一点地咬碎骨髂骨翼，碎屑应≤ 2 mm，避免形成死骨。

自体皮松质骨移植条可用于促进关节固定术或大的皮质骨缺损的愈合。皮松质骨移植条也可取自髂骨翼的外侧面（图 13-27）。骨移植条环绕骨折部位，松质面贴向骨骼。皮松质骨移植条与松质骨移植物的功能相同，但还会额外提供一定的机械强度和更多的骨储备。

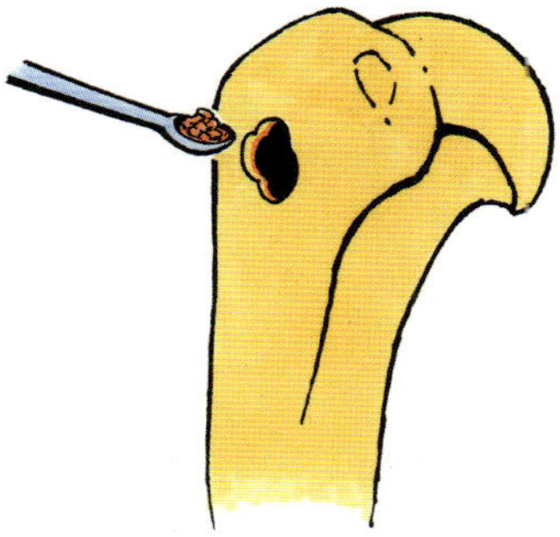

图 13-26　从肱骨近端获得自体松质骨移植物。皮质开口必须足够大，以便插入和操作骨刮匙，以及避免采集过程中的医源性骨折。松质骨取自软骨下区域，不能影响滋养动脉（滋养动脉位于更远端的位置）

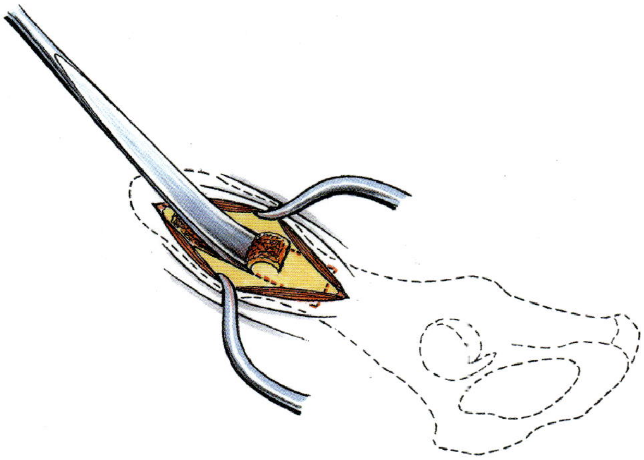

图 13-27　可从髂骨外侧获得皮松质骨条。切开臀中肌后，在 Slocum 铲或更小的骨膜剥离器的帮助下，采集骨条

同种异体骨移植物已被处理，因此缺乏成骨潜能，但它们可以储存，易于获得，无须延长手术时间，也不会给患病动物带来额外的问题。同种异体松质骨移植对猫骨愈合的有益作用已在实验环境中得到证实，但与新鲜的自体松质骨移植相比，骨愈合的速度较慢以及均一性较差[32]。对于麻醉风险增加的患病动物，如老年猫，或者需要大量骨移植时，同种异体移植可能是更好的选择。猫的同种异体移植物已商品化（兽医移植服务）。它是冻干品，可以在室温下保存 12 个月。同种异体松质骨移植物应与骨髓或自体松质骨移植物混合，以便获得祖细胞或成骨细胞。填充小缺损时，通常 0.5 mL 就足够了。填充较大缺损可能需要 1.0 mL。

13.8　生长畸形

未成年动物的生长板提前闭合会导致生长畸形。猫罕见，相关的发病率或风险因素也知之甚少。生长板提前闭合可继发于外伤或感染对生长板增殖细胞造成的伤害。由于猫的生长潜力较小，因此造成的临床表现和肢体畸形可能不像犬那么明显。全面地评估肢体及其 X 线片、与健侧进行比较，以及仔细规划手术是成功治疗的必要条件。

13.8.1　骨骼代偿性过度生长

在犬中，肢体相邻骨和骨折后同一骨骼的代偿性过度生长是公认的和已报道的现象[33]，以此弥补骨长度的较小差异。

一只 14 周龄的公猫股骨髁间骨折伴髁上粉碎性骨折，经髁间螺钉和 2 个动态交叉髓内针修复后，出现了胫骨代偿性过度生长（Stergios Vlachopoulos，个人资料）。在植入物移除之前，术后 6 周的内外侧位 X 线片显示，与对侧相比，右侧股骨轻度缩短（6 mm），而右侧胫骨延长（4 mm）。有趣的是，随着猫的逐渐成年，胫骨长度间的差异减少，表明经过最初的过度生长阶段后紧接着是左侧胫骨的低生长阶段，从最初术后 6 周胫骨长度差异 4.35% 变为术后 1 年的 0.85%。右侧股骨仍然缩短（表 13-9）。

表 13-9　右侧股骨远端粉碎性髁上骨折患猫的股骨和胫骨长度系列测量值，从 3.5 月龄开始

月龄	股骨长度（mm）		胫骨长度（mm）	
	右	左	右	左
3.5	84	–	88	–
5	86	92	96	92
9	90	106	111	109
12.5	92	110	115	114
17	93	113	118	117
27	93	113	118	117

注：右侧股骨缩短，右侧胫骨出现短暂的代偿性过度生长（资料来自 Stergior Vlachopoulas）。

13.8.2　肢体畸形矫正的原则

由生长紊乱引起的肢体畸形可能会造成以下问题，包括骨长度受损、骨变形和相邻关节不协调。临床上明显的肢体畸形的治疗，需要使用截骨术来纠正肢体的成角和旋转畸形。开口楔形截骨术或闭口楔形截骨术是矫正猫因骨骼较小而导致的成角畸形最实用的方法（图 13-28）。截骨术恢复准直后可使用外固定支架、锁定骨板或骨板固定。

除了肢体成角畸形的修复外，肢体长度的修复也是必要的。与健侧相比，骨长度缺失超过 15% ~ 20% 是有临床意义的。猫可以使用小型的线状或环形牵引装置进行牵引成骨术。在牵引速度为 0.7 mm/d、没有肌肉收缩时容易完成新骨形成[34]（图 13-29）。

13.8.3　桡骨远端生长板提前闭合

犬的尺骨远端生长板呈锥形，易发生压迫性损伤，所以是发生提前闭合的最常见部位。猫尺骨远端生长板垂直于桡骨长轴，因此不容易提前闭合。

桡骨远端生长板的提前闭合可由桡骨远端生长板骨折引起，但也可能发生在前臂部远端和爪部受到其他损伤后。前臂部远端损伤可引起生长板的压迫性病灶，最初的 X 线片看不到。未成年猫前臂部远端发生任何创伤后，均应建议主人在

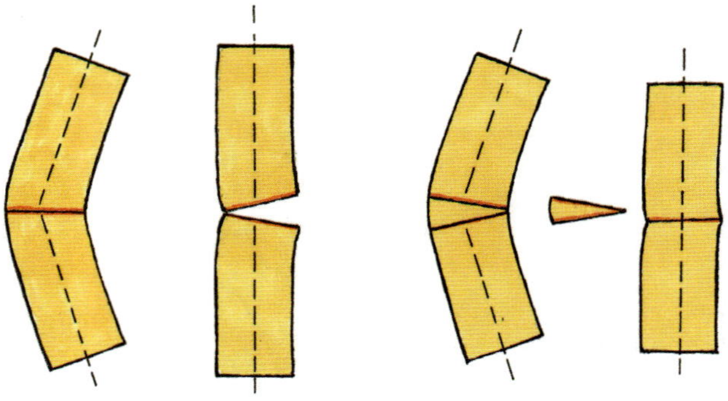

图 13-28　（A）开口楔形截骨术和（B）闭口楔形截骨术。（A）开口楔形截骨术具有增加骨长度的优点，缺点是截骨断端无接触固定。（B）闭口楔形截骨术固定后骨接触良好，但会缩短骨的长度

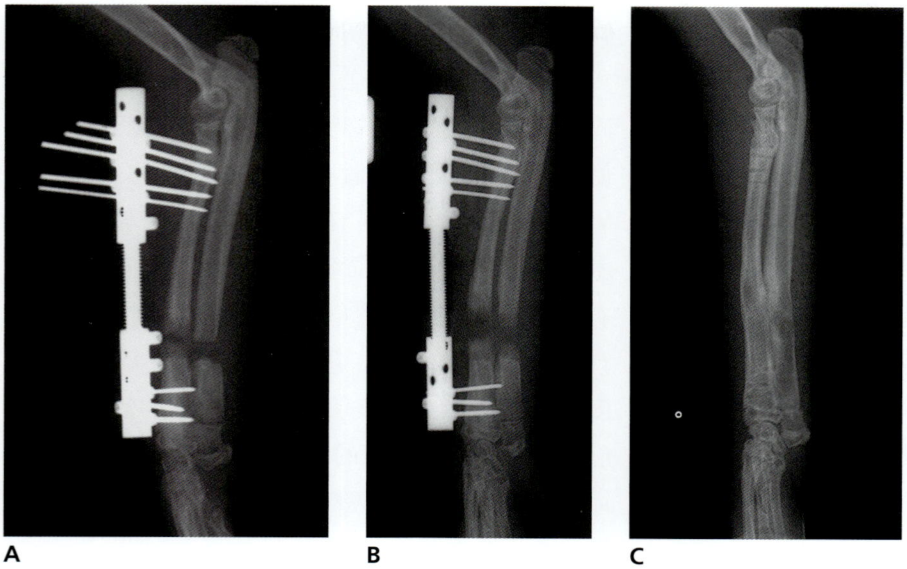

图 13-29　用牵引成骨术治疗 4.5 月龄桡尺骨缩短的患猫。（A）牵引术后 10 d 的 X 线片。（B）牵引术后 2.5 周的 X 线片，同时也是牵引停止时的 X 线片。每天 2 次，牵引速度 0.35 mm/d，完成了新骨形成。（C）截骨术后 5 周，移除外固定支架后的 X 线片（经许可转载自 Voss K, Lieskovsky J. Trauma-induced growth abnormalities of the distal radius in three cats. J Feline Med Surg 2007; 9: 117–123.）

2～3 周后复查 X 线片。猫从高处跌落以及尺骨茎突骨折，均会导致桡骨远端生长板提前闭合[34]。桡骨远端生长板生长停止可导致短桡骨综合征。与犬相比，猫前肢腕关节的不协调似乎是由于尺骨的持续生长发展而来，而不是肘关节不协调[34]（图 13-30）。

治疗方法根据患病动物的年龄和肢体畸形的进展而异。矫正成角畸形需要实施截骨术恢复桡骨准直（图 13-30）。如果腕关节不协调主要是由于尺骨远端长度超过桡骨长度，则进行尺骨远端截骨术，使尺骨远端部分向近端移位。受伤时年龄小于 4 月龄的患猫在完全长大后可能出现临床症状明显的前臂部长度缩短，应考虑桡骨牵引成骨术（图 13-29）。3 只桡骨远端生长板提前闭合的患猫获得了满意的临床功能，尽管腕关节屈曲运动范围仍减小[34]。

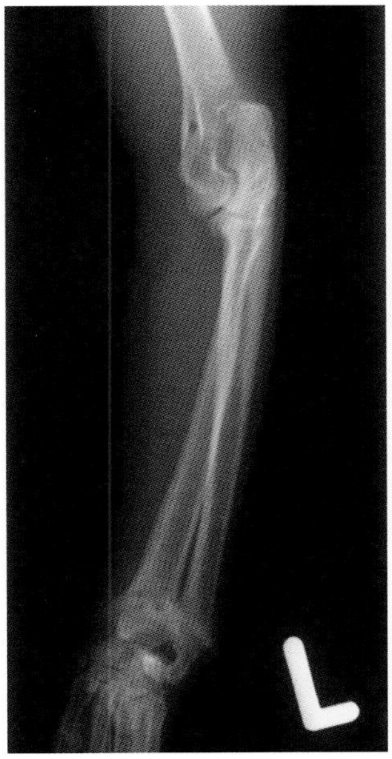

A

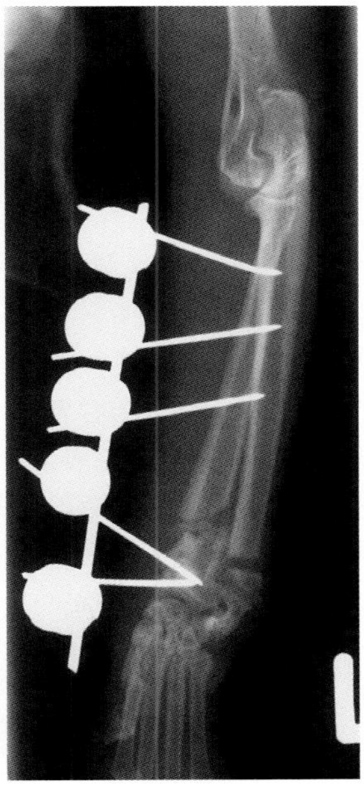

B

图 13-30　一只 6 月龄患猫，因桡骨远端骨骺 Salter-Harris 骨折而发生桡骨远端生长板提前闭合。（A）术前 X 线片。桡骨远端生长板闭合，尺骨生长板尚未闭合。桡腕关节外侧有较大间隙。（B）桡骨和尺骨截骨术后的 X 线片。桡骨远端恢复准直可改善腕关节的协调性（经许可转载自 Voss K, Lieskovsky J. Trauma-induced growth abnormalities of the distal radius in three cats. J Feline Med Surg 2007; 9: 117-123.）

13.8.4　胫骨近端生长板提前闭合

桡骨生长板以外的生长板提前闭合很罕见，但已报道过胫骨近端畸形[35]，作者也见过一只患猫。该患猫胫骨缩短，跗关节内翻畸形，胫骨平台向后倾斜（图 13-31）。患猫曾在幼年时出现过发热和跛行，在服用短疗程的抗生素后症状就消失了。根据主人描述的病史，生长板提前闭合的原因可能是干骺端血源性骨髓炎。腓骨远端切除后，跗关节内翻畸形明显改善。此外，还进行了截骨术和胫骨平台重新排列（图 13-31）。可通过牵引成骨术延长胫骨的长度，但被动物主人拒绝。肢体功能恢复良好。

据文献报道，猫胫骨平台角度过大与前十字韧带断裂，联合采用胫骨平台水平截骨术与前侧闭口楔形截骨术治疗获得成功[35]。

13.9　植入物拆除

骨折愈合后，植入物是没有功能的。在许多情况下，常规移除植入物是外科医生的首选。植入物可能导致骨肿瘤的说法并没有得到文献证实。只有少数病例报道了骨折或植入物相关的肿瘤，包括肉瘤[36]、纤维肉瘤[37]和骨肉瘤[38]。犬和猫移除植入物的确切原因包括固定不稳定、感染、软组织刺激、热传导和慢性跛行[39]。除了植入物松动和感染，软组织刺激也是猫移除植入物最常见的原因。患猫的骨板通常相对过大。骨板直接位于皮肤下方的区域时，如果发生皮肤刺激，可能造成舔舐性肉芽肿、皮肤反复损伤和皮肤坏死。植入物放置在关节附近可能会干扰关节运动，导致肿胀和纤维化。感染的情况下，必须移除所有的植入物，因为植入物周围的糖酵解会阻止宿主免疫机制和抗生素清除细菌。在常规移除金属植入物时，甚至都可能发现细菌生长[40]。表 13-10 总结了植入物取出的适应证。取出植入物后应进行 X 线检查，猫笼养 2 周，并在室内饲养 2 周，以免通过植入物孔再次骨折。

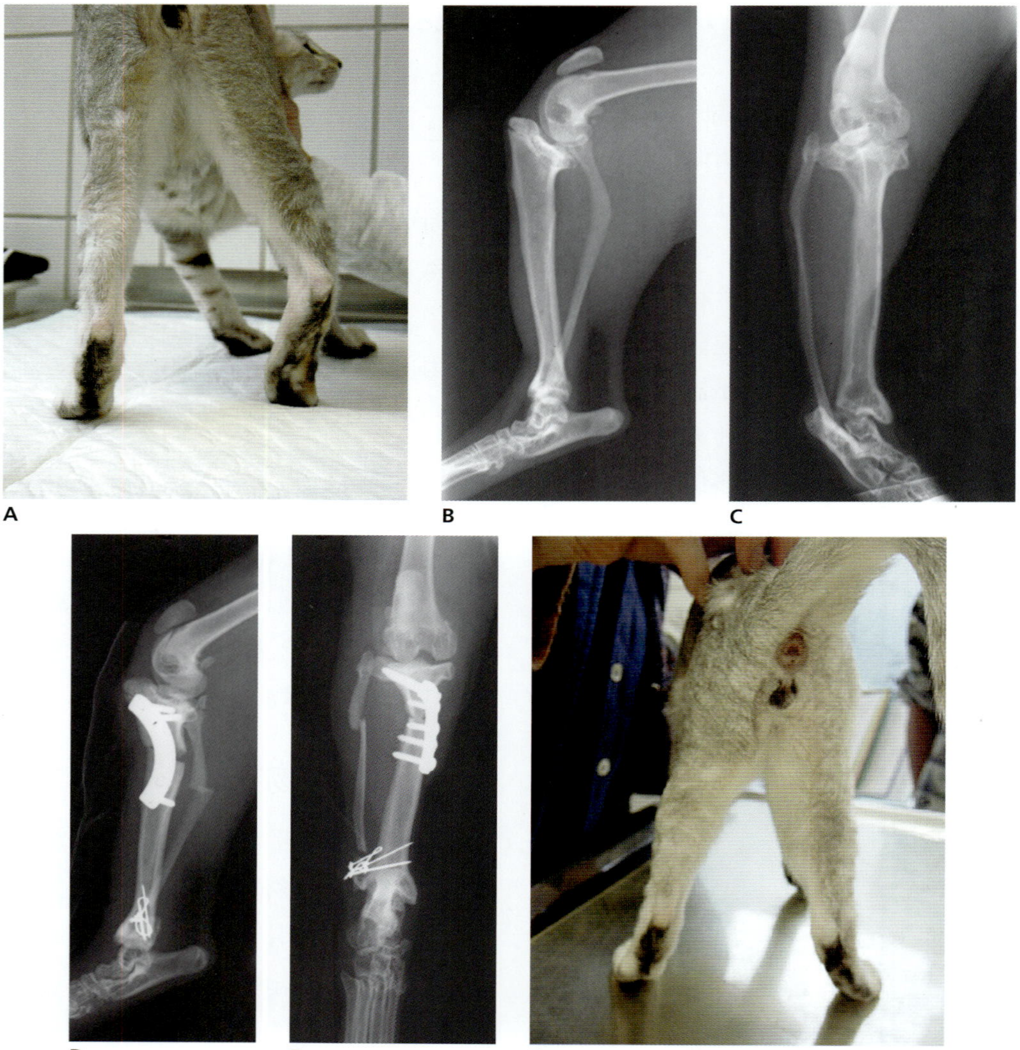

图 13–31　1 岁患猫出现继发于胫骨近端生长板提前闭合的后肢畸形。（A）猫术前右后肢外观，可见跗关节明显内翻畸形。（B，C）胫腓骨术前 X 线片。胫骨缩短，胫骨平台变形（B）。跗关节的内翻畸形主要是由于腓骨持续生长，将跗关节推向内翻和内旋（C）。（D，E）胫腓骨术后 X 线片。采用胫骨近端开口楔形截骨术来矫正胫骨平台的畸形（D）。通过腓骨近端和远端截骨术，以及在更靠近跗关节近端的位置稳定胫骨外踝，可改善跗关节畸形。（F）4 个月后肢体外观和功能良好，但胫骨长度明显短于对侧

表 13–10　愈合后取出植入物的适应证

植入物类型	移除适应证
外固定支架	必须移除
克氏针	松动或移位 妨碍关节功能
髓内针	松动或移位 妨碍软组织功能（如坐骨神经）
骨板或锁定骨板	引起软组织或皮肤刺激 妨碍关节功能 引起骨质疏松（必要时通过外固定支架临时稳定） 引起热传导（如胫骨和桡骨）
所有的内植入物	感染后 开放性骨折后

参考文献和延伸阅读

[1] Harari J. Treatment for feline long bone fractures. Vet Clin North Am Small Anim Pract 2002;32:927–947.

[2] Carter DR, Spengler DM. Biomechanics of fracture. In: Sumner-Smith G (ed.) Bone in clinical orthopedics, 2nd edn. Dübendorf: AO Publishing; 2002: pp. 261–285.

[3] Schrader SC. Orthopedic surgery. In: Sherding RG (ed.) The cat: diseases and clinical management. New York: Churchill Livingstone; 1994: pp. 1649–1709.

[4] Unger M, et al. Classification of fractures of long bones in the dog and cat: introduction and clinical application. Vet Comp Orthop Traumatol 1990;3:41–50.

[5] Anderson A, Coughlan AR. Sacral fractures in dogs and cats: a classification scheme and review of 51 cases. J Small Anim Pract 1997;38:404–409.

[6] Messmer M, Montavon PM. Pelvic fractures in the dog and cat: a classification system and review of 556 cases. Vet Comp Orthop Traumatol 2004;4:167–173.

[7] Salter RB, Harris WR. Injuries involving the epiphyseal plate. J Bone Joint Surg Br 1963;45:487–622.

[8] Piermattei DL, Flo GL. Fractures in growing animals. In: Brinker WO, Piermatei DL, Flo GL (eds) Handbook of small animal orthopedics and fracture repair, 3rd edn. Philadelphia: WB Saunders; 1997: pp. 676–685.

[9] Tillson DM. Open fracture management. Vet Clin North Am Small Anim Pract 1995;25:1093–1110.

[10] Grant GR, Olds RB. Treatment of open fractures. In: Slatter D (ed.) Textbook of small animal surgery, 3rd edn. Philadelphia: WB Saunders; 2003: pp. 1793–1798.

[11] Perren SM. Evolution of the internal fixation of long bone fractures. The scientific basis of biological internal fixation: choosing a new balance between stability and biology. J Bone Joint Surg Br 2002;84:1093–1110.

[12] Uhthoff HK, Rahn BA. Healing patterns of metaphyseal fractures. Clin Orthop Relat Res 1981;160:295–303.

[13] Richardson EF, Thacher CW. Tibial fractures in cats. Comp Continuing Educ 1993;15:383–394.

[14] Nolte DM, et al. Incidence of and predisposing factors for nonunion of fractures involving the appendicular skeleton in cats: 18 cases (1998–2002). J Am Vet Med Assoc 2005;226: 77–82.

[15] Langley-Hobbs SJ, et al. Use of external skeletal fixators in the repair of femoral fractures in cats. J Small Anim Pract 1996;37:95–101.

[16] Langley-Hobbs SJ, et al. External skeletal fixation for stabilisation of comminuted humeral fractures in cats. J Small Anim Pract 1997;38:280–285.

[17] Gemmill TJ, et al. Treatment of canine and feline diaphyseal radial and tibial fractures with low-stiffness external skeletal fixation. J Small Anim Pract 2004;45:85–91.

[18] Haas B, et al. Use of the tubular external fixator in the treatment of distal radial and ulnar fractures in small dogs and cats. Vet Comp Orthop Traumatol 2003;16:132–137.

[19] Gautier E, et al. Porosity and remodelling of plated bone after internal fixation: result of stress shielding or vascular damage. In: Ducheyne P, Van der Perre G, Aubert AE (eds) Biomaterials and biomechanics. Amsterdam: Elsevier Science; 1984: pp. 195–200.

[20] Johnson JM, et al. Histological appearance of naturally occurring canine physeal fractures. Vet Surg 1994;23:81–86.

[21] Smith RN. Fusion of ossification centres in the cat. J Small Anim Pract 1969;10:523–530.

[22] May C, et al. Delayed physeal closure associated with castration in cats. J Small Anim Pract 1991;32:326–328.

[23] Root MV, et al. The effect of prepubertal and postpubertal gonadectomy on radial physeal closure in male and female domestic cats. Vet Radiol Ultrasound 1997;38:42–47.

[24] Houlton JEF, McGlennon NJ. Castration and physeal closure in the cat. Vet Rec 1992;131:466–467.

[25] Popovitch CA, Nannos AJ. Emergency management of open fractures and luxations. Vet Clin North Am Small Anim Pract 2000;30:645–655.

[26] Toombs JP, et al. Evaluation of Key's hypothesis in the feline tibia: an experimental model for augmented bone healing studies. Am J Vet Res 1985;46:513–518.

[27] Blaeser LL, et al. Treatment of biologically inactive nonunions by a limited en bloc ostectomy and compression plate fixation: a review of 17 cases. Vet Surg 2003;32:91–100.

[28] Griffiths GL, Bellenger CR. A retrospective study of osteomyelitis in dogs and cats. Aust Vet J 1979;55:587–591.

[29] Johnson KA. Osteomyelitis in dogs and cats. J Am Vet Med Assoc 1994;12:1882–1887.

[30] Muir P, Johnson KA. Anaerobic bacteria isolat-

ed from osteomyelitis in dogs and cats. Vet Surg 1992;21:463–466.

[31] Fitch R, et al. Bone autografts and allografts in dogs. Comp Continuing Educ 1997;19:558–575.

[32] Toombs JP, Wallace LJ. Evaluation of autogeneic and allogeneic cortical chip grafting in a feline tibial nonunion model. Am J Vet Res 1985;46:519–528.

[33] Schaefer SL, et al. Compensatory tibial overgrowth following healing of closed femoral fracture in young dogs. Vet Comp Orthop Traumatol 1995;8:159–162.

[34] Voss K, Lieskovsky J. Trauma-induced growth abnormalities of the distal radius in three cats. J Feline Med Surg 2007;9: 117–123.

[35] Hoots EA, Petersen SW. Tibial plateau leveling osteotomy and cranial closing wedge ostectomy in a cat with cranial cruciate ligament rupture. J Am Anim Hosp Assoc 2005;41:395–399.

[36] Fry PD, Jukes HF. Fracture associated sarcoma in the cat. J Small Anim Pract 1995;36:124–126.

[37] Sinibaldi K, et al. Osteomyelitis and neoplasia associated with use of the Jones intramedullary splint in small animals. J Am Vet Med Assoc 1982;181:885–890.

[38] Bennett D, et al. Osteosarcoma associated with healed fractures. J Small Anim Pract 1979;20:13–18.

[39] Emmerson TD, Muir P. Bone plate removal in dogs and cats. Vet Comp Orthop Traumatol 1999;12:74–77.

[40] Smith MM, et al. Bacterial growth associated with metallic implants in dogs. J Am Vet Med Assoc 1989;195:765–767.

第 14 章　关节损伤

K. Voss, P.M. Montavon

猫的关节损伤经常发生在车祸和高处跌落之后。后肢通常比前肢更容易受伤，其中髋关节和跗关节是最常见的受损关节。苏黎世大学小动物外科诊所中猫关节损伤的发生率如图 14-1 所示。关节损伤可分为韧带扭伤、关节脱位、关节骨折和开放性关节损伤。无论是哪种类型的损伤，正常关节准直和稳定性的破坏都会导致疼痛性骨关节炎和功能缺陷的发生。因此，治疗的目的是重建关节面和维持关节稳定性，以尽量减少骨关节炎的变化，并保持关节功能。本章描述了关节的结构和功能、关节损伤的愈合、手术原则、并发症的治疗，如创伤后脓毒性关节炎以及关节融合术的原则。关节骨折见第 13 章。

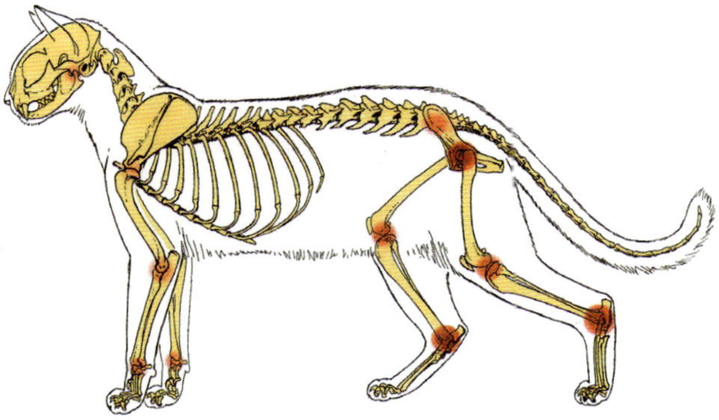

图 14-1　苏黎世大学小动物外科诊所 531 只猫关节损伤的分布。红色阴影的深浅表示受伤发生率的高低。467 例（88%）关节损伤发生在后肢，64 例（12%）关节损伤发生在前肢。髋关节、跗关节和膝关节是最常见的受累部位。在前肢关节损伤中，腕关节损伤最常见

14.1　关节的结构和功能

正常的关节功能允许无痛和全范围的活动，同时在负重时提供稳定性。滑膜关节由关节腔、关节囊、滑液、关节软骨和软骨下骨组成。关节囊内部滑膜的滑膜细胞产生滑液。滑膜细胞也有吞噬能力。关节囊的外部纤维层为关节提供一定的稳定性，但起主要的关节稳定作用的是侧副韧带和关节内韧带。关节囊含有神经和血管。

滑液是血液透析液，富含糖胺聚糖（GAG）。滑液中的 GAG 主要是透明质酸。滑液具有润滑和营养关节软骨的功能。润滑对减少关节面的摩擦是必需的，可减轻关节软骨的磨损和撕裂。滑液具有黏性稠度，对关节面与关节面之间的黏附十分重要。关节软骨通过滑液扩散到软骨层而获得营养。

关节软骨允许两个关节面相互滑动，在负重时起到缓冲作用。关节软骨缺乏血管、淋巴管和神经，约包含 80% 水、10% 胶原和 10% 蛋白聚糖。软骨细胞合成蛋白聚糖和胶原。软骨中的胶原纤维网主要负责抵抗在负重过程中软骨受压时产生的剪切力。蛋白聚糖是一种刚性大分子，由主链的透明质酸和一些与 GAG 相连的核心蛋白组成。蛋白聚糖可以结合水，形成大部分软骨基质。

14.2　关节损伤的愈合

关节创伤可导致软骨撕裂或磨损，和（或）关节囊与相关韧带的断裂。创伤还会引发炎症反应，引起滑膜炎和关节积液。在关节损伤的愈合阶段，同时发生再生和退化。

软骨是一种无血管组织，愈合能力非常有限，炎性细胞和血管无法进入软骨缺损的地方。因此，愈合反应依赖于缺损周围软骨细胞合成的新基质。这些基质通常不足以填充较大的缺损。如果病灶向下到达软骨下骨，炎性细胞和血管可以从骨进入缺损。缺损最初填充纤维蛋白凝块，然后由成纤维细胞和胶原纤维替代。这些成纤维细胞约在 2 周后分化为成软骨细胞，能够合成软骨基质。新软骨不具有与正常透明软骨相同的质量、厚度和力学性能，容易发生纤维寻化和侵蚀。

关节囊和侧副韧带断裂的愈合是通过周围组织的血管、炎性细胞和成纤维细胞的侵入发生的。

在愈合阶段的前 2 周，缺损处填充肉芽组织。肉芽组织仍然很脆弱，还需要 2 ~ 4 周的时间才能形成足以承受拉力的纤维性瘢痕组织。瘢痕组织的重塑包括胶原纤维的纵向定向，以提高抗张强度。这个过程需要在伤口上施加可控的张力。

关节内韧带，如膝关节前十字韧带，不能愈合，因为它们缺乏足够的内在血管供应，细胞也不会从周围组织迁移过来。关节周围纤维化和关节囊增厚是机体试图稳定受累关节的机制。关节周围过度纤维化是不可取的，因其会缩小关节的活动范围。

关节损伤通过多种机制引起受累关节某种程度的退行性改变。关节软骨会进一步退化，因为损伤可能导致蛋白聚糖和水的丢失，从而降低了关节软骨的弹性，使其容易受到机械损伤。术后关节长期固定也会导致关节软骨变薄变软[1]。软骨在重新活动的早期容易受损。滑液量和质量的变化减少了软骨的润滑，增加了关节面之间的摩擦。持续的不稳定可能导致异常的力传递和软骨磨损增加。关节损伤后通常发生骨赘，也是机体试图稳定受累关节的机制。发生骨赘的同时常伴有关节囊纤维化。

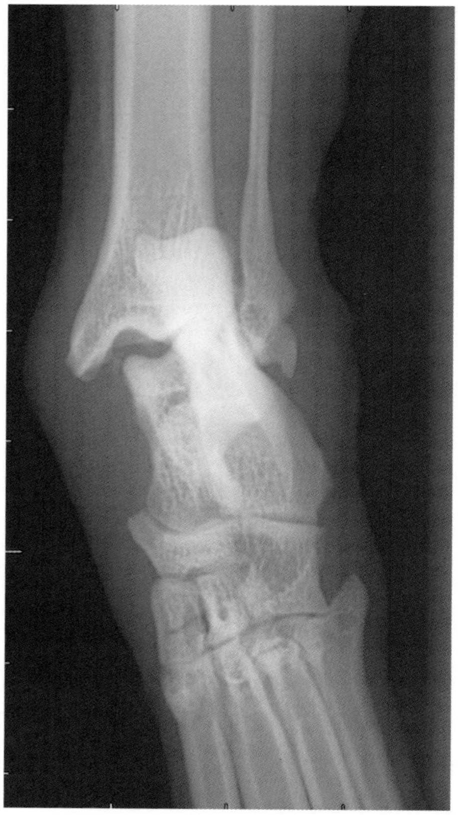

图 14–2 猫胫跗关节不稳定 / 半脱位的案例。外翻应力位 X 线片可见胫跗关节间隙内侧裂开，提示内侧副韧带断裂或Ⅲ级扭伤

14.3 关节损伤的诊断

关节不稳定和半脱位通常是由关节韧带扭伤或断裂和关节囊损伤引起的（图 14–2）。关节脱位是指相邻的关节面完全失去接触；如果多条韧带和关节囊破坏，就会发生关节脱位（图 14–3）。

韧带扭伤分 3 类（表 14–1）[2]。Ⅰ级侧副韧带扭伤的临床症状相对较轻，通常是自限性的。Ⅱ级和Ⅲ级扭伤可导致更明显的临床症状，包括明显的触诊疼痛、关节周围肿胀和关节不稳定。韧带扭伤通常需要手术干预。猫的关节损伤通常是由严重的创伤引起的，如车祸和高处跌落。这些类型的伤害释放出的高能量经常导致Ⅱ级或Ⅲ级扭伤。猫科动物很少诊断出Ⅰ级扭伤。

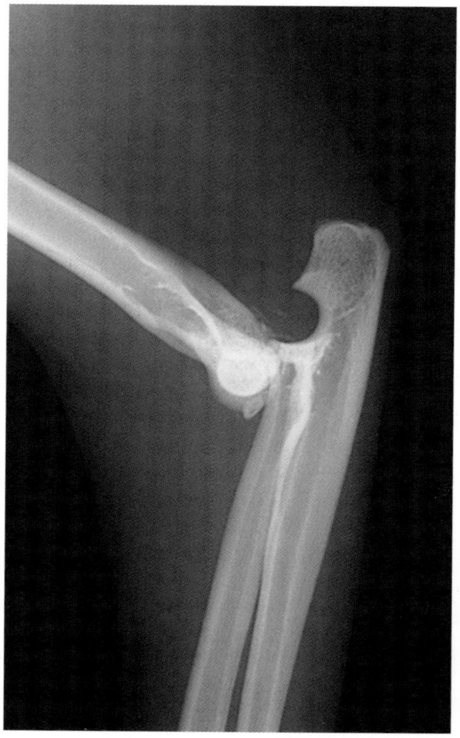

图 14–3 猫肘关节后侧脱位的病例。肱尺和肱桡关节面完全脱位。桡骨头前侧可见旋后肌肌腱的籽骨

诊断关节不稳定或半脱位需要精确的区域解剖学知识和了解正常的关节活动范围。仔细触诊关节以发现疼痛、关节积液和关节周围肿胀。在

表 14–1　扭伤的分类及临床表现

扭伤	特征	临床所见	X 线发现
Ⅰ级	组织水肿 / 血肿 只有少量纤维撕裂	轻度跛行 轻微的局部肿胀和疼痛	轻度软组织肿胀 应力位 X 线片未见骨性病变或不稳定
Ⅱ级	韧带部分撕裂 功能缺损，但韧带基本完好	明显跛行 明显肿胀 触诊 / 操作明显疼痛	明显的软组织肿胀 应力位 X 线片轻度不稳定
Ⅲ级	韧带完全断裂 完全丧失功能	严重跛行 触诊 / 操作明显肿胀和疼痛 骨摩擦音 不能正常活动	软组织肿胀 可能撕脱性骨折 可能半脱位 应力位 X 线片明显不稳定

操作过程中可能会感觉有骨摩擦音。检查关节活动范围，操纵关节对各个韧带施加压力。本书的第 7 部分描述了各个关节的解剖学和具体检查方法。常规 X 线片可排查关节骨折。应力位 X 线片可以确诊，并有助于显示不稳定的部位（第 2 章）（图 14–2）。它们在诊断多关节的韧带扭伤时特别有用，如腕关节和跗关节。只有通过手术才能得到明确的诊断。

关节脱位很容易诊断，因为它们会引起明显的肢体畸形、肿胀、疼痛、骨摩擦音、活动范围改变和可触及的骨突移位。常用 X 线片确认诊断，并排除骨折。

猫开放性关节损伤的常见原因是脱套伤，最常见于跗关节和腕关节，造成不同程度的侧副韧带和关节囊损伤，以及软骨和骨丢失。脱套伤的诊断是显而易见的，但需要使用应力位 X 线片来评估不稳定的确切位置和程度。开放性关节损伤的另一常见原因是猫咬伤，往往没有明显的开放性关节损伤的症状。患猫通常在事故发生后数天才会就诊，而且皮肤上的小伤口很难被发现。通常不存在关节不稳定，但脓毒性关节炎会引起明显的疼痛、肿胀和关节积液。

14.4　关节手术的原则

关节手术的目标是恢复受损关节的协调性和稳定性，以便恢复正常的运动范围和防止异常磨损。受伤后应尽快进行手术，以免发生永久性病变。局部解剖学知识、正确的诊断和细致的手术技术是成功的关键。术后管理对关节术后取得良好的疗效也很重要。

14.4.1　关节切开术

关节切开术是对关节的外科探查，包括检查软骨、关节内部结构、关节囊和韧带。通常纵向切开关节囊，避免损害关节周围结构，特别是韧带。首先使用 11 号手术刀片刺穿关节囊，注意不要损伤关节内部结构。然后目视下，使用剪刀扩大切口。小号 Meyerding、Hohmann、Senn 牵开器等手持牵开器或小型自锁 Gelpi 牵开器等适合牵开关节囊和关节面分离，这对充分暴露和探查关节是必要的。

通常使用林格氏液冲洗软骨，当软骨暴露在室内空气中时，表层软骨会迅速受损 [3]。移除松动的软骨瓣和小骨碎片，因为它们无法愈合，还可能脱落，成为游离关节鼠。缝合前仔细止血、清除关节内血块和冲洗关节有利于术后愈合，关节内存在血液会导致软骨损害 [4]。关节囊内的骨赘或骨化体机械干扰关节功能或引起局部滑膜炎症时需要去除。骨赘去除后会再次迅速生成。要尽可能去除游离的骨化体或关节鼠。将肥大的滑膜进行部分滑膜切除术有助于减轻炎症和疼痛 [2]。

使用细的可吸收单丝缝线十字或连续缝合关节囊。应注意将缝线穿行在关节囊的纤维部，不能穿透滑膜，以免磨损软骨。

14.4.2　韧带扭伤的治疗

Ⅰ级或稳定的Ⅱ级韧带扭伤均可保守治疗。Ⅰ级扭伤只需要限制活动。对于Ⅱ级轻微不稳定的扭伤，使用夹板绷带固定 2 ~ 3 周通常也足以治疗。Ⅱ级和Ⅲ级韧带扭伤会导致明显的关节不稳定，需要手术稳定，因为小动物保守治疗后，不能像人那样精确地监测或计划，而且大多数动物在受伤后不久就会负重。虽然大部分病例可以通过纤维性愈合达到关节的稳定，但长时间的关节不稳定会促发退行性关节病变。可能的话，要先修复侧副韧带。关节内韧带，如十字韧带，愈合能力很低。因此，需要通过采用囊外稳定技术来重建功能。根据受累关节和修复获得的稳定性，术后还要 2 ~ 3 周的外包扎固定。韧带断裂的纤维性愈合需要 2 ~ 3 个月，在这期间应限制活动。

要尽可能缝合撕裂的侧副韧带断端。通常使用细的单丝慢吸收缝线。猫的侧副韧带较小，磨损的韧带断端很难缝合确实。改良式锁环缝合最适用于猫（图 14–4）。在大部分病例中，还需要使用人工韧带保护侧副韧带缝合处。人工韧带由锚固在 2 颗螺钉之间的“8”字缝线、缝线锚栓或咬骨器组成（第 24 章）。不可吸收性的多丝缝线具有良好的抗张性和打结安全性，但会刺激关节囊纤维化，存在感染的风险，不能用于开放性伤口。在猫中，不可吸收或慢吸收单丝缝线通常能提供足够的稳定性。为了重建关节的运动中心，必须将螺钉放置在韧带的解剖起止点（图 14–5）。如果没有放置在正确的解剖位置上，人工韧带将承受异常负荷，有早期断裂的风险。

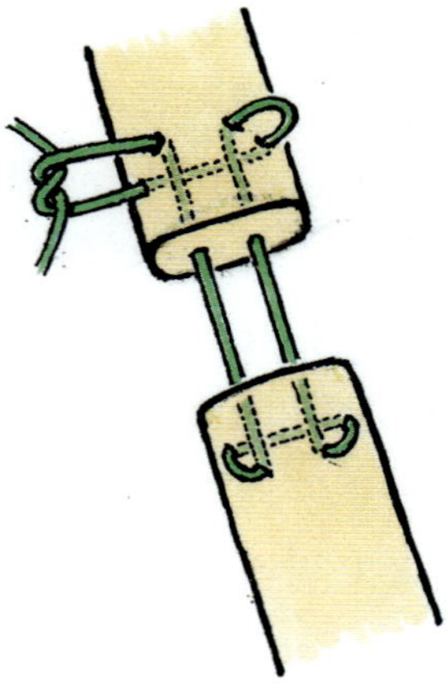

图 14–4　锁环缝合或改良式 Kessler 缝合是修复猫较小韧带的最合适的张力缝合方法

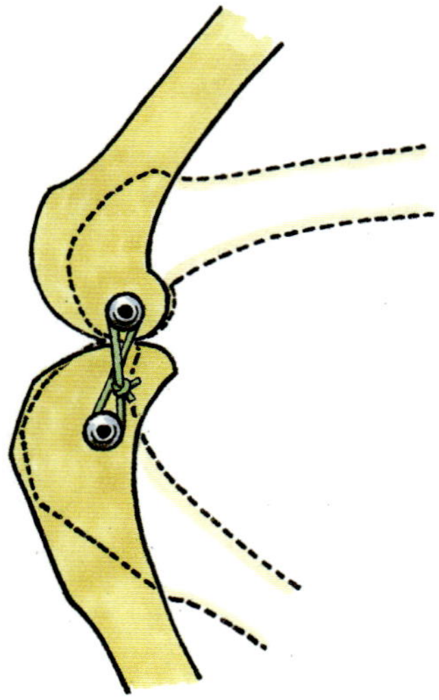

图 14–5　使用人工韧带保护侧副韧带缝合处。必须准确地将螺钉放置在韧带解剖附着部位，以重建关节的运动中心，否则人工韧带就会过早断裂

在猫中，关节内韧带与腕关节和跗关节的掌侧和跖侧韧带不能直接修复。关节内韧带的功能需要通过囊外稳定技术来修复。腕关节和跗关节的掌侧和跖侧韧带受到很大的拉力。这些韧带的直接修复和愈合不能产生足够的稳定性来抵抗这些拉力；因此，需要对受累关节进行部分或全关节融合术。

14.4.3　关节脱位的治疗

如果关节的多个稳定机制被破坏，就会发生关节脱位，导致相邻关节面完全移位。一般有两种治疗方案：闭合性复位和外固定与闭合性或开放性复位和手术稳定。闭合性复位和外固定适用于颞下颌关节、肩关节、肘关节和髋关节脱位。这些关节在闭合性复位后都具有足够的稳定性。颞下颌关节和肘关节具有稳定的骨性构型，肩关节和髋关节具有强壮的次级关节稳定机制，如肌腱和肌肉。脱位后应尽快复位，以减少由于持续损伤和营养不良造成的软骨进行性损害的风险。闭合性复位时，通常需要全身麻醉，以达到肌肉放松和减轻疼痛的目的。

主要依赖于韧带支持获得稳定性的关节，必须在复位后进行手术稳定，如腕关节、膝关节和跗关节。肩关节、肘关节或髋关节脱位也可能需要手术治疗。关节脱位手术的一般适应证为闭合性复位不成功、立即或延迟二次复位、闭合性复位后明显不稳定、存在关节骨碎片或骨折。手术稳定涉及缝合撕裂的关节囊，以及如上所述的修复侧副韧带。撕脱性骨折可用小的克氏针固定；如果碎片足够大，则需要使用螺钉。在某些病例中，会使用跨关节的外固定支架或临时的跨关节克氏针，以便获得固定。跨关节外固定支架可用于肘关节、腕关节、膝关节和跗关节。临时的跨关节克氏针主要用于膝关节和髋关节。

14.4.4　开放性关节损伤的治疗

开放性关节损伤在猫中较为常见，其中跗关节损伤最常见。猫的许多开放性关节损伤都是由脱套伤引起的，并且被被毛、污垢和来自皮肤或肠道的共生细菌严重污染（图 14-6）。开放性关节损伤是外科急诊。如果这些损伤没有得到适当的治疗，脓毒性关节炎的发病率就会很高。脓毒性关节炎是一种毁灭性的疾病，会导致关节软骨变性甚至完全破坏。与开放性骨折一样，开放性关节损伤的伤口清创和冲洗最好在损伤发生后 6 ~ 8 h 内完成。伤口清创时通常需要麻醉，患猫需要先稳定下来。

应在无菌条件下进行伤口清创，以避免引入额外的细菌。伤口使用无菌的润滑凝胶保护，创围剃毛。去除明显的无血管组织或坏死组织。探查关节，去除异物、血凝块和纤维蛋白凝块。采样进行细菌培养和药敏试验。然后用无菌林格氏液充分冲洗关节。灌洗液的使用量未见报道，建议用 0.5 L 左右的液体冲洗关节。关节开放性管理，使用无菌湿 - 干绷带包扎。绷带可以用夹板固定，也可以用跨关节外固定支架固定。伤口经二期愈合。最初每天更换无菌绷带，在肉芽组织形成后减少更换次数。根据持续感染的症状与滑液细胞学结果，必要时进一步冲洗关节。

当必须进行关节稳定时，应推迟到整个伤口覆盖了健康肉芽组织后。可用单丝可吸收缝线代替多丝缝线修复开放性损伤的侧副韧带，以降低细菌污染的风险。手术时应反复进行滑液细胞学和细菌学检查。

预后在很大程度上取决于损伤的类型和严重度、入院时的污染度，以及脓毒性关节炎的发展。尽管术后所有患猫都会发展出不同程度的骨关节炎，但通过充分和积极的治疗，通常可以获得令人惊讶的高水平的关节功能。

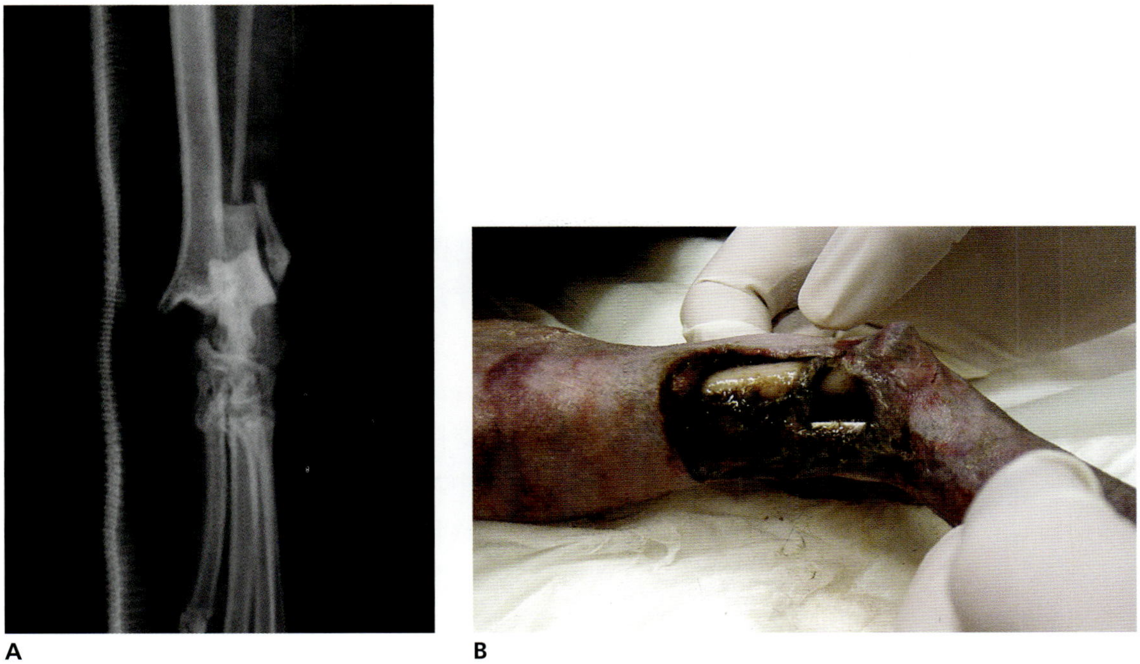

图 14-6　开放性胫跗关节脱位的猫。（A）猫跗关节 X 线片。可见胫跗关节外侧脱位。（B）复位后的跗关节区域照片。伤口处可见皮肤缺失、污垢和被毛；因软组织缺损，很可能发生脓毒性关节炎。早期和积极的治疗可能挽救关节，但会发生骨关节炎和功能缺陷

14.5 关节损伤的术后管理

与骨折不同，重建不稳定的关节后需要术后固定，以保护手术修复和促进关节周围组织愈合。根据所涉及的关节及其损伤严重度，可采用夹板绷带、跨关节外固定支架或临时的跨关节克氏针进行关节固定。固定时间根据不稳定的程度以及术后固定对关节功能的负面影响和提供稳定性的正面作用的权衡来确定。对于关节轻度不稳定的患猫，通常固定 2 周；严重的不稳定损伤需要固定 3 ~ 4 周。关节损伤术后治疗的常规内容见第 20 章。物理治疗是治疗关节损伤的重要辅助手段，将在第 21 章进行描述。

14.6 关节手术的并发症

关节手术后的并发症包括脓毒性关节炎和严重的术后骨关节炎。任何程度的关节损伤都会引起一定程度的退行性关节病。幸运的是，在临床上，猫通常能够代偿轻度至中度的骨关节炎，但严重的术后骨关节炎会导致跛行、不活跃、活动范围缩小和慢性疼痛。

14.6.1 创伤后骨关节炎

创伤后骨关节炎的发生率尚不清楚，但在大部分病例中，可能发生一定程度的退行性关节病。骨关节炎可由软骨直接损伤、关节不稳定和关节炎症反应引起。创伤后骨关节炎的特点是软骨变性和缺失、关节囊纤维化和增厚、关节积液、骨赘形成和软骨下骨硬化。临床症状包括跛行、疼痛、关节增厚和活动范围缩小。猫可能表现出明显的 X 线改变，而相关的临床症状可能相对轻微。关节面关节软骨的完整性和关节囊纤维化的程度对关节功能的影响比关节周围骨赘的影响更为重要。因此，对创伤后骨关节炎严重度的评估不能仅看影像学变化。

如果关节损伤的初始治疗是适当的，即使在严重的关节损伤后，通常也可以在一定程度上降低创伤后骨关节炎的严重度，使肢体功能恢复到满意的程度。创伤后骨关节炎的治疗方法并不多。退行性关节病的保守治疗可以改善患猫的临床症状，详见第 5 章。对药物和物理治疗无效的病例，需要进行补救性手术治疗，包括切除关节成形术或关节融合术。在确定适当的治疗方法时，必须考虑到目前的肢体功能、补救术后的发病率和预期的肢体功能。

14.6.2 创伤后脓毒性关节炎

脓毒性关节炎是关节的细菌感染。猫很少发生血源性骨髓炎，第 5 章中已有描述。更常见的情况是，细菌在创伤、手术或关节穿刺术后进入关节。目前还没有关于猫创伤后脓毒性关节炎的专门文献。脓毒性关节炎患犬中分离出的细菌最常见的是葡萄球菌[5]，也会遇到其他需氧菌和厌氧菌。感染将导致软骨在 1 周内迅速变性和丢失、软骨表面纤维蛋白沉积、滑膜炎症、溶酶体酶释放和因关节囊及韧带感染导致关节不稳定[6]。感染最终可能侵袭软骨下骨，导致骨髓炎。

脓毒性关节炎的患病动物通常有明显的跛行或不负重跛行。受累关节发热、肿胀和疼痛。近期创伤或手术史提醒临床医生注意脓毒性关节炎的存在。如果没有创伤史，应仔细检查受累关节周围的区域是否有猫咬伤，因为这是猫脓毒性关节炎的常见原因（图 14-7）。诊断主要基于对滑液的细胞学和细菌学检查（第 2 章）。软组织肿胀以外的 X 线改变只见于更慢性的感染，可见软骨下骨溶解和硬化、骨膜新骨形成和关节面不规则。

创伤后脓毒性关节炎是骨科急诊。应立即进行治疗，因为关节破坏的程度和预后在很大程度上取决于感染的持续时间。在采样进行细菌分离培养后，应立即静脉注射广谱抗生素，如阿莫西林 - 克拉维酸或头孢菌素。积极的关节冲洗是治疗中最重要的部分，其目的是减少关节内的细菌数量[7]。关节损伤或术后发生的脓毒性关节炎，通常需要打开和探查。移除血凝块、异物和纤维蛋白层。然后充分冲洗关节，最好使用无菌林格氏液。关节囊通常是要闭合的，但在严重病例或组织缺失的情况下，关节囊可以开放引流。

慢性感染的关节通常需要冲洗多次，每隔一

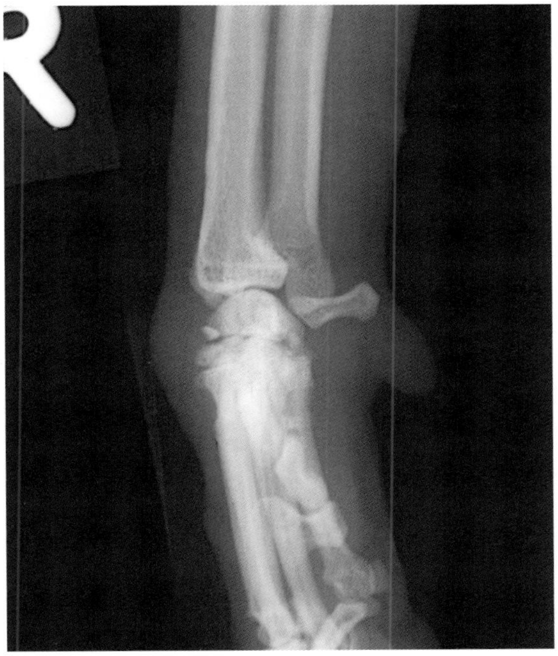

图 14-7 猫咬伤后发生桡腕关节脓毒性关节炎患猫的内外侧位 X 线片。腕关节区域软组织肿胀。桡腕骨背侧可见一小的不透线性结构；术中证实这是一小块牙齿

天冲洗一次，直至感染清除为止。在关节镜引导下，用大量的林格氏液反复冲洗关节是目前人医中最好的治疗方法[8]，但由于关节尺寸小或缺乏关节镜设备，猫通常不用。但是，关节可以用大直径针头冲洗，或者建立一个出入排水系统。可连续冲洗，或者每天冲洗 2 ~ 3 次。一旦滑液眼观趋向正常，再次进行细胞学和细菌学检查。当这些检查表明感染已经消退时，停止冲洗。再根据细菌培养和药敏试验结果选择口服抗生素，给药 4 ~ 6 周。

预后取决于软骨破坏的程度。在一项脓毒性关节炎患犬的研究中，大部分犬对治疗反应良好，而且随访中没有再发生脓毒性关节炎。猫没有相关的信息，但是基于临床经验，大多数关节感染通过积极的关节冲洗和适当的抗菌治疗都可以得到解决。关节功能的预后无法确定，取决于感染的时间和软骨破坏的程度[7]。

14.7 关节融合术的原则

关节融合术是一种永久性的手术诱导的关节融合。这是补救性手术，只有在其他治疗方法不能缓解疼痛或维持关节稳定的情况下才进行。关节融合术的适应证包括关节粉碎性骨折、开放性关节脱位伴创伤性软骨破坏、严重的退行性关节病、选择性韧带损伤和某些神经功能障碍。在猫中，关节融合术不常用，但肘关节、腕关节和跗关节融合术已有报道[9–12]。多关节面的关节，如腕关节和跗关节，可以进行全关节融合术或部分关节融合术。部分关节融合术保留了大部分关节的运动，但只有在桡腕关节或胫跗关节完好时，才可以作为治疗选择。

关节融合术的目标是在生理角度下融合关节，并为关节快速融合做好准备。如果融合慢，植入物反复受力，可能会过早断裂。如果解剖学上可能的话，将植入物放置在张力侧有助于减少植入物断裂的风险。

术前，在对侧肢体上测量关节的站立位角度。关节融合的角度应比生理角度稍微屈曲一些，以方便行走。使用球钻或小的骨刮匙将所有关节软骨全部清除。骨穿刺术是用一个小的钻头通过软骨下骨建立血管通道。将松质骨或皮松质骨移植物（第 13 章）植入关节间隙，然后将两块骨头牢牢地固定起来，理想情况是加压固定。为了防止植入物末端的医源性骨折，应使用足够长的植入物。大多数情况下使用骨板，但也可使用克氏针、跨关节螺钉和外固定支架[10,13]。当伤口开放性管理时，外固定支架是一项很好的选择。伤口闭合前，在关节周围放置额外的松质骨或皮松质骨移植物。

术后应用夹板绷带固定 4 ~ 6 周。预计 3 ~ 4 个月后完成骨融合。在融合完成后，拆除骨板似乎是有益的，可以减少骨板末端骨折的风险；另外，骨板还可能造成低级感染，所以也建议拆除骨板。治疗效果取决于涉及的关节。猫在腕关节和跗关节融合术后行走相对良好，尽管通常还会见到轻微的步态异常[11,12]。肘关节融合术后是否能成功，取决于屈曲角度[10]。并发症包括融合失败、植入物过早松动或断裂、关节复位不正确导致的成角畸形和旋转畸形以及感染。融合失败通常是由关节面的清创不足造成的。4 只猫的研究结果表明，膝关节融合术后并发症的发生率很高，其中 2 例发生胫骨骨折和股骨骨折（Langley-Hobbs，未发

表的数据）。对于像肘关节和膝关节这样的高活动关节，截肢可能是更好的选择，可以使猫获得更多的运动功能。

参考文献和延伸阅读

[1] Vanwanseele B. et al. The effects of immobilization on the characteristics of articular cartilage: current concepts and future directions. Osteoarthritis Cartilage 2002;10:408–419.

[2] Piermattei DL, Flo GL. Principles of joint surgery. In: Piermattei DL, Flo GL (eds) Small animal orthopedics and fracture repair, 3rd edn. Philadelphia: WB Saunders; 1997: pp. 201–217.

[3] Mitchell N, Shepard N. The deleterious effects of drying on articular cartilage. J Bone Joint Surg Br 1989;71:89–95.

[4] Roosendaal G. et al. Blood-induced joint damage: a canine in vivo study. Arthritis Rheum 1999;42:1033–1039.

[5] Marchevsky AM, Read RA. Bacterial septic arthritis in 19 dogs. Aust Vet J 1999;77:233–237.

[6] Roy S, Bhawan J. Ultrastructure of articular cartilage in pyogenic arthritis. Arch Pathol 1975;99:44–47.

[7] Bubenik LR. Infections of the skeletal system. Vet Clin North Am Small Anim Pract 2005;35:1093–1109.

[8] Bonnaire F, et al. Bakterielle Gelenkinfektion. OP J 2005; 21:232–239.

[9] DeCamp C, et al. Pantarsal arthrodesis in dogs and a cat: 11 cases. J Am Vet Med Assoc 1993;203:1705–1707.

[10] Moak PC, et al. Arthrodesis of the elbow in three cats. Vet Comp Orthop Traumatol 2000;13:149–153.

[11] Vannini R. Tarsal panarthrodesis. In: Proceedings of the BSAVA Meeting, Birmingham, 1998.

[12] Simpson D, Goldsmid S. Pancarpal arthrodesis in a cat: a case report and anatomical study. Vet Comp Orthop Traumatol 1994;7:45–50.

[13] Willer RL, et al. Partial carpal arthrodesis for third degree carpal sprains – a review of 45 carpi. Vet Surg 1990;19:334–340.

第 15 章　脊柱、脊髓和外周神经损伤

K. Voss, F. Steffen

神经性损伤在猫中相对比较常见。苏黎世大学兽医学院接诊的所有骨折病例中，6% 是脊柱骨折和脱位。其中有一半的病灶发生在荐尾椎。创伤性椎间盘突出也可引起脊髓损伤。外周神经损伤相对少见，可能与骨科病灶相关或者不相关。

本章将描述脊髓损伤及手术的大致考量与原则；也会描述最常见的外周神经损伤。脊柱或脊髓和神经肌肉疾病是猫神经功能障碍的重要鉴别诊断，因为猫不太常直接观察到创伤性事件。神经系统疾病的描述见第 6 章。

15.1　脊柱和脊髓损伤

脊髓损伤包括脊柱骨折、脱位和创伤性椎间盘突出。通过神经学缺损可做出病灶定位，也是最重要的预后因子。了解急性脊髓损伤后的病理生理机制和脊柱的生物力学很重要，可帮助我们做出治疗的决策、评估功能恢复的预后。

15.1.1　脊柱和脊髓的结构与功能

脊髓含有 8 个颈髓、13 个胸髓、7 个腰髓、3 个荐髓和大约 7 个尾髓。每个脊髓节段发出背侧和腹侧神经根，在对应的椎间孔离开椎管，形成各部分的脊神经。临床上最重要的神经根形成了臂神经丛和盆神经丛。臂神经丛供应前肢，盆神经丛供应后肢、膀胱、直肠和会阴区域（第 1 章）。猫的脊髓比犬更向后延伸，大多数猫终止于 S1 椎体水平 [1,2]。

正常时，猫的脊柱能够实现很大程度的背屈、腹屈和扭转；侧面弯曲度较小。前段胸椎和颈椎的背屈角度最大，方便头颈部的大范围运动，尤其便于理毛和捕猎行为 [3]。后段胸椎和腰椎的构造适应腹曲 [3]。胸腰段脊椎的腹曲通过腹侧腰小肌、髂腰肌、腰方肌的收缩来实现，这对坐下、移动、跳跃等动作很重要。猫脊柱扭转的角度很大，在胸椎中段可达 180° [3]。

介入性软组织结构使脊柱具有高运动性，而软组织与骨质结构可保持脊柱稳定。纤维环具有高度的抗拉力性，可避免过度弯曲和扭转运动。在体外试验证实，椎间盘是最重要的抗扭转力的稳定物质 [4]。关节突和关节囊提供脊柱背侧旋转稳定性。纤维环的创伤性或医源性损伤，伴随关节突骨折或脱位，会共同造成严重的旋转性不稳定。棘上韧带和棘间韧带也是重要的预防过度屈曲的因素 [5]。椎体就像腹侧拱壁，是限制过度屈曲的因素。背侧和腹侧纵韧带与黄韧带也可辅助增加脊柱稳定性。

15.1.2　急性脊髓损伤的病理生理机制

脊柱骨折和脱位、创伤性椎间盘突出后可发生急性硬膜外脊髓压迫和损伤。脊髓损伤包括直接和间接损害机制 [6]。直接损害包括神经组织的挫伤、撕裂或压伤。损伤和压迫会进一步启动次级损害机制的瀑布效应，包括脊髓缺血、神经细胞内钙水平增加、自由基介导性脂质过氧化，导致脊髓血流供应改变和脊髓肿胀 [6]。这些次级损害机制会在损伤后很快发生，最终造成神经组织不可逆的破坏。进行性脊髓软化是脊髓上行性坏死，是次级损害机制最严重的形式。

通过临床检查和诊断影像学很难区分可逆与不可逆的脊髓损伤。要注意，如果在疾病很早期时进行脊髓减压，很多次级损害机制引起的神经学缺损是可逆的。椎体骨折固定可避免进一步的脊髓损伤。相较而言，直接损害引起的神经学缺损和神经组织的破坏是不可逆的。其他形式的硬膜外脊髓压迫因为能量较低，通常发展较缓慢。而椎体骨折和脱位会引起更严重的脊髓直接损害。

15.1.3 脊柱和脊髓损伤的诊断

临床神经学检查是最重要的诊断方法（第 1 章）。通过神经学检查可做出病灶定位，评估损伤的严重程度。根据神经学缺损的严重程度来判断脊髓外压迫的分级系统，见表 6-2（第 6 章）。当怀疑猫发生脊柱骨折或脱位时，在检查过程中应尽可能减少不必要的损伤，避免操作过程中不稳定的脊椎节段移动，造成脊髓进一步损伤。

确定病灶定位后，拍摄 X 线片。通常需要全身麻醉，以便对脊柱正确摆位。但是全身麻醉会降低肌张力，可能增加脊柱的不稳定性。因此，怀疑脊柱不稳定时，拍摄 X 线片应十分轻柔。要拍摄侧位和腹背位 X 线片。如果担心拍摄腹背位 X 线片可能旋转患猫，可考虑水平 X 线投照。脊柱骨折和脱位通常通过 X 线片即可诊断，但在骨折移位很轻微时，则需要对每一节椎体拍摄 X 线片。当见到椎间隙狭窄或椎体半脱位时，要怀疑创伤性椎间盘疝出。

注意，X 线片上的椎体移位并不是预后的判定标准。患病动物的椎体移位和神经学状态之间的联系并不紧密[7]。X 线片只能提供椎体位置和骨折的静态记录，但创伤相关的移位程度并不能通过 X 线片展示。脊柱骨折和脱位的严重程度是通过神经学缺损分级来评估的。

其他的影像学诊断也可用于评估脊髓损伤的情况，如脊髓造影、磁共振成像（MRI）或计算机断层扫描（CT）（第 2 章）。脊髓造影或 MRI 适用于怀疑椎间盘脱出的病例。当 X 线检查结果与临床的病灶定位或严重程度不符、X 线可见多病灶但临床意义不明，而且又需要更多的信息以便制定手术方案时，这就需要上述影像学检查获取除脊柱骨折以外更多的信息。当出现严重的神经学缺损时，可用脊髓造影和 MRI 评估硬膜是否破坏以及脊髓的状况，从而提供更多的预后信息（图 15-1）。CT 扫查可提供准确的骨折状况。

15.1.4 脊柱骨折和脱位

脊柱骨折和脱位多发于车祸和高处跌落的猫。脊柱骨折和脱位的猫常伴发其他损伤。对每一只脊柱骨折或脱位的猫均需进行完整的体格检查和全身 X 线检查。

过度屈曲、轴向压迫、旋转、过度伸展是引起脊柱骨折或脱位的主要外力。临床病例常见这些外力的组合作用（图 15-2）。创伤时，这些类型和方向的外力作用在患病动物上，造成了对应的骨折 / 脱位状态。理解脊柱骨折和脱位的生物力学有助于评估 X 线上脊柱不稳定的情况。

猫最常见的脊柱骨折类型是终板骨折[8]（图 15-3）。这种简单的椎体骨折是相对稳定的损伤，但若同时伴有背侧压迫，则该病灶不稳定。并发

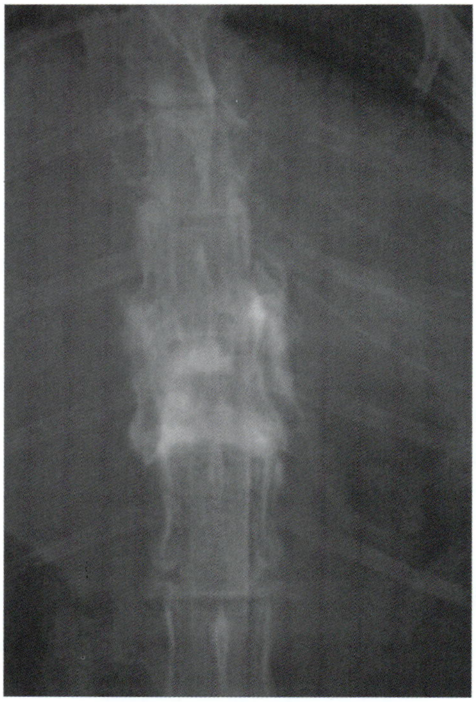

图 15-1 一只 T12 椎体粉碎性骨折患猫的脊髓造影。可见造影剂从硬膜下腔泄漏，提示该处硬膜破坏。这时可预测患猫遭受了严重的不可逆的脊髓损伤

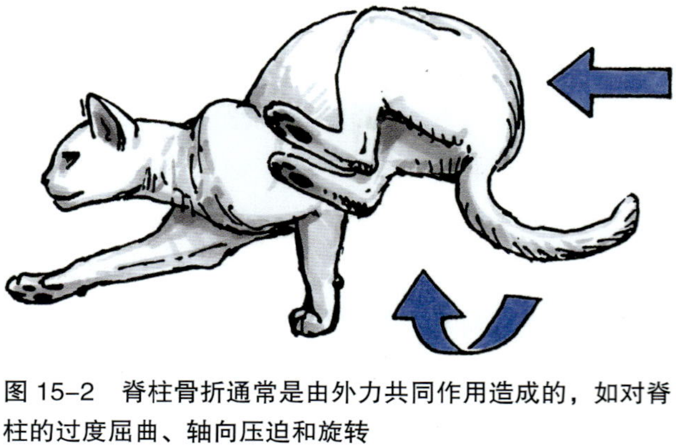

图 15-2 脊柱骨折通常是由外力共同作用造成的，如对脊柱的过度屈曲、轴向压迫和旋转

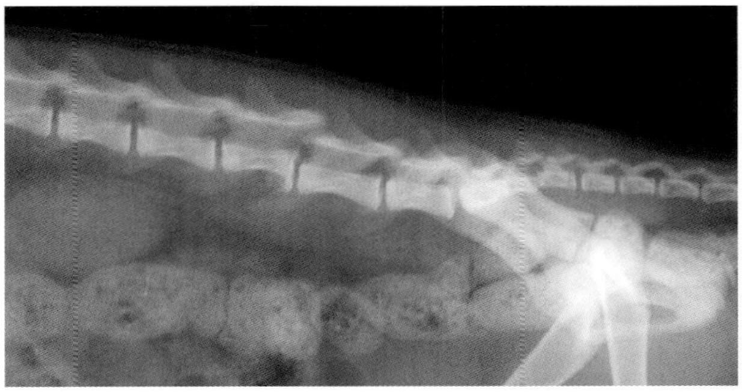

A

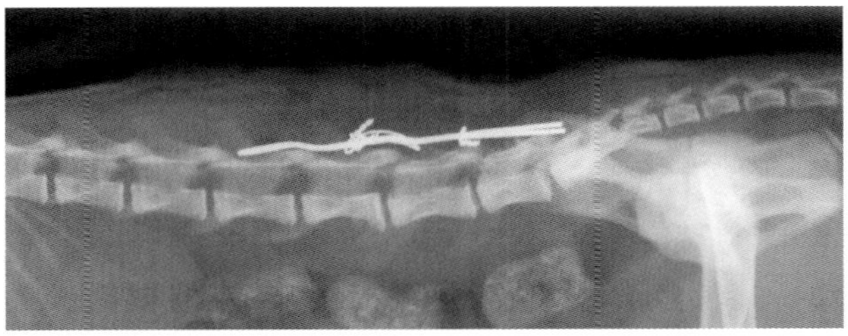

B

图 15–3　猫 L5 终板骨折。（A）侧位 X 线片可见 L5 终板骨折、L5/L6 半脱位。在椎管背侧可见骨碎片，可能是小关节的撕脱性骨折。小关节间隙增大。该损伤应考虑是不稳定的，因为背侧和腹侧结构均受到影响。（B）术后 X 线片可见通过背侧张力带技术使 L5/L6 复位和固定

背侧压迫的损伤还包括棘上韧带和棘间韧带破裂和（或）小关节突骨折。并发小关节突骨折在临床很常见，但是在 X 线片上无法显示[9]。终板骨折伴椎体脱位可能是由旋转力和腹侧弯曲力造成的。

猫不常见椎体骨折。它们是由腹侧弯曲力和（或）轴向压迫力造成的，可能为简单骨折或粉碎性骨折。可能并发不同程度的背侧压迫（图 15–4）。腹侧拱壁缺失会造成腹侧弯曲不稳。这些损伤需要手术固定。

椎体半脱位或脱位见于椎间盘纤维环破裂、小关节突骨折和（或）脱位后（图 15–5）。这些损伤主要由旋转力造成，要考虑旋转不稳定。

单纯的背侧结构损伤是罕见的，但若为过度伸展性创伤或直接创伤，如犬咬伤，也是可能发生的。单纯的背部结构骨折通常是稳定性损伤，但可能造成脊髓的背侧压迫。

虽然也有对脊柱骨折和脱位进行保守治疗成功的案例[8,10]，但在作者的观点中，所有猫出现严重神经学症状和（或）不稳定的病灶时，均为脊

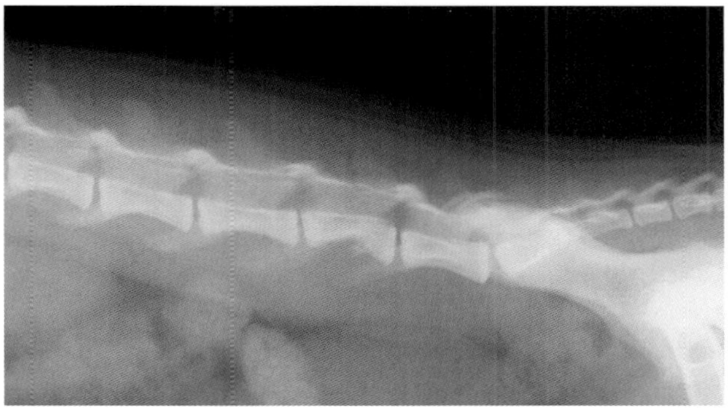

A

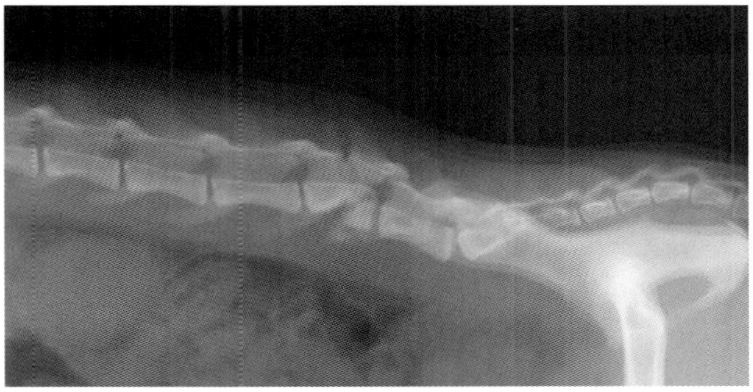

B

图 15–4　猫 L6 椎体斜骨折，伴发背侧棘突和背侧椎弓骨折。（A）创伤时的侧位 X 线片。由于骨折造成的移位轻微，故选择保守治疗。（B）损伤 3 周后的侧位 X 线片。患猫的神经学状态未见改善，X 线片可见骨折进一步移位，骨痂形成。该不稳定病灶本应进行手术固定

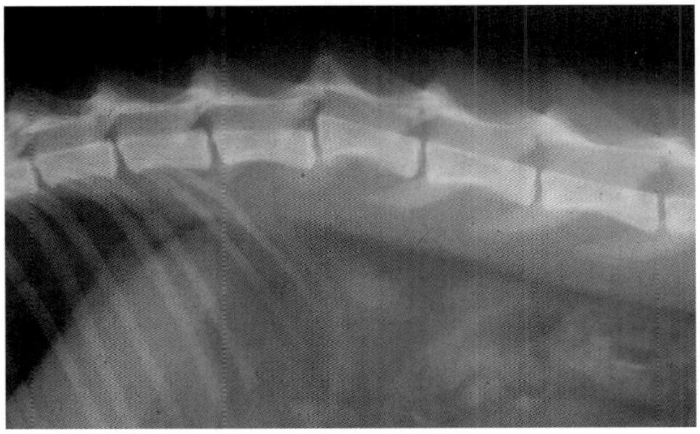

图 15–5　猫 L1–L2 椎体脱位。约 50% 的椎管腔受到阻塞。需要开放性复位和内固定

柱骨折 / 脱位的手术固定的适应证。对于不稳定病灶，保守治疗会造成延迟愈合、长时间疼痛，且存在骨碎片进一步移位的风险（图 15–4）。另外，骨痂过度形成也会造成继发性脊髓压迫。在一项研究中，Ⅲ级神经学缺损的猫，只有 18% 通过保守治疗可恢复神经功能，而手术病例的成功率为 71%[11]。

神经学缺损的严重程度会影响治疗决策。总体而言，运动功能尚存的猫预后极佳，双后肢瘫痪但深痛感受存在时，预后良好至中等。深痛缺失的猫预后不良，因为深痛缺失通常是因为脊髓受到直接的不可逆损害；这些病例需要考虑安乐死。脊髓造影、MRI、探查性偏侧椎板切除术配合硬膜切开术可能会显示脊髓横断或脊髓软化的情况，可辅助病情不清或边缘病例做出疾病诊治的决策（图 15–1）。

15.1.5　创伤性椎间盘脱出

急性椎间盘疝出可能为自发性（第 6 章），也可能继发于创伤。创伤性椎间盘脱出是由外力引起的纤维环破裂，造成正常的髓核疝入椎管内。在创伤性病例中，髓核通常是爆发式的挤出，导致严重的脊髓挫伤和脊髓软化[8]。

创伤性椎间盘脱出可伴发于其他脊柱损伤，也可能是单独的事件。任何存在创伤史的猫表现神经学缺损而无明显影像学可见的骨折或脱位时，均需怀疑该病。其主要征象为脊髓造影时髓内肿胀，或存在硬膜外造影剂泄漏[12]。硬膜外压迫通常不可见，尤其是脱出的椎间盘物质是柔软且非矿化时，它们会随椎管扩散。可通过 MRI 进一步诊断。可能只能通过手术来确定自发性或创伤性椎间盘疝出。纤维环破裂、周围区域血肿、椎管内出现非退行性髓核时，诊断为创伤性椎间盘脱出。

怀疑创伤性椎间盘疝出时，需要手术探查椎管并行脊髓减压。大的纤维环破裂会造成脊柱不稳定。旋转性不稳定是主要的考量因素，尤其是同时伴有小关节骨折或脱位，或者在减压过程中去除关节突时。Ⅳ或Ⅴ级神经学缺损的猫需考虑同时进行内科治疗（第 6 章）。若深痛存在，创伤性椎间盘脱出的预后通常为良好至极佳[8]。若深痛缺失，则预后存疑，但若临床症状发生后数小时内就进行治疗，则仍有机会恢复。

15.2　脊柱手术的原则

脊柱手术有两个主要目标：脊髓减压和脊柱固定。接下来的内容总结了治疗决策的确定、减压手术原则和固定方法。

15.2.1　减压术

猫的神经手术需要严谨的技巧。相较于椎管的直径，脊髓直径较大，剩余的硬膜外区域较小。需要很好的手术照明，并使用手术显微镜。还需要使用双极电刀。猫脊柱手术使用的器械包括小的 Gelpi 自限性牵开器、Freer 骨膜剥离器、钝头和尖头刮刀、神经钩、刮勺、细齿咬骨钳。

偏侧椎板切除术和椎弓根切除术均可使用电钻或气钻完成，可配合细齿咬骨钳（如微型 Friedman）、小的 Kerrison 和（或）滑膜切除咬骨钳。使用咬骨钳时要很小心，避免在器械插入狭窄的硬膜外腔时造成医源性脊髓损伤。处理椎管内的骨碎片或椎间盘物质时，可使用精细钝头或尖头神经钩或神经刮刀，或者使用小的 Halsted 止血钳的尖端。操作要小心，避免器械损伤静脉丛，导致严重出血。止血方法有很多，包括切除小块肌肉放置在出血的位置、使用商品化的止血产品，如手术纤维素或使用冰凉的等渗溶液灌注到术野中。冰凉溶液效果很好，但需要注意监测体温，并保持患猫温暖。

所有的脊柱骨折 / 脱位均不需要减压，因为在通常情况下，对骨折或脱位复位后即可实现间接减压。不同的减压技术细节将在第 34 章进一步描述。

15.2.2　固定

所有不稳定的脊柱骨折和脱位均需手术固定脊柱。根据 X 线片评估脊柱的稳定性有时比较困难，因为具有稳定作用的软组织不可见，如棘上韧带和棘间韧带与纤维环。然而，骨折的类型和移位的程度可用于评估病灶的稳定性（见本章上述内容）。骨折复位和固定可还原椎管的完整性和宽度，避免进一步的脊髓损伤，促进快速修复，避免瘢痕组织形成，减少疼痛，以便迅速恢复功能。

猫的脊椎骨很小，椎板和棘突很薄，限制了植入物的使用，只能使用相对柔韧、又能适合骨骼大小和强度的小的植入物。多数胸腰椎骨折和脱位都可使用小型号克氏针和钢丝环进行背侧缝合技术固定。多数猫的胸腰椎骨折也可使用改良式的脊柱缝合技术固定，即背侧张力带技术（图 15-3）[9]。其他的植入物，如锁定骨板、克氏针和聚甲基丙烯酸甲酯，均可用于颈椎或某些后段腰段骨折。特殊的脊柱骨折和脱位的固定技术将在第 34 章描述。

15.3　创伤性神经病

创伤性外周神经病是小动物最常见的外周神经损伤性疾病。机械打击、骨折、压迫、枪伤、手术损伤 / 植入物和拉伸均可导致损伤 [13]。机械损伤可引起暂时性或永久性运动和感觉功能缺损，取决于病灶的位置和功能修复的可能性（第 1 章）。存在 3 种类型的神经损伤机制，但大多数自发性损伤中，这些机制都可能同时存在。

局部神经传导阻滞，但结构无异常，称为神经失用症。数日至数周可恢复。轴索断裂但神经内鞘仍保留称为轴突断伤。数周至数月可恢复。神经完全横断称为神经断伤，在这种情况下，自发性恢复几乎不可能。轴突生长的速度为 1 ~ 4 mm/d，取决于不同神经的天然特性。轴突生长周期约为 4 个月，相当于需要生长 10 ~ 15 cm 的桥连。若这段时间内，肌肉无法再生或目标肌肉距离长度超过 10 ~ 15 cm，则无法恢复 [14]。另外，在肌肉去支配 6 ~ 9 个月后，受体将受到不可逆损伤 [15]。常见的外周神经损伤常与骨盆骨折有关。其他神经如肱骨骨折对应的桡神经损伤是比较少见的。

15.3.1　臂神经丛撕脱

这类创伤性神经病灶在猫中比较常见，常导致前肢严重伸展和（或）牵引。臂神经丛损伤最常见的是腹侧神经根撕脱，可能与该处无神经束膜有关。感觉神经根对抗牵拉能力较强，因此会出现感觉和运动功能缺损不一致。在完全的急性臂神经丛撕脱时，临床症状包括单肢麻痹、患猫拖曳肢体、肘关节下移、脊髓反射消失、深痛缺失。若涉及 C8-T3 神经根，还可能表现单侧霍纳综合征、皮肌反射消失（图 15-6）。同侧后肢肢体本体感受可能正常，在这类病例中，神经根从脊髓上撕脱。在慢性病例中，因肌肉纤维化，肘关节和腕关节不能活动，患肢僵硬。

在不完全的神经根病灶中，部分肌肉和皮肌尚存运动和感觉功能。若是前段神经根引起的撕脱，则患肢仍可负重。进一步诊断包括电生理检查。在损伤 7 d 后可通过肌电图（EMG）确诊（第

A

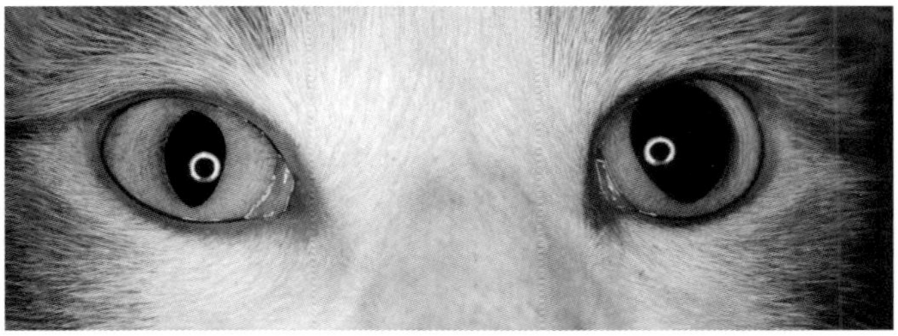

B

图 15-6 （A）臂神经丛神经根创伤性撕脱的患猫，引起右前肢下运动神经元性单肢轻瘫。（B）同时伴有同侧霍纳综合征：瞳孔缩小、上眼睑下垂和第三眼睑突出

2 章）。对桡神经行连续神经传导研究可提供有价值的预后信息。

总体而言，臂神经丛损伤的预后不良，肢体功能恢复的可能性有限。若神经根撕脱，则无改善机会；若神经根完整，则仍存在恢复的可能性。血清肿和水肿重吸收后可能使神经根轴突功能恢复。若患猫在 1 ~ 2 个月内均无任何改善，则肢体恢复功能的预后很差。

臂神经丛损伤的主要并发症包括肌肉纤维化引起的关节挛缩、爪部皮肤擦伤、营养性溃疡、感觉异常与自损。为了减少这些不良影响，可考虑肌腱牵引术使肘关节和腕关节伸展，或者考虑腕关节融合术。然而这些技术的成功率存疑。有时可通过手术将撕脱的神经根重新固定在颈段脊髓上，重新支配对应的肌肉，这在实验条件下已获得成功[16,17]。但在严重的损伤中，截肢是最常见的手术方法。

15.3.2 腰荐神经丛损伤

骨盆邻近的神经结构是最常见的严重神经损伤的位置。这些神经包括 L6、L7 和 S1 神经根的腹侧支、腰荐神经干、坐骨神经的盆腔内部分。猫骨盆骨折时，坐骨神经损伤的发生率为 11%[18]。髂骨骨折前内侧移位、荐髂关节脱位前侧移位最常引起神经损伤[19]（图 15-7）。

临床中，这些结构损伤后的症状大致相同，但损伤的严重度千差万别。最明显的骨折病例可能出现瘫痪和反射减弱，导致肢体趾背负重和拖曳行走。去神经支配后数天，肌肉会出现神经源性萎缩。在猫骨盆骨折后表现坐骨神经缺损时，肌电图显示肌肉去神经支配可辅助确定损伤的严重度（第 2 章）。若病灶波及 L6 脊神经和腰荐神经干（臀神经和闭孔神经），这些神经所供应的肌肉会出现去神经支配。若为骨盆外坐骨神经供应区域的病灶，会观察到只有病灶远端的坐骨神经肌节的病理性的肌电图活动。

需要根据骨科原则和指导方针决定是否进行骨盆骨折和荐髂关节骨折 / 脱位的内固定术（第 35 章）。猫出现骨盆骨折和坐骨神经缺损时，需要进行手术探查和骨折固定术。坐骨神经根位于荐髂关节的腹内侧区域，在荐髂关节骨折 / 脱位时会出现神经截断或损伤。最好通过腹腔通路探查神经根，但若为髂骨或坐骨骨折引起的坐骨神经损伤时，更建议骨盆腹侧通路。手术探查可看到损伤的神经，在挤压伤或牵拉伤中无法简单吻合。有一个通过隐神经瓣成功治疗犬坐骨神经断伤的报道[20]。总体而言，骨盆骨折后出现神经学缺损的 34 只犬和猫，81% 恢复极好至良好[19]。永久性麻痹是截肢的适应证，可避免肌肉挛缩、爪部磨损和溃疡、感觉异常。

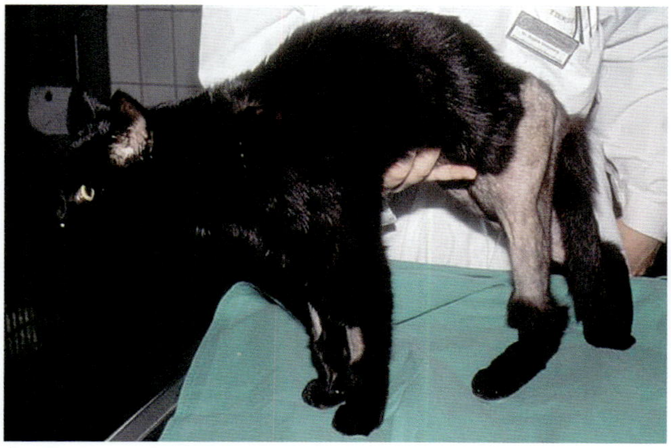

A

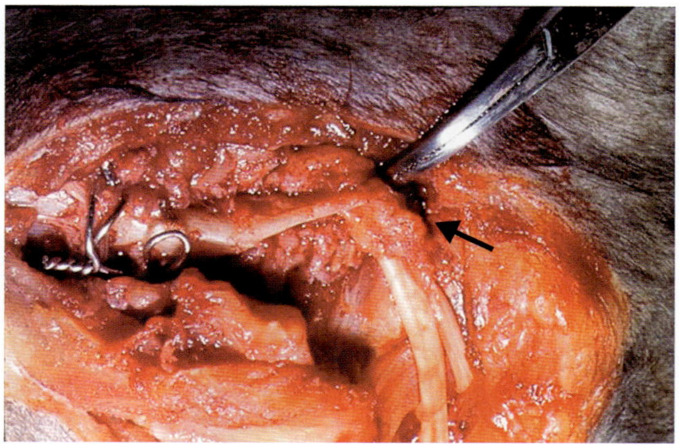

B

图 15-7 手术纠正髂骨体骨折失败的猫表现坐骨神经损伤。（A）注意左后肢股后肌群萎缩、跖行，提示坐骨神经损伤。（B）坐骨神经尸检。可见用克氏针和钢丝环不完全固定后造成骨折的髂骨体尖端损伤了坐骨神经。注意神经周围过多的纤维组织形成（箭头）。即使手术释放后，过多的纤维浸润神经也会造成传导阻滞和功能恢复不确定

参考文献和延伸阅读

[1] Kot W, et al. Anatomical survey of the cat's lumbosacral spinal cord. Prog Vet Neurol 1994;5:162–166.
[2] Frewein J, Vollmerhaus, B. Anatomie von Hund und Katze. Berlin: Blackwell; 1994.
[3] Macpherson JM, Ye Y. The cat vertebral column: stance configuration and range of motion. Exp Brain Res 1998;119:324–332.
[4] Shires PK, et al. A biomechanical study of rotational instability in unaltered and surgically altered canine thoracolumbar vertebral motion units. Prog Vet Neurol 1991;2:6–14.
[5] Smith GK, Walter MC. Spinal decompressive procedures and dorsal compartment injuries: comparative biomechanical study in canine cadavers. Am J Vet Res 1988;49:266–273.
[6] Caughlan AR. Secondary injury mechanisms in acute spinal cord trauma. J Small Anim Pract 1993;34:117–122.
[7] McKee WM. Spinal trauma in dogs and cats: a review of 51 cases. Vet Rec 1990;126:285–289.
[8] Grasmueck S, Steffen F. Survival rates and outcomes in cats with thoracic and lumbar spinal cord injuries due to external trauma. J Small Anim Pract 2004;45:284–288.
[9] Voss K, Montavon PM. Tension band stabilization of fractures and luxations of the thoracolumbar spine in dogs and cats: 38 cases (1993–2002). J Am Vet Med Assoc 2004;225:78–83.
[10] Selcer RR, et al. Management of vertebral column fractures in dogs and cats: 211 cases (1977–1985). J Am Vet Med Assoc 1991;198:1965–1968.
[11] Besalti O, et al. Management of spinal trauma in 69 cats. Dtsch Tierarztl Wochenschr 2002;109:315–320.
[12] Montavon PM, et al. What is your diagnosis? Swelling of spinal cord associated with dural tear between segments T13 and L1. J Am Vet Med Assoc 1990;196:783–784.
[13] Forterre F, et al. Periphere Nervenerkrankungen: Teil I Monoparese, -plegie bei Hund und Katze: Retrospektive Studie über 94 Fälle. Kleintierpraxis 2003;48:125–184.
[14] Welch JA. Peripheral nerve injury. Semin Vet Med Surg 1996;11:273–284.
[15] Chrisman CL. Peripheral neuropathies. In: Bojrab MJ (ed.) Disease mechanisms in small animal surgery. Philadelphia: Lea & Febiger; 1993: pp. 1158–1173.
[16] Hoffmann CF, et al. Reinnervation of avulsed and reimplanted ventral rootlets in the cervical spinal cord of the cat. J Neurosurg 1996;84:234–243.
[17] Moissonnier P, et al. Restoration of elbow flexion by performing contralateral lateral thoracic and thoracodorsal nerve transfers after experimental musculocutaneous nerve transection. J Neurosurg 2005;103:70–78.
[18] Bookbinder PF, Flanders JA. Characteristics of pelvic fracture in the cat. Vet Comp Orthop Traumatol 1992;5:122–127.
[19] Jacobson A, Schrader SC. Peripheral nerve injury associated with fracture or fracture-dislocation of the pelvis in dogs and cats: 34 cases (1978–1982). J Am Vet Med Assoc 1987;190: 569–572.
[20] Granger N, et al. Cutaneous saphenous nerve graft for the treatment of sciatic neurotmesis in a dog. J Am Vet Med Assoc 2006;229:82–86.

第 16 章　软组织损伤

K. Voss

猫的深层软组织（包括肌肉和肌腱）损伤相对较少，但皮肤伤口很常见。皮肤伤口按病因分为擦伤、撕脱伤、手术切口、撕裂伤和穿刺伤[1]。猫的皮肤擦伤常伴有骨创伤，尤其是肢体远端的创伤，即脱套伤。猫咬伤也很常见，通常为高感染率的穿刺伤，会导致皮下脓肿、蜂窝织炎或深层组织感染。本章将会介绍肌肉、肌腱和皮肤损伤的诊断和治疗。

16.1　肌肉损伤

肌肉损伤可能由挫伤、拉伤或撕裂伤引起，通常伴随骨折发生；有时也会由钝性创伤引起。严重的或治疗不当的肌肉损伤可导致不可逆的肌肉挛缩和纤维化（第 7 章）。

16.1.1　肌肉挫伤、拉伤和撕裂伤

钝伤导致的肌肉挫伤以出血、水肿、炎症、疼痛、局部缺血和可能坏死为特征。肌肉拉伤或断裂是由肌肉离心收缩和拉伸引起的。人的股四头肌拉伤分 4 级[2]。1 级和 2 级涉及少量肌纤维撕裂和血肿形成，肌筋膜完好。3 级拉伤有大量的肌纤维和筋膜破裂。肌肉完全断裂时为 4 级拉伤。肌肉挫伤和拉伤的临床症状包括疼痛、肿胀、淤伤、血肿和肌肉痉挛。血清肌酸激酶活性可能升高。

临床中猫明显的肌肉损伤通常伴随骨折发生。最常见的损伤是由尖锐的骨碎片造成的肌肉挫伤和撕裂。随后可能发生血肿、局部缺血、去神经支配和断裂。创伤期间释放的大部分能量被周围软组织吸收。因此，肌肉损伤的严重性通常与骨折的严重性成正比。

肌筋膜室的血肿和水肿形成会导致压力显著升高，可能造成肌纤维坏死，这就是所谓的肌筋膜室综合征。在犬中，已经发现了 4 个易感的肌筋膜室：股部、小腿前外侧、小腿后侧和前臂后侧肌筋膜室。在猫的文献中，虽然还没有肌筋膜室综合征的描述，但如果上述的任一肌筋膜室非常坚实、肿胀和疼痛，也要怀疑肌筋膜室内压力升高。如果局部缺血和坏死超过数小时，肌纤维化和挛缩可能就是肌筋膜室综合征的最终结果。如果可以测量肌筋膜室内的压力，犬的压力值高于 30 mmHg 就要考虑肌筋膜室综合征了[3,4]，但猫没有参考数据。

与骨折无关的肌肉拉伤在猫中很少见。临床上，腹锯肌和腹壁肌肉的拉伤最常见。腹锯肌断裂会导致肩胛骨松弛和背侧脱位（第 27 章）。腹部钝伤后，腹壁肌肉容易拉伤和断裂。腹壁全层撕裂可致腹内器官疝出（第 12 章）。

16.1.2　肌肉损伤的治疗

肌肉损伤经过炎症期、修复期和重塑期而愈合。愈合的最后阶段可以是肌纤维再生，也可能是瘢痕组织形成，具体取决于原始缺损的大小和其他损伤因素。最好是通过肌纤维再生进行愈合，因为瘢痕组织愈合会降低肌肉产生张力的能力。肌纤维再生需要有成肌细胞、细胞外基质、血管化和神经支配。血管内生缓慢，长期局部缺血会导致肌纤维死亡。因此，大的缺损要通过瘢痕形成愈合[5,6]。在愈合重塑期，一定的应力有助于肌纤维重塑和纵向定向。

肌肉挫伤和低级拉伤保守治疗的目的是尽量减少最初的炎症进程，推荐笼养和系统性使用非甾体抗炎药。配合的患猫可在最初的 1 ~ 2 d 局部冰袋冷敷。随后再热敷，以促进血肿再吸收和血管形成。3 级和 4 级拉伤最好的治疗方法是手术清除受损或坏死组织，并缝合筋膜以对合肌肉组织。可以使用细的单丝缝线进行十字缝合或褥式缝合。如果在骨折修复过程中遇到肌肉撕裂，应清除血肿和失活组织，并缝合明显的撕裂。如果在手术

中发现肌肉肿胀，则不缝合筋膜，或者仅松弛地对合肌肉。如果怀疑肌筋膜室压力升高，或在完好的筋膜下发现大血肿，则在筋膜上做小切口，以减轻肌筋膜室内压力。

术后如果出现明显的肿胀和炎症，可使用冷敷和非甾体抗炎药 1 ~ 2 d。严重挫伤、大面积撕裂伤或高级拉伤的患猫应笼养限制 3 周，以减少和控制活动。温和的物理治疗有助于预防挛缩（第 21 章）。

16.2　肌腱损伤

肌腱可由直接或间接损伤引起。尖锐物体造成的直接创伤会导致肌腱撕裂。脱套伤会导致肌腱部分或完全损伤。过度离心负荷造成的间接损伤会导致肌腱扭伤或断裂。

肌腱损伤的愈合过程缓慢。无鞘肌腱与关节外韧带的愈合机制一致（第 14 章）。如果肌腱末端之间存在小缺损，周围组织的血管和成纤维细胞就会进入缺损，形成肉芽组织。前 3 周形成纤维性瘢痕，而后肌腱纤维沿长轴方向重组。在病灶区域的长轴方向需要一定的张力。整个重塑期约需要数月时间。术后 6 周，肌腱强度可达正常的 50% 左右，可承受主动运动时的受力[7]。1 年后，肌腱强度达到 80% 左右[7]。有鞘肌腱的血供和愈合相对较差，肌腱和腱鞘间可能粘连。

猫解剖学和外科学中重要的肌腱包括跟腱、髌韧带、臀深肌肌腱、三角肌肌腱和三头肌肌腱。在髋关节、肩关节和肘关节手术的入路中，要分别切开和缝合臀深肌和臀中肌、三角肌与三头肌肌腱。跟腱（第 40 章）、髌韧带和三头肌肌腱（第 30 章）在创伤断裂后通常需要修复[8,9]。

在肌腱愈合的早期，需要行肌腱断端的重新对合和固定。肌腱和韧带缝合的通用方法是横穿组织行一个或多个锁环缝合。肌腱中的胶原纤维主要为纵向生长，沿着纤维方向的缝线容易滑脱并撕裂组织。收紧缝线时，横穿肌腱的缝线可压迫纵轴纤维，从而避免缝线撕裂组织。通常使用单丝不可吸收缝线。如果需要更大的缝合强度，可以选择编织复合缝线。肌腱断端对合前，要锐性切除肌腱残端的磨损和坏死组织。可使用锁环缝合，尤其是小而扁平的肌腱（第 14 章，图 14-4）。三环滑轮缝合比锁环缝合的拉伸强度更大[10]，用于缝合较大的圆形肌腱，如跟腱（图 16-1）。扁平肌腱，如臀深肌肌腱，可以连续缝合（图 16-2）。

通常建议术后 3 周完全制动，随后 3 周减少制动，并逐渐增加张力负荷[5,6]。例如，前 3 周受损关节使用跨关节外固定支架，随后使用夹板绷带，然后再用改良式罗伯特 - 琼斯绷带（第 22 章）。

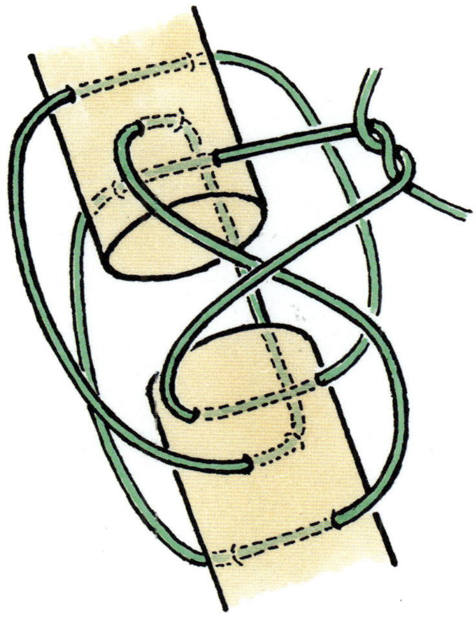

图 16-1　使用三环滑轮缝合修复大的肌腱

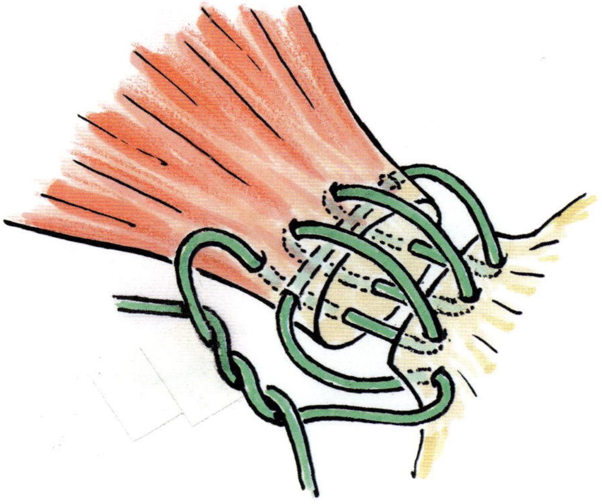

图 16-2　使用连续缝合修复扁平肌腱（Ken Bruecker推荐）

16.3　脱套伤

脱套伤最常发生于车祸。当汽车刹车时，车轮落在肢体上，肢体沿地面剪切时就会发生脱套伤。在犬中，肢体远端比近端多发，后肢比前肢多发，其中跗关节内侧最常发[11]。目前尚无猫脱套伤的大规模研究，分布情况估计与犬类似。在大部分病例中，皮肤和深层组织均丢失，导致骨骼或关节暴露[11]。预后取决于组织丢失的位置和数量。没有骨骼和关节暴露的患猫通常预后良好[11]。四肢剪切伤合并骨骼或关节暴露的患犬，55% 预后极好，30% 预后较好，15% 预后差[11]。猫尚无类似的研究，但整体的临床印象是，只要治疗得当，即使组织损伤严重、关节暴露和不稳定，预后通常良好。部分病例可能会发生退行性关节病和间断性跛行。尽管配合治疗，跗关节内侧剪切伤伴内踝大量缺失会导致持续性关节不稳定。这些损伤的预后较差。

治疗包括伤口清创和护理，后续将详细描述。治疗通常昂贵且耗时。患病动物通常需要多次外科清创，每日更换绷带，配合其他必要的手术稳定、皮肤移植或关节融合术。

16.3.1　伤口的初始治疗

大多数脱套伤经二期愈合，因其污染严重且缺乏皮肤，不能进行无张力闭合。治疗脱套伤的第一步是伤口清洗和清创，以减少细菌数量，创造一个不受干扰的愈合环境。需要在无菌条件下清洗伤口和清创，避免医院内感染。用无菌水溶性凝胶或灭菌手术纱布保护伤口，用推子或剪刀去除伤口边缘的被毛。清除伤口中的异物，如被毛和污垢。

外科清创时，用手术刀锐性切除明显失活的组织。最初要避免过度清创，保留可疑的活性组织。大约 3 d 后，皮肤颜色和稳定性改变，有助于评估组织活性。尽可能保留神经、血管和肌腱。

要充分冲洗伤口，加压冲洗可有效减少细菌数量。35 mL 注射器配 19 G 针头可以提供足够的压力[1]。可使用自来水、无菌盐水溶液和林格氏液作为冲洗液。优选林格氏液，因其对细胞的损害小，细胞死亡率低[12]。超过 12 h 的伤口通常认为是感染创，在最初的冲洗液中添加抗菌剂有助于减少细菌数量。必须稀释抗菌剂，以避免组织炎症和细胞损害。可使用 0.05% 醋酸氯己定溶液和 1% 聚维酮碘溶液。如果存在开放性关节损伤，冲洗液中不要添加抗菌剂，防止损害软骨。

清洗和清创后的脱套伤行二期愈合，其特征为肉芽组织形成、伤口收缩和创口边缘上皮化。治疗目的是促进肉芽组织形成并预防感染。在伤口愈合最初的炎症期，可选择黏性伤口敷料，在更换绷带时可对伤口表面机械清创。湿 – 干绷带是一种简单有效的方法。第一层用无菌林格氏液湿润的无菌手术纱布，然后覆盖上第二层的吸收层敷料。液体蒸发后，会使敷料中液体呈高渗性，从而将伤口中的液体吸到敷料中。通常每天更换一次湿 – 干绷带，同时清除伤口碎片。创面形成肉芽组织后，改为非黏性伤口敷料（第 22 章），使创面不受干扰地成熟、收缩和上皮化。犬脱套伤二期愈合的平均时间为 6.7 周[11]，当然这与损伤大小相关。近期研究证实了猫伤口二期愈合的速度比犬慢。

通常会使用全身性抗生素来预防和治疗，但不能替代适当的伤口处理。多数浅表伤口的感染是由葡萄球菌引起的，在等待培养和药敏试验结果时，可选择头孢菌素类或阿莫西林 – 克拉维酸。之后再根据培养和药敏试验结果决定进一步抗生素治疗。肉芽组织形成后即可停止抗菌治疗，因为高度血管化的肉芽组织对感染有很强的抵抗力。

16.3.2　皮肤移植

没有闭合皮肤的伤口会通过收缩和上皮化而愈合。收缩从伤口边缘开始，伤后第 1 周收缩缓慢，之后 2 周加速收缩[13]。关节面伤口的过度收缩可能导致关节活动范围缩小。此外，大的创面往往仅有一层薄的上皮层覆盖，而上皮层的机械强度不佳，容易反复损伤。因此，肢体远端的大伤口在 2 周后仍未愈合时，应使用皮肤移植片覆盖。有不同的皮肤移植方法，猫可使用全层厚度的网状移植片，操作方便，被毛可继续生长，可较好地对抗机械损伤，且美观。猫肢体远端伤口皮肤移植需覆盖预期 90% ～ 100% 的创面[14]。

整个创面均为健康肉芽组织覆盖时即可进行皮肤移植（图 16–3）。从胸侧壁或腹壁采集一块大小合适的皮肤。选择移植部位时，要注意被毛颜色和生长方向。取下的皮肤铺在无菌硬纸板上，用针头固定。用剪刀剪掉所有皮下脂肪，直到毛囊基部清晰可见（图 16–4），移植片呈颗粒状外观。用 15 号手术刀片将皮肤移植片切成网状，并在使用前保持湿润。用手术刀制造受体创缘的上皮线，手术纱布清除移植床上残留的碎片。在移植皮片前，指压止血。根据被毛生长方向，将移植片与创口边缘行简单间断缝合。移植片与创面床应最大面积接触，网状切口稍微张开。

使用非黏性敷料，并用夹板绷带固定肢体。第一次更换绷带的时间是有争议的。通常在手术后第 4 d 或第 5 d 更换绷带，因为在此之前，移植片和伤口床之间的任何运动都可能干扰移植片贴合。推荐患猫住院，以确保适当的笼养限制并频繁检查绷带。第一次更换创面绷带时，要小心去除创面敷料，避免破坏移植片与创面床之间脆弱的连接。若猫挣扎，最好在麻醉后操作。移植 5 d 后，皮肤移植片的理想外观应为微红色或发紫（图 16–5）；但是，苍白的区域也可能存活。之后每 4 ～ 5 d 更换一次绷带。通常在 3 周后完成移植（图 16–5）。如果有新的被毛生长，可以去除绷带，并在 2 ～ 3 周内避免过度舔舐移植部位。

16.4　猫咬伤

猫常因争夺领地而发生咬伤。据报道，咬伤占猫病例总数的 4.3%[15]，猫咬伤是猫急性跛行最常见的原因之一。最常发生于肢体、头部、后背部和会阴部。咬伤可造成撕裂、压碎、皮肤撕脱和穿刺伤[16]。猫尖锐的犬齿会造成主要的深部穿刺伤。猫正常口腔菌群（如巴斯德菌、β – 溶血性链球菌和拟杆菌属）可以增殖，故咬伤伤口通常认为是感染创。猫咬伤主要引起局部感染，但犬咬伤可致更广泛和危及生命的器官损伤（第 12 章）。

小的皮肤穿刺伤往往不被注意，伤后 1 ～ 2 d

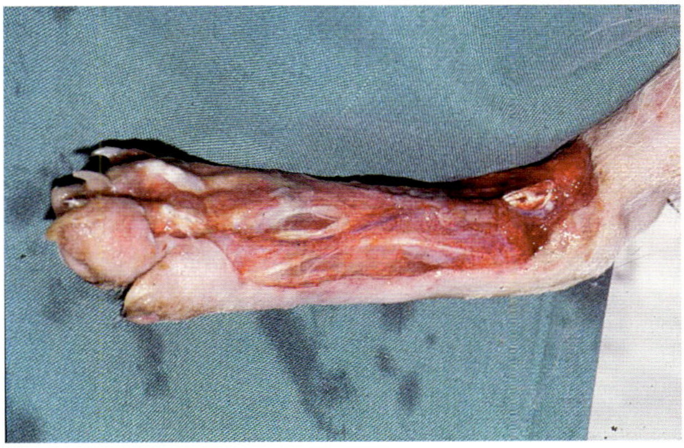

A

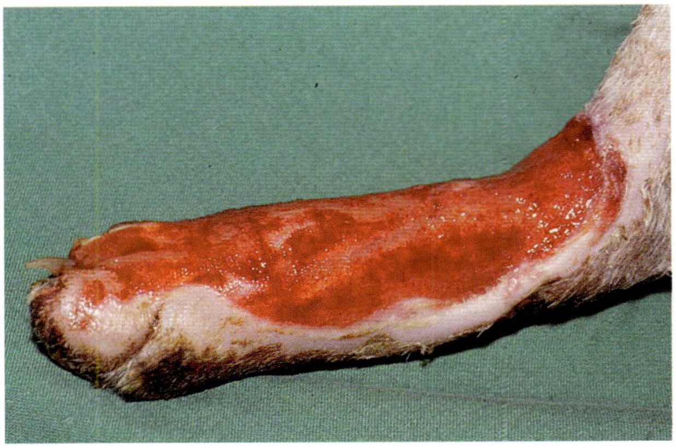

B

图 16–3 （A）猫爪部跖跗处的大面积脱套伤，图为创伤 5 d 后。（B）使用湿 – 干绷带治疗创口 2.5 周后，肉芽组织覆盖伤口。目前创口可接受皮肤移植

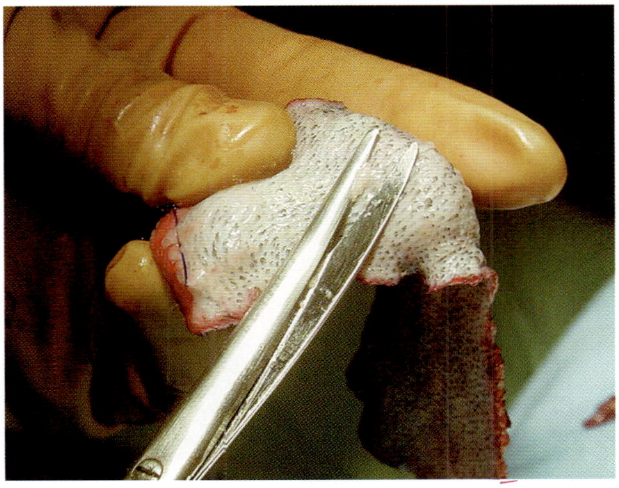

图 16–4　全层厚度网状移植片的制备。首先，用弯 Metzenbaum 剪精心去除所有皮下脂肪，直到移植片呈颗粒状外观。在移植片缝合到伤口床前，作小的纵向切口，以便排出伤口分泌物，并防止受体部位和移植片之间形成血清肿

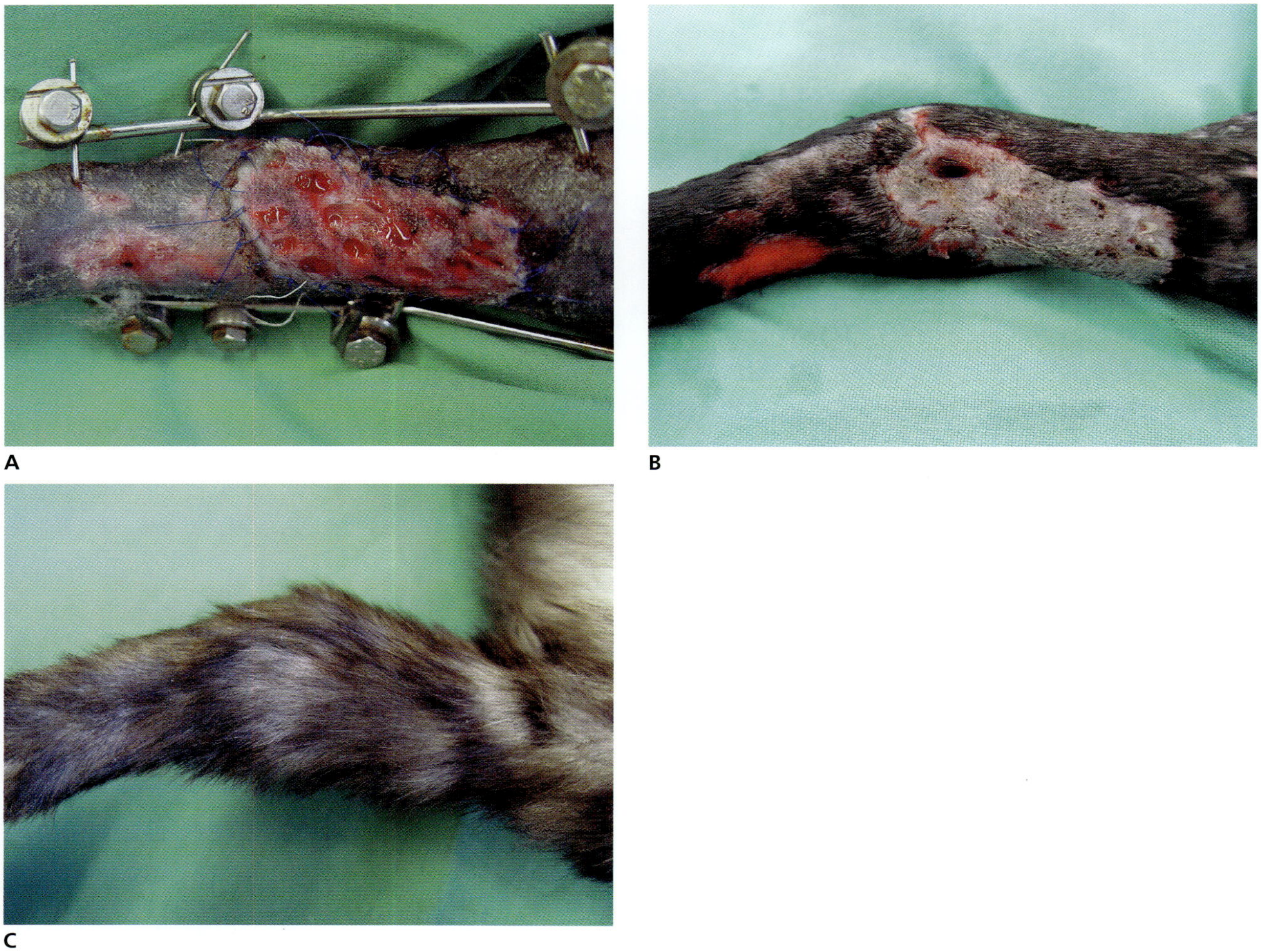

图 16–5　跗关节背侧全层厚度网状移植片术后第 4 天、2.5 周和 4 个月时的外观。（A）4 d 后，移植片附着在伤口床上，呈粉红色，血管化良好。液体可通过网状切口排出。（B）2.5 周后移植完成，可见新生被毛。此时，应移除绷带和外固定支架。（C）术后 4 个月的肢体外观。被毛完全再生

才可能表现症状，此时已经发生蜂窝织炎。常见的就诊原因是发热、沉郁、厌食和跛行（如果涉及肢体）。仔细触诊确定是否存在局部肿胀、疼痛和小的结痂，剪掉可疑区域的被毛，可能会发现小的皮肤损伤。猫主人也可能会因为发现猫身上有一个可波动的肿胀（可能是皮下脓肿）来就诊。一旦感染组织液化形成脓肿，猫通常不会出现全身症状。然而，病灶可能会很疼，会引起攻击或躲藏等行为变化。

可以使用 β－内酰胺酶青霉素控制早期蜂窝织炎。如果咬伤靠近关节，要注意关节感染（第 14 章）。如怀疑波及关节，应进行 X 线检查、关节穿刺、滑液评估或手术探查。

小的脓肿应手术切开和清创。保持创口开放以二期愈合。大的脓肿可能需要引流数日，避免皮肤切口在感染解决前愈合。由于破坏和减少了皮肤的血供，尾根部的大脓肿有时会出现皮肤坏死。脓肿排空后，不一定需要全身性抗生素治疗，但如果脓肿周围出现蜂窝织炎，则应在出现全身感染症状前给予抗生素。

咬伤可传播病毒性疾病，如狂犬病、猫白血病病毒（FeLV）和猫免疫缺陷病毒（FIV）。如果担心潜在感染，可在咬伤后 6 个月行 FeLV 和 FIV 血清学检测[16]。根据猫的免疫状况、狂犬病是否流行及每个国家的具体指导方针来采取相应措施，以避免狂犬病的潜在传播。

参考文献和延伸阅读

[1] Waldron DR, Zimmerman-Pope N. Superficial skin wounds. In: Slatter D (ed.) Textbook of small animal surgery. Philadelphia: WB Saunders; 2002: pp. 259–273.

[2] Ryan A. Quadriceps strain, rupture and charlie horse. Med Sci Sports 1969;1:106–111.

[3] Hargens AR, et al. Quantification of skeletal-muscle necrosis in a model compartment syndrome. J Bone Joint Surg Am 1981;63: 631–636.

[4] Basinger RR, et al. Osteofacial compartment syndrome in the dog. Vet Surg 1987;16:427–434.

[5] Fitch RB, et al. Muscle injuries in dogs. Comp Continuing Educ Pract Vet 1997;19:947–958.

[6] Fahie, MA. Healing, diagnosis, repair, and rehabilitation of tendon conditions. Vet Clin Small Anim Pract 2005;35: 1195–1211.

[7] Dueland R, Quenin J. Triceps tenotomy: biomechanical assessment of healing strength. J Am Anim Hosp Assoc 1980;16: 507–512.

[8] Brunnberg L, et al. Injury to the patella and the patella ligaments in dogs and cats II: rupture of the patellar ligament. Eur J Comp Anim Pract 1993;3:69–73.

[9] Liehmann L, Lorinson D. Traumatic triceps tendon avulsion in a cat. J Small Anim Pract 2005;47:94–97.

[10] Moores AP, et al. Biomechanical and clinical evaluation of a modified 3-loop pulley pattern for reattachment of canine tendons to bone. Vet Surg 2004;33:391–397.

[11] Beardsley SL, Schrader SC. Treatment of dogs with wounds of the limbs caused by shearing forces: 98 cases (1975–1993). J Am Vet Med Assoc 1995;207:1071–1075.

[12] Buffa E, et al. The effects of wound lavage solutions on canine fibroblasts: an in vitro study. Vet Surg 1997;26:460–466.

[13] Bohling MW, et al. Cutaneous wound healing in the cat: a macroscopic description and comparison with cutaneous wound healing in the dog. Vet Surg 2004;33:579–587.

[14] Siegfried R, et al. Treatment of large distal extremity skin wounds with autogenous full-thickness mesh skin grafts in 5 cats. Schweiz Arch Tierheilkd 2004;146:277–283.

[15] Leonard CA, Tillson M. Feline lameness. Vet Clin North Am Small Anim Pract 2001;31:143–163.

[16] Holt DE, Griffin G. Bite wounds in dogs and cats. Vet Clin North Am Small Anim Pract 2000;30:669–679.

第5部分

手术动物

当前，经常需要为猫施行复杂的和侵入性的外科手术，因此增加了对适当的外科准备、有效和安全的麻醉、疼痛管理及术后护理的需求。以前，猫的围手术期和术后镇痛常被忽视，可能是因为对患猫疼痛缺乏认识，以及担心镇痛药的副作用。近年来，猫镇痛在文献中得到了越来越多的关注，已经制订了有效安全的方案。第17章和第18章分别介绍了患猫的麻醉和围手术期镇痛。

患猫的手术准备包括手术间、手术团队和手术器械的无菌准备，旨在降低手术感染的风险。猫和犬的无菌术措施都是一样的。第19章总结了最重要的特点，更多信息请参考其他教科书。创伤或骨科患猫的术后管理，如一般的术后护理、营养支持和物理治疗，往往与手术本身同等重要。其好处包括缩短恢复时间、改善整体健康状况和结果。第20章和第21章分别介绍了创伤与骨科患猫的术后护理和复健。

第 17 章　麻醉

S. Kaestner

每一种外科操作都有风险。为了充分评估风险，要考虑很多因素，如麻醉的风险、术前健康状态、术后并发症、感染风险、手术相关并发症，以及功能恢复和生活质量的长期预后。

据报道，猫麻醉相关的死亡率为 0.1% ~ 0.42%，严重的麻醉并发症发生率为 1.3% ~ 11%[1-3]。最近英国的某项研究指出，健康猫的麻醉死亡率为 0.11%，而患病猫的麻醉死亡率为 1.4%[4]。根据美国麻醉师协会（ASA）的分级标准进行术前体况评估对评估猫的麻醉风险十分有用（表 17-1）。ASA3 级及以上的患猫出现前驱麻醉并发症的风险，包括心脏骤停，是 ASA1 级和 2 级患猫的 4 倍或更高[2,3]。虽然年龄并不是引起麻醉风险升高的唯一原因，但是老年猫确实会有更高的患某些特定疾病的风险。

表 17-1　ASA 体况分级表

ASA 分级	身体状态
1	健康动物——择期手术、非病理性手术
2	轻度系统性疾病，未引起功能障碍——常规的必需手术，不增加额外风险
3	严重系统性疾病，活动性受限，但没有丧失功能
4	丧失功能的系统性疾病，时刻有生命危险
5	生命垂危，无论是否手术都可能在 24 h 内死亡
E	急诊麻醉

许多研究评估了犬猫手术相关的风险因素，总结见专栏 17-1。很多骨科患猫同时存在身体多器官的创伤和损伤，从而使麻醉风险明显升高。手术前先稳定体况、使用平衡麻醉方案、疼痛管理、预防和控制感染、正确的外科技术，以及加强术后护理等都会不同程度地降低手术风险。

专栏 17-1　手术风险因素（按降序排列）

- ASA 体况分级
- 急诊手术
- 低白蛋白血症（ALB ＜ 21 g/L）
- 贫血（PCV ＜ 20%）
- 尿毒症
- 肝功能障碍
- 凝血障碍
- 呼吸困难
- 年龄
- 体重减轻
- 感染风险
- 手术复杂度和持续时间

17.1　手术动物的术前评估

麻醉前的评估包括病史调查，以及根据标准规程的体格检查。心血管和呼吸系统评估是最重要的，其次是肾和肝功能与电解质水平。在陌生环境中，尤其是动物医院里，猫真实的静息值（表 17-2）通常是很难获取的。健康猫应激后可能出现心率超过 240 次 /min、体温升高至 40.5℃。

健康年轻猫的血液学检查对于麻醉风险的控制影响很小。在体格检查后，红细胞压积、血浆总固体和血尿素氮足够排除某些潜在的影响麻醉药反应和效果的亚临床问题，如轻度脱水、贫血或肾病等。更多的实验室检查，包括血常规和生化，对于 8 岁以上的老年猫和创伤动物是必要的，因为年龄和创伤可能会增加其患有某些系统性疾病的可能。

进一步的诊断需要围绕发现的异常结果去展开。心血管和呼吸系统的异常需要胸部 X 线检查和（或）心脏超声检查。胸部 X 线片同时也有助于排除肿瘤患猫的肺转移。如果存在明显的异常（如呼吸系统感染、未经治疗的糖尿病），则需要推迟手术。动物状态虚弱（ASA3 级及以上）时，

表 17–2 家养猫的心率、呼吸频率、体温、血常规和生化的正常参考值

参数	正常范围
心率	100 ~ 240 次 /min，平均静息心率为 128 次 /min
呼吸频率	20 ~ 40 次 /min
体温	36 ~ 39℃
红细胞压积（PCV）	33% ~ 45%
血红蛋白	11.3 ~ 15.5 g/dL
红细胞	7.0 ~ 10.7×10^6 个 /μL
红细胞平均血红蛋白量（MCH）	14 ~ 17 pg
红细胞血红蛋白平均浓度（MCHC）	33 ~ 36 g/dL
平均红细胞体积（MCV）	41 ~ 49 fl
白细胞	4.6 ~ 12.8×10^3 个 /μL
杆状中性粒细胞	0 ~ 123 个 /μL
叶状中性粒细胞	2 315 ~ 10 000 个 /μL
淋巴细胞	1 050 ~ 6 000 个 /μL
单核细胞	46 ~ 678 个 /μL
嗜酸性粒细胞	100 ~ 600 个 /μL
嗜碱性粒细胞	0 ~ 143 个 /μL
血小板	180 ~ 680×10^3 个 /μL
总干物质	64 ~ 80 g/L
白蛋白	30 ~ 40 g/L
总胆红素	1.7 ~ 7.2 μmol/L
葡萄糖	4 ~ 9 mmol/L
血液尿素氮	7.4 ~ 12.6 μmol/L
肌酐	98 ~ 163 μmol/L
谷草转氨酶（AST）	19 ~ 44 U/L
谷丙转氨酶（ALT）	34 ~ 98 U/L
脂肪酶	8 ~ 26 U/L
钠	158 ~ 165 mmol/L
钾	3.8 ~ 5.4 mmol/L
氯	121 ~ 131 mmol/L
钙	2.4 ~ 2.8 mmol/L
磷	0.9 ~ 1.8 mmol/L

必须先稳定体况，之后再麻醉，而且要充分识别某些特定疾病的并发症后给予积极治疗（如输血、通气管理）。

创伤患猫需要在体况稳定后再进行麻醉。需要以 50 mL/(kg·h) 的速率给予积极的液体治疗（第 11 章），在麻醉前至少需要补充 50% 的脱水量。每个创伤患猫都要进行胸部和腹部 X 线检查，排除眼观不可见的内部损伤（第 12 章）。

当患猫不配合检查时，要进行完整的临床检查几乎是不可能的，除非医护人员冒着受伤或猫过度应激的风险。对于这些不配合检查的动物，从主人那里获得完整的病史和健康状态调查后，可能需要麻醉才能进一步操作。建议给予安全、最小心肺抑制、易于代谢或可逆的镇静药或麻醉药，之后再进行基础的体格检查和采血。判读指标时注意将药物的影响考虑在内（如 PCV 的变化）。

17.2　麻醉准备

在完成体格检查、诊断和相应的麻醉前治疗后，需要告知动物主人计划操作的风险，并签订《麻醉和手术知情同意书》。该过程应确保与动物主人有效地沟通。麻醉前的评估结果和 ASA 分级也要记录在《麻醉记录表》中（图 17-1）。未记录的检测数据不具有法律效力。同时还需要记录麻醉前用药、诱导麻醉、维持麻醉的细节，包括给药时间、药物及给药途径。

常规手术术前，成年猫需要禁食 8 ～ 12 h；5 周龄以下的幼猫，禁食 1 ～ 2 h；未断奶的幼猫不能与母猫分开，以避免出现低血糖。禁食可以有效地减少术前及术中出现呕吐及误吸胃内容物、反流性食道炎的可能。胃内容物饱胀时，还会压迫肺及后腔静脉，从而导致肺通气及心脏灌注不足。诱导麻醉之前无须禁水，以免体液失衡。麻醉前准确称重，根据体重计算所需要的镇静药和麻醉药剂量及输液速度。

17.3　静脉通路

静脉通路有助于大部分麻醉药安全有效地给予，同时也方便麻醉中输注液体。猫常用的静脉包括头静脉、隐静脉、股静脉和跗静脉；猫采血时，常用颈外静脉，也用于放置中央静脉导管。

猫外周静脉适用 20 ～ 22 G、长 1.5 cm 的留置针（图 17-2）。未去势公猫的皮肤比较厚，在埋留置针时需要注意钢针刺入皮肤时不要损伤到套管针。体型非常小的动物，或者脱水或低血容量的患猫，可能需要切开显露静脉。埋针之前，在皮肤局部涂抹丙胺卡因乳膏（利多卡因 / 丙胺卡因混合剂，Astra）进行局部麻醉[5]。非镇静猫埋留置针的成功率只有 40%。

颈静脉适用 18 G 的留置针；颈部的活动性比较大，过短的针很容易从颈静脉脱落，因此建议至少使用 6 cm 长的留置针。6 cm 的传统套管留置针很难在猫颈部留置，需要在诱导麻醉后通过穿管针技术放置颈静脉留置针。中央静脉导管使用时间更长，通常人医儿科的导管套装就可以用于猫。在正常体型的猫中，导管长度不能超过 12 cm，以免刺入右心房。

导管留置区域的准备工作根据使用的导管类型与留置时长而不同。首先在预留置的血管周围剃毛和消毒。使用切开技术或借助导丝插入长导管（Seldinger 技术）时，需要穿戴无菌手套和铺盖灭菌创巾。

四肢的留置针需要胶带固定，颈部的留置导管需要缝合在皮肤上。固定好后使用肝素生理盐水（2 U/mL）封针，或者给予静脉输液，避免血凝块阻塞导管。为了避免导管的意外拔出，输液管也需要固定在动物身上。为了满足多个不同液体同时静脉输注的需要，有多种留置针和连接管可供选择。留置针需要使用绷带进行保护，每 24 h 检查和重新调整。如果出现炎症反应的症状（发热、血栓性静脉炎），需要及时拆除。

17.4　麻醉前用药

麻醉前用药有多个目的，包括减少应激、降低麻醉药用量。麻醉前用药的选择对诱导麻醉和维持麻醉及苏醒期都有很大的影响。

17.4.1　镇静药

兴奋或应激会引起循环中儿茶酚胺水平升高，使麻醉药需要量增加，从而引起更严重的心血管抑制。儿茶酚胺与某些麻醉药（如硫喷妥钠、氟烷）结合还会导致心律不齐。因此，麻醉前镇静不仅使保定更容易，还使麻醉更安全。对猫而言，麻醉前镇静、诱导麻醉和全凭静脉麻醉（TIVA）之间并没有明显的差异，通常使用的是同一种药物或联合用药，其整体效果取决于使用剂量。药物的剂量和联合用药方法总结在表 17-3 和表 17-4 中。

麻醉记录表

页码：

日期：	术者：	麻醉师：	主人姓名：
手术操作：		体位：　右侧卧　左侧卧　仰卧　俯卧	动物昵称：

体重：	体温：	脉博：	呼吸频率：	PCV:	TP:	MMC/CRT:	物种：	品种：

ASA体况分级 1 2 3 4 5　E	其他体格检查或实验室检查结果	设备：
近期用药史：		是否禁食 禁食时长

麻醉前用药				诱导麻醉药			
药物	剂量（mg）	用药途径	时间	药物	剂量（mg）	用药途径	时间

液体时间：	15 30 45	15 30 45	15 30 45	15 30 45	合计
IV 1　类型：　输液速度：					
IV 2　类型：　输液速度：					
加温器 ☐ 循环水毯 ☐　[redacted]					[redacted]
一氧化二氮-L/min					N_2O
氧流量-L/min					O_2

挥发罐设置-X　[redacted]

8　7　6　5　4　3　2.5　2　1.5　1　0.5

麻醉药：
- ☐ 地氟烷
- ☐ 异氟烷
- ☐ 七氟烷
- ☐ 氟烷

监测指标

脉博 ●　呼吸次数 O

$ETCO_2$ ▲　SpO_2 ■

血压
- 收缩压 v
- 平均压 †
- 舒张压 ^

直接血压 ☐

间接血压 ☐　多普勒法 ☐

200　180　160　140　120　110　100　90　80　70　60　50　40　30　20　10

时间

麻醉总时间：

手术开始时间：

拔管时间：

俯卧时间：

站立时间：

气道维持

☐ 气管插管　☐ 面罩

型号：　类型：

回路系统

☐ 复吸式回路 ☐ 机械通气

☐ 非复吸式回路

留置针

型号：

类型：

位置：

型号：

类型：

位置：

术后用药：

备注：	术后监护 TPR（体温、脉博、呼吸次数）　时间

图 17-1　麻醉记录表，用于记录麻醉前体况评估、麻醉方案和监护

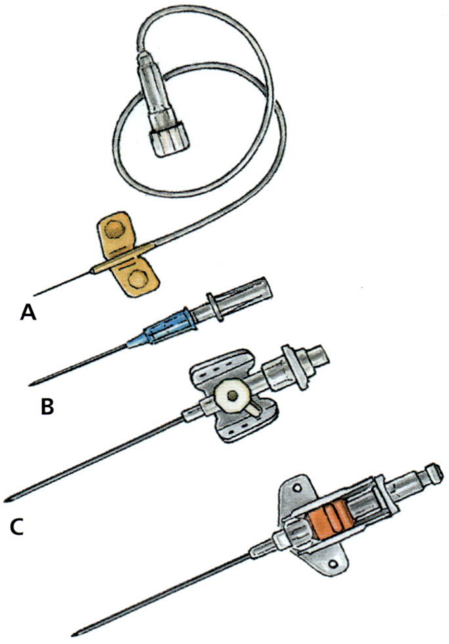

图 17–2　适用于猫的不同类型的静脉留置针。(A)带有延长管的蝴蝶针;(B)套管针;(C)带有侧面端口的套管针;(D)带有流量转换器的套管针

吩噻嗪类

吩噻嗪类的代表药物是乙酰丙嗪，还包括氯丙嗪和丙嗪。作用机制为多巴胺受体拮抗剂和 α_1- 肾上腺素能受体拮抗剂。乙酰丙嗪引起肌肉松弛、减少自发活动，其镇静程度不一，高剂量可延长作用时间。乙酰丙嗪具有止吐作用，可与阿片类药物联合使用作为麻醉前用药。该类药物还会抑制下丘脑体温调节中枢，引起猫低体温或高体温，因此需要监测体温。

高剂量的氯丙嗪会降低癫痫阈值[6]，不适用于有癫痫病史、头损伤、脊髓造影前的动物。乙酰丙嗪可舒张外周血管造成全身血压下降，可减少红细胞压积。

乙酰丙嗪不具有镇痛作用，通常建议与阿片类或氯胺酮合用，实现深度镇静和有效镇痛效果。与硫喷妥钠相比，猫使用乙酰丙嗪并不会降低丙泊酚的诱导剂量[7]。为了给小体重猫使用准确剂量，需要将 1% 的商品化乙酰丙嗪稀释（1 ∶ 10）后使用。乙酰丙嗪无特异拮抗剂，当药物过量和严重的低血压时，需要立即静脉输液扩容。

苯二氮䓬类

苯二氮䓬类药物与 γ- 氨基丁酸（GABA）受体结合，刺激大脑抑制神经元和脊髓中间神经元，具有抗惊厥、抗焦虑和肌松作用，在人上还有镇静和记忆缺失的效果，对心血管和呼吸抑制作用小，安全范围大。对健康成年猫的镇静作用不可靠，常引起行为异常和兴奋。因此，苯二氮䓬类药物很少单独用于健康猫，可与氯胺酮协同用药，以预防癫痫和肌肉强直。低剂量的苯二氮䓬类药物可用于刺激食欲。

地西泮有 2 种剂型，一种溶于丙二醇，如 Valium（Roche），另一种与豆油混制成乳剂，如 Diazemuls（Roche）。溶于丙二醇的剂型（Valium）更加稳定，开瓶后可使用数日；但丙二醇剂型会引起血栓性静脉炎、静脉注射疼痛，高剂量时会导致心血管功能抑制。油性或乳性制剂（Diazemuls）不能肌内注射，注射前不能与其他药物混合。地西泮还可直肠给药，适用于尚无静脉通路的持续癫痫状态的猫。

咪达唑仑是一种水溶性苯二氮䓬类药物，半衰期短，可肌内注射（IM）或静脉注射（IV）给药。猫肌内注射后吸收迅速且快速起效[7,8]。约 50% 清醒的猫在静脉或肌肉给予不同剂量的咪达唑仑后，会表现不同程度的兴奋行为[8]。氯胺酮和咪达唑仑联合肌内注射的耐受性良好。

苯二氮䓬类药物拮抗剂

猫通常不需使用苯二氮䓬类药物的拮抗剂，但当药物过量导致中枢神经系统和呼吸系统抑制或极度兴奋 / 激动时，可使用拮抗剂，它们是非竞争性的 GABA 受体阻滞剂。

氟马西尼可快速起效，为 2 ~ 4 min，在人上其半衰期与咪达唑仑类似。使用大剂量苯二氮䓬类药物时，需要重复给予氟马西尼拮抗。目前无猫拮抗剂 / 激动剂使用比例的相关数据。在犬中，地西泮通常是 26 ∶ 1，咪达唑仑是 13 ∶ 1[9]。当猫出现严重的中枢神经系统抑制时，需要使用氟马西尼静脉滴注至效。

沙马西尼与氟马西尼效果相似，但持效时间

表 17–3 猫麻醉前和镇静使用的药物及药物联合使用

药物	剂量（mg/kg）	给药方式	注释
乙酰丙嗪	1 ~ 3 0.02 ~ 0.2	PO IM/IV SC 不可靠	降低自主活动，剂量依赖性的轻度－重度镇静，非疼痛性操作，运输 起效时间：15 ~ 20 min，持效时间：3 ~ 4 h[6] 禁忌证：低血容量、癫痫、重度贫血
地西泮	0.1 ~ 0.5	IV	镇静效果不可靠，潜在的肌松作用，需要与氯胺酮或布托啡诺联合用药，诱导麻醉前使用
咪达唑仑	0.1 ~ 0.5	SC/IM/IV	
氯马唑仑	0.1 ~ 0.5	SC/IM/IV	
赛拉嗪	0.2 ~ 0.5 或 0.2 ~ 1.0	SC/IM	剂量依赖性的轻度－重度镇静效果，镇痛
美托咪定 / 右美托咪定	0.03 ~ 0.08 0.02 ~ 0.04	SC/IM	剂量依赖性的轻度－重度镇静效果，镇痛
罗米非定	0.1 ~ 0.2	IM	剂量依赖性的轻度－重度镇静效果，镇痛
乙酰丙嗪 ＋丁丙诺啡	0.02 ~ 0.03 0.012	IM	剂量依赖性的轻度－中度镇静效果，镇痛
乙酰丙嗪 +L－美沙酮	0.02 ~ 0.03 0.1 ~ 0.3	IM	剂量依赖性的轻度－中度镇静效果，镇痛
乙酰丙嗪 ＋氯胺酮	0.03 10	IM	中度－重度镇静效果，有时缺乏肌松效果
咪达唑仑 ＋氯胺酮	0.2 5 ~ 10	IM/IV	中度－重度镇静效果，过渡为麻醉效果
咪达唑仑 ＋布托啡诺	0.2 0.2	IM/IV	轻度－中度镇静
赛拉嗪 ＋氯胺酮	0.5 5 或 5 ~ 10	IM	中度－重度镇静，过渡为麻醉效果
美托咪定 ＋氯胺酮	0.05 5	IM	中度－重度镇静，过渡为麻醉效果
罗米非定 ＋氯胺酮	0.1 5	IM	中度－重度镇静，过渡为麻醉效果

注：PO，口服；SC，皮下注射；IM，肌内注射；IV，静脉注射。

更长。当使用高剂量的苯二氮草类药物引起长期抑制时可使用沙马西尼拮抗，不需要重复给药。临床中激动剂 / 拮抗剂比例为 10 ∶ 1，效果良好。

α_2－受体激动剂

α_2－受体激动剂作用于中枢和外周的 α_2－肾上腺素能受体，部分（结合力低）作用于 α_1－肾上腺素能受体，对中枢神经的影响包括镇痛、镇静、肌松，对呼吸抑制很小。然而，α_2－受体激动剂会抑制心血管系统，具有剂量依赖性，表现为心动过缓和缓慢型心律失常。静脉注射后尤为明显，因此建议肌内注射。其他的影响包括刺激化学感受器引起呕吐。α_2－受体激动剂的镇静作用具有平台期，使用高剂量只会延长作用时间。在患猫中还可见其他副作用，如高血糖和多尿症。

全身麻醉前或维持麻醉时使用 α_2－受体激动剂，可减少麻醉药剂量。α_2－受体激动剂不可用于患有心血管疾病、低血容量（休克）和内毒素血症的动物。

表 17–4　猫的注射诱导麻醉和（或）维持麻醉规程

药物	剂量	给药方式	用途	注释
乙酰丙嗪 + 氯胺酮 + 丁丙诺啡 或布托啡诺	0.05 mg/kg 20 ~ 30 mg/kg 0.01 mg/kg 0.2 ~ 0.4 mg/kg	IM	短时间外科手术（30 ~ 40 min）	所有的氯胺酮规程： 苏醒期长 苏醒期可能出现焦虑 头损伤时禁用
赛拉嗪 + 氯胺酮	1 mg/kg 20 mg/kg	IM	短时间外科手术（20 ~ 30 min）	肥厚型心肌病避免使用 不建议同时静脉注射 α_2- 受体激动剂和氯胺酮，会引起强烈的血管收缩
咪达唑仑 + 氯胺酮	0.05 ~ 0.08 mg/kg 5 mg/kg	IM	短时间外科手术（30 ~ 40 min）	
罗米非定 + 氯胺酮	0.2 mg/kg 5 mg/kg 或 5 ~ 10 mg/kg	IM	短时间外科手术（30 ~ 40 min）	
+ 地西泮 氯胺酮	0.2 ~ 0.5 mg/kg 5 mg/kg	IV	诱导麻醉	
+ 咪达唑仑 氯胺酮	0.2 mg/kg 5 mg/kg	IV	诱导麻醉	
+ 咪达唑仑 氯胺酮	0.2 mg/kg 10 ~ 20 mg/kg	IM	短期小手术	
硫喷妥钠	10 mg/kg 至效 （1% ~ 1.25% 溶液）	IV	诱导麻醉	配合麻醉前用药（乙酰丙嗪、苯二氮䓬类药物）使用 会引起快速型心律失常 禁用于低血容量和心脏病动物
丙泊酚	2 ~ 6 mg/kg 0.2 ~ 0.5 mg/(kg · min) 至效	IV CRI	诱导麻醉 TIVA 维持	结合麻醉前用药和镇痛药 根据麻醉前用药不同可适当减少丙泊酚用量 长时间给予和重复用药可引起中毒反应 禁用于低血容量动物 重复给药时需要气管内插管和供氧
阿法沙龙 / 阿法多龙	无须麻醉前用药 3 ~ 9 mg/kg 或 3 ~ 12 mg/kg 重复给药 2 ~ 6 mg/kg	IV	诱导麻醉 TIVA	可能引起组胺的释放，导致爪部、喉部或舌头肿胀 苏醒时兴奋
阿法沙龙	3 ~ 5 mg/kg 0.1 ~ 0.15 mg/(kg · min)	IV CRI		
依托咪酯	0.5 ~ 2 mg/kg 50 ~ 150 μg/(kg · min)	IV CRI	诱导麻醉 TIVA 维持	推荐结合麻醉前用药，否则容易引起肌肉强直 心血管抑制作用小 肾上腺抑制
地西泮 + 芬太尼 + 依托咪酯	0.25 mg/kg 0.01 mg/kg 0.25 ~ 1 mg/kg	IV	诱导麻醉	可不配合芬太尼使用 心血管抑制作用小 适用于危重动物

注：TIVA，全凭静脉麻醉；CRI，恒定速率输注；IM，肌内注射；IV，静脉注射。

赛拉嗪是兽医临床中效力最低的 α_2- 受体激动剂，因此需要更高剂量以达到强效药物的同等效力。肌内注射或皮下注射给药后，猫易发生呕吐。

与赛拉嗪相比，罗米非定具有更高的 α_2/α_1- 受体选择性，作用时间更长，同等剂量罗米非定的肌松作用更弱。

美托咪定是临床中最好的选择性 α_2- 受体激动剂。它是一种外消旋混合物，其活性物质为 D- 同分异构体。右美托咪定是指纯化的美托咪定 D- 同分异构体，其效力是普通外消旋混合物的 2 倍。右美托咪定具有麻醉和镇痛作用，低剂量输注时具有镇痛的效果，同时可减少心血管系统副作用和镇静效果。

α_2- 受体拮抗剂

α_2- 受体激动剂的一大优势是在紧急情况下或需要快速苏醒时，具有真正竞争性的拮抗药物。但是需要注意，健康的无麻醉并发症的动物，使用拮抗剂没有好处，反而会削弱镇静和镇痛效果，促使动物兴奋或疼痛。其剂量取决于动物的品种、激动剂剂量、使用时间、需要的拮抗程度。静脉推注拮抗剂会引起心动过速、高血压、排便、呕吐和过度兴奋。在猫唯一批准使用的 α_2- 受体拮抗剂是阿替美唑（Antisedan，Orion）。阿替美唑具有很高的 α_2/α_1- 受体选择性，特异性良好，对其他受体无作用。可使用 2 ~ 4 倍美托咪定剂量的阿替美唑来拮抗。目前推荐猫的使用剂量为美托咪定剂量的一半，可肌内注射或皮下注射，注射后 5 ~ 10 min 可拮抗镇静作用。猫 α_2- 受体拮抗剂的使用剂量 [10] 见表 17-5。

表 17-5 猫 α_2- 受体拮抗剂的使用剂量

α_2- 受体拮抗剂	剂量
阿替美唑（拮抗美托咪定）	80 ~ 600 μg/kg SC/IM
阿替美唑（拮抗赛拉嗪）	200 μg/kg SC/IM
育亨宾（拮抗美托咪定）	500 μg/kg IV
育亨宾（拮抗赛拉嗪）	100 ~ 200 μg/kg IV
妥拉唑啉（拮抗赛拉嗪）	2 mg/kg IV

17.4.2 镇痛药

在麻醉前给予镇痛药的目的包括加强镇静效果、减少全身麻醉药的需求量、使苏醒期平稳无痛。超前镇痛可阻止外周和中枢神经敏化，从而提高镇痛效果。超前镇痛最重要的镇痛药物是阿片类药物，其次是非甾体抗炎药（NSAID）。第 18 章详细描述了围手术期镇痛的内容。

17.4.3 抗胆碱能类药物

抗胆碱能类药物通过阻止乙酰胆碱在毒蕈碱位点的作用，阻断副交感神经在节后神经元传递，使口腔、胃、呼吸道分泌物减少，支气管弹性和胃肠道蠕动下降，通过降低迷走神经对心脏的作用使心率升高，抑制中枢神经活动引起散瞳。不需要在麻醉前常规使用抗胆碱能类药物，除了某些特殊情况，如用于减轻疾病或药物（如氯胺酮）引起的流涎或气道分泌物过多引起的气道阻塞。在某些可能引起迷走神经反射的外科手术中（如头颈部），也可使用抗胆碱能类药物。

目前使用抗胆碱能类药物预防 α_2- 受体激动剂引起的心动过缓是具有争议的。给予抗胆碱能类药物后可解除心动过缓，使心率升高，但心脏对抗高血压时血管阻力增加，造成心脏负荷显著增加。

可通过皮下、肌内或静脉注射给予阿托品。静脉注射后，迷走神经张力一开始会升高；因此，当用于治疗目的时，更推荐肌内注射。阿托品可通过血脑屏障，造成中枢神经作用，引起散瞳，同时出现心动过速。推荐剂量是 0.02 mg/kg IV，或者 0.04 ~ 0.1 mg/kg SC/IM。高剂量阿托品会引起中枢神经刺激，禁忌证包括青光眼和易发快速型心律失常的动物（如甲状腺功能亢进）。

格隆溴铵是一种大的极性分子，具有季铵结构，难以通过血脑屏障和胎盘屏障，所以不会引起散瞳，适用于妊娠猫。格隆溴铵可皮下、肌内和静脉注射，静脉注射后 1 min 内快速起效，持效时间比阿托品更长（3 ~ 4 h）。与阿托品相比，格隆溴铵很少引起心动过速，但早期可出现节律不齐。推荐剂量是 0.01 mg/kg IV 或 0.02 mg/kg IM/SC。

17.5　注射麻醉药

注射麻醉药可用于吸入麻醉前的诱导麻醉，也作为维持麻醉的独立麻醉方式（TIVA；全凭静脉麻醉）。有些注射麻醉药根据剂量不同，可从镇静作用过渡为全身麻醉效果。诱导和维持全身麻醉所需要的药物剂量取决于麻醉前用药和个体的敏感性。将预估的药物总量分段给药可预防药物过量。

17.5.1　巴比妥类药物

短效巴比妥类药物是传统的注射麻醉药，在兽医临床应用已超过 60 年。它们具有催眠作用，但无镇痛作用，高剂量时可达到外科手术麻醉期。要避免血管外注射，可能造成组织坏死。

在兽医临床上，戊巴比妥广泛应用于猫。单次静脉注射 25 mg/kg 可获得约 2 h 的外科麻醉期。但其安全范围窄，3 倍麻醉剂量（72 mg/kg）即可致死，而且苏醒时间很长，故不再推荐使用。目前主要用于安乐死，因为可使动物迅速丧失意识。

硫喷妥钠单独使用时，缓慢静推，剂量可高达 20 mg/kg。快速推注较低剂量（5 ~ 6 mg/kg）可麻醉约 10 min，足以进行气管内插管和连接气体维持麻醉。硫喷妥钠无镇痛作用，可引起剂量依赖性的心血管和呼吸系统抑制，并引发心律失常 [11]。因此，建议硫喷妥钠与乙酰丙嗪 / 阿片类药物配合作为麻醉前用药，以减少剂量（5 ~ 10 mg/kg）。硫喷妥钠需要稀释为 1% ~ 1.25% 的浓度使用，以减少静脉刺激。硫喷妥钠的分布 / 再分布动力学使其进入不同组织，单剂量使用后苏醒迅速，但多次给药或持续静脉输注时，苏醒期延长。

17.5.2　丙泊酚

丙泊酚是一种快速起效、短效麻醉的烷基酚类药物，即使多次重复给药，也可迅速苏醒。丙泊酚是一种白色油 - 水制剂，是理想的细菌培养基，开瓶后需冷藏保存，开封 24 h 后不能再使用。要严格无菌操作，以延长开瓶的丙泊酚的使用率；而且要严格无菌抽取避免污染。

肌内注射丙泊酚无麻醉作用，血管外注射无局部刺激作用。注射过快时会引起呼吸暂停，因此诱导麻醉时要缓慢推注 2 min 至效，以避免呼吸暂停。与犬相比，猫麻醉前用药选择乙酰丙嗪时不会显著降低丙泊酚用量 [12]，而阿片类和 α_2- 受体激动剂则会显著降低丙泊酚剂量。

使用丙泊酚时常见的心血管和呼吸系统影响为中度低血压，低血容量患猫易出现问题，应避免用于休克动物。重复或持续输注丙泊酚会引起呼吸抑制和动脉氧分压下降，长时间给予丙泊酚时需要供氧。葡糖苷酸结合位点是代谢酚类所必需的，但在猫，该位点相对缺乏，且猫的血红蛋白易受到酚类复合物的氧化损伤，因此，连续数日反复或长时间输注丙泊酚会导致大量海恩茨小体产生、食欲减退、腹泻、面部水肿、精神沉郁及麻醉苏醒延长 [13]。使用丙泊酚作为诱导麻醉药或维持麻醉药时，与吸入麻醉药类似，需要推注至效，因为它会受到麻醉前用药、同时使用的镇静药、手术刺激不同的影响。全凭静脉维持麻醉的使用剂量是 0.2 ~ 0.5 mg/(kg · min)（或每 5 min 给予 2 mg/kg）。

17.5.3　分离麻醉药

苯环已哌啶衍生物氯胺酮和替来他明与一般的麻醉药不同，它们具有分离麻醉效果，可产生功能性分离，表现为躯体痛觉消失但浅睡眠状态。它们会引起强直性昏厥，表现为直立反射消失。肌张力增加，内脏镇痛作用一般。因此单独使用分离麻醉药不能进入外科麻醉期，需要配合肌松药和镇痛药以防止肌肉强直和抽搐。

氯胺酮是一种水溶剂，兽医临床使用 10%（100 mg/mL）标准溶液。在美国，外消旋氯胺酮需要登记使用，因其可能会被滥用。氯胺酮可皮下、肌内、静脉注射给药，也可经口腔黏膜吸收。给药方便，适用于难以控制的猫。肌内注射氯胺酮疼痛感强，会引起猫的反抗。在使用氯胺酮后，猫咽喉反射存在，而猫唾液分泌通常旺盛，因此，需要密切关注气道通畅性。使用氯胺酮会出现自发性指 / 趾痉挛（弯曲或抽动），与手术刺激或麻醉过浅无关。氯胺酮可产生间接的拟交感神经作用，刺激心血管系统，升高心率和血压，血压值与健康动物清醒状态的血压值相近。但氯胺酮具有直接负性肌力作用，并在非健康动物中起主导作用。临床使用剂量下，氯胺酮引起的呼吸抑制很小，但会诱发长吸式呼吸节律（喘息和呼吸暂停交替出现），过量时引起呼吸停止。氯胺酮也可引起脑血流量和颅内压升高，故怀疑脑损伤时禁用。因氯胺酮可增加心肌耗氧量，故肥厚型心肌病的患猫禁用。家养猫通过肾脏排泄大部分氯胺酮，故肾功能不全患猫使用大剂量氯胺酮或重复给药后，苏醒时间延长。

使用氯胺酮的麻醉苏醒期，患猫对外界刺激的敏感性增加，肌肉活动增加，因此需要将猫放在安静的环境中苏醒。

17.5.4 阿法沙龙 / 阿法多龙

神经刺激性类固醇通过 $GABA_A$ 受体提高 GABA 的抑制作用，产生麻醉和肌肉松弛的效果。阿法沙龙 / 阿法多龙与聚氧乙烯蓖麻油的结合物商品名为安泰酮（Saffan）。因含聚氧乙烯蓖麻油，静脉注射会引起组胺释放。25% 的猫使用安泰酮后，会出现一过性充血、面部和爪部水肿。因此，安泰酮已经不再销售。

阿法沙龙（Alfaxan；Jurox，澳大利亚）在澳大利亚和新西兰已应用多年，近期开始广泛用于犬猫的诱导麻醉。在 Alfaxan 这种制剂中，阿法沙龙分子溶于 2α－羟丙基－β－环糊精（HPBCD）中。环糊精是一种复杂多糖，从淀粉衍变而来，含有一个疏水结合点以便与亲脂性药物如阿法沙龙结合。与聚氧乙烯蓖麻油不同的是，HPBCD 不会引起犬猫组胺释放。Alfaxan 诱导平稳，苏醒期兴奋性低，持效时间更短。

17.5.5 依托咪酯

依托咪酯是一种咪唑类衍生物，可诱导麻醉但无镇痛效果。依托咪酯对心血管系统和呼吸系统的抑制作用非常小，适用于高麻醉风险动物。无麻醉前用药时可引起肌阵挛。依托咪酯快速水解，无累积效应，适合恒定速率输注。但依托咪酯抑制肾上腺类固醇生成，故不建议长期使用。单次注射可引起数小时肾上腺功能抑制，使应激反应缺失，但通常可耐受。依托咪酯可溶于 35% 丙二醇溶液，和丙泊酚一样，依托咪酯也是油性制剂，主要溶于大豆油和鸡蛋卵磷脂中（Lipuro，Braun，德国）。该剂型要求严格的无菌操作，开瓶后 24 h 不能再使用。偶尔有报道猫注射依托咪酯后出现急性溶血反应，这可能与快速注射丙二醇溶液引起渗透压改变相关。快速静脉注射还会引起疼痛和静脉炎。

17.6 吸入麻醉

吸入麻醉是一项可调节麻醉深度、几乎无药物积聚作用的现代麻醉技术，更推荐用于手术操作的维持麻醉。实施吸入麻醉需要特殊的设备，并了解基本原理。本章主要描述挥发性麻醉药的临床应用，包括一氧化二氮（N_2O）、氟烷、异氟烷和七氟烷。地氟烷也可用于猫 [14]，但其挥发罐复杂且价格昂贵，在兽医临床中难以常规应用。全身麻醉是指麻醉药在脑内分布造成中枢神经系统抑制，且脑内药物分压改变，麻醉深度改变，这与麻醉药在脑组织中的浓度或总量无关。

最低肺泡有效浓度（MAC）是决定吸入麻醉药效能的重要指标，是指吸入麻醉药的中位有效剂量（ED_{50}），即当对动物施加标准的超最高刺激时（如钳夹尾巴），50% 动物会有反应，另外 50% 动物无反应。MAC 值是在健康动物上测得的，但不同疾病状态及每只猫之间的麻醉需求量不同。使用 N_2O、镇痛药、镇静药，低体温和妊娠时 MAC 降低；中枢刺激剂（如阿托品）、高体温和高钠血症会使 MAC 升高。测定 MAC 十分重要，因为降低吸入麻醉药浓度可减少心血管抑制作用。

17.6.1 吸入麻醉药的药理学

吸入麻醉药所产生的非特异性中枢抑制作用会导致心血管和呼吸系统的抑制。

N_2O 在室温下是一种无味的气体，存储于压缩罐中；快速起效，但对猫效能很低。在大气压下，

N_2O 不能作为单独的吸入麻醉药，但可作为辅助麻醉药，而且有多个优点。N_2O 具有镇痛作用，可减少其他吸入麻醉药的 MAC，对心血管和呼吸系统抑制轻微。也曾以高浓度 N_2O 实现麻醉作用。在充满空气的环境中，N_2 比 N_2O 的血液溶解度低，因此，N_2O 可进行气体交换，而 N_2 会被排出，使容量扩张。因此，N_2O 禁用于肠梗阻和气胸的动物。

在麻醉后期，大量的 N_2O 替代氧气分布于肺部（弥散性低血氧）。可通过关闭 N_2O，给患猫高氧流量纯氧呼吸至少 5 min，以避免弥散性低血氧发生。使用 N_2O（50% 以上 N_2O 方可达到镇痛作用）会限制动物吸入的氧气量，故吸入气体中至少需要含有 30% 的氧气。当需要以高吸入氧分压来确保患病动物的组织氧气供应时，禁用 N_2O。在低流量的麻醉系统中（见后述）会出现类似的情况。机体可代谢氧气，蓄积 N_2O，进而发生低血氧。低流量系统中使用 N_2O 时，需要严密监测氧浓度。

1950 年，氟烷被引入并广泛应用于兽医临床麻醉。氟烷起效迅速，麻醉效力适中，可通过精确的挥发罐来使用。氟烷抑制呼吸系统和化学感受器的敏感性，具有剂量依赖性，会降低动物对低血氧和高碳酸血症的反应性。也可降低支气管张力，这对哮喘病患猫有益。氟烷对心血管功能的抑制作用也具有剂量依赖性，会降低心输出量、每搏输出量和动脉血压。在临床使用剂量范围内，心率保持稳定，但心肌收缩力下降会降低心输出量。在儿茶酚胺的作用下，氟烷会诱发室性早搏性收缩。氟烷会增加脑血流量，升高颅内压，并抑制脑血流量的自主调整机制。因此，要避免用于脑损伤动物。氟烷可直接抑制肝功能，也会减少麻醉期间肝脏血流，从而使药效延长。因此，氟烷禁用于肝功能异常的动物，麻醉后可能会出现肝酶一过性升高；而严重的肝损伤罕见。氟烷会激发某些敏感动物的恶性高热，但这在猫非常罕见。

异氟烷是卤化乙醚，起效迅速，可快速改变麻醉深度。因此，可使用异氟烷面罩或密闭箱诱导麻醉，但异氟烷具有刺激性气味，使用面罩时猫会应激或屏住呼吸。异氟烷和氟烷挥发度相似，因此，氟烷的挥发罐再校准后也可以用于异氟烷。异氟烷会产生剂量依赖性的肺泡通气抑制，在呼吸频率一致时，潮气量下降。在相同的麻醉深度时，使用异氟烷不会引发和氟烷类似的心输出量降低，也不会导致心肌敏感，出现儿茶酚胺介导的心律失常。异氟烷会导致血管舒张，出现剂量相关性的动脉血压降低，这在猫中很常见。当使用 1.2 倍以上 MAC 的异氟烷时，会引起脑血流量和颅内压升高，但脑血流量随系统血压变化而自动调节的功能是正常的，因此，异氟烷可用于脑损伤的动物。

七氟烷也是一种氟化物，起效迅速，可快速改变麻醉深度。七氟烷无刺激性和芳香性气味，适用于猫的面罩或密闭箱诱导麻醉。七氟烷会引起猫心肌收缩力抑制，从而造成剂量依赖性的心血管抑制作用。某研究表明，动物的心率和全身血管阻力会维持稳定，而每搏输出量和平均动脉压降低 [15]。七氟烷不会造成心肌对儿茶酚胺敏化而产生心律失常。和异氟烷类似，七氟烷对呼吸系统的抑制作用也具有剂量依赖性。在临床使用剂量下，脑血流量和颅内压很少升高。单独使用七氟烷，动物苏醒期很短，但会伴有兴奋和划桨样动作。苏醒期的时长会受到麻醉前用药和联合用药的影响。

17.6.2 仪器设备

实施吸入麻醉需要载气（如氧气）、麻醉挥发罐和呼吸回路。麻醉机、挥发罐和呼吸回路的进一步信息不在本书中涉及，读者可以参考其他书目 [16,17]。

麻醉机

目前市面上有很多种商品化的人用或兽用麻醉机，包括基本型到复杂的、全电子调控的、麻醉监护一体的机型。这些仪器的基本组成元件相同，如氧气和 N_2O 源、调节和测量器、挥发液态麻醉药的挥发罐（图 17–3）。

在低压系统麻醉机中，气体首先通过流量计，它可改变给予动物的气体总量（L/min）。不同气体有各自的流量计，以不同颜色标注，且有触控码区分氧气和 N_2O。流量计柱上用小球或转子指示气

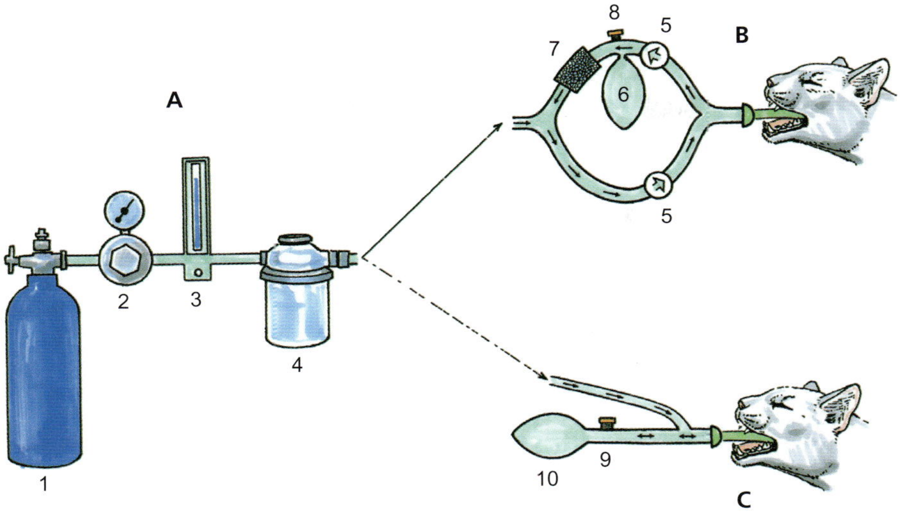

图 17-3 图解麻醉机的基本组成和不同类型的呼吸回路。（A）麻醉机具备氧气源（1）、压力调节器（2）、流量计（3）、挥发罐（4）。（B）复吸（环形）式回路具备单向阀（5）、气囊（6）、碱石灰罐（7），以及减压阀（8）。（C）非复吸式回路具备减压阀（9）和气囊（10）

体流速。流量水平通过小球的中心或转子的顶端读取。气体流经流量计后压力下降，从而安全进入动物气道。

挥发罐可以将液态麻醉药挥发为气体，并将挥发性气体定量加入载气中。挥发罐可用于呼吸回路之内（VIC），或者在流量计后，呼吸回路之外（VOC）。现代的气体麻醉药都由精确型的 VOC 挥发罐安全输送给动物。挥发罐输出量稳定，从临床常用的流速到较低的流速（< 250 mL/min）都可准确输出。应至少每年测定挥发罐的性能和准确度。氟烷的挥发罐也可用于异氟烷（挥发度相近）；但在使用前需要专业的公司清理及重新校准，否则，强烈禁止不同药物混用，这是十分危险的。

大部分麻醉机都有快速充氧阀，可使氧气旁路绕过挥发罐，直接到达气体输出口。纯氧供给流速很高，可用于某些紧急情况，或麻醉结束时稀释气体麻醉药浓度。在非复吸式回路使用快速充氧阀务必要谨慎，可能会产生高流速氧气直接输入动物，很容易造成猫肺脏损伤。

在使用麻醉机和呼吸回路前要常规检查其功能。关闭减压阀，用氧气将整个麻醉机和呼吸回路密闭加压至 30 cmH_2O（毫巴，mbar），关闭氧气供应，该压力应维持 20 ~ 30 s。如果需要一定量氧气供应才能维持该压力（流量设置），证明存在等量气体泄露，这种泄露不应超过 300 mL/min。同时还要检查氧气罐内是否有充足氧气、挥发罐内是否有适量麻醉药等。

呼吸回路

呼吸回路将含有麻醉药的混合气体输送至动物，并将呼出的气体带出体外。呼吸回路的重要特点是去除呼出的二氧化碳（CO_2）。有 2 种途径来去除 CO_2：第一种，在复吸式回路中使用可以吸收 CO_2 的化学试剂，如碱石灰；第二种，在非复吸式回路中直接排出 CO_2。

复吸式回路

复吸式回路是指将部分或全部的呼出气体复吸，最常使用环形回路，气流在回路中是单向流动的。环形回路包括单向阀、气囊、减压阀、CO_2 吸收罐（碱石灰罐）、压力表和 Y 形连接管（图 17-3）。环形回路有很多优点，在低流量模式时可以节省麻醉气体，利用呼出气体使气道保持湿润，维持体温。这对小型动物（如猫）是很重要的。然而该回路气体容量大，单向阀和 CO_2 吸收罐都会造成猫呼吸时阻力增大。现在有一些儿童型环形回路具有低容量的吸收罐、小直径的呼吸管，可减少猫呼吸时的阻力，但大部分猫在麻醉的外科手术平台期仍需要呼吸机来使气体流动，避免环形回路造成 CO_2 复吸。

环形回路有多种不同的使用方法。低流量模式时部分呼吸气体复吸，这时呼吸回路不完全封闭，部分气体通过减压阀（半封闭式）流出回路外。可使用特定麻醉机（流量计、刻度表、挥发罐）以 25 ～ 50 mL/(kg・min) 氧流量对猫实施低流量麻醉。但常用的麻醉机需要以 200 ～ 300 mL/(kg・min) 的新鲜气流来维持安全的吸入麻醉过程。在低流量模式，N_2O 和氧气联合使用时，N_2O 会累积，需要将氧流量提高至 100 ～ 150 mL/(kg・min)，避免吸入气体中含氧量过低（＜ 30%）（表 17–6）。在高流量模式下，气体浓度通常可预估［猫 400 ～ 500 mL/(kg・min)］，而使用这种模式的话，复吸式回路的加温加湿气体的优势也就没有了。

诱导麻醉期和维持麻醉期的气体流速多变，通常诱导麻醉期的气体流速要高于维持麻醉期。使麻醉气体充盈于循环回路，去除动物肺脏和血液循环中的氮气。选择的载气流速是影响动物对麻醉药吸收率的主要因素。低流速呼出气体复吸率更高，这些气体中麻醉药浓度较低。相同的挥发罐设置时，气体流速越低，麻醉药浓度越低。因此，在使用低流速模式时，要升高挥发罐设置。另外，低流速也会使回路中气体流动较少，改变挥发罐设置后，回路里的麻醉药浓度改变缓慢。需要快速改变回路中麻醉药浓度时，要提高气体流速（表 17–6）。

表 17–6　推荐的气体流速

系统	气体流速
诱导	
密闭箱诱导	5 L/min
面罩诱导	300 mL/(kg・min) 或每只猫 1 ～ 3 L/min
静脉诱导后	200 ～ 500 mL/(kg・min)
维持麻醉	
复吸式回路	25 ～ 500 mL/(kg・min)
Bain 回路	200 mL/(kg・min)
其他非复吸式回路	200 ～ 300 mL/(kg・min)

非复吸式回路

多数非复吸式回路需要至少 300 mL/(kg・min) 气体流速来实现正常功能，该回路的优点是呼吸阻力很小。非复吸式回路有多种不同设计样式，基本上都符合最初 Mapleson 的经典设计（图 17–4）。不同设计的区别在于气体进气口、气囊及呼气阀的位置，这些决定了气体流速。无阀的非复吸式回路需要较高的气体流速来保证 CO_2 排出。轻便型回路的呼气阀远离动物头部（Mapleson D 和 E），适用于猫（Ayres T–piece, Kuhn 回路，Bain 回

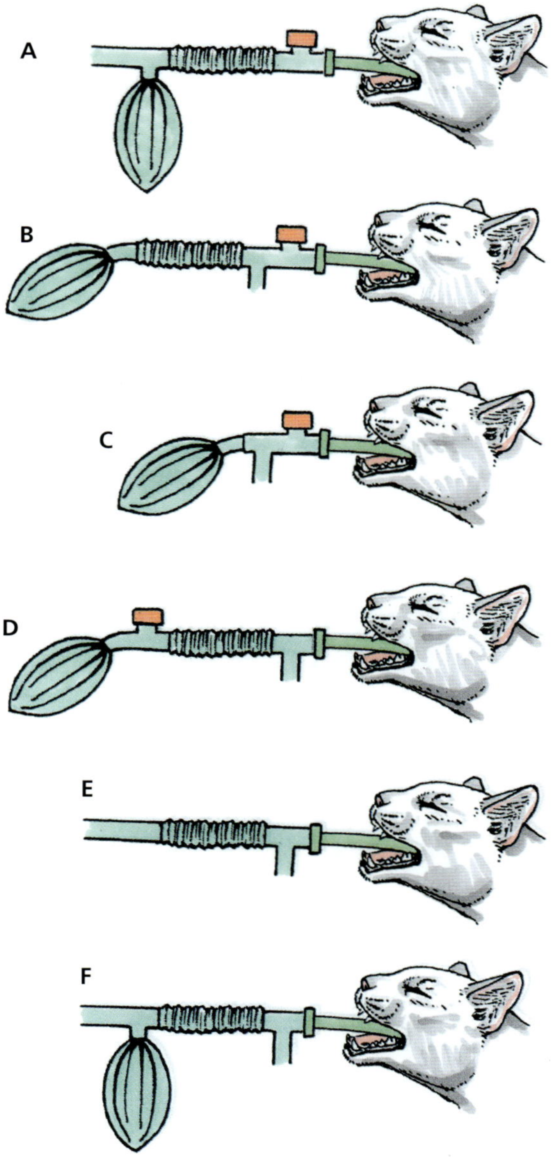

图 17–4 （A ～ F）基于 Mapleson 回路改变气囊和减压阀的位置设计的不同类型的非复吸式回路。D 型回路（Kuhn 回路，同轴 Bain 回路）和 E 型回路（Ayres T–piece）最常用于猫

路）。同轴 Bain 回路（Mapleson D）（图 17–5）有 2 条特殊的同轴管的设计。内管承载新鲜气体，外管为呼出气体，从而可轻度加温新鲜气体。特别注意内管不能与管口接头处断开，以避免 CO_2 复吸。Bain 回路需要 200 mL/(kg・min) 的气体流速。商品化的轻便儿科非复吸式回路也可以用于猫。

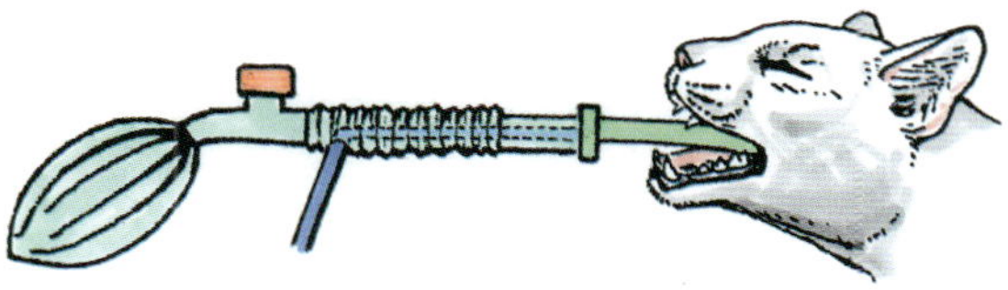

图 17–5　同轴 Bain 回路，新鲜气体于内管中供给，呼出气体于外管中输出

17.6.3　密闭箱和面罩诱导

通常选择静脉诱导麻醉后以吸入麻醉药维持麻醉，有时也可选择密闭箱和面罩诱导麻醉。对不配合的猫，在可视或透明的密闭箱内使用快速起效的吸入麻醉药如七氟烷进行诱导，其应激反应会比挤压在猫包或笼子中保定小（图 17–6）。密闭箱诱导很难监测动物的生命体征。

图 17–6　诱导用密闭箱，通过连接管连接运送新鲜气体的麻醉机与废气清除系统

面罩诱导是通过一个紧密面罩输送带有异氟烷或七氟烷的氧气或氧气 /N_2O 混合气体来诱导麻醉，之后插管或面罩维持，以进行如采血或影像学检查等简短操作。七氟烷比异氟烷更适用于面罩诱导，其起效迅速，无刺激味道。健康猫面罩诱导时，可使用 7% ~ 8% 七氟烷或 4% ~ 5% 异氟烷，3 L/min 气体流速的非复吸式回路。猫可侧卧（1 ~ 3 min）后，降低挥发罐浓度。虚弱动物的初始设定浓度要降低，根据动物个体体况调整 [18]。

17.6.4　气管内插管

猫的上呼吸道脆弱，容易损伤或被分泌物阻塞。气管内插管是全身麻醉过程中唯一可以完全掌控气道的手段，方便直接供给氧气、机械通气、保护气道以免误吸胃反流液、血液和杂物等。猫的气管内插管存在一些特殊的问题。它们的喉部很小，保护性反射机制很发达。粗暴操作会导致喉部水肿和喉痉挛，这会引起插管困难、延迟苏醒。只有在喉反射完全抑制后才可以进行气管内插管，需要很深的麻醉平台期，这是存在风险的；也可使用利多卡因局部麻醉来降低喉部敏感性。大多数商品化利多卡因喷剂浓度较高（10%=100 mg/mL），要避免过量使用。

可在猫侧卧、俯卧或仰卧位行气管内插管。俯卧位时，将头部伸展，舌头向前拉，同时使用喉镜前端的压片，即可暴露咽部视野（图 17–7）。要注意喉镜压片只能下压舌根部，不可以接触或下压会厌，否则会引起喉痉挛。仅可在喉部开张时插管，有时需要局部使用利多卡因辅助。

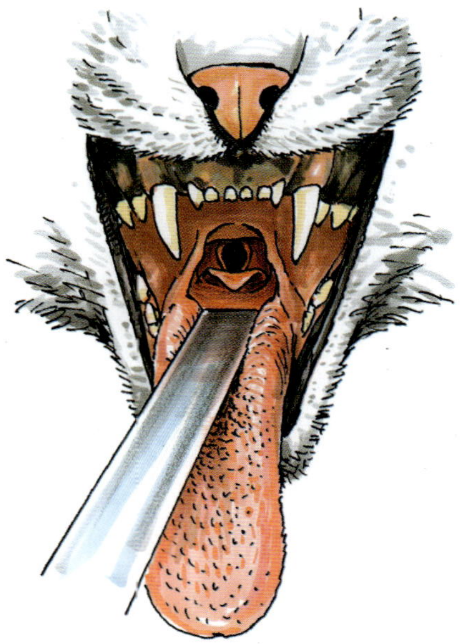

图 17–7　猫气管内插管时使用的是小压片的喉镜，该压片只能下压舌头，不能下压会厌

有不同种类套囊或无套囊的气管插管适用于猫（图 17–8）。通常来说，商品化的人用或兽用气管插管过长，需要在接口端截短后再使用，以避免不恰当的支气管内插管或增加机械死腔。气管插管接头与切齿在同一水平线。成年猫适用内径 3.0 ~ 5.0 mm 的气管插管。有些气管插管容易折弯，可借助导丝插管，但勿将导丝突出于气管插管尖端，避免损伤气管。套囊位于颈段气管，各种类型的套囊在过度充盈时均可导致气管破裂和持续狭窄。高容量低压型套囊容易造成纵向破裂[19]。因此，充盈套囊时，可使用 2 mL 注射器给予最低的可封闭气道的气体量。临床正常的成年猫，封闭气道的套囊平均容量是 1.6 mL[19]。

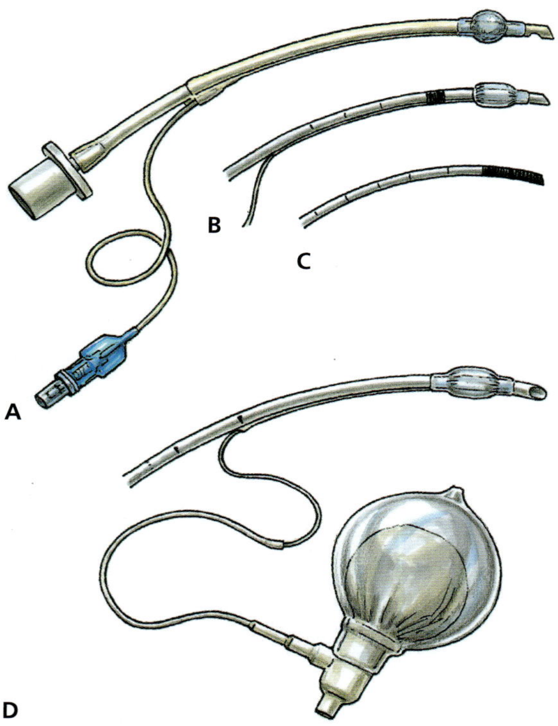

图 17–8　适用于猫的不同种类的套囊或无套囊气管插管。（A）低容量高压型套囊；（B）高容量低压型套囊；（C）适用于超小型动物的无套囊气管插管。注意不同形态的充盈套囊与气管壁黏膜的接触部位不同。（D）特制的球囊（Lanz 调压阀）以防止使用 N_2O 麻醉时套囊内压力升高

用纱布绷带将气管插管固定于猫的头部，防止意外脱落。猫会分泌大量的唾液和黏液，而气管插管相对较细，易发生阻塞，故要常规性检查气管插管是否通畅，若有大量唾液时可用吸引管移除。

17.6.5　呼吸机

猫自主呼吸也可维持良好的全身麻醉，但有时需要机械通气，即使用呼吸机代替气囊。根据循环机制和产生吸气相的机制（压力控制或流量控制）不同，猫的呼吸机设计各有不同（儿科或小型动物的呼吸机）。但不论工作原理如何，对猫而言，使用呼吸机时需要给予低潮气量（20 ~ 200 mL）和安全的压力范围（10 ~ 60 cmH_2O），避免造成肺脏气压伤。根据呼气末 CO_2 或动脉血 CO_2 水平来调整呼吸机设置（表 17–7），从而维持血碳酸正常（30 ~ 35 mmHg）。

表 17–7　猫推荐的呼吸机设定值

呼吸机	设置
潮气量	5 ~ 20 mL/kg
呼吸频率	12 ~ 20 次 /min
分钟通气量	400 ~ 600 mL
吸气压力峰值	20 cmH_2O
吸气 / 呼气时间比	1 ∶ 3 ~ 1 ∶ 2

17.7　监护

需要对全身麻醉的动物全程监护，从诱导麻醉开始，麻醉期间持续进行（至少每隔 10 min 一次），直到手术结束后动物完全苏醒[20]。有时，给予麻醉前用药会引起呕吐、呼吸抑制或过度镇静，则要在给药后立即监护。最近一个关于小动物围手术期死亡率的研究表明，在全部麻醉相关死亡的猫中，62% 发生在术后即刻（0 ~ 3 h），主要与术后监护不足或缺失相关[21]。

猫全身麻醉的重要指标参考范围总结在表 17–8 中。

17.7.1　体征监护

对全身麻醉的猫要进行基本的监护，通过眼睑反射、眼球位置、下颌张力评估麻醉深度。使用吸入麻醉药、硫喷妥钠、丙泊酚后，在轻中度麻醉期，眼球会向前腹侧旋转（图 17–9），在深度麻醉期回归正中位置，并伴有瞳孔扩张。存在眼

表 17-8 猫全身麻醉的指标范围

参数	参考值
心率	80 ~ 160 次 /min
呼吸次数	15 ~ 30 次 /min
潮气量	15 ~ 20 mL/kg
毛细血管再充盈时间	< 2 s
平均动脉压	60 ~ 120 mmHg
中央静脉压	0 ~ 5 cmH_2O
体温	35.0 ~ 40℃
SpO_2	95% ~ 100%
PaO_2	> 60 mmHg
呼气末 CO_2（终末）	25 ~ 50 mmHg
$PaCO_2$	25 ~ 60 mmHg
FiO_2	> 30%
动脉血 pH 值	7.30 ~ 7.45

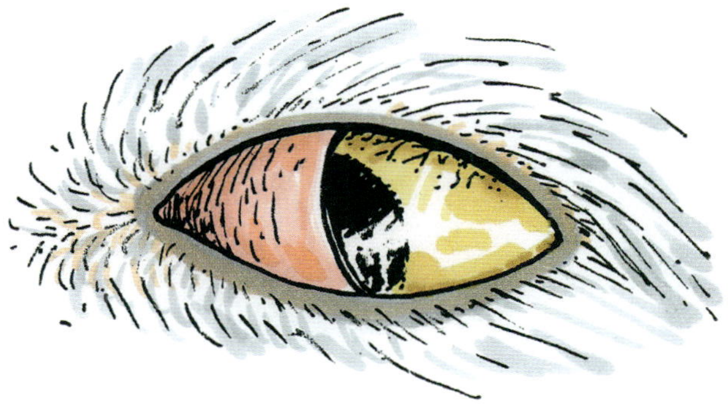

图 17-9 在麻醉的轻度或中度平台期，眼球会向前腹侧旋转，并伴有轻度瞳孔扩张

睑反射和较大的下颌张力时，提示猫处于轻度麻醉状态。使用氯胺酮麻醉的猫，肌张力不会下降，眼球始终处于正中位置，并伴有很好的眼睑反射；因此，这些指标不能用来评估麻醉深度。

通过计数呼吸频率、观察胸部做功或气囊活动来评估通气。黏膜颜色可以推断组织血氧饱和度的信息。监测心率、脉搏强度和毛细血管再充盈时间可以确定循环状态。总体而言，随着麻醉深度增加，心血管和呼吸抑制增加，只通过这些指标评估麻醉深度并不可靠，因为不同的麻醉药和镇痛药联合使用时产生的效果是多变的。

17.7.2 心血管系统监测

食道听诊器

食道听诊器是最简单的监测心率和节律的设备。将这种听诊器插入食道，使球囊置于心基部，这是最容易听诊的部位。

心电图

可通过标准肢导联来获取心电图评估心脏电节律和心率。将夹电极或粘电极贴在猫的爪垫上。放置电极片时注意不要影响手术区域或被动物活动影响（如呼吸）。

动脉压的监测

全身麻醉时动脉压通常低于清醒时的动脉压。使用氯胺酮、替来他明或高剂量 α_2- 受体激动剂会升高全身动脉压。心输出量降低或外周血管舒张均可降低血压。可通过动脉导管法直接监测，或通过多普勒或示波法间接监测动脉压。

可将多普勒超声探头放置在爪部跖面或掌面的跖 / 掌动脉上或尾腹侧的尾动脉上监测动脉压。充气袖带放置在传感器近端的肢体或尾巴上（图 17-10）。选择袖带时，其宽度应是被测肢体周长的 40% ~ 60%，以确保数值准确。可给猫使用新生儿袖带（1 ~ 2 号）。充气袖带压力值高于收缩压后缓慢放气。理论上，第一次出现脉搏音时的无液压力计的数值即为收缩压。在很多猫上无法听到提示舒张压的特定声音。袖带过松或过紧会导致测得的血压偏高或偏低。多普勒测得的血压通常比股动脉测得的直接收缩压低 14 ~ 25 mmHg[22,23]。结论是，用多普勒方法测得的血压，在猫上更接近平均动脉压，而非收缩压。

示波法的袖带是自动充气的。在监护仪上会显示收缩压、舒张压、平均动脉压和心率。在前肢正中动脉测得的示波法血压是最准确的。很多在人麻醉中使用的示波法系统不能准确地反映猫的血压；而专门的兽用设备（如 Dinamap）结果才准确。低血压时，示波法通常无法获得数值。

侵入性测量是最准确地测量血压的方法。在猫股动脉放置导管可以直接测量动脉压，也可在

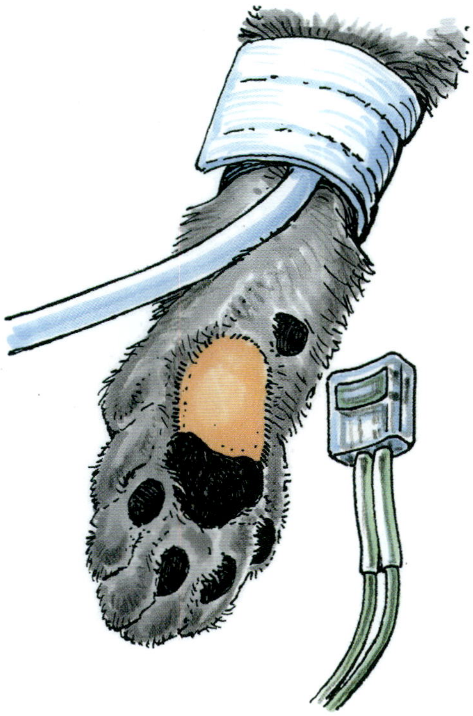

图 17-10　多普勒超声探头放置在爪部掌面近端的掌动脉上。猫掌部（前肢）测量的数值是最准确的

大体型猫的胫前动脉、尾动脉和足背侧动脉放置 24 G 导管测量。也可使用套管针测量动脉压。应用 Seldinger 技术的导管具有更细的可弯曲导丝，便于小体型猫的动脉留置。可将无液压力计通过延长管、三通阀与肝素化盐水的注射器、导管相连。在 0 参考水平线（右心房）留一小段空气，避免盐水进入无液压力计。当压力计与动脉相通时可测得平均动脉压。将电子压力传感器放置在心脏水平与大气压开放的零刻度处，即可获得持续的压力波形。压力传感器最好通过短的、非相容性的、充满肝素化的盐水的管道与导管相连接。波形会在麻醉监护仪上显示。

中央静脉压

中央静脉压可用于评估血容量是否充足。用一根长的导管通过颈静脉进入前腔静脉，通过静脉压力计、充满液体的导管、刻度尺或电子压力传感器测量血压。胸骨柄区域是右心房的大概位置，为 0 参考水平线。中央静脉压的单位是 cmH_2O（1 cmH_2O=0.736 mmHg）。正常时中央静脉压是 0 ~ 5 cmH_2O。超过 12 cmH_2O 提示高血容量或心衰。

17.7.3　呼吸系统监测

窒息报警

窒息报警记录呼吸频率，窒息时会有警报提示。该信号是由气流引起热敏电阻温度改变而产生。

潮气量监测

潮气量或分钟通气量是通过不同测量原理测得的容量或流量。通常使用的瑞式呼吸计对潮气量小的动物（如猫）来说不够敏感。使用 Datex 肺活量测量系统（D-lite）儿科适配器的麻醉监护仪可用于猫的临床麻醉。

脉搏血氧饱和度

脉搏血氧饱和度是一种非侵入性的可测量血红蛋白氧饱和度和脉率的方法。测量原理是氧合血红蛋白和还原血红蛋白的光吸收光谱不同。一些监护仪通过容积描记图来显示动脉血流的跳动。麻醉时常把血氧探头夹在舌头上，有时也可放在直肠内。血氧探头是有效监测氧合不足的工具；但信号对噪音很敏感，可能出现伪征。怀疑监护仪的脉率不准确时，要和实际脉率比较。有时探头的压力可能会阻碍血流，导致人为的测量值偏低，这时可改变探头夹持位置。目前有很多人用和兽用的监护仪品牌，它们的准确性和信号稳定性不同。

二氧化碳图

二氧化碳图可测量呼气末 CO_2 浓度。健康动物的二氧化碳图可用于非侵入性地持续评估动脉 CO_2 分压（$PaCO_2$）。二氧化碳侦测仪通过呼吸原理来测量 CO_2 数值，而二氧化碳图描绘 CO_2 的波形。二氧化碳图可用于诊断循环系统和呼吸疾病，也可排查机械设备故障（专栏 17-2）。二氧化碳图可指导机械通气动物的呼吸机设置。

旁流式二氧化碳侦测仪从 Y 形管或气管插管获取气体样本，在远端红外线分析仪测量 CO_2 浓度。主流式二氧化碳侦测仪位于气管插管和呼吸回路间，监测呼气即刻的 CO_2 浓度。主流式二氧化碳侦测仪明显增加设备死腔；而旁流式二氧化碳侦测仪高频次采样会使新鲜气体稀释采样气体，造成

专栏 17-2 二氧化碳图变化所提示的问题

呼气末 CO_2 高
通气不足
恶性高热
呼气末 CO_2 低
通气过度
低体温
深度麻醉（低心输出量）
心脏骤停
取样线损坏
套囊漏气
吸入 CO_2 浓度高于 0=CO_2 复吸
死腔过大
碱石灰过期
呼气阀故障
气喘（浅快呼吸）
平滑曲线倾斜
肺脏疾病（支气管收缩、阻塞）
吸气时间短
呼吸回路泄漏
采样线泄漏
采样气流变慢

结果假性降低。二氧化碳描记图的平台期，呼气末浓度真实反映肺泡和动脉血中气体的平衡。气胸、开胸手术和肺脏疾病会增加呼气末 CO_2 与动脉血 CO_2 的差值，此时二氧化碳图的示数不能反映动脉 CO_2 分压，建议检查动脉血气。

血气分析

可通过动脉血气获取确切的氧合和通气信息。在无氧条件（无气泡）下通过动脉导管或经皮肤穿刺动脉获取样本，血液样本由肝素化的注射器或毛细管收集，并获取猫直肠或食道温度来对血气进行温度校正。

17.7.4 麻醉气体分析仪

麻醉气体分析仪测量吸入和呼出气体的挥发性麻醉药、氧气、N_2O 和 CO_2 浓度。呼气末麻醉药浓度代表肺泡的麻醉药浓度，并与对应的挥发性麻醉药的 MAC 值比较。大部分商品化监护仪给出的 MAC 值适用于成年人。术中的呼气末麻醉药浓度要达到 1.2 ~ 1.5 倍 MAC 值，以避免单一吸入麻醉药麻醉时动物运动。麻醉前用药、镇痛药联合使用或局部麻醉技术可降低呼气末麻醉药浓度，使其低于 MAC 值。

旁流式监护仪以 150 mL/min 的速度抽取气管插管适配器的气体，当猫使用低流量技术时会出问题。有应用于小型实验动物、气体采集速度低的旁流式监护仪。监护仪排出的废气应回到呼吸或清除系统以避免环境污染。

17.7.5 体温监测

对猫这样的小型动物而言，体温监测很重要。在全身麻醉时可很快发生低体温，尤其是使用非复吸式回路时。可使用可弯折温度探头持续监测直肠或食道温度，或者使用传统温度计间断测量。麻醉时持续低体温会影响免疫系统功能和伤口愈合，导致中枢神经系统抑制、苏醒期延长。要持续监测体温至猫完全苏醒。

17.8 麻醉期间的支持护理

17.8.1 液体管理

吸入麻醉时会有大量液体通过呼吸道、开放的创口或出血丢失。另外，大部分麻醉药会降低血管张力，需要扩充血容量来维持足够的灌注压。

所有超过 30 min 的麻醉操作都应建立静脉通路。健康动物可使用任何等渗晶体液（如乳酸林格氏液、生理盐水）按 5 ~ 10 mL/(kg · h) 的速度输液。脱水、低血容量和休克的动物要在诱导麻醉前先稳定体况（第 11 章）。麻醉过程中要根据动物的需求持续输注胶体液、等渗或高渗晶体液或血液。

17.8.2 体温控制

猫麻醉期间由于产热减少或热量丢失过多可能很快出现低体温，不利于苏醒和手术成功。手术准备期间动物丢失的热量最多。预防低体温比恢复体温简单，故要尽量避免体温丢失。温暖的环境温度可以最大限度地减少热量丢失，把猫放在循环热水垫的上面或中间或自热垫的上面，在猫周围放温的凝胶包，或者用塑料泡沫卷或铝制的救援毯裹住猫的部分身体来保温。小型动物最有效的升温办法是把热空气毯放置在猫身下或周围（如 Bair Hugger）。可使用商品化的液体加温装置，把输液管缠绕在装有热水的容器外或把输液管放在加热垫上或热空气毯下面来给静脉输注的液体加温。

在动物苏醒过程中要主动加温至体温恢复正常。可在笼外使用红外线加热灯以避免烫伤皮肤，或者使用吹风机或热空气毯。给笼子底部加热通常无法使动物体温回到正常。

猫偶尔会出现高体温。这可能与手术创巾下的过度加热、环境湿热、动物被毛过厚有关。猫很少出现恶性高热。在某些诱发因素下（如氟烷），动物体温会快速升高，并伴大量 CO_2 产生。使用高剂量的阿片类药物，如氢吗啡酮、硫酸吗啡或芬太尼，可能造成猫一过性体温超过 40℃。

可关闭升温设备，使用液体或酒精给猫降温，使其体温回到正常范围。为避免恶性高热，要立即停止吸入麻醉。需要激进通气治疗高碳酸血症。建议静脉输注 3 mg/kg 的丹曲林，作为不同物种恶性高热的特异性治疗方案。

17.9 心肺复苏

当猫窒息或心脏骤停时，要立即采取措施。心脏骤停、心室纤颤或机电分离会导致心泵功能丢失。早期干预和系统性治疗可增加心脏重新自主搏动的概率。所有急救设备和药物都应放在急救车上或急救包内备用。急救药物要处于一个随时可用的状态，并按 mL/kg 换算后写在清单上，因为紧急情况下没有足够时间且压力很大无法计算准确。一支训练有素的团队按照流程（专栏 17-3）进行操作会有更好的结果。

胸外按压可为猫提供有效的心输出量。猫的胸内按压收益有限。机电分离（心电活动正常但无有效心肌收缩）时，心前区重击可帮助心肌重新收缩。心室纤颤要尽快通过除颤仪进行电复律。胸外电极板最好放置在猫的胸壁两侧。能量输出为 1 J/ 猫，可重复进行或逆转为窦性心律。除颤间歇要持续心脏按压。想要获取更多内容请参考其他教科书[24]。

专栏 17-3 紧急支持（ABCD 系统）

气道（Airway）：插入气管插管保持患病动物气道通畅；已经有气管插管时，检查气管插管内是否阻塞。

呼吸（Breathing）：使用尽可能高的氧气浓度（呼吸回路、急救气囊或用嘴对着插管通气），8 ~ 12 次 /min 行正压通气（间歇性通气）。麻醉中出现心脏骤停时，立即停用所有麻醉药。

循环（Circulation）：猫侧卧，开始胸外按压，用拇指和其他手指相对，以 100 次 /min 的频率按压胸腔。按压和抬起的高度要一致。通过二氧化碳侦测仪评估心脏按压的效率（如心输出量），可提示组织中 CO_2 排出状态。复苏时，使用心电图监测心电活动。

药物（Drug）：开始静脉输液和药物治疗来延长生命支持。每 5 min 重复给予肾上腺素刺激心脏，使血流重新分布到重要器官；使用阿托品减少迷走神经张力，而后扩充血容量。根据存在的问题决定后续用药。如果无法建立静脉通路，可用长导尿管通过气管插管注入支气管，在肺泡重吸收给药。不建议心内注射，可能损伤冠状血管；心内注射肾上腺素可造成顽固性心室纤颤和局部坏死。

参考文献和延伸阅读

[1] Gaynor JS, et al. Complications and mortality associated with anesthesia in dogs and cats. J Am Anim Hosp Assoc 1999;35: 13–17.

[2] Dyson DH, et al. Morbidity and mortality associated with anesthetic management in small animal veterinary practice in Ontario. J Am Anim Hosp Assoc 1998;34:325–335.

[3] Hosgood G, Scholl DT. Evaluation of age and American Society of Anesthesiologists (ASA) physical status as risk factors for perianesthetic morbidity and mortality in the cat. J Vet Emerg Crit Care 2002;12:9–16.

[4] Brodbelt DC, et al. Anesthetic-related mortality risks in small animals in the UK. Proceedings of the AVA spring meeting 2005, Rimini, Italy, p. 68.

[5] Flecknell PA, et al. The use of lignocaine-prilocaine local anaesthetic cream for pain-free venepuncture in laboratory animals. Lab Anim 1990;24:142–146.

[6] Hedges D, et al. Antipsychotic medication and seizures: a review. Drugs Today 2003;39:551–557.

[7] Ilkiw JE, et al. The behaviour of healthy awake cats following intravenous and intramuscular administration of midazolam. J Vet Pharmacol Ther 1996;19:205–216.

[8] Ilkiw JE, et al. The optimal intravenous dose of midazolam after intravenous ketamine in healthy awake cats. J Vet Pharmacol Ther 1998;21:54–61.

[9] Tranquilli WJ, et al. Flumazenil efficacy in reversing diazepam or midazolam overdose in dogs. J Vet Anaesth 1992;19: 65–68.

[10] Thurmon J, Tranquilli WJ, Benson GW. Lumb & Jones' veterinary anesthesia, 3rd edn. Baltimore: Williams & Wilkins; 1996.

[11] Middleton D, et al. Physiological effects of thiopentone, ketamine and CT1341 in cats. Res Vet Sci 1982;32:157–162.

[12] Brearley JC, et al. Propofol anesthesia in cats. J Small Anim Pract 1988;29:315–322.

[13] Andress JL, et al. The effects of consecutive day propofol anesthesia on feline red blood cells. Vet Surg 1995;24:277–282.

[14] McMurphy RM, Hodgson DS. The minimum alveolar concentration of desflurane in cats. Vet Surg 1995;24:435.

[15] Pypendop BH, Ilkiw JE. Hemodynamic effects of sevoflurane in cats. Am J Vet Res 2004;65:20–25.

[16] Dorsch JA, Dorsch SE. Understanding anesthesia equipment, 4th edn. Baltimore: Williams & Wilkins; 1999.

[17] Moyle JTB, Davey A, Ward C. Ward's anaesthetic equipment, 4th edn. London: WB Saunders; 1998.

[18] Tzannes S, et al. The use of sevoflurane in 2:1 mixture of nitrous oxide and oxygen for rapid mask induction of anesthesia in the cat. J Feline Med Surg 2000;2:83–90.

[19] Hardie EM, et al. Tracheal rupture in cats: 16 cases (1983–1998). J Am Vet Med Assoc 1999;214:508–512.

[20] ACVA Suggestions for monitoring anesthetized veterinary patients. J Am Vet Med Assoc 1995;206:936–937.

[21] Brodbelt DC. Update results from the enquiry into perioperative small animal fatalities. Proceedings of the AVA spring meeting 2006, Liverpool, UK, pp. 119–121.

[22] Grandy JL, et al. Evaluation of the Doppler ultrasonic method of measuring systolic arterial blood pressure in cats. Am J Vet Res 1992;53:1166–1169.

[23] Caulkett NA, et al. A comparison of indirect blood pressure monitoring techniques in the anesthetized cat. Vet Surg 1998; 27:370–377.

[24] Plunkett SJ, McMichael M. Cardiopulmonary resuscitation in small animal medicine: an update. J Vet Intern Med 2008;22: 9–25.

第 18 章　围手术期镇痛

S. Kaestner

围手术期一词包含术前、术中和术后阶段。超前镇痛的重要性不言而喻，在术前和术中使用镇痛药可降低术后疼痛。可以通过多种机制来实现镇痛，包括伤害感受系统的外周和中枢敏化作用及超前镇痛降低上扬机制。术前使用镇痛药可降低麻醉药剂量或最低肺泡有效浓度（MAC），在动物苏醒时发挥其全部功效，避免剧烈疼痛。局部麻醉药、阿片类药物和非甾体抗炎药（NSAID）是主要的术前镇痛药。具体选择取决于特定操作的疼痛级别以及动物对治疗的反应。对伤害感受系统的外周和中枢部位使用多模式、多级别用药有多种优点。专栏 18-1 介绍了一些多模式治疗的例子。

18.1　局部麻醉药

局部麻醉药可用于特定神经阻滞、局部浸润、区域阻滞、臂神经丛阻滞或硬膜外麻醉（表 18-1）。

专栏 18-1　多模式围手术期镇痛

预期轻度疼痛

麻醉前使用丁丙诺啡

术前使用卡洛芬或美洛昔康

丁丙诺啡每 6 ~ 8 h 一次，连用 2 d

预期中度疼痛

麻醉前使用丁丙诺啡

局部阻滞（臂神经丛、硬膜外 / 脊髓）

术前和术后使用美洛昔康

丁丙诺啡每 6 ~ 8 h 一次，连用 3 d

预期严重疼痛

麻醉前使用吗啡

芬太尼贴片

局部阻滞（臂神经丛、硬膜外 / 脊髓）

术中恒定速率输注芬太尼

术后恒定速率输注芬太尼或吗啡至芬太尼贴片起效（7 ~ 10 h）

术前和术后使用美洛昔康

考虑恒定速率输注氯胺酮辅助镇痛

开胸术后，用布比卡因与 5 mL 盐水稀释后通过胸腔导管注入胸腔可获得有效镇痛（表 18-1）。

利多卡因和长效丁哌卡因是猫最常用的局部麻醉药。毒副作用包括心血管抑制、心动过缓、缓慢型心律失常、流涎和痉挛。利多卡因最高剂量为 4 mg/kg，丁哌卡因最高剂量为 2 mg/kg。罗哌卡因的毒性低于丁哌卡因，但猫的安全剂量未知。

18.1.1　臂神经丛阻滞

臂神经丛阻滞适用于前肢肘关节及其远端手术的镇痛，在全身麻醉后进行。选择 22 G、5 cm 的针头，入针位置在肩关节内侧，平行于脊柱，朝向肋骨肋软骨结合处。回抽无血，注射已稀释至 5 mL 的利多卡因或丁哌卡因，边注射边退针，使局部麻醉药阻滞尺神经、桡神经、正中神经、肌皮神经和腋神经。使用神经刺激器定位神经并给予更确切的剂量可以使镇痛效果更好。

可以对前肢截肢术行喷洒阻滞。在用锋利的手术刀片切割前，可以在臂神经丛上直接喷洒利多卡因或丁哌卡因（起效时间更长）。

18.1.2　硬膜外 / 脊髓麻醉

猫深度镇静或全身麻醉后，在腰荐结合处（L7–S1）行硬膜外麻醉。猫侧卧或俯卧保定，后肢向前弯曲（蛙位），腰荐结合处位于背侧髂骨翼之间。拇指和中指触摸髂骨翼前背侧，食指放在 L7 定位。该区域无菌备皮。用 22 G、2.5 ~ 5 cm 的脊髓穿刺针沿着中线和 L7 与 S1 棘突 2/3 交界处进针，至穿透弓间韧带，感觉到落空感。与犬相比，猫的落空感不明显。使用玻璃注射器或低阻注射器可无阻力地注入少量空气或盐水，或者使用悬滴法来确认针尖在硬膜外腔（图 18-1）。注射麻醉药前仔细检查是否有脑脊液（CSF）或血液。若抽

表 18–1　猫围手术期镇痛使用的局部麻醉药的剂量和浓度

药物	阻滞类型	剂量 / 浓度	起效 / 持效
利多卡因	局部浸润	1% ~ 2%，不超过 4 mg/kg	10 min/1 h
	神经阻滞	1% ~ 2%，不超过 4 mg/kg	10 min/1 h
	硬膜外麻醉	1% ~ 2%，不超过 4 mg/kg	1.5 h
丁哌卡因	神经阻滞	0.5%，不超过 2 mg/kg	20 min/6 h 或 20 min /6 ~ 8 h
	硬膜外麻醉	1 mg/kg（0.25% ~ 0.5%）	20 min/6 h
	脊髓麻醉	0.5 mg/kg（0.25% ~ 0.5%）	比硬膜外麻醉时间短
	胸腔内麻醉	1.5 mg/kg（0.5%）稀释至 5 mL	6 ~ 8 h
吗啡 / 丁丙诺啡	硬膜外麻醉	吗啡 0.1 mg/kg	20 min/6 ~ 12 h
	脊髓麻醉	丁丙诺啡 1 mg/kg，1/2 硬膜外麻醉剂量	

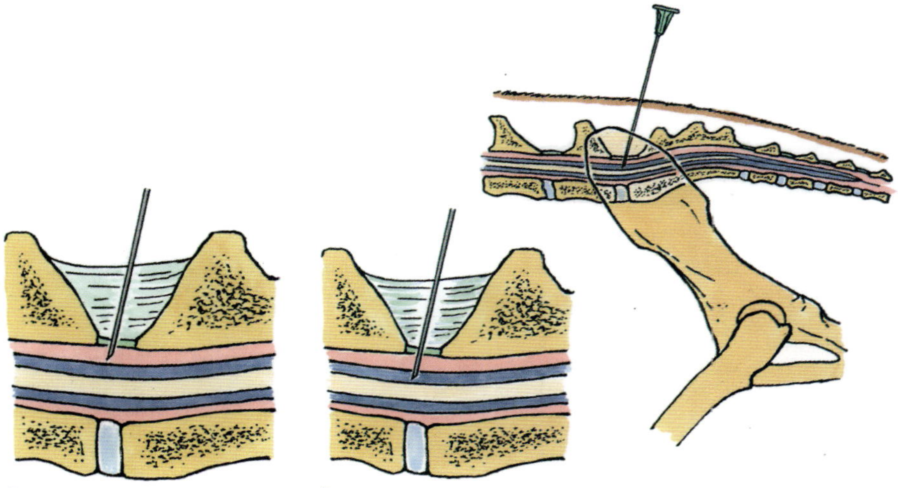

图 18–1　入针位置为最后腰椎（L7）和第 1 荐椎（S1）之间，施行硬膜外 / 硬膜下（脊髓）麻醉。猫的脊髓终止于荐椎，常发生蛛网膜下腔穿刺。（A）硬膜外腔注射针放置；（B）硬膜下腔注射针放置

出血液，则拔出注射器。若脑脊液流出，说明穿刺到蛛网膜下腔，这在猫中很常见，因为脊髓终止于荐椎。可轻轻撤回脊髓穿刺针，或者注射一半剂量的药物（图 18–1）。

可单次注射或放置硬膜外导管间断注射或持续注射行硬膜外麻醉 / 镇痛。商品化儿科硬膜外腔导管套组包括一个 20 G、5 cm 的硬膜外针和一个 24 G、7.5 cm 的导管，导管包含适用于猫的细菌过滤器。可通过影像学确定导管是否放置在硬膜外腔的合适区域。

麻醉药 / 镇痛药的注射量决定了阻滞的扩散范围，而局部麻醉药浓度决定了运动阻滞的程度：1 mL/5 kg 的剂量可以阻滞到 L1（后肢），1 mL/3.5 kg 的剂量可以镇痛到 T4（腹部）。局部麻醉药的浓度越低，出现运动障碍的概率越低。硬膜外麻醉使用吗啡，其镇痛范围可以延伸到颈椎而不引起运动阻滞（专栏 18–1）。

硬膜外麻醉的禁忌证是败血症、凝血异常、低血容量性休克、穿刺部位皮肤感染、脊椎或骨盆骨折或脱位引起的变形。可能存在的并发症包括局部皮肤感染、脑膜炎和脊髓创伤。

18.2　阿片类

阿片类药物通过阿片类受体发挥作用。阿片类受体主要位于中枢神经系统的脊髓背侧角和大脑，负责调节外周神经冲动。阿片类受体也分布

于外周组织，如滑膜。目前有很多课题组在研究阿片类受体的分布、分类和亚分类。μ 受体具有调节脊髓上的镇痛、呼吸抑制、心动过缓、生理依赖性和极度兴奋作用。猫的 μ 受体具有调节镇痛、幻觉、镇静和瞳孔散大作用。δ 受体调节 μ 受体活性。阿片类受体不同的亚型分布、不同的密度、不同的活性状态会使阿片类药物产生物种特异性。所有完全 μ 受体激动剂都是管制类药物（Ⅱ类表单药物），因为它们可能造成在人滥用和产生生理依赖性。

之前一直认为猫使用阿片类药物后兴奋是因为使用剂量过大。但与其他物种不同的是，猫使用阿片类药物会使瞳孔散大。这会影响视觉并导致它们在用药后产生奇怪的反应。然而，有充足的证据表明适当剂量的阿片类药物足以有效地缓解猫的疼痛[1-6]。如何选择阿片类药物取决于动物预期的疼痛、药物的起效和持效时间、可能产生的副作用。完全 μ 受体激动剂遵循线性剂量－反应曲线，增加使用剂量可增加镇痛效果。部分激动剂和 μ 受体拮抗剂理论上符合钟形剂量－反应曲线，增加剂量不一定增加镇痛效果（表 18–2）。

18.2.1 吗啡

吗啡是经典的 μ 受体激动剂，0.1 ~ 0.2 mg/kg 可在实验模型和猫的临床疼痛管理上产生镇痛效果，而无兴奋表现。建议肌内注射（IM），因为静脉注射（IV）会引起组胺释放。起效时间缓慢，需要 2 ~ 4 h 重复给药。长时间使用吗啡会引起便秘和尿潴留。

表 18–2 用于猫围手术期镇痛的阿片类药物剂量

药物	剂量	给药途径	持效时间 / 给药间期
布托啡诺	0.2 ~ 0.4 mg/kg	SC/IM/IV	1 ~ 2 h
丁丙诺啡	0.007 ~ 0.03 mg/kg 0.01 ~ 0.02 mg/kg	SC/IM/IV PO	4 ~ 8 h 8 h
吗啡	0.1 ~ 0.3 mg/kg 0.05 ~ 0.1 mg/(kg · h) 0.1 mg/kg	IM CRI 硬膜外	2 ~ 4 h 12 ~ 24 h
美沙酮	0.2 ~ 0.3 mg/kg 0.05 ~ 0.1 mg/(kg · h)	SC/IM/IV CRI	4 h
左旋美沙酮	0.1 ~ 0.3 mg/kg	SC/IM/IV	4 h
哌替啶	2 ~ 5 mg/kg 或 2 ~ 10 mg/kg 0.5 ~ 1 mg/(kg · h)	SC/IM CRI	2 h
氢吗啡酮	0.05 mg/kg 0.03 ~ 0.05 mg/kg 0.005 ~ 0.01 mg/(kg · h)	SC/IM IV CRI	2 ~ 4 h 1 h
羟吗啡酮	0.03 ~ 0.05 mg/kg 0.01 ~ 0.03 mg/kg 0.005 ~ 0.01 mg/(kg · h)	SC/IM IV CRI	4 ~ 6 h
曲马多	2 ~ 4 mg/kg	IV/PO	24 h
芬太尼	0.001 ~ 0.01 mg/kg 0.01 ~ 0.02 mg/(kg · h) 0.001 ~ 0.005 mg/(kg · h)	IV/IM 术中 CRI 术后 CRI	20 ~ 30 min
芬太尼贴片 Durogesic TTS®	25 μg/h	经皮给药	起效时间：7 h 约 72 h
纳洛酮	0.001 ~ 0.01 mg/kg，静推至效	IV	20 ~ 40 min

注：SC，皮下注射；IV，静脉注射；IM，肌内注射；PO，口服；CRI，恒定速率输注。

18.2.2　氢吗啡酮 / 羟吗啡酮

氢吗啡酮和羟吗啡酮都是吗啡的衍生物。它们比吗啡的效果更强，对猫产生数小时的镇痛效果。氢吗啡酮被认为与猫麻醉后高热相关。

18.2.3　哌替啶

哌替啶（杜冷丁）是 μ 受体激动剂，广泛应用于猫。起效迅速，镇痛持效时间很短（1 ~ 2 h）。要避免静脉注射，因为可能会引起猫兴奋和组胺释放。与吗啡不同，它会缓解肠痉挛。

18.2.4　美沙酮

外旋美沙酮和左旋体美沙酮都是人工合成的 μ 受体激动剂，性能与吗啡相似。左旋体较右旋体受体亲和力更好，左旋体是外旋体镇痛效果的 2 倍，故不能混淆二者的剂量。美沙酮可作为 N- 甲基 -D- 天冬氨酸（NMDA）受体拮抗剂，可避免过度镇静。在某些国家，兽用左旋体美沙酮（Polamivet）具有抗胆碱能作用，可抵消阿片类药物产生的迷走神经刺激。当左旋体美沙酮被纳洛酮拮抗时，二苯基哌啶过量会导致动物心动过速。

18.2.5　芬太尼

芬太尼是 μ 受体激动剂，效力是吗啡的 50 ~ 100 倍，可产生高水平的镇痛效果。静脉注射效果良好，也可经黏膜和皮肤给药。单次给药持效时间很短（15 ~ 20 min）。芬太尼可作为安定镇痛混合、平衡麻醉技术和术后镇痛的一部分。当配合全身麻醉使用时，通常需要间断正压通气。

对需要持续芬太尼控制的病例，可使用皮肤贴片（Durogesic TTS）。猫可选择 25 μg/h 的缓释贴片，6 ~ 12 h 可达到血浆稳定浓度，平均镇痛持效时间为72 h。使用芬太尼贴片的血药浓度多变，与皮肤渗透性、灌注量、体温和皮温相关。因此，需要重复评估动物是否疼痛或药物过量。在芬太尼达到有效血药浓度前，需要先使用其他镇痛药。放置贴片前，皮肤剃毛，用水擦洗干净，不要清除皮脂。等皮肤干燥后，把贴片贴在皮肤上并按压数秒。皮肤贴片应放置在活动性小的部位，如胸侧壁。可以在贴片上标记放置贴片的时间和日期。

18.2.6　布托啡诺

布托啡诺是 μ 受体拮抗剂，符合钟形剂量 - 反应曲线。不建议超过推荐剂量使用。布托啡诺是非管制药物，在兽医临床中广泛使用。布托啡诺的内脏镇痛效果良好，躯体镇痛效果较差。因此，它不是骨科手术病例的优选。布托啡诺起效时间短（2 h），需要频繁重复给药。布托啡诺有很高的阿片类受体亲和力，作为麻醉前用药时，会影响后续的 μ 受体激动剂的镇痛效果。

18.2.7　丁丙诺啡

丁丙诺啡是部分 μ 受体激动剂，受体结合和分离过程缓慢。即使静脉给予，起效时间很长（至少 30 min），但持效时间也很长（6 ~ 8 h）。丁丙诺啡经猫口腔黏膜吸收率几乎是 100%，用注射器经颊黏膜给药有效，且猫的耐受度高。实验研究表明，猫使用丁丙诺啡皮肤贴片时，会产生不一致的血药浓度和镇痛效果。丁丙诺啡很少引起烦躁和呕吐，在实验和临床中均具有良好的镇痛效果，故适用于猫的围手术期疼痛管理。丁丙诺啡可能会造成人滥用和依赖，为管制类药物。

18.2.8　曲马多

曲马多是非典型的阿片类药物，相比 5- 羟色胺和去甲肾上腺素，曲马多与 μ 受体结合能力比较弱，因此会被重吸收抑制。猫的推荐剂量是 1 ~ 2 mg/kg IV 和 2 ~ 4 mg/kg PO，但无对照研究。

18.2.9　阿片类拮抗剂

纳洛酮是所有阿片类受体的纯拮抗剂，可用于逆转意外超量给予和呼吸抑制。纳洛酮的持效时间很短，比大多数激动剂都短，通常需要重复给药。纳曲酮也是纯阿片类受体拮抗剂，但持效时间比纳洛酮长。布托啡诺和丁丙诺啡很难被拮抗，因为它们的受体亲和力很强。低剂量布托啡诺（< 0.1 mg/kg）可以用来逆转纯阿片类受体激动剂导致的呼吸抑制，而不会完全解除镇痛效果。

18.3 非甾体抗炎药

NSAID 通过抑制环氧合酶（COX）的同工酶来发挥作用，干扰花生四烯酸级联反应，预防前列腺素、前列环素和血栓素的形成。COX-2 选择性 NSAID 的研发可降低其潜在毒性，但是情况比预想的更复杂。猫缺乏葡萄糖醛酸化反应通路，导致某些 NSAID 的代谢变慢，延长作用时间并在体内蓄积。因此，其他物种的 NSAID 剂量和给药间期不能应用于猫，可能会引起猫胃肠道反应和中毒。

NSAID 具有在围手术期发挥长效镇痛的作用，且为非管制药物的优点。术前使用 NSAID 主要考量因素是 NSAID 会影响肾脏功能和凝血。常规的麻醉操作会导致肾脏灌注量降低，所以当肾功能下降或动物处于低血容量（休克动物）时，要避免使用 NSAID。非选择性或 COX-1 选择性 NSAID（如阿司匹林、酮洛芬）会抑制血栓素而影响凝血时间，所以当预期动物会大量出血或既存凝血障碍时，不可以使用非选择性或 COX-1 选择性 NSAID。只有卡洛芬和美洛昔康被批准在猫术前使用（表 18-3）。

不同种类的 NSAID 不可联合使用，因为会增加毒性。NSAID 和激素联用也会增加胃肠道毒性，导致溃疡。

18.3.1 卡洛芬

卡洛芬在猫中已有广泛研究。它安全性强，COX 抑制有限，围手术期镇痛效果良好。猫可在术前单次给予 4 mg/kg 卡洛芬。卡洛芬可提供至少 24 h 的镇痛。每只猫存在不同的药物半衰期（9 ~ 49 h），重复给药可能会引起中毒；禁止长期使用卡洛芬。

18.3.2 美洛昔康

美洛昔康是 COX-2 选择性 NSAID，猫可在术前单次皮下注射。在欧洲，口服剂型也被批准使用（0.5 mg/mL 美洛昔康）。口服混悬液是一种蜂蜜味的液体，适口性较好，主人可精确给药。因此，骨科病例中可选择美洛昔康作为围手术期用药。美洛昔康的围手术期镇痛效果可以媲美卡洛芬。

18.3.3 其他 NSAID

托芬那酸是 COX-1 选择性 NSAID，不用于术前。在猫麻醉末期，可使用 4 mg/kg 托芬那酸，可产生与酮洛芬、卡洛芬和美洛昔康相同的镇痛效果。

表 18-3 用于猫围手术期镇痛的非甾体抗炎药使用剂量

药物	剂量	给药途径	持效时间 / 给药间期
卡洛芬	4 mg/kg，术前单次使用	IV/SC/PO	24 h（单次使用）
美洛昔康	0.2 mg/kg，术前单次使用 若术后持续使用，0.1 mg/kg	IV/SC IV/SC	24 h（单次使用） 见第 5 章的长期使用
维达洛芬	0.5 mg/kg	PO	24 h（最长使用 5 d）
阿司匹林	10 ~ 25 mg/kg	PO	48 h
吡罗昔康	0.3 mg/kg	PO	24 h（最长使用 5 d） 可能存在肝肠循环
托芬那酸	4 mg/kg 术后使用	IV/PO	24 h
酮洛芬	2 mg/kg 术后使用	SC/IM/IV/PO	24 h（最长使用 5 d）

酮洛芬是强效的非选择性 COX 抑制剂，会抑制血栓素形成，能够引发大出血，故不能用于术前。麻醉结束后给予酮洛芬可产生与托芬那酸相似的镇痛效果。

吡罗昔康因为其抗血管生成作用和镇痛效果一直应用于犬的肿瘤病例。猫的药代动力学难以预测，因为吡罗昔康可能会进入肝肠循环。

维达洛芬未被批准用于猫。把犬的维达洛芬凝胶按 0.5 mg/kg，每 24 h 给健康猫口服，超过 5 d 无中毒表现。但无围手术期使用和镇痛效果的文献支持。

保泰松在很多国家依旧被批准用于猫。目前无猫体内的药代动力学或毒性的对照研究。过去建议用于慢性疼痛管理。随着新的安全的 NSAID 在临床中的应用，不再将保泰松用于猫的围手术期。

扑热息痛（对乙酰氨基酚）、布洛芬、吲哚美辛和萘普生对猫有毒性，不能用于猫。

18.4　辅助镇痛药

除了典型的镇痛药，其他类型的药物可通过不同的机制在疼痛管理中发挥优势。全身使用低剂量氯胺酮和 α_2- 受体激动剂是围手术期最重要的辅助镇痛药（表 18-4）。对于很多物种，全身用利多卡因与其他镇痛药联用可以发挥增加药代动力学和复合麻醉的效果。然而，利多卡因对猫的心血管抑制作用超过其复合麻醉的效果，所以不建议给猫使用利多卡因。

18.4.1　氯胺酮

脊髓 NMDA 受体活化在上扬现象中发挥重要作用，氯胺酮作为非竞争性 NMDA 拮抗剂，可以减少痛觉过敏。使用氯胺酮作为麻醉规程的一部分，可为猫提供超前镇痛。但其镇痛效果难以在实验猫上得到证实，因此，氯胺酮不能作为单一镇痛药，但可辅助增强镇痛效果。使用低于麻醉剂量的氯胺酮被证实可减少阿片类药物用量。

18.4.2　α_2- 受体激动剂

α_2- 受体激动剂主要用于猫的镇静和复合麻醉。但也可通过调节脊髓背侧角的 α_2- 受体而实现强效镇痛，可用于治疗严重疼痛。α_2- 受体激动剂的副作用是深度镇静和心血管抑制，但这些副作用可以通过硬膜外给药和低剂量恒定速率输注来减轻。对某些猫术后立即进行轻度镇静和使用镇痛药很有益处。

表 18-4　用于猫围手术期镇痛的辅助镇痛药剂量

药物	剂量	给药途径	持效时间 / 给药间期
赛拉嗪	0.2 ～ 0.4 mg/kg	SC/IM	2 h
美托咪定	0.01 ～ 0.02 mg/kg 0.005 ～ 0.01 mg/(kg · h) 0.001 ～ 0.005 mg/kg	SC/IM CRI 硬膜外	1 ～ 4 h
罗米非定	0.01 ～ 0.05 mg/kg	SC/IM	2 ～ 4 h
氯胺酮	0.5 mg/kg 0.6 mg/(kg · h) 0.12 mg/(kg · h)	IM/IV CRI CRI	1 ～ 2 h 术中 术后 24 h

注：SC，皮下注射；IV，静脉注射；IM，肌内注射；PO，口服；CRI，恒定速率输注。

参考文献和延伸阅读

[1] Taylor PM, et al. Morphine, pethidine and buprenorphine disposition in the cat. J Vet Phamacol Ther 2001;24:391–398.

[2] Robertson SA, et al. Changes in thermal threshold response in eight cats after administration of buprenorphine, butorphanol and morphine. Vet Rec 2003;153:462–465.

[3] Hofmeister EH, Egger CM. Transdermal fentanyl patches in small animals. J Am Anim Hosp Assoc 2004;40:468–478.

[4] Robertson SA, Taylor PM. Pain management in cats – past, present and future. Part 2. Treatment of pain – clinical pharmacology. J Feline Med Surg 2004;6:321–333.

[5] Gaynor JS, Muir WW. Handbook of veterinary pain management. St. Louis: Mosby; 2002.

[6] Flecknell PA, Waterman-Pearson AE. Pain management in animals. London: WB Saunders; 2000.

[7] Slingsby LS, Waterman-Pearson AE. Postoperative analgesia in the cat after ovariohysterectomy by use of carprofen, ketoprofen, meloxicam or tolfenamic acid. J Small Anim Pract 2000; 41:447–450.

[8] Pypendop BH, Ilkiw JE. Assessment of the hemodynamic effects of lidocaine administered IV in isoflurane anesthetized cats. Am J Vet Res 2005;66:661–668.

第 19 章　术前准备

K. Voss

术前准备包括术前评估、动物体况稳定、合适的麻醉方案（第 17 章）和围手术期镇痛（第 18 章）。术部无菌准备，手术团队的准备，手术器械、植入物、设备的准备和手术环境的无菌都对手术能否成功进行和预防术部感染极为重要。消毒是指灭活或破坏机体组织中的大部分病原微生物，目的是尽可能地限制细菌污染术部。灭菌是指破坏所有病原微生物，通常用于外科器械、植入物和材料的灭菌。

本章主要为手术动物的术前准备和外科团队的准备。清洁、消毒、手术室维护、外科材料和植入物将在其他章节讨论。

19.1　患病动物的准备

30% ~ 60% 骨折患猫存在并发病和可能威胁生命的损伤[1–3]。这些损伤要在骨折修复前治疗。本书第 3 章讨论了多发性创伤患猫的管理。

19.1.1　骨科手术动物的术前管理

如果患病动物的状态不适合麻醉或手术，推迟骨折和关节不稳定的修复通常不会影响预后。但是，对开放性骨折、关节损伤、关节脱位、血供破坏的骨折、引起神经损伤的骨折和脱位要尽早治疗和稳定。推迟幼年猫骨折的治疗会存在影响生长和关节功能的风险。若推迟修复青年猫的股骨骨折，易发股四头肌痉挛。

肘关节和膝关节远端的骨折与关节损伤可以在术前通过夹板绷带固定。外固定可以限制骨折部位的活动，减少疼痛和进一步的血管损伤。肘关节和膝关节近端的骨折很难通过外固定来稳定，因此，患猫术前应笼养限制运动。如果手术需要推迟数日或更长时间，可以考虑用外固定支架暂时固定。要为每个骨科损伤的动物提供足够的镇痛（第 18 章）。

成年动物术前禁食 12 h，不足 4 月龄的猫禁食 4 h，因为幼年动物糖原储备不足。在诱导麻醉前，要确保动物的心血管系统和代谢水平稳定，PCV 至少大于 20%，白蛋白水平大于 20 g/L。PCV 和白蛋白水平低于上述值时，要考虑输注血液制品（第 11 章）。手术动物术前和围手术期要以 10 mL/(kg·h) 输注平衡电解质溶液。

19.1.2　外科感染的风险因素

当细菌通过皮肤切口进入创口，战胜宿主的防御机制并开始增殖时，手术创口就会发生感染。造成手术创口感染的重要因素包括病原微生物的数量和致病机理及宿主防御机制的强弱。局部血供减少，如创伤或存在植入物，是常见的创口感染诱发因素。术部术后 30 d 内的感染被认为是手术直接感染，术后 1 年内的感染被认为是手术相关的感染。

数项研究评估了术后创口感染的发生率和相关的风险因素（专栏 19–1）。术后创口的总体感染率是 3.0% ~ 5.5%[4–6]。其中的一项预后因子是手术切口当时的污染程度。外科手术创口分为清洁创、清洁－污染创、污染创和感染创（表 19–1）。与污染创和感染创相比，清洁创和清洁－污染创更不容易感染。清洁创和清洁－污染创的术后感

专栏 19–1　增加手术感染的风险因素

- 手术感染的风险因素
- 手术创口感染和污染
- 麻醉持续时间
- 手术持续时间
- 无菌术破坏
- 手术室人员数量
- 内分泌疾病
- 使用丙泊酚
- 诱导麻醉前剃毛

表 19-1　骨科手术创口分类举例

手术创口分类	举例
清洁创	择期手术、闭合性骨折、无菌术未破坏
清洁 - 污染创	无菌术轻微破坏
污染创	新鲜创（创伤发生不足 4 h）、皮肤撕裂创、1 级开放性骨折
感染创	存在失活组织、异物、治疗延迟的创口（创伤发生超过 4 h）、2 ~ 3 级开放性骨折、脱套伤、咬伤、脓肿

染率是 2.5% ~ 5%，而污染创和感染创的感染率是 5.8% ~ 18.1%[4,5]。

感染率增加的临床因素包括麻醉持续时间[7,8]和手术持续时间[6,8]。要尽可能缩短麻醉和手术时长，尤其是术前诊断性操作时间。手术室内的大量人员也是增加术后感染的风险因素[6]。内分泌疾病的患病动物术后感染风险高[8]。使用丙泊酚诱导麻醉可增加 3.8% 的感染率[9]。丙泊酚是脂质乳化剂，会促进细菌繁殖。丙泊酚瓶打开后要保存在冰箱内，并在 12 ~ 24 h 内使用完。和诱导麻醉后剃毛相比，诱导麻醉前剃毛会增加术部感染率[5]。不建议使用刀片剃毛，因为刀片会刺激和损伤皮肤，从而增加手术感染率。

19.1.3　围手术期抗生素

术前预防性抗生素已被证实可降低择期骨科手术的术后感染率[10]。因此，即使为清洁创的骨科手术，也建议行常规的围手术期预防性抗生素治疗。骨科手术时间常大于 90 min，且存在金属植入物和组织创伤等局部伤口因素，会提高感染率。另外，存在植入物会使骨和关节的感染难以治疗、发病率增加、治疗预后差。头孢唑啉具有抗菌效果好、毒性低、价格合理等优点，是不错的选择。在外科手术前 30 ~ 60 min 以 22 mg/kg 给予第一次头孢唑啉，之后每 90 ~ 120 min 追加一次；但是，研究表明每 3 h 使用一次同样有效[11]。

污染创和感染创手术术后要继续抗生素治疗。有感染风险的病例，如严重创伤、内分泌疾病、营养不良、预期要长时间住院的病例，建议术后短时间内使用抗生素。开始时可选用头孢唑啉，其后要根据细菌培养及药敏试验结果选择最终的抗生素。有些猫在术后使用头孢菌素会出现厌食、呕吐、腹泻等症状。

19.1.4　手术部位的准备

犬猫皮肤正常的菌群包括葡萄球菌属、微球菌属、不动杆菌属、棒状杆菌属、链球菌属、梭菌属、大肠杆菌属、肠杆菌属。这些微生物寄生在皮肤和被毛表面，可以进入浅表皮肤的角质层、皮肤腺体、皮下组织中。手术部位无菌准备的目标是减少细菌的数量，使其无法感染。

在手术室外的准备室诱导麻醉，然后剃毛。剃毛范围至少为手术部位周围 10 ~ 15 cm。大部分骨科手术需要对整个患肢备皮，以便术中操作和摆放患肢。用吸尘器吸走残毛。脚趾、掌骨或跖骨以外的手术不需要对爪部剃毛，肢体刷洗完后用自粘绷带缠住爪部。将肢体悬吊在天花板或输液架上，以便对肢体的各个部位无菌刷洗。用湿纱布块和抗菌剂环形移动进行刷洗（图 19-1）。从剃毛部位中心开始逐渐向外周刷洗。纱布块触碰到边缘时要更换新纱布块，重新从中心开始刷洗。所有刷洗至少需要 3 min。刷洗完成后，用抗菌剂去除剩下的碎屑和碎毛，边缘的毛发向外捋平。抗菌剂可以使用 70% 乙醇、醋酸氯己定或碘制剂。

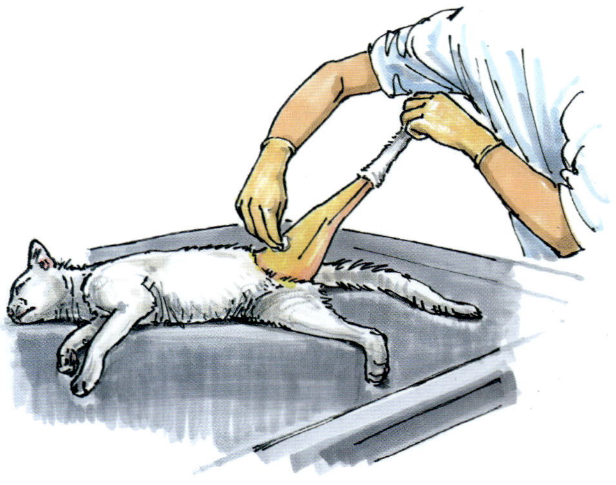

图 19-1　一只猫正在准备室进行左后肢骨科手术的刷洗。注意整个左后肢都要无菌备皮，以便术中操作和摆放

碘制剂和醋酸氯己定都可用于刷洗和消毒，但不能混合使用，因为会降低彼此的功效（表 19-2）。总体上，醋酸氯己定比碘制剂更有优点。存在血液、脓汁或其他有机物时，醋酸氯己定依然有效，可杀灭术中从皮脂腺和毛囊中溢出的细菌，且无皮肤刺激性。乙醇会导致开放伤口组织坏死，要避免使用。苯酚衍生物是另外一种抗菌剂，但猫的葡糖苷酸合成障碍，相较于其他物种更容易苯酚中毒，故不能使用[12]。

表 19-2　抗菌剂的类型及其特点

抗菌剂	特点
聚维酮碘	广谱抗革兰氏阴性菌和阳性菌、分枝杆菌、真菌 延长使用时间可以灭活真菌孢子 存在血液和坏死组织时效果降低 可能会引起皮肤刺激
醋酸氯己定	抗菌谱广，对革兰氏阴性菌较阳性菌和真菌效果更好 存在血液和坏死组织时效果不受影响 有很好的残留杀菌效果
乙醇	抗菌作用快速有效 与聚维酮碘或醋酸氯己定合用效果更好 会引起组织坏死（不用于开放创口）

将动物保定在手术室的手术台上。施行骨科手术时，将患肢悬吊在输液架或其他替代物上，手术部位至少要刷洗或喷一次抗菌剂以完成准备工作（图 19-2）。骨科手术应有效隔离，以便外科医生在各个方向操作患肢不被污染。在患肢基部用 4 块隔离巾覆盖患病动物身体的其他部位。隔离巾边缘 10 cm 处双层折叠，并用创巾钳夹住（图 19-3），避免更换钳夹位置，因为钳尖穿过皮肤后就被污染了。爪部用无菌自粘绷带包裹（图 19-3）。第二层是单层创巾，中间开口穿过患肢。根据隔离材料的不同，考虑是否加盖第三层隔离巾。重复使用的棉布创巾不能阻止细菌的渗透作用，尤其是在打湿后。它们的优点是在骨科手术中具有良好的机械性能，便于尖锐的器械穿透。使用棉布创巾时，中间层要用防水材料，以减少浸湿或被利器穿透的风险及减少细菌的渗透作用。

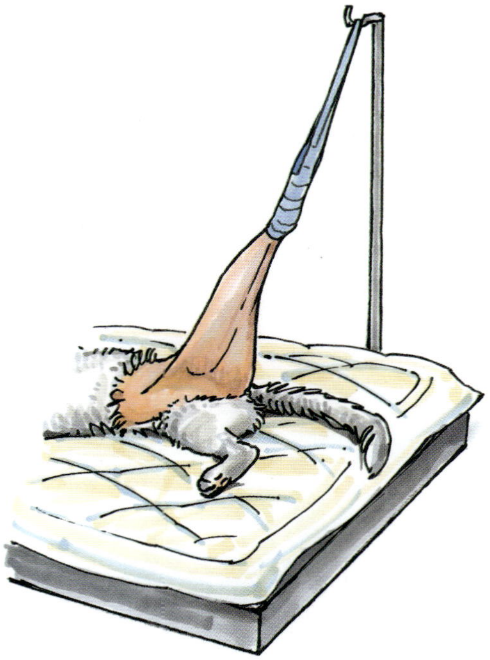

图 19-2　手术室内等待手术的患猫。爪部已包裹干净的绷带，并悬挂在输液架上

图 19-3　将 4 块无菌隔离巾铺在肢体基部，用 Backhaus 创巾钳固定。爪部用无菌绷带包裹，提示无菌术准备已完成

可选择末端有球的特殊 Backhaus 钳夹持最外层创巾，以便将电刀和吸引器的管道和电线固定在创巾上（图 19-4）。

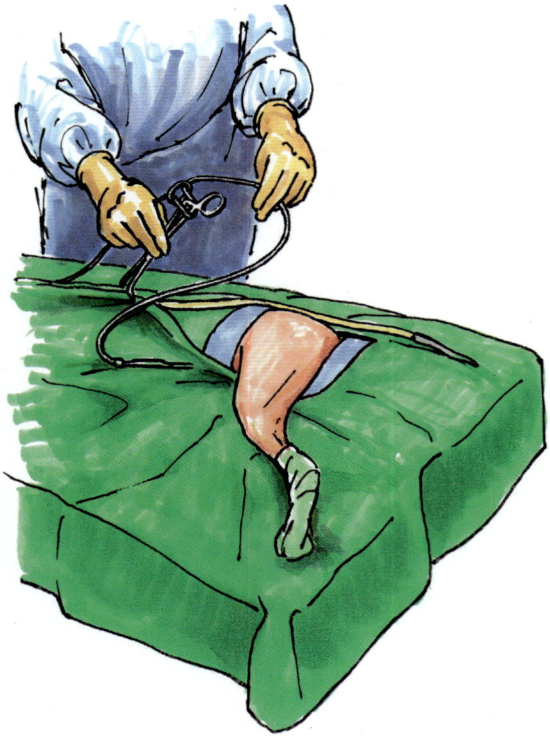

图 19–4　骨科手术用的所有创巾都已经铺好。因为使用了棉质的创巾（绿色的），所以加了两个中间有洞的大创巾。用非穿透性创巾钳将吸引器的管道和电刀线固定在最外层的创巾上

19.2　手术团队的准备

手术团队准备的主要目的是减少空气和人员皮肤的污染。手术室人员数量、活动的幅度、未被覆盖的皮肤面积、说话的多少都会增加空气中的细菌量 [6]。

穿戴刷手服的目的是避免将诊室或住院部的微生物带到手术室。上衣要掖进裤子里。手术空隙离开手术室时，要在刷手服外穿上白大褂或罩衫。所有在手术室的人员都应戴帽子和口罩。尽管没有发现穿外面穿的鞋与穿手术室专门的拖鞋或穿鞋套对于地面和空气污染有区别，但在医院其他地方或医院外面穿的鞋不能穿进手术室 [13]。口罩可改变气流方向，避免创口受到口鼻的唾液污染。口罩的过滤颗粒在数小时内有效；然而，并未证实戴口罩可减少空气污染 [14]。

碘制剂、醋酸氯己定和乙醇刷洗液等抗菌剂都可用于刷手。通常第一个刷洗液要持续刷洗 5 min，第二个要持续 2 ~ 5 min，但要按照不同类型刷洗液厂商的建议使用。手指甲和甲床藏有大量细菌，要彻底清洁。手术衣应由防水结实的材料制成，可覆盖到术者背后，并由助手辅助完成穿戴。要采用封闭式戴手套的方法，即术者保持双手在袖子里直到戴好手套。手术结束时，超过 31% 的手套已破损 [15]；可能术前刷手的原因，减少了皮肤上的细菌附着，手套破损与创口感染率增加无关，但术中一旦发现手套破损，应及时更换新的。滑石粉和玉米淀粉颗粒可能会通过手套进入创口发生炎症反应，淀粉会引起关节的滑膜坏死 [16]。因此，要在皮肤切开前用无菌等渗溶液冲洗含粉末的手套。

参考文献和延伸阅读

[1] Kolata RJ, et al. Patterns of trauma in urban dogs and cats: a study of 1000 cases. J Am Vet Med Assoc 1974;164: 499–502.

[2] Griffon D, et al. Thoracic injuries in cats with traumatic fractures. Vet Comp Orthop Traumatol 1994;7:98–100.

[3] Rochlitz I. Clinical study of cats injured and killed in road traffic accidents in Cambridgeshire. J Small Anim Pract 2004;45: 390–394.

[4] Vasseur PB, et al. Surgical wound infection rates in dogs and cats. Data from a teaching hospital. Vet Surg 1988;17:60–64.

[5] Brown DC, et al. Epidemiologic evaluation of postoperative wound infections in dogs and cats. J Am Vet Med Assoc 1997;210:1302–1306.

[6] Eugster S, et al. A prospective study of postoperative surgical site infections in dogs and cats. Vet Surg 2004;33:542–550.

[7] Beal MW, et al. The effects of perioperative hypothermia and the duration of anesthesia on postoperative wound infection rate in clean wounds: a retrospective study. Vet Surg 2000;29:123–127.

[8] Nicholson M, et al. Epidemiologic evaluation of postoperative wound infection in clean-contaminated wounds: a retrospective study of 239 dogs and cats. Vet Surg 2002;31:577–581.

[9] Heldmann E, et al. The association of propofol usage with postoperative wound infection rate in clean wounds: a retrospective study. Vet Surg 1999;28:256–259.

[10] Whittem TL, et al. Effect of perioperative prophylactic antimicrobial treatment in dogs undergoing elective orthopedic surgery. J Am Vet Med Assoc 1999;215:212–216.

[11] Rosin E, et al. Cefazolin antibacterial activity and concentrations in serum and the surgical wound in dogs. Am J Vet Res 1993;54:1317–1321.

[12] Stubbs WP, Bellah JR, et al. Chlorhexidine gluconate versus chloroxylenol for preoperative skin preparation in dogs. Vet Surg 1996;25:487–494.

[13] Hambraeus A, Malmborg AS. The influence of different footwear on floor contamination. Scand J Infect Dis 1979;11: 243–246.

[14] Shmon C. Assessment and preparation of the surgical patient and the operating team. In: Slatter D (ed.) Textbook of small animal surgery, 3rd edn. Philadelphia: Saunders; 2003: pp. 162–178.

[15] Dodds RD, Barker SG, et al. Self protection in surgery: the use of double gloves. Br J Surg 1990; 77: 219–220.

[16] Singh I, Chow WL, et al. Synovial reaction to glove powder. Clin Orthop 1974;99:285–292.

第 20 章　术后护理

K. Voss, F. Steffen

术后护理的目的是帮助动物快速完全地从手术中恢复。在术后早期要提供合理镇痛、整体监护和营养支持。在术前就要根据预期疼痛级别做好规划，给予合适的术前、术中和术后镇痛。创伤和大手术后营养需求很高。当猫应激或疼痛时，饮食习惯特殊，可能会拒绝进食。因此，创伤的猫术后要给予营养支持。术后护理还包括告诉动物主人如何在家照顾动物。根据病变类型和术中固定的程度，术后某些阶段要给予制动，这时需要动物主人细心地照顾。骨科和神经手术术后需要复健，以便更好地恢复功能。

后续章节会介绍骨折和关节损伤、神经手术动物的术后护理及重症患猫的营养支持。第 18 章介绍了镇痛的相关内容，第 21 章将介绍理疗的相关内容。

20.1　骨折动物的术后护理

大多数其他系统健康的猫骨折后恢复很快。术后 2 ~ 3 d 用无菌垫料保护伤口，避免感染。肘关节和膝关节远端的骨折可用宽松的绷带，以减少患肢肿胀和水肿。应避免外固定时间过长或不必要的外固定，以预防压迫性褥疮，并使患肢早期负重、活动关节，保持肌肉功能。但当骨折部位内固定稳定性不足以让患肢立即负重，使用的植入物小、易弯曲（掌 / 跖骨折内固定），伤口需要二期愈合时，上述原则不适用。术后早期用绷带包裹外固定支架至针道被肉芽组织填充，以减少肿胀和水肿。之后，仅需要保护好固定针断端和连杆，避免自损。

猫的非复杂性骨折手术，术后 1 d 即可出院，回家后让动物主人给猫使用镇痛药（第 18 章）。手术后可给猫使用芬太尼贴片或颊黏膜给予丁丙诺啡；但这些都是管制药，存在滥用的风险，只能用于特定病例。非甾体抗炎药（NSAID），尤其是美洛昔康，可以单独使用或与阿片类药物合用。长期使用 NSAID 可能会延迟骨折愈合 [1]，但是术后使用美洛昔康 3 ~ 7 d 不会引起临床相关的副作用。

兽医应告知动物主人骨折愈合的预期时间、可能的并发症和相关症状。内固定应足够稳定可以让猫在家自由活动，但要禁止奔跑、玩耍和从高处跳跃。对骨折固定稳定性不佳的患猫，应在笼内或单独的房间内饲养 2 ~ 4 周。笼子应足够大，可盛放睡觉和休息的垫子、一个小箱子、水碗和饭碗、一些可以躲藏的地方（如纸板箱）。可选择大型犬笼、兔道或婴儿围栏。

临床和影像评估的时机与频率取决于患猫的年龄、软组织损伤的情况、骨折类型、骨折部位和使用的植入物。总体原则是幼猫术后 2 ~ 3 周、成年猫术后 3 ~ 4 周、老年猫术后 4 ~ 6 周拍摄 X 线片。使用外固定支架的骨折病例需要频繁监测，以减少和管理针道的并发症（第 24 章）。与内固定相比，使用外固定支架的患猫主人更愿意到医院复诊 [2]。

复健疗法尚未广泛应用于猫，主要考虑到猫不喜欢束缚。除此之外，如果使用方法正确，有耐心，复健对很多骨折的患猫都有帮助（第 21 章）。简单骨折和稳定固定的骨折病例，患肢通常在术后第 2 天即可负重，这时无须复健疗法。兽医应鼓励动物主人观察动物跛行的程度、触诊关节活动范围和肌肉丰盈度来评估动物的恢复情况。患肢早期不负重或无改善、关节活动范围缩小、肌肉萎缩，排除骨折并发症后，则需要复健疗法。需要复健时要尽早进行。

20.2　关节损伤动物的术后护理

严重的关节损伤需要术后固定，以保护手术修复，促使关节周围组织的纤维化和愈合。关节外固定时，根据损伤的关节及其损伤类型，可选择夹板、悬吊绷带，或者对僵硬的关节使用跨关节外固定支架。不同损伤和操作的固定时间尚无规程。是否行关节固定取决于关节受损伤的持续时间、术前关节不稳定程度、术后或复位后关节稳定性和关节固有的解剖稳定性。

在关节协调、骨骼构型良好的稳定关节中，即使存在多个韧带损伤，固定 10 ~ 14 d 通常效果良好，如颞下颌关节、肘关节和髋关节。其他关节如腕关节、跗关节和膝关节，发生多个韧带损伤或脱位时，需用外固定夹板或跨关节外固定支架 3 ~ 4 周。要固定足够长的时间，使关节周围的瘢痕组织和纤维生长，以提供有效的稳定性来承担负重和轻微活动。之后再用 1 ~ 2 周软绷带来缓慢增加负重。关节负重在恢复阶段很重要，因为胶原纤维的纵向生长取决于伤口周围是否有适当的拉力。

过长时间的固定会造成关节周围纤维化、活动范围缩小、软骨软化变性 [3]。关节强直固定 4 周，软骨即可明显出现结构和生化的改变 [4]。尽管有些病例可能会需要长时间固定，但在理想情况下，固定不能超过 4 周。如关节脱套伤的病例行跨关节外固定时，需要固定 4 周以上，至软组织损伤愈合。持续的被动活动对软骨有保护作用 [5]，但在猫中很难实现。夹板绷带可减少关节活动性，是刚性关节最实用的外固定方法，但在暴躁的猫中难以保持。

严重的关节损伤后，患猫应室内饲养 3 个月，避免剧烈活动。与骨折病例类似，术后早期要使用镇痛药。理疗是重要的辅助治疗方式，适用于术后需要长时间关节固定和无法负重的猫，通过理疗改善关节活动性，提高关节功能。在第 21 章会进一步讨论理疗的相关内容。

20.3 神经疾病动物的术后护理

神经疾病动物的术后护理是一项耗时耗力的工作，尤其是不能活动的动物。疼痛管理（第 18 章）和合适的护理可以改善动物在恢复期的表现，促进饮食、饮水。神经手术很疼，需要足够的术前和术后镇痛。阿片类镇痛药是最有效的，在术后即刻开始给予，可选择芬太尼贴片、皮下或经颊黏膜给予丁丙诺啡数日。使用 NSAID 时要十分谨慎，因为神经手术的病例通常伴胃肠道紊乱。在猫能自主进食前要提供液体治疗和营养支持。

与犬相比，无自主运动能力的猫很少出现褥疮，因为它们体重较轻，但仍要提供足够的特殊窝垫（如人工合成的防水垫）和毯子或干净的毛巾，保持患猫干燥和干净，以避免尿灼伤。它们无法清理到身体的各个部位，所以要帮它们理毛。每天梳理和清洁被毛可以使它们心情愉悦。对于去神经损伤的患猫，要佩戴脖圈防止自损。

脊髓损伤的瘫痪猫，因控制尿道外括约肌的上运动神经元痉挛，逼尿肌反射消失，通常无自主排尿能力。要人工挤压膀胱排尿或通过导尿管排尿，每天至少 2 ~ 3 次，以避免膀胱压力过大和尿路感染。膀胱难以挤压或动物不配合时，建议放置导尿管并连接密闭收集系统。必要时也可以药物辅助。苯氧苄胺（0.25 ~ 0.5 mg/ 猫 PO BID）可用于舒缓尿道内括约肌。氯贝胆碱（2 mg/kg PO BID）可以增加膀胱收缩力，但仅用于尿道松弛的病例。

脊柱骨折和脱位的猫应笼养至少 10 d。有自主运动后，可以在有人照看的情况下在室内活动。8 周内避免跳跃。理疗很有帮助，尤其对无自主运动的患猫。理疗包括按摩患肢和被动运动，步态训练有助于神经功能恢复。激进的理疗可预防关节僵硬和肌肉萎缩、改善循环、促进胶原蛋白产生。理疗可以减少组织粘连和发炎。对无自主运动的动物，理疗建议见专栏 20-1。理疗师可针对每个患病动物的问题制订更多特异性的训练计划。为每个患病动物制订独特的训练计划很有帮助，在兽医和理疗师的指导下，动物主人也可以参与其中。第 21 章会更详细地描述猫的理疗方法。

20.4 营养支持

很多多发性创伤或经历大手术的猫会数天拒食，但此时它们却有很高的营养需求。这会导致能量不平衡，使患病动物抵抗力下降、组织愈合和修复减缓、药物代谢改变 [6]。超重的猫厌食易发生脂肪肝。理想情况下，需要在创伤发生 24 h 内

专栏 20-1　无自主运动患猫的理疗建议，最好每天 3 次

患肢热敷。将患肢放在热毛巾或密封的热水瓶下约 20 min。

用简单的手法按摩瘫痪的肢体，从患肢远端开始。用指尖施加中等力量，用手掌揉捏皮肤和大肌群。

被动活动范围训练。一手抓住爪部，另一只手抓住肘关节或膝关节。拉着患肢前后运动形成圆形轨迹。评估肢体活动范围，重复训练数次。

弯曲 / 伸展运动。在弯曲整个肢体前，先弯曲和伸展每个关节 5 ～ 10 次。

本体感受训练。使动物保持站立姿势并将足部置于正确位置。保持姿势不变，前后轻轻地移动动物身体。

步态训练。用绳子 / 毛巾支撑轻瘫的动物的腹部（必要时同时给胸部支撑）。随着患猫的自主运动缓慢移动并做好支撑。如果猫不喜欢用这种方式活动，就让它在室内自由活动。

开始营养支持，目的是提供外源性能量和蛋白质，以减少使用内源性营养物质，避免分解代谢和肌肉丢失。

如果提供爱吃的食物，厌食的猫可能会开始进食。可以让动物主人带来猫爱吃的食物。对于挑食的猫，食物的气味很重要[7]。大多数猫喜欢脂肪，所以脂肪可用作干粮的气味增强剂[7]。把罐头放到微波炉内加热可以使食物的气味更香，可能会让动物开始进食。猫讨厌食物的温度低于 15℃或高于 50℃[8]。可以静脉给予低剂量地西泮（0.1 ～ 0.2 mg/kg）作为早期食欲刺激剂，有时可让厌食的猫重新开始进食。地西泮不可以重复使用，以免造成副作用。

20.4.1　营养需求

患病动物的营养需求接近它们的静息能量需求（RER）[6]。创伤或败血症的动物代谢率升高。可通过专栏 20-2 轻松算出 RER。5 kg 猫的 RER 大约为 200 kcal/d。术后饲喂量要达到 50% ～ 100% RER[6]。体重减轻和肌肉丢失提示卡路里摄入不足，这时要增加能量和蛋白质供应。猫的蛋白质需求比犬高[7]，蛋白质比例应为 6 ～ 8 g/100 kcal[6]。如果最初 24 h 内患病动物自主进食量低于 50% RER，就应进行营养支持[6]。

专栏 20-2　静息能量需求计算方式

体重大于 5 lb（2.5 kg）的患猫：RER kcal/d = 20 × 体重（lb）或 40 × 体重（kg）

体重小于 5 lb（2.5 kg）的患猫：RER kcal/d = 25 × 体重（lb）或 50 × 体重（kg）

猫的其他营养需求包括必需脂肪酸（尤其是牛磺酸和精氨酸）和维生素。大多数处方粮里含有精氨酸，但创伤患猫的精氨酸需求更高。补充精氨酸可以改善氮平衡、提高免疫功能、增强胶原蛋白的合成[6,9,10]。最理想的精氨酸浓度未知，但每天补充 100 ～ 400 mg/kg 精氨酸可以增强小鼠的烧伤愈合速度[9]。因此，口服精氨酸补充剂有利于多发性创伤的患猫。可使用人用精氨酸食品添加剂（Dynamisan）。

复合维生素 B（如叶酸、硫胺素和其他维生素）对肝脏代谢糖、脂肪、蛋白质很重要。所有猫粮都含有复合维生素 B，但是当猫不进食时，就需要额外补充。可以在静脉输注的液体中加入维生素 B。

20.4.2　肠道内营养

可通过肠道内和肠道外给予营养支持。肠道内营养操作简单，花费较少，可为创伤患猫提供充足的营养。接下来的内容会总结最重要和最常用的肠道内饲喂方法。有关营养支持和肠道外营养更详细的讨论请翻阅相关的专业书籍。

可通过鼻食道饲管、食道饲管、胃饲管和空肠饲管提供肠道内营养。表 20-1 总结了不同饲管的优缺点和潜在并发症。鼻食道饲管易于放置，不需要镇静或麻醉，只适用短期营养支持的患猫。面部创伤的猫推荐使用食道饲管或胃饲管，以免造成进一步的鼻腔堵塞。可通过外科方法、借助内窥镜或直接经皮放置胃饲管，适用于需要长期营养支持的动物[11-13]。食道饲管也是可长期放置的导管[14]，操作简单，不需要特殊设备，并发症发生率和动物主人的接受度与胃饲管相似[15]。骨科和创伤病例很少使用空肠饲管。鼻食道饲管和食道饲管的放置方法见下文。

只有液态食物可以通过小管径的鼻食道饲管。

适合猫的营养充足的液态食物是 CliniCare Feline（Abbott Laboratories，Chicago，IL）。CliniCare 的能值是 1 kcal/mL，蛋白质含量是 6 ~ 8 g/100 kcal。大约 200 mL 的 CliniCare 可以满足 5 kg 猫的 RER。食道饲管和胃饲管可以通过食物和水的混合物。Hills a/d 是高能值的浓稠状食物（Hills Pet Nutrition，Topeka，KS），其能值为 1.3 kcal/mL，蛋白质含量是 8.3 g/100 kcal。5 kg 猫每天需要饲喂 160 mL Hills a/d 罐头（表 20-2）。在初始饲喂时，猫的胃容量是 5 ~ 10 mL/kg，最大胃容量约 50 mL/kg。肠道内饲喂要从少量食物开始。大多数猫在初始饲喂时每餐可耐受 30 ~ 40 mL 食物。如果少量饲喂也呕吐，则要减少每次饲喂量，增加饲喂频率。对已经厌食很多天的猫，需要缓慢饲喂，第 1 天的喂食量为 1/3 RER，第 2 天饲喂 2/3 RER，第 3 天再饲喂全量。

使用鼻食道饲管和食道饲管饲喂时，要十分注意缓慢推注，以避免动物反流或引起吸入性肺炎。饲喂前先用无菌的生理盐水冲洗饲管。如果动物咳嗽或反流，则拍摄 X 线片确定饲管位置。每次饲喂后都要用生理盐水冲洗饲管，避免干燥的食物残渣堵塞饲管。小管径鼻食道饲管尤其要注意。如果呕吐也要检查饲管位置，因为呕吐会导致饲管移位。

鼻食道饲管放置

有聚氨酯或硅胶制成的鼻食道饲管。猫大多使用 5 Fr 饲管。放置饲管前先在鼻腔滴一滴利多卡因。测量鼻孔到第 8 肋间隙的长度，为饲管插入长度，在合适的位置做好标记。小心地将饲管从鼻腔腹侧进入，缓慢前进；进入咽喉处时向下弯曲猫的头部，减少饲管进入气管的风险（图 20-1A 和图 20-1B）。饲管通过食道上括约肌时猫通常会有吞咽动作。饲管插到之前标记的位置后，用强

表 20-1 不同饲管的优点、缺点和潜在并发症

饲管	优点	缺点	潜在并发症
鼻食道饲管	放置简单 不需要麻醉 非侵入性操作	只能喂流食 短期使用 面部创伤的猫禁用	可能进入气道 饲喂过快时可能引起吸入性肺炎
食道饲管	放置简单 可长期使用 可随时移除	需要麻醉 咽和食道损伤的动物不能使用	局部感染 饲管插入纵隔 饲喂过快时可能引起吸入性肺炎
胃饲管（手术、经皮使用 / 不适用内窥镜）	动物舒适 可长期使用	需要麻醉 放置比较困难 需要特殊设备 必须放置至少 10 d	局部感染 可能损伤其他器官（经皮技术） 饲管提前脱落时可能引起脓毒性腹膜炎（手术放置的发生率较低）

表 20-2 列举几种食物及其饲喂量

产品	能值和蛋白质含量	每天饲喂量
CliniCare Feline（Abbott）	能值 1 kcal/mL 蛋白质 8.2 g/100 kcal	200 mL
处方罐头 a/d（Hills）	能值 1.3 kcal/mL 蛋白质 8.3 g/100 kcal	160 mL
2 个处方罐头 a/d（Hills）与 50 mL 水混合	能值 1 kcal/mL 蛋白质 8.3 g/100 kcal	200 mL
Reconvalescence support feline （Waltham）1 袋（50 g）与 150 mL 水混合	能值 1.2 kcal/mL 蛋白质 8.7 g/100 kcal	170 mL

注：5 kg 猫每天至少应摄入 200 kcal 来满足 RER，理想的蛋白质含量为 6 ~ 8 g/100 kcal。

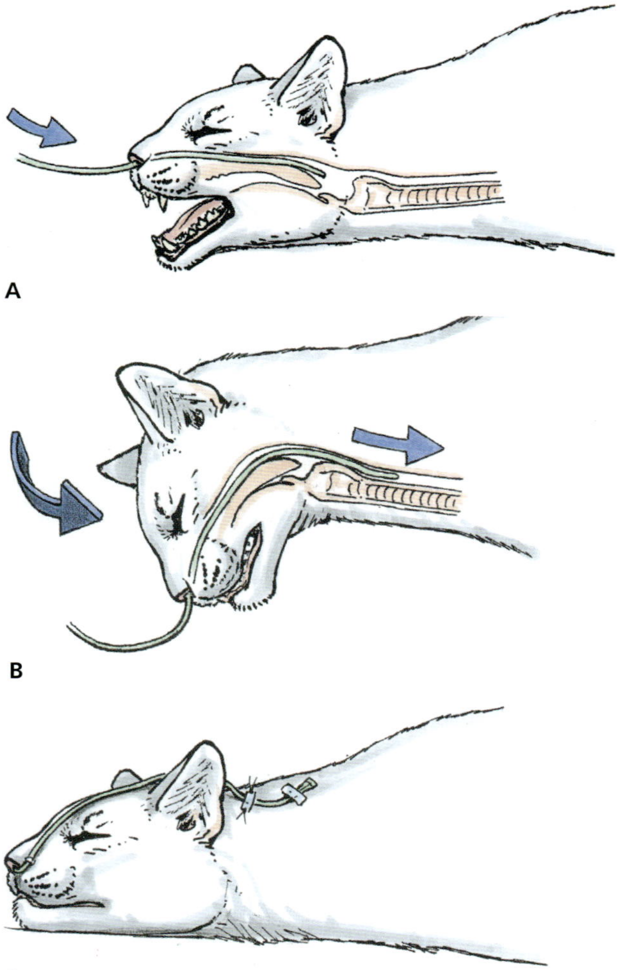

图 20–1　鼻食道饲管放置方法。(A) 鼻腔滴入利多卡因后，将饲管头从鼻腔腹侧进入。(B) 向下弯曲猫的头部，使饲管进入食道。大部分清醒的猫在饲管进入食道时会有吞咽动作。(C) 饲管插到之前测量的位置。用一滴强力胶水把饲管固定在鼻翼侧面。之后把饲管调整到正确位置

力胶水固定到鼻孔附近的皮肤上（图 20–1C）。向饲管内注射少量无菌盐水，检验饲管是否放置正确。如果饲管进入气管内，动物可能会咳嗽。也可以用注射器与饲管口相接，回抽注射器看是否有负压；如果可抽吸气体，则饲管进入气管内，如果有负压，则饲管进入食道内，因为注射器回抽的负压可使食道塌陷。最好选择带有阻线性标记物的饲管，以便通过 X 线检查饲管是否放置正确（图 20–2）。猫术后未苏醒时可以直接放置鼻食道饲管。可使用喉镜直接看到饲管在通过食道上括

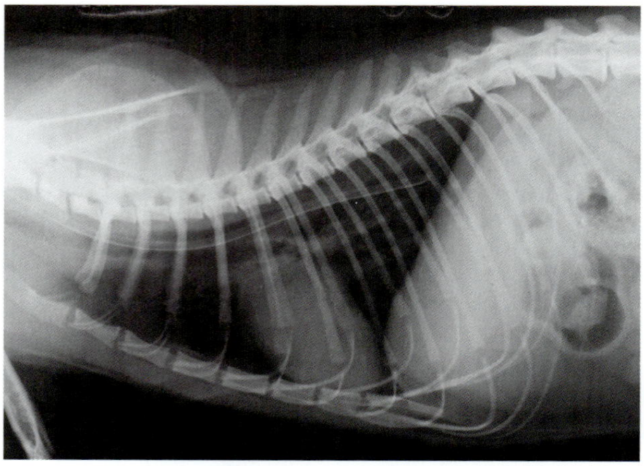

图 20–2　猫饲管放置后的胸部侧位 X 线片。饲管尖端位于心基部和贲门间的食道内，最理想的位置是第 8 肋间隙

约肌时消失，以此来验证饲管放置正确。患猫佩戴伊丽莎白圈，避免饲管被抓挠掉。

食道饲管放置

通常使用 10 ~ 14 Fr 红色橡胶管作为食道饲管。麻醉后，患猫左颈侧备皮。将弯止血钳伸入颈段食道（图 20–3），尖端挤压颈静脉背侧皮肤。预放置深度为第 8 肋间隙。在皮肤和食道壁上用手术刀片做一个纵向小切口。止血钳夹住饲管头并从口腔中拽出来。改变饲管头方向，通过食道上括约肌插入食道。此时饲管末端仍在切口外，小心地让饲管头在食道内前进，避免扭曲和弯折，避免将饲管拽出。插入饲管至标记的部位，指套缝合固定（图 20–3）。少量缠绕颈绷带以保护饲管。必要时佩戴伊丽莎白圈，防止抓挠。

另一种方法是直接将饲管插入食道，不经口腔调整方向[16]。这需要饲管放置器（食道饲管放置器，Fixomed，Munich，Germany），切开皮肤和食道壁后，用食道放置器直接将饲管送入食道（图 20–4）。

可拍摄 X 线片，或者向饲管内注射少量无菌盐水确认饲管是否放置正确。

放置食道饲管的患猫也可以正常进食。当动物可以主动进食足够量食物时，就可以拔除饲管。皮肤切口行二期愈合。

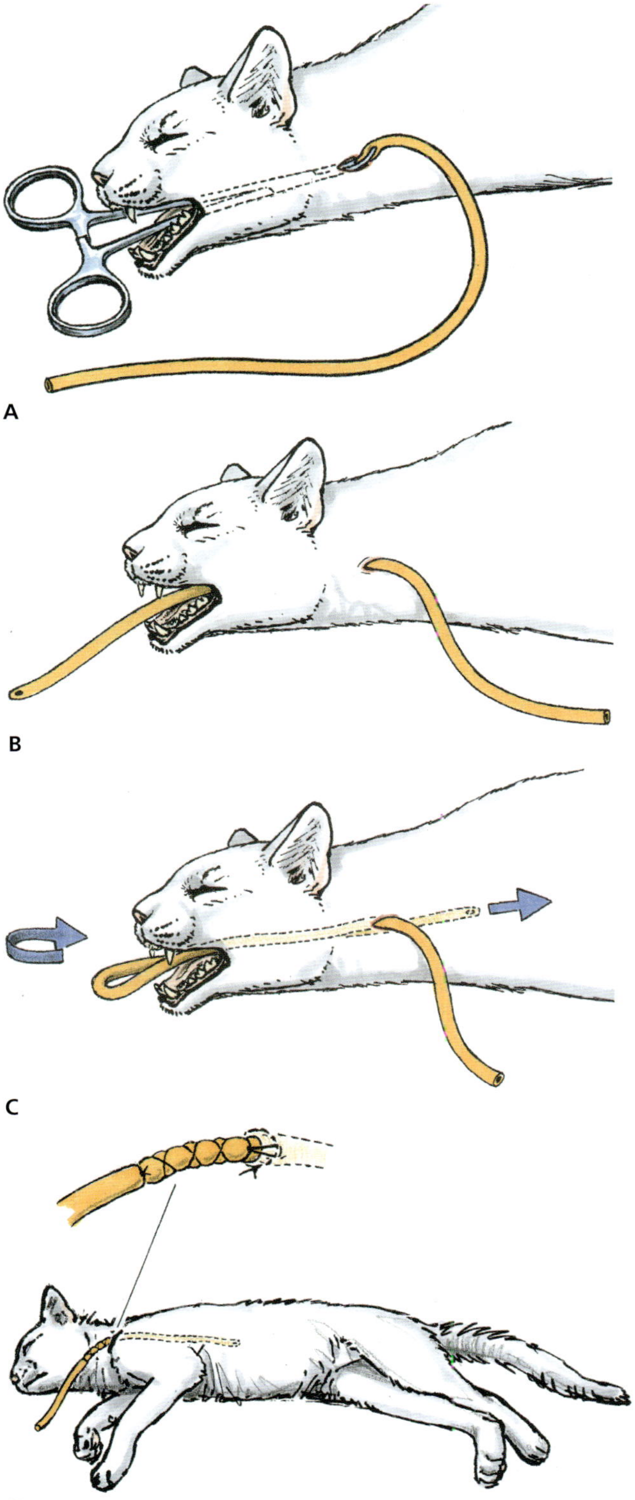

图 20–3　食道饲管的放置方法。(A)用弯止血钳伸进动物口腔，从皮肤切口穿出，夹住饲管头。(B)用止血钳把饲管从口腔拽出。(C)调整饲管头方向，使其从口腔进入食道。当饲管头穿过皮肤切口后要小心，确保饲管在食道内正确前进。(D)饲管进入预放置位置，指套缝合固定在皮肤上

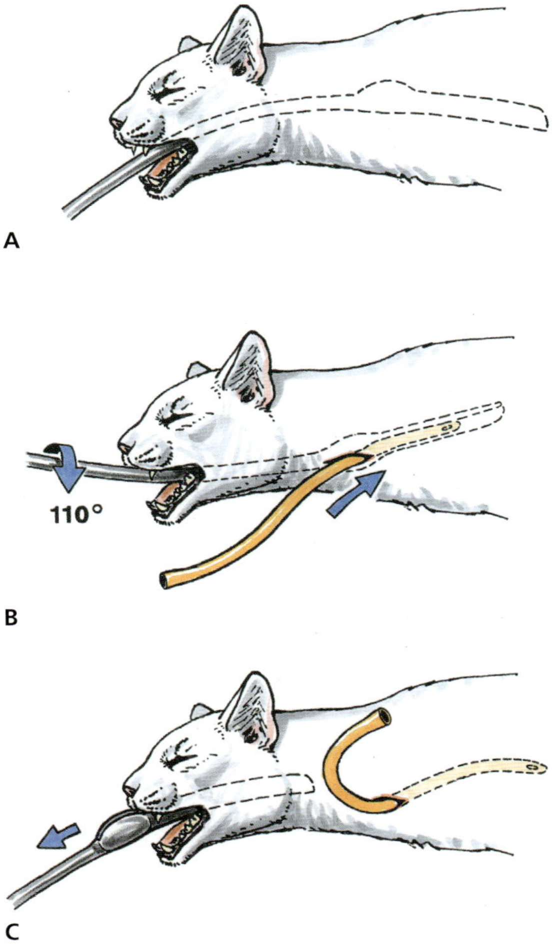

图 20–4　使用饲管放置器放置食道饲管的方法。(A)把饲管放置器插入食道内。(B)调整饲管放置器位置，直到在颈部触及沟槽的最宽处。切开沟槽上方的皮肤和食道壁，把饲管插入食道内，不需要调整饲管的方向使其从口腔进入食道。(C)撤出饲管放置器。如图 20–3D 所示，指套缝合固定在皮肤上(已经 Von Werthern CJ, Wess G 授权重印。引自 A new technique for insertion of esophagostomy tubes in cats. J Am Anim Hosp Assoc 2001;37:140–144.)

参考文献和延伸阅读

[1] Wheeler P, Batt ME. Do non-steroidal anti-inflammatory drugs adversely affect stress fracture healing? A short review. Br J Sports Med 2005;39:65–69.

[2] Emmerson TD, Muir P. Bone plate removal in dogs and cats. Vet Comp Orthop Traumatol 1999;12:74–77.

[3] Piermattei DL, Flo GL. Principles of joint surgery. In: Piermattei DL, Flo GL (eds) Small animal orthopedics and fracture repair, 3rd edn. Philadelphia: WB Saunders; 1997: pp. 201–217.

[4] Vanwanseele B, et al. The effects of immobilization on the characteristics of articular cartilage: current concepts and future directions. Osteoarthritis Cartilage 2002;10:408–419.

[5] Salter RB. The biologic concept of continuous passive motion of synovial joints. The first 18 years of basic research and its clinical application. Clin Orthop Relat Res 1989;242:12–25.

[6] Remillard RL. Nutritional support in critical care patients. Vet Clin North Am Small Anim Pract 2002;32:1145–1164.

[7] Zaghini G, Biagi G. Nutritional pecularities and diet palatability in the cat. Vet Res Commun 2005;29:39–44.

[8] Sohail MA. The ingestive behaviour of the domestic cat: a review. Nutrition Abstracts Rev 1983;53:177–186.

[9] Chen X, et al. Dose-effect of dietary l-arginine supplementation on burn wound healing in rats. Chin Med J (Engl) 1999;112: 828–831.

[10] Shi HP, et al. Supplemental l-arginine enhances wound healing in diabetic rats. Wound Repair Regen 2003;11:198–203.

[11] Mauterer JV, et al. New technique and management guidelines for percutaneous nonendoscopic tube gastrostomy. J Am Vet Med Assoc 1994;205:574–579.

[12] Mauterer JV. Endoscopic and nonendoscopic percutaneous gastrostomy tube placement. In: Bonagura JD (ed.) Kirk's veterinary therapy. Philadelphia: WB Saunders; 1995: pp. 669–674.

[13] Han E. Esophageal and gastric feeding tubes in ICU patients. Clin Tech Small Anim Pract 2004;19:22–31.

[14] Devitt CM, Seim HB. Clinical evaluation of tube esophagostomy in small animals. J Am Anim Hosp Assoc 1997;33: 55–60.

[15] Ireland LM, et al. A comparison of owner management and complications in 67 cats with esophagostomy and percutaneous endoscopic gastrostomy feeding tubes. J Am Anim Hosp Assoc 2003;39:241–246.

[16] Von Werthern CJ, Wess G. A new technique for insertion of esophagostomy tubes in cats. J Am Anim Hosp Assoc 2001; 37:140–144.

第 21 章　猫的复健

S. Hudson

猫的复健领域发展很慢，因为过去一直认为猫对物理疗法极不配合，无法进行康复运动。然而，考虑到猫的行为和性格，物理复健对猫来说是一种特别有效的方式[1]。物理疗法对某些特定骨科疾病特别有益，包括骨折修复术后、关节修复术后和骨关节炎管理。

21.1　复健的原则

物理疗法是一种可以帮助遭受损伤或疾病的动物恢复功能、增强活动性、减轻疼痛，以及防止或限制永久性身体残疾的应用技术。人医领域中相同的模式和相似的运动也可以应用于动物。研究已经证实了犬的物理疗法也是有效的[2,3]。兽医物理疗法和复健是一个相对新颖的领域。目前有给犬和马兽医、兽医技师和理疗师提供认证和继续教育的培训课程，还没有专门为猫设计的相关项目。

复健可以提供术后即时护理、早期负重训练、进阶式负重训练、高级健身训练、步态训练、慢性疼痛管理，以及某些疾病的保守治疗或某些手术的替代疗法。

术后即时复健的重点在于减轻因组织创伤造成的疼痛、肿胀和水肿。要努力保持活动范围和肌肉丰度，加速恢复正常活动。这些通常都是被动复健，从患猫麻醉完全苏醒后就可以开始。

在术后早期阶段，目标是增强肌肉强度和耐力、增加关节活动范围，以及改善本体感受。在这一阶段，患猫可能不负重，或者仅是患肢的一指 / 趾接触地面。

随着猫越来越频繁地使用患肢，可以开始逐渐负重。这一阶段的重点是增加肌肉强度、耐力、关节活动范围和本体感受，就像早期负重阶段那样，但是这一阶段的活动时间更长，强度更大。

步态训练是在猫损伤或手术后不能正常活动时使用的。步态训练的定义和重点是训练产生正常的步态模式。

健身训练是指通过控制运动来改善超重猫的身体组成。减轻体重与增强肌肉强度和耐力是提高老年猫生活质量最重要的部分。

复健的目的是尽可能地提供最完全的功能恢复，同时减少额外损伤的风险。专栏 21–1 总结了可促进有效和安全复健的因素。不是所有的运动疗法或物理疗法都适用于每只猫，重要的是要有几种备选的锻炼方式来达到复健目的。

专栏 21–1　猫成功复健的重要因素

可促进有效和安全复健的因素

- 没有其他动物的安静环境
- 动物主人陪伴
- 不要着急
- 自信地应用物理疗法或引入运动疗法
- 镇静
- 疼痛管理
- 运动疗法的二次尝试比第一次难
- 封闭区域，减少猫逃跑的风险

21.2　复健的四个目标领域

复健的目标是通过骨骼、关节和肌肉的改善来恢复猫的生活质量和功能。复健的 4 个主要目标领域是强度、耐力、活动范围和本体感受。

21.2.1　强度

肌肉萎缩可能由疾病、损伤、缺少使用或缺少神经刺激引起。增强肌肉强度的运动可以增加肌肉纤维的大小。肌肉强度增加有助于维持关节稳定性。

21.2.2　耐力

长时间的肌肉收缩会导致肌肉疲劳，这是由

于肌纤维代谢能力不足，不能提供运动所需的足够营养物质。耐力可以理解为从运动开始到精疲力竭或疲劳的时间。耐力运动提高了肌肉的氧合能力，使肌肉更能抵抗疲劳。耐力的增加有助于患猫恢复正常的活动水平。

21.2.3　活动范围

活动范围是关节能够完成其全部运动的能力。活动范围分被动活动范围和主动活动范围。被动活动范围是指在外力作用下关节所能达到的活动程度，如理疗师引起的关节活动。被动活动范围通常是关节最大的活动范围。主动活动范围是指抗肌肉收缩和松弛引起的关节运动。主动活动范围通常比被动活动范围小。

活动范围治疗有助于修复软组织和关节病变，维持现有的关节和软组织的活动性，最大限度地减少挛缩形成的影响，协助神经肌肉的再训练，以及增强滑膜运动。测量活动范围可以评估主动运动，确定关节的稳定性和软组织的弹性，以及对治疗的反应。关节活动终点的手感评估，即关节在被动运动的终点所呈现的阻力质量，会提供关节完整的活动范围的信息（表 21-1）。

21.2.4　本体感受

本体感受和肌肉运动知觉（即关节活动和加速的感觉）是运动控制和姿势的感觉反馈机制。这个机制和前庭系统帮助机体保持方向感和平衡感。

21.3　被动复健法和主动复健法

复健分为两类：被动复健法和主动复健法。被动复健法不需要猫主动参与，包括冷和热疗法、被动活动范围、牵拉、按摩疗法、电刺激和理疗超声。主动复健法需要猫主动参与，包括运动疗法、步态训练和水中运动治疗。

21.3.1　被动复健法

热媒介

热疗法或冷疗法可以增加或降低关节周围组织的温度，整个复健疗程都可以使用。使用热疗法还是冷疗法取决于组织恢复的阶段。

冷疗法的应用

冷疗法可用于减少出血和炎症，并缓解疼痛。冷疗法的适应证包括骨科手术后的骨骼肌肉损伤、肌肉疼痛的治疗和运动后痛苦。

冷疗法可以使用冰袋、冷敷袋或冰毛巾。另外，冷疗法有时也可以压迫病变部位来减少或预防组织水肿。进行冷疗法时，在猫的皮肤和冷敷袋之间放置一薄层垫料有助于提高猫的舒适度。冷敷袋外裹缠毛巾也有助于避免冷敷袋失温。冷疗法通常持续 10 min，每天 1 ～ 4 次。即便是人在创

表 21-1　关节活动终点的手感

手感	描述	举例（正常）	举例（异常）
骨 - 骨	两个坚硬的表面相遇时，突然停止活动	腕关节伸展 颈部伸展	肩关节屈曲
关节囊	有一定弹性地终止运动	髋关节屈曲 肩关节屈曲 髋关节伸展 肩关节屈曲	
无感觉	由于猫的疼痛反应，不能到达关节活动的终点，没有感受到组织张力		所有关节
肌肉痉挛	尝试活动范围时，感受到主动的肌肉痉挛		所有关节
弹性阻碍	因关节内移位造成活动范围两端反弹		常见于半月板损伤
组织阻挡	因肌肉的二次接触造成活动范围停止	膝关节屈曲	

伤后 24 h 内仅仅使用一次冷疗法，也可以有效减少肿胀和疼痛。

如果猫对冷感觉过敏，或者感觉减退或消失，就不能使用冷疗法；循环障碍的组织上也不能直接使用冷疗法。如果猫表现出不寻常的不适症状，就需要检查皮肤。术后即刻进行冷疗法，也就是猫仍处于全身麻醉时，可能是猫唯一能忍受冷疗法的时候。后续应用冷疗法时，最好让猫蜷卧在理疗师的膝盖上，并用毛毯裹住。

热疗法的应用

表面热疗法用于增加代谢、增加组织延展性和减少疼痛。只有炎症症状消失后才能使用热疗法。热疗法的适应证是亚急性及慢性创伤性和炎性疾病、肌肉痉挛、组织紧绷、粘连和疼痛。在骨关节炎的管理上，热疗法有助于放松关节周围紧绷的肌肉，增加柔韧性。一旦最初的炎症减轻就能在术后的最初几天或几周内使用热疗法。

表面热疗法可以使用热敷袋（图 21-1）。热疗法通常持续 10 min，每天 2 ~ 4 次。如果猫表现出任何不适症状，就要移除热源。

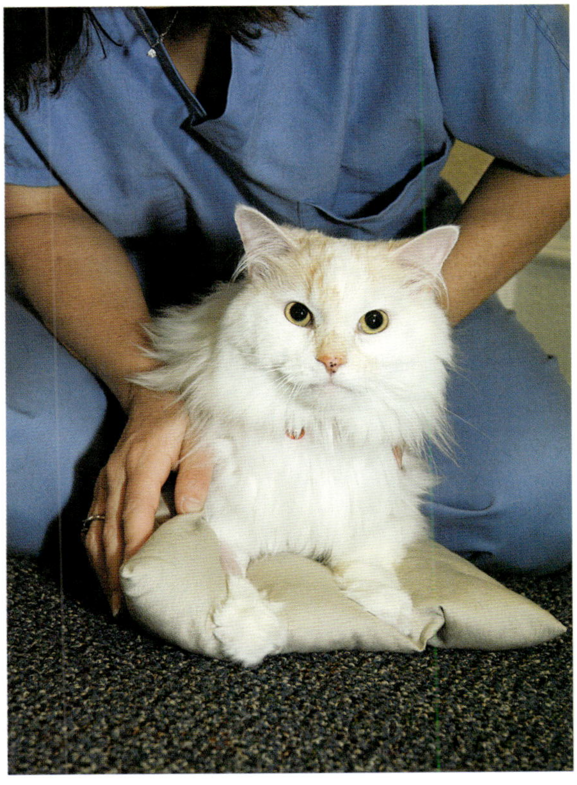

图 21-1　大多数猫都可以很好地进行热疗法

如果存在任何炎症症状，如发红或肿胀，就不能使用热疗法。动物感觉减弱或消失、恶性肿瘤或活跃性感染处也不能使用热疗法。

电刺激

电刺激可以用于增加肌肉强度、减缓肌肉萎缩、控制疼痛和减轻组织水肿。据报道，在犬上使用电刺激是有积极效果的[4]。安装了起搏器和癫痫的患猫不能使用电刺激。怀孕母猫的躯干、不能给予反馈的动物、感染区域或血栓形成的区域也不能使用电刺激。尚存活跃的运动能力是电刺激的禁忌证。要小心监测患病动物对电刺激的反应。

电刺激以与意志收缩相反的方式激活肌纤维。电刺激首先激活的是快速收缩的肌纤维。刺激区在放置电极前要先剃毛和清洁。目前推荐用于猫的电流有两种类型：连续交流电（用于控制疼痛和减轻水肿）和脉冲电流（用于提高肌肉强度和减轻水肿）。

用于疼痛管理的电刺激

通常使用两种波形，即干扰波和预设波，用于创伤后、术后或慢性疼痛的疼痛管理。

干扰波由两种频道组成，每种都有正弦波形图，一个固定频率和一个可变频率。电极的放置要使两种频道相互交叉，刺激大脉冲纤维。这些频率干扰脊髓水平的疼痛信息传递。干扰性刺激的组织穿透力很强而且更舒适，比经皮神经电刺激的依从性更好。

预设波是一种调幅正弦波，类似于干扰电流所产生的拍频。当无法放置 4 个电极时，通常使用这种方法。

电极的放置应覆盖整个怀疑疼痛的区域。刺激的特定频率和持续时间要根据患病动物和疾病的情况确定。目前有很多电刺激设备可供选择，每种设备也配备多种推荐的参数。

用于减缓肌肉萎缩的电刺激

用于肌肉收缩的两种波是高压波和 Russian 波。确定运动神经进入肌肉的部位。这样可以用尽可能低的电流来达到最佳肌肉收缩效果，从而使治疗过程更舒适。在猫的皮肤上涂抹凝胶，并把电极放置在预期的运动神经部位。打开设备，移动电极，直到观察到理想的肌肉收缩强度。然后用不褪色的记号笔把当前部位标记为运动神经点，以便后续治疗使用。

治疗的最佳时间和频率现在还未知，通常认可的频率为 25 ~ 50 Hz。

理疗超声

理疗超声是通过在晶体上施加电流产生的。电流使晶体以共振频率振动，发出可以被组织吸收的压力波（图 21-2）。

理疗超声可以用于增加胶原的延展性（伸展）、增加血流、增加活动范围、减少疼痛和肌肉痉挛，以及加速伤口愈合。理疗超声产生超声能量，以连续和脉冲两种形式对组织产生热能、机械能和化学能作用。超声波可以分离胶原纤维，并改变肌腱的拉伸强度，从而使得伸展更充分。当在塑料或金属植入物上使用超声时，务必要小心，因为超声波反射会造成更强烈的发热，导致烧伤或不适。

治疗开始前，确定要治疗组织的深度。剃毛和清洁皮肤[5]。如果治疗组织的深度不超过 3 cm，选择 3.3 MHz 频率[6,7]。如果治疗组织的深度为 2 ~ 5 cm，选择 1.0 MHz 频率。然后确定要治疗区域的软组织量。强度是指能量输送到组织的速率。软组织较多的部位，如后肢肌肉，选择 1 ~ 2 W/cm^2；软组织较少的部位选择 1 ~ 1.5 W/cm^2；几乎没有软组织的部位，如腕关节，选择 0.5 ~ 1.0 W/cm^2。

图 21-2　腕关节损伤的理疗超声

选择脉冲还是连续模式，取决于需要的热效应类型。二者都可以产生或不产生热效应，但脉冲型超声的平均能量更低，产生的热效应更低。脉冲型超声有 20% 脉冲和 50% 脉冲两种类型。当想要达到促进组织愈合又不产生明显的热效应时，可以选择脉冲型超声。

治疗时间可以通过确定适合治疗区域的探头数量乘 2.5 来计算。探头按 4 cm/s 的速度以同心圆的方式在治疗区域内移动。波束与皮肤表面的角度控制在 15° 以内。不要选择需要 20 min 以上治疗时间的区域进行治疗。如果需要治疗的区域很大，选择更大的探头或把该区域分成不同的治疗区进域行治疗。治疗区域每周要重复 2 ~ 3 次。

应用理疗超声对患病区域使用合适的频率和强度进行适当时间的治疗，可以改善关节的伸展。治疗结束后，保持关节伸展 2 min，直到组织温度降下来。每周重复 2 ~ 3 次，持续 6 ~ 8 周。超声加热组织，并与牵拉相结合，可以使即时和后续的活动范围增加[7]。

按摩

按摩疗法是对软组织进行系列操作，包括握持、诱导运动，以及对身体加压。按摩疗法可以改善循环系统、淋巴系统、肌肉骨骼系统和神经系统功能，并能加快机体从损伤或疾病状态中恢复的速度。在术后恢复期，按摩可以使患猫放松和缓解焦虑。

按摩的两种基本手法是轻抚和揉捏。轻抚式按摩是用整个手滑动性地轻抚动物。轻抚沿着肌肉线条进行，可以对浅表组织产生影响。由于按摩主要用于辅助循环，所以轻抚方向总是朝向心脏。揉捏使用压力手法于皮肤上旋揉，用于治疗肌肉紧张、结节和痉挛。

被动活动范围

被动活动范围是指操纵关节达到最大屈曲和伸展的角度。该操作提供了沿正常应力线的可控活动，可以产生更强的瘢痕组织和结缔组织。关节的活动影响肌肉、关节面、关节囊、韧带、筋膜、血管和神经。骨科和神经外科手术、创伤、外固定或不活动会导致正常活动范围缩小。

被动活动范围有利于辅助软组织和关节病变恢复，维持现存的关节和软组织活动性，降低挛缩形成的影响，协助神经肌肉再训练，以及提高滑液运动。被动活动范围也可以用于评估关节活动范围，确定关节稳定性和软组织弹性，以及识别和改善活动范围受限。在运动前，可以通过被动活动范围热身。要注意，被动活动范围不能防止肌肉萎缩或增加强度和耐力，但却是因夹板或铸型固定导致运动受限患猫恢复的最重要的运动疗法。

光疗法

光疗法是使用低功率的光照射身体部位来刺激愈合，也称为冷激光、软激光或低强度激光。光疗法可以加速伤口和组织修复高达 30% ~ 40%，而细胞增殖和伤口愈合可以增强 150% ~ 200%。

低功率激光中发出的电磁能进入组织，被细胞中的线粒体吸收。在细胞内，电磁能转化为化学能。细胞膜的通透性改变，受影响的细胞类型包括巨噬细胞、成纤维细胞、内皮细胞和肥大细胞。

光疗法可用于软组织损伤（如扭伤、拉伤和肌腱炎）、骨关节炎、慢性疼痛、溃疡、压疮或烧伤等伤口管理，皮肤感染及手术切口愈合（图 21-3）。

在开始光疗法前，去除伤口敷料，清洁伤口床和周围组织。如果皮肤破溃，要覆盖伤口或将激光设备用干净的保护套裹住。在治疗期间，用激光轻轻接触皮肤。

21.3.2　主动复健法

水中运动治疗

水中运动治疗是利用水的治疗特性来提供适当的运动，以增强肌肉强度、关节活动范围和肌肉耐力，同时降低损伤的风险。水中运动治疗可以在减轻负重的情况下仍使肌肉主动收缩。水中运动治疗对软组织损伤、骨关节炎、骨折术后护理、肌肉无力、神经损伤、老年动物护理、截肢术术后护理有很大帮助。水中运动治疗不适用于心脏功能障碍、呼吸功能障碍、表面感染、流血或出血风险、严重外周血管疾病或腹泻的患猫。水的治疗特性包括以下内容。

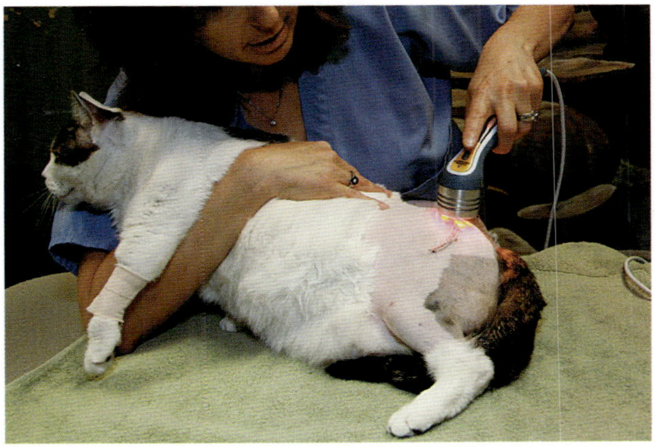

图 21-3　股骨头切除术后使用冷激光治疗促进愈合

- 热传递——将热量传递到被水浸没的组织；
- 浮力——水对浸没机体产生向上的推力；
- 流体静压——水对浸没机体的压力；
- 凝聚力——水分子彼此间相互聚集的趋势；
- 湍流——由于在水中运动而产生的涡流。

水中运动治疗的热效应与表面热疗法相同，但更为全面。热水的舒缓作用可以减轻疼痛，激发猫发挥更大的潜能。

水的浮力可以用来增加或减少关节和骨骼的负重。减轻猫的体重可以减少虚弱关节的压力，从而让猫运动时可以保持更自然的步态和舒适度。

流体静压的影响随水深的增加而增大。这会促进水肿的向上分布。让猫在更深的水中运动可以增加流体静压的效果。

凝聚力和湍流增加了猫在水中移动时的阻力。水的凝聚作用可以提高水位处关节的屈曲度。

水下跑步机为猫提供了额外的治疗性运动（图 21-4）。水下跑步机的独特作用包括可以通过改变水深来增加或降低猫运动时的负重、改变运

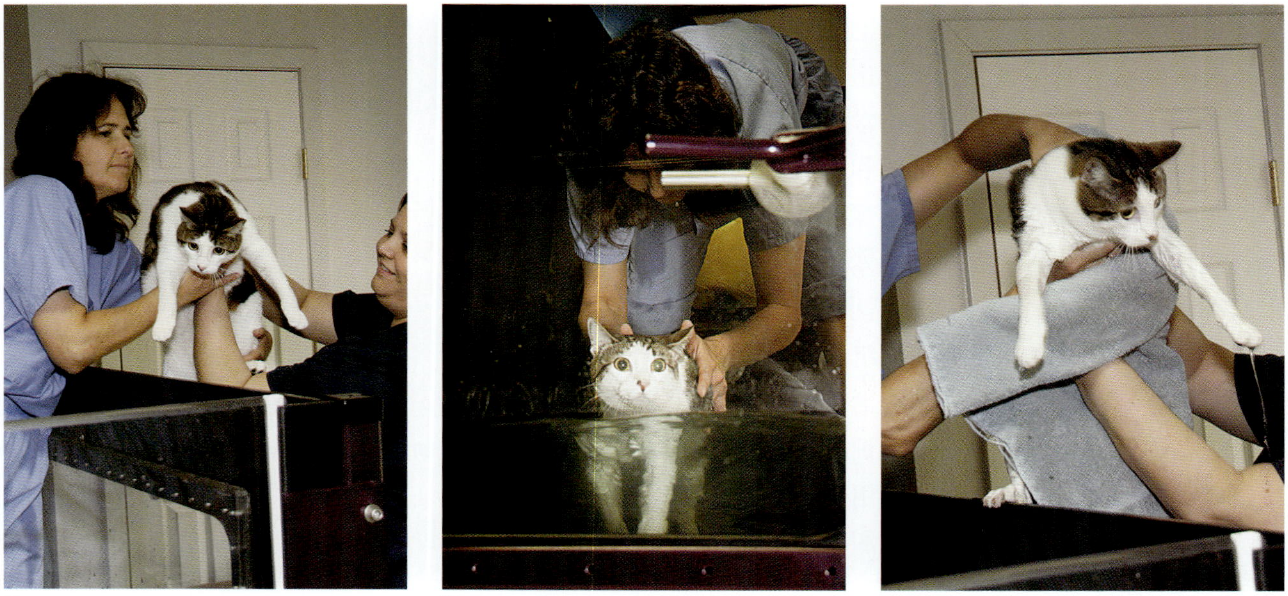

A　B　C

图 21–4　水中运动治疗。（A）让主人把猫轻柔地交给在水下跑步机内的理疗师，调整猫头朝向走路的方向。（B）把猫放入水中，用手引导。必要时，用手支撑猫的躯干。（C）治疗完成后，把猫从水中抱出，并放到准备好的毛巾上。让主人或助理轻轻地把猫身上的水擦干。然后关闭跑步机，并把水排出

动速度，以及严密控制水温。增加水温可以刺激代谢、放松肌肉、帮助缓解疼痛和增加软组织的延展性。水温应控制在 32 ~ 34℃（90 ~ 92 ℉）。在跑步机上，猫正常的行走速度为 1.3 ~ 2.1 km/h（0.8 ~ 1.3 mph）。

运动疗法

猫的运动疗法是一种利用猫的本能进行活动的主动复健疗法。这种形式的治疗旨在让猫更快地恢复正常功能，并降低发生损伤的风险。每项运动的水平因猫的状况或术后阶段而异。

运动疗法从短时间、低强度的活动开始，然后发展到长时间、高强度的活动。调整运动计划，使猫一直处于舒适的水平是很重要的。运动疗法分为三个阶段：热身、运动性活动和运动后治疗。

热身包括评估猫的身体状态和精神状态，让猫做好运动准备。评估猫的状况非常重要，这样可以评估以前的治疗疗效，并做出必要的改变来达成治疗目标。通过用热敷袋加热受影响区、被动活动范围、按摩或牵拉让猫做好运动前的准备。联合表面加热和牵拉是一项非常不错的让猫在治疗前进行热身的方式。

步态训练

慢性疼痛或创伤性损伤会导致猫改变运动方式。步态的改变可能引起健肢疼痛或损伤[8]。步态训练技术和运动疗法的重点是让猫尽可能地恢复到之前正常的运动状态。

21.4　复健计划

复健计划从对猫的评估开始。这种评估要结合主观信息和客观信息。主观信息是由动物主人提供的，客观信息是由检查获取的。二者对于猫当前病情的评估都很重要。动物主人是为猫提供最佳结果信息的关键因素，因为猫在医院环境内通常不会像正常那样表现。

主人提供的病史包括年龄、品种、猫的外观和性格（决定了猫的配合度）、疾病或损伤发生后的细节（评估患猫单肢支撑的持续时间），以及之前的相关用药史（可以提示哪些运动或物理疗法可以用或不用）。也要考虑是否有其他宠物共养，因为在复健的早期和中期，限制患猫与其他动物的无监管性活动有助于减少损伤的风险。猫的基本活动水平有助于决定猫的状况和主人对猫复健

后能恢复到何种情况的期望值。了解猫正在使用的药物和营养制剂及主人认为的疗效，对于评估复健的效果很有帮助。需要向动物主人问一些问题来帮助兽医确定猫的正常活动是否发生改变[9]。

临床检查应包括跛行评估、猫站坐姿势评估、猫的跳跃能力、瘢痕或其他变色部位的外观、受累组织是否肿胀、水肿和发热等。这些方面在术前和术后都要评估。测量正常关节和异常关节的活动范围，确定活动范围是否受限。被动和主动活动范围都要评估。

确定猫的体格评分[10]。猫是肌肉发达还是无力？患肢的肌肉丰度有明显差异吗？猫超重吗？如果有，超重多少？评估完猫目前的体格评分后，就能确定复健目标和期望值了。

在开始复健前制订合理的目标非常重要。通过评估猫目前的体格、了解猫主人的预期，以及获得猫主人对复健计划的授权同意书，可以给兽医提供必要的信息，以便为每个猫定制合适的方案。每个猫主人的期望值差异很大。应告知猫主人相关的信息和时间，以帮助他们确定复健的预期目标。

复健的每个阶段都可以制定目标。例如，阶段Ⅰ，在 1 周内，加强后肢力量，使猫可以在没有外力支持下至少负重 20 s；阶段Ⅱ，加强后肢力量，使猫可以正常走路。复健计划的示例会在本章最后列出。

21.5　如何达成复健目标

定量评估复健结果可以确定复健目标是否达到。评估结果对于提供需要改善或改变复健计划的信息很重要，以此可以确保每只猫都能获得最大收益。记录的结果可以给动物主人、理疗师和兽医提供进展信息。

被动活动范围可通过测角仪测量（图 21-5）。测角仪是一种类似量角器的器械，由 2 个叶片钉在一起，可以做 360° 旋转，以转轴为中心旋转可以测量形成关节的 2 块骨骼的夹角。将 2 块骨骼牵拉到极限的屈曲和伸展角度，然后测量。活动范围受限可能是屈曲受限，也可能是伸展受限，

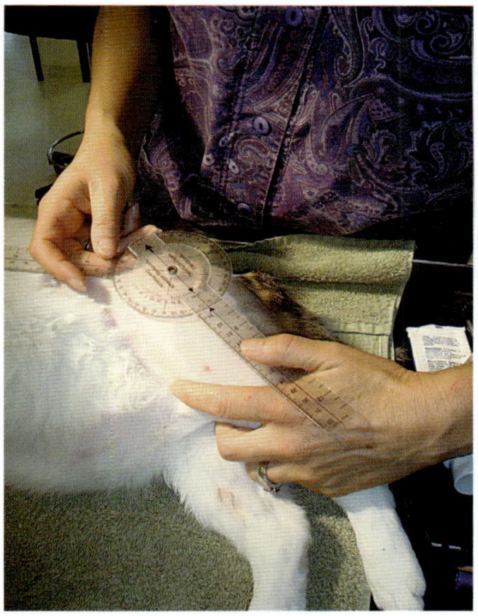

图 21-5　复健前的测角仪测量值可以为复健计划的制订提供信息，并且可以评估复健的有效性

或者二者都受限。活动范围受限可能是因为疼痛，也可能是机械性问题，如肌肉挛缩。对清醒猫做测量可以获得无痛的活动范围。对镇静猫做测量可以获得最大的活动范围，因为镇静猫对操作关节时的疼痛不会做出反应。患病关节和健康关节都要测量。

主动活动范围是通过鼓励或允许猫坐下、起立和躺下来评估的。可以让猫做爬楼梯或跨栏等运动，以获取更多的数据。

肌肉丰度。肌肉的大小与肌肉的强度有关。因此，猫前肢或后肢周长可以反映双前肢或双后肢间的肌肉强度差异。测量股部或臂部的周长有助于评估猫在整个复健期内肌肉丰度的改变。有时可以感觉到甚至看到肢体肌肉的减少。测量周长的特殊卷尺称为周长尺（图 21-6）。如果没有这种客观的工具，主观的预期会影响测量结果的准确性[11]。

体脂率。体脂率是用来描述体内脂肪与肌肉比例的术语。可以通过测量腰围和胸围来给出说明肥胖程度的客观数据。实际的体重也要测量。

视觉模拟评分表。视觉模拟评分表（VAS）普遍用于评估步态、功能、疼痛和表现。例如，在测量步态时，VAS 是一个连续量尺，评估患猫从正常行走到持续的非负重跛行的过程。在猫出现

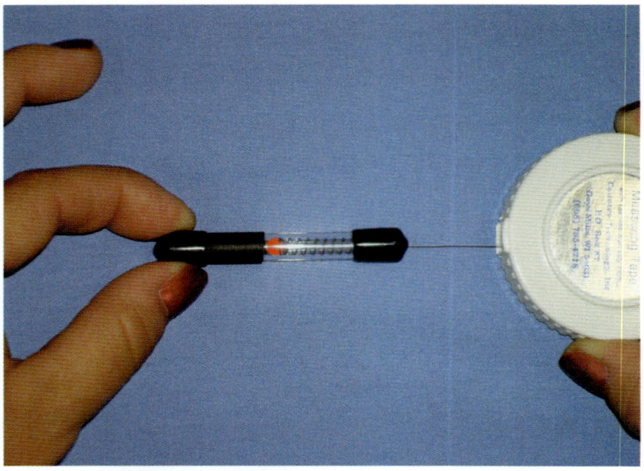

图 21-6　周长尺的末端有一个特殊的计量器，可以验证每次测量都对卷尺使用了同等的拉力，以此确保每次测量都有精确的结果

特殊步态时，评估员要在 VAS 上做特定长度的标记。每个评估员都必须充分理解评分表中界定高标和低标的条件。图 21-7 说明了 VAS 的使用方法。分数是通过标记从左侧线到标记点的距离来确定的。上面的例子使用一条 10 cm 线来分隔连续线的两端，若猫得到 5 级评分（5 cm 距离），则表示猫患有严重的负重跛行。VAS 评分系统只有在同一人在相同条件下做初始评估和再评估时才有效和可靠。在临床情境中，猫很难开展，更可靠的方法是拍摄猫在家庭环境中的表现进行评估。

图 21-7　视觉模拟评分表示例。行走正常：猫没有跛行，四肢的活动范围、迈步期和站立期均正常。持续的非负重跛行：猫在运动的所有阶段均悬起一肢。对相同步态的每次评估均使用相同的评分表，但每次要使用不同的标记

步态分析

运动是神经刺激肌肉从而使骨骼移动的连锁反应。当这一连锁反应中断时，就会导致异常活动。步态分析是我们每天都在做的事情。当一个人向我们走来时，我们可以识别出他是步态优雅的还是笨拙的；当一个人向我们跑来时，我们可以判断出他是平衡流畅的还是呆板的。猫也适用于同样的观察。

跛行是指不同于正常步态的步态。步行和快跑是用于评估跛行的最简单步态，因为步行和快跑都是对称性运动。主观步态分析是最常用于评估猫跛行的诊断工具。最好在触摸猫之前做完。从动物静止时就开始观察。分析者查找结构异常，如脚趾弯折或站姿异常（一肢抬起或只用一肢承担大部分体重）。在这些观察记录下来之后，就开始分析动物活动时的异常。猫的步态分析应在封闭的房间内进行。

在医院环境内进行视觉步态分析很难得到测量结果。如果可能的话，将猫在家中活动的视频提供给兽医可以获得更准确的步态评估。

21.6　运动示例

21.6.1　被动活动范围

通用技巧

让猫侧躺在舒服的表面上，并尽可能放松。复健时，要尽可能远离受伤关节，这样就不会因为疼痛或僵硬影响焦点关节的活动范围。

腕关节

用一只手支撑患肢。当患肢处于中立位置时开始伸展。持续伸展腕关节至极限，然后保持腕关节伸展极限，再伸展指部至极限。按压脚垫。这个动作会刺激猫维持在运动站立期的正常位置，给猫本体感受的反馈，使其更能意识到肢体。持续按压 10 s，之后放松，然后开始屈曲腕关节。持续屈曲腕关节至极限，然后保持腕关节屈曲极限，屈曲或折叠指部至肢体后侧。坚持 10 s。重复操作 5 ~ 10 次。

肘关节

腕关节必须分别屈曲和伸展后才可以屈曲和伸展肘关节。一只手支撑腕关节，另一只手放在肘关节后。缓慢推动肘关节伸展至极限。腕关节同时也要伸展。轻轻推动腕关节，使其和肘关节都达到最大伸展角度。坚持 10 s。屈曲腕关节，带动肘关节屈曲至极限。坚持 10 s。重复操作 5 ~ 10 次。

肩关节

将一只手支撑前肢至中立位置，另一只手放到肩关节上。伸展肘关节和腕关节（图 21-8）。带动肘关节伸展至极限，之后继续推动肘关节直到达到肩关节极限。如果猫头的位置正常，前肢通常是刚超过眼睛的位置。坚持 10 s。开始屈曲。屈曲肘关节并缓慢推动其远离支撑手至极限，坚持 10 s。重复操作 5 ~ 10 次。

膝关节和跗关节

结合这两个关节的被动活动范围，以达到最大伸展和屈曲。支撑跗关节于中立位置，缓慢推动膝关节伸展至极限。轻柔地推动跗关节伸展至极限。如果猫是站立的，可以伸展趾部和按压脚垫。坚持 10 s。屈曲跗关节至极限，然后屈曲膝关节至极限。坚持 10 s。重复操作 5 ~ 10 次。

髋关节

支撑肢体，缓慢地将膝关节伸展。保持膝关节伸展，一只手放在坐骨结节上防止移动，缓慢地带动后肢向后伸展，直到感觉到髋关节到达极限。坚持 10 s。之后屈曲膝关节和跗关节，带动膝关节与髋关节屈曲至极限。坚持 10 s。重复操作 5 ~ 10 次。

21.6.2　早期本体感受锻炼

理疗球

为猫选择合适大小的理疗球，以及适合的运动类型。理疗球的高度应与猫站立时肩关节的高度一致。可以通过充气或放气使理疗球达到合适的大小。虽然许多猫开始会抗拒被放在理疗球上，但是大多数猫在有节奏的运动或弹跳开始后会放松下来（图 21-9）。

站立阻力

可以在猫站立后，轻轻下压肩关节，并逐渐增大压力。猫会对抗下压的力量保持站立。如果压力太大，猫会失去平衡。慢慢地释放压力，否则猫会摔倒。尽量让猫在原地保持不动。猫两侧的肩关节、髋关节和躯干都是很好的施力点。

平衡板

平衡板通常约 50 cm（20 in）大小，与地面呈 14° 角。自制的平衡板规格会有所不同，但好用即可。

平衡板运动对猫脊柱、后肢和前肢术后的稳定性与本体感受的恢复很有帮助（图 21-10）。可以用作膝关节或髋关节术后、肘关节或肩关节术

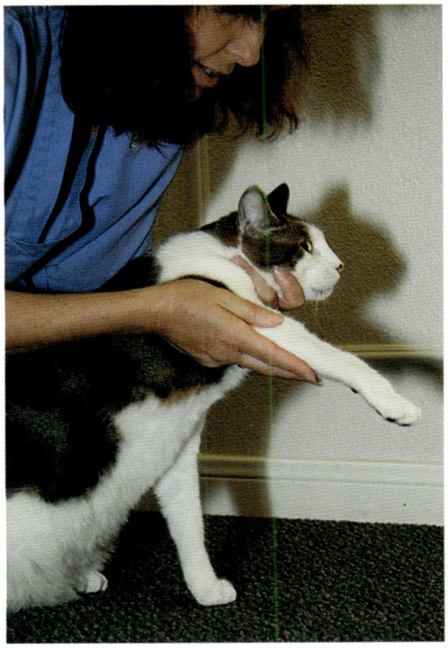

A

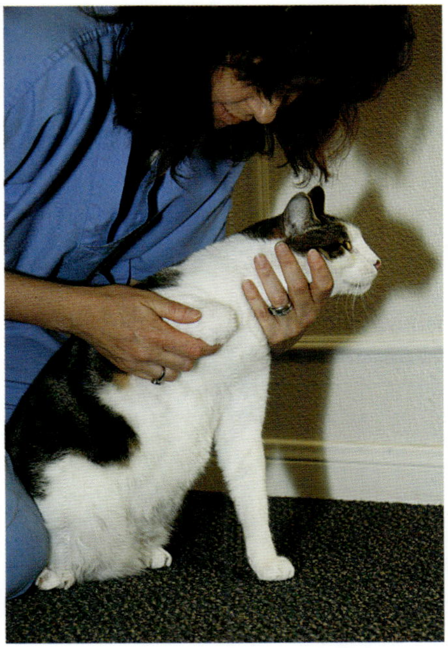

B

图 21-8　猫的被动活动范围锻炼。（A）伸展和（B）屈曲肘关节和肩关节

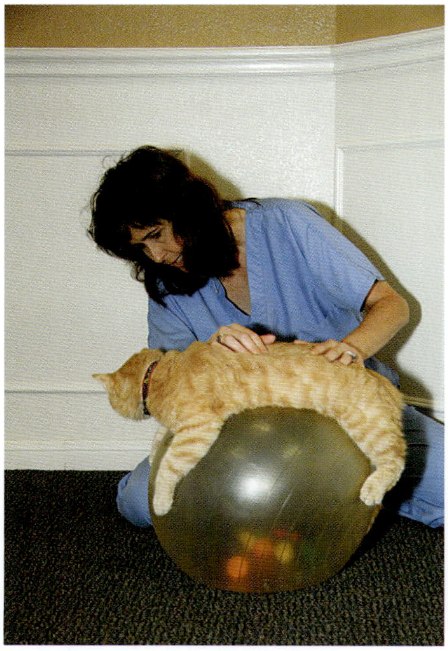

A

B

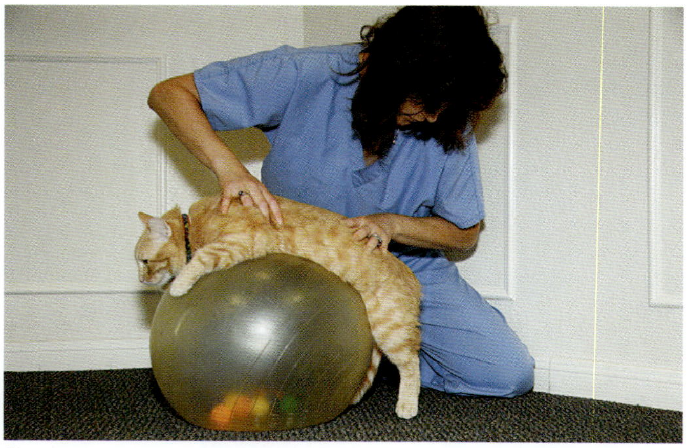

C

图 21–9　（A）把猫放在理疗球上，支撑躯干。（B）轻轻地滚动理疗球，直到猫的前肢可以着地。保持姿势，轻轻弹跳 10 ~ 20 s。（C）然后轻轻地滚动理疗球，使猫的前肢离地而后肢着地。轻轻弹跳 10 ~ 20 s。重量的增加或减少取决于猫在理疗球上的滚动次数和压力。猫会使用躯干的肌肉来保持稳定

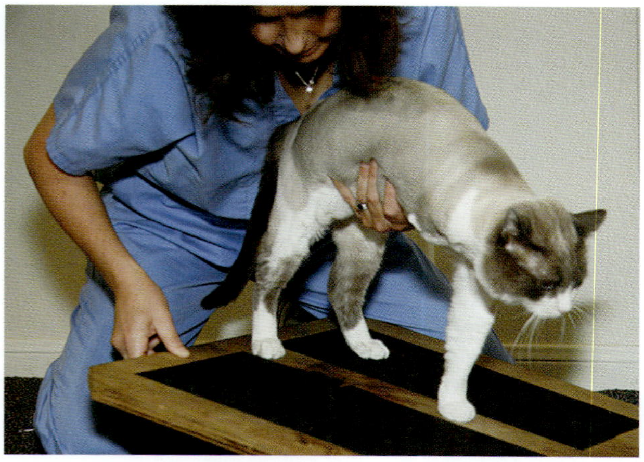

图 21–10　把猫放在平衡板中央，双脚分开与肩等宽。缓慢前后摇摆平衡板，重复 20 次。必要时，用手托住猫。一定要控制摇摆动作。然后再左右摇摆 20 次。猫会收缩肌肉和转移重心来保持平衡

后，或者骨折修复后的早期负重锻炼。好处包括增强平衡感和协调性、更好的防止损伤的本体感受意识、躯干和骨盆带更好的稳定性，以及增加大腿和踝关节的活动范围。

21.6.3 早期负重锻炼

单腿站立

抬起健肢，保持 10 ~ 15 s，重复操作 2 ~ 3 次。随着猫肌肉强度的增加，延长锻炼时间和增加次数。

交叉腿站立

抬起健肢。猫找到平衡后，抬起对角线的后肢（图 21–11）。坚持 10 ~ 15 s，重复操作 2 ~ 3 次。

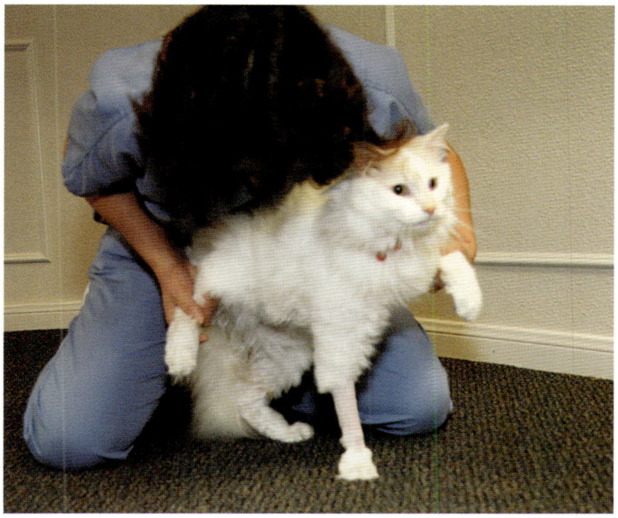

图 21-11　交叉腿站立。右前肢和左后肢抬起站立

随着猫肌肉强度的增加，延长锻炼时间和增加次数。

手推车

在大多数神经系统疾病的早期恢复阶段，可用手推车和吊索来支撑动物，以便为猫提供必要的支持，方便理疗师进行活动范围和地面锻炼。

21.6.4　前肢锻炼的方式

独轮车

抬起双后肢（图 21-12），坚持 10 ~ 15 s，重复操作 2 ~ 3 次。随着猫肌肉强度的增加，延长锻炼时间和增加次数。

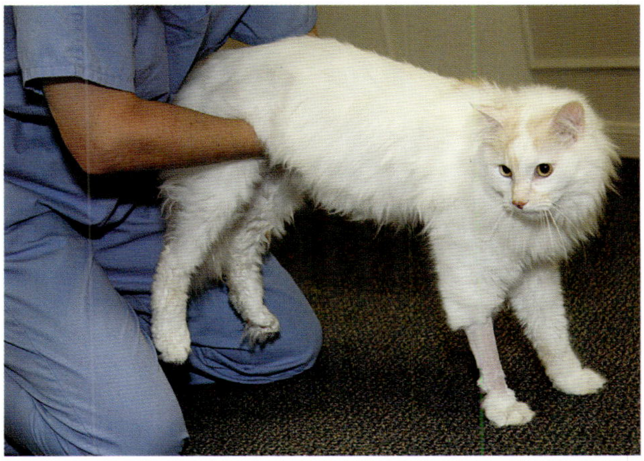

图 21-12　独轮车。当猫的肌肉强度增加到可以在静止站立时完全支撑体重时，抬起猫的双后肢让其缓慢向前行走。从行走 2 ~ 3 步开始，逐渐增加步数，直到可以前进 10 步

趴－坐训练

开始时让猫趴卧。手拿食物放在猫的头部上方，引诱猫坐起来。

理疗球

如图 21-9 所示，将猫的健肢折叠抬起，患肢伸直，然后向前滚动猫，用患肢着地。患肢轻轻地在地面上弹跳。

诱食训练

把零食放在距离猫 30 cm 远的地上。让猫缓慢移动，嗅闻地面（图 21-13）。

下斜坡和穿行隧道

让猫下斜坡，鼓励使用前肢负重。另外，也可以穿行隧道强迫猫匍匐前进，增加前肢的负重（图 21-14）。

A

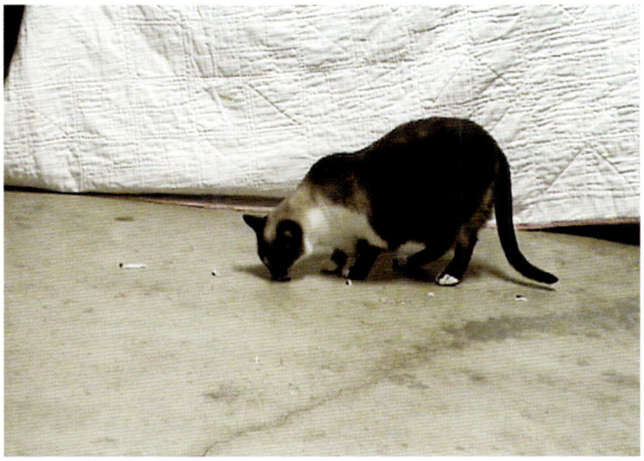

B

图 21-13（A，B）诱食训练。嗅闻和采食地上的食物，让猫的重心前倾，鼓励双前肢负重

图 21–14　猫穿行隧道

21.6.5　后肢锻炼的方式

跳舞

在前肢下方支撑患猫，并抬起双前肢，鼓励增加后肢负重（图 21–15）。坚持 15 s，重复操作 2 ～ 3 次。随着猫肌肉强度的增加，延长锻炼时间和增加次数。

坐 – 站训练

让猫处于坐姿，然后鼓励猫站立。重复数次（图 21–16）。

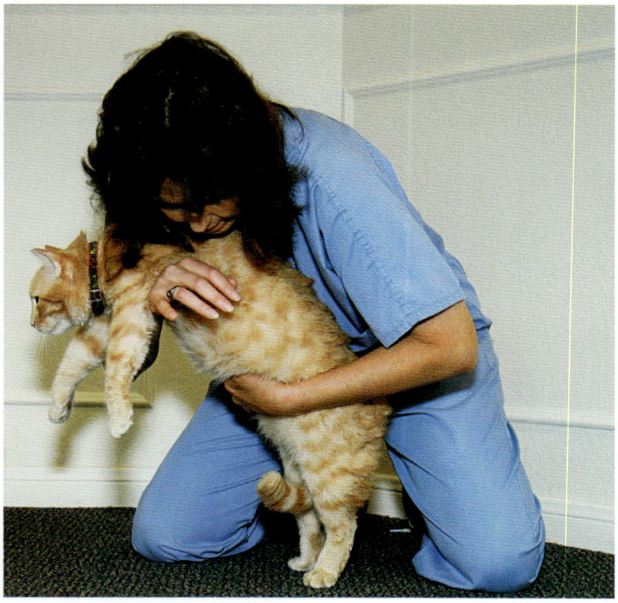

图 21–15　跳舞。当猫的肌肉强度增加到可以在静止站立时完全支撑体重时，抬起猫的双前肢让其缓慢向前行走。从行走 2 ～ 3 步开始，逐渐增加步数，直到可以前进 10 步

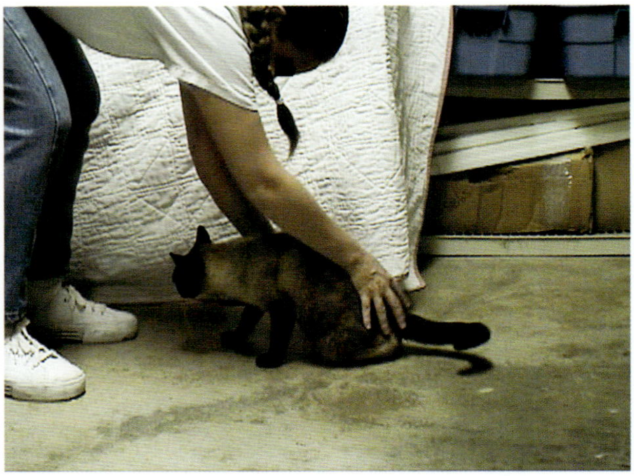

A

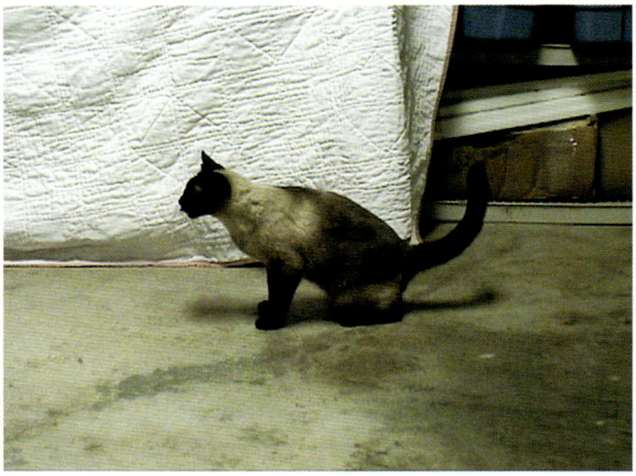

B

C

图 21–16　（A ～ C）坐 – 站训练

上坡行走

上坡行走可以加强后肢的肌肉强度。带领猫上坡行走，逐渐增加上坡的倾斜度。

21.6.6　步态训练

跨栏行走用于增加活动范围和步幅长度（图 21–17）。开始行走时，两根栏杆之间的距离与猫的肘关节高度相同。鼓励猫跨过栏杆，可以通过食物引诱、呼唤名字或让猫跨过栏杆后钻入小密室或笼子。通过抬高、降低栏杆高度或增加栏杆间距使猫达到理想的步态。

肢体复健计划（表 21–2）

背部复健计划（表 21–3）

肥胖计划（表 21–4）

图 21–17　猫的跨栏行走训练

表 21–2　肢体复健计划

问题	运动方法	特定运动和治疗	理疗方法
活动范围缩小	被动活动范围		
	主动活动范围	跨栏行走 在 15 cm 高的草地上行走 在 15 cm 深的水里行走 水下跑步机锻炼（跗关节）	
肌肉萎缩	静止负重锻炼	单腿站立 交叉腿站立 坐 – 站训练 趴 – 坐训练	
	移动负重训练	缓慢行走 上坡行走 水下跑步机 蛇形路行走	
肌肉僵硬	理疗球	主动牵拉 平衡板	按摩 理疗超声 电刺激控制疼痛

表 21–3　脊部复健计划

问题	特殊锻炼	形式
后肢萎缩	水下跑步机 蛇形路行走	按摩 电刺激控制疼痛
肌肉痉挛	理疗球 主动伸展 平衡板	

表 21-4　肥胖计划

问题	特殊锻炼	形式
运动不耐受	水下跑步机 慢走	按摩 电刺激控制疼痛
关节疼痛	理疗球 主动伸展 平衡板 水下跑步机	理疗超声

参考文献和延伸阅读

[1] Overall KL. Clinical behavioral medicine for small animals. St. Louis: Mosby; 1997.

[2] Marsolais GS, et al. Effects of postoperative rehabilitation on limb function after cranial cruciate ligament repair in dogs. J Am Vet Med Assoc 2002;220:1325–1330.

[3] Millis DL, Levine D. The role of exercise and physical therapy modalities in the treatment of osteoarthritis. Vet Clin North Am Small Anim Pract 1997;27:913–930.

[4] Johnson JM, et al. Rehabilitation of dogs with surgically treated cranial cruciate ligament-deficient stifles by use of electrical stimulation of muscles. Am J Vet Res 1997;58:1473–1478.

[5] Steiss JE, Adams CC. Rate of temperature increase in canine muscle during 1 MHz ultrasound therapy: deleterious effect of hair coat. Am J Vet Res 1999;60:76–80.

[6] Levine D, et al. Effects of 3.3 MHz ultrasound on caudal thigh muscle temperature in dogs. Vet Surg 2001;30:170–174.

[7] Draper DO, et al. Immediate and residual changes in dorsiflexion range of motion using an ultrasound heat and stretch routine. J Athletic Train 1998;33:141–144.

[8] Rumph PF, et al. Redistribution of vertical ground reaction forces in dogs with experimentally induced chronic hindlimb lameness. Vet Surg 1995;24:384–389.

[9] Millis DL, et al. Canine rehabilitation and physical therapy. St. Louis: Saunders; 2004: pp. 416–418.

[10] Burkhoder WJ. Precision and practicality of methods assessing body composition of dogs and cats. Compend Continuing Educ Pract Vet 2001;23:1–10.

[11] Maylia E, et al. Can thigh girth be measured accurately: a preliminary investigation, J Sport Rehab 1995;8:43–49.

第 6 部分
骨科材料、器械、植入物和技术

正确使用器械和植入物是骨科手术成功的关键。一般来说，猫和犬使用的器械与植入物是相同的，但猫的相对更小，以适应猫的小体型。使用太大的器械或植入物会使手术复杂化，并延长手术时间，而且会对软组织和骨骼造成医源性损伤。市场上有各种各样的器械和植入物，第 23 章和第 24 章提供的信息旨在帮助选择适用于骨科疾病患猫的器械和植入物。文中还提供了正确使用这些器械和植入物的技术指南。

如果选择的适应证正确，并操作得当，外包扎固定和关节镜检查都是非常有价值的骨科技术。外包扎固定在患猫上通常很难应用和维持，并不是所有用于犬的绷带技术都适合猫。绷带、铸型和悬吊绷带的使用技巧在第 22 章中都有描述，可以帮助骨科医生在猫上安全地应用这些技术。猫还没有广泛应用关节镜，主要是因为猫的关节太小。但是，尽管是幼年猫，关节镜的使用也能提示猫关节病理学的更多信息，详见第 25 章。

第 22 章　外包扎固定

S.J. Langley-Hobbs, M. Keller, K. Voss

外包扎固定是骨科病例中一种重要的、多功能的治疗方式，但是使用外包扎固定需要遵循严格的适应证，而且不能把外包扎固定当作是手术固定的一种便宜的替代方案。外包扎固定包括绷带、夹板、铸型和悬吊绷带。绷带常用于保护手术后的伤口、治疗开放性外伤、防止肢体肿胀和水肿。绷带和夹板联合使用常常用于暂时性固定关节损伤或骨折。铸型用于一些特定的骨折。悬吊绷带主要应用于闭合性和开放性复位后防止关节移动和负重。

应用绷带、夹板、铸型和悬吊绷带也是存在风险的。应用不当或患病动物护理不足会引起循环停滞和肢体肿胀，以及皮肤和深层组织缺血性或压迫性坏死。猫可能不配合或不能忍受外包扎固定。有些猫在外包扎固定后会拒绝移动，而有些猫会很坚持地努力挣脱外包扎固定。在大部分病例中，患病动物会在适应数分钟到数小时后接受外包扎固定。少数病例中，患猫可能需要镇静或移除外包扎固定，以免出现自残。绷带的好处必须与可能引起的潜在问题进行权衡，特别是使用复杂绷带时，如悬吊绷带和人字夹板绷带。在很多情况下，特别是在急诊时，最好不用大范围的绷带包扎，以免造成患猫额外的应激；应使用笼内休息、镇痛和镇静进行限制，防止骨折部位的进一步损害。

外包扎固定在很多回顾性文章和书籍中都有介绍[1–5]，但重点在犬[1–4]而不是猫[5]。在接下来的内容里，会描述猫外包扎固定的适应证、应用技术和可能的并发症。

22.1　绷带

绷带的基本功能是保护伤口、吸收伤口分泌物、帮助止血、压迫软组织、稳定和增加患病动物的舒适感。不需要制作加压绷带，在猫中甚至是有害的；改良式罗伯特－琼斯绷带或软垫绷带通常就足够了；常用于术后立即包扎防止肢体肿胀和血清肿形成，也是开放性外伤治疗的重要组成部分。专栏 22–1 总结了绷带的适应证。

专栏 22–1　绷带使用的适应证

- 肘关节或膝关节及其远端部位的骨科手术后
- 保护清洁的和清洁－污染的伤口（干绷带）
- 治疗污染的和脏的伤口（湿－干绷带）
- 减小关节的不稳定性

绷带主要由 3 层组成：接触层、填充层和外层。软垫绷带或改良式罗伯特－琼斯绷带的应用技术见图 22–1。

22.1.1　接触层

接触层可以保护伤口。根据治疗伤口的类型和伤口愈合的阶段，选择使用非黏性或黏性接触层。非黏性接触层用来保护清洁的术后伤口或健康的肉芽和上皮化伤口。

在污染的或脏的伤口，需要开放处理让伤口二期愈合，因此接触层需要适应伤口的愈合阶段。黏性或吸收性接触层用于伤口愈合的早期炎症期和渗出期，常用干－干绷带或湿－干绷带（见第 16 章“脱套伤”）。非黏性接触层用于肉芽床已经形成的伤口。它们可以使伤口收缩和上皮化，而且不破坏新生成的组织或影响愈合过程。在伤口愈合的过程中，如果需要进一步浅表清创，也可以再换回黏性接触层。目前可以使用的非黏性接触层很多，它们的特性和使用方法总结在表 22–1 中，而且列出了不同生产厂家的产品。

22.1.2　填充层

填充层可以对软组织形成均匀的压迫，保护骨突避免形成压疮。非吸收性垫料，如铸型垫料，

图 22–1　改良式罗伯特－琼斯绷带（软垫绷带）的应用。(A）在掌骨或跖骨的背侧、内侧或外侧粘贴 1 ～ 2 条胶带（马镫），胶带末端粘在木质压舌板或木勺上。从肢体远端向近端叠加 50% 缠绕（通常是向内旋转）垫料。绷带上下松散地缠绕肢体 2 ～ 3 次，使填充层的总厚度达到 4 ～ 6 层，每圈缠绕叠加 50%。(B）填充层外再缠绕 2 ～ 3 层塑形或弹性纱布，从肢体远端一直到距离近端填充层 1 cm 处。将胶带（马镫）折转粘在纱布上。适度的压力有助于防止填充层绷带松脱。(C）最后缠绕外层——保护层，近端不要超过塑形纱布

表 22–1　绷带中可用的接触层类型

接触层类型	描述	适应证	功能	禁忌证、并发症和缺点	优点
黏性					
湿－干	无菌生理盐水湿润的纱布块	轻度渗出的伤口	表面清创	肉芽创或上皮化伤口禁用；移除纱布时可能会引起疼痛	容易获得和便宜
干－干	干燥的纱布块	渗出特别多的伤口	表面清创	肉芽创或上皮化伤口禁用；移除纱布时可能会引起疼痛	容易获得和便宜
非黏性					
薄膜敷料	两薄层的多孔膜之间是可吸收层	术后伤口；肉芽创或上皮化伤口	薄膜上的气孔便于吸收液体和交换气体	伤口可能会黏附到吸收层的气孔上——在移除时可能引起损伤	价格合理
薄膜敷料	单层黏性的聚乙烯薄膜	术后伤口；肉芽创或上皮化伤口	薄膜允许气体交换但是限制液体溢出——保持湿润的环境	必须将敷料正确地黏附在伤口周围的皮肤上才能发挥作用——不要黏附在被毛上	价格合理
泡沫敷料	聚氨酯或硅橡胶泡沫	严重渗出的伤口	吸收大量液体		价格适中 动物舒适感好
水活性	不溶性聚合物或凝胶	渗出性伤口或肉芽创和上皮化伤口	吸收液体并保湿——湿润的环境可促进早期的自溶性清创与后期的纤维增生和上皮化	昂贵	与传统纱布敷料相比，无须频繁更换
水胶体	附着在聚氨酯或泡沫衬垫上的一层羧甲基化纤维素和明胶	渗出性伤口或肉芽创和上皮化伤口	接触层黏附在皮肤上，但不黏附伤口——促进早期的自溶性清创与后期的纤维增生和上皮化	黏附于伤口周围的皮肤可延缓伤口收缩；昂贵	维持伤口湿润的环境
藻酸盐	由褐藻制成的编织或无纺布衬垫。由海藻酸钙和海藻酸钠组成	高度渗出性伤口	当钙离子从伤口液体中交换钠离子时，纤维形成凝胶	昂贵	非常亲水；移除凝胶时去除细菌；抗生素可嵌合到敷料中
水凝胶	聚氧乙烯的不溶性亲水聚合物，附着在合成薄片上或做成凝胶	凝胶——不规则伤口；急性或愈合伤口	吸收大量伤口液体，并保持伤口环境湿润	需要一个覆盖层，如多孔薄膜或泡沫敷料，以保持凝胶与伤口贴合；易于形成过多的肉芽组织	可以用于输送抗生素

常用作软垫绷带（带或不带夹板）。因为这些材料不吸收液体，所以可以防止水、尿液或粪便的污染。吸收性脱脂棉垫料用作改良式罗伯特－琼斯绷带。软质的脱脂棉可以形成轻度的软组织压迫，不会造成血管损伤。脱脂棉也可以用作湿－干绷带，因其可以吸收过多的液体（见第 16 章“脱套伤”）。

22.1.3　外层

通常有内侧和外侧 2 个外层。内侧外层使用一些弹性绷带材料（塑形纱布）对填充层形成一定的压力；外侧外层使用弹性绷带或黏性绷带（如 Vetrap）。务必要注意，使用这些材料时不能过紧，可能会造成皮肤坏死，特别是在猫上。在骨突和软组织覆盖较少的植入物部位需要特别小心。但是绷带也必须足够紧，以免松脱。因为跗关节存在角度，后肢的绷带很少松脱。

22.2　夹板和铸型

使用铸型可以做到适当的固定。夹板和绷带（罗伯特－琼斯）最好是用于最终修复前的暂时固定。临床医生必须清楚铸型和夹板的缺点和局限性。它们仅能用于肢体的远端部分（肘关节和膝关节远端部位）。为了达到固定的功能，受累骨骼的上下两个关节也需要一起固定，从而减少医源性骨折的可能性。夹板或铸型体积庞大，不舒适，可能引起动物自残，最终导致需要更换。铸型下可能还会形成压疮，有些骨折类型也很难通过外包扎固定进行稳定。尽管存在这些缺点，但是在正确情况下使用外包扎固定确实是一种极好的方法，可以获得快速且并发症少的骨折愈合（图 22-2）。

夹板绷带容易使用和更换，与圆柱状的铸型相比，并发症的风险更小。最常用于暂时固定关节与掌骨和跖骨骨折的治疗。铸型可以提供更强的稳定性，主要用于骨折的保守治疗。但是，铸型不易使用和更换，还存在造成腿部血管损伤的风险。夹板或铸型的适应证如表 22-2 所示。

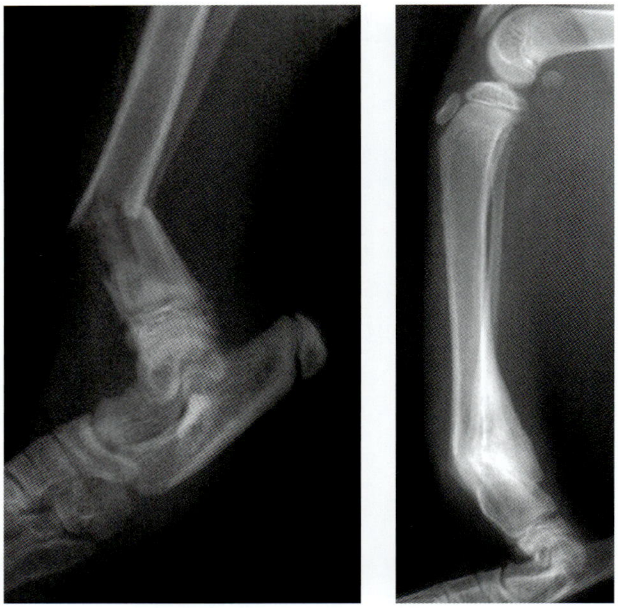

图 22-2　适用外包扎固定的骨折实例。（A）10 周龄幼猫的胫骨骨折。由于骨折靠近远端，邻近生长板以及存在裂隙，所以不适合内固定。（B）骨折使用铸型固定，在 6 周后愈合。虽然存在一定程度的前后成角畸形，但正在重塑。注意胫骨远端生长板仍未闭合

表 22-2　夹板和铸型的适应证

	夹板绷带	圆柱状铸型
适应证	关节固定（尤其是腕关节、跗关节、指 / 趾间关节；肘关节用人字夹板绷带）	肢体远端骨折：幼年动物桡尺骨或胫腓骨的闭合性简单的可复性横骨折 / 斜骨折
	掌骨、跖骨和指 / 趾骨骨折	在正侧位 X 线片上，骨折断端至少接触 50%
	保护肌腱缝合（如跟腱）	尺骨完好的桡骨骨折
	神经功能缺陷（如腓神经功能缺陷）	腓骨完好的胫骨骨折
	未达最佳修复标准的骨折修复手术的保护（桡尺骨、胫腓骨）	
	非常年幼猫的青枝骨折	

22.2.1　夹板

在应用夹板绷带时，需要先使用软垫绷带，如图 22-1 所示。然后在塑形纱布（内侧外层）外使用夹板，接着再使用弹性绷带或黏性绷带包扎（外侧外层）。商品化的现成夹板或匙状夹板在临时和急诊情况下特别有用。用铸型材料制成的定制夹板更加符合腿的构型，也因此更适合长期使用。理论上，夹板可以使用在绷带的任意一面。但在绷带的内侧和外侧使用，有助于防止副腕骨和跟骨水平的压疮。要以轻微屈曲的姿势固定跗关节，以防止腓肠肌挛缩和萎缩。另外，跗关节形成一定角度可以使猫具有更正常的构型负重，防止绷带松脱。

根据夹板使用的适应证确定夹板是从肘关节或膝关节的远端使用，还是从其近端使用。一般来说，只有人字夹板绷带会应用在更近端的位置，包括整个患肢和躯干（图 22-3）。例如，在肘关节脱位闭合性整复后，使用人字夹板绷带将肘关节固定在伸展位。

22.2.2　铸型

圆柱状铸型环绕肢体固定可作为骨折的暂时性或最终的治疗方案。只有肘关节和膝关节远端部位同时没有并发的软组织损伤的非关节骨折才适合使用铸型固定。外包扎固定的理想骨折类型是幼猫的青枝骨折或简单横骨折（这类骨折可以闭合性复位），以及成对骨骼（桡尺骨或胫腓骨）中的一块骨骼骨折。复位后，在正侧位 X 线片上，骨折断端至少要有 50% 的对合。

图 22-3　猫前肢的人字夹板。这些夹板是用于保护受伤的或手术修复后的肩关节或肘关节。绷带缠绕在伸展的患肢、胸部周围和对侧肢体后方。夹板沿肢体外侧面放置，从脚趾延伸至背侧中线

猫使用铸型时必须全身麻醉。新型合成铸型材料已经在很大程度上取代了熟石膏。它们应用起来比较简单，凝固得也更快，还比熟石膏轻便，而且防水。但是，它们没有熟石膏舒适，价格也比较昂贵。合成材料包括浸渍聚氨酯树脂的玻璃纤维、浸渍聚氨酯树脂的聚丙烯和热塑性塑料[6]。猫适合使用 5 cm（2 in）大小的铸型绷带。合成的铸型绷带在使用前要放入水中活化。为了减缓铸型的成型速度，允许更多的时间塑形绷带以便贴合猫的肢体，要将铸型绷带在干燥状态下直接使用[7]，或者放入冷水中浸渍，而不是热水中。这样也可以确保铸型绷带在关节处（如跗关节、膝关节和肘关节）更好地叠压。如果在干燥状态下使用铸型绷带，需要再使用浸过水的非弹性绷带裹缠活化。

利用绷带的弹性可以做到充分的塑形。在肢体远端，需要无压力包扎绷带，以免对稀疏的软组织造成过多的压迫，以及对血液循环造成潜在的损伤。在肢体近端，需要对大的肌肉组织进行一定的压迫，以确保铸型与肢体紧密接触，并补偿后续的肌肉萎缩。在屈曲的关节处（如跗关节、肘关节和膝关节）要做环形缠绕，有利于改变方向，减少绷带的褶皱形成。如果形成了皱褶，要在皱褶处剪断绷带，然后平滑缠绕。

绷带松散地从远端到近端再返回远端缠绕，每次缠绕叠加 50%，最终形成 4 ~ 6 层（图 22-4）。在这个阶段，可以对正在凝固的铸型绷带进行优化微调，以满足骨折愈合和关节构型的要求。腕关节应轻微内旋，屈曲 10° ~ 15°，呈内翻姿势。跗关节应从自然站立位置再增加约 5° 的屈曲。另外，铸型应轻度弯曲，以过度矫正骨折最初的成角。弹力织物和衬垫需要使用一定的压力反向折转，这样可以让铸型的边缘远离肢体向外弯折，然后用胶带固定住（图 22-4）。在这个过程中会耗

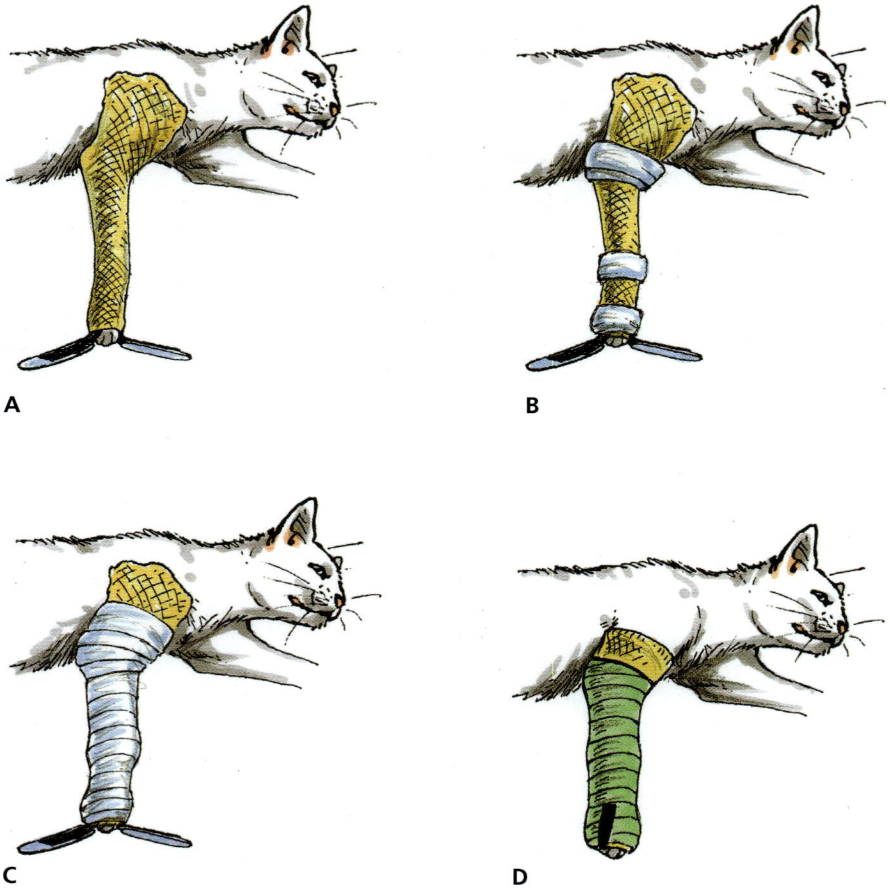

图 22-4　铸型的应用。（A）肢体远端粘贴 1 ~ 2 条马镫，如图 22-1 所示。在肢体上套入单层骨科弹力织物。（B）在有压疮风险的骨突部位（前肢副腕骨和鹰嘴；后肢跟骨、髌骨和腓骨头）使用 3 ~ 4 层环形衬垫。另外，肢体远端也需要衬垫。（C）使用弹性纱布绷带或卷轴泡沫稳定和加压衬垫。（D）对骨折进行复位，然后使用铸型材料从远端向近端再折返缠绕肢体。在铸型材料变硬过程中，用手调整，轻微内翻和内旋。最后将弹力织物和胶带马镫翻转粘到铸型上

费一些时间，一定要确保铸型塑合适，而且末端要光滑，不会摩擦或刺激软组织。这个过程值得耗费很多时间，因为预防铸型相关的并发症总是比处理铸型压疮简单。

通过 X 线检查评估骨折复位的情况。尽管希望能够达到完美的解剖复位，但是骨折断端能够在侧位和前后位 X 线片上至少达到 50% 的复位也是令人满意的。最好能够轻微过度矫正最初的构型。

在应用铸型后，建议猫住院 24 h，这样可以在出院前监测铸型滑脱或指 / 趾部血管问题。要给动物主人书面注意事项，帮助主人早期识别潜在的并发症（见 22.4）。

22.3　悬吊绷带、口套和足枷

应用悬吊绷带的主要目的通常是防止负重，尽管有些悬吊绷带还有其他特殊功能（表 22-3）。猫可能无法忍受悬吊绷带，有些猫会非常疯狂地挣脱。在大部分病例中，患猫最终会接受悬吊绷带，并适应这种状态，但在某些罕见情况下，可能需要将猫镇静或移除悬吊绷带，以免进一步损伤或受到伤害。

如果没有正确使用和维护悬吊绷带，可能会有潜在的危险。为了避免缺血性坏死或静脉淤血，绷带不能环绕腿部包扎。当使用绷带制作悬吊绷带时，应将其在肢体末端折叠，如下文的图 22-7 所示。黏性绷带可以减少绷带在被毛上的松脱。

22.3.1　腕关节屈曲悬吊绷带或夹板绷带

腕关节屈曲悬吊绷带或夹板绷带的目的是让腕关节有足够的屈曲角度以避免负重（图 22-5）。这种做法的优势在于肘关节和肩关节没有包括在内，这两个关节可以自由活动，能够最大限度减轻关节僵硬。使用的适应证包括屈肌腱修复后，以及某些肩胛骨、肱骨或副腕骨骨折修复后。

腕关节屈曲夹板绷带比悬吊绷带更舒适，需要从前臂中段到脚趾以“8”字方式缠绕第二层的

表 22–3　骨科悬吊绷带和其他绷带的功能、适应证和建议使用时间

悬吊绷带	功能	适应证	使用时间
扎口绷带	稳定下颌骨和上颌骨骨折	颞下颌关节脱位 某些下颌骨骨折	1 ~ 2 周
Velpeau 悬吊绷带	屈曲肩关节和肘关节，避免负重	肩胛骨骨折 肩胛骨脱位 肩关节内侧脱位	7 ~ 10 d
腕关节悬吊绷带	避免负重	避免负重，同时保持肘关节和肩关节的灵活性	7 ~ 10 d
Ehmer 或 Robinson 悬吊绷带	股骨内旋和轻度外展，避免负重	髋关节前背侧或后背侧脱位 尽量避免使用患肢	7 ~ 10 d
足枷绷带	避免后肢外展	骨盆骨折 髋关节腹侧脱位	1 ~ 3 周

A

B

图 22–5　腕关节的屈曲悬吊绷带，可以避免肢体负重，但不影响肘关节和肩关节活动。（A）在腕关节周围按“8”字方式包扎填充层和纱布。腕关节屈曲角度不要超过 90°。（B）可在腕关节背侧加用夹板，帮助维持腕关节屈曲

衬垫。还要以相同方式缠绕一层弹性纱布。铸型材料紧贴屈曲足部的前侧或背侧；如果没有足够的衬垫，可以在夹板下使用额外的衬垫条。最外层从脚底缠绕到桡骨远端。需要注意的是，不要过度屈曲腕关节，或者将绷带包扎太紧，以免脚趾肿胀。脚趾要能看到以便监护，但是不能向外突出。

22.3.2　Velpeau 悬吊绷带

Velpeau 悬吊绷带主要是用于避免前肢负重，适用于某些损伤，如肩关节内侧脱位复位后、肩胛颈和肩臼骨折，以及肩关节背侧脱位。Velpeau 悬吊绷带可以让整个前肢保持屈曲（图 22–6）。先在躯干和屈曲的前臂上裹缠填充层材料，然后再包扎悬吊绷带。对侧肢的前后侧也要裹缠绷带，防止悬吊绷带向前或向后滑脱。然后在外层再裹缠一层弹性较小的绷带。使用 Velpeau 悬吊绷带时，务必注意不能包扎过紧，紧窄感容易导致压疮，特别是在腕关节和肘关节的屈肌面。胸部也不能过度压迫，否则容易导致呼吸受损。

猫很容易挣脱 Velpeau 悬吊绷带。该绷带不能固定太久，因为肘关节和肩关节固定超过 2 周时很可能出现关节僵硬。如果确实需要固定超过 2 周，则应每周取下绷带，并对前肢关节进行理疗，尤其是要注意肘关节。

图22-6 前肢的Velpeau悬吊绷带，用于避免负重。（A）在掌部裹缠填充层材料。（B）适度屈曲腕关节、肘关节和肩关节，在猫胸部裹缠填充层材料，对侧肢的前后侧都要缠绕，同时包扎悬吊患肢。（C）最外层裹缠弹性纱布绷带。注意不要将绷带缠绕过紧，否则会过度屈曲关节

22.3.3 Ehmer悬吊绷带和Robinson悬吊绷带

目前有2种悬吊绷带用于避免后肢负重[4]：Ehmer悬吊绷带和Robinson悬吊绷带（或后肢悬吊绷带）。

Ehmer悬吊绷带最主要的适应证是防止髋关节前背侧脱位闭合性整复后的再次脱位。该绷带主要悬吊跖骨和股骨，旨在避免负重与内旋和外展髋关节。膝关节和跗关节保持明显的屈曲。Robinson悬吊绷带也是用于避免后肢负重的，只是关节轻度屈曲，允许关节相对自由活动。Robinson悬吊绷带适用于那些不能立即负重的病例。

猫对这两种悬吊绷带通常都不喜欢。猫的皮肤很松弛，在猫上很难安全使用和维护，常常导致绷带从膝关节（Ehmer）或背部（Robinson）滑脱。要保持这些绷带的位置，可能需要直接把黏弹性胶带粘在猫的皮肤或被毛上，但是这样会引起患猫严重不适，损害被毛和皮肤，而且在移除时会引起疼痛。基于以上种种原因，Ehmer和Robinson悬吊绷带应尽量避免在猫使用。

如图22-7所示，改良式Ehmer悬吊绷带将后腹部同时包扎。这种绷带通过穿过胫骨内侧和股骨外侧来达到轻微内旋肢体的作用，而且可以减少绷带从膝关节滑脱的可能。它可以代替传统的Ehmer悬吊绷带，用于维持髋关节脱位后复位。如果使用黏性绷带直接粘在被毛上，悬吊绷带可以保持原位，但正如前面所述，应尽可能避免这样使用。

常见的并发症包括绷带滑脱、肢端肿胀或包扎过紧导致跗关节屈肌面压疮。移除黏性绷带时很疼，通常需要镇静或麻醉。

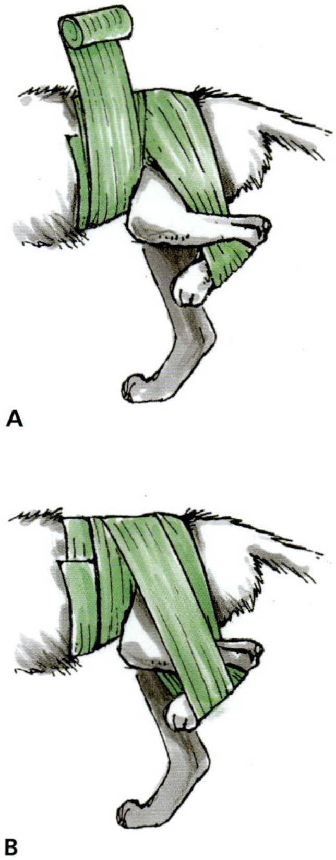

图22-7 改良式Ehmer悬吊绷带，使用自粘绷带材料。这种悬吊绷带很难保持在原位，而且从皮肤上移除时会引起疼痛。（A）在跖部周围制作悬吊绷带（永远不要用自粘绷带将跖部360°环绕包扎！）。自粘绷带从胫骨内侧到股骨外侧，使股骨内旋，然后裹缠后腹部。（B）可以从腹部到跖部的跖侧面增加一层裹缠，这样可以增加稳定性；注意要让后肢保持内旋

22.3.4　扎口绷带

扎口绷带用于稳定移位不明显的下颌骨骨折与颞下颌关节脱位复位后（适应证见第 26 章）。使用时，犬齿轻微重叠，张力要足够大到可以防止猫张口后出现咬合错位，但又要足够松弛可以让猫打开数毫米舔到液体。

使用扎口绷带达到最佳的张力是有困难的。使用氧化锌胶条制作扎口绷带；两条绷带黏在一起，最后在猫头部绑紧（图 22-8）。额外加用一条下巴带是非常有用的，也要使用伊丽莎白圈防止猫移除扎口绷带。

短头品种猫，如波斯猫和金吉拉，使用扎口绷带没有任何意义，因为绷带不能在这些猫的口鼻部产生足够的张力。头外伤和下颌骨骨折的患猫，咽区和下巴可能肿胀、淤伤和水肿，这些情况也不能使用扎口绷带。扎口绷带需要定期更换，并且需要小心清理口鼻部，因为这时往往唾液分泌过多，口鼻部疼痛。

22.3.5　足枷绷带

足枷绷带用于限制后肢外展，适用于骨盆底骨折和髋关节腹侧脱位整复后。也用于防止抓挠胁腹部、前肢或头部的手术部位。双后肢间使用的足枷绷带，允许动物保持正常站立宽度，而且足够松弛可以迈步活动（图 22-9）。在跗关节上方使用填充层材料裹缠后肢，然后再使用塑形纱布加强。最后使用自粘绷带折叠粘在填充层材料上，拉住两腿。注意不要在跗关节处固定太紧，以免阻碍静脉和淋巴循环，导致肢端肿胀。

足枷绷带可以用在更靠近端的位置，即膝关节上方。需要额外在绷带外侧增加一条胶带连接到背部，这样可以防止足枷绷带向腹侧滑落。足枷绷带越靠近端，对防止髋关节腹侧脱位的后肢外展就越有效；足枷绷带位置越靠远端，对控制远端肢体和防止抓挠的效果就越明显[2]。

22.4　绷带、夹板、铸型和悬吊绷带的护理

不正确地使用绷带、铸型或悬吊绷带可导致缺血性损伤[8]（图 22-10）。这是由于填充物的使用不充分或不均匀导致的直接压力性坏死，或者阻断血液循环造成的继发性缺血性水肿。所有应用了绷带、夹板或铸型的患猫在出院时，都应为猫主人提供家庭护理和检查外包扎固定的书面指导（图 22-11）。

22.4.1　绷带、夹板和铸型的护理

要尽可能在绷带、夹板或铸型的底部留出第 3 和第 4 指 / 趾的远端指 / 趾节骨，以监测脚趾的温度和肿胀，并检查绷带是否滑脱。任何表现疼痛

图 22-8　扎口绷带用于保持牙齿咬合和限制张口。需要使用伊丽莎白圈，防止猫抓掉绷带

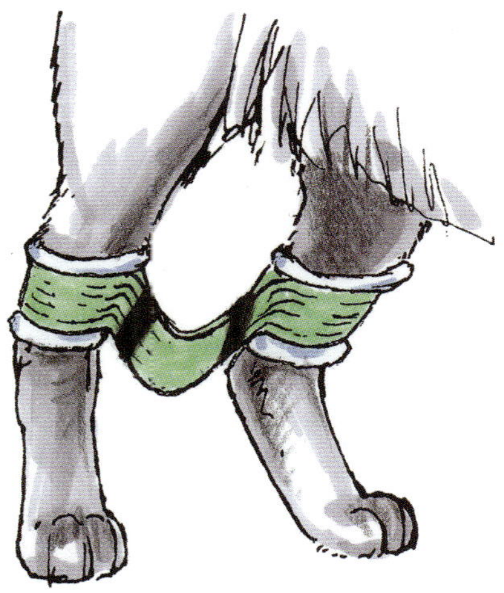

图 22-9　足枷绷带。先在双后肢的跗关节近端裹缠填充层材料。自粘绷带随后折叠粘在填充层上，拉住两腿（永远不要用自粘绷带 360° 环绕肢体！）

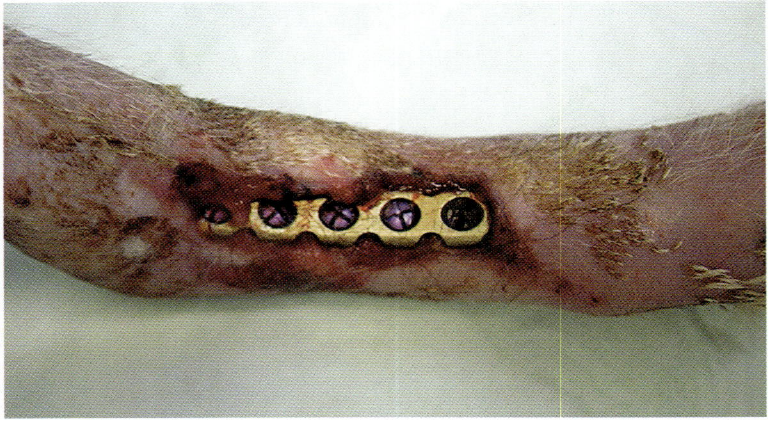

图 22–10 使用锁定骨板进行全腕关节融合术后出现皮肤暴露，原因在于绷带包扎过紧导致压力性坏死。在软组织覆盖少的区域和植入物上方，尤其容易发生皮肤的压力性坏死

剑桥大学女王兽医学院

Madingley Road Cambridge CB3 0ES

电话：　　　　　　　　　　　　　　　　传真：

邮件：

Sorrel Langley-Hobbs MA, BVetMed, DSAS（骨科）, Dip. ECVS, MRCVS
大学外科医生（骨科）
欧洲外科专家

使用夹板、铸型、绷带或悬吊绷带的患猫在家护理注意事项

绷带、夹板、铸型或悬吊绷带要一直精心护理，这对猫的健康是非常重要的。您作为宠物的主人，必须承担这个责任。而且要注意，在某些情况下（如弄湿或从原来位置滑脱等），绷带、夹板、铸型或悬吊绷带可能无法正常发挥作用，甚至可能对猫造成严重的伤害，如引起脚部坏疽。

您的猫不能外出！

每天至少检查一次夹板、绷带或铸型。

注意观察绷带、夹板、铸型或悬吊绷带上方肢体的肿胀或皮肤损伤。每天至少触摸一次脚趾，以确保猫对脚趾有良好的感觉，而且脚趾没有肿胀或冰冷。绷带、夹板、铸型或悬吊绷带必须保持干燥和清洁。

发生下列任何情况，请与兽医电话联系：

1. 肢体上的绷带、夹板、铸型或悬吊绷带发生形状变化。
2. 猫过度啃咬绷带、夹板、铸型或悬吊绷带。
3. 猫表现任何过度不适的症状。
4. 绷带、夹板、铸型或悬吊绷带发出不寻常的或难闻的气味。
5. 发现以前没有的自己无法找到原因的污物。
6. 在夹板或铸型的顶部或底部，或者在绷带周围，发现褥疮。
7. 发现脚趾肿胀，或者绷带、夹板、铸型或悬吊绷带上方肢体肿胀。
8. 发现猫食欲不振、沉郁或发热。

发现异常后，一定要预约兽医检查绷带、夹板、铸型或悬吊绷带。猫应用绷带、夹板、铸型或悬吊绷带都会有些许不适，轻度的舔舐和啃咬是可以接受的。但如果有任何异常，请尽快带猫就诊。

图 22–11 提供给主人的关于绷带、夹板、铸型和悬吊绷带护理注意事项的书面指导［改编自 Whittick WG, Egger EL. Principles of fracture management. In: Whittick WG (ed.) Canine othopaedics, 2nd edn. Philadelphia: Lea & Febiger; 1990: p.232.］

或舔咬、臭味、脚趾肿胀或滑脱迹象的动物，都应移除并更换外包扎固定。所有绷带应在使用后 24 h 内重新评估，以尽量减少因疏忽而误用绷带所带来的风险。对于有血管损伤或深层撕裂伤的肢体，应反复检查并经常更换绷带，以监测因水肿引起的组织压力增加[8]。即使是比较简单的绷带也有局限性。在肘关节或膝关节以上使用罗伯特－琼斯绷带时，往往会向下滑脱，形成关节处或关节下方额外的重量摆。如果发生这种情况，应移除并更换绷带。

应用绷带、夹板绷带或铸型的患猫应每周定期检查，如果有任何问题，应更换外层。在更换后也可能出现问题，如果猫在复诊时表现舒适，可以带着外包扎固定行走良好，而且外部检查也没有发现任何问题，这时可以不必更换。

适当的铸型可以在成年猫上保持 4 周。生长期的猫，铸型应每周或每 2 周更换一次。更换铸型时需要麻醉或深度镇静；存在骨折时，应在每次更换铸型前后进行 X 线检查。骨折的 X 线评估一般是应用铸型后 1 周进行，之后每 2 ~ 3 周进行一次。

22.4.2　悬吊绷带的护理

与绷带和铸型的护理相似，应用悬吊绷带的患猫应定期检查潜在的问题，尤其是压力性坏死。Ehmer 悬吊绷带滑脱的可能性很大，作者建议使用 Ehmer 悬吊绷带的患猫住院，以便每天检查。其他悬吊绷带，如足枷绷带或扎口绷带，危险性比较低。

保持关节屈曲的悬吊绷带，如 Velpeau、Ehmer 和腕关节悬吊绷带，放置时间不应超过 10 d，以避免关节挛缩和疼痛。

参考文献和延伸阅读

[1] Leighton RL. Principles of conservative fracture management: splints and casts. Semin Vet Med Surg (Small Anim) 1991;6: 39–51.

[2] Tobias TA. Slings, padded bandages, splinted bandages and casts. In: Olmstead ML (ed.) Small animal orthopaedics. St. Louis: Mosby; 1995: pp. 75–110.

[3] Oakley RE. External coaptation. Vet Clin North Am Small Anim Pract 1999;29:1083–1095.

[4] DeCamp CE. External coaptation. In: Slatter D (ed.) Textbook of small animal surgery, 2nd edn. Philadelphia: WB Saunders; 2003: pp. 1661–1676.

[5] Montavon PM, Vass K. [External coaptation]. In: Horziaek MC, Schmidt V, Lutz H (ed.) Krankherten der Katie, 4th edn. Stultgart: Enke Verlag; 2005: pp. 682–684.

[6] Langley-Hobbs SJ, et al. Comparison and assessment of casting materials for use in small animals. Vet Rec 1996;139:258–262.

[7] Keller MA, Montavon PM. Conservative fracture treatment using casts. Indications, principles of closed fracture reduction and stabilization, and cast materials. Compend Continuing Educ 2006;28:631–641.

[8] Anderson DM, White RAS. Ischemic bandage injuries: a case series and review of the literature. Vet Surg 2000;29:488–498.

第 23 章　骨科器械

J.P. Lapish

随着患病动物的体型或手术面积相对于外科医生的手变得越来越小，组织必须越来越多地通过手术器械来操作。必须选择合适大小的器械，以尽量减少骨骼和软组织的失活。因此，猫的骨科手术将比更大体型动物的骨科手术更依赖于器械。

一般情况下，要选择较小型的常见器械，但在确定的参数下，最终的器械选择将取决于外科医生的偏好。虽然患病动物体型小，但外科医生的手没有变化；因此，通常情况下，器械的工作尖端会缩小，但手柄和长度保持不变。不是猫专科的外科医生，会更喜欢通用骨科器械，以满足其他患病动物的使用需求。

23.1　手术入路器械

23.1.1　手术刀柄和刀片

对于大多数猫科手术，15 号刀片是合适的，可以适配 3 号或 7 号手术刀柄（图 23–1）。当需要尖端锐利的刀片时，可以选择 11 号和 15a 号刀片；同样可以适配上述刀柄。如果需要在关节内使用，则首选较小的海狸型刀柄和刀片。65 号刀片大约是 11 号刀片的一半，65a 号刀片更小。

23.1.2　手术镊

标准的手术镊，如 Treves 镊，在猫上使用略显笨重，轻便的 Adson 镊更适用于软组织。Adson 镊有齿状和锯齿状两种类型。微齿状的 Adson–Brown 镊，抓持轻柔但抓持力良好，主要用于操作比较坚韧的组织，如筋膜。DeBakey 镊的尖端有多个微齿，是一种用于心脏外科的无损伤镊。最小的手术镊长 150 mm（6 in），尖端宽 1.5 mm。手术镊在图 23–2 中展示。

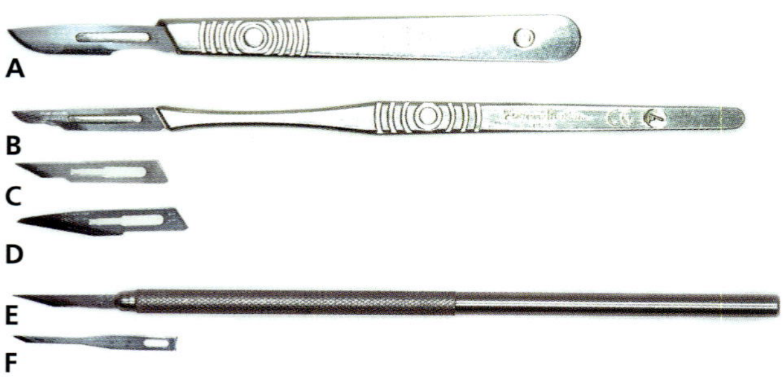

图 23–1　手术刀柄和刀片。（A）3 号刀柄加 10 号刀片；（B）7 号刀柄加 15 号刀片；（C）15a 号刀片；（D）11 号刀片；（E）海狸型刀柄加 65 号刀片；（F）65a 号刀片

23.1.3　手术剪

猫骨科首选的手术剪是 Metzenbaum 剪（图 23–3）。虽然整体长度与标准的 Mayo 剪类似，但是 Metzenbaum 剪的刀刃比较短，也更细。合适的长度为 180 mm（7 in）和 145 mm（5.75 in），后者称为儿科 Metzenbaum 剪或 Laheys 剪。如果需要更小的手术剪，可以选用眼科剪。Strabismus 剪（图 23–3）是缩小的 Metzenbaum 剪。弯形 Mayo 剪或专用剪线剪常用于剪线（图 23–3）。

23.1.4　动脉止血钳

在猫中，可以使用 125 mm（5 in）弯或直 Halstead 蚊式止血钳止血（图 23–4）。止血钳尖端用于钳夹小血管。在闭合性放置外固定支架的固定针之前，Halstead 蚊式止血钳也是钝性创造软组织到骨骼通道的理想器械。皮肤先做刺穿切口，然后插入闭合的止血钳，再轻轻打开就可以创造出通道了。

23.1.5　牵开器

牵开骨和关节周围的软组织是保护它们免受损伤的关键，也可以暴露骨和关节方便检查，并且可以让足够的光线到达术野。术者在没有助手进行手术时，只能依靠自锁式牵开器来提供暴露（图 23–5）。牵开器可以分为两大类：单齿（Gelpis）牵

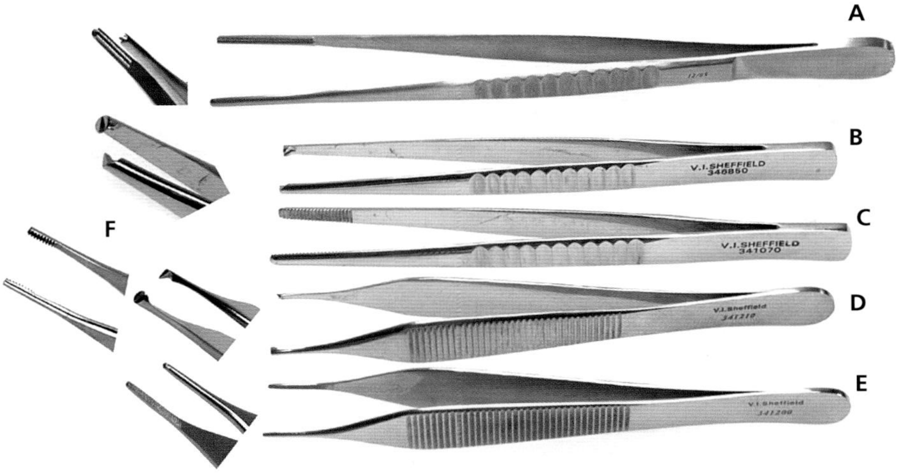

图 23-2　手术镊与尖端的放大观。（A）DeBakey 镊；（B）Treves 镊；（C）敷料镊；（D）Adson 镊；（E）Adson 无损伤镊；（F）Adson Brown 镊尖端

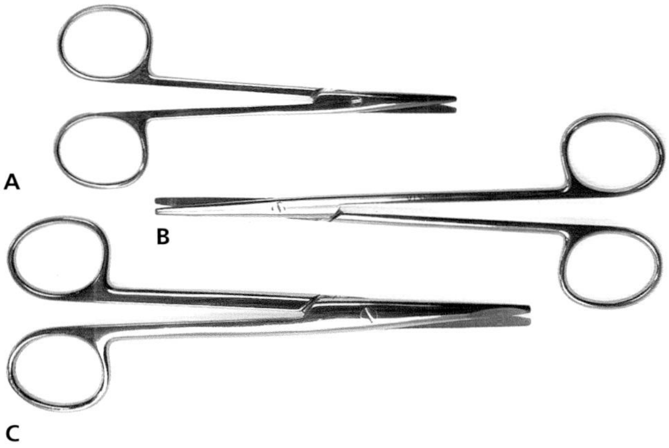

图 23-3　手术剪。（A）Strabismus 剪；（B）Metzenbaum 剪；（C）Mayo 剪

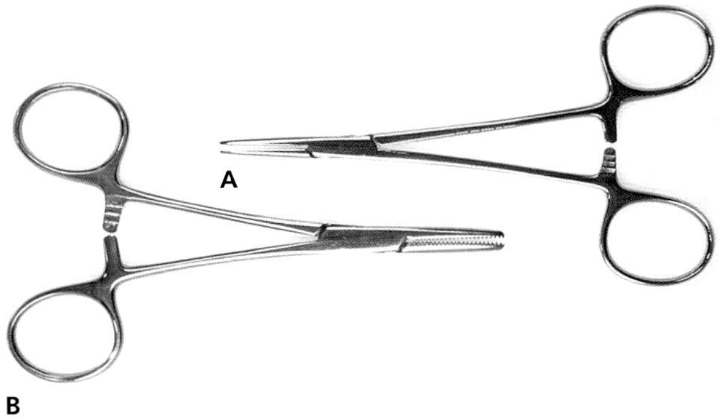

图 23-4　动脉止血钳。（A）Halstead 蚊式止血钳；（B）Spencer Wells 止血钳

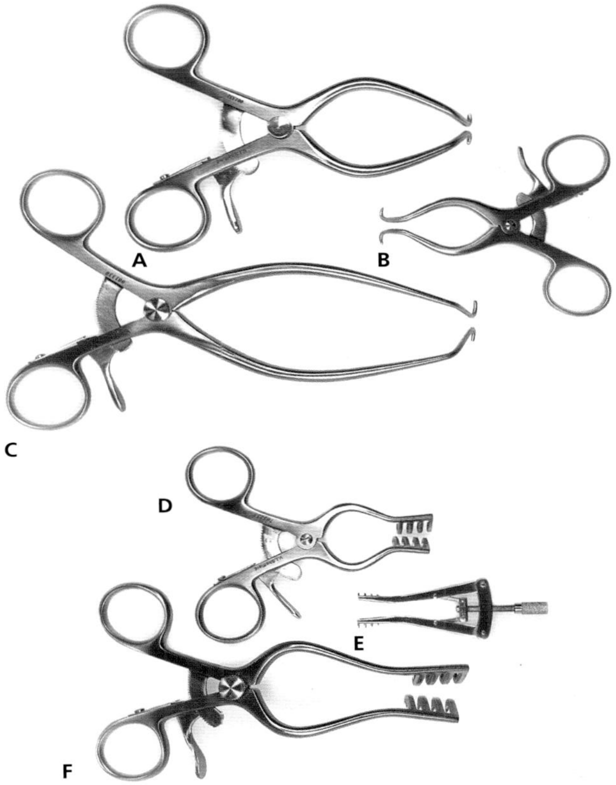

图 23-5　自锁式牵开器。（A）小号 Gelpis 牵开器；（B）迷你 Gelpis 牵开器；（C）标准的钝头 Gelpis 牵开器；（D）迷你 Travers 牵开器；（E）Aln 牵开器；（F）Weitlaners 牵开器

开器和多齿（Wests 或 Travers）牵开器。这两种类型都有适用于猫的改良款。多齿牵开器通常用于皮肤和肌肉等浅表组织的牵开，这些地方往往需要相对广泛的暴露。在靠近骨或关节的地方，使用单齿牵开器可以获得更多的暴露范围。使用 2 个小型单齿 Gelpis 牵开器互为直角放置可以为术野暴露出一个窗口。

如果有手术助手，使用手持式聚焦式拉钩可以提供最佳的牵开（图 23-6）。最好选用刃边宽度不超过 6 mm 的单刃牵开器。大多数兽用器械是按人手指手术设计的。比较合适的类型是小号的 Langenbecks、Meyerdings 和 Senn 拉钩。Senn 拉钩是一种双头器械：一端宽 6 mm；另一端是尖锐的多齿刃，宽 10 mm。

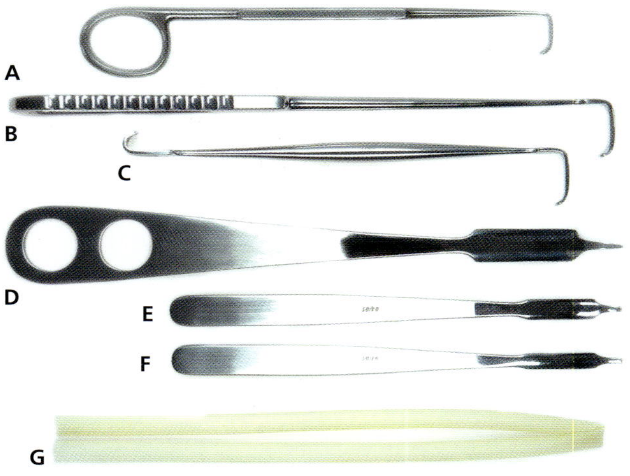

图 23-6　手持式牵开器。（A）Meyerding 指式拉钩；（B）6 mm Langenbeck 拉钩；（C）Senn 拉钩；（D）12 mm Hohmann 骨撬。（E）8 mm Hohmann 骨撬；（F）6 mm Hohmann 骨撬；（G）Penrose 引流管

Hohmann 骨撬是一组特殊的牵开器，可以抬高骨骼或关节结构，同时牵开和压平软组织，以改善术野通路和操作（图 23-6）。骨撬有个小的尖端，可以放置在骨骼后侧，后面的柄比较宽，可以将周围软组织推开。这类牵开器也需要助手牵开。宽度为 6 mm 或 8 mm 的短端骨撬是最有用的。Hohmann 骨撬也可以作为杠杆来分离和复位骨折。

虽然不是专门工具，但是 Penrose 引流管、编织带或脐带也可以用来牵开软组织，特别是用来保护血管和神经。将这些工具穿过血管和神经，可以无损伤地牵拉到安全位置，避免与金属器械接触。Penrose 引流管上夹上一对 Halstead 蚊式止血钳可以提供一定程度的自锁式牵开，器械的重量足以使神经保持在预期的位置。也可以让助手控制牵开的程度。

23.1.6　持针钳

猫手术中使用的针都是较小型号的，因此，也要选择咬合部大小合适的持针钳（图 23-7）。建议使用咬合部带碳化钨钢的持针钳，以获得最大的夹持力和最小的针滑移，因为非常硬的微锯齿夹持部可以咬合相对柔软的不锈钢针。有多种类型的持针钳可供选择，每个外科医生可以根据自己的喜好挑选持针钳。推荐的是 125 ~ 165 mm（5 ~ 6.5 in）Mayo-Hegar 持针钳。DeBakey 持针钳款式相同，但质量更轻。非锁定式 Gillie 持针钳 / 手术剪不太可靠，虽然在没有助手帮助的时候方便剪线。替代 Gillie 持针钳 / 手术剪的是 Olsen-Hegar 持针钳，该器械可以锁定。咬合部碳化钨钢的持针钳长 115 ~ 165 mm（4.5 ~ 6.5 in）。Derf 持针钳实际上是一种小型号的 Mayo-Hegar 持针钳。

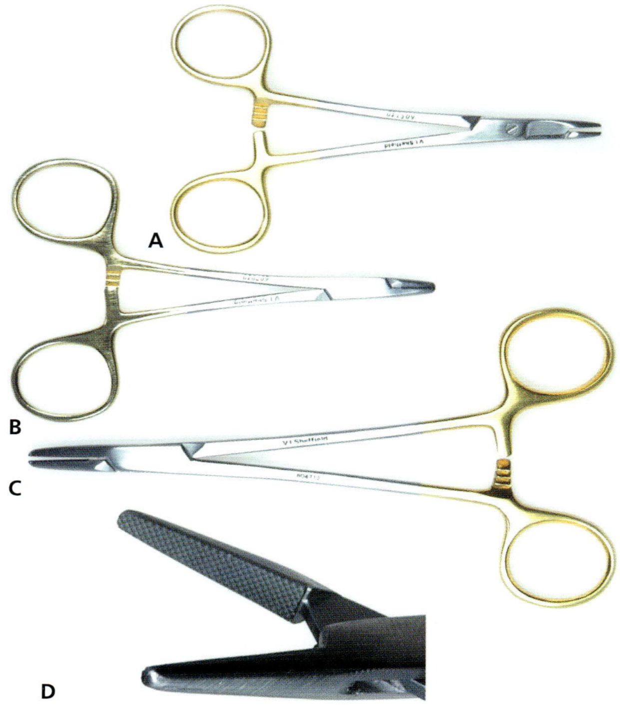

图 23-7　持针钳。（A）Olsen-Hegar 持针钳；（B）Mayo-Hegar 持针钳；（C）DeBakey 持针钳；（D）咬合部嵌入的微锯齿状钨钢

23.1.7　辅助设备

充足的光线是良好手术的先决条件。一个可调节的聚焦光源是非常有用的。应注意控制好光源的加热和干燥效果。通常需要让手术助手保持组织湿润。新型的 LED 光源不会加热组织。

电热设备通过电切和止血可以创造出无出血的伤口（图 23-8）。要尽量减少血液丢失，这对严重受伤的患病动物来说是至关重要的。神经束附近，尤其是脊柱，只能使用双极电热设备。干燥的棉签或纱布表面粗糙，反复使用会造成损害，特别是在软组织表面拖行时。相反，棉签是一种从骨碎片上清除软组织的最有效方法。

抽吸有助于清洁术野，使用冷却的液体冲洗

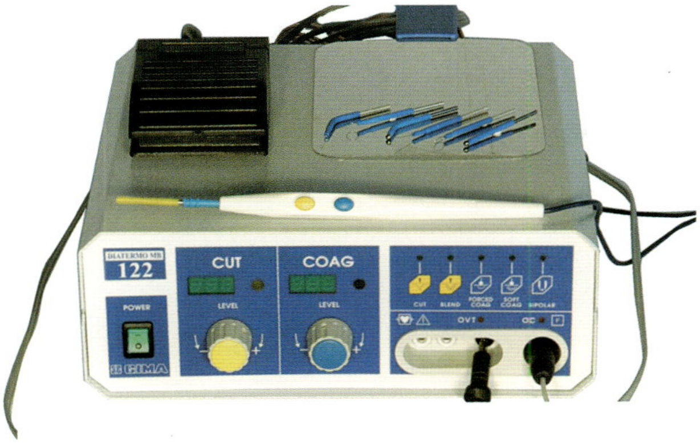

A

B

图 23–8　电热设备。(A) 单级手柄；(B) 双级手柄

更为理想。可以使用各种类型的尖端，但最有用的当属 Adson(直径 4 mm)(图 23–9) 或 Frazier(直径 2.6 mm)，这些抽吸头助手可以手控抽吸。如果手术时间超过 1.5 ~ 2 h，需要更换抽吸头，以减少细菌污染。

猫的骨和关节较小，使用双目放大镜可以在维持正常工作距离的情况下放大手术部位，从而显著改善工作区域的视野 (图 23–10)。对于脊柱手术来说，放大术野非常有用。在大部分手术，放大 2.5 倍即可。选择焦距，保持正常工作距离，通常保持在 380 ~ 430 mm。另外，增加一个放大镜光源，不管是光纤镜还是更经济的 LED，都会自动为术野提供光线。

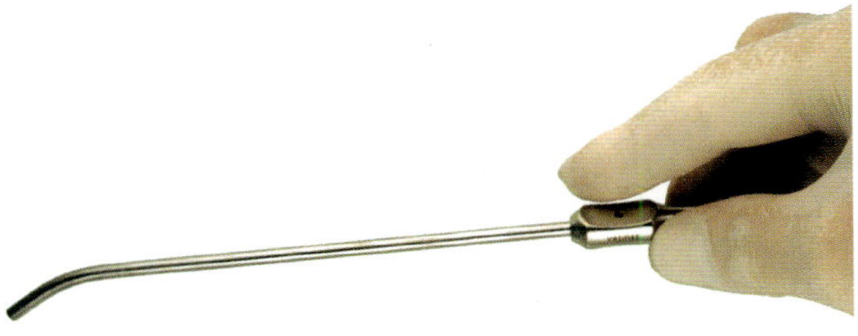

图 23–9　Adson 抽吸头

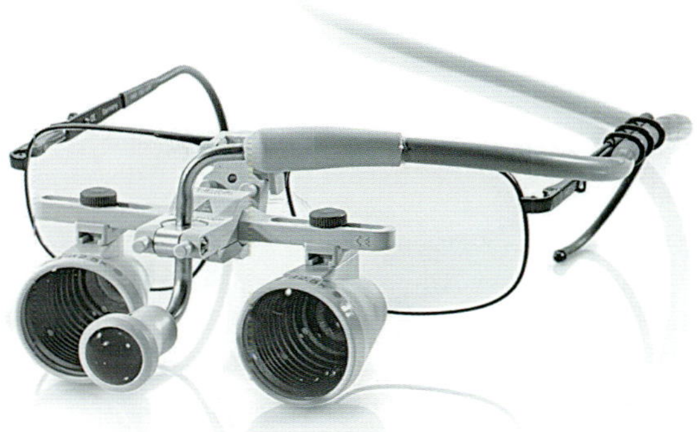

A

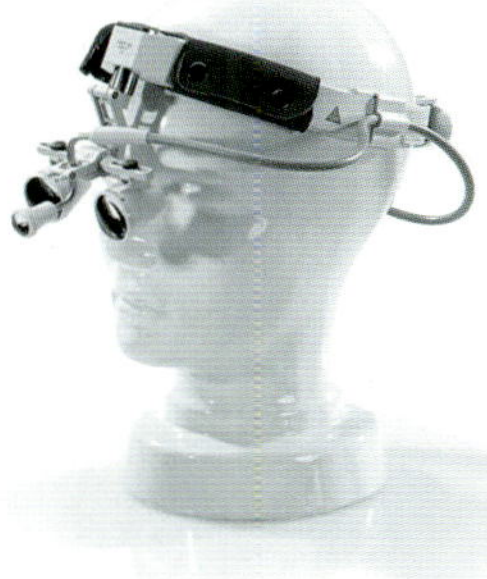

B

图 23–10　双目放大镜和 LED 光源。(A) 眼镜架上的放大镜和光源；(B) 光源和放大镜固定在头带上

23.2　接骨术器械

23.2.1　动力设备

大多数动力骨科设备是为人的大骨骼手术设计的。直到最近，才出现符合行业标准的小型犬和猫骨科气动设备，即 3Ms Mini Driver；虽然已经不再出新，但仍被广泛使用。其他可用的动力设备包括气动 DeSoutter MPZ 系统、电缆驱动 Aesculap Elan 或电池驱动 Aesculap 迷你 Acculan 系统，以及 Synthes 电池 Colibri 系统。所有的动力设备都有其各自的优点和定价。它们是模块化系统，包括一个带有一系列可互换附件的手持部件，如钻头、摆锯和克氏针驱动器 (图 23–11)。大部分钻头适配 4 mm 口径的 Jacobs 卡头。有些系统配置了新型振动式钻头附件，钻孔时更干净，产热也少，而且缠绕的软组织也更少。刚刚提到的这些系统配上合适的锯片都可以切割猫的骨骼。

克氏针驱动器在猫骨科手术中特别有用。直径小于 2 mm 的克氏针比较容易弯折，很难在不弯曲的情况下插入骨骼，或者形成不是圆形的孔洞。

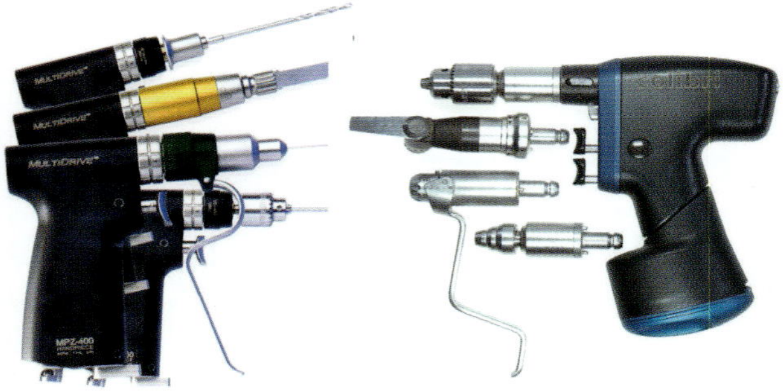

A　　B

图 23–11　猫科手术使用的动力骨科设备。(A) DeSoutter MPZ 模块系统；(B) Synthes Colibri 模块系统

如果所形成的孔洞不是圆形的，针骨界面就会减少，从而导致早期骨植入物失败。克氏针驱动器允许通过旋转离合装置增量插入克氏针。在任何时候都只有一小段克氏针受到弯曲力。使用卡头和钥匙反复增量插入克氏针非常不方便，而且耗时。

上述所有模块系统均由低速高扭矩的电机驱动。它们不适合驱动高速球钻，高速球钻需要高速低扭矩的电机驱动。在转速接近 100 000 rpm 时，球钻会有一定程度的自洁功能，因为骨碎屑会自动脱落。球钻低速运行时，很快堵塞。行业标准的球钻系统是 Halls Surgairtome Ⅱ，由气动马达驱动（图 23–12）。该系统可以驱动不同长度和球头直径的手持式球钻（轴径 2.34 mm）。球钻结构有碳化合金或金刚石涂层。后者可以提供更精细的切割和更好的磨损特性。

图 23–12　Halls Surgairtome 是一种高速低扭矩的气动钻系统，用于神经外科手术或关节融合之前清理关节软骨

23.2.2　点状复位钳

点状复位钳是用于复位和维持骨碎片复位状态的工具。每个骨碎片被单点加压，因此，夹持位置的选择非常重要。咬合部使用棘齿或旋转锁机制来保持位置。当处理非常小的骨碎片时，棘齿的齿间增量可能太大，但手部无感。旋转锁机制的复位钳，可以用手拧紧，旋转锁拧到合适的位置保持复位。第三种锁定机制是“软锁”，该机制利用了非常精细的棘齿，可以提供更好的手感。这三种类型都有适合猫的各种小型号器械（图 23–13）。

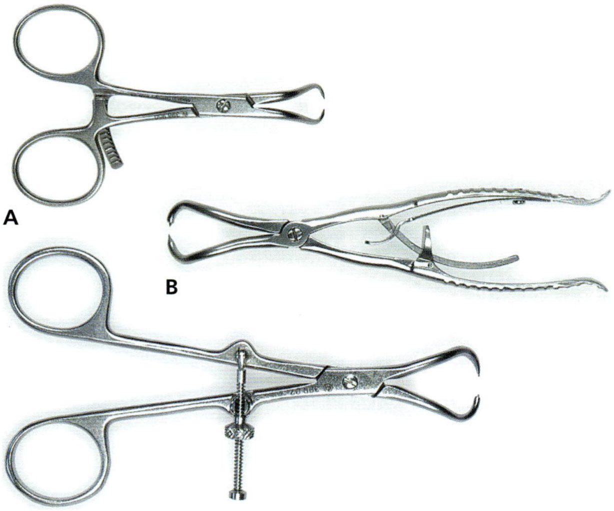

C

图 23–13　不同锁定机制的点状复位钳。(A) 棘齿；(B) 软锁；(C) 旋转锁

23.2.3　持骨钳

点状复位钳和持骨钳的区别有些武断。持骨钳是用来夹持和移动骨骼进行复位的，而不是单纯地在复位后夹住骨骼维持复位。点状复位钳只是维持复位。持骨钳的闭合机制与点状复位钳的一致。有各种各样的咬合部设计可供选择，以适应不同的骨科病例。目前还没有通用的持骨钳。猫的长骨皮质相对较薄，操作骨碎片时既要有效夹持又不能压碎它们。使用过大的持骨钳，或棘齿增量过大的持骨钳，或咬合部形状错误的持骨钳，都可能压碎骨碎片。各种类型的持骨钳如图 23–14 所示。

23.2.4　骨杠杆和骨钩

小动物的骨碎片不能用手指操作。手指会阻挡骨折视野，而且会使骨骼和软组织失活。除了点状复位钳和持骨钳，也可以选择牙科钩、刮匙和小号

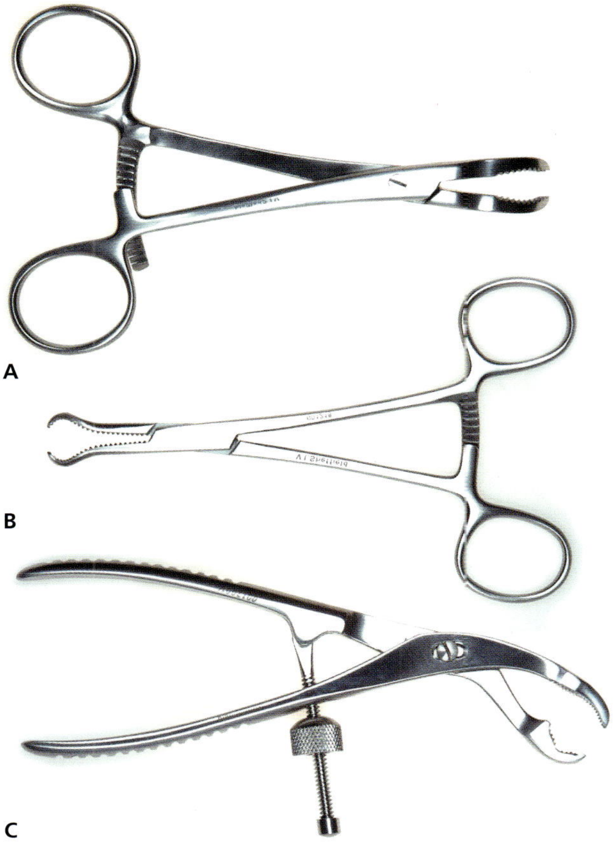

图 23-14　持骨钳。(A) 小弯型;(B) 小锯齿型，“蟹钳”；(C) 自锁式，兽医款

的 Hohmann 骨撬，以及非常精细的骨膜剥离器当作猫骨科套装中的骨杠杆和骨钩。

23.2.5　放置骨科钢丝的器械

应用环扎钢丝时，可以使用一段钢丝自身缠绕打结，或与钢丝末端环结拉紧打结。第一种打结方式渐进调节张力，操作时需要小心，以免在钢丝扭结的基部损伤钢丝（第 24 章）。第二种打结方式更可靠，但不能再次收紧。两种打结方式都需要专用器械。不建议使用持针钳或动脉止血钳扭结钢丝。推荐使用钢丝紧固器和钢丝钳收紧环扎钢丝。环结环扎钢丝需要专用的钢丝紧固器（图 23-15）。各种款式的导丝器可用于在骨碎片周围传递钢丝，同时最大限度地减少对软组织的损伤。所有的导丝器都由一根弯曲的匹配骨直径的硬管组成。弯管沿骨周轻推，穿过软组织。弹性钢丝通过导丝器，然后拉出导丝器。直径约 20 mm 的导丝器是猫骨科手术中最有用的。

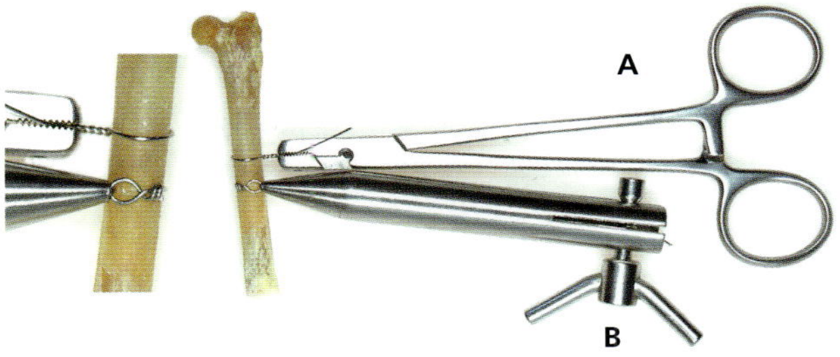

图 23-15　使用（A）钢丝紧固器和（B）钢丝钳一起展示环扎钢丝。左侧是特写镜头

23.2.6　克氏针和髓内针的插入

髓内针和克氏针，包括外固定支架的固定针，需要纯轴向旋转插入。任何不足都会破坏针骨界面，从而影响克氏针 / 髓内针在骨内的保留。理想的器械是使用动力电钻（图 23-16）。更粗的不易弯折的髓内针也可以使用手持卡头插入。Jacobs 卡头包含一个不锈钢的安装在阳极化处理的铝制手柄上的卡头。目前有两个型号：大号的 6.35 mm；小号的 4 mm。推荐使用后者。对于直径不超过 2 mm 的克氏针，可以使用更小型号的克氏针驱动器。这些驱动器适合手持，比起使用卡头来说更容易施加轴向旋转力。需要注意的是卡头钥匙，大约 25% 的卡头钥匙会比卡头磨损更快。所以更换钥匙的频率会比卡头更加频繁。

图 23-16　克氏针气动钻

放置在靠近关节的较粗的克氏针剪断的断端需要处理，以免松动或刺激软组织。断端可以使用冲头压平到骨面，断端嵌入后可以减少松脱。或者，将断端弯曲，与附着的韧带或肌腱对齐。在弯曲克氏针时，要施压保持骨折复位，以免骨折失稳，这一点非常重要。可以使用克氏针折弯器来操作。克氏针折弯器是一个圆筒状的器械，可以将克氏针压平到骨面。弯曲时施压不会妨碍骨折修复，而且仅在骨面形成折弯。

23.2.7　切骨器械

如果为了接触复位而切骨，切骨的控制和精度就显得非常重要。推荐使用带有合适锯片的电动摆锯。骨剪和骨凿的控制性较差。某些特定情况下可以使用骨剪，如胫骨粗隆移位术或股骨头和股骨颈切除术；但是骨剪在切割时容易压碎骨头。骨凿很难使用，因为猫的体型太小，在没有支撑的时候，骨锤的力量就会消失。当支撑起病变骨时，可以有效地使用 4 mm 或 6 mm 的骨凿。

滑车成形术是一种特殊的切骨手术，需要使用薄而坚硬的锯片。锯片的背部放一块坚硬的金属条可以强化锯片。这种类型的锯片可以是可调节式骨锯（Xacto），其锯齿非常精细；也可以是外科硬背锯，可以高压灭菌，但锯齿稍大（图 23–17）。

23.2.8　去除骨骼

去除骨骼最好的方式就是使用高速球钻，可以轻柔地渐进去除。当靠近重要的结构，特别是脊柱时，最好手动去除覆盖的最后一层骨骼。务必要将最后这层骨骼研磨到蛋壳厚，因为太厚的骨骼无法使用咬骨钳去除。当在脊柱上使用咬骨钳时，重要的是要记住，先将咬合部的一个颚口插入骨骼和脊髓之间，以便与另一个颚口进行咬合。插入的颚口必须尽可能地小（图 23–18）。咬合部宽度为 1.5 ~ 3 mm。然而，咬合部的大小与咬合力量有关；微型咬骨钳应在精细工作时使用。

其他有用的除骨工具包括牙科探针。锋利的探针，如 Jaquette，可以钩住骨碎片拉离脊柱。牙科刮匙有一个圆形的背面，因此，在脊柱手术中

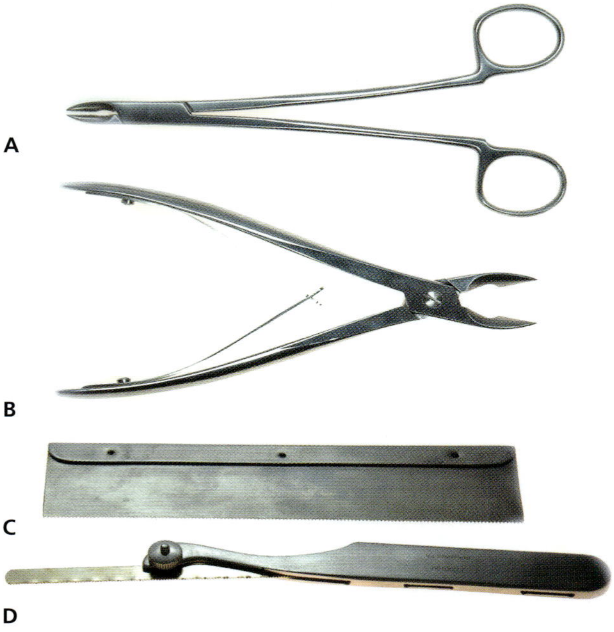

图 23–17　切骨器械。（A）精细骨剪，咬合部 9 mm；（B）骨剪，咬合部 11 mm；（C）硬背手锯；（D）可调节式骨锯

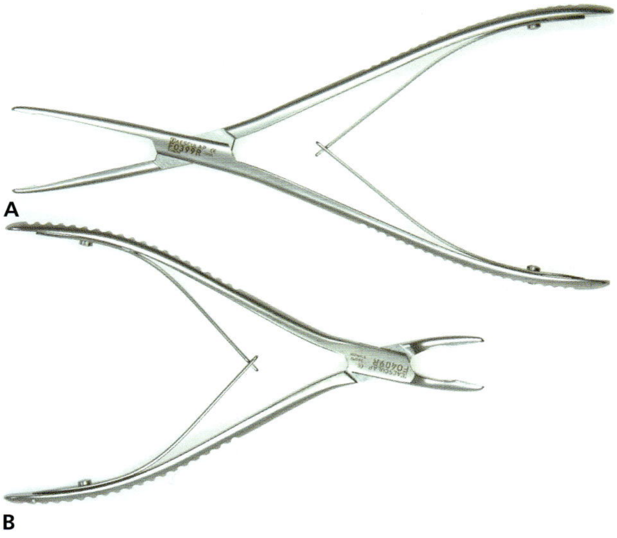

图 23–18　咬骨钳。（A）Stellebrink 滑膜切除咬骨钳；（B）微型 Friedman 咬骨钳

更加有用。只有 House 刮匙（用于人耳手术的器械，双头）大小适中，大部分的传统刮匙都太大了。

23.2.9　骨板器械

传统的猫用骨板和螺钉限于 2.7 mm、2.0 mm 和 1.5 mm 的动态加压骨板（DCP）。目前有更多的选择，包括微型与 2.4 mm 的骨板和螺钉，以

及锁定骨板（第 24 章）。每个系统需要使用专用的器械。

迷你AO套装将会详细介绍。例如，放置2.0 mm位置螺钉时，需要以下器械：导钻、螺纹孔钻头（1.5 mm）、1.5/2.0 测深器、丝锥、小号埋头钻和 1.5 内六方或十字改锥。拉力螺钉则需要 2.0 mm 滑行孔钻头和 1.5/2.0 钻头套筒。如果使用 DCP，也要准备加压 / 中立导钻，以便将螺钉放置在骨板的正确位置。如果使用自攻螺钉，则无须使用丝锥。1.5 mm、2.4 mm 和 2.7 mm 螺钉 / 骨板系统需要的专用器械类似。

锁定骨板需要螺纹导钻放置在锁定孔上，以确保螺纹孔位于骨板孔中心，并与骨板垂直（第 24 章）。锁定螺钉头部的机器螺纹对螺钉角度的要求很严格。

骨板和骨碎片固有的不稳定结构决定了很难使用简单的通用骨板固定钳。棘齿型的带关节器械适用于骨直径范围相对较小的情况。最有效的骨板固定钳是按照每种骨板型号单独设计使用的。在猫骨折手术中，适合使用 Synthes 2.7 mm 和猫用 Lowman 骨板固定钳。前者是改良式 Verbrugge 钳，包含一个活动的自定位转轴和铰链颚口。后者不是铰链式的，在单面上加压固定，需要更宽的骨骼范围才能发挥功能，适配 2.0 mm 和 2.7 mm 骨板（图 23-19）。

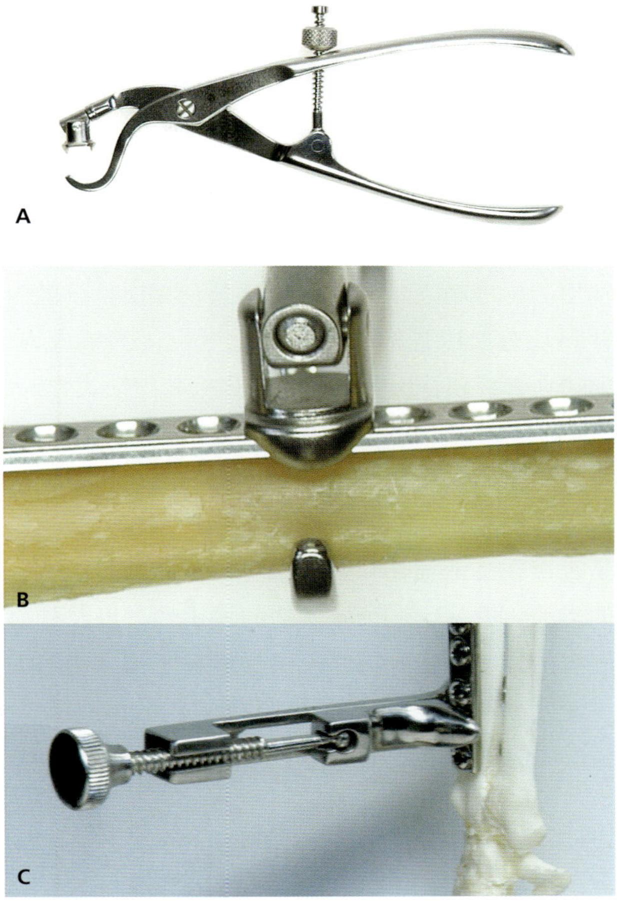

图 23-19　骨板固定钳。（A）Synthes 2.7 mm 骨板固定钳；（B）图 A 的特写；（C）猫用 Lowman 骨板固定钳

23.2.10　骨膜剥离器

骨膜剥离器是在骨板固定之前将软组织从骨骼上剥离的工具（图 23-20）。标准的 AO 型骨膜剥离器宽 6 mm，对猫来说有点大。Freer 型骨膜剥离器更优，相对较窄，宽 5 mm。也可以选用带有 2 mm 和 3 mm 尖端的双头骨膜剥离器。使用骨膜剥离器时，应将食指靠近工作端，以便操控。

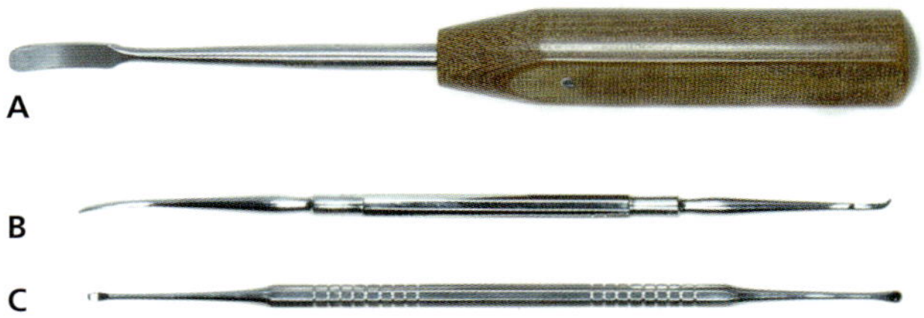

图 23-20　骨膜剥离器。（A）AO 型；（B）Freer 型；（C）细头骨膜剥离器，2 ~ 3 mm

参考文献和延伸阅读

以人手外科器械和兽医骨科专业为特色的商业目录和网站展示了适用于猫骨科的各种小型器械，相关目录可从许可公司获得，如下：

Aesculap: www.aesculap.de
Synthes: www.synthes.com
Veterinary Instrumentation: www.vetinst.com

第 24 章　骨科植入物

S.J. Langley-Hobbs, K. Voss, J.P. Lapish, P.M. Montavon

有大量不同类型的骨科植入物适合猫使用。常用的标准植入物包括骨科钢丝、克氏针、髓内针和动态加压骨板（DCP）。更专门化的植入物，如迷你骨板和特殊骨板、锁定骨板和内锁式骨钉，更适用于修复猫的小型骨骼。通常可以成功地应用多种不同的植入物来固定骨折，而选择哪种植入物要基于对猫的个体评估，包括猫的体型、年龄、是否存在其他损伤、骨折本身、预期的骨折愈合的类型（第 13 章）、植入物的可用性，以及外科医生的经验。猫骨折修复的优势在于植入物的大小变化不大，方便库存管理，因为家猫的体型相似。猫适用的植入物及其应用技术将在下述内容介绍。

24.1　骨科钢丝

骨科钢丝由 316 L 不锈钢制成，其制造方式与克氏针和骨板不同，相对更柔软，延展性也更好。骨科钢丝有不同的直径，单位也以 G 表示。0.8 mm 或 22 G 是最常用于猫的型号，0.4 mm（26 G）、0.6 mm（24 G）或 1.0 mm（20 G）也偶尔使用。骨科钢丝可用于全环钢丝、半环钢丝、骨片间钢丝和张力带钢丝。全环钢丝是指环扎钢丝完全环绕骨骼的周长。半环钢丝是指一段钢丝穿过骨骼预置孔部分环绕骨骼。

24.1.1　全环钢丝和半环钢丝

全环钢丝必须严格按照操作规范准确放置（专栏 24-1）。钢丝放置不准确会松动和破坏血供，从而影响骨折愈合。然而，如能正确使用，仍不失为猫接骨术中一种有效且经济的植入物（见第 37 章，图 37-9）。

全环钢丝、半环钢丝和克氏针公制和英制单位的转换关系见表 24-1。钢丝不能作为任何类型的长骨骨折单一的固定方法。全环钢丝最常与髓内针合用进行长斜骨折的修复；也可以放在骨板下或骨板上。一项研究表明，全环钢丝放置在骨板下优于骨板上[1]。

有多种紧固全环钢丝和半环钢丝的方法，包括末端相互拧结或使用单环或双环扣。无数的文献讨论了这些不同紧固技术的优劣势，在运用得当的情况下，拧结技术更适用于猫骨科操作。常用钢丝钳或克丝钳拧结。钢丝在开始拧结前，要远离骨骼拉紧，然后用器械抓住钢丝的两个末端转手拧紧。相互拧紧两个钢丝末端的时候，器械要远离骨骼拉紧（图 24-1）。当周围有足够多的软组织时，拧结可与骨面垂直，但要剪短末端，保

专栏 24-1　猫骨科手术中使用全环钢丝的原则

使用足够大型号的钢丝——猫最常用 22 G 或 0.8 mm 钢丝。

务必紧固钢丝——钢丝活动会造成血供阻断和骨骼脱矿化。

应用钢丝时，要使用钢丝传递器，尽量减少对周围软组织和骨骼血供的破坏。

骨骼仅能解剖复位重建的区域，避免使用钢丝——钢丝不能用来环扎无法复位的骨碎片。

钢丝只能用于斜骨折，骨折线的长度至少是骨直径的 2 倍。

斜骨折上至少放置 2 个钢丝环——仅放置 1 个钢丝环时，可能以此为支点发生骨骼弯曲；如果空间内仅够放置 1 个钢丝环，说明该骨折还不够倾斜不需要环扎。

钢丝环距离骨折线至少要 0.5 cm，钢丝环的间距为 1/2 ~ 1 个骨直径。

钢丝环要放置在骨直径最小的位置；如果骨骼逐渐变细，要制作凹槽或使用小型号克氏针穿过骨骼（针钎）锚固钢丝。

使用钢丝钳紧固钢丝时，旋拧的同时远离骨骼拉紧，确保钢丝端相互均匀拧结。不能拧成一根直丝而另一根缠绕其周围的滑丝，以免松动。

剪短钢丝断端，留 3 个缠绕或拧圈——断端太长没有必要，也会导致软组织刺激。

拧结可以突出，与骨面垂直（生物力学上的最佳选择）——如果这里覆盖的软组织太少，则要将拧结折弯与骨面贴合。

表 24-1　克氏针和钢丝尺寸转换

克氏针尺寸			钢丝型号
毫米	英寸	分数	
0.4	0.015		24 G
0.6	0.023		
0.8	0.031		22 G
0.9	0.035		
1.0	0.039		20 G
1.1	0.043		
1.2	0.047		18 G
1.6	0.062	1/16	
2.0	0.078	5/64	
2.4	0.094	3/32	
2.5	0.098		
2.8	0.109	7/64	
3.0	0.118		
3.2	0.125	1/8	
3.5	0.140	9/64	
4.0	0.156	5/32	

图 24-1　全环钢丝的正确用法。即旋拧的同时远离骨骼拉紧，确保形成均匀的拧结

留 3 个缠绕，以免组织刺激。

半环钢丝不如全环钢丝常用。必须注意，使用半环钢丝时务必拉紧，而且要特别安排穿过钢丝的预置孔，不能产生新的裂隙或骨折。髓腔内的钢丝要环绕髓内针，以便钢丝拉紧后可以将髓内针紧贴骨内膜（图 24-2）。半环钢丝不会明显增加骨折的稳定性，反而骨骼的钻孔可能进一步削弱骨骼[2]。

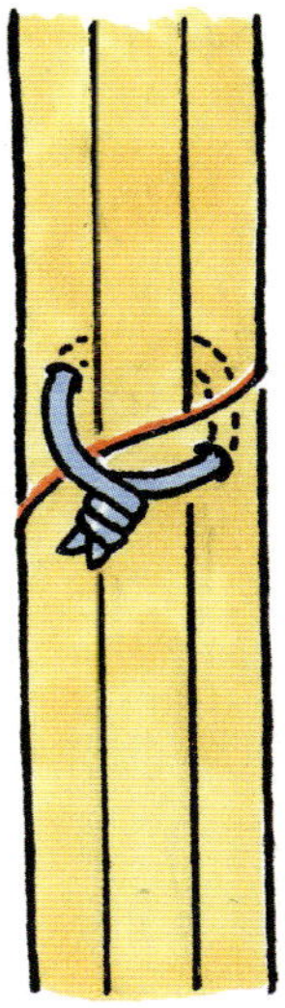

图 24-2　半环钢丝联合髓内骨钉。骨钉占髓腔直径的 70%

24.1.2　骨片间钢丝

骨片间钢丝是以类似缝线闭合的方式通过骨骼中的预置孔进行固定。骨片间钢丝是头骨或肩胛骨体等扁骨的简单骨折的主要固定方法（图 24-3），不适用于完全负重骨。常选用小直径（0.4 ~ 0.6 mm）的钢丝，因为大直径的钢丝特别难收紧，而且可能切断薄弱的骨骼。

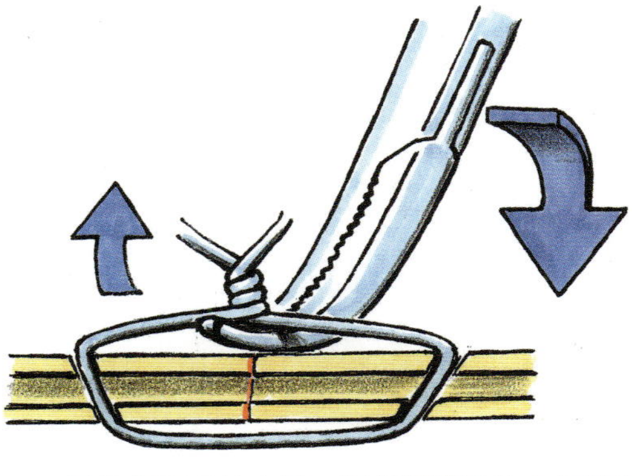

图 24-3　骨片间钢丝的应用。钢丝预置孔的方向朝向骨折线轻微倾斜，以便钢丝插入。使用蚊式止血钳的尖端有助于紧固钢丝

24.2 克氏针

克氏针是由 316 L 不锈钢制成的半刚性骨针。其直径为 0.6 ~ 3 mm，长度 150 ~ 300 mm。克氏针的一端或两端有尖头，通常是三棱尖型头。小型号的三棱尖克氏针也可制成螺纹针，螺纹在针的一端或中央。螺纹针的详细信息见本章外固定支架（ESF）中的描述。钢丝和克氏针公制和英制单位的转换关系见表 24–1。

克氏针使用的适应证很多，在猫骨科上有很多用法。滑面针常用于髓内骨针、交叉和平行克氏针、张力带钢丝固定与针钎。克氏针也可用于外固定支架的骨骼固定针，实际上，螺纹针更常用于固定针。

24.2.1 交叉和平行克氏针

交叉和平行克氏针的主要适应证是修复生长板骨折。两根克氏针交叉穿过骨折，可以提供旋转稳定性。交叉克氏针适用于肱骨、桡骨、股骨和胫骨等骨骼远端的 Salter–Harris Ⅰ型和Ⅱ型骨折。平行克氏针适用于修复肱骨近端、股骨远端和胫骨近端的 Salter–Harris Ⅰ型和Ⅱ型骨折，以及固定股骨头生长板和股骨颈骨折。

要根据骨碎片大小选择合适型号的小直径滑面克氏针。这些克氏针直径 0.6 ~ 1.6 mm，最终的选择取决于猫的体型和骨碎片大小及骨折的位置。克氏针最好用低速电钻以振荡的方式钻入，可以防止钻入过程中软组织绞缠克氏针。使用交叉和平行克氏针时，务必使骨折解剖复位，以获得足够的稳定性。钻入交叉克氏针时，克氏针要在骨折线上方交叉（图 24–4）。克氏针如果在骨折处交叉，旋转稳定性可能不足。在斜骨折，克氏针首先要从更平行于骨折线的一侧钻入，以免分离骨折。

在某些位置，如肱骨或股骨远端，克氏针有时候会太平行于骨的长轴钻入，从而滑过骨皮质的内表面而不会穿透骨皮质。这时，可以将克氏针再向髓腔近端钻入，做成冲针。通过强化与骨皮质内表面的接触，可以产生弹簧效应，从而弥补未能穿透骨皮质的不足。该技术称为动态交叉髓内针[3]（图 24–4）。

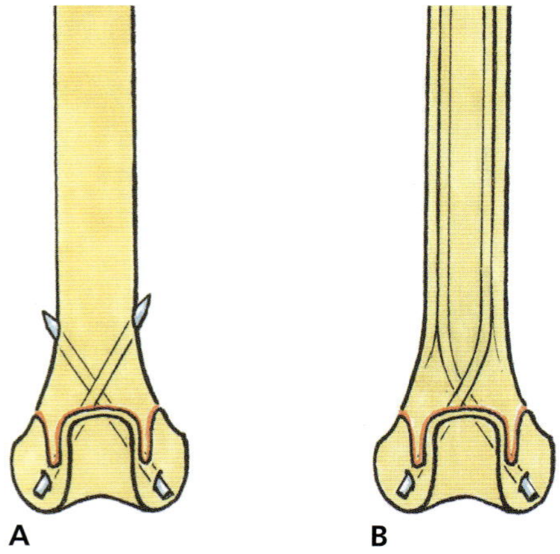

图 24–4 股骨远端 Salter–Harris Ⅰ型骨折（A）交叉克氏针和（B）动态交叉克氏针固定示例

正确使用时，交叉克氏针或动态交叉克氏针的并发症很少。术中的并发症包括克氏针进入关节，或者骨膜下放置，降低了抓持力。局部解剖知识的全面掌握有助于避免克氏针放置不当。晚期并发症主要是克氏针移行。克氏针移行时，要怀疑发生了骨折不稳定，如果还没有充分愈合，需要考虑替换移行的克氏针，或者换为其他植入物固定。交叉克氏针穿透的骨皮质位于邻近关节的功能区，建议在骨折愈合后拆除克氏针。

24.2.2 针钎

在沙漏形骨骼上或斜骨折处使用环扎钢丝时，可以先用克氏针横穿骨骼锚固钢丝环，防止钢丝环向骨骼的窄部滑动，确保钢丝环的功能。该技术称为针钎锚固技术。骨折复位后，使用 0.9 mm 或 1.1 mm 克氏针垂直于骨折面直接横穿骨骼。如果骨折类型更倾向横骨折，克氏针必须在骨骼长轴的垂直线与骨折角间的夹角钻入。克氏针钻入后，放置全环钢丝或“8”字钢丝。收紧钢丝后，可以提供骨片间的压缩、防止克氏针移位及提供骨折复位的稳定性（图 24–5）。针钎最常见的临床应用是髂骨的长斜骨折（第 35 章）。

图 24–5 针钎特写。“8”字钢丝锚固在克氏针末端，对骨碎片形成压挤

24.2.3　张力带固定

张力带钢丝常用于固定撕脱性骨折。张力带抵消活跃的分散力，并将其转换为压缩力。

拉力由附着在骨碎片上的韧带牵拉或肌肉收缩形成，这些骨折称为撕脱性骨折。猫的撕脱性骨折包括鹰嘴、大转子、内踝、肩峰、跟骨和胫骨粗隆。这些拉力可以通过向骨碎片内钻入 2 根平行的克氏针，以及在张力侧用“8”字张力带钢丝固定抵消，并转化为压缩力（图 24-6）。

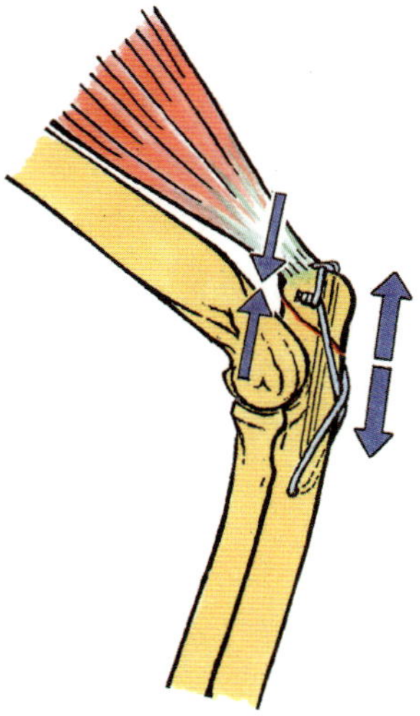

图 24-6　鹰嘴近端简单骨折的张力带固定。钢丝不穿过骨折部位

克氏针充当张力带的锚固端，放置 2 根可以克服旋转力。“8”字钢丝也可以通过预置孔而非克氏针锚固端放置。在修复鹰嘴骨折时，通过在克氏针末端放置钢丝，可以有效抵消肌腱的拉力；钢丝越靠近骨折，骨折固定越稳定。放置克氏针和张力带钢丝的原则见专栏 24-2。

并发症包括张力带钢丝的预置孔太浅，造成钢丝勒豁骨骼的风险；克氏针放置得太靠近骨折线，造成固定失败；使用的骨科钢丝直径太小，造成断裂；植入物下方的软组织结构压迫。密切注意钻入技术和掌握局部解剖知识可以避免大部分并发症。

24.3　髓内针

髓内针又称为斯氏针。髓内针比克氏针更粗，材质与克氏针相似，也是 316 L 不锈钢。髓内针通常两端有尖，但通常只用一个尖端。尖端通常是三棱尖，但也有菱形尖头和螺纹端的。髓内针通常长 250 ~ 300 mm；克氏针常用作猫的髓内针，尤其是较小的骨骼和幼猫。

髓内针常用于股骨、肱骨、尺骨、胫骨、跖骨和掌骨等长骨骨干和干骺端骨折。其放置、钻入和最终的位置对骨膜血供影响很小，特别适合幼年动物。桡骨是唯一不适合髓内针固定的长骨，因为髓内针的插入会损害腕关节或肘关节。掌骨和跖骨也不适合使用髓内针，但通过在骨的远端磨出一小的凹槽，使髓内针方便钻入髓腔而不损伤关节面。

髓内针最适合抵抗弯曲力，但缺乏旋转和轴向稳定性。髓内针不单独使用，除非是用在轻微移位的横骨折或不足 3 月龄的幼猫。髓内针常与全环或半环钢丝、骨板或外固定支架合用。

主要使用髓内针结合环扎钢丝进行内固定时，推荐使用的髓内针尺寸至少要占据髓腔的 70%。如果与骨板或外固定支架合用，要选择更细的髓内针，占髓腔的 30% ~ 40%，为放置螺钉或固定

专栏 24-2　克氏针和张力带钢丝在撕脱性骨折的应用

1. 伸展关节，使用 Allis 组织钳夹持肌腱或使用尖头牙科钩将骨折间接复位。不要夹持骨碎片本身，因其主要是松质骨，很可能被进一步压碎。
2. 垂直于骨折线放置 2 根相互平行的克氏针。
3. 克氏针穿过骨碎片，进入基骨，直至尖端刚好穿透远端骨皮质。
4. 在骨折远端的骨干上钻一个横向预置孔，孔到骨折线的距离等于克氏针末端到骨折线的距离。预置孔相对较浅，但也要足够深，以免勒豁骨骼*。
5. 大号骨科钢丝以“8”字方式穿过预置孔和突出的克氏针末端内侧（或穿过骨碎片上的第 2 个预置孔）。使用两段钢丝，方便在骨骼两侧拧结，以便获得更佳的张力分布。
6. 拧结时，双侧收紧；钢丝不要直接横跨越过骨折线。
7. 折弯克氏针，最初先以可以压在骨骼上的方向折弯，然后在“8”字张力带钢丝上沿与钢丝拉力的相反的方向旋转；剪短克氏针末端。
8. “8”字张力带钢丝紧固完成后，末端剪短留 3 或 4 个拧圈，然后折弯贴近骨面。

* 在放置克氏针前可以先钻预置孔并插入骨科钢丝，以免钻孔时影响髓内植入物。

针留出空间[4]。髓内针要始终先于抗旋转的植入物放置，这样有助于骨折复位和准直。

髓内针要使用低速电钻以顺行或逆行的方式钻入（图 24-7）。逆行方式是指将髓内针从骨折处向近端钻入，与骨折端齐平时，将骨折复位，然后再向骨折远端钻入至合适位置。无论使用哪种进针方式，克氏针最终都是向远端钻至开始接触骨皮质或软骨下骨，这时可感受到明显的阻力。与另一根同等长度的克氏针比较，有助于评估克氏针钻入骨折的深度，从而避免穿透关节。也会避免钻入过深造成的骨碎片分离，从而在骨折处形成间隙，导致延迟愈合或不愈合，这在胫骨尤其要注意避免。

推荐使用顺行方式进针，因为逆行方式进针的出端不好控制，尤其是在股骨和胫骨。股骨逆行方式进针时，存在损伤坐骨神经的风险[5]（第 37 章），而胫骨逆行方式进针时，会侵害髌韧带[6]（第 39 章）。

髓内针相关的并发症包括松动和移行、弯曲、断裂。据报道，一例肱骨骨折的幼猫在使用髓内针固定时，发生了大量脂肪栓塞造成的肺毛细血管阻塞[7]。

24.4　内锁式骨钉

内锁式骨钉是带孔的不锈钢髓内针，通过穿过预置孔的植入物与骨相连，通常是借助于临时的夹具完成；夹具在植入物放置完成后移除。该植入物系统的优点是可以防止旋转、压缩和骨钉移行，而且骨钉在骨内的位置靠近中立轴，在生物力学上具有优异的抗弯曲能力。在人医中，内锁式骨钉是固定股骨、胫骨和肱骨骨折的理想植入物。在猫上，主要用于固定股骨、肱骨和胫骨骨折[8-12]，但骨骼的直径和骨折的类型限制了其使用。适用的骨折类型是长直骨的骨干中段简单或复杂骨折。肱骨或胫骨的远端骨折不适合内锁式骨钉，因为髓腔狭窄，妨碍了骨钉向骨骼远端足够远位置的放置。内锁式骨钉主要用于猫股骨骨折。

24.4.1　内锁式骨钉系统

在猫上，需要使用专门的工具放置内锁式骨钉。文献中报道过多种内锁式骨钉系统，然而，并不是所有的系统都是市场上可购买到的。有文献报道过 43 例股骨、胫骨或肱骨骨折患猫使用过兽医内锁式骨钉（VIN：Numédic Company，Cholet，France）[10]。猫上使用的第三代骨钉直径为 4 mm，一端是三棱尖的，另一端有一凹槽，方便连接可以在术后移除的夹具。骨钉与 2 mm 的专用内锁式螺钉合用。骨钉近端有 1 个孔，远端有 2 个孔，二者的距离有 6 个规格的长度，分别是 92 mm、100 mm、109 mm、119 mm、130 mm

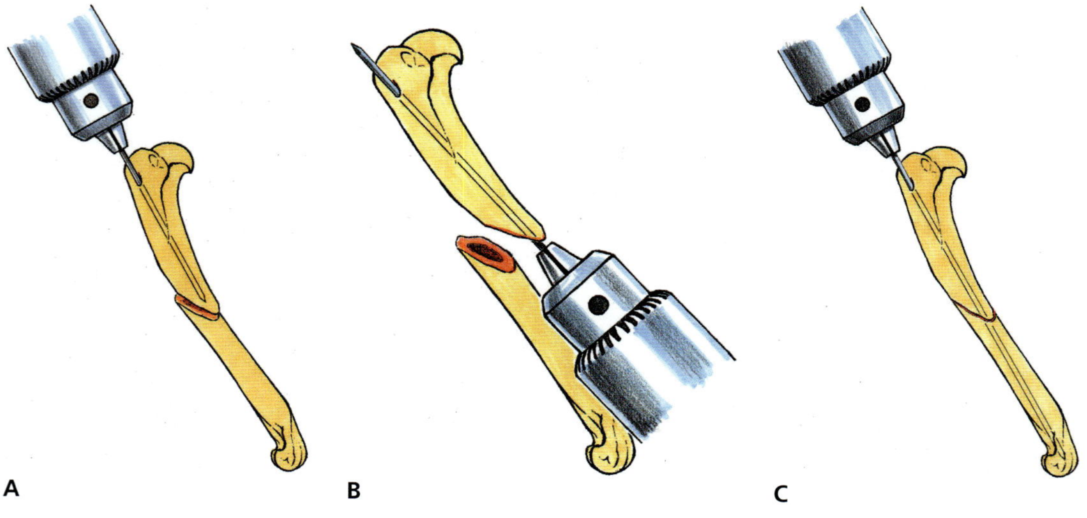

图 24-7　肱骨髓内针固定。（A）顺行进针时，髓内针从肱骨大结节的前外侧面入针，朝向远端和内侧进针。（B）逆行进针时，髓内针从骨折处入针，朝向近端和外侧出针。（C）在两种进针技术里都是将骨折复位后，髓内针穿过近端骨碎片进入远端骨碎片

和 142 mm。在猫的股骨骨折上，也成功使用过另一种内锁式髓内骨钉系统（INN；Mizuho Ikakogyo，Tokyo）[8]。这些骨钉的直径都是 4 mm，长度分别为 60 mm、70 mm、80 mm、90 mm 和 100 mm，孔间距 10 mm，使用 2.0 mm 的螺钉。

另一种内锁式骨钉系统（ILN）由 Innovative Animal Products 公司销售（图 24–8）。适用于猫的骨钉直径为 4.0 mm 和 4.7 mm，二者均使用 2.0 mm 自攻螺钉或螺栓。每个骨钉上有 3 ~ 4 个预置孔，间距 11 mm。实心交联螺栓头的下方是自攻螺纹，可以与近端骨皮质啮合。螺栓是固定长度的，可以根据实际测量长度裁短，这样就不需要保留大量的螺栓库存。

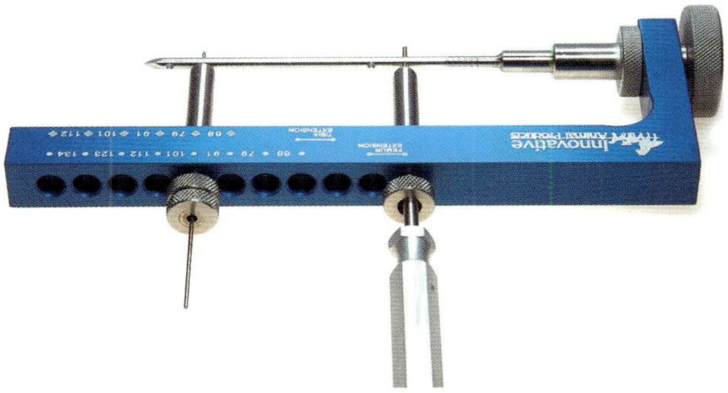

图 24–8　内锁式骨钉系统和夹具（Innovative Animal Products）

另外，最近也有使用更小的 3.5 mm 钛骨钉修复猫股骨骨折的报道[12]。

在犬猫不稳定骨干骨折时的 ILN 修复中，还要使用另外两种装置进一步稳定 ILN[11]。第一种是在修复股骨和肱骨骨折时，可通过 ILN 的轴向延伸，将短的连杆连接到传统的 I 型外固定支架上。第二种是使用锁定 ILN 的 ILN 螺栓与外固定支架固定针的联合体，作为 I 型外固定支架修复股骨、肱骨和胫骨骨折。

24.4.2　使用原则

内锁式骨钉的特殊使用原则取决于骨钉系统的类型。下述的原则适用于 ILN 系统（Innovative Animal Products），该系统是作者最熟悉的（图 24–9）。

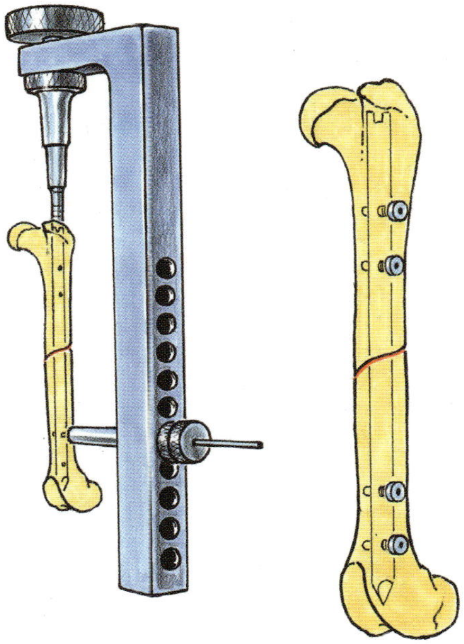

A　　B

图 24–9　内锁式骨钉插入技术。（A）顺行方式插入骨钉夹具就位后，通过骨钉上的孔钻孔，放置 2.0 mm 螺栓。（B）夹具拆除后的外观。螺栓将骨钉与骨骼锁定，防止骨折的旋转和轴向压缩与骨钉移位

骨钉的尺寸和长度要在术前通过比较 ILN 骨钉模型与 X 线片选择好。前肢骨折时，通常做一有限的开放通路即可在髓腔远端完成骨钉放置。胫骨骨折时，可以不切开放置骨钉，因为胫骨周围软组织薄，易于触诊和骨折复位。骨钉沿克氏针的预钻孔，通常以顺行方式进针。务必注意克氏针的正确方向，确保进入髓腔。使用数个型号的克氏针和髓内针，逐渐扩大预钻孔，最后使用内锁式骨钉器械盒中的铰刀扩孔。将适合长度和直径的骨钉使用插入器送至骨骼内，当骨钉进入足够的深度后，松开插入器手柄，换为夹具。夹具的对应孔中插入导钻，与骨钉的远端孔对应。使用三棱尖针在骨骼上做出小的凹痕，有助于钻头瞄准，防止在弯曲的骨表面上打滑。使用合适的钻套，钻头打透双侧骨皮质，形成钻孔。钻头的方向要与骨钉孔的方向恰好对应。测量钻孔的深度，拧入合适长度的螺钉或螺栓（裁剪到合适长度）。放置骨钉近端螺钉时，检查骨折，确保正常的旋转准直。以相同的方式，放置更多的螺钉或螺栓，直至骨钉孔被填满。将夹具与骨骼分离。如果骨折外形允许，也可以加用其他固定装置，

如环扎钢丝。在复杂骨折中，即便不加用其他植入物，也没有明显的并发症 [10]。

内锁式骨钉的并发症包括延迟愈合或不愈合、骨钉孔打偏、植入物失败（骨钉和克氏针）及雨刷器效应（远端骨片在单螺钉上旋转）。

24.5 外固定支架（ESF）

ESF 是骨折修复和其他矫形外科疾病治疗的全能方法。ESF 修复骨折的主要优势在于可以保全骨折处的血供及闭合性复位骨折的可能，而且在术后也存在修正骨折复位的机会。ESF 主要用于复杂的开放性骨折的固定；适应证还包括暂时的骨折和关节制动、软组织修复后的固定、肢体畸形矫正与牵引成骨术。

ESF 的劣势在于固定针道炎症造成的问题，尤其是在肌肉发达或高度活动性的部位，如大关节附近（尤其是膝关节和肘关节）。与骨板接骨术相比，ESF 术后管理相对更难，通常会发生很多微小的并发症。尽管如此，在猫的骨科手术中，ESF 仍不失为一种万能的骨折固定方法。在下述章节里，将会介绍不同的 ESF 系统、使用原则、术后管理和可能的并发症。

24.5.1 固定针

有多种类型的克氏针可用作固定针，包括滑面克氏针、阴螺纹针或阳螺纹针（图 24–10）。阳螺纹针的抗拉拔力最佳。ESF 的固定针分为半针和全针；半针仅穿透一侧的皮肤，而全针会刺穿整肢，穿透两侧的皮肤。阳螺纹半针仅在针的一端有螺纹，而阳螺纹全针的螺纹在针的中央。

阴螺纹固定针的直径为 1.2 ~ 2.0 mm。与滑面针相比，尽管螺纹会提高骨的抓持力，但是螺纹 – 针体交界处是固定针最薄弱的位置，放置不当时，很容易在此弯曲或断裂。为了避免这一并发症，固定针的螺纹针要短，以便螺纹 – 针体交界处可以穿透骨进入髓腔内，这样可以避免弯曲或断裂。

阳螺纹固定针的螺纹处直径大于针体直径。在猫上，可使用针体直径为 1.6 ~ 2.4 mm 的阳螺纹针。阳螺纹针的螺纹 – 针体交界处没有应力梯级或薄弱点，比阴螺纹针相对更贵一些。在猫上使用时，务必要考虑固定针整体的直径，包括螺纹处的直径。使用超过骨直径 25% 的固定针会导致医源性骨折。

24.5.2 外固定支架系统

有多种不同的 ESF 系统可用于猫骨科，它们的差别在于植入物型号大小、价格、使用方便度、总体稳定性与适应证（表 24–2）。

Kirschner Ehmer 外固定支架系统

经典的小型 Kirschner Ehmer（KE）系统在猫上仍广泛地使用（图 24–11）。单头连接夹可容纳固定最大 2.0 mm 的固定针与 3.0 mm 的连杆（表 24–3）。双头连接夹可以固定 2 根连杆。在猫，KE 外固定支架可用于骨折修复和跨关节固定。该系统相对简单，但与那些新型的 ESF 系统相比仍有一些劣势，包括在使用前要在连杆上装配上所有的连接夹、不能通过提前装配的连接夹固定更大型号的阳螺纹针。上述劣势已经分别通过更换分裂连接夹和在 KE 上增配大的连接夹得到极大改善。

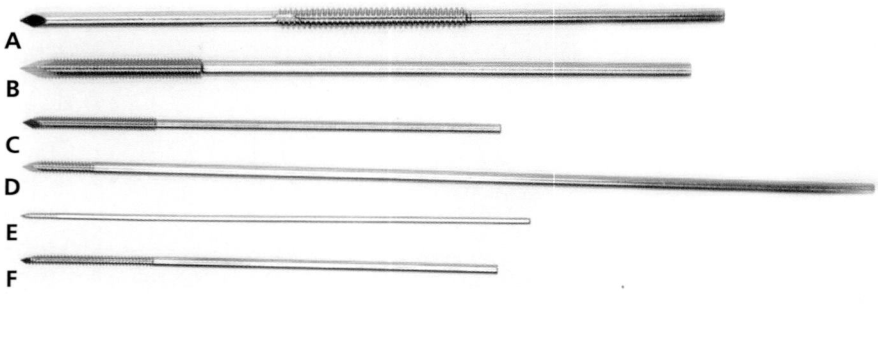

图 24–10 固定针。（A）2.0 mm 中央阳螺纹全针。（B）2.0 mm 一端阳螺纹半针。（C）1.6 mm 一端阳螺纹半针。（D）1.6 mm 一端阴螺纹半针。（E，F）1.2 mm 不同螺纹长度的阴螺纹半针

表 24-2　猫用外固定支架系统的优劣势比较

系统	优势	劣势	适应证
Kirschner Ehmer 外固定支架系统	容易获得 使用简单 与 SK 连接夹相比，质量更轻、体积更小	不能通过预置的连接夹放置阳螺纹针，除非使用 KE 增配连接夹 不能从连杆的中部增加或移除连接夹	骨折 跨关节固定
SK 外固定支架系统	通用 连接夹更稳固 简单支架上可以使用更大型号的连杆 可通过螺纹连杆进行牵引成骨术及通过环形连杆制作复杂支架	质量重 对幼猫来说太大	骨折 跨关节固定 牵引成骨术
Meynard 外固定支架系统	便宜 通用 可使用所有型号的固定针 可制成所有类型的支架	连接夹的稳定性不足 连接夹太大，限制了固定针的间距	骨折 跨关节固定
管状外固定支架系统（FESSA）系统	质量轻 没有大的连接夹 与其他系统相比，可在短距离内使用更多的固定针	固定针需要与外管垂直放置 在 6 mm 管上，只能使用滑面针或阴螺纹针	直立骨骨折 理想的适应证是胫骨和桡尺骨远端干骺端骨折
丙烯酸树脂外固定支架（APEF）系统	经济 质量轻 透射线 固定针可以按不同角度插入，间距没有限制	移除支架或调整时更困难	跨关节固定 下颌骨固定 桡尺骨骨折
环形外固定支架系统	允许使用更小型号的固定针，由此引发的问题更轻微 适用于小的骨骺骨折 可与线性支架联合使用制作复杂支架	技术要求高，临床难应用 需要特殊器材	肢体偏远端的骨折或关节损伤 小的骨骺 / 干骺端固定

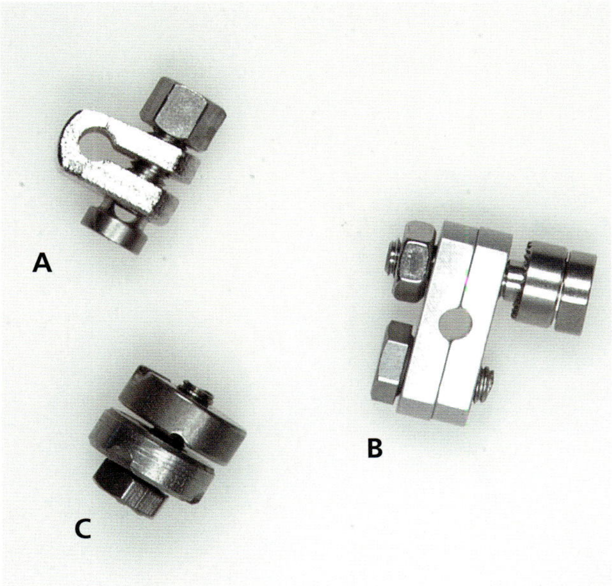

图 24-11　不同外固定支架系统的连接夹。（A）Kirschner Ehmer（KE）连接夹。（B）SK 外固定支架连接夹。（C）Meynard 外固定支架连接夹

SK 外固定支架系统

美国广泛使用的外固定支架系统是 IMEX 微型 SK 外固定支架系统[13]（图 24-11）。紧扣固定针的单头连接夹和紧扣连杆的双头连接夹都是铝制的，可以容纳 3.2 mm 不锈钢连杆与 0.9 ~ 2.5 mm 固定针（表 24-3）。不锈钢连杆可以裁剪成需要的长度，也可以弯曲。紧固连接夹时，需要使用 7 mm 扳手。微型 SK 外固定支架是一种稳定的系统，可用于骨折修复和跨关节固定。其优势之一就是可以容纳固定相对更大尺寸的连杆。在使用不超过 2 根全针的 ESF 中，使用越大尺寸的连杆，可以提供越大强度的支架稳定性[14]。也就是说，相对于其他系统而言，使用简单的 SK 外固定支架系统就可以提供持久的稳定性。简单支架的优势在于可以降低固定针与肌肉组织相互作用的问题。

表 24-3　猫不同外固定支架系统的推荐尺寸

系统	连接夹	连杆	固定针
Kirschner Ehmer（KE）外固定支架系统	小的 KE 连接夹	3 mm	最大到 2.0 mm（最小尺寸各异）
SK 外固定支架系统	迷你 SK 连接夹	3.2 mm	0.9 ~ 2.5 mm
环形外固定支架系统	迷你 SK 连接夹	4 mm 螺纹杆	1 mm
Meynard 外固定支架系统	Meynard 连接夹	克氏针或斯氏针	所有尺寸
管状外固定支架（FESSA）	螺钉	6 mm 外管 8 mm 外管	最大克氏针 2.0 mm 最大克氏针 2.5 mm
丙烯酸树脂外固定支架系统	丙烯酸树脂或环氧树脂腻子连接夹	丙烯酸树脂柱或不锈钢柱	所有尺寸

Meynard 外固定支架系统

欧洲广泛使用的外固定支架系统是 Meynard 系统[15]（图 24-11）。Meynard 连接夹更便宜，有 3 种尺寸，可容纳固定不同尺寸的固定针和连杆（表 24-3），从而满足不同情况下的使用，包括跨关节固定。该系统连接夹的紧固力不如其他系统，更大尺寸的连接夹限制了相邻固定针的间距，但该系统在猫上使用可以达到良好的效果[15]。

管状外固定支架系统（FESSA）

欧洲的某些国家在猫上广泛使用管状外固定支架系统（FESSA：Medical Solution）[16,17]。该系统有 1 根不锈钢管，专为使用 1 型 ESF 而设计的。不锈钢管的长度各异，直径有 6 mm、8 mm 和 12 mm 3 种型号，猫主要使用 6 mm 和 8 mm 的管（表 24-3）。沿其长轴，管上有 4 排孔洞。固定针穿过无螺纹的孔洞，到达对侧后是螺纹孔洞，从而使用螺钉紧固住（图 24-12）。紧固螺钉的器械是 Allen 钥匙。管状外固定支架的优势主要是管稳固但质量轻，而且在短距离内可以插入多根不同直径的固定针。例如，在 6 mm 管的 15 mm 长度内，可以插入 6 根固定针；而在 2.0 mm 动态加压骨板（DCP）的相同距离内，只能使用 3 颗螺钉[17]。该系统没有连接夹，连接夹通常是外固定支架的不牢固连接。管状外固定支架的理想适应证是小的干骺端或骨骺骨折。

6 mm 管能够插入的固定针的最大直径是 2 mm，而 8 mm 管是 2.5 mm（表 24-3）。使用 6 mm 的管时，只有第 1 根固定针可以使用 2 mm 的阳螺纹针，因为可以先在骨内插入固定针，再放置外管；其他固定针只能使用滑面针或阴螺纹针，阳螺纹针不能再通过孔洞。固定针通常是垂直于连杆而且相互平行

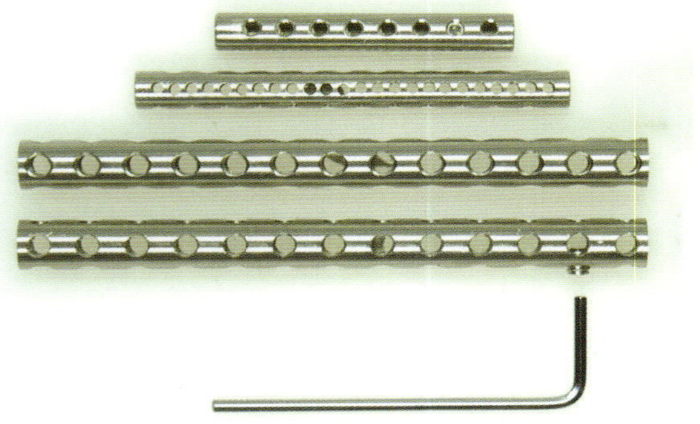

A

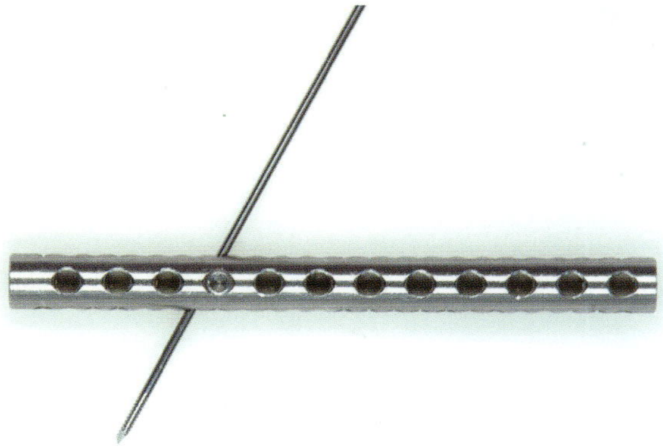

B

图 24-12　管状外固定支架系统。（A）图示为 2 种不同长度的 6 mm 和 8 mm 管。固定针可通过使用 Allen 钥匙紧固螺钉来抓持。（B）在管状连杆上，可以使用小型号的克氏针穿过两个相邻孔来获得成角度的固定针。正常时，固定针都是垂直于连杆

放置，这时使用少量阴螺纹针（Ellis 针）可以有效提高抗拉拔力。然而，通过邻近孔洞也可以倾斜插入更小型号的固定针（图 24-12）。也可以将 6 mm 管插入 8 mm 管内，或者通过连接器将 6 mm 管和 8 mm 管成角度装配（图 24-13）。

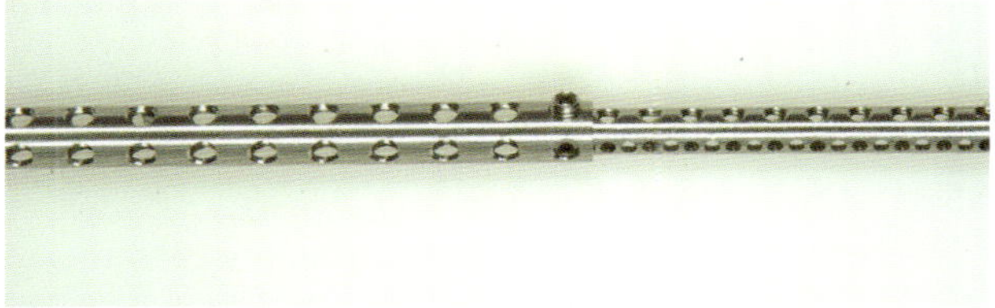

A

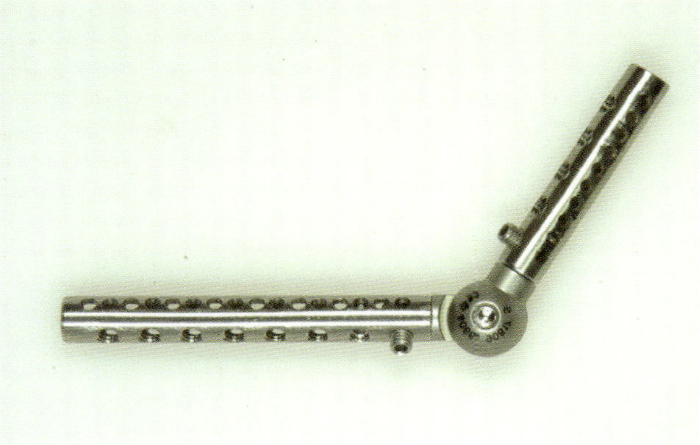

B

图 24-13　连接 FESSA 管的选择。（A）6 mm 管插入 8 mm 管内，这样可以在非常小的骨碎片内插入更多的固定针。（B）在跨关节固定时，可用管连接器将管成角装配

丙烯酸树脂外固定支架（APEF）系统

可以使用丙烯酸树脂替代连接夹和连杆（图 24-14）。猫和玩具犬使用小的 APEF 系统（Innovative Animal Products）时，丙烯酸树脂柱的直径为 15 mm。该系统的优势在于，固定针可任意方向放置，而且没有最大固定针直径的限制（表 24-3）；也容易放置阳螺纹针，支架质量轻和相对透射线。劣势包括术后难以调整支架，而且移除植入物时，需要剪断固定针或丙烯酸树脂柱。

IMEX 微型环形外固定支架系统

IMEX 微型环形外固定支架系统是专门为小型动物设计的，包括玩具犬和猫。环形外固定支架系统尤其适用于靠近关节的有小骨片的骨折。环形外固定支架使得用 2 根小的克氏针以不同的角度但在同一平面上插入固定小碎片骨折成为可能。2 根固定针用 SK 连接夹固定在环形支架上。全铝制的环形支架上有沟槽，允许连接夹自由活动来适应克氏针的位置；也可以从沟槽处裁剪，变为弧形或半环形支架。猫和小型犬最常使用 1 mm 三棱尖的固定针。微型支架不需要使用克氏针拉紧器。

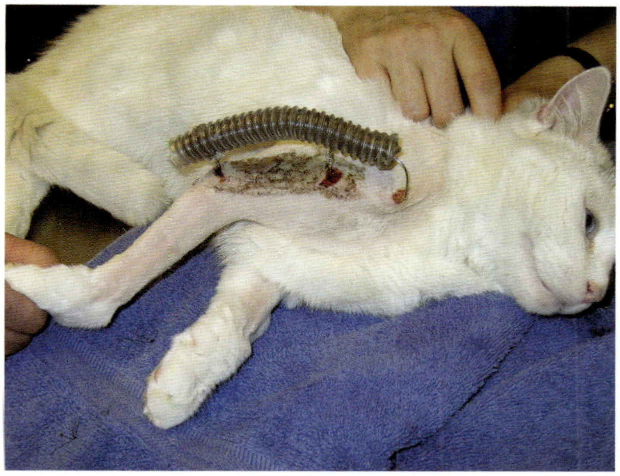

图 24-14　猫肱骨骨折。在塑料管内填充聚甲基丙烯酸甲酯（PMMA），制作外固定支架的连杆（Erick Egger 供图）

全环支架可以连成多环支架，用于肢体畸形矫正术。环形支架也可以使用迷你连杆连接成线状支架。环形支架与线状支架的联合体称为混合支架。

24.5.3　应用原则

外固定支架可用于骨折的闭合性或开放性复位。外固定支架要根据骨折的严重性和预期的愈合时间设计稳定性。支架的稳定性与多种因素有关，如支架的构型、每段骨碎片上插入的固定针数量、固定针尺寸和长度、连杆的位置和尺寸。单侧（Ⅰa 型）支架、单侧双面（Ⅰb 型）支架、双侧（Ⅱb 型）支架和双侧双面（Ⅲ型）支架的稳定性依次逐渐增强（图 24-15）。猫的很多骨折，Ⅰ型支架的稳定性已经足够，尤其是在使用较大型号的连杆时。猫桡尺骨骨折使用Ⅰa、Ⅰb、Ⅱb 等低强度支架不会发生固定失败[18]。双侧支架因固定针要穿过大的肌肉块，所以可能会引起相关问题。只有在体重大的猫或预期愈合慢的骨折时，才会使用双侧支架。将髓内针的末端与连杆搭接，

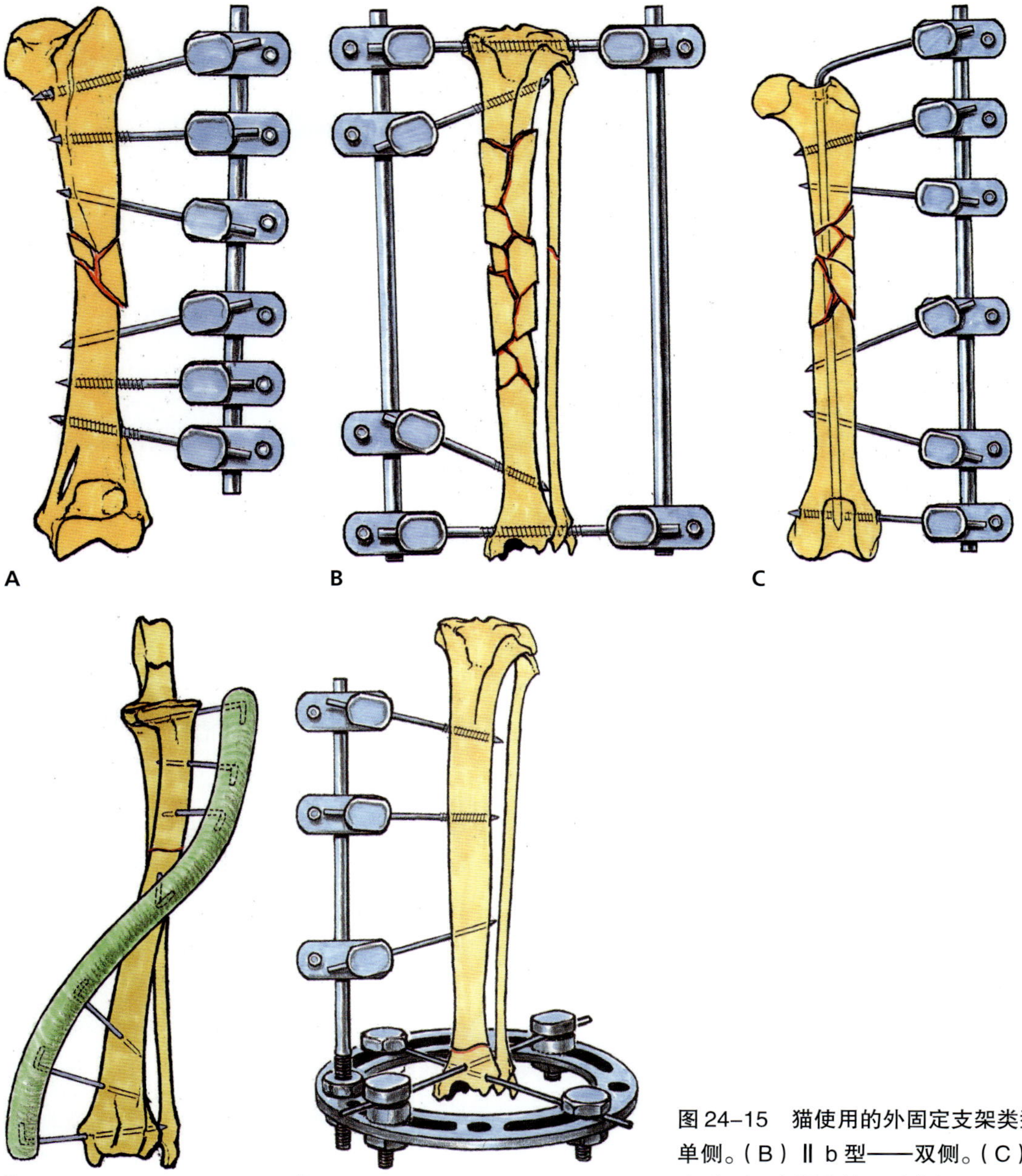

图 24–15　猫使用的外固定支架类型。（A）Ⅰ a 型——单侧。（B）Ⅱ b 型——双侧。（C）搭接支架。（D）自由型。（E）混合的环形支架

可以增强支架的稳定性[19]（图 24–16）。这种搭接的支架构型特别适用于肱骨和股骨骨折[20,21]。

增强外固定支架稳定性的方法见专栏 24–3。固定针的数量影响外固定支架的稳定性，每块骨碎片可以使用 4 根固定针来达到良好的稳定性[22]。无论如何，每块骨碎片至少要使用 2 根固定针。放置固定针时，遵循远－近、近－远的原则。固定针的强度与长度的三次方成反比，所以，连杆要尽可能贴近皮肤，以减少固定针的长度。

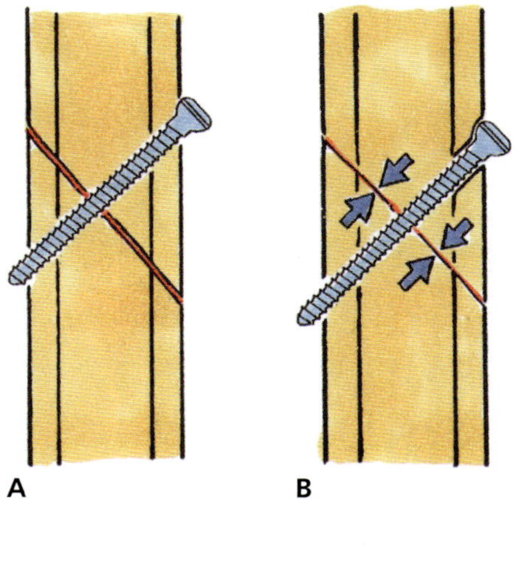

图 24–16 （A）位置螺钉，螺纹接合两侧骨皮质，常用在骨板孔上。（B）拉力螺钉，螺纹仅接合远侧骨皮质；拧紧螺钉后，会形成骨片间的压缩

专栏 24–3 增强外固定支架稳定性的方法

每个骨碎片最多使用 4 根固定针。

尽可能使用更大尺寸的固定针，但不能超过骨直径的 25%。

遵循近 – 远的原则放置固定针。

成角度插入固定针，减少拔出骨骼的风险。

使用阳螺纹针。

如果使用阴螺纹针，将螺纹部分完全插入骨内。

连杆尽可能靠近骨骼。

双侧 / 双面 > 双侧 > 单侧（Ⅲ型 > Ⅱ型 > Ⅰ型）。

使用螺母 / 螺栓固定连接夹，尽可能靠近肢体。

预钻孔，减少固定针松动的可能性。

考量骨折的生物力学，设计合适的支架。

通常推荐使用骨直径 20% ~ 25% 的固定针。固定针在肌肉量少的区域插入，不能干扰肌肉和关节的功能。针 – 骨界面是大多数外固定支架的最薄弱点。固定针的抓持力受固定针的类型和插入技术影响。螺纹针可以增强针 – 骨界面，从而增加固定针的抓持力[23]。滑面针要以与骨的长轴呈 70° 的角度插入，以降低拔出骨骼的风险。固定针插入时造成的骨皮质热损害和结构损伤可通过钻头预钻孔及使用低速钻插入固定针来降低[24]。使用阳螺纹针作为固定针时，推荐预钻孔，钻头的直径要小于固定针体直径的 10% 或等同于固定针体的直径。

首先插入最近端和最远端的固定针，这样就可以用外固定支架的连杆将 2 根固定针连接。KE 外固定支架系统需要提前放置好连接夹。使用其他系统时，可以根据固定针放置的需要额外增加连接夹。紧固最先插入的 2 根固定针的连接夹，检查骨的准直和骨折复位情况。在近端和远端骨碎片上，交替插入更多的固定针。要不断地评估肢体的准直。手术结束后，通过屈曲和伸展肢体来检查固定针周围的皮肤张力。固定针插入位置周围的任何张力或皮肤皱褶都要通过扩大皮肤切口来消除。

必须要熟知局部解剖，并使用钻套来保护周围的软组织，避免神经和血管的损害。

24.5.4 术后治疗和并发症

在皮肤和连杆之间，固定针的周围要放置纱布海绵，防止固定针道感染，并稳定固定针周围的软组织。所有的金属材料要用绷带包扎覆盖。术后每 2 ~ 3 d 更换一次绷带，直至去除。固定针插入位置使用稀释的聚维酮碘或氯己定溶液清理。数天后，固定针道形成肉芽组织，具备了抵抗感染的能力。然后，就可以去除绷带，仅用自粘绷带包住固定针的尖端和连接夹即可。

据文献报道，100% 的病例使用外固定支架后会发生并发症[25]。大部分并发症都很轻微，不会影响骨折愈合和最终的功能。固定针道渗出是最常见的并发症。少部分的固定针道渗出为皮肤伤口周围的浆液性分泌物，仅有轻微的炎性特征，不会引发患猫不适。大部分的固定针道渗出为大量的化脓性分泌物，有明显的炎性特征，会引发患猫不适。也可能存在继发性感染，受影响的固定针可能会松动。在极个别病例中，感染会进展为局灶性骨髓炎，X 线片上可见明显的骨膜反应、皮质骨溶解和髓腔密度增高。固定针道渗出的主要原因是固定针松动或固定针周围的软组织活动。过多的活动会造成组织坏死和潜在感染的环境。所以，插入固定针时不能在软组织上形成张力。螺纹针可以增强骨的抓持力，不容易松动和拔出。轻微的固定针道渗出的治疗包括清理固定针插入位置、外用抗菌剂或抗生素软膏、绷带包扎。如果持续存在大量的固定针道渗出，很可能是因为固定针松动，需要拆除松动的固定针；单纯使用抗生素通常无效。

固定针松动会引起固定针道渗出和患猫不适。固定针如果可以通过手动转动，则提示松动。固定针过早松动与插入技术不当、骨折修补不稳定造成针 – 骨界面应力过大有关。另外，持续活动造成的骨折延迟愈合也会引发固定针松动。如果骨折愈合还没有达到预期的稳定性，在拆除松动的固定针后要再放置一根固定针。

插入时或插入后一段时间固定针断裂主要与使用阴螺纹针有关，在一项研究报道中，发生率超过 10%[17]。另一项研究报道中，在使用得当的情况下，即固定针的螺纹部分完全插入髓腔，70 只使用 Ellis 针的犬猫未见任何固定针的问题[26]。足够大尺寸的滑面针或阳螺纹针很少断裂。如果骨折愈合还没有达到预期的稳定性，在拆除断裂的固定针后再放置一根固定针。

固定针孔处的医源性骨折很罕见，但是，如果使用了过大尺寸的固定针、固定针放置得过于紧密、太靠近骨折处，或者在预先存在的骨折裂隙线上插入，也会发生。肱骨骨折、跨关节固定、动物以前有过翻修手术或多肢骨折会增加外固定支架固定后的骨折风险（Langley-Hobbs，未发表的数据）。患病动物术后未严格限制活动也容易发生二次骨折。

24.6　骨螺钉

猫的骨骼相对较小，限制了可以使用的螺钉尺寸。猫骨科合适的螺钉尺寸通常是 1.5 mm、2.0 mm、2.4 mm 和 2.7 mm。更小的螺钉，如 1.0 mm 和 1.3 mm，适合于小而薄的骨骼，如掌骨、趾骨或上颌骨。一般而言，选用的螺钉尺寸不能超过骨直径的 20% ~ 25%，以避免医源性骨折的风险。只能使用皮质螺钉，因为松质螺钉没有合适的足够小的尺寸。螺钉分自攻螺钉和非自攻螺钉，表 24-4 罗列了不同尺寸的螺钉和放置螺钉时配套的钻头。

表 24-4　猫常用螺钉尺寸和适配的钻头与丝锥

螺钉类型（mm）	自攻和非自攻皮质螺钉			
螺钉直径	1.5	2.0	2.4	2.7
滑动孔的钻头	1.5	2.0	2.4	2.7
螺纹孔的钻头	1.1	1.5	1.8	2.0
非自攻螺钉的丝锥	1.5	2.0	2.4	2.7

骨骼内钻好定位孔后，自攻螺钉不需要攻丝就可以轻松拧入。定位孔比螺钉体稍大。拧入螺钉时，螺钉需要自行切割螺纹，所以会遇到阻力，特别是在厚的皮质骨中。理论上，螺钉拧入过程中的阻力可能会使驱动螺钉所需的扭矩大于螺钉的公差，这样螺钉可能断裂，特别是在使用非常小的螺钉时。拧入时，螺钉会压实周围的骨骼，从而提高拔出阻力，这对骨质减少的患猫和松质骨都是有利的。如果将小心拆下的螺钉重新拧入，必须注意不要将螺钉放于不同的角度，否则会切割出新的螺纹。

非自攻螺钉需要预钻孔，制作定位孔，然后用与螺钉纹路相同的丝锥小心地攻丝。由于螺纹是用与螺钉纹路相同尺寸的丝锥切割的，因此螺纹在骨骼中的咬入深度较大，所以必须小心地将螺钉拧入攻丝孔中。低的拧入阻力产生更少的热量，要做到螺钉可轻松拆卸和更换。

24.6.1　骨板螺钉

骨螺钉最常用于固定骨板。将骨板固定到骨骼上通常使用双皮质螺钉。拧入时，首先需要在两侧骨皮质上钻一个合适大小的孔洞。然后，在骨板就位的情况下，使用测深器测量孔洞的深度。选择至少与测量深度等长或长 2 mm 的螺钉，以确保螺钉上的螺纹充分接合远侧骨皮质。拧入螺钉，直至用手指拧紧。将所有骨板螺钉拧入后，再将每个螺钉拧紧三次。

24.6.2　位置螺钉

位置螺钉接合两侧骨皮质，不在骨片间形成压缩（图 24-16）。位置螺钉可以将骨碎片固定在一起，虽然拉力螺钉更常用。在非常小的碎片中拧入位置螺钉更安全，因为钻取较大的滑动孔会造成较小骨碎片再次碎裂的风险。放置位置螺钉前，要先用持骨钳预固定，压缩骨折线。

24.6.3　拉力螺钉

拉力螺钉的螺纹只接合远侧骨皮质，不接合近侧骨皮质。因此，当拧紧螺钉时，骨碎片被压缩在一起（图 24-16）。拉力螺钉的临床适应证主要是关节内骨折的骨碎片间压缩。骨干斜骨折或大骨碎片骨折也可以用拉力螺钉复位和固定。拉力螺钉优于环扎钢丝，因其会提供更好的骨片间压缩。也可以通过板孔放置拉力螺钉。拉力螺钉也可用于张力带（见前述内容），但大多数猫的撕脱性骨折较小，滑动孔和螺钉头的压力可导致小骨碎片进一步破碎。螺钉不能单独用于骨干骨折的修复。

使用全螺纹螺钉作拉力螺钉时，必须首先在近侧骨皮质钻一个与螺纹直径相同的孔洞，这样螺纹不会与近侧骨皮质接合。这种孔洞称为滑动孔。滑动孔中放入导钻，确保在远侧骨皮质上以正确的角度钻孔。在解剖复位的骨碎片的远侧骨皮质上，选用与螺钉体直径相同的钻头钻孔。这种孔洞称为螺纹孔。远侧骨皮质攻丝，拧入螺钉。

拉力螺钉必须拧入离断裂边缘等距的骨碎片中央，并与骨折面垂直，以获得最大的骨片间压缩。如果螺钉没有垂直于骨折面拧入，则在拧紧螺钉时会形成剪切力，造成骨碎片移位。螺钉与骨折面垂直拧入，可以提供最大的骨片间压缩，但轴向稳定性不足。螺钉与骨骼长轴呈 90° 拧入，可以提供最大的轴向稳定性，但会造成骨碎片移位。因此，在使用多个螺钉时，第一个螺钉要垂直于骨折线，第二个螺钉要垂直于骨骼长轴。

24.6.4　缝合铆钉

韧带通过缝合铆钉固定到骨骼上，用于关节囊的重建，或者锚固撕脱的肌腱。它们通常是放置在骨骼钻孔中的小的金属植入物；要么完全位于骨骼下方，不会干扰关节的活动范围，要么轻微突出骨骼，缝线穿过突出的针眼（图 24-17）。缝合铆钉可用于猫的前十字韧带手术、副韧带断裂、肘关节和髋关节脱位、肌腱撕裂。有多种不同的设计可供选择，其中一些较小的尺寸适用于猫（表 24-5）。另外，也可以使用带或不带垫圈的小型常规螺钉，将缝线锚固在螺钉头周围。

24.7　骨板

骨折治疗的主要目的和目标之一是使患肢早日恢复正常功能。骨板是实现这一目标的理想选择，因其是在体内使用的，并且有重建骨折骨，恢复刚性稳定性的潜能。

24.7.1　骨板的类型

有多种类型的骨板可供选择。它们在强度和形状、骨板孔设计与适应证方面各有不同。以下介绍的大多数骨板均用于骨折修复，其中部分骨板是为特定位置和骨折类型设计的。特殊骨板也可用于关节融合术和膝关节手术。

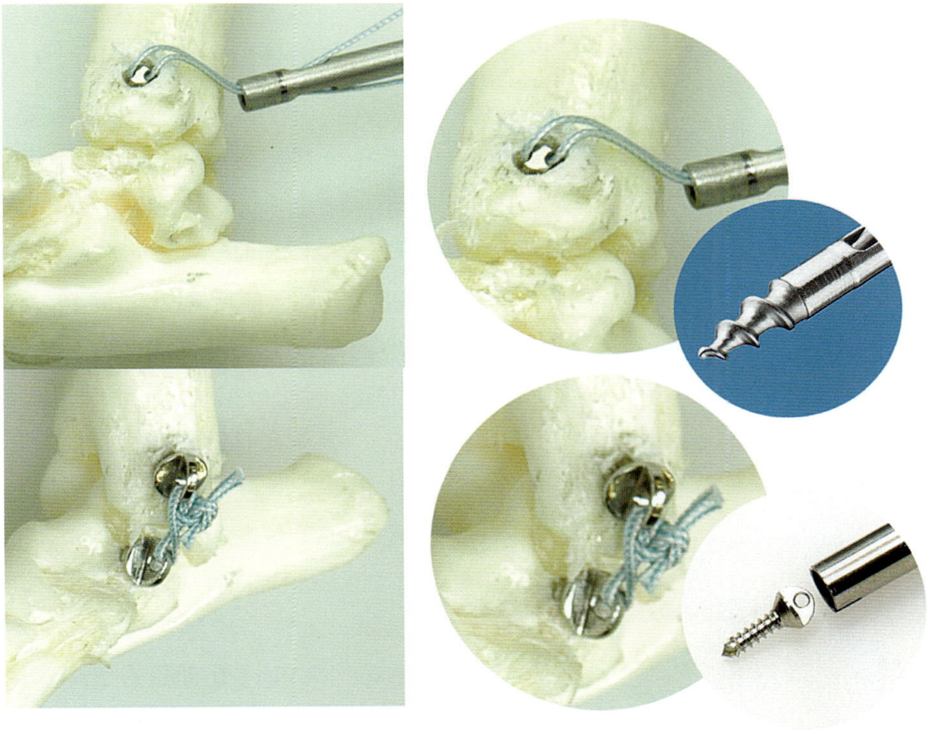

图 24-17　缝合铆钉，单独展示及在塑料骨骼模型中使用的展示

表 24-5 猫适用的缝合铆钉汇总

缝合铆钉	型号（mm）× 长度	钻头型号（mm）	适配的缝线直径或型号	其他器械
螺钉和垫圈	1.5，2.0，2.7	1.1，1.5，2.0	任何型号	丝锥和改锥
Bonebiter	2.0 5.0	1.5 2.5	5 号编织缝线或 50 磅 80 磅	组合套装
IMEX 缝合铆钉	4.0 × 6 mm	2.7	1.1 mm	缝合铆钉的改锥 缝合铆钉的丝锥
Arthrex——生物可吸收性 PLLA 螺钉	3.0 × 8 mm	—	2–0	拧入器
缝合螺钉——兽用耗材	2.0 × 6 mm 或 2.0 × 10 mm 2.7 × 8 mm 或 2.7 × 14 mm	1.5 2.0	1.0 mm 1.5 mm	拧入器——2.0 mm 拧入器——2.7 mm

动态加压骨板（DCP）

猫骨折修复可以使用2.0 mm 和2.7 mm DCP（图 24–18），但都有局限性。除非是特别大的猫和特别大的骨骼，如股骨，其他情况下使用 2.7 mm 骨板和 2.7 mm 螺钉都太大了。2.7 mm 骨板上的螺孔间距也限制了可以拧入骨碎片的螺钉数量。对于猫的骨干骨折来说，2.0 mm 通常太小、太短和太弱。2.0 mm 骨板有 2 种厚度。6 孔或更少孔的骨板只有 1.0 mm 厚，非常薄弱。7 ~ 12 孔的骨板，厚度为 1.5 mm。骨板越厚，强度越大。

目前有一种新型骨板，2.4 mm 有限接触性动态加压骨板（LC–DCP）。该类型的骨板分钛板和不锈钢板两种，常用 2.4 mm 螺钉。钛板比不锈钢板稍弱，如果用作猫骨干骨折的桥连骨板，钛板会弯曲。2.4 mm 不锈钢板是一种非常有用的猫骨干骨折修复的植入物。

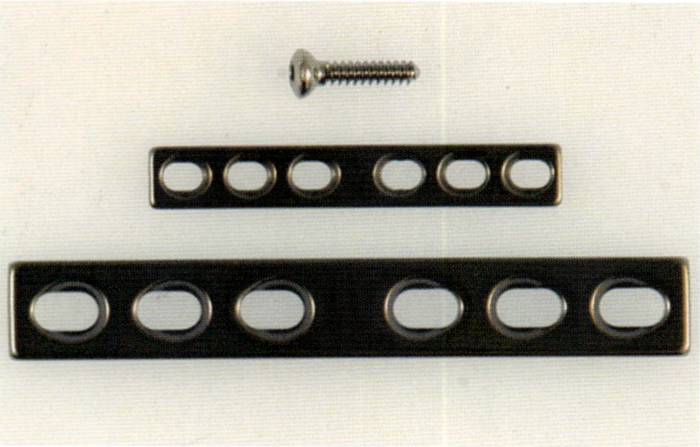

图 24–18 动态加压骨板（DCP）。图中分别为 2.0 mm 螺钉、2.0 mm DCP 和 2.7 mm DCP

DCP 的螺孔设计是基于 AO 开发的球面滑动原理和辛迪斯公司（Synthes）的专利。拧紧螺钉时，球形螺钉头向骨板中心滑动，直至骨板孔的最深部分。这样会导致接合在螺钉上的骨碎片向骨折线移位，从而压缩骨折线。DCP 的钻孔导向器在两端有 2 种类型——中立孔（绿色）和加压孔（金色）。每块骨板加压时最多可拧入 4 颗螺钉，当使用 2.7 mm 骨板进行加压时，每颗拧入的螺钉大约可压缩 0.8 mm，因此，最大的压缩量为 3.2 mm。2.0 mm 骨板进行加压时，每颗螺钉可压缩 0.6 mm，因此，最大压缩量为 2.4 mm。

兽医可裁剪骨板（VCP）

VCP（图 24–19）迅速流行起来，填补了市场上猫长骨骨折修复材料的空白。它有 2 种主要的尺寸，2.0/2.7 mm 和 1.5/2.0 mm，每种骨板都设计成可用 2 种不同尺寸的皮质螺钉。还有一种 1.5 mm 骨板，但只能使用 1.5 mm 螺钉。2 种尺寸的骨板标准的未裁剪长度均为 300 mm。1.5/2.0 mm 骨板厚 1.0 mm，2.0/2.7 mm 骨板厚 1.5 mm；宽度均为 7 mm。骨板孔是圆形孔，在所有尺寸的骨板上间隔均相等。通过在螺孔内略微偏心地远离骨折线钻孔，可以获得少量的压缩。

2.0 mm DCP 通常太短或太弱，而 2.7 mm 的通常太厚、太宽，或者 2.7 mm 螺钉太大无法接合小的骨碎片（超过骨直径的 25%，从而削弱骨骼），因此，发展出了 VCP。2.7 mm 骨板上的螺孔间距也限制了可以拧入骨碎片的螺钉数量。

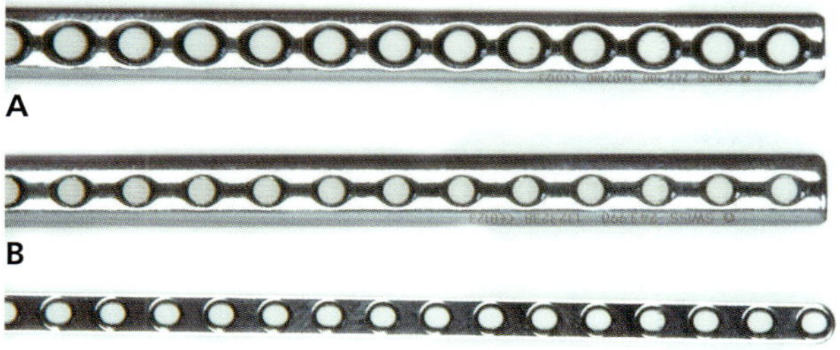

图 24-19　兽医可裁剪骨板（VCP）。（A）2.0/2.7 mm；（B）1.5/2.0 mm；（C）1.5 mm

可通过叠放两块相同尺寸或不同尺寸的骨板来提高 VCP 的刚度。表 24-6 罗列了 5 种不同厚度和刚度的骨板组合。较厚和较长的骨板放置在靠近骨面的位置。螺钉尺寸选用适配较小骨板的最大螺钉。叠放可以是全长度（两块骨板的长度相同），也可以是一半长度（上层骨板的长度是下层骨板长度的一半）。但是，当使用不同长度的骨板时，很难在靠近骨板裁剪端的下层骨板孔中放置螺钉。叠放的骨板应通过在两端的骨板孔内放置螺钉来形成整体，一起塑型，防止骨板塑型过程中相对滑动。表 24-7 是 VCP 与其他小的骨板刚度比较的汇总 [27]。单块或叠放的 VCP，比适配 1.5 mm 和 2.0 mm 螺钉的迷你骨板更坚硬，但比 2.7 mm DCP 的硬度低。

借助标准的克氏针剪钳，VCP 可以很容易地通过骨板孔裁剪到需要的长度。VCP 也可以改做成钩板 [28]。这些类型的骨板对于非常远端或近端的骨骺骨折或具有小骨碎片的撕脱性骨折的复位特别有用。

VCP 已成功应用于许多骨折，包括猫的长骨和骨盆骨的骨折修复。短距离内放置多个螺钉对

表 24-6　单独或叠放使用时，兽医可裁剪骨板（VCP）的尺寸和长度

兽医可裁剪骨板（mm）	厚度（mm）	宽度（mm）	长度（mm）
1.5/2.0	1.0	7	300
2.0/2.7	1.5	7	300
1.5/2.0 和 1.5/2.0	2.0	7	300
1.5/2.0 和 2.0/2.7	2.5	7	300
2.0/2.7 和 2.0/2.7	3.0	7	300

表 24-7　根据 13 孔骨板和螺钉组合的力 – 位移曲线计算的刚度

骨板	螺钉	刚度（N/mm）（SD）
1.5 mm 直型微骨板	*1.5*	*67（10.8）*
2.0 mm DCP	*2.0*	*134（12.7）*
2.0 mm 直型微骨板	*2.0*	*190（23.2）*
1.5/2.0 VCP	1.5	340（10.4）
1.5/2.0 VCP	2.0	356（13.3）
2.0/2.7 VCP	2.0	542（31.5）
2.0/2.7 VCP	2.7	578（30.6）
1.5/2.0 VCP+1.5/2.0 VCP	**1.5**	**600（9.0）**
1.5/2.0 VCP+1.5/2.0 VCP	**2.0**	**638（21.2）**
1.5/2.0 VCP+2.0/2.7 VCP	**2.0**	**828（32.0）**
2.0/2.7 VCP+2.0/2.7 VCP	**2.0**	**938（50.6）**
2.0/2.7 VCP+2.0/2.7 VCP	**2.7**	**1 066（46.6）**
2.7 mm DCP	*2.7*	*1 507（30.5）*

注：DCP，动态加压骨板；VCP，兽医可裁剪骨板。

正常字体，VCP；斜体，其他骨板；黑体，叠放 VCP。

经许可转载自：Fruchter AM，Holmberg DL. Mechanical analysis of veterinary cuttable plate. Compend Continuing Educ 1991; 4: 116–119.

多碎片骨折的修复非常有益，而且往往比只放置少数螺钉的较大骨板更坚固。

重建骨板和适应骨板

重建骨板（图 24-20）的特征是骨板孔之间的侧边有缺口，允许骨板在 3 个平面上进行弯曲、扭曲和折弯，以便准确地塑型和重建来适应骨盆骨或下颌骨等形状不规则的骨骼及关节周围骨。骨板侧边的缺口使其比同尺寸的 DCP 更薄弱，因此在高负荷区使用时应谨慎。重建骨板不能用作桥连骨板。重建骨板一般都是 2.7 mm 的；更薄的重建骨板为 2.0 mm，称为适应骨板。

髋臼骨板

猫的髋臼骨折可用 2.0 mm 髋臼骨板。0 号和 1 号的髋臼骨板分别适配 1.5 mm 和 2.0 mm 螺钉（图 24-21）。然而，猫骨盆骨的背侧面相当直而平坦，使用直板也可以。

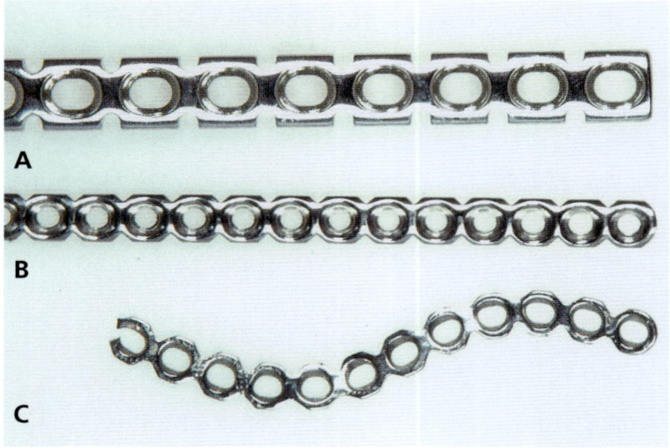

图 24–20　重建骨板和适应骨板。(A)2.7 mm ;(B)2.0 mm ;(C) 1.5 mm

股骨远端骨板

股骨远端骨板被设计成与股骨髁外侧面的后部曲率相吻合（图 24–21），适用于股骨远端髁上骨折的修复，方便了在远端小的骨碎片上拧入螺钉。

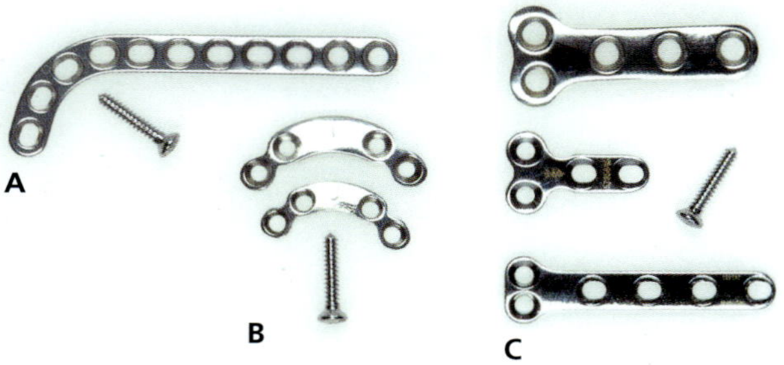

图 24–21　特殊形状的小骨板。(A) 2.0 mm 股骨远端髁上骨板 ;(B) 0 和 1 号髋臼骨板 ;(C) 指骨 T 型骨板和 1.5/2.0 mm AO T 型骨板。附 2.0 mm 螺钉，作为尺寸对照

全腕关节融合骨板

根据患猫的体型和骨骼的尺寸，猫全腕关节融合和全跗关节融合时可以使用 2.0/2.7 mm、2.0/2.0 mm 或 1.5/2.0 mm 的全腕关节融合骨板（图 24–22）。

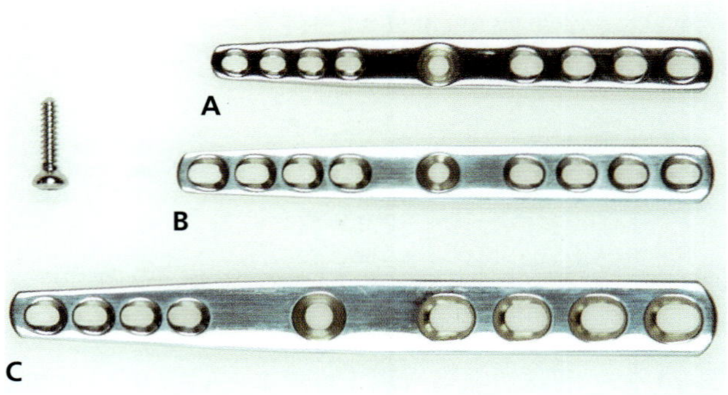

图 24–22　全腕关节融合骨板。(A) 1.5/2.0 mm ;(B) 2.0/2.0 mm ;(C) 2.0/2.7 mm。附 2.0 mm 螺钉，作为尺寸对照

微骨板

微骨板是对适配 2.0 mm 和 1.5 mm 皮质螺钉的骨板的一般描述，它们可以是小的直型 DCP、圆孔和卵圆孔的小骨板、迷你 L 型骨板、迷你 T 型骨板（图 24–21）或可裁剪骨板。适应证包括小型猫长骨骨折的修复、关节骨折的修复与骨盆骨、掌骨、跖骨和指骨骨折的固定[29]。兽用 T 型骨板有 2.0 mm 的尺寸，适配 2.0 mm 或 1.5 mm 螺钉，用于小的骨骺骨折修复，如桡骨和胫骨远端骨折、肩胛颈骨折。

在猫骨科上，有时会用到更小的骨板和螺钉。特殊的微骨板由人手部与颌面部植入物系统发展而来。可裁剪的源于 Compact Hand 系统（Synthes）的 1.3 mm 重建骨板适用于上颌骨、腕骨、跗骨、掌骨、跖骨和指骨骨折的修复（图 24–23）。1.3 mm 自攻螺钉需要使用 1.0 mm 钻头和十字形改锥。

另一种用于固定小而薄的骨骼的系统是 1.0 mm 小型颌面迷你骨板，包括不同预先成形的钛重建骨板和可裁剪骨板[30]。适配的螺钉是自攻螺钉，需要用 0.7 mm 钻头和十字形改锥拧入。当螺钉在骨内滑丝时，可选用螺纹直径为 1.2 mm 的备用螺钉。这些骨板都很薄弱，不能抵抗弯曲力，所以不能用于骨折的张力侧。适应证同 1.3 mm 的

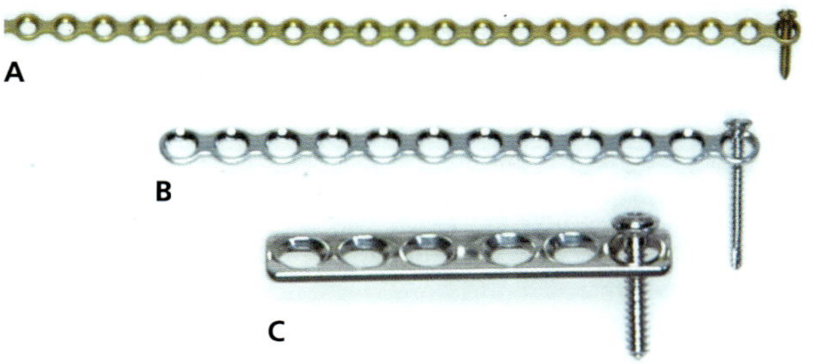

图 24–23　微骨板，这些骨板都是可裁剪的，螺钉都是自攻螺钉。(A) 1.0 mm 颌面迷你骨板 ;(B) 1.3 mm 小型重建手骨板 ;(C) 2.0 mm 动态加压骨板，作为比较

小型手骨板，但 1.3 mm 骨板更强壮，可以提供更好的弯曲稳定性。

胫骨粗隆前移术（TTA）骨板

TTA 骨板是指胫骨粗隆切开后，用于固定胫骨粗隆的特制骨板（图 24–24）。该技术适用于治疗前十字韧带断裂或髌骨脱位。这些骨板可充当张力带，也可用于其他骨突的切开或撕脱性骨折的固定，如肱骨大结节、鹰嘴和股骨大转子。

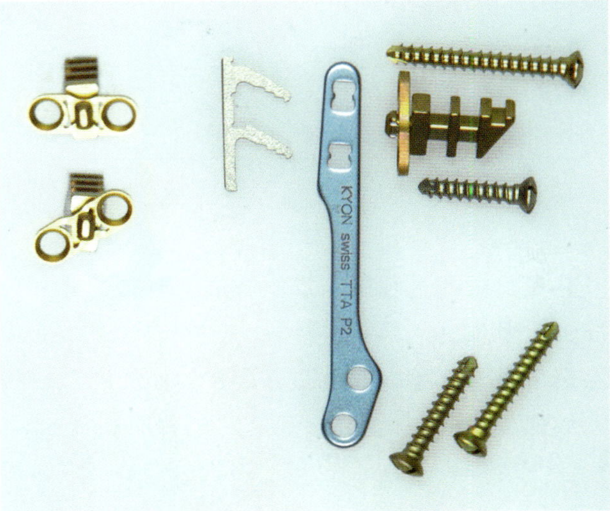

图 24–24　用于管理猫前十字韧带断裂的植入物。图中展示胫骨粗隆前移术骨板及适配的保持架和螺钉

这些骨板是纯肽制的。将保持架的叉子插入骨板的近端孔中。骨板的近端部分和远端部分有分支连接，其上有 2 个骨板孔可以固定螺钉。猫适合使用适配 2.4 mm 螺钉的最小骨板，只有 2 块保持架和 2 个螺孔。保持架的孔洞首先用 2.0 mm 钻头向远端倾斜钻孔，以便进入待固定的骨碎片中。骨板的分支部分可以根据骨骼的表面和形状来塑型。钻孔后，使用 2.4 mm 自攻钛螺钉将骨板固定在主要的骨碎片上。

使用 3.5 mm 的骨骼垫片将胫骨粗隆向前推进，治疗猫前十字韧带断裂（第 38 章）。

胫骨平台水平截骨术（TPLO）骨板

这是一种专门为 TPLO 设计的骨板（图 24–25），用于治疗前十字韧带断裂。已经成功地应用于治疗猫前十字韧带断裂。猫适合使用 2.0 mm 骨板，有 6 个孔，3 个在鼻部或近端，为椭圆形孔，可以压缩骨折线；其他 3 个是圆孔，在骨板的直部。TPLO 骨板在塑型后能够有效地贴合胫骨近端的形状，可用于前部闭合性楔形截骨术后或胫骨平台圆形截骨术后。TPLO 骨板是不锈钢板，锁定 TPLO 骨板是钛板。

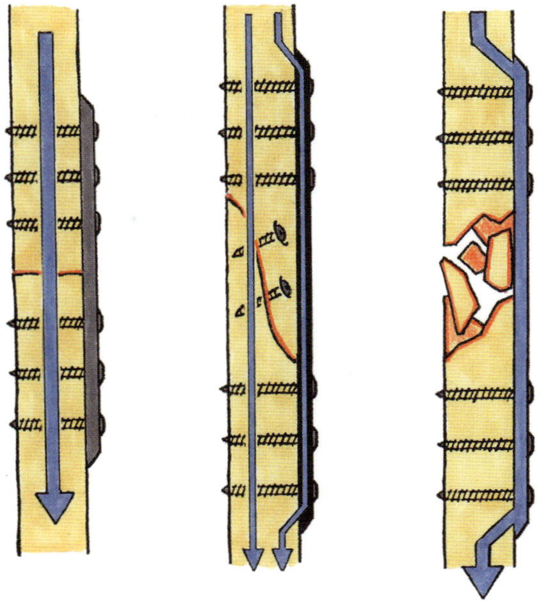

图 24–25　骨板的 3 和基本功能。（A）加压功能；（B）中立功能；（C）桥连功能

24.7.2　骨板的使用原则

骨板修复骨折时，要遵循张力带的原理，即骨板要应用于骨骼的张力侧，这样有利于骨折线的动态压缩，尤其是在骨骼完全重建后。骨板要跨越骨骼的长度，以便在骨板和植入物之间实现最佳的负荷分担；而且要根据骨骼形状塑型骨板，以保持骨骼解剖复位，因此通常需要折弯和扭曲骨板。对于简单的横骨折，预弯折骨板有助于减小远侧骨皮质的间隙，从而可以压缩骨折线。这种压缩是通过在骨折线处折弯骨板使骨板和骨骼之间出现不小于 1 mm 的间隙获得的。选择合适的骨板尺寸和螺钉很重要，植入物太薄弱，可能会弯折和断裂，而植入物太大，往往会破坏血供，造成骨坏死和软组织损害。表 24–8 给出了猫骨骼适合使用的骨板和螺钉尺寸。

表 24-8　猫骨科手术适合的骨板类型及其适应证和尺寸

骨板尺寸（mm）	骨板类型	适应证
2.7	动态加压骨板 重建骨板	股骨、肱骨和胫骨骨干骨折 股骨远端骨折
2.4	限制接触性动态加压骨板	股骨、肱骨和胫骨骨干骨折
2.0	动态加压骨板，卵圆孔的微骨板 兽医可裁剪骨板（2.0/2.7 mm 和 1.5/2.0 mm） 重建骨板 髋臼骨板 T 型和 L 型微骨板	桡骨、股骨、肱骨和胫骨骨干骨折；关节融合术；骨盆骨折 长骨骨折（股骨、肱骨、胫骨和桡骨） 骨盆骨折 髋臼骨折、扁骨骨折 髋臼骨折 扁骨骨折 存在小的骨骺碎片的骨折
1.5	圆孔微骨板	头骨骨折、掌骨和跖骨骨折
1.3	小型手骨板	头骨骨折、掌骨和跖骨骨折
1.0	颌面迷你钛板	颌面骨骨折——下颌骨和上颌骨

骨折线每侧至少要使用 2 颗螺钉或接合 4 个骨皮质，但最好保证 3 个螺钉或 6 个骨皮质。在允许的情况下，通常推荐使用最长的骨板，以便分担负荷，避免骨板末端处的应力集中。无须打满每一个螺钉孔，但要按照近 - 远的方式在骨折线附近、骨板近端和远端拧入螺钉。螺钉距离骨折线的距离至少为 1 个螺钉的直径。

也可以经骨板孔拧入拉力螺钉压缩骨折线。使用的螺钉尺寸主要取决于骨板。例如，2.0 mm 螺钉适配 2.0 mm 骨板。螺钉的直径达到骨骼直径的 40% 后，螺钉的抓持力降低，医源性骨折的风险增加，因此不建议使用过大的螺钉。一般推荐使用 2.0 mm 和 2.4 mm 螺钉，除非是体型特别大的猫和大骨骼（如股骨），这时可使用 2.7 mm 螺钉。避免在骨折处留下空的螺钉孔，这会造成应力集中，导致骨板疲劳，从而在此处断裂。

骨板可以实现以下 3 种功能（图 24-25）。

加压骨板

静态加压可通过使用 DCP 的自压缩技术实现（图 24-25）。加压有助于提高骨碎片的负荷分配，从而提高固定的稳定性。可以进行轴向压缩的骨折类型包括简单的横骨折或短斜骨折（骨折线与长轴夹角不超过 45°）。

在负重的过程中，每块骨骼都有张力侧和压缩侧（表 24-9）。负重时，施加在骨骼上的肌张力会造成动态压缩。这就是张力带原则，所以骨板要放置在骨骼的张力侧。

表 24-9　长骨的张力侧

骨骼	张力侧
股骨	外侧
胫骨	前侧或内侧
肱骨	前侧或外侧——肱骨近端 后侧或内侧——肱骨远端
桡骨	前内侧或前侧 内侧——桡骨远端
尺骨	后侧——尺骨近端（鹰嘴）

中立骨板

骨折复位并通过其他方法固定后，要在骨的张力侧放置中立骨板，以中和或克服骨折在愈合过程中可能受到的扭转、弯曲、压缩或分散力（图 24-25）。骨片间的压缩，要通过使用拉力螺钉或环扎钢丝重建，然后再放置骨板。适合放置中立骨板的骨折类型包括可解剖重建的斜骨折或多碎片骨折。

桥连骨板

桥连骨板用于承托骨碎片，从而保持骨骼长度和主要骨碎片的准直方向（图 24–25）。适合放置桥连骨板的骨折包括不能重建复位的或严重的粉碎性骨折。使用骨板的桥连功能时，要选择相对较大和较长的骨板。使用植入物时，要尽量减少对骨骼血供的破坏。要借助正常骨骼的 X 线片和猫骨骼模型，对骨板预塑型。桥连骨板可以通过皮肤上的小切口插入，然后沿肌腹下滑动，最后固定在骨骼近端和远端；务必要注意，要纠正旋转失准直。这种技术也被称为微创骨板接骨术（MIPO）或生物接骨术。

24.7.3　术后治疗和并发症

施行正确的骨板接骨术后，并发症罕见。可能的并发症包括植入物失败、医源性骨折、延迟愈合和不愈合、骨髓炎等（第 13 章）。在猫中，骨板断裂很罕见。也可能出现螺钉拔出或骨板弯曲等并发症。

拆除骨板的适应证见专栏 24–4。不能过早拆除骨板，这一点很重要，否则会发生二次骨折。如果骨折发生在以前骨折的区域，尽管在临床和 X 线征象上愈合良好，往往还是植入物过早拆除造成的。

24.8　锁定骨板

在过去的几年里，锁定骨板在人医和兽医外科[31,32]中都得到了广泛的应用。锁定骨板的骨板孔与螺钉头之间有锁紧机制，可以使螺钉头在骨板内稳定地固定，并以固定的角度固定。相对于传统骨板，锁定骨板有多个优点。螺钉和骨板之间固有的稳定性使螺钉松动的可能性大大降低，并允许拧入少量螺钉和具有持续稳定性的单皮质螺钉。此外，在螺钉拧入的过程中，骨板不会被压在下面的骨骼上，从而会保持骨膜的血供，降低或消除了骨皮质压力性坏死的可能。即便骨板和骨骼间有小的间隙，骨板也可以放置，因此，不必再对骨板进行精确的塑型就能维持骨折复位，放置骨板时也不再需要更大的组织切开。总体而言，该技术比传统的骨板法放置更迅速，尤其是使用自攻螺钉时。

应用锁定骨板治疗长骨骨折的适应证包括幼猫柔软骨骼的骨折、老年猫骨质减少时的骨折、粉碎性骨折、关节附近的骨折，以及骨折并发症的治疗，特别是在血管化不良的情况下。固定复杂骨折时，可以在骨干或干骺端正交放置 2 块骨板，通过拧入单皮质螺钉，固定复杂骨折。其他应用包括骨盆骨折、某些脊柱骨折和（或）脱位[32,33]。锁定骨板可用于跗关节间骨折和不稳定的临时夹板固定[34]，也可用于腕关节和跗关节的融合。

专栏 24–4　拆除骨板的适应证

骨板松动或断裂。

骨板末端邻近关节，造成刺激。

在寒冷季节，骨板充当热导体引起跛行。

骨板造成应力遮蔽或感染骨骼血供，导致骨板下方骨质疏松。

未成熟猫中，骨板越过生长板。

骨板刺激——骨板放置过浅时，偶尔可见舐性肉芽肿。

感染——如果骨折是稳定的，可以保留骨板直至愈合。

骨板引起应力集中，骨板 – 骨骼交界处可能发生骨折。

常规拆除——有些术者会在骨折愈合后常规拆除骨板，成年动物骨折修复后 5 个月才能拆除。

24.8.1　锁定骨板系统

尽管锁定骨板有许多优点，但是高植入物成本阻碍了其在临床的广泛使用。下面详细描述了作者在 100 多只猫的病例中使用的人体手术系统的情况。最近，已经设计出低成本的兽用锁定骨板（Königsee Implantate，Kyon）。这些植入物的使用原则稍有差异，具体取决于骨板孔和螺钉头的设计、使用自攻螺钉还是非自攻螺钉以及骨板强度。

Unilock 下颌骨锁定骨板

2.0/2.4 Unilock 下颌骨锁定骨板系统（Synthes）最初是为人的下颌骨手术设计的。锁紧机制由骨板孔中的螺纹和螺钉头上的对应螺纹组成（图 24–26）。锁定螺钉和非锁定螺钉（螺钉头带和不带螺纹）都可以通过相同的骨板孔使用。所

图 24–26　2.0 mm Unilock 骨板和螺钉头的锁定螺纹。螺钉完全拧入后，螺钉头的螺纹可以接合骨板孔的螺纹

有的螺钉都是自攻螺钉。这些骨板都是重建骨板，有不同的形状和长度；也可以被裁剪和三维折弯。植入物是钛制的，有助于减少感染的风险。

2.0 mm 骨板有 3 种不同的厚度：1.0 mm、1.3 mm 和 1.5 mm，都可以接受 2.0 mm 锁定和非锁定螺钉（图 24–27）。如果骨骼内有较小的螺纹带，也可以拧入直径 2.4 mm 的非锁定应急螺钉。2.0 mm 骨板主要用于修复长骨的干骺端骨折、骨盆骨折、跗关节间不稳定、腕关节和跗关节融合术以及脊柱骨折。

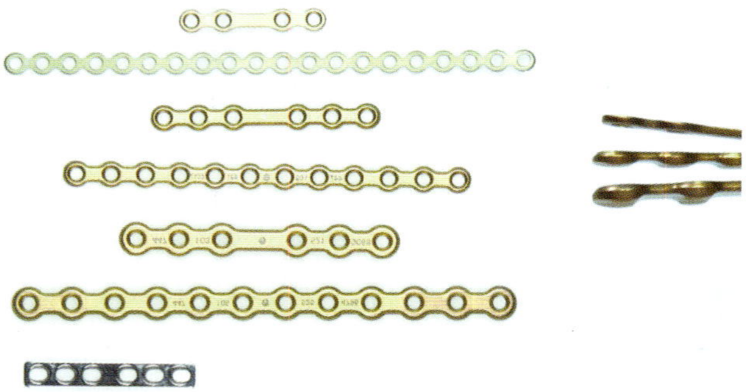

图 24–27　2.0 mm Unilock 骨板图示。这些骨板有 3 种不同的厚度，都可以使用 2.0 mm 螺钉。1.3 mm 和 1.5 mm 厚度的骨板最常用。附 2.0 mm 动态加压骨板，作为比较

2.4 mm 骨板厚 2.5 mm（图 24–28）。可拧入 2.4 mm 和 3.0 mm 2 种不同尺寸的锁定螺钉；但猫主要使用 2.4 mm 螺钉。也可以拧入 2.4 mm 非锁定螺钉和 2.7 mm 非锁定应急螺钉。2.4 mm 骨板适用于长骨骨干骨折的接骨术。

2.0 mm 螺钉需要使用 1.5 mm 钻头预钻孔，而 2.4 mm 螺钉需要 1.8 mm 钻头。因为螺钉头为十字

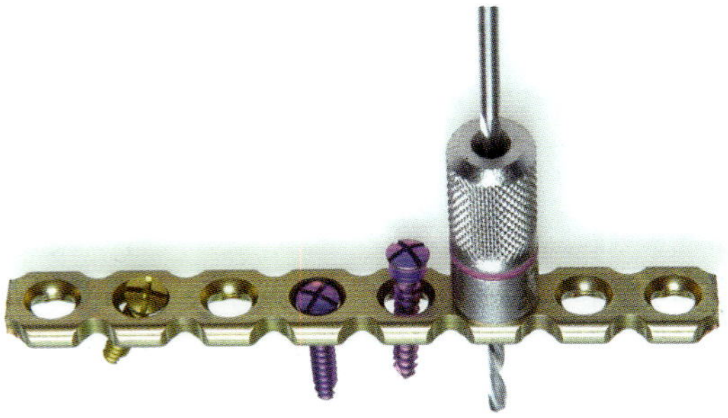

图 24–28　2.4 mm Unilock 骨板。图中紫色的螺钉，其头部有螺纹，允许与骨板孔的螺纹接合。需要使用特殊的钻导引架，以保证螺钉可以垂直于骨板拧入。金黄色的螺钉，其头部没有螺纹，可以像传统螺钉那样成角度拧入

槽，因此需要使用相应的十字改锥。锁定螺钉必须垂直于骨板拧入，以便获得最大的锁紧稳定性。需要借助特殊的钻导引架，以便精确地聚焦骨板孔的中心（图 24–28）。

24.8.2　应用原则

本文所描述的应用原则是基于人医的建议，以及使用 Unilock 系统固定连续评估的长骨骨折临床病例的回顾性研究（Voss，未发表的数据）。

这些骨板只是根据骨骼形状粗略地塑型。要避免反复地前后弯曲，因为这样会削弱钛板。使用骨板时，允许植入物和骨骼之间留有小的间隙，可以避免骨骼和骨膜受压，便于血管向内生长。间隙不能超过 1 mm 或 2 mm。骨板和骨骼之间的接触减少，可以保留骨折区域的骨膜和软组织附着。修复粉碎性骨折时，最常使用锁定骨板作为桥连骨板，只需在近端和远端的主要骨碎片上拧入螺钉。锁定骨板也可用于简单横骨折，或者在使用拉力螺钉对长斜骨折进行骨碎片间压缩后，充当中立骨板。

拧入第一颗锁定螺钉时，必须注意保持骨板在骨骼上的位置，因为锁定螺钉不能像在传统骨板上那样倾斜拧入。第一颗螺钉只有在第二颗螺钉部分拧入后才能完全拧紧，以避免在螺钉拧紧过程中发生骨板的旋转。基于 2.4 mm Unilock 系统的临床经验，每块主要的骨碎片上拧入 2 颗螺钉就会使长骨骨折的治疗具备足够的稳定性。如果有足够的空间，可以拧入第 3 颗螺钉。

拧入螺钉前，要垂直于骨板预钻孔，这时需要使用如图 24–28 所示的专用钻导引架。自攻锁定螺钉既可以拧入单皮质，也可以拧入全皮质。根据经验，如果是厚层骨皮质的长骨骨干中，可以使用单皮质螺钉。柔软的骨骼，如肱骨骺的松质骨和长骨的干骺端，需要使用全皮质螺钉；未成熟猫的骨干容易发生螺钉拔出，也要使用全皮质螺钉。老年猫的骨干要避免使用全皮质螺钉，因为可能发生医源性骨折 / 裂隙。放置单皮质螺钉的优点主要是可以避免螺钉进入关节或椎管。在需要倾斜拧入螺钉的区域（例如，为了避免穿透关节），可以通过骨板孔拧入非锁定螺钉。单皮质螺钉使得放置 2 块相互垂直的骨板或在骨骼的内侧面和外侧面放置骨板成为可能。

24.8.3 术后治疗和并发症

应用 Unilock 系统的并发症很罕见。猫长骨骨折连续评估的临床病例中未观察到植入物失败（Voss，未发表的数据）。如果螺钉未完全固定在骨骼中，例如，螺钉仅与骨皮层的前缘或后缘接合，则可能发生螺钉拔出。该问题在手术过程中可能不会被注意到，因为外科医生在拧紧螺钉时对螺钉抓持力的感觉不如使用常规螺钉时那么好。锁定螺钉在拧紧后外观稳定，即使没有完全拧入骨骼。

老年猫的骨干拧入全皮质螺钉时，可能会发生医源性骨折 / 裂隙。造成该并发症的可能原因是，在拧紧螺钉将螺钉头锁定在骨板孔中的过程中，可能会对远侧骨皮质产生剪切力。因此，在老年猫脆弱的骨干上，只能使用单皮质螺钉。出于同样的原因，锁定骨板与髓内针合用时，也要足够的小心。在拧紧过程中，螺钉要垂直于骨板才能锁定；当螺钉尖端触碰到髓内针时，会产生剪切力。在猫中，即使最短的 6 mm 螺钉也往往太长，拧入时很难不接触到髓内针。

参考文献和延伸阅读

[1] Willer RL, et al. Comparison of cerclage wire placement in relation to a neutralisation plate. A mechanical and histological study. Vet Comp Orthop Traumatol 1990; 3: 90–94.

[2] Roe SC. External fixators, pins, nails, and wires. In: Johnson AL, Houlton JEF, Vannini R (eds) AO principles of fracture management in the dog and cat. Switzerland: AO Publishing; 2005.

[3] Whitney WO, Schrader SC. Dynamic intramedullary cross pinning technique for repair of distal femoral fractures in dogs and cats: 71 cases. J Am Vet Med Assoc 1993; 191: 1133–1138.

[4] Hulse D, et al. Effect of intramedullary pin size on reducing bone plate strain. Vet Comp Orthop Traumatol 2000; 13: 185–190.

[5] Withrow SJ. Sciatic nerve injuries associated with intramedullary fixation of femoral fractures. J Am Vet Med Assoc 1977; 13: 562–568.

[6] Payne J, et al. Comparison of normograde and retrograde intramedullary pinning of feline tibias. J Am Anim Hosp Assoc 2005; 41: 56–60.

[7] Schwarz T, et al. Fatal pulmonary fat embolism during humeral fracture repair in a cat. J Small Anim Pract 2001; 42: 195–198.

[8] Endo K, et al. Interlocking intramedullary nail method for the treatment of femoral and tibial fractures in cats and small dogs. J Vet Med Sci 1998; 60: 119–122.

[9] Larin A, et al. Repair of diaphyseal femoral fractures in cats using interlocking intramedullary nails: 12 cases (1996–2000). J Am Vet Med Assoc 2001; 219: 1098–1104.

[10] Duhautois B. Use of veterinary interlocking nails for diaphyseal fractures in dogs and cats: 121 cases. Vet Surg 2003; 32: 8–20.

[11] Basinger RR, Suber JT. Two techniques for supplementing interlocking nail repair of fractures of the humerus, femur, and tibia: results in 12 dogs and cats. Vet Surg 2004; 33: 673–680.

[12] Scotti SA, et al. Retrograde placement of a novel 3.5 mm titanium interlocking nail for supracondylar and diaphyseal femoral fractures in cats. Vet Comp Orthop Traumatol 2007; 20: 211–218.

[13] Toombs JP, et al. The SKTM external fixation system: description of components, instrumentation, and application techniques. Vet Comp Orthop Traumatol 2003; 16: 76–81.

[14] Bronson DG, et al. Influence of the connecting rod on the biomechanical properties of five external

skeletal fixation configurations. Vet Comp Orthop Traumatol 2003; 16: 82–87.
[15] Font J, et al. A review of 116 clinical cases treated with external fixators. Vet Comp Orthop Traumatol 1997; 4: 173–182.
[16] Reichler IM, et al. Der Tubuläre Fixateur Externe (F.E.S.S.A.): Klinische Anwendung zur Frakturversorgung bei 6 Zwerghunden und 20 Katzen. Kleintierpraxis 1997; 42: 407–419.
[17] Haas B, et al. Use of the tubular external fixator in the treatment of distal radial and ulnar fractures in small dogs and cats. Vet Comp Orthop Traumatol 2003; 16: 132–137.
[18] Gemmill TJ, et al. Treatment of canine and feline diaphyseal radial and tibial fractures with low-stiffness external skeletal fixation. J Small Anim Pract 2004; 45: 85–91.
[19] Aron DN, et al. Experimental and clinical experience with an IM pin external skeletal fixator tie-in configuration. Vet Comp Orthop Traumatol 1991; 4: 86–94.
[20] Langley-Hobbs SJ, et al. Use of external skeletal fixators in the repair of femoral fractures in cats. Vet Comp Orthop Traumatol 1996; 37: 95–101.
[21] Langley-Hobbs SJ, et al. External skeletal fixation for stabilisation of comminuted humeral fractures in cats. J Small Anim Pract 1997; 38: 280–285.
[22] Briggs BT, Chao EYS. The mechanical performance of the standard Hoffman–Vidal external fixation apparatus. J Bone Joint Surg Am 1982; 64A: 566–573.
[23] Bennett RA, et al. Comparison of the strength and holding power of 4 pin designs for use with half pin (type I) external skeletal fixation. Vet Surg 1987; 16: 207–211.
[24] Egger EL, et al. Effect of fixation pin insertion on the bone–pin interface. Vet Surg 1986; 15: 246–252.
[25] Marcellin-Little DJ. External skeletal fixation. In: Slatter D (ed.) Textbook of small animal surgery. Philadelphia: WB Saunders; 2002: pp. 1818–1834.
[26] Beck AL, Pead MJ. The use of Ellis pins (negative profile tipthreaded pins) in external skeletal fixation in dogs and cats. Vet Comp Orthop Traumatol 2003; 16: 223–231.
[27] Fruchter AM, Holmberg DL. Mechanical analysis of veterinary cuttable plate. Compend Continuing Educ 1991; 4: 116–119.
[28] Robins GM, et al. Customized hook plate for metaphyseal fractures, nonunions and osteotomies in the dog and cat. Vet Comp Orthop Traumatol 1993; 6: 56–61.
[29] Montavon PM, et al. The mini instrument and implant set and its clinical application. Vet Comp Orthop Traumatol 1988; 1: 44–51.
[30] Von Werthern CJ, Bernasconi CE. Application of the maxillofacial mini-plate Compact 1.0 in the fracture repair of 12 cats/2 dogs. Vet Comp Orthop Traumatol 2000; 13: 92–96.
[31] Savoldelli D, Montavon PM. Clinical handling: small animals. Injury 1995; 26: 47–50.
[32] Keller M, et al. The ComPact UniLock 2.0/2.4 system and its clinical application in small animal orthopedics. Vet Comp Orthop Traumatol 2005; 18: 83–93.
[33] Voss K, et al. Use of the ComPact UniLock System for ventral stabilization procedures of the cervical spine: a retrospective study. Vet Comp Orthop Traumatol 2006; 19: 21–28.
[34] Voss K, et al. Internal splinting of dorsal intertarsal and tarsometatarsal instabilities in dogs and cats with the ComPact UniLock 2.0/2.4 System. Vet Comp Orthop Traumatol 2004; 17: 125–130.

有关植入物的更多信息，可通过以下网站获得：

Animal Care: www.animalcare.co.uk/orthopaedics.html.

Eickemeyer: www.eickemeyer.de.

IMEX Veterinary: www.imexvet.com.

Innovative Animal Products: www.innovativeanimalproducts.com.

Königsee Implantate: www-koenigsee-implantate.de.

Kyon: www.kyon.ch.

Medical Solution: www.medical-solution.ch.

Synthes Veterinary: www.synthesvet.com.

Synthes: www.synthes.com.

Veterinary Instrumentation: www.vetinst.com.

第 25 章　猫关节镜检查

B. Beale

猫关节镜检查可行吗？有用吗？实用吗？关节镜是诊断和治疗猫关节疾病很有价值的工具。关节镜可以以微创的方式进入猫的肩关节、肘关节、髋关节和膝关节，从而直视关节内部。常规关节切开后也可以使用关节镜评估关节内部结构。关节镜具有放大镜效果，以及可视关节内难以看到的区域的能力，有助于改善观察关节内部结构的视野。即使从未做过完整的关节镜检查，关节镜也可以提高普通兽医进行猫关节手术的效率和准确性。

所有关节镜检查所需的设备、患病动物的准备和术后护理都是相似的。为了避免重复，本章在编排时着重介绍猫关节镜最常见的适应证。通过关节镜可以检查猫的肩关节、肘关节、髋关节和膝关节，其中膝关节的检查频率最高。关节镜可用于评估关节内疾病（如前十字韧带疾病、肩关节韧带损伤）、移除关节内游离体（如肘关节发育不良）和治疗半月板损伤。其他有关关节镜的资料，请读者查阅本章最后的参考文献[1-4]。本章的目的是向读者介绍基本的猫关节镜检查，而不是对关节镜的专题介绍。

25.1　关节镜设备

猫关节镜检查的设备类似于小型犬的关节镜设备，需要关节窥镜、套管、摄像机、显示器、光源、液体冲洗和收集系统，以及各种各样的手持器械（图 25–1）。也可能用到仪器套管、射频或电凝装置、电动刨削器。

25.1.1　关节窥镜和套管

关节窥镜是硬质内窥镜，可将图像传送给摄像机和显示器，其中包含一系列的透镜和光学元件来产生图像。关节窥镜插入套管内，套管起保护作用，并持续作为关节入口。关节窥镜通过耦联机构连接到套管上。光缆连接到套管上提供光源，以产生高质量的图像。液体管也连接在套管上，冲洗液可以持续送到关节内以提高图像的质量（图 25–2）。

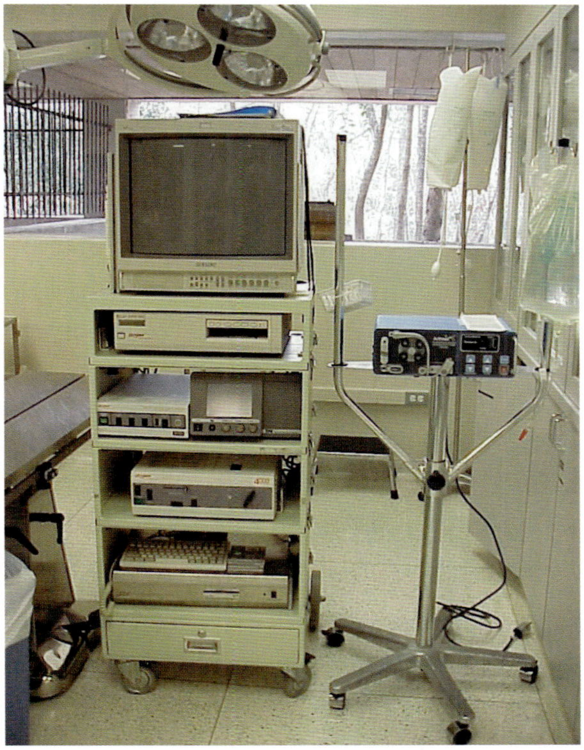

图 25–1　关节镜塔包括机柜、显示器、摄像机控制箱、光源、电凝器或射频元件、数字图像采集设备与打印机

猫关节镜检查常用的关节窥镜直径为 1.9 ~ 2.7 mm。首先使套管通过皮肤和筋膜的小切口进入关节内，然后将锥形或尖头闭孔器锁固在套管内，小心地将套管插入充满生理盐水的关节内。套管的直径有小有大，与制造商有关。小直径的套管更容易插入，但套管壁和关节窥镜之间的空间小，使得流入关节内的液速变慢。使用较小关节窥镜和套管的另一个优点是在小关节（如肘关节和跗关节）内操控性更强。较大关节窥镜的优点是视野广泛、抗弯曲能力更强，因此更耐用。猫最常使用更小的套管。

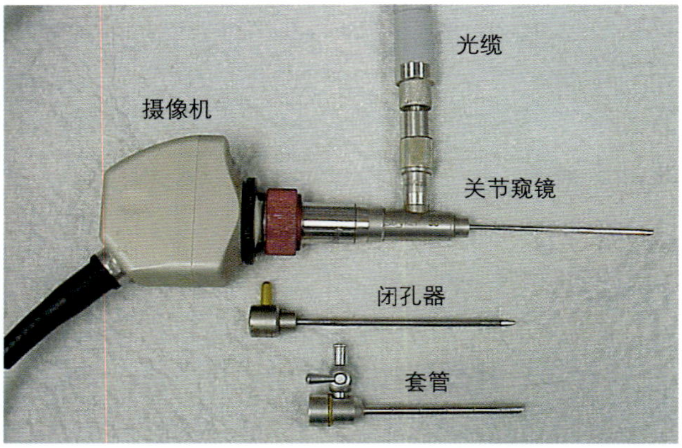

图 25-2 闭孔器插入套管后进入关节内。关节窥镜再连接到摄像机和光缆上。关节窥镜插入套管内，观察关节内部。液体管也连接在套管上

猫肩关节、肘关节和髋关节通常使用 1.9 mm 关节窥镜进行关节镜检查。猫膝关节通常使用 2.3 mm、2.4 mm 或 2.7 mm 关节窥镜进行关节镜检查。猫关节镜检查最常使用 30° 关节窥镜。工作长度指的是硬镜杆的总长度，通常分为短镜或长镜。猫推荐使用短关节窥镜（8.5 cm），因为短镜易于操控，且在弯曲时不易损坏。

关节窥镜上的灯柱是光缆的连接处，为关节内提供照明。灯柱可以环绕关节窥镜旋转，从而改变关节窥镜的视野。这是一个重要的关节窥镜操作手法。通过灯柱改变视野的方法可以减少关节窥镜的尖端移动，并达到同样的目的。减少关节窥镜的操作，也就减少了对关节面医源性损伤的机会，减少了从关节内意外滑出的概率。

关节窥镜易碎，很容易在手术、清洗或储存过程中损坏。关节窥镜不仅价格昂贵，修理或更换也很昂贵，因此要非常小心地使用。许多制造商都提供修理或更换质保，通常可在 24 h 内提供替代品。正确的清洁和储存方法已经描述过 [1]。以作者的经验，大多数关节窥镜损坏是由外科医生或技术员造成的，而不是制造商的问题。在手术期间，如果过度施加弯曲力，或者由于手持器械、刨削器或电凝尖端的直接撞击使关节窥镜末端的玻璃被划损或破裂，都可能造成关节窥镜损坏。

25.1.2 关节镜摄像机

关节镜图像通过摄像系统投射到显示器屏幕上。摄像系统包括控制单元和摄像头。大多数摄像机包含单块或三块半导体芯片。三块半导体芯片的摄像机比单块半导体芯片的摄像机分辨率高；然而，三块半导体芯片的摄像机比单块半导体芯片的摄像机贵很多。新型的单块半导体芯片摄像机也可提供很好的图像，适合大多数情况的使用。不管哪家制造商，摄像头都应该能适合大部分关节镜的可视部件；但在购买不同制造商的组件之前,最好确认兼容性。有些摄像头有白平衡、图像打印或缩放的按钮。操控台将电子图像信号转换成标准的视频信号，并展现在显示器上。操控台通常与摄像头相匹配，因此需要购买同厂家的摄像头和操控台。摄像头可以根据制造商的说明书进行高压蒸汽灭菌、环氧乙烷或低温等离子灭菌。

25.1.3 显示器

关节镜图像显示在彩色显示器上。关节镜的显示器应具备至少 450 个线对的高水平分辨率和大屏幕［50 cm（20 in）或更大］。最好使用医疗级显示器，可以提供最好的图像；但家用显示器成本较低，也可以提供足够质量的图像。大多数显示器配有 S 端子或红色、绿色、蓝色（RGB）输入口，从而实现高质量的视频成像。

25.1.4 光源

光源为关节内提供照明，以便可视化探查。光源的灯泡是卤素灯或氙灯。氙灯比卤素灯可以提供更高的光强度和色温，从而能够提供更好的视觉清晰度和呈现更好的色彩再现。氙灯比卤素灯更贵，但为了更好的图像质量还是推荐使用氙灯。光源产生的亮度通过光缆传送到关节窥镜。光缆的接口必须与光源和摄像机兼容。根据制造商的说明，光缆可以用环氧乙烷、戊二醛浸泡或高压蒸汽灭菌或消毒。光缆由许多玻璃纤维组成，如果电缆弯曲或缠绕过紧，玻璃纤维可能会断裂，因此使用时应小心。光缆会变热，使用时不能直接放在动物身上或包装材料上，可能引发烧伤。

25.1.5　关节镜图像的存储

关节镜检查过程中记录的内容是一种永久性的视觉资源，将关节镜检查和治疗过程进行存档，也有利于跟客户的专业沟通。关节镜图像可以存储为数字图像，或者打印出照片。用于收集和存储图像的方法包括磁带录像、数字静态图像捕获与彩印。家用摄像机是记录患病动物数据的一种极好且方便的方式，通常使用 S 端子网线连接到关节窥镜摄像机上。

25.1.6　关节镜冲洗

持续而稳定的水流通过关节窥镜的尖端注入关节内，这对关节内的可视化是非常重要的。液体可以扩张关节，为可视化提供清晰的液体，并清除关节的碎片和污物。冲洗还可增加关节内的压力，抑制术中的出血。冲洗系统必须足够提供扩张关节所需的最小压力，并维持压力不超过安全范围，压力过大可能导致液体溢出到邻近的软组织中。大多数猫关节镜检查推荐的压力为 25 ~ 50 mmHg。正如前面所述，液体管通过 Luer-Lok 接头连接到套管上，液体通过关节窥镜与套管的间隙进入关节内。液体可以通过重力作用或电动液压泵两种方式压入（图 25-3）。这两种系统都有优缺点，其选择往往取决于所检查的关节和外科医生的喜好。对于大多数不需要液体抽吸和长时间使用刨削器的手术来说，重力作用是输送液体的有效方法。

25.1.7　排水系统

关节镜检查期间，需维持适量的液流进入关节内，所以也要建立流出或排水通道。小动物关节镜检查中液体流出的维持是特别具有挑战性的，因为关节太小。在较小的关节中，尤其是肘关节，使用标准的液体流出套管可能会导致明显的医源性软骨损伤。针头因其较小可以减少创伤，但尖端也可能损坏软骨，而且狭窄的管道常会堵塞。选择合适的液体流出器械主要取决于所操作的关节大小。如果液体流出套管不能提供足够的液体

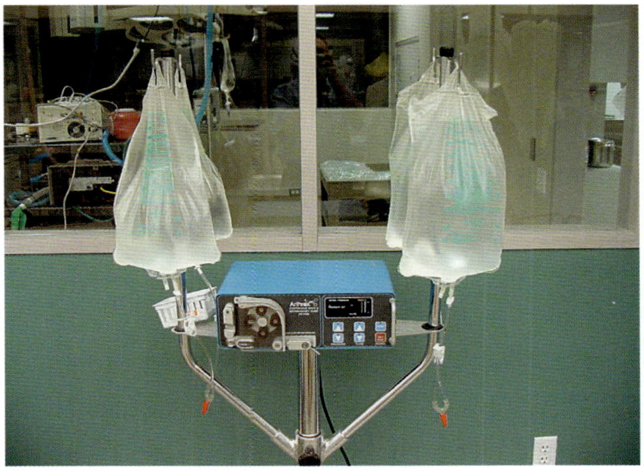

图 25-3　将无菌盐水连接到输液泵（如图所示），或者将液体袋连接在压力袋内，无菌液体通过套管连续注入关节内

流出量，则需要增加套管口径便于液体从操作器械旁流出。

25.1.8　手持器械

小关节的关节镜手持器械必须结合小的直径和优异的力学性能，以便提供高精度和可靠性，从而减少医源性创伤和器械损坏。推荐的基础的关节镜手持器械包括探针、抓取钳、咬合钳、关节镜刀、刮匙和手钻（图 25-4）。

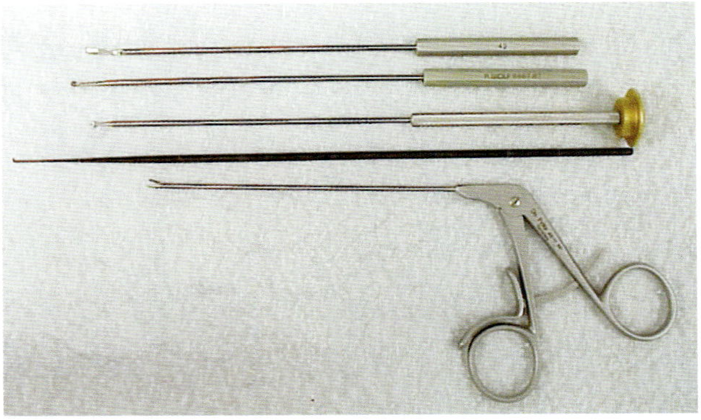

图 25-4　关节镜所用的手持器械可用于治疗各种病情。常用的器械（自上而下）包括香蕉刀、刮匙、手钻、探针和抓取钳

探针通常设计为直角的，尖端长 1 ~ 3 mm。探针用于触探关节面，并对关节内的组织进行操作。在小动物的关节镜中，直角探针可用于触探关节软骨以检查有无病变，并处理关节软骨瓣、半月板损伤和骨碎片。半月板撕裂时，如果没有移位，则不会看到，因此，许多桶柄样的半月板

撕裂常被漏诊。使用探针可将半月板的撕裂部分向前牵引以便确诊，并进行部分半月板切除术治疗。

抓取钳可分为锁定型和非锁定型。专门为关节镜设计的抓取钳通常更坚固，并具有锁定结构，有助于清除组织。抓取的表面可能很光滑或呈锯齿状。推荐使用带锯齿的大型抓取钳去除大骨屑和软骨瓣。小型抓取钳也适用于狭小关节间隙的精细组织操作。

咬合钳用于清除软组织，又称为网篮钳。咬合钳具有一个锋利的空心下砧和一个上冲头，可用于移除小块软组织，包括滑膜或半月板。咬合钳有多种不同的设计，包括直的或侧面咬合，以及不同的直径和长度。在小动物关节镜上，小直径或中直径的直咬合钳是最有用的，用于清除遮挡视线的滑膜、获取滑膜活检样本或清除半月板损伤。

在小动物关节镜检查中，关节镜刀用于治疗半月板损伤、肌腱固定术和切割骨碎片的软组织附着。刀可以是直的、弯的或钩状的，取决于手术需要。对于基础的小动物关节镜检查来说，套刀不是必需的；然而，高级检查时推荐购买直刀和钩刀。

小直径刮匙在小关节的关节镜检查中非常有用，可用于关节镜下骨碎片的分离与软骨和骨的清创。一般来说，直刮匙更容易插入关节，适用于大多数情况。环型刮匙也可用于特殊的关节镜检查。

骨或软骨的刮除与打磨可以使用手钻。手钻是圆形的，位于关节窥镜手柄的末端。另外，刨削器的钻头也可以以类似的方式使用。

25.1.9 器械套管

关节镜器械可以使用套管或不使用套管进入关节（图 25-5）。使用套管的主要优点是器械容易进入关节。如果没有套管，在更换器械时就很困难，很难找到入口，特别是入口通路不好找时。反复尝试将器械插入不易确定的入口可能会导致软组织损伤和液体外溢。使用套管的主要缺点是限制了可用器械的直径。

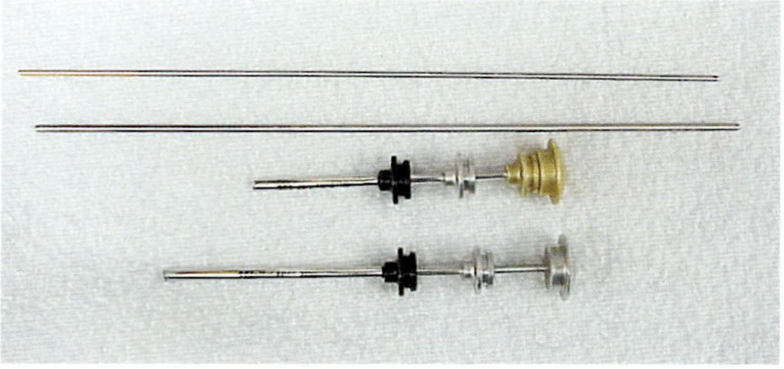

图 25-5 器械套管可以作为维持器械入口的通道。手持器械可以很容易地进出关节。套管的尺寸可以通过一系列的“转换棒”逐步增大，以便移除更大的碎片

器械套管有多种直径和长度。对于小关节的关节镜检查，内径 2.3 ~ 3.5 mm、长 4 ~ 5 cm 的套管最合适。大多数套管都配有锐头和钝头的闭孔器，尽管总是推荐使用钝头闭孔器。小关节的套管系统也包括一套转换棒和（或）转换管。该技术允许逐渐扩大入口，以便插入更大的套管。使用该系统时，应先将一个相对较小的套管和闭孔器插入关节，然后通过套管放置转换棒，之后拔出套管。再将一个较大的套管或扩大管放在转换棒上，重复这个过程，直到可以放入所需的套管。使用的套管取决于所操作的关节、所使用的器械，以及术者的喜好。虽然小关节的关节镜检查不需要套管系统，但在特殊情况下配备套管系统是有用的，对于经验不足的关节镜检查医生使用套管可能会使检查更容易些。

25.1.10 电动刨削器

电动刨削器用于快速去除软组织和硬组织。小关节的刨削器可用于猫的肘关节、肩关节和膝关节。电动刨削器包括控制箱、手柄和刨削头（图 25-6）。控制箱包括电源和基本的操作控制按钮。大多数刨削器可以调节速度和方向，包括正向、反向和振荡。速度控制很重要，因为清除不同的组织时，不同的刨削器刀片需要不同的速度。一般使用脚踏板控制刨削器。手柄上有一个控制吸力的开关。

刨削器的刀片有多种类型和直径，专为清除软组织或硬组织而设计。猫使用的刨削器刀片直径通常在 2.0 ~ 3.5 mm。软组织刨削器刀片包括具

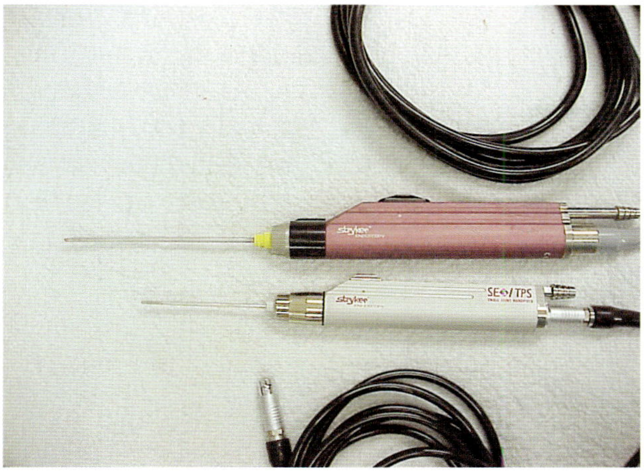

图 25-6 电动刨削器是非常有用的工具，可以移除滑膜、撕裂的韧带纤维、撕裂的半月板、软骨瓣或坚硬的软骨下骨

有防护的锋利割刀和侵略性割刀。锋利割刀有简单而锋利的切缘，而侵略性割刀有齿状切缘。这两种割刀都可用于小关节的脂肪或滑膜清创。如果有大量组织需清除或预清除组织因慢性滑膜炎而增加密度，使用侵略性割刀更有效。使用侵略性割刀清除膝关节的脂肪垫时，需要配合使用吸引装置，并适当降低转速。在较高的速度下使用割刀，吸引到割刀叶片内的组织有限。刮除骨的割刀是圆形或椭圆形的防护钻。全半径割刀刀片可用于清除坏死软骨、柔软骨或少量滑膜或脂肪垫。

25.1.11 电凝和射频

电凝和射频用于血管烧烙、组织清创或胶原收缩。专为水下关节镜应用而设计的高频电刀可与标准电凝器一起使用。这些设备可用于小血管的电凝，特殊的电刀可切割软组织。特殊的电刀也可以电融或收缩软组织结构。大多数猫的关节镜检查使用 1.0 ~ 2.5 mm 的小探针。

25.2 患病动物的准备和摆位

患病动物按照关节探查手术的常规方式摆位。剃毛和准备同开放性关节切开术。这样做的原因是因为在关节镜检查过程中，可能由于技术原因而中止操作，转而进行开放性关节切开术。外科医生开始学习关节镜时，这种情况发生更频繁。即使需要进行关节切开术，关节镜也可改善外科医生的观察视角。外科医生和助手通常站在同侧进行关节镜检查。

25.3 术后护理

关节镜检查结束时，应对关节进行冲洗，去除碎片。如果使用器械套管，则液体可通过关节镜套管进入关节冲洗，再通过器械套管流出。如果没有使用器械套管，则可将液体管连接到出水针上，将关节窥镜从套管中移出，将套管留在关节内，以便液体流出。彻底冲洗关节后，去除关节窥镜套管，用尼龙线十字缝合关节窥镜和器械入口皮肤。关节腔内注射丁哌卡因进行局部麻醉。如果关节周围有明显的肿胀，患肢绷带包扎 24 h，防止液体渗出。之后数天内，每天冷敷 2 ~ 3 次，有助于镇痛和减少肿胀。根据操作类型，确定限制活动的时间。关节镜检查后一般限制活动 2 周；关节镜检查的同时进行了骨科手术的病例，可能需要更长时间的限制活动（例如，十字韧带修补需要 2 个月的最小活动量）。

25.4 肩关节的关节镜检查

25.4.1 患病动物摆位

患病动物侧卧，受检肩关节朝上，行肩关节外侧入路。轻微牵拉患肢，与地面保持平行。

25.4.2 推荐的关节窥镜尺寸

推荐 1.9 mm、2.3 mm 或 2.4 mm 关节窥镜。

25.4.3 肩关节镜检查的入口位置 [3]

猫肩关节镜检查的入口位置与犬相似（图 25-7）。通常使用关节窥镜入口、出水口和器械入口。首先确定出水口，从大转子上方、肩关节前外侧向肩关节前内侧肱二头肌腱附着点周围插入 20 G 针头。在大多数情况下，出水口放置合适时，关节液很容易抽吸出来。如果没有抽吸出关节液，而外科医生确定针头已经进入关节，则可以向关节内注射生理盐水。如果针头位于关节内，则液体很容易注入；当关节囊完全膨胀时，注射器活塞

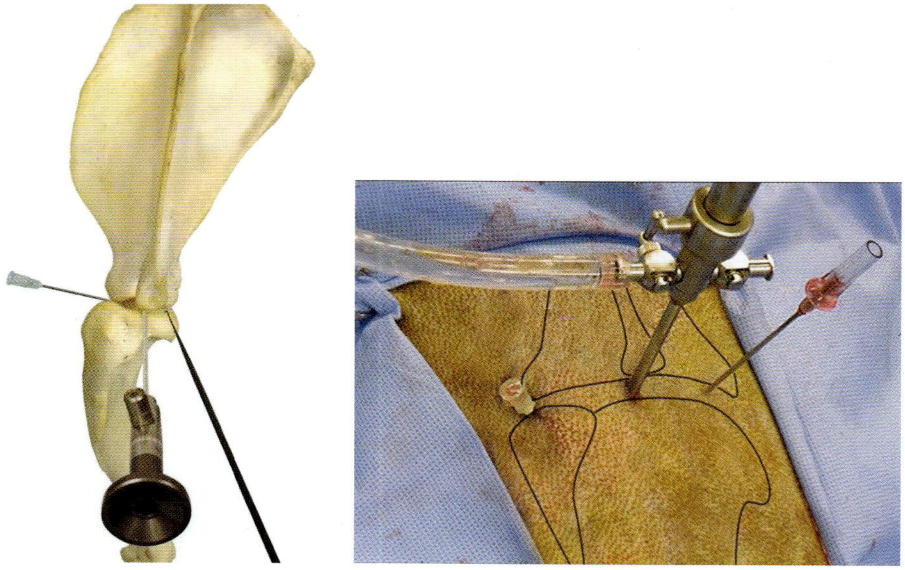

A　　B

图 25-7 （A，B）肩关节镜检查的入口位于外侧，如图所示。关节窥镜入口位于肩胛骨肩峰的远端。器械入口通常位于关节窥镜入口后侧，而出水口位于关节窥镜入口前侧。器械入口和出水口偶尔可根据需要治疗的病灶位置相互更换

会感觉到反向压力。大多数猫需要 3 ~ 6 mL 的液体扩充肩关节。其次建立关节窥镜入口，插入带锥形闭孔器的关节窥镜套管。标准的关节窥镜入口位置是基于肩胛骨上肩峰的定位和关节面的大概位置。肩峰上放一根手指，然后向远端移动直到接近关节的水平。可以通过侧位 X 线片辅助定位。在估计的关节窥镜入口位置插入 22 G 针头，确定入口位置是否正确。针头应与肢体长轴垂直，而且很容易进入关节。

使用 11 号刀片切开皮肤和浅表软组织 2 ~ 3 mm，以便插入关节窥镜。不要全层切透至关节囊，否则扩张关节的液体会外溢到周围软组织中，关节扩张的作用消失。如果需要对关节内组织进行活检或治疗关节病变，则需建立器械入口。从侧位 X 线片可以估计出器械入口相对于肩峰的前后侧和近远端位置。该位置大概在肩峰后 1 cm、肩峰后缘略远端的位置。确保器械入口的位置最好在关节内相对于关节窥镜尖端呈三角形。可用一根 20 G 长 2.5 cm（1 in）的针头作为引导针来确定器械入口的位置。引导针必须以 75° ~ 90° 的角度穿透皮肤表面，并维持该方向穿透软组织。进入关节后，可以在显示器上看到针头（确保关节窥镜和灯柱指向入口位置），外科医生评估入口位置是否便于治疗关节内病变。人们总感觉针头是以非常倾斜的角度进入的。这是由关节镜 30° 前倾角造成的错觉，而不是真正的角度太倾斜。

最常见的无法找到合适的器械入口位置的原因是进入皮肤和软组织的角度太倾斜。当以太倾斜的角度进入时，本应呈三角形的针头（用于定位器械入口）越过关节窥镜，无法在显示器上显示。一旦在显示器上看到针头，确定了合适的器械入口位置，接下来就是准备放入器械了。11 号手术刀顺着针头插入关节，然后用 Metzenbaum 剪或一系列口径递增的器械套管扩大开口。如果需要不同大小的套管，可以用转换棒替换套管。

25.4.4　外科解剖学

肩关节镜检查的第一步是对关节进行全面系统的探查。制订关节镜检查的标准化流程有助于关节镜检查技术的提高，并确保关节内所有的可视区域都检查到。标准的肩关节镜检查应看到如下结构。

- 肱二头肌腱（图 25-8）
- 内侧盂肱韧带（图 25-9）
- 肩胛下肌腱
- 肱骨头（图 25-10 和图 25-11）
- 肩胛盂（图 25-10）
- 后关节囊

关节探查是通过结合某些技巧改变关节窥镜

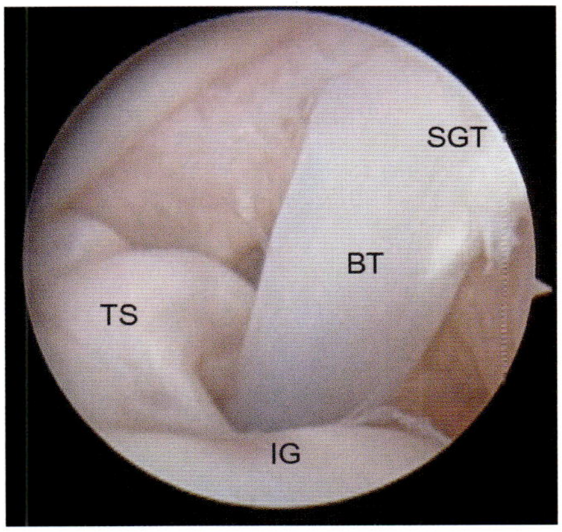

图 25-8　正常的猫肱二头肌腱（BT）与犬肱二头肌腱相似，起源于肩胛骨的盂上结节（SGT）。肌腱穿过关节间隙进入肱骨结节间沟（IG）的腱鞘（TS），鞘内的部分肌腱可通过屈曲肩关节来评估

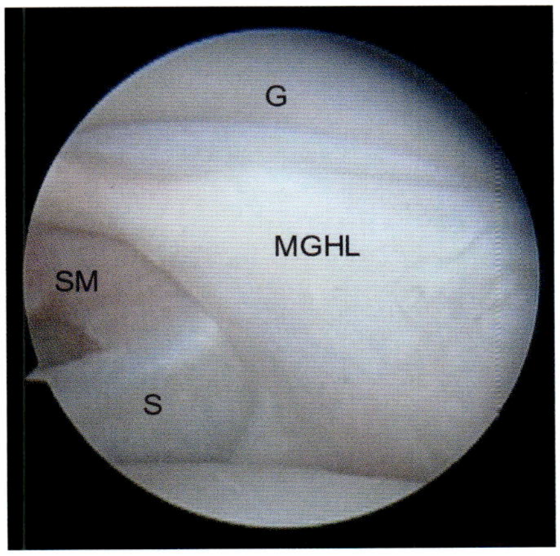

图 25-9　肩关节内侧需要评估的结构，包括内侧盂肱韧带（MGHL）、肩胛下肌腱（S）、肩臼缘（G）和滑膜（SM）

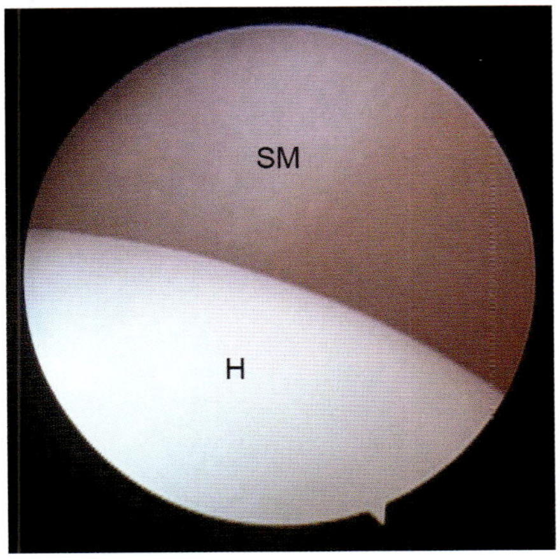

图 25-10　关节后腔可以评估肱骨头（H）、肩胛盂和滑膜（SM）

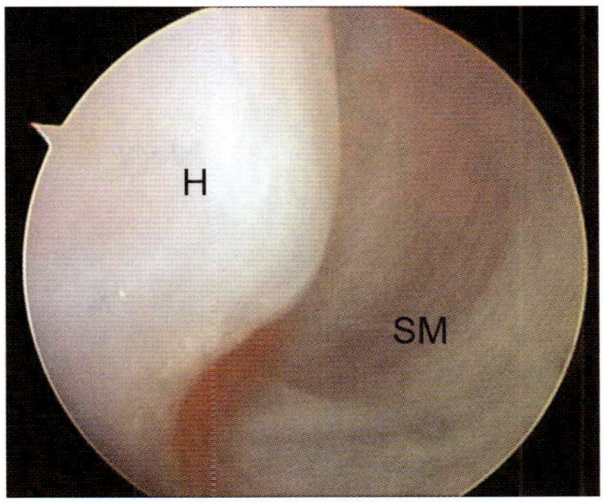

图 25-11　关节囊后内侧可见肱骨头（H）和滑膜（SM）

的视野来完成的。应尽量减少关节窥镜移动，避免无意地将关节窥镜从关节内移出。可以通过以下 3 种方式改变关节窥镜的视野。

1. 通过将关节窥镜尖端稍微推进或后退；
2. 将关节窥镜向近端、远端、前侧和后侧倾斜；
3. 通过旋转光缆改变关节窥镜斜面的方向。

对病变进行评估，经器械入口使用手持器械或刨削器进行治疗。

25.4.5　肩关节镜检查的适应证

猫偶尔需要进行肩关节镜检查。肩关节镜检查的适应证包括感染性、肿瘤性、创伤性、发育性和退行性疾病的诊断与治疗。也可以进行微创的侵入性滑膜活检。滑膜活检通常使用小的咬合钳。这些器械锋利的咬合作用可以一次性快速取样。对软骨或柔软骨进行活检可以用很小的环钻或半月板血管咬合钳。猫肩关节镜最常见的应用是诊断和治疗创伤性与退行性疾病，特别是韧带损伤、骨关节炎和滑膜炎。随着将来对肩关节疼痛患猫进行关节镜探查的增多，会逐渐发现新的病理损伤，猫肩关节镜检查的适应证也可能随之增加。

韧带损伤

患猫的肩关节韧带损伤与犬类似。肩关节内侧的支撑结构损伤最为常见，内侧盂肱韧带、肩胛下肌腱和关节囊可能撕裂或拉伤。在 Ridge 的一项研究中，猫的内侧盂肱韧带呈单一条带状，而犬的呈 Y 形。关节镜检查可以评估这些结构的完整性和坚固性。可使用射频探头尝试使这些组织热收缩，以试图收紧内侧组织，使其恢复稳定性。必要时，可采用微创手术入路重建韧带结构。

骨关节炎和滑膜炎（图 25-12 ～图 25-14）。

肩关节镜在骨关节炎和滑膜炎的管理方面应用有限。可能的话，要查明和消除骨关节炎的潜在病因。关节镜探查可以获得滑膜活检样本，进行组织病理学检查、细菌分离培养和药敏试验。可用抓取钳去除松散的骨软骨碎片。可以治疗全层软骨磨损的区域。肘关节骨关节炎病例的关节软骨损伤区域的治疗过程请见下方描述。

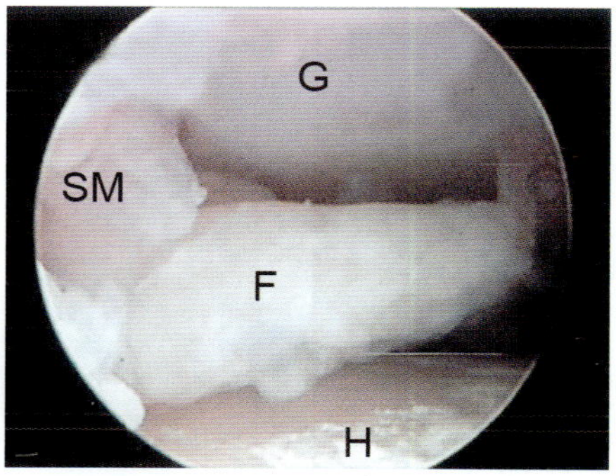

图 25-12　在这个不明原因的慢性肩关节骨关节炎患猫的关节内，可以看到骨碎片（F）、增生性滑膜（SM）、肩臼（G）和肱骨头坚硬的骨面（H）

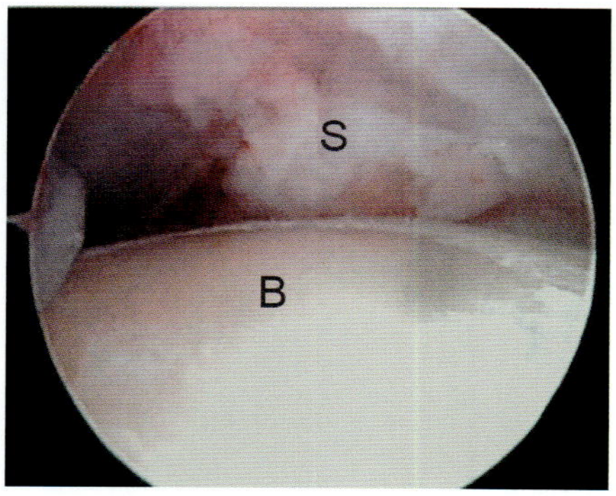

图 25-13　4 级软骨侵蚀的肱骨头（B）苍白坚实。滑膜（S）可见慢性炎症

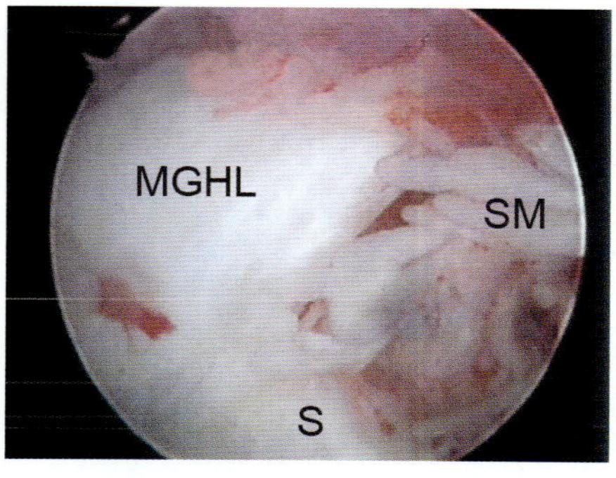

图 25-14　在该慢性滑膜炎（SM）的患猫肩关节中，可见内侧盂肱韧带（MGHL）和肩胛下肌腱（S）是完好的

25.5　肘关节的关节镜检查

25.5.1　患病动物摆位

患病动物侧卧，受检肘关节在下，行肘关节内侧入路。

25.5.2　推荐的关节窥镜尺寸

推荐 1.9 mm 关节窥镜。

25.5.3　肘关节镜检查的入口位置

猫肘关节镜检查的入口位置与犬类似（图 25-15）。通常使用关节窥镜入口、出水口和器械入口。首先建立出水口，从肘关节内上髁嵴上方插入 20 G 针头，朝向肘突顶端。大多数情况下，出水口放置合适时，关节液很容易被抽吸出来。如果没有抽吸出关节液，而外科医生确定针头已经进入关节，则可以向关节内注射生理盐水。如果针头位于关节内，则液体很容易注入；当关节囊完全膨胀时，注射器活塞会感觉到反向压力。大多数猫需要 1 ～ 4 mL 的液体扩充肘关节。其次建立关节窥镜入口，插入带锥形闭孔器的关节窥镜套管。标准的关节窥镜入口位置是基于肱骨内上髁的定位和关节面的大概位置。在肱骨内上髁上放一根手指，然后向远端缓慢移动，直到触摸到关节间隙水平。可以通过肘关节侧位 X 线片辅助定位。将手指向后移动 4 ～ 5 mm 的距离为关节窥镜入口。在估计的关节窥镜入口位置插入 22 G 针头，确定入口位置是否正确。针头应与肢体长轴垂直，而且很容易进入关节。

使用 11 号刀片切开皮肤和浅表软组织 2 ～ 3 mm，以便插入关节窥镜。不要全层切透至关节囊，否则扩张关节的液体会外溢到周围软组织中，关节扩张作用消失。将肘关节放到手术台边或在关节下放一个支撑物作为杠杆的支点。让助手保持肘关节轻微外翻（轻微的向下压力），以便打开关节的内侧室。

进入关节后，将封闭器从套管中取出。液体

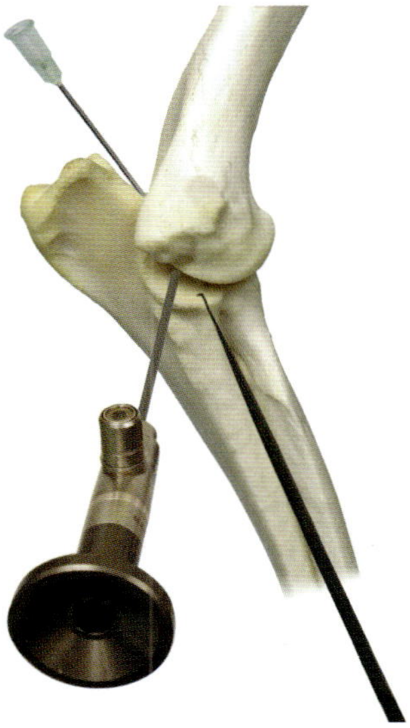

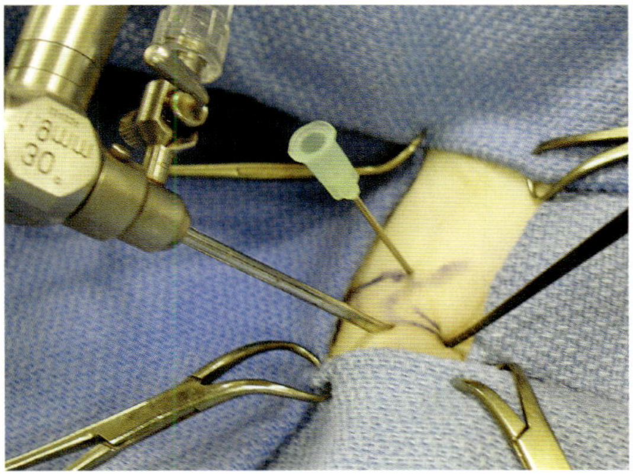

图 25-15 （A，B）肘关节镜检查的入口在关节内侧，如图所示。关节窥镜入口通常在猫肱骨内上髁远端和后侧 5 ~ 7 mm 处，器械入口（探针）在前侧，出水口（针头）位于关节窥镜入口的后侧和近端

将从套管中流出，以此确认正确的入口位置。将入水导管连接到套管上，并插入关节窥镜。最后建立器械入口，便于插入各种器械，包括小关节抓取钳、直角探针、小关节刨削器和刮匙。

彻底探查完关节后，将关节窥镜对准关节的前内侧。在关节窥镜的辅助下，将 22 G 针头从内侧副韧带的后侧插入关节。观察到针头且内侧和外侧的位置令人满意后，则使用 11 号刀片直接沿着针头做一个 3 ~ 5 mm 的纵向切口。以与针头相似的角度，插入一个小的钝头套管针。如果需要器械套管，则在此时插入。

移除闭孔器，根据需要使用 Metzenbaum 剪或止血钳扩大入口。显露清晰的、大的入口方便插入所有器械，不需要套管。更大的入口也允许液体顺畅地流出，同时减少了向皮下组织的外渗。

25.5.4 外科解剖学

肘关节镜检查的第一步是对关节进行全面系统的探查。制订关节镜检查的标准化流程有助于关节镜检查技术的提高，并确保关节内所有的可视区域都检查到。标准的内侧肘关节镜检查可看到的关节内侧的各个区域及其图像。

- 肘突（图 25-16）
- 滑车切迹
- 外侧冠状突（图 25-17）
- 内侧冠状突

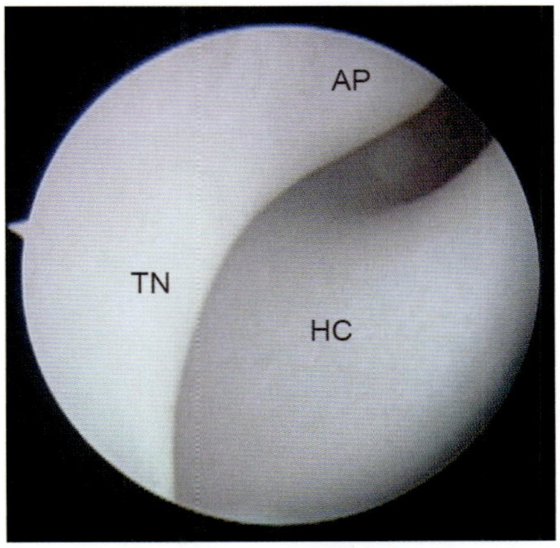

图 25-16 猫的肘突（AP）略小于犬的。尺骨滑车切迹（TN）和肱骨髁（HC）与犬的相似

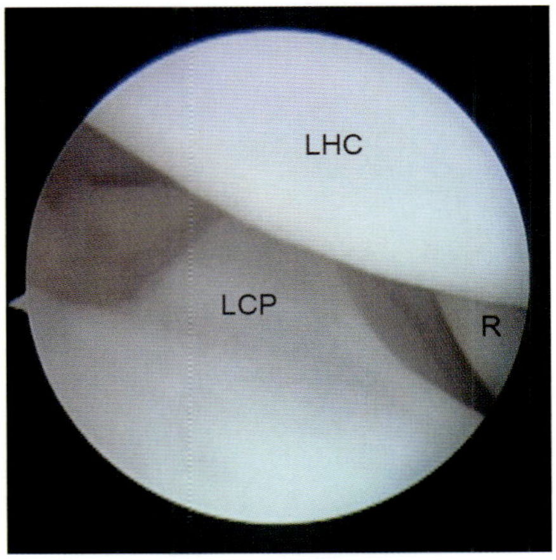

图 25-17 应评估的肘关节外侧结构包括外侧冠状突（LCP）、肱骨外侧髁（LHC）和桡骨头（R）

• 桡骨头（图 25-17 和图 25-18）
• 内侧副韧带
• 肱骨内侧髁（图 25-19）

关节探查是通过结合某些技巧改变关节窥镜的视野来完成的。应尽量减少关节窥镜移动，避免无意地将关节窥镜从关节内移出。可以通过以下 3 种方式改变关节窥镜的视野。

1. 通过将关节窥镜尖端稍微推进或后退；
2. 将关节窥镜向近端、远端、前侧和后侧倾斜；
3. 通过旋转光缆改变关节窥镜斜面的方向。

对病变进行评估，经器械入口使用手持器械或刨削器进行治疗。

25.5.5　肘关节镜检查的适应证

猫肘关节镜检查的适应证包括感染性、肿瘤性、创伤性、发育性和退行性疾病的诊断与治疗。也可以进行微创的侵入性滑膜活检。滑膜活检通常使用小的咬合钳。这些器械锋利的咬合作用可以一次性快速取样。对软骨或柔软骨进行活检可以用很小的环钻或半月板血管咬合钳。猫肘关节镜最常见的应用是诊断和治疗发育性与退行性疾病，特别是内侧冠状突碎裂（FCP）和骨关节炎。

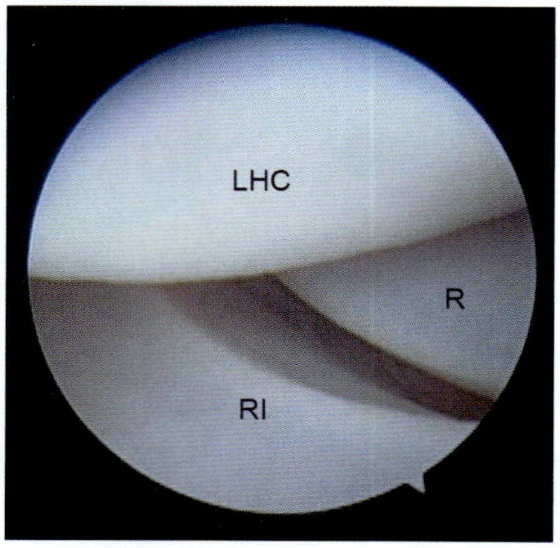

图 25-18　应评估的肘关节中部结构包括尺骨的桡骨切迹（RI）、肱骨外侧髁（LHC）和桡骨头（R）

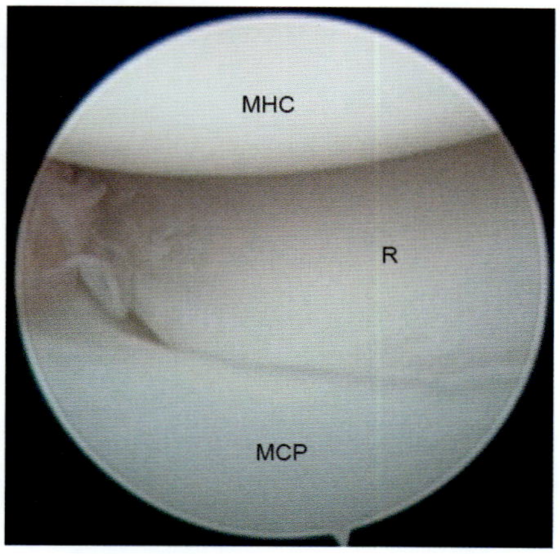

图 25-19　应评估的肘关节内侧结构包括内侧冠状突（MCP）、肱骨内侧髁（MHC）和桡骨头（R）

内侧冠状突碎裂

猫也可能发生类似于犬肘关节发育不良的肘关节退行性病变（图 25-20 和图 25-21）。在患猫 X 线片中可见关节周骨赘、关节囊增厚和矿化的游离体。矿化的游离体可见于关节内，也可在关节周围的软组织中（图 25-22）。猫的内侧冠状突碎裂已经可以通过肘关节镜检查确诊[4]，但该病的发病原因尚不清楚，很可能与发育性、退行性和

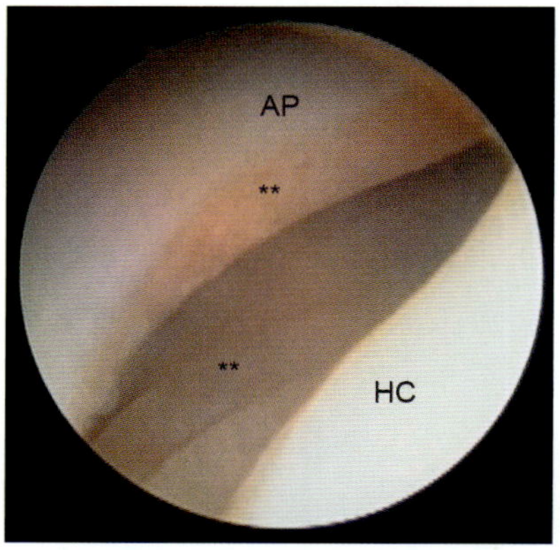

图 25-20　肘关节内侧冠状突碎裂是肘关节发育不良的一种形式，犬猫均易患。典型的病理变化包括肱骨内侧髁（**）、肘突（AP）和肱骨髁滑车（HC）后侧面的软骨侵蚀。内侧冠状突碎裂会导致关节内出现骨软骨碎片

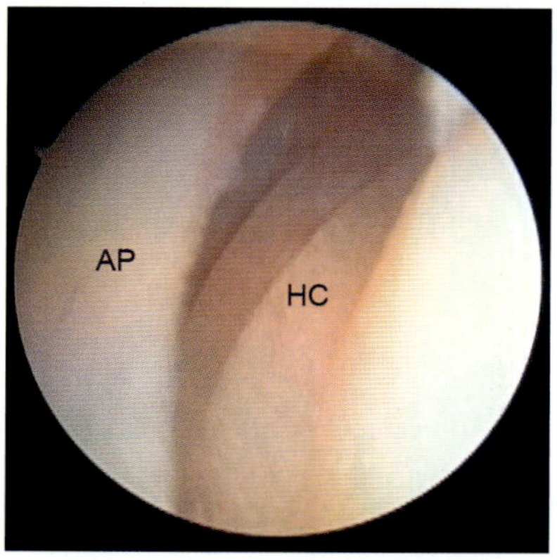

图 25-21　肘关节发育不良的患猫出现了与犬完全相同的病理变化。注意肱骨髁（HC）、肘突（AP）的全层软骨侵蚀，肱骨髁软骨下骨出现裂沟样病变

创伤性病因有关。病变的特征是内侧冠状突前外侧面的软骨和软骨下骨碎裂，在内侧冠状突上存在Ⅱ～Ⅳ级的软骨侵蚀（图 25-23）。

内侧冠状突碎片开始分离时，可能待在原来的位置。肘关节内插入小刮匙或探针，可以拨开碎片。使用小的抓取钳或小的刨削器来移除碎片。经常见到多个碎片（图 25-24），操作器械时要小心，避免造成医源性软骨损伤。必须提醒助手不要突然移动，否则会发生医源性软骨损伤。逐一去除多个碎片（图 25-25）。

较大的和慢性迁移的碎片因其大小、位置和软组织粘连而变得更难移除。碎片迁移后可能会继续增长，变得非常大。单独使用锁定式抓取钳将这些碎片移走，或者用抓取钳将骨碎片切割成小碎片再移走。始终要注意，避免损害邻近的软骨。也可以使用具有保护套钻和抽吸装置的小关节刨削器（图 25-26）。要使用保护套保护桡骨头、肱骨和残余的冠状突，将碎片打磨至可移除的大小，或者将整个碎片磨除。

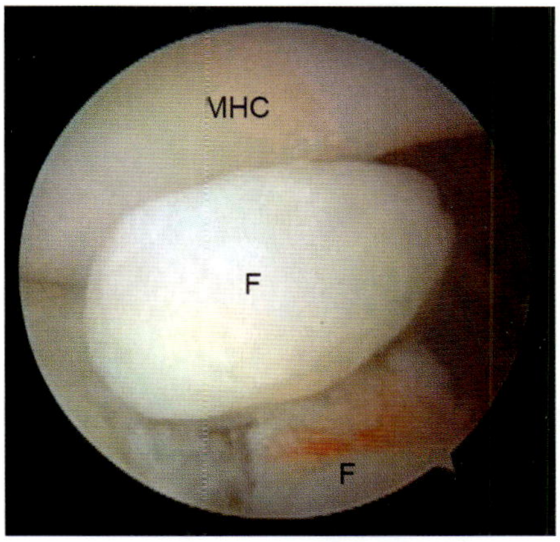

图 25-24　内侧冠状突碎裂的患病动物常见多个碎片（F），这些碎片通常位于内侧冠状突附近和肱内侧髁（MHC）或桡骨头前侧

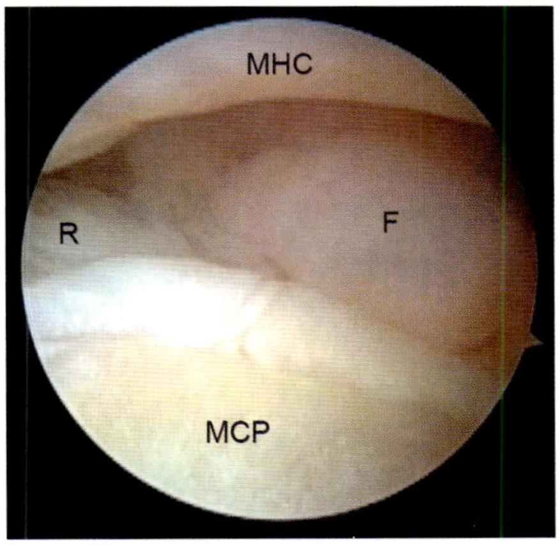

图 25-22　该患猫内侧冠状突（MCP）的骨碎片（F）已经移位到桡骨头（R）前侧。MHC，肱骨内侧髁

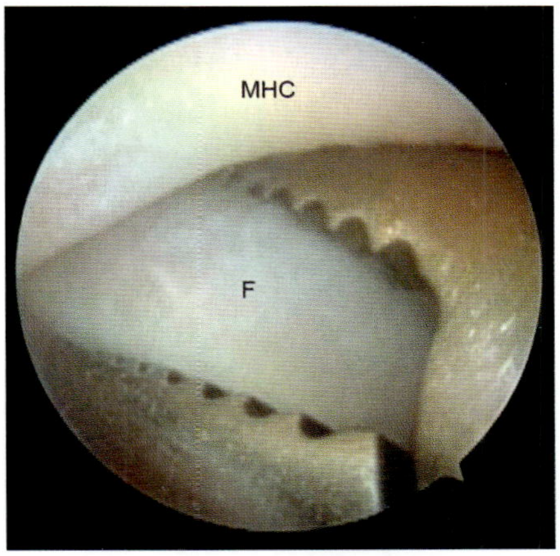

图 25-25　使用抓取钳移除内侧冠状突上分离的碎片（F）。MHC，肱骨内侧髁

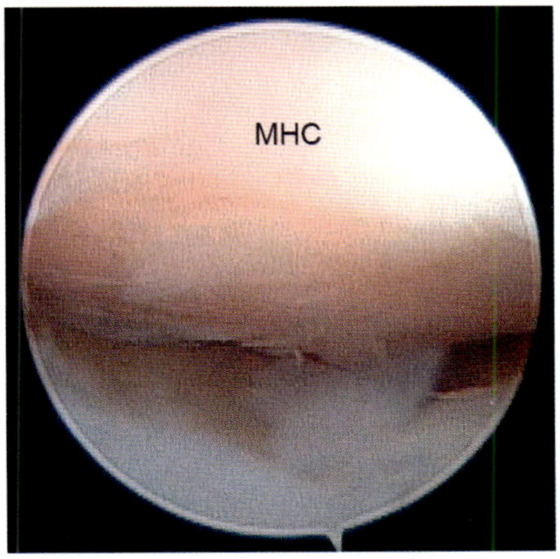

图 25-23　肘发育不良患猫肱骨内侧髁（MHC）的全层软骨侵蚀

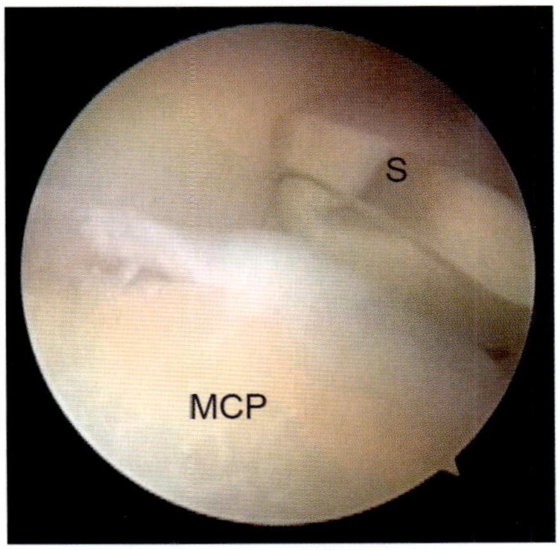

图 25-26　使用电动刨削器（S）去除内侧冠状突（MCP）的骨软骨碎片、坏死软骨和硬化骨

碎片可能会向前移位至钻头或抓取钳无法到达的位置。在这种情况下，插入 5-0 刮匙，将刮匙尖端伸到碎片的内侧和前侧，然后将部分或整个碎片推回工作区。刚开始使用这种技术时会很困难，但经过多次实践后大部分向前移位的碎片都可以回位。移除所有碎片后，冲洗关节，去除所有残留的骨碎屑。如果发现有分离性骨软骨炎或其他软骨损伤，请按如下所述进行治疗。在手术结束时，如有需要，关节内注射丁哌卡因，然后缝合皮肤伤口。

术后可以通过冷敷疗法和适当剂量的非甾体抗炎药（NSAID）、软骨保护剂或麻醉药进行疼痛管理。疼痛程度通常很轻微。对于内侧冠状突碎裂的患猫，聚硫酸黏多糖是一种很好的用药，可以每隔 5 ~ 7 d 给药一次，剂量为 2 mg/kg，肌内注射或皮下注射，共 8 次治疗。术后限制活动 4 周。内侧冠状突碎裂患猫关节镜治疗预后尚未确定，很可能与疾病的严重程度、动物的功能、术后管理和患猫性格有很大的差异。幸运的是，并发症罕见和轻微。

肘关节骨关节炎

关节镜在猫肘关节骨关节炎的治疗方面应用有限。可能的话，要找到和消除骨关节炎的潜在原因。关节镜探查可以获得滑膜活检样本，进行组织病理学检查、细菌分离培养和药敏试验。松动的骨软骨碎片可以通过抓取钳去除。全层的软骨磨损区域也可以治疗。关节软骨损伤的管理是基于血供的概念，由间充质干细胞的前体细胞通过形成纤维软骨促进愈合。为了达到这一目的，已经研究出多种方法。磨削性关节成形术是指去除软骨下骨直至出血，可通过刮匙或将钻头连接到小关节刨削器上来完成。刨削器的速度通常更快，效率更高，而且也同样精准。另一种治疗Ⅳ级软骨病变的方法是微骨折技术。该技术在软骨下骨板上制造很多微裂纹，至病变表面出血。微骨折锥可配合小关节的关节窥镜使用。或者，将 0.9 mm（0.035 in）或 1.1 mm（0.045 in）的克氏针尖端折弯约 45° 作为微骨折镐，然后将克氏针固定在 Jacobs 卡头上。

25.6　髋关节的关节镜检查

25.6.1　患病动物摆位

患病动物侧卧，受检髋关节在上，行髋关节外侧入路。轻微牵拉患肢，保持后肢与地面平行。

25.6.2　推荐的关节窥镜尺寸

推荐 1.9 mm、2.3 mm 或 2.4 mm 关节窥镜。

25.6.3　髋关节镜检查的入口位置

猫髋关节镜检查的入口位置与犬类似（图 25-

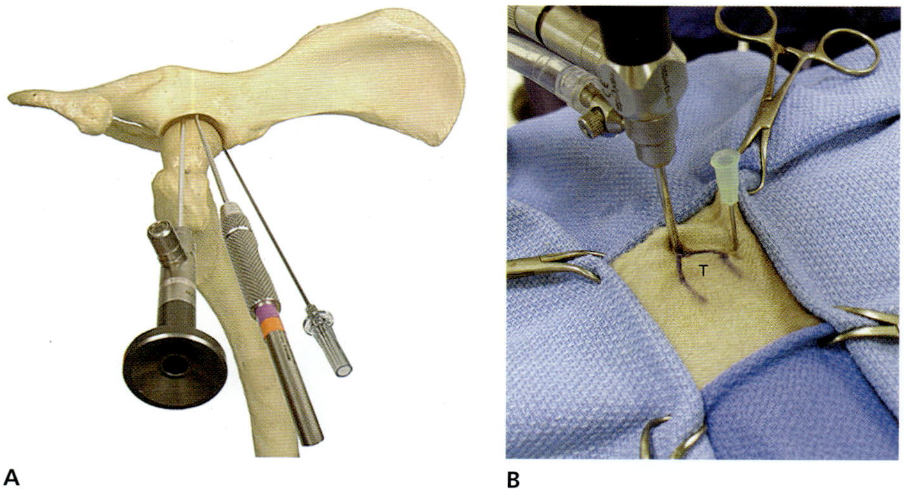

A　　B

图 25-27　（A，B）髋关节的入口位置在外侧，如图所示。关节窥镜入口在大转子近端。器械入口在关节窥镜入口稍微向前，而出水口位于关节窥镜入口更前侧

27)。通常使用关节窥镜入口、出水口和器械入口。并非所有病例都需要器械入口。首先建立关节窥镜入口。必须先将关节囊膨胀起来。从髋关节外侧的大转子近端，插入 20 G 针头，针头垂直于肢体的长轴。大多数情况下，针头位置放置正确时，关节液很容易被抽吸出来。如果没有抽吸出关节液，而外科医生确定针头已经进入关节，则可以向关节内注射生理盐水。如果针头位于关节内，则液体很容易注入；当关节囊完全膨胀时，注射器活塞会感觉到反向压力。大多数猫需要 3 ~ 6 mL 的液体扩充髋关节。快速拔掉针头。

插入带锥形闭孔器的关节窥镜套管。标准的关节窥镜入口位置是基于股骨大转子的定位和关节面的大概位置。在大转子上放一根手指，然后向近端移动，恰好越过大转子近端缘。使用 11 号刀片切开皮肤和浅表软组织 2 ~ 3 mm，以便插入关节窥镜。不要全层切透至关节囊，否则扩张关节的液体会外溢到周围软组织中，关节扩张作用消失。然后建立出水口，在关节窥镜的前侧和远端，沿关节间隙的前外侧插入 20 G 针头。可以通过髋关节侧位 X 线片辅助定位髋关节间隙前外侧的位置。如果针头放置位置合适，液体将从出水口自由流出。如果需要探查、活检或治疗关节病变，则需建立器械入口。器械入口可以放置在出水口。使用器械套管，使入口具有双重作用——既充当器械入口，又充当出水口。也可以在关节窥镜入口和出水口中间建立器械入口。

25.6.4 外科解剖学

髋关节镜检查的第一步是对关节进行全面系统的探查。制订关节镜检查的标准化流程将有助于关节镜检查技术的提高，并确保关节内所有的可视区域都检查到。标准的髋关节镜检查应看到如下结构。

- 股骨头（图 25-28 和图 25-29）
- 髋臼（图 25-28 和图 25-29）
- 髋臼唇（图 25-29）
- 滑膜
- 圆韧带（图 25-30）

关节探查是通过结合某些技巧改变关节窥镜的视野来完成的。应尽量减少关节窥镜移动，以避免无意地将关节窥镜从关节内移出。可以通过以下 3 种方式改变关节窥镜的视野。

1. 通过将关节窥镜尖端稍微推进或后退；
2. 将关节窥镜向近端、远侧、前侧和后侧倾斜；

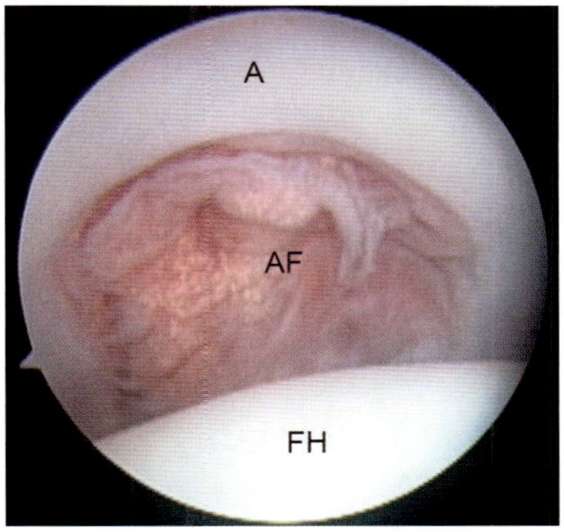

图 25-28 在猫髋关节镜检查时，很容易观察到髋臼（A）、髋臼窝（AF）和股骨头（FH）

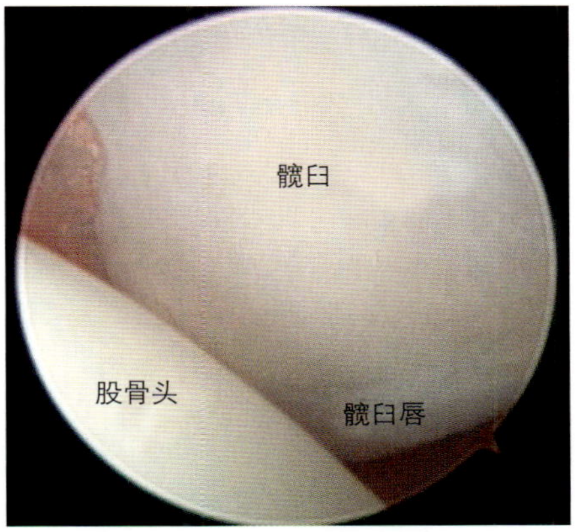

图 25-29 关节镜下可见到髋关节的髋臼、股骨头和髋臼唇

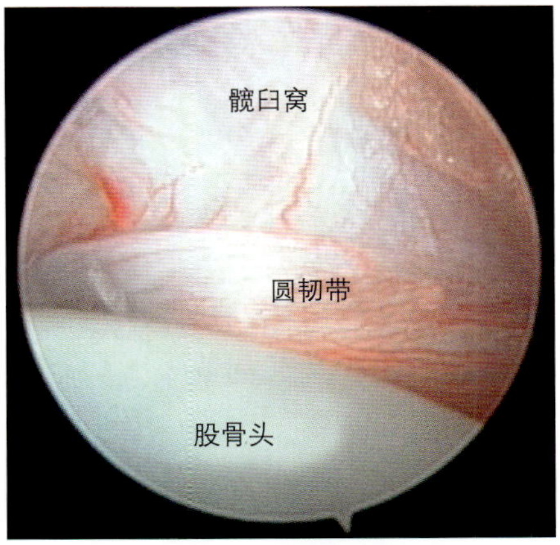

图 25-30 通过牵拉肢体，将关节窥镜尖端向髋关节内侧推进，可评估从髋臼窝到股骨头的圆韧带

3. 通过旋转光缆改变关节窥镜斜面的方向。

对病变进行评估，经器械入口使用手持器械或刨削器进行治疗。

25.6.5　髋关节镜检查的适应证

猫偶尔需要进行髋关节镜检查。髋关节镜检查的适应证包括感染性、肿瘤性、创伤性、发育性和退行性疾病的诊断与治疗。也可进行微创的侵入性滑膜活检。猫髋关节镜最常见的应用是诊断和治疗创伤性与发育性疾病，特别是髋关节脱位和骨关节炎。随着将来对髋关节疼痛患猫进行关节镜探查的增多，会逐渐发现新的病理损伤，猫髋关节镜检查的适应证也可能随之增加。

髋关节脱位

患猫可能会因创伤性脱位引起髋关节软骨损伤。关节镜可用于评估髋臼、关节软骨和关节囊的损伤，然后再确定最终的手术方案。如果进行闭合性复位，关节镜可用于指导清除髋臼内的碎屑和血肿。清除肿胀的圆韧带和撕脱的骨碎片后，可以方便复位。关节镜也可用于确认经闭合性复位后髋关节是否复位。如果关节囊或关节软骨明显受损，外科医生可以选择进行全髋关节置换术或采用传统技术进行股骨头和股骨颈切除术。

骨关节炎和滑膜炎

关节镜在猫骨关节炎和滑膜炎治疗方面的应用有限。要找到并尽可能消除骨关节炎的潜在原因。关节镜探查关节可以获得滑膜活检样本，以便进行组织病理学检查、细菌分离培养和药敏试验。疏松的骨软骨碎片可以用抓取钳清除。也可以治疗全层软骨磨损。关节软骨损伤区治疗的描述请参见肘关节骨关节炎部分。

25.7　膝关节的关节镜检查

25.7.1　患病动物摆位

患病动物仰卧，膝关节悬于手术台末端。将手术台轻微倾斜，使头高而膝关节低，行膝关节前侧入路。膝关节不要保定，要能自由伸展和屈曲。

25.7.2　推荐的关节窥镜尺寸

推荐 1.9 mm、2.3 mm、2.4 mm 或 2.7 mm 关节窥镜。

25.7.3　膝关节镜检查的入口位置

猫膝关节镜检查的入口位置与犬类似（图 25-31 和图 25-32）。通常使用关节窥镜入口、出水口和器械入口。首先建立出水口（图 25-33）。在胫骨平台近端、髌韧带附着点外侧用刀片刺入一个切口。用与出水套管相匹配的闭孔器按远端向近端、外侧向内侧的方向插入关节。闭孔器朝向滑车沟，在髌骨下方推进，到达股四头肌附着点的内侧髌上关节囊处穿出。膝关节屈曲，将套管套在闭孔器上，小心地插入关节内（图 25-34）。移除闭孔器，然后将套管小心地移至内侧关节囊处（图 25-35）。之后建立关节窥镜入口。在之前切开的前外侧切口，插入关节窥镜，其方向与闭孔器的方向相同（图 25-36）。器械入口与关节窥镜入口位于同一水平，但在髌韧带内侧。可能需要用手持器械或刨削器去除一小部分髌骨脂肪垫，

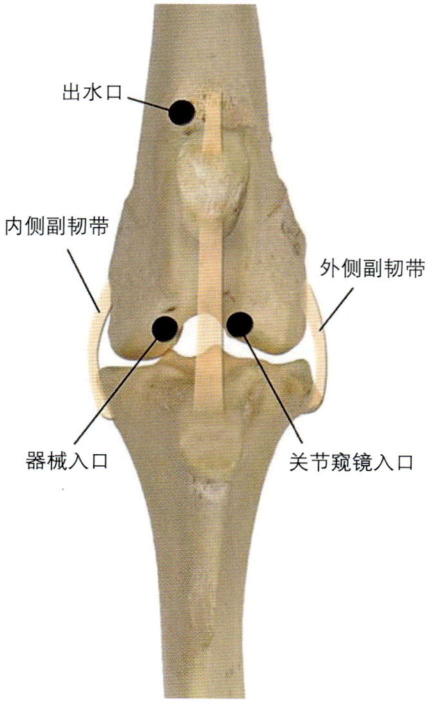

图 25-31　膝关节镜的入口位置，如图 25-31 和图 25-32 所示。关节窥镜入口在髌韧带的外侧和胫骨平台近端。器械入口在髌韧带内侧。出水口在髌上关节囊内侧

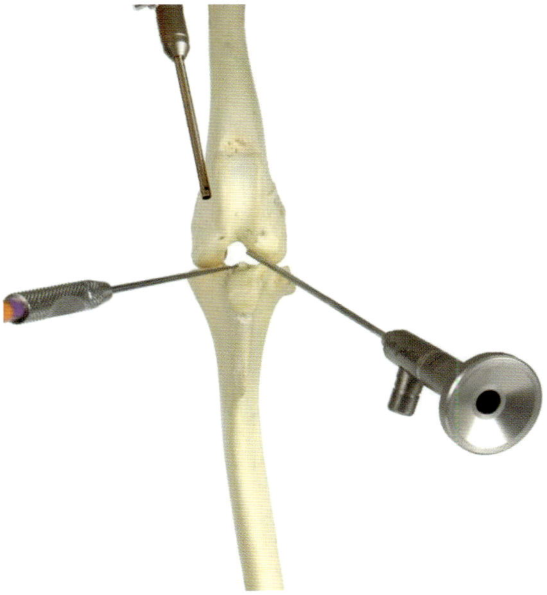

图 25-32　猫膝关节镜检查的入口位置

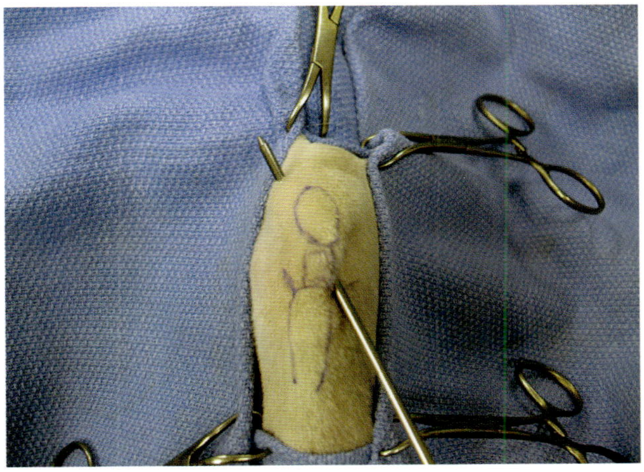

图 25-33　出水口以逆行方式建立。闭孔器从关节窥镜入口进入，穿过髌骨下方，在髌上关节囊内侧穿出

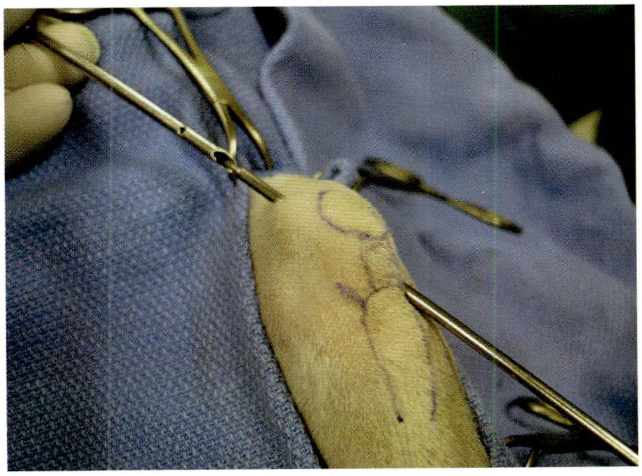

图 25-34　将出水口套管滑行到闭孔器上插入关节

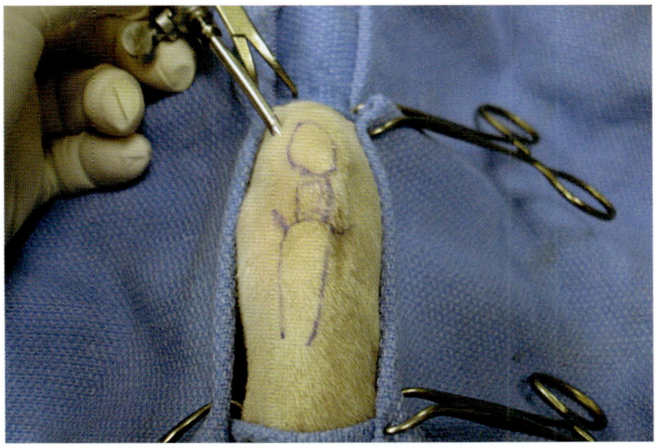

图 25-35　移除闭孔器，将套管放置在关节内侧沟中

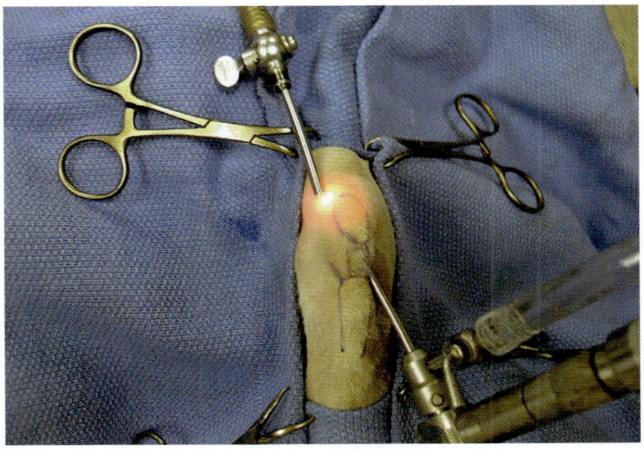

图 25-36　通过关节窥镜入口将关节窥镜插入关节

以便充分观察髁间切迹、十字韧带、关节软骨和半月板。可以尝试用探针或小牵开器将脂肪垫向远端牵拉，而非用刨削器移除。

25.7.4　外科解剖学

膝关节镜检查的第一步是对关节进行全面系统的探查。首先评估膝关节的近端（图 25-37），然后是远端。制订关节镜检查的标准化流程将有助于关节镜检查技术的提高，并确保关节内所有可视区域都检查到。标准的膝关节镜检查应看到如下结构。

- 滑车上关节囊
- 滑车沟（图 25-38）
- 髌骨（图 25-39 和图 25-40）
- 关节外侧（图 25-41）
- 股骨髁关节面（图 25-42）
- 关节内侧（图 25-43）

- 前十字韧带（图 25-44 和图 25-45）
- 后十字韧带
- 外侧半月板（图 25-46 和图 25-47）
- 内侧半月板（图 25-48 ～图 25-50）
- 胫骨平台关节面

关节探查是通过结合某些技巧改变关节窥镜的视野来完成的。应尽量减少关节窥镜移动，以避免无意地将关节窥镜从关节内移出。可以通过以下 3 种方式改变关节窥镜的视野。

1. 通过将关节窥镜尖端稍微推进或后退；
2. 将关节窥镜向近端、远侧、前侧和后侧倾斜；
3. 通过旋转光缆改变关节窥镜斜面的方向。

对病变进行评估，经器械入口使用手持器械

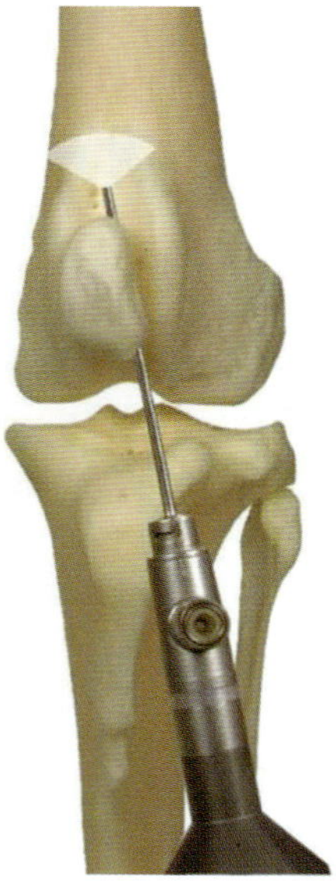

图 25-37　膝关节镜检查始于滑车沟，如图所示

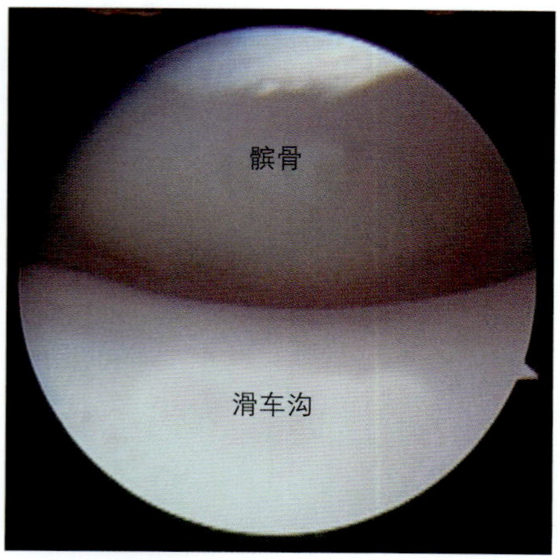

图 25-38　检查髌骨下方滑车沟的软骨磨损情况

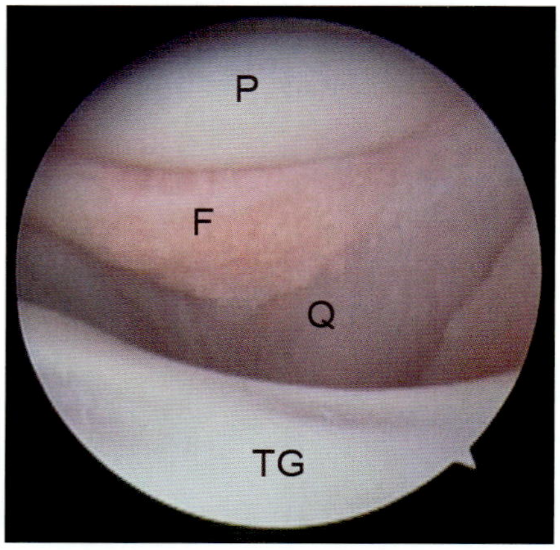

图 25-39　将关节窥镜向前推进，转动光缆检查髌骨近端的下方（P）、滑车沟（TG）、关节内的脂肪（F）和股四头肌腱附着点（Q）

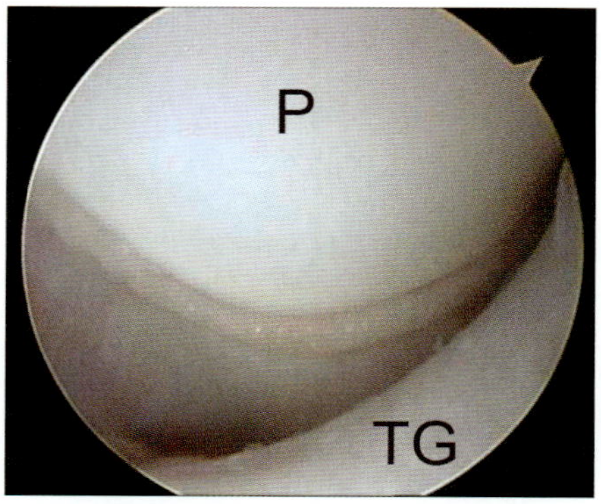

图 25-40　轻微后撤关节窥镜，保持光缆的位置，观察髌骨的剩余部分（P）和滑车沟（TG）

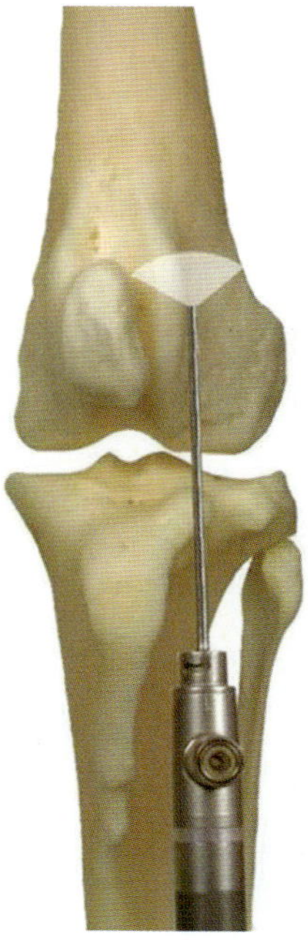

图 25-41　小心地移动关节窥镜尖端到外侧沟，评估外侧关节囊

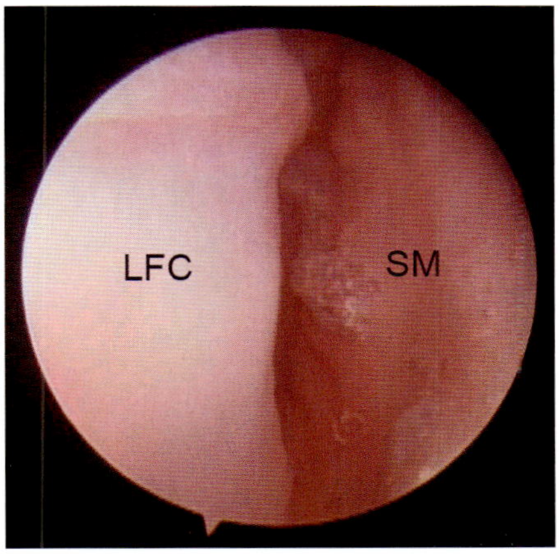

图 25-42　评估股骨外侧髁（LFC）软骨磨损和滑膜（SM）附着处的骨赘形成

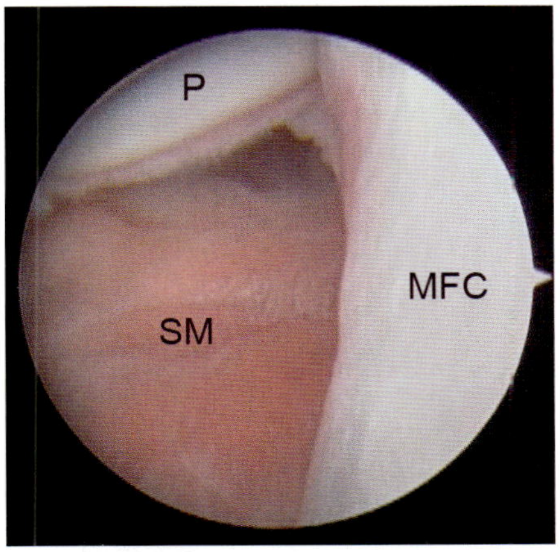

图 25-43　小心地移动关节窥镜尖端到内侧沟，评估股骨内侧髁（MFC）和滑膜（SM）。偶尔可以见到髌骨，这是因为放置的出水套管对软组织施加的张力造成髌骨向内侧移位

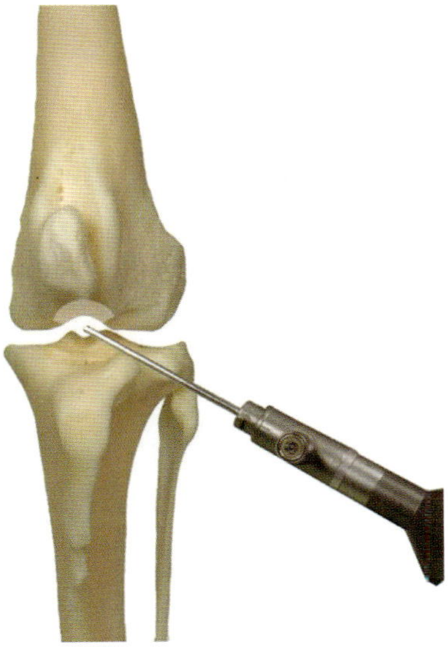

图 25-44　小心地移动关节窥镜尖端到髁间切迹内，并缓慢屈曲膝关节，观察十字韧带和半月板

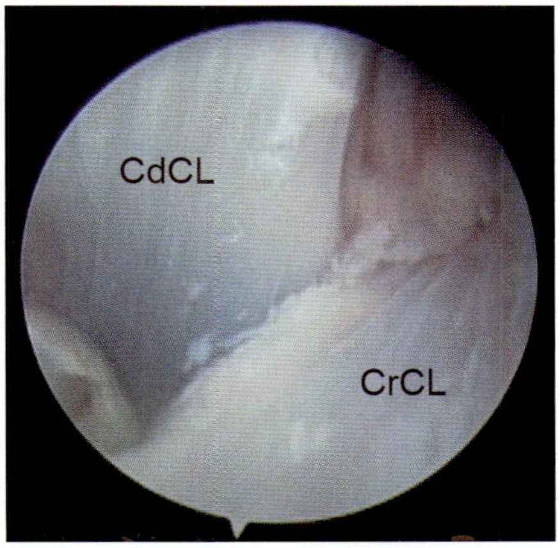

图 25-45　髁间切迹内可见正常的前十字韧带（CrCL）和后十字韧带（CdCL）。为了充分评估韧带，需要牵拉或切除一部分脂肪垫

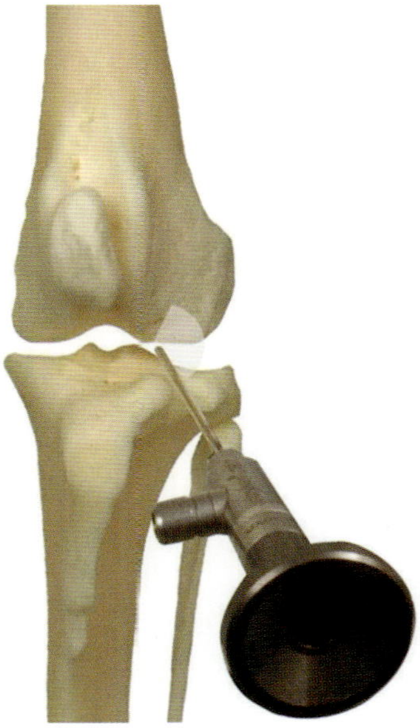

图 25-46　调整关节窥镜的位置，观察外侧半月板。注意光缆的位置

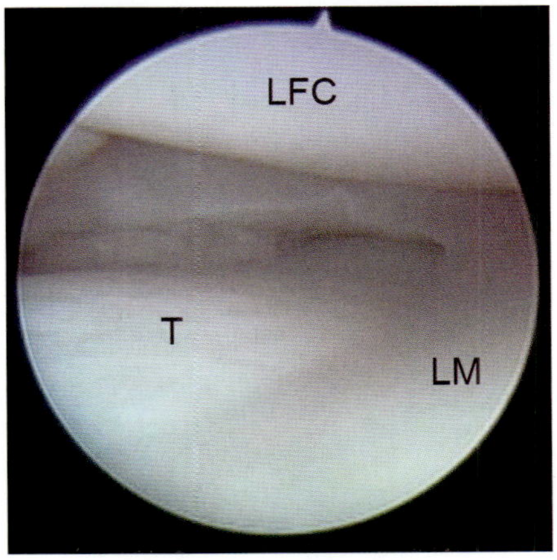

图 25-47　正常的外侧半月板（LM）、胫骨平台（T）和股骨外侧髁（LFC）的外观

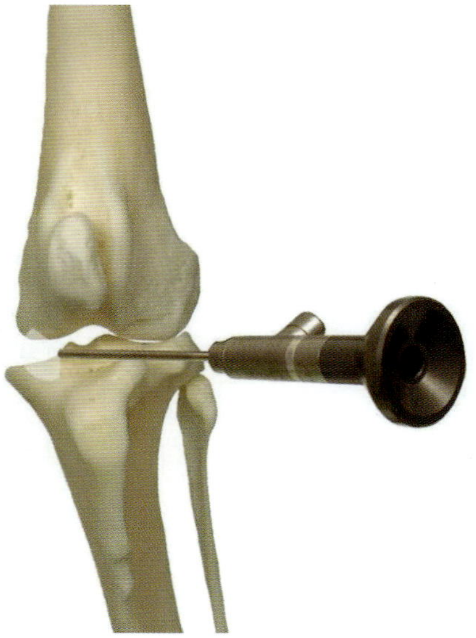

图 25-48　调整关节窥镜的位置，观察内侧半月板。完整地评估内侧半月板需要旋转光缆来改变关节窥镜镜头斜面的位置

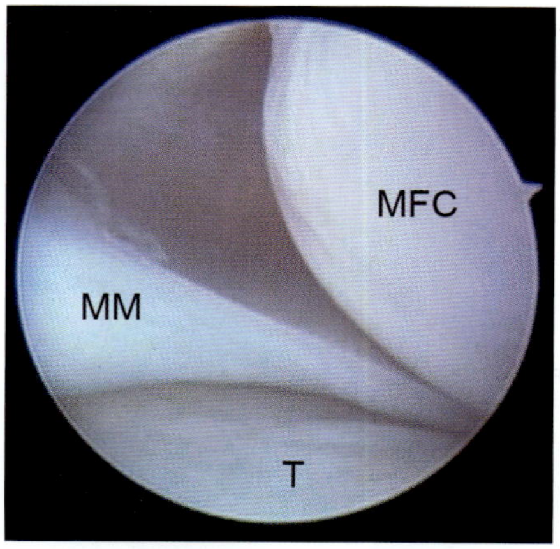

图 25-49　正常的内侧半月板（MM）、胫骨平台（T）和股骨内侧髁（MFC）的外观

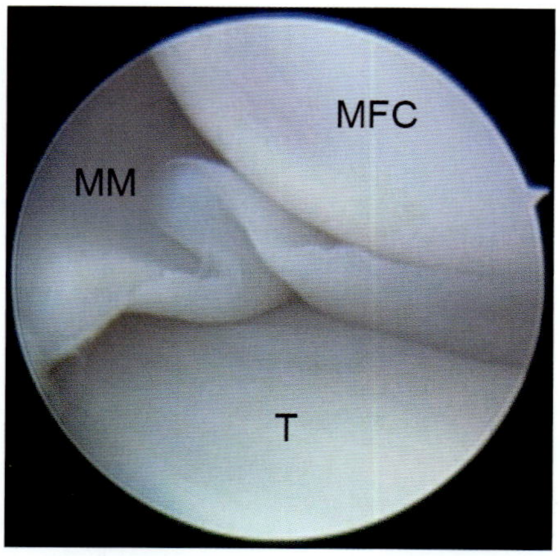

图 25-50　图中所见的内侧半月板（MM）因膝关节屈曲造成股骨内侧髁（MFC）和胫骨平台（T）挤压而出现小的褶皱。这是正常的半月板，不要误认为是撕裂

或刨削器进行治疗。移除十字韧带的碎屑可以更好地观察半月板。探查外侧半月板时，需要对膝关节施加轻微的内翻力，同时内旋膝关节。探查内侧半月板时，需要对膝关节施加轻微的外翻力，同时外旋膝关节。

25.7.5　膝关节镜检查的适应证

膝关节是猫最常使用关节镜评估的关节。适合使用关节镜检查的疾病包括十字韧带疾病、多韧带不稳定、骨软骨病、半月板撕裂和半月板矿化。也可进行微创的侵入性滑膜活检。

前十字韧带疾病

猫常见前十字韧带损伤。治疗方案包括保守管理和外科治疗。大多数骨科医生推荐外科治疗为最佳和最可预测的选择。关节切开术和膝关节囊外固定术是传统的外科治疗方案。与关节切开术相比，膝关节的镜下评估更优。关节镜借助放大镜作用和液体介质，以微创的方法对膝关节内所有区域进行评估。这使得对关节软骨、滑膜、前后十字韧带、内侧半月板和外侧半月板可以进行更准确的评估。关节镜检查时，记录关节的状况很重要，而且很容易进行。借助关节镜检查，可以在决定实施侵入性更大的关节切开术前，完成对前十字韧带和半月板的检查。这对于前十字韧带部分撕裂和半月板撕裂的诊断尤为重要。关节镜也可以评估骨关节炎时的软骨损伤程度，有助于外科医生规划手术后长期治疗的管理方案（图 25-51）。

首先评估关节的近端部分。将关节窥镜定位在内侧和外侧关节沟中，评估滑膜炎的程度及是否存在骨赘。调整关节窥镜尖端位于滑车沟内，可以评估滑车沟和滑车嵴的关节软骨状况。也可以评估髌骨的位置和髌骨下关节软骨的完整性（图 25-52）。牵拉或去除部分脂肪垫后，可以评估关节远端部分。髁间切迹在膝关节屈曲时最易检查。

要评估前十字韧带血管分布的变化、紧固度和纤维损害（图 25-53）。韧带的急性完全撕裂，可表现为典型的胶原纤维撕裂和血肿形成

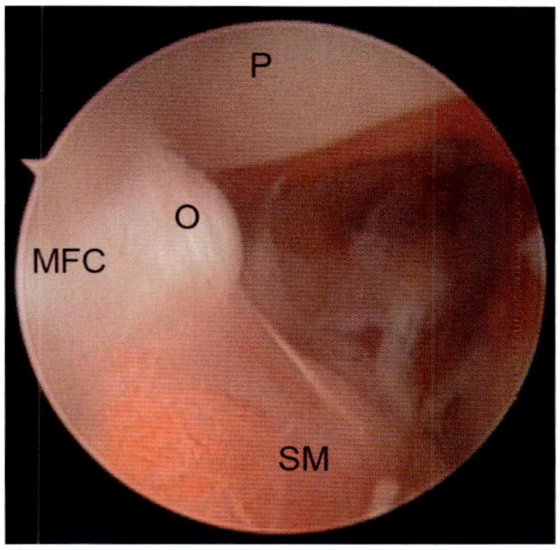

图 25-51　前十字韧带撕裂患猫的股骨内侧髁（MFC）和滑膜（SM）交界处可见小的骨赘（O）。髌骨（P）

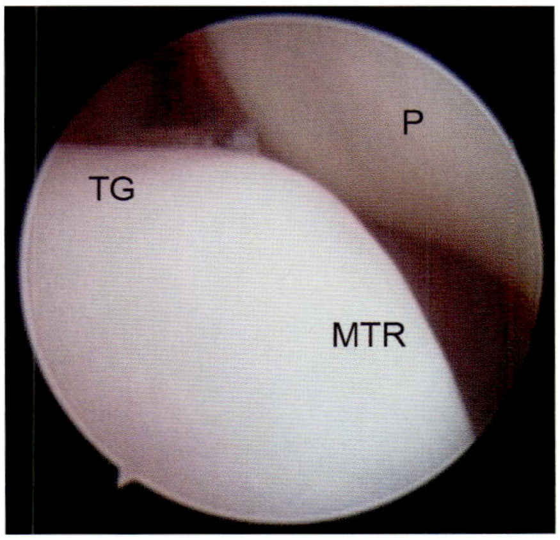

图 25-52　髌骨内脱患猫的髌骨（P）位于内侧滑车嵴（MTR）的内侧。注意浅的滑车沟（TG）和内侧滑车嵴（MTR）近端的局灶性软骨磨损区

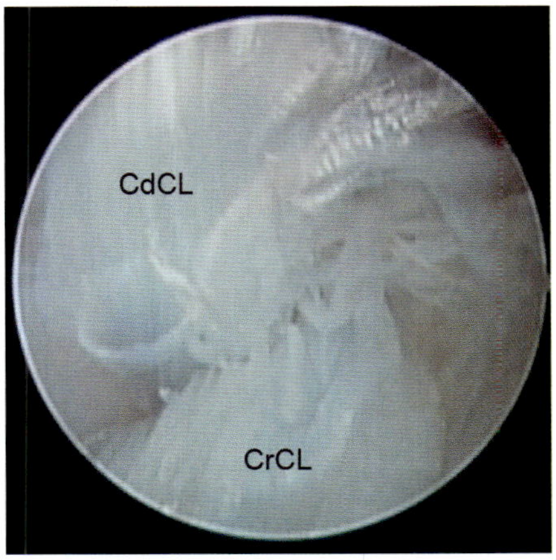

图 25-53　该猫患有前十字韧带（CrCL）撕裂。在撕裂的 CrCL 纤维后，可见后十字韧带（CdCL）

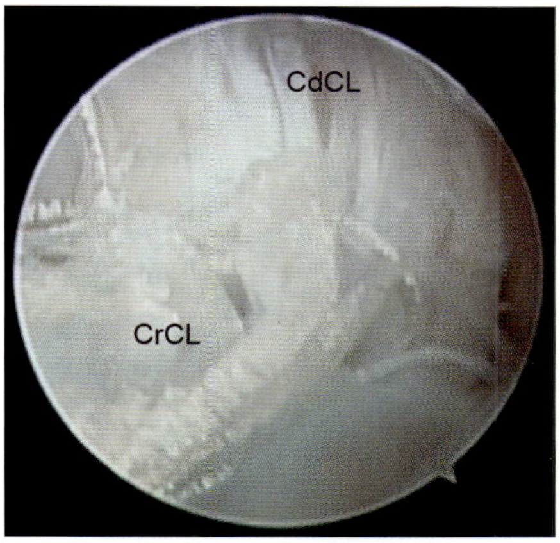

图 25-54　关节窥镜朝前十字韧带（CrCL）推进，评估撕裂的纤维。后十字韧带（CdCL）

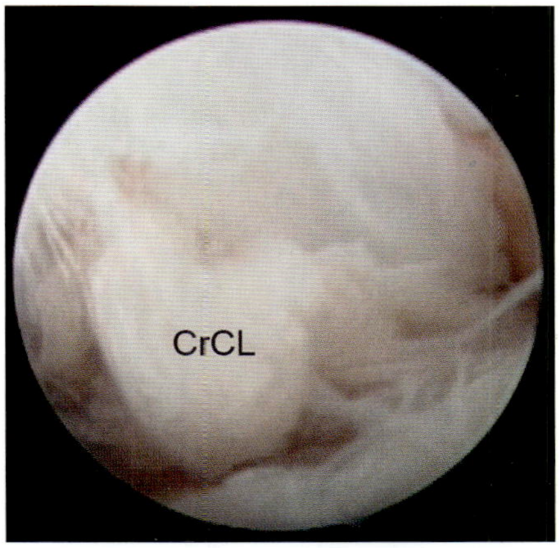

图 25-55　可观察到该患猫前十字韧带（CrCL）完全撕裂

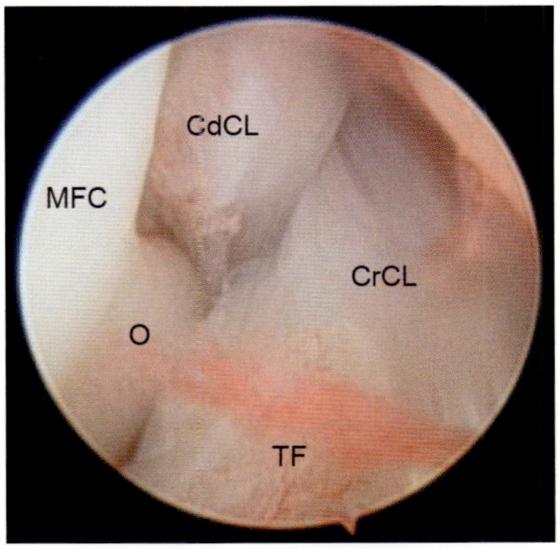

图 25-56　可观察到该患猫前十字韧带（CrCL）部分撕裂。在髁间切迹内，股骨内侧髁（MFC）的骨赘（O）附近可见 CrCL 前内侧束撕裂的纤维（TF）。后十字韧带（CdCL）

（图 25-54 ~ 图 25-56）。韧带的部分撕裂很容易观察到，或者在仔细探查韧带后显露出来（图 25-57 ~ 图 25-59）。部分撕裂偶尔表现为纤维伸展，而不是完全破坏。要仔细检查韧带，以评估韧带的张力。虽然纤维没有完全断裂，但韧带是无功能的，需要进行稳定处理。要使用手持器械或刨

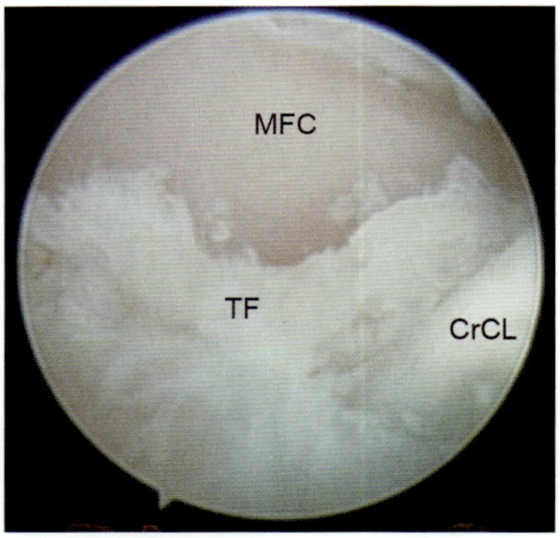

图 25-57　可观察该患猫前十字韧带（CrCL）部分撕裂。在股骨内侧髁（MFC）附近，胫骨上的 CrCL 前内侧束附着处纤维撕裂（TF）

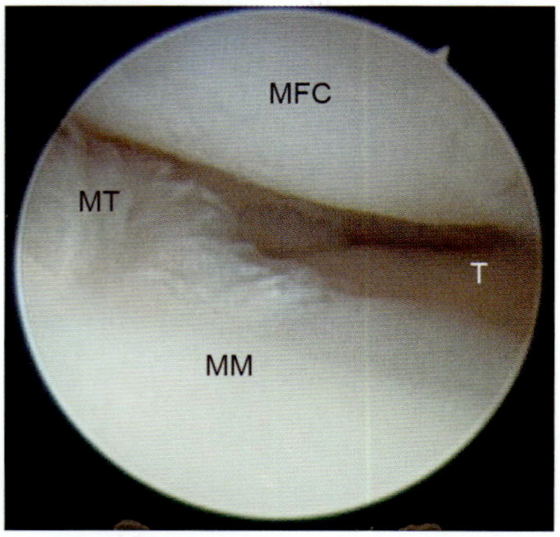

图 25-58　该患猫前十字韧带部分撕裂，可见内侧半月板（MM）的辐射状撕裂（MT）。股骨内侧髁（MFC）、胫骨平台（T）

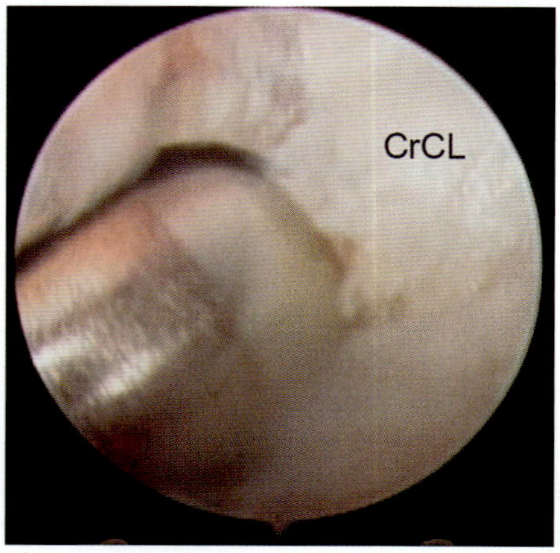

图 25-59　使用电动刨削器去除前十字韧带（CrCL）的撕裂纤维

削器切除损伤的前十字韧带（图 25-60 和图 25-61）。手持器械或刨削器无法触及的位置可以使用射频探针处理撕裂的纤维。

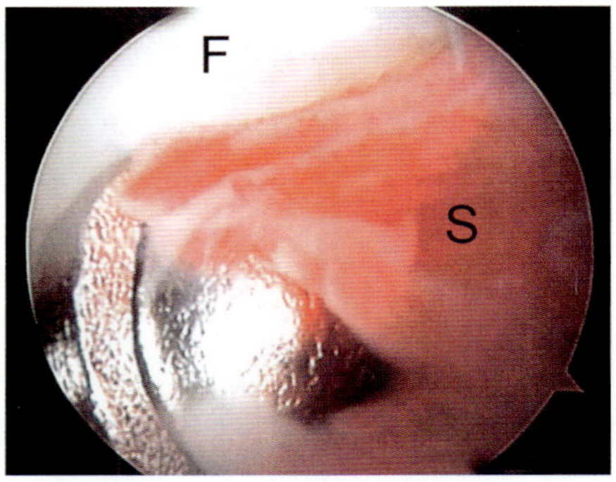

图 25-60　使用电动刨削器清除股骨髁（F）附近增生的滑膜组织（S）

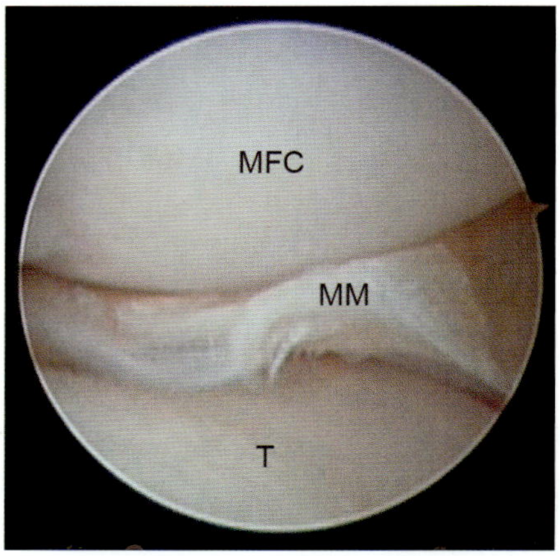

图 25-61　股骨内侧髁（MFC）和胫骨平台（T）之间可见内侧半月板（MM）的桶柄样撕裂

后十字韧带的评估方式与前十字韧带类似。关节镜评估膝关节的最大优点是对半月板的评估。关节窥镜提供的放大作用可以更好地观察半月板撕裂，而关节切开术中可能观察不到。要仔细地探查半月板，寻找撕裂处。内侧半月板后角的桶柄样撕裂是最常见的类型。辐射状撕裂也很常见，可能会影响内侧或外侧半月板（图 25-62 ~ 图 25-65）。

可以进行部分半月板切除术，仅切除受损部分的半月板。部分半月板切除术可通过关节镜下的手持器械、刨削器或射频探针进行。这一过程颇具挑战性，必要时，可以进行迷你关节切开术来完成手术。也可以在关节镜下进行半月板胫骨韧带释放术（半月板释放术），防止未来的半月板撕裂。膝关节稳定术通常是以微创技术进行膝关节外侧囊外加固来实现的。

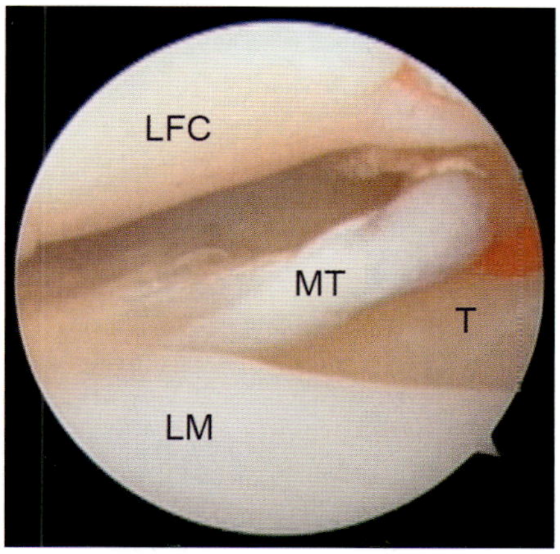

图 25–62　该患猫可见外侧半月板（LM）的辐射状撕裂（MT）。股骨外侧髁（LFC）、胫骨平台（T）

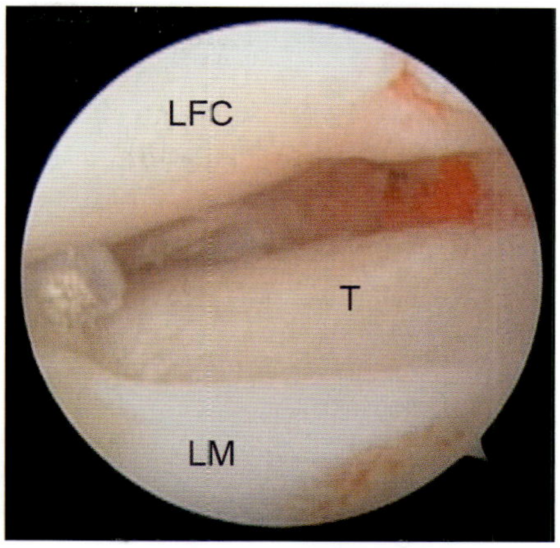

图 25–64　部分半月板切除术后的外侧半月板（LM）外观。股骨外侧髁（LFC）、胫骨平台（T）

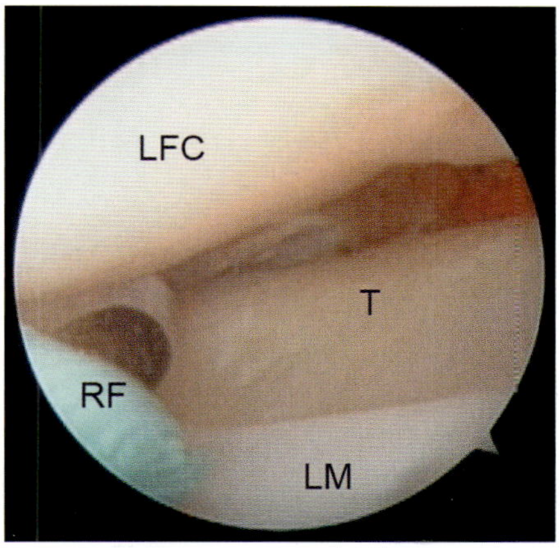

图 25–63　小的辐射状半月板撕裂可以使用射频探针（RF）进行部分半月板切除术。股骨外侧髁（LFC）、胫骨平台（T）、半月板（LM）

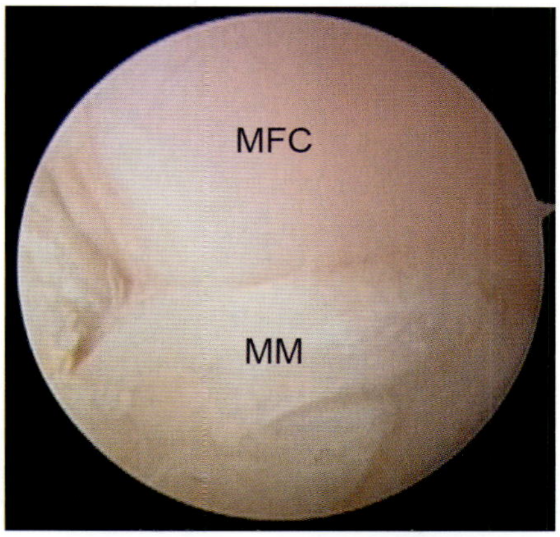

图 25–65　内侧半月板（MM）大的桶柄样撕裂外观。股骨内侧髁（MFC）

多韧带不稳定

多发性损伤是猫常见的膝关节损伤。这些患猫的关节镜评估通常可以见到前十字韧带、后十字韧带、副韧带和内外侧半月板的损伤。关节镜在评估损伤程度和外科辅助治疗方面特别有用。通常需要切开关节，但关节镜可以用来放大需要评估的区域，并进行适当的治疗。膝关节可通过跨关节髓内针、跨关节外固定支架或撕裂韧带的重建来稳定。关节镜有助于指导外科医生正确地放置跨关节髓内针。

内侧半月板撕裂

前十字韧带断裂或多韧带不稳定时，患猫最常见内侧半月板撕裂。单独的内侧半月板撕裂非常罕见。在前十字韧带断裂保守或手术治疗后的一段时间内，偶尔会发生半月板撕裂。内侧半月板的后角是半月板撕裂风险最大的部分。该区域常见桶柄样撕裂（图 25–66）。关节镜下部分半月板切除术可以通过使用抓取钳或探针对半月板损伤部分施加张力来完成（图 25–67）。半月板撕裂部分（“桶柄样”）的前后附着处使用咬合钳（图 25–68）、半月板刀或射频探针（图 25–69）进行横断。抓取钳和切割装置可以通过相同的器械入口进入关节；可能需要扩大入口，以便容纳两个器械。或者，在第一个器械入口旁边建立第二个器械入口。将损伤的半月板移除（图 25–70 和图 25–71）。外科医生应始终记住探查半月板的残留部分，以确保没有第二处或第三处撕裂（图 25–72）。

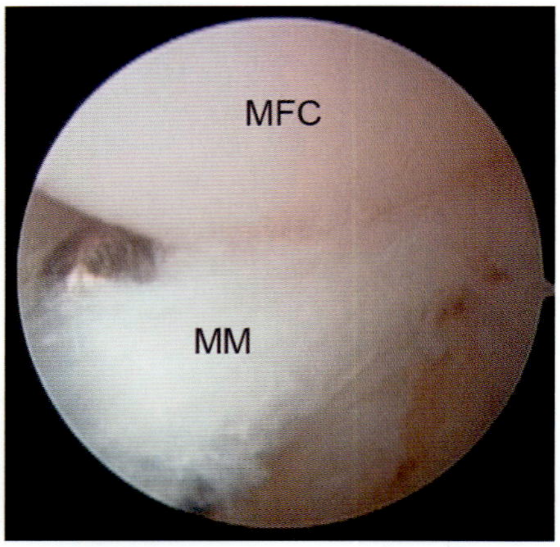

图 25-66　准备进行部分半月板切除时，可以使用探针向前牵拉内侧半月板（MM）的撕裂部分。股骨内侧髁（MFC）

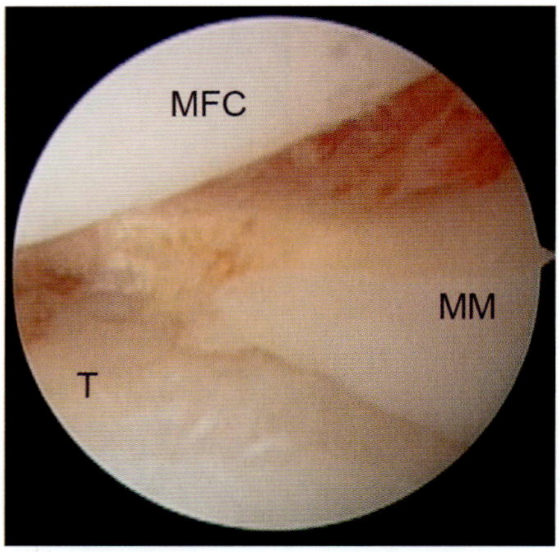

图 25-69　部分半月板切除术后内侧半月板（MM）前侧部分的外观。股骨内侧髁（MFC）、胫骨平台（T）

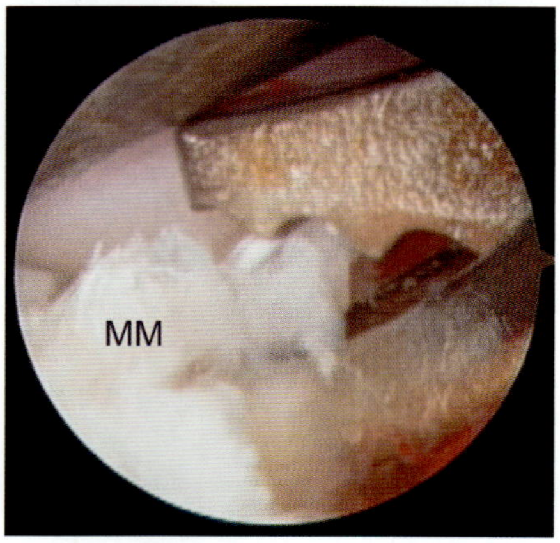

图 25-67　咬合钳用来切割撕裂的内侧半月板（MM）附着处，以便移除受损的半月板组织

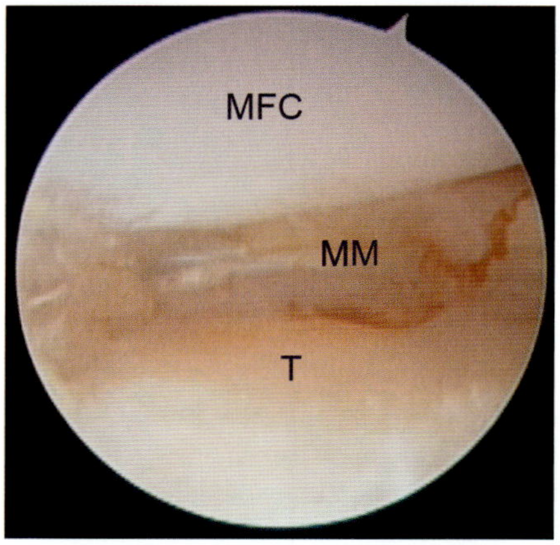

图 25-70　部分半月板切除术后内侧半月板（MM）后侧部分的外观。股骨内侧髁（MFC）、胫骨平台（T）

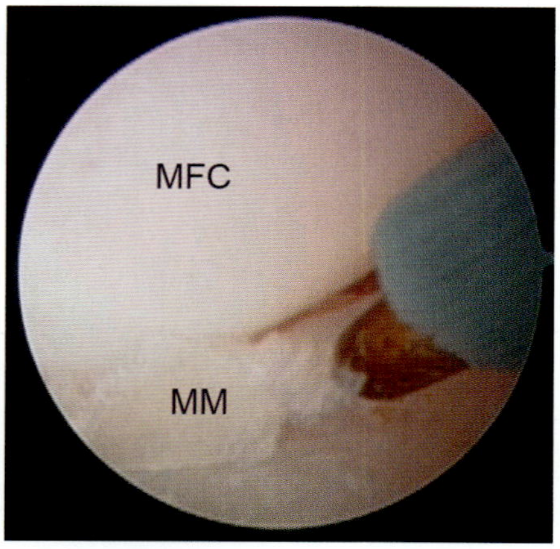

图 25-68　撕裂的内侧半月板（MM）残留部分可以用射频探针去除。股骨内侧髁（MFC）

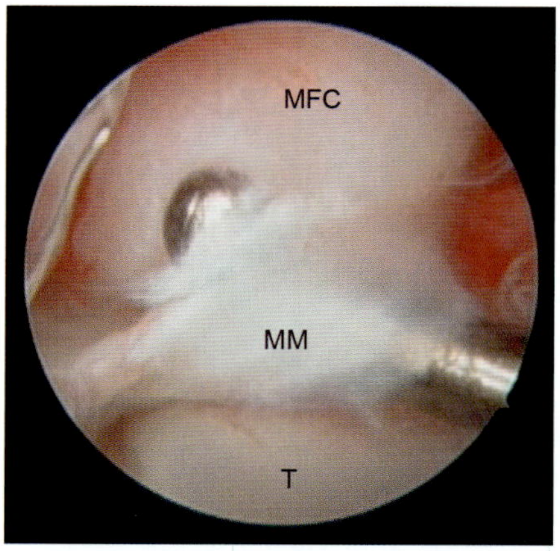

图 25-71　探查内侧半月板（MM），避免漏掉在初始检查时可能看不到的撕裂。股骨内侧髁（MFC）、胫骨平台（T）

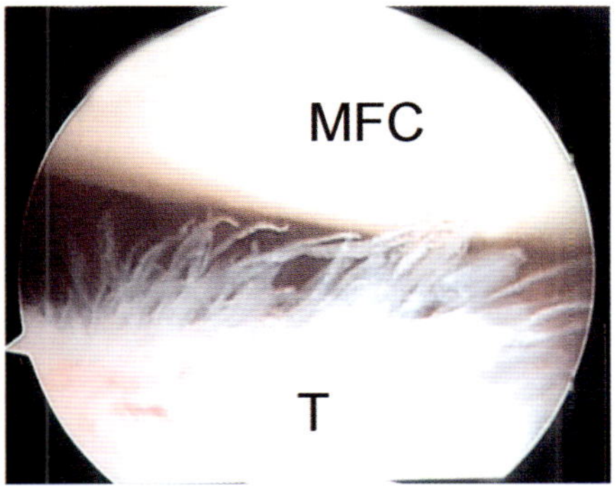

图 25–72　该前十字韧带撕裂的患猫可见胫骨平台（T）的软骨纤维化。股骨内侧髁（MFC）

半月板矿化

猫的半月板矿化比犬常见。矿化见于膝关节的前侧和后侧。矿化最常见于内侧半月板靠近前十字韧带附着处的区域（图 25–73）。大多数半月板矿化的患猫都有一定程度的前十字韧带疾病。目前尚不清楚受影响的患猫出现的跛行主要是因为矿化组织，还是前十字韧带撕裂，或者二者兼有。前十字韧带通常完全或部分撕裂。矿化不仅见于半月板，滑膜、髌下脂肪垫和前十字韧带的附着部也可能见到。矿化组织可能很大，造成股骨髁相邻关节软骨的磨损。矿化组织还可能对半月板间韧带和外侧半月板造成不同程度的影响。髁间切迹通过关节镜检查通常很难，除非移除矿化组织（图 25–74 ~ 图 25–78）。这些组织可以用电动刨削器或手持器械移除。需要通过迷你关节切开术来更好地观察矿化组织和方便切除。韧带重建和半月板损伤的治疗也需要去除矿化组织。治疗后临床症状通常可以缓解。在猫的膝关节中，偶尔可以看到游离的骨软骨碎片。碎片的来源可能与骨软骨病、骨赘病或营养不良性矿化有关（图 25–79 和图 25–80）。

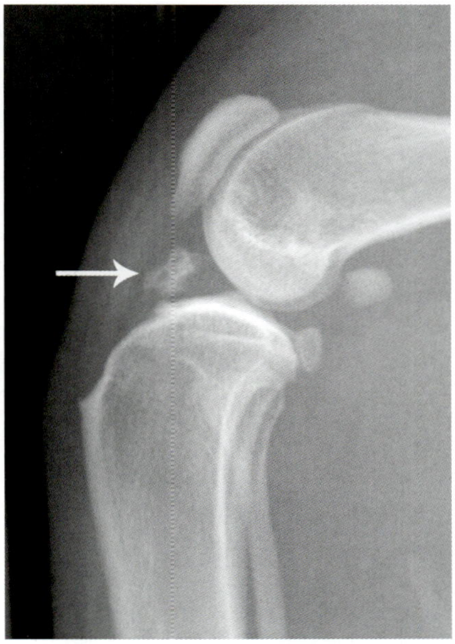

图 25–73　患猫髌韧带后常见半月板、十字韧带撕裂纤维和滑膜的矿化（箭头）。很多患有该病的猫都有慢性前十字韧带撕裂

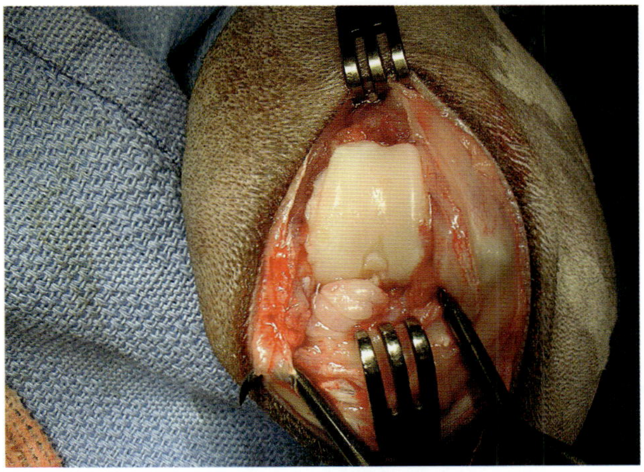

图 25–74　猫膝关节内矿化体的大体外观

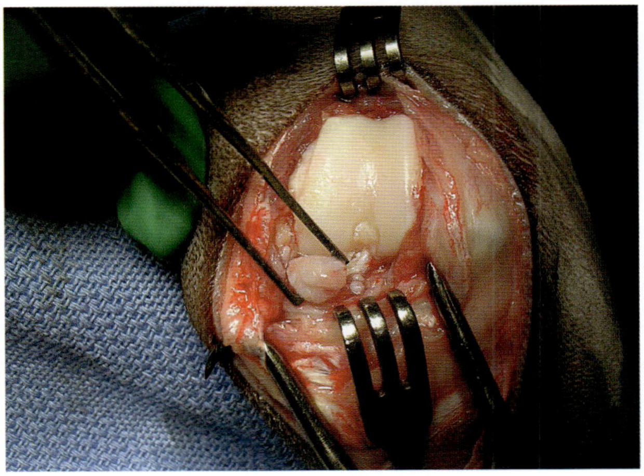

图 25–75　抓住矿化体后切除

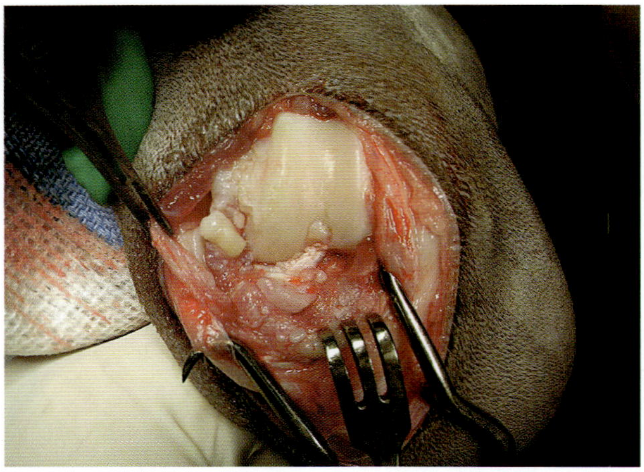

图 25–76 切除矿化体后的外观。注意其与内侧半月板的前角和前十字韧带附着处紧密相连

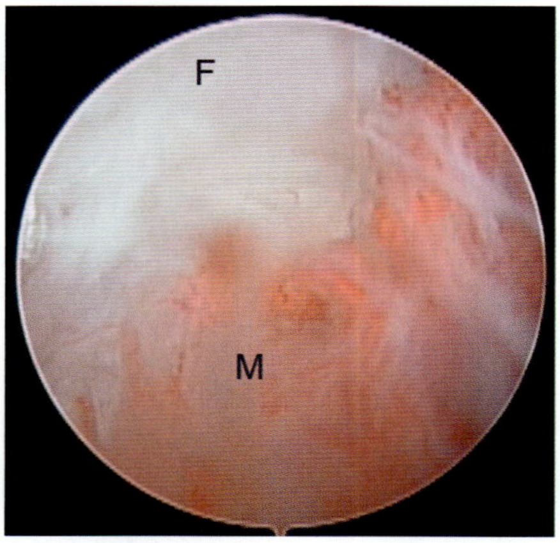

图 25–77 因为增生的滑膜和病变位置靠前，很难通过关节镜评估半月板的矿化（M）。股骨（F）

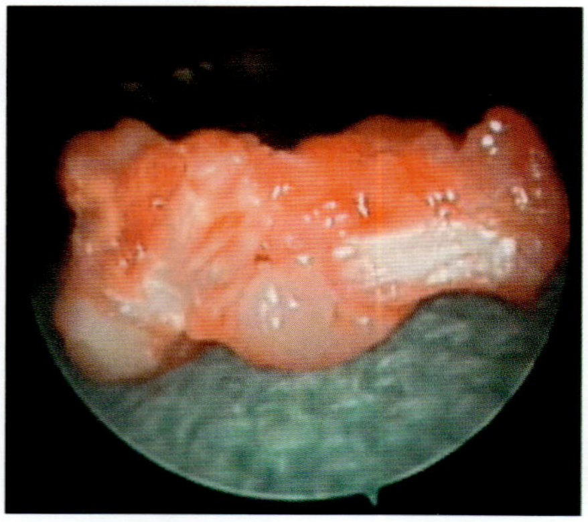

图 25–78 从关节窥镜观察到的切除矿化组织后的外观

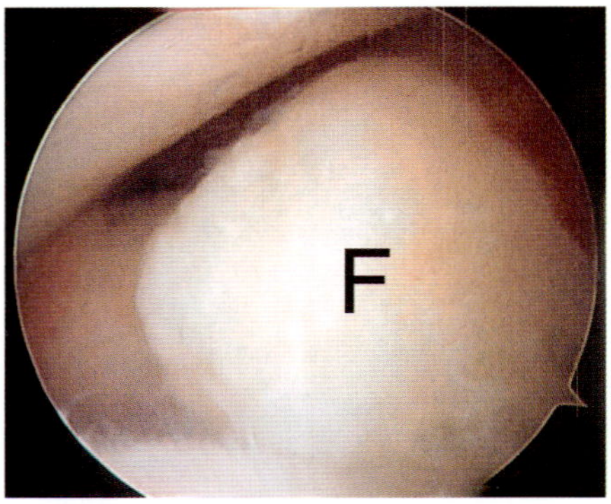

图 25–79 在猫的膝关节中，偶尔可见游离的骨软骨碎片（F）。碎片的来源可能与骨软骨病、骨赘病或营养不良性矿化有关

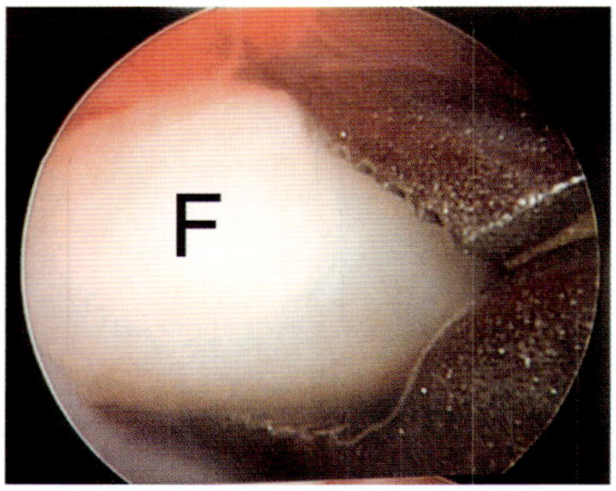

图 25–80 使用抓取钳通常可以很容易地取出游离的骨软骨碎片（F）

参考文献和延伸阅读

[1] Beale BS, Hulse DA, Schutz KS, Whitney WO. Small animal arthroscopy. Philadelphia: Saunders; 2003.

[2] Chamness CJ. Endoscopic instrumentation. In: Tams TR (ed.) Small animal endoscopy, 2nd edn. St. Louis: Mosby; 2001; pp. 1–16.

[3] Ridge PA. Feline shoulder arthroscopy: a cadaveric study. In: Scientific proceedings of the British Small Animal Veterinary Association 49th annual congress 2006, Birmingham, UK, p. 17.

[4] Staiger BA, Beale BS. Use of arthroscopy for debridement of the elbow joint in cats. J Am Vet Med Assoc 2005;226:401–403.

第 7 部分

特定疾病和损伤的手术治疗

本书的这一部分旨在为手术室或就诊期间提供容易获取的信息。书中内容是根据骨科疾病和损伤的解剖位置进行编排的，涉及的手术技术都是基于参考文献和书中前面部分描述的知识选择的，而且在我们的临床患猫上取得了良好的疗效。每个解剖区域和疾病都涵盖手术相关解剖、辅助诊断、治疗方案概述、特定的手术技术，以及术后治疗和预后等内容。只有当犬猫之间存在解剖差异时，才会详细描述手术入路。所有的标准入路均参考《犬猫骨骼与关节手术入路图谱》[1]。

第 26 章　上颌骨与下颌骨

K. Voss, S.J. Langley-Hobbs, S. Grundmann, P.M. Montavon

猫常见下颌骨和上颌骨的创伤性骨折。下颌骨骨折的发生率占所有骨折的 16%[2]。车祸通常引起严重的多发性头部损伤，而高处跌落更容易造成简单骨折，如下颌联合分离或创伤性腭裂。猫也常见颞下颌关节的创伤性脱位。下颌骨和上颌骨创伤的主要治疗目标是恢复牙齿咬合与颞下颌关节功能，这些功能对猫进食和理毛非常重要。下颌骨和上颌骨骨折的患猫通常会并发其他重症损伤，如脑创伤、休克和上、下呼吸道损伤。这些问题必须在骨折治疗前进行诊断和治疗。在这类患猫中，早期体况稳定、综合护理、麻醉、术后监护和营养治疗的重要性等同于甚至高于骨折修复（第 11 章、第 12 章、第 17 章和第 20 章）。

26.1　外科解剖学

下颌骨由下颌体和下颌支两部分构成。纤维软骨联合将左、右下颌骨连接在一起。下颌体是下牙弓牙齿的齿根附着处，而下颌管内则有下齿槽动脉和下颌下神经。了解局部解剖有助于避免放置植入物时造成医源性损伤。下颌支有 3 个骨突，即角突、颞下颌关节的髁突和背侧的冠状突。下颌支的咬肌窝是发达的咬肌的附着处。此处的骨骼非常薄，所以修复下颌支骨折的植入物应当靠近吻侧较厚的冠状嵴，沿着后腹侧边界放置以获得更多的骨质抓持。

与其他物种相比，猫的上腭和面部区域较窄小。在拥有更复杂的软骨内骨化区的短头猫中这一问题更显著。切齿骨、鼻骨、上颌骨、腭骨和颧骨以缝合式关节的方式相连接，共同构成了面部的上半部分，包括鼻腔、额窦的前半部分及上牙弓的齿根。简便起见，后文中均用上颌骨群来描述。眶下动脉和上颌神经位于眼眶腹侧，上颌骨的眶下孔内。

由于猫的颞骨下颌窝和下颌骨冠状突之间紧密结合，因此颞下颌关节是个非常稳定的滑车关节[3]。该关节后侧的关节后突与吻侧的大骨突也保证了关节的稳定性[3]。此外，颞下颌关节内有一个纤维软骨半月板。

26.2　诊断和一般注意事项

近 70% 的上、下颌骨骨折的患猫会同时存在相关的头部损伤，包括导致鼻衄的鼻部创伤、脑创伤和眼损伤[4]。在一项调查中，脑创伤占 15%[4]。因此需要对这类病例反复进行神经学检查，以确定是否存在脑创伤并在必要时开展相关治疗。头创伤引起的鼻衄可能会严重到引发贫血[4]，所以在麻醉前应监测红细胞压积的变化情况。同时，这类患猫可能会因为鼻腔阻塞和舌下、咽部的水肿而发生呼吸困难，因此要放于氧箱中观察。而且，输氧也有助于防止脑创伤患猫发生脑低氧血症。由于这类病例多存在开放性骨折，且口腔手术无法在无菌环境下操作，因此建议使用预防性抗生素。

上、下颌骨骨折通过口腔的临床检查即可诊断。通常只有猫处于镇静或全身麻醉的情况下才能进行彻底的触诊。下颌联合分离（图 26-1）和下颌体骨折可以很容易地触诊发现。但由于发达肌肉的覆盖，下颌体后半部分、下颌支和颞下颌关节的损伤不易发现；如果没有其他更显而易见的损伤，但表现咬合不正时，则仍需要怀疑这些问题的存在。当发生下颌支骨折并损伤到冠状嵴时，通常可在口腔内发现开放性伤口或血肿。

口腔检查时应当检查硬腭是否存在撕裂，如果有，需评估骨折的稳定性和骨折线宽度（图 26-2）。如果硬腭的两侧有显著失稳，则提示可能并发面骨骨折。面骨骨折会导致局部肿胀、眼球突出、巩膜出血、鼻衄和面部不对称。这些通常都是压缩性骨折，但内部结构稳定。

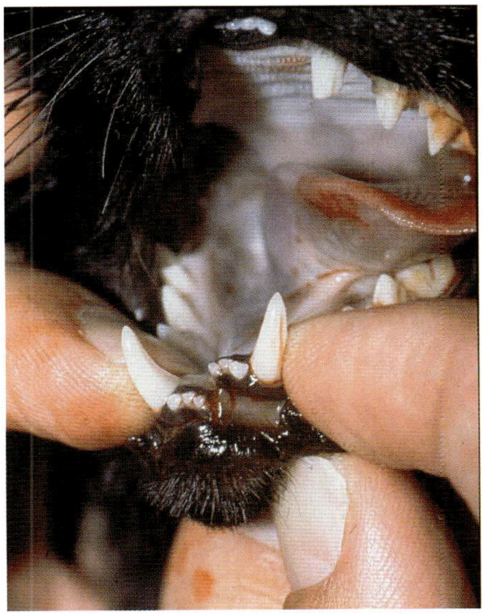

图 26-1　发生下颌联合分离的猫

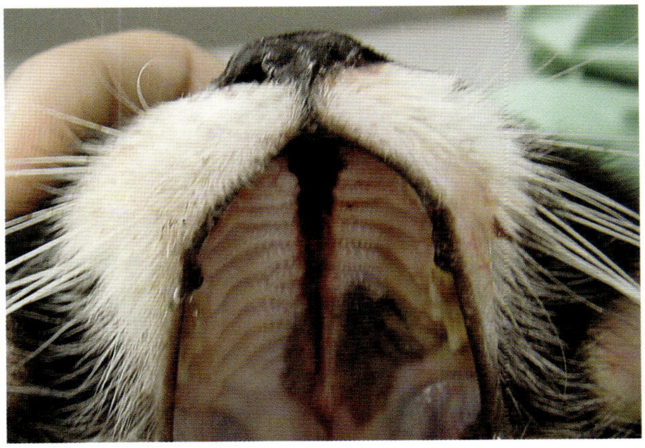

图 26-2　因高处跌落发生腭创伤性撕裂的猫。该病例所存在的口腔与鼻腔间的宽大空隙如果不进行手术介入无法自愈

颞下颌关节强直是由创伤或肿瘤导致的一种罕见并发症，造成口腔无法开张。另外一个影响咀嚼功能的疾病是锁颌综合征，在波斯猫上已有报道[5]。猫的口腔肿瘤相对常见，在第 8 章中进行了总结。建议读者阅读肿瘤学教科书获取有关口腔肿瘤的进一步信息。

在患病动物体况充分稳定后，即可全身麻醉拍摄 X 线片。由于咽后和喉部肿胀会继发上呼吸道阻塞，所以通常有必要进行气管内插管。根据临床骨折的定位，进行头部背腹位和侧位、下颌体和颞下颌关节斜位，以及上颌骨或下颌骨吻侧咬合位 X 线检查。背腹位和 20° 侧斜位投照是评估颞下颌关节的最佳摆位[6]。受骨质结构重叠的影响，后段下颌骨和上颌骨骨折的 X 线诊断比较困难。这些病例推荐进行 CT 检查，以便更准确地显示骨折。

骨折线通常会贯穿牙齿的齿槽。但是，只有当受影响的牙齿松动或松脱时才将其拔除。将牢固的牙齿保留在原处有利于保持骨折的稳定性。

上颌骨和下颌骨骨折固定最重要的目标是恢复牙齿咬合。气管插管的存在会影响口腔的完全闭合，从而干扰术中对牙齿咬合的充分评估。因此，为了术中能够完全闭合口腔，需要采取其他插管方法，尤其是在修复粉碎性骨折时。经咽部切开进行插管是一种更好的方法，见图 26-3 描述。也可以进行气管切开插管。

在制订手术方案时，也要考虑患猫术后进食的问题。可考虑在骨折固定前放置饲管（第 20 章）。

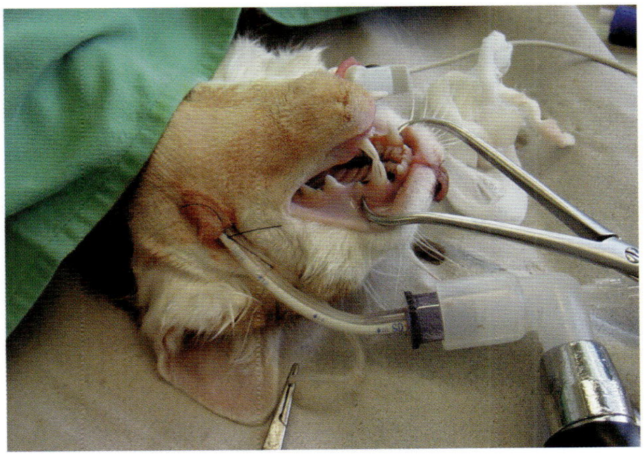

图 26-3　进行咽部切开气管内插管的患猫。首先经口气管内插管。其次在下颌支后侧的梨状隐窝处做咽部切口。使用蚊式止血钳将插管的末端由咽部切口处导出。气管插管的连接头在进行插管操作时先暂时移除。最后将插管缝合固定在皮肤上

26.3　固定技术

下颌骨骨折可以分为下颌联合分离、下颌体骨折和下颌支骨折。上颌骨骨折包括硬腭骨折和面骨骨折，或二者皆有。当选择最佳固定方案时，需要考虑的 2 个最重要的因素是牙齿咬合和骨折稳定性。对于咬合良好的稳定骨折可以采取保守治疗。咬合不正且不稳定的上颌骨和下颌骨骨折必须进行手术复位固定。不稳定的骨折会导致骨碎片移动而产生疼痛，阻碍进食且会有不愈合或

畸形愈合的风险。

一般来说，由于牙弓间固定技术能让患猫更快恢复正常进食和梳理被毛的行为，所以更倾向于使用这种间接固定技术。该技术还可用于治疗更复杂的骨折，以及涉及下颌后侧区域且无法一期修复的骨折。下颌骨和上颌骨的骨折内固定需要较小的植入物与精细的手术技术，以达到完美复位并保证植入物在小而平的骨骼表面足够稳定。可用的植入物包括骨科钢丝、迷你骨板、锁定骨板和外固定支架。下颌体的张力面位于口腔侧的齿槽缘（图 26–4），因此从生物力学的角度来看，植入物应当放置在口腔侧 [4,7]。但由于这样会损伤齿根，而且要避免损伤下颌管，所以这种操作非常困难。

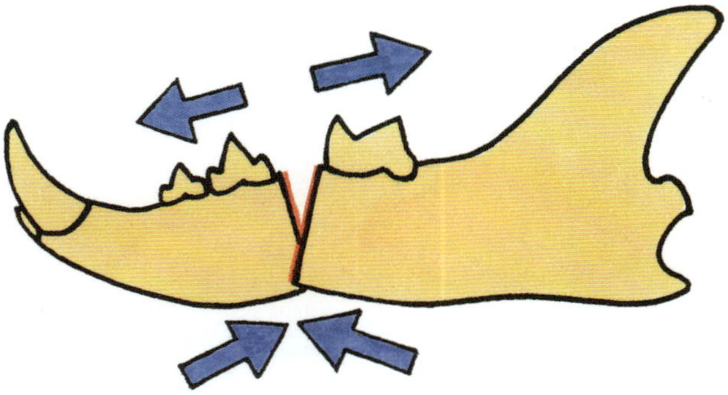

图 26–4　下颌体的张力面位于齿槽缘，压力面位于腹侧缘

表 26–1 已经总结了不同类型骨折的治疗方案。

26.3.1　齿间钢丝

由于猫的牙齿较小及其外形特点，钢丝无法环绕牙齿基部稳固固定，所以猫无法使用真正的齿间钢丝技术。但通过将钢丝穿过齿根间预钻孔的改良齿间钢丝技术有时可以用于固定双侧下颌骨或上颌骨吻侧骨折。

26.3.2　骨片间钢丝

骨片间钢丝可用于固定下颌体和下颌支的简单骨折。为了避免拧紧钢丝时形成的骨片间的剪切力，钢丝走向需要与骨折线垂直。钻孔距离骨折线约 5 mm，且应斜向骨折线方向钻孔，以利于钢丝由内侧穿出（图 26–5）。骨科钢丝通常选择直径 0.5 ~ 0.6 mm 的钢丝。如果骨片间钢丝可以放置在下颌骨齿槽缘的张力面，则最稳定。操作中应避免损伤齿根。

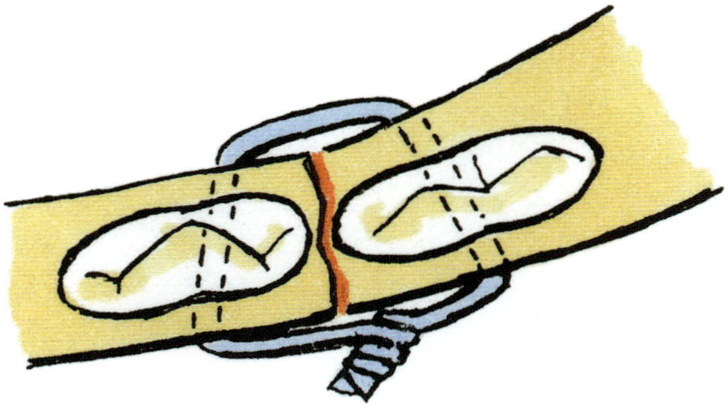

图 26–5　下颌体简单骨折的骨片间钢丝固定。钢丝轻微斜向穿过下颌体。要在齿根间钻孔，避免损伤齿根

26.3.3　骨板

重建骨板在上颌骨和下颌骨的骨折中最有用，因其可以很容易地在各个方向进行塑型。上颌骨和下颌骨平坦的骨面几乎无法给螺钉提供足够的供抓持的骨质，尤其是在皮质较薄的区域。与标准螺钉相比，微型螺钉拥有更小的螺距，可以在较薄的骨骼上为螺钉提供更好的抓持力。最小的骨板和螺钉选自人颌面部和手植入物系统的 1.0 mm 和 1.3 mm 重建骨板（第 24 章）。这些骨板对修复具有非常薄骨骼的下颌支和上颌面骨骨折非常有用。这些小骨板强度太低，无法承受弯曲力和压缩力，因此常放置于骨折的张力面。为了将骨板放置于下颌骨齿槽缘，可以在牙齿或齿根间放置小螺钉。

修复粉碎性骨折需要使用强度更高的骨板，如 1.5/2.0 mm 兽医可裁剪骨板、2.0 mm 动态加压骨板或 2.0 mm 锁定骨板（第 24 章）。由于 2.0 mm 螺钉过大，在拧入齿槽缘时无法避免对齿根的损伤，因此需要放置在生物力学环境不太理想的下颌体腹侧。

26.3.4　外固定支架

外固定支架也可以用于下颌体骨折的固定。主要的适应证包括单侧或双侧下颌体中段粉碎性骨折和 3 级开放性骨折。固定针使用 1.0 ~ 1.4 mm 滑面针或阴螺纹针。由于牙科丙烯酸或聚甲基丙

表 26-1 上颌骨和下颌骨骨折与颞下颌关节疾病的可选治疗方案

损伤部位	损伤类型	治疗方案
下颌联合	分离	全环钢丝 半环钢丝 螺钉
下颌体	双侧吻侧骨折	齿间钢丝 外固定支架
	简单骨折	骨片间钢丝 骨板 锁定骨板
	粉碎性骨折	骨板 锁定骨板 外固定支架 牙弓间固定
下颌支	简单骨折	骨板 骨片间钢丝 保守治疗
	粉碎性骨折	骨板 牙弓间固定 保守治疗
颞下颌关节	脱位 骨折 / 脱位	闭合性整复和扎口绷带 闭合性整复和牢固的牙弓间固定 关节切除成形术（针对慢性病例）
上颌	腭裂	对小的稳定骨折可采用保守治疗 对大的不稳定骨折使用针钎
	口内并发面骨骨折	针钎 骨板
	面骨压缩性骨折	保守治疗 骨板 上下颌准直矫正

注：当出现多种类型损伤时，需联合应用多种治疗方案。

烯酸甲酯可以按下颌骨走向塑型，而且会避免因使用沉重的连接夹和连杆对放置固定针造成的限制，因此固定针的末端最好由这两种材料做成连杆固定。为了保证术中能闭合口腔，控制复位和牙齿咬合，需要进行咽部气管内插管。

26.3.5 牙弓间固定

对于难以通过内固定修复的下颌骨骨折，以及为了防止闭合性整复颞下颌关节后再次脱位，牙弓间固定技术是实用的方案。接受牙弓间固定的患猫只能舔食流食，无法梳理被毛且会因为流涎发生局部皮炎，因此帮助患猫清理嘴唇、面颊和下巴非常必要。当猫发生口内和咽部肿胀、鼻部通畅性严重受阻以及存在呕吐症状时，不能进行牙弓间固定。牙弓间固定的方法包括扎口绷带、牙弓间钢丝、外固定支架和复合固定技术。如果可以，应保证嘴微微张开以便于摄入流食，但很多接受牙弓间固定的患猫为了保证足够的营养摄入，需要放置饲管。根据不同的病况，术后 10 d 至 4 周拆除牙弓间固定材料。由于猫很难接受这种固定方式，并会尝试移除植入物，所以需要在术后佩戴伊丽莎白圈。

扎口绷带

扎口绷带只能用于长口鼻的患猫。应保证患猫可以微微张开口腔，但犬齿的尖端必须重叠，防止一侧下颌骨外侧错位。如果犬齿折断或缺失，那么扎口绷带很难稳定固定。扎口绷带的主要适应证是颞下颌关节脱位闭合性整复后为了防止再次脱位而进行的临时固定。扎口绷带的应用技术请查阅第 22 章。

牙弓间钢丝

与扎口绷带相比，牙弓间钢丝能够提供更强的稳定性，但比其他技术弱。使用 0.6 ~ 0.8 mm 钢丝经上下颌口腔缘的预钻孔拧紧到只允许猫张开几毫米的缝隙（图 26–6）。钻孔常常选择在前臼齿和臼齿齿根间。为了提高抗剪切稳定性，大多数病例会在双侧放置牙弓间钢丝，但有时为了矫正一侧下颌的外侧错位，只在一侧放置牙弓间钢丝。要对动物主人和剪钢丝操作者进行指导，以便能够在猫呕吐时立刻剪断钢丝。

跨关节外固定支架

配有橡皮筋或连接夹和短连杆的双侧跨关节外固定支架是另一种牙弓间固定技术 [8]。紧邻犬齿后方横穿下颌骨及在硬腭背侧横穿上颌骨放置固定针。折弯固定针的末端，并用小的橡皮筋连接（图 26–6）。折弯固定针可以防止橡皮筋摩擦皮肤及由末端滑脱。此外，也可以用连接夹和连杆代替橡皮筋对上下颌进行稳定固定。通过这种技术，患猫可以借由完整的犬齿维持牙齿的正确咬合和骨碎片的对位。

牙齿复合固定

可用复合夹板连接上下颌犬齿，以确保正常的功能性咬合。该技术中的固定物直接连接牙齿，无需暴露骨骼与放置植入物，因此与其他技术相比侵入性较小 [9,10]。与单侧固定相比，左右侧同时固定的效果更稳定。首先对犬齿进行超声洁牙，之后用 37% 的磷酸溶液对牙釉质进行酸蚀、冲洗和干燥。将黏合剂涂抹于犬齿表面并进行光固化。在犬齿表面涂抹 2 mm 厚的复合树脂，并将口腔固定，使其保持半开张状态。每一层的涂层光固化约 30 s。

26.4　下颌骨骨折

下颌联合分离是最常见的损伤，第二常见的是下颌体骨折 [4,11]。高达 68% 的下颌骨骨折是开放性骨折 [11]。下颌支骨折不常见，可能是因为垂直走向的下颌支受到颧弓和覆盖其上的咬肌保护。

26.4.1　下颌骨手术入路

下颌体骨折最好采用腹侧入路，因其可以减少口腔污染的风险，并便于伤口引流。下颌体吻侧入路直接在骨骼上切开皮肤即可 [12]。修复双侧骨折时，可以做中线皮肤切口，并通过牵拉皮肤创缘暴露。

后侧下颌体和下颌支的手术入路也是在骨骼中央做腹侧皮肤切口 [12]。为了显露后侧下颌体，需要分离二腹肌。将咬肌从咬肌窝附着点掀起并向背外侧牵拉，以显露下颌支。

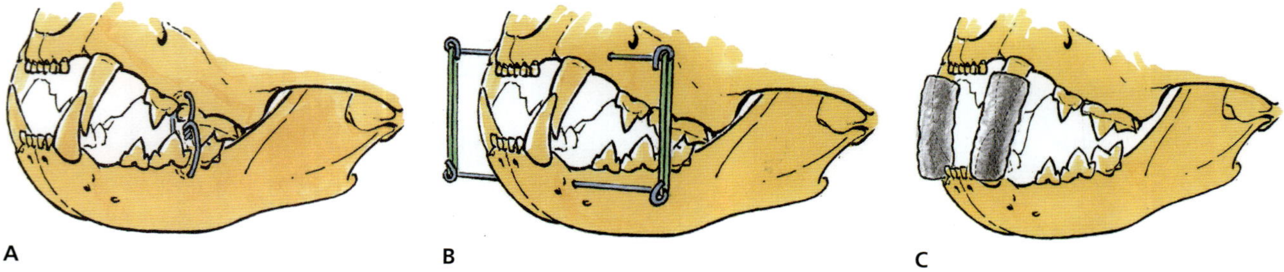

图 26–6　不同的牙弓间固定技术。（A）牙弓间钢丝通常在两侧放置。通过斜向导入钢丝，向下颌骨施加向后或向前的张力。（B）使用橡皮筋的跨关节外固定支架限制下颌的运动。注意防止橡皮筋对皮肤的摩擦。也可以使用连杆和连接夹代替橡皮筋。（C）牙科复合固定左右两侧的犬齿。该技术侵入性最低，但需要专门的设备

26.4.2 下颌联合分离

大多数病例的下颌联合分离由高处跌落导致[4,11]（图 26-1）。手术治疗主要是恢复两侧下颌体的稳定性。最常用且简单可靠的固定方式是环扎钢丝（专栏 26-1）。其他可用的方案包括使用半环钢丝或骨片间螺钉（专栏 26-1）。这些技术能够提供更好的对抗剪切力的稳定性，有时适用于修复斜骨折或粉碎性骨折或翻修手术（图 26-9）。4 ~ 6 周后拆除钢丝环。

26.4.3 下颌体骨折

下颌体骨折主要发生在犬齿后侧或下颌体中段。

吻侧骨折通常贯穿犬齿后侧齿槽管，可能双侧发生，导致形成不稳定的吻侧骨碎片（图 26-10）。由于犬齿巨大的齿根占据了骨碎片大部分的空间，因此很难采用半环钢丝和骨板进行固定。所以最好采用改良式牙弓间钢丝技术或口内夹板修复这类骨折（专栏 26-2）。

下颌骨中段骨折通常双侧发生，或伴发下颌联合分离[4]。这两种情况都会导致下颌不稳定，需要手术治疗（图 26-12）。下颌体容易显露，通过内固定可以达到早期功能恢复，而且术后可以立即经口进食。骨科钢丝、迷你骨板、锁定骨板和外固定支架等植入物均可用于固定下颌体骨折。

简单的和可复位的多碎片骨折可以通过骨片间钢丝或骨板进行修复（专栏 26-3）。植入物最好放置在下颌骨齿槽缘的张力面，适用选择人手外科套装（第 24 章）中的 1.3 mm 重建骨板。该骨板的强度足够，适合放置于张力面，而且螺钉又足够小，可以放置在齿根间（图 26-12）。也可以选择 1.5 mm 或 2.0 mm 动态加压骨板或 2.0 mm 锁定骨板。为了避免大直径螺钉对齿根的损伤，大规格骨板应放置在下颌体腹侧。

粉碎性骨折需要用骨板和锁定骨板或外固定支架进行修复（专栏 26-4）。建议手术时选择强度相对较高的植入物，如 2.0 mm 动态加压骨板或 2.0 mm 锁定骨板。为了确保完美的骨折复位，进而防止术后牙齿咬合不正的发生，需要对骨板进行准确塑型。在松质骨较多的位置和骨碎片空间有限，无法在每个骨碎片放置 3 颗以上螺钉的情况时，锁定骨板可以提供更好的稳定性。外固定支架通常用于严重的粉碎性骨折和开放性骨折的修复，对于简单骨折和轻度粉碎性骨折的修复也非常有用，尤其是在无法获得小规格骨板时。外固定支架的优势在于不需要切开骨折处软组织。复位效果通过牙齿咬合是否正常进行间接评估。

26.4.4 下颌支骨折

下颌支表面有发达的肌肉覆盖，所以很多骨折只是轻微移位。这些骨折可以通过牙弓间固定技术进行治疗；如果能够维持正常牙齿咬合，则不需要固定。

引起咬合不正的移位骨折必须复位，并用骨板或半环钢丝固定（专栏 26-5）。咬肌窝处的骨骼非常薄，无法为植入物提供足够的抓持力。因此植入物常常沿较厚的下颌骨吻侧冠状嵴放置；另外，在此处放置的另一优势在于其位于骨骼的张力面。

简单骨折通常经腹侧入路使用 1 ~ 2 根骨片间钢丝固定，也可以沿吻侧冠状嵴放置迷你骨板进行固定。1.0 mm 颌面迷你骨板或 1.3 mm 小型手骨板（第 24 章）的大小适合较薄骨骼的固定（图 26-16）。如果为了增加稳定性，可以沿下颌骨腹侧缘再放置一块骨板。

作为备选方案，可以使用慢吸收缝线替代骨科钢丝。这种方法适用于口腔内的开放性骨折，可以避免植入物周围感染的风险。如果预判在吻侧下颌角使用一根缝线即可保持骨折的稳定性，则可以将缝线直接用于口腔骨折修复。

牙弓间固定是首次骨折修复，尤其是多碎片骨折修复时的有效替代方案。牙弓间固定可以在骨折的早期愈合阶段维持牙齿的正确咬合。牙弓间固定技术在上文已做描述，并在图 26-6 中进行了说明。无论是牙齿黏合还是双侧外固定支架技术，都能提供足够的稳定性。如果选择外固定支架技术，为了保证正确的牙齿咬合，需要通过咽切开术放置气管插管。牙弓间固定技术用于稳定

专栏 26-1　下颌联合分离的固定

在下颌联合腹侧做一小的皮肤纵向切口。

钢丝环：沿下颌骨外侧面紧邻犬齿后侧经皮肤切口放置预弯的 18 G 皮下注射针，穿透口腔黏膜后再引导放置 0.6 ~ 0.8 mm 骨科钢丝（图 26-7）。拔出针头按相同的方法从对侧犬齿后侧穿出。骨科钢丝由针头尖端引导退至下巴腹侧的皮肤切口穿出（图 26-7）。手工复位后，在下颌腹侧拧紧钢丝末端。钢丝必须拧紧到两侧下颌骨不会出现相对移动。为了愈合后拆除方便，钢丝结要突出在下巴腹侧。

半环钢丝：该技术可以避免剪切，可用于翻修手术。行下颌联合腹侧入路复位骨折。紧邻犬齿齿根后侧垂直于下颌联合钻孔，半环钢丝插入孔洞，按前文所述方法将其在腹侧拧紧（图 26-8A）。

位置螺钉：如果是粉碎性骨折，钢丝环技术无法保持稳定的固定，只能使用位置螺钉。在犬齿齿根的后背侧，拧入 1.5 mm 或 2.0 mm 位置螺钉横跨吻侧下颌骨（图 26-8B）。

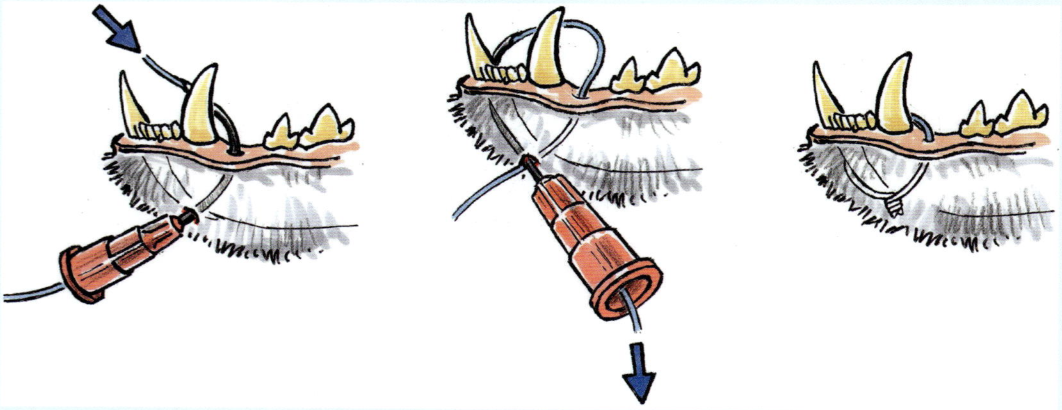

图 26-7　钢丝环固定下颌联合分离。骨科钢丝由腹侧经预弯的皮下注射针头紧邻犬齿后侧穿出。之后在对侧经针头穿出后拧紧剪短

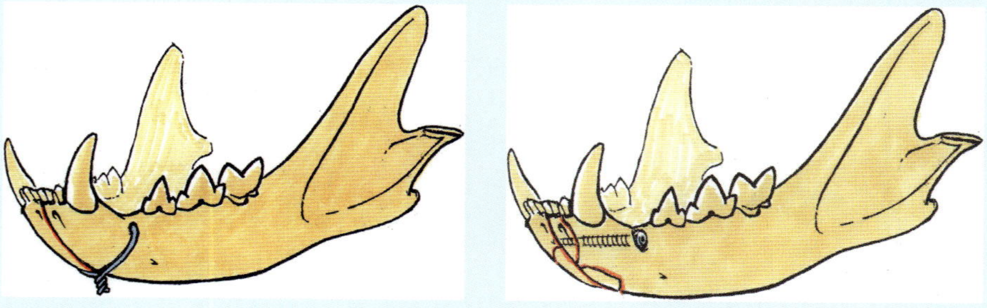

A　　　　B

图 26-8　固定下颌联合分离的其他方案。（A）半环钢丝固定下颌联合分离。注意钢丝经由犬齿后侧较远的位置横穿下颌骨。（B）骨片间位置螺钉固定粉碎性骨折的下颌联合分离

骨折时，通常需要保留 2 ~ 3 周。使用外固定支架时，如果用橡皮筋替换连杆和连接夹，便可逐步提高上下颌的活动性（图 26-6）。

26.5　颞下颌关节疾病

颞下颌关节疾病包括最常见的骨折和脱位，以及最常继发于创伤的关节强直。影响上颌 - 下颌功能的另一种疾病是锁颌综合征。

26.5.1　骨折和脱位

颞下颌关节最常发生吻背侧脱位，但也会发生后侧脱位。颞下颌关节脱位可能单侧发生，也可能双侧发生。单侧脱位会导致下颌偏向一侧。双侧脱位会导致下颌相对于上颌发生吻侧或后侧移位。因冠状突和颧弓卡嵌，偶尔会导致口腔锁定在开张状态（图 26-17）。颞下颌关节脱位可能

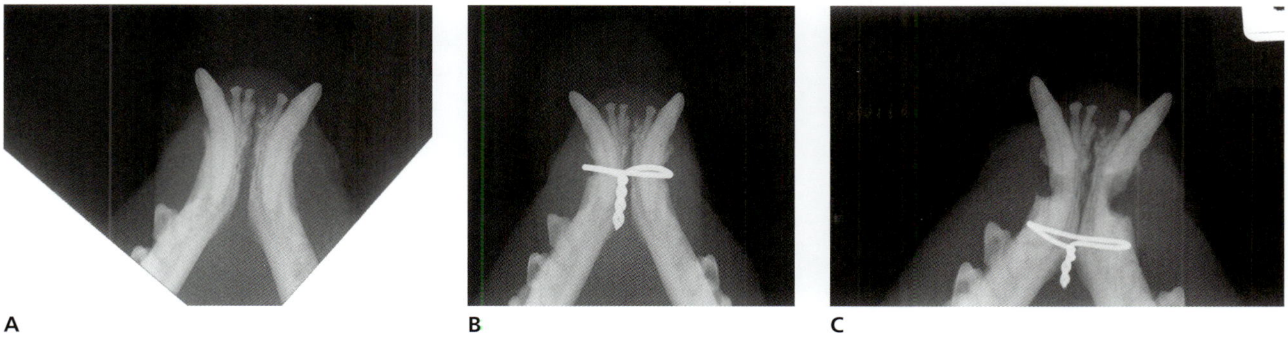

图 26–9　罕见的钢丝环治疗下颌联合分离失败的病例。（A）下颌联合分离患猫的术前 X 线片。（B）术后 6 周，首次固定的钢丝环不稳定，导致骨折处不愈合和钢丝环下骨吸收。（C）原固定位置后侧使用半环钢丝进行翻修手术

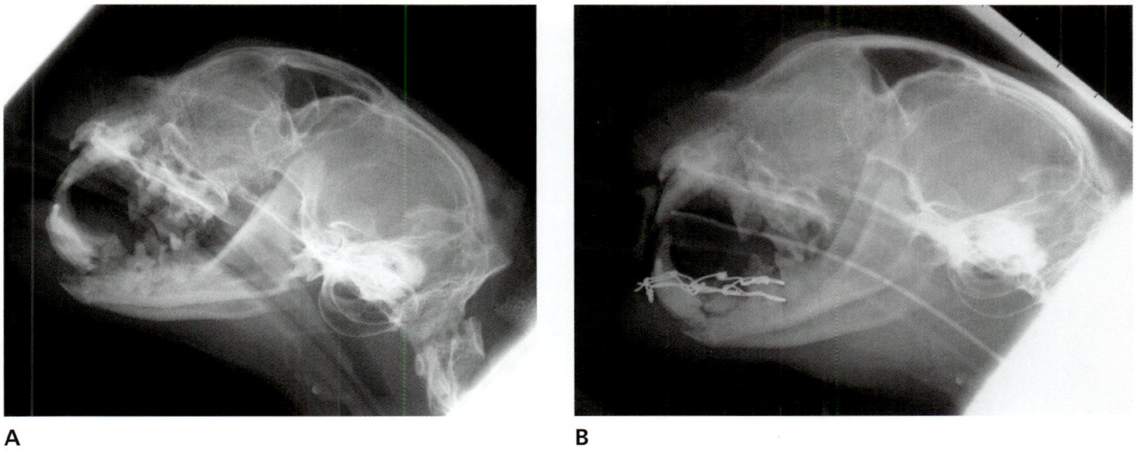

图 26–10　双侧下颌骨吻侧骨折的（A）术前和（B）术后侧位 X 线片。双侧下颌骨吻侧沿犬齿后侧齿槽管发生骨折。该病例使用改良式齿间钢丝固定。固定时有轻微过度复位，但钢丝会根据齿槽缘处的张力进行调整

专栏 26–2　双侧下颌体吻侧骨折应用改良式齿间钢丝固定

使用小克氏针在下颌骨齿槽缘预钻孔。将一段 0.4 ~ 0.5 mm 骨科钢丝以环联结穿过这些孔洞。然后再将钢丝穿过口腔内的环结，分别收紧各个环结（图 26–11）。也可以使用 0.6 mm 的克氏针作为口腔内夹板，穿过环联结固定。必要时，使用牙科复合材料加固口腔内的夹板。

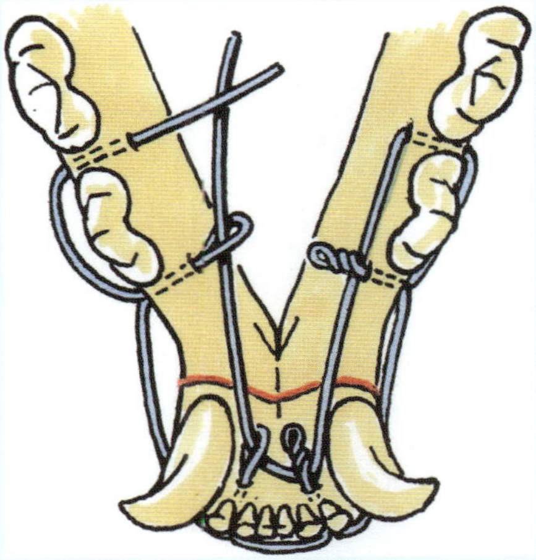

图 26–11　改良式齿间钢丝固定双侧下颌吻侧骨折。在口腔内拧紧钢丝环联结

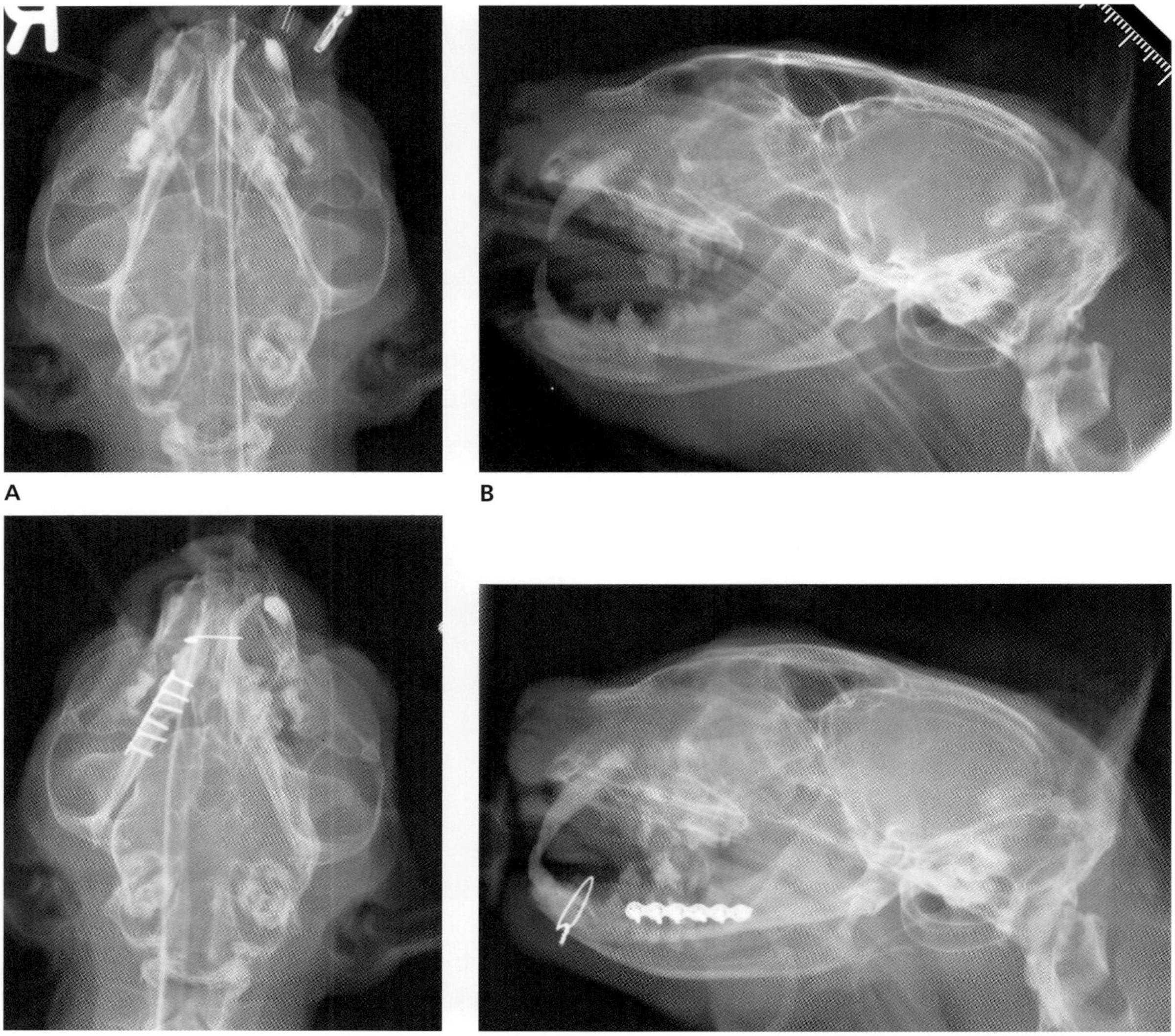

图 26-12 右侧下颌体简单骨折和下颌联合分离的患猫（A，B）术前和（C，D）术后 X 线片。下颌体骨折解剖复位，恢复牙齿咬合；并沿齿槽缘用 6 孔 1.3 mm 重建骨板进行固定。下颌联合使用钢丝环固定

与颞骨的骨突骨折或下颌骨髁突骨折有关。这些骨折很难通过 X 线检查发现。

颞下颌关节脱位采用闭合性复位治疗（专栏 26-6）。牙弓间固定 1 ~ 2 周有助于防止脱位复发，并确保关节周围结构的纤维性愈合。图 26-6 描述了牙弓间固定技术。如果没有发生骨折，也可以使用扎口绷带提供稳定性。但如果存在关节骨折，则需要更加稳定的固定技术（图 26-19）。

在没有颞下颌关节脱位的情况下，下颌骨髁突也可能发生骨折。这些骨折通常移位很小，而且由于其体积过小及骨折位置的关系，很难用植入物进行固定[13,14]。牙齿咬合正常的病例不需要进行牙弓间固定，但需要饲喂 2 ~ 3 周的流食或软食。下颌骨错位和牙齿咬合不正的病例，需要大约 14 d 的牙弓间固定（图 26-6）。在使用设备恢复牙齿咬合时，需要对上下颌进行牵引。

尽管某些病例会发生因不愈合、持续性骨折不稳定、关节周纤维化或矿化等导致的颞下颌关节强直（见下文），但是大多数猫可以恢复理想的颞下颌关节功能。

26.5.2 颞下颌关节强直

颞下颌关节强直是一种罕见的慢性疾病，患猫很难或无法进食，也无法进行理毛，会导致严重的并发症。

专栏 26-3　下颌体简单骨折和可复位的多碎片骨折固定

下颌体外侧面采用腹侧入路。骨折解剖复位对恢复牙齿咬合非常重要。

骨片间钢丝：0.6 ~ 0.8 mm 骨科钢丝自口腔侧经距骨折线 5 mm 的预钻孔处穿过下颌骨（图 26-13A）。钻孔的位置由齿根的位置决定，要避免损伤齿根。也可以在下颌骨的离口侧再放置钢丝，增强对抗剪切力和旋转力的中和作用。在蝶形骨折的病例，需要在腹侧放置“8”字钢丝固定蝶形骨碎片（图 26-13B）。为了避免破坏薄的骨片，钢丝环不能过度拧紧。

骨板：沿下颌骨齿槽缘使用 1.3 mm 或 1.5 mm 骨板进行张力带固定。在牙齿和齿根之间插入螺钉。每个骨碎片至少插入 2 颗，最好是 3 颗螺钉（图 26-13C）。如果使用更大的骨板，应沿下颌骨腹侧缘放置（专栏 26-4）。

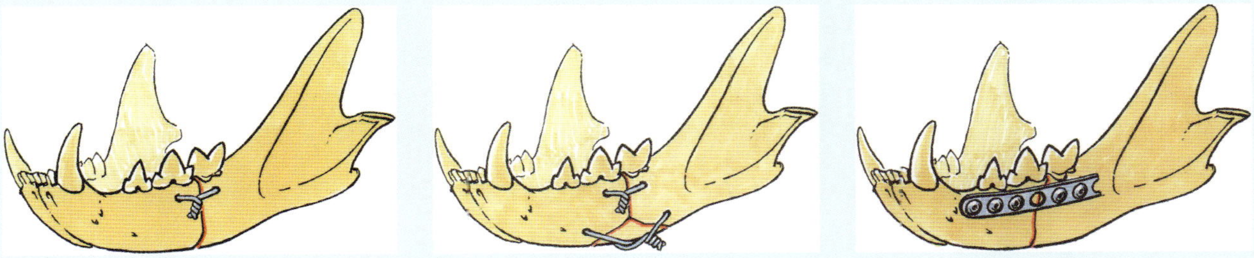

A　B　C

图 26-13　下颌体可复位骨折的固定方案。（A）在口腔张力侧放置骨片间钢丝进行简单骨折的固定。也可以在离口缘再放置一个钢丝环增加稳定性。（B）骨片间钢丝固定技术治疗蝶形骨折。腹侧的“8”字钢丝可以包绕和固定蝶形骨碎片。（C）使用 1.5 mm 迷你骨板固定下颌体简单骨折。骨板放置在张力面，在牙齿和齿根之间拧入螺钉

真性关节强直指的是颞下颌关节本身的病变，而假性关节强直是由关节周结构病变引起的。猫更常发生真性关节强直[15]。颞下颌关节强直常继发于创伤，如颞下颌关节脱位和骨折或颧弓骨折[15-17]；也可能继发于感染、肿瘤和颞下颌关节发育不良[8]。

临床症状包括渐进性进食困难、下颌活动受限和无法张口。口腔只能张开 4 ~ 8 mm[15]。关节强直可单侧或双侧发生。头部和颞下颌关节的 X 线检查和 CT 扫描可见骨折和脱位或骨痂形成（图 26-20）。猫颞下颌关节的最佳摆位是下颌骨 20° 斜侧位[6]。

保守治疗通常不会成功[15]，只用于症状不严重的病例或早期病例。动物全身麻醉后，牵拉上下颌，行保守治疗；而且需要每天数次手动开张上下颌以及使用皮质类固醇防止复发。然而，大多数猫还是需要接受颞下颌关节切除术治疗真性关节强直或切除部分颧弓治疗假性关节强直（图 26-20 和专栏 26-7）[15,19]。手术立即切除病变组织可以显著改善活动范围，大部分病例长期预后良好[15-17]。必要时，可进行双侧手术。术后每天应手动开张上下颌数次，防止复发。

26.5.3　锁颌综合征

张口锁颌综合征是由下颌骨冠状突卡嵌在颧弓上引起的。通常在打哈欠、理毛或发声时张嘴后发生锁颌，从而阻止了口腔闭合。锁颌会导致应激，患猫常会用爪子抓挠面部或痛叫。锁颌时间可持续数秒至数天不等。通常会在颧弓外侧触诊到突出物，这是错位的下颌骨冠状突。镇静后，将口腔进一步打开，向冠状突施加一个向内侧的力并闭合口腔即可手动复位。

据文献报道，波斯猫高发[5,20,21]，表明短头品种的头骨结构与锁颌综合征的发病机理相关；但其他品种也会发病[22]。其他发病原因还包括颞下颌关节发育不良或松弛，或创伤导致的下颌骨或颧弓构型改变[5]。X 线片或 CT 可用于查找潜在病因。

手术治疗通常包括部分切除颧弓。术中为了便于确定卡嵌的位置，要在猫麻醉后手动锁定猫的口腔。沿颧弓腹侧缘切开皮肤，并分离咬肌。之后用咬骨钳去除受冠状突影响的部分颧弓。也可将与颧弓卡嵌的冠状突尖端切除[22]。只要骨去除充分，两种技术均预后良好。

专栏 26-4 下颌体粉碎性骨折的固定

修复粉碎性骨折时需要进行咽切开气管内插管术，以便可以在术中闭合口腔和控制牙齿咬合。经下颌体腹侧入路放置骨板。使用外固定支架时，可采用闭合性复位技术。

骨板：在下颌体腹侧缘的外侧面放置塑型的 1.5/2.0 mm 兽医可裁剪骨板或 2.0 mm 动态加压骨板。插入螺钉时，保持口腔闭合。每个大的骨碎片上至少放置 2 颗螺钉（最好放置 3 颗）。骨折处含有牙齿的游离骨碎片在正确复位后进行固定，可以恢复牙齿咬合（图 26-14A）。

锁定骨板：在骨质松软和放置螺钉空间有限的病例上，使用 2.0 mm 锁定骨板比传统骨板更有优势。与标准螺钉相比，大的骨碎片放置 2 颗锁定螺钉即可提供更好的稳定性。在骨折复位时，锁定骨板的塑型要求比传统骨板要低很多，只要能够维持正确的牙齿咬合就行。

外固定支架：外固定支架是双侧粉碎性骨折和（或）开放性骨折的良好治疗方案。将 2 ~ 3 根 1.0 ~ 1.4 mm 滑面针或阴螺纹针插入大的骨碎片。应避免将固定针穿过两侧下颌骨，除非能够保持正确的咬合。较大的骨碎片上可以放置更多的固定针。固定针末端垂直于皮肤折弯。准备好牙科丙烯酸或聚甲基丙烯酸甲酯，当变成面团稠度时，将其包裹在固定针末端（图 26-14B）。在使用丙烯酸树脂固定时，嘴要保持闭合，以控制咬合。使用湿纱布保护软组织，避免丙烯酸的热损伤。

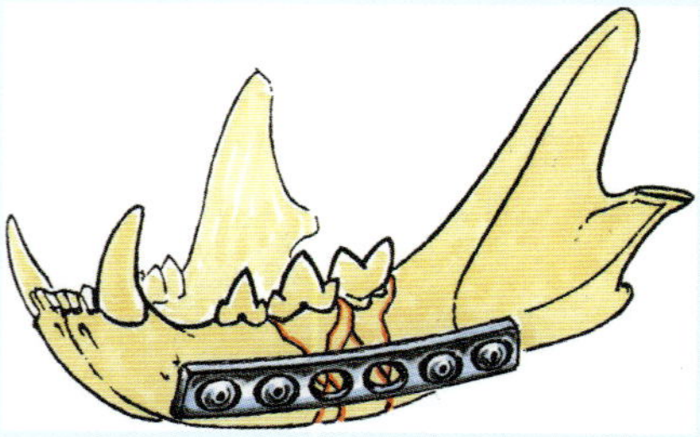

A

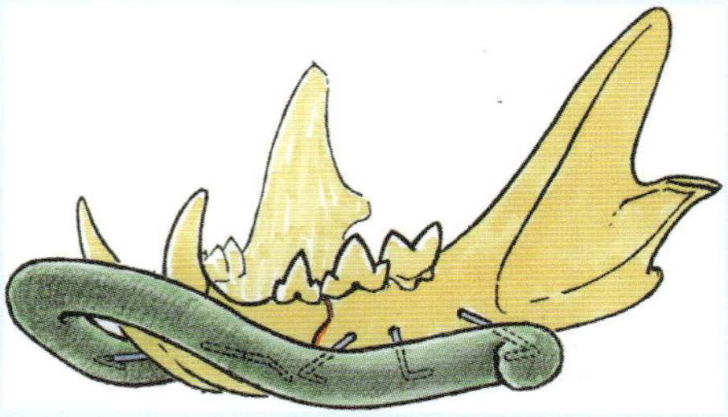

B

图 26-14 下颌体粉碎性骨折的修复方案。（A）在下颌骨腹侧缘放置 2.0 mm 动态加压骨板固定单侧下颌体粉碎性骨折。也可使用锁定骨板。（B）使用丙烯酸外固定支架固定双侧下颌体粉碎性骨折

据报道，有只猫因下颌联合松弛和臼齿重叠而发生锁颌综合征[21]。该患猫在接受了下颌联合切开术和下颌联合融合术后被成功治愈，双侧下颌骨不再相互独立运动，上下臼齿也不再相互干扰。

26.6 上颌骨骨折

上颌骨骨折包括硬腭骨折、面骨骨折或二者同时骨折。创伤性腭裂是最常见的骨折类型。CT 扫描是评估上颌骨骨折最佳的方法，优于 X 线检查。很多上颌骨骨折都可以保守治疗。手术适用于闭合口腔和鼻腔之间的串通骨折，以及恢复上颌牙的咬合不正。

26.6.1 上颌骨的手术入路

面骨手术入路是切开牙齿外侧的颊黏膜并将其与下方的骨骼分离。修复创伤性腭裂不需要专门的手术入路。

26.2.2 创伤性腭裂

高处跌落后通常发生硬腭正中矢状面骨折（图 26-2），由此会导致口鼻瘘，从而使水和食物残留在鼻腔内，引起脓毒性鼻炎和潜在的吸入性肺炎。治疗方法的选择主要取决于缺损的大小。如果骨折稳定而且移位很小，创伤处可以很快自发愈合。缺损较小的患猫可以保守治疗，但需要在大约 5 d 后进行复查，评估缺损处的愈合情况。如果缺损处没有愈合，则建议手术治疗。大的缺损和不稳定的腭裂需要手术修复（专栏 26-8）。由于张力、血供受损和伤口的活动，在修复软组织后最常发生的并发症是伤口开裂。因此，移位明

专栏 26-5　下颌支骨折的固定

经下颌体腹侧入路，将咬肌从咬肌窝部分分离后使用骨片间钢丝和骨板进行固定。

骨片间钢丝：骨片间钢丝只适用于治疗简单骨折。在冠状嵴吻侧和下颌支腹侧缘各自钻孔放置 0.5 ~ 0.6 mm 钢丝。复位骨折断端，并小心拧紧钢丝防止勒豁（图 26-15A）。

骨板：骨板用于治疗简单骨折和多碎片骨折。沿下颌垂直支的冠状嵴吻侧放置 1.0 mm 颌面迷你骨板或 1.3 mm 小型手骨板，每侧骨碎片至少使用 2 ~ 3 颗螺钉（图 26-15B）。在简单骨折，这样足以提供稳定性；如果在下颌支腹侧缘再放置一块骨板，就可以增强固定的稳定性。除简单骨折外，均建议使用 2 块骨板固定。

牙弓间固定：牙弓间固定可用于治疗简单骨折和粉碎性骨折。但考虑到牙弓间固定术后相关的并发症，其主要用于无法一期修复的骨折固定。详见上文和图 26-6 的描述。

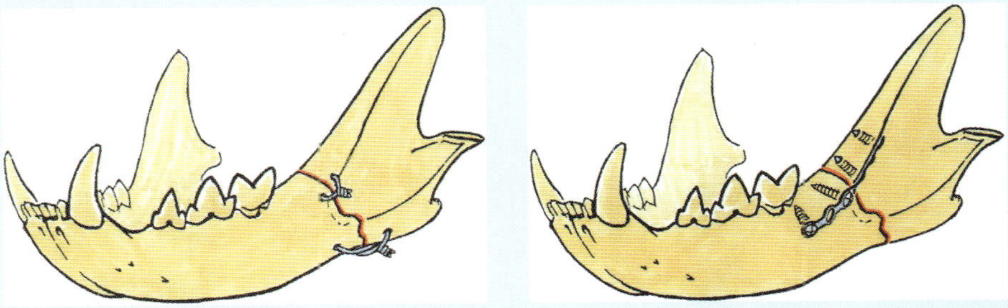

A　B

图 26-15　下颌支骨折的固定方案。（A）2 根骨片间钢丝固定简单骨折。（B）沿冠状嵴吻侧的张力带使用迷你骨板固定蝶形骨折。为了增强稳定性，可以沿腹侧缘放置第二块骨板或骨片间钢丝

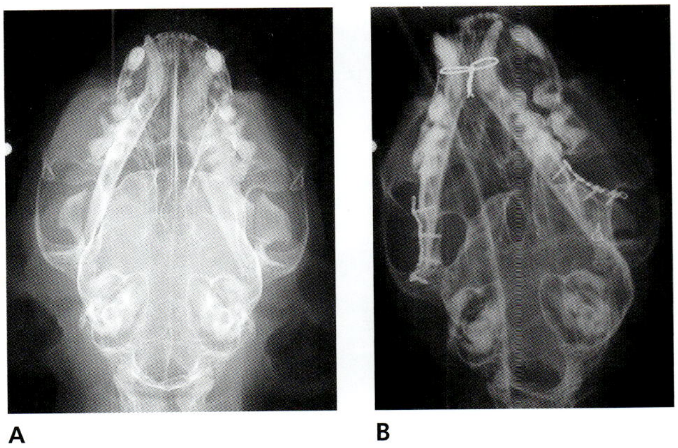

A　B

图 26-16　双侧下颌支骨折和下颌联合分离患猫的头部（A）术前和（B）术后 X 线片。两侧的下颌骨骨折均由沿冠状嵴吻侧放置的 1.0 mm 颌面迷你骨板进行固定。另外，右侧下颌骨骨折的腹侧缘放置了 1 根细的骨片间钢丝。下颌联合用钢丝环固定

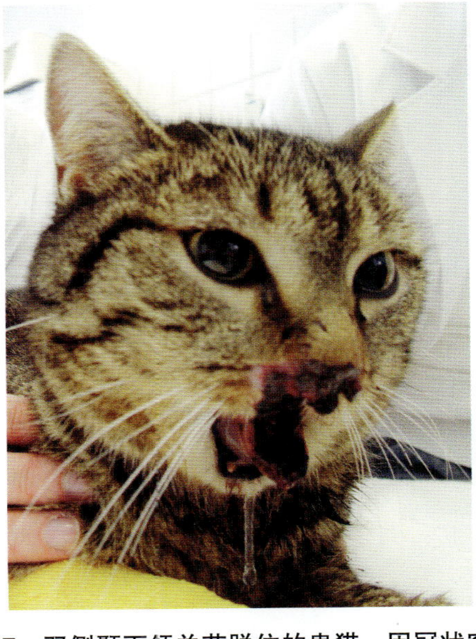

图 26-17　双侧颞下颌关节脱位的患猫。因冠状突和颧弓卡嵌，导致口腔锁定在开张的状态。该病例还存在腭裂和下颌联合分离等损伤

专栏 26-6　颞下颌关节闭合性复位

借助铅笔进行颞下颌关节脱位闭合性复位。铅笔咬在上、下臼齿之间。用手指在吻侧施压使颞下颌关节分离（图 26-18）。然后旋转铅笔，向后移动下颌使吻侧脱位复位（图 26-18），或向吻侧移动下颌使后侧脱位复位。为了达到复位的目的，也可以在下颌后腹侧缘使用尖头复位钳夹持牵拉。关节复位后，通常会有一种明显的咔嗒复位的感觉。复位后需要检查咬合、运动情况和稳定性。复位后如果无法保持稳定，通常提示存在并发的骨折。

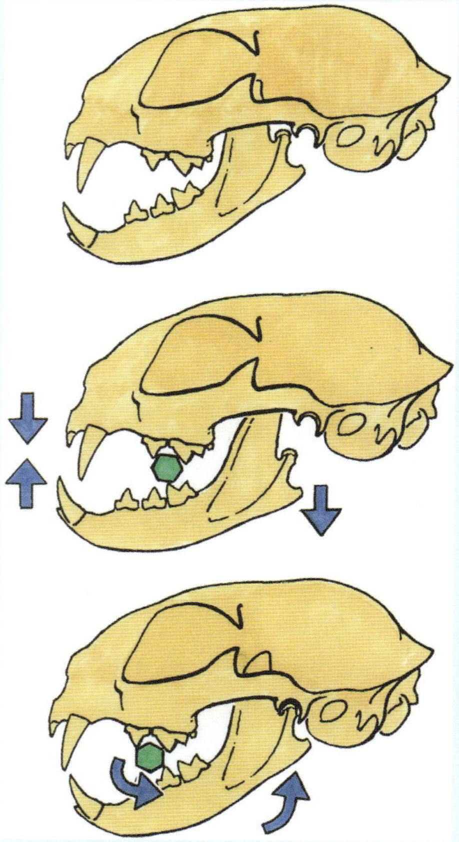

图 26-18　使用铅笔辅助颞下颌关节吻侧脱位复位的图解。借助铅笔分离颞下颌关节（箭头）。然后，保持吻侧施压，向后轴向旋转铅笔（箭头）使下颌后移完成复位

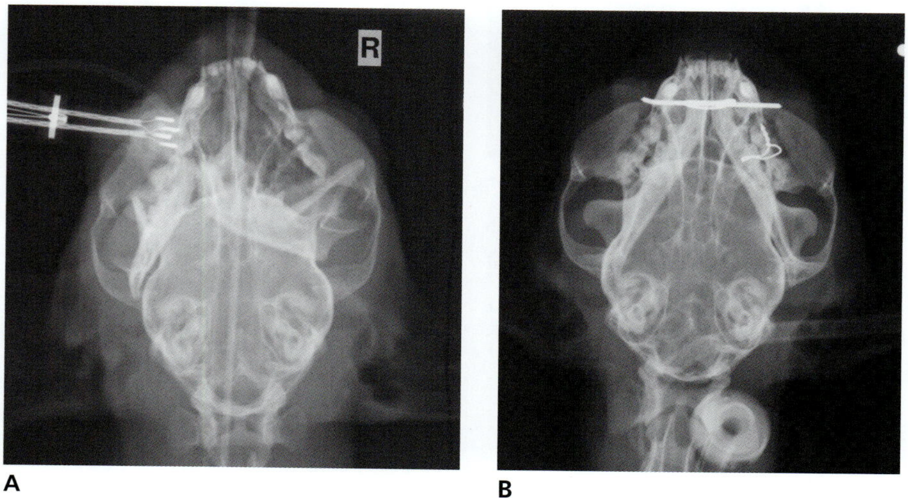

图 26-19　图 26-17 患猫的（A）术前和（B）术后 X 线片。术前 X 线片可见双侧颞下颌关节吻侧脱位。还要注意到右侧冠状突移位到颧弓上方，导致口腔无法闭合（A）。行闭合性复位和牙弓间钢丝固定。腭裂和下颌联合分离也进行了固定

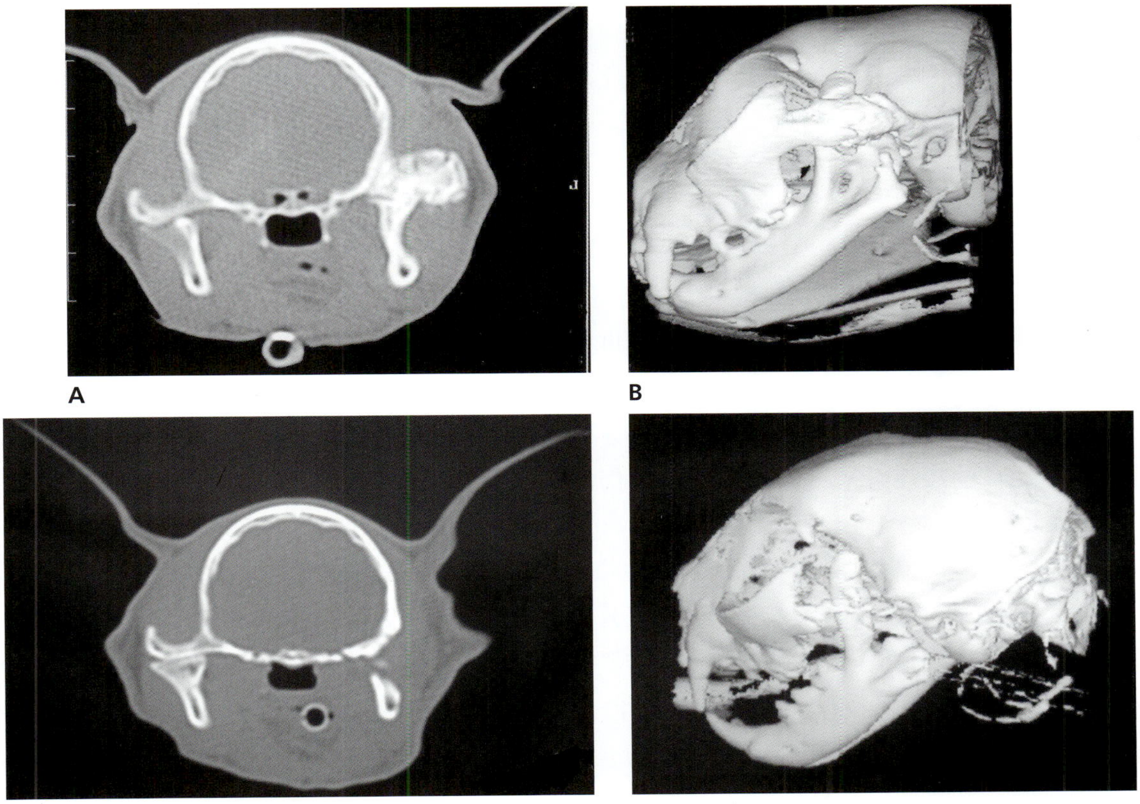

A　B　C　D

图 26-20　左侧颞下颌关节强直患猫的（A，B）术前和（C，D）术后 CT 图像。在（A）横断面影像和（B）3D 重建影像中，均可见到颞下颌关节处的新骨形成。（C，D）手术需要切除下颌骨髁突、颞骨的下颌隐窝，以及大部分的颧弓

专栏 26-7　颞下颌关节切除术

由于口腔可开张的程度有限，常规的气管内插管很难操作甚至无法实现。因此可以使用静脉麻醉、盲插或经气管切开插管等方法。对于只需要单侧进行手术的病例，可在下颌联合切开术后打开可正常开张的健侧下颌骨行气管内插管。下颌联合切开术也可用于双侧颞下颌关节切除术。当所有的粘连组织被清除后，每侧下颌骨可独立活动，可以更容易地在术中评估手术效果。

沿颧弓腹侧缘切开皮肤，之后从骨膜下分离咬肌（图 26-21）。该区域有面神经和上颌动、静脉的分支通过，必须注意保护。切开关节囊，并用手术剪和咬骨钳或球钻将髁突与所有的反应性组织和周围新骨切除（图 26-21）。部分下颌支、下颌髁突和颧弓可能也需要切除。

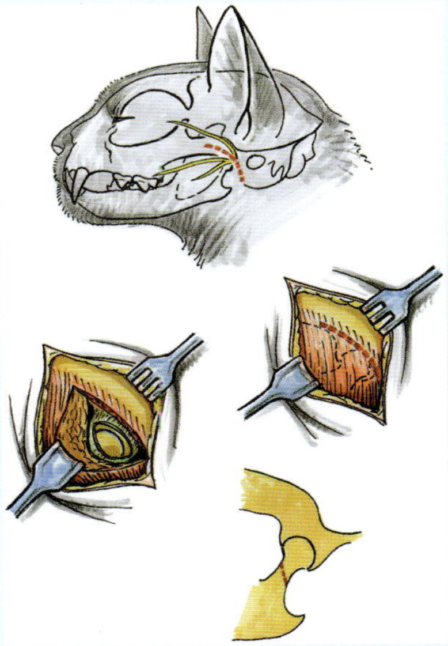

图 26-21　颞下颌关节切除术。沿颧弓腹侧缘切开皮肤。必须注意保护附近通过的面神经分支。沿颧弓腹侧缘，从骨膜下分离咬肌，暴露颞下颌关节。使用咬骨钳去除髁突（虚线）。必要时，还要进一步切除关节周纤维化或钙化的组织，以获得更好的活动性

显的腭裂需要使用克氏针或针钎。创缘再用细的可吸收缝线缝合。大约 6 周后拆除植入物。

26.6.3　切齿骨、鼻骨、上颌骨和颧骨骨折

面骨骨折通常是轻度移位的压缩性骨折，不会引起咬合不正或不稳定；更常导致鼻腔阻塞。如果硬腭和面骨均发生骨折，会产生游离骨碎片，从而导致不稳定和咬合不正。这些不稳定的骨折通常需要手术治疗，以便恢复牙齿咬合。手术的另一个适应证是缓解因面骨压缩性骨折导致的鼻腔严重阻塞。颧弓的压迫骨折可以引起眼球损伤和挤压，也要进行开放性复位和手术固定。

猫的面骨非常薄，因此在进行手术固定时需要使用颌面迷你骨板等微小植入物（第 24 章）。简单骨折也可以选择使用骨片间钢丝固定。但要使用细的钢丝和精致的手术技术，以免勒豁薄骨。面骨固定采用口腔入路。

在某些病例，另一种恢复牙齿咬合的有效方法是改变下颌骨准直以对应上颌的异常准直。可以通过将并发的下颌联合分离进行错位调整或切开下颌联合，以便根据异常排列的上颌调整下颌的排列。

26.7　术后治疗和预后

上、下颌骨骨折和脱位患猫的术后治疗需要特别关注营养支持。下颌骨简单骨折的患猫在接受稳定的内固定后会很好地开始进食，进食之早令人惊讶，所以除了避免饲喂干粮外无需其他特殊营养。

多处上、下颌骨骨折、并发脑创伤、鼻腔阻塞和接受牙弓间固定手术的患猫常常需要在术后辅助进食。虽然牙弓间固定的患猫允许舔食流食，但患猫需要数天才能适应现状并开始自主进食。嗅觉是猫进食的重要因素，许多面部创伤的患猫存在鼻腔阻塞，因此不会自主进食[24]。

可以通过鼻食道饲管、食道饲管和胃饲管提供营养支持（第 20 章）。如果需要短期营养支持而且鼻腔没有阻塞，可以使用鼻食道饲管。大多数面部严重创伤及需要长期人工饲喂的患猫更适合使用食道饲管（第 20 章）。

评估临床结果的要素包括牙齿咬合、进食情况和整体健康情况。一般不需要拍摄 X 线片评估骨折愈合的情况。口腔内植入物，如固定下颌联合分离的钢丝环和固定创伤性腭裂的针钎，在术后 4 ~ 6 周时拆除。

总体而言，下颌骨骨折预后良好[4,11]。多处下颌骨骨折的患猫有更高的并发症风险，如咬合不正[11]。因此，这类慢性病例可能需要牙科手术治疗，如犬齿缩短术。虽然很多下颌骨骨折是开放性骨折，但在猫上报道的发生软组织感染或骨髓炎的概率很低[11]。

专栏 26–8　创伤性腭裂的固定

可以使用尖头复位钳横跨上颌复位骨折。但操作时要小心，不能使硬腭重叠，以免造成上臼齿内偏和咬合不正。尽管骨折充分复位后并不需要缝合黏膜，但在骨折稳定后，也可以使用简单间断缝合对合撕裂的黏膜。

串销固定针：在前臼齿水平处钻入 0.6 ~ 0.8 mm 克氏针，由齿槽缘腹侧的外侧面经鼻底从对侧穿出。可能会引起鼻腔的暂时性出血。折弯并剪短克氏针的两端，以避免损伤黏膜、克氏针移位和牵拉骨折。之后使用 0.6 mm 骨科钢丝“8”字环绕锚固克氏针末端，并在颊黏膜表面拧紧（图 26–22）。钢丝应避免过度拧紧。这种固定方式可以起到压缩腭裂的作用。

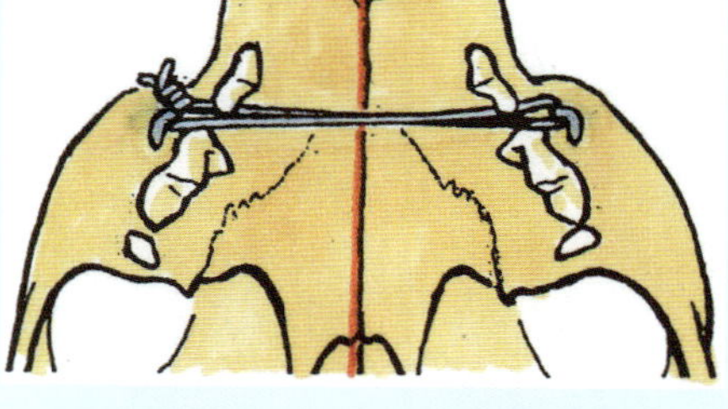

图 26–22　采用针钎并经口放置“8”字钢丝固定创伤性腭裂。这种固定方式可以提供骨片间的压缩

参考文献和延伸阅读

[1] Piermattei DL, Johnson KA. An atlas of surgical approaches to the bones and joints of the dog and the cat, 4th edn. Philadelphia: WB Saunders; 2004.

[2] Hill FWG. A survey of bone fractures in the cat. J Small Anim Pract 1977;18:457–463.

[3] Caporn TM. Traumatic temporomandibular joint luxation. Comparative anatomy of the temporomandibular joint. Vet Comp Orthop Traumatol 1995;8:58–60.

[4] Battier B, Montavon PM. A retrospective clinical study of the fractures and luxations of the mandible in the cat. Schweiz Arch Tierheilkunde 1989;131:77–80.

[5] Lantz GC. Intermittent open-mouth locking of the temporomandibular joint in a cat. J Am Vet Med Assoc 1987;190: 1574.

[6] Ticer JW, Spencer CP. Injury of the feline temporomandibular joint: radiographic signs. Vet Radiol Ultrasound 1978;19: 146–156.

[7] Piermattei DL, Flo GL. Fractures and luxations of the mandible and maxilla. In: Piermattei DL, Flo GL (eds) Small animal orthopedics and fracture repair. Philadelphia: WB Saunders; 1997: pp. 659–675.

[8] Baines SJ, Langley-Hobbs S. Horner's syndrome associated with a mandibular symphyseal fracture and bilateral temporomandibular luxation. J Small Anim Pract 2001;42:607–610.

[9] Bennett JW, et al. Dental composite for the fixation of mandibular fractures and luxations in 11 cats and 6 dogs. Vet Surg 1994; 23:190–194.

[10] Legendre L. Maxillofacial fracture repair. Vet Clin North Am Small Anim Pract 2005;35:985–1008.

[11] Umphlet RC, Johnson AL. Mandibular fractures in the cat. A retrospective study. Vet Surg 1988;17:333–337.

[12] Piermattei DL, Johnson KA. The head. In: Piermattei DL, Johnson KA (eds) Surgical approaches to the bones and joints of the dog and cat, 4th edn. Philadelphia: WB Saunders; 2004: pp. 33–45.

[13] Salisbury SK, Cantwell HD. Conservative management of fractures of the mandibular condyloid process in three cats and one dog. J Am Vet Med Assoc 1989;194:85–87.

[14] Lantz GC. Surgical correction of unusual temporomandibular joint conditions. Compend Continuing Educ 1991;13: 1570–1583.

[15] Meomartino L, et al. Temporomandibular ankylosis in the cat: a review of seven cases. J Small Anim Pract 1999;40:7–10.

[16] Sullivan M. Temporomandibular ankylosis in the cat. J Small Anim Pract 1989;30:401–405.

[17] Okumura M, et al. Surgical correction of temporomandibular joint ankylosis in two cats. Aust Vet J 1999;77:24–27.

[18] Eisner ER. Bilateral mandibular condylectomy in a cat. J Vet Dent 1995;12:23–26.

[19] Bennett D, Campbell JR. Mechanical interference with lower jaw movement as a complication of skull fractures. J Small Anim Pract 1976;17:747–751.

[20] Oakes MG, et al. Intermittent open mouth locking in a Persian cat. Vet Comp Orthop Traumatol 1990;3:97–99.

[21] Reiter AM. Symphysiotomy, symphysiectomy, and intermandibular arthrodesis in a cat with open-mouth jaw locking – case report and literature review. J Vet Dent 2004;21:147–158.

[22] Hazewinkel HAW, et al. Mandibular coronoid process displacement: signs, causes, treatment. Vet Comp Orthop Traumatol 1993;6:29–35.

[23] Buchet M, Boudrieau RJ. Correction of malocclusion secondary to maxillary impaction fractures using a mandibular symphyseal realignment in eight cats. J Am Anim Hosp Assoc 1999;35:68–76.

[24] Zaghini G, Biagi G. Nutritional pecularities and diet palatability in the cat. Vet Res Commun 2005;29:39–44.

第 27 章　肩胛骨

K. Voss, S.J. Langley-Hobbs, P.M. Montavon

肩胛骨是有大量肌肉保护且具有活动性的骨骼，因此肩胛骨骨折很罕见。如果发生的话，通常由车祸、高处跌落或犬咬伤导致。因为肩胛骨邻近胸壁，所以肩胛骨骨折的患猫可能并发胸壁创伤[1]。一项研究表明，脊椎骨折和脱位的患猫发生肩胛骨骨折的概率很高[2]。肩胛骨骨折的患猫也可能存在臂神经丛或肩胛下神经永久性损伤。另一种偶见的损伤是肩胛骨撕脱，由肩胛骨内侧附着于体壁的肌肉发生撕裂导致。肩胛骨与体壁分离时，会在负重时造成肩胛骨向背侧移位。

27.1　外科解剖学

肩胛骨由肩胛体、肩胛冈和肩峰、肩胛颈及与肱骨头成关节的肩臼组成。肩胛体扁平，非常薄，最厚的部位位于肩胛冈基部。肩胛冈远端止于肩峰。猫的肩峰有 2 个骨突,即钩状突和钩上突。钩上突向后背侧方向弯转，又称为后肩峰（图 27-1）。肩峰是三角肌肩峰部的附着点。

肩胛颈呈卵圆形，比肩胛体厚，终止于与肱骨头成关节的肩臼。盂上结节位于肩臼前背侧缘，是肱二头肌腱的起始点。猫还有另一个骨突，位于肩臼前内侧，称为喙突（图 27-1）。肩胛上神经沿肩胛颈外侧缘由前向后延伸，位于肩峰正下方，因其支配冈上肌和冈下肌，术中必须注意保护。

肩胛骨与胸壁之间由数块肌肉连接。深层肌群包括腹锯肌和菱形肌，这些肌肉起始于肋骨和棘突，终止于肩胛体的背侧缘；主要功能是在猫负重时支撑躯干抵抗重力。浅层肌群包括斜方肌、背阔肌和胸浅肌，这些肌肉对活动性更重要。

27.2　固定技术

肩胛骨骨折涉及薄部肩胛体、肩胛冈及其远端骨突、肩胛颈和肩关节的肩臼。大部分肩胛体骨折可以保守治疗，但肩胛颈和肩臼的骨折必须手术固定。由于需要广泛的手术入路进行充分暴露，而且骨折后产生的碎片较小，因此手术固定难度大。常用小型号的 T 型或 L 型骨板。表 27-1 对肩胛骨骨折及其治疗方案的选择进行了总结。

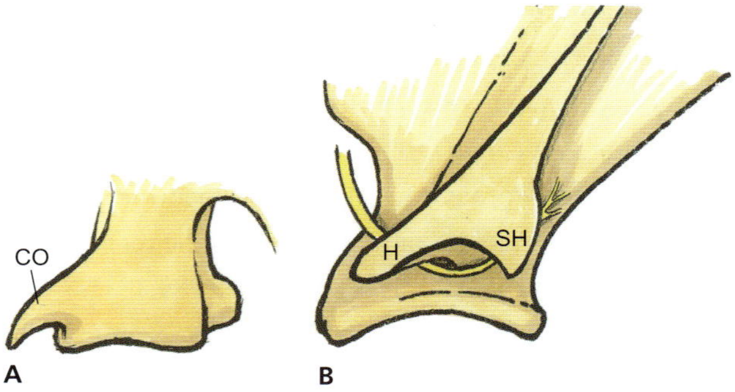

图 27-1　左侧肩胛骨远端的解剖。肩峰有 2 个骨突，即钩状突（H）和钩上突（SH）。肩胛上神经沿肩胛颈外侧缘通过（图 B：外侧观）。另一个骨突，即喙突（CO），位于肩臼的前内侧（图 A：前侧观）

27.3　肩胛体和肩胛冈骨折

与其他骨骼的骨折相比，肩胛体和肩胛冈骨折的临床症状通常较轻。某些患猫仍能负重，临床上也很难定位痛点。可能并发与臂神经丛损伤（第 15 章）相关的神经症状，而这可能是就诊的主要原因（图 27-2）。

27.3.1　肩胛体、肩胛冈和肩峰手术入路

肩胛体、肩胛冈和肩峰经肩胛冈外侧切开的手术入路显露[3]。向前分离和牵拉冈上肌和（或）向后分离和牵拉冈下肌，显露肩胛冈和肩胛体。

27.3.2　肩胛体骨折

肩胛骨周围有肌肉保护和固定，很多肩胛体骨折几乎没有移位，可以进行保守治疗（图 27-2）。肩胛体是扁骨，血供丰富，单纯的笼养休息通常就能愈合良好。

表 27-1　肩胛骨骨折及其治疗方案的选择

骨折位置	骨折类型	治疗方案
肩胛体和肩胛冈	轻度至中度错位	保守治疗
	严重错位，简单骨折	骨片间钢丝 内固定夹板
	严重错位，粉碎性骨折	内固定夹板 骨板
肩峰	撕脱性骨折	张力带钢丝
肩胛颈	关节外骨折	交叉克氏针 骨板 锁定骨板
	关节内骨折	骨碎片间拉力螺钉和： ——交叉克氏针 ——骨板 ——锁定骨板
盂上结节	撕脱性骨折	张力带钢丝 拉力螺钉

当发生了显著移位或折叠的骨折，以及导致肩胛颈和肩臼空间移位、改变肩关节生物力学和影响肩关节功能的骨折时，需要进行开放性复位和内固定治疗。简单骨折可以通过骨片间钢丝固定（专栏 27-1）。最好将钢丝靠近肩胛冈和（或）肩胛骨的前缘或后缘放置，这些部位的骨骼相对较厚。肩胛体横骨折的修复还可额外在肩胛冈上以张力带钢丝的方式做一个“8”字钢丝加固。使用骨片间钢丝存在植入物从薄而脆弱的骨骼处撕裂的风险。

粉碎性骨折更适合使用内固定夹板或骨板（专栏 27-1）。内固定夹板易于使用，不需要专门的植入物，在猫可以提供良好的稳定性。为了避免对骨骼造成额外的损伤，在操作时需要选择小规格钢丝、细致的放置技术，以及在收紧钢丝时施加适度的张力。骨板放置在肩胛冈基部骨质最丰富的位置。最推荐使用兽医可裁剪骨板[4]。1.5/2.0 mm 兽医可裁剪骨板可以翻过来放置，以便匹配肩胛体与肩胛冈间沟，而且与其他骨板相比，同等长度内可打入更多的螺钉。

27.3.3　肩胛冈和肩峰骨折

肩胛冈和肩峰的骨折很罕见（图 27-4）。肩胛冈可从肩胛体上撕脱。如果骨折移位严重或经过保守治疗后依然跛行，则需要用环扎钢丝固定肩胛冈。

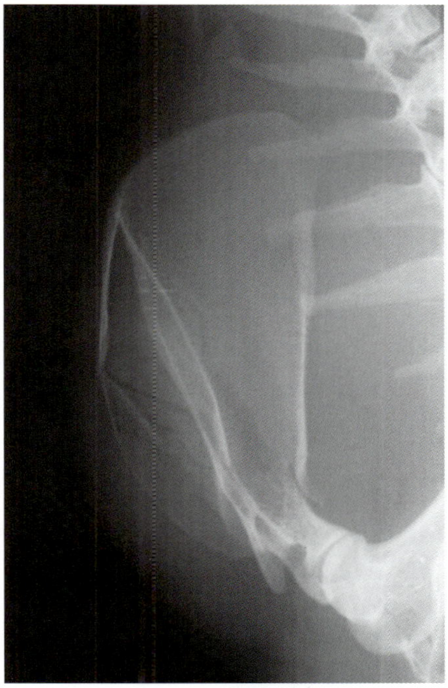

图 27-2　猫肩胛骨 X 线片。同时存在与臂神经丛撕脱相关的神经缺陷。可见肩胛体粉碎性骨折，骨碎片轻微移位。该骨折可以保守治疗

肩峰是三角肌肩峰头的起点，三角肌向远端延伸并覆盖肩胛颈。肩峰骨折，或更常见的为显

专栏 27–1 肩胛体骨折的固定

采用肩胛冈外侧通路，从肩胛冈上部分分离冈上肌和冈下肌。

骨片间钢丝：修复简单骨折时，在肩胛体的薄骨片上使用小规格钢丝（0.5 ~ 0.6 mm）。骨片间钢丝可以放置在肩胛体的前缘和（或）后缘。此外，也可以在肩胛冈上放置“8”字张力带钢丝，替代在肩胛冈基部额外放置骨片间钢丝（图 27–3A）。

内固定夹板：该技术可用于简单骨折和粉碎性骨折。将 0.9 mm 或 1.0 mm 克氏针由肩胛冈近端大骨片基部的厚重处打入，进至一半时折弯克氏针，形成 U 形夹板。骨折复位，将夹板贴合肩胛冈基部延伸至远端大骨片。使用 0.5 mm 或 0.6 mm 半环钢丝将 U 形克氏针固定在肩胛冈上（图 27–3B）。必要时，可在近端和中间骨片上固定额外的钢丝环。

骨板：骨板也可用于固定简单骨折和粉碎性骨折。为了获得更佳的骨接触，需要将 1.5/2.0 mm 兽医可裁剪骨板的凸面沿肩胛冈基部放置（图 27–3C）。至少需要向肩胛体和肩胛冈交界处以一定角度打入 3 颗 1.5 mm 螺钉，以尽可能多地抓取骨组织。不可过度拧紧螺钉，否则会滑丝。

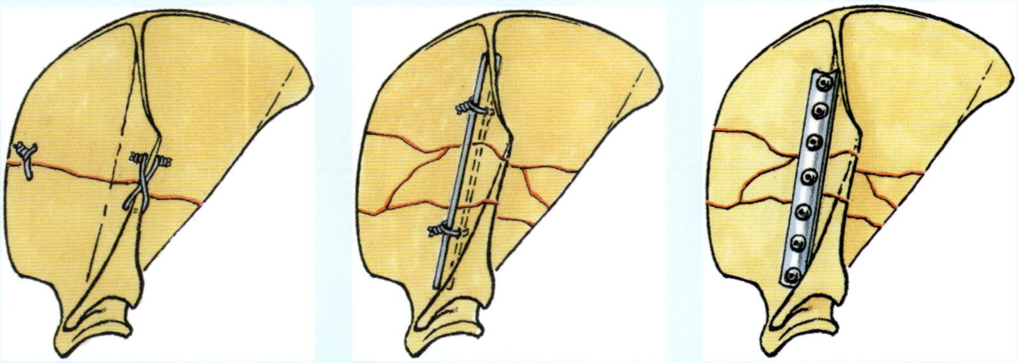

A B C

图 27–3 肩胛体骨折固定方案的选择。（A）经肩胛冈外侧通路使用骨片间钢丝和张力带钢丝修复肩胛体简单横骨折。（B）使用半环钢丝将 U 形克氏针固定在肩胛冈上，为肩胛体粉碎性骨折制作夹板。（C）在肩胛冈前放置翻转的 1.5/2.0 mm 兽医可裁剪骨板固定肩胛体粉碎性骨折

露肩胛颈和肩关节而进行的肩峰截骨术，都需要手术修复。骨折发生后，三角肌的远端牵拉会导致肩峰向远端移位，也可能发生肩胛下神经损伤。张力带固定足以抵抗指向远端的肌肉作用力。肩峰和肩胛冈的尺寸会增加张力带钢丝固定时打入克氏针的难度。这时可以用“8”字钢丝代替张力带固定（专栏 27–2）。

27.4 肩胛颈和肩臼骨折

肩胛骨远端骨折可以分为不涉及关节的肩胛颈骨折和涉及关节的肩臼骨折。后者又包括盂上结节的撕脱性骨折和关节 T/Y 型骨折。如果不进行治疗，所有的肩胛骨远端骨折都会导致肩关节功能障碍和慢性疼痛 [5]。

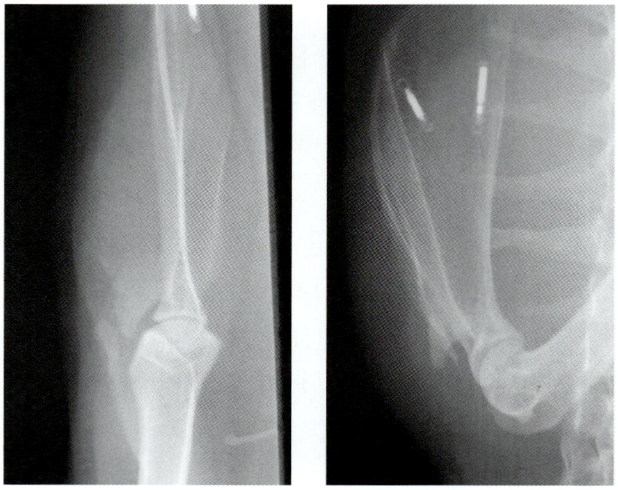

A B

图 27–4 钩上突骨折患猫的肩胛骨（A）前后位和（B）斜位 X 线片。患猫因前肢突发轻度跛行而就诊。该病例经保守治疗痊愈

专栏 27-2 肩峰截骨术与肩峰骨折或截骨术后的张力带钢丝修复

采用外侧入路显露肩胛冈远端和肩峰。

肩峰截骨术：如下文所述，在截骨部位的近端和远端分别预钻一个孔，以便之后固定使用。在肩峰上做两个截骨切口，将钩状突和钩上突一同移除，以利之后的复位和固定（图 27-5A）。

张力带钢丝修复：在肩胛冈基部骨骼最厚处钻孔，在钩状突和钩上突近端钻孔穿过肩峰。小规格钢丝（0.6 mm）以“8”字方式穿过预钻孔，并在两侧小心收紧。钢丝不可压在骨折线或截骨线正上方（图 27-5B）。

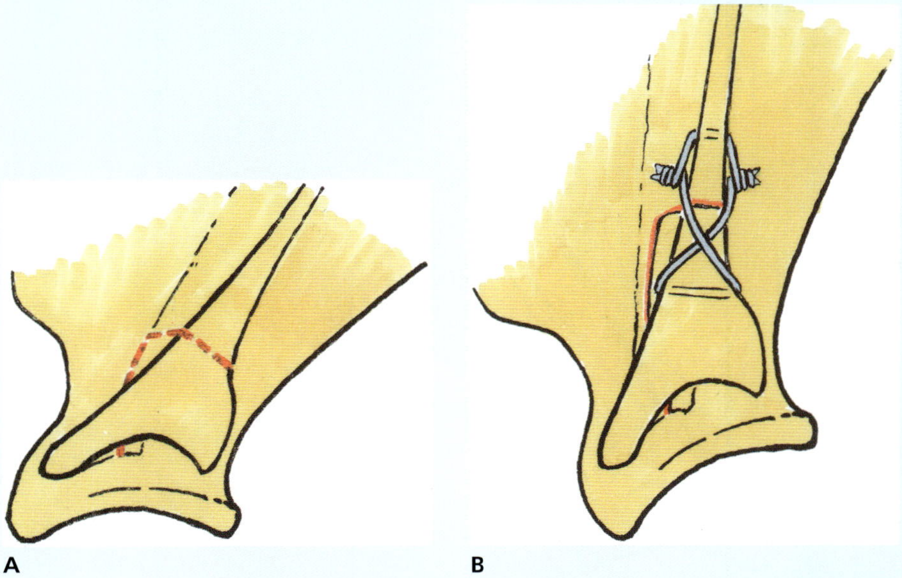

图 27-5 肩峰截骨术及其固定。（A）两个截骨切开线互相垂直。这种台阶形切开便于之后的固定。（B）张力带钢丝修复肩峰骨折或截骨术

27.4.1 肩胛骨远端手术入路

肩胛颈和肩臼手术最好采用肩关节前外侧入路[3]。三角肌肩峰头起始于肩峰，并覆盖在肩胛颈上。沿三角肌和冈上肌的肌缝分离，向前牵拉冈上肌远端，显露肩胛颈前外侧和盂上结节。

为了显露整个肩胛颈和肩臼，需要做肩峰和三角肌起点的截骨术。由于在复位时固定整个大骨片比只固定钩状突更容易，所以需要将钩状突和钩上突一起截骨。截骨术通过两切口进行（专栏 27-2）。操作时务必小心，避免损伤肩胛颈前外侧表面的肩胛上神经。闭合前，使用张力带钢丝固定肩峰（专栏 27-2）。

肩关节前内侧入路可以显露盂下结节和肱二头肌腱的附着点[3]。

27.4.2 肩胛颈关节外骨折

肩胛颈关节外骨折通过造成肩臼移位而影响肩关节功能。远端的骨碎片通常向肩胛体后内侧移位。如果未进行内固定手术，很可能发生延迟愈合、不愈合或畸形愈合。肩胛上神经可能被困在骨碎片之间，或被骨折愈合中的骨痂包裹，因此肩胛颈骨折需要手术治疗（专栏 27-3）。

肩胛颈骨折多为简单横骨折。如果可以实现解剖复位，交叉克氏针固定即可提供足够的稳定性。骨板具有更好的稳定性，因此常用于修复粉碎性或不稳定骨折。选用 2.0 mm T 型或 L 型骨板，置于肩胛冈前侧和远端基部周围，在远端骨碎片处至少放置 2 颗螺钉（图 27-7）。如果远端骨碎片足够大可以放置 2 颗螺钉，也可使用 1.5/2.0 mm 兽医可裁剪骨板或 2.0 mm 锁定骨板。

27.4.3 肩胛颈和肩臼的关节内骨折

猫的肩胛颈和肩臼关节内骨折很罕见，可以分为肩胛颈 T 型或 Y 型骨折和盂上结节或肩臼唇撕脱性骨折。

肩胛颈和肩臼 T 型或 Y 型骨折的骨碎片太小，所以很难固定。若要显露外侧，需要进行肩峰截骨术（专栏 27-2）；如果需要扩大术野，可通过大

专栏 27-3　肩胛颈关节外骨折的固定

采用肩关节前外侧手术入路。该入路可以完全满足交叉克氏针的操作要求。但如果需要用骨板固定，则需要进行肩峰截骨术，以便显露术部和进行骨折复位。骨折复位时一定要小心操作，防止损伤肩胛上神经。

交叉克氏针：交叉克氏针只用于简单横骨折。第一根 0.9 ~ 1.2 mm 克氏针从盂上结节打向肩胛颈 / 体近端后侧，第二根从骨折线近端打向肩胛颈远端后侧（图 27-6A）。

骨板：骨板可用于肩胛颈简单骨折和粉碎性骨折的固定。选用 2.0 mm L 型或 T 型骨板按肩胛颈和肩胛骨远端塑型后放置于肩胛冈前侧。骨板应尽可能往远端放置，以便于在肩胛颈打入 3 颗螺钉（图 27-6B），但务必要小心，螺钉不能进入关节窝，以防穿透关节腔。在骨折线近端放置 3 颗向后倾斜的螺钉，以期抓取更多的肩胛冈基部骨质。

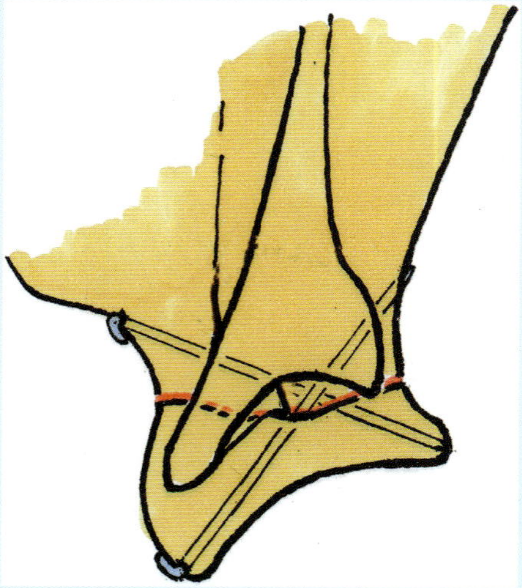

A

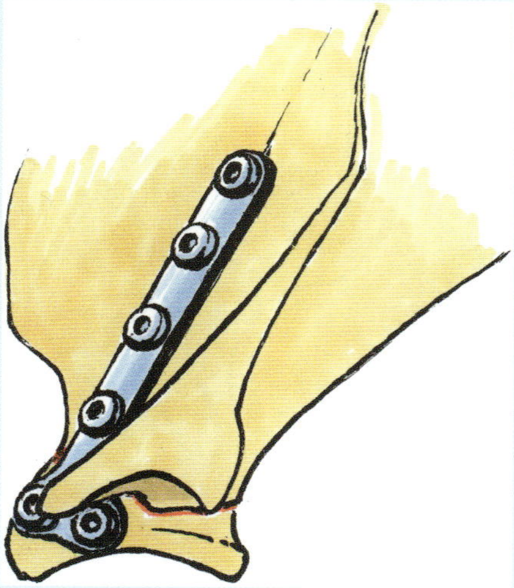

B

图 27-6　肩胛颈关节外骨折的固定方案。（A）肩胛颈简单横骨折的交叉克氏针固定。（B）2.0 mm L 型骨板固定肩胛颈骨折

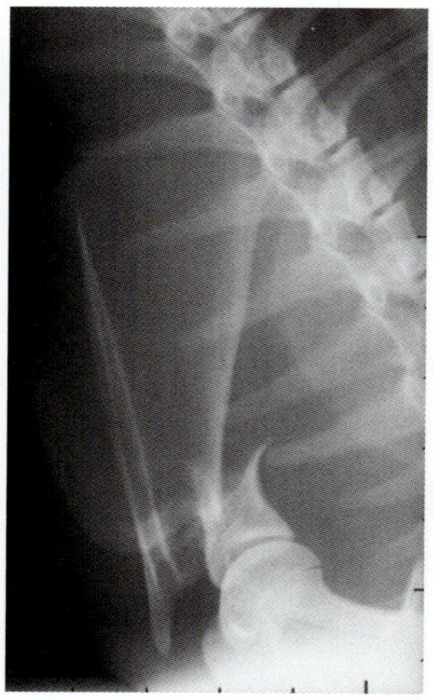

A

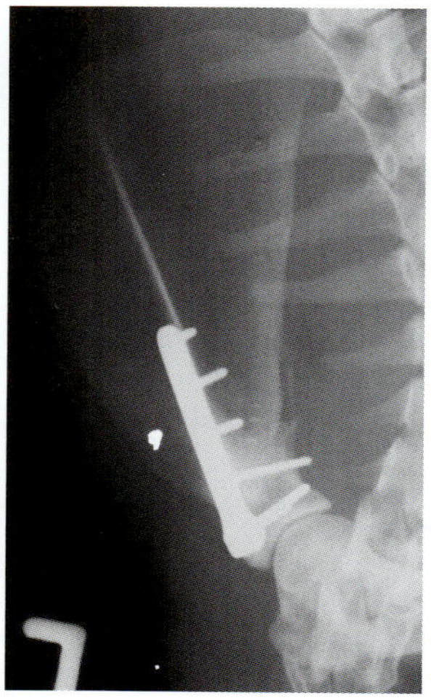

B

图 27-7　肩胛颈关节外骨折患猫的（A）术前和（B）术后 X 线片。远端骨碎片向后内侧方向移位（A）。骨折选用 2.0 mm T 型骨板固定，从而可以在远端打入 3 颗螺钉

结节截骨术将冈上肌从肩关节前外侧掀起。手术时，先复位骨折的关节内部分。将骨碎片进行解剖复位后使用 2.0 mm 拉力螺钉加压固定，如果骨碎片太小无法使用螺钉，也可用螺纹克氏针固定。然后使用骨板或锁定骨板修复肩胛颈骨折，如专栏 27-3 所示。2.0 mm T 型或 L 型骨板或 1.5/2.0 mm 兽医可裁剪骨板都是理想的植入物。当远端骨碎片只允许放置 1 颗或 2 颗螺钉时，锁定骨板可以提供更好的稳定性。

盂上结节的撕脱性骨折罕见。撕脱的骨碎片通常被肱二头肌向远端牵拉。为了恢复肱二头肌腱的功能、肩关节的稳定性和完整性，需要达到骨折的解剖复位和稳定的固定。修复盂上结节骨折的最佳手术入路是前内侧入路。将撕脱的骨碎片进行解剖复位，如果骨碎片足够大，可以用拉力螺钉和抗旋转克氏针固定，或采用张力带钢丝固定（图 27-1）。

除了盂上结节的骨折外，肩臼缘的骨折在理论上可以发生在任何位置。大的骨碎片可以用小的拉力螺钉或螺纹克氏针进行解剖复位和固定。骨碎片太小无法固定时，直接去除。

27.5 肩胛骨撕脱

肩胛骨通过浅层和深层肌肉与体壁相连。深层肌群由腹锯肌和菱形肌构成，当猫站立时，这些肌肉将躯干向上拉向肩胛骨。这些肌肉与肩胛骨前角和背侧缘相连。深层肌群撕裂会导致肩胛骨向背侧移位，使患猫在负重时无法保持正常姿势。跳跃、跌落和咬伤是常见的创伤原因[6]。文献中报道过一例猫肩胛骨撕脱[7]。肩胛骨撕脱时，可能会同时发生肩胛体骨折。

典型的肩胛骨背侧移位很容易观察和触诊到（图 27-8）。如果内收远端肢体，肩胛骨近端会向外侧移位。受伤初期，患肢功能会受到影响。但随着时间推移，即使未进行手术干预而且肩胛骨仍然向背侧移位，患猫也会开始使用患肢。急性脱位时，可采用 Velpeau 悬吊绷带包扎治疗[8]。

手术的目的是将肩胛体暂时固定在体壁的正常解剖位置，直到纤维愈合。手术修复时，在肩胛骨上打些小孔，使用不可吸收缝线将肩胛骨与腹锯肌固定在一起。如果软组织修复过于薄弱，可将肩胛骨与邻近肋骨环绕固定（专栏 27-4）。

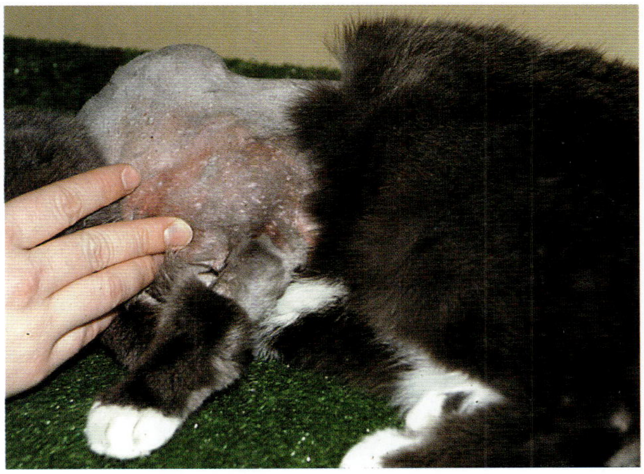

图 27-8 肩胛骨从胸壁撕脱的患猫。肩胛体向背侧发生明显移位，向背侧按压骨骼时移位更明显（James L. Cook 供图）

27.6 术后治疗和预后

术后限制肩胛骨和肩关节的活动较为困难。大多数病例笼养即可，但在某些肩胛颈骨折的患猫中，固定后的稳定性还不足以在骨折修复后立即负重。肩胛骨背侧移位的病例也要防止患肢负重。Velpeau 悬吊绷带可以保持肩关节屈曲，从而防止患肢负重。肩胛颈和肩臼骨折修复术后固定稳定性不足及肩胛骨背侧移位修复术后，需要做 1 周的 Velpeau 悬吊绷带包扎。盂上结节撕脱性骨折的病例不能使用 Velpeau 悬吊绷带，因为肩关节屈曲会造成骨折处额外的张力。无法耐受 Velpeau 悬吊绷带的患猫为了防止患肢负重也可以采用腕关节屈曲夹板固定 7 ~ 10 d。Velpeau 悬吊绷带和腕关节屈曲夹板的操作见第 22 章。

专栏 27-4 肩胛骨撕脱的固定

手术入路沿肩胛骨背侧缘切开。撕裂的肌肉要尽可能缝合。缝线可以通过在肩胛骨前角和背侧缘的钻孔来固定，以重新附着撕脱的腹锯肌。然后在肩胛骨后角附近钻 1 ~ 2 个孔。用一根 0.4 ~ 0.6 mm 的骨科钢丝穿过这些孔，小心地绕过第 4 或第 5 肋骨的背侧（图 27-9）。拧紧钢丝，防止肩胛骨向背侧移位。

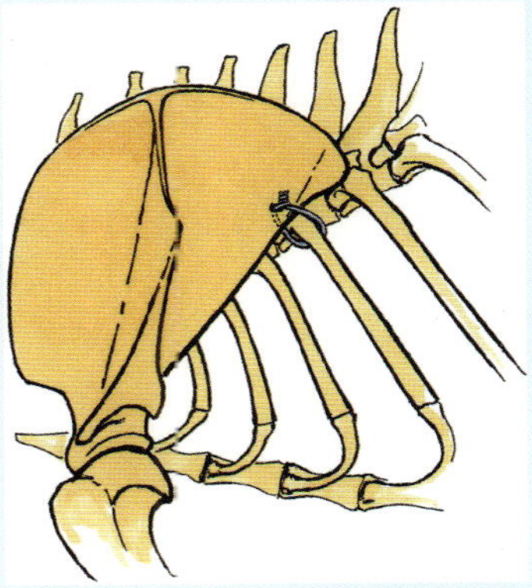

图 27-9 在第 4 或第 5 肋骨背侧周围，通过肩胛骨后缘的钻孔，放置骨科钢丝，从而帮助稳定肩胛骨从胸壁的脱位

未发生神经损伤的肩胛体骨折的病例，无论保守治疗还是手术治疗均能良好的恢复功能。如果神经受损，预后则取决于神经的恢复程度。最严重的神经损伤是臂神经丛损伤，几乎总是涉及桡神经根受损（第 15 章）。

肩胛颈和肩臼骨折的预后取决于骨折的复位程度和固定稳定性。根据对 20 只肩胛骨关节骨折的患犬长期跟踪研究显示，只有 15% 的病例完全没有临床症状[5]。肩臼的解剖准直和复位以及稳定的骨折固定是治疗成功的关键，但可能很难实现。

参考文献和延伸阅读

[1] Tomes PM, et al. Thoracic trauma in dogs and cats presented for limb fractures. J Am Vet Med Assoc 1985;21:161–166.

[2] Voss K, Montavon PM. Tension band stabilization of fractures and luxations of the thoracolumbar spine in dogs and cats: 38 cases (1993–2002). J Am Vet Med Assoc 2004;225:78–83.

[3] Piermattei DL, Johnson KA. An atlas of surgical approaches to the bones and joints of the dog and the cat, 4th edn. Philadelphia: WB Saunders; 2004.

[4] Piermattei DL, Flo GL. Fractures of the scapula. In: Piermattei DL, Flo GL (eds) Small animal orthopedics and fracture repair. Philadelphia: WB Saunders; 1997: pp. 221–227.

[5] Johnston SA. Articular fractures of the scapula in the dog: a retrospective study of 26 cases. J Am Anim Hosp Assoc 1993;29: 157–164.

[6] Piermattei DL, Flo GL. The shoulder joint. In: Piermattei DL, Flo GL (eds) Small animal orthopedics and fracture repair. Philadelphia: WB Saunders; 1997: pp. 228–260.

[7] Leighton RL. Feline scapular luxation repair. Feline Pract 1977;7:59.

[8] Parker RB. Scapula. In: Slatter D (ed.) Textbook of small animal surgery, 2nd edn. Philadelphia: WB Saunders; 2003: pp. 1703–1710.

第 28 章　肩关节

K. Voss, S.J. Langley-Hobbs

猫肩关节的创伤性疾病和骨骼疾病很少被诊断出来。因此，虽然已有肩关节不稳定和脱位、肱二头肌腱断裂或腱鞘炎、肩臼发育不良和骨软骨病的病例报告，但其治疗方式的选择主要还是参考犬[1-9]。后面的内容会对肩关节不稳定和脱位、肩关节发育不良和肱二头肌腱疾病进行描述；骨关节炎和骨软骨病已在第 5 章讲解。

28.1　外科解剖学

猫肩关节的解剖结构与犬相比有诸多不同，尤其是肩胛骨远端和肩峰（第 27 章）。另外，在 X 线片上还可以在肩关节前方见到骨化的锁骨。

肩关节的活动范围很广，不仅可以伸展和屈曲，还可以外展和内收以及外旋和内旋[10]。肩臼对肱骨头的覆盖很少，肩关节主要由关节囊、盂肱韧带及覆盖其上的肌肉和肌腱固定。在猫上很难见到外侧和内侧盂肱韧带在肩关节囊处汇合。内侧盂肱韧带起始于肩臼唇，附着于小结节后侧。另外，在猫的喙突和小结节之间还有一条额外的韧带束[10]。临床上比较重要的横跨肩关节的韧带主要有起始于盂上结节的肱二头肌腱，以及分别附着于大结节前内侧和外侧的冈上肌和冈下肌肌腱。

28.2　诊断和治疗选择

肩关节疾病的临床症状包括跛行、肩关节触诊疼痛，也可能存在关节不稳定。肩关节不稳定和脱位的发生主要由关节囊和相关韧带断裂导致，有时也会由肩关节发育不良引起。

肩关节脱位的患病动物通常表现患肢不负重，呈屈曲悬跛状态。肩关节内侧脱位时，爪部向外侧旋转；外侧脱位时，爪部向内侧旋转。当发生外侧脱位时，大结节移位，并可触诊到。通过评估肩关节伸展状态下的外展和内收活动以及内外向抽屉运动试验，可以判断肩关节内侧和外侧的稳定性。从内收到外展的正常活动范围是 95° ~ 100°；内旋和外旋的最大活动范围是 60° ~ 70°[10]。前后向和内外向的抽屉运动试验也可用来评估肩关节前后侧和内外侧的稳定性。与对侧相比，相关的临床表现最明显。为了减少触诊过程中回旋肌对检查结果造成的干扰，需要对动物进行麻醉。

拍摄 X 线片可以排除肩胛颈、肩臼和肱骨近端骨折。在 X 线片上，很容易诊断肩关节脱位。要获得内外侧位和前后位的 X 线片，排查是否存在退行性关节病和（或）发育不良。如果临床或 X 线片怀疑肱二头肌腱病变，可以对肱二头肌腱进行非侵入性的超声检查（第 2 章）。关节镜也可以提供很多额外信息（第 2 章）。诊断性关节镜可以发现关节是否有骨软骨病、侧副韧带断裂、肱二头肌腱疾病或断裂等问题（第 25 章）。表 28-1 对肩关节的疾病和损伤进行了总结。

28.3　肩关节手术入路

肩关节手术有前内侧、前侧、前外侧和后侧入路。肩关节的前内侧手术入路[11]主要用于进行肱二头肌腱、盂上结节和内侧盂肱韧带的手术，也用于实施肱二头肌腱内侧移位术。前侧入路[11]需要大结节截骨术，用于实施肱二头肌腱外侧移位术。结合肩峰截骨术的前外侧入路可以暴露肩关节囊外侧部和外侧盂肱韧带[11]。如果怀疑肱骨头骨软骨病，则要选择后侧入路[11]。

28.4　肩关节发育不良

已经报道的肩关节发育不良的病例只有两例[8,9]。其中一例报告认为，关节的异常构型会导致继发的退行性关节变化，而且是并发肱二头肌腱鞘炎的原因[8]。另一例肩关节发育不良与骨软骨病有关[9]。肩关节发育不良的临床症状包括跛行和（或）抗拒运动，以及触诊时疼痛；X 线检查可见

表 28–1 肩关节疾病和损伤的治疗方案

损伤类型	进一步分类	治疗方案
肩关节发育不良		保守治疗 严重病例进行关节融合术
肱二头肌腱鞘炎或肱二头肌腱断裂		保守治疗 肌腱固定术、肌腱切断术
肩关节脱位	侧副韧带和关节囊撕裂	闭合性复位和保守治疗 手术固定
肩关节不稳定	侧副韧带扭伤	保守治疗 如果没有改善，进行手术治疗
骨折（肱骨和肩胛骨骨折的更多信息见第 27 章和第 29 章）	盂上结节撕脱性骨折 不可复位的骨折	张力带钢丝固定 关节融合术 截肢术

肩关节不协调和退行性关节病变。在治疗方案的选择上，轻度跛行的患猫可以使用软骨保护剂和止疼药保守治疗（见第 5 章骨关节炎的治疗）。严重跛行的患猫，如果保守治疗无效，则考虑肩关节融合术 [9]。

28.5 肱二头肌腱鞘炎或断裂

肱二头肌腱鞘炎是大型犬的一种常见病。但猫只有一篇进行详细描述的病例报告 [8]，并认为是继发于与肩关节发育不良和不协调相关的关节松弛。另一篇报告提到使用关节镜诊断急性肱二头肌腱撕裂，但未做详细描述 [6]。其中的一位作者见过猫的与肩关节脱位相关的肱二头肌腱断裂。

在上文提到的病例报告 [8] 中，是一只 3.5 岁的猫因前肢跛行（可负重）而就诊。屈曲肩关节和按压肱二头肌腱可以激发疼痛。X 线片显示肩关节不协调和退行性关节病变；超声检查和关节造影术诊断为肱二头肌腱鞘炎，并经手术确诊。同时，手术缓解了由横韧带引发的肱二头肌腱紧缩，并去除了肱二头肌沟内的骨赘。术后初期跛行消失，但在术后 6 个月复发，而且关节的退行性变化明显加重。

肱二头肌腱鞘炎的其他可能治疗方案包括关节内注射长效皮质类固醇、肌腱固定术或肌腱切断术（见第 25 章）。

28.6 附属骨化中心

有时可在某些猫的肩臼后侧和内侧见到附属骨化中心（图 28–1）。这些通常是偶然发现，不是骨碎片或关节鼠，因其常在非跛行患猫 X 线检查时见到；然而，如果是在有肩关节临床症状的猫中，则会认为是跛行的原因。治疗时，可考虑通过关节镜或关节切开术移除骨碎片（J. Cook，个人观点）。

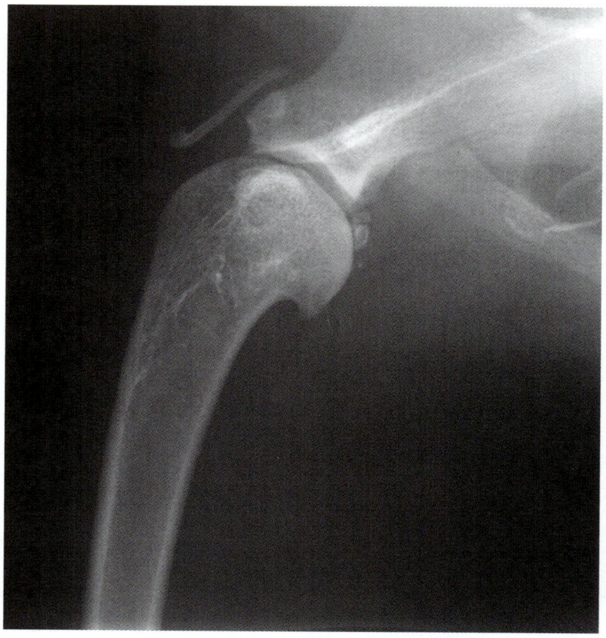

图 28–1 猫肩关节内外侧位 X 线片。X 线片显示肩臼后侧有 2 个骨化体，很可能是附属骨化中心。也可以见到肩关节骨关节炎的征象

28.7　肩关节不稳定和脱位

在猫中，肩关节不稳定和创伤性肩关节脱位罕见。有两篇描述肩关节外侧脱位的病例报告[2,3]。作者曾见过两例猫肩关节内侧脱位（图 28–2）。肩关节不稳定很难通过临床评估或 X 线检查确诊。因此，怀疑肩关节不稳定的病例通常采取保守治疗，如限制运动和止疼（见第 5 章）。经 4 ~ 6 个月保守治疗跛行仍无缓解的未知病因的病例，可以通过诊断性关节镜治疗。确诊外侧和（或）内侧盂肱韧带断裂时，可按下文描述的方法进行手术固定。

对于肩关节脱位，通常先尝试全身麻醉后闭合性复位，然后外固定和限制活动 4 ~ 6 周。根据脱位的方向，保持肢体伸展，向大结节和肱骨头内侧或外侧施压进行复位。内侧脱位推荐使用 Velpeau 悬吊绷带（第 22 章）；外侧脱位则使用人字夹板绷带（第 22 章）使肢体轻度外展，防止脱位复发。肩关节外固定制动至少要 7 d；如果再次脱位，则建议手术固定。

肩关节脱位可能同时伴发肱骨头[3]或肩臼撕脱性骨折（图 28–2）。如果脱位同时合并骨折，则必须进行内固定。撕脱性骨折使用小的拉力螺钉或张力带钢丝修复。

固定肩关节的手术技术包括关节囊缝合术（专栏 28–1）、人工韧带固定术（专栏 28–1）和肱二头肌腱内侧或外侧移位术。根据犬的相关文献推断[12–14]，关节囊缝合术和人工韧带固定术在猫也能提供足够的稳定性，而且不会改变局部解剖。如果关节囊双衣襟缝合和人工韧带无法为肩关节提供足够的稳定性，还可以尝试常用于犬的肱二头肌腱内侧或外侧移位术。肱二头肌腱内侧移位术用于肩关节内侧脱位，外侧移位术用于外侧脱位。作者对猫的肌腱移位术没有经验。

当软组织技术无法提供足够稳定性时，也可以使用锁定骨板暂时稳定关节[15]（专栏 28–1）。之所以使用内固定，是因为肩关节无法使用外固定支架提供足够的跨关节稳定性。植入物通常在术后 3 周拆除。

28.8　肩关节骨折

虽然涉及肩关节的骨折很罕见，但还是会发生肩臼骨折、盂上结节撕脱性骨折和肱骨头骨折。枪伤通常累及前肢近端，可导致严重的肩关节损伤（图 28–4）。肩胛颈骨折的修复见第 27 章，肱骨近端骨折的治疗见第 29 章。肩臼唇或盂上结节的撕脱性骨折可以使用张力带钢丝或拉力螺钉修复（图 28–2）。关节面无法重建时，需要考虑关节融合术。在某些病例，需要考虑截肢术（第 41 章）。

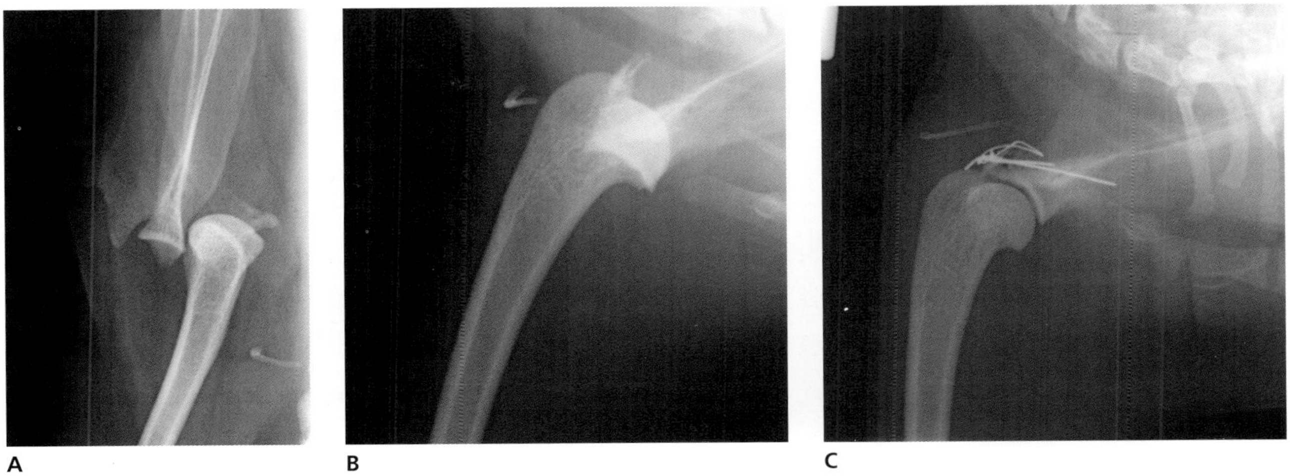

A　B　C

图 28–2　肩关节内侧脱位和盂上结节撕脱性骨折患猫的术前和术后 X 线片。（A）术前前后位 X 线片显示肩关节内侧脱位和肩臼撕脱性骨折。也存在锁骨的位置异常。（B）脱位关节的内外侧位 X 线片。在大结节近端可以看到撕脱的盂上结节。（C）经肩关节前内侧入路，缝合撕裂的内侧关节囊和盂肱韧带；盂上结节复位后，使用张力带钢丝修复固定

专栏 28-1 肩关节固定的方法

内侧不稳定或脱位：行肩关节前内侧入路。如果关节囊没有撕裂，则将其与覆盖于其上的肩胛下肌腱一起切开。检查关节是否存在其他损伤。关节囊和肩胛下肌腱使用单丝不可吸收缝线水平褥式双衣襟缝合。任何断裂的肌腱都要缝合。如果双衣襟缝合后关节仍不稳定，则需要使用人工韧带。

方法 1——使用螺钉或缝合锚钉：在内侧盂肱韧带起止点处各放置一颗螺钉或缝合锚钉，使用不可吸收缝线“8”字环绕螺钉或缝合锚钉紧固（图 28-3A）。

方法 2——使用骨隧道：在肱骨颈中心由外侧向内侧预钻孔，并在肩胛颈钻一个相似的孔。操作时应小心，避免伤到肩胛上神经。1 ~ 2 束 0 或 1 号聚丁酯缝线由外向内穿过肩胛骨隧道，而后经肱骨颈隧道由内向外穿出，并以中等张力打结紧固（图 28-3B）。

外侧不稳定或脱位：采用切除大结节的前侧入路或切除肩峰的前外侧入路。如果关节囊没有撕裂，则切开关节囊进行探查和冲洗。之后使用单丝不可吸收缝线双衣襟缝合关节囊。按照上文描述的技术再用一根人工韧带进行加固，以提高关节的稳定性。

使用锁定骨板跨关节固定：选用 2.0 mm 锁定骨板按肩关节前缘塑型。为了避免损伤关节周围的组织，在骨板和肩关节之间需要留一个缝隙。部分游离冈上肌。用 3 颗螺钉将锁定骨板近端与肩胛体和肩胛冈前角固定，远端与肱骨近端用 3 ~ 4 颗螺钉固定（图 28-3C）。术后 3 ~ 4 周拆除骨板。

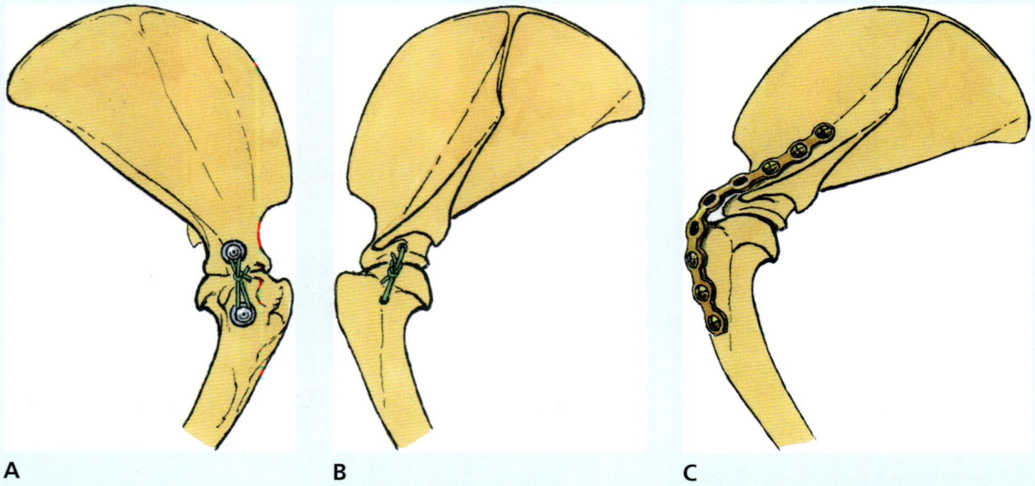

图 28-3 肩关节内侧或外侧不稳定的固定。（A）用带垫圈的螺钉锚固内侧人工盂肱韧带固定肩关节。螺钉放置在内侧盂肱韧带起止点处。（B）经肩胛骨和肱骨的骨隧道锚固人工韧带固定肩关节。（C）肩关节严重不稳定时，可以使用骨板进行暂时的跨关节固定以维持复位，加快愈合

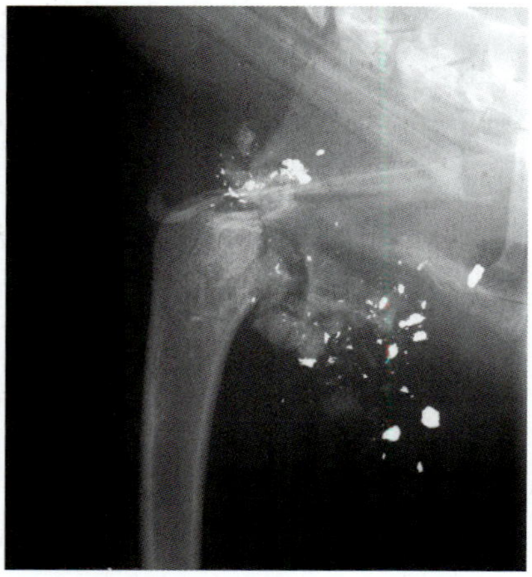

图 28-4 未知年龄的患猫因枪伤发生严重的肩关节粉碎性骨折。近远端关节面都已破坏，只能考虑关节融合术

28.9 肩关节融合术

肩关节融合术是一种补救性手术，很少用于猫，其适应证包括不可重建的关节骨折或脱位（图 28-5），以及无法通过其他治疗方式治愈的已经引起严重临床症状的肩关节疾病。一篇回顾性文献指出，仅有一篇因肩臼发育不良接受肩关节融合术的猫病例报告[9]，但未详细描述功能恢复的情况。

肩关节融合术是在肩关节前侧放置骨板进行固定（专栏 28-2）。猫站立时，肩关节角度是 105° ~ 115°[10]，所以肩关节应保持 105° ~ 115° 的角度进行融合。肱骨近端至少要放置 4 颗螺钉，

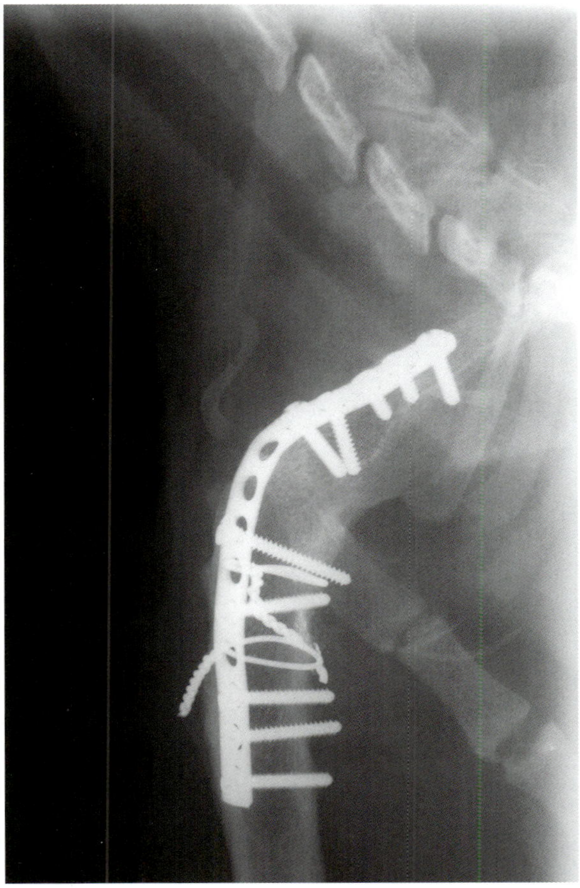

图 28–5　5 年前因枪伤接受肩关节融合术的患猫关节，现已愈合，患肢功能良好

而肩胛颈和肩胛冈基部应放置 4 颗螺钉。最好经骨板放置一颗拉力螺钉穿过肩关节 [16]。为了便于放置骨板，需要截除大结节，但要保护冈上肌的附着点肌腱 [17]。适用于猫肩关节融合术的骨板包括 2.0 mm 动态加压骨板、2.0/2.7 mm 或 1.5/2.0 mm 兽医可裁剪骨板或 2.0 mm 锁定骨板。也可以考虑使用克氏针和张力带钢丝技术进行肩关节融合，但作者从未在猫上尝试这种方法。

28.10　术后治疗和预后

肩关节脱位手术修复后建议外固定 10 d，为关节提供额外的稳定性，直至关节囊和韧带纤维性愈合。肩关节内侧脱位使用 Velpeau 悬吊绷带，外侧脱位使用人字夹板绷带（第 22 章）。对那些不能耐受悬吊绷带或夹板绷带的患猫，笼养限制是更安全和简单的方法。骨折修复后不需要绷带外固定制动，但在肩关节术后通过笼养或室内饲养对患猫限制活动 4 ~ 6 周。

如果肩关节可以达到足够的稳定性和协调性，完全恢复功能的预后良好。慢性脱位、不稳定或不协调会导致不同程度的骨关节炎、疼痛和跛行。

专栏 28–2　肩关节融合术

采用前外侧和前侧联合入路显露肩关节，同时切断三角肌的肩峰头和冈上肌肌腱或切除大结节，移开冈上肌。肱二头肌腱也要切断。使用高速球钻打磨肩臼和肱骨头表面的软骨。注意不要打磨掉过多的肩臼骨组织，并保护好肩胛上神经和旋肱后动脉。

将 2.0/2.7 mm 或 1.5/2.0 mm 兽医可裁剪骨板、2.0 mm 动态加压骨板或 2.0 mm 锁定骨板沿肩胛冈基部前侧和肱骨前侧塑型。2.0/2.7 mm 兽医可裁剪骨板的优势在于在肩胛骨基部骨骼比较薄的位置可以使用 2.0 mm 螺钉，在肱骨近端干骺端可以使用 2.7 mm 螺钉。骨板必须足够长，可以在关节融合面近端和远端各放置 4 颗螺钉。

在放置骨板过程中，可以使用克氏针暂时固定肩关节。关节融合时，要保证 105° ~ 110° 的屈曲角度（图 28–6）。在肩胛冈基部和肩胛颈，至少放置 4 颗螺钉；肱骨也要至少放置 4 颗螺钉。经骨板贯穿肩关节放置 1 颗拉力螺钉（图 28–6）。

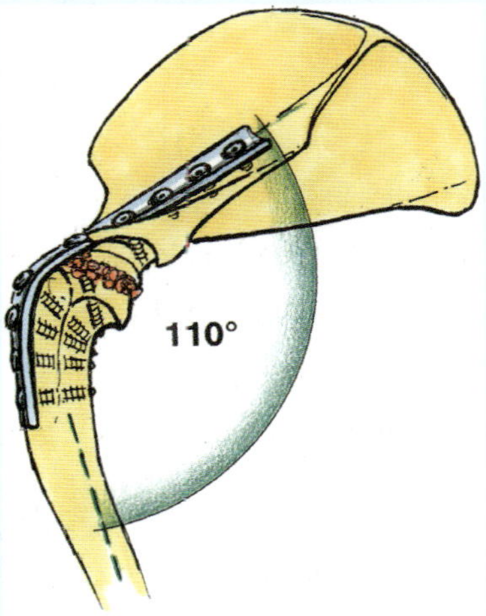

图 28–6　肩关节融合术。沿着肩胛冈基部在肱骨和肩胛颈前侧面放置 10 孔骨板。肩胛骨放置了 4 颗螺钉，肱骨放置了 4 颗螺钉。贯穿关节融合面放置 1 颗拉力螺钉

参考文献和延伸阅读

[1] Petersen CJ. Osteochondritis dissecans of the humeral head of a cat. NZ Vet J 1984;32:115–116.

[2] Vaughan LC. Dislocation of the shoulder joint in the dog and cat. J Small Anim Pract 1967;8:45–48.

[3] Bedford PG. Dislocation of the shoulder joint with fracture of the caput humeri in a cat. J Small Anim Pract 1969;10: 519–522.

[4] Schrader SC. Orthopedic surgery. In: Sherding RG (ed.) The cat: diseases and clinical management. New York: Churchill Livingstone; 1994: pp. 1649–1709.

[5] Bardet JF. Diagnosis of shoulder instability in dogs and cats: a retrospective study. J Am Anim Hosp Assoc 1998;34:42–54.

[6] Bardet JF. Lesions of the biceps tendon. Diagnosis and classification. Vet Comp Orthop Traumatol 1999;12:188–195.

[7] Butcher R, Beasley K. Osteochondritis dissecans in a cat? Vet Rec 1986;118:646.

[8] Scharf G, et al. Glenoid dysplasia and bicipital tenosynovitis in a Maine coon cat. J Small Anim Pract 2004;45:515–520.

[9] Christiansen E, Schneider-Heiss M. Schultergelenkdysplasie bei einer Katze. Kleintierpraxis 1999;44:117–119.

[10] Roos H, Brugger S. Functional and applied anatomy of the shoulder joint of the domestic cat. Tierarztl Prax 1993;21:265–270.

[11] Piermattei DL, Johnson KA. An atlas of surgical approaches to the bones and joints of the dog and the cat, 4th edn. Philadelphia: Saunders; 2004.

[12] Prostredny JM, et al. Use of a polybutester suture to repair medial scapulohumeral luxation in the dog: three cases. J Am Anim Hosp Assoc 1993;29:180–183.

[13] Ringwood B, et al. Medial glenohumeral ligament reconstruction for ex-vivo medial glenohumeral luxation in the dog. Vet Comp Orthop Traumatol 2001;14:196–200.

[14] Fitch R, et al. Clinical evaluation of prosthetic medial glenohumeral ligament repair in the dog (ten cases). Vet Comp Orthop Traumatol 2001;14:222–228.

[15] Post C, et al. Temporary transarticular stabilization with a locking plate for medial shoulder luxation in a dog. Vet Comp Orthop Traumatol 2008;21:166–170.

[16] Johnson AL, Houlton JEF. Arthrodesis of the shoulder. In: Johnson AL, Houlton JEF, Vannini R (eds) AO principles of fracture management in the dog and cat. Stuttgart: Thieme; 2005: pp. 435–439.

[17] Fowler JD, et al. Scapulohumeral arthrodesis: results in seven dogs. J Am Anim Hosp Assoc 1988;24:667–672.

第 29 章　肱骨

K. Voss, S.J. Langley-Hobbs, P.M. Montavon

据文献报道，猫肱骨骨折的发生率占所有骨折的 5% ~ 13%[1,2]，其中以肱骨干和髁上区域骨折最常见[2,3]。高处跌落、车祸和枪伤常导致粉碎性骨折[3,4]。这类骨折的固定难度较大，尤其是涉及髁上区域的骨折。由于靠近胸部，所以会并发胸部损伤，如肺挫伤和气胸。

29.1　外科解剖学

猫的肱骨比犬的肱骨更直更细。猫和犬的肱骨结构在肱骨远端有很重要的解剖区别。猫没有滑车上孔，但在内上髁近端有一个髁上孔。髁上孔内侧的骨桥与内上髁汇合。正中神经和肱动脉经过髁上孔，因此应避免对这些结构造成医源性损伤（图 29-1）。

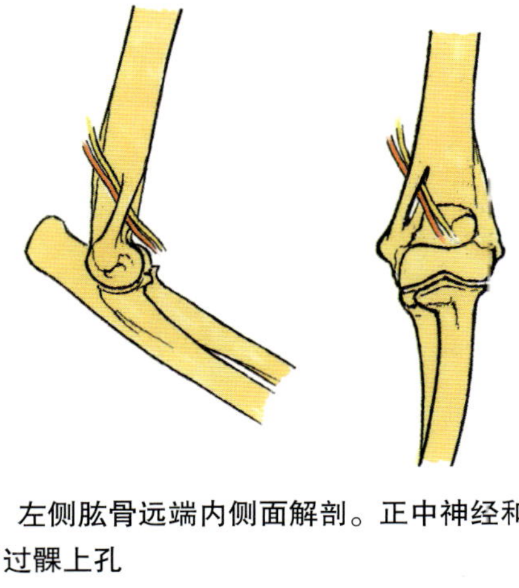

图 29-1　左侧肱骨远端内侧面解剖。正中神经和肱动脉由后向前穿过髁上孔

在肱骨手术入路中，会见到重要的神经。桡神经位于肱肌表面，在肱骨外侧经肱骨中 1/3 处由后向前斜行通过，并分支成感觉束和运动束。在肱骨内侧、肱二头肌的后缘，有一神经血管束，包含正中神经、肌皮神经、尺神经及肱动脉和肱静脉。该神经血管束在远端分支，其中正中神经和肱动脉经过髁上孔在前侧延伸，尺神经则继续在后侧延伸。

29.2　固定技术

由于外包扎固定无法提供有效的稳定性，因此，几乎所有的肱骨骨折都需要内固定。极少数幼猫的青枝骨折和某些病理性骨折可以单纯通过笼养限制活动进行治疗。对肱骨骨折髓内针和内锁式骨钉、外固定支架及骨板固定的比较将会在下文中进行详述。表 29-1 总结了猫肱骨骨折的类型和适合的固定方法。

29.2.1　髓内针

除了偶尔发生的未成年猫简单横向交错骨折，所有病例都必须联合使用髓内针和抗旋转植入物。放置髓内针可以通过对抗弯折力增强骨板和外固定支架的稳定性，也可以改善粉碎性骨折中大骨碎片的空间准直。

肱骨髓内针可以顺行或逆行放置。顺行放置髓内针的入针点在肱骨大结节前外侧（图 29-2）。髓内针穿透皮质后，向远端内侧方向推进。逆行进针时，从骨折部位插入双头克氏针，沿肱骨外侧皮质逆行推进，从大转子近端外侧出针。然后将骨断端复位，借助 Jacobs 卡头将克氏针向远端骨碎片推进，直到感受到进针阻力和（或）骨断端有被牵拉开的趋势。与在犬上将髓内针打入肱骨内侧髁的建议不同，猫的肱骨髓内针通常只能打入肱骨髁近端的肱骨干远端。通过肘关节的活动范围确认髓内针没有进入肘关节。髓内针近端可以剪短；如果将髓内针与搭接外固定支架的连杆连接，也可将髓内针向外侧弯折。

髓内针的型号依据猫的体型和解剖特点、骨折类型和部位及辅助植入物类型而定。其粗细需要与髁上区域的肱骨远端最细处髓腔或内侧髁髓腔匹配。将髓内针插入内侧髁能够提高针远端锚固的稳定性，尤其是在治疗远端骨折时非常重要。

表 29–1　猫肱骨骨折及可选治疗方法总结

骨折部位	骨折类型	固定方法
肱骨近端	Salter–Harris Ⅰ型骨折	平行克氏针 张力带钢丝固定
骨干	简单横骨折或短斜骨折	髓内针 + 外固定支架 加压骨板 锁定骨板
	简单长斜骨折和可复位的复杂骨折	髓内针 + 全环 / 半环钢丝 拉力螺钉 + 中立骨板 拉力螺钉 + 锁定骨板
	粉碎性骨折	内锁式骨钉 外固定支架 ± 髓内针 锁定骨板
肱骨远端	髁上简单骨折	髓内针 + 克氏针固定 交叉克氏针 / 动态交叉克氏针 加压骨板或中立骨板 锁定骨板
	髁上粉碎性骨折	外固定支架 ± 髓内针 支撑骨板 ± 髓内针 双侧骨板 锁定骨板（单板或双板）
	外侧髁骨折和 Salter–Harris Ⅳ型骨折	跨髁拉力螺钉和克氏针
	髁间 T 型或 Y 型骨折	跨髁拉力螺钉和： ——髓内针 + 克氏针 ——中立骨板 ——锁定骨板
	髁间骨折伴髁上粉碎性骨折	跨髁拉力螺钉和： ——外固定支架 ——中立骨板 ——双侧骨板 ——锁定骨板（单板或双板）

但是，只有不到一半的猫的髁上孔远端有髓腔，而且最大只能允许插入 1.6 mm 克氏针 [5]（图 29–2）。而在其他猫，髓内针远端只能到达肱骨干远端的髓腔，即滑车上孔的上方（图 29–2）。这些病例最大可以使用 2.4 mm 髓内针 [5]。髁上孔远端是否还有髓腔可以通过术前以合适摆位拍摄的 X 线片或术中用细克氏针探查的方式确定。

29.2.2　内锁式骨钉

文献中已经有关于采用内锁式骨钉固定猫肱骨骨折的描述 [6,7]。由于猫肱骨远端的髓腔内径狭窄，因此该技术只适用于肱骨近端至骨干中段的骨折。使用时，应确保中间 2 颗螺钉距离骨折线至少有一颗螺钉直径的距离，且近端和远端有足够空间分别放置 2 颗螺钉。

4.0 mm 钉杆搭配 2.0 mm 螺钉或螺栓适用于所有的猫，但在大体型猫中，也可使用 4.7 mm 钉杆。通常建议采用开放式手术入路，同时应确保钉杆是否适用于肱骨远端的最窄处髓腔。如果放置的内锁式骨钉过大，会导致骨裂，进而发生骨折。如果钉杆过粗，应更换为其他植入物系统。放置钉杆时，顺行或逆行技术均可。顺行放置钉杆时，其入针点要更靠近端，朝向髓腔中段进针，末端到达髁上区域。在犬中，由于肱骨近端骨皮质较薄且有很多松质骨，所以要求 2 颗螺钉必须放置在肱三头肌线远端，以免螺钉松脱和修复失败 [6]。

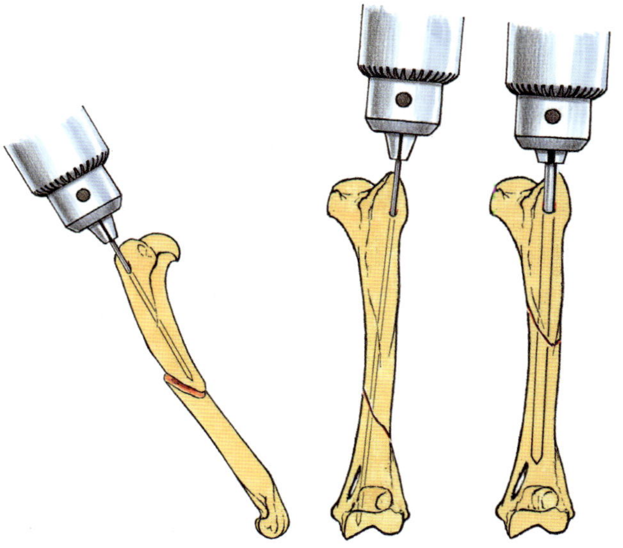

图 29-2　肱骨顺行插入髓内针的方法图示。（A）入针点位于肱骨大结节前外侧。（B）约 50% 的猫，可以选用小直径的髓内针插入内侧髁。（C）对于内侧髁无髓腔的猫，可以选用较大直径的髓内针插入肱骨远端髓腔中

29.2.3　外固定支架

外固定支架是固定肱骨骨折的有用方法，尤其是对那些常见的因远端骨量较少而无法放置其他植入物的远端肱骨干和髁上区域的粉碎性骨折[4]。但是，固定针会刺激可活动的软组织结构，尤其是肘关节附近的结构。稳定的支架结构和良好的术后护理有助于减少固定针道并发症（第 24 章）。

受肱骨近端内侧胸壁的干扰，肱骨骨折只能使用Ⅰ型或改良Ⅱ型外固定支架。放置髓内针可以增加支架的稳定性，尤其是做成搭接外固定支架时[8]。搭接外固定支架还可以防止髓内针移行。根据骨折类型、位置和严重程度，在与髓内针联合应用时，每个骨折端需要使用 2 ~ 3 根固定针（第 24 章）。如果仅用外固定支架进行固定，每个骨折端需要打 3 根固定针。通常闭合性复位的可能性微乎其微，但较小的开放式手术入路很实用。另外，在骨折修复和插入固定针的过程中，开放式入路能够直视从而保护桡神经。

固定针的直径不能超过骨直径的 25%；一般而言，肱骨近端 1/2 段可以使用 2.0 mm 阳螺纹针，远端 1/2 段可以使用 1.6 mm 阳螺纹针或阴螺纹针或滑面针。肱骨近端 1/3 段没有重要的神经血管结构，因此可以安全地放置固定针。在肱骨远端，固定针距离内侧髁至少 2 cm，以免穿透髁上孔及相关的血管神经[5]。在该位置远端打针时，应按外侧远端向内侧近端的方向进针，以避开髁上孔。如果骨折的构型或已放置的髓内针型号过大，无法在远端骨断端和髁上孔之间打入 2 根固定针的话，则建议放置跨髁固定针。固定针紧邻外侧髁前侧打入，并从内侧髁远端前侧打出。推荐使用 1.5 mm 和 2.0 mm 固定针[5]。

29.2.4　骨板

骨板接骨术通常是治疗肱骨骨干骨折的良好选择，但对于开放性骨折和无法在远端骨碎片放置足够多螺钉的肱骨远端粉碎性骨折则不适用。

肱骨骨干的独特之处在于骨板可以放置在肱骨的外侧、前侧和内侧。背外侧的凸面是肱骨近端的张力面，后内侧面是肱骨远端的张力面。因此，肱骨骨干近端 1/2 的骨折修复时，要将骨板放置在前侧或外侧面。与内侧入路相比，外侧入路对肱骨骨干近端 1/2 的侵入性更小，也更容易操作，但必须注意保护好桡神经。远端骨折的修复更适合将骨板放置于内侧，因为肱骨远端的入路不需要分离过多的组织[9]。另外，肱骨远端内侧面平直，更适合骨板塑型。而且，内侧入路更容易显露术部，方便向近端或远端牵拉穿过髁上孔的正中神经和肱动脉。该入路也有利于在远端骨折放置螺钉，可以尽可能减小对这些重要结构的医源性损伤。

适用于肱骨骨干骨折修复的骨板包括 2.7 mm 动态加压骨板（DCP）、2.4 mm 有限接触动态加压骨板（LC-DCP）和 2.0/2.7 mm 兽医可裁剪骨板。兽医可裁剪骨板可以使用 2.0 mm 螺钉，因此更适合于放置在远端较狭窄的位置。髁上骨折和小体型猫的骨干简单骨折可以使用 2.0 mm DCP。根据骨折构型和使用的骨板类型，骨板可以发挥加压、中立或桥连的作用。骨板功能和应用原则已在第 13 章和第 24 章介绍过。当存在粉碎性骨折时，术前需要预塑型骨板。骨板和髓内针联合应用可以增强粉碎性骨折的稳定性。

29.2.5 锁定骨板

锁定骨板，如 Unilock 下颌骨锁定骨板，非常适合用作桥接骨板修复肱骨骨干粉碎性骨折。锁定骨板能够保护局部血供，而且同传统骨板相比只需要剥离更少的组织（第 24 章）。另外，锁定骨板不会破坏骨膜血供，也适用于修复未成年猫的骨干骨折。2.4 mm Unilock 锁定骨板可用于大多数骨干骨折，而 2.0 mm 的骨板可用于更小体型的未成年猫。

锁定骨板优于传统骨板，尤其是用于修复肱骨髁上骨折时。远端的小骨碎片和肘关节周围区域很难放置螺钉。小的骨碎片通常只能放置 2 颗螺钉；每个骨断端碎片只能放置少量螺钉的情况下，锁定骨板比传统骨板可以提供更好的稳定性。锁定骨板也可以使用单皮质螺钉，由此可以降低将螺钉打入肘关节的风险。当使用单皮质螺钉时，也容易实现双板固定技术；双板技术是修复髁上区域粉碎性骨折的一种有效手段。另外，同传统骨板相比，锁定骨板也不需要精确塑型。肱骨远端的骨折适合使用 2.0 mm Unilock 锁定骨板。

29.3 肱骨近端骨折

肱骨近端骨折并不常见，包括幼猫的生长板骨折和近端干骺端骨折。

29.3.1 肱骨近端手术入路

肱骨近端干骺端和骨干经前外侧入路显露，切口从肱骨大结节近端向远端延伸[10]。将切口向近端延伸可以修复肱骨近端 Salter-Harris Ⅰ型骨折。肱骨头的关节骨折需要对骨碎片进行解剖重建，因此需要更大的切口，以便充分暴露关节面。必要时，需要通过三角肌和冈下肌肌腱切断术或肩峰或大结节截骨术[10]进一步显露肩关节的前外侧区域。

29.3.2 Salter-Harris 骨折

肱骨近端生长板的骨折很罕见[2]。肱骨近端有 2 个骨骺端，一个是大结节，另一个是肱骨头。当发生 Salter-Harris Ⅰ型骨折时，2 个骨骺端就像帽子那样从肱骨干骺端脱离下来（图 29-3）。远端骨断端通常向后侧和外侧移位[11]。因为生长板仍存在进一步生长的潜能，而平行针技术可以保障这一功能，因此幼猫的这类骨折的治疗方案是平行针技术（图 29-3）。张力带钢丝技术可以提供更好的稳定性，但用于生长板仍具有生长潜能的猫时，可能会导致生长板提前闭合（专栏 29-1）。张力带钢丝技术也适用于肩关节手术入路中可能涉及的大结节截骨术的固定（第 28 章）。

29.3.3 近端干骺端骨折

近端干骺端骨折最常由枪伤引起。除此之外，临床并不常见；其原因在于肱骨近端横断面面积比远端大，骨骼主要是松质骨，不易碎[12]。简单骨折可通过放置前侧骨板或放置髓内针联合外固定支架进行固定。枪伤引起的粉碎性骨折需要使用外固定支架进行固定，必要时联合使用髓内针。

肱骨近端干骺端也会发生继发于营养性或遗传性骨病的病理性骨折（第 4 章）。未发生移位的病理性压缩性骨折可以通过笼养保守治疗。移位的病理性骨折需要使用髓内针联合外固定支架治疗。骨质疏松的骨骼也可使用比普通骨板更小更有弹性的骨板（第 13 章）。

29.4 肱骨干骨折

肱骨干骨折常发生于肱骨中央至远端 1/3 段。桡神经在肱骨外侧面穿过骨干，容易发生创伤性和医源性损伤。术前就要评估桡神经的功能。存在肱骨骨折时，脊髓节段反射的结果可能难以解释，但是爪背桡神经支配皮片的敏感性可以评估桡神经的感觉功能（第 1 章）。

1 岁以下的幼猫容易发生简单骨折，而年龄更大的猫容易发生粉碎性骨折[2]。几乎所有用于治疗长骨骨折的植入物都可以固定肱骨干骨折（表 29-1）。因此，最终的植入物选择根据第 13 章所讨论的通用骨折评估方法去决定。外科医生必须熟悉猫肱骨远端的特殊解剖结构。术前拍摄对侧肱骨的 X 线片有助于评估骨骼的解剖构型。

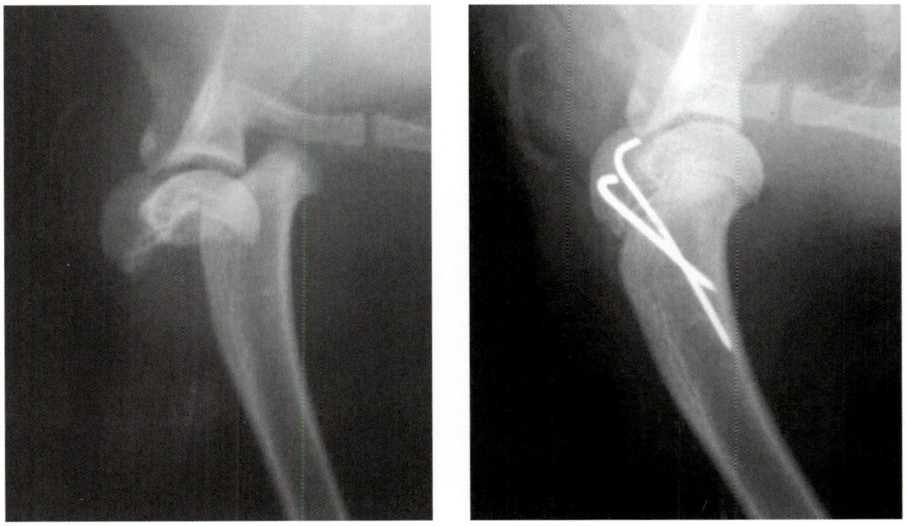

图 29-3　一只 11 月龄肱骨近端 Salter-Harris Ⅰ型骨折患猫，采用双克氏针固定技术的（A）术前和（B）术后 X 线片

专栏 29-1　肱骨近端 Salter-Harris Ⅰ型骨折的固定

行肱骨近端前外侧入路。伸展肩关节使骨折复位。使用尖头复位钳将肱骨干向远端牵拉，同时撬起近端骨骺使其复位。近端骨骺略呈 V 形，方便复位后的保持，也增加了复位后的稳定性。在打入克氏针的过程中可以徒手或通过尖头复位钳维持复位。

平行针技术：0.8 ~ 1.2 mm 克氏针由大结节的近端嵴打入，垂直穿过骨断面，到达肱骨近端干骺端的后侧皮质。第二根克氏针平行于第一根打入（图 29-4A）。

张力带钢丝技术：首先平行打入 2 根克氏针。之后在近端干骺端前侧骨皮质、距离骨折线与近端克氏针离骨折线等距的位置钻孔。0.6 ~ 0.8 mm 骨科钢丝经钻孔做“8”字环绕克氏针末端（图 29-4B）。为了避免后侧骨裂隙增大，应防止钢丝过紧。

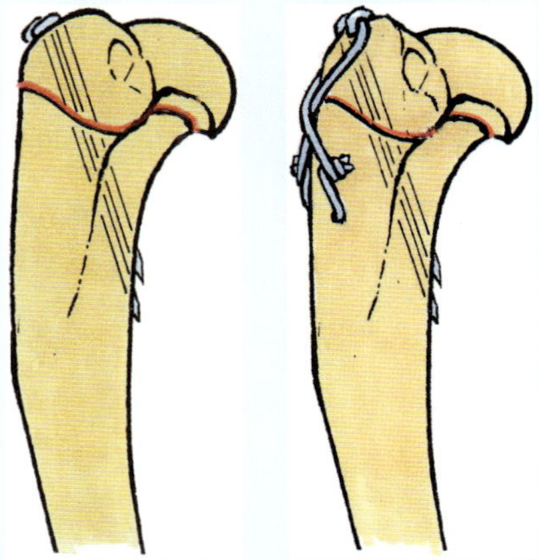

图 29-4　肱骨近端 Salter-Harris Ⅰ型骨折的固定方法。（A）未成年猫更适用平行针技术。（B）张力带钢丝修复技术，适用于无生长潜能的成年猫

29.4.1　肱骨干手术通路

肱骨干有外侧和内侧两个入路。外侧入路更适用于肱骨干近端和中段[10]。遇到的最重要结构是沿肱肌由近端后侧向远端前侧走向的桡神经。为了显露肱骨干，需要使用 Hohmann 骨撬或 Penrose 引流管向后或向前牵拉肱肌和桡神经。

在肱骨干内侧入路中，需要辨认深筋膜下方的内侧神经血管束，包括正中神经、肌皮神经、尺神经及肱动脉和肱静脉[10]。肱骨干远端需要通过向前牵拉肱头肌、向后牵拉三头肌显露。向近端扩大内侧入路的切口需要切断并分离胸肌及向前牵拉二头肌。

29.4.2　简单横骨折和短斜骨折

肱骨干中段和远端 1/3 段常发生简单横骨折和短斜骨折。这类骨折最适合使用骨板或髓内针联合外固定支架修复（专栏 29-2）。

外固定支架主要用于幼猫。虽然轻微移位的

骨折可以通过闭合方式整复，但为了精确放置植入物及在可视状态下操作保护神经，仍推荐采用开放式入路。选择相对较粗的髓内针可以提供抗弯折的稳定性。外固定支架则仅需提供抗旋转稳定性，每侧骨断端放置 2 根固定针即可。

难以操控的患猫推荐选用骨板固定术，可以避免固定针相关的并发症。对预期骨折愈合时间很长的老年猫，也推荐使用骨板固定术（图 29-5）。

29.4.3　长斜骨折和可复位的多碎片骨折

长斜骨折和可复位的多碎片骨折的解剖复位可以增加骨断端的接触并提高稳定性。长斜骨折可以通过髓内针联合抗旋转植入物或骨片间拉力螺钉联合中立骨板来修复（专栏 29-3）。

有 1 片甚至 2 片大骨碎片的骨折也可以使用拉力螺钉或环扎钢丝联合中立骨板进行固定（专栏 29-3）。骨折的解剖复位需要对软组织进行广泛剥离。因此只有通过术前 X 线片判断可以解剖复位且复位后能够提高固定稳定性的骨折才能做此尝试。除此之外，也可以像处理粉碎性骨折那样采用微创入路只固定两端的主要骨碎片进行功能性复位的方法修复可复位的多碎片骨折。肱骨干近端 1/3 段的骨折，骨板放置在前侧；肱骨干中段的骨折，骨板放置在外侧；肱骨干远端的骨折，骨板放置在内侧。

29.4.4　粉碎性骨折

外固定支架最常用于修复肱骨干粉碎性骨折，尤其是向远端延伸的肱骨干骨折。根据预计的骨骼愈合时间、粉碎性骨折的程度、软组织损害及猫的年龄选择外固定支架的类型（专栏 29-4）。髓内针有助于恢复骨骼的轴向准直和骨折复位，并增强整个支架的抗弯折稳定性。不使用髓内针时，也可以通过双连杆的结构提供抗弯折稳定性（图 29-8）。严重的粉碎性骨折和肱骨干极远端的骨折需要使用改良 Ⅱ 型甚至跨关节外固定支架（专栏 29-5）。

肱骨干粉碎性骨折的其他固定方式包括内锁式骨钉、骨板（联合或不联合髓内针）及锁定骨板（专栏 29-4）。要考虑内固定方式，尤其是那些难以操控或不能室内饲养的患猫。如果骨折延伸至骨干近端，要放置外侧骨板；如果骨折位于远端，则要放置内侧骨板。由于大多数粉碎性骨折发生在肱骨干远端 1/3 段，很难在远端骨断端放置足够数量的螺钉。这种情况下，锁定骨板比传统骨板更有优势。

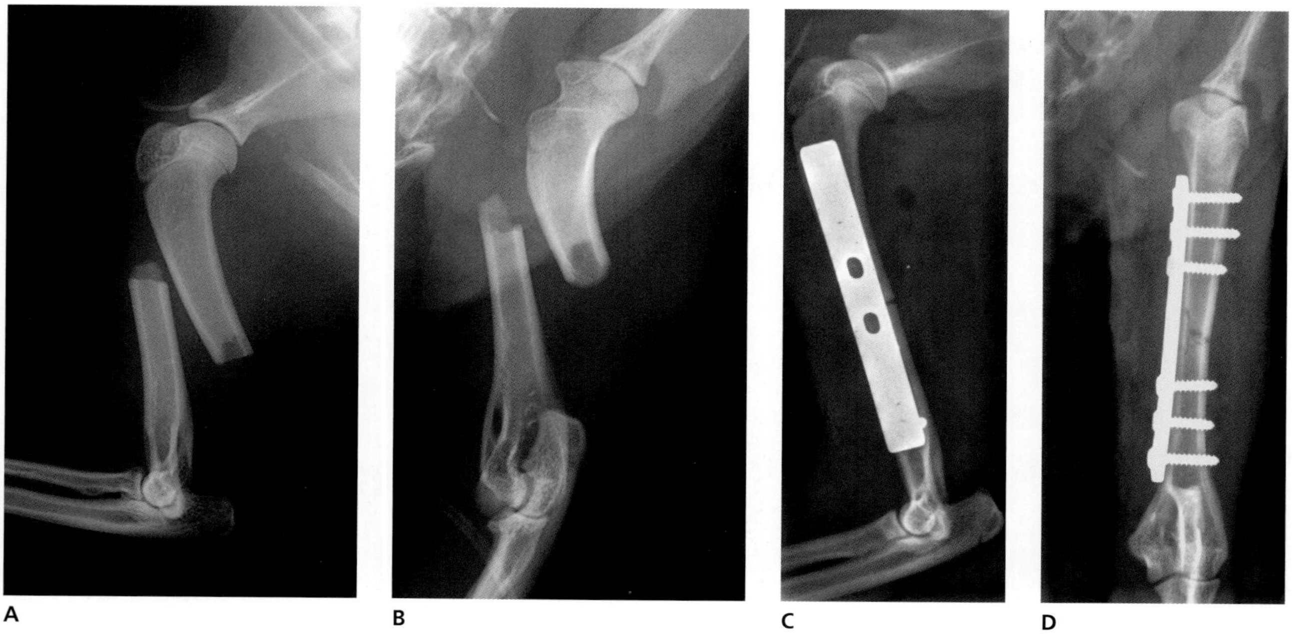

图 29-5 （A，B）猫肱骨干中段简单骨折的术前 X 线片。（C，D）肱骨内侧放置 2.7 mm DCP 固定的 X 线片。该病例也可以使用外侧骨板

专栏 29-2 肱骨干简单骨折和短斜骨折的固定

肱骨干外侧入路用于放置外固定支架和外侧骨板，而内侧入路用于放置内侧骨板。

髓内针联合外固定支架：将事前选好的髓内针打入髓腔，针的远端刚刚到达髁上孔近端。1 根 1.6 ~ 2.0 mm 阳螺纹针或 2 根 1.4 ~ 2.0 mm 滑面针打入两侧的骨断端，对抗旋转。为了避免滑面针脱出，打入时需要与骨骼长轴呈 70°（图 29-6A）。

骨板：骨板放置在前侧修复近端骨折（图 29-6B），放置在外侧修复中段骨折（图 29-6C），放置在内侧修复远端 1/3 段骨折（图 29-6D）。每个骨断端至少需要放置 3 ~ 4 颗螺钉。使用动态加压骨板时，可以起到骨片间压缩的效果。借助偏心导钻在每侧骨断端上打入 1 颗螺钉即可达到加压目的。

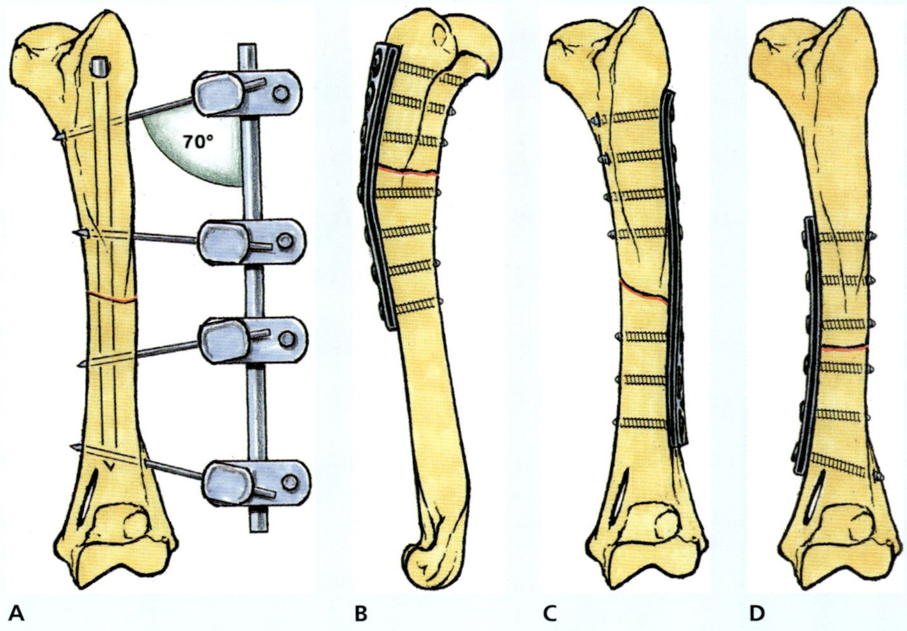

图 29-6 肱骨干简单横骨折的固定方案。（A）简单横骨折：使用 1 根髓内针联合 I 型外固定支架固定，每侧骨断端有 2 根滑面针；注意滑面针与骨骼长轴间的夹角为 70° 。（B）肱骨干近端简单横骨折：使用前侧骨板固定。（C）肱骨中段简单横骨折：使用外侧骨板固定。（D）肱骨远端简单横骨折：使用内侧骨板固定

29.5 肱骨远端骨折

肱骨远端骨折包括髁上骨折、肱骨髁外侧部分骨折、髁间 T 型或 Y 型骨折、伴髁上粉碎性骨折的髁间骨折及远端生长板 Salter-Harris 骨折。其中髁上和髁间骨折最常见 [3,13]。

29.5.1 肱骨远端入路

肱骨髁上区域有内侧、外侧和前侧入路 [10]。与外侧入路相比，内侧入路不需要分离过多的软组织且更容易放置植入物，因此肱骨髁上骨折固定时建议采用内侧入路。注意保护穿过髁上孔的正中神经和肱动脉。髁上孔内的神经血管束应小心地向近端和远端牵拉，方便放置螺钉和克氏针。必要时，可以用咬骨钳打开髁上孔，以避免损害或压迫神经血管束。

同时进行肱骨远端的外侧和内侧入路时，可以对髁间和髁上骨折，尤其是粉碎性骨折，进行复位和固定。鹰嘴截骨术有助于显露肱骨髁的后侧区域，因此在需要时可用于髁间骨折的固定。

29.5.2 髁上骨折

幼猫的简单髁上骨折可以使用克氏针固定（专栏 29-5）。使用克氏针技术时，骨折的解剖复位对固定后的稳定性非常必要。文献中也描述过动态髓内针技术和一根动态髓内针与一根克氏针联合固定的技术 [14]。在髁上孔远端没有髓腔的情况下，很难将髓内针打入内上髁。髁上简单骨折和粉碎性骨折也可使用内侧骨板技术（专栏 29-5）。骨板能够提供更强的稳定性，而且在犬上已经证实，骨板的术后并发症发生率比螺钉或克氏针

专栏 29-3　肱骨干长斜骨折和可复位的多碎片骨折的固定

肱骨干中段及近端区域的骨折最好采用外侧入路，而肱骨干远端区域的骨折最好采用内侧入路。

髓内针和环扎钢丝：该技术适用于长斜骨折。如图 29-2 所述，选择 1 根占髓腔直径 70% 的髓内针以顺行或逆行进针。然后在近端和远端骨折线之间，放置 2 个或多个 0.8 mm 钢丝环，间距 5 mm（图 29-7A）。注意在钢丝环与骨骼之间不要嵌入软组织。

拉力螺钉和中立骨板：该技术既可用于长斜骨折，也可用于可复位的多碎片骨折（图 29-7B 和 C）。骨折断端解剖复位，并用尖头复位钳暂时固定，然后用 2.0 mm 拉力螺钉垂直于骨折线进行骨片间加压。再放置 1 块中立骨板，骨折线两侧至少各有 3 颗螺钉。骨折构型允许的话，也可以经骨板孔打入拉力螺钉（图 29-7C）。

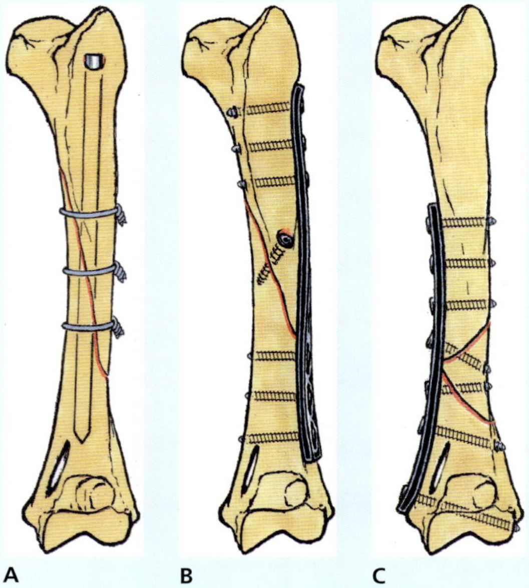

图 29-7　简单斜骨折和可复位的多碎片骨折的解剖复位和稳定固定。（A）长斜骨折：使用髓内针和 3 个钢丝环固定。（B）长斜骨折：使用拉力螺钉和外侧中立骨板固定。（C）肱骨远端可复位的蝶形骨折：使用内侧骨板固定，经骨板孔放置 2 颗拉力螺钉

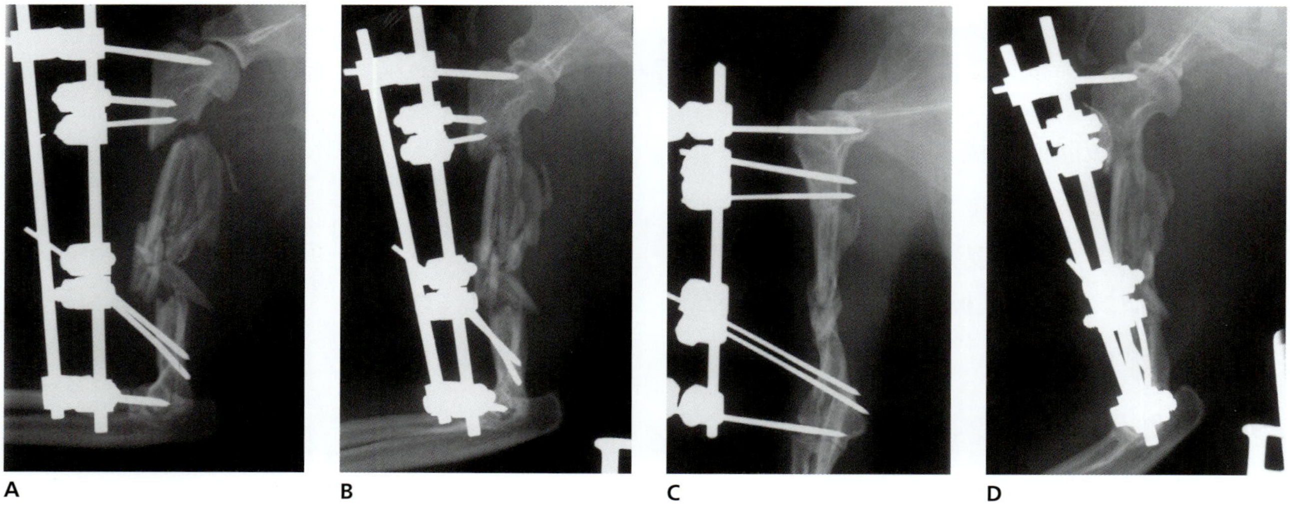

图 29-8　使用外固定支架技术修复肱骨干高度粉碎性骨折。（A，B）术后立刻拍摄的 X 线片显示 I 型外固定支架固定。使用双连杆增强抗弯折稳定性。（C，D）术后 6 周和 12 周的 X 线片，监测愈合进展（图片来源：J Small Anim Pract 1997;37:280–285.）

和钢丝固定更少，尤其是在成年犬上[15]。

猫的髁上骨折通常是粉碎性骨折，对其进行手术修复是一项挑战。髁上粉碎性骨折可以通过外固定支架固定，尤其是在远端骨碎片没有足够空间放置骨板的时候（图 29-11 和专栏 29-5）。如果远端骨断端的空间允许放置 2 根克氏针而且可以放置 1 根髓内针的话，Ⅰ型外固定支架足以为固定提供稳定性。改良Ⅱ型外固定支架比Ⅰ型外固定支架更稳定，可用于严重的粉碎性骨折和远端骨碎片非常小的骨折[16]。髁上粉碎性骨折也可通过内侧或双侧骨板治疗。锁定骨板可以放置单皮质螺钉，因此使用锁定骨板的双板技术比用传统骨板更容易。双板技术会在肱骨髁间骨折固定的部分进行详细描述。

29.5.3　肱骨髁骨折

肱骨髁骨折可分为肱骨髁外侧部分简单骨折（内侧部分与肱骨干相连）（图 29-12）、肱骨髁间 T 型或 Y 型骨折（肱骨髁的外侧部分和内侧部分均与肱骨干断裂）（图 29-13）。骨折的髁上部分可能是简单骨折，也可能是粉碎性骨折。

肱骨髁外侧部分骨折在成年猫中不常见（图 29-12）。未成年猫常见肱骨髁外侧部分骨折，为 Salter-Harris Ⅳ型骨折。这类骨折需要解剖复位，以便恢复肘关节的协调性，需要使用 1.5 mm 或 2.0 mm 跨髁拉力螺钉进行固定（图 29-12 和专栏 29-6）。还要沿外上髁嵴放置一根抗旋转克氏针或成角度的螺钉，以便提供抗旋转稳定性。

猫大部分的肱骨髁骨折是伴髁上骨折的髁间骨折，肱骨髁的外侧和内侧部分都与肱骨干脱离。临床上也会发生简单的 T 型或 Y 型骨折，但大多数病例还会出现干骺端的粉碎性骨折[13]。肱骨远端的粉碎性关节骨折是猫中最难修复的骨折之一。肱骨髁和关节面需要解剖复位并用拉力螺钉固定。根据骨折构型和粉碎程度，选择骨板、锁定骨板或外固定支架治疗髁上部分骨折（专栏 29-7）。当肱骨髁的骨碎片过小且存在跨髁拉力螺钉时，常常难以放置足够数量的螺钉。此时为了获得足够的稳定性，需要放置双侧骨板（图 29-13）。最理想的方案是放置锁定骨板，因为可以使用单皮质螺钉。同传统骨板相比，尤其是当远端只能放置 2 颗螺钉时，锁定骨板的固定稳定性更好。当发生髁上粉碎性骨折时，应使用松质骨移植加速骨折愈合。

29.5.4　Salter-Harris 骨折

肱骨远端生长板的 Salter-Harris 骨折很少见，只发生于生长板闭合前 16 ~ 18 周龄的幼猫[17]。Salter-Harris Ⅳ型骨折最常见[3]。如上文所述，对关节面进行解剖复位并用髁间螺钉和抗旋转克氏针固定（图 29-16）。幼猫的髁较小且有大量松质骨，因此无法使用拉力螺钉。作为替代方案，可以在使用尖头复位钳小心加压复位骨碎片后用 1.5 mm 位置螺钉或小型号螺纹针作为跨髁植入物。

29.6　术后治疗和预后

术后的治疗方案取决于选用的植入物。肱骨骨折内固定稳定的患猫需要室内限制活动约 6 周。成年猫术后 4 ~ 6 周拍摄 X 线片复查；生长板骨折的发育期猫则需要术后 2 周拍摄 X 线片。与骨板内固定的患猫相比，外固定支架固定的患猫术后治疗更耗时。在所有形式的骨折固定术后，进行温和的物理疗法对促进功能恢复都有很大帮助，尤其是肘关节功能受限的患猫。

肱骨干骨折的愈合通常预后良好，即便是严重的粉碎性骨折。在一项 13 只患猫的研究中，10 只肱骨干粉碎性骨折的患猫未发生主要并发症便已愈合[4]。3 只猫出现并发症，包括不愈合、植入物拆除后再次骨折和肘关节僵硬。轻度粉碎性骨折的愈合时间为 5 ~ 6 周，严重的粉碎性骨折为 10 ~ 11 周。

肱骨远端骨折的恢复效果取决于肘关节协调性的恢复度和所能达到的稳定程度。据文献描述，约 90% 的骨干远端和髁上区域骨折及肱骨髁外侧部分简单骨折的犬猫能够获得良好至出色的功能恢复[15]。髁间 T 型或 Y 型骨折时，恢复效果差强人意，只有约 50% 的病例恢复到满意至良好的功能状态。在一项统计了 5 只 T 型或 Y 型骨折和髁

专栏 29-4　肱骨干粉碎性骨折的固定

根据所选择的固定技术，选用内侧或外侧入路。如果存在较大的骨间隙，则需要考虑松质骨移植并采用开放式入路。否则，应尽量减少破坏骨折区域。在放置外固定支架或骨板前打入 1 根髓内针有助于恢复骨骼的准直。髓内针直径最大为肱骨远端髓腔直径的 1/3，以便后续放置固定针或螺钉。

内锁式骨钉：内锁式骨钉只能用于有充足的骨质、允许在骨折近端和远端打入 2 颗螺栓或螺钉的肱骨干骨折（图 29-9A）。直径 4.0 mm 内锁式骨钉和 2.0 mm 螺钉是最常用的规格。

外固定支架：外固定支架的构型是根据骨折的严重性和位置选择的，肱骨干骨折通常选择 Ⅰ 型外固定支架即可。如果不使用髓内针，每侧骨断端至少要打 3 根固定针（图 29-9B）。如果使用髓内针，每侧骨断端打入 2 根固定针就足够了（图 29-9C）。肱骨近端使用 1.6 ~ 2.0 mm 固定针，远端使用 1.6 mm 或更细的固定针。通过斜向近端内侧方向入针，或打入跨髁固定针，以避免固定针进入髁上孔（图 29-9D）。

支撑骨板：骨板单独使用或联合髓内针使用，发挥支撑功能。骨板选用可叠加的 2.0/2.7 mm 兽医可裁剪骨板或 2.7 mm 动态加压骨板。不联合使用髓内针时，近端和远端骨断端分别需要螺钉穿过至少 6 个骨皮质。如果联合使用髓内针和骨板，则每侧需要 4 个骨皮质（图 29-9E）。

锁定骨板：选用 2.4 mm Unilock 骨板做支撑骨板。螺钉可以是单皮质螺钉，也可以是双皮质螺钉，但每侧至少需要 4 个骨皮质。条件允许的话，骨板近端和远端使用双皮质螺钉，中间部分使用单皮质螺钉。

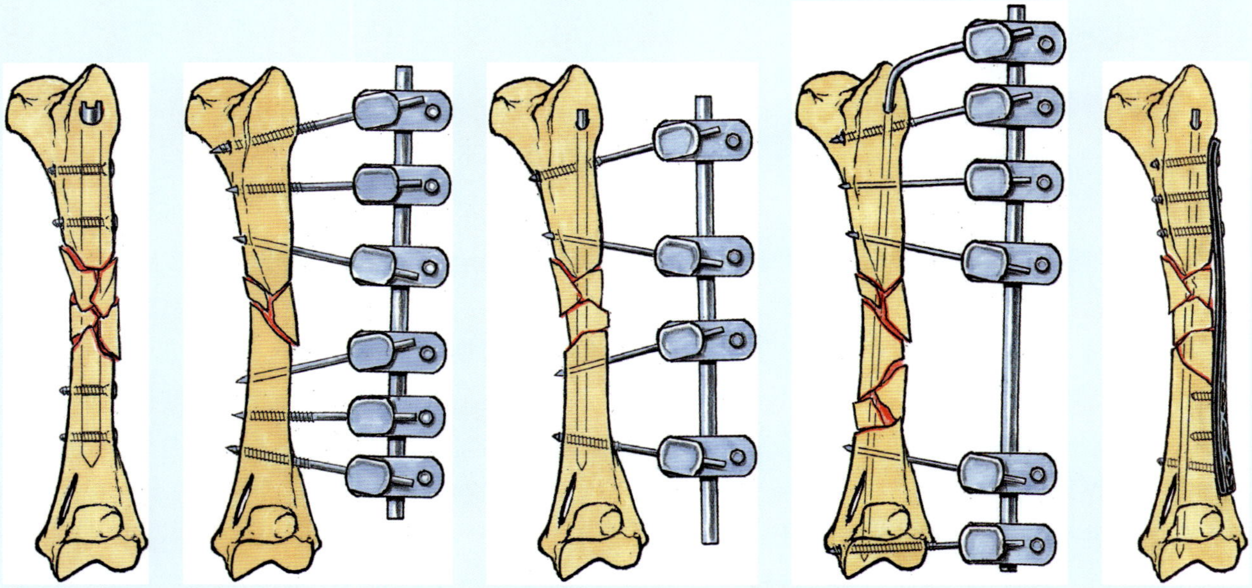

图 29-9　肱骨干粉碎性骨折的固定方法。（A）选用内锁式骨钉治疗肱骨干中段粉碎性骨折。（B）选用 Ⅰ 型外固定支架修复肱骨干轻度粉碎性骨折，每侧骨断端使用 3 根固定针。（C）Ⅰ 型外固定支架联合髓内针修复肱骨干轻度粉碎性骨折。固定针与骨骼长轴呈 70° 夹角。（D）搭接外固定支架修复肱骨干偏远端的肱骨骨折；其中有一根 1.6 mm 跨髁阳螺纹固定针。（E）骨板和髓内针联合应用修复肱骨干中段粉碎性骨折

上粉碎性骨折的患猫报道中，3 只猫功能恢复良好，1 只猫持续性跛行，1 只猫因固定失败后截肢[13]。作者见过几只发生严重肘关节骨折的患猫出现关节周骨赘，从而导致关节活动范围缩小。

由于手术入路相对有侵入性且存在医源性神经损伤的风险，肱骨骨折愈合后通常不会拆除骨板。植入物拆除的适应证是关节周植入物刺激肘关节。

专栏 29-5　肱骨髁上骨折固定

使用克氏针和外固定支架时选用外侧入路。放置内侧骨板时，选用内侧入路。严重的粉碎性骨折需要松质骨移植。存在神经压迫时，使用咬骨钳打开髁上孔。

克氏针技术：对于内上髁存在髓腔的猫，由大结节朝向内上髁打入 1.2 ~ 1.6 mm 髓内针。之后将 1 根克氏针紧邻外上髁经远端干骺端外侧打入，到达肱骨干前内侧皮质（图 29-10A）。在内上髁没有髓腔的猫，也可以选用 2 根 1.2 ~ 1.4 mm 克氏针作交叉克氏针或动态髓内针固定（图 29-10B）。

骨板：内侧骨板适用于简单骨折和轻度粉碎性骨折。选用 2.0 mm 动态加压骨板或 1.5/2.0 mm 兽医可裁剪骨板沿内上髁嵴放置在肱骨干后内侧（图 29-10C）。最远端的螺钉向前倾斜进入肱骨髁。该入路中可见髁上孔内的正中神经和肱动脉，在该区域打入螺钉时注意移开。也可使用双侧骨板，尤其在治疗粉碎性骨折时（专栏 29-7）。

锁定骨板：2.0 mm Unilock 骨板的应用与传统骨板类似，但可使用单皮质螺钉。由于最远端的螺钉需呈一定角度打入，以便进入肱骨髁，所以必须选择标准螺钉。修复粉碎性骨折时，可以使用双侧锁定骨板。

外固定支架：尽可能将髓内针打入内上髁，然后与连杆连接成搭接外固定支架，以免髓内针移行。首先打入 1 根 1.6 mm 末端或中央带螺纹的固定针，制作 I 型或改良 II 型（图 29-10D）外固定支架。跨髁螺纹针紧邻外上髁前侧进针，由内上髁前侧远端出针，以免穿透关节。然后打入最近端的固定针，安装连杆。在骨折近端和远端分别再打入 2 根和 1 根半固定针。

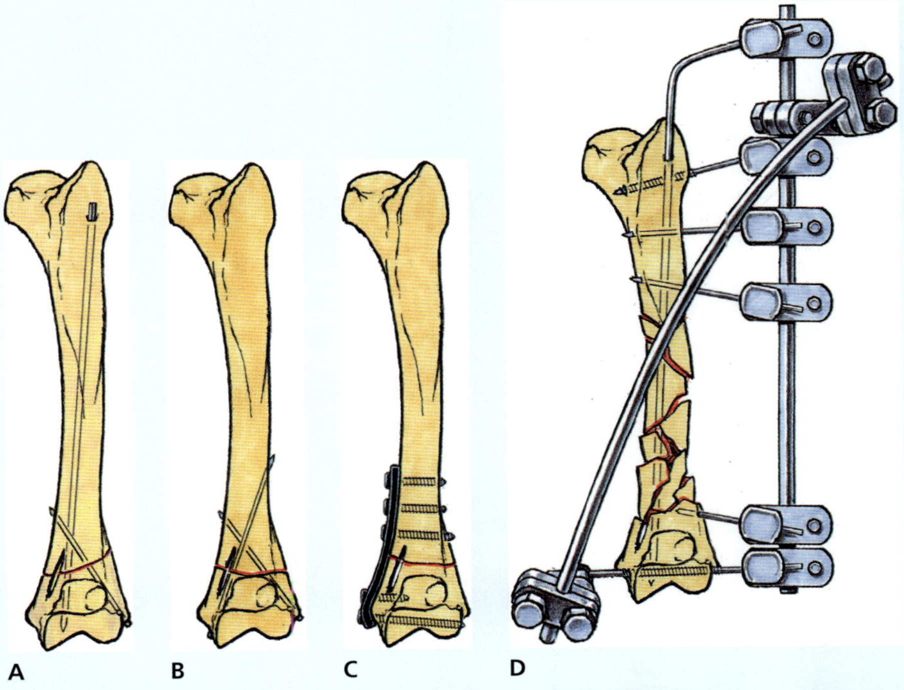

图 29-10　肱骨髁上骨折的固定方法。（A）使用髓内针和外侧克氏针修复简单髁上斜骨折。该技术只用于远端内上髁有髓腔的猫。（B）使用交叉克氏针固定简单髁上骨折。如果克氏针不从对侧皮质穿出，而是沿着内侧皮质面向近端打入，即为动态交叉克氏针。（C）使用内侧骨板修复简单髁上骨折。（D）使用改良 II 型搭接外固定支架修复肱骨严重的粉碎性骨折

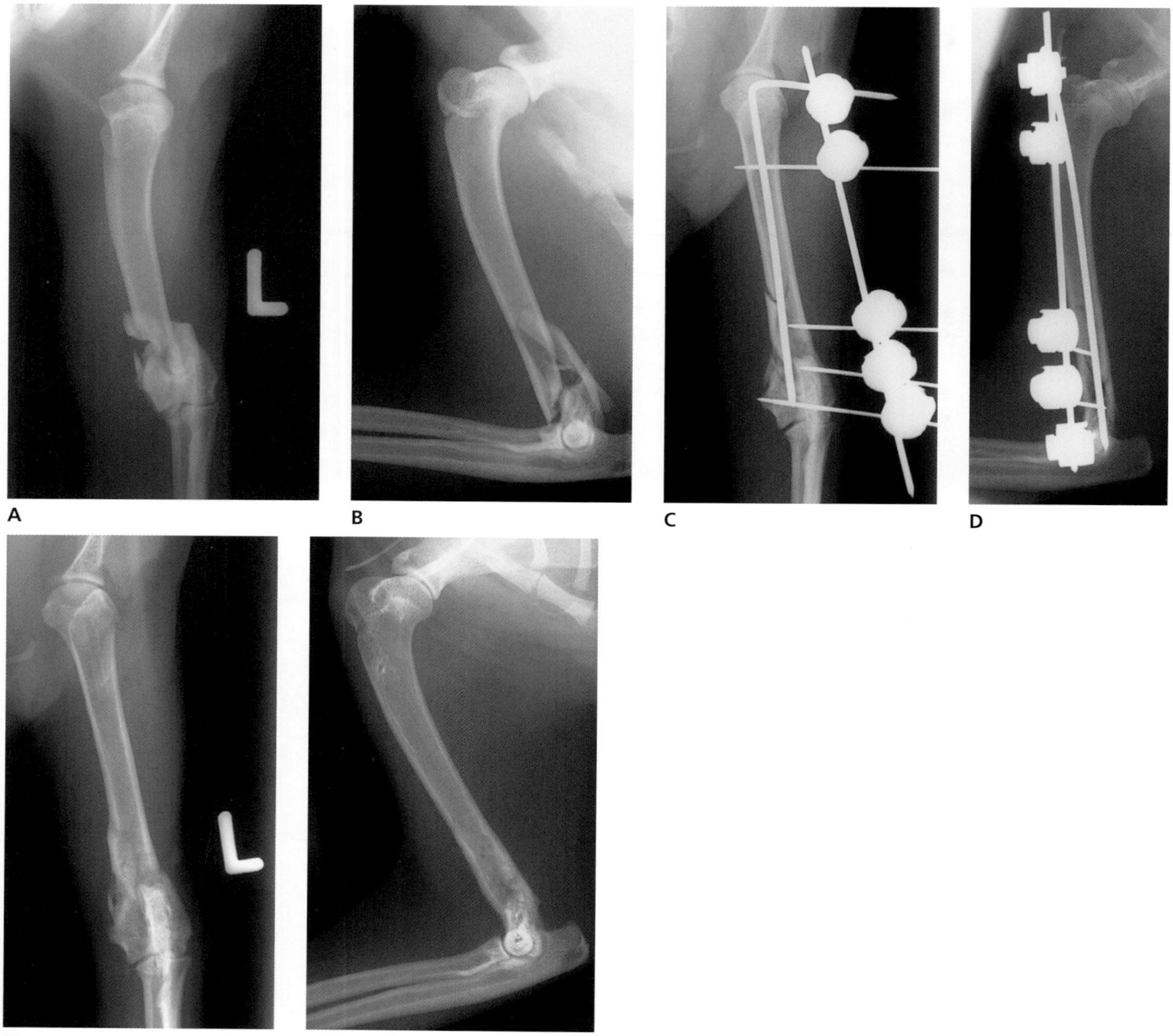

A　B　C　D

E　F

图 29–11　肱骨髁上骨折的外固定支架固定。(A，B)术前 X 线片显示为可复位的多碎片骨折。(C，D)使用搭接外固定支架治疗。(E，F)3 个月后复查的 X 线片显示骨折愈合

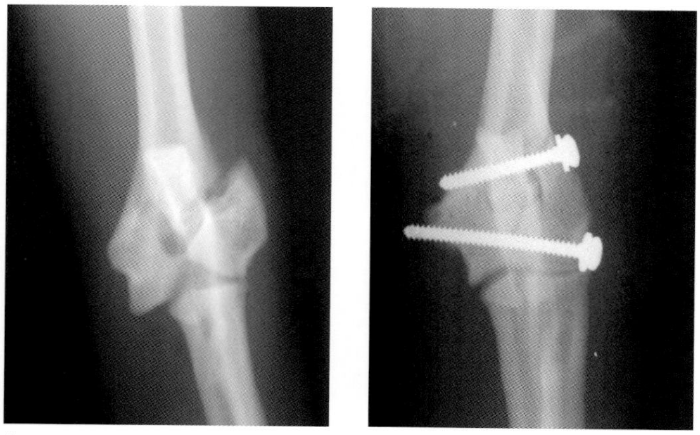

A　B

图 29–12　肱骨髁外侧部分骨折的成年猫的(A)术前和(B)术后 X 线片。关节面解剖重建后使用跨髁拉力螺钉进行固定。第二颗螺钉提供抗旋转稳定性

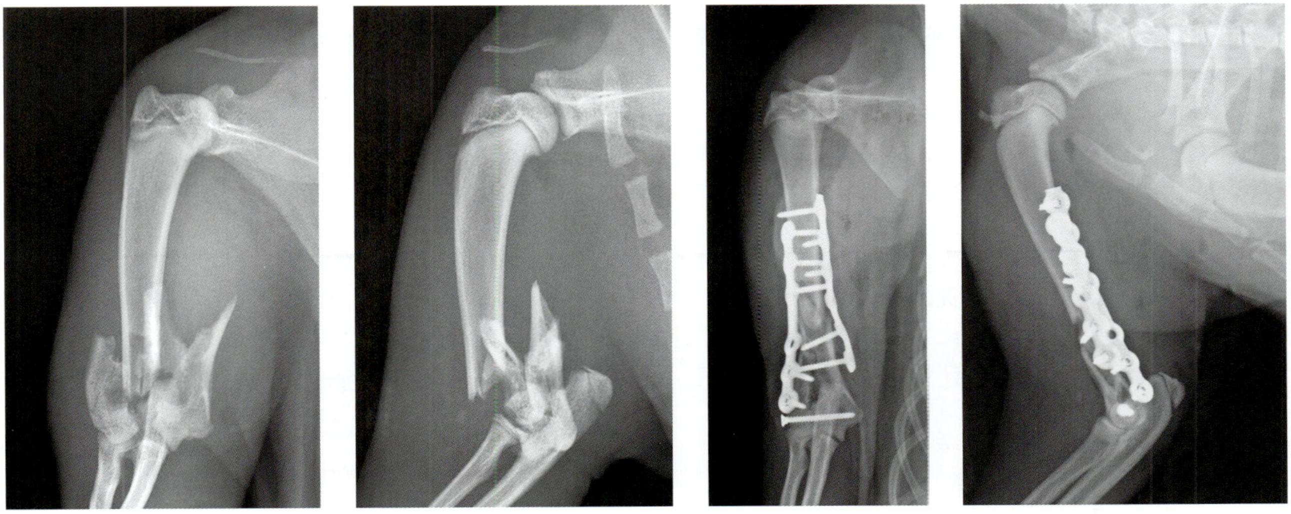

图 29-13　髁间和髁上粉碎性骨折的（A，B）术前和（C，D）术后 X 线片。首先将肱骨髁解剖复位，并用跨髁拉力螺钉固定。髁上部分骨折选用 2 块 2.0 mm 锁定骨板桥接固定。使用锁定骨板时，可以用单皮质螺钉。放置内侧骨板时可以再往远端移动些，但要注意避免损伤髁上孔内的结构

专栏 29-6　肱骨髁外侧部分骨折的固定

行肘关节前外侧入路。选用 1.5 ~ 2.0 mm 拉力螺钉紧邻外上髁前侧略向内上髁的远端后侧打入（图 29-14）。外上髁的滑行孔可在骨折处通过尖头复位钳复位，固定后由外侧打入拉力螺钉。C 型导钻有助于完成这项操作。另一种方法是在复位前从骨折面向外侧面打滑行孔。这种方法可以确保螺钉正确放置，但需要对骨碎片周围的软组织进行更多的分离和操作。在打完滑行孔并将骨碎片复位后，将导钻插入滑行孔，在滑行孔的辅助定向下打螺纹孔。之后拧入拉力螺钉。在拉力螺钉拧紧前，将 1 根细克氏针打入外上髁嵴提供抗旋转稳定性。

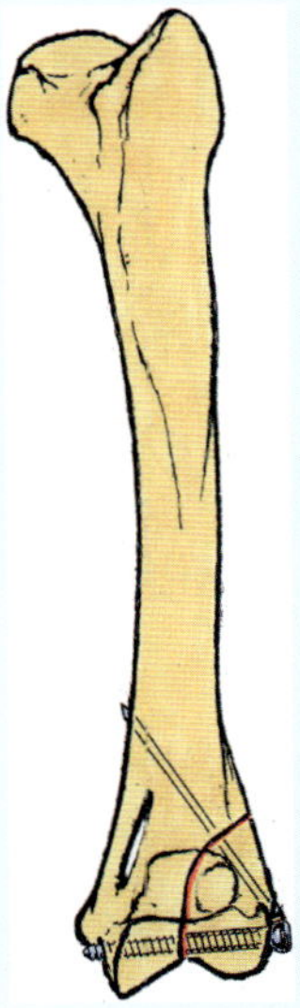

图 29-14　使用跨髁拉力螺钉和抗旋转克氏针固定肱骨髁外侧部分骨折

专栏 29-7　肱骨髁间骨折伴髁上粉碎性骨折的固定

手术需要同时做内侧和外侧入路。为了获得良好的术野，需要行鹰嘴截骨术牵开肱三头肌。首先处理关节处骨折。如专栏 29-6 中的描述，肘关节需要解剖复位并用拉力螺钉固定。

之后用内侧骨板（图 29-15A）或双侧骨板或锁定骨板（图 29-15B）或外固定支架（图 29-15C）固定髁上部分骨折。严重的粉碎性骨折推荐双侧骨板固定，选用锁定骨板效果会更好。

如果使用外固定支架，跨髁拉力螺钉的存在会增加跨髁固定针的放置难度，可以考虑放置小型号的克氏针。这些克氏针，不论是穿过单皮质还是双皮质，都放置在螺钉近端。放置双皮质固定针时应在直视下操作，并将正中神经和肱动脉牵开。近端骨断端至少需要放置 3 根固定针。

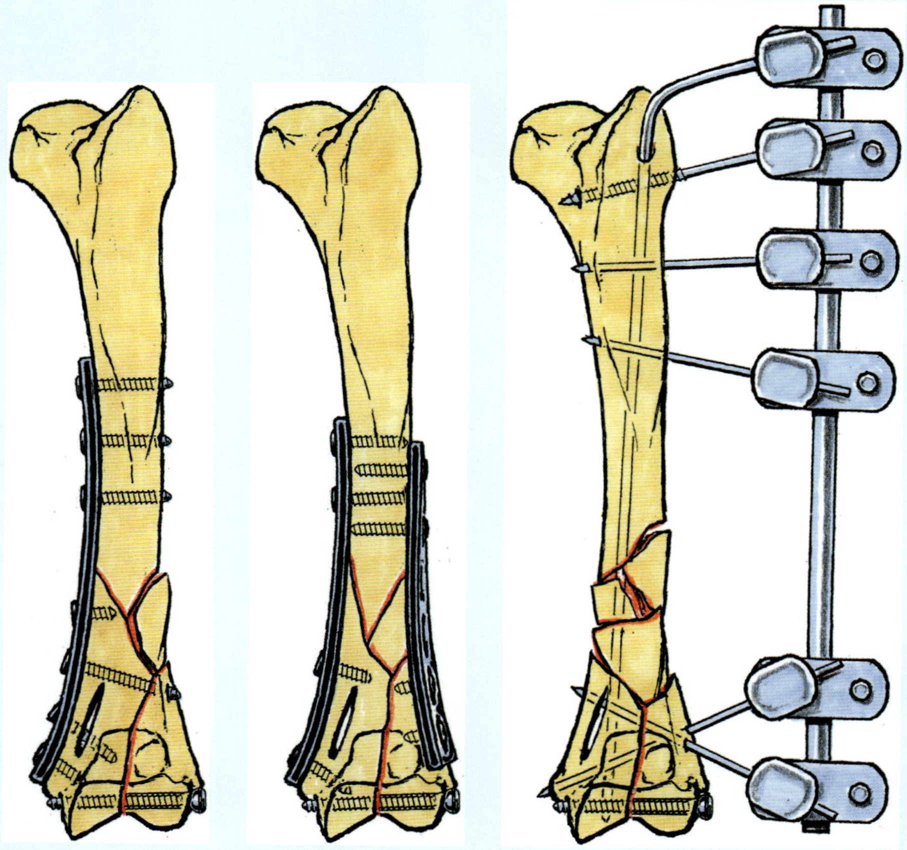

A　　B　　C

图 29-15　肱骨髁间骨折伴髁上粉碎性骨折的固定。（A）选用拉力螺钉和内侧骨板修复骨折。（B）选用拉力螺钉和内、外侧骨板修复骨折。放置双侧骨板比只放置内侧骨板更稳定。（C）选用拉力螺钉和搭接外固定支架修复骨折

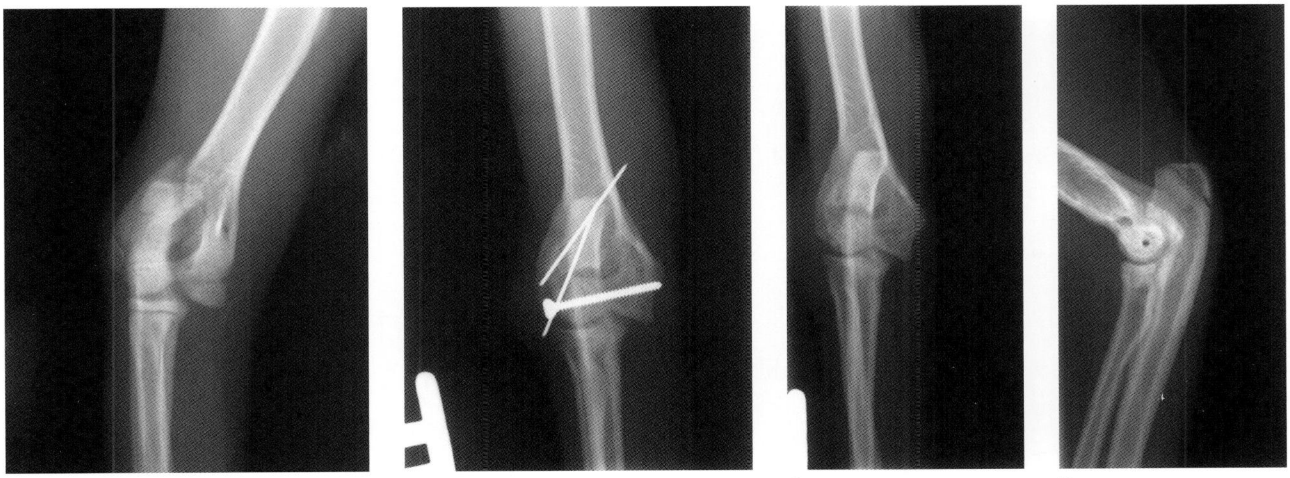

A　B　C　D

图 29–16　4 月龄猫的 Salter–Harris Ⅳ型骨折。（A，B）术前和术后 X 线片。选用 1.5 mm 拉力螺钉和 2 根小型号克氏针实现了解剖复位和固定。（C，D）术后 8 周移除植入物后的 X 线片，显示骨折愈合良好

参考文献和延伸阅读

[1] Hill FWG. A survey of bone fractures in the cat. J Small Anim Pract 1977;18:457–463.

[2] Staimer MS. Humerusfrakturen bei der Katze. Dissertationschrift. München: Ludwig-Maximilians-Universität; 1980.

[3] Vannini R, et al. An epidemiologic study of 151 distal humeral fractures in dogs and cats. J Am Anim Hosp Assoc 1988;24: 531–536.

[4] Langley-Hobbs SJ, et al. External skeletal fixation for stabilisation of comminuted humeral fractures in cats. J Small Anim Pract 1997;38:280–285.

[5] Langley-Hobbs SJ, Straw M. The feline humerus. An anatomical study with relevance to external skeletal fixator and intramedullary pin placement. Vet Comp Orthop Traumatol 2005;18: 1–6.

[6] Moses PA, et al. Intramedullary interlocking pin stabilisation of 21 humeral fractures in 19 dogs and one cat. Aust Vet J 2002;32: 336–343.

[7] Duhautois B. Use of veterinary interlocking nails for diaphyseal fractures in dogs and cats: 121 cases. Vet Surg 2003;32:8–20.

[8] Aron DN, et al. Experimental and clinical experience with an IM pin external skeletal fixator tie-in configuration. Vet Comp Orthop Traumatol 1991;4:86–94.

[9] Harari J, et al. Medial plating for repair of middle and distal diaphyseal fractures of the humerus in dogs. Vet Surg 1986; 15:45–48.

[10] Piermattei DL, Johnson, KA. An atlas of surgical approaches to the bones and joints of the dog and the cat, 4th edn. Philadelphia: WB Saunders; 2004.

[11] Tomlinson JL. Fractures of the humerus. In: Slatter D (ed.) Textbook of small animal surgery, 3rd edn. Philadelphia: WB Saunders; 2003: pp. 1905–1918.

[12] Turner TM. Fractures of the proximal humerus. In: Johnson AL, Houlton JEF, Vannini R (eds) AO principles of fracture management in the dog and cat. Stuttgart: Thieme; 2005: pp. 203–208.

[13] Macias C, et al. Y-T humeral fractures with supracondylar comminution in five cats. J Small Anim Pract 2006;47:89–93.

[14] Piermattei DL, Flo GL. Fractures of the humerus. In: Piermattei DL, Flo GL (eds) Small animal orthopedics and fracture repair. Philadelphia: WB Saunders; 1997: pp. 261–287.

[15] Vannini RS, et al. Evaluation of surgical repair of 135 distal humeral fractures in dogs and cats. J Am Anim Hosp Assoc 1988;24:537–542.

[16] Klause SE, et al. A modification of the unilateral type 1 ESF configuration for primary or secondary support of supracondylar humeral or femoral fractures. Vet Comp Orthop Traumatol 1990;3:130–134.

[17] Smith RN. Fusion of ossification centres in the cat. J Small Anim Pract 1969;10:523–530.

[18] Morshead D, Stambaugh JE. Kirschner wire fixation of lateral humeral condylar fractures in small dogs. Vet Surg 1984;13: 1–5.

第 30 章　肘关节

K. Voss, S.J. Langley-Hobbs, P.M. Montavon

肘关节脱位和肱骨远端的关节骨折是肘关节最常见的损伤。肱骨骨折见第 29 章，尺骨和桡骨骨折见第 31 章。与犬的肘关节外侧脱位占比大部分肘关节脱位的情况不同，猫的肘关节脱位有多种不同类型。这可能与解剖学的差异有关。其他损伤，如撕脱性骨折或侧副韧带拉伤，也会发生。

同四肢骨的其他关节相比，老年猫的肘关节更常发生骨关节炎[1–3]，但潜在的病程尚未见描述。在临床中，也能见到滑液囊肿、肘关节上髁炎、滑膜骨软骨瘤病、肘关节发育不良或先天性肘关节脱位等其他多种肘关节疾病，但与之相关的信息非常少。下文将会对肘关节疾病和创伤性损伤进行总结。更多内容请参见第 5 章和第 25 章。

30.1　外科解剖学

肘关节由 3 个关节复合组成：肱桡关节、肱尺关节和桡尺关节。猫肱骨滑车的外形和走向不同于犬，因此在肘关节屈曲时会发生桡尺骨向内侧移动[4]。桡尺关节的结构可以使尺骨围绕桡骨头发生转动，这一特点是猫肘关节做大角度内旋和外旋动作实现的基础。

犬猫间的韧带解剖与脱位类型有所差异。与犬类似，猫的肘关节侧副韧带也由两部分组成，但其路径和相对强度不同（图 30–1）。猫外侧副韧带的尺侧部比桡侧部更宽，向后延伸附着于外侧冠状突[4,5]。内侧副韧带的尺侧部也比桡侧部宽[4,5]。侧副韧带的尺侧部在整个范围内一直保持紧张状态，而桡侧部在屈曲时处于放松状态，这一特点使桡骨头有更大的旋转范围[4]。环状韧带环绕着桡骨头，起始于外侧副韧带，终止于尺骨内侧冠状突[4]。与犬不同，猫的桡尺骨间没有牢固的骨间韧带[5]。

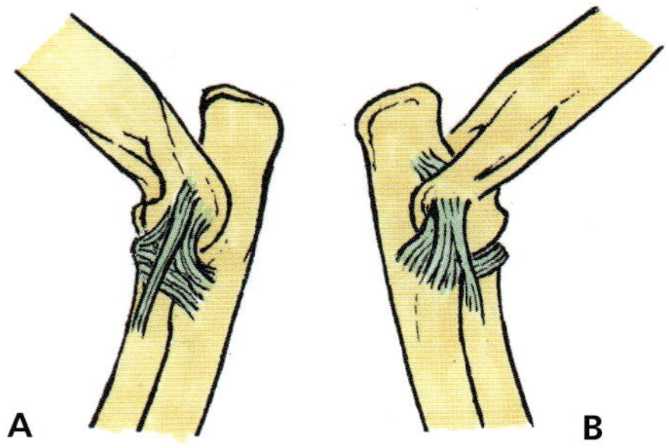

图 30–1　猫肘关节侧副韧带的解剖。（A）外侧和（B）内侧副韧带的尺侧部比对应的桡侧部更宽。环状韧带在肱骨上髁的外侧面有一个额外的附着点

30.2　诊断和治疗方法的选择

表 30–1 对肘关节疾病和损伤进行了总结。根据肘关节异常的原因不同，跛行从急性的非负重跛行到慢性低级跛行都有。通过触诊肘关节评估关节周增大或纤维化或正常解剖变化，以及触诊骨性标志。通过对关节进行屈曲、伸展与内旋、外旋，评估疼痛和活动范围。骨关节炎和其他慢性疾病常常引起轻微的临床症状。紧邻关节出现的较大体积的充满液体的组织结构通常提示滑液囊肿。当发生内上髁炎时，触诊屈肌腱在肱骨内上髁的附着点可发现疼痛。

当发生肘关节脱位或骨折等急性损伤时，通常容易触诊到疼痛、关节构型异常、活动范围缩小和捻发音。在肘关节外侧脱位的病例中，可以触诊到桡骨头和尺骨近端位于肱骨髁外侧。侧副韧带的完整性可以通过图 30–2 所示的坎贝尔试验进行检查。

肘关节 X 线片可以诊断退行性关节病、脱位和骨折。约 40% 的猫在旋后肌的起始点肌腱处可见到籽骨[6]。籽骨位于桡骨头的前外侧，不能误认为病变。根据临床症状怀疑肘关节失稳时，可以通过应力位 X 线片确诊内侧和外侧副韧带拉伤。关节造影术可以确诊是否存在滑液囊肿。

表 30–1　肘关节损伤分类及治疗方案的选择

损伤类型	进一步分类	治疗方案
肘关节发育不良和先天性肘关节脱位	发育不良 先天性桡骨头脱位	根据具体病例情况选择
滑液囊肿		保守治疗，囊肿抽吸
肌腱疾病	上髁炎，屈肌腱撕脱	保守治疗 手术治疗
	肱三头肌腱断裂	缝合肌腱
肘关节不稳定	侧副韧带拉伤	保守治疗 人工韧带
肘关节脱位	桡尺关节完整的肘关节脱位	闭合性复位后保守治疗 开放性复位并植入人工韧带
	桡骨头脱位	开放性复位并在桡尺骨间暂时放置位置螺钉
	桡尺关节破坏的复杂肘关节脱位	开放性复位并在桡尺骨间暂时放置位置螺钉和人工韧带
骨折	内上髁嵴	保守治疗 去除骨碎片并缝合锚固屈肌
	肘突	去除骨碎片

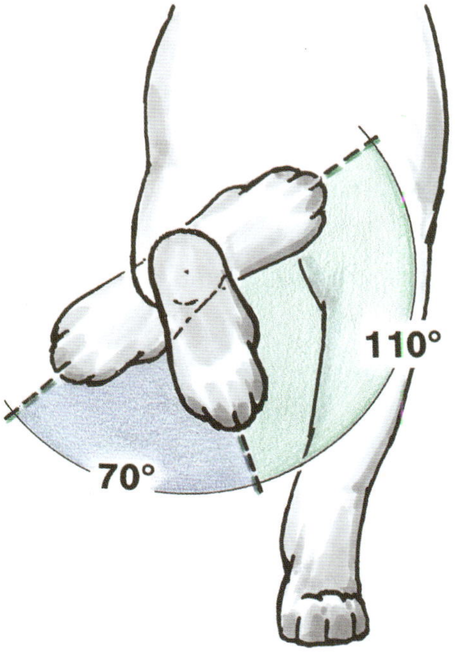

图 30–2　坎贝尔试验。将肘关节和腕关节屈曲 90° 做外旋和内旋。正常情况下，前臂可以外旋约 110°，内旋 70°。外侧副韧带断裂时，外旋角度会增加。桡骨头半脱位也可以在外侧触诊感知。当发生内侧副韧带断裂时，内旋角度增大

30.3　肘关节手术入路

猫的肘关节手术主要用于复位和固定肘关节脱位。可能需要联合使用外侧和内侧入路。

外侧入路可以显露肱骨外上髁、桡骨头、尺骨外侧冠状突和外侧副韧带[7]。桡骨头和尺骨外侧冠状突可以通过钝性分离伸肌显露。桡神经浅支位于肱三头肌外侧头和肱肌之间，并向前侧和远端延伸至肘关节。注意不要损伤穿过腕桡侧伸肌和旋后肌并支配伸肌群的较细的桡神经运动深支。

肘关节肱尺部后侧的显露也可以经外侧入路[7]，但其切口在肱骨上髁嵴和鹰嘴之间更靠后的位置。切开和分离肘肌可以显露包括肘突在内的肱尺关节后侧部分。

经内侧肌间入路可以显露肱骨内上髁、尺骨内侧冠状突和内侧副韧带[7]。猫的内侧冠状突相对较大，几乎完全遮挡住桡骨头。尺神经紧邻内上髁嵴后侧。正中神经和肱动脉经过髁上孔并在旋前肌下方向前延伸。

30.4 肘关节发育不良和先天性肘关节脱位

关于猫肘关节退行性病变高发病率的问题，人们一直在研究肘关节发育不良等潜在病因是否在疾病的发展过程中起到了促进作用。在一篇文章中，通过关节镜探查，作者认为尺骨内侧冠状突碎裂是猫肘关节骨关节炎的可能原因[8]（第 25 章）。而且作者也看到了双侧肘关节骨关节炎的患猫存在双侧桡尺骨不协调。但是，由于关于猫肘关节发育不良的文献几乎没有，因此患猫的治疗选择只能参考犬的（第 25 章）。

有 2 篇病例报告报道了先天性肘关节脱位。一例为桡骨头外侧脱位[9]，另一例是后外侧脱位[10]。患猫可能患肢功能良好[9]，主人通常会忽视病情（图 30–3）。桡尺骨近端存在骨性连接，一项研究认为这可能是肘关节脱位的原因[10]。儿童也有类似的情况描述。当胎儿阶段脊髓纵裂发育停滞时，会导致桡尺骨近端发育不同步，从而出现先天性肘关节脱位[11]。治疗方案主要根据临床症状的严重程度进行选择。大多数猫可以保守治疗，肘关节融合术应当作为治疗具有明显临床症状病例的补救方案。

30.5 滑液囊肿

滑液囊肿是一种由滑膜样细胞构成囊壁且内含滑液的关节周肿胀。虽然理论上来讲，滑液囊肿可以起源于任何滑膜关节，但文献报道只描述过猫肘关节的滑液囊肿[12–14]。关于滑液囊肿的发生机制，在人医上有一种假说，即可能由于创伤或骨关节炎导致滑膜疝出关节囊。老年猫肘关节的滑液囊肿常常与退行性关节病有关[13,14]。

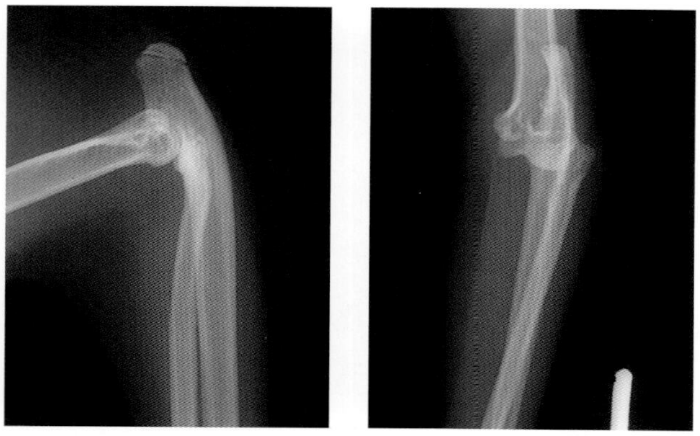

A B

图 30–3 桡骨头先天性后外侧脱位的 1 岁猫，左侧肘关节（A）内外侧位和（B）前后位 X 线片

患病猫通常表现轻度跛行。由于充满大量液体的结构紧邻肘关节，从肌腹间突出并向近端和（或）远端延伸，因此可以触诊到。X 线片可以观察到软组织肿胀和肘关节退行性变化（图 30–4）。囊肿液取样有助于支持诊断。关节 X 线造影可以提示囊肿的关节起源，并显现出囊肿的边界，所以可用于进行确诊。

在关节囊起源处手术摘除滑液囊肿适用于犬。但据文献报道，对猫而言，不论是手术摘除还是细针抽吸都不能成功预防囊肿复发[13]。因此，建议通过定期穿刺控制囊肿体积并治疗潜在的肘关节骨关节炎（第 5 章）治疗猫的滑液囊肿[13]。

30.6 肘关节上髁炎

在犬上，很少发生前臂屈肌腱在肱骨内上髁附着点发生撕脱和钙化[15,16]。致病原因不清，但创伤或过度使用可能会导致屈肌从内上髁部分或完全撕脱，从而引起上髁炎、肌腱末端病和屈肌营养不良性钙化。

猫也会发生类似疾病。患猫可能没有临床症状，或表现轻度跛行。通过指压屈肌和内上髁可以激发痛感。慢性病例的 X 线征象包括屈肌内上髁的附着点区域或其远端有矿化灶，以及在内外侧位 X 线片上内上髁变圆和不规则（图 30–5）。这种疾病可能是由创伤性撕脱导致，也可能是由反复的剧烈活动引起，如从高处跳下。可能会同时存在肘关节骨关节炎。

如果猫表现跛行，可以通过手术移除钙化肌腱和肌肉组织进行治疗。尺侧腕屈肌的肱骨头最常受到影响。由于屈肌腱和关节囊位置紧邻，所以在移除钙化组织的时候注意不要损伤关节囊。清理后的屈肌腱采用褥式缝合重新与周围的肌腱和肌肉筋膜固定。术后使用改良式罗伯特琼斯绷带 10 d。腕关节保持轻度屈曲状态固定，以降低屈肌张力。之后需要再限制活动 4 周。

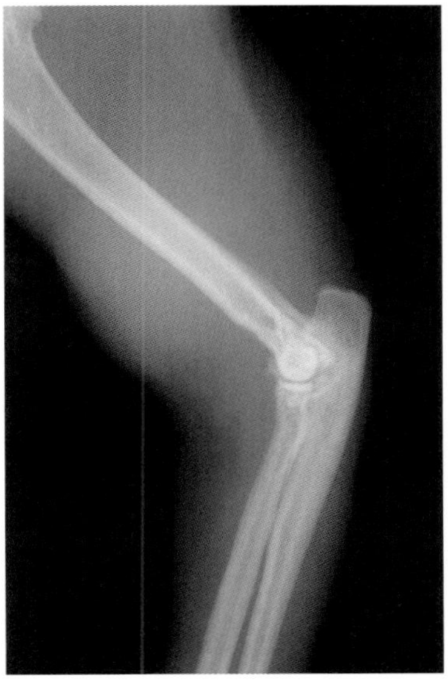

图 30-4　15 岁滑液囊肿患猫的肘关节内外侧位 X 线片。囊肿为肘关节近端大的软组织肿胀。注意肘关节同时存在骨关节炎

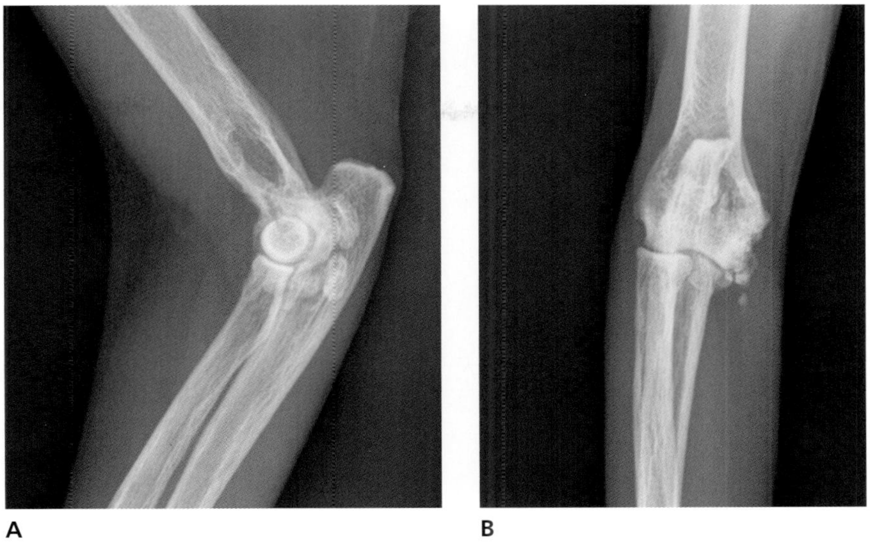

图 30-5　16 岁肘关节内上髁炎患猫的 X 线片。在（A）内外侧位和（B）前后位 X 线片上，可以见到屈肌腱后侧和内上髁远端都存在矿化骨片。内上髁变圆且不规则（A）

30.7　肱三头肌腱撕脱

文献报道了 2 只高处跌落或跳落病史的猫发生肱三头肌腱撕脱 [17,18]。其中一例的组织病理学结果显示，在完全断裂之前就存在肌腱病 [18]。慢性肌腱病可能导致如图 30-6 所示的 X 线征象。作者也曾见过接受克氏针和张力带钢丝修复鹰嘴骨折后发生肱三头肌腱撕脱的猫。

肱三头肌腱撕脱是通过肘下垂和负重状态下无法伸展肘关节的临床症状、触诊检查韧带完整性、拍摄 X 线片检查撕脱性骨折或骨碎片的存在进行诊断，有时也可进行超声检查。

肱三头肌腱必须重新固定在鹰嘴结节处，以对抗负重力。采用一个或多个改良锁环缝合或三环滑轮缝合（第 16 章）经鹰嘴结节上的钻孔锚定肌腱。缝线采用不可吸收单丝线或编织合成线。术后，使用夹板绷带、人字绷带或跨关节外固定支架 [18] 保持肘关节处于伸展状态 3 周。之后再限制活动 2 ~ 3 个月。

30.8　肘关节脱位

猫肘关节创伤性脱位有三种类型：桡尺关节完整的肘关节脱位；桡骨头脱位，伴尺骨骨折（孟氏骨折）；并发桡尺关节破坏的肘关节脱位（即前两种类型的合并）。

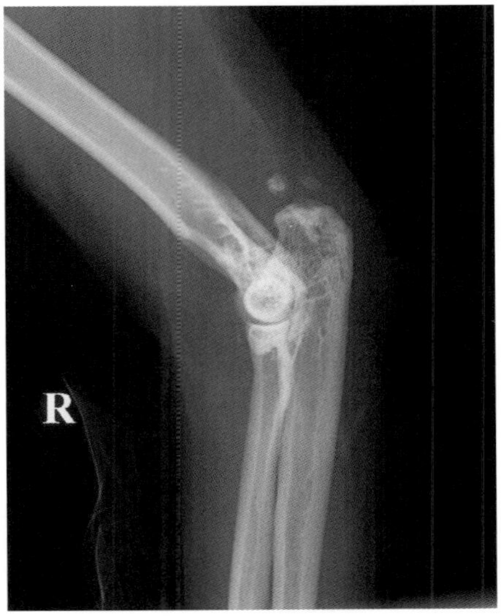

图 30-6　肱三头肌腱病患猫的 X 线片。对侧肢也有类似的变化。可通过叠盖技术加强肱三头肌腱进行治疗

30.8.1　桡尺关节完整的肘关节脱位

这种损伤是一种经典的肘关节脱位，其特点是近端的桡尺关节连接完整。受突出的内上髁的骨性限制，肘关节外侧脱位最常见（图 30-7），但猫也会发生后侧脱位（图 30-8）。内侧脱位极其少

见。肘关节的骨骼解剖结构决定了它是个很稳定的关节。根据导致关节脱位的外力构成，大多数病例的侧副韧带都可能断裂。在一项涉及犬猫的研究中，60% 接受肘关节闭合性复位的病例术后会存在侧副韧带支持结构不稳定[19]。

急性肘关节脱位可以尝试闭合性复位（专栏 30–1）。关节复位后，需要在保守治疗和手术固定之间做出选择。选择的依据就是根据上文所说的坎贝尔试验（图 30–2）评估肘关节的稳定性。如果稳定性良好，则采用人字绷带（第 22 章）包扎 10 d。人字绷带可以保持肘关节处于伸展状态，因此可以降低再次脱位的风险。某些猫不能忍受人字绷带，这时可以根据肘关节的稳定程度采用笼养或跨关节外固定支架。

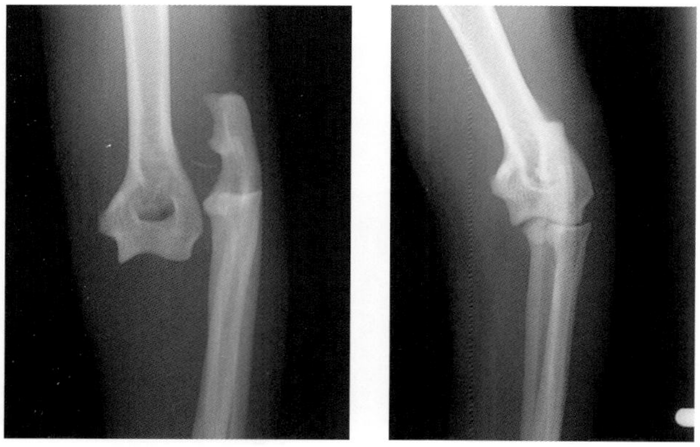

A　B

图 30–7　肘关节外侧脱位患猫的（A）术前和（B）闭合性复位后 10 d 前后位 X 线片。在闭合性复位后使用人字绷带进行保守治疗，通常可以给肘关节提供足够的稳定性

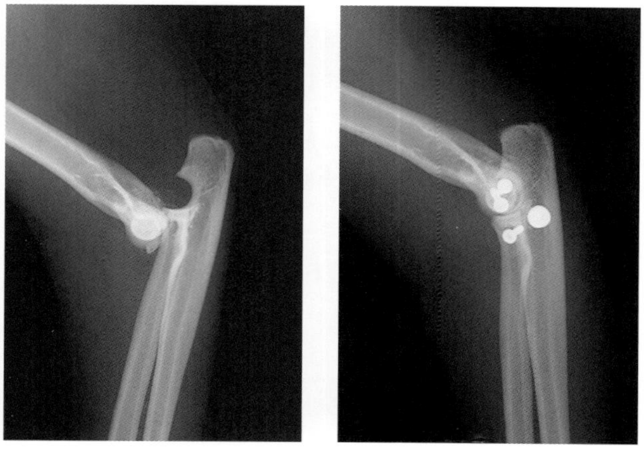

A　B

图 30–8　肘关节后侧脱位患猫的（A）术前和（B）术后内外侧位 X 线片。闭合性复位后，肘关节依然不稳定。因此用 1.5 mm 和 2.0 mm 螺钉与聚丙烯缝线做人工韧带修复内侧和外侧副韧带

当肘关节无法进行闭合性复位时，如慢性肘关节脱位和闭合性复位后肘关节不稳定，就需要进行手术治疗。侧副韧带的手术固定能够降低再次脱位的风险，还可能降低与关节不稳定相关的退行性关节病的发生率。根据韧带的解剖走向，内侧副韧带应当在肱骨和尺骨间重建，外侧副韧带在肱骨和桡骨间重建（专栏 30–2）。

30.8.2　桡骨头脱位和孟氏骨折

桡骨头的创伤性脱位通常并发尺骨骨折，但也可能只发生桡骨头脱位。桡骨头脱位并发尺骨骨折称为孟氏骨折。尺骨常在骨干近端发生骨折，并引起桡尺骨间环状韧带的断裂。在大多数病例中，这种损伤通常由高处跌落导致，而且往往并发其他损伤[20]。根据桡骨头脱位的方向，孟氏骨折可以分为 4 种类型[20,21]。桡骨头可以向前侧（Ⅰ型）、后侧（Ⅱ型）或外侧（Ⅲ型）脱位。Ⅳ型骨折时还会发生桡骨近端骨干的骨折。其中Ⅰ型脱位最常见（图 30–11）。

桡骨头脱位和孟氏骨折通常需要手术治疗，以便恢复肱桡负重轴。仅仅缝合环状韧带进行固定通常还会导致桡骨头再次脱位[20]。为了增加复位后的稳定性，推荐在桡尺骨之间暂时放置一颗位置螺钉，直到韧带和关节周组织愈合（专栏 30–3）。猫的桡骨颈很窄，放置螺钉具有造成医源性骨折的风险。可以通过使用 1.5 mm 螺钉紧邻肘关节打入相对宽些的桡骨头来降低风险。术后 4 ~ 6 周拆除螺钉。

尺骨骨折需要进行手术固定，因为尺骨的不稳定会增加桡骨的负重分担，从而增加桡骨头再次脱位的风险（专栏 30–3）。简单可复位的尺骨骨折可以在后侧放置“8”字钢丝和（或）髓内针进行固定。如果是粉碎性骨折，则建议放置外侧骨板以提高稳定性。

30.8.3　桡尺关节破坏的肘关节脱位

猫会发生桡尺关节破坏的肘关节脱位。大部

专栏 30-1　肘关节外侧脱位的闭合性复位

肘关节的闭合性复位需要在全身麻醉下进行。该操作的第一步是在肘关节保持屈曲和内旋的情况下将肘突整复至肱骨窝后侧（图 30-9）。之后在肘关节逐渐伸展的过程中，以肘突为支点复位桡骨头（图 30-9）。为了将肘关节复位，可能需要施加较大的力，但需要注意避免无谓的操作，以免损伤关节软骨。如果闭合性复位过程无法避免损伤软骨，则需要考虑采取开放性复位。

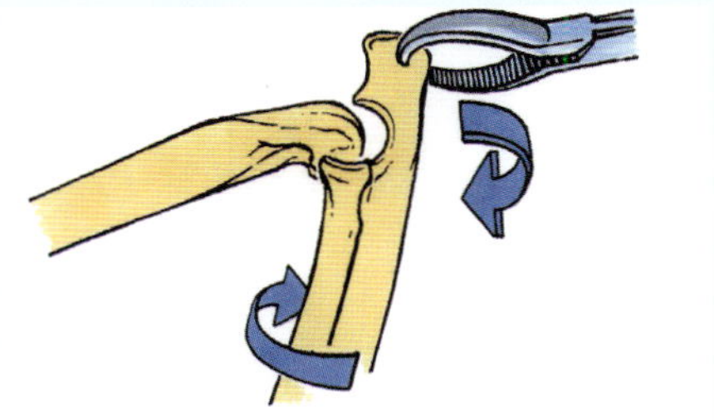

A

B

图 30-9　肘关节外侧脱位的闭合性复位。（A）将肘关节屈曲并使前臂内旋，用手或持骨钳固定鹰嘴，将肘突撬至肱骨的鹰嘴窝。（B）缓缓伸展肘关节，并在内侧用手指向桡骨头加压进行复位

专栏 30-2　肘关节外侧脱位的开放性复位与韧带重建

经外侧入路进行肘关节开放性复位和放置外侧人工韧带。经内侧入路放置内侧人工韧带。经双侧入路同时重建内侧和外侧副韧带。

开放性复位：开放性复位是在肘关节屈曲状态下用 Metzenbaum 剪或蚊式止血钳由外侧插入关节完成的。器械放置在髁间区域以打开关节，然后扭转器械，将其作为支点复位关节。操作时要小心，以免对软骨造成额外损伤。

重建外侧人工副韧带：尽可能将韧带缝合。在肱骨外上髁和肱骨头分别打入一颗 1.5 mm 的锚固螺钉（图 30-10A）。不可吸收缝线“8”字环绕固定在螺帽处。如果存在向后脱位的倾向，还要在尺骨近端放置锚固螺钉，然后用另一股人工韧带在肱骨上髁和尺骨近端的螺钉上做“8”字环绕固定。

重建内侧人工韧带：肘关节外侧脱位几乎总是会发生内侧副韧带断裂，通常需要先进行检查和治疗。尽可能缝合撕裂的韧带。因为内侧副韧带的较大部附着于尺骨内侧冠状突，所以在肱骨内上髁和尺骨近端各放置一颗 1.5 mm 螺钉（图 30-10B）。不可吸收缝线在这两颗螺钉之间“8”字环绕固定。

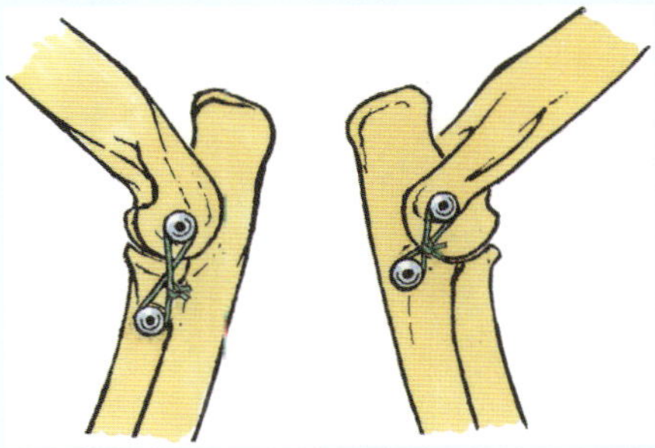

A　B

图 30-10　放置螺钉重建侧副韧带。（A）外侧人工韧带：“8”字环绕固定螺钉的缝线模拟了外侧副韧带桡侧部的功能。（B）内侧人工韧带：“8”字环绕固定螺钉的缝线模拟了内侧副韧带尺侧部的功能

分病例会发生尺骨骨折（图 30-13）。这些损伤与孟氏骨折相似，但肱尺关节也会发生脱位。肘关节和桡尺骨近端韧带支持的两点解剖差异可能是导致猫容易发生这类损伤的原因。首先，环状韧带与外侧副韧带共同附着于肱骨外侧髁，这会导致环状韧带和外侧副韧带同时受损。其次，猫在桡尺骨之间缺乏强壮的骨间韧带[5]，这就意味着桡骨与尺骨骨干间的联系非常薄弱。

为了达到正确的复位并保持这些高度不稳定关节足够的稳定性，需要非常仔细地将所有断裂的韧带进行重建（图 30-13）。首先经外侧肌间入路进入肘关节，复位肱尺关节，再复位桡骨头。然后，按照上文所说的处理孟氏骨折的方式进行手术，包括缝合环状韧带、尺骨和桡骨头间放置位置螺钉以及修复尺骨骨折。缝合外侧副韧带并放置外侧人工韧带。最后，经内侧肌间入路进入肘关节，修补内侧副韧带。

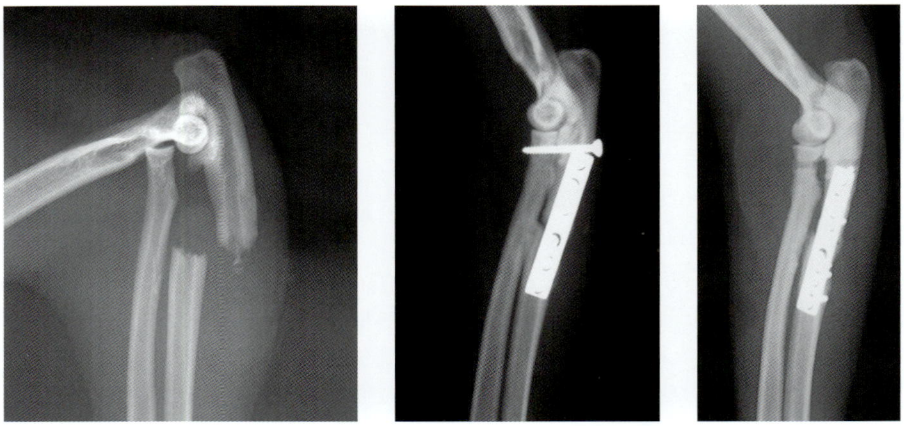

图 30–11 Ⅰ型孟氏骨折患猫的（A）术前、（B）术后和（C）跟踪回访时拍摄的 X 线片。（A）桡骨头向前侧脱位，尺骨近端骨折，桡尺关节分离。（B）从尺骨向桡骨头方向打入一颗 1.5 mm 位置螺钉。在尺骨外侧放置一块 1.5 mm 迷你骨板固定尺骨骨折。（C）移除位置螺钉 1 个月后的 X 线片。肘关节协调，尺骨骨折处基本愈合

专栏 30–3 孟氏骨折的内固定

经尺骨近端后外侧切开皮肤。采用肘关节肌间外侧入路显露桡骨头。将尺骨骨折和桡骨头复位。可以用一对尖头复位钳非常小心地跨过桡骨头和近端尺骨维持复位。需要注意的是，复位后应达到前臂的功能性内旋角度和外旋角度。由尺骨后侧向桡骨头中央打入 1.5 mm 位置螺钉（图 30–12）。修复尺骨骨折应提供轴向稳定性。如果是尺骨简单骨折，可以在后侧放置“8”字张力带钢丝（图 30–12）和（或）髓内针。粉碎性骨折需要在尺骨外侧放置 1.5 mm 或 2.0 mm 骨板。应识别环状韧带，并尽可能缝合。

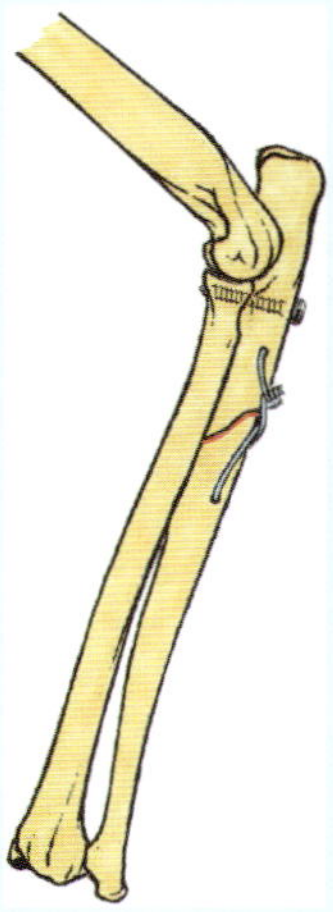

图 30–12 孟氏骨折的固定。由尺骨越过桡尺关节向桡骨头打入一颗 1.5 mm 位置螺钉。尺骨简单骨折可以通过在后侧放置“8”字钢丝固定

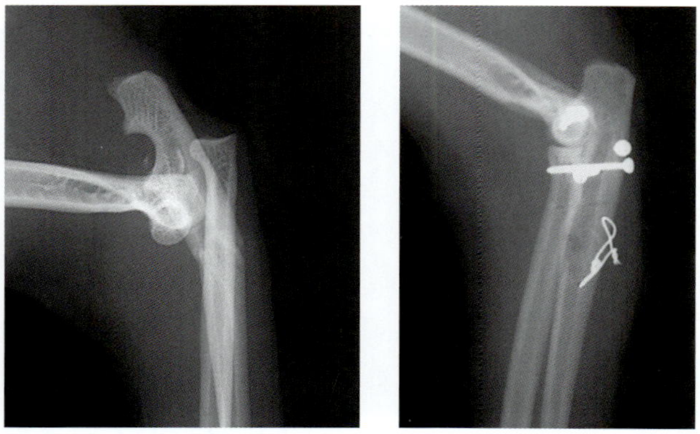

图 30–13 肘关节脱位并发孟氏骨折患猫的肘关节（A）术前和（B）术后内外侧位 X 线片。肱尺关节和桡尺关节都被破坏，而且尺骨近端骨折。手术包括关节复位、位置螺钉固定桡尺关节及在尺骨后侧使用“8”字钢丝修复骨折。另外，还需要重建外侧和内侧副韧带

30.9 肘关节骨折

肘关节最常见的骨折是肱骨远端骨折，其次是鹰嘴骨折。分别在第 29 章和第 31 章描述。

内上髁嵴骨折有时会引起跛行，可能是前臂屈肌腱附着点的撕脱性骨折（图 30–14）。如果不予治疗，则会发展为慢性内上髁炎和跛行。由于撕脱的骨碎片太小无法固定，所以如果没有相关的严重症状或进行性临床症状，则进行保守治疗。或者通过内侧入路移除骨碎片并将屈肌腱与周围组织缝合。

作者曾见过一例因为发生肘突创伤性骨折而跛行的患猫（图 30–15）。由于肘突碎片太小无法

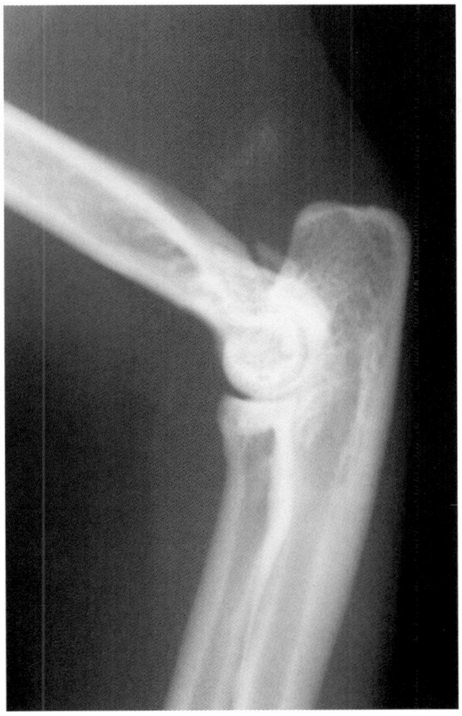

图 30–14　不明原因急性跛行患猫的肘关节内外侧位 X 线片。在内上髁后侧的屈肌腱附着点处可见一个骨碎片。不进行治疗时，很可能会导致内上髁炎

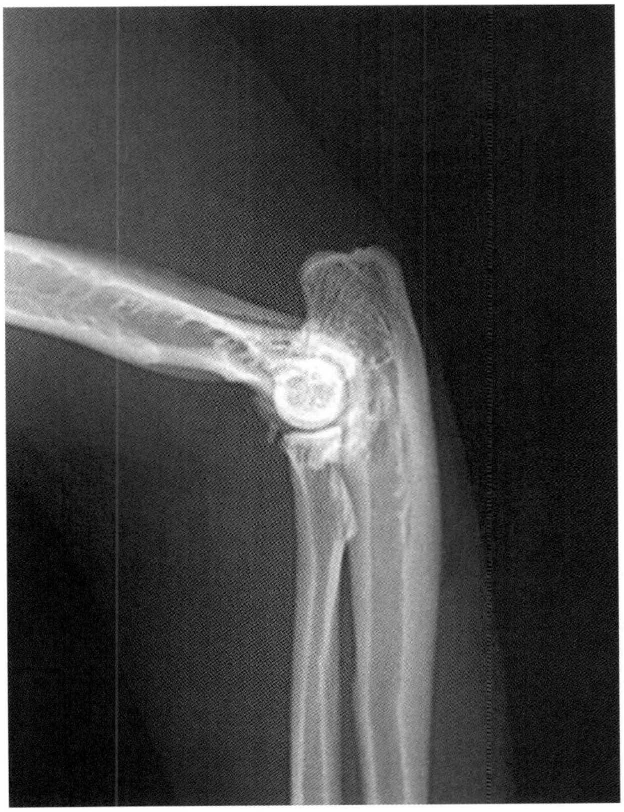

图 30–15　肘关节内外侧位 X 线片显示肘突创伤性骨折。猫表现中度跛行，伸展肘关节时会诱发疼痛。取出骨碎片后，临床症状消失

固定，所以经肘关节后外侧入路将骨碎片移除。移除后跛行症状也随之消失。

30.10　肘关节融合术

肘关节融合术是治疗功能丧失的肘关节所采用的一种挽救措施。其适应证包括关节的严重粉碎性骨折、关节枪伤、肘关节骨折畸形愈合、慢性创伤性脱位、先天性肘关节脱位和因关节周疾病导致的肘关节功能丧失（图 30–16，专栏 30–4）。肘关节融合术只用于疼痛无法缓解和通过其他方法无法恢复关节功能的情况。

文献已经报道过 3 例猫的肘关节融合术[22]。其中两只猫接受了骨板固定术，一只猫使用了外固定支架。一只接受骨板关节融合术的猫在骨板最远端发生了桡尺骨骨折。其余两只猫的功能恢复良好到一般。其中一例术后效果较理想情况稍差的原因是关节伸展角度过大[22]。若要达到最理想的功能恢复，关节角度应保持在 135°[22]。

30.11　术后治疗和预后

30.11.1　肘关节脱位

术后需要拍摄 X 线片评估关节协调性和螺钉位置。肘关节外侧脱位术后应使用人字绷带包扎 10 d 以降低再次脱位的风险。人字绷带使肘关节处于伸展状态，这样可以让肘突保持在肱骨窝内，防止脱位的再次发生。对于某些不耐受人字绷带的猫，在其接受稳定的手术修复后，可以笼养。当肘关节过度伸展时，很容易导致桡骨头的前侧脱位，因此孟氏骨折的患猫需要借助夹板绷带包扎保持肘关节呈中度屈曲状态 10 d。在术后 4 ~ 6 周时，需要将固定桡尺骨的位置螺钉拆除，以恢复内旋和外旋动作。这两个动作对保证猫的正常步态和肢体功能都非常重要。

就预后而言，虽然肘关节脱位在接受合适治疗后仍可能发生运动范围下降和骨关节炎，但功能恢复总体良好[20]。并发症包括固定不稳定而发生再次脱位、固定桡尺骨的位置螺钉导致桡骨颈医源性骨折、螺钉断裂及骨关节炎。

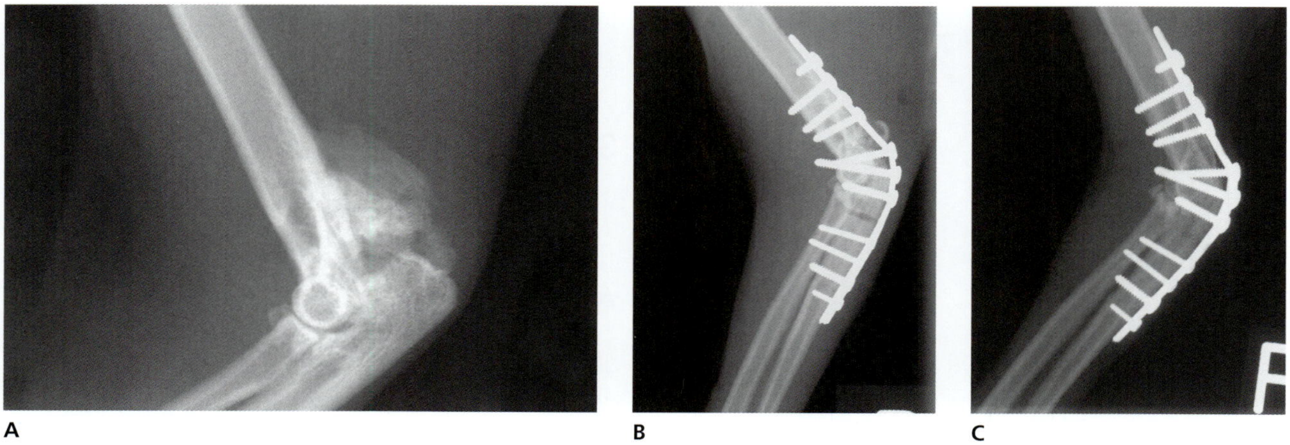

图 30-16 肘关节融合术举例。(A)5 岁猫表现前肢跛行和肘关节疼痛。在肱三头肌腱附着点处可见关节周围软组织钙化。组织学诊断为局灶性骨化性肌炎，手术切除后 11 个月，病变复发，伴疼痛和跛行。(B)用 1.5/2.0 mm 兽医可裁剪骨板行肘关节融合术。尺骨使用 1.5 mm 螺钉，其中一颗螺钉因为螺孔滑丝废弃不用。(C)术后 3 周拆除人字绷带后的 X 线片。愈合令人满意

专栏 30-4 肘关节融合术

采用肘关节外侧入路并进行鹰嘴截骨术。为了放置骨板，尺骨近端后侧面需要处理成平滑面(图 30-17A)。处理时可以使用咬骨钳、骨凿、骨锯或球钻。肱桡关节和肱尺关节的接触面关节软骨应当用球钻全部清除。关节用跨关节克氏针暂时固定，保持屈曲 135° ，同时检查患肢的准直、有无掌内翻和掌外翻以及内旋或外旋的情况。选择一块长的 2.0 mm 动态加压骨板或 2.0/2.7 mm 兽医可裁剪骨板在肱骨和尺骨后侧面进行塑型。第一颗螺钉经肱骨远端打入桡骨头。第二颗螺钉由尺骨近端打入肱骨髁。第三颗螺钉穿过尺骨和桡骨头(图 30-17B)。然后将近端和远端螺孔打入螺钉。在最近端和最远端骨板孔使用单皮质螺钉有助于减少应力集中效应。在关节面间和周围放置大量松质骨。截下的鹰嘴用拉力螺钉或张力带钢丝重新固定到内上髁处(图 30-17C)。

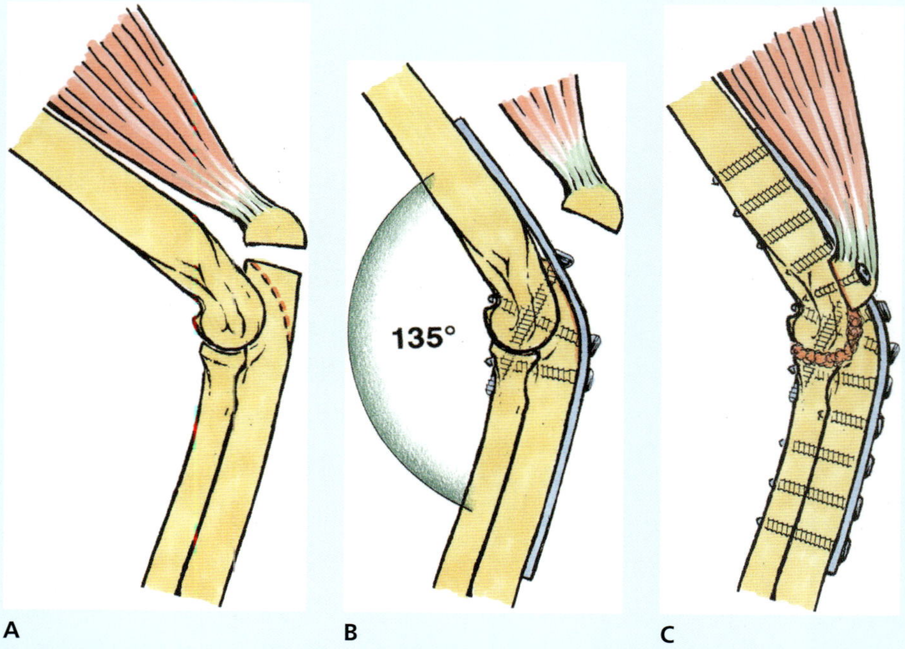

图 30-17 肘关节融合术的分步图示。(A)将鹰嘴截除并对近端尺骨面进行重塑，以方便放置骨板。(B)用克氏针将关节保持在 135° 。一颗螺钉穿过肱骨和桡骨头、一颗螺钉穿过尺骨和肱骨髁、一颗螺钉穿过尺骨和桡骨头，将骨板固定在后侧面。(C)将所有骨板孔都打入螺钉。最后用拉力螺钉将鹰嘴重新固定于肱骨内上髁

30.11.2 肘关节融合术

接受肘关节融合术的患猫在术后需要约 4 周的外包扎固定。人字夹板绷带应尽可能靠近端包扎。为了防止腕关节负重，可以在包扎时保持轻度屈曲。术后首次 X 线复查在 6 周后进行。

某些同行认为，接受肘关节融合术的患犬功能恢复效果不理想[23]。猫肘关节融合术的临床经验还比较少，该技术仍被认为有较高的并发症发生率和失败率。已报道的并发症包括桡尺骨骨折和患肢功能恢复不理想[22]。当肘关节融合失败后，可以选择截肢作为替代方案。

参考文献和延伸阅读

[1] Hardie EM, et al. Radiographic evidence of degenerative joint disease in geriatric cats: 100 cases (1994–1997). J Am Vet Med Assoc 2002;220:628–632.

[2] Godfrey DR. Osteoarthritis in cats: a prospective series of 40 cases. Proceedings of the BSAVA Meeting 2003; Birmingham, UK. J Small Anim Pract 2003:418.

[3] Clarke SP, Bennet D. Feline osteoarthritis: a prospective study of 28 cases. J Small Anim Pract 2006;47:439–445.

[4] Vollmerhaus B, et al. Anatomic fundamentals and species-specific movements of the elbow joint and proximal radioulnar joint of domestic cats. Tierarztl Prax 1993;21:163–171.

[5] Frewein J, Vollmerhaus B. Anatomie von Hund und Katze. Berlin: Blackwell; 1994.

[6] Wood A, et al. Anatomic and radiographic appearance of a sesamoid bone in the tendon of origin of the supinator muscle of the cat. Am J Vet Res 1995;56:736–739.

[7] Piermattei DL, Johnson KA. Surgical approaches to the bones and joints of the dog and cat, 4th edn. Philadelphia: WB Saunders; 2004.

[8] Staiger BA, Beale BS. Use of arthroscopy for debridement of the elbow joint in cats. J Am Vet Med Assoc 2005;226:401–403.

[9] Valastro C, et al. Congenital elbow subluxation in a cat. Vet Radiol Ultrasound 2005;46:63–64.

[10] Rossi F, et al. Bilateral elbow malformation in a cat caused by radio-ulnar synostosis. Vet Radiol Ultrasound 2003;44:283–286.

[11] Cleary JE, Omer GE Jr. Congenital proximal radio-ulnar synostosis. Natural history and functional assessment. J Bone Joint Surg 1985;67:539–545.

[12] Prymak C, Goldschmidt MH. Synovial cysts in five dogs and one cat. J Am Anim Hosp Assoc 1991;27:151–154.

[13] Stead AC, et al. Synovial cysts in cats. J Small Anim Pract 1995;36:450–454.

[14] White JD, et al. What is your diagnosis? J Feline Med Surg 2004;6:339–344.

[15] Zontine WJ, et al. Redefined type of elbow dysplasia involving calcified flexor tendons attached to the medial humeral epicondyle in three dogs. J Am Vet Med Assoc 1989;194:1082–1085.

[16] Meyer-Lindenberg A, et al. Vorkommen und Behandlung von knöchernen Metaplasien in den am medialen Epikondylus des Humerus entspringenden Beugesehnen beim Hund. Tierarztl Prax 2004;32:276–285.

[17] Liehmann L, Lorinson D. Traumatic triceps tendon avulsion in a cat. J Small Anim Pract 2005;47:94–97.

[18] Clarke SP, et al. Avulsion of the triceps tendon insertion in a cat. Vet Comp Orthop Traumatol 2007;20:245–270.

[19] Savoldelli DM, et al. Traumatic elbow luxation in the dog and the cat: perioperative findings. Schweiz Arch Tierheilkd 1996;138:387–391.

[20] Schwarz PD, Schrader SC. Ulnar fracture and dislocation of the proximal radial epiphysis (Monteggia lesion) in the dog and cat: a review of 28 cases. J Am Vet Med Assoc 1984;185:190–194.

[21] Bado J. The Monteggia lesion. Springfield, IL: Charles C Thomas; 1962.

[22] Moak PC, et al. Arthrodesis of the elbow in three cats. Vet Comp Orthop Traumatol 2000;13:149–153.

[23] Piermattei DL, Flo GL. The elbow joint. In: Piermattei DL, Flo GL (eds) Small animal orthopedics and fracture repair. Philadelphia: WB Saunders; 1997: pp. 288–320.

第 31 章 桡骨和尺骨

K. Voss, S.J. Langley-Hobbs, P.M. Montavon

桡尺骨骨折常由高处跌落导致，因此更常见于城市[1,2]。桡尺骨通常会同时骨折。在许多病例中，仅固定桡骨就足够了；但同时修复尺骨能够提高固定的稳定性，尤其是近端骨折。猫内旋和外旋的活动范围比犬大，这对保持正常步态和理毛行为都很有必要，因此在修复过程中需要额外小心地保护内旋和外旋功能。通过良好的骨折复位和正确的植入物放置，可以避免桡尺骨间的骨连接。

31.1 外科解剖学

桡骨是一根纤细的骨头，桡骨颈是其最窄的位置。由于桡骨直径很小，因此很难打入植入物。虽然桡骨在近端与肱骨髁外侧部、在远端与桡腕骨形成关节，可以分担大部分负重，但猫的尺骨比桡骨更粗[3]。桡骨与尺骨相互扭缠，在近端桡骨位于尺骨的前外侧，远端则位于尺骨的内侧。

猫的桡尺骨由一层骨间膜连接，缺少像犬那样强壮的骨间韧带连接[4]。这也许就是猫能够做大幅度内旋和外旋的原因。此外，内旋和外旋运动也得益于桡尺关节的近端和远端。这些小的滑液关节可以使桡骨和尺骨相互旋转。

猫的鹰嘴比犬的小，其后侧面向前弯曲，而犬是向后弯曲。猫的尺骨后侧面与犬的也不同[5]，从近端到骨干中段是凸出的，而在远端是凹陷的。在修复该区域的骨折时需要考虑这些差异。

犬猫之间的另一个解剖差异是尺骨远端生长板的形状。犬的尺骨远端生长板呈锥形，而猫是直的[4]。这也许能够解释为什么猫较少发生前臂的生长畸形。

31.2 固定技术

桡尺骨骨折可以通过外包扎固定、外固定支架和骨板治疗。铸型可用于固定桡尺骨青枝骨折和骨干的简单横骨折，或桡骨和尺骨中的一根骨折而另一根完好。桡骨不适合使用髓内针，因为髓内针会打穿桡腕关节的关节软骨。但髓内针可用于固定尺骨。

在桡尺骨骨干骨折中，大多数病例只需要固定桡骨。但在很多情况下，同时固定尺骨能够提供更大的稳定性，尤其是在前臂近端骨折时，因为这里的尺骨横断面比桡骨要大，而且内旋和外旋的幅度也很大。桡尺骨骨折的类型和固定方法总结见表 31–1。

31.2.1 尺骨髓内针固定

尺骨髓内针固定可同桡骨的外固定支架或骨板固定联合应用，可以提高抗弯折稳定性，在尺骨简单骨折的病例中，还可以提供轴向抗压缩稳定性。因此，尺骨髓内针固定术在修复尺骨简单骨折伴桡骨粉碎性骨折时最为有用。髓内针既可以在鹰嘴近端后侧、紧邻肱三头肌腱附着点后侧顺行打入（图 31–1），也可以由骨断端处逆行打入。髓内针的大小根据尺骨远端髓腔的内径及髓内针进入远端的距离来选择。最常用的是 1.0 ~ 1.4 mm 髓内针。

31.2.2 桡骨外固定支架固定

外固定支架适用于桡骨骨干和干骺端的粉碎性骨折或开放性骨折的修复。通常 I 型或改良 I 型外固定支架即可提供足够的稳定性。固定针由桡骨中段骨干和远端区域内侧进针，以免刺激伸肌和肌腱。在桡骨的最近端，如果由外侧进针，软组织损伤最小；因此，可以用弯曲连杆将远端内侧的固定针和近端外侧的固定针连接起来。如果预期骨折愈合时间长，如严重的粉碎性骨折或开放性骨折的老年猫，可以使用更稳定的 Ⅱ 型或改良 Ⅱ 型外固定支架。

对于桡骨远端 1/3 处的骨折，可以选择能在

表 31–1 桡尺骨骨折和可选治疗方案

骨折位置	骨折类型	固定方法
尺骨近端	Salter–Harris Ⅰ型骨折	张力带钢丝
	关节外骨折	张力带钢丝
	关节内简单骨折	骨板 ± "8" 字钢丝
		张力带钢丝
	关节内粉碎性骨折	骨板 ± "8" 字钢丝
桡骨近端	Salter–Harris Ⅰ型骨折	交叉克氏针
	近端干骺端	骨板
		锁定骨板
		外固定支架
桡尺骨骨干	简单横骨折或短斜骨折	外包扎固定
		桡骨加压骨板 ± 尺骨髓内针
		桡骨外固定支架 ± 尺骨髓内针
		锁定骨板 ± 尺骨髓内针
	长斜骨折或可复位多碎片骨折	桡骨中立骨板 ± 尺骨髓内针
		桡骨外固定支架 ± 尺骨髓内针
		锁定骨板 ± 尺骨髓内针
	粉碎性骨折	桡骨外固定支架 ± 尺骨髓内针
		桡骨桥接骨板 ± 尺骨髓内针
		桡骨桥接骨板＋尺骨锁定骨板
桡骨远端	干骺端简单骨折	外固定支架
		骨板
		锁定骨板
	干骺端粉碎性骨折	外固定支架
		锁定骨板
	Salter–Harris Ⅰ型和Ⅱ型骨折	交叉克氏针
尺骨远端	茎突骨折	保守治疗（腕关节稳定）
		张力带钢丝（腕关节不稳定）

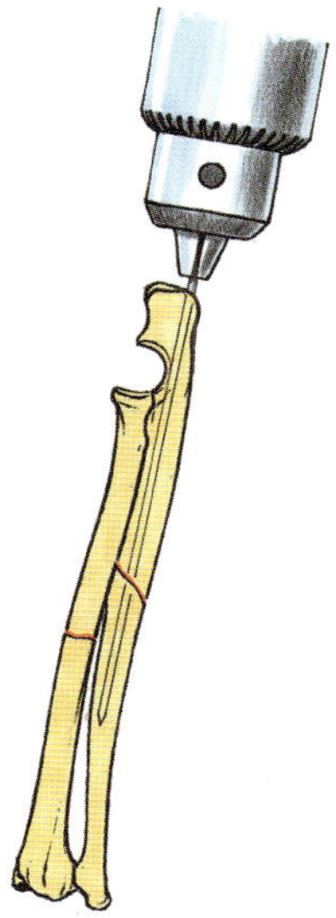

图 31–1 尺骨髓内针的入针位置位于鹰嘴处，紧邻肱三头肌腱后侧。注意尺骨近端圆弧状轮廓。髓内针向远端打入。由于远端髓腔直径狭窄，所以髓内针的规格决定了打入的距离

更短的距离内放置更多固定针的管状外固定支架（第 24 章）。

外固定支架可以以闭合的或开放的形式固定到桡骨上。然而，由于桡骨内侧呈扁平状，尤其是近端 1/3 段，由内侧向外侧打固定针非常困难。因此，通常采用微创入路来观察骨骼。固定针的规格选择依据桡骨前后向的直径而定。桡骨远端 1/3 段通常选择 1.2 ~ 1.4 mm 固定针，近端 1/3 段可能需要选择更细的固定针。由于只有 1.6 mm 或更粗的固定针才有阳螺纹针，因此滑面针或阴螺纹针更常用。需要注意的是，不要将固定针打到尺骨上。

31.2.3　桡尺骨骨板固定

根据骨折的位置，骨板可以放置于桡骨的外侧、背侧或内侧。骨板很少放置在外侧，但如果骨折位置在桡骨近端干骺端，则可以考虑这种方案。背侧骨板可用于全段桡骨干的骨折。内侧骨板用于桡骨远端 1/3 的骨折修复，与背侧骨板相比有多种优势 [6]。内外侧放置骨板时螺钉所抓持的骨质比背后侧放置的要多（图 31-2）。同前后侧面相比，在内外侧面可以用更小的螺钉获得更大的抓持力 [7]。由于桡骨远端的张力面在后内侧，因此内侧骨板更接近桡骨的张力面，比背侧骨板具有更强的抗弯折力。另外，如果骨板放在内侧，就不需要向外侧牵拉伸肌腱，从而降低骨板放置过于靠外和外旋的风险，同时肌腱横跨骨板引发的并发症也可避免。

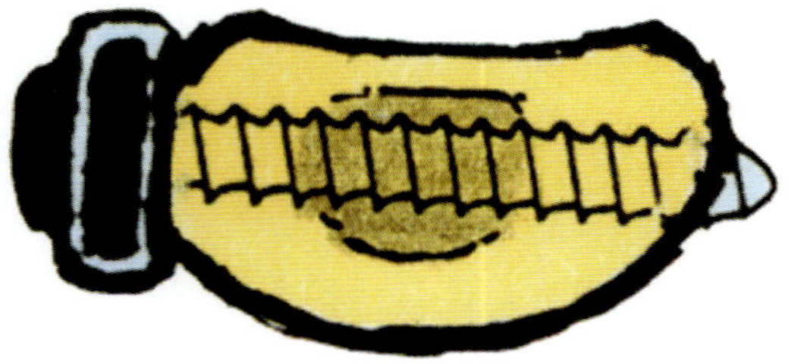

图 31-2　桡骨干远端 2/3 处的横断面。由内外侧面打入的螺钉比前后侧面可以抓持更多的骨质

1.5/2.0 mm 兽医可裁剪骨板（VCP）和 2.0 mm 动态加压骨板（DCP）是最常用的骨板。螺钉规格不能超过髓腔内径，以免对皮质造成损伤或引发医源性骨折。背侧骨板通常使用 2.0 mm 螺钉。小型猫在使用内侧骨板时，桡骨的内外侧面可能过窄无法使用 2.0 mm 螺钉，但可在 1.5/2.0 mm VCP 和 2.0 mm DCP 使用 1.5 mm 螺钉。有研究表明，1.5 mm 和 2.0 mm 的螺钉拥有相近的抓持力 [8]。

尺骨中段和近端骨折也可以使用骨板固定术。骨板固定术的适应证包括关节内的鹰嘴骨折和桡尺骨粉碎性骨折。当桡尺骨发生粉碎性骨折时，额外固定尺骨有利于提高整体的固定稳定性。骨板最好放置在尺骨干扁平的外侧面。固定一般采用 1.5/2.0 mm VCP 或 2.0 mm DCP 配合 1.5 mm 或 2.0 mm 螺钉。修复鹰嘴骨折时，可以将骨板放置在外侧或后侧。由于尺骨近端后侧薄而弯曲，后侧骨板的塑型和螺钉放置难度较大，因此许多病例更倾向放置外侧骨板。

31.2.4　锁定骨板

锁定骨板可替代传统骨板使用。使用这些更昂贵的植入物的适应证主要是邻近腕关节和肘关节的骨折。这些位置的骨碎片过小，无法满足传统骨板每个骨断端放置 3 颗螺钉的要求。使用锁定骨板时，在近关节的小骨碎片放置 2 颗螺钉即可提供很好的稳定性。2.0 mm Unilock 锁定骨板系统（第 24 章）适合用于桡尺骨骨折的修复。

31.3　桡尺骨近端骨折

在一项调查中，桡尺骨近端骨折占 24%[9]。治疗的目的是进行解剖复位并稳定固定，以恢复肘关节的协调性和稳定性。桡骨近端骨折常涉及干骺端区域。桡骨骨折时，通常并发尺骨骨折，但尺骨近端骨折也会单独发生。尺骨近端骨折可以分为鹰嘴生长板骨折、涉及和不涉及关节的鹰嘴骨折，以及尺骨近端干骺端骨折。

31.3.1　桡尺骨近端手术入路

暴露桡骨头和桡骨近端干骺端最好采用外侧肌间入路 [10]。桡骨头位于伸肌群下方，可通过触诊定位。桡神经较细的运动支在腕桡侧伸肌下方走行，因此必须注意辨别并保护。

对于同时累及桡骨近端干骺端和骨干的骨折，可采用桡骨骨干内侧入路，并将切口向近端扩创 [10]，以便将骨板放置在桡骨近端的背侧面。切断旋前肌在桡骨内侧的附着点，并将其向内侧牵拉。正中神经在旋前肌下方走行，必须保证其不受损伤。为了尽可能多地暴露桡骨近端，也可以分离旋后肌并向外侧牵拉。

鹰嘴和尺骨近端干骺端通过外侧皮肤切口显露 [10]。为了充分暴露骨断端，可以紧贴肘肌、尺外侧肌和屈肌内侧面分离骨膜。分离肘肌有助于显露肱尺关节后外侧部，且便于在可视状态下复位关节内的鹰嘴骨折 [10]。

31.3.2　桡骨近端骨折

一项调查表明，猫桡骨近端 1/3 段骨折比远端骨折更常见[9]。真正意义上的桡骨近端干骺端骨折很罕见；大多数情况下，骨折线位于近端骨干。猫的桡骨近端生长板在 20 ~ 28 周龄闭合[11]。因此，理论上 Salter-Harris 骨折会发生在 5 ~ 6 月龄以下的幼猫上，但作者还未碰到过。

桡骨近端骨折常与尺骨骨折和（或）桡骨头脱位并发（第 30 章）。如果近端骨断端允许放置足够数量的螺钉，则可以放置外侧或背侧骨板或锁定骨板。由于桡骨近端直径很小，尤其是在内外侧向，因此只能使用 1.5 ~ 2.0 mm 螺钉，而且需要谨慎操作避免造成医源性骨折或将螺钉打入关节。2.0 mm DCP 和 1.5/2.0 mm VCP 都可使用 1.5 mm 和 2.0 mm 螺钉。也可以使用跨关节外固定支架。

桡尺骨近端同时骨折的修复常出现并发症，往往需要二次手术[9]。骨板固定比外固定支架的成功率更高，作者也建议在这类病例中要同时固定尺骨（见下文）。

31.3.3　尺骨近端骨折

尺骨近端骨折可累及肘突（第 30 章）、鹰嘴或尺骨近端干骺端。

鹰嘴骨折可分为生长板骨折、关节内骨折和关节外骨折。由于肱三头肌的牵拉作用，近端骨碎片总是向近端前侧移位（图 31–3）。为了对抗肱三头肌的牵拉作用，并为骨碎片提供加压效果，常用张力带钢丝进行修补。固定生长板骨折和简单的鹰嘴关节外骨折时，会打 2 根平行克氏针，并在后侧放置“8”字钢丝（专栏 31–1）。在犬上，克氏针朝向滑车切迹远端的尺骨前侧皮质。克氏针锚固在尺骨前侧皮质比进入髓腔可以提供更好的稳定性。猫尺骨近端的外形决定了克氏针在这个入针方向上很难保持角度，所以通常都是像髓内针那样打入。一项调查显示，鹰嘴骨折的张力带钢丝固定具有较高的并发症发生率[9]。谨慎选择手术方案并严格遵守植入物放置原则可以提高手术成功率（第 24 章）。

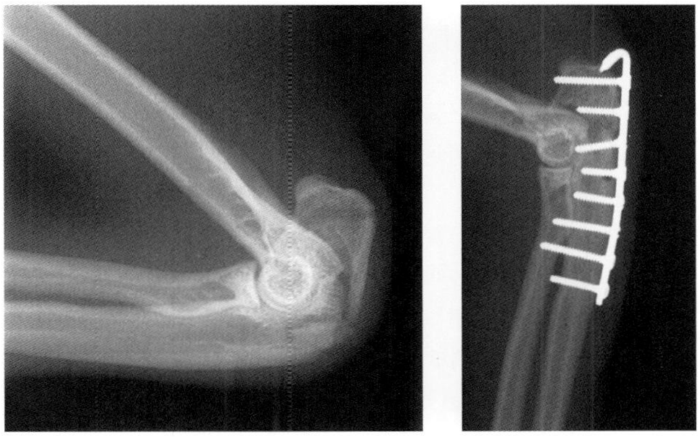

A　　B

图 31–3　鹰嘴关节内粉碎性骨折患猫的（A）术前和（B）术后 X 线片。骨折解剖复位，并在后侧使用 1.5/2.0 mm 兽医可裁剪骨板进行固定。为了获得额外的针对近端骨碎片的固定效果，将骨板近端孔折弯塑型成钩状

鹰嘴关节内骨折推荐使用骨板固定。可在鹰嘴外侧或后侧面放置 1.5/2.0 mm VCP 或 2.0 mm DCP（专栏 31–1）。后侧骨板有更好的抗张力效果。为了获得额外的抓持效果，也可以将骨板塑型成钩状骨板（图 31–3）[12]。放置在外侧面的骨板有更大的惯性矩，从而可以提供更好的抗弯折力。因此，当修复鹰嘴粉碎性骨折时，推荐使用外侧骨板。

尺骨近端干骺端骨折位于环状韧带远端，且常常与桡骨近端骨折或桡骨头脱位同时发生。并发桡骨头脱位时，称为孟氏骨折，参见第 30 章的相关描述。肘关节远端的尺骨近端很少单独发生骨折。由于肱三头肌牵拉会引起近端骨碎片旋转和骨折线后侧开裂，所以需要对其进行固定。如果骨折不进行治疗，可能会有延迟愈合或不愈合的风险。髓内针、“8”字钢丝或外侧骨板固定都可用于修复这些骨折。

31.4　桡尺骨骨干骨折

很多桡尺骨骨干骨折都是简单横骨折，但通常也会存在小骨碎片或骨裂。这些骨折通常发生在中段 1/3 骨干[9]。一般而言，治疗方案包括使用铸型外包扎固定的保守治疗、骨板固定和外固定支架。桡骨不能使用髓内针，但尺骨可以。

通常只固定桡骨即可，但在某些病例，特别

专栏 31-1 鹰嘴骨折固定

行后外侧入路显露鹰嘴。将尺骨切迹的关节面准确复位，复位效果可通过分离肘肌显露肘关节的后外侧面进行确认。

张力带钢丝修复：张力带钢丝固定术用于生长板骨折和简单的关节外骨折。2 根平行的 0.8 ~ 1.2 mm 克氏针由肱三头肌腱附着点后外侧和后内侧入针，并向远端打入髓腔。在骨折线远端的尺骨二骺端钻孔，在鹰嘴处的克氏针前侧钻孔。选择 0.6 ~ 0.8 mm 骨科钢丝穿过这两个孔做“8”字钢丝固定（图 31-4A）。或者，可以将“8”字钢丝环绕在近端克氏针末端，但需要注意保护肱三头肌腱附着点。

骨板：骨板固定术用于关节内骨折和粉碎性骨折的修复。骨板放置在鹰嘴和尺骨近端的外侧（图 31-4B）或后侧（图 31-4C），近端骨断端至少要放置 2 颗 1.5 mm 或 2.0 mm 螺钉。对骨板跨骨折线部位的轻度过度弯折塑型有助于避免关节面骨折线的开裂。粉碎性骨折推荐使用外侧骨板。此外，还可以在后侧放置“8”字钢丝提高抗张力。

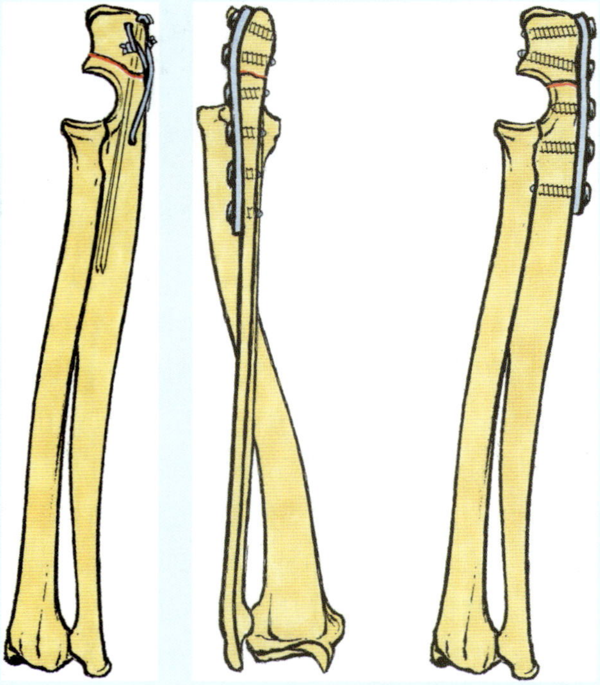

图 31-4 鹰嘴骨折的张力带固定。（A）用 2 根平行进针的克氏针和后侧“8”字钢丝固定鹰嘴的关节外简单骨折。（B）外侧骨板固定鹰嘴关节内骨折。（C）后侧放置骨板作为张力带修复鹰嘴关节内简单骨折

是中段骨干和近端生长板骨折的病例，建议同时固定尺骨。对于预计骨折愈合时间长的病例，也要同时固定尺骨。例如，在老年猫的粉碎性骨折以及单纯固定桡骨稳定性不佳的病例中，当尺骨是简单骨折时，固定尺骨也有助于桡骨复位。对于肥胖猫或由于并发其他肢体损伤而需要患肢术后立即负重的病例，也需要同时固定桡尺骨。先固定没有严重粉碎性骨折的骨骼恢复准直，可以使固定变得更简单。

猫前臂的内旋和外旋动作对维持正常步态和活动非常重要。因此，必须避免将螺钉或克氏针经桡骨打入尺骨，务必要使用合适长度的螺钉或克氏针及正确的准直对位，以保证内旋和外旋动作。通过屈曲和伸展肘关节检查内旋和外旋是否受到影响。正常状态下，猫的爪部外旋，当屈曲肘关节时，其外旋程度会比伸展时更明显。

31.4.1 桡尺骨骨干手术入路

修复桡骨骨干骨折采用桡骨干内侧入路[10]。放置背侧骨板修复近端骨折时，需要分离并向内侧牵拉旋前肌。务必要避免损伤旋前肌下方走行的正中神经。尺骨则经骨骼正上方的后外侧切口显露。

31.4.2 简单横骨折和短斜骨折

简单横骨折或短斜骨折可以保守治疗或手术治疗。使用铸型外包扎固定进行保守治疗的最佳适应证包括未成年猫的青枝骨折、幼年猫的可复性骨折（图 31-5）和比较罕见的只有桡骨或尺骨骨折的病例。铸型外包扎固定技术参见第 22 章。

如果无法进行闭合性复位、复位后骨断端非常不稳定、成年猫预期骨折愈合时间超过 4 周，则建议进行手术固定。内固定技术也适用于理论

上可以通过闭合性复位和外包扎固定治疗的骨折。内固定允许肢体功能更快恢复，无需频繁复查，而且可以降低铸型相关的潜在并发症风险，如褥疮、复位失败和关节纤维化等。

骨板和外固定支架都可用于桡骨简单或短斜骨折的修复。根据骨折的位置，骨板常放置在内侧（图 31-6）或背侧（专栏 31-2）。若修复桡骨近端骨干骨折，也可将骨板放置在外侧，因为外侧入路的损伤性最小。修复简单骨折时，也常在内侧放置 I 型外固定支架。由于桡骨远端表面覆盖的软组织较少，因此在远端打固定针比在近端更容易。管状外固定支架的自重轻，没有笨重的连接夹，还可以在短距离内放置更多的固定针，所以是一种理想的外固定支架（图 31-8）。

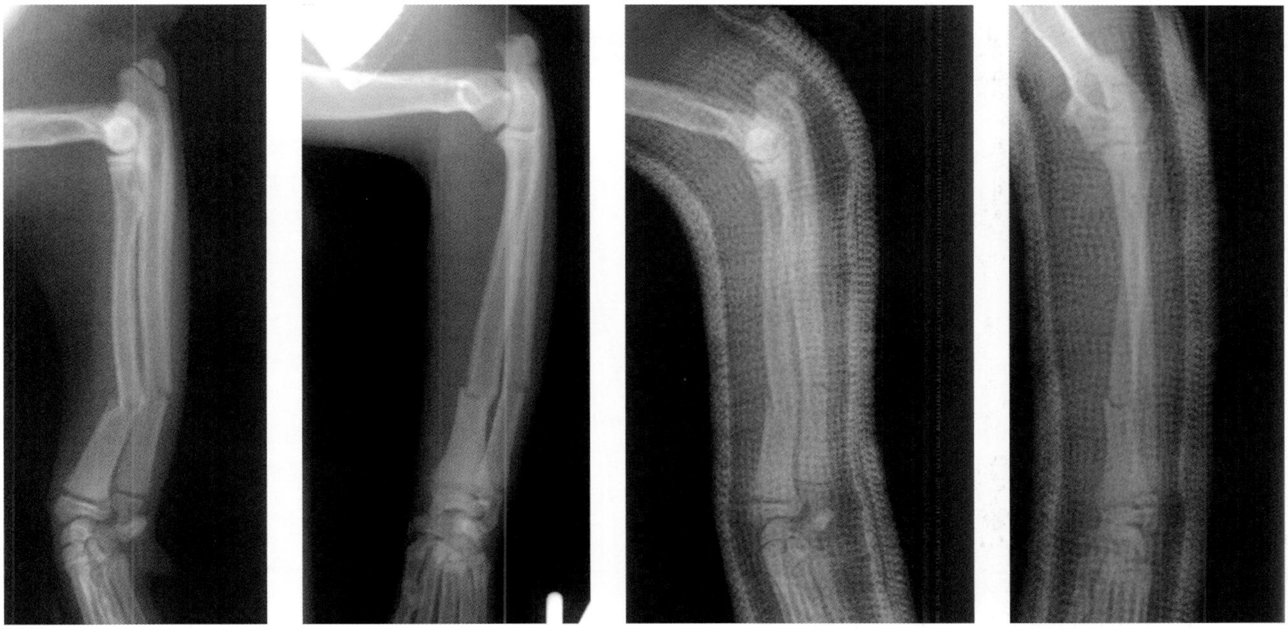

A B C D

图 31-5 （A，B）4 月龄幼猫桡尺骨远端 1/3 处骨干轻微移位的简单横骨折。（C，D）使用铸型外包扎固定进行治疗

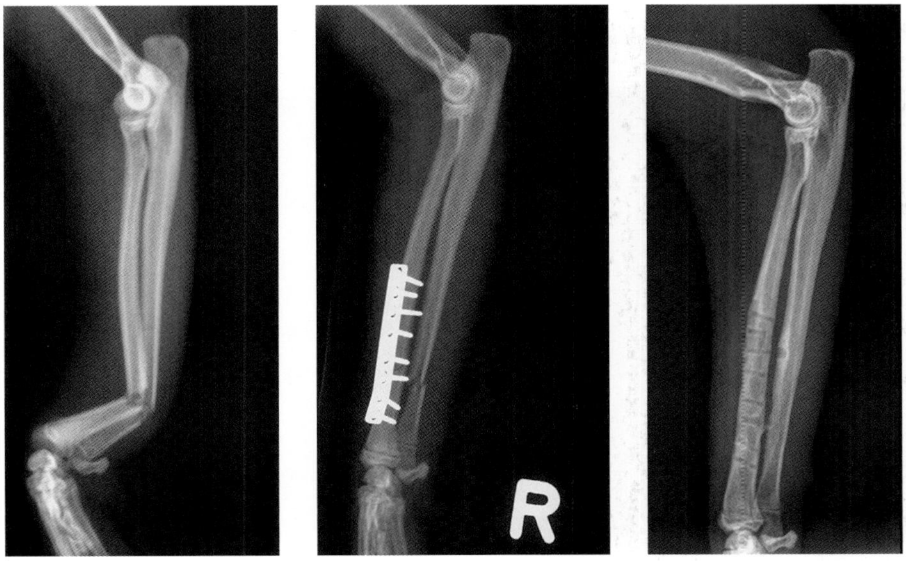

A B C

图 31-6 桡尺骨远端骨干骨折的 1 岁患猫（A）术前、（B）术后和（C）术后 4 个月复查的 X 线片。在桡骨内侧使用 2.0 mm 动态加压骨板配套 1.5 mm 螺钉进行固定；最终，骨折无并发症愈合

专栏 31-2　桡尺骨骨干简单横骨折或短斜骨折固定

通过内侧入路显露桡骨干并进行开放性复位和放置骨板。如果是桡骨干近端骨折，则采用外侧入路。

外固定支架：桡骨干远端 1/2 段骨折在闭合性或开放性复位后，采用内侧 Ⅰ 型外固定支架进行固定（图 31-7A）。每侧骨断端至少放置 3 根 1.2 ~ 1.6 mm 固定针。另外，桡骨干近端 1/2 处骨折采用配有丙烯酸树脂连杆的改良 Ⅰ 型外固定支架固定，因为近端从外侧打固定针更简单（图 31-7B）。

背侧骨板：桡骨近端 1/2 段骨折使用背侧骨板固定。需要分离旋后肌，并向内侧牵拉。按桡骨背侧面塑型骨板，在近端和远端至少各放置 3 颗 2.0 mm 螺钉。可以在尺骨放置 1 根 1.0 ~ 1.4 mm 髓内针，增强固定的稳定性（图 31-7C）。

内侧骨板：桡骨远端 1/2 段骨折使用内侧骨板固定（图 31-7D）。骨板沿远端骨骺内侧面塑型。需要注意的是，最远端的螺钉一定不能进入桡腕关节。远端干骺端使用 2.0 mm 螺钉，但在较窄的骨干更适合使用 1.5 mm 螺钉。选用 1.5/2.0 mm 兽医可裁剪骨板或 2.0 mm 动态加压骨板都可以。必要时，尺骨髓内针固定可增强稳定性。

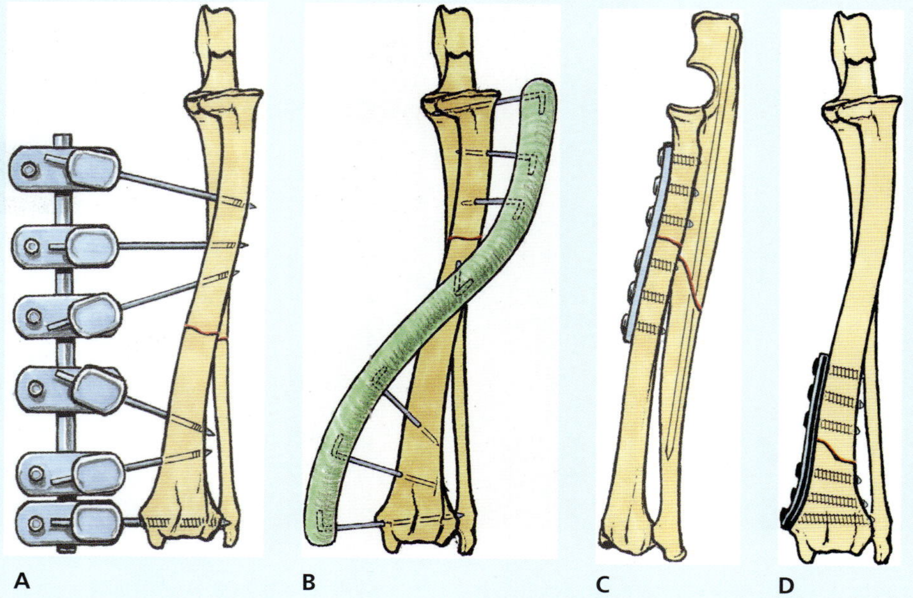

图 31-7　桡尺骨骨干简单横骨折或短斜骨折的固定方案。（A）应用 Ⅰ 型外固定支架固定桡骨干中段简单横骨折。（B）配有丙烯酸树脂连杆的改良 Ⅰ 型外固定支架修复桡骨近端骨折。（C）放置背侧骨板修复桡骨干近端简单骨折。尺骨骨折使用髓内针进行固定。（D）放置内侧骨板修复桡骨干远端短斜骨折

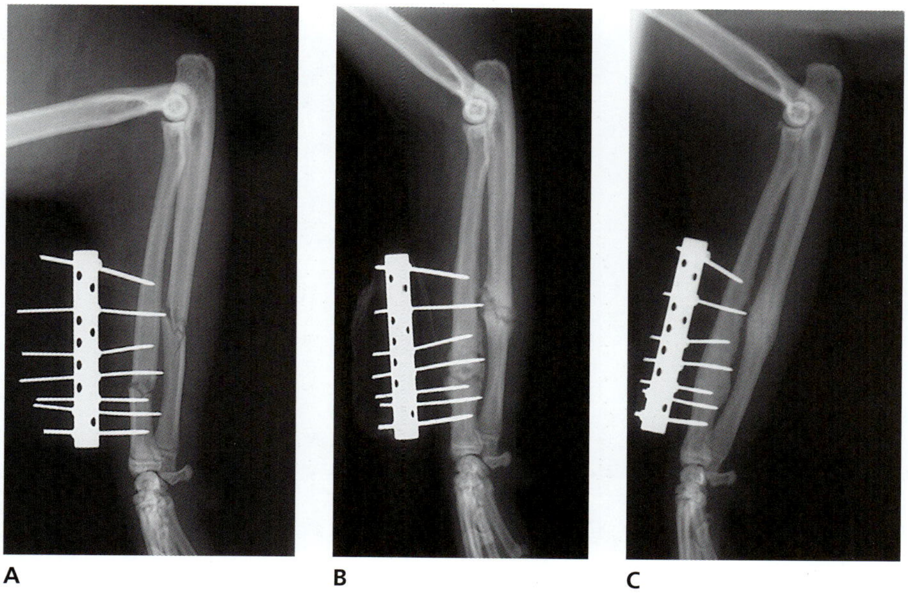

图 31-8　内侧放置管状外固定支架修复桡骨干远端骨折的 10 月龄患猫的（A）术后、（B）术后 1 个月复查和（C）术后 2 个月复查的 X 线片。该外固定支架在远端骨碎片放置 3 根固定针，近端放置 4 根固定针。在这样年轻的猫上使用半刚性的固定方式导致大量骨痂生成

同时固定尺骨可以提高固定的稳定性，可在某些病例中采用（图 31–9）。尺骨骨干的简单骨折可容易地用髓内针或外侧骨板进行固定。

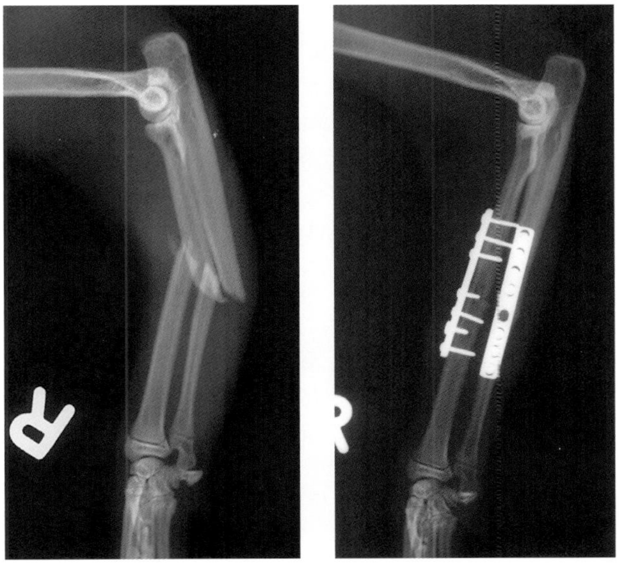

A B

图 31–9 桡尺骨骨干中段骨折患猫的（A）术前和（B）术后 X 线片。桡骨和尺骨各放置一块 2.0 mm 动态加压骨板并用 1.5 mm 螺钉固定。这只猫的另外两条腿也并发损伤，因此需要稳定的固定

31.4.3 长斜骨折和可复位的多碎片骨折

桡骨很少发生长斜骨折和可复位的多碎片骨折。理论上可以使用拉力螺钉配合中立骨板、桥接骨板或外固定支架。

尺骨偶见长斜骨折。尺骨骨折解剖复位和稳定固定可以提高固定的总体稳定性，尤其是当桡骨粉碎性骨折时。尺骨长斜骨折的固定方案包括髓内针、拉力螺钉和外侧骨板。

31.4.4 粉碎性骨折

桡尺骨骨干粉碎性骨折必须用骨板或外固定支架进行手术固定（专栏 31–3）。由于 2.0 mm DCP 和 1.5/2.0 mm VCP 要么太短要么强度不够，作为桥接骨板应用很难提供足够的稳定性，所以建议同时固定桡骨和尺骨（图 31–8）。

桡骨近端至中段 1/3 骨干骨折选择背侧骨板固定，而中段 1/3 至远端骨干骨折选择内侧骨板固定。放置背侧骨板时需要将伸肌腱向外侧牵拉，因此有发生前臂外旋和（或）外翻的风险。在猫上，使用外固定支架进行闭合性复位难度很大。尺骨断端的骨茬会增加闭合性复位的难度，而且在非可视状态下，在窄小的桡骨干上，尤其是近端桡骨干，打固定针也是挑战。因此，常采用微创入路进行 I 型、改良 II 型或 II 型外固定支架固定。

并发的尺骨简单横骨折或斜骨折最好使用髓内针固定。而粉碎性骨折且位置在尺骨近端较厚的部位，需要使用 2.0 mm DCP 或 1.5/2.0 mm VCP 固定。

31.5 桡尺骨远端骨折

与犬相比，猫很少发生桡尺骨远端骨折[9]，包括桡骨远端生长板骨折、干骺端和骨骺骨折及桡骨或尺骨茎突骨折。这些骨折大多数会影响腕关节的协调性和（或）稳定性，因此必须手术重建腕关节的解剖和功能。

未成年猫生长板骨折后的潜在并发症是桡骨生长板提前闭合（第 13 章）。为了能发现桡骨生长板提前闭合的早期症状，所有前臂远端创伤的未成年猫都应在伤后 2 周拍摄对照用 X 线片。与犬相比，猫的尺骨远端生长板不容易因创伤发生提前闭合，这可能是因为其方向与桡骨长轴垂直，不像犬那样呈圆锥形。

31.5.1 桡尺骨远端入路

经内侧或前内侧入路显露桡骨远端。修复桡骨远端干骺端骨折时，采用内侧入路。对桡骨远端生长板 Salter–Harris 骨折进行复位和内固定时，采用前内侧入路。尺骨茎突骨折的手术选择外侧入路。

31.5.2 桡骨远端干骺端骨折

猫桡骨远端干骺端骨折最好采用外固定支架治疗，因为远端的小骨断端会限制在骨板上放置足够数量的螺钉（专栏 31–4）。与其他外固定支架系统相比，管状外固定支架（第 24 章）可以在短距离内放置更多的固定针，因此更适合修复桡骨远端干骺端骨折[13]。该系统的 6 mm 连接管可以在 1.5 cm 的范围内放置 6 根固定针[13]。

专栏 31–3 桡尺骨骨干粉碎性骨折固定

桡骨经内侧入路，而尺骨经外侧入路显露。在严重的桡骨粉碎性骨折且存在骨折间隙时，应考虑使用松质骨移植。如果尺骨是可复性骨折，应先复位和固定尺骨，以便复位骨折。

外固定支架：如专栏 31–2 所述，轻度粉碎性骨折可以采取内侧 Ⅰ 型外固定支架（图 31–10A）。严重的桡骨粉碎性骨折时，改良 Ⅰ 型或 Ⅱ 型外固定支架可以提供更强的稳定性（图 31–10B）。必须按背外侧方向将全针成角度打入桡骨，避免进入尺骨；远端骨碎片至少打入 1 根全针和 1 根半针，近端骨碎片至少打入 1 根全针和 1 根半针或 3 根半针。最常用的固定针规格是 1.2 ~ 1.6 mm。1.6 mm 阳螺纹针只能用于远端桡骨干骺端。

桡骨骨板固定：桡骨远端 1/2 段骨折采用内侧骨板（图 31–10C），而延伸到桡骨近端的骨折采用背侧骨板。每侧骨断端至少放置 3 颗螺钉。叠加使用 1.5/2.0 mm 兽医可裁剪骨板可以增加抗弯折稳定性。注意避免远端骨碎片对合不良，从而造成掌外翻或外旋。

尺骨近端骨板固定：骨板放置在尺骨外侧面，骨折线近端和远端各放置 3 颗螺钉（图 31–10C）。

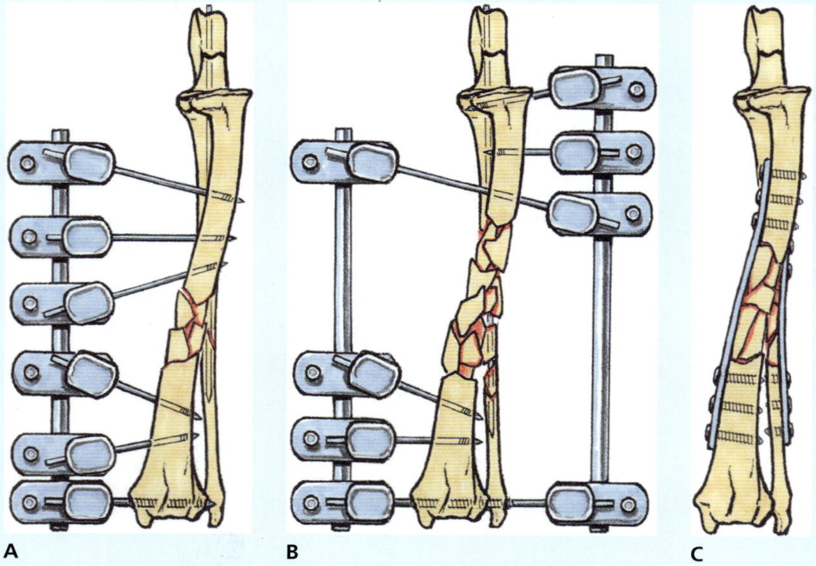

图 31–10 桡尺骨骨干粉碎性骨折的固定方案选择。（A）使用 Ⅰ 型外固定支架修复桡骨干轻度粉碎性骨折。采用髓内针固定并发的尺骨简单骨折。（B）使用 Ⅱ 型外固定支架修复桡骨严重的粉碎性骨折。另外，使用髓内针修复尺骨骨折。（C）使用桥接骨板固定桡尺骨粉碎性骨折

也可以用改良 Ⅱ 型外固定支架（专栏 31–4）、混合环形外固定支架、交叉克氏针或 2.0 mm 锁定骨板固定远端的小骨断端。使用锁定骨板时，每侧骨断端至少放置 2 颗螺钉。

延伸至桡腕关节的骨折很少见。这类骨折大多数是粉碎性骨折，无法实现关节重建，因此只能进行全腕关节融合术（第 32 章）。如果骨碎片的数量和大小允许重建桡关节面，则可用拉力螺钉进行固定。

31.5.3 桡尺骨远端 Salter–Harris 骨折

未绝育猫的桡骨远端生长板在 14 ~ 20 月龄闭合[11]，绝育猫的闭合时间更晚[14-16]。根据猫受伤时的年龄，桡骨远端生长板骨折会有生长板提前闭合的风险。可能会发生桡骨缩短及肢体畸形（第 13 章）。5 月龄猫的桡骨平均长度为 70 mm，20 月龄猫为 85 ~ 100 mm，绝育猫的桡骨最长[16]。这些数据说明，如果在 5 月龄时生长板提前闭合，桡骨的长度会缩短 15% ~ 30%。除此之外，还会发生腕关节不协调[17]。

如果桡骨远端的 Salter–Harris Ⅰ 型和 Ⅱ 型骨折没有发生错位或可以闭合性复位，则可以通过铸型外包扎固定进行保守治疗。如果骨折处移位和（或）复位后不稳定，则必须进行复位和手术固定（图 31–12）。最常用的技术是交叉克氏针（专栏 31–5）。尺骨远端的 Salter–Harris 骨折可能会与桡骨远端骨折同时发生。这类骨折通常不会开始就考虑固定，但如果认为有必要固定，也可以从尺骨茎突远端打入一根细的髓内针。

每个桡尺骨远端生长板骨折的病例在受伤 2 ~ 3 周后都需要拍摄对照 X 线片，以确定是否存在生长板提前闭合的征象。

专栏 31-4　外固定支架修复桡骨远端干骺端骨折

采用桡骨远端内侧入路。

管状外固定支架：使用 6 mm 连接管。第 1 根固定针紧邻关节平行于桡骨远端关节面进针。第 1 根固定针的进针方向非常重要，因为连接管会垂直于这根固定针放置，由此决定了其他所有固定针的方向。通常可以使用 1.6 mm 阳螺纹固定针。之后将连接管与第 1 根固定针组装。骨折复位后，在最近端放置第 2 根固定针。骨折线近端和远端至少放置 2 根（最好放置 3 根）1.2 ~ 1.4 mm 固定针。因为所有固定针都平行打入骨骼，所以可以采用 Ellis 固定针以增加抗拔出强度（图 31-11A）。

改良 Ⅱ 型外固定支架：选用 1.6 mm 中间螺纹固定针平行于桡腕关节面由内侧向前外侧方向打入桡骨骨骺，以避开尺骨。最近端打入 1.2 ~ 1.4 mm Ellis 固定针。复位骨折断端，用连杆从内侧将固定针连接起来。远端骨碎片再打入 1 根固定针，而近端骨碎片至少再打入 2 根固定针。远端全针的外侧端用第 2 根连杆从桡骨前侧与内侧连杆近端连接起来（图 31-11B）。

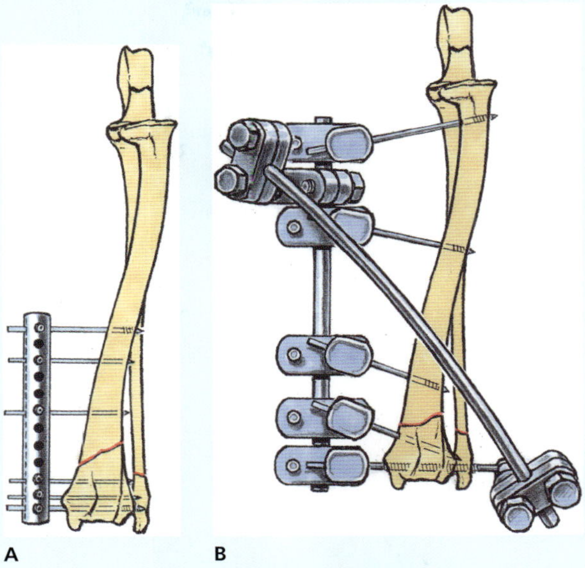

图 31-11　外固定支架固定桡骨远端干骺端骨折。（A）6.0 mm 管状外固定支架的应用，远端使用了 1 根阳螺纹固定针，近端使用了 1 根 Ellis 固定针。（B）改良 Ⅱ 型外固定支架修复骨折

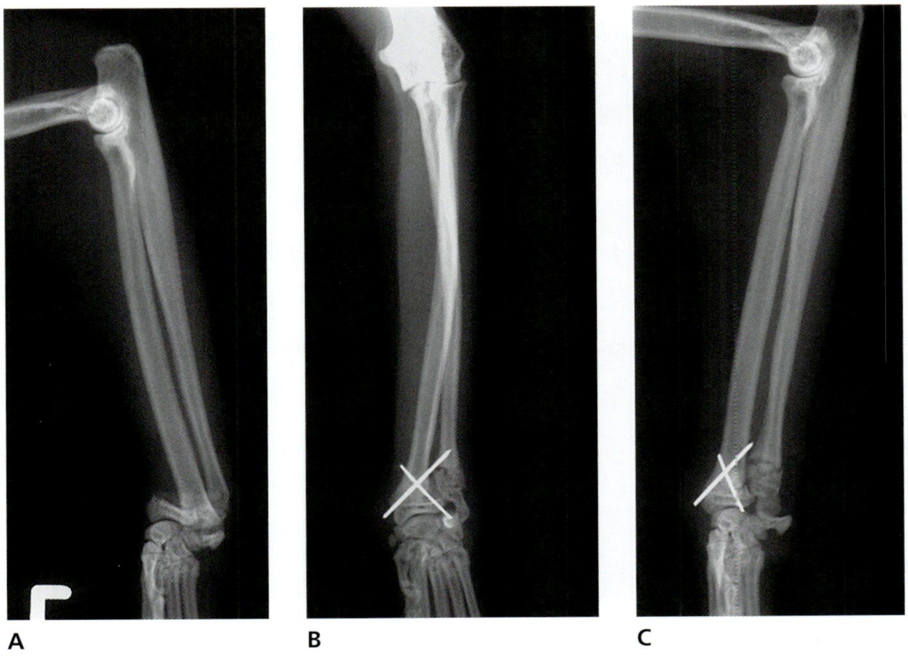

图 31-12　桡骨远端生长板骨折患猫接受交叉克氏针固定的（A）术前、（B）术后和（C）3 周后复查 X 线片。3 周后复查的 X 线片显示骨折愈合良好

专栏 31-5　桡骨 Salter-Harris Ⅰ型和Ⅱ型骨折固定

采用桡骨远端前内侧入路。远端骨碎片通常向后侧移位。屈曲腕关节复位骨断端，避免对富含生长板增殖细胞的远端骨碎片的骨折面造成医源性损伤。2 根 0.8 ~ 1.0 mm 克氏针按交叉针的方式打入。一根克氏针由桡骨茎突经骨折线打入桡骨外侧骨皮质。另一根克氏针从桡骨远端外侧面打入后内侧皮质或从尺骨茎突打入桡骨（图 31-13）。必要时，可以再做一小的皮肤切口，以便放置外侧克氏针。在骨皮质较软的幼年猫上，在打入克氏针后，应避免弯折针的末端，以免将针从骨骼中撕扯出来；只需将克氏针末端剪短即可。

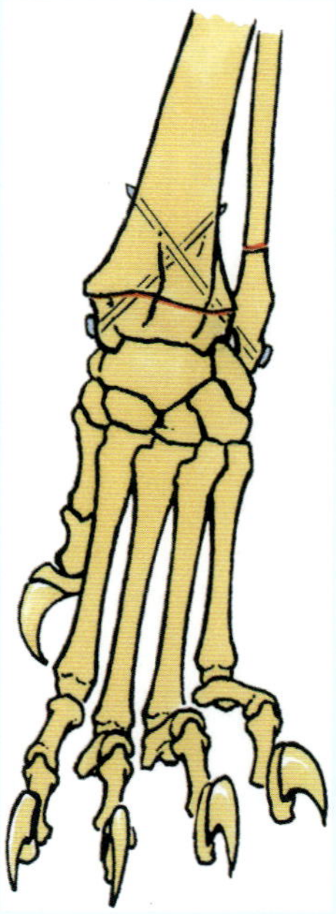

图 31-13　交叉克氏针修复桡骨远端 Salter-Harris Ⅰ型骨折。外侧针由尺骨茎突打入。如果术前发现尺骨茎突与桡骨分离，进行这一操作尤为重要

31.5.4　桡骨和尺骨茎突骨折

尺骨茎突骨折偶尔可见。尺骨茎突是腕关节外侧副韧带的附着点，茎突骨折可能会导致腕关节不稳定。但是，许多尺骨茎突骨折的患猫并没有出现腕关节不稳定。需要拍摄应力位 X 线片，以评估前臂腕关节的外侧稳定性。如果腕关节稳定性良好，尺骨茎突骨折可以考虑夹板绷带外固定 2 ~ 3 周进行保守治疗。如果尺骨茎突骨折造成前臂腕关节不稳定，则需要使用张力带技术固定远端骨碎片（专栏 31-6）。

幼年猫的尺骨茎突骨折可能造成桡骨远端生长板提前闭合（第 13 章）[17]。因此，生长期的动物创伤后 2 ~ 3 周应拍摄对照 X 线片，以排除生长板损伤。

31.6　术后治疗和预后

所有桡尺骨骨折术后都需要进行笼养限制活动或室内活动。骨干骨折一般不需要外包扎固定。某些骨折如果在手术固定后不适合立即负重，则需要考虑夹板绷带外包扎固定 2 ~ 3 周。尺骨近端粉碎性骨折术后需要使用改良罗伯特琼斯绷带包扎，以限制肘关节屈曲。桡骨远端 Salter-Harris 骨折术后也常常需要夹板绷带外包扎固定 10 d。

成年猫需要在术后 4 ~ 6 周拍摄对照 X 线片，而未成年猫则在术后 2 ~ 3 周拍摄。这一操作对前臂远端创伤的未成年猫是一项强制性要求，目的是评估后续的桡骨生长情况。桡骨远端生长板提前闭合的早期 X 线征象包括生长板变窄和生长板外形改变（图 31-15）。桡骨生长板提前闭合的治疗方式参见第 13 章。

猫桡尺骨骨折在初次干预后可能会有很高的失败率；据文献报道，36 例中有 17 例需要进行二次手术 [9]。桡尺骨近端骨折修复后特别容易出现并发症和固定失败。据报道，尺骨近端骨折不愈合的风险很高 [18]。谨小慎微的操作、精准的骨折复位和桡尺骨同时固定可提高成功率。

如果肘关节可以解剖重建，则桡尺骨近端骨折术后功能恢复良好。大多数涉及肘关节的骨折术后都会继发骨关节炎。

在桡尺骨骨干骨折的病例中，如果术中患肢准直良好，则其预后较好。可能的并发症主要是桡尺骨间发生骨连接。猫罕见骨连接，更常见于

专栏 31-6　尺骨茎突骨折固定

采用尺骨茎突外侧入路。必须对骨折进行充分复位，以便达到腕关节的稳定性和协调性。可以用 2 根平行克氏针或张力带钢丝将尺骨远端骨折固定在桡骨上。选用 1 ~ 2 根 0.6 mm 克氏针由尺骨茎突打入桡骨远端。0.5 mm “8” 字钢丝环绕克氏针远端和桡骨上的钻孔（图 31–14）。

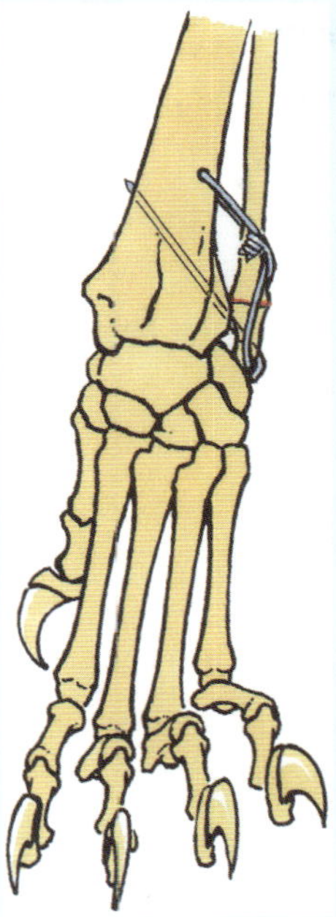

图 31–14　张力带钢丝修复尺骨茎突骨折图示

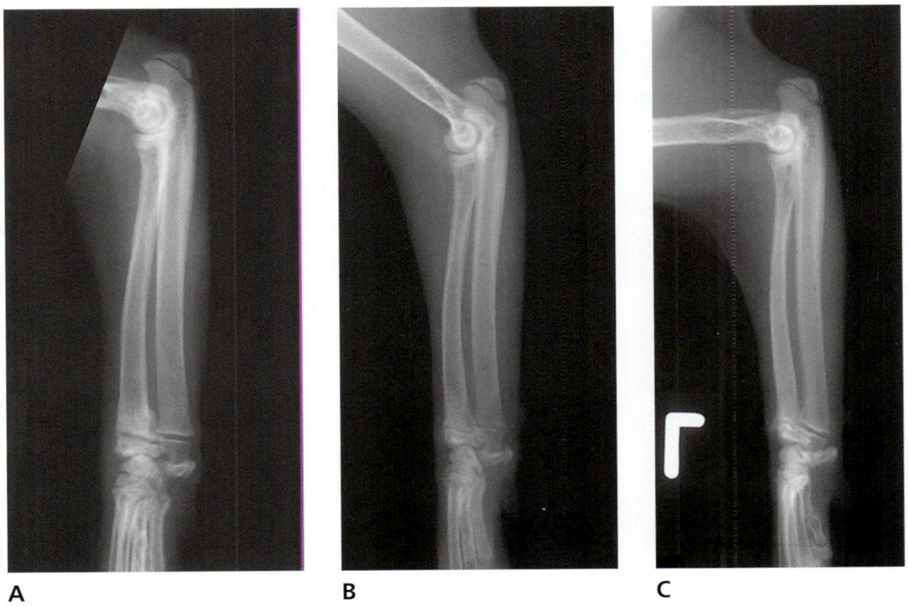

图 31–15　桡骨远端生长板提前闭合的患猫。该 6 月龄患猫因桡骨远端生长板 Salter–Harris Ⅰ型骨折（骨折移位很小）接受了夹板绷带外包扎固定治疗。图片为治疗前后的一系列 X 线片。注意（A）受伤 2 周后生长板的异常、（B）受伤 4 周和（C）7 周后生长板变窄并向背侧倾斜。另外注意尺骨生长板在（B）受伤 4 周后变窄，但在（C）7 周时再次变宽

粉碎性骨折，或者桡骨植入物误入或贴近尺骨。如果固定导致桡尺骨长度不一，则会发生肘关节或腕关节退行性关节病。

如果前臂腕关节的协调性在桡尺骨远端骨折术后仍能保持且固定稳定，则其预后良好。由于幼年猫良好的愈合能力和干骺端丰富的血供，桡骨远端的 Salter–Harris 骨折通常快速愈合。但桡骨远端的 Salter–Harris 骨折和尺骨茎突骨折可能会造成桡骨远端生长板提前闭合（图 31–15）。

参考文献和延伸阅读

[1] Whitney WO, Mehlhaff CJ. High-rise syndrome in cats. J Am Vet Med Assoc 1987;191:1399–1403.

[2] Kapatkin AS, Matthiesen DT. Feline high-rise syndrome. Compend Continuing Educ 1991;13:1389–1394.

[3] Harari J. Treatments for feline long bone fractures. Vet Clin North Am Small Anim Pract 2002;32:927–947.

[4] Frewein J, Vollmerhaus B. Anatomie von Hund und Katze. Berlin: Blackwell; 1994.

[5] Nunamaker DM. Fractures of the radius and ulna. In: Newton CD, Nunamaker DM (eds) Textbook of small animal orthopaedics. Philadelphia: Lippincott; 1985: pp. 365–373.

[6] Sardinas JC, Montavon PM. Use of a medial bone plate for repair of radius and ulna fractures in dogs and cats: a report of 22 cases. Vet Surg 1997;26:108–113.

[7] Linn LL, et al. Extraction resistance of 2.7 mm mediolateral-placed cortical screws compared with 2.7 mm and 3.5 mm cranio-caudal-placed cortical screws in canine cadaver radii. Vet Comp Orthop Traumatol 2001;14:1–6.

[8] Kudnik ST, et al. In vitro comparison of the holding power of 1.2 mm, 1.5 mm, and 2.0 mm orthopaedic screws in canine radii. Vet Comp Orthop Traumatol 2002;15:78–84.

[9] Wallace AM, et al. Radius and ulna fractures in cats: a retrospective study of 38 cases. BSAVA Meeting 2007; Birmingham, UK.

[10] Piermattei DL, Johnson KA. An atlas of surgical approaches to the bones and joints of the dog and the cat, 4th edn. Philadelphia: WB Saunders; 2004.

[11] Smith RN. Fusion of ossification centres in the cat. J Small Anim Pract 1969;10:523–530.

[12] Robins GM, et al. Customized hook plate for metaphyseal fractures, nonunions and osteotomies in the dog and cat. Vet Comp Orthop Traumatol 1993;6:56–61.

[13] Haas B, et al. Use of the tubular external fixator in the treatment of distal radial and ulnar fractures in small dogs and cats. Vet Comp Orthop Traumatol 2003; 16: 132–137.

[14] May C, et al. Delayed physeal closure associated with castration in cats. J Small Anim Pract 1991;32:326–328.

[15] Houlton JE, McGlennon NJ. Castration and physeal closure in the cat. Vet Rec 1992;131:466–467.

[16] Root MV, et al. The effect of prepuberal and postpuberal gonadectomy on radial physeal closure in male and female domestic cats. Vet Radiol Ultrasound 1997;38:42–47.

[17] Voss K, Lieskovsky J. Trauma-induced growth abnormalities of the distal radius in three cats. J Feline Med Surg 2007;9:117–123.

[18] Nolte DM, et al. Incidence of and predisposing factors for nonunion of fractures involving the appendicular skeleton in cats: 18 cases (1998–2002). J Am Vet Med Assoc 2005;226:77–82.

第 32 章　腕关节

K. Voss, S.J. Langley-Hobbs, P.M. Montavon

高处跌落和机动车事故均可导致腕关节损伤。在一项关于猫腕关节损伤的个人研究中发现，腕掌关节水平的伸展过度性损伤是最常发生的，内侧副韧带扭伤是第二常见的损伤。腕关节间韧带损伤和桡腕骨脱位只能偶尔被诊断出来。除了副腕骨骨折外，腕骨骨折是极其罕见的。要正确诊断腕关节损伤的确切类型和位置，需要具备腕关节解剖学知识并进行彻底的临床检查和 X 线检查。下文将描述腕关节解剖与最常见的腕关节损伤的诊断和治疗方案。

腕关节骨关节炎很罕见，但猫经常发生多发性骨关节炎从而影响腕骨。腕关节也容易发生开放性损伤，如脱套伤和猫咬伤。这些疾病请参见第 5 章和第 14 章。

32.1　外科解剖学

腕关节由两排骨骼和三个关节面构成，即前臂腕关节、腕骨间关节和腕掌关节。每块骨骼与关节囊相连，而且有很多短韧带连接，大多数韧带只横跨一个关节水平。关节掌侧的韧带更强壮，与掌侧纤维软骨共同对抗负重张力。伸展过度性损伤会导致这些韧带的撕裂。

最近发表的一些论文详细描述了猫腕关节韧带的解剖[1,2]。猫前臂腕关节内侧副韧带的解剖和功能与犬的不同[1]，仅包含一根附着于桡腕骨的宽韧带，由桡骨近端背侧斜向远端掌侧（图 32–1）。桡骨长轴与内侧副韧带之间的夹角约为 100°。由于其斜向走行，内侧副韧带不但可以对抗掌外翻的应力，还可以防止腕骨向掌侧移位[1]。猫缺失在犬上存在的内侧副韧带直头，但外侧副韧带的排列与犬相似[2]。

桡尺骨远端由桡尺关节囊和桡尺韧带相互连接[2]。桡尺关节的存在使猫的桡尺骨之间可以做相对的旋转运动，而且允许掌部旋后和旋前。对猫而言，这些都是非常重要的前臂功能。

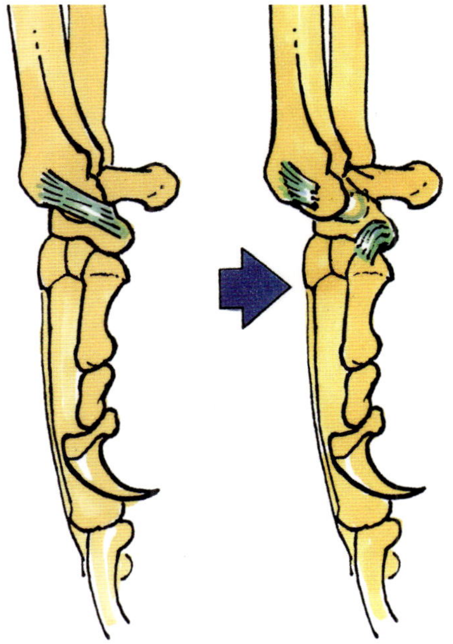

图 32–1　猫内侧副韧带解剖和功能的图示说明。（A）内侧副韧带与桡骨长轴的夹角大约为 100°。（B）内侧副韧带断裂会导致前臂腕关节向掌侧移位，类似于抽屉运动（图片来源：Voss K, Geyer H, Montavon PM. Antebrachiocarpal luxation in a cat. A case report and anatomical study of the medial collateral ligament. Vet Comp Orthop Traumatol 2003;16:268.）

32.2　诊断和治疗方案的选择

腕关节损伤包括导致关节不稳定或脱位的韧带撕裂与腕骨骨折（表 32–1）。桡尺骨远端骨折（第 31 章）和掌骨近端骨折（第 33 章）可能会影响腕关节。腕关节损伤的患猫常常表现为不负重跛行。腕部肿胀，并可感受到关节不稳定和（或）捻发音。与对侧健肢比较有助于发现轻度的关节周肿胀。在腕关节积液和关节周肿胀的病例，应当把脓毒性或免疫介导性关节炎列为鉴别诊断（第 5 章和第 14 章）。

表 32–1　腕关节损伤和可选的治疗方案

损伤部位	损伤类型	治疗方案选择
前臂腕关节不稳定 / 脱位	内侧副韧带扭伤（内侧不稳定）	人工韧带 外包扎固定
	前臂腕关节脱位	一期修复 全腕关节融合术
	桡腕骨脱位	一期修复
	伸展过度性损伤	外包扎固定 全腕关节融合术
腕骨间关节不稳定 / 脱位	不稳定或脱位	外包扎固定 部分腕关节融合术
	伸展过度性损伤	部分腕关节融合术
腕掌关节不稳定 / 脱位	伸展过度性损伤	部分腕关节融合术
	背侧、内侧或外侧不稳定但掌侧韧带完整	背侧骨板或锁定骨板（适应性功能） 螺钉和钢丝固定 部分腕关节融合术
腕骨骨折	副腕骨骨折	外包扎固定 去除骨碎片
	尺骨茎突骨折	外包扎固定 张力带固定

注：最常见的损伤是前臂腕关节不稳定、脱位及腕掌关节伸展过度性损伤。

彻底触诊疼痛的腕关节通常需要在镇静或短效的全身麻醉后进行。捻发音的出现通常提示骨折、脱位或严重的关节炎。通过全方位活动腕关节进行关节稳定性的评估。因个体差异，不同猫正常的腕关节伸展角度为 10° ~ 25° 不等，因此应将对侧肢作为参考。掌侧韧带支撑受损后可发生伸展过度。通过对伸展的腕关节施加外翻或内翻应力以检查关节内侧或外侧不稳定。施加这些内外侧的应力时，应避免前臂旋前或旋后。最后，需要检查背掌侧的稳定性，以充分评估内侧副韧带的完整性（图 32–1）。

为了诊断或排查脱位和骨折，需要拍摄腕关节内外侧位和背掌位 X 线片。经临床检查怀疑韧带受损时，则需要拍摄伸展过度、外翻和内翻等应力位 X 线片。伸展过度应力位 X 线片可以判断掌侧的不稳定性，包括桡腕关节水平、腕骨间关节水平或腕掌关节水平（见下文“伸展过度性损伤”）。由于猫的腕骨很小且内侧副韧带为斜行走向，外翻和内翻应力位的 X 线片很难解读。猫腕关节正常外翻和内翻应力位的 X 线片见图 32–2。当发生内侧副韧带扭伤时，猫前臂腕关节在外翻应力位时的关节开张程度不如犬那样明显（见下文）。更常见的是，内翻应力位可见桡腕骨向掌内侧方向移位（图 32–3）。

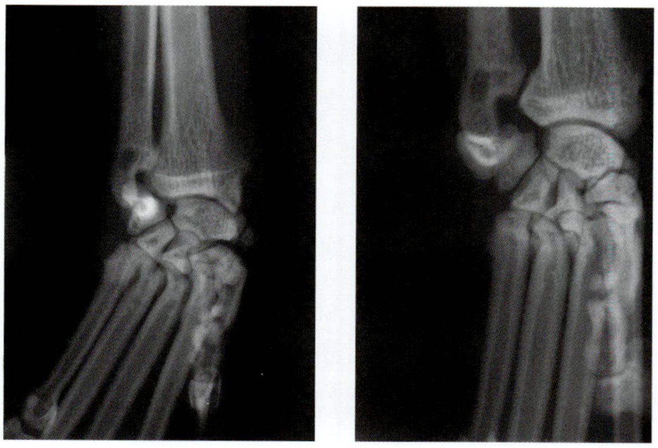
A　B

图 32–2　正常猫腕关节（A）外翻和（B）内翻的背掌应力位 X 线片。注意外翻应力位时，生理活动范围较大

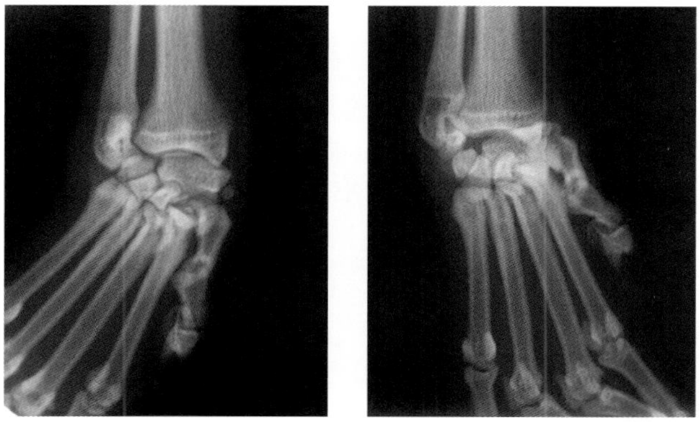

A　　B

图 32-3　猫内侧副韧带扭伤的（A）外翻和（B）内翻应力位 X 线片。外翻应力不一定导致内侧桡腕关节过度开放。内翻应力会导致桡腕关节掌内侧半脱位，表现为桡腕关节间隙异常

32.3　腕关节手术入路

腕关节内侧入路适用于大部分手术。内侧入路可以进行内侧副韧带断裂和桡腕骨脱位修复，以及放置内侧骨板或锁定骨板进行全腕关节融合术或部分腕关节融合术。沿桡骨远端和腕关节前内侧界切开皮肤。如果想显露远排腕骨，将切口向远端延伸至第Ⅰ指前侧。然后切开前臂筋膜，显露拇长展肌腱。在其汇入第 1 掌骨基部之前，覆盖着紧邻其近端附着点的部分内侧副韧带。不要切断拇长展肌腱，牵拉开后就可以看到内侧副韧带。必要时，则在内侧副韧带前侧沿纵轴方向切开桡腕关节囊。

当要用克氏针固定法进行部分腕关节融合术及放置背侧骨板进行全腕关节融合术时需要做腕关节背侧入路[3]。在保证伸肌腱完好的前提下向内侧或外侧牵拉。如果进行部分腕关节融合术，可以不用切开桡腕关节的背侧关节囊。

32.4　前臂腕关节不稳定和脱位

前臂腕关节韧带支持的损伤包括内侧副韧带扭伤、前臂腕关节脱位、桡腕骨脱位和前臂腕关节伸展过度性损伤（表 32-1）。内侧副韧带扭伤和前臂腕关节脱位是前臂腕关节水平最常诊断的损伤。桡腕骨脱位和前臂腕关节伸展过度性损伤罕见。机动车事故更常导致内侧副韧带断裂和桡腕关节脱位，而高处跌落几乎无一例外地会导致伸展过度性损伤。机动车事故还会引起脱套伤和前臂腕关节的开放性损伤。开放性关节损伤的治疗方法参见第 14 章。

32.4.1　内侧副韧带扭伤

内侧副韧带扭伤是前臂腕关节不稳定的常见原因。内侧副韧带断裂会导致桡腕关节的内侧不稳定和掌侧半脱位（图 32-3）。如果背侧关节囊也发生破裂，甚至会导致桡腕关节掌侧完全脱位（见下文）。

内侧副韧带扭伤导致严重半脱位或脱位时，首选一期手术重建（专栏 32-1）。轻微不稳定时，可以尝试夹板绷带外固定进行保守治疗。当存在桡腕关节脱位时，术前必须评估掌侧韧带支持的完整性（见下文“伸展过度性损伤”）。如果掌侧韧带受损，在决定进行关节融合术前应尽可能考虑一期修复。

32.4.2　前臂腕关节脱位

前臂腕关节向掌侧或背侧发生完全脱位的情况偶尔也会碰到。在猫上，前臂腕关节掌侧脱位比背侧脱位更常见。掌侧脱位通常由内侧副韧带断裂和背侧关节囊破裂导致（图 32-5）。一篇报道中提到，前臂腕关节背内侧脱位与桡尺韧带断裂和Ⅱ级内侧副韧带扭伤有关[2]。尽管外侧副韧带完整，如果桡尺关节破坏导致尺骨远端相对桡骨的活动性增大，也会引起前臂腕关节外侧不稳定[2]。

当可以进行闭合性复位关节时，需要拍摄关节的应力位 X 线片以评估侧副韧带和掌侧韧带支持的完整性。在手术中也可以对关节结构进行评估，尤其是在闭合性复位不可行和术前应力位 X 线片无法评估时。

在猫上，前臂腕关节脱位不一定与掌侧韧带损伤有关，但如果掌侧韧带完整，应尽量一期修复断裂的韧带[1,2]。如果不能进行解剖复位和稳定的一期修复，则建议进行全腕关节融合术。其他建议进行全腕关节融合术的适应证包括伴发骨骼缺失的严重脱套伤和（或）长期的脓毒性关节炎。

专栏 32-1 内侧副韧带再造

如上所述，按内侧入路显露腕关节。在拇长展肌腱下方找到韧带断端，如果可以的话，锁环缝合韧带。然后使用人工韧带保证韧带的一期修复。人工韧带必须模拟韧带的生理走向（图 32-4）。在桡骨骨骺处由背内侧向掌外侧打入 1 颗 1.5 mm 螺钉，要避免螺钉尖端打入尺骨，以免影响前臂的旋后和旋前。第 2 颗 1.5 mm 螺钉由拇长展肌腱掌侧向桡腕骨内打入。然后在拇长展肌腱下用“8”字缝线环绕螺钉头锚固。缝线收紧后，检查屈曲、伸展、旋后和旋前动作。如果缝线过紧，会出现活动范围受限或背侧半脱位。如果太松，则依然会不稳定。

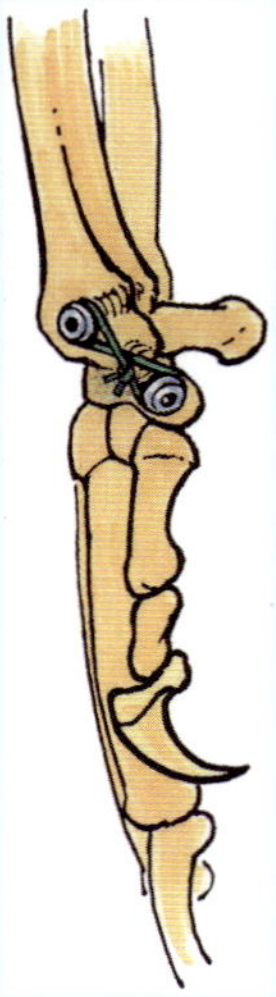

图 32-4 螺钉放置于内侧副韧带的附着点处。人工韧带模拟了韧带的解剖功能，防止关节内侧张开和桡腕骨掌侧（半）脱位

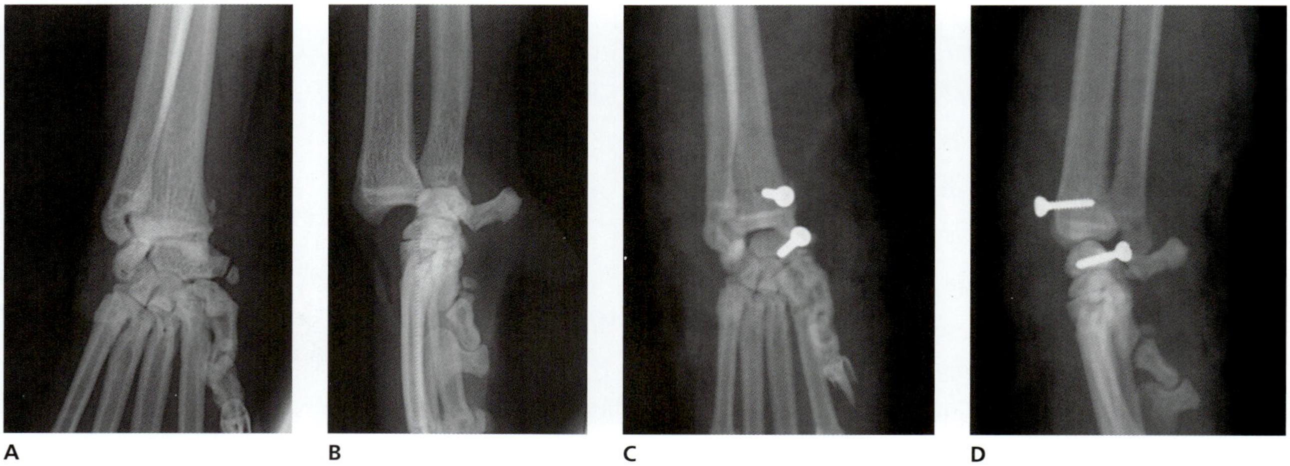

图 32-5 猫内侧副韧带扭伤和背侧关节囊破裂所引起的桡腕关节掌侧脱位的（A，B）术前和（C，D）术后 X 线片。（A）在桡骨远端内侧副韧带附着点可以看到撕脱的骨碎片。（B）桡腕关节向掌侧发生脱位。（C，D）注意术后 X 线片中用于固定人工韧带的两颗 1.5 mm 螺钉相对应的方向

一期修复时，需要尽可能对合和缝合断裂的关节囊和韧带。当存在内侧副韧带断裂时，还需要放置人工韧带（图 32-5 和专栏 32-1）。桡尺关节不稳定可以通过螺钉或克氏针由尺骨远端打入桡骨远端暂时固定，以利于关节囊和桡尺韧带的纤维愈合[2]。这些植入物需要在 4 ~ 6 周后拆除，以防干扰前臂旋前和旋后。

32.4.3 桡腕骨脱位

桡腕骨脱位是一种不常见的损伤，至今只有一例猫的病例报道[4]。桡腕骨向掌侧脱位，桡腕骨近端关节面则偏向背侧（图 32-6）。损伤的发生与背侧关节囊、腕关节间韧带（连接桡腕骨和尺腕骨）和内侧副韧带断裂有关[4]。人们认为，犬的损伤机制是过度伸展的同时发生旋前，然后足部旋后，这一过程高处跌落时也可能发生。通过桡腕关节的背内侧入路进行开放性复位和内固定，以达到治疗的目的。用 1.5 mm 螺钉或小规格克氏针将桡腕骨固定于尺腕骨上，并重建内侧副韧带（图 32-6）。修复术后用夹板绷带或跨关节外固定支架固定 2 ~ 3 周。预后良好。

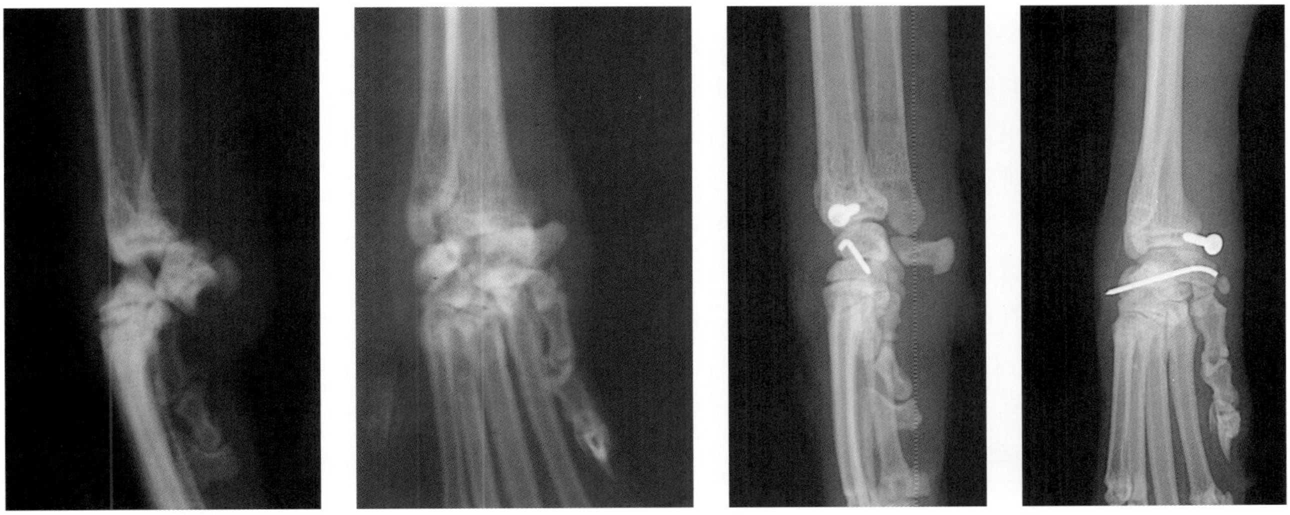

A　B　C　D

图 32–6　猫桡腕骨脱位。（A，B）术前 X 线片显示桡腕骨脱位和旋转，其近端关节面位于背侧。（C，D）复位桡腕骨，并用 1.0 mm 克氏针将其固定在尺腕骨上。缝合内侧副韧带，人工韧带环绕桡骨上的 1.5 mm 螺钉与克氏针远端弯折的末端重建韧带

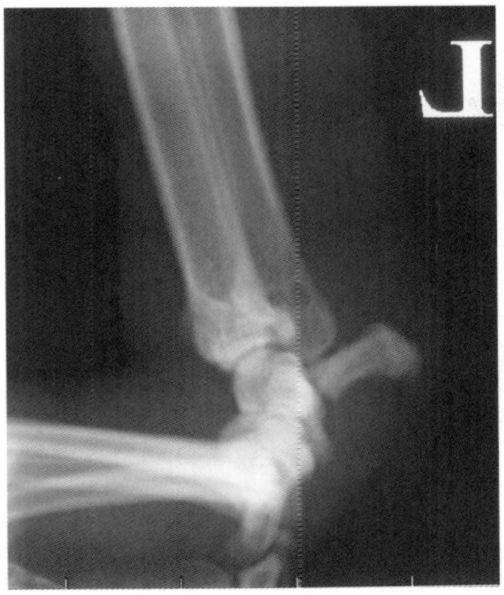

图 32–7　腕掌关节伸展过度性损伤患猫的内外侧应力位 X 线片。掌骨相对于远端一排的腕骨向背侧成角。前臂腕关节正常。治疗方案是部分腕关节融合术

32.5　伸展过度性损伤

掌侧韧带和纤维软骨是抵抗腕关节发生过度伸展的主要结构。猫的腕关节伸展过度性损伤最常见于高处跌落；在落地的瞬间，腕关节掌侧承受了巨大的张力，从而发生损伤。在大多数病例中，腕掌关节也会受到影响（图 32–7）。桡腕关节和腕骨间关节伸展过度性损伤并不常见（图 32–8）。虽然通过保守治疗或一期重建掌侧韧带纤维愈合后猫可以行走，但由于掌行姿态一直存在，临床结果并不能令人满意。因此，需要选择关节融合术进行治疗[5,6]。部分腕关节融合术用于治疗腕骨间关节和腕掌关节伸展过度性损伤[5–8]。涉及前臂腕关节的伸展过度性损伤则需要进行全腕关节融合术。发生前臂腕关节水平的伸展过度性损伤患猫应筛查糖尿病。当前臂腕关节水平的掌侧仅轻微不稳定时，则在决定进行全腕关节融合术前可以尝试保守治疗。保持腕关节轻微屈曲状态的外包扎固定可以让韧带进行纤维愈合，并使功能恢复到可接受的状态。部分腕关节融合术和全腕关节融合术将在本章最后介绍。

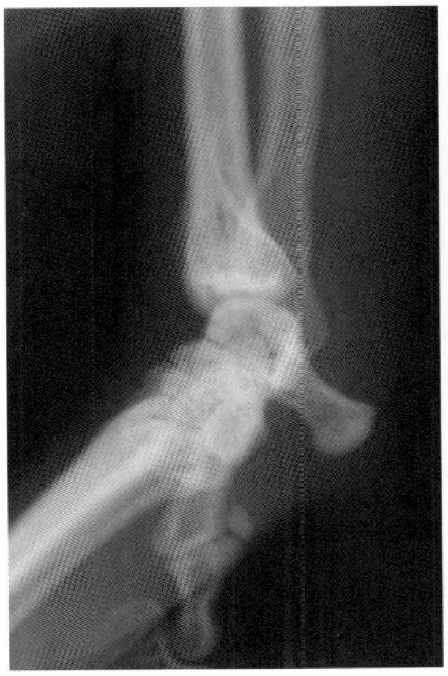

图 32–8　前臂腕关节伸展过度患猫的内外侧应力位 X 线片。前臂腕关节角度增大且桡骨与副腕骨之间的角度大于 90°，提示前臂腕关节水平不稳定或腕尺屈肌腱断裂或功能障碍。如果保守治疗后跛行和（或）掌行姿态持续存在，则应当考虑全腕关节融合术

32.6　罕见的腕关节损伤

短的腕骨间韧带和腕掌韧带断裂后会发生腕骨间或腕掌关节不稳定，而非伸展过度性损伤。确切的不稳定位置很难通过 X 线片诊断，通常需要部分腕关节融合术进行治疗。对于单一的腕骨间或腕掌关节水平的背侧不稳定，可以通过背侧放置锁定骨板或迷你骨板，或用两颗螺钉和“8”字缝线来固定关节，以促进背侧韧带纤维愈合。背侧短韧带的修复技术与第 40 章所描述的用于修复更常见的指间关节背侧不稳定技术相似。

猫的腕骨骨折非常罕见，大多发生于副腕骨（图 32-9）。在赛级灵猩犬中，副腕骨骨折分为 5 种类型[9]。作者在猫上见到的副腕骨骨折包括Ⅰ型（远端基部骨折）和Ⅴ型（粉碎性骨折）。Ⅰ型损伤常与副尺韧带撕脱导致的伸展过度性损伤有关。由于小的副腕骨上的骨碎片太小，无法通过拉力螺钉重新固定，因此治疗方法是保持腕关节屈曲 20° 进行外包扎固定 4 周。如果跛行持续存在，则建议去除骨碎片，行部分腕关节融合术或全腕关节融合术。

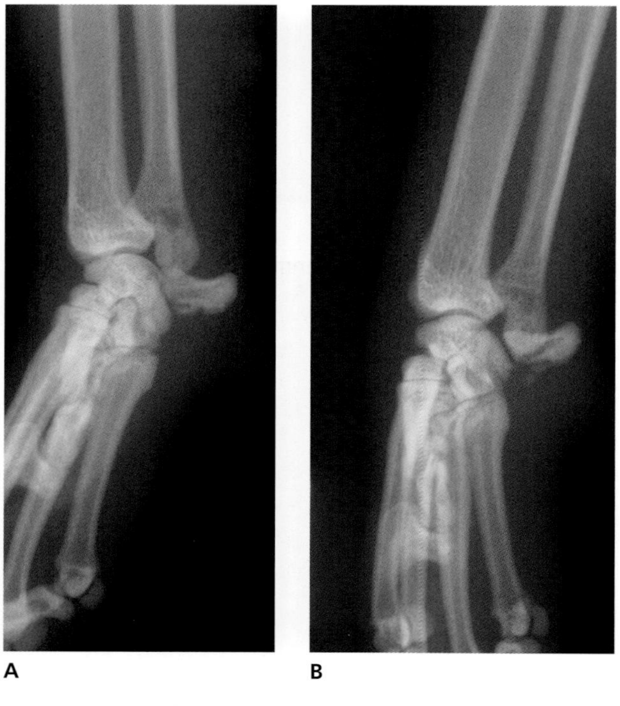

图 32-9　副腕骨骨折示例。两只猫都接受了夹板绷带外包扎固定的保守治疗。（A）副腕骨基部骨折。（B）副腕骨轻度粉碎性骨折

32.7　部分腕关节融合术

部分腕关节融合术用于治疗腕掌关节和腕骨间关节伸展过度性损伤、远端关节水平的粉碎性骨折和其他腕骨间和腕掌关节水平的非重建性损伤。部分腕关节融合术的优点在于保留了前臂腕关节的功能性运动。据目前所知，还没有关于猫的部分腕关节融合术的文章发表。在犬中，已经报道了克氏针、交叉克氏针和背侧放置 T 型骨板的固定技术[5-8]。

克氏针固定技术在猫上的效果很好（专栏 32-2），无需任何特殊设备或植入物（图 32-11）。克氏针由第Ⅱ和第Ⅲ指骨打入，并使其尖端进入桡腕骨。由于掌骨基部的髓腔很小且腕骨质地很硬，因此打克氏针的过程也有一定风险性。

由于桡腕骨体积较小，放置背侧骨板会造成骨板近端对桡腕关节和桡骨远端的刺激，因此不适用于猫。相反，部分腕关节融合术可以应用内侧骨板放置技术（专栏 32-2）。因为在负重时腕关节内侧是张力面，使用小型骨板，如 1.3 mm 小型手骨板或 1.5 mm 迷你骨板，可以更稳定地对抗沿其宽轴走向的弯折力。虽然 2.0 mm 螺钉相对于较细的掌骨有点粗，但仍可在内侧放置 2.0 mm 锁定骨板进行固定。

32.8　全腕关节融合术

全腕关节融合术用于治疗掌侧韧带支持受损的前臂腕关节损伤、涉及桡腕关节面的粉碎性骨折、关节面严重损害的磨损伤及其他桡腕关节的不可重建性损伤。不常见的适应证还有因脓毒性或免疫介导性骨关节炎引起的关节破坏。全腕关节融合术可以减轻疼痛，恢复患肢稳定性和负重能力，但会引起明显的功能缺陷和步态异常。由于旋前和旋后运动的受限，猫比犬更容易因功能异常而残疾。腕关节融合时，应当保持 15° ~ 20° 的伸展角度；具体的角度选择应当根据对侧肢负重的生理伸展角度而定。

全腕关节融合术也可用于治疗患有桡神经麻痹及腕关节和脚趾无法伸展的患猫。在这类病例

专栏 32-2　部分腕关节融合术

为了实现融合，无论使用哪种固定方法，都必须对所涉及的腕骨间关节和腕掌关节间隙进行充分准备。关节腔的准备包括完全清除关节软骨和应用骨移植。骨移植技术参见第 13 章，关节融合术原则参见第 14 章。

克氏针技术：经背侧入路在第 Ⅲ 掌骨上切开皮肤，显露腕关节和掌骨。保护好桡侧腕伸肌腱，并保持前臂腕关节的关节囊完好。在第 Ⅱ 掌骨和第 Ⅲ 掌骨中远端骨干处用球钻或钻头各打一个沟槽。沟槽必须足够长，能引导 0.8 ~ 1.0 mm 克氏针进入髓腔且不会穿透骨皮质。屈曲腕关节，将克氏针向近端打入，直到克氏针的尖端进入腕掌关节。为了引导克氏针的进针方向，可以在打针前由掌骨近端关节面预钻孔打通髓腔。松质骨移植填充进关节内。腕关节复位，继续向近端进针直至进入桡腕骨，恰位于桡腕关节面下（图 32-10A）。用相同长度的克氏针与打入关节的克氏针进行比较，以确定位置。如果担心克氏针进入关节腔，可在前臂腕关节囊做一小切口并用弯止血钳探入关节腔进行检查。如果穿出，可以感受到突出的克氏针尖端。克氏针远端折弯后剪短。

内侧骨板：经背内侧入路切开，显露腕掌关节和第 Ⅱ 掌骨。选择 5 孔或 6 孔迷你骨板或锁定骨板按腕骨和第 Ⅱ 掌骨内侧面塑型。保护内侧副韧带和拇长展肌腱。如果第 Ⅰ 指的近端指节骨会干扰骨板的放置，则可以将其切除，还可将部分指骨做成自体骨移植物。第 1 颗螺钉打入桡腕骨。复位远端腕关节后在指骨基部打入 1 颗螺钉。打这颗螺钉时需要注意避免分离掌骨。然后在远排腕骨打入 1 颗螺钉。覆盖第 Ⅱ 掌骨的骨板孔全部打入螺钉，螺钉稍微向背侧倾斜（图 32-10B）。

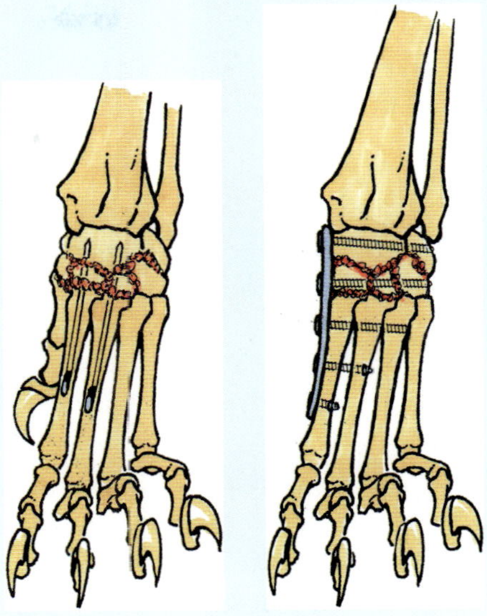

图 32-10　部分腕关节融合术的两种技术。（A）使用克氏针技术进行部分腕关节融合术。向第 Ⅱ 和第 Ⅲ 掌骨打入克氏针。其尖端进入桡腕骨，恰位于桡腕骨近端关节面下。（B）内侧放置 1.5 mm 迷你骨板进行部分腕关节融合术。1 颗螺钉打入桡腕骨，1 颗打入远排腕骨，其余 3 颗打入掌骨

中，为了避免磨损脚趾，腕关节融合时应当保持 20° ~ 30° 的伸展角度[10]。必须仔细选择患病动物，因为部分腕关节融合术只有在三头肌功能保存完好的情况下才能达到功能效果。通过术前使用夹板外包扎固定保持腕关节处于伸展状态有助于观察猫的步态。

猫的全腕关节融合术可以使用交叉克氏针[10]、背侧骨板[11]和外固定支架[12]技术完成。只有背侧骨板放置技术有详细描述，包括评估合适的骨板和螺钉型号的解剖学研究[11]。螺钉的直径受掌骨直径的严格限制，作者建议使用 1.5 mm 迷你骨板[11]。1.5 mm 的螺钉也可以用于 2.0 mm 动态加压骨板（DCP）或 1.5/2.0 mm 兽医可裁剪骨板。交叉克氏针固定技术是一种不太稳定的固定方式，可能会发生植入物松脱和延迟愈合。如果选择这种方式，则需要延长绷带外包扎固定的时间。也可以使用外固定支架进行全腕关节融合术，尤其是在存在开放性损伤时。

最近已有犬应用内侧骨板技术进行全腕关节融合术的报道[13]；该技术同样可以用于猫。内侧骨板的优势在于骨板受到的弯折力较小，因此不容易断裂。因为螺钉可以抓取更多的骨组织，所以更稳定。与传统的 2.0 mm DCP 相比，锁定骨板不容易发生螺钉松脱。2.0 mm Unilock 骨板是重建骨板，便于根据腕关节进行塑型。2.0 mm DCP 的优势在于可以在小的掌骨和桡骨骨干打入 1.5 mm 螺钉（图 32-12）。

猫的全腕关节融合术技术参见专栏 32-3。

32.9　术后治疗和预后

腕关节损伤一期修复和部分或全腕关节融合术后对腕关节进行外包扎固定是非常必要的。第 22 章对绷带和夹板技术进行描述。每周都需要更换绷带和夹板，以检查压疮和皮肤刺激的发展情况。

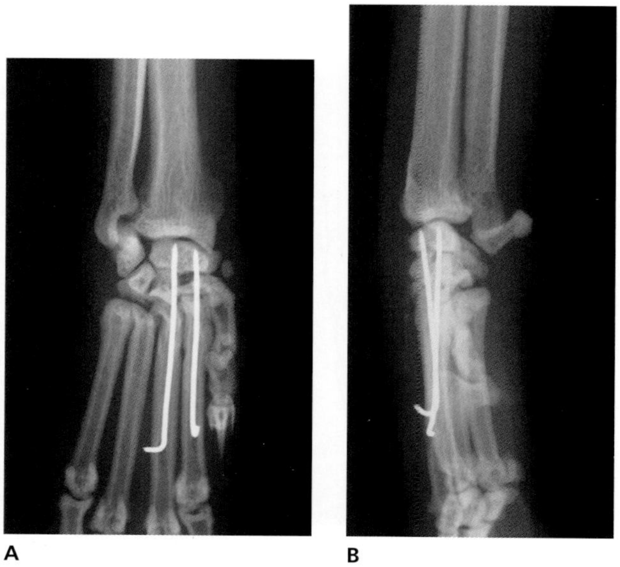

图 32–11　腕掌关节伸展过度性损伤患猫（与图 32–7 为同一只猫）进行部分腕关节融合术后的（A）背掌位和（B）内外侧位 X 线片。0.8 mm 的克氏针尖端恰好位于桡腕骨关节面下

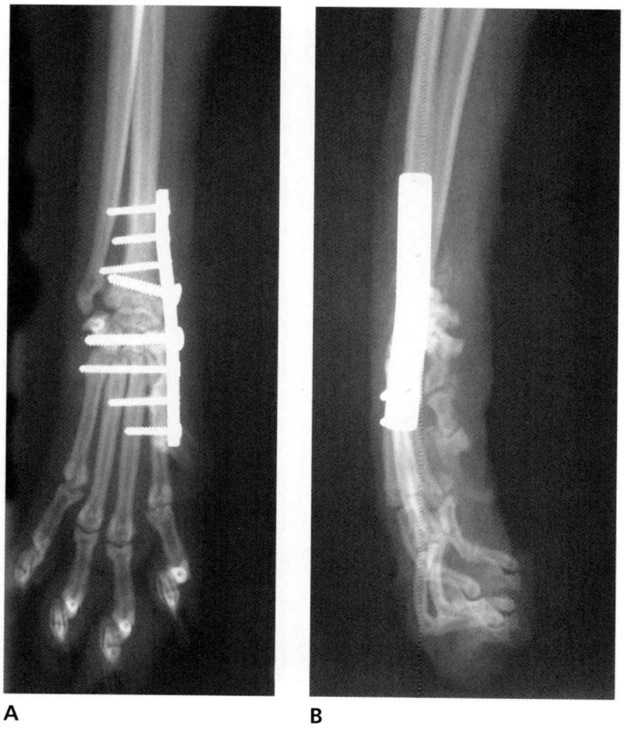

图 32–12　（A）内侧放置 2.0 mm 动态加压骨板（使用 2.0 mm 和 1.5 mm 螺钉）进行全腕关节融合术的患猫。（B）由于屈肌挛缩，该病例的腕关节不能以更加伸展的角度进行固定。注意看由螺钉尖端将尺骨向外侧推离导致的桡尺骨轻度分离

32.9.1　腕关节损伤的一期修复

韧带的愈合非常缓慢。到其能恢复到足以承受完全负重的张力状态需要花费数周时间。外包扎固定可以保护手术修复的断裂韧带，直到关节周围的瘢痕组织生长到足以提供一定的稳定性为止。外包扎固定的时间取决于术中所达到的稳定程度、术后猫的活动情况及预计的恢复时间。手术修复内侧副韧带扭伤后，一般需要外固定制动 2 ~ 3 周。像前臂腕关节完全脱位和桡腕骨脱位等复杂腕关节损伤术后，需要外包扎固定 3 ~ 4 周。虽然夹板绷带外固定无法提供绝对的制动效果，但通常也可以提供足够的稳定性。必要时，尤其是存在像脱套伤这样需要频繁更换绷带的伤口时，可以使用跨关节外固定支架（图 32–14）进行严格制动。腕关节固定不能超过 4 周。

固定后，腕关节屈曲的活动范围会缩小。早期理疗对于腕关节活动范围的恢复很有益处。理疗可以在更换绷带期间进行，也可以在拆除外包扎固定后进行。尽管所有的腕关节损伤都可能会发展出一定程度的骨关节炎，但关节充分复位和固定后仍可获得良好的功能[1,2]。

32.9.2　部分和全腕关节融合术

部分腕关节融合术后需要进行夹板绷带外包扎固定 4 周。如果克氏针没有移行或引起其他问题，可以将其留在原位。为了减少部分腕关节融合术所用的骨板对桡腕关节和关节周组织造成的刺激，融合后最好拆除骨板。

部分腕关节融合术后肯定会出现屈曲运动范围丧失。猫继发性桡腕关节退行性关节病的发生率尚不清楚，但犬的发生率为 15% ~ 30%[6,7]。尽管如此，大多数病例的功能恢复情况预后良好。

全腕关节融合术后需要进行 4 ~ 6 周的外包扎固定。为了避免骨板两端的掌骨或桡骨发生医源性骨折，通常在腕关节融合后取出骨板（图 32–15）。如果腕关节位置合适，而且桡尺关节没有融合，则猫行走和奔跑的功能恢复良好。然而，猫会表现出某些步态异常，需要避免攀爬和捕猎活动。

专栏 32-3　全腕关节融合术

成功的全腕关节融合术需要所有关节面都做好准备。需要彻底清除腕关节软骨并将松质骨移植物填塞在关节腔内。在闭合伤口前，将松质骨和皮松质骨移植物堆放在背侧关节腔和植入物周围。骨移植技术参见第 13 章，关节融合术的原则参见第 14 章。

背侧骨板：经腕关节背侧入路切开，牵开伸肌腱。关节面清创后，用 8 孔锁定骨板或骨板按桡骨和第 Ⅲ 掌骨背侧面塑型，保持腕关节 15° ~ 20° 的伸展角度。桡骨干骺端和桡腕骨使用 2.0 mm 螺钉，远端使用 1.5 mm 螺钉。第 1 颗螺钉打入桡腕骨，另外 2 颗螺钉分别打入第 Ⅲ 掌骨和远端桡骨。如果准直良好，其他孔洞打满螺钉（图 32-13A）。

内侧骨板：经腕关节内侧入路切开。切除第 Ⅰ 指的近端指节骨，获得放置骨板的平滑表面。磨除所有关节面的软骨。8 孔锁定骨板或骨板纵向弯曲 10° 并按内侧面进行塑型。扭转骨板的近端和远端，以便贴合桡骨和掌骨的后内侧面，并使腕关节有一定的伸展角度。首先在桡腕骨内打入 1 颗 2.0 mm 螺钉，最好能进入尺腕骨。然后分别用 2 颗螺钉将骨板固定在桡骨和掌骨上。如果评估准直良好，则打入剩余的螺钉（图 32-13B）。桡骨干骺端可以用 2.0 mm 螺钉，桡骨干和掌骨用 1.5 mm 螺钉。螺钉走向轻微偏向前背侧。为了使桡尺关节能够活动以保证旋前和旋后的正常，螺钉不能打入尺骨。

外固定支架：当存在腕关节开放性污染损伤时，建议使用外固定支架进行全腕关节融合术。做完腕关节面处理后，使用 Ⅱ 型外固定支架固定远端桡骨和掌骨（图 32-13C）。1 根全针穿过桡骨，1 根全针穿过掌骨基部。当连杆连接到全针上并使腕关节保持 15° ~ 20° 伸展角度时，再打入其他固定针。使用滑面针时，需要与骨骼长轴呈 70° 夹角。

交叉克氏针：关节准备和复位后，2 根 1.1 ~ 1.4 mm 克氏针以交叉方式由第 Ⅱ 掌骨和第Ⅳ掌骨打入桡骨远端干骺端（图 32-13D）。瞄准器可以辅助定向克氏针。需要注意的是，在打克氏针时应避免错位。克氏针应当在前臂腕关节水平面以下交叉，以达到抗旋的目的。由于桡尺骨间的旋转运动会导致克氏针松脱，所以克氏针不能打入尺骨。

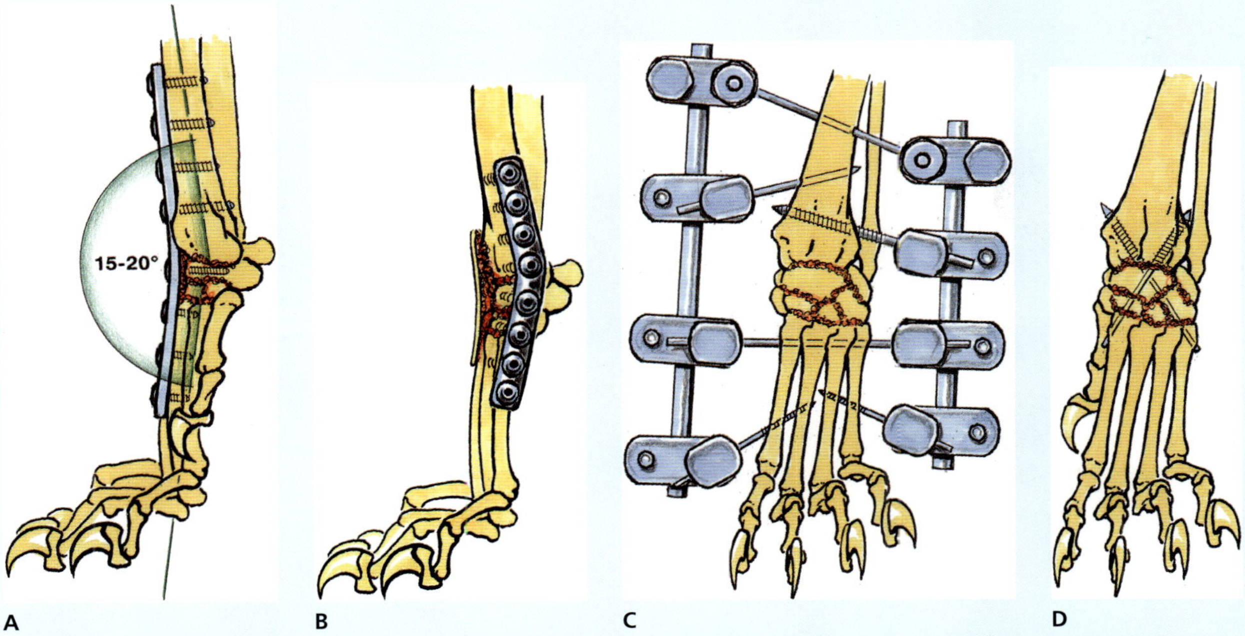

图 32-13　不同的全腕关节融合术技术。（A）背侧放置 8 孔 2.0 mm 动态加压骨板（DCP）进行全腕关节融合术，掌骨使用 1.5 mm 螺钉。腕关节呈 15° ~ 20° 的伸展角度融合。（B）内侧放置 8 孔 2.0 mm DCP 进行全腕关节融合术，1.5 mm 螺钉按轻微朝向背侧的方向打入掌骨和桡骨干。（C）使用外固定支架进行全腕关节融合术。桡骨和掌骨基部放置全针。近端和远端至少再打入 2 根小规格半针。（D）使用交叉克氏针行全腕关节融合术。大体型猫可以使用 1.6 mm 阳螺纹针。克氏针在桡腕关节面远端交叉，以提供足够的抗旋转稳定性

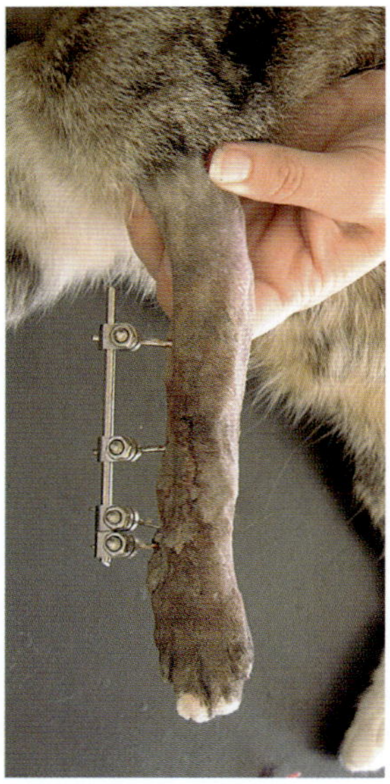

图 32–14　一期修复前臂腕关节脱位后在内侧放置跨关节外固定支架固定腕关节的照片。外固定支架保留了 3 周

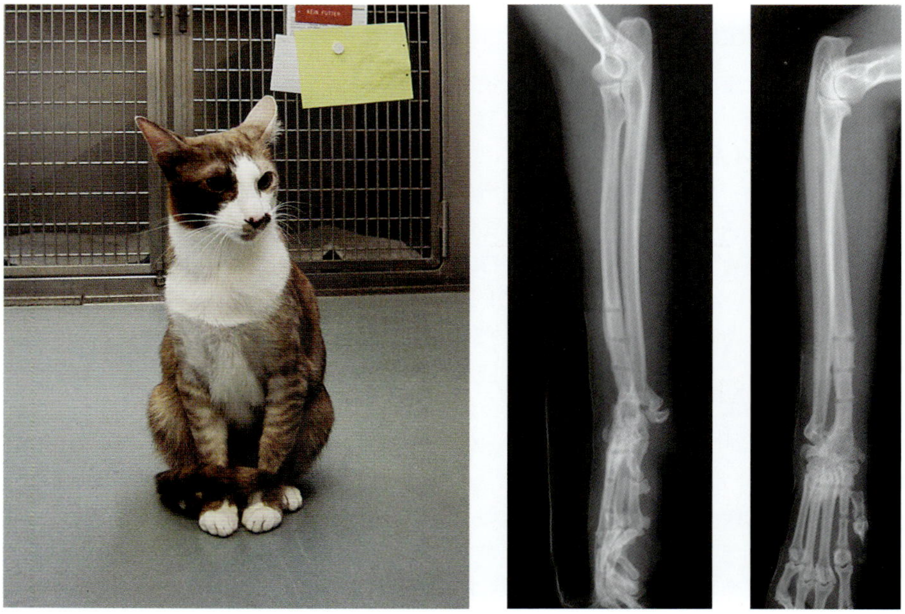

A　B　C

图 32–15　内侧放置 2.0 mm Unilock 骨板进行全腕关节融合术的 6 月龄患猫。（A）拆除骨板前。猫患肢运动功能良好，步态轻微异常。（B）拆除骨板后的内外侧位 X 线片。全部腕关节均发生融合。（C）拆除骨板后的背掌位 X 线片。注意桡尺关节没有融合，这就保证了旋前和旋后功能

参考文献和延伸阅读

[1] Voss K, et al. Antebrachiocarpal luxation in a cat: a case report and anatomical study of the medial collateral ligament. Vet Comp Orthop Traumatol 2003;16:266–270.

[2] Shales CJ, Langley-Hobbs SJ. Dorso-medial antebrachiocarpal luxation with radio-ulna luxation in a domestic shorthair. J Feline Med Surg 2006;8:197–202.

[3] Piermattei DL, Johnson KA. An atlas of surgical approaches to the bones and joints of the dog and the cat, 4th edn. Philadelphia: WB Saunders; 2004.

[4] Pitcher GD. Luxation of the radial carpal bone in a cat. J Small Anim Pract 1996;37:292–295.

[5] Piermattei DL, Flo GL. Fractures and other orthopedic conditions of the carpus, metacarpus, and phalanges. In: Piermattei DL, Flo GL (eds) Small animal orthopedics and fracture repair. Philadelphia: WB Saunders; 1997: pp. 344–389.

[6] Willer RL, et al. Partial carpal arthrodesis for third degree carpal sprains – a review of 45 carpi. Vet Surg 1990;19:334–340.

[7] Haburjak JJ, et al. Treatment of carpometacarpal and middle carpal joint hyperextension injuries with partial carpal arthrodesis using a cross pin technique: 21 cases. Vet Comp Orthop Traumatol 2003;16:105–111.

[8] Slocum B, Devine T. Partial carpal fusion in the dog. J Am Vet Med Assoc 1982;180:1204–1208.

[9] Johnson KA. Accessory carpal bone fractures in the racing greyhound: classification and pathology. Vet Surg 1987;16:60–64.

[10] Denny HR, Butterworth S. A guide to canine and feline orthopedic surgery, 4th edn. London: Blackwell Scientific Publications; 2000.

[11] Simpson D, Goldsmith S. Pancarpal arthrodesis in a cat: a case report and anatomical study. Vet Comp Orthop Traumatol 1994;7:45–50.

[12] Kapatkin AS, Matthiesen DT. Feline high-rise syndrome. Compend Continuing Educ 1991;13:1389–1394.

[13] Guerrero TG, Montavon PM. Medial plating for carpal panarthrodesis. Vet Surg 2005;34:153–158.

第 33 章　掌骨、跖骨和指 / 趾骨

S.J. Langley-Hobbs, K. Voss, P.M. Montavon

掌骨和跖骨骨折在猫的各类骨折中占约 2%[1]。机动车事故和高处跌落是最常见的原因。通常会并发软组织损伤。机动车事故会导致脱套伤。如果是剪草机或收割机造成的损伤，通常会导致Ⅲ级开放性骨折和脱位，或者发生部分指 / 趾创伤性截断。这类损伤会引起足部严重的血管损伤。脱套伤的治疗方法参见第 16 章。轻微损伤后脚趾也会发生骨折或脱位。

外包扎固定是一种经常使用的方法，且对某些掌骨、跖骨和指 / 趾骨骨折很适用。但对某些病例而言，内固定方案更佳。微型植入物可以固定较小的骨头。如果其他治疗方案无法达到功能恢复，则可以选择截指 / 趾术作为挽救性方案（第 41 章）。

爪子也可能会受指甲、甲床或脚垫疾病的影响。这些疾病的总结请参见第 7 章。

33.1　外科解剖学

尽管体积很小，但掌骨、跖骨和指 / 趾骨及其关节有着很复杂的功能。它们由内向外分别编号Ⅰ ~ Ⅴ，只有第Ⅱ ~ Ⅴ指 / 趾参与负重。后肢的第Ⅰ趾消失，退化成一块小骨头。猫的第Ⅲ指是前肢的最长指。掌骨和跖骨在近端分别与远端腕骨和远端跗骨成关节，在远端分别与指骨和趾骨成关节。掌骨和跖骨的远端有生长板，在 29 ~ 40 周龄闭合[2]。指 / 趾骨生长板在 16 ~ 22 周龄闭合[2]。远端指 / 趾节骨（P3）终止于指甲。第Ⅱ ~ Ⅴ脚趾的指甲缩回在皮褶内，当猫站立时位于中间指 / 趾节骨的背外侧。这个动作由一根特殊的弹性韧带实现，该韧带从中间指 / 趾节骨外侧面延伸至远端指 / 趾节骨的伸肌突。

掌指关节、跖趾关节和指 / 趾间关节都有副韧带，这对维持关节的稳定性非常重要。在第Ⅱ ~ Ⅴ掌指关节和跖趾关节的掌侧面和跖侧面均有成对的籽骨。这些籽骨是指屈肌腱的滑动和压力床。掌指关节、跖趾关节和指 / 趾间关节的背侧关节囊还有小软骨体。掌指关节和跖趾关节的小软骨体可能钙化，从而在 X 线片上显示出来。

33.2　固定技术

掌骨、跖骨和指 / 趾骨骨折可以只用外包扎固定或者内固定结合外包扎固定进行治疗。掌骨、跖骨和指 / 趾骨骨折的固定方式取决于指 / 趾骨骨折的数量、骨折构型和位置。表 33-1 总结了可以采用的固定方式。对于选择保守治疗还是手术治疗并没有严格规定，但通用原则是掌骨、跖骨和指 / 趾骨骨折数量超过 2 根且严重移位时需要手术治疗。

开放性伤口、广泛性软组织挫伤和肿胀的存在也会影响治疗方案的选择。严重的软组织损伤会显著使治疗方案和术后护理复杂化，并常常延长住院时间和治疗花费。如果在就诊时 1 根或多根脚趾活性存疑，则可以先对伤口进行最低限度的清创和冲洗，并用湿 - 干夹板绷带包扎治疗，直到坏死组织的界限明显，允许彻底清创和选择性切除坏死组织（第 16 章）。需要注意的是，包扎时不要过紧，以免造成压力性坏死。在某些病例中，可以先用一个小的外固定支架提供暂时的稳定性直到可以进行最终修复。脚垫是否存活对于保证指 / 趾或爪子的功能至关重要。脚垫或整个脚趾的坏死通常需要截除患指 / 趾。截指 / 趾术参见第 41 章。

33.2.1　髓内针

由于植入物容易获取且成本较低，因此髓内针固定常用于治疗掌骨和跖骨骨折。髓内针能够提供弯折稳定性，但无法提供轴向压缩或旋转稳定性；常用于修复骨折断端可以防止骨骼轴向塌陷的简单骨折。同其他长骨相比，由于邻近指 / 趾

表 33-1　发生于掌骨、跖骨和指 / 趾骨的骨折和脱位及可能的治疗方案

损伤部位	损伤类型	治疗方案
掌骨和跖骨骨折	掌骨和跖骨基部	保守治疗 张力带钢丝修复（Ⅱ型或Ⅴ型）
	骨干	保守治疗 髓内针 迷你骨板
	髁上和生长板	保守治疗 交叉克氏针
	髁间	跨髁拉力螺钉 保守治疗（如果无法重建） 截肢术（如果持续跛行）
指 / 趾骨骨折	非关节骨折	保守治疗 交叉克氏针 迷你骨板
	关节骨折	跨髁拉力螺钉 保守治疗（如果无法重建） 截指 / 趾术（如果持续跛行）
跖趾关节、掌指关节和指 / 趾间关节	脱位	闭合性复位 开放性复位并放置人工韧带

的限制效果，掌骨和跖骨的抗旋转稳定性没有那么重要。但由于髓腔狭窄，尤其是掌骨基部，只能选用小型号的克氏针。小型号的克氏针更柔韧，便于插入。0.8 mm 或 0.9 mm 克氏针常用于掌骨的固定，0.9 ~ 1.2 mm 克氏针用于跖骨的固定。远轴跖骨（第Ⅱ和第Ⅴ跖骨）比中轴跖骨（第Ⅲ和第Ⅳ跖骨）的髓腔更狭窄，因此为了获得适合每根跖骨最佳直径的固定针需要准备若干不同型号的克氏针。

髓内针的打入有两种方式：由远端向近端顺行打入（图 33-1）或以肘接栓钉打入（图 33-2）。顺行打入的进针点在掌骨或跖骨远端背侧的髁突近端，距离骨折线至少 5 mm。克氏针打入时应尽可能平行髓腔进针，以免穿透对侧皮质从后侧穿出。可以用球钻沿长轴方向在进针点背侧皮质打磨一个沟槽，并将克氏针尖端轻微向背侧弯曲（图 33-1）。之后将克氏针向近端打入，越过骨折线直至掌骨或跖骨基部。

另一方法是肘接栓钉固定针技术或牵拉髓内针技术[3]（图 33-2）。该方法在技术上比传统的髓内针技术操作更简单且更快速，主要用于远端骨折的修复。克氏针完全包裹在骨骼内，因此很难返工重新固定。首先将克氏针打入近端髓腔中，之后根据远端骨断端的长度，剪断克氏针，剩余 0.5 ~ 1.5 cm 末端露在髓腔外。牵拉远端骨断端，并小心地套入突出的克氏针末端（图 33-2）。如果骨断端无法复位套入克氏针上，则将克氏针逐渐剪短直至能够复位。由于可能会发生骨裂，所以一定不能强行将骨断端复位到克氏针上。将蚊式止血钳当作持骨钳使用有助于复位的完成。

33.2.2　螺钉和骨板

螺钉很少单独使用，除非是作为拉力螺钉修复斜骨折或髁骨折。掌骨和跖骨的直径较小，只能打入 1.5 mm 或更小直径的螺钉。

骨板固定术可用于修复掌骨和跖骨骨干的简

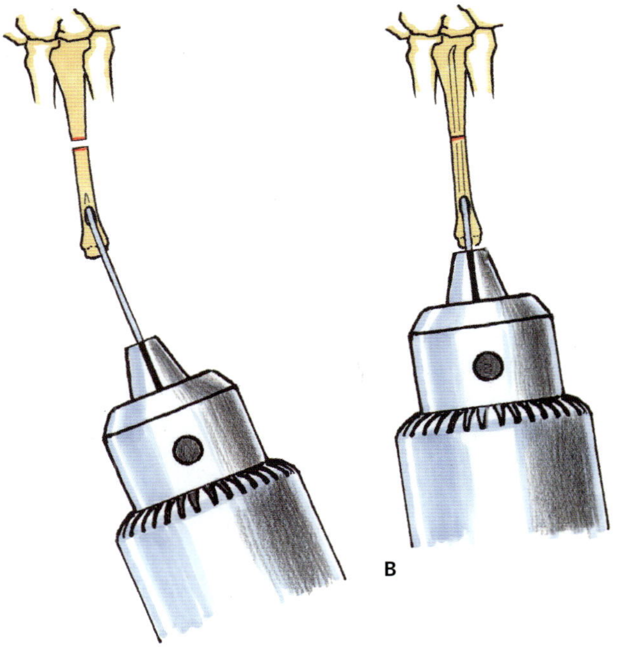

图 33–1　掌骨或跖骨的髓内针顺行打入技术。(A) 为了便于打入克氏针，可在掌骨或跖骨背侧皮质打磨一个沟槽。克氏针的入针点应远离骨折部位 5 mm。在打入前先将克氏针的尖端轻微向背侧折弯。(B) 克氏针尖端跨过骨折线并止于掌骨或跖骨基部。剪短克氏针

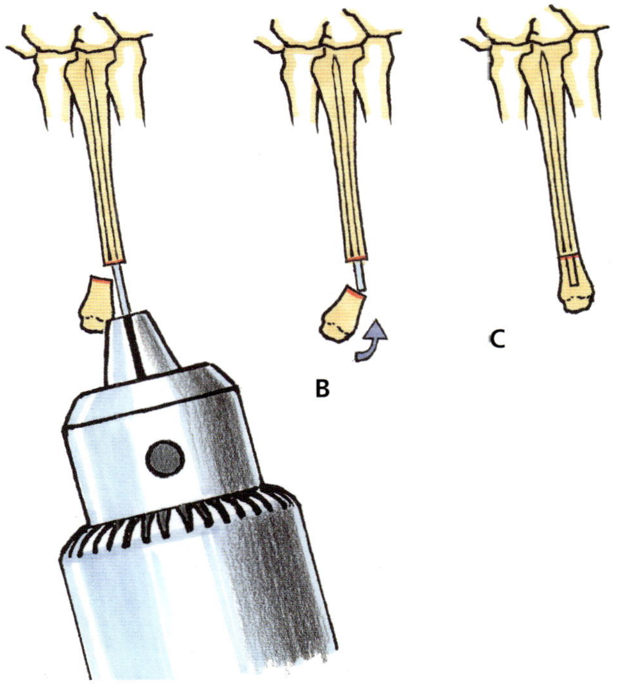

图 33–2　掌骨或跖骨远端骨折的肘接栓钉技术。(A) 克氏针打入近端髓腔。(B) 将露在外面的针尾剪短至约 5 mm。通过牵拉指 / 趾部，将远端骨碎片小心地撬到突出的针尾处。蚊式止血钳可用作持骨钳夹持近端和远端骨碎片。(C) 完成肘接栓钉

单骨折和粉碎性骨折。迷你骨板系统，如 1.5 mm 迷你骨板、1.3 mm 小型手骨板和 1.0 mm 颌面迷你骨板，都可以应用（第 24 章）。骨板放置在骨骼背侧的平滑面。每侧骨断端至少放置 2 颗螺钉。骨板放置在背侧面有一个缺点，即骨板处于骨骼的压力面。因此，像比较薄弱的 1.0 mm 颌面迷你骨板只能用于简单的和可解剖复位的骨折。粉碎性骨折的固定需要使用 1.3 mm 或 1.5 mm 骨板。

33.3　掌骨和跖骨骨折

掌骨和跖骨骨折可分为基部骨折、骨干骨折和头部骨折。基部骨折常发生在第Ⅱ和第Ⅴ掌骨或跖骨。骨干和（或）头部骨折往往涉及数根或全部（4 根）负重骨。4 根骨骼全部骨折也称为连续性掌骨或跖骨骨折。

33.3.1　掌骨和跖骨手术入路

通常通过背侧直的或弯的皮肤切口显露骨骼。通过向内侧和外侧牵拉皮肤边缘显露邻近的掌骨。保护好伸肌腱，并小心将其拉向一旁。如果只有 1 根骨骼骨折，则在这根骨骼上方做局部切口。当使用骨板时，为了减少伤口开裂的可能性，皮肤切口最好不要位于植入物正上方。

33.3.2　第Ⅱ和第Ⅴ掌骨和跖骨基部骨折

第Ⅱ和第Ⅴ掌骨和跖骨基部分别是短的内侧和外侧腕掌韧带和跗跖韧带，以及尺外侧肌和腓骨短肌肌腱的附着点。因此第Ⅱ和第Ⅴ掌骨和跖骨基部的撕脱性骨折通常会造成关节不稳定。猫很少发生这种损伤，即便发生也是后肢更常见。关节稳定的无移位骨折可以使用夹板绷带外固定保守治疗。撕脱性骨碎片移位及并发的腕掌关节或跗跖关节不稳定需要手术固定。可用张力带钢丝或 1.5 mm 拉力螺钉复位固定大的骨碎片（专栏 33–1）。如果骨碎片太小无法复位固定以及关节不稳定，则需要进行部分或全腕关节或跗关节融合术（第 32 章和第 40 章）。

专栏 33-1　第Ⅱ或第Ⅴ掌骨和跖骨基部撕脱性骨折的固定

行外侧或内侧入路显露第Ⅱ或第Ⅴ掌骨或跖骨基部。复位撕脱的骨碎片，并在骨碎片复位的情况下评估关节的稳定性。

张力带钢丝：选择 0.8 ~ 1.0 mm 克氏针由撕脱基部近端打入骨干的髓腔。0.5 mm 或 0.6 mm 骨科钢丝“8”字环绕露出的近端克氏针末端和骨干上的钻孔进行固定。折弯克氏针突出的针尾以避免移行，并剪短（图 33-3A）。

拉力螺钉：1.5 mm 拉力螺钉垂直于骨折线由撕脱骨碎片打入至对侧皮质（图 33-3B）。为了提高抗拔力，可以将邻近的两根掌骨或跖骨一起固定。对于小骨碎片，用尖头复位钳进行复位和加压更安全，然后放置位置螺钉。这就避免了需要为拉力螺钉钻更大直径的滑行孔。

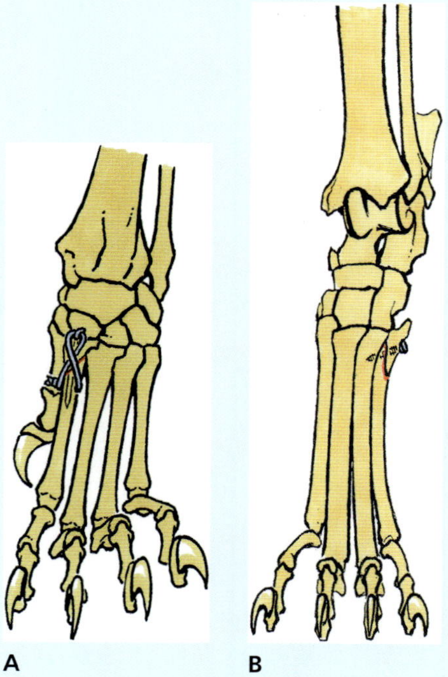

图 33-3　第Ⅱ或第Ⅴ掌骨或跖骨基部骨折的固定。（A）用张力带钢丝修复第Ⅱ掌骨的撕脱性骨折。（B）用螺钉固定第Ⅴ跖骨的撕脱性骨折

33.3.3　骨干骨折

只有一根或两根掌骨或跖骨骨干骨折通常进行保守治疗。邻近的完整骨骼可以负重，并起到内固定夹板的效果。如果可以，在骨折移位时先对骨折进行闭合性复位，并使用夹板绷带包扎至桡骨或胫骨远端 1/3 水平。根据骨折的类型、稳定性和猫的年龄，夹板通常需要固定 3 ~ 4 周。夹板绷带外固定的原则和技术参见第 22 章。如果骨碎片移位明显无法闭合性复位，则需要开放性复位和内固定。

虽然有报道认为，在犬上保守治疗和手术治疗的愈合速度没有差异[4,5]，但如果是 3 根或所有 4 根掌骨或跖骨骨折，则推荐手术治疗。4 根骨骼的骨折是不稳定损伤，可能存在发生骨折愈合障碍的风险；如果不进行手术治疗，则会发生外翻畸形[4,6]。与近端骨折相比，远端和骨干中段的骨折更容易移位和畸形愈合（图 33-4），因此当决定是否要手术治疗时还要考虑骨折的位置[4]。

并不是所有的 4 根骨骼都需要固定，但至少要固定 2 根骨骼以恢复负重。在骨折愈合较慢的老年猫或其他肢体也发生损伤的时候，最好对 3 根或 4 根骨骼均进行内固定。固定哪根及固定几根骨骼应取决于骨折的类型和软组织损伤情况。如果同时存在简单骨折和粉碎性骨折，固定简单骨折而不去触碰粉碎性骨折的掌骨或跖骨会更简单，损伤性更小，也能提供更多的稳定性。植入物也应避免放置在有开放性创口的骨折处。

简单骨折最常用的固定方式是髓内针（图 33-5 和图 33-6）。掌骨简单骨折和粉碎性骨折时，也可以在背侧面放置迷你骨板进行治疗。由于骨骼较细，只能放置 1.5 mm 或更小规格的螺钉。跖骨比掌骨更粗、背侧面更平滑，因此更容易进行骨板固定（图 33-7）。简单长斜骨折也可以用 1.5 mm 拉力螺钉或位置螺钉固定。手术技术见专栏 33-2。

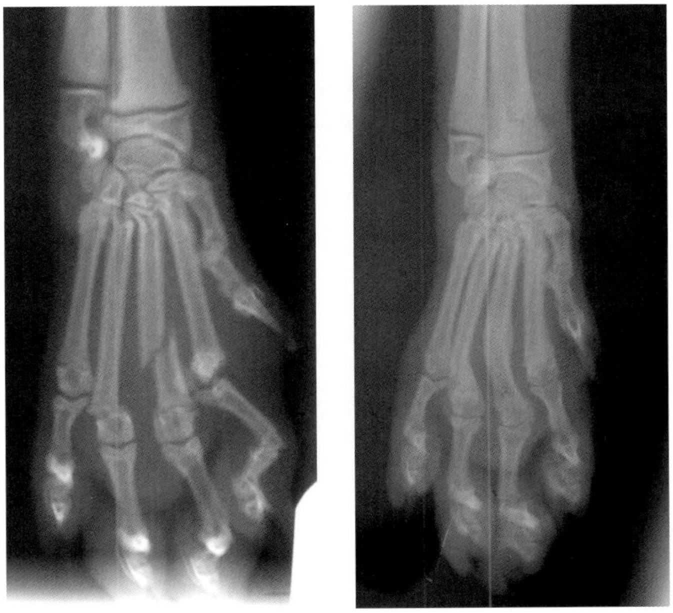

A　B

图 33–4　（A）7 月龄猫第Ⅲ、Ⅳ和Ⅴ掌骨远端骨折夹板绷带外固定后 4 周的 X 线片。（B）4 周后骨折愈合良好，骨折处功能性畸形愈合

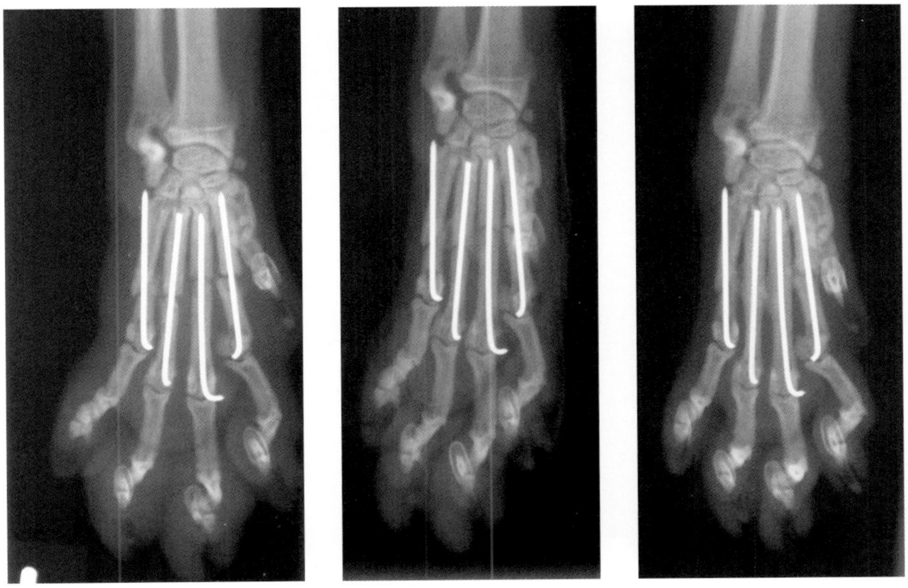

A　B　C

图 33–5　4 岁猫多根掌骨骨折外包扎固定 6 周后的 X 线片。（A）术后即刻拍摄的 X 线片显示 4 根掌骨顺行打入的髓内针；第Ⅴ掌骨的克氏针穿出近端骨碎片。（B）术后 4 周，4 根掌骨均表现骨折愈合和重塑的征象。（C）术后 8 周 X 线片显示骨折愈合基本完成

33.3.4　掌骨头和跖骨头骨折

掌骨头或跖骨头骨折包括髁上骨折、单髁骨折和粉碎性骨折。未成年猫会发生 Salter–Harris 骨折。交叉克氏针可用于修复 Salter–Harris Ⅰ型和Ⅱ型骨折，也可用于较小的远端骨碎片髁上骨折。如果远端骨碎片足够大可以容纳克氏针，更适合应用肘接栓钉（图 33–2）。

髁骨折会影响掌指关节的完整性和稳定性，应进行手术治疗。为了重建关节的完整性，可以用 1.5 mm 跨髁螺钉进行固定。虽然拉力螺钉常用于髁骨折的固定，但为了避免造成小而薄的骨骼发生医源性骨折，先用小的复位钳进行解剖复位后再用位置螺钉固定会更安全。如果可以，跨髁螺钉也可用于粉碎性髁间骨折。当无法用交叉克氏针固定时，也可以使用外包扎固定让髁上部分自行愈合。对于无法复位的粉碎性关节骨折，可能需要截指 / 趾术（第 41 章）。手术技术见专栏 33–3。

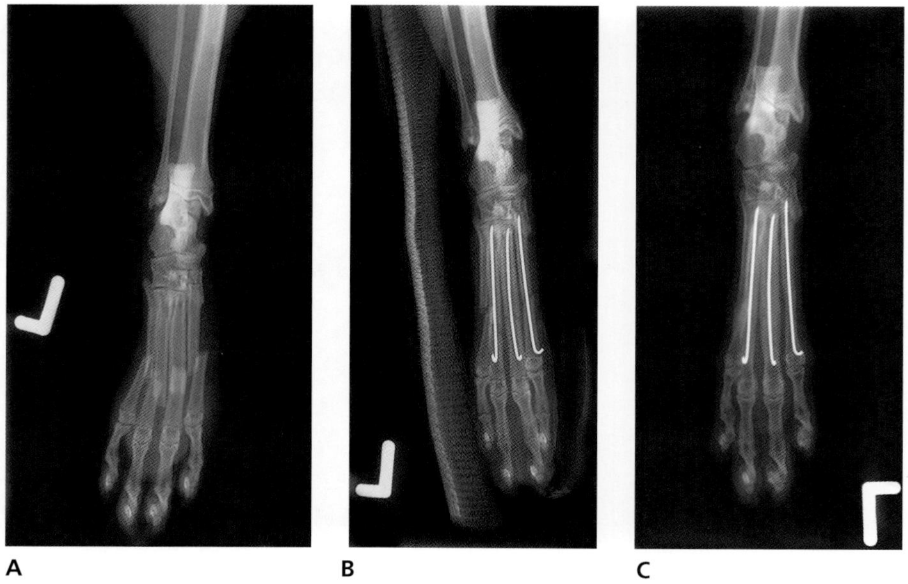

图 33–6　跖骨髓内针固定示例。（A）术前 X 线片显示某未成年猫多根掌骨骨干骨折。（B）髓内针固定第 Ⅱ ~ Ⅴ 掌骨后的 X 线片。注意克氏针进入了髓腔近端的生长板。（C）6 周后复查的 X 线片。所有骨折均已愈合

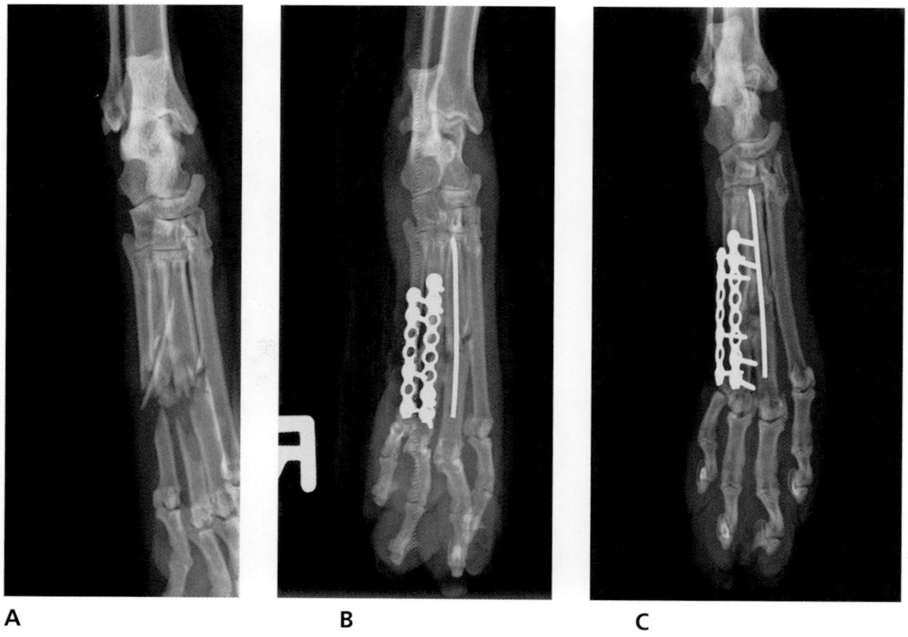

图 33–7　猫第 Ⅲ ~ Ⅴ 跖骨 Ⅲ 级开放性骨折的 X 线片。（A）伤口使用湿 – 干绷带治疗，手术推迟到伤口覆盖肉芽组织后。（B）第 Ⅲ 跖骨用肘接栓钉固定。第 Ⅳ 和 Ⅴ 跖骨使用 1.3 mm 小型手骨板固定。松质骨填充在骨缺失处的空隙中。（C）术后 4 周 X 线片显示第 Ⅲ 和 Ⅳ 跖骨进一步愈合。第 Ⅴ 跖骨发生萎缩性不愈合，但患肢功能良好

33.4　指 / 趾骨骨折

由于超过 2 根指 / 趾骨骨折的情况很少见，所以大多数指 / 趾骨骨折都可以用外包扎固定保守治疗。若发生了髁骨折，则需要开放性复位和手术固定；螺钉固定的方法见上文（专栏 33–3）。指 / 趾骨骨干的移位骨折也需要内固定治疗。1.0 mm 颌面骨板套装内的迷你螺钉和骨板或者 1.3 mm 小型手骨板系统都可用于固定骨碎片较小的骨折。如果通过保守治疗或手术治疗仍不能达到骨折愈合或消除疼痛，则需要选择截指 / 趾术（第 41 章）。

33.5　掌指关节、跖趾关节和指 / 趾间关节脱位

在临床上经常碰到掌指关节、跖趾关节和指 / 趾间关节脱位的病例，而且常同爪子的其他骨折或关节损伤同时发生。临床检查中如果发现一个或多个关节疼痛和局部肿胀，就应当怀疑这些问题。有时也能看到指 / 趾甲的位置异常（图 33–10）。大多数病例可以通过闭合性复位和外包扎固定治愈（图 33–11）。如果无法进行闭合性复位或再次发生脱位，则需要进行手术固定。手术包括

专栏 33-2　掌骨或跖骨骨干骨折的固定

行背侧手术入路，视情况牵开皮肤和伸肌腱。无需手术固定所有骨骼，但至少要固定 2 根骨骼，理想情况是固定 3 根骨骼。移位骨折、简单骨折和轴向骨折推荐固定。粉碎性骨折应尽量减少操作以保证血供。植入物应避免放置在开放性伤口的位置。

髓内针：掌骨或跖骨骨干中段的简单骨折常用顺行髓内针技术固定（图 33-8A）。为了便于打入髓内针，在掌骨或跖骨远端背侧皮质打磨一个沟槽（图 33-1）。克氏针的入针点距离骨折断端至少 5 mm。入针点的解剖定位点是掌骨 / 跖骨远端髁的近端小凹陷处。将小规格的柔韧克氏针尖端轻微弯曲，以便克氏针在髓腔内放置。当克氏针由骨折处的髓腔打出时，将骨折复位，使克氏针越过骨折线直至打入近端掌骨 / 跖骨基部。剪短克氏针，或在沟槽远端折弯克氏针，以防移行。

肘接栓钉：肘接栓钉是治疗掌骨或跖骨近端或远端骨折的最有用方法（图 33-8B）。克氏针打入近端髓腔直到掌骨 / 跖骨基部。露出的克氏针远端剪短至 0.5 ~ 1.0 cm。通过牵拉将近端或远端骨断端小心翘起套到克氏针末端（图 33-2）。

骨板：骨板可以修复简单骨折和粉碎性骨折，但更常用于粉碎性骨折。跖骨比掌骨更宽些，更适用 1.5 mm 迷你骨板固定；1.3 mm 小型手骨板可用于掌骨骨折固定（图 33-8C，D）。骨板放置于骨骼背侧面。每侧的骨碎片至少放置 2 颗（最好 3 颗）螺钉固定。

拉力螺钉：简单斜骨折可使用 1.5 mm 拉力螺钉治疗（图 33-8D）。拉力螺钉无法提供很强的背掌方向抗弯曲稳定性，因此只有在其他掌骨完整或已用其他植入物固定的情况下才会使用。

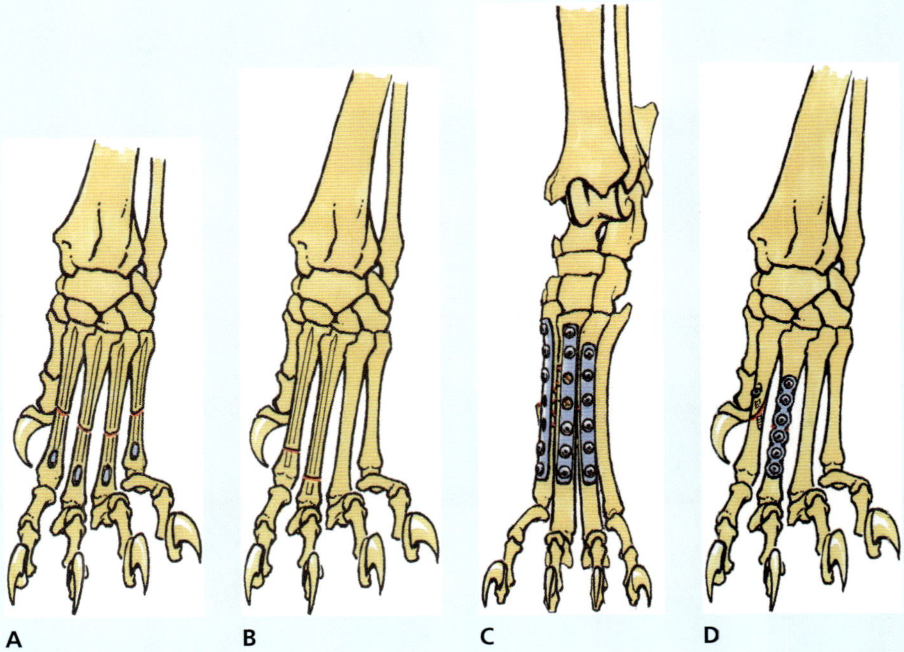

图 33-8　掌骨和跖骨骨折的固定方案。（A）顺向髓内针固定掌骨骨干中段简单横骨折。（B）肘接栓钉修复掌骨远端简单横骨折。（C）用 1.5 mm 迷你骨板固定跖骨简单骨折想要的和粉碎性骨折。（D）螺钉固定第 Ⅱ 掌骨简单斜骨折。第 Ⅲ 掌骨用 1.3 mm 迷你骨板固定

关节囊和断裂副韧带的叠盖缝合。如果关节周围组织无法缝合或无法恢复稳定性，则可留置缝线作为人工韧带（专栏 33-4）。

33.6　术后治疗和预后

固定掌骨、跖骨和指 / 趾骨骨折的植入物很薄弱，术后无法早期负重。因此，大多数类型的骨折术后都需要使用夹板绷带外固定。根据手术所能达到的稳定性和愈合进度，确定外包扎固定时间。包扎时间 2 ~ 6 周不等：稳定骨折类型的幼猫通常包扎 2 周，而不稳定骨折（如掌骨或跖骨粉碎性骨折）的老年猫需要包扎 6 周。存在开放性伤口时，如脱套伤，其术后护理会变得更复杂，花费也会更高。并发的软组织损伤的治疗请参见第 16 章。

如果骨折处周围的软组织没有严重的损伤和

专栏 33-3 掌骨头、跖骨头和指 / 趾骨头骨折的固定

采用背侧入路显露关节，纵向切开关节囊，将骨折解剖复位。

交叉克氏针修复 Salter-Harris Ⅰ型和Ⅱ型骨折或髁上骨折：骨折手工复位。将 2 根 0.6 mm 克氏针由内侧和外侧髁打入做交叉固定（图 33-9A）。剪短固定针末端。

跨髁螺钉修复髁间骨折：首先用小的尖头复位钳暂时加压复位髁间骨折。打入一颗 1.5 mm 髁间位置螺钉（图 33-9B）。

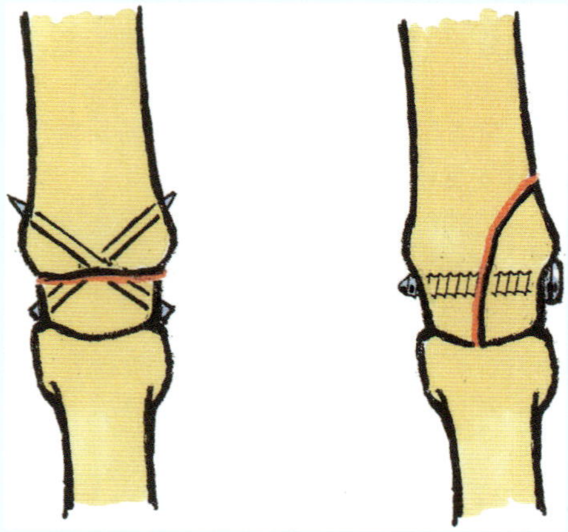

图 33-9 掌骨头、跖骨头或指 / 趾骨头骨折的固定。（A）交叉克氏针固定 Salter-Harris Ⅰ型骨折。（B）1.5 mm 位置螺钉固定单侧髁骨折

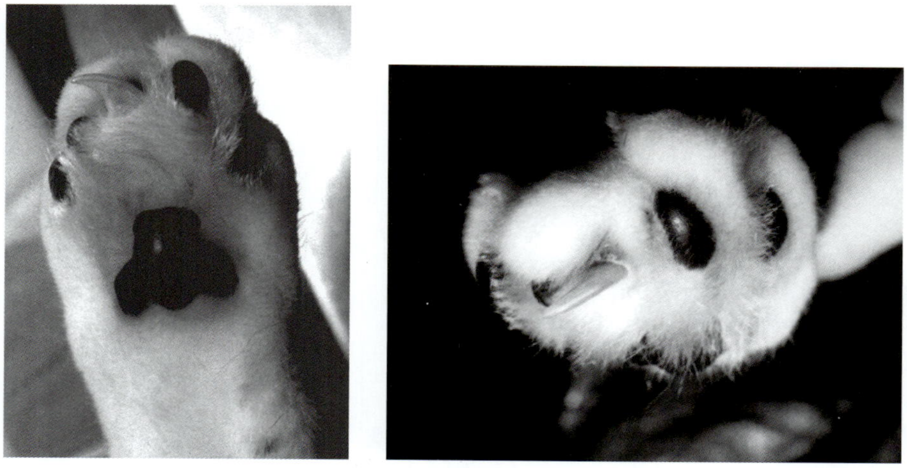

图 33-10 发生 P2/3 脱位的猫爪。注意，从（A）掌侧和（B）远端都可以看到指甲的 90° 旋转。闭合性复位后关节稳定

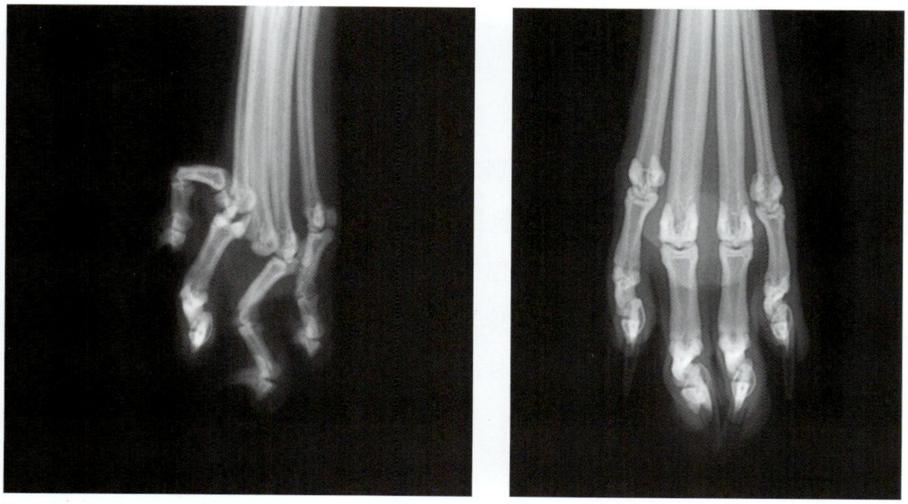

图 33-11 （A）猫左后爪 X 线片，显示第Ⅱ和第Ⅲ趾的跖趾关节脱位。关节进行了闭合性复位，并使用夹板绷带固定 10 d。（B）4 周后复查的 X 线片显示患处仍保持复位状态

专栏 33-4　掌指关节、跖趾关节和指 / 趾间关节脱位的人工韧带修复

背侧入路显露患处关节。用小号钻头或克氏针经关节髁钻孔。2-0 或 0 号不可吸收缝线穿过孔洞。皮下注射针可以辅助引导缝线穿过。关节复位后，尽可能缝合关节囊。将人工韧带拉紧打结（图 33-12）。

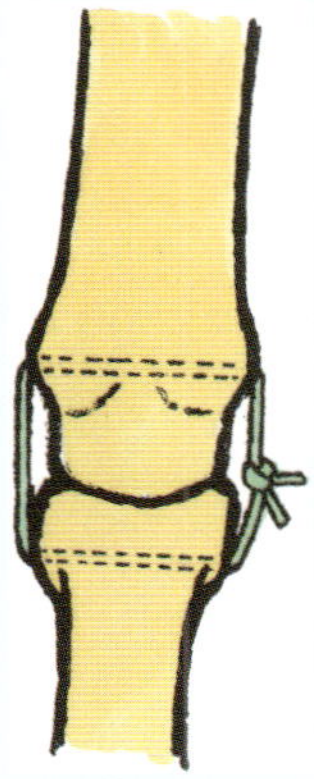

图 33-12　掌指关节、跖趾关节或指 / 趾间关节脱位的人工韧带修复

血管破坏，则其愈合过程通常和固定方式没有关系。最近的一项研究显示，超过 80% 的通过肘接栓钉固定的掌骨或跖骨骨折病例没有发生并发症 [3]。3 根或全部 4 根掌骨骨折的病例采用保守治疗更容易出现并发症，包括延迟愈合、不愈合或畸形愈合（图 33-13）。不愈合的病例需要通过稳定的内固定手术治疗，并使用松质骨移植。畸形愈合通常表现足外翻。如果功能良好，通常不需要二次手术（图 33-4）。在犬的急性骨折中，通过开放性复位和骨板内固定可以获得骨折准直 [4]。

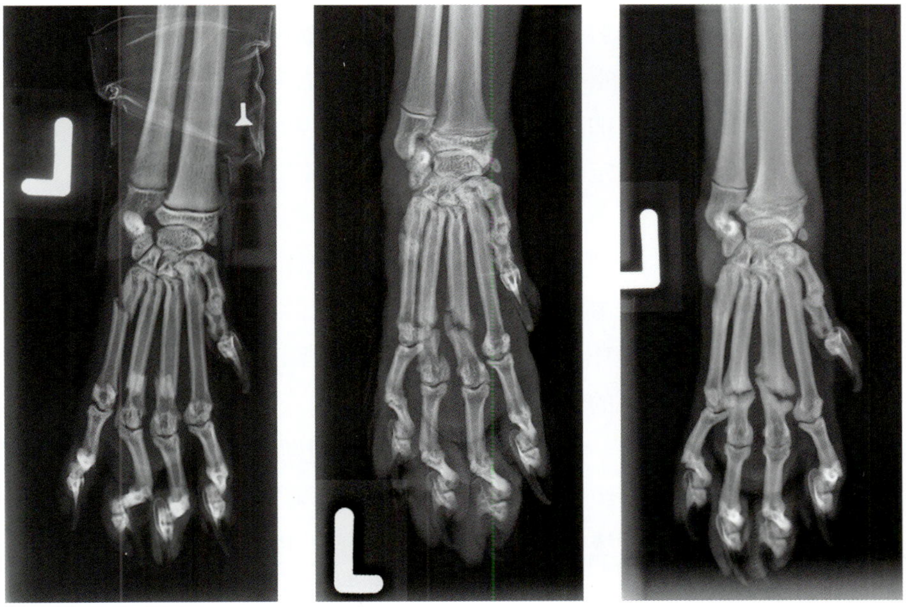

A　B　C

图 33-13 （A ~ C）用夹板外包扎固定治疗第 Ⅲ、第Ⅳ和第Ⅴ掌骨连续性骨折的 X 线片。第Ⅴ掌骨在 6 周后愈合，但第 Ⅲ 和第Ⅳ掌骨发生萎缩性不愈合并表现出不稳定（C）。用肘接栓钉修复这些远端骨折会是一个更好的选择

参考文献和延伸阅读

[1] Hill FWG. A survey of bone fractures in the cat. J Small Anim Pract 1977;18:457–463.

[2] Smith RN. Fusion of ossification centres in the cat. J Small Anim Pract 1969;10:523–530.

[3] Degasperi B, et al. Intramedullary pinning of metacarpal and metatarsal fractures in cats using a simple distraction technique. Vet Surg 2007;36:382–388.

[4] Muir P, Norris JL. Metacarpal and metatarsal fractures in dogs. J Small Anim Pract 1997;38:344–348.

[5] Kapatkin AS, et al. Conservative versus surgical treatment of metacarpal and metatarsal fractures in dogs. Vet Comp Orthop Traumatol 2000;3:123–127.

[6] Piermattei DL, Flo GL. Fractures and other orthopedic conditions of the carpus, metacarpus, and phalanges. In: Piermattei DL, Flo GL (eds) Small animal orthopedics and fracture repair. Philadelphia: WB Saunders; 1997: pp. 344–389.

第 34 章　脊柱

K. Voss, P.M. Montavon

脊柱手术的适应证包括脊柱骨折和脱位、椎间盘疾病、脊髓肿瘤及其他疾病，如蛛网膜下腔囊肿或硬膜外积脓。脊柱骨折和脱位可能是由机动车事故、高处跌落、犬咬伤和枪伤导致。大约一半的猫脊柱损伤都会并发其他身体系统的损伤，所以必须进行全面的临床常规检查与 X 线检查。在一项评估了 100 例创伤患猫 X 线片的研究中，发现脊柱损伤的程度与存活率无关 [1]。尽管在脊柱损伤时通常需要进行脊柱固定的急诊手术，但是要注意，必须在诱导麻醉前纠正动物的水合状态。在术前和术后都要仔细评估和监测心血管系统与呼吸系统功能，避免患病动物死亡 [2,3]。

本章的重点主要在于脊柱骨折和脱位的手术治疗，减压术也有描述。神经学检查和诊断方法的内容请查阅本书的第 1 章和第 2 章。脊柱疾病的概述请查阅第 6 章。也可以查阅第 15 章，确定脊柱手术的决策过程和原则。

34.1　外科解剖学

脊柱由 7 个颈椎、13 个胸椎、7 个腰椎、3 个荐椎和数目不等的尾椎组成。猫的椎体相对更细长，背侧和外侧椎板更薄更脆弱。除寰枢关节外，所有的椎体之间都有椎间盘。棘突通过棘上韧带和棘间韧带彼此相连。这些韧带充当张力带，维持着脊柱的稳定性，手术时要注意保护。

脊髓含有 8 个颈髓、13 个胸髓、7 个腰髓、3 个荐髓和大约 7 个尾髓。脊髓节段比相应的脊椎更靠前些，尤其是在腰椎后段；但在猫，脊髓节段和脊椎的对应关系比犬的更相符。在大部分猫，脊髓圆锥向后延伸，到达 S1 水平 [4,5]。L7 和 S1 的脊神经起始于 L5 或 L5–L6 交界处的椎体水平处，S2 和 S3 起始于 L5–L6 交界处或 L6 椎体水平处 [4]。

脊髓在颈和腰膨大处相对较宽，这里是发出前、后肢神经根的位置。C6–T2 神经根形成支配前肢的臂神经丛，L4–S3 神经根形成支配后肢、膀胱、直肠和会阴部的盆神经丛。神经根从对应椎间孔的前腹侧离开椎管。

手术中需要保护的血管包括椎动脉和静脉丛。椎动脉穿过颈椎横突的小孔；静脉丛位于椎管底壁的两侧，壁很薄，容易在手术中损坏。

34.2　诊断和一般注意事项

脊髓疾病和损伤的诊断需要全面的神经学检查和脊柱 X 线检查，而且通常需要进一步的高阶影像学检查。神经学检查可以提供病变定位和严重性的信息，从而指导临床兽医确定影像学检查的部位（第 1 章）。影像学检查可以确定或诊断特定性疾病或损伤（第 2 章）。需要明确，预后因子不是脊髓损伤或疾病的影像学征象，而是术前神经缺陷的严重性。脊柱和脊髓疾病的描述请参阅第 6 章，脊髓损伤的基础知识在本书的第 15 章。读者也可参阅第 15 章脊柱骨折和脱位的 X 线征象。

脊柱骨折和脱位的患猫往往还有其他的软组织或骨科损伤 [3]，所以必须对胸部、腹部和骨骼系统进行全面的临床检查，以便排查这些损伤。在治疗脊柱损伤前，要先治疗威胁生命的损伤；但是也要铭记，要尽快施行脊柱手术，防止脊髓的进一步损伤。

34.3　减压术

减压术一般包括背侧椎板切除术、偏侧椎板切除术、椎弓根切除术、腹侧开槽术和硬膜切开术。脊髓压迫的病变位置和类型决定了需要施行的减压术类型（表 34–1）。猫减压术最常见的适应证是椎间盘脱出和肿瘤。

表 34–1 脊髓减压术及其适应证

减压术类型	病变位置	适应证	备注
腹侧开槽术	颈椎	颈椎椎间盘脱出	可能造成颈椎不稳定；需要考虑颈椎固定术
偏侧椎板切除术	颈椎 胸腰椎	颈椎椎间盘脱出 胸腰椎椎间盘脱出 骨折 / 脱位后椎管探查 肿瘤	可能造成颈椎腹侧损伤，从而引起不稳定，需要手术固定
椎弓根切除术	胸腰椎	骨折 / 脱位后椎管探查 胸腰椎椎间盘脱出	不会造成不稳定；椎管显露差
背侧椎板切除术	腰荐椎 胸腰椎	腰荐椎椎间盘脱出 脊椎背侧压缩性骨折	关节面保持完整至少 1 个关节面保持完整；骨折时，需要考虑固定术
硬膜切开术	胸腰椎	诊断脊髓软化 严重神经缺陷动物的额外减压 硬膜内或硬膜下肿瘤	广泛的偏侧椎板切除术需要施行硬膜切开术

骨折和脱位的解剖复位与固定通常会因恢复了椎管的完整性而达到脊髓间接减压的作用。复位后仍然存在骨碎片或椎间盘物质压迫脊髓时，才需要施行减压术。对于无其他额外损伤的背侧或偏侧椎板压缩性骨折，可以只做减压术。读者也可以查阅第 6 章猫脊柱疾病和第 15 章猫脊柱损伤获取其他知识。

34.4 脊柱骨折 / 脱位固定术

猫脊柱损伤手术固定的适应证包括神经缺陷和脊柱不稳定。没有神经缺陷或稳定的骨折时，可以采用保守治疗。脊柱的稳定性很难通过 X 线片判断；但是，一般而言，涉及脊椎背侧和腹侧的骨折及发生脊椎移位的骨折是不稳定的。请查阅第 15 章获得关于 X 线片解读的进一步信息。

猫脊柱骨折和脱位的最常见部位是荐尾区域 [1]。腰椎是第二常见的患病部位，然后是胸腰椎结合处 [2,3]。腰荐处的骨折和脱位不常见，颈椎的骨折和脱位更是罕见。

大部分的脊柱骨折都可以使用小而柔软的克氏针与环扎钢丝进行背侧固定术修复，但颈椎不适用；颈椎骨折推荐腹侧固定术，使用锁定骨板、骨板或克氏针与骨水泥进行修复（表 34–2）。锁定骨板或克氏针与骨水泥也可用于脊柱腰荐区的骨折固定，这里的小棘突会导致背侧固定术难以施行。

表 34–2 脊柱骨折和脱位的部位与类型及其固定方法

病变部位	病变类型	治疗方案
颈椎	所有不稳定的骨折 / 脱位	腹侧锁定骨板 腹侧骨板 螺钉和 PMMA
胸腰椎	所有不稳定的骨折 / 脱位	脊椎吻合钉 张力带修复 背侧锁定骨板
腰椎	所有不稳定的骨折 / 脱位	张力带修复 背侧锁定骨板
腰荐椎	L7 骨折	横穿髂骨克氏针 背侧锁定骨板 外固定支架
	腰荐椎脱位	背侧缝线吊索
荐尾椎	S2/S3 骨折 S3 终板骨折和荐尾椎脱位	背侧半环钢丝 背侧缝线吊索

注：PMMA，聚甲基丙烯酸甲酯。

34.5 颈椎的手术方法

猫的颈椎手术很罕见，适应证主要包括颈椎椎间盘疾病、颈椎骨折和脱位、颈椎肿瘤。请查阅第 6 章获得脊柱和脊髓疾病的更多信息。

34.5.1 颈椎手术入路

根据将要施行的手术类型，颈椎手术入路可以选择背侧、偏侧和腹侧。最常用的是针对椎体和椎间盘的腹侧入路 [6]，可以施行腹侧开槽术和颈

椎骨折 / 脱位固定术。偏侧入路可以施行 C3–C4、C4–C5 或 C5–C6 偏侧椎板切除术，移除偏侧脱出的椎间盘[6]。

34.5.2 颈部脊髓减压术

颈部脊髓常用腹侧开槽术或偏侧椎板切除术减压。腹侧开槽术是将两个相邻的椎体及其椎间盘部分切除，从而进入椎管腹侧（专栏 34–1）。颈椎的腹侧开槽术是治疗椎间盘中央疝出的操作。猫的椎体细长，造成该技术难度增加，而且可见度受限。腹侧开槽术会造成一定程度的脊椎不稳定，需要在开槽术后考虑受累椎体的固定术。偏侧椎间盘脱出时，要选用颈椎偏侧椎板切除术（专栏 34–2）。

34.5.3 颈椎骨折和脱位

猫很少发生颈椎骨折和脱位。临床症状包括颈部疼痛，可能伴发四肢轻瘫或四肢麻痹。要通过固定手术稳定病变处，减少脊髓进一步损害的风险，并降低疼痛，促进解剖愈合。在犬中，推荐使用腹侧固定术治疗颈椎骨折和脱位[7]，在猫中也同样适用。

经颈椎腹中线通路实施手术。通过助手手力牵引头部屈曲寰枢关节，使骨折复位。猫的椎体非常细长，不能承受很大的骨骼固定力，因此必须选用小型植入物，如 1.5 mm 或 2.0 mm 锁定骨板或骨板，或 1.5 ~ 2.0 mm 螺钉或克氏针与聚甲基丙烯酸甲酯（PMMA）。

锁定骨板特别适合于修复颈椎骨折，因为骨板与螺钉头的交锁会提高总体的稳定性，降低传统骨板中螺钉被拔出的风险（图 34–3）[8,9]。在邻近病变处的两个椎体腹侧面的左侧和右侧缘，分别放置 1 块 2.0 mm 锁定骨板骨板[10]。在病变处两侧的椎体上，分别用 1 颗或 2 颗螺钉进行固定。螺钉的最大长度通过术前的侧位 X 线片评估确定，避免穿透椎体进入椎管。务必要小心，不能损害椎动脉。

34.6 胸腰椎的手术方法

胸腰椎手术的适应证包括胸腰椎骨折和脱位、椎间盘疾病、肿瘤及某些罕见疾病，如蛛网膜下腔囊肿。脊柱和脊髓疾病的描述请查阅第 6 章。

专栏 34–1 腹侧开槽术

猫仰卧保定，颈部背侧支撑呈伸展状态，前肢后拉，向后拴住。经颈部腹中线切开；以 C6 明显的横突和 C1–C2 交界处作为定位标志，确定病变椎间隙。

使用咬骨钳去除椎间隙前侧的椎体腹侧结节，然后使用手术刀片切除纤维环腹侧的中央部分。用小型号的高速气钻或电动磨钻制造槽口。椎间隙的方向由后向前成角度，所以槽口的中心在椎间隙前方（图 34–1A）。槽口的范围不能超过椎体长度和宽度的一半（图 34–1B）。使用球钻打磨内侧皮质层时，务必要小心；一旦内侧皮质层磨透，换用小的骨刮匙去除残余骨。背侧纤维环和突出的椎间盘物质用细头咬骨钳去除。背纵韧带显露后，视情况部分切除。椎管开放后，要避免损伤静脉窦。开槽术后，如果发现脊椎不稳定，要用锁定骨板或螺钉和骨水泥进行颈椎腹侧固定术。

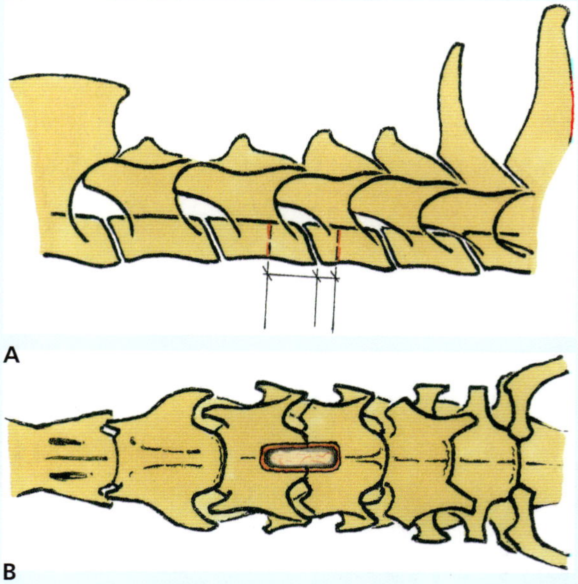
A
B

图 34–1 腹侧开槽术。（A）因为椎间隙由后向前成角度，所以槽口的中心需要以背侧纤维环定位确定，这样在开始钻磨槽口时，从槽口的中心前侧开始。（B）槽口的范围不能超过椎体长度和宽度的一半

专栏 34–2　颈椎偏侧椎板切除术

患猫俯卧保定，颈部轻微旋转远离术者，以便显露脊髓的侧面。C6 明显的横突与 C2 的棘突和寰椎翼是确定病变椎间隙的重要定位标志。

颈椎前段和后段病变的手术入路略有不同。在颈椎前段，依次切开皮肤、皮下组织和颈阔肌，然后切开或钝性分离头臂肌，显露对应处的小关节面。在颈椎后段，需要向后分离颈腹锯肌，向背侧分离夹肌；然后再切开重叠的肌间面暴露小关节面。

小关节面附着的肌肉完全分离后，使用高速磨钻和咬骨钳施行偏侧椎板切除术（图 34–2）。椎管开放后，使用神经钩、细头咬骨钳或蚊式止血钳去除脱出的椎间盘物质，避免损害椎管内部的静脉丛。

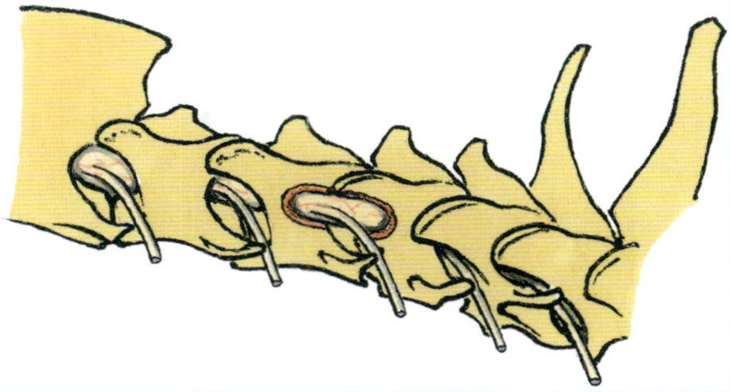

图 34–2　颈椎偏侧椎板切除术的外观

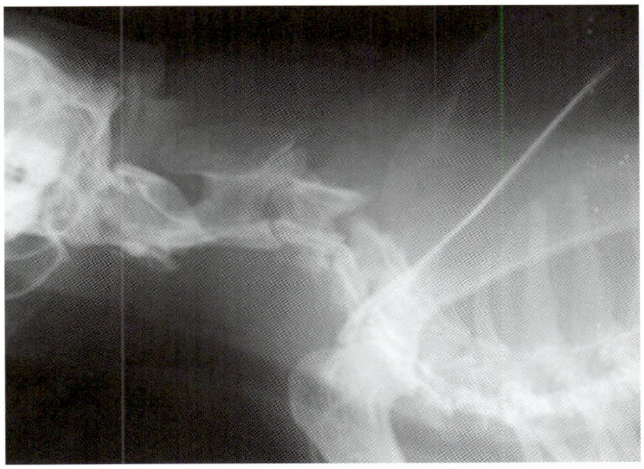

A

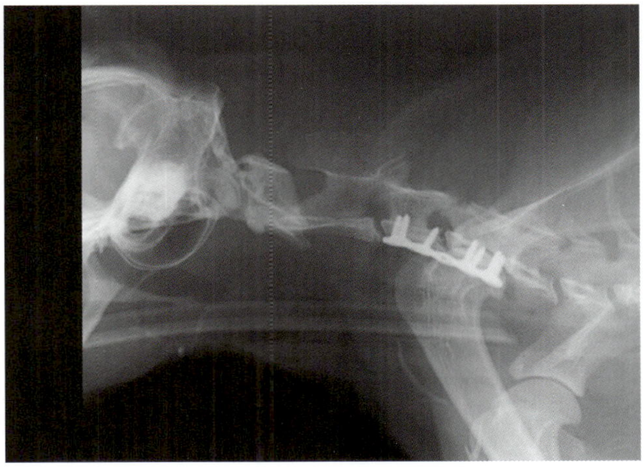

B

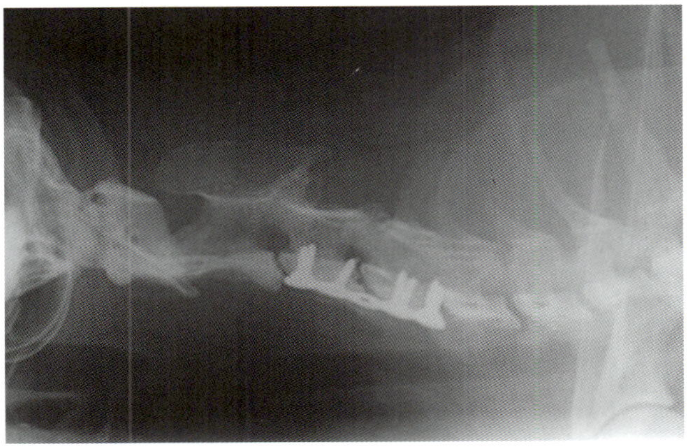

C

图 34–3　C3 椎体骨折患猫的 X 线片。(A) 术前，(B) 锁定骨板固定后，(C) 术后 6 周复诊。患猫术前四肢麻痹、无自主运动，术后完全恢复功能（经许可转载自 Voss K, Steffen F, Montavon PM. Use of the ComPact UniLock system for ventral stabilization procedures of the cervical spine. A retrospective study. Vet Comp Orthop Traumatol 2006;19:24.）

34.6.1　胸腰椎手术入路

胸腰椎背侧入路用于背侧固定术[6]。皮肤切口从病变处前方 3 个脊椎到病变处后方 3 个脊椎；在棘突两侧切开背侧筋膜，长度以病变处为中心前后各 2 个脊椎。从背侧椎板上分离近轴肌肉组织，保留棘突间的棘上和棘间韧带。

如果不需要进行减压术，可以保留乳突和副突的肌肉附着。进行偏侧椎板切除术时，需要切开多裂肌，并从乳突上剥离附着点。进行偏侧椎板切除术或椎弓根切除术时，需要从副突上切断腰最长肌的小肌腱，以便显露椎管的最腹侧。

34.6.2　胸腰椎脊髓减压术

胸腰椎减压术包括偏侧椎板切除术和椎弓根切除术。偏侧椎板切除术要切除一侧的背外侧椎板和小关节（专栏 34-3），最常用于治疗胸腰椎椎间盘疾病。偏侧椎板切除术可以为椎管钻磨出良好的视窗，方便显露椎管和脊髓，从而达到减压目的，但是也可能因去除一侧的小关节造成一定程度的不稳定。尽管偏侧椎板切除术不会影响脊柱的抗弯强度[11]，但是在单侧小关节切除并同时开窗时，可能发生旋转不稳定[12]。骨折 / 脱位患猫通常并发椎间盘部分破裂或脊椎腹侧部的其他损失，偏侧椎板切除术可能会加重不稳定性。因此，必要时要考虑手术固定。

椎弓根切除术只去除单侧椎弓根，保留小关节（专栏 34-4）。该操作不能起到明显的减压作用，创造的椎板小开口很难探查到椎管背侧。椎弓根切除术不会改变脊柱的稳定性，尤其适用于胸腰椎骨折和脱位后椎管腹侧的探查。

硬膜切开术是偏侧椎板切除术的附加操作，用于进一步诊断和治疗。偏侧椎板切除术创造的开口要足够长和宽，才能施行硬膜切开术。硬膜切开术方便直视脊髓，有助于术中诊断脊髓软化。急性脊髓压迫合并 5 级神经缺陷的动物，要怀疑脊髓软化[2]。术中探查提示脊髓软化的患病动物预后不良，需要向动物主人建议安乐死。硬膜切开术有助于脊髓释放压力，因为硬膜是相对有弹性的结构，会限制严重肿胀的脊髓膨胀。

专栏 34-3　胸腰椎偏侧椎板切除术

患猫俯卧保定，腹部支撑，轻微抬高。借助最后肋骨定位 T13。经背侧正中线入路或中线旁入路切开，使用咬骨钳去除关节突，然后使用咬骨钳或高速气钻施行偏侧椎板切除术。

使用咬骨钳施行偏侧椎板切除术时，助手要用小的 Kocher 钳拉起背侧棘突，以便显露椎间孔，方便在副突水平处将咬骨钳尖端插入椎管（见椎弓根切除术）。然后用细头咬骨钳向前和向后扩大开口（图 34-4）。

使用高速气钻时，先在椎板上做出矩形的切除范围，然后钻磨，从腹侧一直延伸到副突，再到背侧的小关节面。钻磨内侧皮质骨和进入椎管时，务必要小心。使用刮匙或咬骨钳去除薄的内侧皮质骨。

探查脊髓和椎管，小心去除压迫性病变。猫的硬膜外腔很窄，注意不能使用器械压迫或损伤脊髓，或损害静脉窦与神经根。必要时，向前拉开神经根。

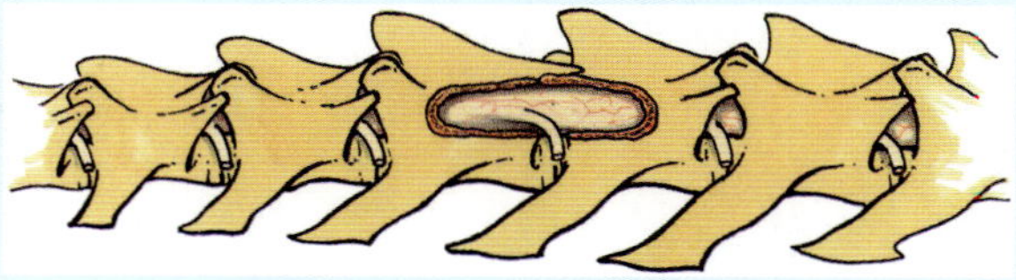

图 34-4　胸腰椎偏侧椎板切除术的外观。椎板切除范围从副突腹侧到小关节面背侧。脊髓和神经根清晰可见

专栏 34-4　椎弓根切除术

患猫俯卧保定，如同胸腰椎偏侧椎板切除术一样，行背侧手术入路。小关节面保留。

助手使用 Kocher 钳拉起棘突，显露椎间孔。在副突上方，插入小型咬骨钳进入椎管。咬骨钳内侧头紧贴骨面咬合，首先整体去除副突，然后再用细头咬骨钳细心地向前和向后扩大开口，一直在小关节面下方操作（图 34-5）。如果显露度不足，椎弓根切除术可以直接转为偏侧椎板切除术。

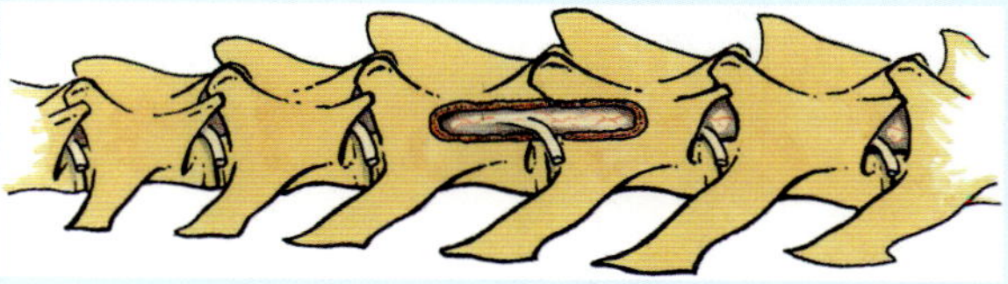

图 34-5　椎弓根切除术以副突为中心但在小关节面下方切除椎板。该操作有助于显露椎管和脊髓的腹侧面

硬膜切口要向前和向后扩大，超过偏侧椎板切除术的开口两端各数毫米。硬膜使用 11 号手术刀片或小型号的皮下注射针切开。切开硬膜时，手术刀片或皮下注射针的切缘要背向术者，并与脊髓平行。存在脊髓软化时，脊髓会变色或出血、肿胀和明显变软。严重病例，脊髓会从硬膜切口流出。

34.6.3　胸腰椎骨折和脱位

猫常见胸腰椎骨折。大约 50% 的脊柱骨折 / 脱位的患猫会有并发的其他损伤 [3],包括胸部损伤、腹部损伤、头损伤和其他部位的骨科或神经损伤。肩胛骨骨折本来很罕见，但有项研究报道 16 只脊柱骨折的患猫有 2 只发生肩胛骨骨折 [3]。

在犬中，大部分的骨折发生在胸腰结合处；而在猫中，第 2 ～ 6 腰椎貌似更容易发生骨折 / 脱位 [2,3]。猫最常见的损伤类型是终板骨折伴脊椎半脱位 [2]，单纯的脊椎半脱位和脱位很少见 [2]，椎体的复杂骨折也不如犬常见。

在犬中，胸腰椎骨折有多种固定方法 [7]。而在猫中，因为脊椎偏小，所以很多应用于犬的技术不能使用。猫常用克氏针 + 钢丝环的背侧固定术。小型动物也可以使用脊椎吻合钉，该技术将植入物放置在张力侧，可以提供足够的强度，符合生物力学的要求 [13]。改良式脊椎吻合钉使用“8”字钢丝作为张力带，在猫上已经证实其为一种有效的胸腰椎骨折 / 脱位固定的技术（图 34-6 和专栏 34-5）。16 只胸腰椎骨折 / 脱位后使用该技术固定的患猫，未见植入物相关的并发症 [3]。张力带技术最适合于 T12 和 L6 间背侧椎板完整的胸腰椎骨折。

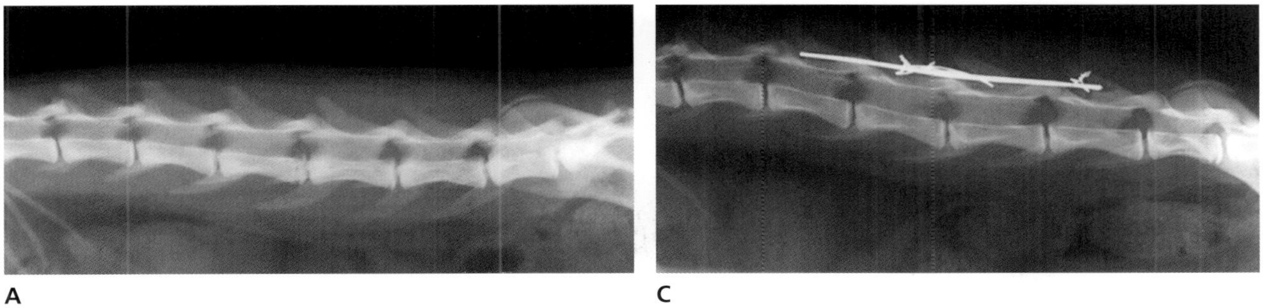

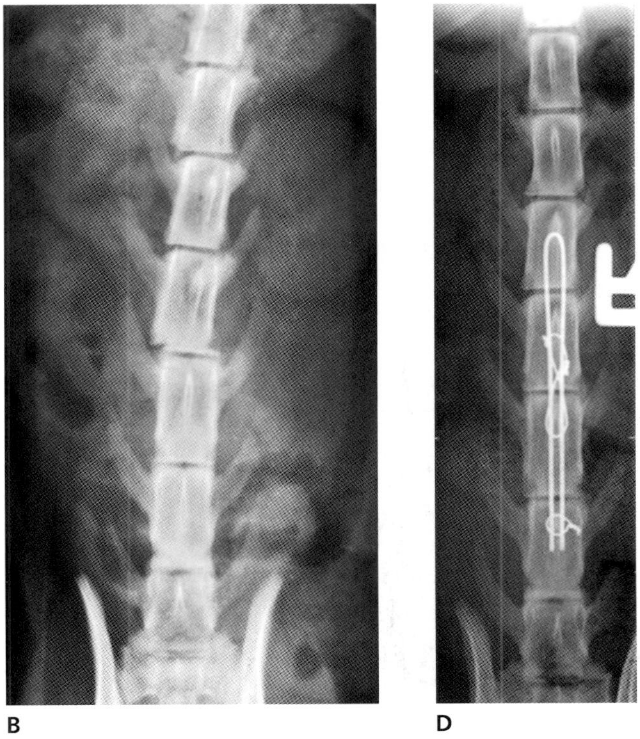

图 34-6　猫 L4 骨折。（A，B）术前 X 线片显示 L4 后侧终板骨折；侧位片上并无显示移位，但在腹背位片上可以见到明显的移位。（C，D）术后 X 线片。骨折通过背侧张力带技术已经复位和固定

专栏 34-5　胸腰椎骨折和脱位的张力带固定

如前描述分离近轴肌肉后，使用 1.0 ~ 1.25 mm 克氏针插入骨折前方或后方的最大棘突的基部，并在相邻的 2 个关节突处适当弯曲，要注意避免穿透椎管。为了能够垂直地插入克氏针，可以在近轴肌肉背侧穿透部分软组织插入。克氏针穿过一半时，使用弯钳将其弯折成 U 形（图 34–7A），然后将克氏针置于棘突两侧的棘突 – 小关节突间沟内，跨越 4 个椎体长度。骨折复位，克氏针的游离端使用 0.6 mm 半环钢丝固定在棘突上（图 34–7B）。在骨折两侧的棘突基部，于克氏针腹侧钻孔，使用 0.6 ~ 0.8 mm 骨科钢丝穿过棘突孔；在 U 形克氏针背侧、棘上韧带和棘间韧带腹侧以“8”字钢丝的形式固定克氏针（图 34–7C）。钢丝两侧紧固，眼观确认小关节面位置准确。正确的复位取决于 U 形克氏针在棘突 – 小关节突间沟的适当位置。

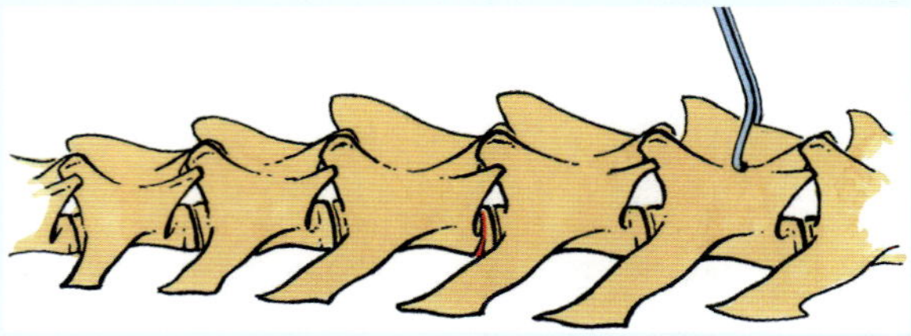

A

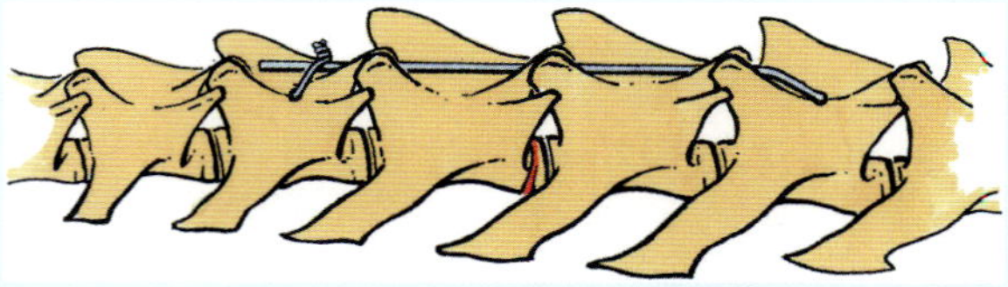

B

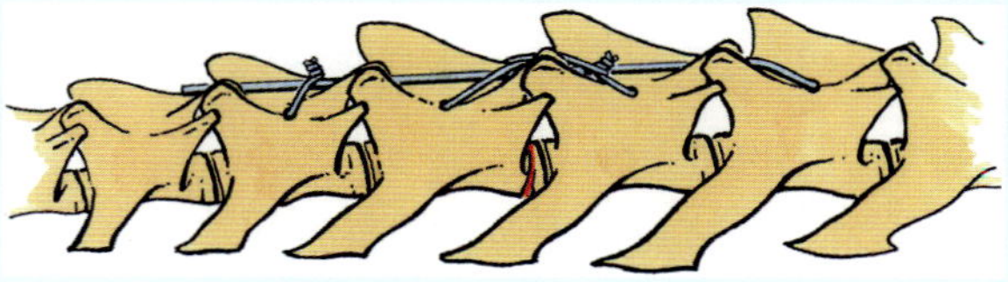

C

图 34–7　胸腰椎骨折的张力带固定。（A）克氏针插入邻近骨折处最大的棘突，然后折弯呈 U 形。（B）调整克氏针，适应棘突 – 小关节突间沟。克氏针的游离端用半环钢丝固定在骨折处对侧的棘突上。（C）骨折处上方用“8”字钢丝固定。钢丝收紧时，脊椎被拉向克氏针，从而复位

骨折固定也可以使用锁定骨板，放置在背侧或偏侧椎板或椎体上。2.0 mm Unilock 下颌骨锁定系统（第 24 章）是适合猫使用的锁定骨板（图 34–8），主要适用于第 6 或第 7 腰椎骨折；L7 的棘突较小，不能提供足够的稳定性，不适合使用背侧固定术。

34.7　腰荐椎的手术方法

腰荐椎手术最常用于治疗骨折和脱位。该部位最常见的病变是第 7 腰椎骨折。猫也会发生第 7 腰椎和荐椎的脱位 [14]。腰荐椎椎间盘疾病或脊髓水肿的病例，需要做减压术（第 6 章）。

34.7.1　腰荐椎手术入路

腰荐椎区域最常用的手术入路是第 7 腰椎和荐椎的背侧入路 [6]。背侧入路可用于所有的背侧减压术和固定术。腹部腹侧入路 [6] 可用于骨折的腹侧固定术。

34.7.2　腰荐椎脊髓和神经根减压术

腰荐结合处的脊髓和神经根可以通过背侧椎板切除术进行减压（专栏 34–6）。背侧椎板切除术去除背侧椎板，关节面保留或去除。同时去除两侧的关节面会引起明显的脊柱不稳定，不鼓励这样操作。猫很少施行背侧椎板切除术，最常见的适应证是腰荐椎间盘突出。减压术通常间接用于骨折或脱位的开放性复位和内固定。

34.7.3　腰荐椎骨折和脱位

腰荐椎创伤可能导致第 7 腰椎骨折、腰荐关节脱位和荐椎骨折。

L7 骨折通常显示为 L7 后部向前腹侧移位及其导致的椎管变窄甚至闭塞，这是由髂腰肌向腹侧牵拉造成的（图 34–10）。除了坐骨神经功能障碍外，也会出现因阴部神经和盆神经损伤造成的膀胱与肛门的麻痹。因为腰荐区域的高活动性和应力传递，这里的骨折很难稳定地固定。这些骨折

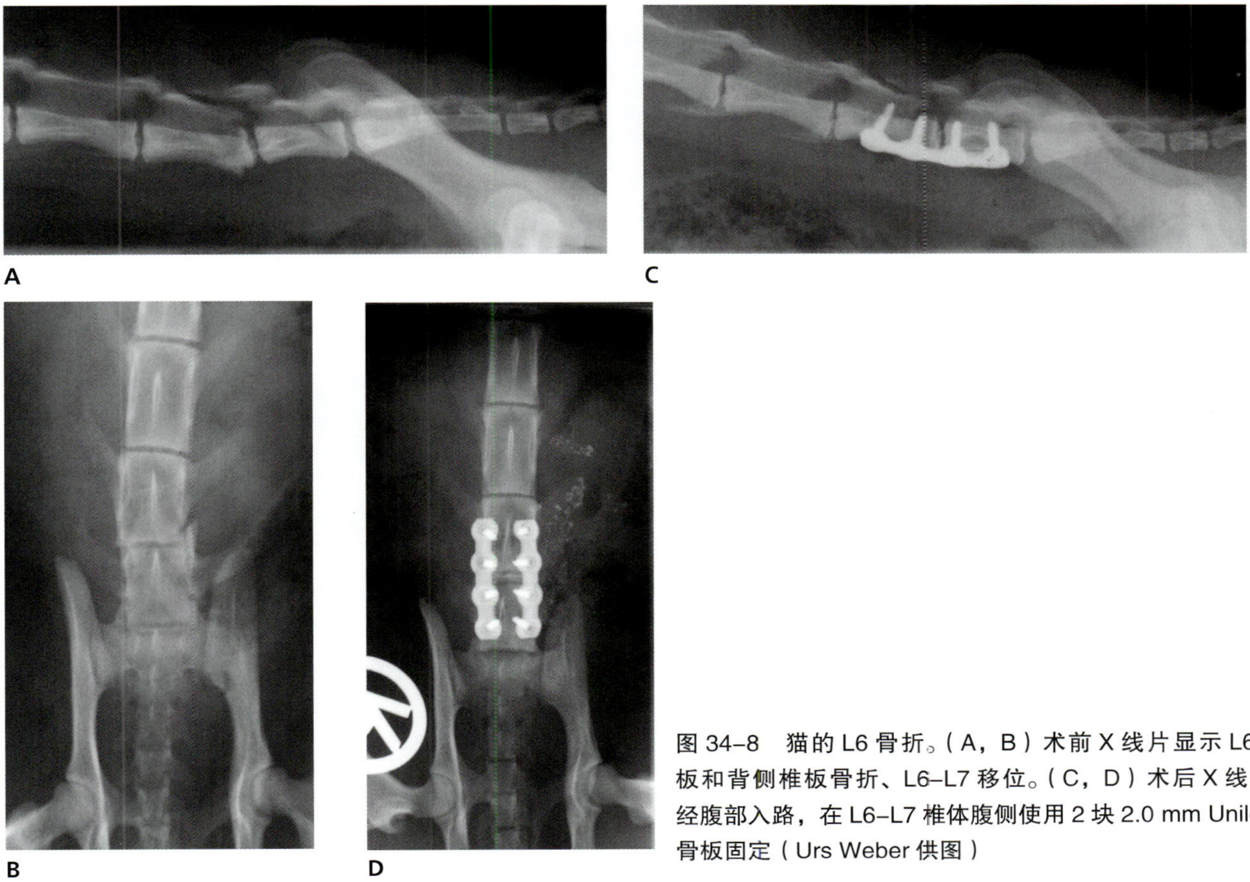

图 34–8 猫的 L6 骨折。(A，B）术前 X 线片显示 L6 终板和背侧椎板骨折、L6–L7 移位。(C，D）术后 X 线片。经腹部入路，在 L6–L7 椎体腹侧使用 2 块 2.0 mm Unilock 骨板固定（Urs Weber 供图）

专栏 34–6 背侧椎板切除术

猫俯卧，后肢呈蛙式位，腹部支撑。经背中线入路切开，用咬骨钳去除 L7 棘突的后半部分和 S1 棘突。使用高速电动磨钻去除矩形椎板进行背侧椎板切除术。关节突会限制背侧椎板切除术的外侧切除范围，术中要保留关节突（图 34–9）。小心钻磨内侧皮质骨。只剩薄层骨架时，用手术刀片切除 L7–S1 间的黄韧带，然后分离薄层骨架，用细头咬骨钳去除。用神经钩将脊髓圆锥及其神经根向一侧牵开，探查背侧纤维环和 L7 神经根。

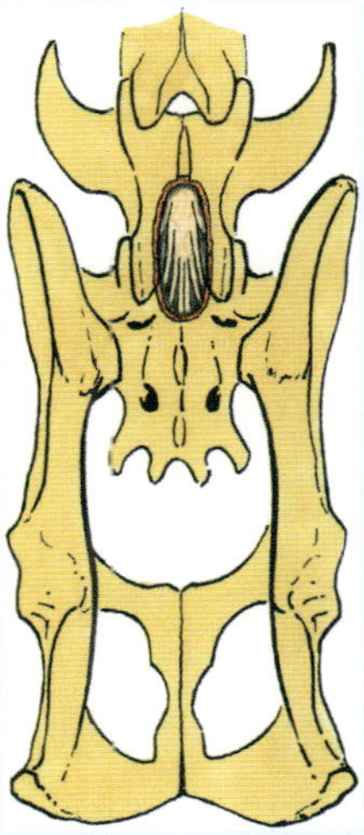

图 34–9 腰荐椎背侧椎板切除术范围的示意。关节面保留

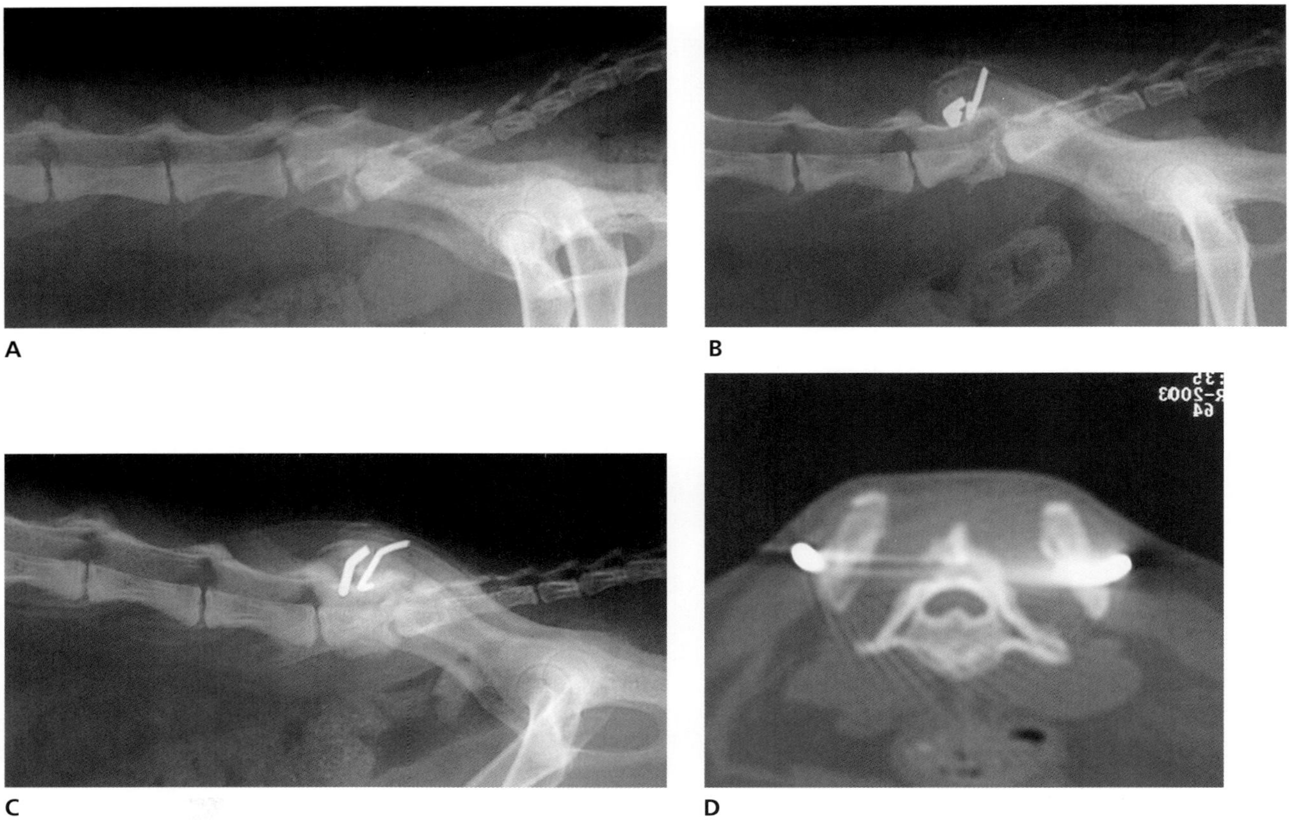

图 34–10　猫 L7 骨折。(A) 术前 X 线片。由于髂腰肌的牵拉，后部骨片向前腹侧移位。(B) 用 2 个横穿髂骨的克氏针进行复位和固定，椎管基本恢复原构型。(C) 6 周后复查的 X 线片显示骨折愈合，但存在 L7 轴向压缩和缩短。患猫恢复行走，但残留胫神经和排泄缺陷。(D) CT 横断面观显示横穿髂骨的克氏针。在髂骨外侧的髂结节处锚固克氏针。克氏针恰好穿过骨折前方的 L7 背侧椎板，有效制止了脊柱的后部骨片和骨盆向腹侧移位

常用横穿髂骨的克氏针固定方法，准确地放置克氏针对获得足够的固定稳定性至关重要（专栏 34–7）。克氏针必须紧密贴近 L7 骨折前方的背侧椎板，才能有效对抗后部骨碎片的腹侧移位。即便克氏针准确放置，愈合过程中也会见到 L7 椎体不同程度的轴向压缩和缩短。在犬中，可以使用外固定支架结合背侧内固定的方法进行固定，这是一种比横穿克氏针固定法更稳定的技术[15]。如果有小型号的植入物可用，在猫中不失为一种好的固定方法。也可以使用锁定骨板或克氏针和 PMMA。除了横穿髂骨的克氏针，也可以经腹部入路在 L7 和荐椎腹侧使用锁定骨板进行固定。

创伤性腰荐关节脱位偶见于猫[14]。X 线征象包括侧位片上的脱位与背腹位片上的棘突旋转失准直（图 34–12）。经腰荐结合处背中线入路切开，两侧的关节面通常都发生脱位而非骨折，屈曲腰荐关节，牵引关节面使之复位。用点触式复位钳夹持 L7 棘突基部和荐椎一侧关节面固定。复位后，脱位的腰荐关节恢复稳定性。缝线吊索将 L7 和 S2 棘突锚固，防止复位期间的过度屈曲和再次脱位。如果关节面存在骨折，要考虑使用小的张力带修复。

猫常见荐椎骨折，大部分都是荐椎翼前外侧缘的撕脱性骨折，伴荐髂关节脱位和骨盆骨折。这些骨折常用荐髂螺钉固定术（第 35 章）。其他的荐椎骨折，如椎间孔骨折和横骨折（见第 13 章“荐椎骨折的分类”），如果存在神经缺陷和骨折移位，也需要手术治疗。椎间孔骨折推荐选用经腹部腹侧入路的锁定骨板或骨板进行固定（图 34–13）。横骨折选用背侧固定术。

专栏 34-7　L7 骨折的横穿髂骨克氏针法固定

经 L7 背侧椎板和荐髂关节的背侧入路切开。经迷你臀间入路，在两侧分别通过髋结节钻入 1.6 ~ 2.0 mm 克氏针。克氏针的钻入位置要找准，以便可以进入骨折前的 L7 椎板顶部。必要时，可用咬骨钳去除棘突的后部。克氏针紧贴 L7 背侧椎板钻入非常重要（图 34-10D 和图 34-11），只有这样才能阻止后部碎片向前移位。骨折复位后，克氏针沿 L7 背侧椎板穿过，直至穿透对侧髋结节。克氏针两侧的末端折弯，剪除多余部分，避免移行（图 34-11）。

横穿髂骨克氏针法也可用于荐髂关节脱位的辅助固定（第 35 章）。

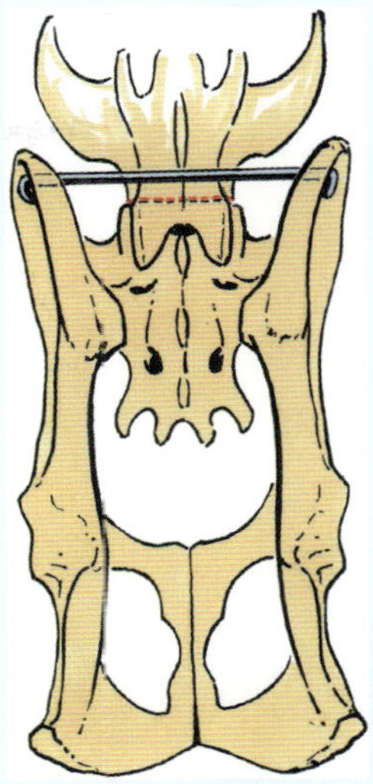

图 34-11　L7 骨折的横穿髂骨克氏针法固定。克氏针穿过骨折前的 L7 背侧椎板，并锚固在两侧的髋结节（也见图 34-10D）

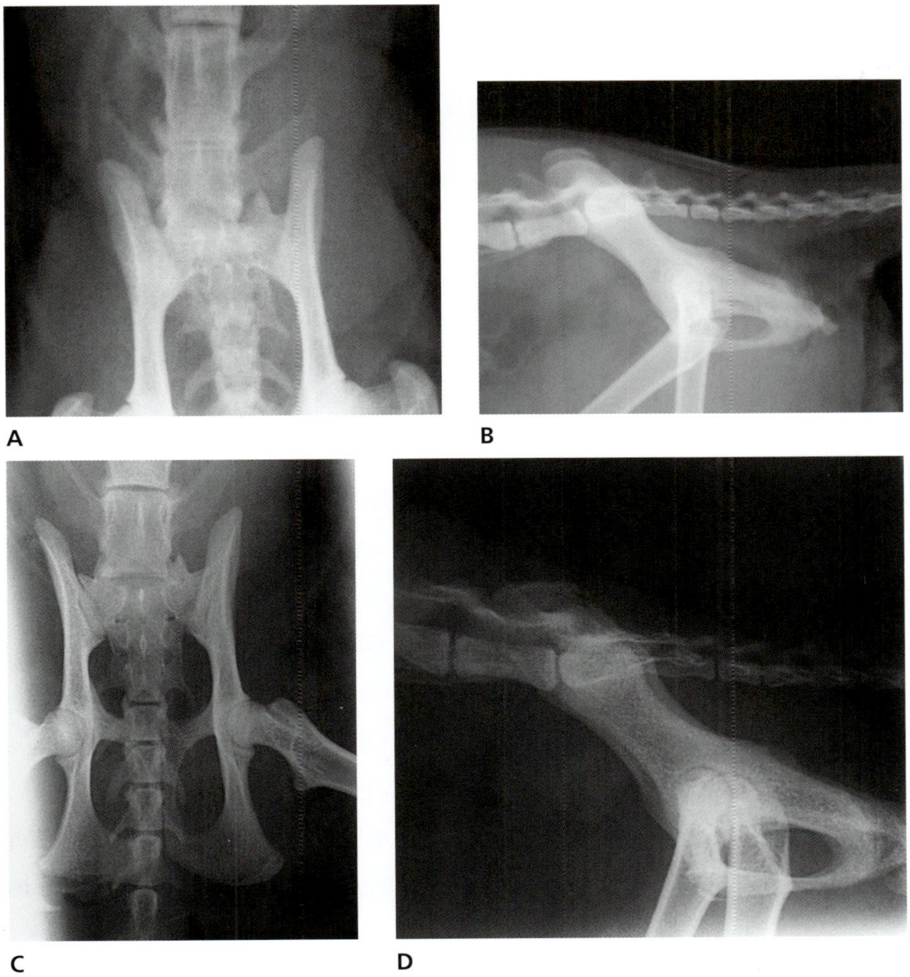

图 34-12　猫腰荐关节脱位。（A，B）术前 X 线片显示（A）荐椎相对于 L7 旋转及（B）荐椎背侧半脱位。（C，D）开放性复位和 L7-S1 棘突缝线吊索固定后的 X 线片（经许可转载自 Zulauf D, et al. Traumatic dislocation of the lumbosacral joint in two cats. Vet Comp Orthop Traumatol 2008;21:468.）

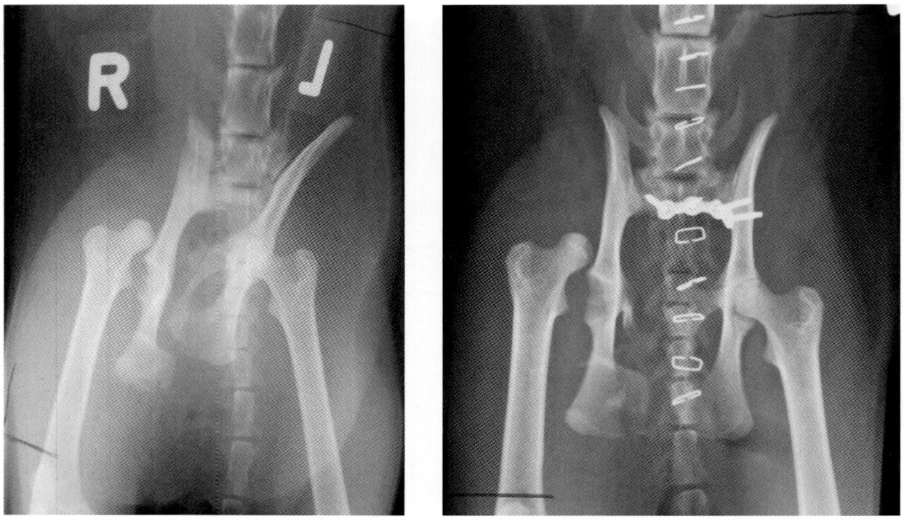

A　　　　B

图 34–13　猫骨盆骨折、髋关节脱位和荐椎椎间孔骨折。（A）术前 X 线片显示左半侧骨盆向前移位。骨折的部分髂骨翼仍附着在荐髂关节上。（B）复位后，在荐椎体和髂骨翼腹侧放置 2.0 mm Unilock 骨板进行固定。髋关节脱位以后再治疗

34.8　荐尾椎的手术方法

荐尾椎骨折或脱位是猫最常见的脊柱损伤。这些损伤是猫尾巴牵引的结果，造成尾基部骨折或脱位，常伴发支配尾、膀胱、会阴和肛门的神经损伤。荐尾椎骨折或脱位通常由机动车事故造成尾巴在车轮下受挫引发，常见并发的骨盆和（或）后肢损伤。

34.8.1　荐尾椎手术入路

荐尾椎手术经背侧手术入路进行[6]。在某些病例中，神经根从椎管中撕裂出来，可能移位到脊柱背侧。可以将神经根小心复位，注意不能有任何牵引力。

34.8.2　荐尾椎骨折和脱位

荐尾椎骨折或脱位包括 3 种损伤类型：荐尾关节脱位、S2–S3 荐椎骨折和 S3 终板骨折（图 34–14）。荐椎生长板大约在 18 月龄闭合，是年轻猫好发骨折的部位[16]。无论哪种损伤类型，损伤过程中对荐尾神经根的牵引都会造成神经根损伤，从而引起荐椎和后段腰椎脊髓节段的脊髓软化[17]。重要的受损神经包括尾神经、阴部神经和盆神经（第 1 章）。很多荐尾椎骨折 / 脱位的患猫同时并发骨盆或后肢的其他损伤。

症状取决于神经缺陷的严重性，包括局灶性感觉过敏、尾巴弛缓性麻痹、尾基部肿胀和尿淋漓。神经学检查要评估尾巴的运动和感觉功能。会阴反射可以评估阴部神经的感觉和运动功能。肛门张力的存在或缺失反映了阴部神经的运动功能。不能排尿或排尿后仍存在尿潴留通常提示盆神经功能障碍。Smeak 和 Olmstead 首创了神经缺陷严重性的分级系统[18]，请参见表 34–3。

无论是保守治疗还是手术固定，仅尾巴麻痹的患猫通常都会康复，但是手术固定收益更大。手术固定可以保全盆膈膜，防止愈合过程中神经根的牵引造成的进一步神经损害。保守治疗的患猫可能持续存在感觉过敏[16,18]。某研究报道，手术治疗的患猫不再表现感觉过敏，而且很多猫重获尾巴的运动功能，远超保守治疗的病例数量[16]。从目前的知识看，手术对排尿功能的恢复没有明显作用。简单的手术固定方案是背腹侧缝线吊索法[16]（专栏 34–8）。尾基部可能存在明显的皮下组织撕脱损伤，必要时需要引流。

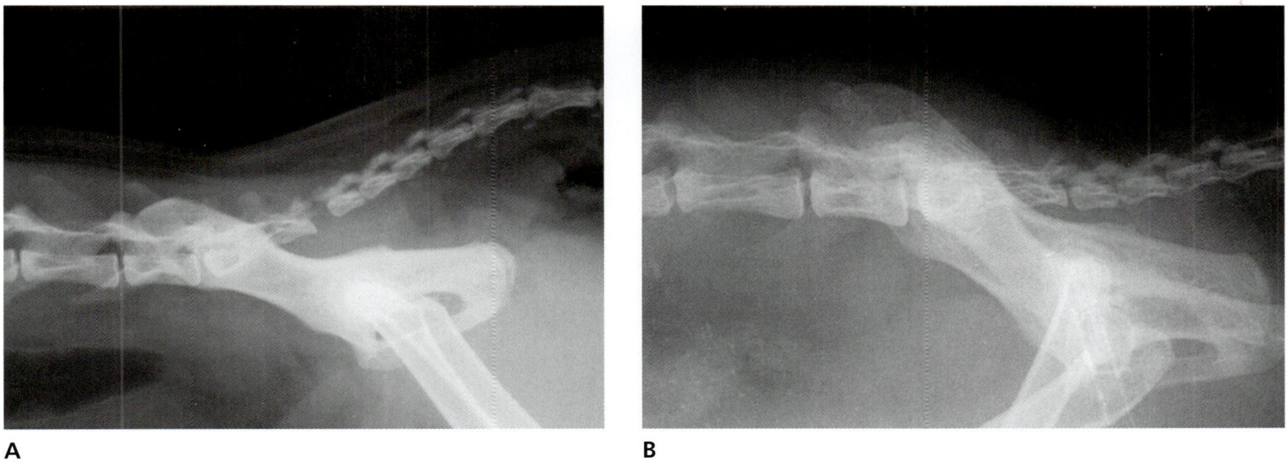

图 34-14　猫荐尾关节脱位。（A）术前 X 线片和（B）术后 X 线片

表 34-3　荐尾椎骨折 / 脱位的分类（根据神经症状和预后）

分级	神经症状	神经	排尿功能的预后
1 级	仅感觉过敏		极好
2 级	尾巴弛缓性麻痹	尾神经	极好
3 级	尾巴弛缓性麻痹 轻微尿潴留	尾神经 盆神经	大部分病例良好
4 级	尾巴弛缓性麻痹 尿潴留 会阴反射和肛门张力减弱 尿道张力正常（膀胱不能挤压排尿）	尾神经 盆神经 阴部神经 反射协同失调	恢复率 < 75%
5 级	尾巴弛缓性麻痹 尿潴留 会阴反射和肛门张力消失 尿道张力减弱或消失（膀胱易于挤压排尿）	尾神经 盆神经 阴部神经 阴部神经	恢复率 < 50%

改编自 Smeak DD, Olmstead ML. Fracture/luxations of the sacrococcygeal area in the cat. A retrospective study of 51 cases. Vet Surg 1985;14:319–324.

尾巴麻痹的患猫也可以考虑截尾术。早期手术可以减轻无用尾重力的牵引和振摆效应。如果尾巴的运动和感觉功能不能恢复，也可以在 6 周后实施截尾术。通常从损伤处的远端截尾，这样可以为猫留段残尾，减少盆膈膜肌肉的进一步破坏和紊乱。尾皮肤发生坏死时，也需要施行截尾术。截尾术更详细的信息参见第 41 章。

34.9　脊柱骨折和脱位的术后治疗与预后

术后治疗取决于患猫神经功能缺陷的严重性。神经疾病术后治疗的基本原则参见第 20 章。

34.9.1　颈椎和胸腰椎骨折 / 脱位

颈椎和胸腰椎骨折手术修复后，猫要笼养限制活动至少 10 d。之后室内饲养限制活动 6 周。作者不推荐使用夹板外固定。通常在术后 3 ~ 4 周拍摄 X 线片对照。如果神经功能恢复不良或神经学状态突然恶化，务必要拍摄 X 线片排查固定失败。

脊髓损伤的预后取决于患猫术前的神经学状态、是否存在并发的损伤及其类型。总体而言，创伤性脊髓损伤的患猫只有 50% 的存活率[2]。40% 的患猫会因严重的神经缺陷、术中发现脊髓软化、术后心血管并发症和主人的决定发生死亡或在损伤后 4 d 内被安乐死[2]。10% 的经过治疗的猫不能恢复到满意的步态或因不能排尿而在治疗期内被安乐死[2]。在另一项评估犬猫脊柱骨折手术固定的效果和位置的研究中，79% 的患猫神经功能可以恢复到满意或完全恢复[3]。术前神经缺陷 1 ~ 3 级的患猫，手术治疗的预后良好到极好[3]。神经缺陷 4 级的患猫，大约 1/3 因为不能重获满意的步态功能或不能排尿而在治疗期中被安乐死[3]。神经缺陷 5 级的患猫不会恢复[2,3]。

专栏 34-8 荐尾椎骨折和脱位的固定

患猫俯卧保定，尾部外科准备，以便自由操作。经病变背侧入路切开，然后中线旁切开背侧筋膜，但是要保留棘间韧带。分离轴上肌后，可见病变处和小关节面。尾神经通常肿胀和突出，穿过病变处。如果在复位后压迫神经根，可以用细头咬骨钳施行背侧椎板切除术。

荐尾关节脱位和终板骨折：使用 0.8 mm 克氏针在 S2 棘突基部手动钻孔，然后用缝线吊索将第 1 尾椎的两侧横突与 S2 钻孔固定（图 34-15A）。需要使用 2-0 不可吸收单丝缝线。仔细操作，将尾巴复位，然后使用滑结收紧缝线。要避免过度复位和夹压神经根。

S2-S3 间横骨折：可将背侧缝线吊索锚固在 S2 和 S3 背侧棘突基部来修复这类骨折（图 34-15B）。注意不要折断脆弱的 S3 背侧棘突。也是使用不可吸收单丝缝线。

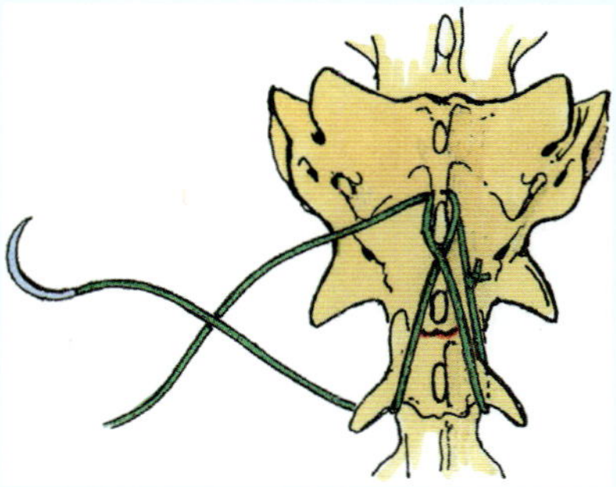
A

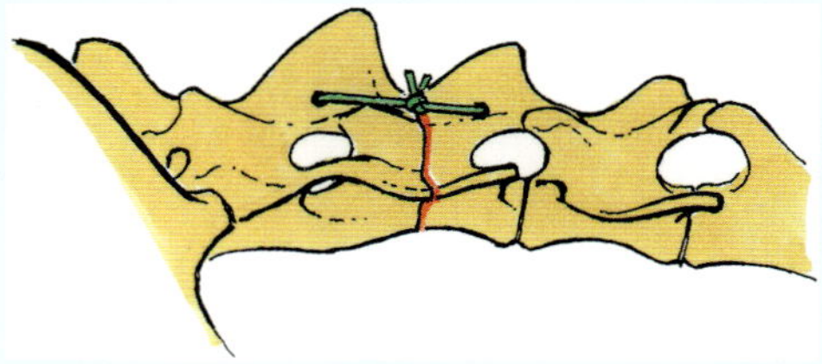
B

图 34-15 荐尾椎骨折和脱位的修复。（A）在 C1 横突和 S2 背侧棘突间放置背侧缝线吊索，进行荐尾关节脱位和荐椎终板骨折的修复。（B）S2 和 S3 棘突间放置背侧缝线吊索，进行 S2 和 S3 间的荐椎横骨折的修复

总之，脊柱骨折和脱位的患猫，神经缺陷 1 ~ 3 级的预后良好到极好，尤其是经过手术固定治疗后。神经缺陷 4 级的患猫预后谨慎。神经缺陷 5 级的患猫，因其脊髓中断和（或）脊髓软化的概率很高，预后不良。

34.9.2 荐尾关节骨折 / 脱位

术后治疗主要取决于排尿能力。不能正常排尿时，每天要人工挤压排尿 3 ~ 4 次，如果不能挤压排尿，要通过导尿排尿。推荐留置导尿管（连接封闭的抽吸系统），避免反复导尿造成的应激与微损伤。大部分的膀胱会因为阴部神经的下运动神经元病变而易于挤压排尿，但是仍有部分猫的尿道括约肌张力正常或反射协同失调。逼尿肌的功能可以通过药物治疗（第 20 章）。

预后取决于存在的神经缺陷，总结见表 34-3。尾运动功能的恢复率大约为 50%[16-18]，尽管有些病例仅有将近 1/3 的恢复率。尾运动功能恢复的平均时间为 1 个月[18]，但也可能更长。如果尾巴仍完全麻痹，要考虑截尾术，避免损伤和遗粪。排尿功能的恢复是患猫存活的最重要因素。如果可以恢复排泄，患猫通常在 1 个月内恢复[18]。超过 1 个月时，恢复的机会就很渺茫了，大部分猫会被安乐死。

荐尾椎骨折和脱位术后偶见的一个并发症是尾坏死，手术治疗和保守治疗后都可能发生[16]，需要截尾术治疗。大便失禁很罕见，因为结肠和直肠存在功能性的内在神经支配[18]。便秘偶尔可见，通常可通过调整饮食类型、缓泻剂和灌肠治疗。

参考文献和延伸阅读

[1] Zulauf D, et al. Radiographic examination and outcome in consecutive feline trauma patients. Vet Comp Orthop Traumatol 2008; 21: 36–40.

[2] Grasmueck S, Steffen F. Survival rates and outcomes in cats with thoracic and lumbar spinal cord injuries due to external trauma. J Small Anim Pract 2004; 45: 284–288.

[3] Voss K, Montavon PM. Tension band stabilization of fractures and luxations of the thoracolumbar spine in dogs and cats: 38 cases (1993–2002). J Am Vet Med Assoc 2004; 225: 78–83.

[4] Kot W, et al. Anatomical survey of the cat ' s lumbosacral spinal cord. Prog Vet Neurol 1994; 5: 162–166.

[5] Frewein J, Vollmerhaus B. Anatomie von Hund und Katze. Berlin: Blackwell; 1994.

[6] Piermattei DL, Johnson KA. An atlas of surgical approaches to the bones and joints of the dog and the cat, 4th edn. Philadelphia: WB Saunders; 2004.

[7] Wheeler SJ, Sharp NJ. Small animal spinal disorders. London: Mosby-Wolfe; 2005.

[8] Smith SA, et al. An in-vitro biomechanical comparison of the Orosco and AO locking plates for anterior cervical spine fixation. J Spinal Disorders 1995; 8: 220–223.

[9] Richman JD, et al. Biomechanical evaluation of cervical spine stabilization methods using a porcine model. Spine 1995; 20: 2192–2197.

[10] Voss K, et al. Use of the ComPact UniLock system for ventral stabilization procedures of the cervical spine: a retrospective study. Vet Comp Orthop Traumatol 2006; 19: 21–28.

[11] Smith GK, Walter MC. Spinal decompressive procedures and dorsal compartment injuries: comparative biomechanical study in canine cadavers. Am J Vet Res 1988; 49: 266–273.

[12] Shires PK, et al. A biomechanical study of rotational instability in unaltered and surgically altered canine thoracolumbar vertebral motion units. Prog Vet Neurol 1991; 2: 6–14.

[13] Gage ED. A new method of spinal fixation in the dog (a preliminary report). Vet Med Small Anim Clin 1969; 64: 295–303.

[14] Zulauf D, et al. Traumatic dislocation of the lumbosacral joint in two cats. Vet Comp Orthop Traumatol 2008; 21: 467–470.

[15] Shores A, et al. Combined Kirschner-Ehmer device and dorsal spinal plate fixation technique for caudal lumbar fractures in dogs. J Am Vet Med Assoc 1989; 195: 335–339.

[16] Bernasconi C, et al. Simple techniques for the internal stabilization of fractures and luxations in the sacrococcygeal region in cats and dogs. Schweiz Arch Tierheilk 2001; 143: 269–303.

[17] Lautersack O, et al. About the avulsion of the tail in the cat. Tierärztl Prax 2002; 30: 41–49.

[18] Smeak DD, Olmstead ML. Fracture/luxations of the sacrococcygeal area in the cat. A retrospective study of 51 cases. Vet Surg 1985; 14: 319–324.

第 35 章　骨盆

K. Voss, S.J. Langley-Hobbs, L. Borer, P.M. Montavon

猫的骨盆骨折很常见，占所有骨折类型的22% ~ 32%[1,2]。车祸是导致骨盆损伤最常见的原因。大多数骨盆骨折的患猫同时存在其他骨骼、内脏或神经的损伤，这些并发的损伤可能会影响治疗方法的选择、费用和预后。骨盆骨折的类型包括荐髂关节脱位、髂骨体骨折、髋臼骨折、骨盆底骨折和骨盆边缘骨折等[3]。骨盆底骨折是猫最常见的类型，其次是荐髂关节骨折 / 脱位、髂骨骨折和坐骨骨折[1]。

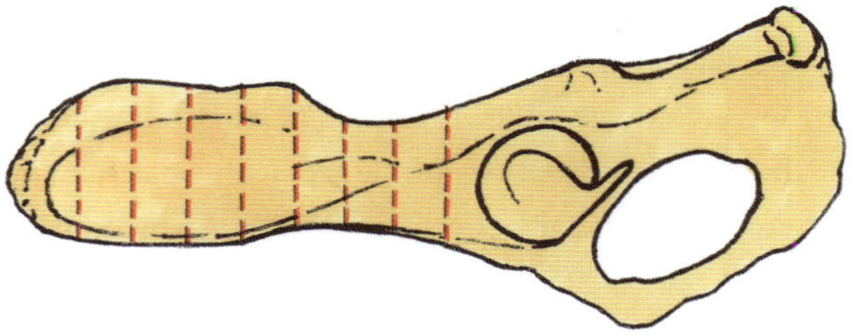

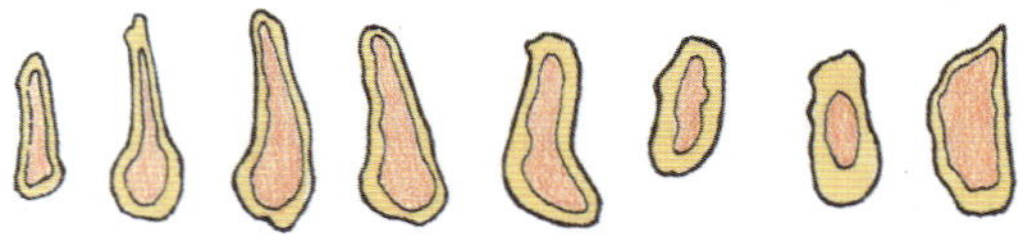

图 35–1　髂骨的横断面观。髂骨体为管状结构，皮质相对较厚。髂骨翼主要由松质骨构成。其腹侧区域最厚（改编自 Böhmer E. Beckenfrakturen und–luxationen bei der Katze. Munich: Ludwig–Maximilians–Universität; 1985.）

35.1　外科解剖学

骨盆是由两块髋骨和荐骨构成的环状结构。髋骨由髂骨、坐骨和耻骨构成。幼猫髋骨还有一块小骨，即髋臼骨，随着生长发育最终与其他骨骼融合形成髋臼窝。以上 4 块骨骼参与形成髋臼。髋臼、髂骨和荐髂关节为骨盆的主要负重结构。髋臼窝的主要负重区域为后部和中部 1/3 区域[4]。

骨盆可触及的骨突为髂骨翼的髂结节和荐结节，以及坐骨的坐骨结节。猫的髂骨相对于犬更细更直。髂骨体的骨皮质相对较厚，而髂骨翼主要由松质骨构成（图 35–1）[5]。髂骨在内侧与荐骨翼形成关节。荐髂关节同时有纤维软骨部和滑膜部。滑膜部覆有透明软骨，在荐骨翼上呈新月形结构，其凹面朝向前背侧。坐骨和耻骨在腹侧经耻骨联合结合在一起。

腰荐神经丛和坐骨神经为骨盆周围重要的神经。在骨盆创伤或手术时可能会受到损伤。腰荐神经丛由第 6、第 7 腰神经根和第 1、第 2 荐神经根构成。腰荐神经沿荐骨腹外侧走行，沿髂骨内侧分出坐骨神经，然后在髋关节后背侧离开骨盆腔。

35.2　诊断和注意事项

约 60% 的发生骨盆骨折的患猫在入院时后肢无法负重[5]。此时应进行详细的神经学检查以排除神经损伤，特别是坐骨神经、阴部神经和尾神经。猫的骨盆骨折中有 11% 同时存在坐骨神经功能障碍[1]。髂骨体骨折时发生神经功能障碍的约占 70%，荐髂关节脱位时约占 30%[1]。髂骨骨折前内侧移位和荐髂关节脱位前侧移位会增加腰荐神经丛损伤的风险[6]。发生荐尾椎骨折或脱位时常并发阴部神经和尾神经损伤。

应拍摄 X 线片来确定骨盆的损伤并分类（第 13 章）。由于骨盆为环状结构，损伤时一般至少同时存在两处不同的骨折 / 脱位。一项研究显示，76% 的犬和猫发生了 3 处或以上的骨折[3]。该研究还发现了总共 160 种可能的合并骨折类型，其中常见的列于专栏 35–1 中。

由于骨盆周围的肌肉组织可很好地保护骨盆，所以骨盆往往需要受到严重创伤才会骨折，多达 74% 的患猫骨盆骨折同时伴有骨盆外损伤[1]。这些损伤主要位于身体后部，包括荐尾椎骨折 / 脱位、

专栏 35-1 猫骨盆骨折最常见的组合类型

髂骨体和骨盆底骨折
髂骨体骨折和对侧荐髂关节脱位，伴 / 不伴骨盆底骨折
单侧荐髂关节脱位，伴骨盆底骨折
双侧荐髂关节脱位，伴 / 不伴骨盆底骨折

髋关节脱位、股骨骨折、坐骨神经损伤和后腹壁疝等。胸部创伤也很常见。一项研究显示，超过 30% 的犬骨盆骨折同时存在尿路创伤[7]，但令人惊讶的是，这在猫并不常见[1]。

猫骨盆骨折时常见血尿，可能是由泌尿系统任一部分受损所致，最常见的是膀胱黏膜病变，其他包括肾损伤以及输尿管、膀胱和尿道破裂等。X 线平片、超声检查、腹腔穿刺和造影检查均可用于确定或排除具有临床意义的尿路创伤（第 12 章）。膀胱黏膜病变引起的血尿常在 2 ~ 3 d 后自愈，无需特异性治疗，但患猫可能会丢失大量血液，所以应监测是否有贫血。

35.3 固定技术

骨盆环骨折或脱位可分为荐髂关节脱位、髂骨骨折、髋臼骨折、骨盆底骨折和骨盆边缘骨折等（第 13 章）[1,3]。专栏 35-1 列出了猫骨盆骨折最常见的组合类型。治疗方式主要取决于髋臼或其他骨盆负重部位是否骨折、是否有神经损伤以及骨盆腔狭窄的程度。

骨盆非负重部位（如骨盆底、髂骨翼和坐骨）的骨折常可采取保守治疗。但如果这些部位的骨折有明显不稳定、移位和疼痛等情况，手术固定也是有帮助的。骨盆骨折的保守治疗包括镇痛、排尿和排便管理，以及笼养限制 2 ~ 4 周。

骨盆负重部位（如髋臼、髂骨体和荐髂关节）的骨折常采取手术治疗，以便尽早恢复功能，防止畸形愈合、延迟愈合和骨盆腔狭窄。骨盆腔狭窄超过 45% 很可能会导致便秘或顽固性便秘[8]。极度疼痛或存在神经功能障碍也提示应进行探查手术，因为这些症状可能是由骨碎片卡压神经所致。专栏 35-2 总结了手术适应证。骨盆负重部位的骨折常双侧发生。

专栏 35-2 骨盆骨折手术固定的适应证

髋臼骨折
髂骨体骨折
荐髂关节脱位（移位超过 50%）
骨盆腔狭窄（狭窄超过 40%）
极度疼痛
神经功能障碍
骨盆底骨折（大范围移位或不稳定或腹壁撕脱）
坐骨结节骨折（引起临床症状）

两侧的骨盆通过骨盆底相连。在骨盆底完整的前提下，将一侧骨盆复位固定后，另一侧自然就会复位。但由于 90% 的病例会发生骨盆底骨折[1]，且双侧损伤合并骨盆底骨折会导致双侧骨盆明显不稳定，所以常需要修复双侧骨盆骨折 / 脱位，或修复单侧骨盆并对骨盆底进行固定。如果要进行双侧手术，则应先固定解剖复位更重要的一侧，如髋臼骨折。如果存在单侧神经功能障碍，则应先做患侧，以免在移动对侧骨盆碎片时造成神经卡压。

骨盆骨折最常采用骨板内固定治疗。有时也可用螺钉、克氏针和钢丝进行固定。在钻孔或打入克氏针时，使用摆钻模式可降低医源性损伤腰荐神经丛或坐骨神经的风险[9]，尤其可用于荐髂关节脱位和髂骨接骨术。表 35-1 列举了不同骨折类型的治疗方案。

35.3.1 克氏针和钢丝

骨盆骨折很少使用克氏针和钢丝进行修复。在骨板塑型和放置过程中，在骨碎片间暂时插入小型号克氏针有助于保持骨折复位。这种方法在修复髋臼骨折时特别有用。骨科钢丝可用作半环钢丝或者环扎钢丝来修复耻骨联合骨折。髂骨体长斜骨折可以使用针钎和“8”字钢丝固定，但骨折线必须足够长，以便放置至少 2 根针钎。

35.3.2 螺钉

螺钉主要用于固定荐髂关节脱位（见相应章节）。直径 2.0 ~ 2.7 mm 的螺钉是较为合适的尺寸。

表 35–1 不同骨折类型的治疗方案

骨折定位	骨折类型	治疗方案
荐髂关节	单侧脱位	保守治疗 螺钉固定 修复骨盆底
	双侧脱位	保守治疗 如果骨盆底完整，单侧螺钉固定 如果骨盆底骨折，双侧螺钉固定 单侧螺钉固定并修复骨盆底（如果发生骨折） 经髂骨克氏针 / 螺栓固定
髂骨	简单横骨折 简单长斜骨折 粉碎性骨折	外侧或背侧骨板或锁定骨板 拉力螺钉 针钎 外侧或背侧骨板或锁定骨板 外侧骨板或锁定骨板
髋臼	简单骨折	骨板 锁定骨板 张力带钢丝
	粉碎性骨折	骨板 锁定骨板 股骨头和股骨颈切除术
骨盆底	骨盆联合	保守治疗 半环钢丝 骨板 锁定骨板 骨板
	其他	锁定骨板
骨盆边缘	髂骨翼 坐骨结节	保守治疗 保守治疗 发散克氏针 张力带钢丝

注：这些治疗决定也取决于合并不同病变的类型。

髂骨体长斜骨折是螺钉固定的另一个适应证。在生物力学上，使用拉力螺钉固定犬髂骨长斜骨折比外侧骨板更好 [10]。应垂直于骨折线平行放置至少 2 颗 2.0 mm 拉力螺钉。

35.3.3 骨板

骨板固定术是骨盆骨折手术修复最常用的方法。骨板适用于髂骨体骨折、髋臼骨折和骨盆底骨折的固定。短骨板常用于小体型动物的骨盆骨，因为与长骨板相比，它更容易塑型以贴合弯曲的骨表面。每个骨碎片必须至少插入 2 颗螺钉，但对于较薄的髂骨翼，最好插入 3 ~ 4 颗螺钉。放置螺钉时要非常小心，以免滑丝，尤其是在骨皮质较薄的髂骨翼处。在主要由松质骨组成的区域，无需攻丝即可插入螺钉。

适用于修复髂骨骨折的骨板包括 2.0 mm 动态加压骨板（DCP）、2.4 mm 有限接触 DCP（LC-DCP）和 1.5/2.0 mm 或 2.0/2.7 mm 兽医可裁剪骨板（VCP）。骨板最常放置于髂骨的外侧面，但螺钉穿透的骨量有限，尤其是在髂骨翼处，不过可沿其腹侧缘放置，因为这里的骨骼较厚[5]。髂骨体骨折也可以使用背侧骨板；与外侧骨板相比，背侧骨板可插入更长的螺钉[8]。

髋臼骨折常使用 2.0 mm 重建骨板修复，与传统骨板相比，它可以沿弯曲的骨表面更准确地塑型。重建骨板强度较弱，应置于背侧，即髋臼的张力侧。髋臼骨折也可使用短的 2.0 mm DCP 或 1.5/2.0 mm VCP。这些更强的骨板有利于粉碎性骨折的修复。市面上也有专门设计的 2.0 mm 髋臼骨板。

骨盆底骨折手术修复时，最好使用微型植入物，如 1.5 mm 迷你骨板和 1.3 mm 小型手骨板。不同骨板的描述参见第 24 章。

35.3.4 锁定骨板

锁定骨板是骨盆骨折的良好植入物，因为骨盆骨薄而软，使用锁定骨板可以提供更好的稳定性，并使螺钉松动的可能性降低。一般在每侧骨折端放置 2 颗锁定螺钉就足够了。锁定骨板的另一个优点是，由于在拧紧螺钉时骨板不会压在骨骼上，因此即使锁定骨板没有完美塑型，也不会发生继发性复位损失。这对于髋臼骨折的修复尤其适用。2.0 mm Unilock 下颌骨锁定骨板（第 24 章）适用于猫的骨盆骨折。

35.4 荐髂关节骨折 / 脱位

大约 60% 的猫骨盆骨折同时存在荐髂关节脱位或荐髂关节骨折 / 脱位[1]。荐髂关节骨折 / 脱位可单侧或双侧发生，并可合并多种可能的骨盆骨折类型。一项研究显示，37% 的猫会发生双侧脱位[11]。常见骨折组合包括单侧荐髂关节脱位伴骨盆底骨折、双侧荐髂关节脱位，伴 / 不伴骨盆底骨折以及单侧荐髂关节脱位伴对侧髂骨骨折，伴 / 不伴骨盆底骨折（专栏 35-1）。

荐髂关节骨折 / 脱位在骨盆腹背位 X 线片上最易诊断（图 35-2）。荐髂关节脱位和荐髂关节脱位伴荐椎翼前部撕脱性骨折是两种最常见的损伤类型。第 6 和第 7 腰神经的神经根和闭孔神经沿荐髂关节腹内侧走行，在荐髂关节脱位时有损伤的风险，尤其是在前侧和腹侧脱位时。荐神经根在荐髂关节脱位时也可能发生撕裂。约 20% 的猫荐髂关节脱位可观察到坐骨神经功能缺陷和排尿功能障碍[11]。

如果荐髂关节轻度脱位，尤其是单侧脱位时，可保守治疗。一般来说，移位小于关节长度 50% 的均可考虑保守治疗。虽然很多猫在保守治疗后似乎恢复得很好，但仍有许多猫会出现单侧或双侧荐髂关节强直和腰荐关节退行性变化[5]。对侧髂骨骨折且骨盆底完整时，修复髂骨可间接使荐髂关节复位（图 35-3）。

荐髂关节脱位手术修复的适应证包括疼痛和跛行、双侧损伤（图 35-2）、神经功能缺陷以及移位超过关节面长度的 50%。严重的疼痛和神经功能缺陷表明神经卡压或损伤。经典且常用的固定方法是将拉力螺钉从髂骨翼的外侧穿过荐髂关节插入荐椎体内（图 35-2）。也可以采用经腹部腹侧入路将位置螺钉插入荐髂关节[12]。腹部腹侧入路也可用于在腹侧放置锁定骨板或迷你骨板来修复并发的荐椎骨折（第 34 章）。已有使用经荐椎螺钉治疗犬猫双侧荐髂关节骨折 / 脱位的报道[13]，还有在 18 只猫中使用张力带钢丝技术的报道[14]。专栏 35-3 和专栏 35-4 分别介绍了外侧和腹侧螺钉放置的方法。

35.4.1 荐髂关节的手术入路

荐髂关节的手术入路包括荐椎和髂骨翼的背外侧入路[15]、荐髂关节腹侧的腹外侧入路[15]，以及荐椎和荐髂关节腹侧的腹部腹侧入路[12]。

荐椎和髂骨翼的背外侧入路或腹外侧入路用于从髂骨体外侧面拧入拉力螺钉以治疗荐髂关节脱位。背外侧入路的视野更好。腹外侧入路只能通过手指触诊复位情况，但有助于在正确复位时放置螺钉[16]。

荐髂关节的腹部腹侧入路便于从腹内侧至背外侧拧入螺钉。该入路可同时治疗双侧脱位、修复荐椎翼骨折、确定神经损伤，以及修复骨盆底和腹腔的并发损伤等[12]。与从外侧拧入螺钉相比，经腹侧入路放置螺钉不太可能导致螺钉错位进入椎管或椎间隙，但脱位的复位可能更困难。

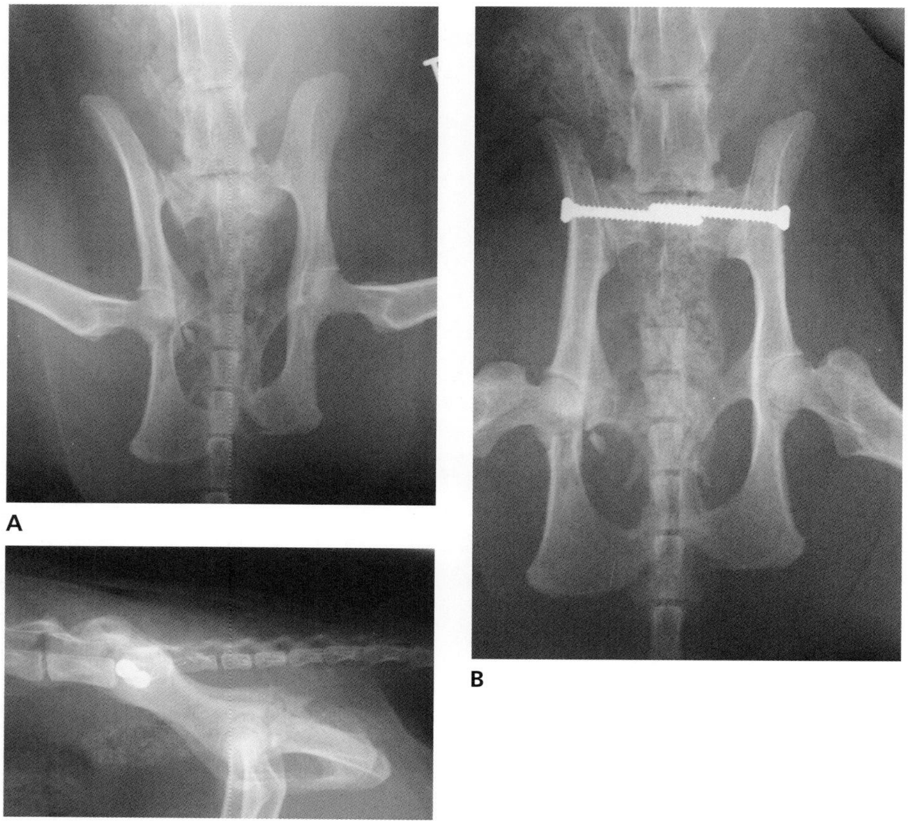

A　B　C

图 35–2　猫双侧荐髂关节脱位。(A) 腹背位 X 线片可见双侧荐髂关节脱位、骨盆底骨折和耻骨 / 髋臼后缘骨折。(B) 从外侧拧入 2.7 mm 拉力螺钉固定双侧荐髂关节。复位、螺钉位置和长度都很好。(C) 术后侧位 X 线片显示螺钉在荐椎体内的正确位置

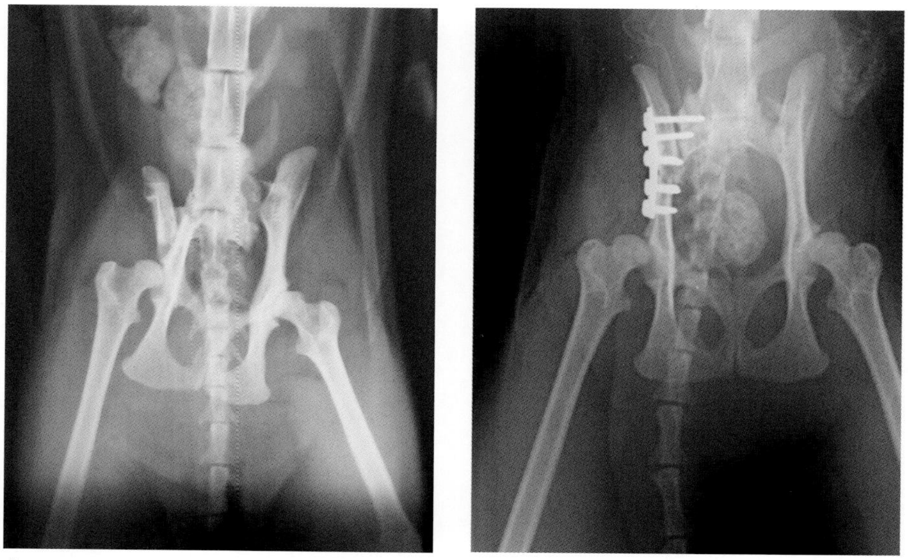

A　B

图 35–3　猫髂骨骨折和对侧荐髂关节脱位。(A) 术前 X 线片显示左侧髂骨骨折和对侧荐髂关节脱位。注意该猫同时患有髋关节发育不良。(B) 使用 5 孔骨板固定髂骨后，由于骨盆底完整，对侧荐髂关节被间接复位

专栏 35-3　经背外侧入路放置拉力螺钉固定荐髂关节脱位

单侧荐髂关节脱位时，猫侧卧或俯卧保定。如果需要双侧固定，则应俯卧保定。行背外侧荐髂关节入路。使用 2.0 mm 或 2.7 mm 拉力螺钉进行固定。

显露脱位后，在荐椎体上钻螺纹孔。钻入点紧邻新月形透明软骨的前侧，稍位于荐髂关节几何中心的背侧（图 35-4A）。垂直于荐椎长轴钻孔，深度至少跨过 60% 的荐椎宽度（图 35-4C）。由于荐椎翼存在前后方向的倾斜角，因此垂直于关节间隙钻孔会将螺钉对准腰荐椎椎间隙。然后攻丝。

通过髂骨翼从外侧向内侧钻滑动孔。该孔位于髂骨翼高度中心的稍腹侧，在荐结节长度的 60% ~ 70% 处。滑动孔一般位于腹侧臀肌线上，即髂骨翼侧面的一个小骨嵴（图 35-4B）。

在腹背位 X 线片上提前测量螺钉长度，约为荐椎宽度的 60%（图 35-4C），通常为 20 ~ 24 mm。从外侧将螺钉插入髂骨翼，露出髂骨内侧面后，直视下将骨折 / 脱位复位。当复位困难时，可使用持骨钳夹持髂骨，并在荐椎翼后部使用小型 Hohmann 骨撬帮助复位。然后将螺钉拧入荐椎体内的预钻孔中。

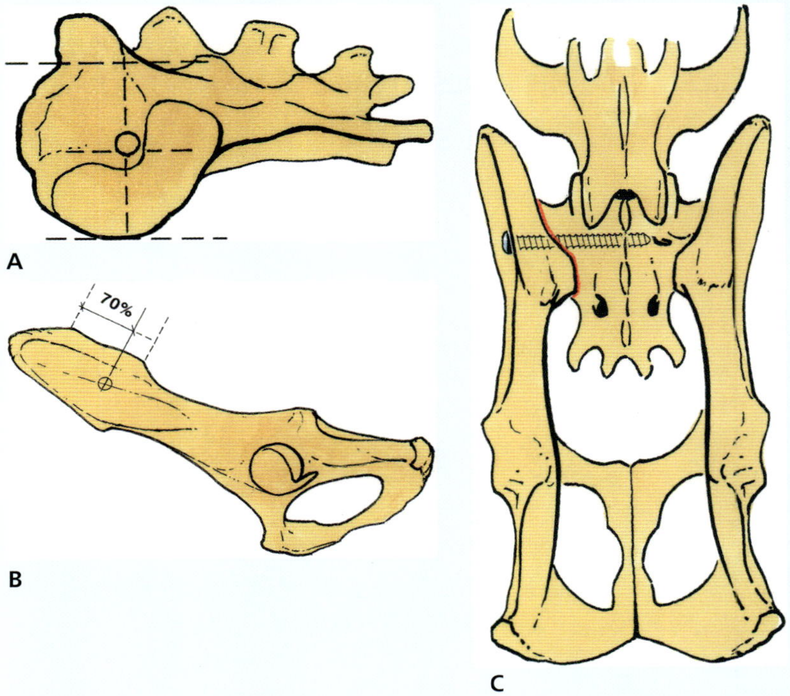

图 35-4　从外侧拧入荐髂关节拉力螺钉。（A）荐椎体上螺纹孔的钻入点。（B）髂骨外侧面滑动孔的钻入点，大概在荐结节长度的 70%。滑动孔一般位于腹侧臀肌线上。（C）荐髂关节拉力螺钉的正确位置，约为荐椎宽度的 60%。注意螺钉是垂直于荐椎长轴拧入，而非垂直于关节面

35.4.2　经背外侧入路固定荐髂关节骨折 / 脱位

这种固定方法需要充分了解局部解剖及正确放置螺钉的知识。荐髂关节拉力螺钉应至少穿透荐椎宽度的 50% ~ 60%，以防螺钉松脱 [11,17]。正确复位也有助于提高固定后的稳定性 [17]。有报道发布了在猫中正确放置荐髂关节拉力螺钉的解剖学指南 [18]，参见专栏 35-3。虽然拧入螺钉的安全面积不超过 0.5 cm^2 [18]，但在遵循所述指南的前提下，所有临床病例的螺钉都会被正确放置 [11]，且 80% 的病例实现解剖复位，未见螺钉松脱。图 35-2 为正确放置螺钉后的 X 线片。

35.4.3　经腹部腹侧入路固定荐髂关节骨折 / 脱位

荐髂关节螺钉也可经腹部腹侧入路放置（专栏 35-4）[12]。将位置螺钉从荐椎翼腹侧面穿过荐髂关节直至髂骨翼。使用腹部腹侧入路放置位置螺钉的 X 线影像如图 35-5 所示。大多数单侧或双侧荐髂关节脱位会合并骨盆底骨折。腹部腹侧入路的优势在于外科医生能够通过单一入路固定双侧荐髂关节骨折 / 脱位。该入路还可用于治疗腹腔内损伤，以及向后延伸以修复并发的骨盆底骨折。

第 6 和第 7 腰神经的腹侧神经根构成坐骨神经的主要部分。这些神经根和闭孔神经均可通过

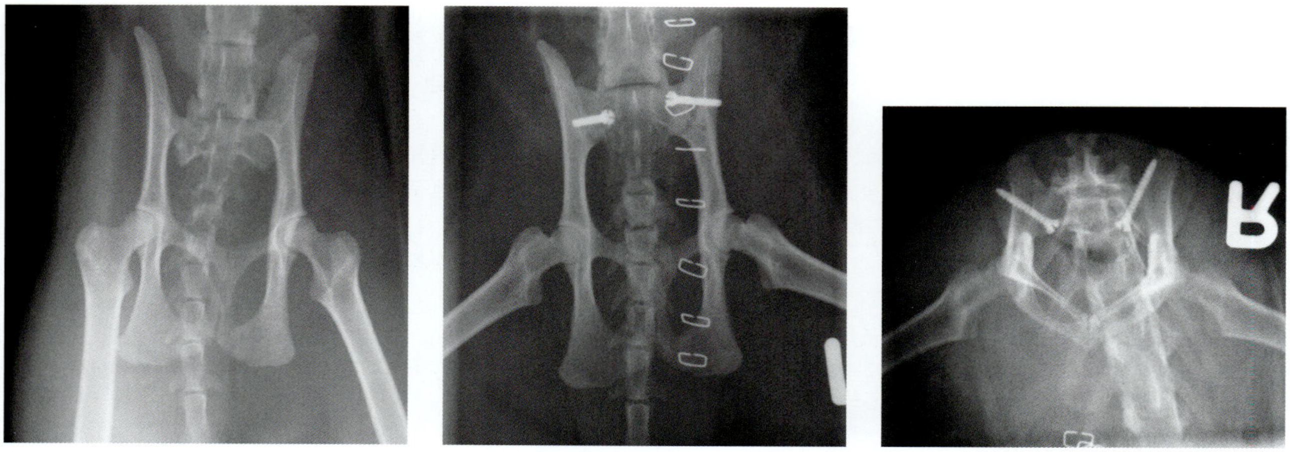

A B C

图 35-5 经腹部腹侧入路放置荐髂关节螺钉。(A)猫双侧荐髂关节脱位的术前 X 线片。(B)术后腹背位 X 线片显示经腹部腹侧入路放置位置螺钉后，双侧荐髂关节复位和固定良好。(C)可使用骨盆内 X 线片进一步评估螺钉位置。左侧螺钉位置理想。右侧螺钉应该以更大的角度拧入，以穿过更多的荐椎翼

专栏 35-4 经腹部腹侧入路放置螺钉固定荐髂关节脱位

猫仰卧保定，腹部和双后肢备皮并铺设创巾。从脐孔至骨盆底行后腹部开腹术。腹腔脏器向前牵拉，膀胱和结肠向健侧牵拉。定位腰小肌肌腱和荐椎岬。在荐椎岬水平钝性分离腰小肌上的腹膜后脂肪，注意不要损伤输尿管和髂外动静脉。将腰小肌向外侧牵拉，并在其内侧继续分离以暴露荐髂关节腹侧面。该处可见 L6 和 L7 的腹侧神经根和闭孔神经，位于荐髂关节腹内侧。将神经小心地向内侧牵拉。

荐髂关节复位的最佳方法是在髂骨翼前侧放置 Kocher 钳和（或）操纵已做无菌准备的后肢。向前牵拉肢体屈曲髋关节，可能会有助于复位。在钻孔和拧入 2.0 mm 或 2.4 mm 位置螺钉时，可将一根小的克氏针临时插入荐髂关节以保持复位。使用自攻螺钉有利于降低在攻丝时复位松动的风险。螺钉孔的钻入点紧邻荐椎翼的内侧，钻头在横向上与正中面呈 45° 或更大角度（图 35-6）。测量钻孔的长度，并拧入适当的螺钉。螺钉长度一般为 16 ~ 18 mm。

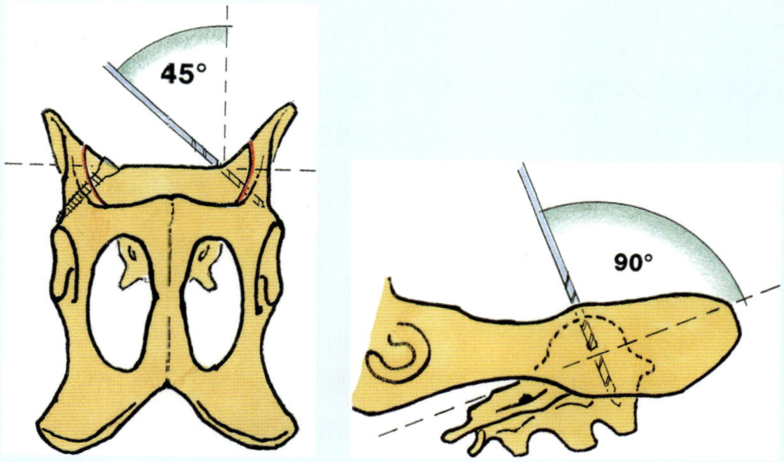

A B

图 35-6 经腹部腹侧入路拧入荐髂关节位置螺钉角度的示意。位置螺钉的钻入点紧邻荐椎翼的内侧。螺钉向外侧成角，（A）与正中面呈 45°，（B）与脊椎长轴呈 90°

该入路直接看到，因为它们沿荐髂关节的腹内侧走行。作者在使用该入路时曾在少数病例中看到了这些神经的受压或断裂。在手术过程中必须小心地牵开神经和相关血管。

35.4.4　荐髂关节骨折 / 脱位的辅助固定

在某些情况下，对荐髂关节骨折 / 脱位进行辅助固定可能是有利的，包括经髂骨克氏针或螺栓固定。该技术常与荐髂外侧拉力螺钉结合使用，或与荐椎骨折修复合并进行。当一侧骨盆有明显的内侧移位时，经髂骨翼放置经髂骨植入物可增加骨折修复的稳定性，且有助于将骨盆向外侧固定。经髂骨克氏针固定也可用于第 7 腰椎骨折的修复，详见第 34 章专栏 34–7。该技术主要是使用克氏针进行固定。或者，也可以使用定制的经髂骨螺栓和两个螺母。

35.5　髂骨骨折

髂骨骨折可分为简单横骨折、长斜骨折和粉碎性骨折。长斜骨折和粉碎性骨折最常见。后侧骨碎片常向内侧和腹侧移位。腰荐神经丛和坐骨神经沿髂骨内侧面走行，可能会在创伤过程中、操作骨碎片或钻孔时受损。如果有明显的神经功能缺陷和严重疼痛，表明存在神经卡压，则应对骨盆和坐骨神经进行手术探查 [6]。

髂骨骨折放置外侧骨板时，螺钉松动的概率很高 [8,19]；一项研究显示，超过半数的猫会发生螺钉松动，并伴有不同程度的骨盆腔狭窄 [8]。螺钉松动的高发生率可能是髂骨骨皮质薄，尤其是髂骨翼的螺钉抓持力不理想所致。因此，骨板应沿髂骨翼腹侧缘放置，此处骨骼较厚 [5]（图 35–1）。前侧的螺钉也可以穿过荐髂关节进入荐椎翼，以增强固定的稳定性。

近期的一项研究表明，当骨板沿髂骨背侧面放置时，螺钉松动及随后的骨盆腔塌陷的发生率和程度更低 [8]。这可能是因为在放置背侧骨板时，可以插入更长的螺钉，螺钉穿过的骨质也就更多。

35.5.1　髂骨的手术入路

使用髂骨外侧入路将臀肌翻起适用于大多数髂骨体骨折的修复，尤其是放置外侧骨板以及拧入拉力螺钉或针钎 [14]。髂骨翼的背侧或外侧入路适用于放置背侧骨板 [14]。髋臼附近的骨折可通过髋关节的前侧入路进行治疗 [14]。

35.5.2　简单横骨折和粉碎性骨折

粉碎性骨折比简单横骨折更常见。有时即使在 X 线片上看起来是简单骨折，实际上也常常有骨裂或较大的皮质骨碎片撕脱，尤其是在幼猫。2.0 mm DCP 是修复髂骨骨折最常用的骨板，但也可使用 1.5/2.0 mm VCP。使用 DCP 可允许在有简单横骨折的情况下进行骨碎片间加压。

简单横骨折可以采用外侧或背侧骨板进行修复（图 35–7 和图 35–8）。如果插入前侧骨碎片的螺钉不能充分固定髂骨翼的松质骨，或者如果骨折线靠近髋臼，且后侧骨碎片太小，无法插入至少 2 颗螺钉，则选用双骨板固定。当骨折靠近髋臼时，也可使用 T 型或 L 型骨板来放置足够数量的螺钉。

外侧或背侧骨板也可用于修复粉碎性骨折，但要确保每侧骨碎片有 3 颗放置良好的螺钉。然而，髂骨翼的螺钉抓持力通常很差，所以在髂骨外侧面平行放置两块骨板有助于增强固定的稳定性。专栏 35–5 描述了使用骨板修复髂骨简单横骨折和粉碎性骨折的技术。

锁定骨板也可用于修复髂骨骨折，其用法与传统骨板相似，但它具有更高的稳定性，特别是当每个骨碎片只能插入 2 颗螺钉时 [20]，而且螺钉松动的可能性也更小（第 24 章）。

35.5.3　长斜骨折

髂骨长斜骨折比较常见，常为前腹侧至后背侧方向。骨折长度等于或大于髂骨背腹高度 2 倍的长斜骨折最好用骨碎片间螺钉或针钎固定（图 35–10 和图 35–11；专栏 35–6）。这种固定方式会压迫骨折线，并抵消后侧骨碎片向远端移位和旋

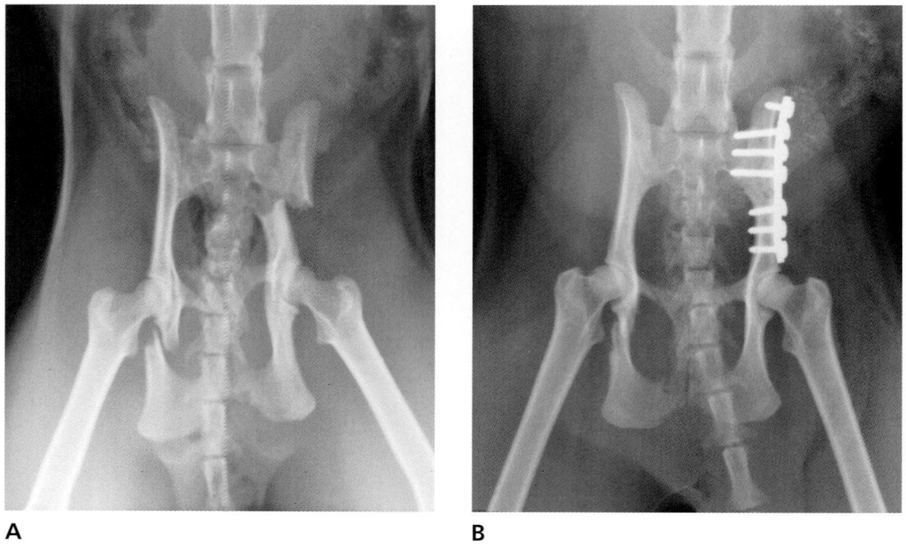

图 35–7　使用外侧骨板固定髂骨骨折。猫髂骨横骨折和对侧坐骨骨折的（A）术前和（B）术后 X 线片。髂骨骨折使用外侧骨板固定，其中前侧 3 颗螺钉穿过荐椎翼，这样就弥补了髂骨翼本身较薄且充满松质骨的不足，但穿过荐髂关节的螺钉有增加螺钉松动的风险

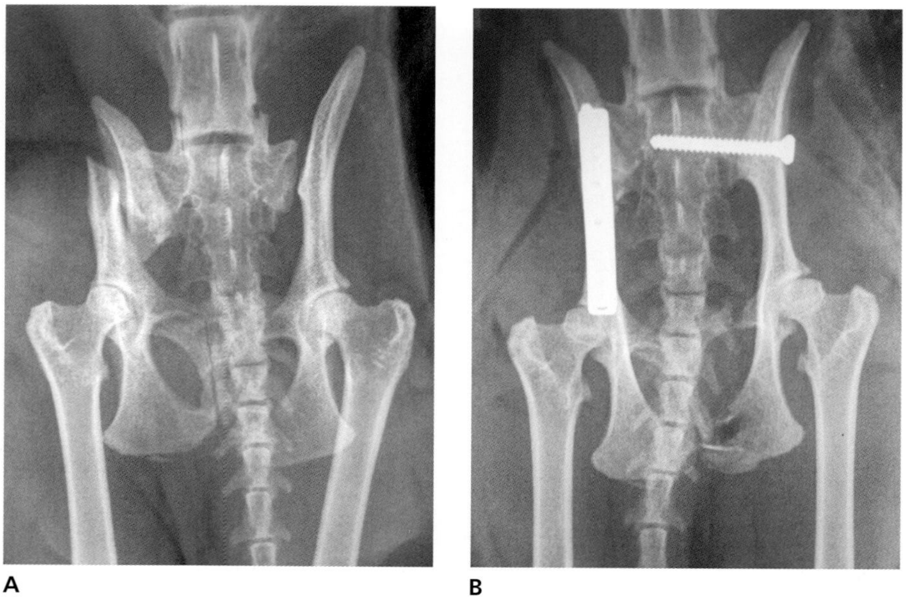

图 35–8　使用背侧骨板固定髂骨骨折。猫髂骨横骨折合并对侧荐髂关节脱位以及骨盆底和坐骨骨折的（A）术前和（B）术后 X 线片。在髂骨背腹面比在外内面可以插入更长的螺钉。对侧荐髂关节脱位使用拉力螺钉固定

转的趋势。与犬的外侧骨板相比，骨碎片间螺钉固定髂骨长斜骨折在抗旋转、抗轴向压迫及抗弯曲方面稳定性更好，也更牢靠[10]。骨折复位并用尖头骨复位钳暂时固定后，可使用位置螺钉代替拉力螺钉。

对于某些存在骨皮质损伤或骨折端开裂的情况，可能无法使用拉力螺钉或针钎对骨折线进行压迫。此时可采用背侧或外侧骨板，但背侧骨板更适用于长斜骨折（专栏 35–5）。

35.6　髋臼骨折

大多数髋臼骨折必须通过手术复位和固定来恢复髋关节的协调性，防止形成严重的退行性关节病和慢性疼痛。未成年猫的髋臼骨折在未出现

专栏 35-5　髂骨简单横骨折和粉碎性骨折的固定

采用髂骨外侧入路放置外侧骨板。背侧或外侧入路均适用于放置背侧骨板。后侧骨碎片通常需要向外侧和背侧撬起。将 Hohmann 骨撬小心地放置在骨碎片之间，有助于将后侧骨碎片撬向外侧。也可在大转子或坐骨结节上使用复位钳，以帮助将后侧骨碎片向外侧和背侧移动。

外侧骨板：将骨板按照髂骨外侧面塑型，并放置在其腹外侧缘（图 35-9A）。必要时可将骨板稍微过度弯曲，以帮助恢复骨盆腔的宽度。在前侧和后侧骨碎片最好放置至少 3 颗螺钉。如果后侧骨碎片太小，无法在不损伤髋关节的前提下放置足够数量的螺钉，则可以使用 L 型或 T 型骨板（图 35-9B）。可先将骨板固定在后侧骨碎片上，有助于骨折复位。如果认为需要穿过更多的荐骨体来增加稳定性，则可将螺钉从前侧插入髂骨翼，以穿过荐髂关节。

外侧双骨板：双骨板适用于粉碎性骨折，或者螺钉固定数量不够或抓持力不足时的简单骨折。将第一块骨板如上所述放置在髂骨腹外侧面。然后将第二块骨板平行放置在第一块骨板的背侧（图 35-9C）。两块骨板均应固定在髂骨上，在后侧骨碎片上总共至少有 4 颗螺钉，前侧总共有 4 ~ 6 颗螺钉。

背侧骨板：使用持骨钳或 Hohmann 骨撬将骨折部分复位。选择合适长度的骨板，在前侧和后侧骨碎片至少要放置 3 颗螺钉，并适当塑型，使其有轻微的凹形弯曲（图 35-9D）。然后将骨板固定在后侧骨碎片上。在髋臼上放置螺钉时，钻头应朝向骨盆内侧骨皮质。然后将骨折复位，并在前侧骨碎片上拧入其余螺钉。在钻孔时可使用 C 型导钻或仔细瞄准髂骨体和髂骨翼的髓腔方向。应注意确保钻头或螺钉不会偏离髂骨翼内侧，否则会损伤腰荐神经丛。

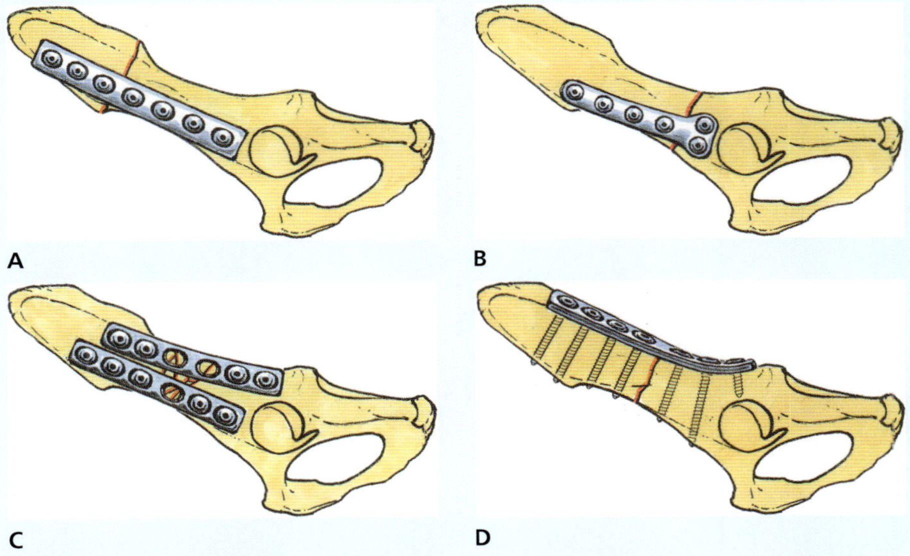

图 35-9　髂骨简单横骨折和粉碎性骨折骨板固定的方法。（A）髂骨简单横骨折，沿髂骨腹侧缘放置外侧骨板进行固定。（B）髂骨后侧简单横骨折，在外侧使用 T 型骨板固定。（C）使用双骨板修复髂骨粉碎性骨折。（D）使用背侧骨板修复髂骨横骨折

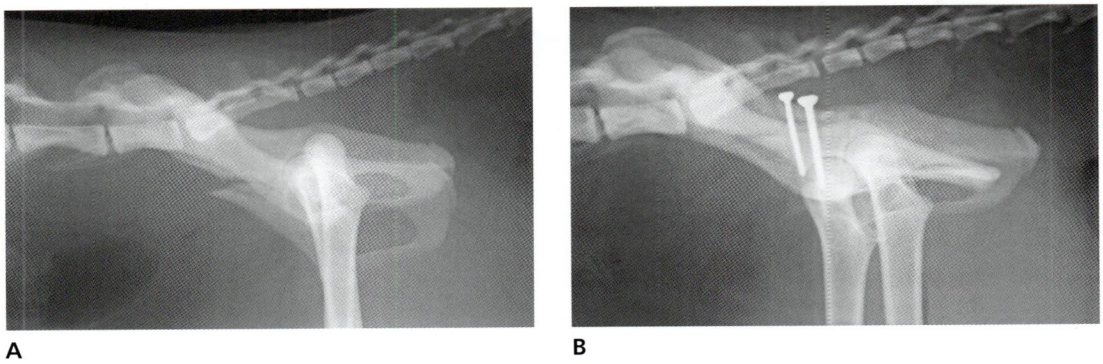

图 35-10　猫髂骨长斜骨折用 2.0 mm 和 1.5 mm 骨碎片间拉力螺钉固定后的（A）术前与（B）术后 X 线片

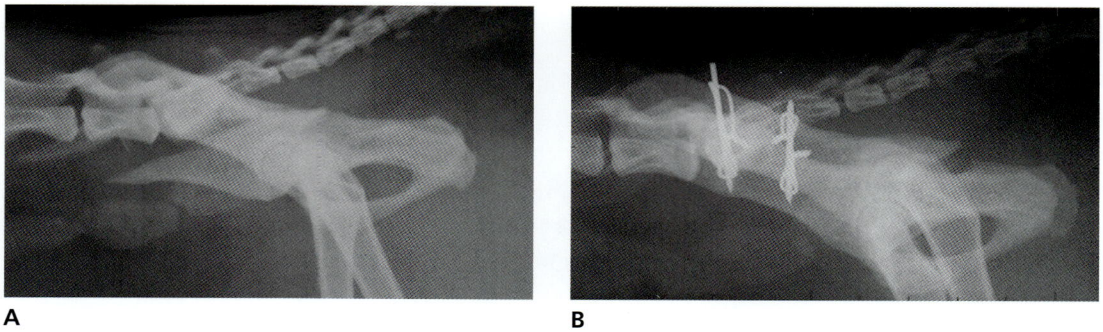

图 35-11 猫髂骨长斜骨折用 2 根针钎和“8”字钢丝固定的（A）术前与（B）术后 X 线片

专栏 35-6 髂骨长斜骨折的固定

采用髂骨外侧入路。将骨折进行解剖复位，并用 1 ~ 2 把尖头复位钳垂直于骨折线保持复位状态。

螺钉固定：垂直于骨折线均匀分布插入 2 颗或 3 颗位置螺钉或拉力螺钉（图 35-12A）。将带钻头的钻套从背侧轻轻穿过臀肌组织，以便能够在髂骨轴上钻孔。在钻套的保护下以类似的方式攻丝。幼年猫骨骼较软，可不攻丝。

针钎：将 2 根克氏针垂直于骨折线从髂骨背侧面至腹侧面插入，注意沿骨折线均匀分布（图 35-12B）。克氏针在钻套的保护下穿过臀肌组织。将克氏针从背侧剪短留出 2 ~ 3 mm 的尖端，然后用“8”字钢丝绕过两端并在外侧拧紧。拧紧钢丝可对骨折线进行压迫。

背侧骨板：也可使用背侧骨板，见专栏 35-5。

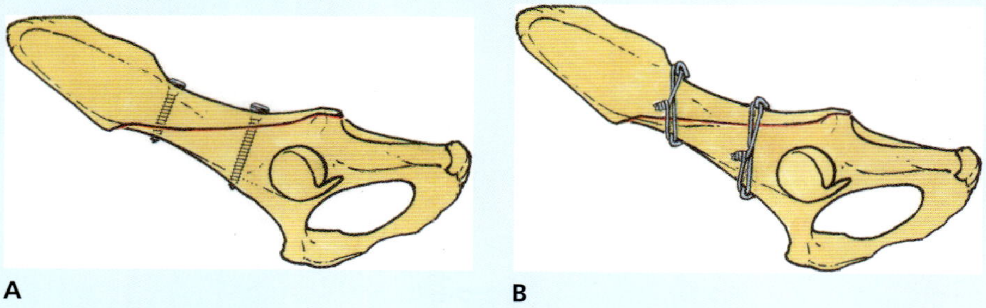

图 35-12 髂骨长斜骨折的固定方法。（A）使用 2 颗位置螺钉或拉力螺钉进行固定。（B）使用 2 根针钎和“8”字钢丝进行固定

移位时，可采取保守治疗，如笼养 2 ~ 3 周，然后拍摄 X 线片。但对幼猫进行手术会取得很好的效果，可能会更快地恢复功能[21]。

一般来说，如果骨折可以解剖复位并稳定固定，则所有髋臼骨折都需要采取手术治疗。猫髋臼的主要受力点位于中间和后 1/3 处，而不像人那样位于前部[4]。因此，该区域的骨折也应通过手术修复，但髋臼后部骨折有时也建议保守治疗。骨板固定是所有骨折类型应用最广泛的固定方法。其他技术，如螺钉或张力带固定仅适用于特定骨折类型。

对于严重的髋臼粉碎性骨折，有时可能无法进行关节面解剖重建和恢复其稳定性。此时需施行股骨头和股骨颈切除术作为补救措施。虽然切除后无法完全恢复正常，但猫的肢体功能尚可接受（第 36 章）。通过术前 X 线片一般很难评估骨折能否复位，通常都是在术中决定是否进行股骨头和股骨颈切除术。这一点应在手术前与动物主人进行讨论。

35.6.1 髋臼的手术入路

髋臼手术有多种入路可供选择。前背侧入路通常适用于髋臼窝前 1/3 的简单髋臼骨折[15]。背侧臀肌间入路适用于放置短骨板或克氏针和张力带以治疗髋臼中部和后部的简单骨折[15]。采用大转子截骨术或臀肌腱切断术可最大程度地暴露髋臼[15]，这一

入路适用于粉碎性骨折或需要大范围暴露时。手术结束时，使用张力带、拉力螺钉或交叉克氏针重新固定大转子（第 37 章）。

35.6.2　成年猫可复位的髋臼骨折

可复位的髋臼骨折包括简单横骨折、简单斜骨折和可复位的多碎片骨折。后者罕见于猫，因为骨碎片通常太小，无法插入植入物。骨折复位一般是手术中最具挑战性的部分。后侧骨碎片往往由于后肢肌群的牵拉而向腹侧移位或旋转。在坐骨结节上放置 1 根克氏针或使用小的 Kern 持骨钳有助于操纵后侧骨碎片。如果后侧骨碎片与圆韧带相连，则操纵大转子和髋关节也有助于复位。另外，在闭孔内放置神经钩也有助于骨折复位。在使用其他植入物时，借助尖头复位钳或在骨折处暂时或永久性插入克氏针可保持复位。

根据骨折位置和类型，可以使用不同的骨板，包括 2.0 mm DCP、2.0 mm 髋臼骨板和 2.0 mm 重建骨板。为了实现解剖复位，完美的骨板塑型非常重要。这最好在术前通过骨盆骨骼模型来完成。骨板应放置在骨折的张力侧，即背侧（图 35–13）。简单横骨折可使用短骨板，每侧骨碎片上仅需拧入 2 颗螺钉。短骨板的应用有助于骨板塑型，且在放置过程中二次复位丢失的风险较小。斜骨折和可复位的多碎片骨折可选择较长的骨板。

锁定骨板，如 2.0 mm Unilock 骨板，是替代传统骨板的很好选择。其优点包括在每侧骨碎片仅放置 2 颗螺钉也能获得良好的稳定性[20]，可以使用单皮质螺钉，而且由于在螺钉拧入时骨板不会压迫骨皮质，所以也没有二次复位丢失的风险。

髋臼前侧或后侧的简单斜骨折偶尔选择拉力螺钉进行固定。垂直于骨折线至少要放置 2 颗拉力螺钉。对于某些较稳定的简单横骨折，也可使

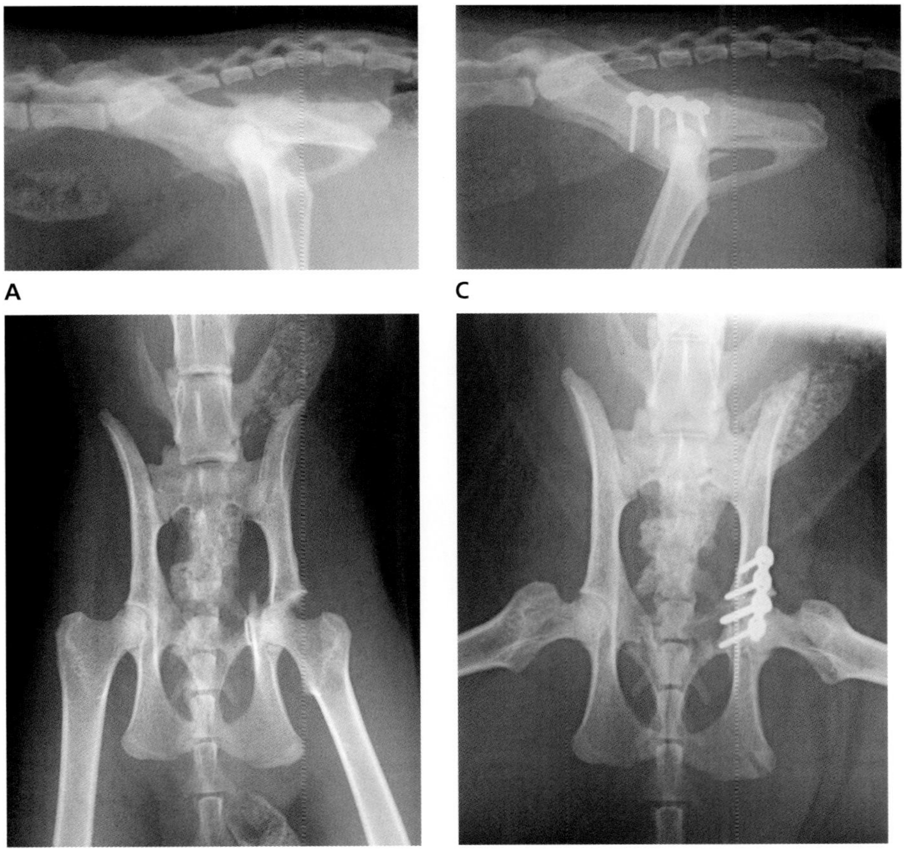

图 35–13　1 岁猫髋臼简单斜骨折的（A，B）术前和（C，D）术后 X 线片。骨折解剖复位后在背外侧使用 2.0 mm Unilock 骨板进行固定

专栏 35-7　髋臼骨折的固定

采用前外侧入路、后侧肌间入路、大转子截骨术或臀肌腱切断术来显露骨折。骨折按上文所述进行解剖复位，并清除髋关节上的组织。

骨板：骨板尽可能靠背侧放置，以实现张力带功能，并降低螺钉拧入髋关节的风险。骨板的塑型对于维持复位非常重要。猫骨盆的背侧面相当扁平，2.0 mm 直动态加压骨板或 2.0 mm 重建骨板均可成功用于髋臼的简单横骨折（图 35-14A）。由于骨板具有张力带作用，所以在简单骨折的前侧和后侧骨碎片各拧入 2 颗螺钉一般就足够了。斜骨折和多碎片骨折必须使用更长的螺钉，每侧至少拧入 3 颗螺钉。应避免将螺钉穿透髋关节。

锁定骨板：锁定骨板需在每侧骨碎片拧入 2 颗锁定螺钉，放置位置与骨板相同。锁定骨板不会发生二次复位丢失，因此骨板塑型不那么重要。可以使用单皮质螺钉，以免损伤髋关节。如果螺钉需要倾斜拧入以免损伤髋关节，则必须使用非锁定螺钉。

张力带修复：张力带修复适用于生长板骨折或某些较稳定的简单横骨折。将 1 ~ 2 根小克氏针插入骨折处，以帮助维持复位。然后在前侧和后侧骨碎片上拧入 1.5 ~ 2.0 mm 螺钉。这 2 颗螺钉到髋臼边缘的距离应相同，以免在拧紧钢丝时发生剪切和骨折复位丢失（图 35-14B）。螺钉头下方可使用不锈钢垫圈，以降低“8”字钢丝滑脱的可能性。使用 0.4 ~ 0.8 mm 骨科钢丝将螺钉头与“8”字钢丝相连。在植入物顶部可使用少量无菌的聚甲基丙烯酸甲酯，以减少植入物松脱，增强结构的稳定性。在非常小的幼猫中，应考虑提早拆除植入物，以降低生长板提前闭合的概率。

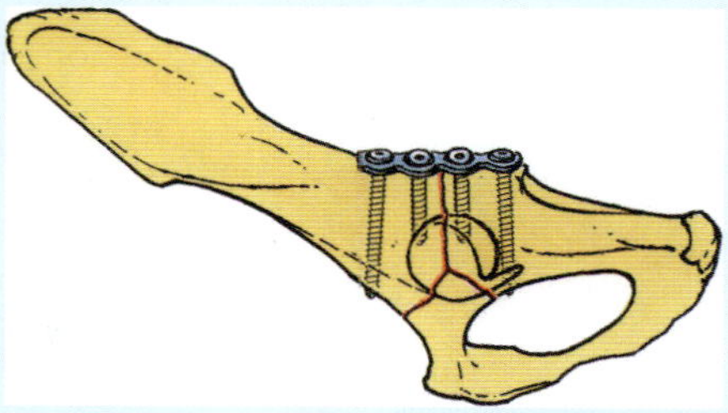
A

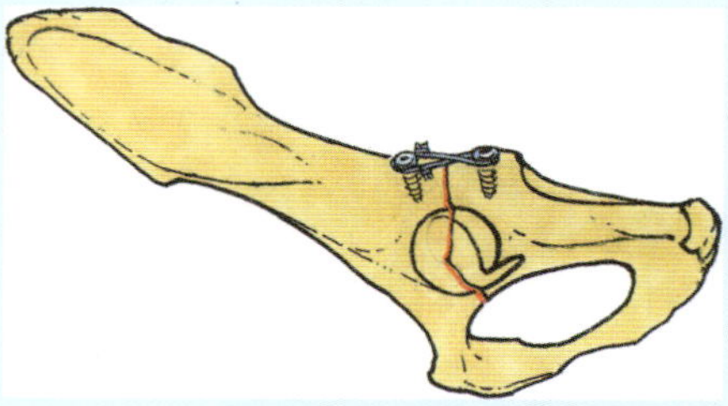
B

图 35-14　髋臼骨折的固定方法。（A）使用 2.0 mm 骨板作为张力带固定简单横骨折。（B）生长板骨折的张力带修复

用张力带进行修复。可能需要在骨碎片间额外插入 1 根克氏针，以防止剪切运动。张力带修复比骨板固定稳定性差，但技术上更容易，骨折复位丢失的可能性也更小。髋臼骨折的复位技术见专栏 35-7。

35.6.3　髋臼生长板骨折

未成年猫可能发生髋臼生长板骨折。这种骨折可使用螺钉和张力带技术进行修复[21]（图 35-15）。在不足 12 周龄的幼猫中，髋臼骨可能过早融合，导致髋臼变形、变浅和髋关节半脱位。早期拆除这些幼猫的植入物可能会降低因生长板提前闭合而导致畸形的严重程度。对于 16 周龄或以上的幼猫，髋臼正常发育的预后良好，无需拆除植入物。以这种方式治疗的 4 只幼猫在骨折修复后取得极好的效果，肢体功能完全恢复[21]。

35.7　骨盆底骨折

90% 的猫骨盆骨折存在骨盆底骨折[1]。大多数骨盆底骨折伴有单侧或双侧荐髂关节脱位或髂骨体骨折。骨盆底骨折可分为耻骨联合分离以及单侧或双侧耻骨体或耻骨支和（或）坐骨支骨折。当并发损伤引起一侧或双侧骨盆不稳定时，骨盆底骨折可能导致后肢无法内收。患猫可能无法站立和行走。

对骨盆环负重部位的并发骨折 / 脱位进行固定一般可保证足够的稳定性，并允许骨盆底愈合而无需特殊治疗。也可使用足枷绷带来防止后肢外展（第 22 章）。

但也有一些适应证对骨盆底骨折进行固定是有利的。例如，在双侧荐髂关节脱位或荐髂关节脱位并发对侧髂骨骨折的情况下，如果同时存在骨盆底骨折，则会导致双侧骨盆明显不稳定（图

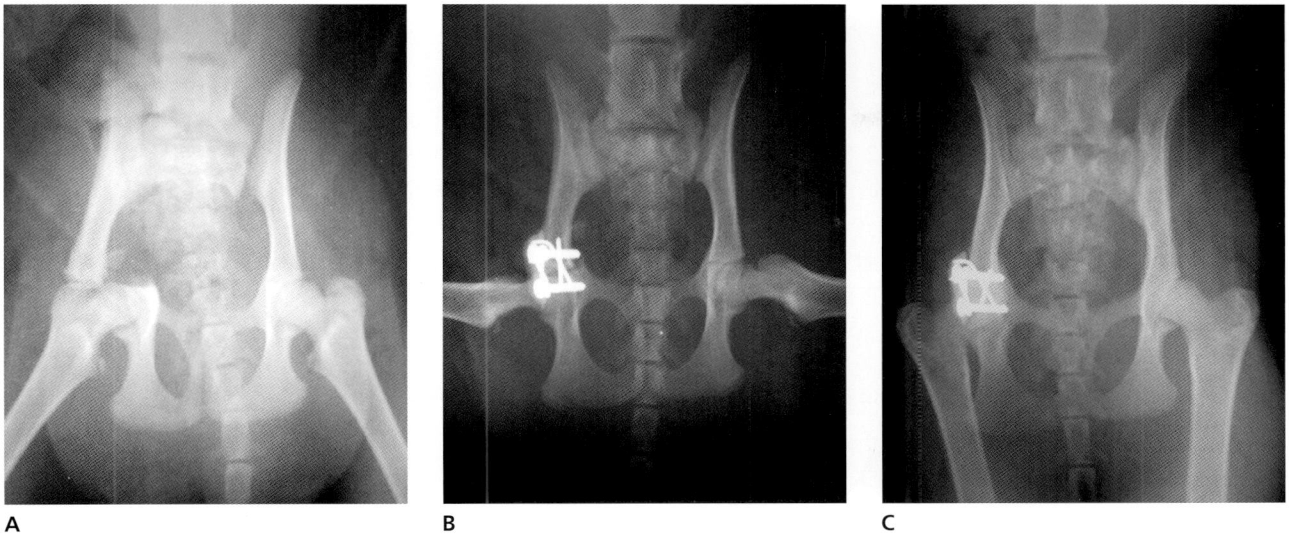

图 35–15　幼猫的髋臼生长板骨折。（A）14 周龄幼猫从衣柜上摔下来，术前 X 线片可见移位的生长板轻度粉碎性骨折和荐髂关节半脱位。（B）用小的交叉克氏针、2 颗 2.0 mm 螺钉、0.8 mm“8”字钢丝和少量无菌骨水泥将骨折复位并固定。（C）术后 8 周的随访 X 线片可见骨折愈合（经许可转载自 Langley–Hobbs SJ, et al. Tension band stabilisation of acetabular physeal fractures in four kittens. J Feline Med Surg 2007;9:177–178.）

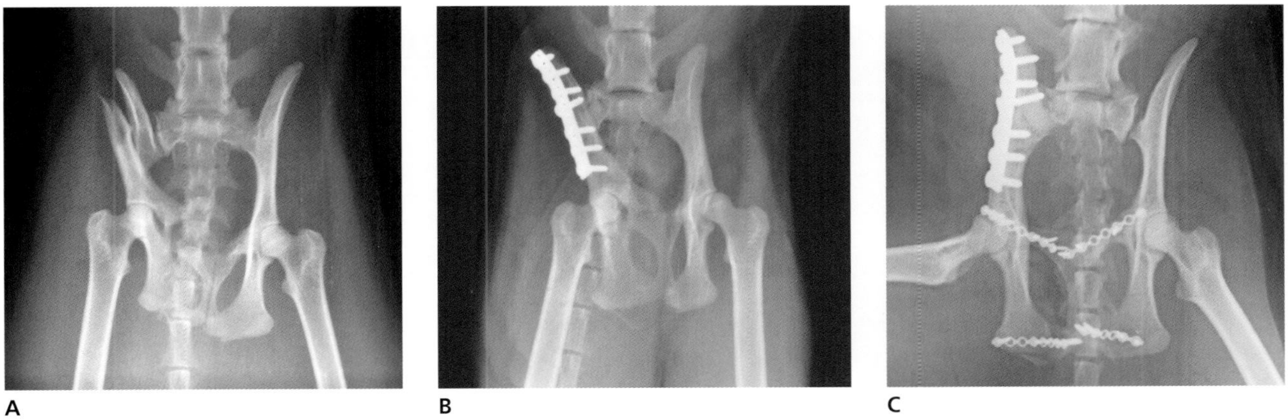

图 35–16　因骨盆腔狭窄对骨盆底骨折进行修复。（A）猫一侧髂骨骨折和双侧耻骨及坐骨骨折的 X 线片。（B）使用骨板固定髂骨骨折。术后 X 线片显示一侧荐椎翼骨折（术前 X 线片未见），从而导致该侧骨盆向内侧移位。（C）使用迷你骨板对骨盆底进行复位及固定后，骨盆腔宽度得以恢复

35–16）。手术修复骨盆底可重建骨盆环的正常形状，防止骨盆腔塌陷，并降低严重不稳定病变中荐髂关节螺钉和髂骨骨板松脱的风险。

如果由于其他原因必须对该区域进行手术，则此时通过手术固定骨盆底骨折是最实用的。例如，当采用腹部入路修复体壁疝或其他腹部损伤时，可同时经腹部腹侧入路修复荐髂关节脱位（专栏 35–4）。耻骨联合分离可使用半环钢丝或穿过闭孔放置的环扎钢丝进行修复。耻骨体和耻骨支骨折需要使用骨板固定（专栏 35–8）。

35.8　骨盆边缘骨折

骨盆边缘骨折包括髂骨翼和坐骨结节骨折。这些骨折是由肌肉附着处的撕脱所致，可能会明显移位。坐骨结节撕脱性骨折常见于猫（图 35–18），可能伴发其他骨盆骨折或后肢其他部位的损伤，也可能单独发生。这些骨折大多数可保守治疗。但如果撕脱的骨碎片较大、移位严重和（或）非常疼痛，将骨折复位可使愈合更快，功能恢复更好。交叉螺纹针或克氏针联合张力带技术可用于修复这类撕脱性骨折。

专栏 35-8　骨盆底骨折的固定

采用骨盆底腹侧入路。在骨折复位和放置植入物时应注意保护骨盆腔内脏器。如果荐髂关节脱位或髂骨骨折的手术修复不完善，则可能无法实现骨盆底的完美解剖复位，此时就在原有的位置上进行固定。

半环钢丝：在双侧联合处钻 1 ~ 2 个孔，在复位前将 1 根 0.6 mm 骨科钢丝从小孔中穿过，注意不要损伤骨盆腔内软组织器官。将骨盆联合复位后拧紧钢丝（图 35-17A）。或者，可穿过闭孔放置环扎钢丝，但一定要注意不要将钢丝拧得过紧，以免骨盆联合重叠。

骨板：小型骨板，如 1.0 mm 颌面骨板、1.3 mm 手骨板或 1.5 mm 迷你骨板，可用于固定耻骨体和耻骨支的骨折（图 35-17B）。耻骨支非常薄，所以螺钉必须居中放置，以防滑丝。每块骨碎片上应拧入 2 颗螺钉。耻骨支上的螺钉应朝向前侧，以免损伤髋臼窝。在坐骨腹侧面还可额外施用迷你骨板，如图 35-16 所示。

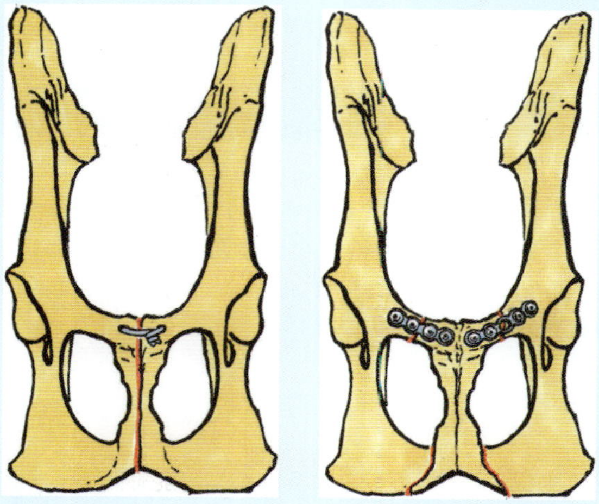

图 35-17　骨盆底骨折的固定方法。（A）使用半环钢丝固定耻骨联合分离。（B）使用迷你骨板固定骨盆底骨折。注意最外侧的螺钉不要损伤髋臼窝

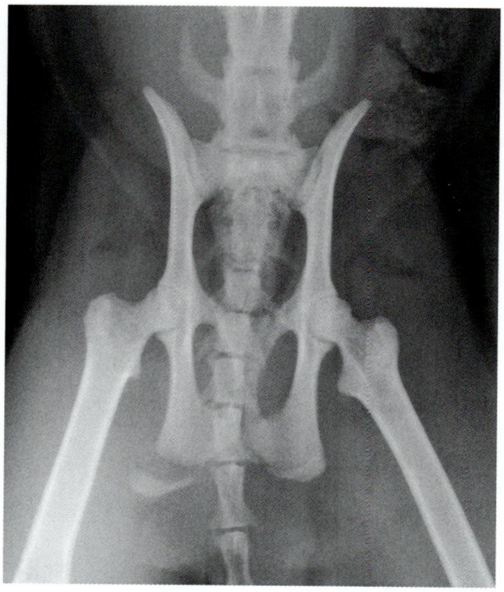

图 35-18　猫孤立性坐骨结节撕脱性骨折的 X 线片。该猫因突发跛行就诊，经笼养后恢复

35.9　术后治疗和预后

骨盆骨折的术后治疗包括笼养 2 ~ 4 周，之后室内限制活动 3 ~ 6 周。术后即刻采取适当的疼痛管理非常重要，可改善整体健康状况，增加食物和水的摄入量，并促进早期负重。在动物恢复自主进食前，应给予静脉输液。无法或不愿站立或移动会导致尿潴留和便秘，此时可能需要用手轻轻挤压膀胱或留置导尿管和灌肠。

骨盆骨折术后可能会遇到许多并发症。原始创伤处的皮肤撕脱可能会引发会阴部、背部和尾部周围皮肤的缺血性坏死[22]。患部皮肤可等待形成结痂（图 35-19），然后去除或切除结痂，剩下的收缩的潜在病灶作为开放性伤口处理。使用抗生素，直至形成健康的肉芽床。随后等待伤口延迟闭合或进行皮肤移植。

骨盆腔狭窄超过 40% 的猫容易发生慢性便秘或顽固性便秘（图 35-20）[8]。轻度便秘采用内科治疗一般就足够了，包括口服软便剂、高纤维饮食和灌肠等。但要注意，在猫禁用磷酸盐灌肠剂，因为它有毒性[23]。无法保守治疗且临床症状持续不足半年的病例应通过手术扩宽骨盆腔[23]。长期

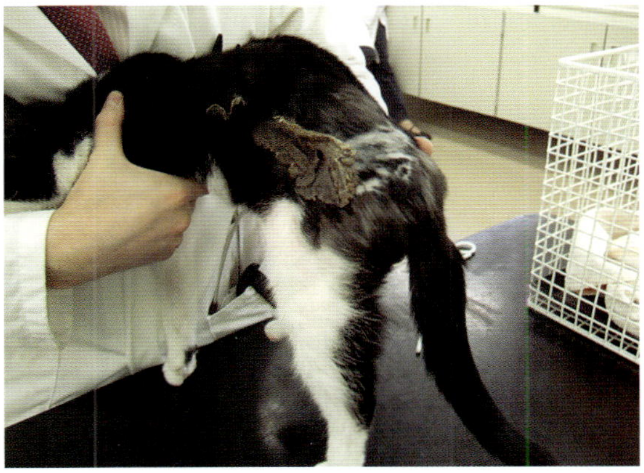

图 35-19　2 岁猫骨盆骨折后皮肤坏死。在受伤后数天，腹部外侧和骨盆区域的皮肤逐渐形成了坚硬的黑色焦痂。术后 6 周（本图），收缩的皮肤已形成结痂，随后将其移除。延迟一期闭合和放置封闭式抽吸引流对于完全闭合伤口非常重要

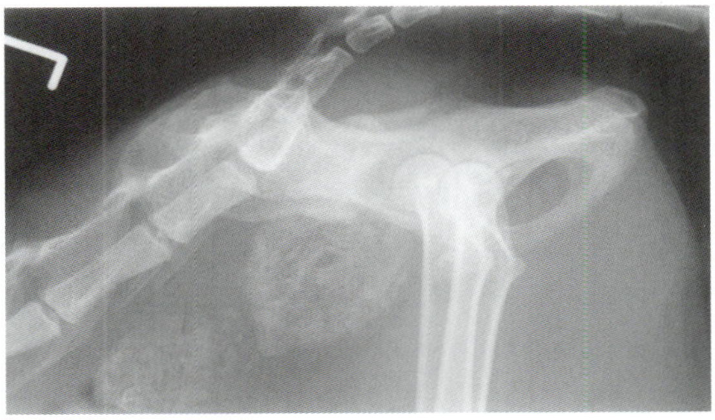

A

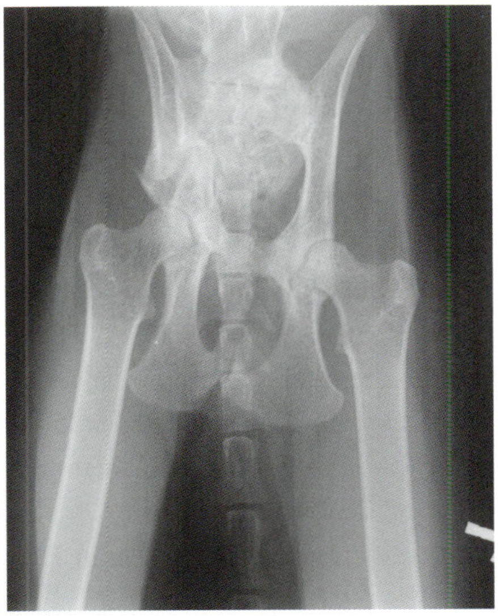

B

图 35-20　（A）便秘猫的 X 线片；（B）继发于骨盆腔狭窄

便秘和结肠扩张会导致肠壁不可逆的神经肌肉损伤。因此，如果临床症状出现超过半年，则需要进行结肠次全切除术[23,24]。

35.9.1　荐髂关节脱位

总体而言，如果没有神经功能缺陷且植入物放置正确，荐髂关节脱位的预后良好。但还是有可能发生许多并发症，包括螺钉在腰荐椎间隙或椎管内的位置不当、术后神经功能缺陷、复位不良（通常与单侧后部骨盆内侧移位并发）以及术后螺钉松动等。据报道，9% ~ 33% 的猫荐髂关节脱位在用外侧拉力螺钉修复后仍有一定程度的跛行[11]。如果螺钉位置正确，则该发生率会降低[11]。

一项研究显示，使用拉力螺钉修复荐髂关节骨折是坐骨神经损伤的最常见原因[25]。在该研究中，有 3 只猫出现胫神经麻痹，1 只猫出现胫神经和腓神经功能缺陷。所有 4 只猫都在 6 个月内恢复了神经功能。

35.9.2　髂骨骨折

髂骨骨折的预后良好，前提是手术能够获得足够的稳定性且不存在神经功能缺陷。骨折愈合异常，如畸形愈合、不愈合和大量骨痂形成，会增加坐骨神经卡压的风险[26]。髂骨骨折放置外侧骨板发生螺钉松动的概率很高[8,19]。一项研究发现，超过半数的猫会出现螺钉松动，且有不同程度的骨盆腔狭窄[8]。但放置背侧骨板不太可能出现螺钉松动。神经功能恢复的预后取决于神经损伤的严重程度。失去坐骨神经皮片深部痛觉的猫预后谨慎。总体而言，大约 80% 的患有与骨盆骨折相关的坐骨神经麻痹的犬和猫可能会恢复良好至极好的肢体功能[6]。外周神经的再生确实需要时间，但如果 3 个月后没有改善，则预后很差。

35.9.3　髋臼骨折

大多数猫的髋臼骨折在修复后似乎可以恢复良好的功能，但一定要注意可能会发生不同程度的退行性关节病，这主要取决于原始骨折的严重程度和复位效果。在一篇关于 4 例幼猫髋臼生长板骨折的研究中，尽管术后仍有退行性关节病的影像学表现，但均无跛行的临床症状，预后非常好[21]。据报道，有 2 只猫髋臼骨折修复后出现医源性坐骨神经损伤，其中 1 只恢复了神经功能[25]。

参考文献和延伸阅读

[1] Bookbinder PF, Flanders JA. Characteristics of pelvic fracture in the cat. Vet Comp Orthop Traumatol 1992;5:122–127.

[2] Hill FWG. A survey of bone fractures in the cat. J Small Anim Pract 1977;18:457–463.

[3] Messmer M, Montavon PM. Pelvic fractures in the dog and cat: a classification system and review of 556 cases. Vet Comp Orthop Traumatol 2004;4:167–173.

[4] Beck AL, et al. Regional load bearing of the feline acetabulum. J Biomech 2005;38:427–432.

[5] Böhmer E. Beckenfrakturen und-luxationen bei der Katze. München: Ludwig-Maximilians-Universität; 1985.

[6] Jacobson A, Schrader SC. Peripheral nerve injury associated with fracture or fracture-dislocation of the pelvis in dogs and cats: 34 cases (1978–1982). J Am Vet Med Assoc 1987;190: 569–572.

[7] Selcer BA. Urinary tract trauma associated with pelvic trauma. J Am Anim Hosp Assoc 1982;19:785.

[8] Hamilton MH, et al. A review of feline ilial fractures repaired by lateral plating and the use of a dorsal plate as an alternative method of repair. Proceedings of the ECVS meeting 2006; Seville, Spain; pp. 314–317.

[9] Damur DM, Montavon PM. Comparison of the conventional versus the oscillating drilling mode in pelvic surgery in dogs. BSAVA Congress 2001; Birmingham, England.

[10] VanGrundy TE, et al. Mechanical evaluation of two canine iliac fracture fixation systems. Vet Surg 1988;17:321–327.

[11] Burger M, et al. Sacroiliac luxation in the cat. Part 2: cases and results. Kleintierpraxis 2005;50:281–348.

[12] Borer LR, et al. Ventral abdominal approach for screw fixation of sacroiliac luxation in clinically affected cats. Am J Vet Res 2008;69:549–556.

[13] Kaderly RE. Stabilization of bilateral sacroiliac fracture-luxations in small animals with a single transsacral screw. Vet Surg 1991;20:91–96.

[14] Raffan PJ, et al. A tension band technique for stabilisation of sacroiliac separations in cats. J Small Anim Pract 2002;43: 255–260.

[15] Piermattei DL, Johnson KA. An atlas of surgical approaches to the bones and joints of the dog and the cat, 4th edn. Philadelphia: WB Saunders; 2004.

[16] Montavon PM, et al. Ventrolateral approach for repair of sacroiliac fracture-dislocation in the dog and cat. J Am Vet Med Assoc 1985;186:1198–1201.

[17] DeCamp CE, Braden TD. Sacroiliac fracture-separation in the dog: a study of 92 cases. Vet Surg 1985;14:127–130.

[18] Burger M, et al. Surgical anatomy of the feline sacroiliac joint for lag screw fixation of sacroiliac fracture-luxation. Vet Comp Orthop Traumatol 2004;17:146–151.

[19] Roush JK, Manley PA. Mini plate failure after repair of ilial and acetabular fractures in nine small dogs and one cat. J Am Anim Hosp Assoc 1992;28:112–118.

[20] Sikes JW, et al. Comparison of fixation strengths of locking head and conventional screws, in fracture and reconstruction models. J Oral Maxillofac Surg 1998;56:468–473.

[21] Langley-Hobbs SJ, et al. Tension band stabilisation of acetabular physeal fractures in four kittens. J Feline Med Surg 2007;9:177–187.

[22] Declercq J. Alopecia and dermatopathy of the lower back following pelvic fractures in three cats. Vet Dermatol 2004;15: 42–46.

[23] Colopy-Poulsen SA, et al. Managing feline obstipation secondary to pelvic fractures. Compend Continuing Educ 2005:27: 662–669.

[24] Washabau RJ, Holt D. Pathogenesis, diagnosis, and therapy of feline idiopathic megacolon. Vet Clin North Am Small Anim Pract 1999;29:589–603.

[25] Forterre F. Iatrogenic sciatic nerve injury in eighteen dogs and nine cats. Vet Surg 2007;36:464–471.

[26] Chambers JN, Hardie EM. Localization and management of sciatic nerve injury due to ischial or acetabular fracture. J Am Anim Hosp Assoc 1986;22:539–544.

第 36 章　髋关节

K. Voss, S.J. Langley-Hobbs, P.M. Montavon

猫的髋关节疾病比较常见，包括髋关节脱位、股骨头和股骨颈骨折以及髋臼骨折等。第 37 章将描述股骨头和股骨颈骨折，第 35 章介绍了髋臼骨折。本章将重点介绍髋关节脱位的治疗方法。

髋关节最常见的疾病是髋关节发育不良和髋关节骨关节炎。在兽医临床上，猫髋关节发育不良的发病率实际上是高于人们所认为的。猫髋关节的其他疾病，如股骨头骨骺滑脱或股骨颈干骺端骨病，本章也有描述。

36.1　外科解剖学

髋关节由髋臼窝和股骨头组成。猫的髋臼比犬的浅。稳定髋关节最重要的结构包括圆韧带、关节囊和横韧带，横韧带构成髋臼窝的腹侧界。圆韧带起源于髋臼窝，并附着在股骨头凹上。关节囊从髋臼缘延伸到股骨颈基部，包围股骨颈和生长中动物的近端股骨头生长板。髋关节的血供来自 4 条不同的动脉：旋股内侧动脉和旋股外侧动脉、臀后动脉和髂腰动脉[1]。这些动脉在股骨颈周围形成环状血管网，为成年猫的大转子、股骨颈和股骨头供应血液。幼年猫的股骨头也由旋股内侧动脉的分支供血，它从髋臼经圆韧带进入股骨头，该分支在 7 月龄后消失[1]。

36.2　诊断和治疗方案

髋关节创伤可导致髋关节脱位、髋臼骨折以及股骨头和股骨颈骨折，常表现为急性非负重跛行。临床检查可见疼痛、活动髋关节时骨摩擦音，以及活动范围缩小等。

髋关节常发生前背侧或后背侧脱位。受累肢体可见内收和外旋，且似乎比对侧肢体短。比较两侧肢体长度或骨盆骨突与大转子之间的距离是检测猫髋关节脱位的简单方法（图 36–1）。但确诊和检测并发异常或骨折仍需要进行 X 线检查。侧位投照是确认髋关节脱位的最佳体位。同时还应拍摄骨盆伸展腹背位或蛙位 X 线片检查髋臼背侧缘的骨折、圆韧带撕脱性骨折和大转子的并发骨折等。治疗的目的是复位髋关节，并使其充分稳定，以使关节囊和周围组织的纤维愈合，从而形成稳定的功能性关节。治疗方案包括闭合性复位或开放性复位及髋关节内固定。髋关节疾病有多种手术治疗方案，其中部分见表 36–1。

猫髋关节疾病（如髋关节发育不良和髋关节骨关节炎）与股骨头和股骨颈疾病常表现为更慢性的隐匿性跛行、不愿活动或跳跃以及肌肉萎缩等。最好通过腹背位 X 线片获得诊断。

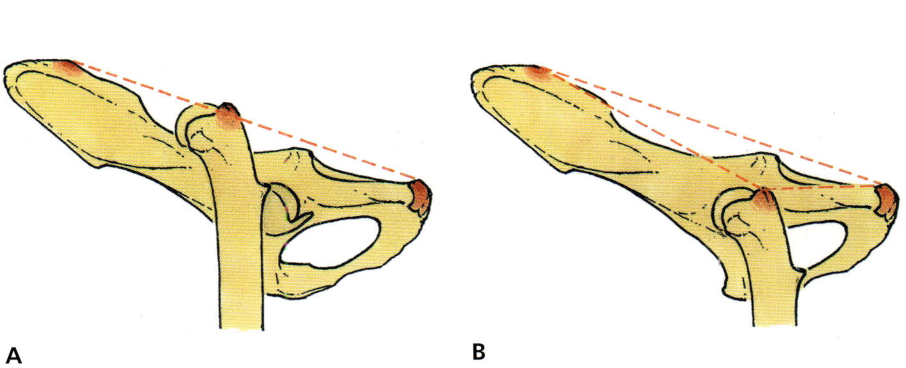

A　　B

图 36–1　髋关节前背侧脱位时，大转子向背侧和前侧移位。因此，（A）患侧坐骨结节和大转子之间的距离比（B）健侧长

表 36-1　髋关节疾病的治疗方案摘要

病变类型	进一步分类	治疗方案
髋关节发育不良和髋关节骨关节炎		保守治疗 如果持续疼痛，行 FHNE 或 THR
股骨头和股骨颈疾病	股骨头骨骺滑脱 股骨颈干骺端骨病	FHNE 非常早期采用平行克氏针固定? THR ?
髋关节前背侧或后背侧脱位	髋关节形态正常，无撕脱性骨折	闭合性复位 开放性复位和关节囊缝合 髂股悬吊缝合 经关节克氏针固定 其他技术
	撕脱性骨折	开放性复位和经关节克氏针固定 如果骨碎片较大，行 FHNE
	严重髋关节发育不良	FHNE 或 THR
髋关节腹侧脱位		闭合性复位 开放性复位和腹侧固定

注：FHNE，股骨头和股骨颈切除术；THR，全髋关节置换术。

36.3　髋关节的手术入路

前外侧入路是最常见的手术入路，可用于髋关节脱位的修复以及股骨头和股骨颈切除术[2]。在距离大转子附着处约 3 mm 切开部分臀深肌肌腱。肌腱用肌腱缝合线进行重建（第 16 章）。使用小型 Meyerding 牵开器向后侧远端牵开大转子可改善髋臼窝的暴露。

髋关节也可经腹侧入路进行手术，此时猫仰卧保定，四肢外展[2]。在分离过程中必须注意不要损伤股动静脉、隐神经和旋股内侧动静脉。该入路可用于股骨头和股骨颈切除术，以及股骨头或股骨颈骨折的克氏针固定（第 37 章）。

36.4　髋关节发育不良

髋关节发育不良是一种遗传性疾病，在许多物种都有据可查。其中猫的髋关节发育不良在 20 世纪 70 年代首次被描述[3,4]，此后，据报道影像学上的发病率出乎意料地高，从 7% ~ 32% 不等[5,6]。这种发病率的巨大差异可能是更系统的筛查、用于髋关节影像学评估的不同标准以及检查品种的差异所致。与家养短毛猫相比，纯种猫髋关节发育不良的发病率更高。一篇报道显示，家养短毛猫髋关节发育不良的患病率为 6%，而纯种猫为 12%[5]。据报道或怀疑髋关节发育不良的高患病率品种包括缅因猫、喜马拉雅猫、暹罗猫、阿比西尼亚猫、德文卷毛猫和波斯猫等[5,6]。其遗传模式尚不清楚，但似乎与多因素有关。

尽管影像学研究中髋关节发育不良的发病率很高，但因此而出现临床问题的报道却很少[4,7]。与犬相比，猫的临床症状往往更加隐蔽，对猫髋关节发育不良的认识也较低，这可能导致对该病的诊断不足。猫髋关节发育不良和（或）髋关节骨关节炎的临床症状包括不爱活动、跛行、不愿跳跃和爬楼梯、肌肉萎缩，以及活动髋关节时有骨摩擦音和疼痛等。有些猫的髋关节发育不良还合并发生髌骨脱位[4-9]。

猫髋关节发育不良和髋关节骨关节炎的 X 线征象与犬的有所不同。猫髋关节发育不良最明显的 X 线征象是髋臼变浅和股骨头半脱位[5,7]（图 36-2）。而退行性病变似乎比犬发展得更晚，程度也更轻。最广泛的增生性和重塑变化主要累及髋臼的前背侧缘。股骨头和股骨颈的重塑通常不存在或很轻微（图 36-3）。在评估猫的髋关节时，应考虑到猫的正常髋臼一般比犬的浅。但股骨头

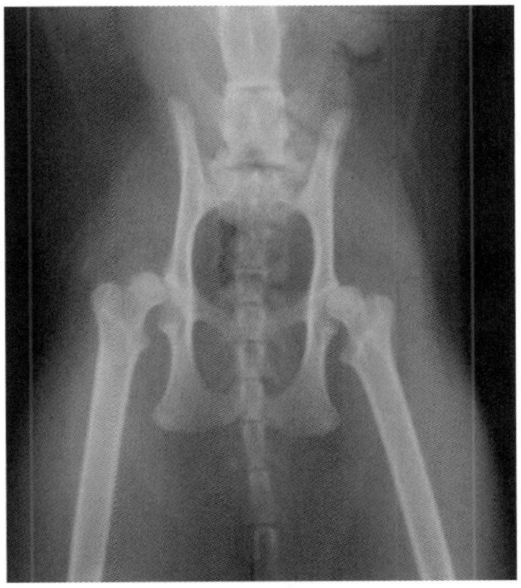

图 36-2 1 岁德文卷毛猫的双侧髋关节发育不良。髋臼似乎很浅。右侧髋关节明显半脱位，左髋关节半脱位不太明显。该猫也有双侧髌骨脱位

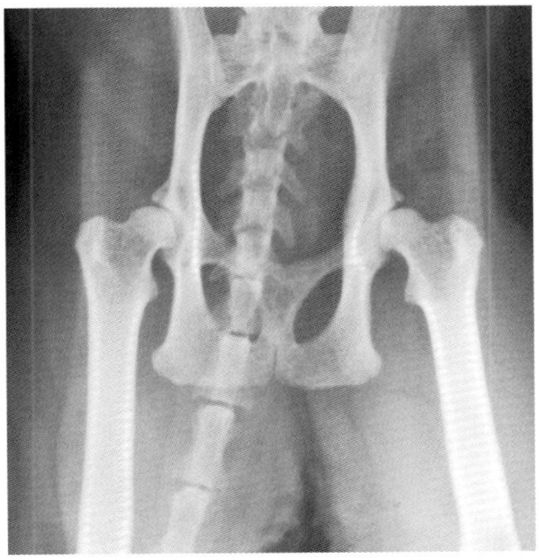

图 36-3 3 岁猫髋关节发育不良继发髋关节骨关节炎的 X 线片。该猫因不愿跳跃就诊。注意髋臼较浅，髋臼前缘的退行性变化最明显

覆盖率低于 50% 通常（但不一定）与髋关节骨关节炎的发生有关 [5]。

有研究评估了 78 只猫的客观 X 线测量结果与髋关节骨关节炎发展之间的关系 [6]，包括比较了患有和不患有髋关节退行性疾病的猫的 Norberg 角和分离指数。Norberg 角是指从股骨头中心到髋臼前缘的连线与两个股骨头中心之间的连线的夹角。正常猫的 Norberg 角为 95°，比犬的小。这种差异反映了猫的髋臼较浅这一事实。除 1 只猫 Norberg 角 > 93° 外，其他所有猫均无退行性关节病。退行性关节病患猫的 Norberg 角平均为 84°，明显低于没有退行性关节变化的患猫。分离指数可用于测量髋关节的松弛度。患有和不患有退行性关节病的猫的分离指数也有差异。分离指数 < 0.4 的猫没有退行性关节病的表现，而具有退行性变化的猫的平均分离指数为 0.6。正常猫的分离指数似乎比正常犬的高，表明猫髋关节的被动松弛度比犬更高。

虽然许多猫的髋关节骨关节炎没有临床症状，但严重的髋关节退行性变化也会导致疼痛和不适。患病纯种猫的繁育者应意识到这一可能性，即使没有明确的标准将猫排除在育种计划之外，有明显变化的猫也不应用于繁殖。Norberg 角为 84° 或更低、分离指数为 0.6 或更高的猫很可能会发生退行性关节病 [6]。这些猫不应用于繁殖，或者至少要定期监测退行性变化的发展。

猫髋关节发育不良和髋关节骨关节炎一般可采取保守治疗，包括减轻体重、疼痛控制和长期使用减缓疾病进展的药物（第 5 章）。如果保守治疗失败，应考虑手术治疗方案。曾有报道对一例猫的髋关节发育不良成功采用了耻骨肌切断术 [3]。虽然不能从单一病例报告中推断出猫耻骨肌切断术或耻骨肌切除术应用的有效性，但在某些情况下，该技术可能优于股骨头和股骨颈切除术。它很容易在双侧施行，并可减轻疼痛和用于股骨头背侧半脱位，必要时以后仍可切除股骨头和股骨颈。髂腰肌肌腱切断术和腹侧关节囊神经切除术也可与犬的耻骨肌切除术联合施行 [10]。

股骨头和股骨颈切除术是一种挽救性治疗方案，用于有致残临床问题的猫。虽然人们普遍认为猫在股骨头和股骨颈切除术后功能良好，但约有 1/3 的猫仍有轻微跛行和髋关节操作时疼痛 [11,12]。最近有人已经为猫开发了人工髋关节，在未来可能是一种挽救性选择，但髋臼的有限深度可能会使稳定的髋臼植入变得困难。目前，猫全髋关节置换术的临床经验非常有限。

36.5 股骨头和股骨颈疾病

股骨头和股骨颈疾病主要见于年轻的成年公猫，一般双侧发病。X 线征象包括股骨头骨骺自发性骨折、股骨颈病理性骨折以及骨重塑和变形等。

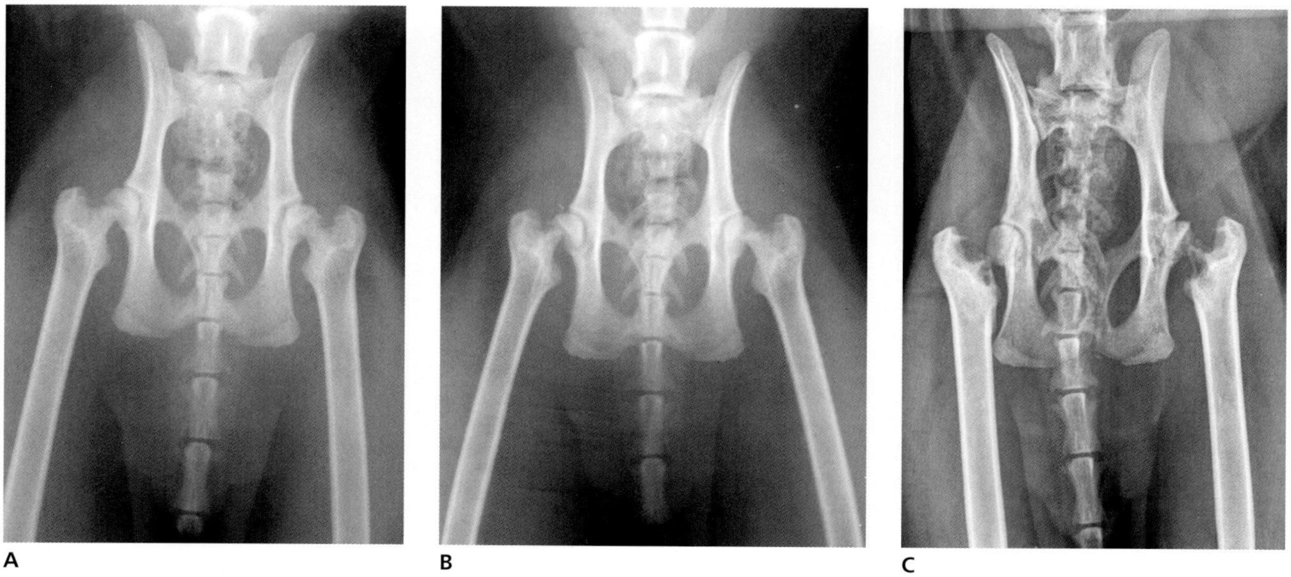

图 36–4　1.5 岁已去势公猫的双侧股骨头骨骺滑脱 / 股骨颈干骺端骨病。（A ～ C）分别间隔 3 周拍摄的 X 线片。其主要特征是股骨颈快速进行性吸收。骨骺滑脱不太明显；可采用蛙位 X 线片来进一步评估生长板稳定性（B. Peirone 供图）

已有两种疾病的报道：自发性股骨头骨骺骨折和股骨颈干骺端骨病。考虑到二者之间的相似性，这些情况也有可能是同一疾病处于不同的慢性阶段。

36.5.1　自发性股骨头骨骺骨折

有报道称在许多猫上观察到股骨近端骨骺自发性分离而没有创伤迹象。这种情况称为猫股骨头骨骺发育不良综合征、股骨头骨骺滑脱或自发性股骨头骨骺骨折 [13–16]。大多数患猫都是已去势的公猫，常在 1 ～ 2 岁就诊，临床症状为后肢跛行、无力或无法跳跃。该病可能是单侧或双侧的。双侧受累的猫在尝试行走和跳跃时有明显的问题，并可见肌肉萎缩。超重的猫发生自发性股骨头骨骺骨折的风险更大 [13,15]。有一项研究显示，暹罗猫患骨骺发育不良的风险更高 [15]。诊断主要基于 X 线征象，包括股骨头骨骺不协调、股骨骨骺移位、股骨颈吸收、骨质溶解和硬化等 [13,16]（图 36–4）。

该病的病因尚不清楚。在组织病理学上，生长板含有不规则的软骨细胞簇，而不是正常的柱状排列，具有丰富的软骨基质。这些变化可能符合生长板闭合延迟的表现或可能反映骨骺发育不良。骨骺和股骨颈的骨骼都是有活力的 [13,15]。未去势猫的股骨近端生长板在 30 ～ 40 周龄闭合 [17]，但在此之前进行去势手术会显著延迟生长板闭合 [18,19]。这种闭合延迟可能使去势的猫由于骨骺的长期负荷而容易发生自发性骨骺骨折。肥胖也可能导致生长板受力更大，并导致发病。

干骺端骨的溶骨性和硬化性变化随着时间的推移会增加，并形成假关节 [13]。目前没有足够的病例支持特定的治疗。在轻度或急性受累的动物中，如果没有明显干骺端骨吸收和溶解的表现，可以考虑选择用小的克氏针固定股骨头骨骺骨折。但是，该病往往是在晚期被诊断出来，此时已有明显的骨性变化，应考虑进行股骨头和股骨颈切除术。股骨头和股骨颈切除术后临床症状有望显著改善；另一种治疗方案是全髋关节置换术。

36.5.2　股骨颈干骺端骨病

有报道描述了 17 例猫的一种类似于股骨头骨骺发育不良综合征的疾病 [20]。与骨骺发育不良一样，大多数患猫都是已去势公猫，在不到 2 岁时就出现了类似的临床症状。约一半的病例为双侧发病，但有时不一定是同时发病。从 X 线征象看，股骨颈有明显的严重骨溶解，也可能会观察到沿生长板的病理性骨折（图 36–4）。组织病理学显示骨坏死、出血、血管充血和存在反应性纤维组织 [20]。

作者认为，原发性骨质流失，类似于犬的累－卡－佩氏病，可导致股骨颈继发性病理性骨折。但与犬的累－卡－佩氏病相反，骨骺不受影响，因为猫可通过圆韧带向骨骺提供大量血供，这可能会防止骨骺出现某些缺血性变化。股骨颈干骺端骨病的治疗方法为股骨头和股骨颈切除术或全髋关节置换术。

36.6 髋关节脱位

髋关节脱位常由车祸引起[21,22]，且许多病例会同时发生骨科损伤[23]。局部软组织损伤程度不一，但部分关节囊及圆韧带常发生断裂。严重病例可见臀肌拉伤或撕裂。有时还可能同时发生区域性骨折，包括髋臼背侧缘骨折、股骨头圆韧带附着处撕脱性骨折和转子骨折等。转子骨折主要见于未成年的动物身上。

髋关节脱位是根据股骨头相对于髋臼的移动方向来分类的。但需注意的是，股骨头在 X 线片上的位置不一定与初始脱位方向或关节囊撕裂的位置一致。一般情况下，前背侧脱位最常见，占脱位的 72%[21]。后背侧脱位也较常见。腹侧脱位极为罕见[21]。

36.6.1 髋关节前背侧和后背侧脱位

闭合性复位和保守治疗

对于患有急性髋关节前背侧和后背侧脱位的猫，建议将闭合性复位作为首选治疗方案（专栏 36–1）。但这种治疗方法常见复发，因此应选择适当的病例以提高成功率。有报道显示，大约 50% 的猫在闭合性复位后会发生再脱位[23,24]。其最可能的原因是软组织如血凝块、肿胀的圆韧带残端和关节囊残留在髋臼窝内，阻碍了紧密贴合。关节囊损伤的位置和严重程度对于闭合性复位后的稳定性也很重要。髋臼边缘处关节囊的撕裂会由于纤维性的髋臼唇缺失而导致关节不稳定[25]。髋臼背侧缘或股骨头撕脱性骨折的猫和髋关节发育不良的猫也有很高的复发风险（图 36–6）。因此，闭合性复位仅适用于急性髋关节脱位、无并发骨折且髋关节形态正常的病例（图 36–7）。

闭合性复位后使用 Ehmer 悬吊绷带似乎不会影响猫的再脱位率[22]。猫一般不能很好地耐受这种绷带，而且由于猫的皮肤非常松弛，所以它们往往会滑脱[26]。因此，在前 10 d 将猫关在笼内静养可能比依靠 Ehmer 悬吊绷带更合适，后者也难以适当地应用和维护。但是，如果闭合性复位后

专栏 36–1 髋关节前背侧脱位的闭合性复位

在全身麻醉下对脱位的髋关节进行闭合性复位。猫侧卧保定。操作的目的是使股骨头越过髋臼缘回到髋臼窝，且不会造成额外的医源性损伤（图 36–5）。首先向外旋转股骨头，然后通过在股骨髁上施加手动牵引，向后侧和腹侧拉动股骨。一旦认为股骨头位于髋臼水平，就将其向内旋转。如果闭合性复位成功，应出现碰撞声。

通过拍摄侧位 X 线片确认复位正确。然后用拇指将股骨头压入髋臼窝内，并通过全方位运动小心操纵髋关节，以帮助去除髋臼窝中的软组织。在这些操作过程中，肢体应保持向内旋转。随后通过适当活动髋关节来检查其稳定性。避免髋关节过度外旋和肢体内收，因为这些操作会造成大多数病例的再次脱位。

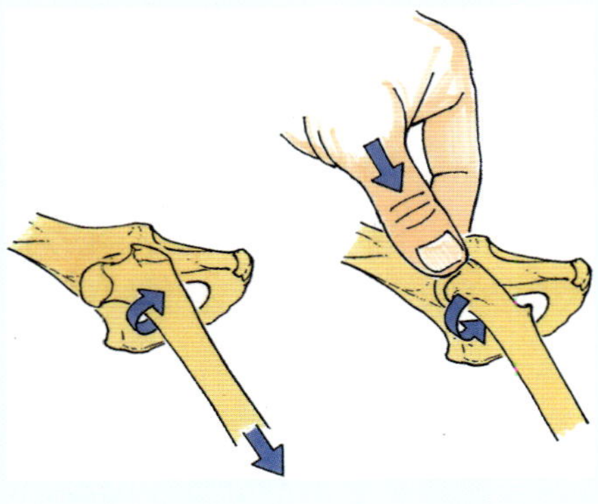

图 36–5 髋关节前背侧脱位的闭合性复位。首先抓住股骨远端，向外旋转股骨头（箭头），然后将股骨向后远端方向牵拉（箭头）。当股骨头位于髋臼窝上方时，将股骨头向内旋转（箭头），直至回到髋臼窝内，同时用手指对大转子施加压力（箭头）

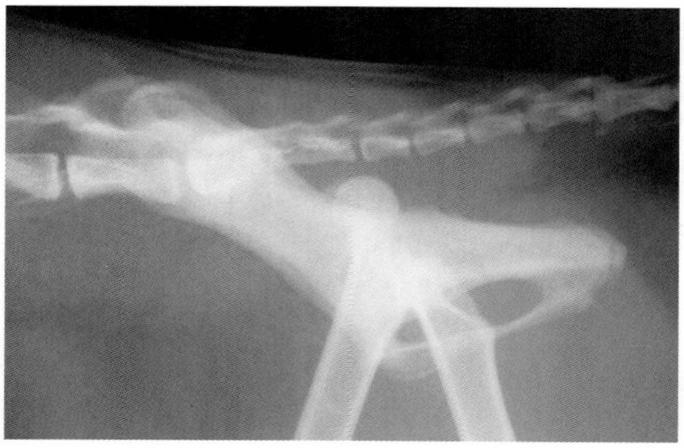

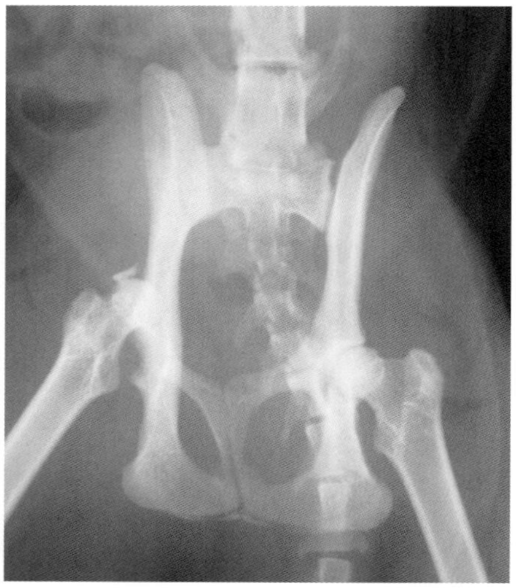

A　　B

图 36–6　猫髋关节前背侧脱位的（A）侧位和（B）腹背位 X 线片。注意在两个体位上均可见髋臼背侧缘撕脱的骨碎片。对于这些病例，不推荐采用闭合性复位。即使手术固定，再脱位的风险也很高

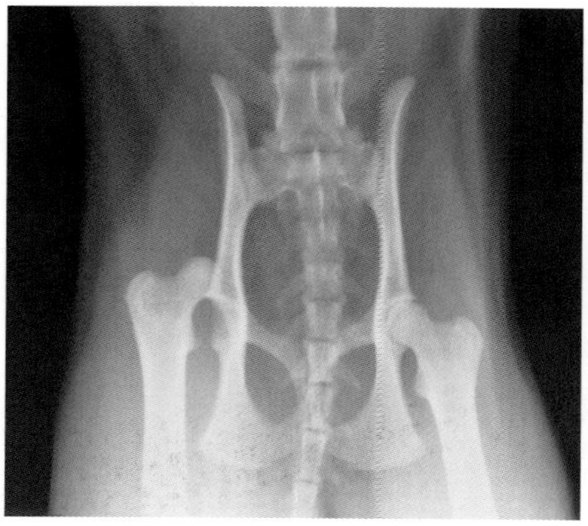

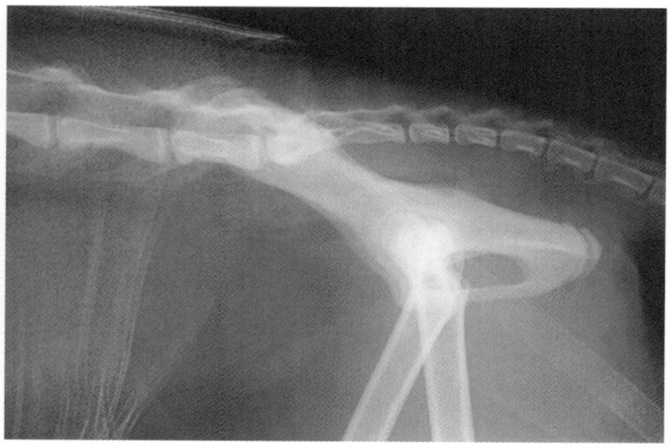

A　　B

图 36–7　猫髋关节前背侧脱位的 X 线片，经闭合性复位成功治疗。（A）复位前的腹背位 X 线片显示脱位的髋关节形态正常，无并发骨折。（B）复位后的侧位 X 线片显示髋关节复位良好。该猫使用了改良式 Ehmer 悬吊绷带 10 d

感觉髋关节内旋稳定而外旋不稳定，也可以尝试使用在第 22 章所述的 Ehmer 悬吊绷带。

开放性复位和内固定

如果闭合性复位后髋关节仍然不稳定，或者如果再脱位，或者如果不能进行闭合性复位，则应采取开放性复位和内固定。同时存在其他肢体损伤的猫也应采取手术治疗。

手术稳定的方法有很多，包括关节囊缝合、人工关节囊增强、De Vita 克氏针固定、经关节克氏针固定和髂股缝合技术等[21,22,25,27–29]。还有报道描述了一种使用不锈钢钢丝的技术，类似于栓钉，但是要通过腹侧入路插入髋关节[30]。所有治疗方法都有一定的再脱位风险，而且目前缺乏关于哪种方法最好的确凿证据。大多数技术的再脱位率为 10% ~ 20%[23,29,30]。作者首选的技术是通过缝合关节囊和髂股缝合技术或经关节克氏针固定对髋关节进行内固定。不推荐使用 De Vita 克氏针固定，因为存在坐骨神经损伤的风险，而且难以将克氏针固定在猫的髂骨翼上。

髂股缝合技术由悬吊缝合组成，它通过保持股骨内旋、内收和向腹内侧压迫来防止再脱位[31]（专栏 36–2）。该技术仅应在无撕脱性骨折，且在术中握住股骨内旋并施加轴向压力时，髋关节未发生再脱位的情况下施行[31]。如果背侧关节囊能够缝合，成功率会更高。编织缝线似乎比单丝

专栏 36-2　髋关节前背侧或后背侧脱位的内固定

行髋关节前背侧入路。如果可能的话，应提前复位髋关节，因为髋关节复位后术部分离更容易。关节囊需要保留，以便之后缝合。清除髋臼窝和股骨头纤维蛋白、血凝块和圆韧带残端。

髂股悬吊缝合技术：使用 1.2 mm 克氏针或 1.5 mm 钻头从后向前穿过大转子钻 2 个孔。 克氏针应位于股骨颈基部区域。另一个孔钻在髂骨腹侧缘，紧邻髋臼前缘。该孔应尽可能位于腹侧，并靠近髋臼，以便能够从前腹侧向后背侧方向放置悬吊缝线（图 36-8A）。将 2 ~ 3 股 2-0 Polyglactin 缝线或其他类似强度的缝线以“8”字形预先穿过钻孔，先不要打结。尽可能用 4-0 聚二恶烷酮缝线缝合关节囊，会显著提高关节的稳定性。然后将髂股悬吊缝线打结，助手同时将肢体保持稍微内旋和外展。随后通过最大程度地活动髋关节并施加轴向压力来检查其稳定性。

经关节克氏针暂时性固定：选用的克氏针直径为 1.4 ~ 2.0 mm，但大多数猫适用 1.6 mm。插入 1.6 mm 克氏针时，从股骨头凹向第三转子逆行钻 1.5mm 孔或从第三转子顺行钻 1.5 mm 孔。建议使用 C 型导钻进行顺行钻孔，以确保钻孔穿过股骨头凹。插入克氏针，直到针尖刚好在股骨头凹处可见。然后复位髋关节，并保持稍微外展和内旋。随后使用 Jacobs 手钻小心地将克氏针穿过髋臼，最深可插入骨盆腔 5 mm（图 36-8B）。将克氏针剪短并将末端弯曲，注意不要撬起髋关节并将其拉出髋臼。2 ~ 3 周后取出克氏针。

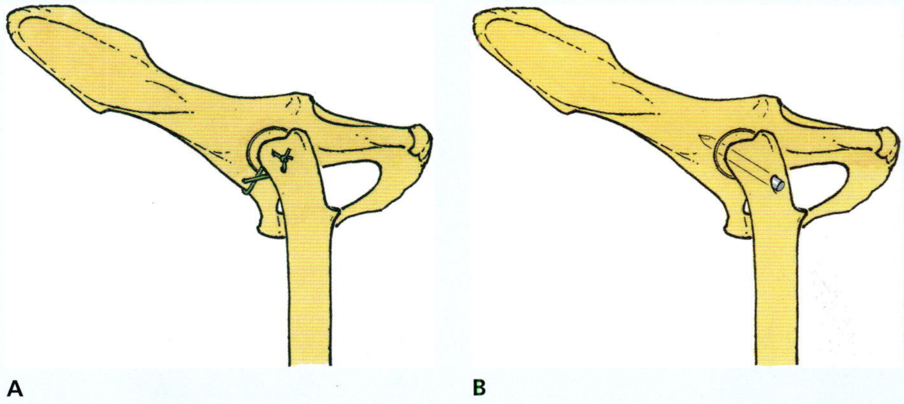

图 36-8　固定髋关节脱位的手术方法。（A）髂股悬吊缝合应沿腹内侧至背外侧方向施行。因此，它类似于圆韧带的作用，可以保持股骨头和股骨颈内旋，从而防止再脱位。（B）经关节克氏针暂时性固定允许环绕克氏针的有限运动，但限制髋关节的旋转、外展或内收，使周围软组织纤维化和愈合

缝线更具优势，因为不容易断裂。Polyglactin 910（Vicryl）具有良好的初始尺寸与强度比，并已成功用于犬[32]。

髋关节脱位的经关节克氏针暂时性固定是指在复位的髋关节上放置一根小号克氏针，其位置与圆韧带相似（图 36-9 和专栏 36-2）。该技术最初是用于犬的[33]，也可用于猫[29]。在猫的研究中，克氏针大小的选择是基于之前对犬的建议[33]。在 2 ~ 3 周后，一旦软组织充分愈合，即可移除克氏针。该技术尤其适用于伴有其他骨科损伤的病例，因其允许早期负重，但髋关节的运动必然会受到限制。该技术还可用作其他手术方案失败，且存在髋臼背侧缘小的撕脱碎片时的一种补救技术。

36.6.2　髋关节腹侧脱位

髋关节腹侧脱位极其罕见。它是指股骨头移位到髋臼腹侧，甚至可能卡在闭孔中。腹侧脱位有坐骨神经和闭孔神经损伤的风险。闭合性复位是通过向远端方向牵拉受累肢体以从闭孔中移除股骨头，然后对股骨内侧施加侧向压力来实现的。股骨头还应向前推动，以尽量减少复位过程中的坐骨神经损伤。髋关节在复位后一般是稳定的。但也要使用足枷绷带（第 22 章）固定 10 d，以避免腿部外展和髋关节再脱位。

36.7　股骨头和股骨颈切除术

当髋关节疾病无法采用其他治疗方式缓解疼痛或改善临床功能时，可将股骨头和股骨颈切除术作为一种补救手术。其适应证包括慢性髋关节脱位、有临床症状的髋关节骨关节炎、髋臼粉碎性骨折、股骨颈和近端骨骺骨折不愈合以及股骨颈疾病等。股骨头和股骨颈可以通过髋关节前外侧或腹侧入路切除（专栏 36-3）。一般首选前外侧入路，尤其是在髋关节脱位的情况下。

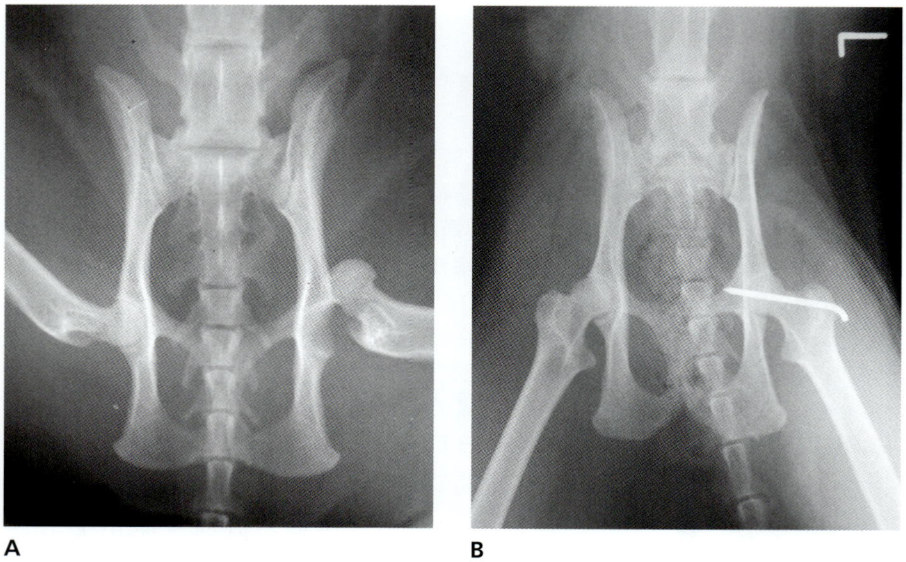

图 36-9 猫左侧髋关节前背侧脱位在使用 1.6 mm 经关节克氏针暂时性固定的（A）术前和（B）术后 X 线片

专栏 36-3 股骨头和股骨颈切除术

髋关节前外侧入路：猫侧卧保定，以倒 T 形切开关节囊。从股骨颈处将关节囊分离开。将股骨外旋 90° 进行截骨术（图 36-10A）。在股骨颈周围的前侧和后侧放置 2 把蚊式止血钳或小的 Hohmann 骨撬，用于牵开软组织和保护周围组织。沿着大转子近端和小转子近端之间的假想线进行截骨术，以在不损伤肌肉附着处的前提下切除尽可能多的骨骼（图 36-10A）。可以使用骨凿和骨锤、摆锯或咬骨钳。切除股骨头和股骨颈后，用手指检查股骨颈的截骨面，并用咬骨钳或骨锉去除残留的锐利边缘，直到表面感觉光滑，并且在正常活动髋关节时没有感受到骨摩擦音。在闭合切口时，尽可能缝合关节囊和臀深肌肌腱。

髋关节内侧入路：该入路有助于进行双侧股骨头和股骨颈切除术，而无需重新摆位。在此入路下，脱位的髋关节很难进行解剖定位，因此该方法仅用于未脱位的髋关节。猫仰卧保定，切开关节囊并从股骨颈处分离开。将 2 把蚊式止血钳分别置于股骨颈的前侧和后侧，以保护软组织。骨凿或摆锯与股骨干成 45° 角，在小转子水平开始截骨（图 36-10B）。在闭合切口前去除股骨颈的残留锋利边缘。

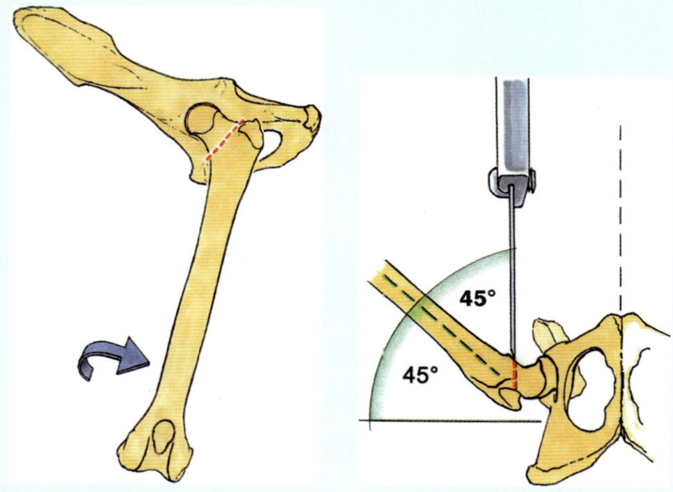

图 36-10 股骨头和股骨颈切除术的手术方案。（A）前外侧入路。将肢体向外旋转，然后进行截骨术。（B）腹侧入路。截骨位置与股骨干成 45° 角

在切除股骨头和股骨颈后，股骨近端和髋臼之间会形成纤维连接，从而允许负重和运动（图 36-11）。重要的是要告知动物主人，尽管许多猫在切除股骨头和股骨颈后功能良好，但慢性跛行、肌肉萎缩、肢体缩短、关节周围矿化沉积和活动范围缩小等并发症都很常见（见下文“术后治疗和预后”）。

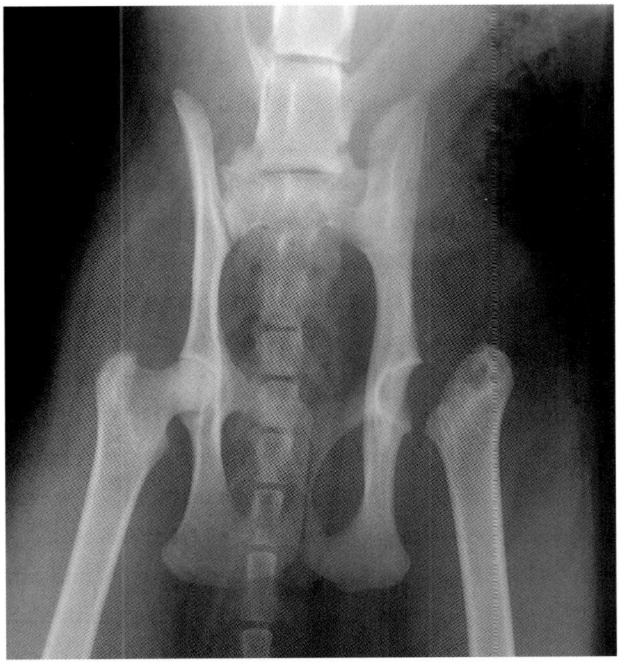

图 36-11 因髋关节内固定后再脱位而切除右侧股骨头和股骨颈的术后 X 线片。通过大转子和小转子之间的假想线正确施行切除手术

36.8 全髋关节置换术

目前已有可用于猫的骨水泥全髋关节假体（Biomedtrix）。全髋关节置换术的适应证与股骨头和股骨颈切除术的基本相同，但前者需要完整的股骨颈来放置植入物。猫的髋臼相对较浅，这使得髋臼假体的定位和固定在技术上比犬更困难。猫全髋关节置换术是一项新技术，目前尚无文献报道。

36.9 术后治疗和预后

36.9.1 髋关节脱位

Ehmer 悬吊绷带常用于犬的髋关节脱位术后，猫一般不能很好地耐受这种绷带，并且很容易滑脱。使用 Ehmer 悬吊绷带似乎不会影响猫的再脱位率[22]。因此，在缝合关节囊并进行髂股悬吊缝合后，猫通常仅在笼中静养 10 d 即可。术后 10 ~ 14 d 应进行临床和影像学检查，以确定复位的情况。然后将猫关在室内，避免玩耍和跳跃，限制活动 3 周。

采取经关节克氏针暂时性固定的猫，术后也应笼养。在 2 ~ 3 周后取出克氏针时拍摄对照 X 线片。一般情况下，在没有其他损伤的单纯脱位中，2 周就足够了；如果有其他肢体受伤或有神经功能障碍，最好将克氏针放置 3 周，最多 4 周。

一项研究显示，在猫出院时，使用关节囊缝合、背侧关节囊缝合增强或髂股悬吊缝合术进行髋关节脱位内固定后维持复位的成功率为 80% ~ 85%[23]。但远期结果表明预后较差。42% 的病例出现跛行和髋关节骨关节炎或假关节[23]（图 36-12）。在对 13 例接受经关节克氏针固定治疗的猫进行的长期随访中，有 2 例再脱位，其中 1 例是双侧损伤的患猫[29]。

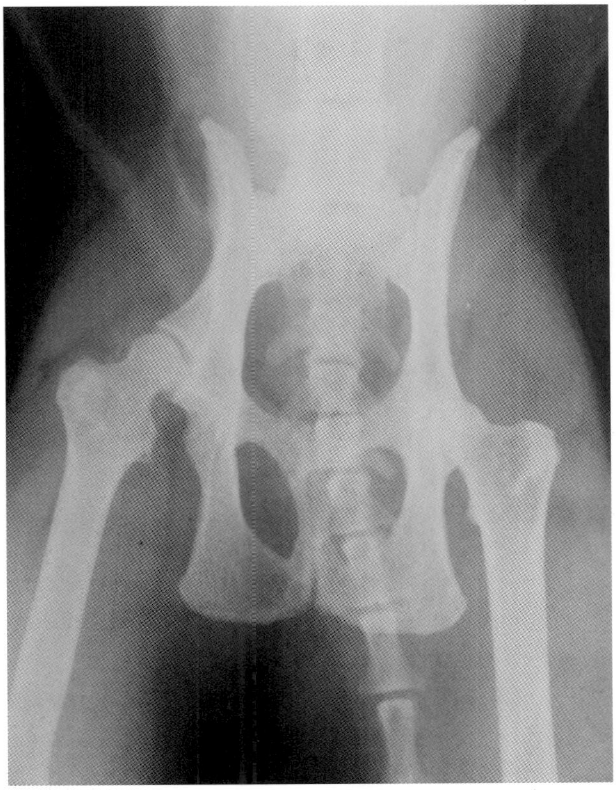

图 36-12 猫慢性髋关节脱位的 X 线片。在原始髋臼窝前背侧已形成假关节。该猫有慢性的轻度跛行

36.9.2 股骨头和股骨颈切除术

术后即刻进行疼痛管理和物理治疗对于鼓励早期负重和保持活动范围至关重要。据描述，完全康复的平均时间为 4 ~ 5 周 [11,12]。

在大多数研究中，猫股骨头和股骨颈切除术后的预后良好到极好 [11,34]，但在另一项研究中，发现了许多猫的功能缺陷和慢性疼痛 [12]。在随访时间长达 12 年的 15 只猫中，有 5 只在家表现出轻度跛行，13 只因股骨近端移位而导致肢体缩短，7 只出现肌肉萎缩，11 只出现运动范围受限，以及 4 只出现髋关节触诊疼痛 [12]。

功能恢复不理想一般是股骨颈腹侧部分切除不充分，导致骨与骨接触所致（图 36–13）[34]。手术前临床症状的持续时间对预后也有影响 [11]。手术前临床症状超过 6 个月的动物比临床症状持续时间短的动物预后更差。

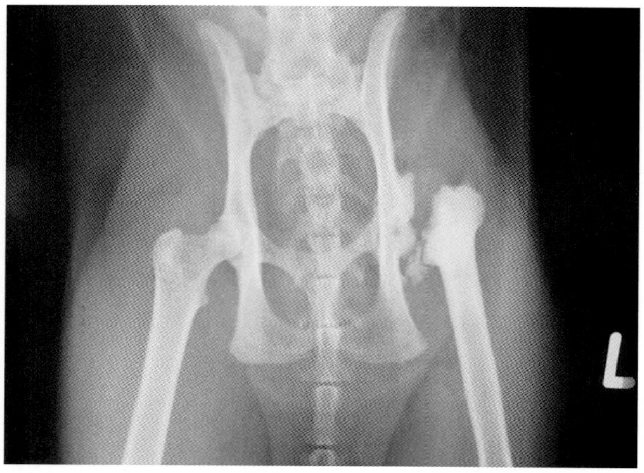

图 36–13 猫的骨盆腹背位 X 线片，在多年前进行了股骨头和股骨颈切除术，因后肢跛行就诊。该猫的左髋关节可见活动范围缩小、疼痛和骨摩擦音

参考文献和延伸阅读

[1] Pohlmeyer K. Arteries of the articulatio coxae and the proximal end of the femur in cats. Anat Histol Embryol 1981;10:246–256.

[2] Piermattei DL, Johnson KA. An atlas of surgical approaches to the bones and joints of the dog and the cat, 4th edn. Philadelphia: WB Saunders; 2004.

[3] Kolde DL. Pectineus tenectomy for treatment of hip dysplasia in a domestic cat. J Am Anim Hosp Assoc 1974;10:564–565.

[4] Hayes HM, et al. Feline hip dysplasia. J Am Anim Hosp Assoc 1979;15:447–448.

[5] Keller GG, et al. Hip dysplasia: a feline population study. Vet Radiol Ultrasound 1999;40:460–464.

[6] Langenbach A, et al. Relationship between degenerative joint disease and hip joint laxity by use of distraction index and Norberg angle measurement in a group of cats. J Am Vet Med Assoc 1998;213:1439–1443.

[7] Patsikas MN, et al. Hip dysplasia in the cat: a report of three cases. J Small Anim Pract 1998;39:290–294.

[8] Houlton JEF, Meynink E. Medial patellar luxation in the cat. J Small Anim Pract 1989;30:349–352.

[9] Smith GK, et al. Evaluation of the association between medial patellar luxation and hip dysplasia in cats. J Am Vet Med Assoc 1999;1:40–45.

[10] Ballinari U, et al. Pectineus myectomy, tenotomy of the iliopsoas and neurectomy of the articular capsule as a symptomatic treatment for coxarthrosis in the dog. Schweiz Arch Tierheilkd 1995;137:251–257.

[11] Gendreau C, Cawley AJ. Excision of the femoral head and neck: the long term results of 35 operations. J Am Anim Hosp Assoc 1977;13:605–608.

[12] Off W, Matis U. Excision arthroplasty of the hip joint in dogs and cats. Clinical, radiographic and gait analysis findings at the surgical veterinary clinic of the Ludwig Maximilians University of Munich. Tierarztl Prax 1997;25:379–387.

[13] McNicholas WT, et al. Spontaneous femoral capital physeal fractures in adult cats: 26 cases (1996–2001). J Am Vet Med Assoc 2002;221:1731–1736.

[14] Steger H, et al. Bilateral idiopathic slipped capital femoral epiphysis in a cat. Schweiz Arch Tierheilkd 1999;141:47–52.

[15] Craig LE. Physeal dysplasia with slipped capital femoral epiphysis in 13 cats. Vet Pathol 2001;38:92–97.

[16] Forrest LJ, et al. Feline capital physeal dysplasia syndrome. Am J Vet Res 1999;40:672.

[17] Smith RN. Fusion of ossification centers in the cat. J Small Anim Pract 1969;10:523–530.

[18] May C, et al. Delayed physeal closure associated with castration in cats. J Small Anim Pract 1991;32:326–328.

[19] Root MV, et al. The effect of prepubertal and postpubertal gonadectomy on radial physeal closure in male and female domestic cats. Vet Radiol Ultrasound 1997;38:42–47.

[20] Queen J, et al. Femoral neck metaphyseal osteopathy in the cat. Vet Rec 1998;142:159–162.

[21] Basher AWP, et al. Coxofemoral luxation in the dog and cat. Vet Surg 1986;15:356.

[22] Duff SRI, Bennett D. Hip luxation in small animals: an evaluation of some methods of treatment. Vet Rec 1982;111:140–143.

[23] Böhmer H. Zur Luxatio ossis femoris traumatica bei der Katze. Munich: Ludwig-Maximilians-Universität; 1987.

[24] Wildgoose WH. Hip dislocation and the use of the de vita pin in the cat. J Small Anim Pract 1983;24:261–268.

[25] Piermattei DL, Flo GL. The hip joint. In: Piermattei DL, Flo GL (eds) Small animal orthopedics and fracture repair. Philadelphia: WB Saunders; 1997: pp. 422–468.

[26] Fry PD. Observations on the surgical treatment of hip dislocation in the dog and cat. J Small Anim Pract 1974;15:661–670.

[27] Meij BP, et al. Results of extra-articular stabilisation following open reduction of coxofemoral luxations in dogs and cats. J Small Anim Pract 1992;33:320–326.

[28] Ablin LW, Gambardella PC. Orthopedics of the feline hip. Compend Continuing Educ 1991;13:1379–1388.

[29] Sissener TR, et al. Transarticular pinning of the coxofemoral joint in cats. Poster. World Veterinary Orthopedic Congress; Keystone, Colorado; 2006.

[30] Kawamata T, et al. Open reduction and stabilisation of coxofemoral joint luxation in dogs and cats, using a stainless steel rope inserted via a ventral approach to the hip joint. Aust Vet J 1996;74:460–464.

[31] Slocum B, Slocum TD. Single-suture technique for a dislocated hip. In: Bojrab MJ (ed.) Current techniques in veterinary surgery, 4th edn. Baltimore: Williams & Wilkins; 1997: pp. 1183–1185.

[32] Martini FM, et al. Extra-articular absorbable suture stabilization of coxofemoral luxation in dogs. Vet Surg 2001;30:468–475.

[33] Hunt CA, Henry Jr WB. Transarticular pinning for repair of hip dislocation in the dog: a retrospective study of 40 cases. J Am Vet Med Assoc 1985;8:828–833.

[34] Berzon JL, et al. A retrospective study of the efficacy of femoral head and neck excision in 94 dogs and cats. Vet Surg 1980;9:88–92.

第 37 章　股骨

K. Voss, S.J. Langley-Hobbs, P.M. Montavon

股骨是猫最常见的骨折部位，占猫骨折的 30% 以上[1,2]。股骨骨折可分为股骨近端骨折、股骨干骨折和股骨远端骨折，其中股骨干和股骨远端骨折最常见[3]。股骨骨折通常是机动车事故或从高处跌落所致。这种高速创伤常导致并发损伤，如骨盆或脊柱骨折以及腹部损伤等。在临床中，必须进行全面的体格检查和骨科检查，以排除这些并发损伤。股骨骨折的外科修复不应过度延迟，否则可能会发生股四头肌挛缩，尤其是在骨干骨折以及存在肌肉挫伤或撕裂的情况下。

37.1　外科解剖学

猫的股骨干呈圆柱形，且几乎是直的。股骨颈与股骨干的角度约为 130°，前倾角约为 30°[4]。股骨头的血供主要来自股骨颈周围囊外血管环的血管。与犬相比，幼猫股骨骨骺的大量血供还来自圆韧带中的血管[5]，但该血管在 7 月龄以上会消失[6]。在对股骨头和股骨颈进行手术时，需要采取细致的手术技术，以尽量减少血管损伤。

与犬相比，猫股骨髁的后部弯曲较小。远端生长板位于膝关节的关节囊内，修复远端 Salter-Harris 骨折时需要进行膝关节切开术。生长板干骺端侧的 4 个骨突与骨骺侧的相应凹陷匹配，这种交错接合有助于增强远端 Salter-Harris Ⅰ型和Ⅱ型骨折复位后的稳定性。

37.2　固定技术

除了非常年幼猫的青枝骨折外，股骨骨折都应通过手术固定，前者可以仅通过静养来促进愈合。猫股骨干的直性特点使其特别适合骨板和髓内针固定。外固定支架在猫上也有良好的耐受性。表 37-1 总结了猫股骨骨折和每种骨折类型可能的固定方法。

37.2.1　髓内针

股骨髓内针对粉碎性骨折的修复尤其有用，因为在没有内侧支撑的情况下，髓内针在骨骼中轴内的位置可增强弯曲稳定性以及促进主要骨碎片的对齐。髓内针应几乎始终与某种抗旋转植入物联合使用，如环扎钢丝或半环钢丝、骨板或外固定支架等。

如果髓内针与骨板或外固定支架一起使用，则其直径不应超过骨髓腔直径的 30% ~ 40%。大多数猫的髓腔平均直径为 5 ~ 6 mm，因此通常使用直径为 1.4 ~ 2.0 mm 的克氏针。如果仅与环扎钢丝联合使用，则需要更粗的髓内针，约为骨髓腔直径的 70%。

股骨可以采用顺行或逆行进针（图 37-1 和图 37-2），但由于逆行进针造成坐骨神经医源性损伤的风险较高，因此建议采用顺行进针。坐骨神经损伤可能发生在置针期间，也可能在术后突出的针尖在神经附近运动或移动所致。有研究显示，猫股骨髓内针放置后坐骨神经麻痹的发生率高达 23%[7]。逆行进针损伤神经的主要原因是近端针尖的位置偏内侧以及突出的针尖过长[7]。而顺行进针可以更好地控制近端髓内针末端位于更外侧的位置。近端髓内针末端要么剪短，要么向外侧弯曲与外固定支架固定。

37.2.2　内锁式骨钉

与猫的其他长骨相比，内锁式骨钉在股骨中的使用频率更高[8-10]。因为股骨是直的，且从近端到远端直径均匀，所以是使用内锁式骨钉的理想形状的骨骼。猫最常使用的内锁式骨钉长度为 91 mm，范围为 79 ~ 101 mm[9]。某研究中有 11 只猫使用了 4.7 mm 骨钉，1 只猫使用了 4.0 mm 骨钉，当峡部完整时，4.0 mm 骨钉比 4.7 mm 骨钉更容易放置，因此对于平均体型的猫来说，4.0 mm 骨钉可

表 37–1　猫股骨骨折的类型和可能的固定方法

骨折部位	骨折类型	固定方法
股骨近端	股骨颈骨折	平行克氏针 拉力螺钉和抗旋克氏针
	股骨头生长板骨折	平行克氏针 腹侧交叉克氏针
	大转子撕脱性骨折	张力带钢丝 发散克氏针
	转子下简单骨折	加压骨板 锁定骨板
	转子下粉碎性骨折	支撑骨板和髓内针 锁定骨板和髓内针 外固定支架和髓内针
股骨干	简单横骨折或短斜骨折	加压骨板 锁定骨板 髓内针和外固定支架 内锁式骨钉
	简单长斜骨折和可复位的多碎片骨折	拉力螺钉和中立骨板 拉力螺钉和锁定骨板 髓内针和外固定支架 髓内针和环扎钢丝或半环钢丝 内锁式骨钉
	粉碎性骨折	支撑骨板和（或）髓内针 锁定骨板和（或）髓内针 外固定支架和（或）髓内针 内锁式骨钉
股骨远端	髁上简单骨折	外侧骨板和（或）髓内针 双骨板
	髁上粉碎性骨折	双骨板或锁定骨板 髓内针和外侧骨板或锁定骨板 外固定支架和（或）髓内针
	髁内 Salter–Harris Ⅲ型和Ⅳ型骨折	经股骨髁拉力螺钉和克氏针
	髁 T 型或 Y 型骨折	经股骨髁拉力螺钉和： ——动态克氏针 ——单或双骨板 ——单或双锁定骨板 ——外固定支架
	Salter–Harris Ⅰ型和Ⅱ型骨折	交叉克氏针 动态克氏针

能是更好的选择[9]。在该研究中，只有 1 例发生植入物并发症，即近端螺钉断裂，导致功能性不愈合[9]。

骨钉的长度可通过使用模型和对侧健肢的术前 X 线片来确定。建议顺行进针（见上文）。骨钉应沿髓腔中部向下，其末端到达髌骨近端水平位置。股骨近端的骨钉应埋入转子间窝，以防止肌肉刺激、血清肿形成和潜在的坐骨神经病。

最近有人开发了一种 3.5 mm 钛钉，用于从髁间切迹逆行插入[11]。它已被成功地用于 24 例猫的髁上和骨干骨折，未出现与植入物相关的问题。只有 1 例先前存在坐骨神经病的猫发生了膝关节骨关节炎。

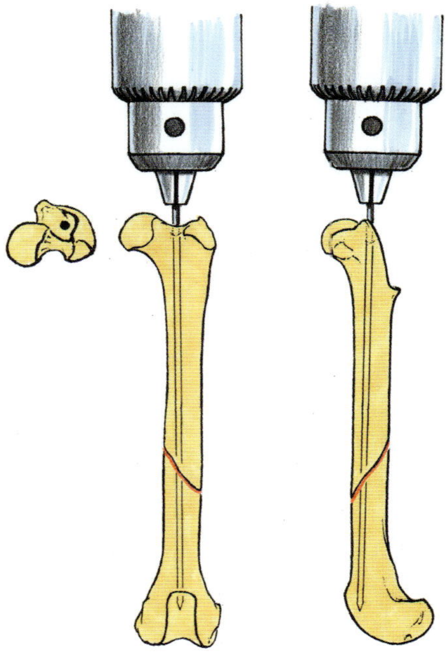

A　　B

图 37–1　髓内针的顺行进针。将髓内针从转子窝的最前外侧开始插入。小心地沿着髓腔向下推进，直至尖端到达骨折的位置。复位骨折，将髓内针进一步推进到远端骨碎片，同时保持骨骼（A）内外侧和（B）前后的准直

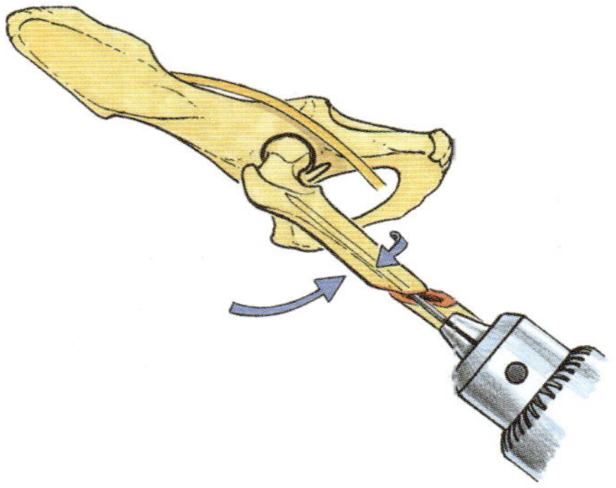

图 37–2　髓内针的逆行进针。使用两端带有套管针尖端的髓内针。保持肢体内收，轻微内旋（短箭头）和伸展（长箭头）使髓内针远离坐骨神经。将髓内针从转子窝外侧引出

37.2.3　外固定支架

由于股骨靠近腹壁，因此只有Ⅰ型和改良Ⅱ型外固定支架可用于股骨。Ⅰ型外固定支架适用于大多数骨折[12]。改良Ⅱ型结构的主要适应证是股骨远端骨干或干骺端粉碎性骨折，因为其远端骨碎片只有插入 1 ~ 2 根针的空间。股骨外固定支架常与髓内针联合使用。搭接构型增强了外固定支架的强度[13]，因此非常适合严重粉碎性骨折或骨质软的未成年猫，因为在这些猫上，固定针可能存在拔出的风险[14]。此外，与髓内针的突出端未连接到外固定支架的构型相比，搭接构型引起的软组织发病率似乎更低[13]。由于股骨上覆肌肉丰富，闭合性复位很困难，需要采用微创入路和间接复位技术。在应用外固定支架之前，插入髓内针有助于骨折复位和主要骨碎片的轴向准直，无需广泛性分离软组织。

为防止医源性骨折，固定针的大小不应超过骨直径的 20% ~ 25%。大多数猫的股骨适用 2.0 mm 阳螺纹针或阴螺纹针。有时可能需使用较小的克氏针，如 1.6 mm 阳螺纹针或滑面针，以便通过髓内针。所有的固定针都要通过单独的皮肤切口插到股外侧肌肌腹的后侧。每个骨碎片插入的固定针数量取决于骨折类型和位置、使用的辅助植入物和猫的年龄。根据经验，如果必须抵消旋转和轴向稳定性，则每个骨碎片应插入 3 根克氏针。2 根克氏针足以抵消旋转力。

37.2.4　骨板

股骨骨折最常用 2.7 mm 动态加压骨板（DCP）或 2.0/2.7 mm 兽医可裁剪骨板（VCP）进行固定，后者可单独应用或叠加使用；也可以使用 2.4 mm 有限接触 DCP（LC-DCP）。与犬相比，猫股骨干的直性特点使得骨板塑型更容易。长骨板在近端必须塑型成大转子的形状，在远端塑型成股骨髁外侧面的形状。髁上区域的骨折可用特殊骨板，如髁骨板或重建骨板。

对于粉碎性骨折的治疗，应在手术前借助 X 线片和骨标本对骨板进行塑型。一般来说，简单横骨折应用 DCP 的压缩功能，斜骨折或可复位的多碎片骨折应用 DCP 的中立功能，而粉碎性骨折应用 DCP 的支撑功能（第 13 章）。骨板与髓内针合用可对没有内侧支撑的骨折提供额外的稳定性，并已成功应用于临床病例[15]。

37.2.5　锁定骨板

尽管锁定骨板的植入成本较高，但其在股骨骨折修复方面仍有一定的适应证。它们可以用作股骨干骨折的中立或支撑植入物，其主要适应

证是骨干远端骨折和髁上骨折，因为在这些骨折中几乎没有可用于放置螺钉的骨储备。有人发现 2.0 mm Unilock 下颌骨锁定骨板（第 24 章）是治疗股骨远端骨折的通用植入物。单皮质和双皮质螺钉均可使用，仅将 2 颗螺钉插入远端骨碎片即可获得足够的稳定性。双侧锁定骨板也是一种修复髁上粉碎性骨折的有用技术。

2.4 mm Unilock 锁定骨板（第 24 章）已成功用于治疗股骨干骨折。作者在老年猫股骨干使用 2.4 mm 双皮质螺钉系统时曾观察到医源性裂缝或骨折。因此，在老年猫中，建议仅在近端和远端使用双皮质螺钉，在中间使用单皮质螺钉。如果认为有必要，可以在骨骼较软的幼猫上使用双皮质螺钉。锁定骨板可与髓内针联合使用，但应注意螺钉不得与髓内针接触，否则可能会发生医源性裂缝或骨折。

37.3 股骨近端骨折

股骨近端骨折包括股骨头骨折、股骨头生长板骨折、股骨颈骨折、大转子撕脱性骨折和转子下骨折等。除转子下骨折外，这些骨折通常都见于1岁以下的猫。虽然患猫通常表现为非负重跛行，但有些股骨头和股骨颈骨折患猫的临床症状并不明显，需要进行彻底的骨科检查才能做出诊断。触诊髋关节可见疼痛、活动范围缩小和骨摩擦音。最终诊断基于 X 线检查结果。

37.3.1 股骨近端入路

股骨头和股骨颈最常采用前外侧入路 [16]。该入路可用于修复近端生长板骨折和股骨颈骨折。手术过程中必须切开部分臀深肌肌腱，以改善视野，即在距离大转子上的肌肉附着处约 3 mm 处切开，以便之后进行重建。肌腱缝合在第 16 章有描述。纵向切开关节囊至股骨颈，以暴露股骨头生长板骨折和位于关节囊内的股骨颈骨折。

另一种入路是通过腹侧切口暴露股骨头和股骨颈，此时猫仰卧保定，后肢外展 [16]。腹侧入路可用于修复股骨头撕脱性骨折和股骨近端生长板骨折。该入路可采用或不采用耻骨肌切除术。分离时必须注意不要损伤股动静脉、隐神经和旋股内侧动静脉。

股骨大转子和转子下区域很容易通过外侧入路显露 [16]。切开阔筋膜后，将股二头肌向后牵开。坐骨神经位于股二头肌下方，必须加以识别和保护。

37.3.2 近端生长板骨折和股骨颈骨折

猫常见股骨头生长板骨折和股骨颈骨折（图 37–3）。在幼猫中，创伤性股骨颈骨折比近端生长板骨折更常见 [17,18]。股骨颈骨折主要见于 6 月龄以下的猫；两种病变在 6 ~ 12 月龄的发生率相同，此后两种类型骨折的发生率均下降 [18]。未绝育猫的股骨头生长板在 30 ~ 40 周龄闭合 [19]，但在绝育的猫中闭合会延迟。因此，生长板骨折也可能

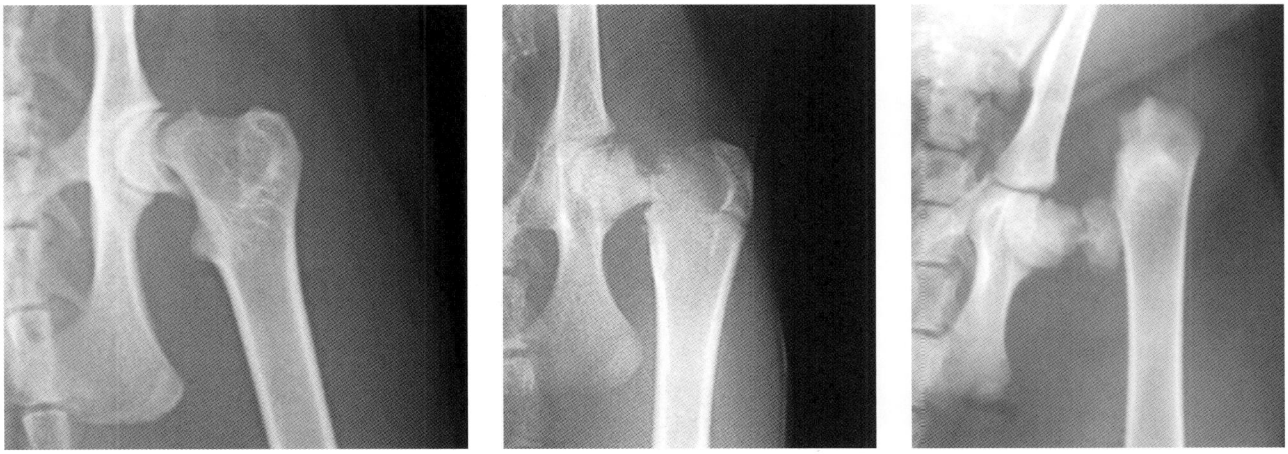

A B C

图 37–3 幼猫股骨近端的不同骨折举例。（A）10 月龄猫的近端生长板骨折。（B）4 月龄猫的股骨颈骨折。（C）3 月龄猫的股骨颈骨折合并大转子撕脱性骨折

见于 1 岁以上的猫。

除了创伤性骨折外，猫还可能发生股骨头生长板自发性骨折和继发于股骨颈干骺端骨病的病理性骨折[20–23]（第 36 章）。这些疾病必须与创伤性骨折区分开来。创伤性骨折通常表现为急性单侧跛行，而非创伤性骨折可能表现为进行性跛行，且可能是双侧的。猫的病征也是一个重要的鉴别因素；例如，创伤性骨折通常发生在 1 岁以下的猫，而股骨头生长板自发性骨折和股骨颈骨病常发生在 1 岁以上的已去势公猫。

股骨颈和生长板骨折的保守治疗几乎一定会导致肥大性假关节[17,18]。猫手术修复后的愈合效果似乎比犬更好[5,24,25]，且手术固定是急性骨折的首选治疗方法。对于股骨颈粉碎性骨折和具有圆形纤维化骨折端的陈旧性骨折，应进行股骨头和股骨颈切除术。

创伤性股骨头生长板骨折和股骨颈骨折通常使用 2 根小的克氏针固定（图 37–4 和专栏 37–1）。成年猫可使用拉力螺钉联合抗旋转克氏针。平行克氏针和交叉克氏针的生物力学比较表明平行克氏针的作用更强[26]。髓内针可以顺行或逆行插入。逆行进针有利于克氏针的放置，但一般首选顺行进针，因其对骨碎片的操作更少，血管损伤也较少。在平行进针固定股骨头生长板骨折后，有时可观察到股骨颈的苹果核外观，表明血供阻断。另一种选择是，采用腹侧入路用克氏针固定股骨头生长板骨折[27]（专栏 37–1）。髋关节的腹侧入路需要分离的软组织较少，或许可以更好地保留来自关节囊的血供。

37.3.3 大转子撕脱性骨折

幼猫可发生大转子生长板的撕脱性骨折，且常伴发髋关节脱位或股骨头生长板或股骨颈骨折（图 37–4）。在一项研究中，19 只患有股骨头生长板或股骨颈骨折的猫中有 3 只同时出现大转子分离，19 只患有髋关节脱位的猫中有 1 只同时出现大转子分离[17]。臀肌组织的牵拉可导致撕脱的骨碎片向近端移位。X 线检查并不总是很容易发现骨折，应拍摄侧位、腹背位和蛙位等多个体位的 X 线片来检查。采用张力带进行手术固定可恢复臀肌组织的功能，并增强髋关节的稳定性（专栏 37–2）。张力带固定也可用于髋关节入路大转子截骨术后（第 36 章）。

37.3.4 股骨转子下骨折

股骨转子下骨折罕见于猫，通常是骨干粉碎性骨折的一部分。其治疗方法与骨干骨折相似，如下文所述。骨板和外固定支架均可使用。修复这些骨折的主要挑战是在近端的小碎片中插入足够数量的植入物。额外使用髓内针有助于减少近端骨碎片所需的螺钉或克氏针的数量。对于骨板和髓内针技术，每个骨碎片中螺钉要穿透 4 个骨皮质；而对于外固定支架搭接构型，每个骨碎片需要有 2 根固定针[12]。

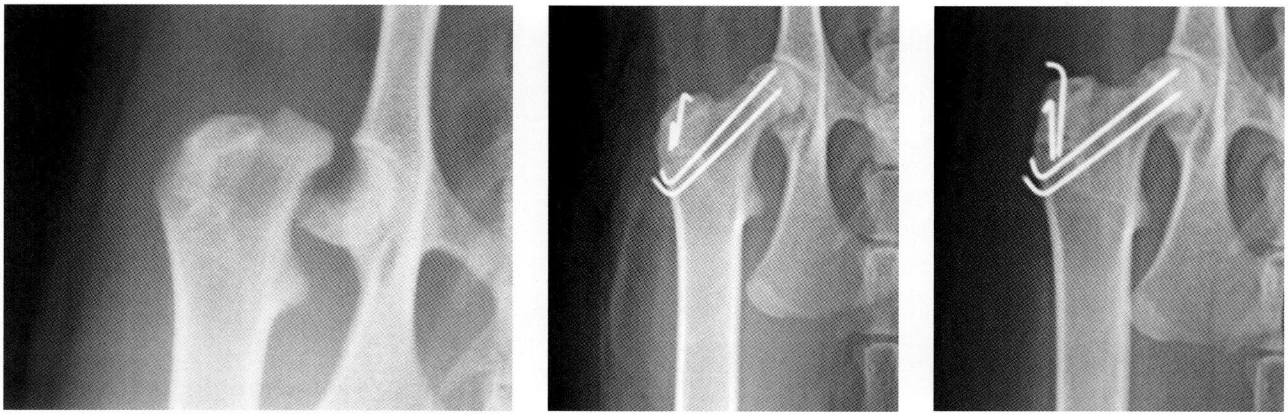

A B C

图 37–4 股骨头生长板骨折的平行克氏针固定。（A）8 月龄猫股骨头生长板和大转子骨折的术前 X 线片。（B）使用 2 根平行克氏针固定生长板骨折。大转子采用 2 根交叉克氏针固定。（C）术后 4 周 X 线片显示骨折愈合，且无并发症

专栏 37-1　股骨头生长板和股骨颈骨折的固定

股骨颈骨折可采用前外侧入路用平行克氏针进行固定。股骨头生长板骨折也可采用相同的技术修复，或通过腹内侧入路插入交叉克氏针。如果使用前外侧入路，手术过程中应尽可能多地保留血供。

股骨头生长板和股骨颈骨折平行克氏针固定：采用髋关节前外侧或后外侧入路，纵向切开关节囊至股骨颈，暴露骨折。由于股骨头与圆韧带相连，所以仍位于髋臼内，股骨颈常向背侧和轻微向前侧移位。从第三转子后外侧向股骨颈插入 2 根 0.8 ~ 1.0 mm 克氏针。其尖端向前推进，直到与骨折表面齐平。向后侧远端牵引手动复位骨折。然后将髋关节置于内旋状态，通过对大转子施加压力，在进一步插入克氏针时保持骨折复位。推进克氏针，直到其位于股骨骨骺中（图 37-5A 和图 37-5B）。如果不慎将克氏针插入髋关节内，可通过目测或用一对弯曲的小蚊式止血钳触诊关节面来检查。关节在其活动范围内移动。移动时应无骨摩擦音。将克氏针小心地弯折并剪短。

股骨头生长板骨折交叉克氏针固定：采用髋关节腹侧入路。注意不要破坏圆韧带。将 2 根交叉的小螺纹克氏针从股骨颈前侧沿近外侧方向逆行插入骨骺（图 37-5C）。将克氏针剪短。

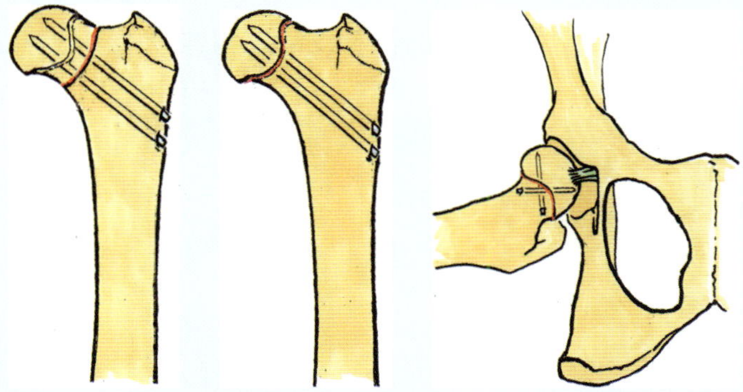

图 37-5　股骨头生长板和股骨颈骨折的固定方法。（A）用平行克氏针固定股骨颈骨折。（B）用平行克氏针固定股骨头生长板骨折。（C）从腹侧插入交叉克氏针固定股骨头生长板骨折

37.4　股骨干骨折

许多股骨干骨折是粉碎性的，通常需要手术固定，但幼猫罕见的青枝骨折或未移位骨折除外。植入物的选择取决于骨折类型、动物年龄、临床因素和外科医生偏好等（第 13 章）。猫股骨干的直性特点使其特别适合于骨板和髓内针或内锁式骨钉固定。外固定支架主要用于未成年猫的股骨粉碎性骨折，其他固定方法不太实用。其缺点是与克氏针影响大腿肌肉有关的发病率，尤其是在膝关节附近。

股骨骨折的修复通常需要开放性复位，因为周围的肌肉使得闭合性复位很困难。术中检查股四头肌有无撕裂和（或）筋膜内出血和水肿。出血和水肿会升高筋膜内压力，导致股四头肌纤维化。在术中做小的筋膜切口，并在术后保持阔筋膜开放，可以缓解筋膜内压力（第 16 章）。

37.4.1　股骨干入路

所有固定手术均采用股骨干外侧入路 [16]。

37.4.2　简单横骨折和短斜骨折

简单横骨折和短斜骨折在幼猫中似乎比老年猫更常见。它们可以用髓内针和 I 型外固定支架固定，并使用内锁式骨钉或骨板来起到加压功能。髓内针和外固定支架适用于骨质柔软、愈合速度快的幼年猫（图 37-7）。成年猫通常首选骨板或内锁式骨钉。专栏 37-3 描述了这些技术。

锁定骨板也可用于幼年猫和老年猫，但对于简单骨折的固定，其相对于其他植入物的优势并不是很大，而且植入成本更高。

37.4.3　长斜骨折和可复位的多碎片骨折

长斜骨折和部分可复位的多碎片骨折可在加压下实现解剖复位和固定。幼猫的长斜骨折可用

专栏 37-2　大转子张力带固定

采用大转子外侧入路，用张力带钢丝固定撕脱的骨碎片（图 37-6）。根据猫的体型，从大转子的近端插入 2 根平行的 0.6 ~ 1.0 mm 克氏针，穿过骨折 / 截骨线，到达内侧骨皮质。然后，将 1 根 0.6 mm 或 0.8 mm 骨科钢丝以“8”字形穿过股骨近端后部和克氏针尖端周围的预钻孔。股骨孔与骨折线之间的距离应近似于骨折线与近端突出的克氏针尖端之间的距离。最后将克氏针末端小心弯折并剪短。

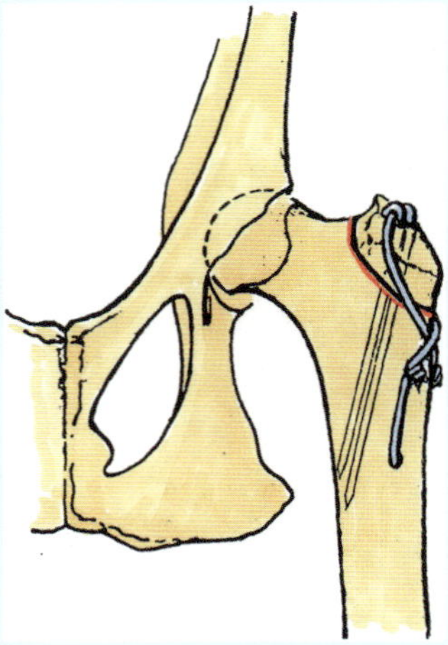

图 37-6　张力带固定大转子撕脱性骨折或截骨术

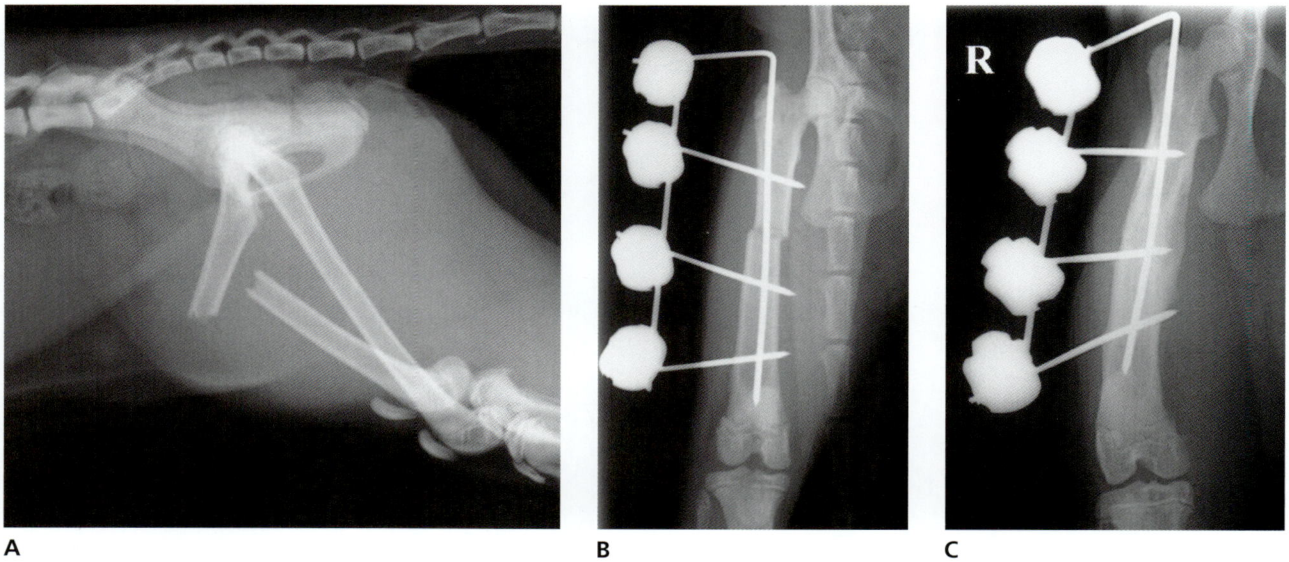

图 37-7　7 月龄猫的股骨简单横骨折。（A）术前 X 线片显示股骨中段简单横骨折。（B）使用外固定支架固定骨折。尽管髓内针相当小，但固定针可以抵消大部分的旋转力。（C）2 个月后的随访 X 线片显示骨折完全愈合，骨痂形成良好

髓内针和环扎钢丝或半环钢丝治疗。相对较粗的髓内针（约占髓腔直径的 70%）用于提供足够的弯曲和轴向稳定性。虽然这种技术提供的稳定性不如其他方法，但通过适当的病例选择和良好的手术技术就可以取得良好的结果（图 37-9）。半环钢丝（第 24 章）可作为环扎钢丝的替代物，特别是在较短的斜骨折中，但在放置和拧紧时，必须注意不要造成骨骼开裂。半环钢丝是在完全插入髓内针之前预先放置好的。

使用拉力螺钉和中立骨板固定长斜骨折可提供更大的稳定性（专栏 37-4）。可使用 2.7 mm DCP、2.4 mm LC-DCP 或 2.0/2.7 mm VCP。可复位的多碎片骨折，如有大的蝶形碎片的骨折，也可以用拉力螺钉和中立骨板修复。骨折的解剖复位需要广泛分离软组织，所以只有在术前 X 线片显示可以进行解剖复位的情况下才应尝试。如果骨碎片太小，无法通过骨碎片间加压来稳定，则最好将这些骨折作为粉碎性骨折进行微创治疗，并仅固定主要骨碎片（见下文）。

幼年猫由于骨膜血供被破坏，骨骼柔软，因此骨板固定不是一种理想的固定方法。这些骨折最好使用髓内针和 I 型外固定支架治疗。虽然这

专栏 37–3　股骨干简单横骨折或短斜骨折的固定

采用股骨干外侧入路进行骨折复位。髓内针和内锁式骨钉只需要一个很小的入路。

内锁式骨钉：顺行插入 4.0 mm 或 4.7 mm 内锁式骨钉，采用微创入路复位。在每个骨碎片上用 2 个螺栓或螺钉将内锁式骨钉固定到股骨皮质之前，先进行解剖复位（图 37–8A）。

髓内针和 I 型外固定支架：顺行插入 1.4 ~ 2.4 mm 髓内针。做一微创入路将髓内针插入远端骨碎片。根据猫的年龄，每个骨碎片至少插入 1 根 1.4 ~ 2.0 mm 固定针，但最好是 2 根。如果使用滑面针，需要与骨骼长轴成 70° 角，以增强稳定性，并防止被拔出（图 37–8B）。

加压骨板：采用 2.4 mm 有限接触动态加压骨板或 2.7 mm 动态加压骨板实现加压功能，对骨折进行解剖复位和稳定。在近端和远端骨碎片中至少插入 3 颗螺钉。建议使用较长的骨板，不要填满所有螺孔，不要选择短骨板（图 37–8C）。插入 1 颗近端螺钉和 1 颗偏心的远端螺钉，以实现骨碎片间加压。

也可以使用 2.7/2.0 mm 兽医可裁剪骨板，但无法实现骨碎片间加压。

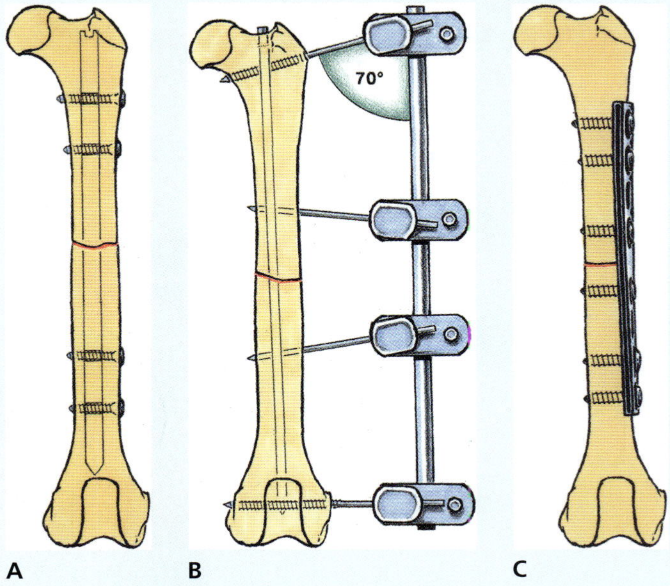

图 37–8　股骨干简单横骨折和短斜骨折的治疗方案。（A）用 4.0 mm 内锁式骨钉固定股骨干中段短斜骨折。（B）用髓内针和 I 型外固定支架固定股骨横骨折，防止旋转。（C）用 3 孔 2.7 mm 动态加压骨板固定股骨简单横骨折，近端和远端各有 3 颗螺钉，实现加压功能

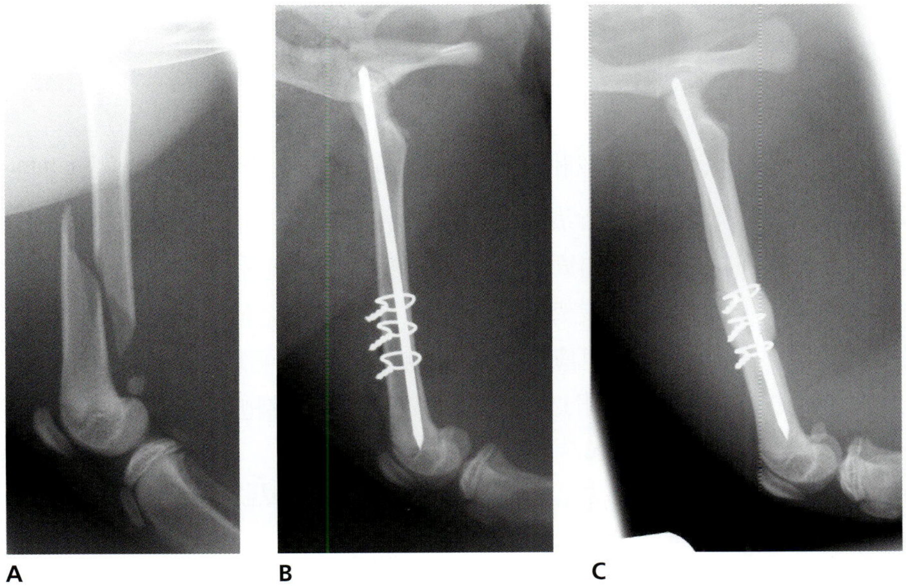

图 37–9　环扎钢丝的正确适应证和应用。（A）6 月龄猫股骨长斜骨折的术前 X 线片。（B）术后 X 线片。骨折已用 1.6 mm 顺行髓内针和 3 根 0.8 mm 环扎钢丝固定。（C）4 周后骨折愈合，骨痂形成良好

专栏 37-4 长斜骨折和可复位的多碎片骨折的固定

采用股骨干外侧入路。

髓内针和环扎钢丝：顺行插入 1.6 ~ 3.0 mm 髓内针。在离骨折线近端和远端至少 5 mm 处使用钢丝引导器施用 2 ~ 3 根 0.8 mm 骨科钢丝。将环扎钢丝绞合并拧紧（图 37-10A）。注意不要让软组织卡在骨骼和钢丝之间。

髓内针和 I 型外固定支架：这种固定方式特别适用于未成年猫。插入 1.4 ~ 2.4 mm 髓内针。外固定支架包括在每个主要骨碎片上插入 2 根 1.4 ~ 2.0 mm 固定针，如果使用滑面针，则与骨骼长轴成 70° 角（图 33-10B）。

拉力螺钉和中立骨板：解剖复位主要骨碎片，用尖头复位钳暂时压缩骨折线。垂直于骨折线插入 1 ~ 2 颗 2.0 ~ 2.7 mm 拉力螺钉。然后使用中立骨板（图 37-10C）。如果骨折结构允许，也可以通过骨板插入拉力螺钉。

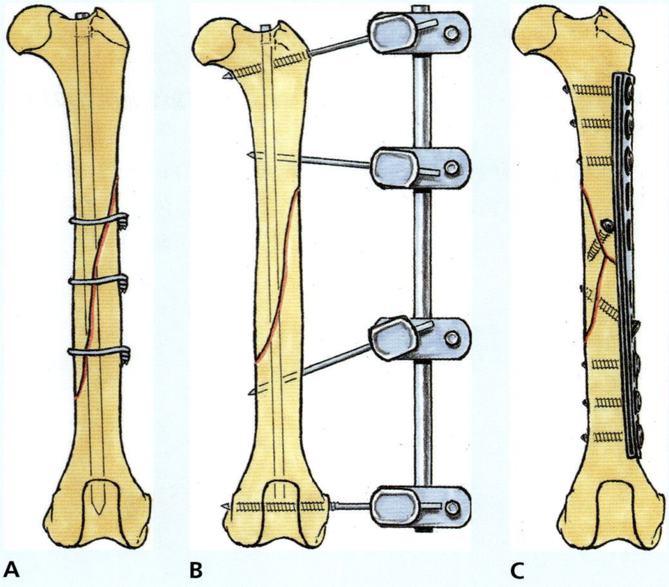

图 37-10 股骨干简单斜骨折或可复位的多碎片骨折的治疗方案。（A）使用髓内针和 3 根环扎钢丝固定股骨长斜骨折。（B）使用髓内针和 I 型外固定支架固定股骨长斜骨折。（C）使用拉力螺钉和中立骨板固定蝶形骨折

种固定方式不能提供骨碎片间加压，但由于骨膜血供的保存，骨折愈合有望很快实现。另外，也可以使用锁定骨板。

37.4.4 粉碎性骨折

股骨干粉碎性骨折可选择内锁式骨钉、外固定支架以及具有支撑功能的骨板或锁定骨板进行治疗（专栏 37-5）。在选择固定方法时，应权衡内固定与外固定支架方法的优缺点。虽然外固定支架是一种通用方法，对骨折区域的影响最小，但应注意会有一些针道的并发症，尤其是在膝关节附近。

髓内针通常与外固定支架或骨板一起使用（图 37-12）。这种方法特别适用于近端或远端骨折，因为这些区域没有足够的空间插入 3 根固定针或螺钉。在有髓内针的情况下，每个骨碎片用克氏针或螺钉穿透 4 个皮质骨能够提供足够的稳定性。髓内针也有助于骨折复位。

旋转对合不齐是股骨干骨折复位和固定后的常见错误。猫的股骨骨折倾向于随着股骨头和股骨颈的后倾来稳定。旋转对齐可以通过观察股骨干后外侧的粗线来评估，也可以通过评估髋关节的运动范围来控制。髋关节内旋约 45° 和外旋约 90° 是生理性的。

股骨骨折通常不需要骨移植。如果骨碎片有软组织附着和充足的血供，即使是严重粉碎性骨折也会愈合。可能会被软组织浸润的大的骨皮质缺损应采用骨移植。

37.5 股骨远端骨折

股骨远端骨折在猫中很常见，大多数是股骨远端生长板 Salter-Harris Ⅰ型或Ⅱ型骨折。成年猫偶尔会出现髁上骨折、股骨髁和（或）滑车的简

专栏 37–5 股骨干粉碎性骨折的固定

采用股骨干外侧入路。小的入路足以放置髓内针和内锁式骨钉。骨板固定采用开放但不接触的方法。粉碎性骨折采用间接复位技术进行复位，以免干扰局部血液供应。插入髓内针可以通过提供主要骨碎片的轴向对齐来帮助复位。内侧大的分离的骨碎片可使用可吸收缝线作为环扎线将其拉近。

内锁式骨钉：顺行插入 4.0 mm 或 4.7 mm 内锁式骨钉。先检查骨折是否旋转对齐，再在近端和远端用 2 颗螺钉固定骨折（图 37–11A）。如果有裂缝，可以放置 1 ~ 2 根环扎钢丝，提高骨折的稳定性。

外固定支架：Ⅰ型外固定支架通常与髓内针一起使用。首先放置 1.4 ~ 2.0 mm 髓内针，提供轴向对齐。然后，每个骨碎片插入 2 ~ 3 根 1.6 ~ 2.0 mm 固定针。髓内针的近端要么尽可能剪短，要么向外侧弯曲，以便与连杆连接（图 37–11B）。在没有髓内针的情况下，每个骨碎片插入 3 ~ 4 根克氏针（图 37–11C）。对于严重粉碎性骨折，应使用带有大型连杆或双连杆的外固定支架系统，以增强弯曲稳定性。

支撑骨板 / 锁定骨板：根据对侧肢体和（或）骨标本的 X 线片，将长的 2.7 mm 动态加压骨板（DCP）、2.4 mm 有限接触动态加压骨板（LC–DCP）或叠加的 2.7/2.0 mm 兽医可裁剪骨板（VCP）进行预塑型，以实现主要骨碎片的正确空间准直。首先将骨板固定在近端骨碎片上，然后通过将远端骨碎片拉到骨板上来帮助复位。在近端和远端骨皮质上至少要各有 3 颗螺钉。

骨板和髓内针：联合使用 2.4 mm DCP、2.4 mm LC–DCP 或叠加的 2.0/2.7 mm VCP 与 1.4 ~ 2.0 mm 髓内针（图 37–11D）。首先插入髓内针，对齐近端和远端主要骨碎片。采用骨板髓内针技术时，每一主要骨碎片皮质上有 2 颗螺钉就足够了。如果钻头与髓内针啮合，则可插入单皮质螺钉。如果骨折向近端延伸至转子下区域，则可将螺钉斜插入股骨颈区域（图 37–11D）。

锁定骨板：选用 2.4 mm Unilock 锁定骨板用作支撑骨板，骨板塑型并不重要，因为锁定骨板无需与骨骼紧密接触。在骨板近端和远端，将双皮质螺钉插入较宽的干骺端内，单皮质螺钉用于较窄的骨干。在近端和远端主要的骨碎片中，至少应有 4 个骨皮质穿透螺钉。

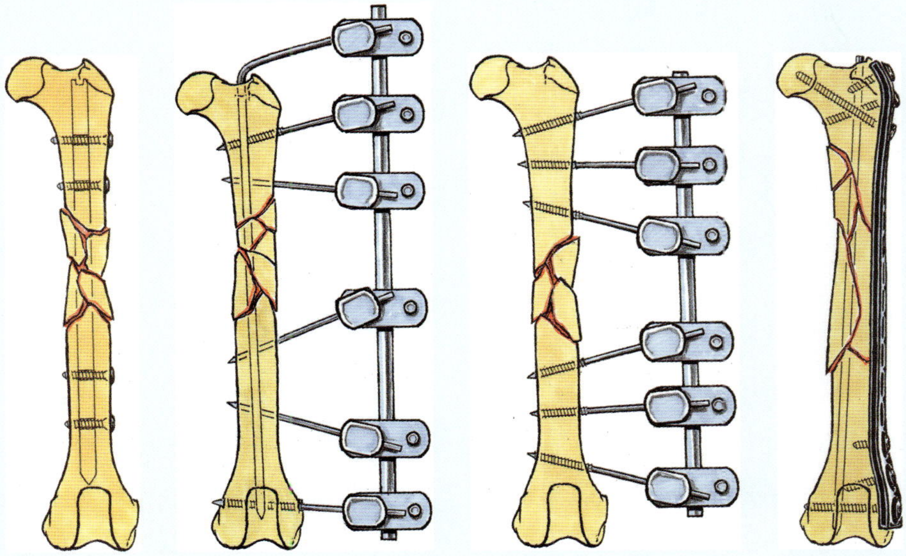

图 37–11 股骨干粉碎性骨折的治疗方案。（A）使用内锁式骨钉固定股骨干中段粉碎性骨折。（B）采用外固定支架固定股骨干中段和近端粉碎性骨折。（C）使用Ⅰ型外固定支架固定轻度粉碎性股骨骨折，每个骨碎片插入 3 根固定针。（D）采用骨板和髓内针技术固定延伸到转子下区域的股骨粉碎性骨折。如图所示，近端螺钉呈一定角度，以实现足够的稳定

单或粉碎性骨折。股骨远端骨折常由高处跌落引起。临床上很难区分膝关节不稳定和股骨远端骨折，但仔细触诊髌韧带和髌骨往往有助于发现损伤部位。

37.5.1 股骨远端入路

股骨远端骨折大多位于膝关节的关节囊内，可通过前外侧髌旁入路显露[16]。关节囊近端髁上骨折通过股骨干远端外侧入路显露。一些骨折的

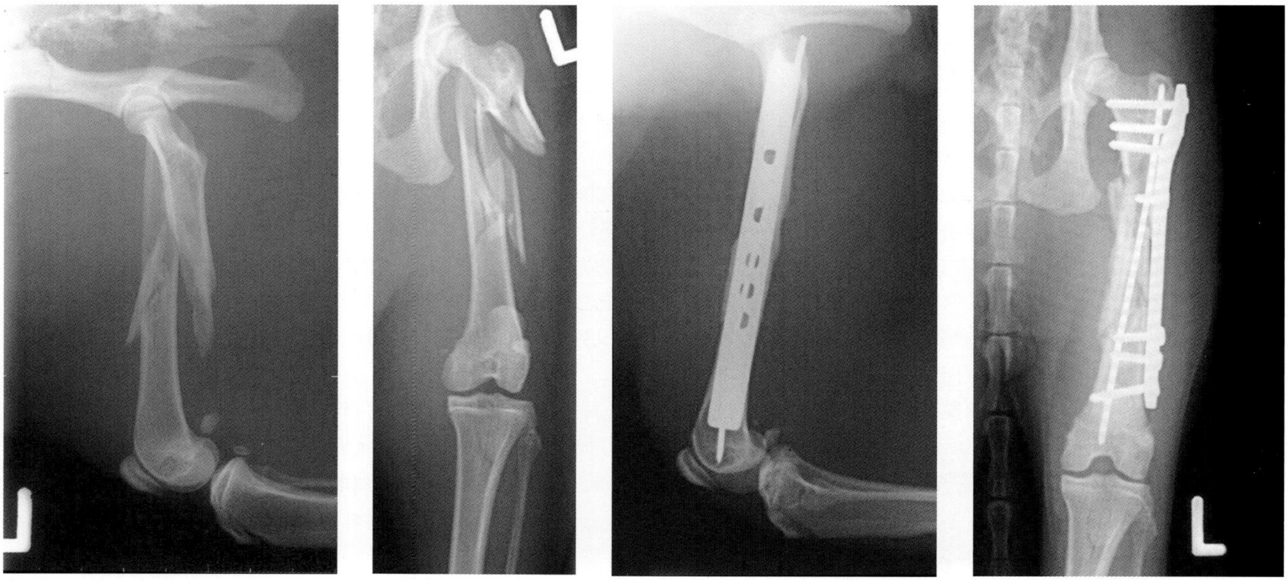

图 37–12　股骨粉碎性骨折的骨板和髓内针固定。(A，B) 2 岁猫股骨干近端 1/2 段粉碎性骨折的术前 X 线片。(C，D) 采用骨板和髓内针固定骨折后 3 周的 X 线片。首先放置髓内针，以帮助对齐主要骨碎片。然后分别用 3 颗螺钉将骨板固定在主要骨碎片上。另一颗单皮质螺钉用于固定大的外侧皮质碎片。骨折正在愈合

修复需要同时进入股骨远端的内侧和外侧。因此，建议将猫置于仰卧位，这样可以在必要时经内侧髌旁入路显露膝关节 [16]。

胫骨粗隆截骨术可以最大限度地改善视野；这有利于修复髁内骨折。之后可用克氏针和张力带钢丝复位胫骨粗隆。

37.5.2　髁上骨折

髁上骨折是外科手术的一大挑战，尤其是粉碎性骨折。即使是简单的髁上骨折在复位后也没有固有的旋转和剪切稳定性，因此必须使用骨板或外固定支架进行刚性固定。该手术主要的挑战是在远端骨碎片中插入足够数量的螺钉或固定针。

应考虑使用非标准骨板，以便于将 2 ~ 3 颗双皮质螺钉插入远端骨板。重建骨板可适应股骨远端的后部弯曲，与直骨板相比，允许多放置 1 颗螺钉 [28]。另一种可考虑使用的骨板是最近推出的 2.0 mm 髁骨板 [29]。这些骨板与股骨髁的解剖形态相匹配，可用于左、右肢体。其远端有 3 个圆孔，近端有 4 个椭圆形孔。还有一种骨板是股骨远端髁上骨板，共有 11 个孔，可切割至所需长度（第 24 章）。如果在远端骨碎片上只插入 2 颗螺钉，则必须进行解剖复位。如果无法实现这一点，则需要采取额外措施。通常可以在远端插入髓内针，以增强固定稳定性（图 37–13）。一些骨折结构可以放置骨碎片间螺钉。

双侧骨板是严重粉碎性骨折的另一种治疗选择，也可用于多肢体受伤的患猫（专栏 37–6）。锁定骨板是双侧骨板的理想选择，因为可以使用单皮质螺钉。当每个骨碎片只能插入 2 颗螺钉时，它们还具有比传统骨板更稳定的优势 [30]。Unilock 下颌骨锁定骨板系统（第 24 章）的 2.0 mm 骨板适合股骨远端。

外固定支架也可用于髁上骨折的固定，但由于膝关节周围可移动的软组织和皮肤，可能会导致一些与针道相关的并发症。有报道描述了一种改良 Ⅱ 型外固定支架 [31] 和带有 IMEX 微型环形外固定支架的混合结构 [32]。

37.5.3　股骨髁骨折

股骨髁骨折可能是简单的髁内骨折，仅累及髁的内侧或外侧，也可能是 T 型或 Y 型骨折，即

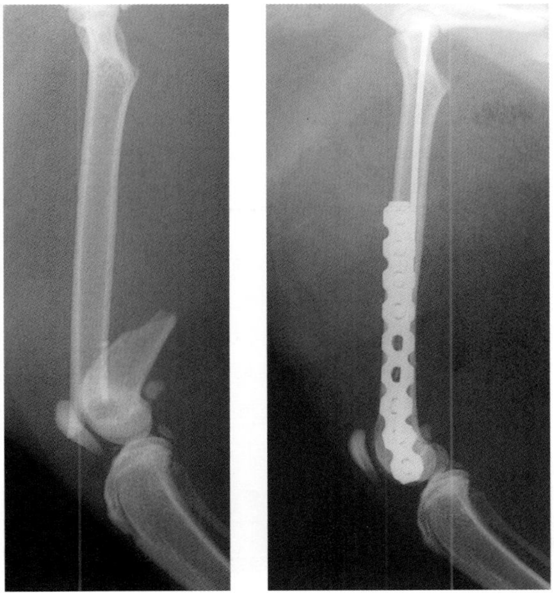

图 37-13 （A）成年猫的股骨远端髁上斜骨折。（B）使用 Unilock 重建骨板和髓内针固定

髁的内侧和外侧都与骨干分离。

股骨髁的内侧比外侧更易受影响。但由于内侧的骨碎片被后十字韧带和内侧副韧带固定，所以通常只发生轻微移位。为了维持关节功能和预防退行性关节病，需要进行解剖重建和使用拉力螺钉进行稳定的骨折固定（专栏 37-7）。

股骨髁内侧和外侧的骨折通常为 T 型或 Y 型，但髁上骨折可能是粉碎性的（图 37-15）。关节面的解剖复位和骨碎片的稳定固定非常具有挑战性。在处理髁上骨折部分之前，首先用拉力螺钉固定关节内骨碎片。重建骨板、髁骨板或锁定骨板最适用于固定髁上骨折（专栏 37-8）。动态髓内针或克氏针提供的稳定性较差，但在幼猫的简单可复位骨折中是足够的。

有报道描述了与标准股骨髁骨折类型不同的累及股骨滑车的猫股骨髁骨折[33]。这些骨折通常是粉碎性的，有一条或多条骨折线横穿或斜穿滑车。从滑车上撕脱的碎片根据其大小用小螺钉或克氏针固定。

37.5.4 Salter-Harris 骨折

股骨远端生长板骨折是猫常见的损伤，通常是 Salter-Harris Ⅰ型或Ⅱ型骨折[34,35]。Salter Ⅰ型骨折猫的平均年龄为 9.5 个月，Salter Ⅱ型骨折猫的平均年龄为 6.5 个月[34]。未绝育猫的股骨远端生长板在 54 ~ 76 周龄闭合[19]，但早期绝育会延迟生长板闭合，因此，年轻的成年猫也会发生股骨远端生长板骨折。远端骨碎片由于腘绳肌和腓肠肌的牵拉通常向后移位（图 37-18）。正确的骨折对齐是恢复膝关节形态和实现固定稳定性的必要条件。干骺端碎片有 4 个骨突，与骨骺的相应凹陷相吻合。这种形状有助于控制和维持复位，并在骨折复位后提供抗旋转和剪切力的稳定性。交叉克氏针、动态髓内针或常规髓内针固定都是骨折固定的常用方法[35]。髓内针由于其固有的旋转稳定性，作为唯一的固定方法也是可行的。交叉克氏针是应用最广泛的技术（专栏 37-9）。

Salter-Harris Ⅳ型股骨远端骨折很少发生。如上文所述，治疗通常同股骨髁简单骨折。

37.6 术后治疗和预后

术后治疗取决于固定的稳定性和植入物的使用，但通常需要静养 6 周。必要时在最初 1 ~ 2 周内可笼养，以减少活动。成年猫和未成年猫应分别在 4 ~ 6 周和 2 ~ 3 周后进行 X 线对照检查。如果动物不使用肢体，则需尽早进行温和的物理治疗，以防止股四头肌挛缩。

多项关于猫股骨头生长板和股骨颈骨折的研究都报道了骨折愈合情况良好[5,24,25]。猫在 4 ~ 8 周后可以恢复健康[24,25]，长期的功能结果也很好[36]。有时在 X 线片上可以观察到股骨颈的苹果核外观、股骨颈缩短和髋关节骨关节炎。

骨干骨折的术后治疗取决于所选择的固定方法。外固定支架需要经常检查固定针与皮肤的交界处。髓内针如果没有搭接到外固定支架上，则可能会向近端移动并引起软组织刺激。髓内针移位的临床症状包括跛行加重、大转子内侧软组织肿胀、髋关节操作疼痛以及最严重病例的坐骨神经功能缺陷等。大多数的猫股骨干骨折如果治疗得当，一般都会愈合，不会出现并发症，且有望完全恢复功能[12]。骨折愈合障碍和骨髓炎很少发生。在旧文献中，骨折不愈合的常见原因是大多

专栏 37–6 股骨髁上骨折的固定

采用股骨远端和膝关节外侧入路，并尽可能将骨折进行解剖复位。有时需采用额外的内侧入路放置双侧骨板。膝关节应在屈曲状态下保持所实现的复位。粉碎性骨折应采用骨移植，以促进骨折愈合。

骨板固定：可使用 2.0 mm 动态加压骨板、2.7 mm 重建骨板或 2.0 mm 髁骨板（图 37–14A）。简单骨折在应用骨板前先进行解剖复位。传统骨板必须向远端骨碎片插入至少 2 颗，最好是 3 颗双皮质螺钉。如果可以插入的螺钉少于 3 颗，则建议额外插入髓内针（图 37–14B）。

锁定骨板：锁定骨板对粉碎性骨折特别有用。2.0 mm 锁定骨板可以与上述髓内针联合使用，也可以在内侧和外侧各放置一块骨板（图 37–14C）。螺钉可以单皮质插入，但对于皮质较薄的骨骺，建议放置双皮质螺钉。

外固定支架：外固定支架主要用于粉碎性骨折。通常使用改良的 II 型构型，带或不带髓内针（图 37–14D）。在股骨髁上插入 1 根 2.0 mm 中央螺纹固定针。将 1 根半针插入近端碎片中，并在 2 根针之间连接侧杆。然后将 1 根或 2 根以上的半针插入远端和近端骨碎片。经髁髓内针的内侧面通过弯曲杆连接到外侧连杆。此外，还可以使用髓内针搭接配置，特别是当远端骨碎片太小而无法插入第 2 根固定针时。

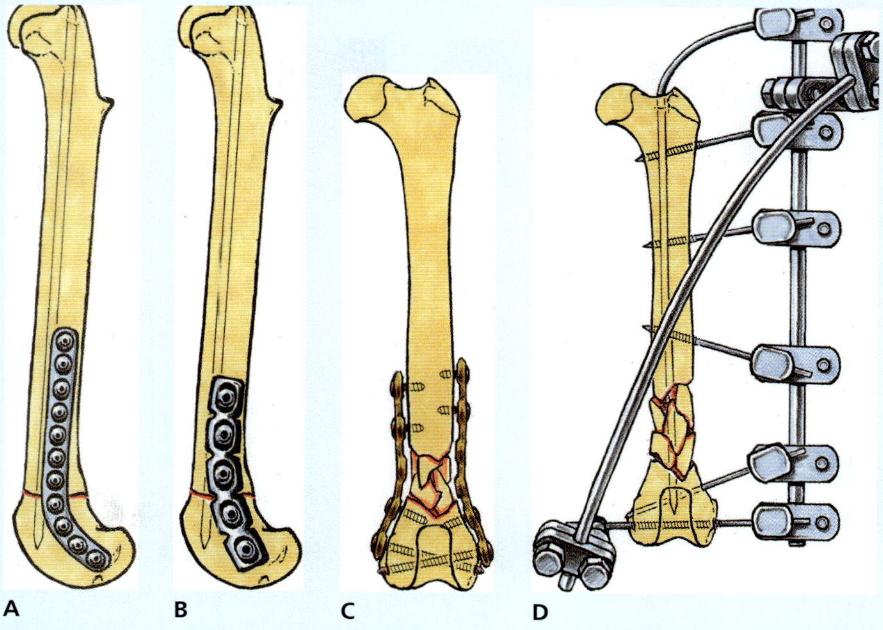

图 37–14 股骨髁上骨折的治疗方案。（A）用髓内针和髁骨板重建简单髁上骨折。（B）用髓内针和 2.7 mm 重建骨板固定简单髁上骨折。（C）用双侧 2.0 mm Unilock 骨板固定髁上粉碎性骨折。（D）用改良的 II 型外固定支架固定髁上粉碎性骨折

数股骨骨折仅用髓内针固定，因此缺乏旋转稳定性。最终发生旋转愈合不良，尤其是粉碎性骨折或髋关节后倾固定的陈旧性骨折。这可能导致功能性步态异常和髌骨外侧脱位。

股骨远端骨折的预后也很好。如果猫股骨远端生长板骨折正确对齐和稳定，则可预期其完全恢复功能[35]，但可能会发生骨关节炎和（或）半月板钙化[36]。由于大多数骨折发生在 6.5 ~ 9.5 月龄的猫上[34]，股骨明显缩短并不常见。

髁上骨折在经过适当的骨折复位和固定后，预后良好。在一项研究中，10 只猫中有 2 只出现跛行和膝关节活动范围丧失[29]。髁骨折和滑车骨折在对膝关节进行解剖重建后预后良好。尽管滑车粉碎性骨折的严重程度各异，但 85% 的病例临床结果满意或良好[33]。由于植入物必须放置在膝关节内侧或附近，它们可能会干扰关节囊并引起刺激，因此在骨折愈合后移除植入物可能是有益的。

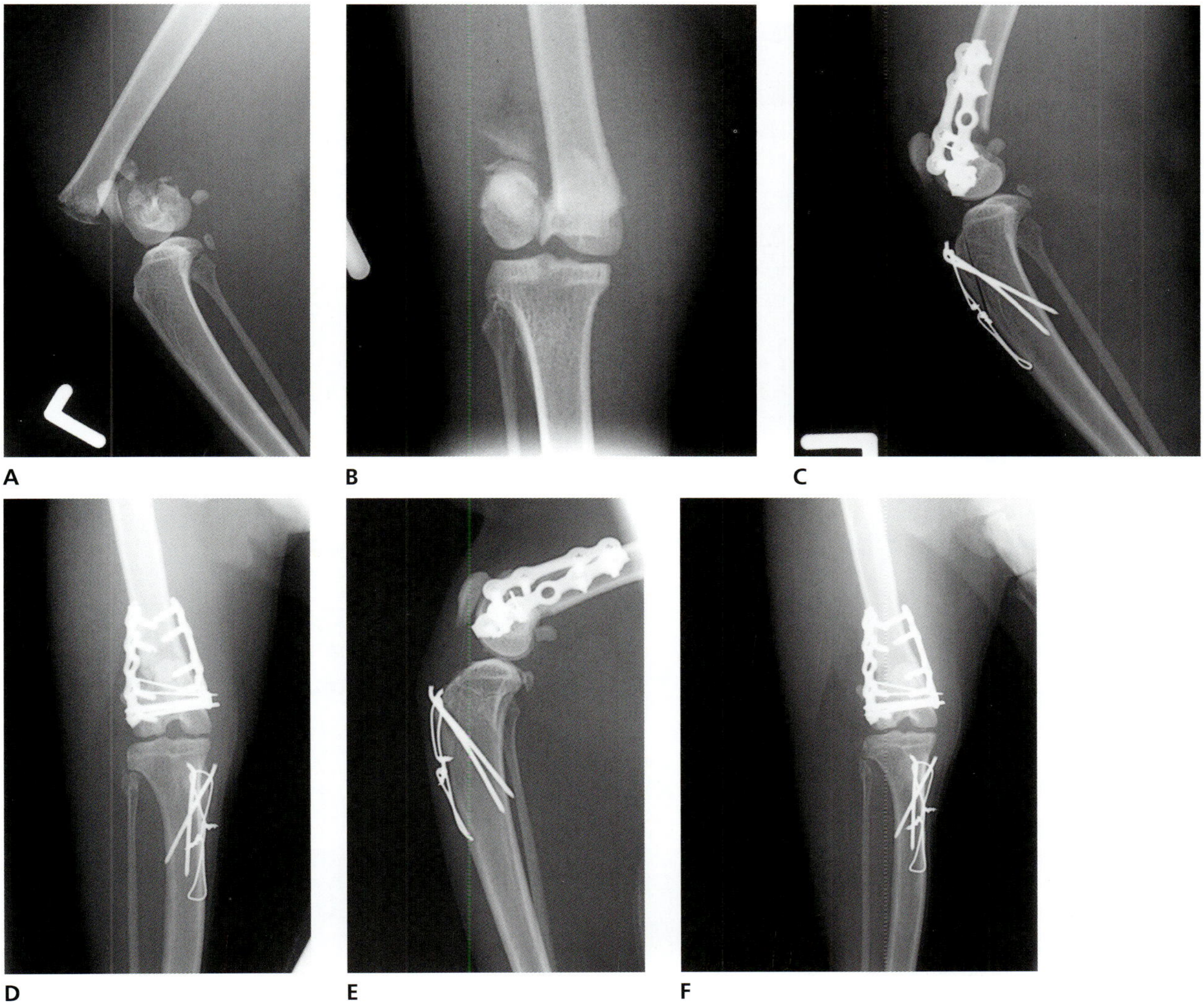

图 37–15　2 岁猫的股骨髁内 T 型骨折。(A，B) 术前 X 线片显示髁内 T 型骨折，伴髁上部分轻度粉碎性骨折。(C，D) 髁内骨折用 2.0 mm 拉力螺钉固定，髁上骨折用内侧和外侧 2.0 mm Unilock 骨板固定。胫骨粗隆截骨术可以翻转髌韧带，从而在复位过程中改善关节面的暴露。(E，F) 骨折和截骨术在 3.5 个月后愈合

专栏 37–7　股骨内侧髁骨折的固定

采用膝关节内侧入路。将骨碎片进行解剖复位，并用尖头复位钳暂时固定在髁突上。然后将 2.0 mm 或 2.7 mm 拉力螺钉从内上髁穿过骨折线插入外侧髁。关节面的解剖复位是获得满意结果的关键。从内上髁向股骨干骺端外侧皮质插入 0.8 mm 克氏针作为抗旋转植入物后，再完全拧紧拉力螺钉（图 37–16）。

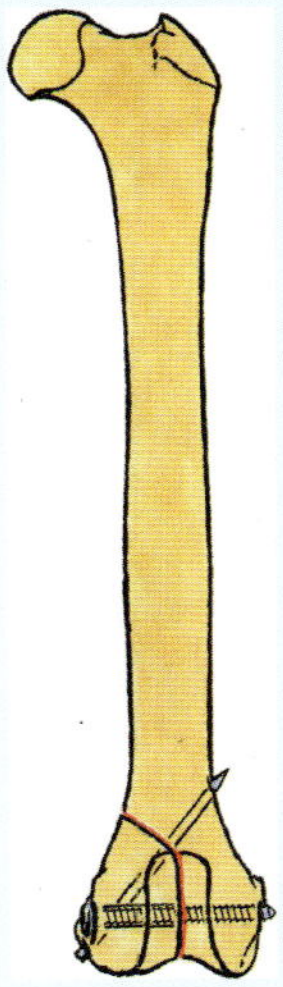

图 37–16　股骨内侧髁骨折的拉力螺钉与克氏针固定

专栏 37–8　髁内 T 型或 Y 型骨折的固定

为了复位和固定股骨远端 T 型或 Y 型骨折，一般需要同时采用内侧和外侧入路。胫骨粗隆截骨术可以为股骨髁骨折的复位提供极佳的术野。

首先使用 2.0 mm 经髁拉力螺钉复位和固定股骨髁，然后修复骨折的干骺端部分。使用 2 根小直径克氏针进行交叉克氏针固定或动态髓内针固定可用于幼猫的简单 Y 型或 T 型骨折（图 37–17A），但如髁上骨折所述，使用外侧或双侧骨板或锁定骨板可提供更好的稳定性（图 37–17B）。

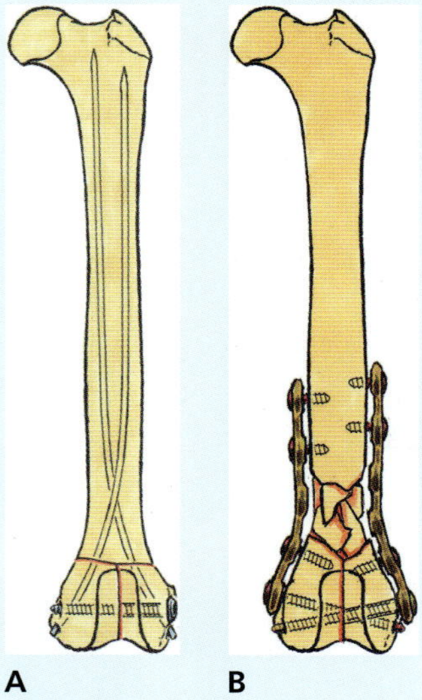

图 37–17　股骨髁内骨折合并髁上骨折的固定。（A）采用经髁拉力螺钉和动态髓内针固定简单 T 型骨折。（B）使用经髁拉力螺钉以及内侧和外侧 2.0 mm 锁定骨板固定髁内骨折和髁上粉碎性骨折

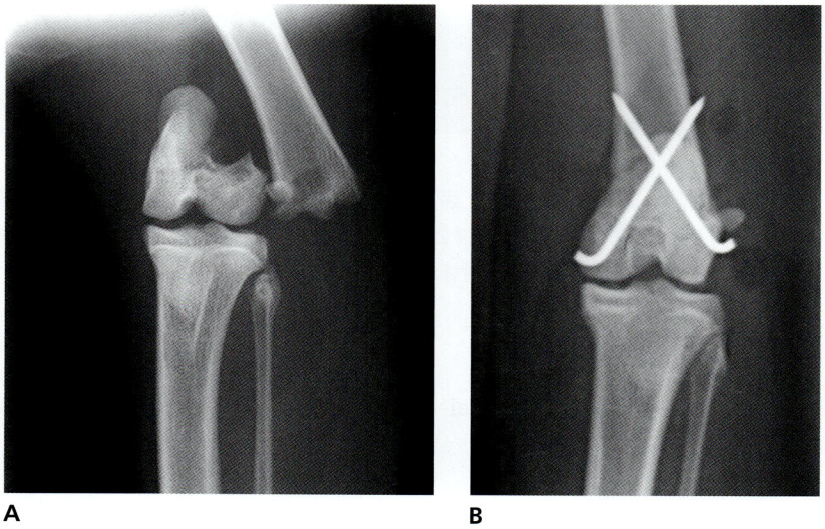

图 37–18　（A）股骨远端 Salter–Harris Ⅱ型骨折的术前 X 线片；（B）用交叉克氏针固定

专栏 37-9　Salter-Harris Ⅰ型和Ⅱ型骨折的固定

采用膝关节外侧髌旁入路。有时也需要经小的内侧髌旁入路插入内侧克氏针。幼年动物的骨骺非常柔软，应非常小心地操作骨碎片。对于 2 ～ 3 d 内的骨折，通常可以进行手动复位。骨折应过度复位，而不是复位不足。骨折间隙之间的血凝块或纤维组织在复位前需清除。陈旧性骨折由于纤维化和新骨形成，复位更为困难，这在后部最为明显。用骨膜剥离器将骨骺碎片小心地从纤维组织中分离出来，直到可以充分操作为止。在膝关节伸展的情况下，可在股骨髁间切迹和股骨前侧干骺端上钻的小孔之间小心放置大的尖头复位钳，以帮助骨折复位，并防止插入克氏针时骨碎片移位。

交叉克氏针固定：将 1.2 ～ 1.6 mm 克氏针紧邻外侧和内侧副韧带前侧插入，穿透对侧的股骨干皮质。这个过程重要的一点是，克氏针从骨骺碎片足够远的地方插入，交叉穿过骨折线上方，以增强旋转稳定性（图 37-19A）。

动态髓内针固定：该技术类似于交叉克氏针，适用于当克氏针以过大的角度插入，从而避免穿透骨皮质。然后克氏针沿着髓内管的骨内膜表面滑动（图 37-19B）。如果不慎发生这种情况，不需要重新放置克氏针，应将其进一步插入髓腔近端，直至大转子水平。

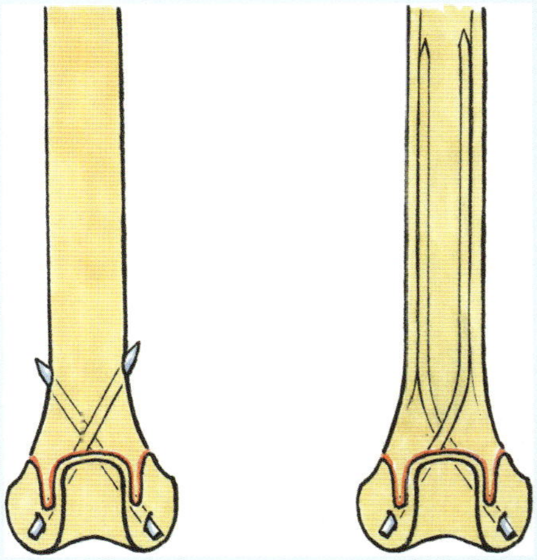

图 37-19　股骨远端 Salter-Harris Ⅰ型和Ⅱ型骨折的固定。（A）用交叉克氏针固定远端生长板骨折。（B）用动态髓内针固定远端生长板骨折

参考文献和延伸阅读

[1] Hill FWG. A survey of bone fractures in the cat. J Small Anim Pract 1977;18:457–463.

[2] Bookbinder PF, Flanders JA. Characteristics of pelvic fracture in the cat. Vet Comp Orthop Traumatol 1992;5:122–127.

[3] Lidbetter DA, Glyde MR. Supracondylar femoral fractures in adult animals. Compend Continuing Educ 2000;22: 1041–1049.

[4] Frewein J, Vollmerhaus B. Anatomie von Hund und Katze. Berlin: Blackwell; 1994.

[5] Culvenor JA, et al. Repair of femoral capital physeal injuries in cats – 14 cases. Vet Comp Orthop Traumatol 1996;9:182–185.

[6] Pohlmeyer K. Arteries of the articulatio coxae and the proximal end of the femur in cats (Felis catus). Anat Histol Embryol 1981;10:246–256.

[7] Fanton JW, et al. Sciatic nerve injury as a complication of intramedullary pin fixation of femoral fractures. J Am Anim Hosp Assoc 1982;19:687–694.

[8] Endo K, et al. Interlocking intramedullary nail method for the treatment of femoral and tibial fractures in cats and small dogs. J Vet Med Sci 1998;60:119–122.

[9] Larin A, et al. Repair of diaphyseal femoral fractures in cats using interlocking intramedullary nails: 12 cases (1996–2000). J Am Vet Med Assoc 2001;219:1098–1104.

[10] Duhautois B. Use of veterinary interlocking nails for diaphyseal fractures in dogs and cats: 121 cases. Vet Surg 2003;32:8–20.

[11] Scotti SA, et al. Retrograde placement of a novel 3.5 mm titanium interlocking nail for supracondylar and diaphyseal femoral fractures in cats. Vet Comp Orthop Traumatol 2007;20: 211–218.

[12] Langley-Hobbs SJ, et al. Use of external skeletal fixators in the repair of femoral fractures in cats. J Small Anim Pract 1996;37:95–101.

[13] Aron DN, et al. Experimental and clinical experience with an IM pin external skeletal fixator tie-in configuration. Vet Comp Orthop Traumatol 1991;4:86–94.

[14] Peirone B, et al. Femoral and humeral fracture treatment with an intramedullary pin/external fixator tie-in configuration in growing dogs and cats. Vet Comp Orthop Traumatol 2002;15: 85–91.

[15] Reems MR, et al. Use of a plate-rod construct and principles of biological osteosynthesis for repair of diaphyseal fractures in dogs and cats. J Am Vet Med Assoc 2003;223:330–335.

[16] Piermattei DL, Johnson KA. An atlas of surgical approaches to the bones and joints of the dog and the cat, 4th edn. Philadelphia: WB Saunders, 2004.

[17] Bennett D. Orthopedic disease affecting the pelvic region of the cat. J Small Anim Pract 1975;16:723–738.

[18] Perez-Aparicio FJ, Fjeld TO. Femoral neck fractures and capital epiphyseal separations in cats. J Small Anim Pract 1993;34: 445–449.

[19] Smith RN. Fusion of ossification centres in the cat. J Small Anim Pract 1969;10:523–530.

[20] Queen J, et al. Femoral neck metaphyseal osteopathy in the cat. Vet Rec 1998;142:159–162.

[21] Craig LE. Physeal dysplasia with slipped capital femoral epiphysis in 13 cats. Vet Pathol 2001;38:92–97.

[22] McNicholas WT Jr, et al. Spontaneous femoral capital physeal fractures in adult cats: 26 cases (1996–2001). J Am Vet Med Assoc 2002;221:1731–1736.

[23] Forrest LJ, et al. Feline capital physeal dysplasia syndrome. Vet Radiol Ultrasound 1999;40:672.

[24] Jeffery ND. Internal fixation of femoral head and neck fractures in the cat. J Small Anim Pract 1989;30:674–677.

[25] Fischer HR, et al. Surgical reduction and stabilization for repair of femoral capital physeal fractures in cats: 13 cases (1998–2002). J Am Vet Med Assoc 2004;224:1478–1482.

[26] Lambrechts N, et al. Internal fixation of femoral neck fractures in the dog – an in vitro study. Vet Comp Orthop Traumatol 1993;6:188.

[27] Guerrero TG, et al. Fixation of a proximal femoral physeal fracture in a dog using a ventral approach and two Kirschner wires. Vet Comp Orthop Traumatol 2005;18:110–114.

[28] Lewis DD, et al. Use of reconstruction plates for stabilization of fractures and osteotomies involving the supracondylar region of the femur. J Am Anim Hosp Assoc 1993;29:171–178.

[29] Forterre F. A new condylar plate for supracondylar fractures in cats. Kleintierpraxis 2005;50:299–304.

[30] Sikes JW, et al. Comparison of fixation strengths of locking head and conventional screws, in fracture and reconstruction models. J Oral Maxillofac Surg 1998;56:468–473.

[31] Klause SE, et al. A modification of the unilateral type 1 ESF configuration for primary or secondary support of supracondylar humeral or femoral fractures. Vet Comp Orthop Traumatol 1990;3:130–134.

[32] Farese JP, et al. Use of IMEX SK-circular external fixator hybrid constructs for fracture stabilization in dogs and cats. J Am Anim Hosp Assoc 2002;38:279–289.

[33] Chico AC, et al. Trochlear femoral fractures in cats: results of seven cases. Vet Comp Orthop Traumatol 2001;14:51–55.

[34] Grauer GF, et al. Incidence and mechanisms of distal femoral physeal fractures in the dog and cat. J Am Anim Hosp Assoc 1981;17:579–586.

[35] Hardie EM, Chambers JN. Factors influencing the outcome of distal femoral physeal fracture fixation: a retrospective study. J Am Anim Hosp Assoc 1984;20:927–931.

[36] Strodl S. Spätergebnisse nach intraartikulären und gelenknahen Frakturen des Hüft- und Kniegelenkes von Hund und Katze. Munich: Ludwig-Maximilians-Universität; 2000.

第 38 章　膝关节

K.Voss, S.J. Langley-Hobbs, P.M. Montavon

猫膝关节的大多数外科疾病与韧带损伤有关，其中最常见的是前十字韧带断裂。膝关节断裂或脱位也很常见，且猫比犬更常见。后十字韧带和内侧副韧带的单独断裂偶尔发生。

猫膝关节疾病的其他鉴别诊断包括关节骨折、髌骨脱位、髌骨骨折、半月板钙化、退行性关节病、骨软骨病和髌腱损伤。退行性关节病多见于老年猫，可能继发于前十字韧带撕裂或其他损伤。髌骨骨折可自发发生并导致急性跛行。膝关节常见疾病的诊断及治疗见下文。

38.1　外科解剖学

膝关节由股胫关节和股髌关节组成。其主要的稳定结构为十字韧带和内外侧副韧带。其次是关节囊、半月板与跨关节的肌肉和韧带。

前十字韧带的作用为防止膝关节过度伸展、过度内旋以及胫骨前移。后十字韧带的作用为防止胫骨后移。猫的前十字韧带较后十字韧带更坚韧[1]，这也解释了为什么偶尔会有后十字韧带单独断裂的情况。侧副韧带的作用主要是防止膝关节内翻或外翻。

膝关节周围有 4 块籽骨：髌骨、内侧和外侧腓肠豆以及腘籽骨。虽然外侧腓肠豆在 X 线片上始终骨化可见，但很多猫的内侧腓肠豆一般不可见。在组织学上，透射线的内侧腓肠豆由纤维软骨组成[2]。与纯种猫相比，杂种猫内侧腓肠豆不显影的概率更高[2]。腘籽骨是位于腘肌腱内的一块小的椭圆形骨。

38.2　诊断和治疗方案

膝关节疾病的诊断主要基于临床检查结果。表 38-1 总结了膝关节的潜在疾病和损伤以及治疗方案。

猫急性创伤性前十字韧带断裂会突然出现中度至重度跛行、膝关节伸展时疼痛和关节积液。前抽屉试验阳性可确认前十字韧带断裂。但需要特别注意，正常幼年猫膝关节的前后松弛度较大，因此应始终将受累关节的稳定性与对侧进行比较。在发生前十字韧带断裂之前，有些猫尤其是老年猫已存在慢性退行性关节病，且这些猫往往有不爱活动或慢性轻度跛行的病史。

后十字韧带单独断裂可引发后抽屉试验阳性。其跛行和疼痛一般不太明显。内侧副韧带断裂导致关节外翻不稳定，外侧副韧带断裂导致关节内翻不稳定。

猫膝关节断裂常表现为非负重跛行、广泛性软组织肿胀、结构改变以及膝关节明显不稳定或脱位。前抽屉运动试验和后抽屉运动试验，以及内外侧稳定性均受到影响。这些检查应在膝关节闭合性复位后进行，以评估哪些解剖结构受损，但由于膝关节复位或操作非常疼痛，所以最好在患病动物心血管和呼吸状态稳定后在镇静或全身麻醉下进行。

应触诊髌骨以检查是否有髌骨脱位或髌骨骨折。表 38-2 列出了髌骨脱位的分级系统。与犬相比，猫髌骨较大且较扁平，正常松弛度也更大。

膝关节 X 线检查有助于确认临床诊断，并排除关节周围或关节骨折。有时也应在全身麻醉下拍摄内翻或外翻应力位 X 线片，以评估侧副韧带的完整性。

38.3　膝关节入路

膝关节可通过外侧或内侧入路切开[3]。其中外侧髌旁入路最常用，适用于关节探查和清创、应用外侧叠盖缝合治疗前十字韧带断裂、修复外侧副韧带扭伤，以及治疗髌骨脱位。切开时注意不

表 38-1　猫膝关节损伤及疾病总结及可采取的手术治疗方式

病变类型	进一步分类	治疗选项
膝关节不稳定	前十字韧带断裂	保守治疗 关节囊外固定 TTA/TPLO
	后十字韧带断裂	保守治疗
	侧副韧带扭伤	保守治疗 人工韧带
膝关节脱位	根据累及的韧带分类	手术修复受损韧带 + 外固定包扎 + TESF + 经关节克氏针固定
髌骨骨折	疲劳性应力性骨折	保守治疗 环扎钢丝 ± 胫骨股四头肌钢丝 ± 外部保护 部分髌骨切除术
	创伤性骨折	张力带钢丝固定 ± 外部保护 部分髌骨切除术
髌骨脱位	不同分级	胫骨粗隆移位术 滑车成形术 软组织矫正
韧带损伤 （第 16 章）	趾长伸肌腱撕裂 股四头肌腱断裂	手术复位到股骨或胫骨 手术修复和保护

注：TTA，胫骨粗隆前移术；TPLO，胫骨平台水平截骨术；TESF，经关节外固定支架。

表 38-2　猫髌骨脱位的分级系统建议

分级	临床特征
A	人为可使髌骨完全脱位，但外力释放后立即恢复原位
B	人为可使髌骨完全脱位，但外力释放后仍暂时保持脱位状态
C	当胫骨内旋时髌骨脱位，无需直接施压
D	无人为操作，髌骨暂时或永久脱位

要损伤趾长伸肌腱，该肌腱起源于股骨外侧髁上的关节内位置。

膝关节内侧入路用于修复内侧副韧带损伤以及用于胫骨粗隆相关手术，如胫骨粗隆外移治疗髌骨脱位，或胫骨粗隆前移或胫骨平台水平截骨术（TPLO）治疗前十字韧带疾病。

38.4　半月板矿化

猫半月板矿化的报道很少[4,5]，但它却是猫科动物临床上的常见特征。这些钙化或骨化通常被认为发生在内侧或外侧半月板的前角，但作者也见到过前十字韧带前侧附着处的矿化区域，即滑膜和髌下脂肪垫。矿化灶在 X 线片上表现为关节前侧的一个或多个高密度小体（图 38-1）。大多数患猫为老年猫，其中许多同时伴发膝关节病，且常常双侧发病。有证据表明，半月板矿化与前十字韧带断裂有关，但二者先后次序不一定[4–6]。在一项研究中，14 例猫的前十字韧带疾病中有 12 例在后续 X 线片上可见膝关节内有高密度小体[6]。这些发现表明半月板钙化可能是前十字韧带断裂的后遗症，但其中大多数猫都没有拍摄术前 X 线片。相比之下，在另一项研究中，6 例猫的半月板

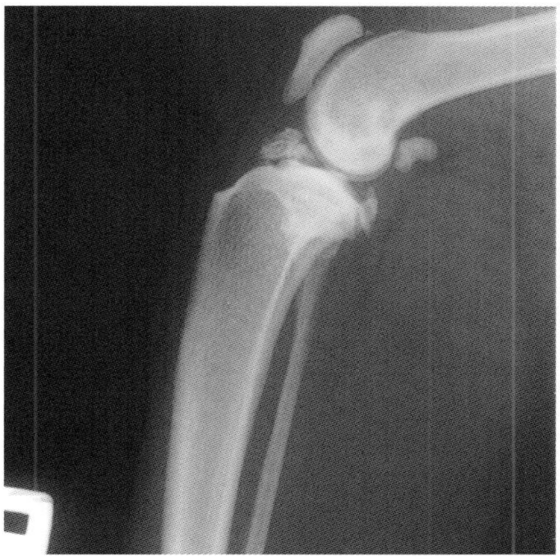

图 38-1　12 岁猫膝关节的内外侧位 X 线片，关节前侧可见一较大的矿化灶，也可见退行性关节病变。临床诊断为前十字韧带断裂

矿化中有 5 例同时存在前十字韧带断裂，有 2 例猫的双侧病变后来在对侧肢体发展为前十字韧带疾病 [5]。该研究作者猜测矿化的半月板丧失了其正常顺应性，从而使关节容易发生前十字韧带断裂 [5]。

许多猫与半月板疾病相关的临床症状并未被发现。当猫出现跛行等临床症状时，应仔细评估关节稳定性，以排除并发的前十字韧带断裂。曾有 1 例前十字韧带并未断裂的猫，在切除钙化的半月板后，其临床症状得到缓解 [5]。

38.5　髌骨疾病

髌骨疾病包括髌骨脱位和髌骨骨折。其中髌骨脱位更常见。猫的髌骨骨折通常为应力性骨折，很少与外伤有关 [7]。髌骨发育不良也有报道 [8]。

38.5.1　髌骨脱位

与犬相比，猫的髌骨脱位不太常见。髌骨脱位的原因可能是创伤性的，也可能是股骨或胫骨骨折后肢体构型改变的后遗症，但大多数病例是发育性的 [9,10]。据报道，某些品种，如阿比西尼亚猫和德文卷毛猫，髌骨脱位的患病率较高 [11-13]，但其他品种及杂种猫也可受累 [9,10]。一项研究显示，多达 38% 的阿比西尼亚猫触诊发现髌骨松弛 [11]。这在 2 只同窝英国短毛猫中也有报道 [14]。髌骨脱位似乎与遗传有关，但确切的遗传方式尚不清楚。其患病率和脱位分级被认为受多种因素影响，涉及多基因性状，这点与犬类似 [11]。髌骨脱位也可能与髋关节发育不良有关 [10,13,15,16]。

猫一般常见髌骨内侧脱位，且双侧受累（图 38-2）。患猫开始发病时往往较为年轻 [9]。但有研究报道，猫髌骨脱位的中位发病年龄为 3.3 岁，这比犬的要大得多 [17]。与犬相比，猫的髌骨更大，生理松弛度也更高，许多正常猫的髌骨可以手动移动到股骨髁的滑车嵴上。因此，在猫使用犬的髌骨脱位分级系统时应更加谨慎。表 38-2 列出了猫髌骨脱位的分级系统。大多数猫为 A 级或 B 级脱位；猫 D 级脱位很罕见 [17]。解剖学变化包括滑车沟浅和胫骨粗隆向内侧移位。大体结构变化一般很少见。通常不存在或仅有轻微的继发性骨关节炎，但老年猫的膝关节可能出现更严重的退行性变化 [17]。髌后和内侧髁嵴可能存在软骨侵蚀（图 38-3）。

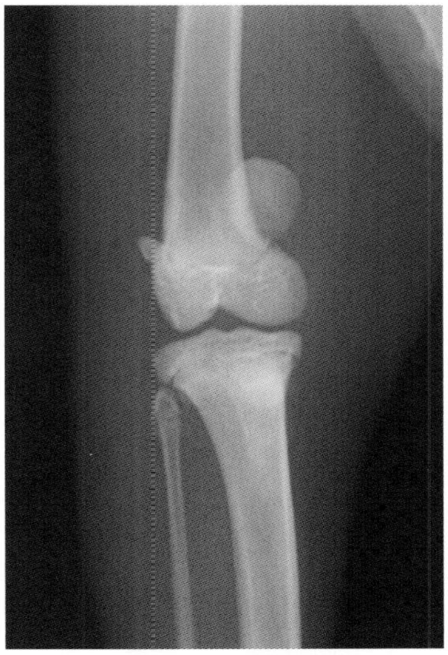

图 38-2　7 月龄家养短毛猫左侧膝关节的后前位 X 线片，可见髌骨内侧脱位

髌骨松弛常需与临床症状结合起来判读。常见的临床症状包括蜷伏步态、活力下降和无法跳跃等。某些猫可能出现间歇性跛行或突然疼痛、嚎叫，且不愿使用悬肢。这些症状很可能是髌骨突然脱位所致。如果前十字韧带断裂合并髌骨脱位，也可能发生急性跛行。创伤性髌骨脱位也会急性发作。

当猫出现与髌骨脱位相关的临床症状时，需要考虑手术治疗。手术的目的是恢复正常髌骨位置，改善股髌关节功能。一些单独或联合使用的治疗

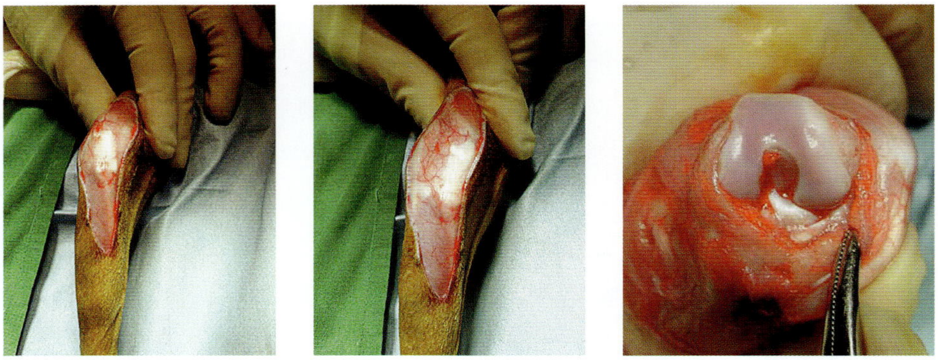
A B C

图 38-3 猫发育性内侧髌骨脱位。(A) 切开皮肤后，可见髌骨位于正常位置。(B) 当向股四头肌轻微施加外力后，髌骨向内侧脱位。(C) 采用外侧髌旁入路后，髌骨向内侧脱位。在内侧髁嵴上常可见软骨侵蚀。滑车沟很平

方法在临床上可改善大多数猫的髌骨功能[10,17]。这些技术包括胫骨粗隆移位术、滑车成形术和软组织矫正等。软组织是膝关节的次要稳定结构，仅对其进行矫正很难长期充分地恢复髌骨的解剖结构和功能。仅采用软组织矫正的适应证是罕见的急性创伤性髌骨脱位，它是由内侧或外侧支持带断裂所致（图 38-4）。

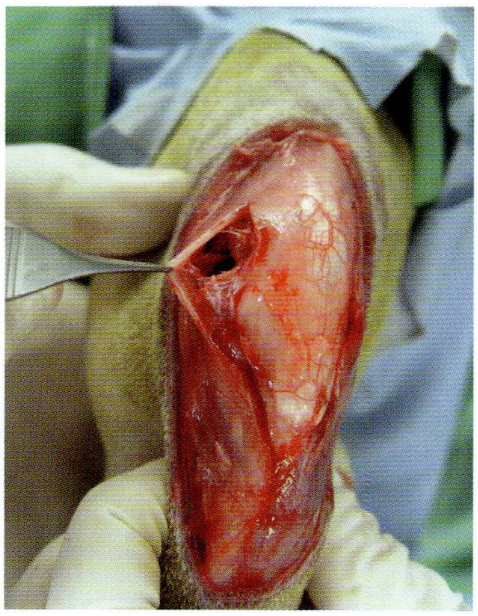
图 38-4 由内侧支持带和关节囊破裂引起的猫创伤性外侧髌骨脱位

对于非创伤性髌骨脱位，胫骨粗隆移位术或胫骨粗隆移位术联合滑车成形术更加可靠[10]。胫骨粗隆向外侧移位可恢复内侧髌骨脱位股四头肌 / 髌腱正常的轴向。胫骨粗隆向外侧移位可联合向前移位来减少髌后的压力和疼痛[18]（专栏 38-1）。胫骨粗隆向内侧移位可用于治疗外侧髌骨脱位。幼年猫应避免进行胫骨粗隆移位术，否则会损伤胫骨粗隆生长板。滑车成形术可加深异常扁平的滑车沟，常与胫骨粗隆移位术联合进行。

38.5.2 髌骨骨折

髌骨骨折可能自发发生或由创伤引起。文献中有 3 例非创伤性髌骨骨折的报道[7]，另有 34 例的数据正在准备发表[19]。自发性髌骨骨折往往双侧发生，且无创伤迹象，但不一定同时发生（图 38-6）。因此，这种类型的骨折很可能是继发于内部应力的疲劳性骨折。大多数为髌骨近端 1/3 水平的简单横骨折[7]。临床症状常包括突发跛行、髌骨周围疼痛和肿胀，但有些病例可能无症状[7]。如果诊断为髌骨骨折，对侧肢体也应进行 X 线检查。正常髌骨在发生骨折之前，可能已有骨重塑的表现（图 38-6）。

对于轻度移位的慢性骨折，如果跛行很轻微，可以采取保守治疗。与创伤性髌骨骨折相比，应力性骨折时髌骨周围的软组织可能保持完整，有助于抵消股四头肌施加的拉力。未经治疗的特发性髌骨骨折的 X 线征象在 18 个月内无明显改变[7]。手术治疗自发性髌骨骨折往往收效甚微，因为不愈合和植入物失败的可能性很高（图 38-6）。有 2 例猫应力性骨折在手术治疗后出现骨折不愈合，但这并不一定与退行性关节病和预后不良有关[7]。使用克氏针和张力带钢丝固定髌骨的应力性骨折一般都会失败，它常导致脆弱的髌骨进一步碎裂，从而需要进一步手术翻修或移除断裂的植入物[19]。

如果骨碎片严重移位，且跛行很明显，则应尝试手术修复，包括使用环扎钢丝和胫骨股四头肌钢丝（图 38-6）或经关节外固定支架固定髌骨。股四头肌和髌旁软骨撕裂应采用适当的缝合方式缝合，以恢复股四头肌的完整性。如果内固定失

专栏 38-1　内侧髌骨脱位矫正术

根据术者偏好，采用外侧或内侧髌旁入路。探查膝关节是否存在其他并发疾病。

滑车成形术：首先评估滑车沟深度，必要时进行滑车成形术。如果同时进行胫骨粗隆移位术，则应该在胫骨粗隆切开后但未重新固定前进行滑车成形术。在猫常使用楔形滑车成形术（图 38-5A）。猫的髌骨比犬的宽，因此应确保切开的楔形有足够宽度。

胫骨粗隆外侧和前侧移位术：使用摆锯或手锯切开胫骨粗隆（图 38-5B）。如果使用手锯，则应将胫骨近端外侧的胫前肌部分掀开，然后在髌韧带后方用手锯切开。切开胫骨粗隆时可略微倾斜，从紧邻内侧半月板前侧延伸至外侧的趾长伸肌腱前侧（图 38-5B）。将胫骨粗隆向外侧移位并固定在新位置。在插入克氏针时，小心地放置一对尖头复位钳可用于保持胫骨粗隆的位置。将 2 根 0.8 mm 或 1.1 mm 克氏针从髌腱附着处远端沿远后和内侧方向插入胫骨粗隆，直至克氏针末端接合或刚好穿透胫骨后侧的皮质。在胫骨切开处远端的前侧皮质区钻孔，然后使用 0.6 mm 或 0.8 mm 的“8”字环扎钢丝穿过该孔并固定在近端克氏针末端周围（图 38-5C）。钢丝不应完全穿过截骨术的远端。注意不要用钢丝绞窄髌腱的远端，以免导致缺血性坏死和肌腱断裂。

软组织矫正：对于内侧髌骨脱位，在闭合时可将外侧关节囊和筋膜进行重叠缝合。对于严重的（如 3 级或 4 级脱位）病例，可能需要释放内侧筋膜以减轻其对髌骨的内侧拉力。在闭合皮肤前，再次评估伸展、弯曲、内旋及外旋时髌骨的位置。

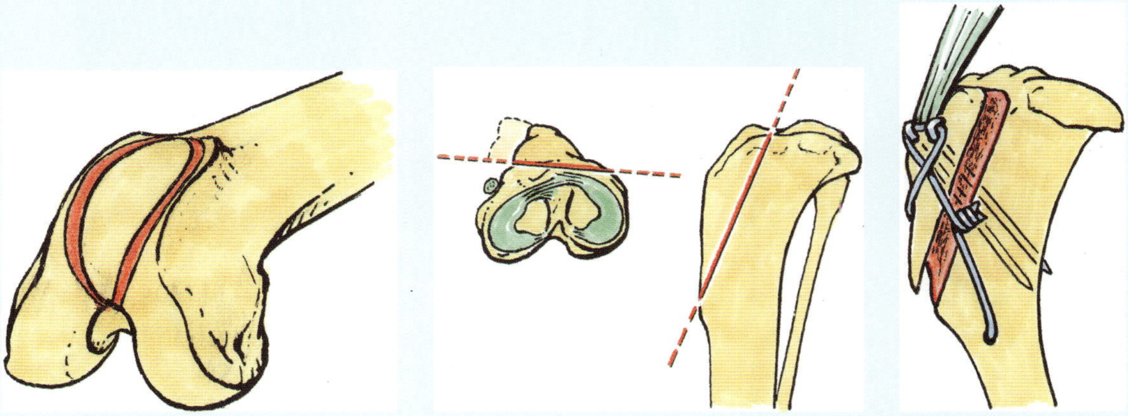

A　B　C

图 38-5　治疗内侧髌骨脱位的手术技术。（A）楔形滑车成形术。确保切开的楔形槽有足够的宽度，从而可以容纳髌骨。（B）胫骨粗隆移位术。截骨术位置示意。紧邻内侧半月板前侧至趾长伸肌腱前侧切开。由于截骨术稍微倾斜，胫骨粗隆外侧移位术也会导致一定程度的向前移位。（C）用张力带将胫骨粗隆固定在新的位置。注意不要绞窄髌腱的远端

败或无法进行内固定，且临床症状持续存在时，则可考虑将部分髌骨切除术作为挽救性手术。猫不应进行完全髌骨切除术。

猫真性创伤性髌骨骨折很罕见，常与股骨远端或胫骨近端骨折、十字韧带断裂和髌骨脱位合并被诊断出来。如果骨碎片很小，可以通过部分髌骨切除术去除。较大的骨碎片应通过手术固定，以恢复股四头肌的功能。髌骨骨折的手术固定非常困难，因为髌骨小且硬，这样股四头肌施加的巨大拉力就只能用小的植入物来抵消。植入物应以张力带的方式放置。可能的治疗方案包括插入 1 根固定针并使用“8”字钢丝固定、多根克氏针固定或使用环扎钢丝及胫骨股四头肌钢丝固定，后者如自发性髌骨骨折所述。解剖复位对于恢复关节完整性非常重要。此外，还可采用经关节固定的方式。

38.6　肌腱损伤

38.6.1　股四头肌腱断裂

猫不常见股四头肌腱或髌韧带断裂[20]，但由于韧带断裂后无法维持膝关节的伸展，所以可导致严重伤残。X 线检查可见髌骨向近端移位。如果有疑问，可拍摄膝关节屈曲和伸展侧位 X 线片来

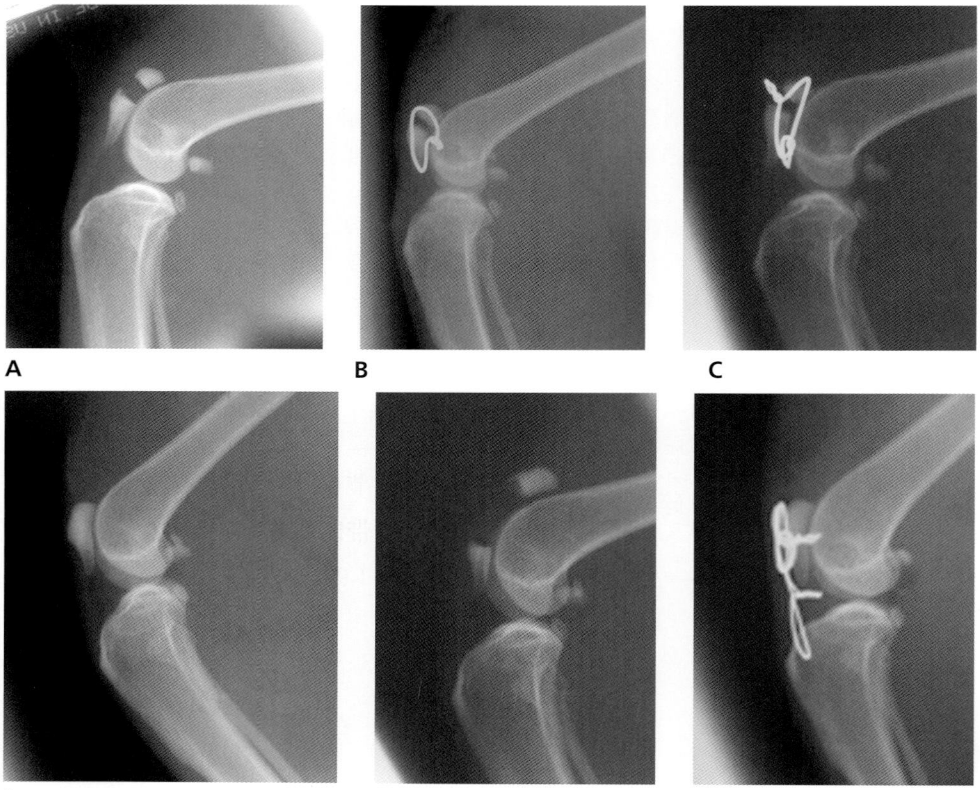
A　B　C　D　E　F

图 38-6　3 岁室内饲养的雌性已绝育的俄罗斯蓝猫左后肢突发跛行。(A) 可见髌骨自发性应力性骨折，左侧髌骨被诊断为疲劳性骨折。(B) 使用环扎钢丝固定。(C) 术后 3 个月 X 线片可见左侧髌骨功能性不愈合。(D) 初次就诊时，可见右侧髌骨硬化。(E) 3 个月后右侧髌骨发生自发性骨折。(F) 右侧髌骨使用环扎钢丝和胫骨股四头肌钢丝固定（经许可转载自 Langley-Hobbs SJ. Survey of 52 fractures of the patella in 34 cats. Vet Rec 2009;164:80–86.）

确定股四头肌腱的完整性（图 38-7）。肌腱可采用三环滑轮缝合方式进行缝合（第 16 章）。术后需要使用胫骨股四头肌钢丝、外固定包扎或经关节外固定支架进行保护，也可视情况联用以上方式。预后谨慎，术后常见断裂或其他并发症。

38.6.2　趾长伸肌腱止点撕脱

趾长伸肌腱止点的创伤性撕脱是偶见于幼年大型犬的一种疾病。患犬表现跛行和膝关节积液。在 X 线片上，在股胫关节前外侧常可见一个高密度小体，即撕脱的肌腱止点。曾有 1 例猫趾长伸肌腱止点撕脱的报道[21]，使用 2 根小的克氏针固定后完全康复。如果无法将肌腱止点重新固定到其原位，则可将其缝合到胫骨近端水平的周围软组织上。术后 3 周将关节保持伸展状态并限制活动。

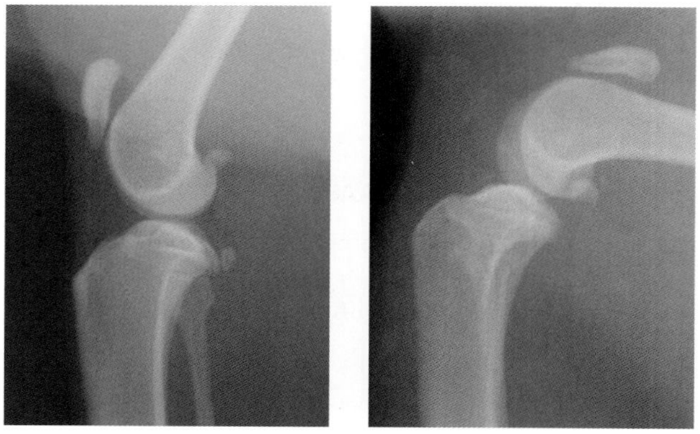
A　B

图 38-7　猫股四头肌腱断裂。(A) 膝关节伸展内外侧位 X 线片显示髌骨向近端轻微移位。(B) 膝关节屈曲位 X 线片显示股四头肌腱断裂。可见一小块高密度的骨碎片，即髌骨远端撕脱性骨折

38.7 韧带损伤

前十字韧带和后十字韧带断裂、侧副韧带扭伤和膝关节断裂，以及相应的手术治疗技术将在以下部分中介绍。

38.7.1 前十字韧带断裂

猫的前十字韧带断裂通常与创伤有关。其中从高处跌落是最常见的原因。发生前十字韧带断裂后，前抽屉试验呈阳性，X 线片可见关节积液和胫骨前移（图 38-8）。韧带撕裂时，有时可在前十字韧带的胫骨附着处看到一个小骨碎片[22]。

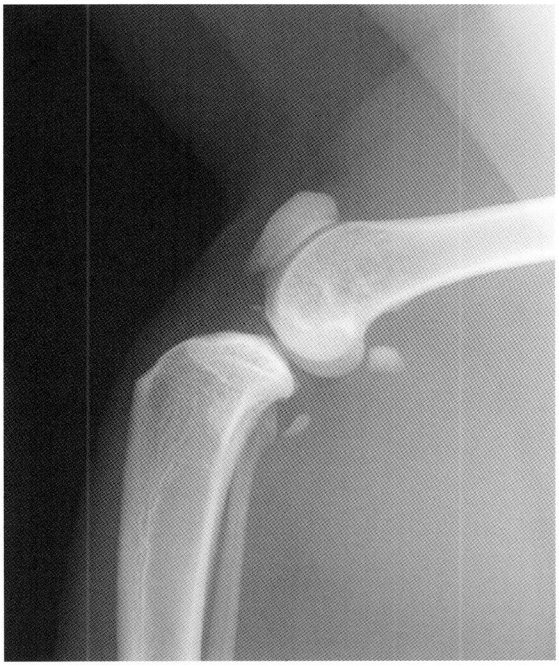

图 38-8 猫从高处跌落后创伤性前十字韧带断裂的内外侧位 X 线片。注意胫骨向前移位。还可见关节积液和可能来自前十字韧带胫骨附着处的撕脱的骨碎片

虽然该病常与创伤有关，但并不一定总能发现创伤，在某些情况下，猫与犬类似，韧带退化可能先于前十字韧带断裂[23]。这一假设的原因是患有前十字韧带断裂的猫的年龄通常比患有其他类型创伤的大，报道的平均年龄为 7.4 ~ 8.5 岁[6,23]。一些出现急性跛行并伴有前十字韧带断裂临床症状的猫的 X 线片上已经存在退行性关节变化和半月板钙化（图 38-1）。此外，还有一点与犬类似的是，超重猫前十字韧带断裂的发病率更高[23,24]。

猫前十字韧带断裂或损伤后半月板损伤的发病率和意义尚不清楚，但在实验性切断猫的前十字韧带后，可观察到内侧半月板的病变[25]。与犬相比，膝关节不稳定的猫的骨关节炎变化速度似乎更慢[25]，但在切断前十字韧带 3 个月后明显可见骨赘，膝关节退变持续 1 年。骨赘一般可见于髌骨近端、滑车沟近端和胫骨背内侧缘[26]（第 5 章）。

治疗方案包括保守治疗和手术治疗。保守治疗包括必要时减轻体重，并将猫限制在室内以避免剧烈运动。也可短期给予非甾体抗炎药及长期使用关节保护剂（第 5 章）。一项关于 16 例猫前十字韧带断裂的临床研究显示，术后 5 周可见完全恢复正常步态[6]。使用测力板分析的实验研究结果表明，在切断前十字韧带后，猫需要 3 ~ 4 个月才能恢复正常或接近正常的肢体负荷能力[25,26]。而且即使在 1 年后，峰值负荷能力仍略低于正常肢体，但这并无统计学意义[26]。保守治疗后，几乎所有猫的前抽屉运动都持续存在[6,26]。

目前尚无研究对前十字韧带疾病的保守治疗和手术治疗进行直接对比，治疗的选择主要取决于外科医生的偏好。在进行猫前十字韧带断裂囊外修复的临床研究中，与保守治疗相比，恢复正常功能的时间为 2 ~ 4 周[23,27]。手术治疗前十字韧带断裂可减少或延缓退行性关节病的发展，同时与非重建相比，也可改善本体感受能力[28]。

总而言之，虽然手术治疗并非绝对必要，但其效果似乎很好。作者建议，对肥胖猫、年轻且活跃的猫、并发其他肢体损伤的猫或者保守治疗 3 ~ 4 周后仍存在跛行的猫，可进行手术治疗。在猫上最常用的手术技术是外侧支持带重叠缝合技术。在犬上，截骨矫正术如 TPLO（图 38-9）和 TTA（图 38-10）被认为比囊外修复技术更优，但尚未在大量猫上进行临床评估。有 1 例前十字韧带断裂且胫骨近端畸形的猫采用 TPLO 及胫骨楔形截骨术成功治疗[29]。作者也成功地使用了 TTA 技术。在肥胖猫或患有慢性前十字韧带断裂合并膝关节骨关节炎的病例中，截骨矫正术可能比囊外修复技术更好，但仍有待评估。专栏 38-2 描述了外侧支持带重叠缝合技术。

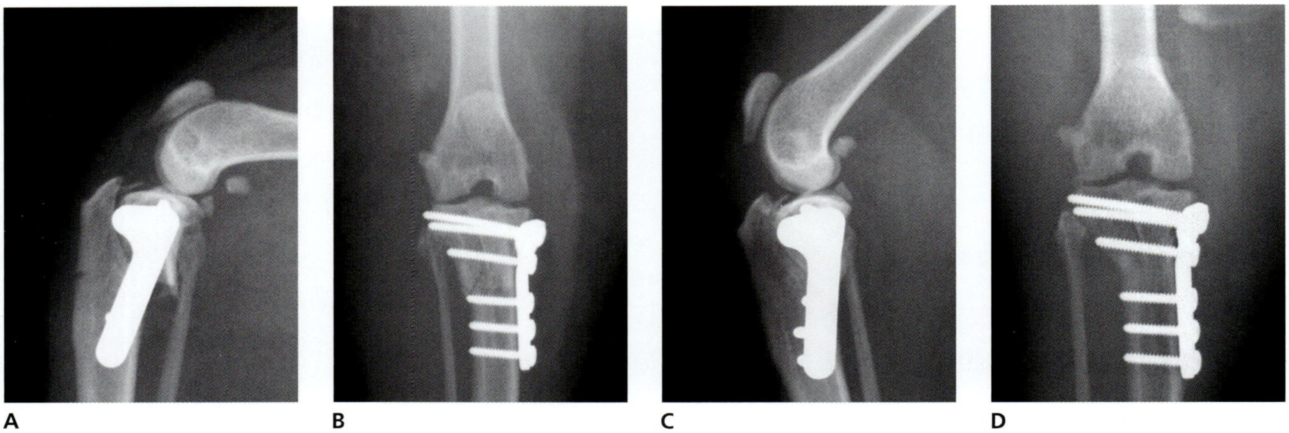

图 38–9　采用 TPLO 治疗猫前十字韧带断裂的（A，B）术后和（C，D）3 个月后的膝关节 X 线片。胫骨近端截骨后，使用 2.0 mm TPLO 骨板进行固定（Prof. U. Matis 供图，版权所有）

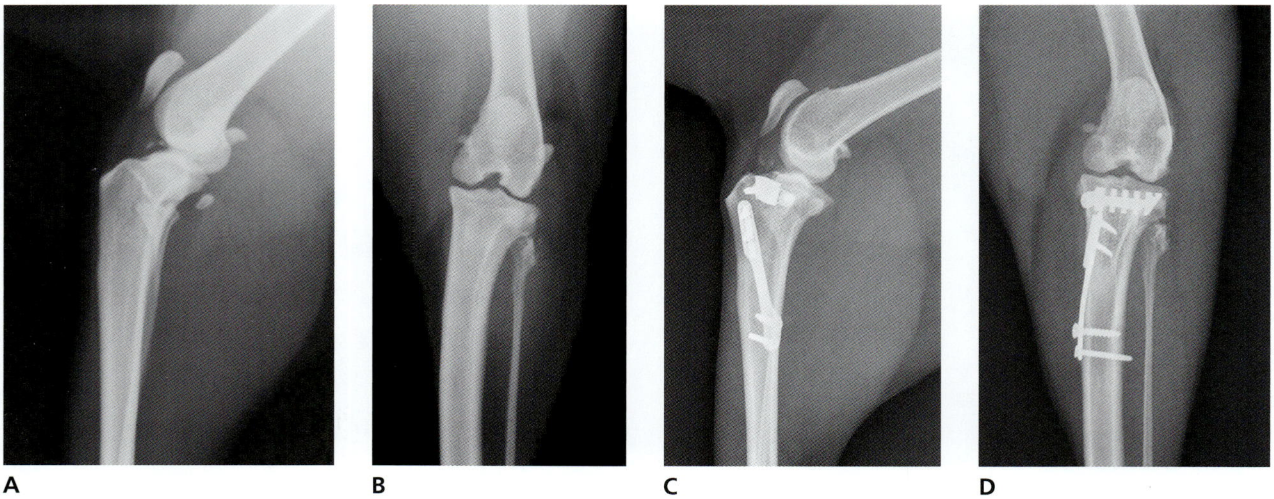

图 38–10　采用 TTA 治疗 11 岁超重猫前十字韧带断裂的（A，B）术后和（C，D）8 个月后的膝关节 X 线片。注意该猫的股骨远端有内翻畸形，胫骨近端有外翻畸形，这是很少见的

专栏 38–2　外侧支持带重叠缝合技术

采用膝关节外侧髌旁入路，探查膝关节，并使用部分半月板切除术治疗半月板病变。小心切除断裂的前十字韧带的残余部分，注意不要损伤前半月板间韧带。闭合关节囊，并通过胫骨粗隆前侧近端的钻孔和外侧腓肠豆周围放置囊外缝线（图 38–11），缝线可选择 0 号单丝不可吸收缝线或 23 kg（50 lb）断裂应变尼龙引线。应注意避免压迫髌韧带或损伤腓神经。打结时，膝关节应保持中度弯曲和轻度外旋。然后以重叠缝合方式在缝线上方闭合外侧筋膜，常规闭合皮下组织和皮肤。

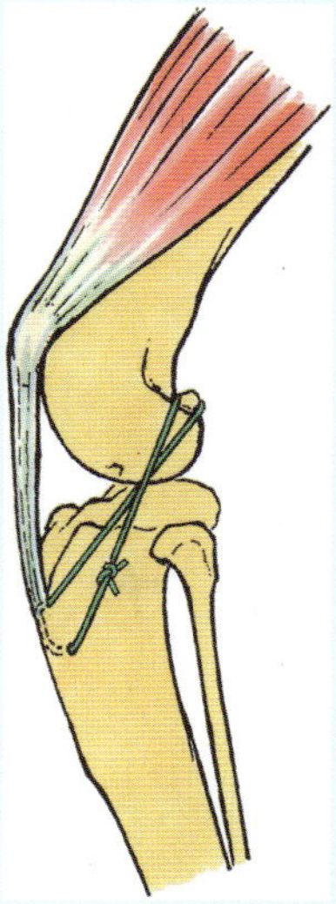

图 38–11　固定前十字韧带断裂的外侧支持带缝线位置的示意

38.7.2　后十字韧带断裂

猫的后十字韧带断裂很少单独发生。发病时，后抽屉运动试验呈阳性，X 线片可见胫骨后移（图 38–12）。大多数病例在采取保守治疗后，预后似乎不错。但如果在限制运动 3 ~ 4 周后跛行仍未缓解，则应考虑手术治疗（专栏 38–3）。此外，在膝关节断裂的猫中，当合并发生前十字韧带和（或）侧副韧带损伤时，也应该考虑修复后十字韧带。

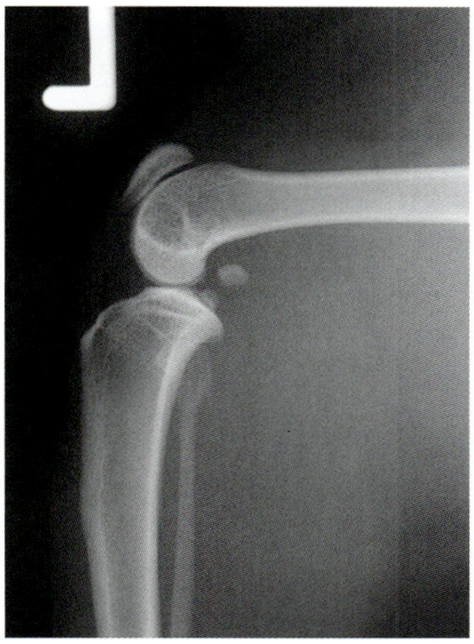

图 38–12　高处跌落患猫的膝关节内外侧位 X 线片。可见胫骨后移，提示后十字韧带断裂

专栏 38–3　后十字韧带断裂的手术固定

采用膝关节外侧髌旁入路。使用单丝不可吸收缝线或慢吸收缝线穿过腓骨头周围和髌腱近端，形成悬吊缝合（图 38–13）。缝线不应过紧。在腓骨头周围放置缝线时，必须注意暴露并牵开腓神经。

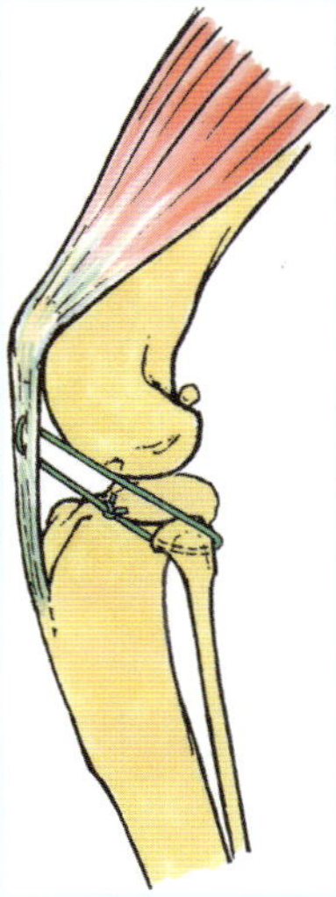

图 38–13　后十字韧带断裂时，使用腓髌肌腱悬吊缝合进行关节外加固的示意

38.7.3　侧副韧带扭伤

孤立性侧副韧带损伤偶见发生，更常与膝关节断裂有关（见下文）。内侧副韧带比外侧副韧带更常见受损。1 级韧带扭伤引起的临床症状非常轻微，所以很少被诊断出来。2 级和 3 级韧带扭伤可见受累韧带区域存在软组织肿胀。3 级扭伤也可引起明显的内翻或外翻不稳定。应力位 X 线片可见受累侧的关节间隙增大（图 38–14）。韧带附着处可能有撕脱的骨碎片。

1 级和 2 级损伤以及轻微不稳定的病例可采取保守治疗，包括笼养 10 d，严格限制活动，以使关节周围结构实现纤维愈合，然后在 4 周内逐渐恢复活动。不稳定的 2 级或 3 级损伤的病例建议进行手术治疗（专栏 38–4）。手术治疗可能会减缓由长期关节不稳定继发的退行性关节病的发展。如果可能的话，应缝合断裂的韧带末端，并使用人工韧带。如果有较大的骨碎片撕脱，可以用带或不带垫片的小拉力螺钉进行修复。

38.8　膝关节断裂

膝关节断裂是一种严重损伤，可导致胫股关节完全脱位和严重不稳定（图 38–16）。这种损伤一般是由多处韧带断裂引起的，包括侧副韧带、十字韧带和关节囊，其中最常见的是前和后十字韧带断裂及内侧副韧带断裂[30]。几乎所有病例都存在并发的半月板损伤，半月板周围撕脱伤最常见[30]。

虽然术前可以拍摄应力位 X 线片，但 X 线征象可能很难判读，在麻醉下通过仔细触诊和手术探查膝关节一般更容易诊断损伤的确切程度。手术常需要同时采用内侧和外侧髌旁入路来充分评估关节。手术的目的是修复或替换所有断裂的结构，并在充分稳定的前提下实现解剖复位。在术后前 2 ~ 3 周需要暂时固定膝关节，以保护一期修复的效果，并允许在复位的情况下让关节周围组织纤维化。外固定夹板或铸型无法为膝关节提供足够的固定，因此通常使用经关节外固定支架或经关节髓内针固定（图 38–16 和专栏 38–5）。

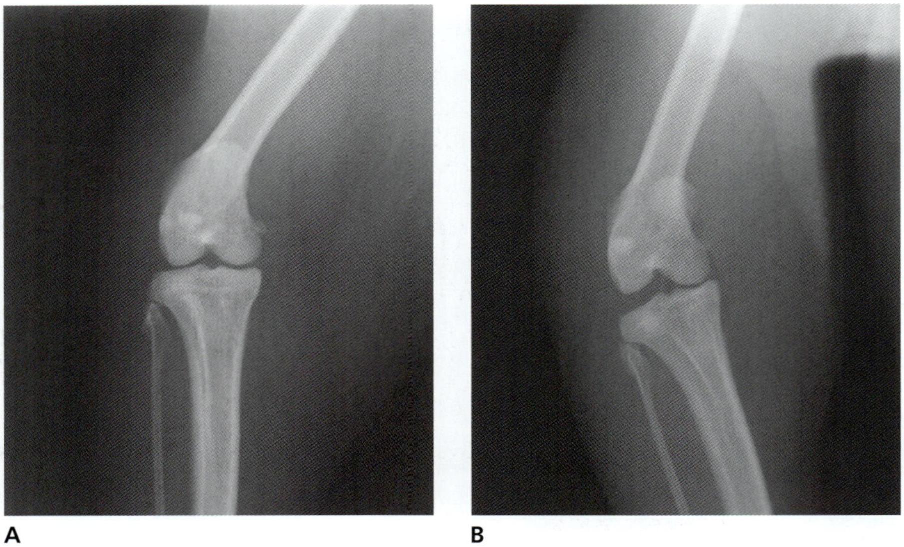

图 38–14　猫 2 ~ 3 级外侧副韧带扭伤的（A）外翻和（B）内翻应力位 X 线片。肢体内翻时，可见外侧股胫关节间隙增大。该猫同时存在 A 级髌骨内侧脱位

专栏 38–4　人工韧带

采用内侧或外侧入路分别暴露内侧副韧带或外侧副韧带。探查膝关节是否存在并发损伤。使用 4–0 单丝慢吸收缝线以锁环缝合方式缝合关节囊和韧带断端。如果韧带撕裂，可能无法缝合。人工韧带通常使用 0 号单丝不可吸收缝线或慢吸收缝线。闭合创口前，检查关节活动范围和稳定性。

内侧人工韧带：在股骨髁内侧副韧带的附着处拧入 1 颗 2.0 mm 螺钉或缝合锚钉，然后在胫骨近端拧入 1 颗 2.0 mm 螺钉（图 38–15A）。胫骨螺钉可适当朝向近端方向，有助于防止缝线从螺钉头上滑脱。使用光滑的 2.0 mm 不锈钢垫片也有助于防止缝线滑脱。将缝线以“8”字缝合方式固定在螺钉头周围，然后拧紧螺钉。

外侧人工韧带：在股骨外上髁外侧副韧带附着处拧入 1 颗 2.0 mm 螺钉，然后将缝线穿过腓骨头和胫骨之间（图 38–15B），或者，也可将第 2 颗螺钉从腓骨头拧入胫骨。由于腓骨头较小，此处应使用 1.5 mm 螺钉。然后如上文所述以“8”字缝合固定缝线。

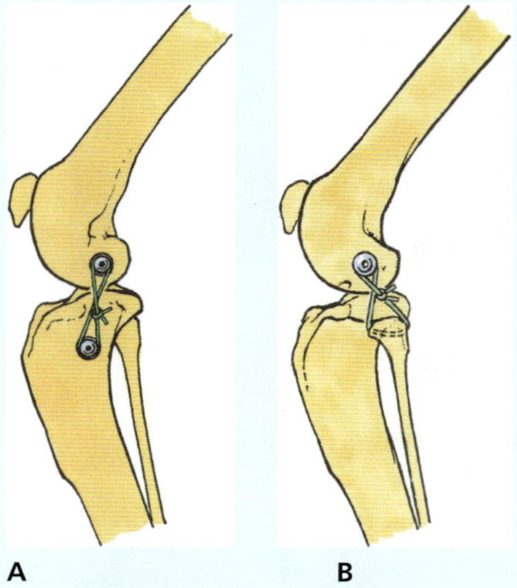

图 38–15　内侧和外侧人工韧带的示意。（A）内侧人工韧带，固定在二颗螺钉周围。（B）外侧人工韧带，固定在股骨髁螺钉和腓骨头周围

有报道对 7 例猫的膝关节脱位进行了 3 周的经关节髓内针联合外部夹板固定[31]。这些猫均进行了关节切开术和清创术，但没有修复受损的韧带。这些猫的平均体重为 4.7 kg，髓内针的尺寸范围为 2.4 ~ 3.5 mm（平均 3.0 mm）。并发症包括髓内针松脱、移位和弯曲，后者可能是使用的髓内针太小或外固定不充分所致。据报道，其中 4 只猫远期预后极好，1 只预后一般，1 只预后较差。

经关节外固定支架可提供稳定的固定，但也会存在许多并发症，如固定针松动、固定针断裂或通过最近端或远端针道的医源性骨折等[30]。阳螺纹固定针可降低固定针松动和断裂的发生率。为了降低医源性骨折的风险，建议在股骨近端 1/3 处放置最近端的固定针，在胫骨远端 1/3 处放置最远端的固定针[30]。正确的固定针放置技术、避免损伤前侧或后侧骨皮质，以及使用不超过骨直径 25% 的固定针也非常重要。

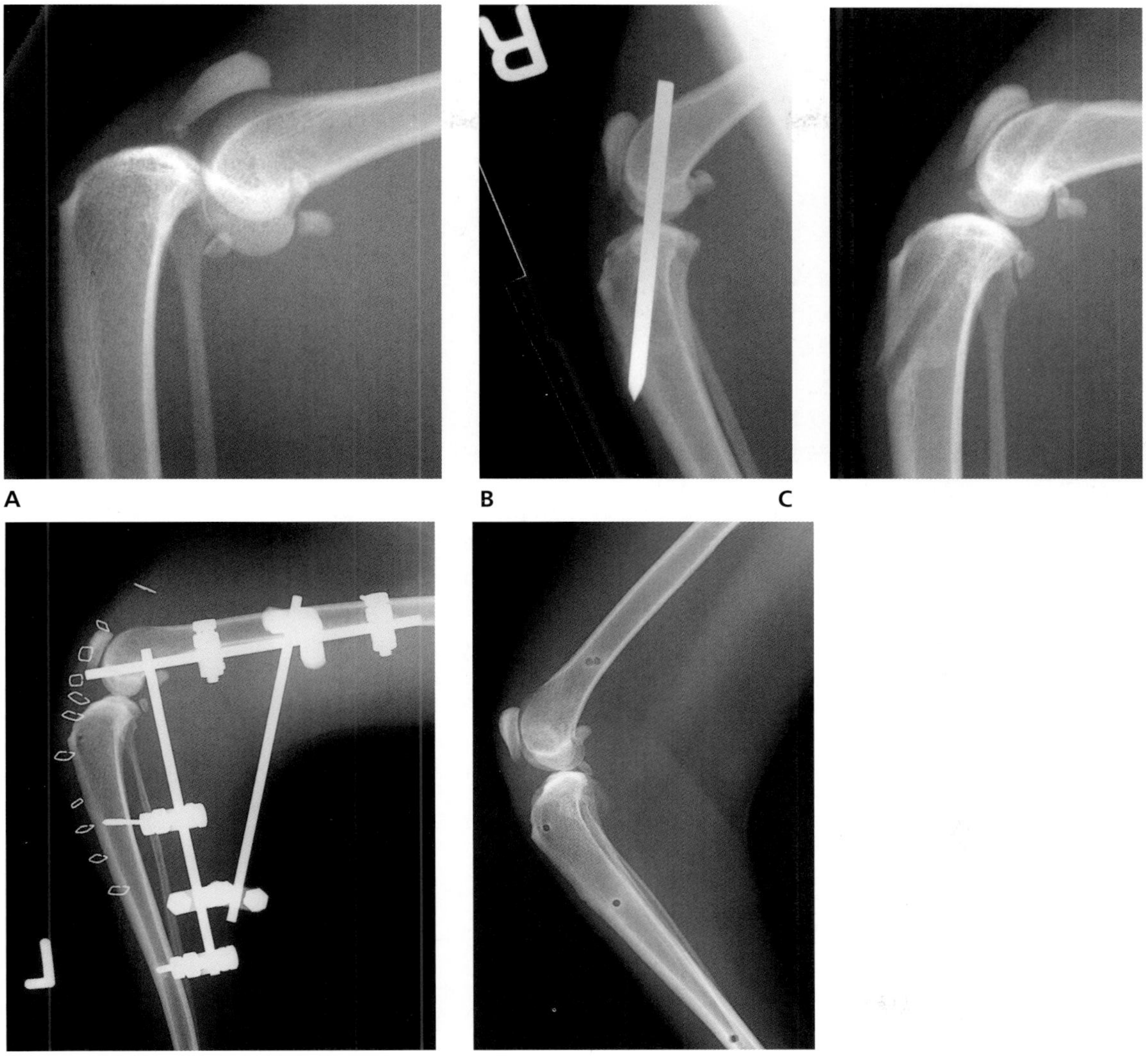

图 38–16　膝关节断裂术后固定的 2 种方案。（A）术前 X 线片显示膝关节向前脱位。（B）术后膝关节 X 线片，使用 3.0 mm 经关节髓内针暂时固定。（C）损伤 3 周后取出经关节髓内针后的 X 线片。（D）另一例膝关节断裂在修复内侧副韧带和前十字韧带后，使用经关节外固定支架固定。（E）术后 3 周取出外固定支架后的 X 线片

38.9　关节融合术

如果使用其他方法不能保持关节功能，膝关节融合术可作为一种挽救性治疗选择。关节融合术将使猫出现明显的步态改变，所以在选择这种方式之前应深思熟虑。某些病例也可选择截肢。关节融合术的适应证包括严重的退行性关节病，如败血症或管理不善的膝关节紊乱、无法修复的骨折、股四头肌挛缩或膝反屈等（图 38–18）。

关节融合术的角度根据对侧肢体的站立角度来估计，一般约为 110° 。关节融合时角度最好稍微弯曲不要太直，否则猫在使用该肢体时会很麻烦，尤其是在蹲伏时。应严格注意手术技巧，避免并发症。但由于关节融合造成的杠杆臂较长，可能导致股骨或胫骨在骨板与骨连接处的骨折。所以骨板两端应止于干骺端区域，不能超过骨干最窄的区域，以避免这种并发症。最近端和最远端的骨板孔不放置螺钉或使用单皮质螺钉也有助于降低应力提升效应。手术技术详见专栏 38–6。

专栏 38-5　膝关节断裂的手术固定

怀疑内侧副韧带断裂时，采用内侧髌旁入路。必要时也可采用外侧髌旁入路显露外侧副韧带。探查侧副韧带、关节囊和关节内结构。

结构修复和关节清创：首先通过将周围撕脱物复位到关节囊或通过部分或完全半月板切除术治疗半月板病变。冲洗关节，缝合关节囊。下一步缝合侧副韧带和施用人工韧带，如专栏 38-4 所述。然后放置关节囊外缝线以稳定前和后十字韧带，如专栏 38-2 和专栏 38-3 所示。缝合时应小心打结，以避免过度矫正，从而发生半脱位。闭合创口前，检查关节活动范围和稳定性。对于严重不稳定的关节，在重建韧带之前，如下文所述暂时放置经关节髓内针是有利的，这有助于在收紧缝线的过程中保持膝关节复位。

大多数病例都需要进行辅助性经关节暂时性固定。

使用经关节外固定支架暂时性固定：在肢体外侧放置 Ⅰ 型外固定支架，在股骨上使用 2.0 mm 阳螺纹针，在胫骨上使用 1.6 ~ 2.0 mm 阳螺纹针（图 38-17A）。最近端的固定针应位于股骨近端 1/3 处，最远端的固定针应位于胫骨远端 1/3 处。在插入这些针时，一定注意不要损伤前侧或后侧骨皮质。将外部连杆弯曲，以保持膝关节略微过伸的站立角度。2 ~ 3 周后移除外固定支架。

经关节髓内针暂时性固定：紧邻股骨滑车沟近端插入 2.4 ~ 3.2 mm 经关节髓内针，穿过膝关节，从胫骨前侧出来，在此过程中关节需保持正常或略微过伸的站立角度。髓内针需留得稍长，以便于取出（图 38-17B）。放置约 3 周后，通过胫骨或股骨上的小切口取出髓内针。

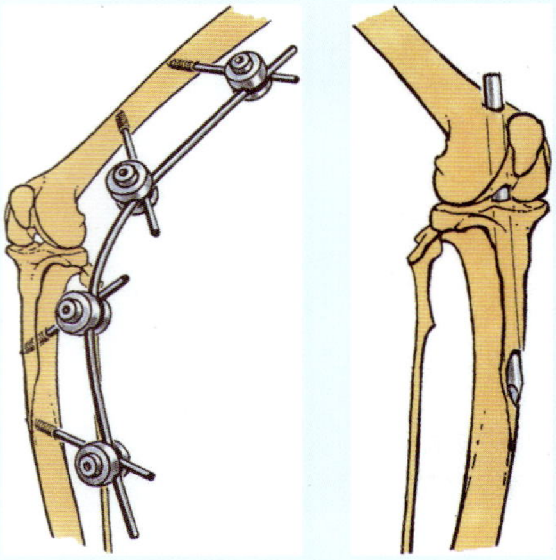
A　B

图 38-17　膝关节暂时性固定的 2 种方案。（A）在外侧放置 Ⅰ 型外固定支架暂时性固定膝关节。（B）放置经关节髓内针暂时性固定膝关节

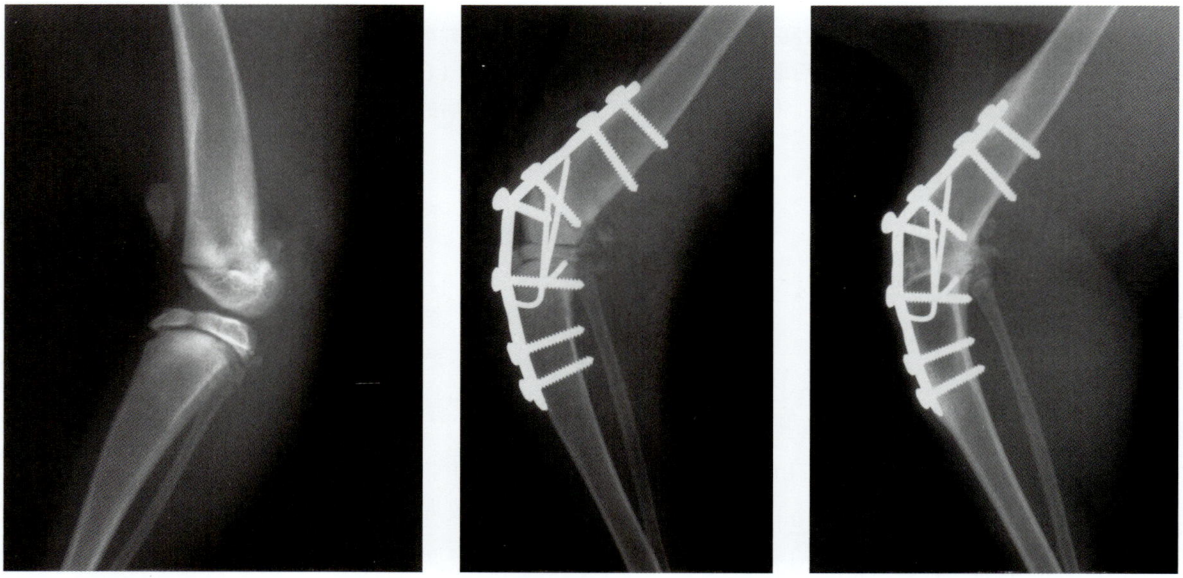
A　B　C

图 38-18　猫的膝关节融合术。（A）4 月龄幼猫先天性膝反屈的术前 X 线片。（B）使用交叉克氏针与 2.0 mm 动态加压骨板和 2.0 mm 螺钉进行膝关节融合术。（C）术后 4 周，注意关节融合处的骨愈合以及骨板近端和远端的骨重塑［经许可转载自 Houlton JEF, et al. (eds) BSAVA manual of canine and feline musculoskeletal disorders. Cheltenham: BSAVA; 2006.］

专栏 38-6　膝关节融合术

经过适当的软骨清创和骨移植后，在膝关节前侧使用骨板或外固定支架进行膝关节融合术。猫仰卧保定，行外侧皮肤切口，采用外侧和内侧入路显露膝关节。

膝关节的准备：从胫骨近端外侧分离胫前肌，行胫骨粗隆截骨术。将胫骨粗隆向近端掀起可很好地显露整个膝关节。使用锋利的手术刀小心地切除前十字韧带和半月板。使用摆锯垂直于胫骨长轴切除近端胫骨平台软骨和软骨下骨（图 38-19A）。在将膝关节保持在预期的关节融合角度后，平行于胫骨近端切口行段骨远端截骨术（图 38-19B）。可在胫骨和股骨上放置预弯的克氏针作为引导。然后进一步去除滑车嵴和滑车上的软骨。从截骨术后的骨碎片和髂骨嵴上采集松质骨或皮松质骨移植物，并置于关节融合部位。将胫骨和股骨进行解剖复位并确认角度后，使用 2 根直径为 1.1 ~ 1.4 mm 交叉克氏针固定关节。

骨板固定：将 2.7 mm 或 2.0 mm 动态加压骨板或 2.0/2.7 mm（叠加式）兽医可裁剪骨板塑型后放置在胫骨和股骨的前侧面，每块骨骼上至少要有 3 颗双皮质螺钉。选择骨板长度时应确保骨板两端止于干骺端，而非骨干的最窄部位。其中有 1 颗螺钉可通过骨板孔或骨板外拧入膝关节作为拉力螺钉（图 38-19C）。最近端和最远端的骨板孔不放置螺钉或使用单皮质螺钉可以降低应力提升效应（图 38-19C）。胫骨粗隆需重新复位到骨板内侧或外侧的胫骨上（图 38-19D）。随后可使用拉力螺钉或张力带固定。

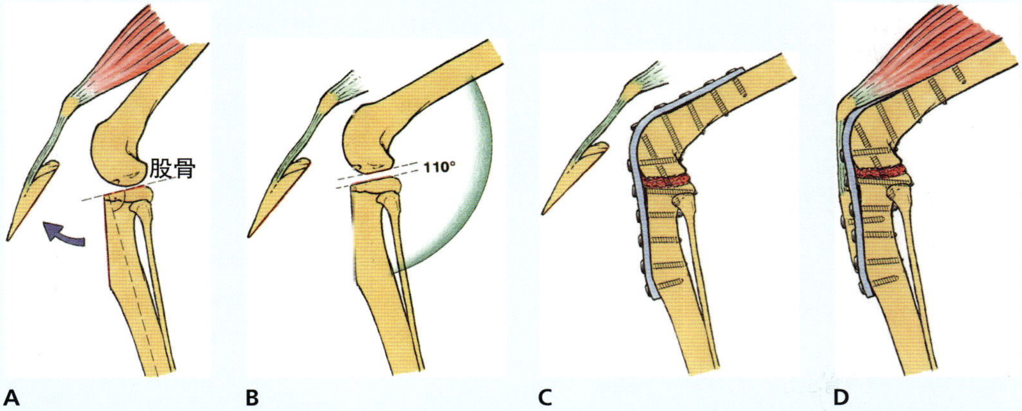

图 38-19　膝关节融合术。（A）行胫骨粗隆截骨术，向前牵开。垂直于胫骨长轴行胫骨平台截骨术。（B）在将膝关节保持在预期的关节融合角度后（通常为 110°），平行于胫骨近端切口行股骨远端截骨术。（C）使用骨折块间拉力螺钉和前侧骨板行关节融合术。注意最近端和最远端的骨板孔仅用单皮质螺钉填充。（D）将胫骨粗隆固定于骨板旁的胫骨上

38.10　术后治疗和预后

术后治疗和预后取决于损伤的类型和严重程度。但即使是严重的损伤，只要早期干预，预后通常良好，但如果治疗延迟，则预后不良。

38.10.1　孤立性韧带损伤

在修复单韧带损伤时，如前或后十字韧带断裂或孤立性侧副韧带断裂后，应通过室内饲养或笼养 4 周来严格限制活动。侧副韧带扭伤修复后，可在术后前 10 d 使用夹板绷带。应避免跳上或从高处跳下。恢复正常功能的预后良好，但有可能出现一定程度的退行性关节病。在采取囊外固定后，某些退行性疾病的患猫可能出现休息后步态僵硬和轻度跛行 [23]。有报道称 3 只猫在前十字韧带手术后因心肌病死亡 [32]。

38.10.2　膝关节断裂

膝关节的稳定性主要取决于软组织结构的完整性，严重不稳定的膝关节损伤在修复后的外部固定非常重要。在术后 2 ~ 3 周使用经关节外固定支架或经关节髓内针固定，期间严格限制猫的活动。在取出植入物后应检查关节的稳定性。

手术固定 3 周后，关节活动范围通常明显缩小，但当猫恢复活动后，会迅速改善。在拆除经关节外固定支架或髓内针后的前 2 周内，应建议动物主人严格限制猫的活动，防止跳跃，以允许纤维瘢痕组织逐渐重组和重塑，并防止针孔处发生医源性骨折。猫应保持室内饲养 2 ~ 3 个月。即便损伤非常严重，恢复至满意功能的预后通常良好，但可能会发生关节周围增厚、活动范围缩小和退行性关节病 [30,31]。可能的并发症包括固定针松动、弯曲或断裂，以及针道处的股骨或胫骨骨折和继发性复位丢失等 [30]。经关节髓内针在插入时也可能对关节内结构造成损伤。

38.10.3 髌骨脱位

术后肢体使用柔软的绷带包扎数日。对于髌骨内侧脱位，绷带应外旋转包扎。猫应限制在室内饲养至少 3 ~ 4 周，直到 X 线片显示截骨处愈合。90% 接受手术治疗的猫的功能恢复良好，而保守治疗往往无法改善 [10]。

38.10.4 关节融合术

术后应将猫放在笼内或较小的无法跳跃和攀爬的房间内以限制活动。成年猫在 4 周后拍摄 X 线片，根据 X 线征象和愈合程度逐渐扩大活动区域。完全恢复功能的预后谨慎。患猫会有一种迂回的步态，当它们以蹲伏的步态行走或跳跃或攀爬时可能会遇到困难。可能的术后并发症包括胫骨或股骨在骨骼与骨板连接处的骨折、不愈合和感染等。

参考文献和延伸阅读

[1] McLaughlin RM. Surgical diseases of the feline stifle joint. Vet Clin North Am Small Anim Pract 2002;32:963–982.

[2] Arnbjerg J, Heye NI. Fabellae and popliteal sesamoid bones in cats. J Small Anim Pract 1993;34:95–98.

[3] Piermattei DL, Johnson KA. An atlas of surgical approaches to the bones and joints of the dog and the cat, 4th edn. Philadelphia: WB Saunders; 2004.

[4] Whiting PG, Pool RR. Intrameniscal calcification and ossification in the stifle joints of three domestic cats. J Am Anim Hosp Assoc 1985;21:579–584.

[5] Reinke J, Mughannam A. Meniscal calcification and ossification in six cats and two dogs. J Am Anim Hosp Assoc 1994; 30:145–152.

[6] Scavelli TD, Schrader SC. Nonsurgical management of rupture of the cranial cruciate ligament in 18 cats. J Am Anim Hosp Assoc 1987;23:337–340.

[7] Arnbjerg J, Bindseil E. Patella fracture in cats. Feline Pract 1994;22:31–35.

[8] Milovancev M, Ralphs SC. Congenital patellar aplasia in a family of cats. Vet Comp Orthop Traumatol 2004;17:9–11.

[9] Johnson ME. Feline patellar luxation: a retrospective case study. J Am Anim Hosp Assoc 1986;22:835–838.

[10] Houlton JEF, Meynink SE. Medial patellar luxation in the cat. J Small Anim Pract 1989;30:349–352.

[11] Engvall PD, Bushnell N. Patellar luxation in Abyssinian cats. Feline Pract 1990;18:20–22.

[12] Flecknell PA, Gruffydd-Jones TJ. Congenital luxation of the patella in the cat. Feline Pract 1979;9:18–20.

[13] Smith GK, et al. Evaluation of the association between medial patellar luxation and hip dysplasia in cats. J Am Vet Med Assoc 1999;215:40–45.

[14] Davies M, Gill I. Congenital patellar luxation in the cat. Vet Rec 1987;121:474–475.

[15] Hayes HM, et al. Feline hip dysplasia. J Am Anim Hosp Assoc 1979;15:447–448.

[16] Patsikas MN, et al. Hip dysplasia in the cat: a report of three cases. J Small Anim Pract 1998;39:290–294.

[17] Loughlin CA, et al. Clinical signs and results of treatment in cats with patellar luxation: 42 cases. J Am Vet Med Assoc 2006; 228:1370–1375.

[18] L'Eplattenier H, Montavon PM. Patellar luxation in dogs and cats: pathogenesis and diagnosis. Compend Continuing Educ 2002;24:234–298.

[19] Langley-Hobbs SJ. Surgery of 52 fractures of the patella in 34 cats. Vet Rec 2009;164:80–86.

[20] Brunnberg L, et al. Injury to the patella and the patella ligaments in dogs and cats II: rupture of the patellar ligament. Eur J Comp Anim Pract 1993;3:69–73.

[21] Voorhout G, et al. Avulsion fracture of the tendon of origin of the long extensor muscle of the toe in a horse and a cat. Tijdschr Diergeneeskd 1986;111:1225–1228.

[22] Campos AG, et al. What is your diagnosis? Intra-articular avulsion fracture at the tibial insertion of the cranial cruciate ligament. J Am Vet Med Assoc 2005;227:883–884.

[23] Harasen GLG. Feline cranial cruciate rupture. 17 cases and a review of the literature. Vet Comp Orthop Traumatol 2005;4: 254–257.

[24] Umphlet RC. Feline stifle disease. Vet Clin North Am Small Anim Pract 1993;23:897–913.

[25] Herzog W, et al. Hindlimb loading, morphology and biochemistry of articular cartilage in the ACL-deficient cat knee. Osteoarthritis Cartilage 1993;1:243–251.

[26] Suter E, et al. One-year changes in hind limb kinematics. Ground reaction forces and knee stability in an experimental model of osteoarthritis. J Biomechanics 1998;31:511–517.

[27] Alexander JW, et al. Anterior cruciate ligament rupture. Feline Pract 1977;July:38–39.

[28] Gomez-Barrena E, et al. Anterior cruciate ligament reconstruction affects proprioception in the cat's knee. Acta Orthop Scand 1999;70:185–193.

[29] Hoots EA, Petersen SW. Tibial plateau leveling osteotomy and cranial closing wedge ostectomy in a cat with cranial cruciate ligament rupture. J Am Anim Hosp Assoc 2005;41:395–399.

[30] Bruce WJ. Stifle joint luxation in the cat: treatment using transarticular external skeletal fixation. J Small Anim Pract 1999; 40:482–488.

[31] Welches CD, Scavelli TD. Transarticular pinning to repair luxation of the stifle joint in dogs and cats: a retrospective study of 10 cases. J Am Anim Hosp Assoc 1990;26:207–214.

[32] Janssens LAA, et al. Anterior cruciate ligament rupture associated with cardiomyopathy in three cats. Vet Comp Orthop Traumatol 1991;4:35–37.

第 39 章　胫骨和腓骨

K. Voss, S.J. Langley-Hobbs, P.M. Montavon

胫骨和（或）腓骨骨折很常见，占猫骨折的10% ~ 20%[1,2]。胫骨和腓骨常同时骨折，常与高处跌落有关，但也见于任何类型的创伤[3-5]。大多数猫胫骨骨折累及骨干中部或远端[2-4]。由于胫骨干周围软组织很少，故很多胫骨骨折为粉碎性和（或）开放性骨折。据报道，胫骨干开放性骨折的发生率高达 21% ~ 46%[3,4]。高楼坠落综合征比其他类型的创伤更容易导致开放性骨折[4]。与其他骨骼相比，胫骨粉碎性和开放性骨折的发病率高，以及骨外血供和软组织包裹较少，可能是延迟愈合、不愈合和骨髓炎等并发症发生率较高的原因。

39.1　外科解剖学

胫骨为一直形骨，近端 1/3 为三角形，远端 2/3 为圆形至椭圆形。猫的腓骨非常细，不参与负重，但对膝关节和跗关节的稳定性很重要，因其是这两个关节外侧副韧带的附着部。腓骨远端与胫骨之间通过胫腓下韧带相连。该韧带对于跗关节的稳定性非常重要，因为内踝和外踝不仅是跗骨侧副韧带的起始部位，而且能限制距骨滑车向内侧或外侧翻转（第 40 章）。

39.2　固定技术

胫骨骨折可采用多种固定方法。读者可参考第 13 章和第 24 章，回顾影响不同骨折类型治疗和植入物选择的因素。幼猫的某些胫骨骨折可使用夹板外固定成功治疗，如青枝骨折、简单横骨折和腓骨完整的胫骨骨折等。外包扎固定的适应证和技术要点详见第 22 章。胫骨周围软组织较少，所以其骨折采用闭合性复位和外固定支架效果非常理想。这项技术对于粉碎性和开放性骨折最有用。表 39-1 总结了胫骨近端、骨干和远端的骨折类型以及可能的治疗方案。

39.2.1　髓内针

虽然胫骨为直形骨，放置髓内针非常理想，但却不像肱骨或股骨那么常用。胫骨放置髓内针时只能顺行进针，因为逆行进针总是会贯穿猫的髌腱[6]。髓内针必须与其他抗旋转和轴向压力的植入物结合使用，具体由骨折类型决定。髓内针的大小根据胫骨远端髓腔的最小直径选择。如果髓内针联合骨板或外固定支架，则所选直径应为远端髓腔直径的 30% 左右，以便留出插入螺钉或固定针的空间。如果髓内针直径过大，试图在髓内针旁插入螺钉或固定针可能会导致皮质开裂。直径为 1.2 ~ 2.0 mm 克氏针通常就足够了。

顺行插入髓内针一般采用膝关节内侧髌旁入路。入针点位于胫骨平台内侧，在髌腱和内侧副韧带的附着处之间以及半月板间韧带的前侧（图 39-1）。将膝关节弯曲 90° 有助于入针。然后使用 Jacobs 电钻将克氏针沿内侧骨皮质推进，直到其尖端靠近骨折处。复位骨折，继续推进克氏针，直到感觉到远端骨骺处有阻力。胫骨远端骨骺很小，因此一定要注意不要将髓内针插入胫跗关节。髓内针近端应尽量剪短，以免刺激髌腱和髌旁组织。

39.2.2　内锁式骨钉

在一项涉及犬和猫使用髓内针的大型回顾性研究中，有关于使用内锁式骨钉固定猫胫骨骨折的描述[7]。与其他长骨相比，猫的胫骨很少使用内锁式骨钉，但从该研究中获得的信息来看，使用内锁式骨钉没有发生并发症。根据目前的内锁式骨钉尺寸范围，该方法只能用于胫骨干中段至近端 1/3 骨折的大体型猫。

带 2.0 mm 螺钉或螺栓的 4.0 mm 骨钉是最适合使用的尺寸，骨钉的长度可通过使用模型和对侧健肢的术前 X 线片来确定。建议如图 39-1 所示

表 39–1 猫胫骨骨折和治疗方案的总结

	骨折类型	固定方法
胫骨近端	Salter–Harris Ⅱ型骨折	平行或交叉克氏针 髓内针和抗旋转克氏针 拉力螺钉和抗旋转克氏针 外包扎固定
	干骺端简单骨折	髓内针和： ——外固定支架 ——骨板 ——锁定骨板 骨板和张力带 锁定骨板和张力带
	干骺端粉碎性骨折	髓内针和： ——外固定支架 ——骨板 ——锁定骨板
骨干	简单横骨折或短斜骨折	髓内针和外固定支架 加压骨板 锁定骨板 外包扎固定
	简单长斜骨折和可复位的多碎片骨折	拉力螺钉和中立骨板 拉力螺钉和锁定骨板 髓内针和外固定支架 髓内针和环扎钢丝
	粉碎性骨折	外固定支架（闭合性复位） 外固定支架 ± 髓内针 支撑骨板 锁定骨板 内锁式骨钉
胫骨远端	干骺端简单骨折	外固定支架和髓内针 骨板 ± 髓内针 锁定骨板 ± 髓内针
	干骺端粉碎性骨折	髓内针和： ——外固定支架 ——骨板 ——锁定骨板
	Salter–Harris Ⅰ型骨折	交叉克氏针

顺行进针。在胫骨干内侧做一小的入路，用于骨折复位，并将骨钉插入骨折远端。猫的胫骨远端骨骺非常短，当将骨钉插入远端干骺端时有意外穿透胫跗关节的风险。剪断骨钉尖头使末端变钝，有助于防止穿透。

39.2.3 外固定支架

外固定支架的主要适应证为粉碎性和开放性骨折，以及位于远端骨干或干骺端的骨折。可以采用闭合性或开放性复位。如果选择开放性复位，手术入路应尽可能小，以保留血供。闭合性复位和外固定支架是治疗并发严重软组织损伤的粉碎性和开放性骨折的首选方法。有研究显示，与开放性复位相比，闭合性复位和外固定支架的畸形愈合率更高[4]，因此必须注意充分对齐主要骨碎片。

老年猫的骨骼可能很脆，如果使用过粗的

固定针，尤其是阳螺纹针，或放置不当，可能会造成医源性骨折。胫骨近端的固定针直径一般为 2.0 mm，远端一般为 1.6 mm。由于胫骨近端呈三角形，因此应将固定针从更宽的胫骨后侧插入，以穿过更多的骨骼（图 39–2）。

Ⅰ型或Ⅱ型外固定支架均可使用。在胫骨内侧使用Ⅰ型外固定支架是最佳选择，因为固定针仅穿过皮肤，不影响外侧的伸肌。Ⅰ型外固定支架可为中度粉碎性骨折和幼年猫的骨折提供足够的稳定性。Ⅰ型外固定支架的稳定性可以通过使用带有较大连杆的固定器系统或使用双连杆来提高。对于远端骨折，管状外固定支架非常有用（第 24 章）。

Ⅱ型外固定支架适用于预期愈合时间较长的严重粉碎性骨折或开放性骨折。这种类型的外固定支架提供了更好的稳定性，并降低了过早失效的风险。使用阳螺纹针和采用正确的放置技术（第 24 章）对于防止固定针过早松脱也至关重要。如果近端或远端骨碎片的大小仅允许放置 1 ～ 2 根固定针，则也可使用Ⅱ型外固定支架，或偶尔需要使用Ⅲ型外固定支架。Ⅲ型外固定支架的优点是允许从不同方向放置更多的克氏针。

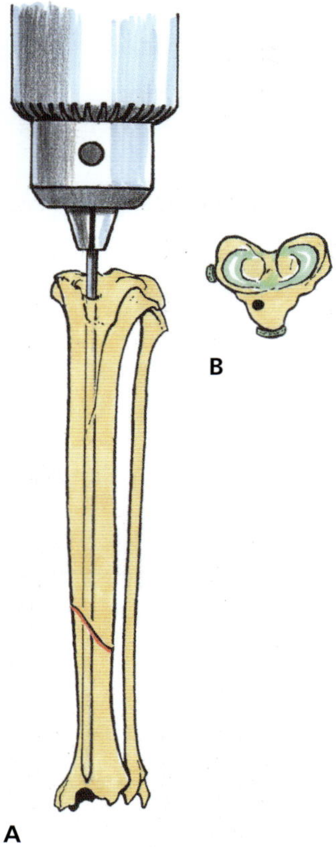

图 39–1 （A）胫骨顺行插入髓内针。（B）通过髌旁内侧小切口到达胫骨平台内侧缘的入针点，然后沿着内侧骨皮质将髓内针插入胫骨

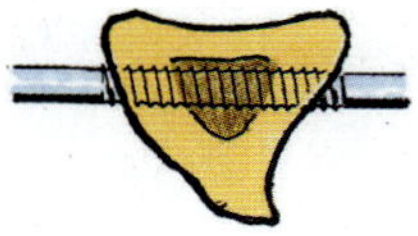

图 39–2 在三角形的胫骨近端后侧，使用中央螺纹固定针的位置图示。螺钉也要在这个位置插入

39.2.4 骨板

骨板可用于修复胫骨干闭合性骨折。骨板应沿着胫骨近端的后内侧缘放置，因其三角形的形状允许在后侧穿过更多的骨骼（图 39–2）。胫骨骨折通常使用 2.7/2.0 mm 兽医可裁剪骨板（VCP）和 2.7 mm 动态加压骨板（DCP），但 2.7 mm 螺钉是猫胫骨的尺寸上限，尤其是在远端骨干。较厚的 2.0 mm DCP 或 2.0/2.7 mm VCP 配合 2.0 mm 螺钉更适合猫胫骨远端的直径。但是，2.0 mm DCP 的长度有限，且通常是不够的，VCP 强度又相对较弱，除非以叠加方式使用 [8]。另一个有用的胫骨骨板是 2.4 mm 有限接触 DCP（LC–DCP）。

总而言之，简单横骨折在复位后可使用 DCP 或 LC–DCP 进行加压固定，或单独使用 VCP 进行固定。长斜骨折复位后可使用拉力螺钉，然后使用中立骨板进行固定。如果发生粉碎性骨折，则使用具有支撑功能的骨板进行固定，如叠加使用的 2.0/2.7 mm VCP 骨板。应使用微创入路来尽量减少对粉碎性骨折区域软组织的损伤。如果使用小型髓内针和 2.0 mm 螺钉，骨板和髓内针技术在猫上也是可行的。

胫骨粉碎性骨折也可采用微创骨板固定术（MIPO）进行修复，该方法不切开骨折区域 [9]。在近端和远端干骺端内侧做 2 个小的皮肤切口。通过近端切口插入预塑型的骨板，并沿着骨的内侧面向远端滑动。然后首先通过局部切口将其固定在近端主要骨碎片上。再对齐骨折端，并将骨板固定在远端主要骨碎片上。注意避免外旋。

39.2.5 锁定骨板

锁定骨板具有中立或支撑功能，可代替传统

骨板来修复胫骨干骨折。当用于骨干骨折时，其主要优点是保留骨膜血供，防止骨皮质坏死，这对治疗血供差的粉碎性骨折最为有利。锁定骨板的另一个良好适应证是膝关节或跗关节附近的骨折，此处近端或远端主要骨碎片的大小仅能插入2 颗螺钉。2.4 mm Unilock 下颌骨锁定骨板（第 24 章）对于胫骨干骨折的修复具有足够的强度。厚的 2.0 mm 骨板可用于修复胫骨远端骨折，因为胫骨远端几乎没有螺钉插入的空间。2.0 mm 骨板如果用于支撑功能，应联合髓内针一起使用。

39.3　胫骨和腓骨近端骨折

胫骨和腓骨近端骨折很少见，包括幼年动物胫骨近端生长板的 Salter-Harris 骨折，或成年猫胫骨干骺端骨折。其他骨折极为罕见，但也可能发生胫骨粗隆撕脱性骨折或涉及膝关节的干骺端骨折。

39.3.1　胫骨和腓骨近端入路

通过内侧切口暴露胫骨近端[10]。沿胫骨嵴前内侧于髌韧带内侧锐性切开缝匠肌、股薄肌和半腱肌的联合筋膜，并从胫骨近端内侧向后分离。注意不要损伤膝关节内侧副韧带。

39.3.2　Salter-Harris 骨折

幼年动物的胫骨近端有 2 个独立的生长板，一个为近端骨骺生长板，一个为胫骨粗隆生长板。这 2 个生长板在 36 ~ 44 周龄相互融合，形成一个位于干骺端的帽状结构[11]。然后，该融合后的生长中心在 50 ~ 76 周龄与干骺端融合[11]。在这 2 个生长中心融合之前，2 个生长板均可单独发生骨折，可能导致近端骨骺 Salter-Harris Ⅰ型或Ⅱ型骨折（图 39-3）或胫骨粗隆撕脱性骨折。2 个生长中心融合后发生的骨折也被归类为 Salter-Harris Ⅰ型或Ⅱ型骨折。

骨折后，近端骨骺碎片相对于胫骨有向后外侧移位的倾向。由此产生的胫骨平台角度的变化会损害膝关节的生物力学，如果不进行治疗，则会影响其功能。因此，大多数病例需要开放性复位并进行内固定。Salter-Harris Ⅰ型、Ⅱ型和Ⅲ型骨折的可能治疗方案包括交叉克氏针固定（图 39-3）或联合使用髓内针和抗旋转克氏针（专栏 39-1）等。

对于 Salter-Harris Ⅰ型和Ⅱ型骨折，通过在胫骨粗隆上放置额外的张力带钢丝可以增强固定的稳定性。张力带仅应用于无进一步生长潜力的年

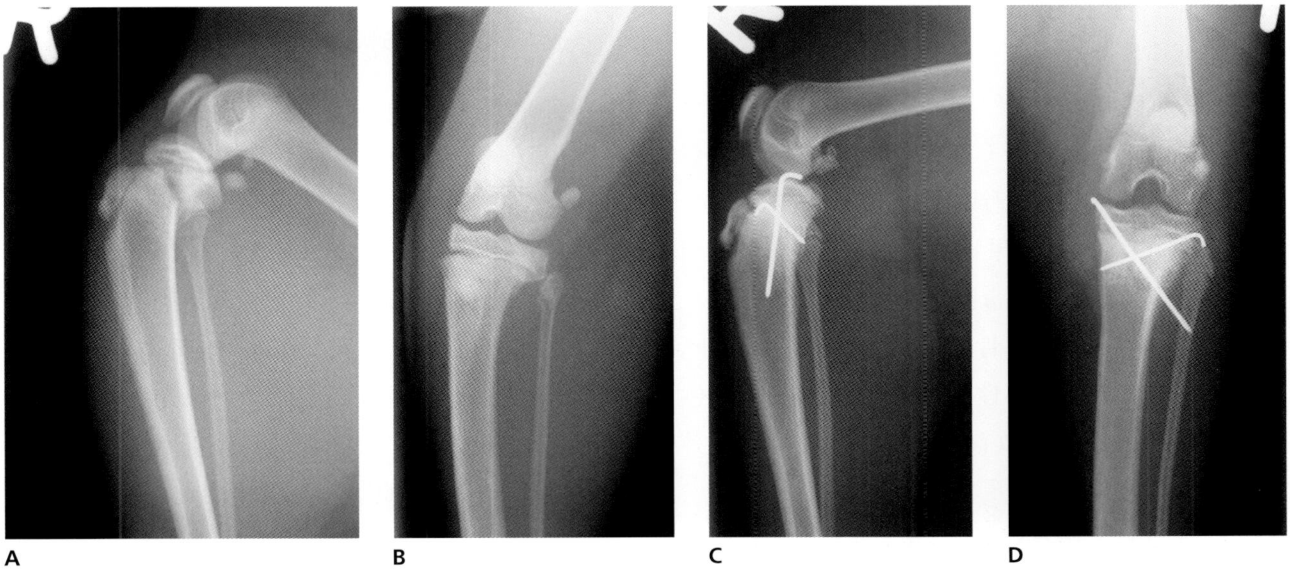

图 39-3　5 月龄猫胫骨近端生长板 Salter-Harris Ⅱ型骨折的（A，B）术前和（C，D）术后 4 周的 X 线片。骨折使用交叉克氏针修复

专栏 39-1　胫骨近端 Salter-Harris Ⅰ型、Ⅱ型和Ⅲ型骨折的固定

采用胫骨近端内侧入路。保持膝关节伸直有助于骨折复位。使用骨膜剥离器或小型 Hohmann 骨撬将近端骨碎片向前侧和内侧撬起。必须小心处理骨骺碎片，以免对小骨碎片和生长板造成医源性损伤。从外侧插入克氏针需要在外侧做一小的局部切口。

交叉克氏针固定：从胫骨平台内侧缘插入 0.8 ~ 1.2 mm 克氏针，并向远外侧方向推进，直至穿透外侧骨皮质。将第 2 根克氏针从胫骨平台外侧缘插入至穿过内侧骨皮质（图 39-4A）。除非骨骼非常软，否则应弯曲克氏针末端以防止其移动。

髓内针和抗旋转克氏针：对于 Salter-Harris Ⅱ型骨折伴外侧大的干骺端骨碎片，使用该技术可能是有利的。如上所述，首先插入髓内针。然后将 1 根小的克氏针从胫骨粗隆的外侧缘穿过骨折线，向远内侧方向穿过骨折，直至穿透内侧骨皮质（图 39-4B）。

在 Salter-Harris Ⅰ型和Ⅱ型骨折中，可以使用任何一种技术，将额外的张力带或位置螺钉穿过胫骨粗隆生长板应用到后侧皮质进行固定。但这种方法仅适用于无生长潜力的猫。

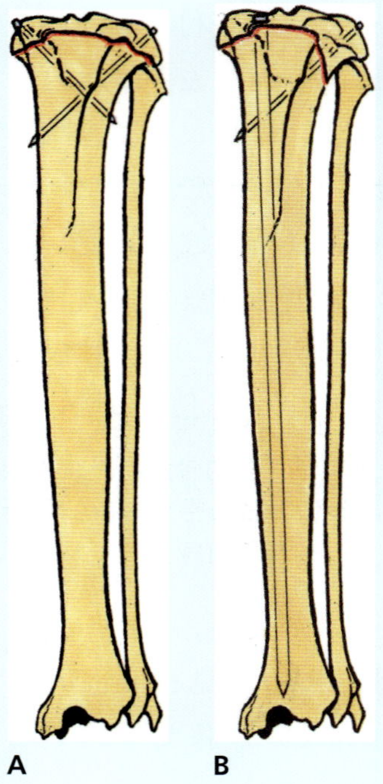

图 39-4　胫骨近端 Salter-Harris Ⅰ型和Ⅱ型骨折的治疗方案。（A）使用交叉克氏针修复 Salter-Harris Ⅰ型骨折。（B）使用髓内针和从外侧插入的克氏针固定 Salter-Harris Ⅱ型骨折

龄较大的猫。偶尔可见未发生移位的近端生长板骨折，这种情况可采用外包扎固定治疗。

39.3.3　干骺端骨折

胫骨近端干骺端骨折常发生于成年猫，且比 Salter-Harris 骨折更常见[3]。近端骨碎片由于髌腱施加的张力，倾向于向近端前侧移位。手术主要的挑战在于能否将足够数量的螺钉或固定针插入近端的小碎片中。

简单横骨折的治疗方案包括髓内针和简单外固定支架，或内侧骨板（专栏 39-2）。即便近端骨碎片非常小，使用 T 型或 L 型骨板也允许放置 2 颗螺钉（图 39-6）。如果骨折前侧有明显牵拉，可在前侧使用额外的张力带固定。

胫骨干骺端粉碎性骨折一般会延伸至胫骨干，治疗方法与胫骨干粉碎性骨折类似，如后文所述。如果近端骨碎片仅可放置 1 ~ 2 根固定针，则建议使用Ⅱ型或Ⅲ型外固定支架。

本书的一位作者曾经见过数例老年猫的胫骨近端横骨折合并慢性髌骨骨折。这些骨折病例可见胫骨前侧皮质的重塑，原因可能是与膝关节屈曲减少有关的应力性骨折，导致后肢的弯曲力转移到胫骨近端。骨折常双侧发生，可间隔数月，且大多数猫有髋臼、坐骨或肱骨髁的非创伤性骨折史。这些病例怀疑存在潜在的骨骼异常，但尚未被证实。这些猫的胫骨骨折似乎在用克氏针和张力带或骨板螺钉配合张力带技术修复时愈合最好。

39.4　胫骨和腓骨骨干骨折

胫骨干骨折愈合缓慢，可能与周围软组织和血供较少有关。所以仔细的组织处理、保存血供和遵守接骨术原则是手术成功的关键。胫骨和腓骨骨干骨折的治疗选择主要基于骨折的严重程度、位置、年龄、体重、动物性格以及可用的植入物（第 13 章和第 24 章）。不同的植入物系统各有优缺点。与开放性复位和内固定方法相比，闭合性复位和外固定支架治疗严重胫骨骨折似乎可以降低骨髓炎的发生率[4]。因此，它通常是严重粉碎性和开放性骨折的首选方法。与外固定支架相比，骨板固定具有易于术后管理的优点，使其更适合于难以操作的猫。另一方面，骨板固定会对血供造成更

专栏 39-2　胫骨近端干骺端简单横骨折的固定

采用胫骨近端干骺端内侧入路。如果要插入髓内针，则将入路向近端延伸，平行于髌腱。

髓内针和 I 型外固定支架：幼猫首选这种修复方法。顺行插入 1.4 ~ 1.6 mm 髓内针。对于内侧应用的外固定支架，将 1.4 ~ 2.0 mm 固定针插入近端骨碎片，并在胫骨干远端使用 1.4 ~ 1.6 mm 克氏针（图 39-5A）。滑面克氏针应与胫骨长轴成 70° 角，以增强抗拔出力。也可使用如图 39-5B 所示的前侧张力带钢丝固定。

骨板和张力带修复：老年猫首选这种修复方法。如果近端骨碎片允许插入 3 颗螺钉，则可使用具有加压功能的 2.0 mm T 型骨板或动态加压骨板。骨板应置于胫骨的后内侧缘，这样螺钉可以穿过更多的骨组织。将 1 根 0.6 ~ 0.8 mm 的"8"字钢丝作为张力带穿过前侧骨折线（图 39-5B）。如果近端骨碎片仅可插入 2 颗螺钉，则 2.0 mm 锁定骨板也是一个很好的选择。

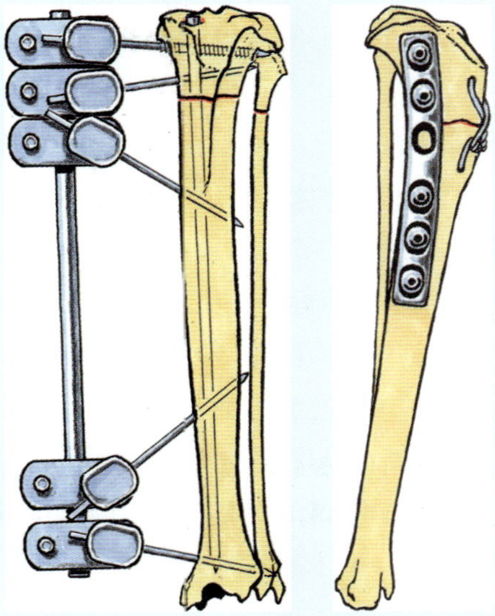

图 39-5　胫骨近端干骺端简单横骨折的治疗方案。（A）使用髓内针和内侧 I 型外固定支架修复近端简单横骨折。（B）使用 6 孔骨板和前侧张力带修复近端简单横骨折

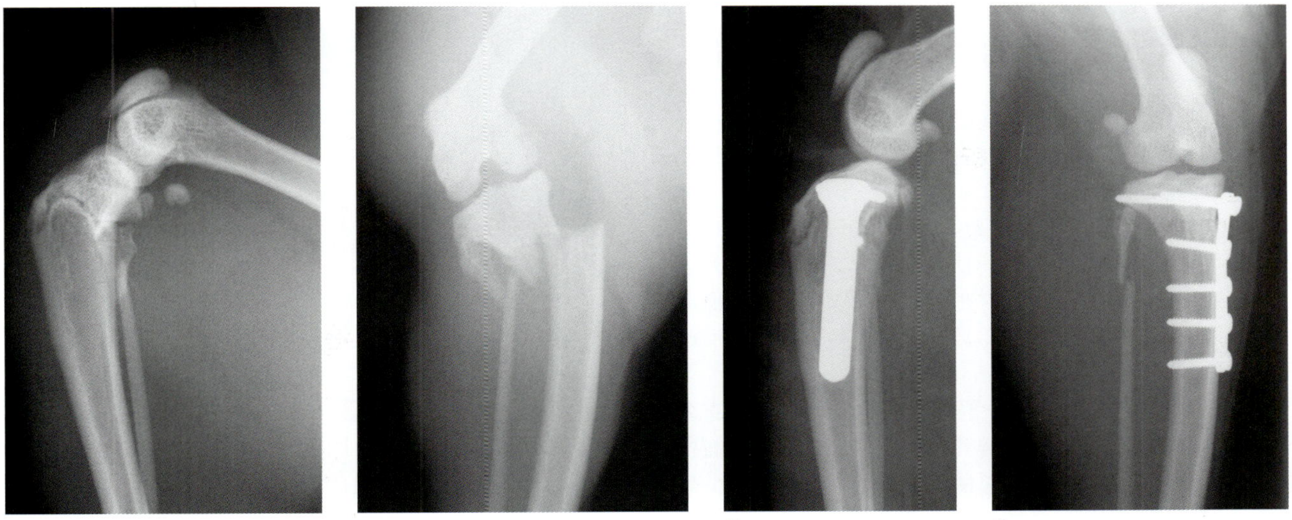

图 39-6　2 岁猫胫骨近端干骺端骨折的（A，B）术前和（C，D）术后 X 线片。使用 2.0 mm T 型骨板可以向近端骨碎片插入 2 颗螺钉固定

大的医源性损伤；有 2 项研究显示，使用骨板固定的胫骨骨折愈合时间最长[2,4]。

39.4.1　胫骨干入路

采用内侧皮肤切口暴露胫骨干。注意不要损伤隐静脉，可通过小心分离并使用烟卷式引流管将其牵开。

39.4.2　简单横骨折和短斜骨折

简单横骨折和短斜骨折可在复位后使用铸型

进行外固定。当胫骨骨折但腓骨完整时，由于腓骨可起到内夹板的作用，所以也可采用外包扎固定治疗。外包扎固定的缺点是邻近关节的制动时间延长，可能导致软骨退变、关节周围纤维化和肌肉挛缩。因此，只有预期在 4 周内达到临床愈合的骨折才应采用外包扎固定治疗。非常小的幼猫的不完全性未移位骨折可以用夹板绷带治疗。对于完全骨折或老年猫骨折，使用完整的铸型可以提供更大的稳定性。绷带和铸型的应用和维护见第 22 章。固定时保持跗关节弯曲对于预防腓肠肌挛缩非常重要。未成年猫可在数天内发生腓肠肌挛缩。

锁定骨板或外固定支架能更快恢复功能，术后能立即负重，也不影响邻近关节活动。因此，成年猫胫腓骨简单骨折常通过手术治疗。Ⅰ型外固定支架同时配合或不配合髓内针、内侧放置 2.7 mm 或 2.0 mm DCP、单独使用 2.0/2.7 mm VCP 或 2.4 mm LC-DCP 均可作为内固定材料（专栏 39-3）。开放性骨折采用外固定支架治疗。

39.4.3　长斜骨折和可复位的多碎片骨折

胫骨简单长斜骨折或可复位的多碎片骨折并不常见。这些骨折通常在解剖复位后采用稳定的内固定治疗。解剖复位可通过使骨皮质分担负荷来提高固定的稳定性，但其缺点是会造成软组织损伤和骨骼血运阻断。所以只能在长斜骨折和有较大的可复位的蝶形碎片的骨折中尝试。如果术前 X 线片无法确定能否进行解剖复位，则应按照粉碎性骨折处理（见下文）。

长斜骨折可采用髓内针和环扎钢丝固定以及带中立骨板的骨碎片间拉力螺钉进行解剖复位。使用拉力螺钉和中立骨板固定优于在胫骨内使用髓内针和环扎钢丝固定（图 39-8 和专栏 39-4）。在胫骨周围使用环扎钢丝需要进一步分离胫腓骨之间的软组织，有可能进一步减少血供。

长斜骨折也可使用髓内针和外固定支架进行固定（专栏 39-4）。髓内针可增强弯曲稳定性，固

专栏 39-3　胫骨干简单横骨折或短斜骨折的固定

简单骨折可使用髓内针和外固定支架进行闭合性复位和固定。采用胫骨干内侧入路进行骨板内固定。骨折进行解剖复位。

髓内针和Ⅰ型外固定支架：这种组合通常用于治疗幼年猫胫骨的简单骨折。顺行插入髓内针，对齐骨碎片。然后在每个骨碎片中放置 2 根固定针，以提供旋转稳定性（图 39-7A）。一般来说，胫骨近端使用 1.4 ~ 2.0 mm 固定针，远端使用 1.4 ~ 1.6 mm 固定针。

骨板固定：将骨板置于胫骨内侧面。如果使用 DCP 或 LC-DCP，则可产生骨碎片间加压。在骨折线两侧各使用 1 颗螺钉进行加压。总的来说，每个骨碎片至少需要 3 颗螺钉。建议选择较长的骨板并留出一些螺孔，而不要选择较短的骨板并填满所有螺孔（图 39-7B）。必须注意不要在骨折处留下 1 个空螺孔。

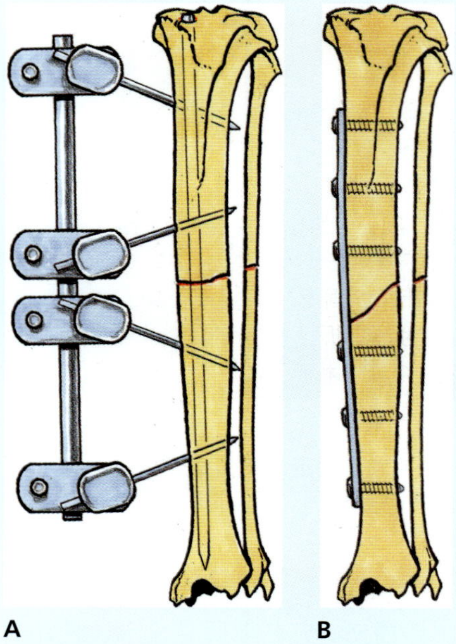

图 39-7　胫骨干简单横骨折或短斜骨折的固定。（A）使用髓内针和Ⅰ型外固定支架修复胫骨干横骨折。（B）在胫骨内侧放置骨板进行胫骨短斜骨折内固定。解剖复位非常重要

定针可防止轴向塌陷和旋转。这种固定方式不能提供骨碎片间加压，但由于保留了局部血供，骨折愈合应该更快。开放性骨折也可采用外固定支架治疗。

未成年猫的胫骨螺旋形骨折但腓骨完整时，可通过外包扎固定成功治疗[12]。成年猫长斜骨折不建议采用外包扎固定。

39.4.4　粉碎性骨折

胫骨的粉碎性和开放性骨折很常见。开放性骨折通常位于骨干远端。发生闭合性轻度粉碎性骨折时，如果主要骨碎片可插入足够数量的螺钉，则可采用具有支撑功能的骨板治疗。锁定骨板也可用作支撑植入物，其优点是保留皮质血供，且每个骨碎片只需 2 颗螺钉（图 39-10）。

外固定支架是开放性骨折的首选治疗方法，也常用于固定粉碎性骨折。根据骨折部位和严重程度，使用 Ⅰ 型或 Ⅱ 型外固定支架。幼年猫的轻

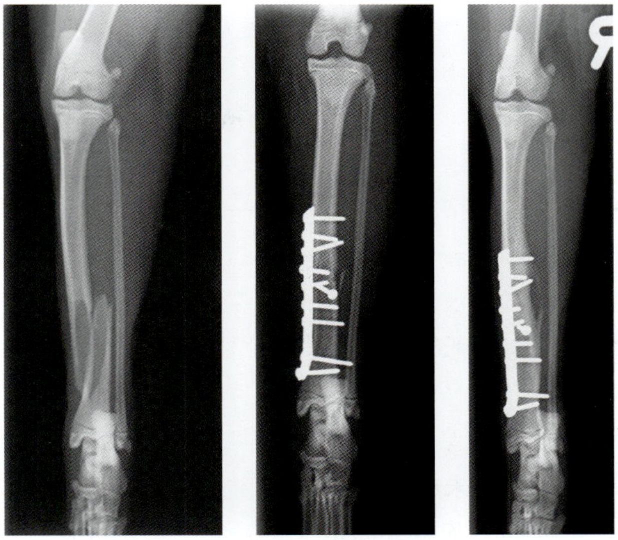

A　B　C

图 39-8　10 月龄猫的胫骨长斜骨折。（A）术前 X 线片可见胫骨干远端长斜骨折。（B）使用 2.0 mm 拉力螺钉和 1.5/2.0 mm 兽医可裁剪骨板以中立骨板固定骨折。由于腓骨是完整的，所以可选择这种相对较弱且较短的骨板。（C）骨折在 5 周后愈合

专栏 39-4　胫骨干长斜骨折或可复位的蝶形骨折的固定

如果计划进行解剖复位和骨碎片间加压，则应采用胫骨干内侧入路。外固定支架可采用闭合性复位或微创入路。

拉力螺钉和中立骨板：骨折进行解剖复位后，使用尖头复位钳保持复位。垂直于骨折线插入 1 ~ 2 颗 2.0 mm 拉力螺钉。然后使用 1 块具有中立功能的长骨板（图 39-9A）。应在骨折的近端和远端各插入至少 3 颗螺钉。如果骨折结构允许，拉力螺钉也可直接插入骨板中。

髓内针和外固定支架：顺行插入髓内针。在插入固定针的同时，骨折可以用尖头复位钳保持复位。每个骨碎片插入 2 ~ 3 根固定针（图 39-9B）。近端干骺端一般使用 2.0 mm 固定针，骨干和远端干骺端一般使用 1.4 ~ 1.6 mm 固定针。

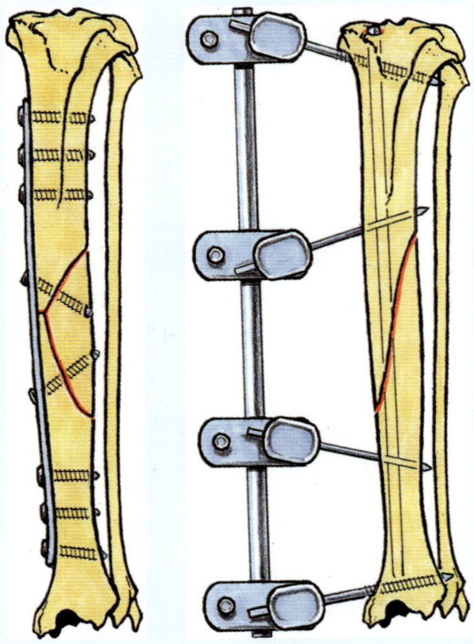

A　B

图 39-9　胫骨干长斜骨折和可复位的蝶形骨折的治疗方案。（A）使用拉力螺钉和中立骨板固定胫骨蝶形骨折。（B）使用髓内针和 Ⅰ 型外固定支架固定胫骨干长斜骨折

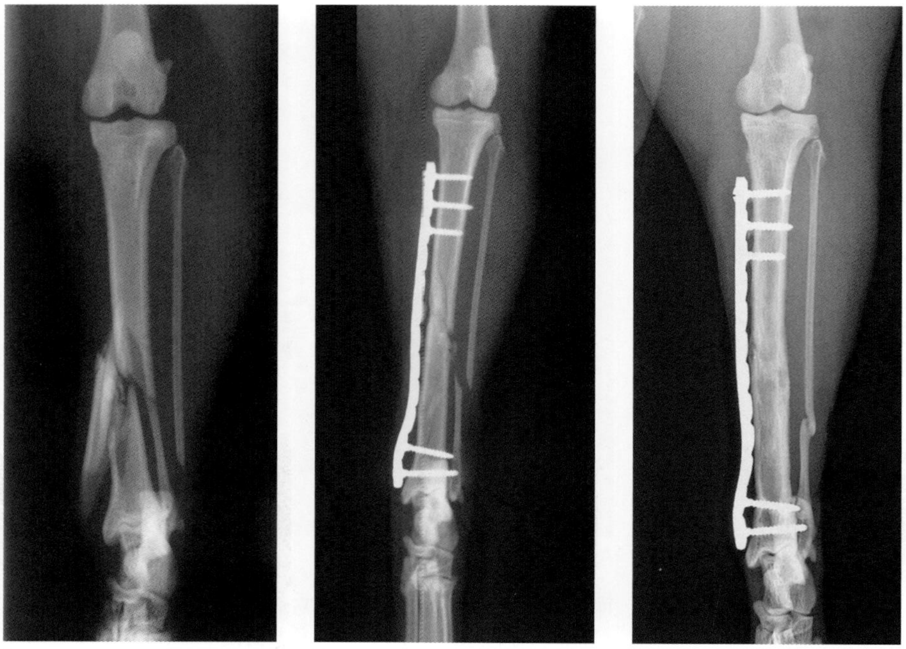

图 39-10　猫胫骨干远端粉碎性骨折使用锁定骨板（2.4 mm Unilock 骨板）固定的（A）术前、（B）术后和（C）1 年后的 X 线片。注意骨板和骨骼之间的小间隙，且在较小的远端骨碎片上仅有 2 颗螺钉

度至中度粉碎性骨折可使用Ⅰ型外固定支架，在每个骨碎片放置 3 根固定针。胫骨严重粉碎性和开放性骨折的愈合可能需要数月的时间[4]（图 39-11），如果使用简单的支架，在如此长的愈合时间内，很可能会发生固定针松动。因此，严重的粉碎性骨折，尤其是老年猫，最好采用Ⅱ型构型进行固定。如果近端或远端干骺端仅允许从两侧或不同平面插入数量很有限的固定针，则也可使用Ⅱ型，甚至Ⅲ型外固定支架（专栏 39-5）。

内锁式骨钉是大体型猫近端或中段骨干粉碎性骨折的另一种治疗方案。胫骨及其髓腔在远端较窄，因此根据目前的内锁式骨钉型号，该髓内针仅适用于大体型猫胫骨中段至近端 1/3 骨干的骨折[7]。

骨碎片失活或骨折间隙较大时有发生不愈合的风险，应进行骨移植。在使用外固定支架修复时，应避免过度牵拉主要骨碎片，造成骨折间隙过大。松质骨移植已被证实能够在存在较大骨折间隙的情况下防止胫骨不愈合[13]，包括自体或异体松质骨移植，或同时使用。开放性骨折可能需要延迟骨移植，直到伤口没有感染。

39.5　胫骨和腓骨远端骨折

胫骨和腓骨远端骨折包括成年猫的干骺端骨折、生长期猫的 Salter-Harris 骨折以及跗关节骨折等。外踝和内踝骨折是常见的胫腓骨远端骨折，与跗关节不稳定有关。

39.5.1　胫骨和腓骨远端入路

胫骨干远端和内踝常采用内侧入路。腓骨采用外侧入路。

39.5.2　胫骨远端干骺端骨折

胫骨远端干骺端骨折常见于猫，且开放性骨折的发生率相对较高。闭合性骨折可使用骨板或外固定支架固定。开放性骨折应首选外固定支架治疗。由于胫骨远端骨碎片较小，所以可能难以插入足够数量的螺钉或固定针。

闭合性复位后通常可使用外固定支架固定。管状外固定支架尤其适用于远端干骺端骨折，因其与其他外固定支架系统相比，允许在较小距离内插入更多的固定针[14]（第 24 章）。混合环形外固定支架[15,16]（图 39-13）或带有丙烯酸杆的支架也可固定非常小的骨碎片，且适用于胫骨远端骨折。

远端骨碎片较小时通常不允许使用 2.7 mm DCP 插入足够数量的螺钉。因此，可使用 2.0 mm DCP 或 2.0/2.7 mm 或 1.5/2.0 mm VCP。由于这些骨

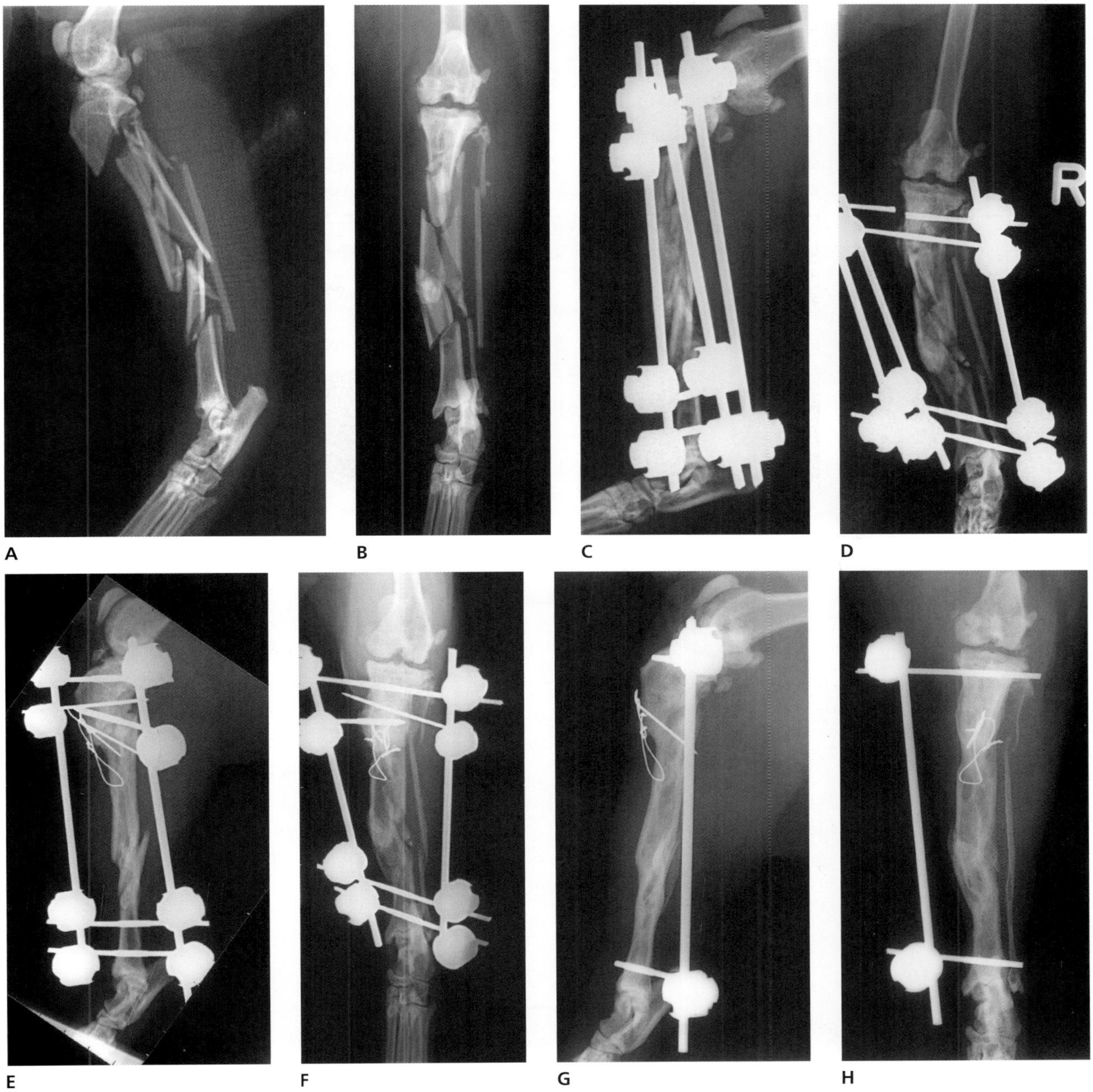

图 39–11　胫骨粉碎性骨折延迟愈合。(A，B)术前 X 线片可见重度粉碎性骨折。(C，D)采用闭合性复位和Ⅱ型外固定支架固定 3 个月后的 X 线片。可见最近端的固定针断裂，骨折最近端不愈合，且近端骨碎片向前倾斜。(E，F)在更换近端的固定针，进行松质骨移植并使用张力带将近端骨碎片向远端和后侧牵拉 3 个月后的 X 线片。可见明显的骨痂形成。(G，H)11 个月后的 X 线片可见骨折终于愈合。Ⅰ型外固定支架继续保留 1 个月

板相对较短、较弱，为了增强稳定性，可在放置骨板前先插入髓内针。可裁剪骨板的叠加使用可以提高弯曲稳定性。锁定骨板也可用于靠近关节的骨折，因为每个骨碎片只能插入 2 颗螺钉（专栏 39–6）。

39.5.3　Salter–Harris 骨折

未绝育猫的胫骨远端生长板在 40 ~ 52 周龄闭合 [11]。胫骨远端生长板骨折一般是 Salter–Harris Ⅰ型或Ⅱ型骨折（图 39–15）。Salter–Harris Ⅲ型骨折也有报道 [17]。Salter–Harris Ⅰ型或Ⅱ型骨折最好

专栏 39-5　胫骨干粉碎性骨折的固定

外固定支架可采用闭合性复位。骨板放置常需要采用手术方法，但应注意尽量不损伤骨碎片的软组织附着和局部血供。放置骨板的微创方法是微创骨板固定（MIPO）技术。如果骨折间隙较大或骨碎片失活，则应考虑进行骨移植。

外固定支架：最常使用 I 型和 II 型外固定支架，近端可用 2.0 mm 固定针，远端用 1.6 mm 固定针。首先平行于膝关节和跗关节插入最近端和最远端的阳螺纹固定针。I 型外固定支架使用末端螺纹针（图 39-12A），II 型外固定支架使用中央螺纹针（图 39-12B）。通过将这 2 根克氏针平行放置并连接外连杆来间接复位骨折。这依赖于准确的克氏针放置，还应通过弯曲和伸展跗关节和膝关节来检查整体准直情况，以确保它们在同一平面内弯曲。注意避免外翻、外旋、前后对合不齐，以及主要骨碎片的过度牵拉。然后，将另外 2 根末端阳螺纹针或滑面针从每个主要骨碎片内侧插入作为半针固定。

支撑骨板：可使用 2.7 mm DCP、2.4 mm LC-DCP 或叠加的 2.0/2.7 mm 兽医可裁剪骨板。骨板应覆盖胫骨全长，并应允许近端和远端插入至少 3 颗螺钉（图 39-12C）。需要对骨板进行微塑型。首先将骨板固定在近端骨碎片上。然后通过将远端骨碎片固定在骨板上实现复位。中间的骨碎片不做操作。有时可采用髓内针来提供额外的弯曲稳定性，尤其是当近端或远端骨碎片太短而无法插入 3 颗螺钉时。髓内针应在放置骨板前插入，这有助于维持准直。但缺点是在髓腔较窄的远端骨干中可能难以放置螺钉。

锁定骨板：也可使用具有支撑功能的锁定骨板，如 2.4 mm Unilock 骨板，如图 39-10 的 X 线片所示。

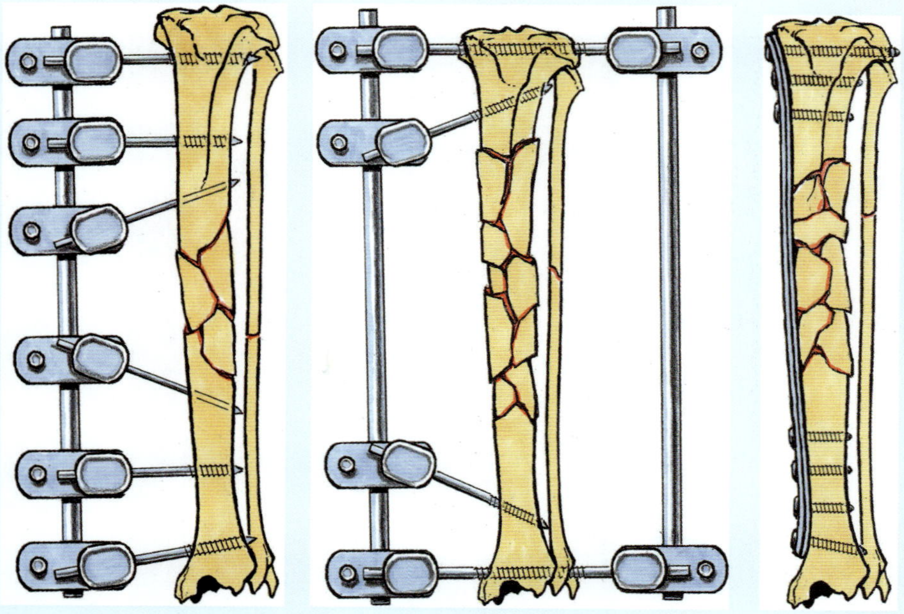

图 39-12　胫骨干粉碎性骨折的治疗方案。（A）使用 I 型外固定支架固定胫骨干中段轻度粉碎性骨折。每个骨折段插入 3 根固定针。（B）使用 II 型外固定支架修复胫骨严重粉碎性骨折。每个骨折段应插入至少 2 根固定针。（C）使用支撑骨板进行粉碎性骨折的内固定

采用交叉克氏针固定（专栏 39-7）。对于未移位的 Salter-Harris Ⅰ型或Ⅱ型骨折，尤其是幼年猫，使用铸型进行保守治疗也是一种选择。6 月龄或 7 月龄以下猫的骨骼有继续生长的潜力，如果生长板过早闭合，则有发生发育障碍的风险。

39.5.4　累及跗关节的胫骨远端骨折

骨骺骨折包括踝关节骨折、前板骨折及复杂关节骨折。外踝或内踝骨折是最常见的胫腓骨远端骨折。内外侧踝有助于限制距骨移动，也是跗关节侧副韧带的附着点。踝关节骨折可导致距小腿关节（胫跗关节）不稳定，具体见第 40 章。

猫的胫骨远端前板骨折偶尔发生。这些骨折可导致跗关节不稳定，因为胫骨背缘是关节囊附着的一部分。如果骨碎片足够大，则可使用小的拉力螺钉或小的螺纹针将其固定，以重建关节面的连续性和关节稳定性。如果骨碎片太小而无法复位，最好将其取出，然后通过外固定限制跗关节运动 2 ~ 3 周，以使关节囊附着处愈合。

幸运的是，复杂的胫骨骨骺骨折非常罕见，

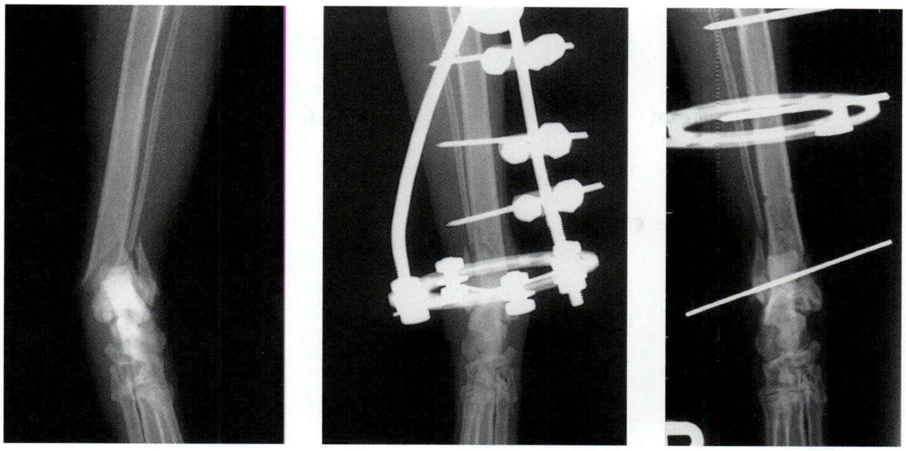

图 39-13　猫胫骨和腓骨极远端干骺端斜骨折的（A）术前、（B）术后和（C）3 个月后的 X 线片。使用混合环形外固定支架进行固定。术后 3 个月骨折愈合

专栏 39-6　胫骨远端干骺端骨折的固定

虽然使用外固定支架可以实现闭合性复位，但为了便于克氏针的放置，一般会在胫骨远端骨碎片内侧做一小的入路。内侧入路也可用于放置骨板。

管状外固定支架：首先靠近并垂直于跗关节插入远端固定针。使用 1.6 mm 或最大 2.0 mm 末端阳螺纹针。第 1 根固定针的插入方向至关重要，因其将决定垂直于固定针的连接管的位置。将 6.0 mm 连接管固定在固定针上。骨折复位，并将 1 根固定针插入近端骨碎片。如果远端固定针位置正确，则连接管将与胫骨长轴平行。近端骨碎片应插入至少 3 根固定针，远端骨碎片应插入至少 2 ~ 3 根克氏针（图 39-14A）。如果还使用了髓内针，则应在放置外固定支架前插入。

髓内针和骨板：顺行插入髓内针，髓内针直径约占远端髓腔的 30%。然后将 1 块较长的 2.0 mm DCP 或 1.5/2.0 mm VCP 作为中立骨板或支撑骨板使用。如果作为支撑骨板，则应考虑叠加使用 VCP。在近端和远端骨碎片中螺钉至少应穿透 4 个骨皮质（图 39-14B），但最好是 6 个或 8 个骨皮质，尤其是在近端骨骼中。

锁定骨板：可使用 2.0 mm 锁定骨板作为中立或支撑植入物，远端骨碎片应放置 2 颗螺钉，近端应放置 3 颗螺钉。

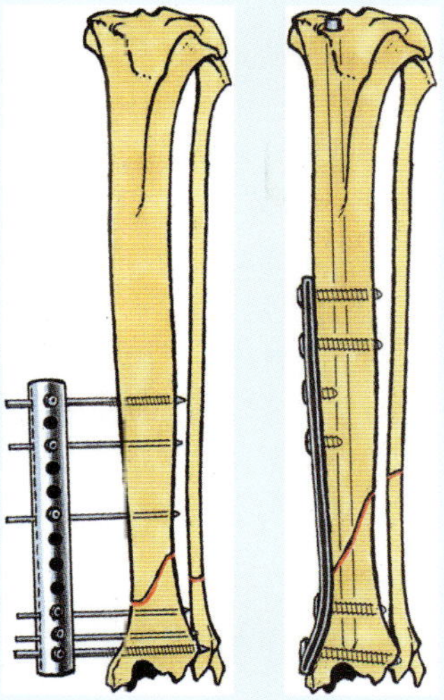

图 39-14　胫骨远端干骺端骨折的固定。（A）使用 6.0 mm 管状外固定支架修复简单横骨折。（B）使用髓内针和 12 孔动态加压骨板进行斜骨折的内固定

但也可见于摔伤或枪伤后。如果骨折过于粉碎，无法进行解剖复位和稳定修复胫距关节面，则只能考虑关节融合术（第 40 章）。

39.6　术后治疗和预后

干骺端和骨干骨折经过稳定固定后一般不需要进行外固定。通常于 4 ~ 6 周后拍摄术后 X 线片。

胫骨干骨折比其他骨骼骨折更容易发生并发症，这可能是由于粉碎性和开放性骨折的发生率高以及软组织覆盖少。骨折愈合障碍和骨髓炎均可能发生。粉碎性骨折和高度开放性骨折的愈合较慢[4]，一些严重粉碎性骨折可能需要数月时间才

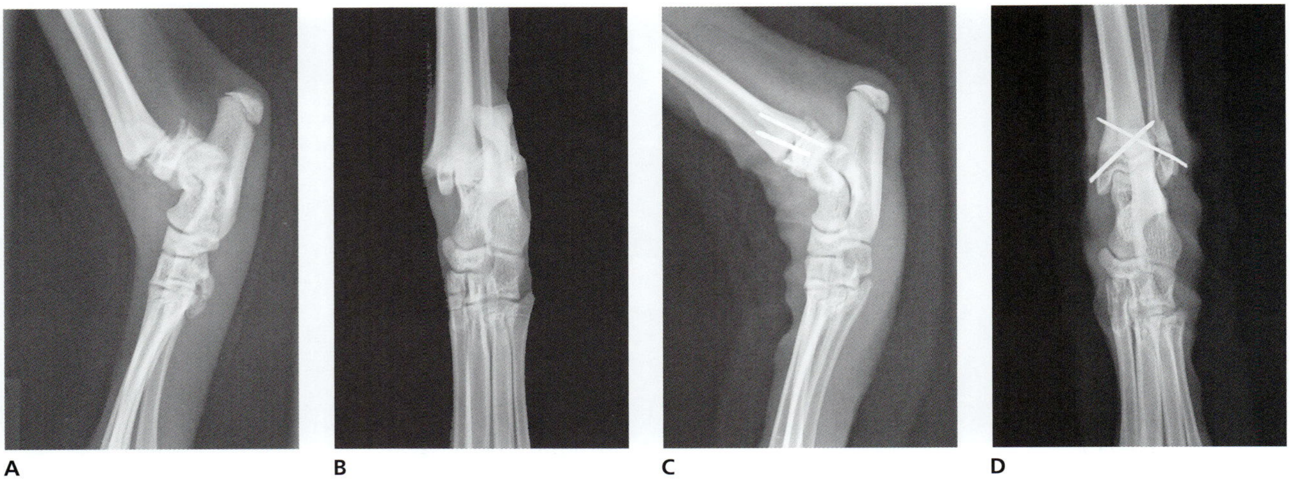

图 39-15 （A，B）5 月龄猫的胫骨远端 Salter-Harris Ⅰ型骨折和腓骨远端骨折。（C，D）术后 X 线片显示使用 2 根克氏针作为交叉克氏针进行骨折复位和固定

专栏 39-7 胫骨远端 Salter-Harris Ⅰ型和Ⅱ型骨折的固定

采用胫骨远端和内踝入路。应仔细复位骨折，即向远端牵引弯曲的跗关节，操纵脚部，使用骨膜剥离器小心撬动进行复位。解剖复位对于固定稳定性至关重要。将 0.9 ~ 1.2 mm 克氏针从内踝沿近外侧方向插入胫骨远端外侧皮质。注意不要进入胫跗关节。然后将第 2 根克氏针从腓骨远端穿过胫骨插入，穿过内侧皮质（图 39-16）。第 2 根克氏针放置时需要做单独的外侧皮肤切口。在插入过程中，应确保 2 根克氏针都牢牢固定在胫骨远端骨折段中，这很重要。如果未穿透对侧骨皮质，则可能会发生复位丢失和不稳定。

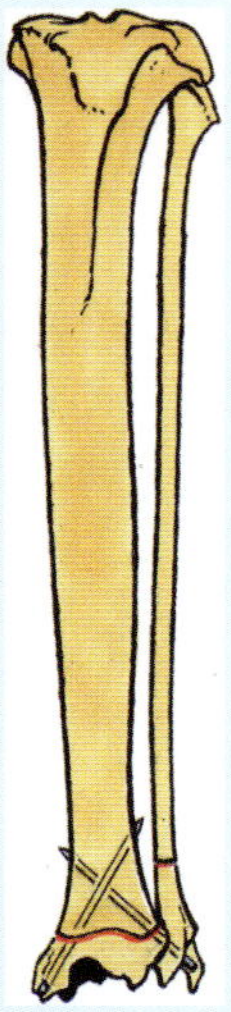

图 39-16 胫骨远端 Salter-Harris Ⅱ型骨折的交叉克氏针固定。一根克氏针从内踝插入，另一根从外踝插入

能愈合。据报道，胫骨易发生不愈合，发生率约为 15%[18]。老年猫和超重猫在发生粉碎性和开放性骨折后最有可能出现骨折不愈合[18]。胫骨干骨折发生骨髓炎的概率高达 15%[2,4]。易感因素包括开放性骨折时的伤口污染或感染，以及软组织创伤引起的血供不足等。

近端和远端生长板骨折愈合较快，但应使用夹板绷带约 2 周予以保护。2 ~ 3 周后拍摄 X 线片观察是否出现生长板提前闭合，并评估固定稳定性。克氏针末端可能会刺激关节周围结构，如果出现局部肿胀、血清肿或 X 线片显示植入物移位，应取出克氏针。

胫骨远端骨折的预后主要取决于骨碎片是否达到解剖复位以及是否稳定。对合不齐或不稳定会导致胫跗关节功能障碍和退行性关节病。一项研究显示，胫骨远端生长板骨折时不理想的结果占 18%，主要表现为持续跛行、畸形愈合和跗关节活动范围缩小等[3]。

参考文献和延伸阅读

[1] Hill FWG. A survey of bone fractures in the cat. J Small Anim Pract 1977;18:457–463.
[2] Boone EG, et al. Fractures of the tibial diaphysis in dogs and cats. J Am Vet Med Assoc 1986;188:41–45.
[3] Brunnberg L. Tibia and fibular fractures in the cat. Kleintierpraxis 2003;48:9–23.
[4] Richardson EF, Thacher CW. Tibial fractures in cats.

Compend Continuing Educ 1993;15:383–394.

[5] Whitney WO, Mehlhaff CJ. High-rise syndrome in cats. J Am Vet Med Assoc 1987;191:1399–1403.

[6] Payne J, et al. Comparison of normograde and retrograde intramedullary pinning of feline tibias. J Am Anim Hosp Assoc 2005;41:56–60.

[7] Duhautois B. Use of veterinary interlocking nails for diaphyseal fractures in dogs and cats: 121 cases. Vet Surg 2003;32:8–20.

[8] Fruchter AM, Holmberg DL. Mechanical analysis of veterinary cuttable plate. Compend Continuing Educ 1991;4:116–119.

[9] Schmökel HG, et al. Percutaneous plating of tibial fractures in two dogs. Vet Comp Orthop Traumatol 2003;16:191–195.

[10] Piermattei DL, Johnson KA. An atlas of surgical approaches to the bones and joints of the dog and the cat, 4th edn. Philadelphia: WB Saunders; 2004.

[11] Smith RN. Fusion of ossification centres in the cat. J Small Anim Pract 1969;10:523–530.

[12] Zaal MD, Hazewinkel HAW. Treatment of isolated tibial fractures in cats and dogs. Vet Q 1997;119:191–194.

[13] Toombs JP, Wallace LJ. Evaluation of autogeneic and allogeneic cortical chip grafting in a feline tibial nonunion model. Am J Vet Res 1985;46:519–528.

[14] Haas B, et al. Use of the tubular external fixator in the treatment of distal radial and ulnar fractures in small dogs and cats. Vet Comp Orthop Traumatol 2003; 16: 132–137.

[15] Farese JP, et al. Use of IMEX SK-circular external fixator hybrid constructs for fracture stabilization in dogs and cats. J Am Anim Hosp Assoc 2002;38:279–289.

[16] Clarke SP, Carmichael S. Treatment of distal diaphyseal fractures using hybrid external skeletal fixation in three dogs. J Small Anim Pract 2006;47:98–103.

[17] Boone EG, et al. Distal tibial fractures in dogs and cats. J Am Vet Med Assoc 1986;188:36–40.

[18] Nolte DM, et al. Incidence of and predisposing factors for nonunion of fractures involving the appendicular skeleton in cats: 18 cases (1998–2002). J Am Vet Med Assoc 2005;226:77–82.

第 40 章　跗关节

K. Voss, S.J. Langley-Hobbs, P.M. Montavon

猫常发生跗关节损伤，包括韧带损伤导致的关节不稳定、关节脱位和跗骨骨折。跟腱的损伤也会影响跗关节的功能。跗关节损伤常常由车祸或摔伤导致。韧带损伤会影响距小腿关节、近端和远端跗骨间关节、跖跗关节。猫最常见的跗关节损伤类型为距小腿关节不稳定或脱位 [1]。距小腿关节远端的韧带损伤也经常发生。局部解剖、临床检查和影像学知识对于诊断韧带损伤部位及选择合适的治疗方式至关重要。

跗关节损伤往往伴有开放性伤口，可能由骨骼移位穿透皮肤导致，但更常见于剪切伤或脱套伤。对于开放性关节损伤的治疗参见第 14 章，对皮肤缺损的治疗参见第 16 章。

40.1　外科解剖学

胫腓骨远端通过下胫腓韧带相连（图 40–1）。内踝和外踝包裹距骨滑车，从而防止内外侧脱位。内、外踝也是侧副韧带的起始点。与犬相比，猫只有较短的侧副韧带 [2]。内侧和外侧副韧带均由直韧带和斜韧带组成（图 40–1）。内侧副韧带的胫距斜韧带及外侧副韧带的腓距韧带均位于内、外踝下方，故很难通过手术达到。

跗关节包括 7 块跗骨。跗骨间的关节连接包括距小腿关节、距骨中央跗骨关节、跟骨第Ⅳ跗骨关节、中央远端跗骨关节、跖跗关节。胫腓骨远端和距骨构成距小腿关节。轴向力通过胫骨远端和距骨传导。

跗骨间关节指的是相邻跗骨构成的关节，其中有一些专门的命名。虽然在技术上不正确，但为了易于描述，距骨中央跗骨关节及跟骨第Ⅳ跗骨关节常指近端跗骨间关节。一般认为小的跗骨间关节活动性很小，但也存在一些功能性的活动，特别是距骨中央跗骨关节、跟骨第Ⅳ跗骨关节、距跟关节。中央远端跗骨关节及跖跗关节连接更

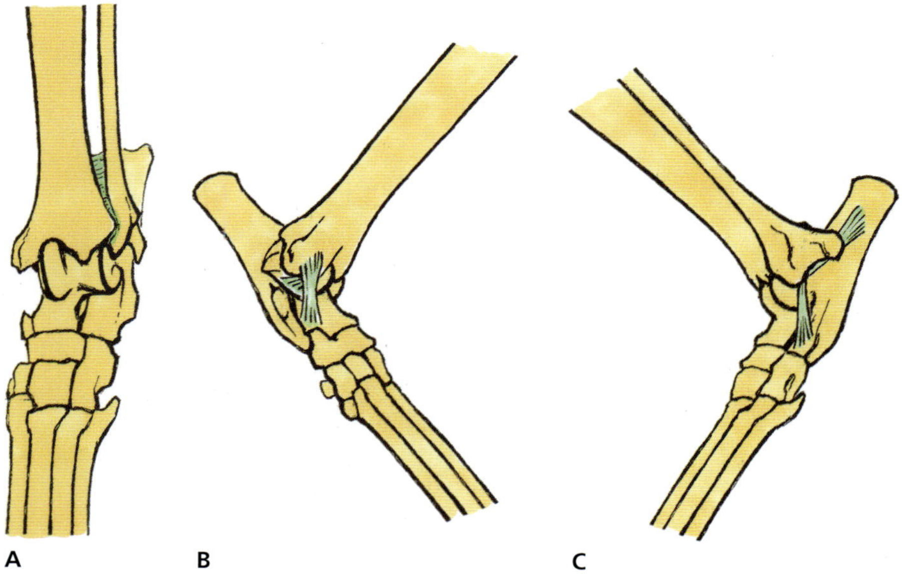

图 40–1　距小腿关节重要的韧带。（A）胫腓韧带主要负责胫腓骨远端的紧密连接。（B）短的内侧副韧带包括胫骨中央跗骨直韧带和胫距斜韧带。胫距斜韧带部分位于内踝下方。（C）短的外侧副韧带包括跟骨腓骨韧带和距骨腓骨韧带。外侧副韧带的跟骨腓骨韧带包括直韧带和斜韧带

紧密，活动性很小。

跗骨周围遍布很多短韧带。从功能上可划分为短的背侧和跖侧韧带、短的内侧和外侧韧带。跖侧韧带位于肢体的张力面，故承受更大的张力。跗骨跖侧有一根很长的韧带，从跟骨的远端延伸至第Ⅳ跗骨和第Ⅳ跖骨的基部。

40.2 诊断和治疗方案的选择

跗关节损伤经常导致明显的临床症状，如跛行、肿胀、疼痛和捻发音。关节不稳定或骨折时均可能出现捻发音。可通过过度伸展、过度屈曲、内翻、外翻评估跗关节完整性。

内翻或外翻不稳定通常由距小腿关节侧韧带断裂导致，但损伤也可能发生于距骨中央跗骨关节、跟骨第Ⅳ跗骨关节、中央远端跗骨关节、跖跗关节。背侧短韧带断裂会导致受损区域过度伸展，而跖侧短韧带断裂会导致过度屈曲。正常情况下，猫相对于犬关节松弛度更大，故当某些病例发生轻度关节不稳定时，可与对侧健肢关节做对照。

虽然可通过触诊很容易地判断关节不稳定的区域，即背侧、跖侧、内侧或外侧，但仅通过触诊很难获得准确的损伤解剖部位，此时应拍摄 X 线片来尝试获得特异性的诊断。常规 X 线片用来诊断或排除骨折。内翻和外翻应力位 X 线片可用来检查内侧和外侧不稳定，过度伸展或过度屈曲 X 线片用来检查跖侧或背侧不稳定。

同时应考虑是否存在肌腱损伤的可能性，尤其是当患猫表现出跖行步态时。应触诊跟腱是否存在肌腱肿胀、撕脱性骨折或断裂。趾浅屈肌腱脱位很罕见，但曾有一例猫的报道[3]。

跗关节存在肿胀疼痛时，也需要把关节炎列入鉴别诊断。免疫介导性多发性关节炎常常发生于跗关节（第 5 章）。猫咬伤或其他开放性损伤可导致脓毒性单关节病（第 14 章）。常见的跗关节损伤类型及其治疗方案的选择见表 40-1。

表 40-1 猫跗关节损伤及其治疗方案的选择

损伤部位	损伤类型	固定方法
跟腱断裂	跟腱断裂、撕脱	跟腱缝合和跨关节固定
跗小腿关节	内侧副韧带扭伤	人工韧带 保守治疗
	腓骨远端骨折	张力带修复 发散克氏针
	距小腿关节脱位	手术修复和跨关节外固定支架
距骨中央跗骨和跟骨第Ⅳ跗骨关节	背侧不稳定 跖侧不稳定	适合的骨板 部分跗关节融合术
距骨跟骨和距骨中央跗骨关节	距跟关节脱位	适合的骨板 距骨跟骨螺钉
中央远端跗骨和跖跗关节	背侧不稳定	适合的骨板 背侧张力带
	跖侧不稳定	部分跗关节融合术
距骨	简单可复位骨折 关节外粉碎性骨折 关节内粉碎性骨折	螺钉或克氏针固定 跨关节外固定支架 全跗关节融合术
跟骨	骨折 远端骨折伴跖侧不稳定	张力带修复 部分跗关节融合术

40.3　跗关节入路

可使用距小腿关节内侧入路探查内踝、内侧副韧带和跗关节前内侧面[4]。在背侧平行于内侧副韧带切开关节囊。很少需要使用内踝截骨术的内侧入路[4]，但这种入路可改善术野，如修复距骨近端内侧骨折时。距小腿关节外侧入路主要用于修复外踝骨折[4]。应注意在切开筋膜和伸肌支持带时不要损伤腓骨肌腱。

到达跗骨内侧和背内侧面时，需要切开胫前肌腱背侧的筋膜，肌腱向内侧牵拉[4]。该入路用于从背侧固定跗骨间和跗骨跖骨不稳定，也可进行距跟关节脱位的固定。可使用外侧入路到达跟骨和跗骨外侧及跖外侧面，该入路经常用于部分跗关节融合术[4]。

可通过外侧到达跟骨和跟腱[4]。沿趾浅屈肌腱外侧缘切开筋膜，然后沿跟骨后外侧缘继续切开。该入路可沿着距骨外侧或后侧向背侧延伸[4]。

40.4　跟腱断裂或撕脱

跟腱由以下 3 根独立的肌腱组成：腓肠肌的肌腱；半腱肌、股薄肌、股二头肌的总肌腱；趾浅屈肌的肌腱。趾浅屈肌腱经跟骨后插入第 2 ~ 5 中央趾骨的跖侧面。猫还有另外一块肌肉，即比目鱼肌，其细小的肌腱从外侧汇入跟腱。肌肉和跟腱的作用为伸展跗关节和屈曲脚趾。

猫跟腱断裂相对罕见。根据临床所见，大多数为跟骨结节处发生闭合性断裂或撕脱。急性跟腱断裂的患猫常常表现为无法负重的跛行及跗关节过度屈曲。触诊跟腱时，跟腱的连续性缺失、增粗、肿胀和疼痛。当跟腱被锐物划伤时，可见皮肤伤口。确诊跟腱功能障碍的方式为保持膝关节伸展状态，但跗关节仍可被屈曲（图 40-2）。若趾浅屈肌腱完整，则脚趾会同时屈曲。

慢性损伤时，患肢可能负重，但保持跖行步态。出现跖行步态时，也应该将糖尿病性神经病或神经损伤（如胫神经损伤）作为鉴别诊断。也可能发生跟腱双侧的慢性扭伤（图 40-3），但潜在病因尚不清楚（第 7 章）。

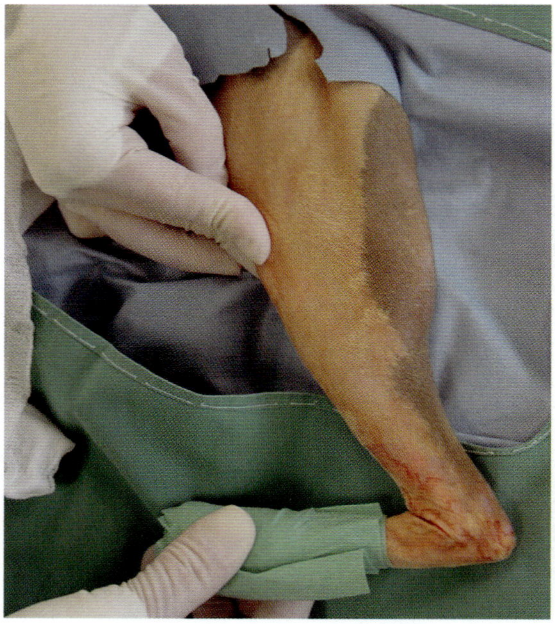

图 40-2　跟腱断裂的患猫。当膝关节保持伸展状态时，跗关节仍可被屈曲

应拍摄 X 线片评估跟腱在跟骨结节的插入点是否有撕脱性骨折和周围软组织肿胀。X 线片应包含整个小腿区域，以评估腓肠豆的位置。也可使用超声检查来确诊，并进一步评估损伤的程度和部位（第 2 章）。

大多数病例由于存在功能障碍需要考虑手术治疗。在跟腱后外侧面纵向切开皮肤。尽可能分离各根肌腱。近端的断端可能向近端移位很远。可能需要对血凝块清创并对磨损的断端进行切除。使用单丝不可吸收缝线对跟腱使用锁环缝合或三环滑轮缝合进行单独缝合（第 16 章）。若远端断端太短无法缝合，则可在跟骨上钻一隧道将断端近端进行固定。慢性损伤时，可能无法区分各根肌腱，则将其按照一根肌腱进行缝合。应注意缝合后获得足够的功能张力，因为韧带在愈合过程中可能被拉长。

术后常使用跨关节外固定支架对跗关节进行 3 ~ 4 周的制动，以便纤维瘢痕形成。在移除外固定支架后再进行 2 周的夹板外固定。夹板并不会严格完全限制活动和张力，这样可允许瘢痕组织成熟及胶原蛋白纤维纵向稳定生长。6 周后肌腱愈合，就能获得足够的负重力了。患猫在 3 ~ 4 个月内应室内饲养，避免剧烈活动以免再次断裂。

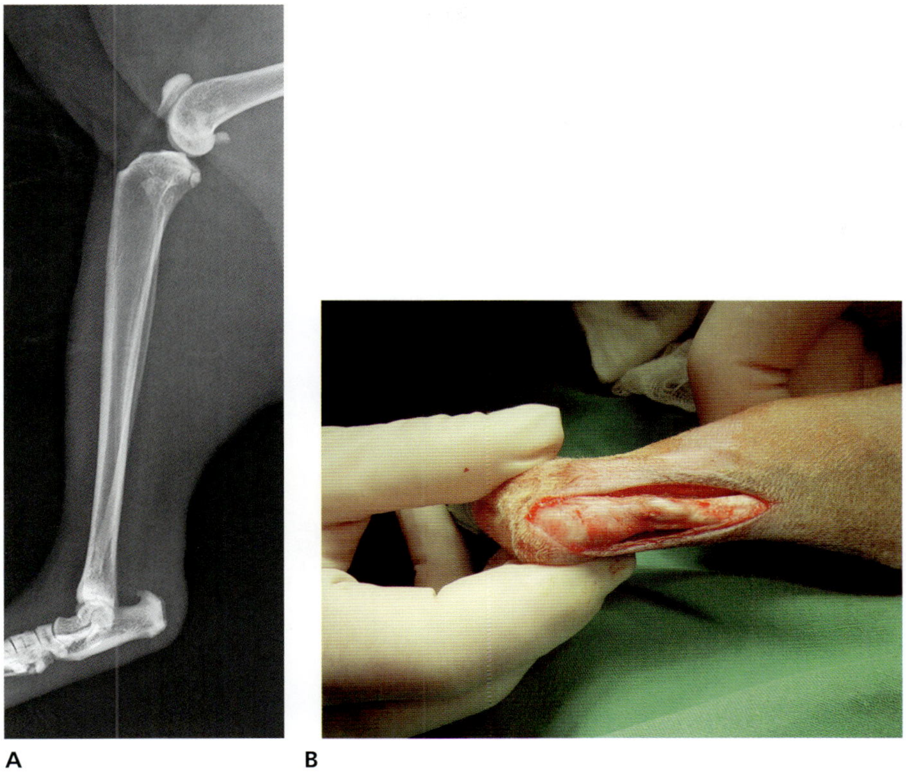

图 40–3　患猫双侧腓肠肌腱断裂。（A）右小腿内外侧位 X 线片和（B）术中外观。跟骨结节可见骨膜增生，提示慢性病程。腓肠肌腱增厚，从跟骨结节上撕脱。该猫患有甲状腺功能亢进

40.5　趾浅屈肌腱脱位

趾浅屈肌腱远端经过跟骨结节后向远端延伸。支持带自发性或创伤性断裂可能导致该肌腱脱位，这种情况在犬中常见报道[5–8]。据报道，一只 9 岁的老年肥胖雌性绝育暹罗猫发生趾浅屈肌腱外侧脱位，表现慢性跛行[3]。临床症状包括右侧跟腱肿胀、趾浅屈肌腱向外侧半脱位。术中发现内侧支持带肿胀、跟腱下方的黏液囊肿胀。治疗包括切开内侧支持带，使用不可吸收缝线将内侧支持带与趾浅屈肌腱内侧缘进行缝合[3]。术后趾浅屈肌腱保持原位，临床转归非常好[3]。

40.6　距小腿关节不稳定和脱位

距小腿关节不稳定或脱位的原因包括内外侧副韧带扭伤、内踝或腓骨骨折、下胫腓韧带断裂的不同组合。只有当以上所有结构破坏时才会发生完全脱位，而这种严重损伤在猫比较常见[1]。

40.6.1　侧副韧带扭伤

内侧或外侧副韧带功能性损害后会导致患侧距小腿关节不稳定。侧副韧带扭伤比韧带从踝部的撕脱性骨折更为常见。脱套伤会导致患侧软组织支持和踝部的部分或完全磨损。

侧副韧带扭伤最常见于内侧，从而导致内侧不稳定或外翻。可拍摄应力位 X 线片进行确诊（图 40–4）。偶尔也可见距骨后侧半脱位，可能是侧副韧带斜部断裂所致。

Ⅱ级和Ⅲ级韧带扭伤会表现临床症状，且 X 线片可见不稳定，此时建议进行手术修复。确认撕裂的韧带，尝试对接和一期缝合。若韧带缩短或碎裂，往往无法缝合。也可以使用人工韧带对直接缝合的韧带进行保护（专栏 40–1）。理想情况下，人工韧带应模拟内侧副韧带的胫骨中央跗骨直部和胫骨距骨斜部，但由于猫内侧副韧带的胫骨距骨斜部隐藏在内踝之下，故非常困难。可在内踝拧入 1 颗螺钉，距骨基部拧入另外 1 颗螺钉，模拟内侧副韧带的胫骨中央跗骨直部（专栏 40–1）。若修复后仍有关节不稳定，则在跟骨拧入第 2 颗螺钉，模拟内侧副韧带的胫骨距骨斜部（图 40–6）。

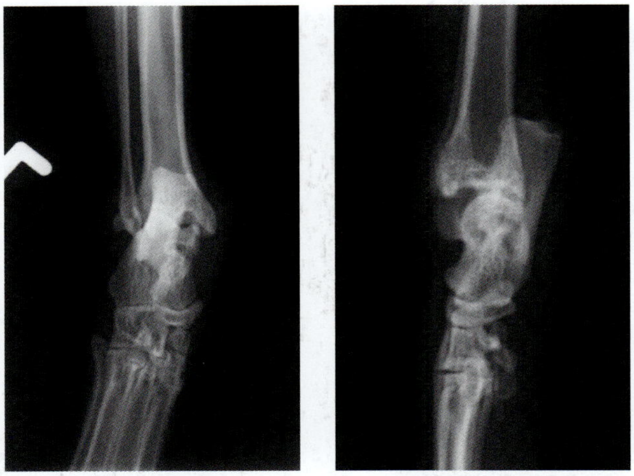

A B

图 40-4 内侧副韧带扭伤患猫的（A）关节外翻和（B）过度伸展应力位 X 线片。可见（A）胫距关节内侧面间隙增大，（B）距骨后侧半脱位

另外一种手术方式，可在胫骨和距骨头上分别钻孔然后放置人工韧带。这种方式并未完全达到韧带解剖上的功能，但可以防止关节外翻。

发生撕脱性骨折时，使用张力带或小号螺钉将撕脱部与胫骨或踝部固定。若骨碎片很小，可在踝部钻一隧道，使用褥式缝合将断端固定。

任何类型的固定术后均应进行制动。使用夹板绷带通常足以制动。

发生脱套伤时，常常推迟进行手术固定。可使用夹板绷带或跨关节外固定支架进行暂时性关节固定。进行适当的伤口管理直至长出健康肉芽组织，这时伤口已经不存在感染（第 16 章）。在使用跨关节外固定支架时，关节周围可形成纤维组织，从而使关节获得足够的稳定性，不再需要手术替换韧带。

专栏 40-1 内侧副韧带的人工韧带

使用内侧入路显露距小腿关节，暴露关节和关节周围组织，冲洗关节。使用 4-0 单丝慢吸收缝线，以锁环或褥式缝合方式，将可见的韧带和关节囊进行缝合。

使用螺钉或缝合锚钉的人工韧带：为了代替内侧副韧带的胫骨中央跗骨直部，可将 1 颗 1.5 mm 螺钉或小号缝合锚钉拧入内踝，然后将另外 1 颗拧入距骨基部或中央跗骨。在螺钉头部，预放置 2-0 或 0 号单丝不可吸收缝线进行“8”字缝合（图 40-5A）。若缝线容易从螺钉头部滑落，可使用垫圈。将螺钉完全拧入后将“8”字缝合拉紧。若仍不稳定，可再放置 1 根人工韧带来模拟内侧副韧带的胫骨距骨斜部。在跟骨上拧入 1 颗 1.5 mm 螺钉，靠近内踝的后侧远端。然后将缝线围绕这颗螺钉和内踝进行“8”字缝合（图 40-5B）。

使用隧道技术放置人工韧带：使用 1.1 ~ 1.5 mm 钻头或小号克氏针，在内踝和距骨基部钻孔。将 2-0 或 0 号不可吸收缝线穿过隧道，使用“8”字缝合方式拉紧。

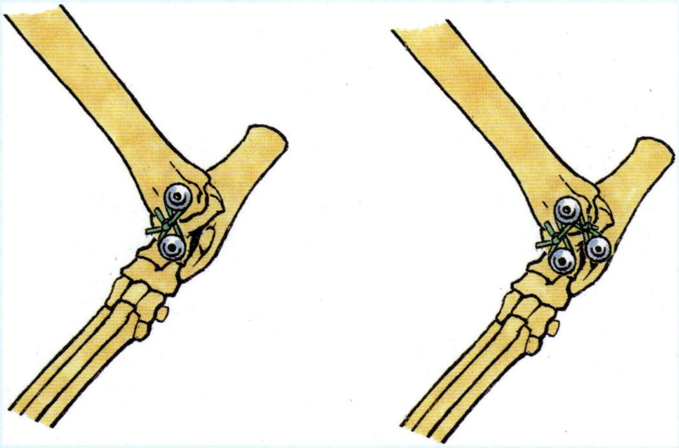

A B

图 40-5 距小腿关节内侧人工韧带可选的方案。（A）使用人工韧带代替内侧副韧带胫骨中央跗骨直部，在内踝和距骨基部放置螺钉，然后进行“8”字缝合。（B）使用人工韧带代替内侧副韧带胫骨中央跗骨直部和胫骨距骨斜部

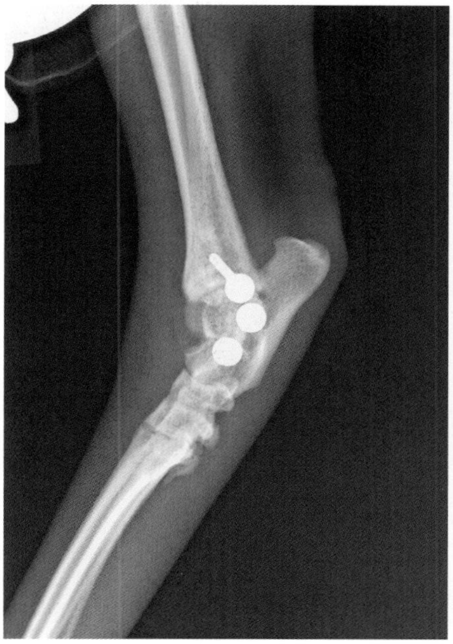
A

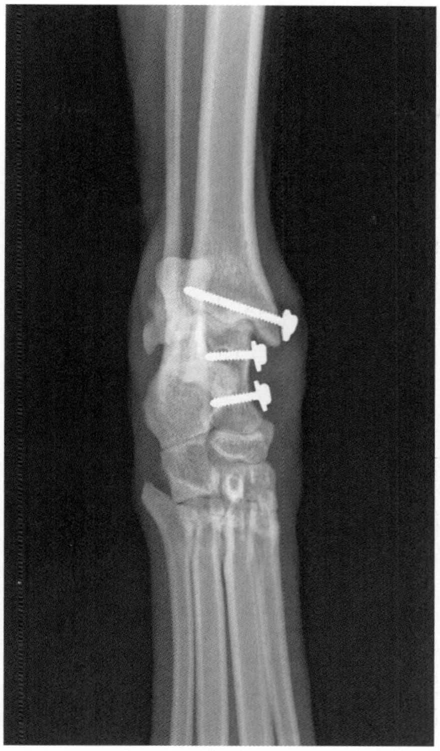
B

图 40-6　内侧副韧带断裂患猫的术后 4 周 X 线片。（A）内外侧位，（B）背跖位。本病例使用人工韧带代替内侧副韧带胫骨中央跗骨直部和胫骨距骨斜部

40.6.2　腓骨远端骨折

距小腿关节外侧不稳定一般由腓骨远端骨折导致。腓骨骨折若位于胫腓韧带近端，则骨折时常并发胫腓韧带断裂。胫腓骨间的连接缺失后，腓骨骨折部会向外侧和远端移位，从而导致外侧副韧带功能丧失（图 40-7）。骨折后，外踝对于胫骨外侧的限制也会丧失。一般需要手术修复来重塑关节稳定性。可使用张力带或两根发散克氏针进行固定（专栏 40-2）。腓骨骨折可能单独发生，但常伴发距小腿关节脱位。若骨折单独发生，则术后使用夹板外固定足以制动。但若同时伴发距小腿关节脱位，使用跨关节外固定支架可提供更多的稳定性（专栏 40-3）。

位于胫腓韧带远端的外踝撕脱性骨折较为罕见，但也可导致外侧副韧带功能丧失。若撕脱的骨碎片足够大，则可使用张力带修复。否则使用人工韧带修复。

40.6.3　距小腿关节脱位

发生距小腿关节完全脱位时，内侧副韧带和下胫腓韧带常常受损。人医关于距小腿关节脱位的分类也可用于猫（表 40-2）[9]。C 型为最常见的脱位类型（图 40-1C）。B 型偶尔发生，A 型罕见。距小腿关节脱位是严重的损伤，但很多猫经过复位并修复受损结构后可恢复满意至良好的功能。全身麻醉后将距小腿关节复位，然后使用夹板固定直至手术，以此缓解疼痛并预防进一步的软骨损伤。手术常涉及内侧副韧带修复（专栏 40-1）以及将骨折的腓骨固定至胫骨上（专栏 40-2）。

发生开放性跗关节脱位时，早期积极的清创并冲洗对于预防关节感染非常重要。由于大多数伤口都被认为是脏创（第 16 章），故往往采取二期愈合。开放性伤口的治疗往往持续到有健康肉芽组织生长，此时允许进行内固定。距小腿关节在清创过程中最好使用跨关节外固定支架（专栏 40-3）进行制动。发生严重软组织缺损时往往不必修复损伤的韧带，因为肉芽组织会转变为纤维组织和瘢痕组织，可为关节周围提供足够的稳定性。

术后也常使用跨关节外固定支架对关节进行制动（专栏 40-3）。这种外固定支架对于术后稳定

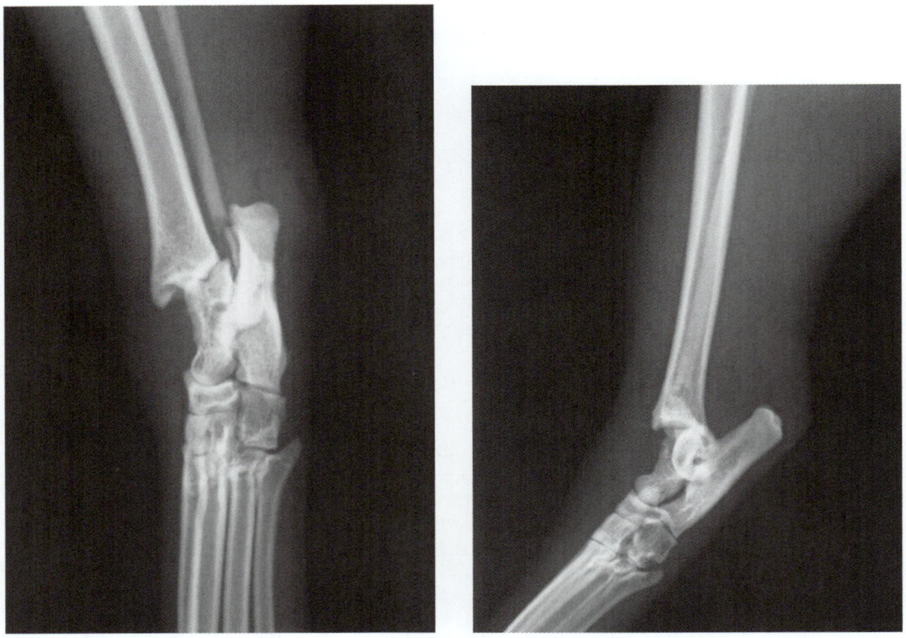

A　B

图 40–7　腓骨远端骨折和胫腓韧带断裂患猫的跗关节（A）背跖位和（B）内外侧位 X 线片。请注意（A）背跖位上腓骨远端远离胫骨移位，（B）内外侧位上可见胫距关节半脱位

专栏 40–2　胫骨远端骨折伴胫腓韧带断裂的固定

使用外侧入路到达腓骨远端和距小腿关节。将腓骨远端进行解剖复位，并使用点式复位钳将其与胫骨进行固定。在骨折处检查复位效果。

发散克氏针：使用 2 根 0.6 ~ 0.8 mm 克氏针，从外踝远端插入胫骨。克氏针的方向应朝向近端，以免穿入距小腿关节（图 40–8A）。2 根放置良好的克氏针一般有足够的稳定性及抗拔出力。当骨碎片足够大时，使用 1.0 mm 阴螺纹克氏针有助于增加抗拔出力。在插入克氏针后将其剪短。

张力带固定：在平行放置 2 根克氏针后，或当骨碎片较小仅能放置 1 根克氏针时，应加用张力带钢丝。使用 0.5 mm 或 0.6 mm 骨科钢丝，分别在克氏针远端和腓骨上钻孔，之后按照“8”字方式固定钢丝（图 40–8B）。

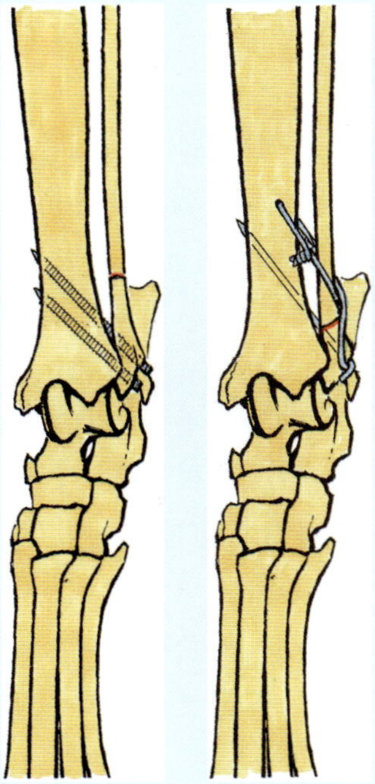

A　B

图 40–8　腓骨远端骨折的固定方法。（A）使用 2 根发散螺纹克氏针固定腓骨远端。（B）骨折线更靠近腓骨远端时，可放置 1 根克氏针和“8”字钢丝固定在胫骨上

性不够、超重的猫，以及同时存在其他肢体损伤的动物尤为适用。由于使用Ⅰ型外固定支架时可能存在远端固定针过早松动的情况，故推荐使用Ⅱ型外固定支架。对于某些猫，术后使用夹板外固定也可提供足够的支撑。夹板外固定或外固定支架一般在术后放置 3 周或直至创伤愈合获得足够的强度[11]。

专栏 40-3　距小腿关节脱位的固定及跨关节外固定支架的应用

同时需要内侧和外侧入路显露跗关节，从而固定骨折的腓骨并修复断裂的内侧副韧带。先使用外侧入路并探查关节。术后常使用跨关节外固定支架进行制动。

骨折和韧带一期修复：当腓骨骨折且胫腓韧带断裂时，第一步是使用 2 根发散克氏针或张力带将腓骨固定至胫骨上（专栏 40-2）。外踝的解剖复位对恢复关节正常的构型和稳定性是必需的。若下胫腓韧带发生腓骨远端的撕脱性骨折，则需要使用较细的张力带进行固定。第二步是修复断裂的内侧副韧带，具体参照专栏 40-1。冲洗关节后缝合关节囊。在闭合创口前，评估关节的活动性和稳定性。

跨关节外固定支架：若术后需要保持稳定性，则使用 II 型跨关节外固定支架。不同类型的外固定支架如 KE、SK、Meynard 或 APEF 系统均可使用。下文介绍 2 种可选用的支架类型。

选择 1（图 40-9A）：使用 1 根 1.6 mm 中央阳螺纹全针插入胫骨近端，使用 1.4 ~ 1.6 mm 滑面针或 Ellis 针分别从外侧和内侧插入近端跖骨。这些固定针略微朝向背侧，至少要穿过 2 根跖骨。将 2 根连杆折弯至 100° ~ 110° 以稳定跗关节，将固定针与连杆相连。再将 1.6 mm 滑面、阴螺纹或阳螺纹半针插入胫骨远端，避免在开放性伤口处插入固定针。跖骨近端 1/3 处可以再插入 2 根 1.2 ~ 1.4 mm 固定针。

选择 2（图 40-9B）：首先按照上文将 1 根固定针插入胫骨近端。使用 1.2 ~ 1.4 mm 滑面针，体型较大的猫使用 1.6 mm 滑面或中央阳螺纹全针插入跖骨基部。将固定针在内、外侧与连杆相连，连杆按照站立角度 100° ~ 110° 提前折弯。再将 1.6 mm 固定针插入胫骨远端和跗骨。

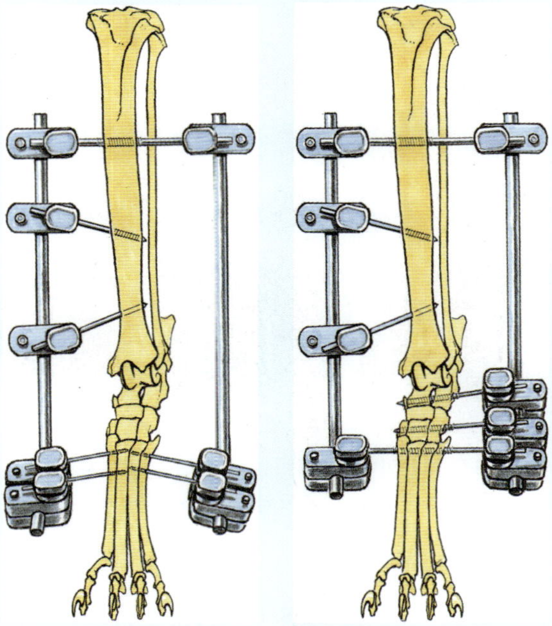

图 40-9　使用跨关节外固定支架暂时固定跗关节的两个图例。（A）Ⅱ 型跨关节外固定支架，固定针插入胫骨和近端跖骨。（B）Ⅱ 型跨关节外固定支架，固定针插入胫骨、跗骨和近端跖骨

表 40-2　根据 R. Vannini 进行的距小腿关节脱位的分类 [9]

脱位类型	损伤	胫腓韧带
A 型	位于胫腓关节水平远端，外侧副韧带断裂或踝撕脱性骨折	完整
B 型	胫腓韧带水平发生腓骨远端骨折 内侧副韧带断裂或撕裂	部分断裂
C 型	胫腓韧带近端发生腓骨骨折 内侧副韧带断裂或撕裂	断裂，导致腓骨远端从胫骨上脱位

40.7　跗骨间关节和跖跗关节不稳定

跗骨间关节和跖跗关节不稳定由横跨各个关节之间的短韧带断裂导致。为了简化，后文将距骨中央跗骨和跟骨第Ⅳ跗骨关节称为近端跗骨间关节。

在跗骨间关节和跖跗关节区域，有 3 种最常见的损伤类型：任一关节水平的背侧不稳定；距跟关节脱位；任一关节水平的跖侧不稳定。跖侧跗骨间关节或跖跗关节韧带损伤较背侧韧带损伤更容易致残，因为在负重时跖侧为张力面，而背侧为压缩面。猫的背侧跗骨间关节和跖跗关节不稳定相较于跖侧不稳定更加常见 [11]。

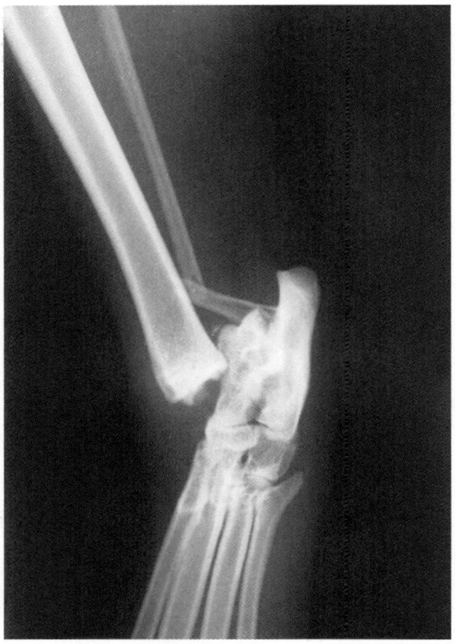

图 40-10 C 型距小腿关节脱位的患猫。注意发生骨折的腓骨远端从胫骨上脱位，指示胫腓韧带断裂

40.7.1 背侧跗骨间关节和跖跗关节不稳定

背侧短韧带断裂最常见于关节过度伸展。背侧不稳定最常见于近端跗骨间关节（图 40-11）和跖跗关节，中央远端跗骨关节很少出现。大多数病例患肢同时存在内侧或外侧不稳定[11]。在某些病例中，跖跗关节完全脱位（图 40-12）。也可能同时发生趾骨骨折或脱位，需要在 X 线片上仔细观察。

由于背侧短韧带在负重时不承受拉力，故在患病关节制动的情况下，关节周围组织可发生纤维化愈合而恢复关节稳定性，不需要进行部分跗关节融合术。跗骨间关节背侧轻微不稳定时（严格局限于背侧），可通过夹板外固定 3 周进行治疗。严重背侧不稳定及并发内外侧跗骨间韧带不稳定时，需要进行手术治疗。跖跗关节不稳定总是需要进行手术治疗。

患病关节可使用植入物固定以促进纤维组织愈合（专栏 40-4）。背侧跗骨间关节和跖跗关节不稳定进行内固定时，锁定骨板是理想的选择[11]。由于锁定骨板的螺孔和螺钉之间的锁定机制，仅在脱位近端和远端各放置一颗螺钉即可达到稳定固定，这样可允许选择仅在某一关节水平进行固定（图 40-11 和图 40-12）。若同时存在内侧或外侧不稳定，可再使用 2 块短骨板进行固定。

除了骨板之外，另一种固定方式是使用张力带固定，即在病变两侧分别放置螺钉或克氏针后再用“8”字钢丝固定[12]。也可使用迷你骨板进行固定，但至少需要在近端和远端放置 2 颗螺钉。增加骨板长度的缺点是需要涉及多个关节。

建议在 4 ~ 6 周后移除植入物，以避免患病关节发生硬化。不过大多数动物主人由于他们的宠物临床功能恢复良好而谢绝移除植入物[11]。

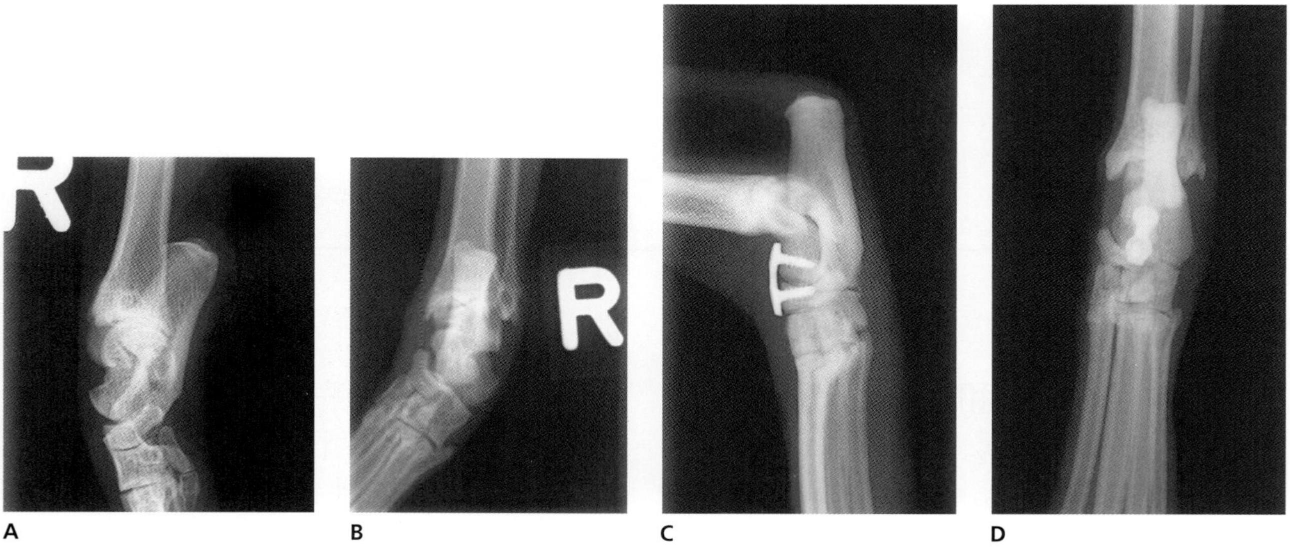

图 40-11 猫近端跗骨间关节背侧和内侧不稳定。（A，B）术前过度伸展和外翻应力位 X 线片。注意距骨中央跗骨关节背侧关节间隙增大。在同一水平仅存在轻度内侧不稳定。（C，D）使用 2.0 mm Unilock 骨板进行固定，其中 1 颗螺钉拧入距骨基部，1 颗螺钉拧入中央跗骨

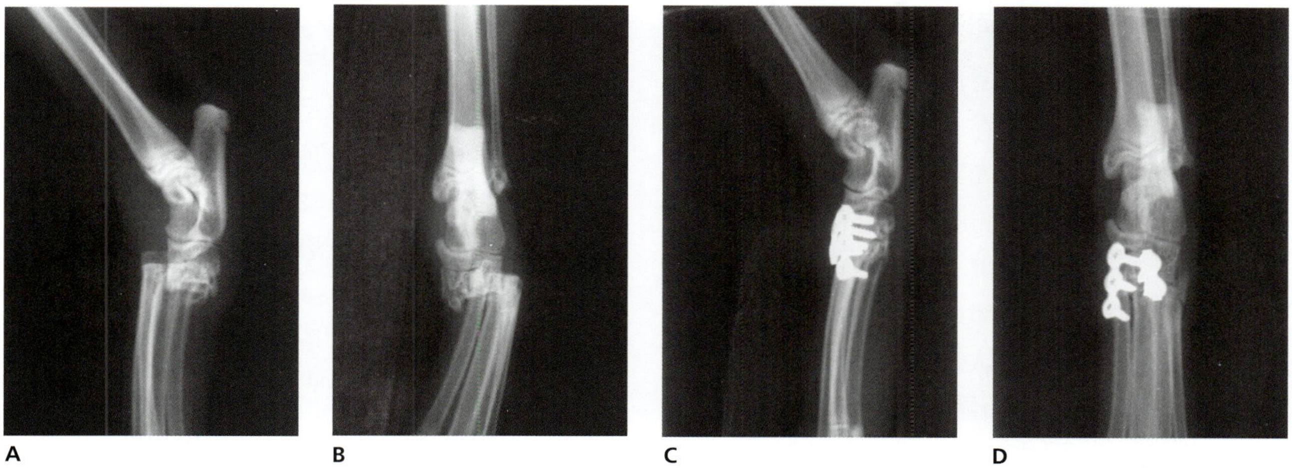

图 40-12　猫跖跗关节脱位。(A，B) 内外侧位和背跖位 X 线片可见跖跗关节背侧脱位。在关节复位后触诊认为跖侧韧带稳定。(C，D) 跨越跖跗关节两侧放置 2 块短的 2.0 mm Unilock 骨板防止再次脱位，使背侧韧带愈合

专栏 40-4　背侧跗骨间关节和跖跗关节不稳定的固定方法

在患处使用背侧入路切开。探查损伤的关节腔并进行冲洗后复位。在不稳定区域上放置植入物。若同时存在明显的内侧或外侧不稳定或存在跖跗关节不稳定，则可能需要将植入物平行放置。

锁定骨板：锁定骨板可用于不同水平各种类型的背侧不稳定。使用 1 ~ 2 块 2 孔 2.0 mm 锁定骨板跨越患处放置，必要时进行塑型。跗骨间关节不稳定时，将 1 颗锁定螺钉拧入跗骨近端，另 1 颗螺钉拧入患处远端的跗骨中 (图 40-13A)。跖跗关节不稳定时，通常在跖骨上使用 2 颗螺钉。放置第二块骨板有助于提高稳定性 (图 40-12)。

迷你骨板：这种类型的骨板可用于不同水平的背内侧不稳定，但缺点是需要跨越多个关节。使用 1.3 mm 或 1.5 mm 骨板，按跗骨背内侧从距骨颈至第 Ⅱ 跖骨进行塑型。在距骨基部和颈部拧入 1 ~ 2 颗螺钉，在中央跗骨拧入 1 颗螺钉，在第 Ⅱ 跖骨近端拧入 2 颗螺钉 (图 40-13B)。

张力带修复：相对于锁定骨板或迷你骨板，张力带的稳定性略差。分别在患处近端和远端的跗骨上各放置 1 颗 1.5 mm 螺钉。使用 0.5 mm 或 0.6 mm 骨科钢丝或强韧的不可吸收缝线分别环绕螺钉头以“8”字方式拉紧 (图 40-13C)。

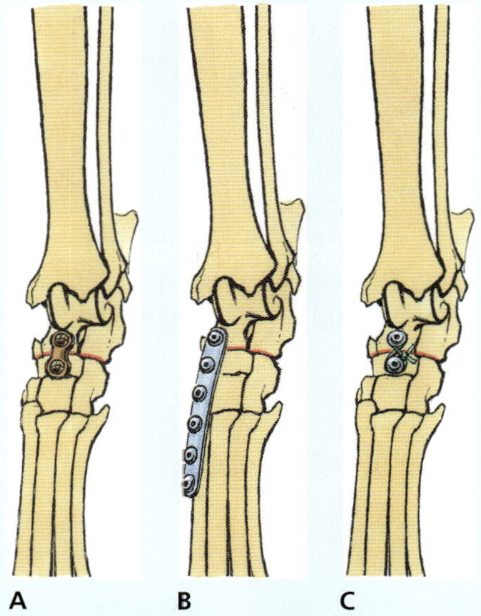

图 40-13　背侧跗骨间关节和跖跗关节不稳定的固定方式。(A) 背侧近端跗骨间关节不稳定时使用锁定骨板进行固定，1 颗螺钉放置在距骨基部，另 1 颗螺钉放置在中央跗骨上。(B) 背内侧跗骨间关节不稳定时使用 1.5 mm 迷你骨板进行固定。需要使用更长的骨板以提供足够的稳定性。(C) 背侧近端跗骨间关节不稳定时使用张力带修复

40.7.2　距跟关节脱位

距跟关节是一个紧密连接的关节，但正常情况下距骨和跟骨之间也存在一定转动。若距骨跟骨韧带发生断裂，可引发距跟关节脱位。猫最常见的类型是距骨基部背侧脱位（图 40–14）。在这种情况下，距骨跟骨韧带和距骨中央跗骨韧带均发生断裂，此时距骨基部可沿中央跗骨背侧滑动引起脱位。这种损伤被认为由可引起过度伸展及轴向压迫的钝伤引起。跖侧距跟关节脱位很罕见。

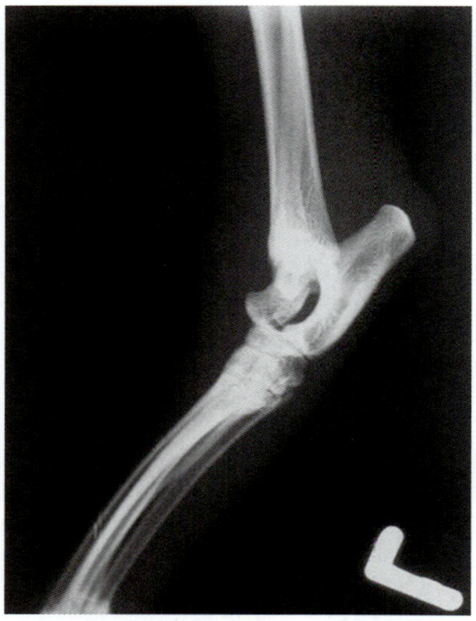

图 40–14　距骨跟骨背侧脱位患猫的内外侧位 X 线片。除距骨中央跗骨韧带发生断裂之外，距骨跟骨韧带也发生断裂

距骨基部脱位若不进行治疗可引起患肢逐渐衰弱，因为脱位后距骨与中央跗骨间的承重缺失。这种类型的损伤使用锁定骨板或迷你骨板治疗预后很好[11,15]。背侧放置的骨板起支持作用，可防止距骨向背侧半脱位，同时也有助于稳定距骨中央跗骨关节。手术技术与治疗近端跗骨间关节不稳定的技术相同（专栏 40–4）。

另外一种手术技术是从距骨基部向跟骨拧入位置螺钉（专栏 40–5）[12,14]。这种技术主要存在的问题是由于距跟关节之间仍然存在活动，可能引发螺钉早期断裂[14]。但对于猫来说，这种技术似乎可以提供足够的稳定性。

40.7.3　跖侧跗骨间关节和跖跗关节不稳定

跖侧跗骨间关节和跖跗关节不稳定常由创伤引起，受伤时跗骨跖侧承受过大张力。跟骨第Ⅳ跗骨关节和跖跗关节最常受损。可拍摄应力位 X 线片以诊断受伤部位（图 40–16）。某些病例在受伤关节水平发生完全脱位。

相对于背侧韧带断裂，跖侧韧带断裂往往更加严重，因为跖侧韧带断裂后无法负重，且该处韧带承受较大张力无法愈合。故跖侧不稳定需使用部分跗关节融合术进行治疗（专栏 40–6）。

专栏 40–5　距跟关节脱位的固定方法

使用背内侧入路暴露距跟关节。使用手指将距骨下压复位。

锁定骨板：跨越距骨中央跗骨关节放置 2.0 mm 锁定骨板，1 颗螺钉放置在关节近端，另 1 颗放置在远端，见专栏 40–4。

位置螺钉：使用一对点式复位钳夹持距骨和跟骨以保持复位。使用 1.5 mm 钻头从距骨向跟骨钻孔。攻丝后选择合适长度的 2.0 mm 位置螺钉拧入这两块骨骼中（图 40–15）。

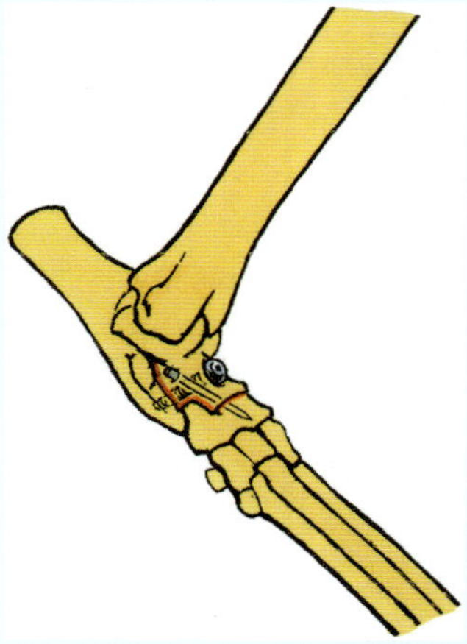

图 40–15　使用 2.0 mm 位置螺钉拧入距跟关节对距跟关节脱位进行固定。在距骨中央跗骨关节之间额外插入 1 根小的克氏针有助于提高稳定性

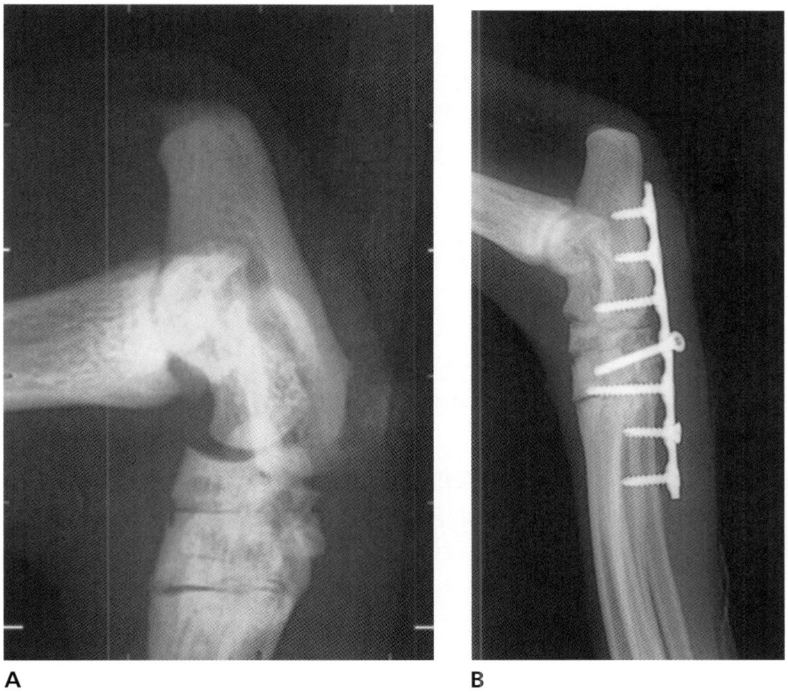

图 40–16　跖侧跟骨第Ⅳ跗骨关节不稳定的患猫。（A）术前应力位 X 线片显示跖侧不稳定。（B）在跗骨跖侧使用 2.0 mm 锁定骨板进行部分关节融合术后 1 个月的 X 线片

40.8　跗骨骨折

跗骨骨折中，距骨骨折是最常见的骨折类型[1]。跟骨骨折偶尔可见，而其他跗骨的骨折则非常罕见。

40.8.1　距骨骨折

距骨骨折的分类包括关节内和关节外骨折。关节内骨折指的是延伸至胫距关节的骨折，包括沿滑车外侧嵴或内侧嵴的碎片骨折，以及距骨横骨折或粉碎性骨折。关节外骨折包括距骨体、距骨颈和距骨头的骨折。

发生滑车嵴的撕脱性骨折时，若骨碎片足够大，则可使用小号的克氏针将其钉回（图 40–18）。小的骨碎片可移除，预后良好[1]。关节内横骨折可使用小号拉力螺钉和抗旋转克氏针进行固定，注意要将关节面进行解剖复位。不幸的是，大多数距骨关节内骨折都是粉碎性骨折，导致无法将关节复位。此时全跗关节融合术是唯一的治疗选项（专栏 40–7）。

距骨体或距骨颈的简单骨折可使用交叉克氏针固定，或在背侧放置 1.5 mm 迷你骨板或 2.0 mm 锁定骨板，见专栏 40–4。在对骨折进行修复后，建议在术后 3 周内暂时放置跨关节外固定支架进行保护，促进一期修复（专栏 40–3）。也有报道使用跨关节外固定支架对 5 只距骨颈骨折的患猫进行间接固定，放置 8 ~ 12 周[16]。然而，对关节进行过长时间的制动也可能缩小关节活动范围，导致软骨退化或促使退行性关节病的发生。

40.8.2　跟骨骨折

跟骨骨折非常罕见但是致残性损伤，因为跟骨需要承受巨大的拉力。跟骨是跟腱的插入点，也是趾浅屈肌腱的支点。跟骨骨折可能涉及跟骨结节、跟骨体或跟骨基部。跟骨结节或跟骨体的骨折最好使用张力带固定。跟骨体骨折也可在外侧或跖侧使用骨板固定。

跟骨基部的撕脱性骨折往往与跖侧跗骨间关节不稳定有关，因为跖侧跟骨第Ⅳ跗骨韧带在跟骨基部插入。在犬中，较大的骨碎片可使用拉力螺钉进行固定，但对猫来说骨碎片往往很小无法固定，故通常需要进行部分跗关节融合术，参见跖侧韧带损伤（专栏 40–6）。

专栏 40-6　部分跗关节融合术

根据所用的关节融合术选择入路。使用小号骨刮匙或电动球钻移除受损关节腔内的软骨。在关节腔内填充移植的松质骨，在手术结束前保证剩余的移植骨靠近关节。

使用克氏针和张力带钢丝进行跟骨第Ⅳ跗骨关节融合术：使用后外侧入路显露跟骨和第Ⅳ跗骨。使用 1 根 1.2 ~ 2.6 mm 克氏针从跟骨的近端插入其基部。克氏针进入跟骨第Ⅳ跗骨关节后，将关节复位，继续向第Ⅳ跗骨远端进针。在近端将克氏针剪短。分别在跟骨和第Ⅳ跗骨钻孔，然后使用 0.8 mm 骨科钢丝穿过钻孔后按照"8"字方式在两侧收紧（图 40-17A）。如图所示在近端使钢丝在克氏针背侧穿过，可降低钢丝勒豁拔出的风险。

使用外侧骨板进行跟骨第Ⅳ跗骨关节融合术：使用后外侧入路显露跟骨、跗骨间关节、跖跗关节和第Ⅴ跖骨。可使用几种不同类型的骨板或锁定骨板，包括 2.0 mm 动态加压骨板（DCP）、1.5/2.0 mm 兽医可裁剪骨板或 2.0 mm Unilock 骨板。根据跟骨、第Ⅳ跗骨、第Ⅴ跖骨跖外侧面的形状对骨板进行塑型。在跟骨拧入 2 ~ 3 颗螺钉，在第Ⅳ跗骨拧入 1 ~ 2 颗螺钉，在第Ⅴ跖骨上拧入 2 颗螺钉（图 40-17B）。也可在跖侧加用"8"字钢丝。

使用外侧和（或）内侧骨板进行跖跗关节融合术：可使用 2.0 mm DCP、1.5/2.0 mm 兽医可裁剪骨板或 2.0 mm 锁定骨板。可按照跟骨第Ⅳ跗骨关节融合术类似的方式放置外侧骨板，分别在跖跗关节近端和远端插入 3 颗螺钉（图 40-17C）。放置内侧骨板时，使用内侧入路显露距骨、跗骨间关节和跖骨关节。根据距骨、中央跗骨和第Ⅱ跖骨跖内侧面的形状对骨板进行塑型（图 40-17D）。在距骨上拧入 1 ~ 2 颗螺钉，在中央跗骨上拧入 1 颗螺钉，在第Ⅱ跖骨上拧入 3 颗螺钉。

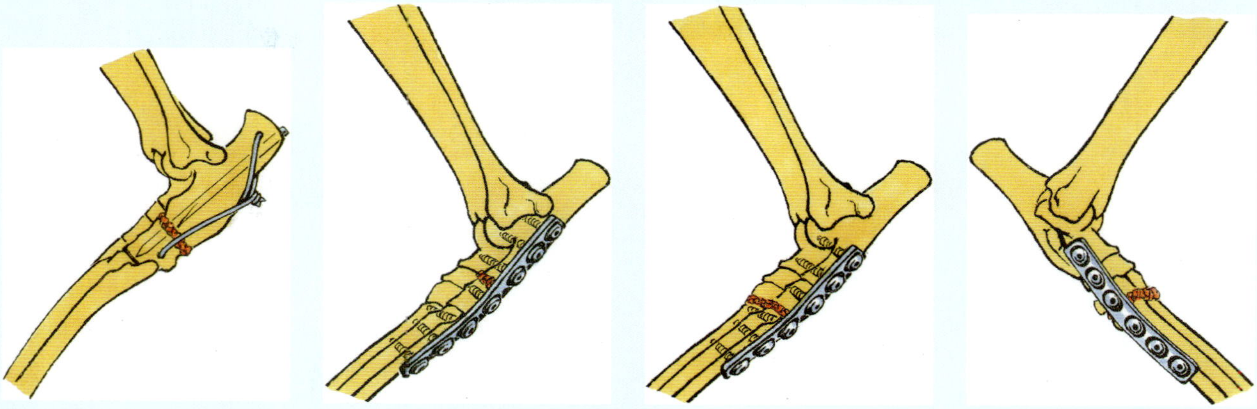

A　B　C　D

图 40-17　部分跗关节融合术的治疗方案。（A）使用克氏针和跖侧张力带进行跟骨第Ⅳ跗骨关节融合术，对跖侧近端跗骨间关节不稳定进行固定。（B）使用外侧骨板进行跟骨第Ⅳ跗骨关节融合术。也可在跖侧加用"8"字钢丝。（C）使用外侧骨板进行跖跗关节融合术。（D）使用内侧骨板进行跖跗关节融合术

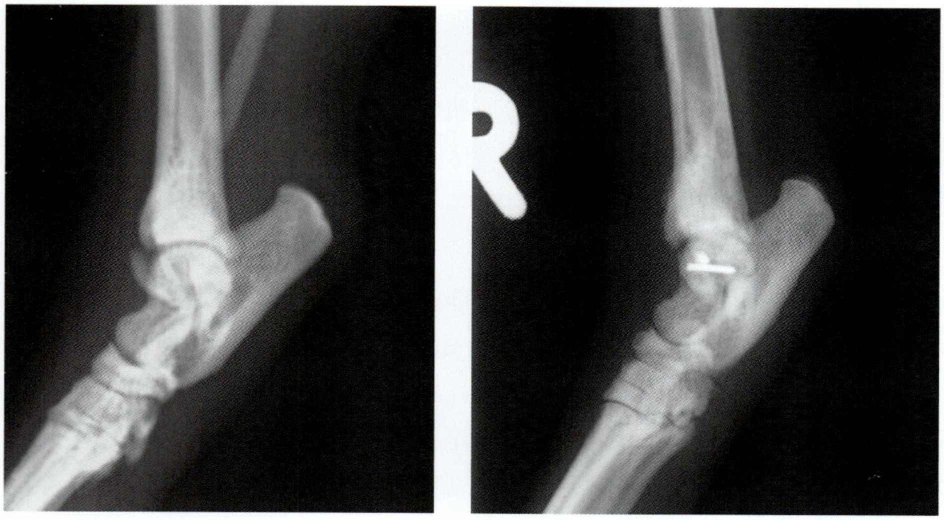

A　B

图 40-18　距骨骨折的患猫。（A）术前侧位 X 线片可见一块小的骨碎片从外侧滑车嵴前缘撕脱。（B）使用 1.0 mm 迷你螺钉和小号克氏针将骨碎片进行解剖复位固定

专栏 40-7　全跗关节融合术

在术前，应测量对侧肢正常站立时跗关节的角度，通常为 90°　~ 110°　。固定时，跗关节角度应适当屈曲，不能过度伸展。根据关节融合的方式选择手术入路。不管采取哪种手术方式，胫距关节、近端和远端跗骨间关节、跖跗关节的关节软骨均应磨除。对无血供的骨骼应进行骨穿刺术来创造隧道，从而利于血管生长。在关节腔内放置松质骨移植物来缩短愈合时间。在手术结束之前，在关节腔周围另外放置松质骨或皮松质骨移植物。除了放置背侧或内侧骨板外，可从胫骨近端插入髓内针（第 39 章）进入距骨加强固定。

使用背侧骨板进行全跗关节融合术：使用背侧入路显露胫骨远端、跗骨和第 Ⅲ 跖骨。可使用 1.5/2.0 mm 叠加放置的兽医可裁剪骨板、2.7/2.0 mm 全腕关节融合术骨板、2.4 mm 有限接触动态加压骨板或 2.4 mm Unilock 骨板进行弯折来达到理想的跗关节角度。首先将骨板放置在第 Ⅲ 跖骨上，并根据所使用的骨板拧入 3 ~ 4 颗螺钉，然后使用持骨钳将骨板夹持在胫骨上，并检查跗关节的角度和准直。若准直理想，将 4 颗螺钉拧入胫骨。理想状态下，螺钉的远端应穿出胫骨、距骨和跟骨。最后朝向胫骨和跟骨的方向拧入剩下 2 颗螺钉，并穿透胫骨和跟骨（图 40–19A）。

使用内侧骨板进行全跗关节融合术：使用背内侧入路显露胫骨远端、跗骨及第 Ⅱ 跖骨。在对关节进行清创之后，使用髓内钉或交叉克氏针对胫跗关节进行暂时性固定，注意角度和准直。检查关节角度和准直。可使用定制的全跗关节融合术骨板或 2.0/2.4 mm Unilock 骨板。将 Unilock 骨板沿其宽轴塑型，以获得正确的屈曲角度。如果使用定制的全跗关节融合术骨板，则不需要塑型，但是应去除内踝和近端跖骨，以创造适合骨板放置的平面。

首先将螺钉拧入跖骨，然后拧入胫骨，最后拧入距骨。穿过距骨的螺钉也应穿入跟骨。应注意不要使患肢外旋。总而言之，至少在胫骨上拧入 3 颗螺钉，距骨和跟骨至少 1 颗螺钉，远端跗骨至少 1 颗螺钉，第 V 和第 IV 跖骨 2 ~ 3 颗螺钉（图 40–19B）。用于初始固定的髓内钉或交叉克氏针如果有助于增加稳定性，则留在原位，否则移除。

使用外固定支架进行全跗关节融合术：使用背侧入路对关节腔进行处理并放入骨移植物。按照专栏 40-3 放置 Ⅱ 型外固定支架。在双侧放置固定针，并将屈曲的连杆与之相连，检查患肢关节的准直。

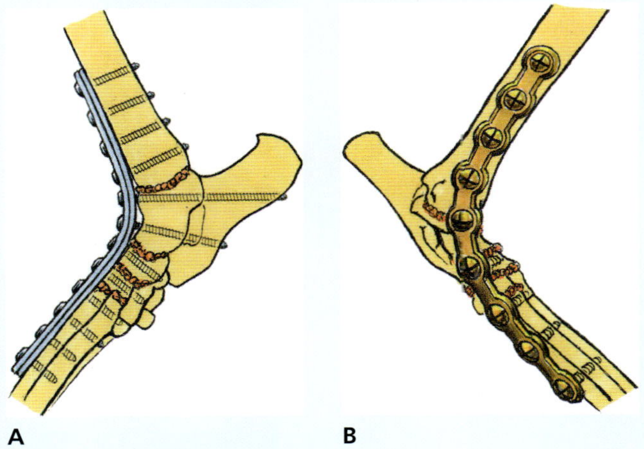

图 40–19　全跗关节融合术的手术选择。（A）放置背侧骨板进行全跗关节融合术。将 1 ~ 2 颗螺钉拧入跟骨至关重要。（B）放置内侧 Unilock 骨板进行关节融合术

40.9　部分跗关节融合术

若关节正常无痛的活动无法通过其他方式恢复，则需要在近端跗骨间关节和跖跗关节水平进行部分跗关节融合术。该手术的主要适应证为跖侧韧带不稳定（图 40–16）、脱位和远端跗骨粉碎性骨折。在实施部分跗关节融合术之前应排除并发的距小腿关节创伤。在犬中，有不同的部分跗关节融合方式，其中一些方法也可以用于猫。

跟骨第Ⅳ跗骨关节融合术可通过克氏针和张力带固定，也可使用骨板固定[17]（专栏 40–6）。虽然暂无证据证明哪种方式更好，但克氏针和张力带技术只能用于跖侧跟骨第Ⅳ跗骨不稳定。若并发骨折，则建议使用骨板。骨板可放置于跟骨和远端跗骨的外侧或跖侧。

对跖跗关节进行关节融合时，最好使用外侧或内侧骨板[18,19]（专栏 40–6）。也有关于使用斯氏针和交叉针技术及丙烯酸Ⅱ型外固定支架的报道[20,21]。跨关节外固定支架主要适用于开放性损伤。在将螺钉拧入跖骨时，应注意确保爪不发生外旋。

不管采用哪种方式，都需要将患肢关节腔的

关节软骨刮除，使用松质骨或皮松质骨移植物有助于骨愈合（第 14 章）。若关节准备不足，会增加不愈合和植入物松脱的风险。

40.10　全跗关节融合术

距小腿关节的损伤或疾病若无法通过其他方式治疗时，则应使用全跗关节融合术进行固定。该手术的适应证包括胫骨远端关节粉碎性骨折、距骨关节粉碎性骨折（图 40–20）及严重退行性或炎性关节病导致的关节破坏 [22]。在犬中，相对于全跗关节融合术，单独进行距小腿关节融合时功能恢复更差 [23]。因此，即便只有距小腿关节受损，大多数医生也更愿意实施全跗关节融合术。

实施全跗关节融合术时，最常放置背侧骨板。然而从生物力学的角度看，背侧骨板并不理想，因为骨板放置在关节的压迫面时更容易受到较大的弯折力，其后果经常是植入物松脱或断裂 [24]。充分的关节准备、螺钉的正确放置和骨移植对于该手术的成功至关重要。相对于单独放置背侧骨板，额外从胫骨穿过胫距关节插入髓内针被证实有助于提高固定的稳定性 [25]。导致功能恢复不佳和并发症的一个常见原因是在关节融合时未对跟骨进行足够固定。由于跟腱的拉伸导致距跟关节和跟骨第Ⅳ跗骨关节仍然存在活动，从而引发功能恢复不佳，故至少应有 2 颗螺钉插入跟骨 [26]。

也可放置内侧或外侧骨板进行全跗关节融合术 [27]，可从 Veterinary Instrumentation（Sheffield, UK）定制骨板，也可以使用 2.0 mm 或 2.4 mm Unilock 下颌骨锁定骨板。在猫中，使用Ⅱ型外固定支架进行全跗关节融合术也是一个很好的选择，其主要适应证为开放性或感染性跗关节损伤（图 40–19 和图 40–21）。

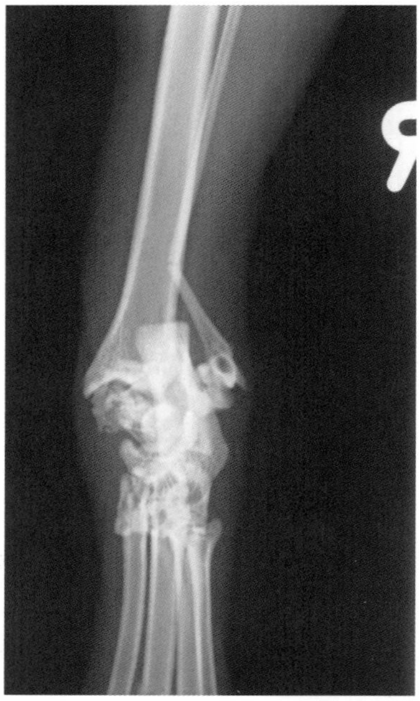

图 40–20　胫跗关节脱位，距骨粉碎性骨折患猫的 X 线片。对于这种病例唯一合适的治疗选择是全跗关节融合术

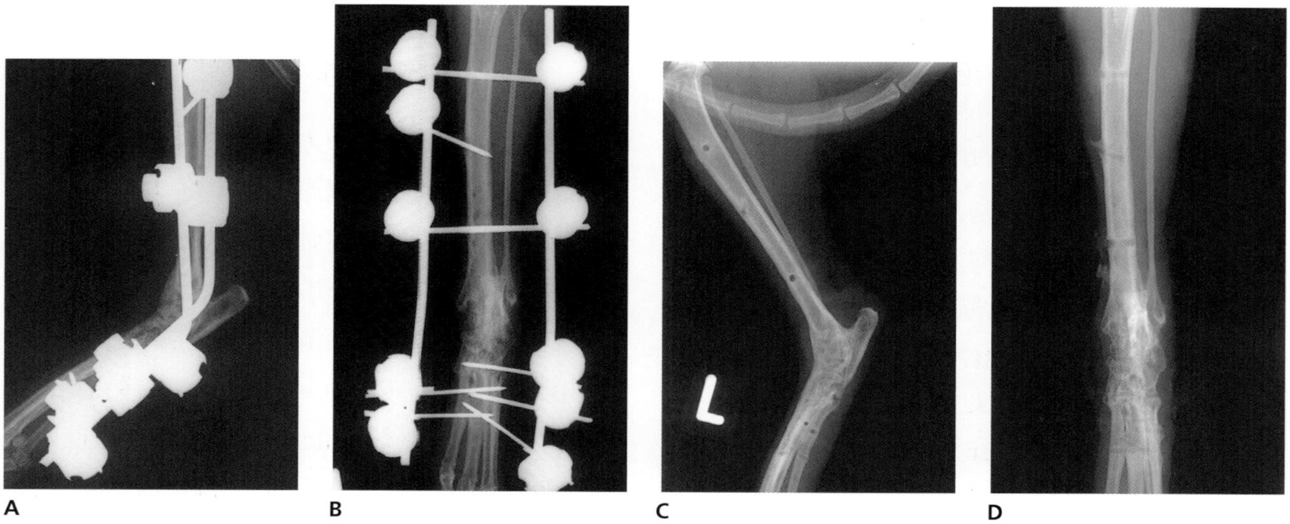

图 40–21　使用Ⅱ型外固定支架进行全跗关节融合术。（A，B）1 个月前放置了外固定支架用于修复感染的融合关节。仍然可见背侧骨板的螺孔。（C，D）4 个月后拆除外固定支架的 X 线片。可见所有关节都被骨很好地桥连

40.11　术后治疗和预后

40.11.1　距小腿关节不稳定

内侧副韧带扭伤进行手术修复后，可使用夹板外固定制动。夹板外固定一般固定 2 ~ 3 周。应注意避免压疮，尤其是跟骨结节处。之后 1 ~ 2 个月限制猫在室内活动。在拆除夹板外固定之前，要经常拍摄 X 线片确定是否存在关节半脱位，以及螺钉或缝合锚钉的位置是否在原位。如果螺钉移位或由于邻近关节导致其他问题，则应拆除螺钉。恢复至正常功能的预后良好。

如果存在大范围的脱套伤或预计夹板外固定很难长期稳定放置时，则使用跨关节外固定支架代替夹板外固定。使用外固定支架可在更换绷带、清创或皮肤移植时提供稳固的制动。脱套伤的预后一般良好 [28]，但由于瘢痕组织形成和伤口存在挛缩，故存在关节感染和关节活动范围缩小的风险。

40.11.2　距小腿关节脱位

距小腿关节脱位术后均需要进行制动。使用跨关节外固定支架进行暂时性制动可提供最佳的稳定性，也可使用铸型或夹板外固定。虽然跗骨常常需要制动 3 ~ 4 周，但在某些病例中也可在此之前进行早期活动。一项针对 9 只距小腿关节脱位患猫的研究表明，相对于使用夹板外固定 3 ~ 4 周的病例，使用铸型或夹板仅固定 10 d 后开始早期复健的猫恢复效果更好 [29]。若术后 10 d 即移除制动材料，这需要关节绝对稳定的手术修复，且仅在术者对固定稳定性非常有信心时才可早期拆除。若手术修复后稳定性不太理想，则延长外固定的放置时间更为安全。

在早期拆除外固定材料后，患猫应严格限制活动 4 周。总而言之，患猫应限制在室内活动 3 个月。

所有距小腿关节脱位的患猫均会发生退行性关节病，有些非常严重。在一项研究中表明，9 只猫中，有 1 只猫临床恢复不理想，有 4 只猫恢复尚可，有 4 只猫恢复良好或很好 [29]。对于功能恢复不那么理想的患猫，尤其最开始是开放性关节损伤的患猫，应排除慢性轻度的关节感染。若怀疑或确诊存在感染的话，则应开始使用一个疗程的抗生素（第 13 章和第 14 章）。关于退行性关节病的治疗见第 5 章。对于存在慢性疼痛和临床功能障碍的动物，全跗关节融合术可作为挽救性手术。

40.11.3　背侧跗骨间关节和跖跗关节不稳定

对于背侧跗骨间关节和跖跗关节不稳定，在使用骨板或锁定骨板进行稳定的内固定后，一般不需要再进行外包扎固定，但患猫应室内饲养并严格限制活动 3 ~ 4 周。若使用螺钉和钢丝进行张力带固定后，则可选用夹板外固定 10 d。

可在 4 ~ 6 周后拆除植入物，防止继发于过长时间制动引起的关节融合 [11]。然而，关节僵硬的迹象似乎不影响临床功能。临床功能恢复很快，而且猫的背内侧或背外侧跗骨间关节和跖跗关节损伤使用 Unilock 骨板固定后预后很好 [11]。

40.11.4　部分或全跗关节融合术

部分和全跗关节融合术后都建议进行制动。部分跗关节融合术后制动时间不应超过 4 周，以保存距小腿关节的功能和活动性。关节融合的愈合至少需要 3 个月的时间，患猫应限制室内活动直至 X 线片显示明显愈合。一般在术后 6 周和 3 个月拍摄 X 线片。部分跗关节融合术患肢功能一般恢复良好且并发症很少，但延迟愈合、植入物松脱或断裂或绷带相关的并发症也可能发生。

全跗关节融合术相对损伤更大，但最终功能一般恢复良好至很好。可能的并发症包括骨髓炎、准直不良、延迟愈合、植入物松脱或断裂以及绷带相关的并发症 [17,24]。曾有一只猫，在背侧放置 2.7 mm DCP 骨板后 4 个月发生断裂 [24]。若使用较大的植入物同时使用绷带包扎外固定时，猫的皮肤很容易形成压力性坏死。故应正确使用绷带包扎技术，并经常检查绷带来避免这些并发症。

若关节已经愈合，为了降低骨板近端和远端发生医源性骨折的风险，可拆除骨板，但在术后 6 个月之内不应拆除骨板。若 X 线片怀疑轻度骨髓炎和（或）临床功能恢复不佳时，应拆除骨板。

参考文献和延伸阅读

[1] Schmökel HG, et al. Tarsal injuries in the cat: a retrospective study of 21 cases. J Small Anim Pract 1994;35:156–162.

[2] Frewein J, Vollmerhaus B. Anatomie von Hund und Katze. Berlin: Blackwell; 1994.

[3] McNicholas WT Jr, et al. Luxation of the superficial digital flexor tendon in a cat. J Am Anim Hosp Assoc 2000;36: 174–176.

[4] Piermattei DL, Johnson KA. An atlas of surgical approaches to the bones and joints of the dog and the cat, 4th edn. Philadelphia: WB Saunders; 2004.

[5] Vaughan LC, Faull WB. Correction of a luxated superficial digital flexor tendon in a greyhound dog. Vet Rec 1955;59: 335–336.

[6] Mauterer JV, Prata RG. Displacement of the tendon of the superficial digital flexor muscle in dogs: 10 cases. J Am Vet Med Assoc 1993;203:1162–1165.

[7] Reinke J, et al. Lateral luxation of the superficial digital flexor tendon in 12 dogs. J Am Anim Hosp Assoc 1993;29:303–309.

[8] Damur DM, Montavon PM. Die chirurgische Behandlung der Luxation des oberflächlichen Zehenbeugers mittels einer Drahtschlinge bei zwei Hunden. Kleintierpraxis 2001;46: 805–809.

[9] Vannini R. Tarsal luxations in cats. AO Vet Course 2002; Davos, Switzerland; pp. 56–57.

[10] Owen MA. Use of contoured bar transhock external fixators in 17 cats. J Small Anim Pract 2000;41:440–446.

[11] Voss K, et al. Internal splinting of dorsal intertarsal and tarsometatarsal instabilities in dogs and cats with the ComPact UniLock 2.0/2.4 System. Vet Comp Orthop Traumatol 2004;17: 125–130.

[12] Piermattei DL, Flo GL. Fractures and other orthopedic injuries of the tarsus, metatarsus, and phalanges. In: Piermattei DL, Flo GL (eds) Small animal orthopedics and fracture repair. Philadelphia: WB Saunders; 1997: pp. 607–655.

[13] Von Werthern CJ, Bernasconi CE. Application of the maxillofacial mini-plate Compact 1.0 in the fracture repair of 12 cats/2 dogs. Vet Comp Orthop Traumatol 2000;13:92–96.

[14] Gorse MJ, et al. Talocalcaneal luxation: an anatomic and clinical study. Vet Surg 1990;19:429–434.

[15] Montavon PM, et al. The mini instrument and implant set and its clinical application. Vet Comp Orthop Traumatol 1988;1: 44–51.

[16] McCartney WT, Carmichael S. Talar neck fractures in five cats. J Small Anim Pract 2000;41:204–206.

[17] Allen MJ, et al. Calcaneoquartal arthrodesis in the dog. J Small Anim Pract 1993;34:205–210.

[18] Muir P, Norris L. Tarsometatarsal subluxation in dogs: partial arthrodesis by plate fixation. J Am Anim Hosp Assoc 1999;35: 155–162.

[19] Dyce J, et al. Arthrodesis of the tarsometatarsal joint using a laterally applied plate in 10 dogs. J Small Anim Pract 1998;39: 19–22.

[20] Penwick RC, Clark DM. A simple technique for tarsometatarsal arthrodesis in small animals. J Am Anim Hosp Assoc 1988;24: 183–188.

[21] Shanil J, et al. Arthrodesis of the tarsometatarsal joint, using type II ESF with acrylic connecting bars in four dogs. Vet Comp Orthop Traumatol 2006;19:61–63.

[22] Mathews KG, et al. Resolution of lameness associated with Scottish fold osteodystrophy following bilateral ostectomies and pantarsal arthrodeses: a case report. J Am Anim Hosp Assoc 1995;31:280–288.

[23] Gorse MJ, et al. Tarsocrural arthrodesis: long-term functional results. J Am Anim Hosp Assoc 1991;27:231–235.

[24] DeCamp C, et al. Pantarsal arthrodesis in dogs and a cat: 11 cases. J Am Vet Med Assoc 1993;203:1705–1707.

[25] Kirsch JA, et al. In vitro mechanical evaluation on the use of an intramedullary pin-plate combination for pantarsal arthrodesis in dogs. Am J Vet Res 2005;66:125–131.

[26] Vannini R. Tarsal panarthrodesis. BSAVA meeting 1998; Birmingham, England.

[27] McKee WM, et al. Pantarsal arthrodesis with a customized medial or lateral bone plate in 13 dogs. Vet Rec 2004;154: 165–170.

[28] Beardsley SL, Schrader SC. Treatment of dogs with wounds of the limbs caused by shearing forces: 98 cases (1975–1993). J Am Vet Med Assoc 1995;207:1071–1075.

[29] Schmökel HG, Ehrismann G. The surgical treatment of talocrural luxation in nine cats. Vet Comp Orthop Traumatol 2001; 14:46–50.

第 41 章　截肢术

S.J. Langley-Hobbs, K. Voss, P.M. Montavon

猫截肢术的适应证包括不可修复的严重骨折、肢体末端无血供、大活动性关节（如肘关节和膝关节）慢性持续性疼痛无法进行关节融合术、先天性或获得性畸形、治疗无效的严重感染、切除肿瘤，以及不可逆的神经功能缺陷。

猫能很好地适应失去一条腿或附器，如尾巴或脚趾。相对于保留着功能异常或疼痛的患肢，截肢后的猫活动更好。然而，除非是治疗肿瘤，截肢应该是最后的补救措施，只有在患肢功能无法保留的情况下才能实施。

研究表明，很多主人不愿意为宠物进行截肢术，但在截肢术后，他们对宠物的活动性和外观很满意[1]。另一项研究中，主人对前肢或后肢截肢的患猫进行生活质量的评估，22 只猫中仅有 2 只生活质量明显下降，其他猫的生活质量没有变化或仅稍微降低。最常见的小问题是猫跳上高处、理毛或抓挠时有些困难。

41.1　术前评估

截肢术很少是急诊手术，患病动物在术前应该都是稳定的。截肢术是大手术，术前应进行全面的体格检查。术中可能失血，所以术前要检查红细胞压积（PCV）和血浆蛋白。其他肢体也都要仔细检查有无骨科和（或）神经性疾病。另一肢体存在严重疾病时，截肢术后的预后不好。存在肿瘤时，需要确定肿瘤分期，确定肿物范围和有无远端转移（第 8 章）。

术前要通过体格检查和肌电图确诊和监测神经功能障碍，如臂神经丛撕脱或坐骨神经病（第 2 章）。在某些病例中，可通过肌肉迁移技术和（或）关节融合术来保留患肢。神经移植术也可以考虑，但见效慢。如果动物主人不愿意或无法进行康复期必需的理疗来防止肌肉挛缩，需要对患病动物进行截肢。

41.2　截肢术的一般原则

手术部位大面积剃毛，从腕关节或肘关节至背侧和腹侧中线；前后侧剃毛面积也要足够大，以便进行充分的无菌准备。需要将整条腿从创巾中拽出来以便操作。可能的话，截肢部位远端的开放性感染伤口要包起来。

皮肤切口应更向远端，以便留出足够的皮肤进行无张力缝合。过多的皮肤可在截肢后进行修剪，应尽可能保留患肢外侧和尾巴背侧的皮肤，尽可能多去除腹股沟、腋窝或尾巴腹侧薄的和被毛稀疏的皮肤。术者应仔细分离和横断肌肉，在肌腱附着点处横断可以减少出血。使用透热疗法切割可以减少肌腹出血。切割时，肌肉会收缩，所以要确保切割位置在预想位置的足够远端，这样残余组织可以作为保护罩覆盖切断后的骨断端。要避免破坏皮下形成死腔。

动脉和静脉需要分别结扎，防止形成动静脉瘘[3]。动脉和大的静脉需要双重结扎。合适的缝线有丝线或可吸收编织线，如薇乔（Vicryl）。处理神经时要轻柔，用锋利的手术刀片快速割断。神经在横断前要用利多卡因浸润阻滞。

可以用手锯、电锯或 Gigli 线锯切断骨骼。成年猫不能使用骨剪切断骨干，因为猫骨骼很脆，容易出现骨裂，导致残端不平整或尖锐。经髋关节或肩关节截肢后，不需要对关节面进行特殊处理。

因肿瘤而截肢时，截肢部位要尽量靠近近端，以便切除干净。应先结扎静脉，防止操作过程中肿瘤细胞扩散。截除的患肢应送检进行组织病理学检查，以确定肿瘤类型和评估边缘是否切除干净。

将肌肉对合缝合消除死腔，并用可吸收缝线褥式内翻缝合肌肉边缘覆盖骨断端。缝合皮下组织和皮肤，获得美容外观。修剪多余皮肤，避免在伤口边缘出现“狗耳”。

对于从哪个位置截肢、是否要分离关节或横断骨骼有待进一步讨论。然而，需要关注的是，残余软骨不会萎缩，可能促发并发症，如血清肿和感染。但是，横断骨骼进行截肢时，残余骨断端会更疼痛，覆盖骨断端的皮肤也会溃疡，而且幼年动物还可能出现骨骼过度生长[4,5]。选择的手术方法必须是最适合患病动物和术者的。

41.3　前肢截肢术

前肢截肢术的适应证包括肿瘤、肢远端严重的脱套伤、臂神经丛撕脱、肌肉挛缩、骨折病、慢性恶化性关节病，以及经济上无法承受修补手术费用（专栏 41-1）。

前肢截肢可以在肱骨近端水平处截除，也可以进行肩关节切断术截除，或将整个前肢（包括肩胛骨）截除。在肱骨近端进行前肢截肢术比较简单，但仅限于病变位于肘关节远端的病例[6]。如果肱骨断端没有足够的软组织包裹或留下的肱骨过长，可能会出现皮肤磨损和溃疡。肩关节切断术或肱骨近端截骨术都会保留肩胛骨，邻近肌肉组织萎缩后会使肩胛冈和肩峰非常明显，这可能会困扰动物主人（专栏 41-2）。为了预防这种情况，可以在术中进行部分肩胛冈切除术。

移除整肢（包括肩胛骨）会更美观，也是作者最偏爱的方式，尽管该方法涉及更多解剖结构[7]。大的血管和神经容易肉眼分辨，也不需要截骨设备，术后不会存在明显的肩胛冈[8]。

对于涉及肩胛骨近端 1/2 的某些肿瘤，可以仅移除足够边缘的病变肩胛骨，以保留肢体功能[9]。

41.4　后肢截肢术

后肢截肢术的适应证包括肿瘤、坐骨神经病、无法修复的骨折、骨折不愈合或慢性持续性骨髓炎、股四头肌挛缩、无法进行关节融合术的晚期膝关节疾病。

后肢截肢术可以在股骨近端水平处截除（专栏 41-3）或进行髋关节切除术截除（专栏 41-4）。软组织损伤或骨性病灶的区域决定了采取哪种截肢方案。通过股骨近端截骨术进行截肢比经髋关节切断截肢术更简单，而且保留了股骨近端及相关的肌肉组织，所以会更美观[10]。除了股骨肿瘤需要切除整个股骨外，大部分病例适合股骨近端截肢术。当肿瘤累及骨盆或髋关节时，需要部分或全部切除半侧骨盆，以便进行更大范围的边缘组织切除[11]。

41.5　断尾术

断尾术适应证包括脱套伤、皮肤坏死、肿瘤和尾麻痹。猫断尾最常见的原因是车祸后尾巴脱套伤导致的尾麻痹（专栏 41-5）。

41.6　掌骨、跖骨和指 / 趾骨截除术

截指 / 趾及相关的掌骨和跖骨截除术的适应证包括肿瘤、慢性骨髓炎和严重创伤。截指 / 趾术不如截肢术要求那么严格。当切除第 V 或第 II 掌骨和跖骨时，应将近端部分与韧带一起保留下来，否则会导致关节不稳定（专栏 41-6）。

猫的远端指 / 趾间关节脱臼是猫最常见的截指 / 趾类型[12]。在大多数国家，为了防止猫抓坏家具而进行的选择性猫断甲术或去爪术是不道德或非法的，但也存在一些医学适应证，如对甲床疾病的治疗或活检，去除已损伤的、生长方向异常的脚趾。通常使用止血带进行止血，必须摘除爪嵴内的所有生发组织，以防止再生。可以将整个第三指 / 趾节骨切除，也可以保留第三指 / 趾节骨的一小部分。断甲术后，应检查第二指 / 趾节骨，并切除任何重叠在第三指 / 趾节骨上的残余部。

41.7　术后治疗和并发症

如果术中止血良好并使用无创手术技术，通常不需要引流。可以在胸部使用衬垫绷带，尽可能减少肿胀和消除死腔。猫可能不喜欢绷带包扎，也不能包扎过紧影响呼吸。

术后，监测患病动物有无疼痛、低体温和出血的情况。有关围手术期疼痛管理的信息请参阅第 18 章。术后出血可能是伤口内缓慢的渗血和肿胀，也可能是突然的大量出血。如果失血量很小，可以使用压力绷带压迫止血。大量或持续出血表

专栏 41-1　前肢截肢术

患猫侧卧保定，在皮肤上做倒“Y”形切口，从肩胛冈背侧向下延伸至肩峰，切口向前延伸至肱骨大结节，然后在内侧腋窝处环形切开，绕到外侧肩峰处与外侧切口相连（图 41-1A）。

在大结节近端分别结扎并剪断腋臂静脉和肩臂静脉。在锁臂肌远端结扎并剪断头静脉。在锁骨近端横断肱头肌。沿着肩胛冈的前缘横断肩胛横肌和斜方肌（图 41-1B）。将背阔肌从大圆肌上分离，在靠近肱骨附着点处横断。

抬高肩胛骨，在肩胛骨内侧面横断菱形肌和胸锯肌的附着点。横断肩胛上神经和臂神经丛。必要时，同时摘除腋下淋巴结。腋动脉和腋静脉双重结扎后剪断（图 41-1C）。横断肱骨上胸浅肌和胸深肌附着点，移除整个前肢。

将横断的肌肉断端翻转，以褥式缝合的方式对合缝合。将背阔肌外侧筋膜、肩胛横肌和斜方肌缝合到胸肌的外侧筋膜上。常规闭合皮下组织和皮肤。注意闭合死腔，并移除腋下皮肤内侧多余的组织，这样可以保留更多前肢外侧较厚的皮肤，以达到美观的效果（图 41-1D）。

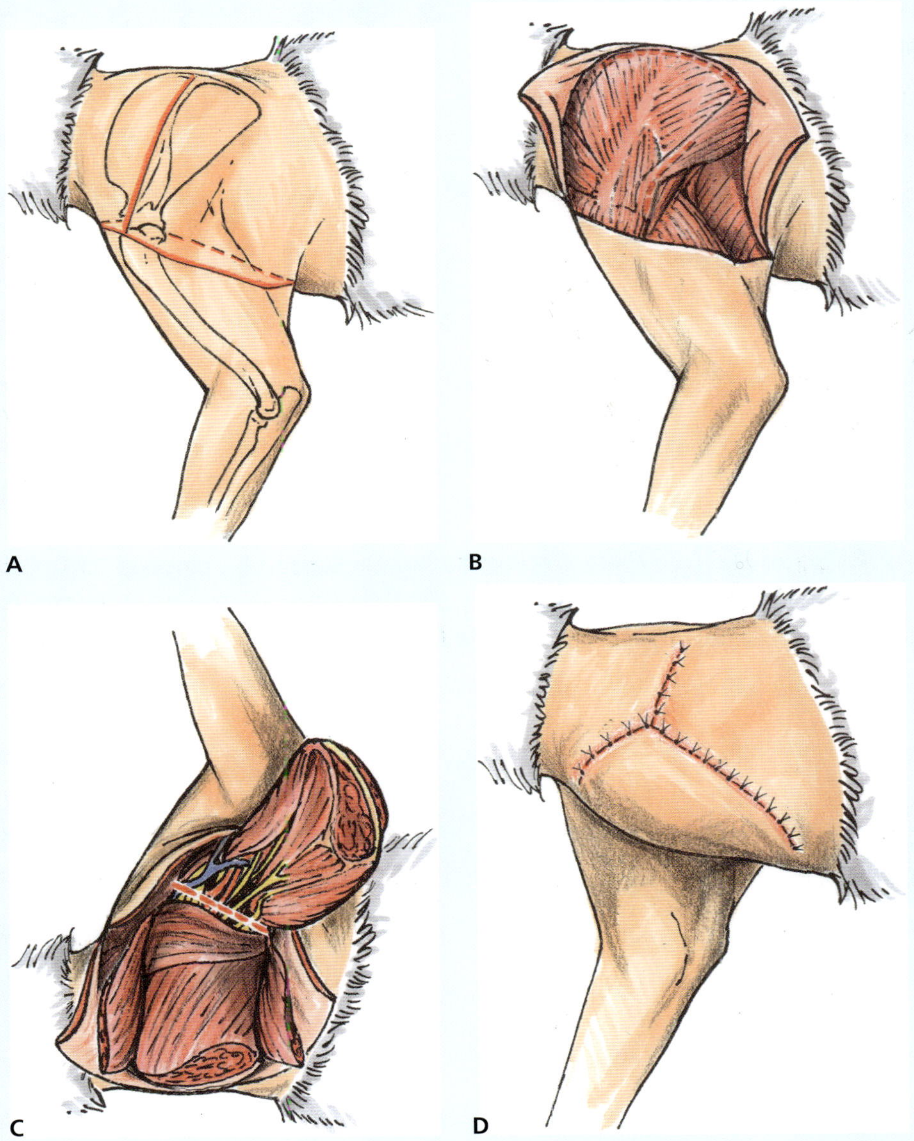

图 41-1　前肢截肢术。（A）前肢截肢术的 T 形皮肤切口。（B）沿着肩胛骨横断肌肉。（C）向外侧抬高肩胛骨，分离肩胛骨内侧肌肉，然后切断臂神经丛，结扎腋动脉和腋静脉，切除剩余肌肉，去除肩胛骨。（D）将肌肉对合缝合减少死腔，常规缝合皮下组织和皮肤

专栏 41-2　肱骨近端水平前肢截肢术

猫侧卧保定。从肩关节前向远端延伸至肱骨远端并弯折回到腋窝褶皱，做弧形皮肤切口。内侧做直行切口，无需向远端延伸，因此可以用外侧皮瓣覆盖残端（图 41-2A）。

在前内侧，横断锁骨浅肌和肱头肌。肱动脉位于前肢内侧肱二头肌后，双重结扎并在近端横断。同一水平处单独结扎肱静脉。锐性分离正中神经、尺神经和肌皮神经，在肘关节处横断肱三头肌和肱二头肌的肌腱以减少出血（图 41-2B）。

在前肢外侧近端结扎头静脉，辨别桡神经后锐性切断。这两个结构都在肢体近端切断。剩余的肢体外侧肌肉在肘关节附着处进行横断（图 41-2C）。沿肱骨远端向近端剥离肱头肌附着处，直到肱骨近端 1/3 处的三角肌粗隆。

用手锯、摆锯或 Gigli 线锯在肱骨干近端 1/3 处进行横断，刚好在三角肌粗隆的远端（图 41-2D）。闭合前要仔细止血。将肱头肌和肱二头肌缝合到肱三头肌上覆盖肱骨残端。骨断端用肌肉包裹好，特别是残端前侧部位。在闭合皮下组织的过程中，要尽可能多地保留外侧皮肤，因为外侧皮肤有致密的被毛覆盖，可以达到更好的美容效果。注意避免留下死腔（图 41-2D）。

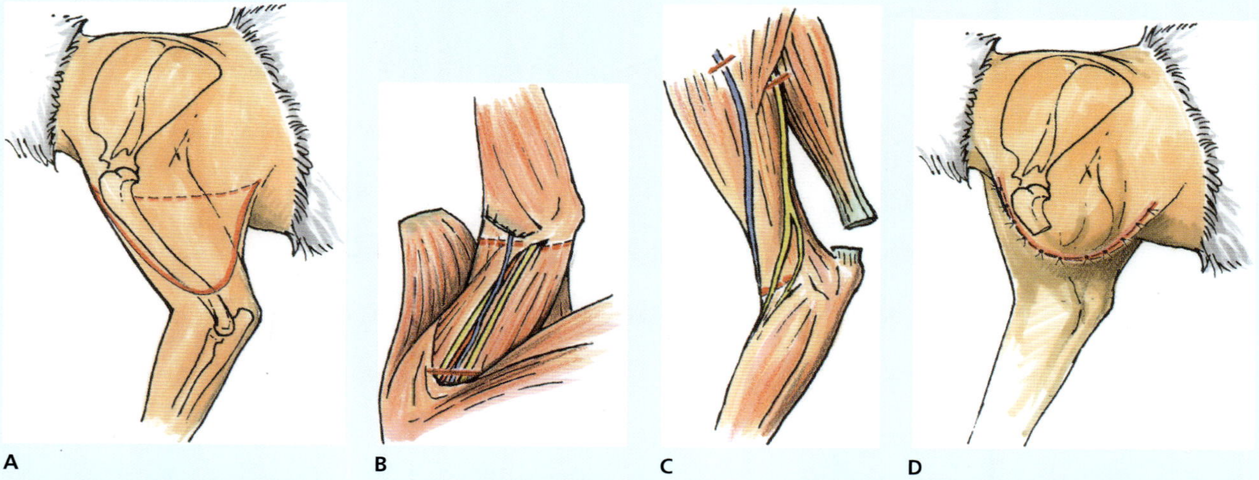

图 41-2　肱骨近端水平前肢截肢术。（A）外侧皮肤弧形切开，延伸至肱骨远端。（B）掀起前肢暴露肱骨内侧面。结扎血管，于肱骨近端横断血管和神经，在肘关节附近横断肌肉。（C）横断外侧的桡神经，于近端结扎并切断头静脉；在靠近肘关节处横断肌肉。（D）在近端干骺端处横断肱骨，缝合肌肉减少死腔，闭合皮下组织和皮肤

明有出血的血管，应打开切口，结扎血管。

皮肤溃疡可能是皮肤对合不良、引流不充分、闭合过紧导致循环障碍或皮下残骨太长摩擦引起的。通过切除溃疡组织和无张力闭合伤口进行治疗。如果残骨太长，则可能需要在更近端的位置进行截骨，使其无张力闭合。据报道，一只猫存在假肢痛[13]。该患猫有医源性坐骨神经损伤，随后进行了后肢截肢术，最后通过多模式镇痛消除了疼痛症状。

专栏 41-3　股骨近端 1/3 水平后肢截肢术

猫侧卧保定。皮肤切口以膝关节近端为中心，弧形切口从肋腹部皮褶到大腿后侧，在腹股沟内侧远端汇合（图 41-3A）。内侧皮肤切口位于股骨中段水平，外侧皮瓣更长可以将疤痕置于肢体内侧，而且还可以保护残端，因为外侧皮肤比内侧更厚。

抬高患肢，显露内侧面，在股动脉近端双重结扎股动脉（图 41-3B），并在同一水平处结扎股静脉。在股骨远端水平横断缝匠肌前部、阔筋膜张肌、股四头肌和股二头肌。在髌骨近端横断股四头肌（图 41-3B）。

后外侧肌肉向近端翻转，横断坐骨神经（图 41-3C）。在膝关节后内侧横断半膜肌和半腱肌。抬高后肢，在胫骨附着处横断股薄肌、耻骨肌和缝匠肌后部的肌腹（图 41-3C）。

剥离股骨后侧的内收肌，显露股骨近端 1/3 处。将肌肉翻开，使用手锯、Gigli 线锯或摆锯在股骨近端 1/3 和中段 1/3 之间横断股骨（图 41-3D）。股骨的出血可以使用吸收性明胶止血海绵控制。通过将缝匠肌、股四头肌和股二头肌与半腱肌、半膜肌和股薄肌对合缝合，覆盖骨残端。仔细缝合皮下组织和皮肤，避免留下死腔。

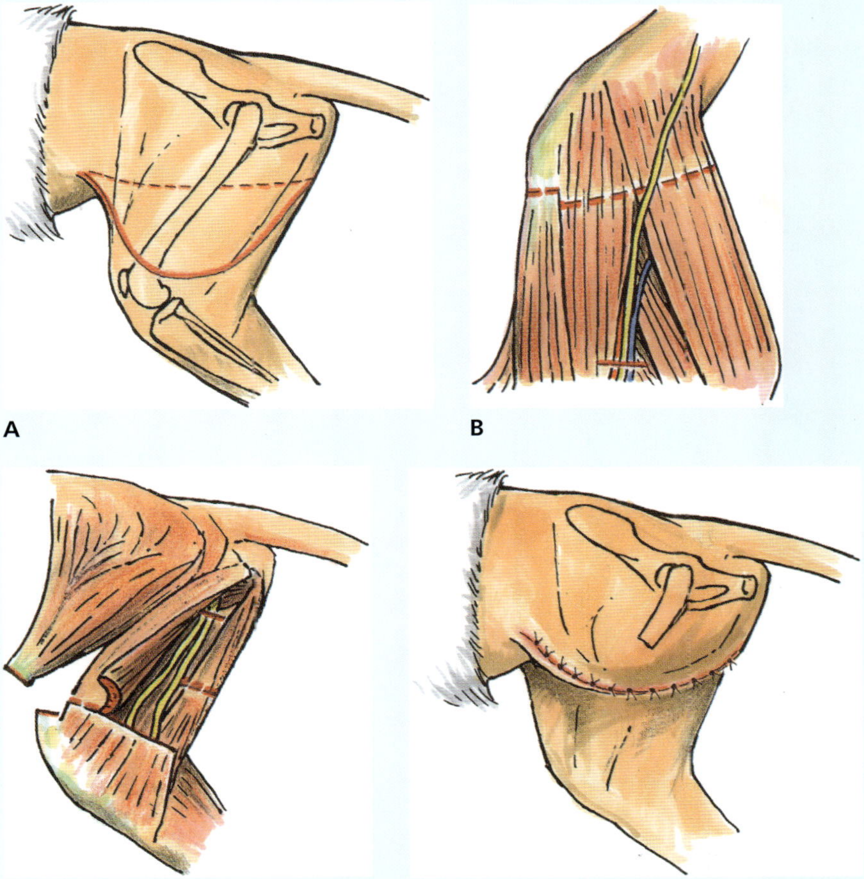

A　B　C　D

图 41-3　股骨近端水平截肢术。（A）外侧皮肤做弧形切口，延伸至股骨远端。（B）股骨向外侧翻转，在近端结扎股部血管，同一水平横断股神经。靠近膝关节处横断相关肌肉的肌腱附着点。（C）在股外侧近端切断坐骨神经。靠近膝关节横断股外侧和后侧肌肉。（D）在股骨近端 1/3 处截断股骨，缝合肌肉覆盖骨残端，缝合皮下组织和皮肤

专栏 41-4　经髋关节切断和去除股部肌肉的后肢截肢术

猫侧卧保定，患肢在上，铺设创巾。从肋腹部的皮褶处经股骨干中部向坐骨结节做弧形皮肤切口。内侧对应位置做类似的皮肤切口（图 41-4A）。

抬高患肢，在由前侧的缝匠肌和后侧的耻骨肌围成的股三角区内识别股动脉和股静脉，然后在旋髂浅动脉和旋髂外侧动脉的近端双重结扎并切断股动脉（图 41-4B）；在同一水平处结扎股静脉。保持后肢抬起，首先分离后侧肌腹。将耻骨肌从髂耻隆起上分离出来，再从耻骨联合上分离股薄肌、长收肌、大收肌和短收肌。然后将半膜肌和半腱肌从坐骨结节上移除。耻骨肌的近端部分掀起，暴露旋中孔。

然后，在大转子水平下方做外侧皮肤切口，暴露髋关节周围肌肉（图 41-4C）。将阔筋膜张肌和股二头肌从荐结节韧带和坐骨结节外侧分离出来，向远端掀开股二头肌暴露坐骨神经，然后切断。股外侧肌、股内侧肌和股中间肌无需切断，随股骨一起切除。切断股骨颈周围附着的肌肉。在大转子和第三转子附着点处横断臀肌，并向背侧和前侧掀开。切断大转子窝处附着的吉氏肌、内闭孔肌和股方肌的肌腱部。下一步是处理后肢前侧肌肉。将阔筋膜张肌从髋结节和臀部肌群的筋膜上分离下来，向远端掀开。缝匠肌的前侧部和后侧部从髂骨翼和腰背筋膜上分离出来并向远端掀开。股四头肌群中唯一一个越过髋关节的股直肌腱在接近骨盆的位置横断。仅存的肌肉，即髂腰肌，从小转子附着点处分离出来。

环形切开关节囊，并从关节内侧切断圆韧带使髋关节分离，整体移除后肢（图 41-4D）。止血，用缝线以褥式缝合将残余肌肉缝合在一起。肌肉对合缝合，保证髋臼被软组织覆盖。由于移除了大部分肌肉，应考虑引流。最好使用封闭式引流。如果使用开放式引流，如 Penrose，应该将引流口置于前侧，并用无菌敷料覆盖。如果不使用引流，则需用压力绷带包扎。

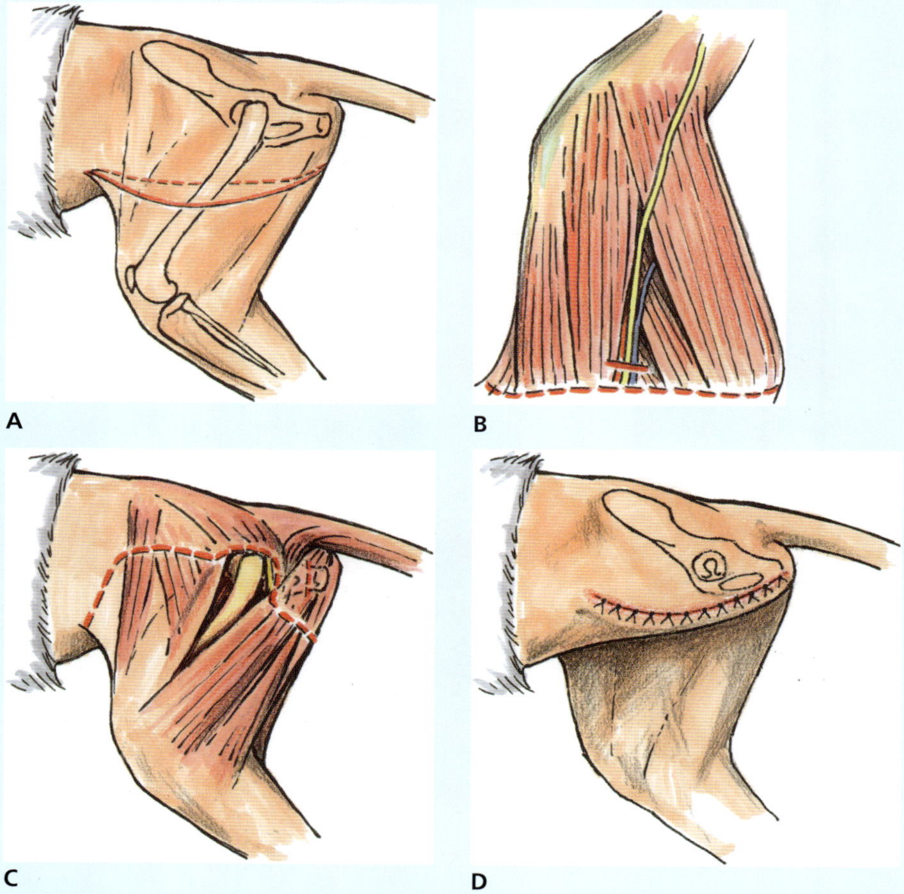

图 41-4　经髋关节切断的后肢截肢术。（A）经髋关节切断的后肢截肢术的皮肤切口。（B）抬高后肢，结扎近端的股动脉和股静脉，然后横断血管和股神经。切断内侧肌肉。（C）紧贴髋关节外侧横断肌肉。锐性切断坐骨神经。（D）切断髋关节，移除后肢。紧贴髋臼缝合肌肉，减少死腔；缝合皮下组织和皮肤

专栏 41–5　断尾术

在尾巴背侧和腹侧做两个半圆形切口，形成两个皮瓣（图 41–5）。皮肤切口位于预截除点的远端，之后将皮肤推向近端，以便进一步剥离。将两条尾外侧血管和尾中央血管结扎或电凝后切断。皮瓣向前推移，横断尾骨肌肉，根据个人喜好选择使用骨剪横断尾椎或切断尾椎间关节。牵拉背侧皮瓣覆盖残端，并与腹侧皮瓣缝合。

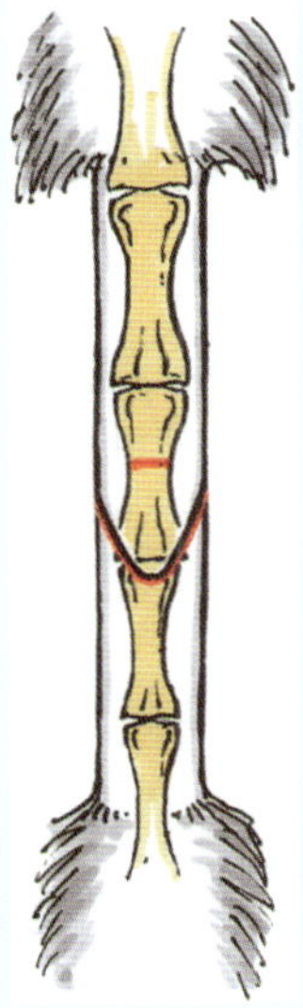

图 41–5　断尾术的皮肤切口图示；另一条红线指示尾椎椎体切断的位置更靠近端

专栏 41–6　掌骨、跖骨和指 / 趾骨截除术

根据需要截除的位置，选择合适的切口方式（图 41–6）。必须保留足够的皮肤以便缝合覆盖残端。暴露出要切除的区域，结扎或电凝供应的动脉，通过切断骨骼或关节的方式截除骨骼。需要缝合深筋膜和皮下组织闭合死腔，然后常规缝合皮肤。

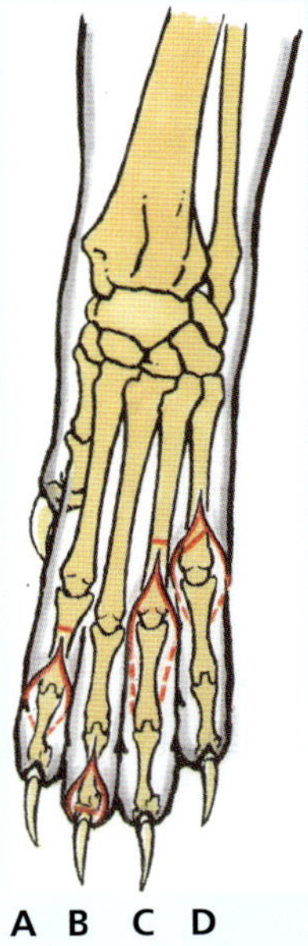

图 41–6　不同位置截指术的示例。（A）通过切断第一指节骨截除第二指的第二和三指节骨。（B）通过切断关节或移除整个爪嵴截除第三指的第三指节骨。脚垫必须保留。（C）切断掌骨远端截除第四指。（D）斜切掌骨截除第五指

参考文献和延伸阅读

[1] Carberry CA, Harvey HJ. Owner satisfaction with limb amputation in dogs and cats. J Am Anim Hosp Assoc 1987;23: 227–232.

[2] Von Werthern C, et al. Limb amputation in dogs and cats: owner response. Kleintierpraxis 1999; 44:169–176.

[3] Muir P, Pead MJ. Chronic lameness after digit amputation in three dogs. Vet Rec 1998;143:549–550.

[4] Abraham E, et al. Stump overgrowth in juvenile amputees. J Pediatr Orthop 1986;6:66–71.

[5] Weigel JP. Amputations. In: Slatter D (ed.) Textbook of small animal surgery, 2nd edn. Philadelphia: WB Saunders; 1993: pp. 1901–1910.

[6] Trout NJ, et al. Partial scapulectomy for management of sarcomas in three dogs and two cats. J Am Vet Med Assoc 1995;207: 585–587.

[7] Straw RC, et al. Partial or hemipelvectomy in the management of sarcomas in nine dogs and two cats. Vet Surg 1992;21: 183–188.

[8] Swalec-Tobias K. Feline onychectomy at a teaching institution: a retrospective study of 163 cases. Vet Surg 1994;23:274–280.

[9] O'Hagan BJ. Neuropathic pain in a cat post-amputation. Aust Vet J 2006;84:83–86.

[10] Budsberg SC. Amputations. In: Olmstead ML (ed.) Small animal orthopaedics, Missouri: Mosby Year Book; 1995: pp. 531–548.

[11] D aly WR. Amputation of the forelimb. In: Bojrab MJ (ed.) Current techniques in small animal surgery, 3rd edn. Philadelphia: Lea and Febiger; 1990: pp. 802–806.

[12] Harvey CE. Complete forequarter amputation in the dog and cat. J Am Anim Hosp Assoc 1974;10:25–30.

[13] Knapp DW. Amputation and disarticulation of the rear leg. In: Bojrab MJ (ed.) Current techniques in small animal surgery, 3rd edn. Philadelphia: Lea and Febiger; 1990: pp. 730–735.

[14] Montavon PM. Voss K. [Amputations]. In: Horzinek MC, Schmidt V, Lutz H (eds) Krankheiten der Katze, 3rd edn. Stuttgart: Enke Verlag; 2003: pp. 720–723.

第 42 章　失败病例分析

P.M. MontAvon

我们经常会犯错误，但不要怀疑自己。

—— Steven Birchard

引言

外科手术的经验性知识是通过观察或实践获得的，有时候很难通过一本书来阐明。手术并不是一门精确的科学，只有经验和观察才能让我们知道我们能做什么，尽管并不如我们想象的那么完美。根据《韦式词典》的说法，棒球比赛中的击球手以低弧度击球，球才会落在接球手中。我们选择了一些临床案例来说明被我们低估的事项、被我们忽视的细节或意料之外的结果或可能性。这些情况描述了小动物外科医生日常的幸运和不幸事件。这些病例的经验和成功的解决方案有助于外科医生在下一次手术中表现得更好。没有任何书面理论可以完全教会我们一切。

知道什么时候进行手术（图 42-1）

凌晨 4 点，一只 5 岁母猫就诊，当时处于休克状态，躺卧不起。经静脉输液后，进行 X 线片检查（图 42-1A，B）。可见心脏偏小而且向前移位；胸内血管变细。膈背侧破裂，胃和大部分十二指肠疝入胸腔。膀胱结石，左侧膝关节矿化。将猫放在氧箱中，按休克速度静脉输液，进行术前体况稳定。90 min 后，患猫因胃进一步扩张而死亡。只有立即进行手术干预，进行胃减压或将胃还纳回腹腔，并修补破裂的膈，才能挽救这只猫的生命。

清楚犬和猫的差异（图 42-2）

一只 11 月龄母猫从高处摔下后就诊。患猫存在闭合性蒙泰贾骨折伴尺骨近端粉碎性骨折和桡骨头脱位（图 42-2A）。术后即刻的 X 线片显示尺骨近端骨折复位不良，导致肘关节不协调。外科医生没有意识到猫尺骨近端的形状与犬不同。立即进行翻修手术（图 42-2B,C）。在第二次手术中，对同一骨板按尺骨后缘进行精确塑型，并移除了干扰复位的 2 个植入物（图 42-2D，E）。这次猫走路没有跛行。

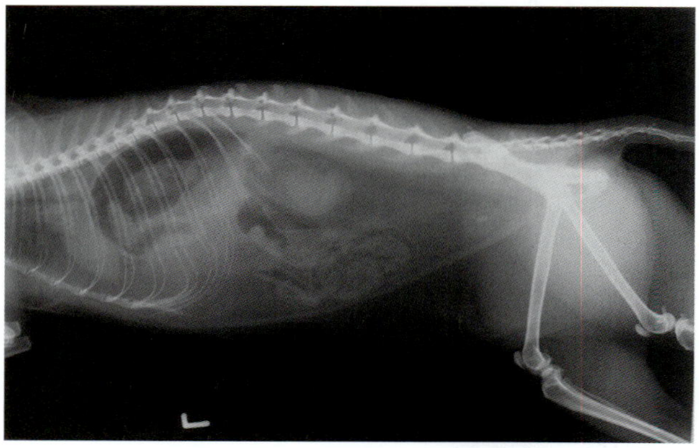

A

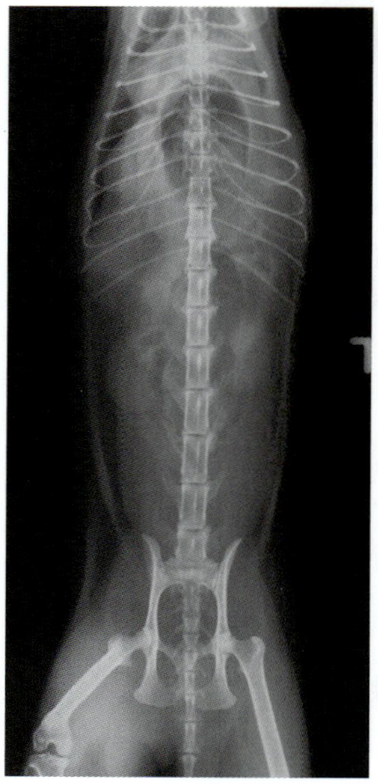

B

图 42-1　一只 5 岁母猫在凌晨就诊，躺卧不起，处于休克状态。（A）侧位片显示心脏变小并向前移位，胸内血管变细。（B）腹背位片可见膈破裂，胃疝入胸腔

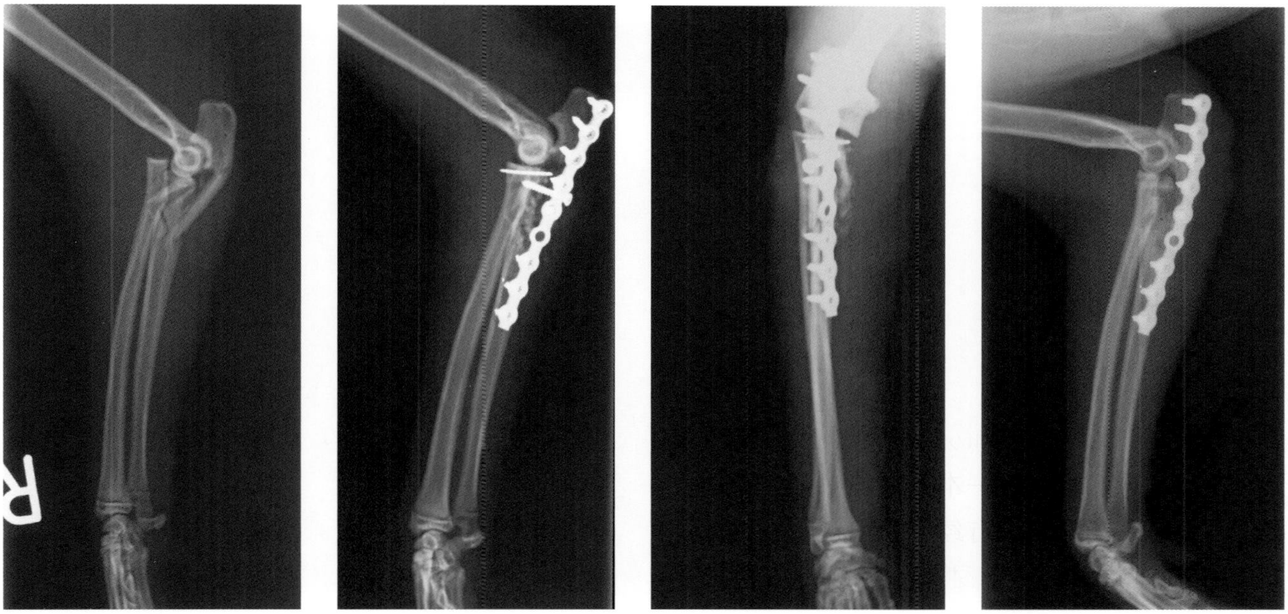

A　B　C　D

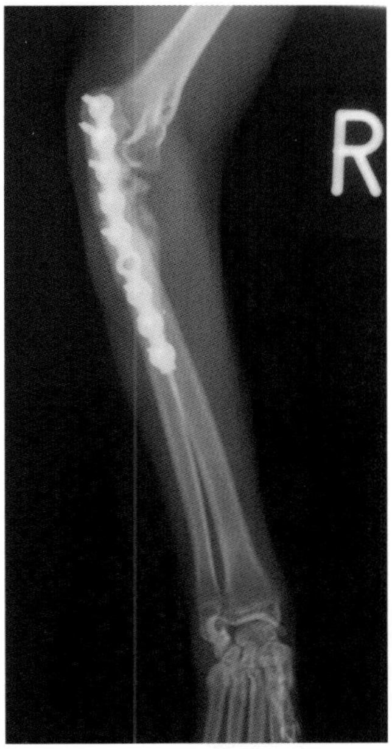

E

图 42-2 （A）闭合性蒙泰贾骨折伴尺骨近端粉碎性骨折。(B，C）由于未精确复位，造成肘关节不协调。(D，E）对骨板近端区域进行适当的塑型，并移除干扰复位的 2 个植入物，从而改善了复位效果

使用脆弱的骨板是很危险的（图 42–3）

一只 2 岁公猫车祸后导致胫骨粉碎性骨折（图 42–3A，B），使用人手外科的 2.4 mm 锁定加压骨板配 2.7 mm 螺钉进行治疗。骨折复位后存在轻微的外翻畸形，但其他似乎正常（图 42–3C，D）。术后 1 周，骨折部位的骨板孔处发生折弯。弹性更好的锁定加压骨板金属成分较少，用于支撑功能时，强度是不够的（图 42–3E，F）。之后换用 14 孔 2.0 mm 动态加压骨板成功翻修（图 42–3G，H）。也可以使用第二块较短的骨板，放置在初始骨板面的垂直面上，提供额外的轴向稳定性。可用波形骨板（见图 13–23）治疗不愈合的骨折。

3 颗小螺钉优于 2 颗大螺钉（图 42–4）

在肱骨外侧面应用 2.7 mm 动态加压骨板治疗幼年猫肱骨中段骨折。术后不久，远端部分修复失败（图 42–4A，B）。内外侧位 X 线片可见远端骨碎片只使用了 2 颗螺钉，并且近端的 1 颗螺钉

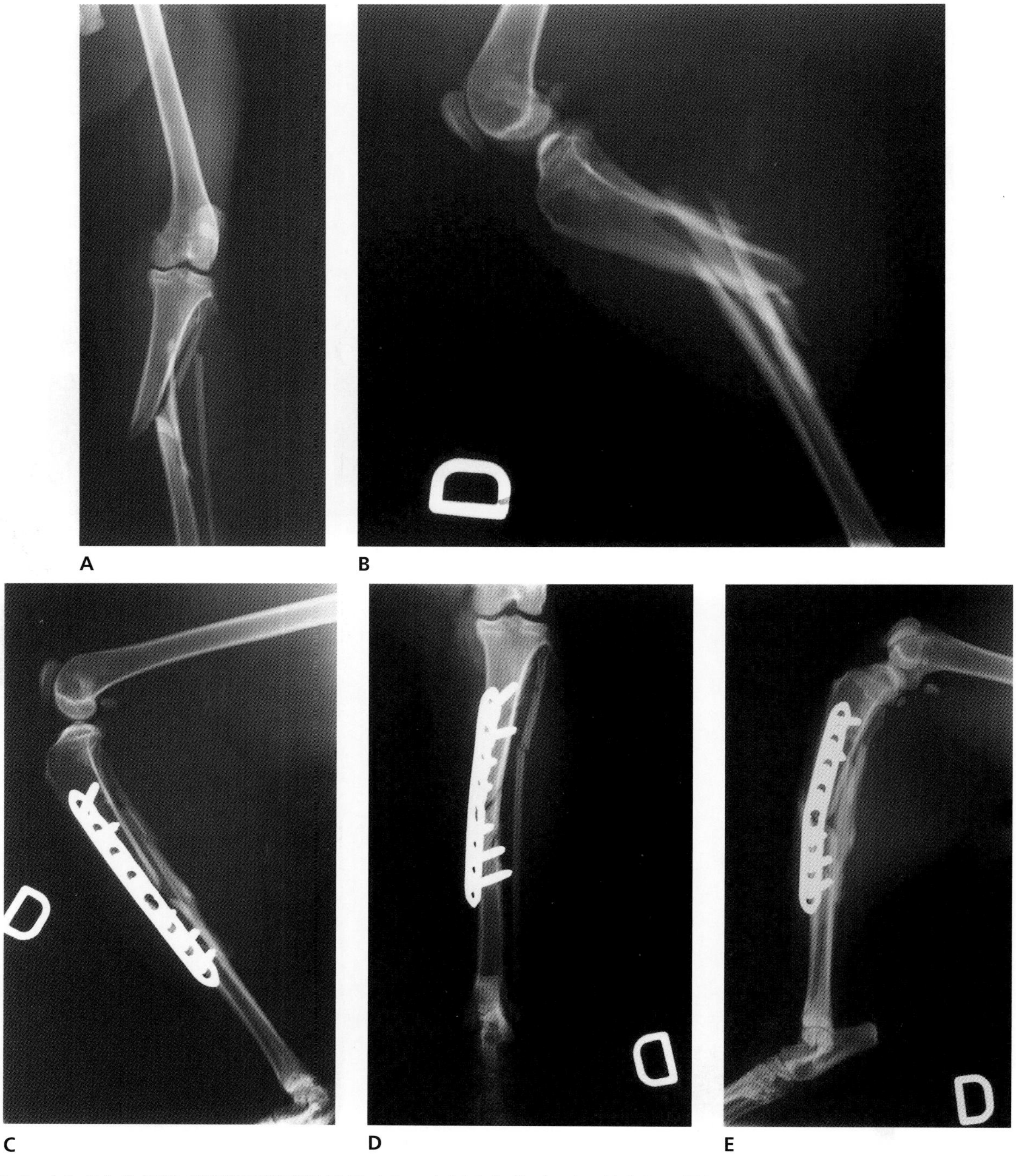

图 42–3 （A,B）车祸造成猫胫骨粉碎性骨折。(C,D）适当复位后，采用锁定加压骨板配 2.7 mm 螺钉以支撑功能进行固定。（E，F）术后 1 周，骨折部位的骨板折弯。(G，H）使用更长的 14 孔 2.0 mm 动态加压骨板放置在更内翻的位置进行翻修。也可以使用波形骨板治疗（图 13–23）

非常靠近骨折线。这 2 颗螺钉之间出现了一道裂隙。换用 2 块叠加的兽医可裁剪骨板（VCP）放置在肱骨前侧进行翻修，这样可以从前向后放置更多的小螺钉来加固肱骨远端骨碎片（图 42–4C）。这一明智的翻修手术足够稳定，最终骨折愈合。

避免骨碎片过度分散（图 42–5）

一只 3.5 岁公猫车祸后出现腓骨骨折和胫骨粉碎性骨折（图 42–5A，B）。采用 2.7 mm 动态加压骨板进行骨折固定，其中使用了 2 颗单皮质螺钉（图 42–5C，D），骨折部位仍有一块较大的骨缺损。

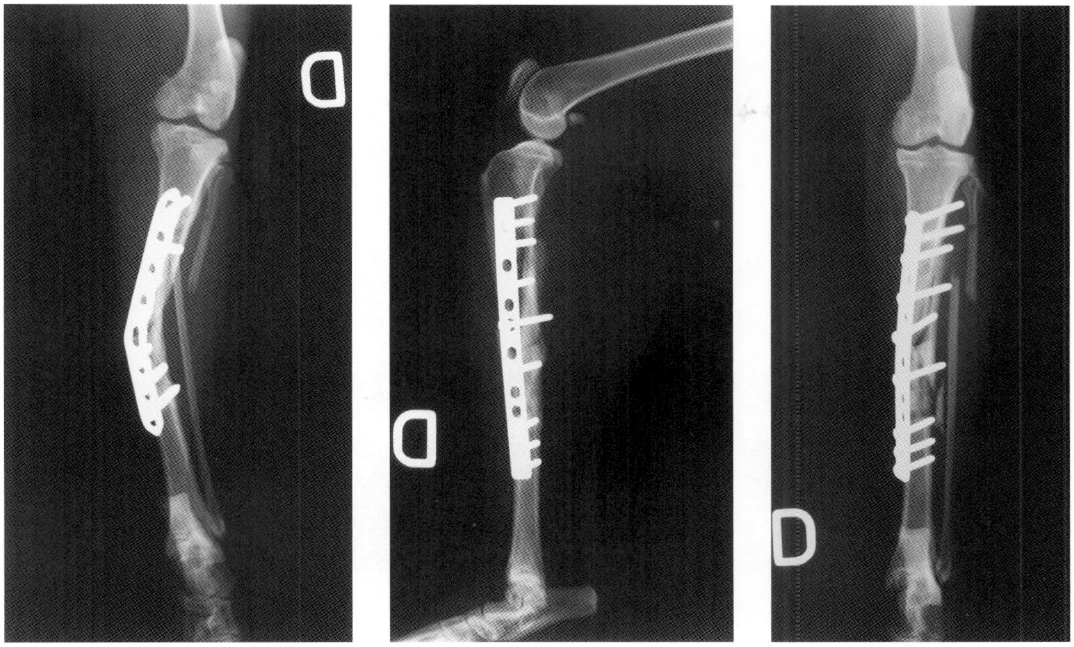

F　G　H

图 42–3 （续）

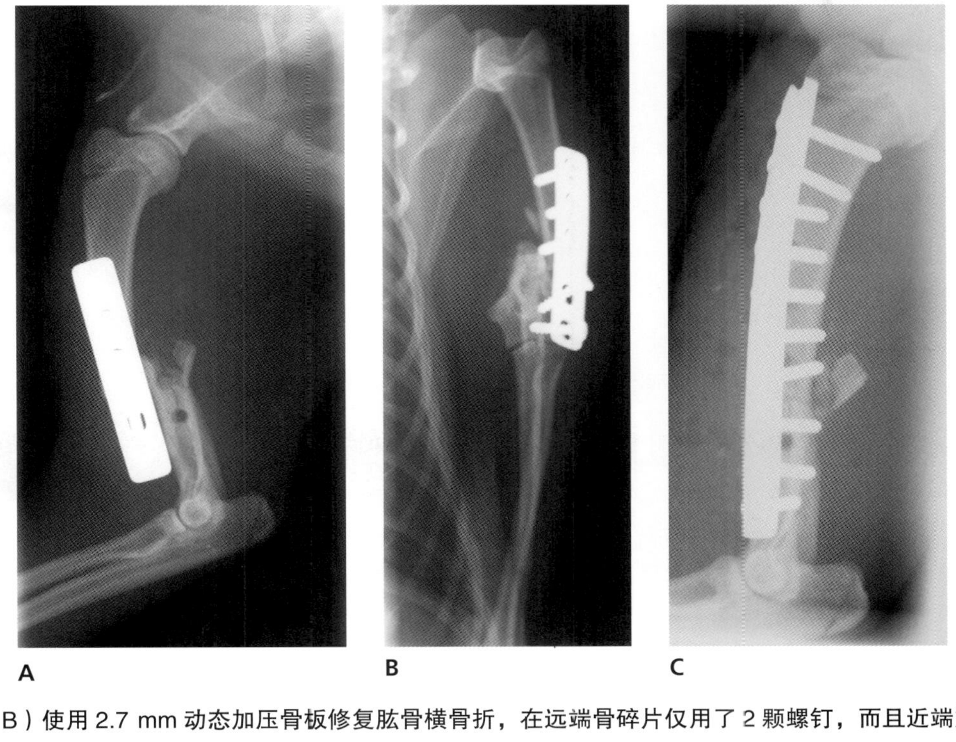

A　B　C

图 42–4 （A，B）使用 2.7 mm 动态加压骨板修复肱骨横骨折，在远端骨碎片仅用了 2 颗螺钉，而且近端第 3 颗螺钉非常靠近骨折线。（A）远端的 2 颗螺钉之间形成一个裂隙，导致修复失败。（C）将 2 块叠加的兽医可裁剪骨板配大量螺钉放置在肱骨前侧进行了明智而成功的翻修

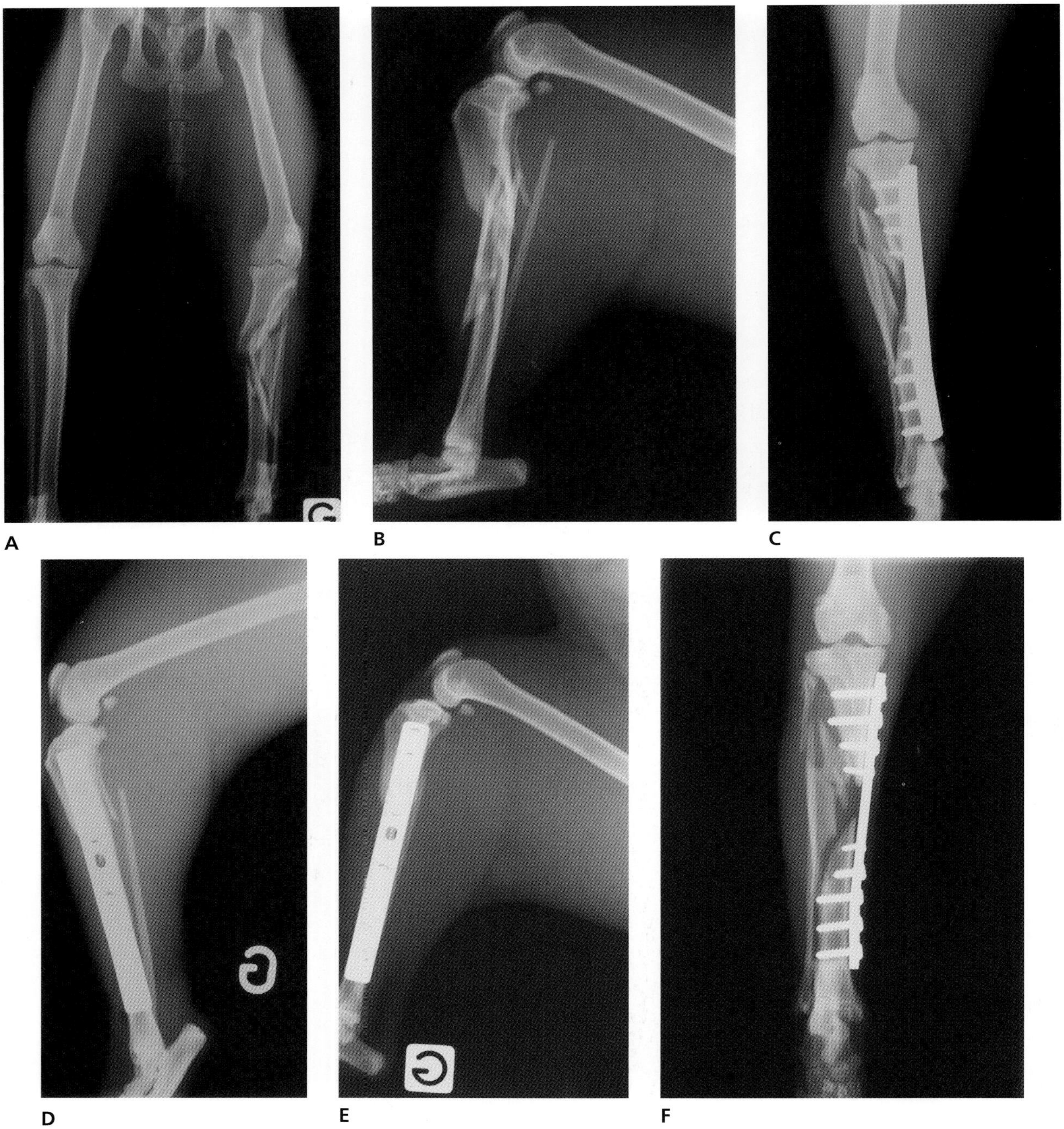

图 42–5　（A,B）胫骨粉碎性骨折和腓骨骨折。（C,D）使用 2.7 mm 动态加压骨板修复胫腓骨骨折。胫骨的大骨碎片分散，骨折部位形成一个很大的骨缺损。（E,F）术后 10 个月，可见不连续性的愈合征象；骨板下仍存在大的皮质缺损。不幸的是，该猫在另一次事故中丧生，因此没有后续跟踪

在这种情况下，肌肉和软组织可能侵入或陷入骨折部位，从而导致骨折延迟愈合。这只猫的骨折超过 10 个月才愈合（图 42-5E，F）。X 线片显示骨折部位的断端可见不连续的骨折愈合征象，而且骨板下仍存在较大的皮质缺损。此时骨折是稳定的。但不幸的是，这只猫在后来的一次事故中丧生。

这种情况在胫骨手术后并不少见；如果伸展跗关节用力牵拉复位，会在骨板或外固定支架固定后形成大的骨折间隙，从而发生骨碎片过度分散。骨碎片过度分散，加上胫骨远端周围软组织量较少，会导致胫骨骨折延迟愈合或不愈合。这种情况下，可以使用可吸收缝线环扎固定蝶形的骨碎片，以减少其分散。

对年幼的生长期猫进行手术的后果（图 42-6）

一只 6 月龄母猫，仍有进一步生长的潜力，因 C 级髌骨内侧脱位和股骨远端轻度内翻畸形而就诊（图 42-6A，B）。在初次手术时，胫骨粗隆向远端移位过大（图 42-6C，D）。14 个月后，股骨干中段骨折。由于胫骨粗隆固定太远，以及胫骨粗隆生长板过早闭合和胫骨平台持续生长致胫骨粗隆漂移，从而造成胫骨近端畸形（图 42-6E，F）。该病例需要股骨骨板内固定和胫骨粗隆向近端复位。这个案例表明了在幼年生长期动物进行截骨术所导致的问题，尤其是在去势 / 绝育后，生长板闭合时间会更晚。对这种年龄的猫来说，更好的方法是加深滑车沟，需要的话以后再做胫骨粗隆移位术。

高活动关节附近的小骨碎片稳定性不足（图 42-7）

一只 3 月龄雄性欧洲短毛猫发生车祸。一侧肘关节髁间骨折（图 42-7A，B）。使用 1.5 mm 螺钉和大号髓内针进行骨折固定，但髓内针未能很好地进入肱骨远端上髁。管状外固定支架系统（FESSA）可以提供额外的抗旋转稳定性，但锚固作用有限。肱骨复位不良，导致向内偏移（图 42-7C，D）。术后 1 周发生固定失败（图 42-7E，F），并进行了固定系统的翻修和改进。使用 1 个较大的髁间螺钉，1 根较细的髓内针搭接外固定支架，远端骨碎片上放置数根小的固定针（图 42-7G，H）。8 周后，骨折愈合；移除植入物，仅留下髁间螺钉（图 42-7I，J）。

固定针和跨关节外固定支架过大（图 42-8）

一只 9 岁去势公猫因膝关节损伤而就诊（图 42-8A，B），包括前十字韧带断裂、内侧半月板损伤和内侧副韧带撕脱。使用人工韧带修复关节结构。并放置跨关节外固定支架，但是使用了过大的固定针和双连杆。固定针有点大，外固定支架的连杆距离骨骼位置太远（图 42-8C，D）。1 个月后，股骨最近端的针孔处发生骨折。当时拆除跨关节外固定支架，并使用骨板成功修复（图 42-8E，F）。使用外固定支架时，遵循正确的原则非常重要，特别是在应用跨关节支架时，长杠杆臂会造成高应力。记住，猫的骨头相对较细，固定针不能太大。

意外骨折（图 42-9）

一只 13 月龄雌性缅甸猫在分娩时自发双侧荐髂关节脱位。患猫表现排尿控制异常和双后肢跛行。其中一侧荐椎翼似乎向背侧脱位（图 42-9A，B）。采用腹侧入路进行复位，用 2 mm 螺钉固定右侧荐髂关节（图 42-9C ~ E）。周围的神经（闭孔神经和 L6-L7 神经根）出现挫伤。荐椎翼的复位没有达到解剖复位。在这么深的创口内将开裂或异常移位的背侧骨碎片进行复位非常困难。手术后，患猫进行理疗，3 个月后恢复正常功能。

结论

本章所列的少数病例代表了小动物外科医生日常工作中的一些例子。如果这些情况也发生在你的临床病例中，请仔细观察，从中学习，并持之以恒，在下一次尝试中做得更好。这样，你就可以成为大师，成功地修正错误，防止之后犯错，并在兽医外科的艺术中激发他人的热情。

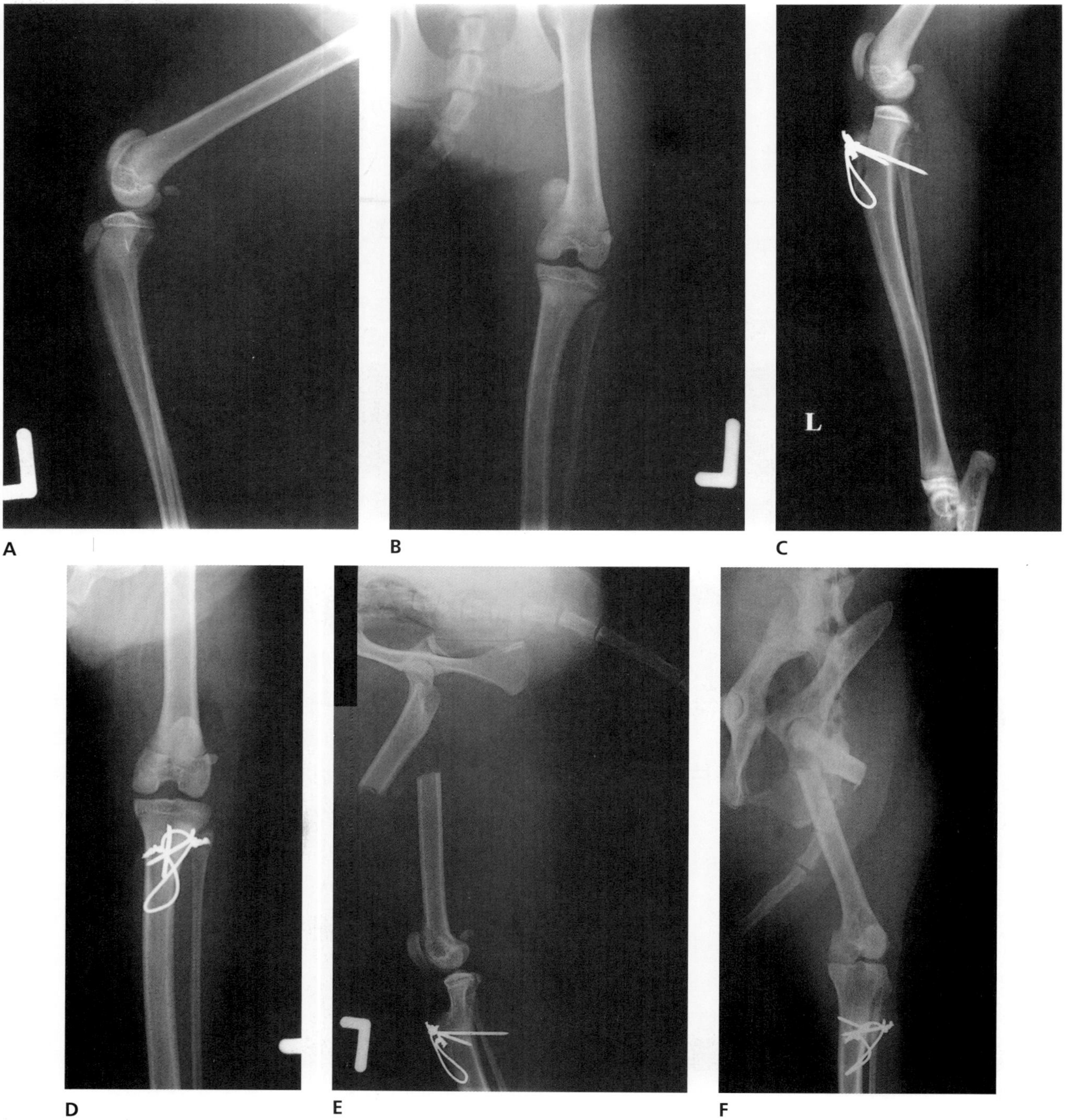

图 42–6 （A，B）一只 6 月龄仍具生长潜力的母猫因髌骨内侧脱位而就诊。（C，D）初次手术时，胫骨粗隆向远端移位过大。（E，F）因胫骨粗隆漂移致胫骨平台畸形，伴股骨干中段骨折。这个病例需要股骨骨板内固定和胫骨粗隆向近端复位。对于未成年猫来说，更好的方法是加深滑车沟；胫骨粗隆移位术需要等到猫生长板闭合后再进行，如果那时还需要移位的话

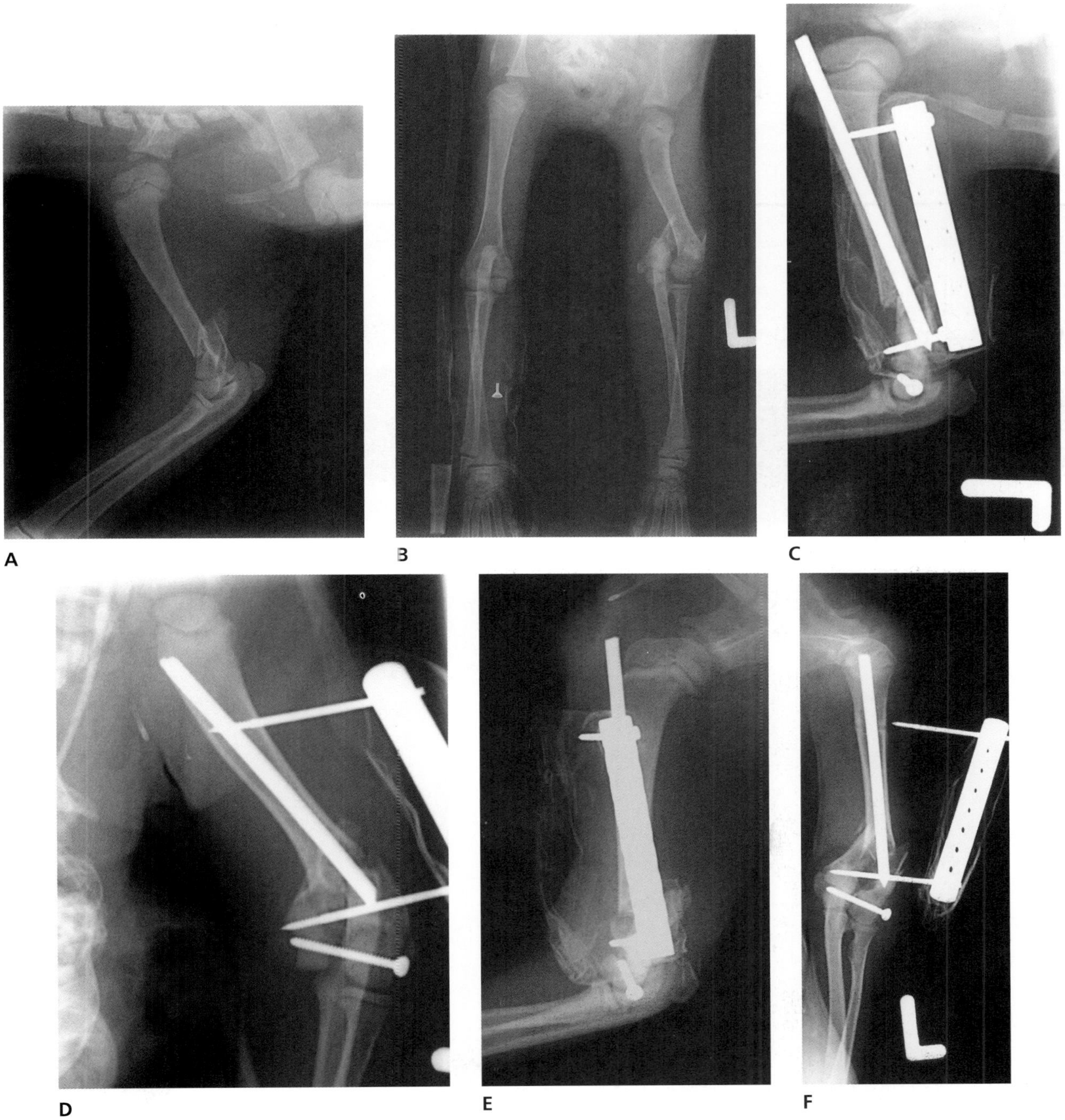

图 42–7 （A，B）一只 3 月龄幼猫发生髁间骨折。（C，D）采用髁间螺钉和大号髓内针（未进入远端骨碎片的理想位置）进行固定，并用管状外固定支架（使用 2 根固定针有限锚固）抵抗旋转。（E，F）1 周后骨折固定失败。（G，H）用 1 个较大的髁间螺钉和 1 根较细的髓内针搭接外固定支架进行修复，远端骨碎片上放置多根固定针。（I，J）2 个月后骨折愈合，拆除外固定支架

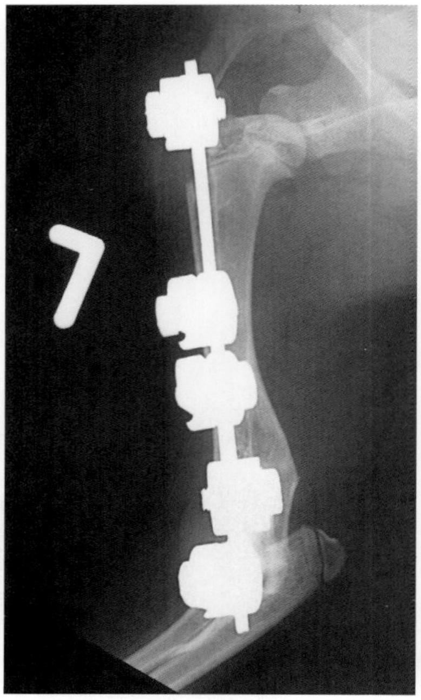

G

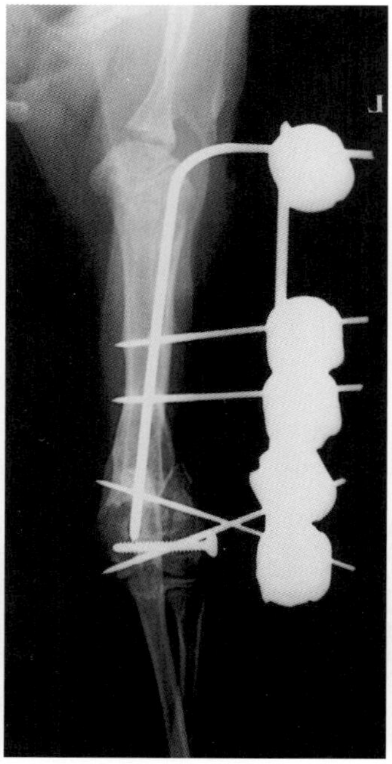

H

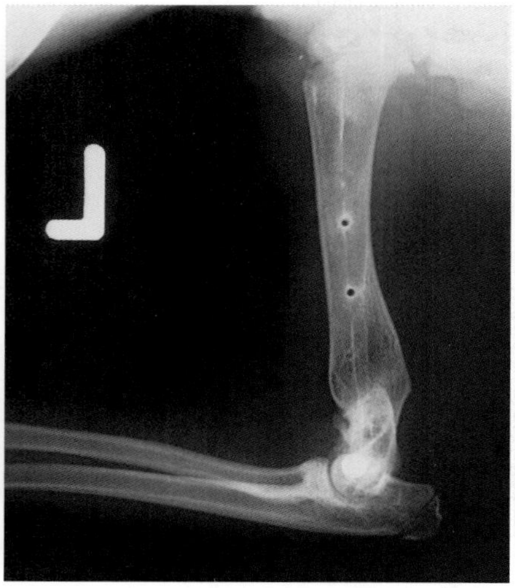

I

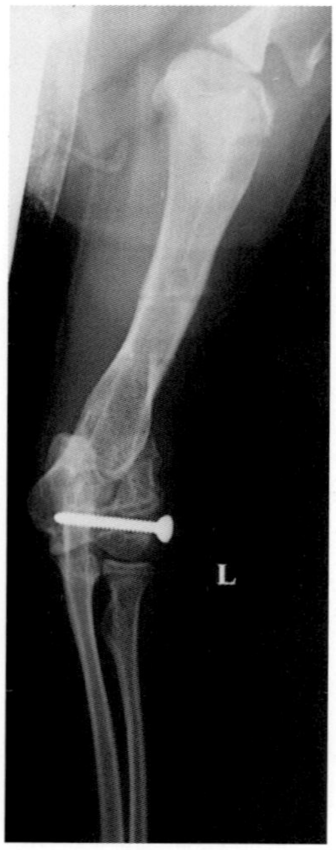

J

图 42–7 （续）

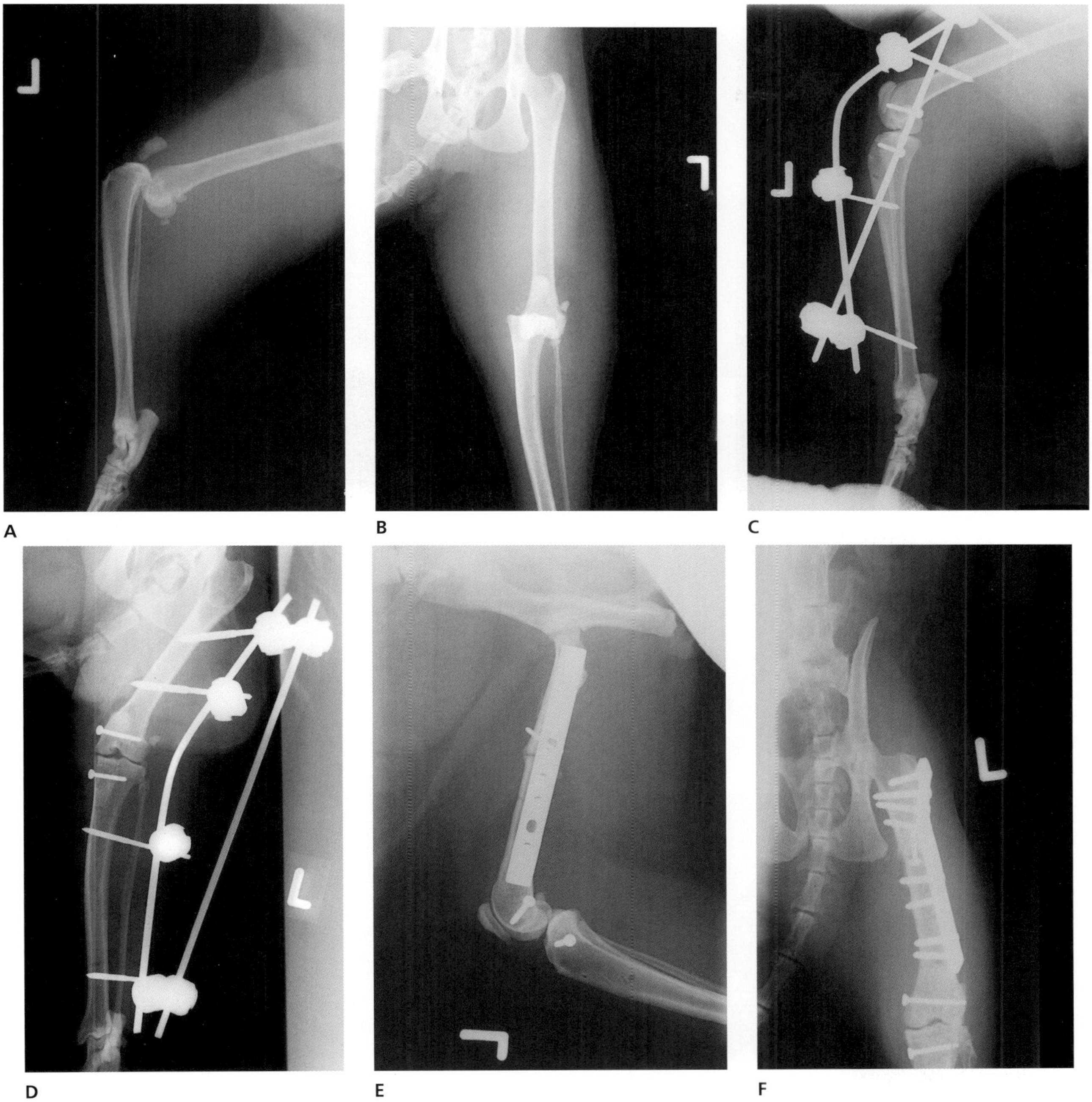

图 42–8 （A，B）一只猫膝关节损伤。（C，D）探查关节，清除损伤组织，用 2 颗螺钉和人工韧带修复断裂的侧副韧带，用较大的固定针和双连杆的跨关节外固定支架稳定膝关节。1 个月后，股骨最近端的针孔处发生骨折。（E，F）拆除跨关节外固定支架，使用骨板进行股骨内固定。跨关节外固定支架在猫的细骨骼上形成了长杠杆臂和高应力环境

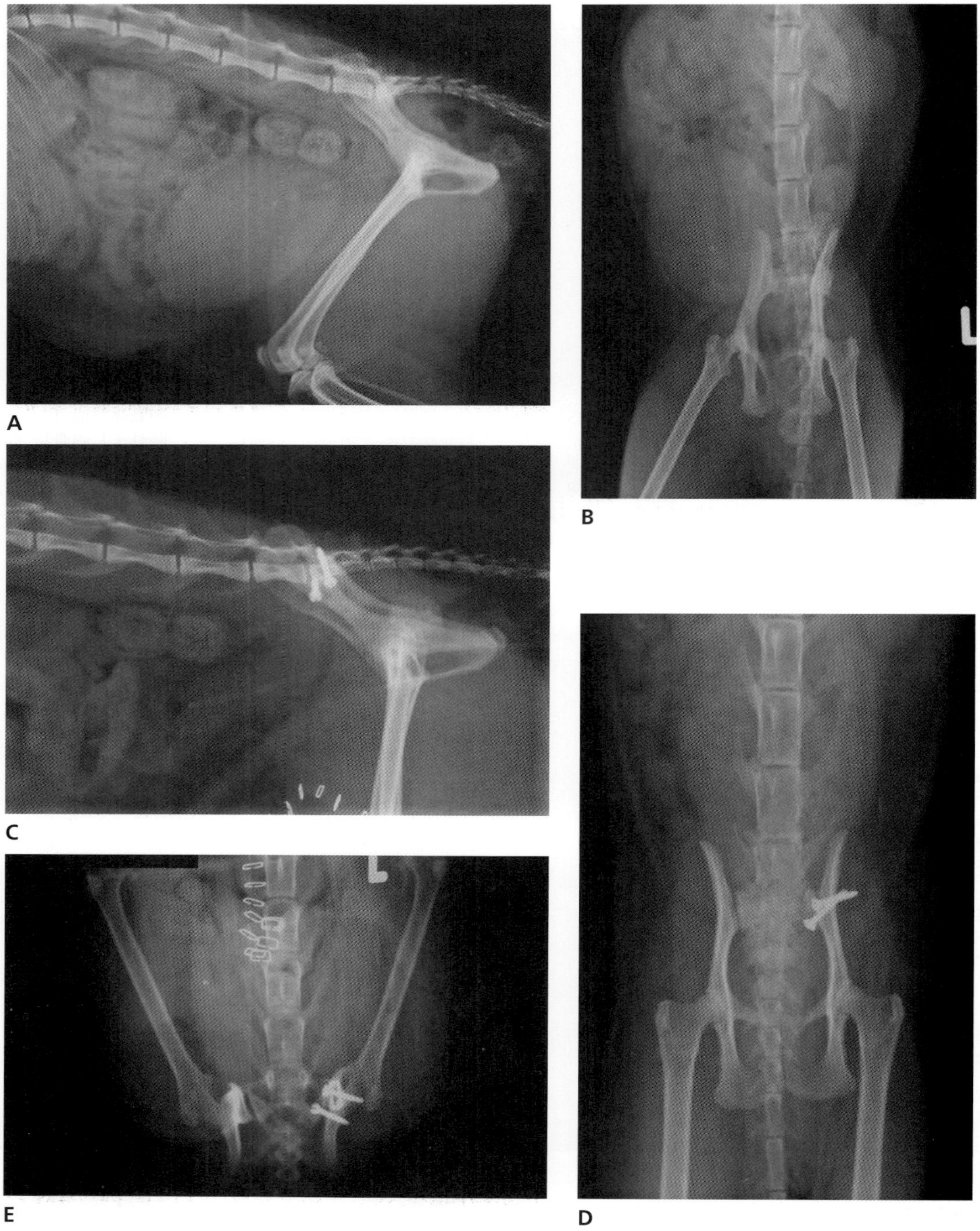

图 42–9 （A，B）一只年轻的缅甸猫在分娩期间发生荐髂关节脱位。（C ~ E）2 颗螺钉未进入荐椎翼，脱位也未解剖复位，荐椎翼仍向背侧移位

索 引